2024 | 한국산업인력공단 **국가기술자격**

고시넷
고패스

위험물산업기사 필기
10년간 기출문제집

위산기
베스트셀러

유형별 핵심이론
관련 실기
출제연혁

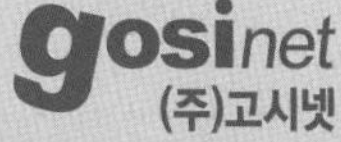

(주)고시넷

원소 주기율표

→ / ↓	1A	2A	3B	4B	5B	6B	7B	8B		
	알칼리 금속	알칼리토 금속						철 족		
1	1 / 1 H 수소 1.009									
2	3 / 1 Li 리튬 6.941	4 / 2 Be 베릴륨 9.01218								
3	11 / 1 Na 나트륨 22.98977	12 / 2 Mg 마그네슘 24.305								
4	19 / 1 K 칼륨 39.098	20 / 2 Ca 칼슘 40.08	21 / 3 Sc 스칸듐 44.9559	22 / 3 4 Ti 티탄 47.90	23 / 3 5 V 바나듐 50.9414	24 / 2 3 6 Cr 크롬 51.996	25 / 2 3 4 6 7 Mn 망간 54.9380	26 / 2 3 Fe 철 55.847	27 / 2 3 Co 코발트 58.9332	28 / 2 3 Ni 니켈 58.71
5	37 / 1 Rb 루비듐 85.4678	38 / 2 Sr 스트론튬 87.62	39 / 3 Y 이트륨 88.9059	40 / 4 Zr 지르코늄 91.22	41 / 3 5 Nb 니오브 92.9064	42 / 3 4 5 Mo 몰리브덴 95.94	43 / 6 7 Tc 테크네튬 98.9062[b]	44 / 3 4 6 8 Ru 루테늄 101.07	45 / 3 Rh 로듐 102.9055	46 / 2 4 6 Pd 팔라듐 106.4
6	55 / 1 Cs 세슘 132.9054	56 / 2 Ba 바륨 137.34	57～71 ☆ 란탄계열	72 / 4 Hf 하프늄 178.49	73 / 5 Ta 탄탈 180.9479	74 / 6 W 텅스텐 183.85	75 / 1 4 7 Re 레늄 186.2	76 / 2 3 4 8 Os 오스뮴 190.2	77 / 3 4 Ir 이리듐 192.22	78 / 2 4 Pt 백금 195.09
7	87 / 1 Fr 프란슘 (223)[a]	88 / 2 Ra 라듐 226.025[b]	89～103 ★ 악티늄계열	104 Rf 러더포듐 (260)[a]	105 Db 더브늄 (261)[a]	106 Sg 시보귬 (263)[a]	107 Bh 보륨 (262)[a]	108 Hs 하슘 (265)[a]	109 Mt 마이트너륨 (266)[a]	

A : 전형 원소

B : 전이 원소

1A, 2A : 활성 금속

▨ : 양쪽성 물질

→ : 족(group)

↓ : 주기(period)

- 금속원소
- 비금속원소
- 전이원소
- 전이후금속원소
- 준금속원소

Inner transition elements

57 / 3 La 란탄 138.9055	58 / 3 4 Ce 세륨 140.12	59 / 3 Pr 프라세오디뮴 140.9077	60 / 3 Nd 네오디뮴 144.24	61 / 3 Pm 프로메튬 (145)[a]	62 / 2 3 Sm 사마륨 150.4	63 / 2 3 Eu 유로퓸 151.96
89 / 3 Ac 악티늄 (227)[a]	90 / 4 Th 토륨 232.088[b]	91 / 5 Pa 프로트악티늄 231.035[b]	92 / 4 6 U 우라늄 238.029	93 / 4 5 6 Np 넵투늄 237.048[b]	94 / 3 4 5 6 Pu 플루토늄 (242)[a]	95 / 3 Am 아메리슘 (243)[a]

1B	2B	3A	4A	5A	6A	7A	8A(0족)
구리족	아연족	붕소족	탄소족	질소족	산소족	할로겐족	불활성 가스

원자번호 → 6
원소기호 → C
원자가 → 2, ±4
원소명 → 탄소
원자량 → 12.011

1B	2B	3A	4A	5A	6A	7A	8A(0족)
							2 He 0 헬륨 4.00260
		5 B 3 붕소 10.81	6 C 2 ±4 탄소 12.011	7 N ±3 5 질소 14.0067	8 O -2 산소 15.9994	9 F -1 불소 18.998	10 Ne 0 네온 20.179
		13 Al 3 알루미늄 26.98154	14 Si 4 규소 28.086	15 P ±3 5 인 30.9737	16 S -2 4 6 황 32.06	17 Cl -1 3 5 7 염소 35.453	18 Ar 0 아르곤 39.948
29 Cu 1 2 구리 63.546	30 Zn 2 아연 65.38	31 Ga 2 3 갈륨 69.72	32 Ge 4 게르마늄 72.59	33 As ±3 5 비소 74.9216	34 Se -2 4 6 셀레늄 78.96	35 Br -1 3 5 7 브롬 79.904	36 Kr 0 크립톤 83.80
47 Ag 1 은 107.868	48 Cd 2 카드뮴 112.40	49 In 3 인듐 114.82	50 Sn 2 4 주석 118.69	51 Sb 3 5 안티몬 121.75	52 Te -2 4 6 텔레륨 127.60	53 I -1 3 5 7 요오드 126.904	54 Xe 0 크세논 131.30
79 Au 1 3 금 196.9665	80 Hg 1 2 수은 200.59	81 Tl 1 3 탈륨 204.37	82 Pb 2 4 납 207.2	83 Bi 3 5 비스무트 208.9804	84 Po 2 4 폴로늄 (210)[a]	85 At 1 3 5 7 아스타틴 (210)[a]	86 Rn 0 라돈 (222)[a]

※ 수은(Hg)은 실온에서 유일한 액체금속

금속 →|← 비금속

64 Gd 3 가돌리늄 157.25	65 Tb 3 테르븀 158.9254	66 Dy 3 디스프로슘 162.50	67 Ho 3 홀뮴 164.9304	68 Er 3 에르븀 167.26	69 Tm 3 툴륨 168.9342	70 Yb 2 3 이테르븀 173.04	71 Lu 3 루테튬 174.97
96 Cm 3 퀴륨 (247)[a]	97 Bk 3 4 버클륨 (249)[a]	98 Cf 3 칼리포르늄 (251)[a]	99 Es 아인시타이늄 (254)[a]	100 Fm 페르뮴 (253)[a]	101 Md 멘델레븀 (256)[a]	102 No 노벨륨 (254)[a]	103 Lr 로렌슘 (257)[a]

최근 10년간 출제경향 분석(2011년~2020년)

최근 10년간 신규유형 문제의 출제비율은 총 1,740문제 중 173문제로 9.9%(회당 5.97문항)이며, 나머지 총 1,567문제(90.1%)는 중복문제 혹은 유사문제로 출제되었습니다. 즉, 위험물산업기사는 체계적인 기출분석을 통해서 합격이 가능한 시험입니다.

- 20년간의 기출DB를 기반으로 10년 동안 중복문제의 출제문항 수는 1,740문항 중 1,090문항으로 62.6%에 달합니다.

과목	1과목	2과목	3과목	합계
신규문제	66(11.4%)	64(11.0%)	43(7.4%)	173(9.9%)
유사문제	160(27.6%)	137(23.6%)	180(31.0%)	477(27.4%)
중복문제	354(61.0%)	379(65.4%)	357(61.6%)	1,090(62.7%)
합계	80(100%)	580(100%)	580(100%)	1,740(100%)

※ 유사문제는 기존 문제를 변형한 문제 혹은 보기 한두개가 변경된 문제로 기존 출제문제를 학습한 경우 해결할 수 있는 문제입니다.
※ 중복문제는 기존 문제와 동일한 문제입니다.

- 20년간의 기출DB를 기반으로 최근 5년분 기출문제를 학습할 경우 중복문제를 만날 가능성은 60문항 중 평균 14.7문항(24.5%), 10년분 기출문제를 학습할 경우에는 26.6문항(44.4%)이었습니다.

과목	1과목	2과목	3과목	합계
5년분 기출	4.2	5.5	5.0	14.7
10년분 기출	7.4	9.9	9.3	26.6

이로써 10년분 기출문제에 대한 암기학습만 할 경우 합격점수에 해당하는 36점(평균 60점)에는 9문항 이상이 부족하다는 것을 알 수 있습니다. 암기학습뿐 아니라 관련 이론에 대해 최소한의 학습이 있어야만 합격이 가능함을 알 수 있습니다.

과목별 분석

■ 중복유형
■ 신규유형

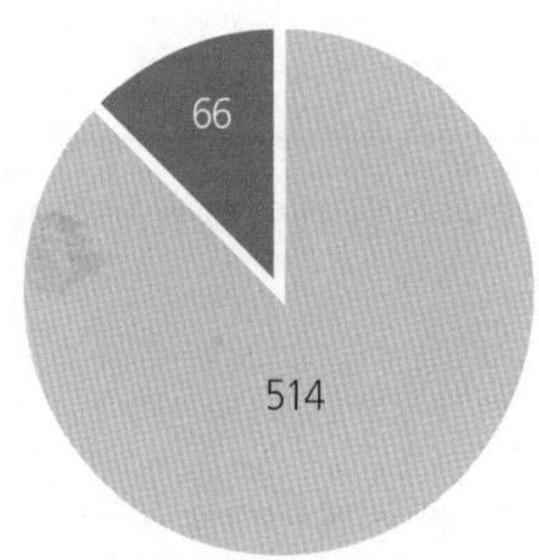

1과목 • 일반화학

10년간 기출문제의 분석 결과 전체 580문제 중 66개 문항은 새로운 유형의 문제이며, 나머지 514문항이 중복유형 문제이다. 중복유형 문제를 유형별로 정리하면 총 138개 유형이다. 즉, 138개의 유형을 학습할 경우 514문항(88.6%)을 해결할 수 있다.

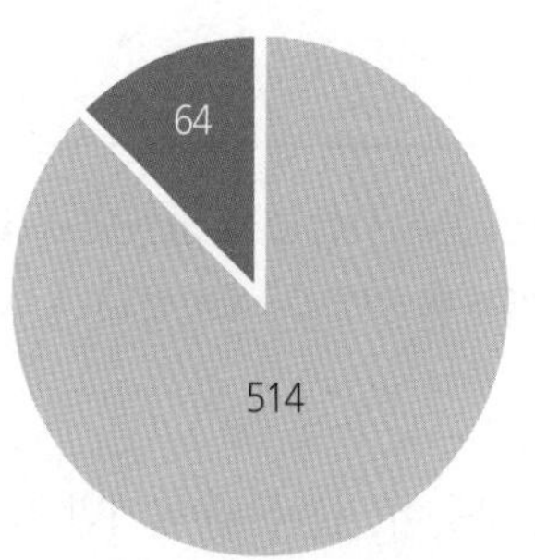

2과목 • 화재예방과 소화방법

10년간 기출문제의 분석 결과 전체 580문제 중 64개 문항은 새로운 유형의 문제이며, 나머지 516문항이 중복유형 문제이다. 중복유형 문제를 유형별로 정리하면 총 100개 유형이다. 즉, 100개의 유형을 학습할 경우 516문항(89.0%)을 해결할 수 있다.

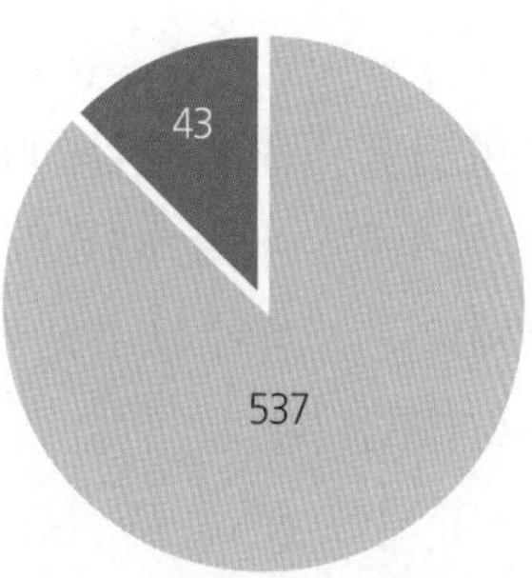

3과목 • 위험물의 성질과 취급

10년간 기출문제의 분석 결과 전체 580문제 중 43개 문항은 새로운 유형의 문제이며, 나머지 537문항이 중복유형 문제이다. 중복유형 문제를 유형별로 정리하면 총 105개 유형이다. 즉, 105개의 유형을 학습할 경우 537문항(92.6%)을 해결할 수 있다.

어떻게 학습할 것인가?

앞서 최근 10년간의 기출문제 분석내용을 확인하였습니다. 이렇게 분석된 데이터를 통하여 가장 효율적인 학습 방법을 연구 검토한 결과를 제시합니다.

분석자료에서 보듯이 기출문제 암기만으로는 합격이 힘듭니다. 10년분 기출문제를 모두 암기하더라도 중복문제는 27문항 정도로, 합격점수인 36점에는 9점 이상이 모자랍니다.

- 기출문제와 함께 18년간 기출문제를 정리한 기본적인 이론을 유형별로 정리한 유형별 핵심이론을 제시합니다. 이론서를 별도로 참고하지 않더라도 기출문제와 관련 해설, 유형별 핵심이론으로 충분히 학습효과를 거둘 수 있을 것입니다.

- 필기 합격 후 치르는 필답형 실기시험은 주관식(단답형 포함)으로 적어야 하는 시험입니다. 필기와는 달리 내용을 완벽하게 이해 및 암기하지 못하면 답을 적을 수가 없습니다. 그런 데 반해 준비기간은 1달 남짓으로 짧아 당회차 합격이 힘듭니다. 그러므로 실기에도 나오는 내용을 필기시험 준비 시 좀 더 집중적으로 보게 된다면 필기는 물론 당회차 실기시험 대비에도 큰 도움이 됩니다. 이에 유형별 핵심이론과 함께 해당 내용이 실기시험에 출제되었는지를 연혁과 함께 표시했습니다.

최소한 2번은 정독하시기 바라며, 틀린 문제는 오답노트를 통해서 다시 한 번 확인하시기를 추천드립니다.

여러분의 위험물산업기사 자격증 취득을 기원합니다.

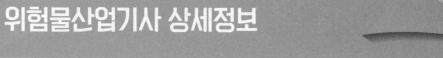

위험물산업기사 상세정보

자격종목

자격명		관련부처	시행기관
위험물산업기사	Industrial Engineer Hazardous material	소방청	한국산업인력공단

검정현황

■ 필기시험

	2013	2014	2015	2016	2017	2018	2019	2020	2021	2022	2023	합계
응시인원	10,711	13,503	16,127	19,475	20,764	20,662	23,292	21,597	25,076	25,227	31,065	227,499
합격인원	4,469	6,355	7,760	7,251	9,818	9,390	11,567	11,622	13,886	13,416	16,089	111,623
합격률	41.7%	47.1%	48.1%	37.2%	47.3%	45.4%	49.7%	53.8%	55.4%	53.2%	51.8%	49.1%

■ 실기시험

	2013	2014	2015	2016	2017	2018	2019	2020	2021	2022	2023	합계
응시인원	5,535	7,316	9,206	9,239	11,200	12,114	14,473	15,985	18,232	17,393	19,878	140,571
합격인원	2,734	5,240	5,453	6,564	6,490	6,635	9,450	8,544	8,691	8,412	9,100	77,313
합격률	49.4%	71.6%	59.2%	71%	57.9%	54.8%	65.3%	53.5%	47.7%	48.4%	45.8%	55.0%

■ 취득방법

구분	필기	실기
시험과목	① 일반화학 ② 화재예방과 소화방법 ③ 위험물의 성질과 취급	위험물 취급 실무
검정방법	객관식 4지 택일형, 과목당 20문항	필답형
합격기준	과목당 100점 만점에 40점 이상, 전 과목 평균 60점 이상	필답형 100점 만점에 60점 이상
■ 필기시험 합격자는 당해 필기시험 발표일로부터 2년간 필기시험이 면제된다.		

시험 접수부터 자격증 취득까지

필기시험

• 큐넷 회원가입후 응시자격 확인 가능

• 원서접수: http://www.q-net.or.kr
• 각 시험의 필기시험 원서접수 일정 확인

• 준비물: 수험표, 신분증, 볼펜, (공학용 계산기)
• 필기시험 일정 및 응시 장소 확인

• 합격발표: http://www.q-net.or.kr
• 각 시험의 합격발표 일정 확인

실기시험

- 원서접수: http://www.q-net.or.kr
- 각 시험의 실기시험 원서접수 일정 확인

- 각 실기시험(필답/작업)의 준비물 확인
- 실기시험 일정 및 응시 장소 확인

- 합격발표: http://www.q-net.or.kr
- 각 시험의 합격발표 일정 확인

- 인터넷 발급: http://www.q-net.or.kr
- 방문 발급: 신분증 지참 후 발급장소(지부/지사) 방문

이 책의 구성

– 회차별 기출문제 시작부분에서 해당 회차 합격률을 보여줍니다.

해당 회차의 합격률을 보여줍니다. 이를 통해 해당 회차의 문제 난이도와 학습 시 자신의 합격 가능성 등을 예측할 수 있습니다.

빠르게 답을 확인할 수 있도록 각 페이지 하단에 해당 페이지 문제의 정답을 보여줍니다.

위/험/물/산/업/기/사/필/기

2020년 8월 22일

2020년 제3회

합격률 59.3%

1과목 일반화학

01 Repetitive Learning (1회 2회 3회) 1104

전자배치가 $1s^2 2s^2 2p^6 3s^2 3p^5$인 원자의 M껍질에는 몇 개의 전자가 들어 있는가?

① 2 ② 4
③ 7 ④ 17

해설

- 전자껍질은 K, L, M, N껍질로 구성되며, M껍질이라면 L껍질을 모두 채운 것으로 원자번호 11번부터의 총 18개의 원소의 전자배치를 의미한다.
- 주어진 원자는 3주기에 해당하는 $3s^2 3p^5$에 총 7개의 원자를 가지고 있다.

전자배치 구조

- 오비탈이라는 전자가 채워지는 공간을 통해 전자껍질을 구성한다.
- 전자껍질은 K, L, M, N껍질로 구성된다.

구분	K껍질	L껍질	M껍질	N껍질
오비탈	1s	2s2p	3s3p3d	4s4p4d4f
오비탈수	1개(1^2)	4개(2^2)	9개(3^2)	16개(4^2)
최대전자	최대 2개	최대 8개	최대 18개	최대 32개

- 오비탈의 종류

s오비탈	최대 2개의 전자를 채울 수 있다.
p오비탈	최대 6개의 전자를 채울 수 있다.
d오비탈	최대 10개의 전자를 채울 수 있다.
f오비탈	최대 14개의 전자를 채울 수 있다.

- 표시방법

$1s^2 2s^2 2p^6 3s^2 3p^6 4s^2 3d^{10} 4p^6$ …로 표시한다.

- 오비탈에 해당하는 s, p, d, f 앞의 숫자는 주기율표상의 주기를 의미한다.
- 오비탈에 해당하는 s, p, d, f 오른쪽 위의 숫자는 전자의 수를 의미한다.
- 항상 앞의 오비탈을 모두 채워야 다음 오비탈이 위치할 수 있다.
- 주기율표와 같이 구성되게 하기 위해 1주기에는 s만, 2주기와 3주기에는 s와 p가, 4주기와 5주기에는 전이원소를 넣기 위해 s, d, p오비탈이 순서대로(이때, d앞의 숫자가 기존 s나 p보다 1적다) 배치된다.

- 대표적인 원소의 전자배치

주기	원소명	원자 번호	표시
1	수소(H)	1	$1s^1$
	헬륨(He)	2	$1s^2$
2	리튬(Li)	3	$1s^2 2s^1$
	베릴륨(Be)	4	$1s^2 2s^2$
	붕소(B)	5	$1s^2 2s^2 2p^1$
	탄소(C)	6	$1s^2 2s^2 2p^2$
	질소(N)	7	$1s^2 2s^2 2p^3$
	산소(O)	8	$1s^2 2s^2 2p^4$
	불소(F)	9	$1s^2 2s^2 2p^5$
	네온(Ne)	10	$1s^2 2s^2 2p^6$

02 Repetitive Learning (1회 2회 3회) 1201

액체 0.2g을 기화시켰더니 그 증기의 부피가 97℃ 740mmHg에서 80mL였다. 이 액체의 분자량에 가장 가까운 값은?

① 40 ② 46
③ 78 ④ 121

해설

- 분자량을 구하는 문제이므로 이상기체 상태방정식에 대입하면 분자량 $= \frac{0.2 \times 0.082 \times (273+97)}{\frac{740}{760} \times 0.08} = \frac{6.068}{0.0779} = 77.89$가 된다.

이상기체 상태방정식

- 특정 압력과 온도에서 기체의 분자량을 구할 때 사용한다.
- 분자량 $M = \frac{질량 \times R \times T}{P \times V}$로 구한다.

이때, R은 이상기체상수로 0.082[atm · L/mol · K]이고,
T는 절대온도(273+섭씨온도)[K]이고,
P는 압력으로 atm 혹은 $\frac{주어진\ 압력[mmHg]}{760mmHg/atm}$이고,
V는 부피[L]이다.

정답 | 01 ③ 02 ③

2020년 제3회 위험물산업기사 487

– 문제마다 출제연혁(실기 출제연혁 포함), 오답해설 및 부가해설, 유형별 핵심이론을 제공합니다.

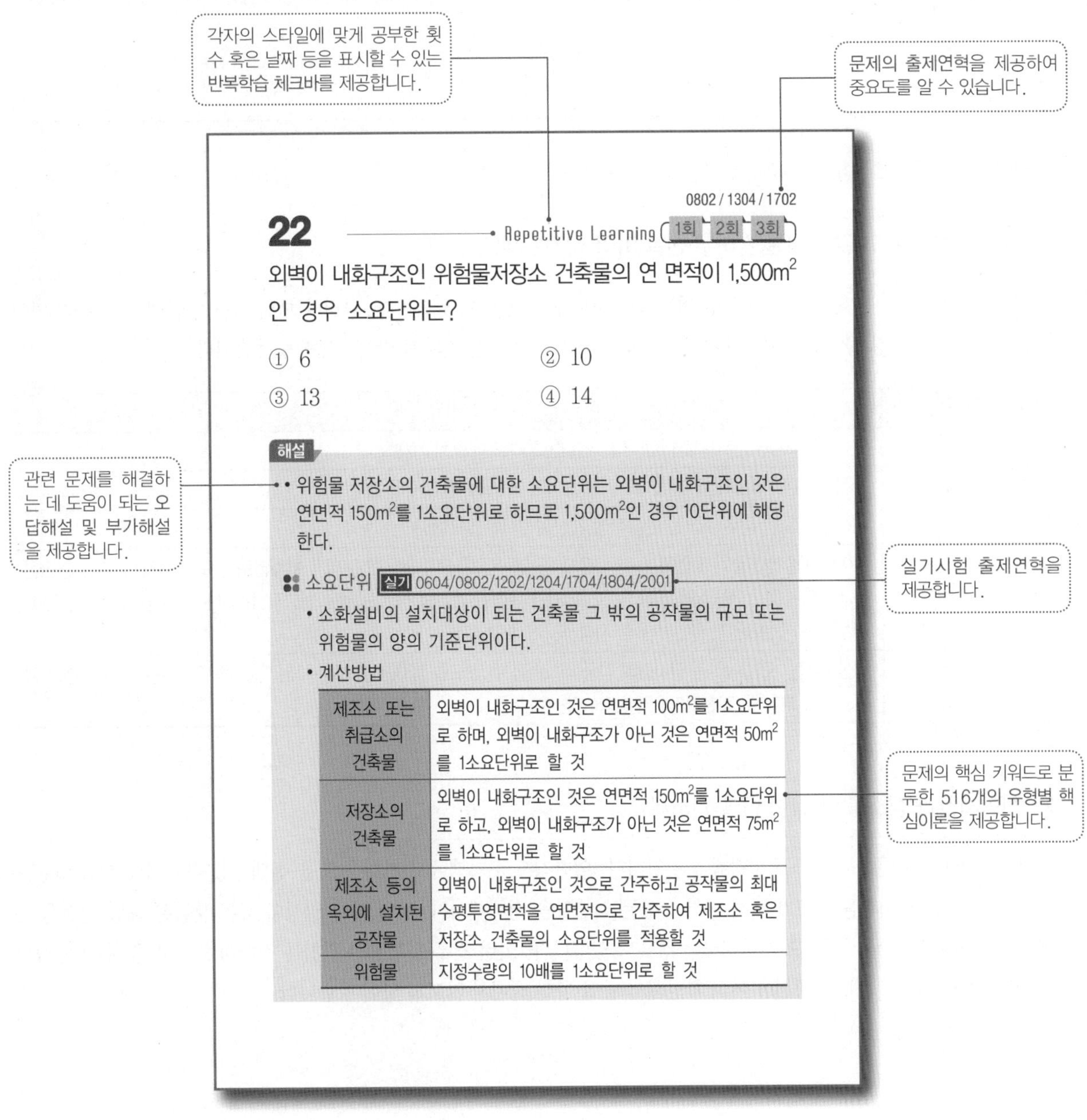

0802 / 1304 / 1702

22 Repetitive Learning (1회 2회 3회)

외벽이 내화구조인 위험물저장소 건축물의 연 면적이 1,500m^{2}인 경우 소요단위는?

① 6 ② 10

③ 13 ④ 14

해설

- 위험물 저장소의 건축물에 대한 소요단위는 외벽이 내화구조인 것은 연면적 150m^{2}를 1소요단위로 하므로 1,500m^{2}인 경우 10단위에 해당한다.

소요단위 실기 0604/0802/1202/1204/1704/1804/2001

- 소화설비의 설치대상이 되는 건축물 그 밖의 공작물의 규모 또는 위험물의 양의 기준단위이다.
- 계산방법

제조소 또는 취급소의 건축물	외벽이 내화구조인 것은 연면적 100m^{2}를 1소요단위로 하며, 외벽이 내화구조가 아닌 것은 연면적 50m^{2}를 1소요단위로 할 것
저장소의 건축물	외벽이 내화구조인 것은 연면적 150m^{2}를 1소요단위로 하고, 외벽이 내화구조가 아닌 것은 연면적 75m^{2}를 1소요단위로 할 것
제조소 등의 옥외에 설치된 공작물	외벽이 내화구조인 것으로 간주하고 공작물의 최대 수평투영면적을 연면적으로 간주하여 제조소 혹은 저장소 건축물의 소요단위를 적용할 것
위험물	지정수량의 10배를 1소요단위로 할 것

시험장 스케치

시험 전날

1. 시험장에 가지고 갈 준비물은 하루 전날 미리 챙겨두세요.

의외로 시험장에 꼭 챙겨야 할 물품을 안 가져와서 허둥대는 분이 꽤 있습니다. 그러다 보면 마음이 급해지고, 하지 않아야 할 실수도 하는 경우가 많으니 미리 챙겨서 편안한 마음으로 좋은 결과를 만들었으면 좋겠습니다.

준비물	비고
수험표	없을 경우 여러 가지로 불편합니다. 수험번호라도 메모해 가세요.
신분증	법정 신분증이 없으면 시험을 볼 수 없습니다. 반드시 챙기셔야 합니다.
볼펜	계산이 필요한 경우 주어진 연습장에 계산을 할 때 필요합니다.
공학용 계산기	위험물산업기사 필기 시험에 지수나 로그 등 복잡한 계산이 필요한 문제가 회차별로 반드시 존재합니다. 간단한 문제라면 주어진 연습장에 계산하셔도 되지만 복잡한 계산의 경우는 계산기를 지참하시는 것이 좋습니다. 공단에서 인정한 계산기인지 확인하신 후 지참하시기 바랍니다.
기타	핵심요약집, 오답노트 등 단시간에 집중적으로 볼 수 있도록 정리한 참고서, 시침과 분침이 있는 손목시계(시험장 정면 상단에 부착) 등도 챙겨가시면 좋습니다.

2. 시험시간과 장소를 다시 한 번 확인하세요.

원서 접수 시에 본인이 시험장을 선택했을 것입니다. 일반적으로 자택에서 가까운 곳을 선택했겠지만 CBT 시험이다 보니 원하는 시간에 시험을 치르기 위해 거리가 있는 시험장을 선택했거나, 당일 다른 일정이 있는 분들은 해당 일정을 수행하기 편리한 장소를 시험장으로 선택하는 경우도 있습니다. 이런 경우 시험장의 위치를 정확히 알지 못할 수가 있습니다. 해당 시험장으로 가는 교통편을 미리 확인해서 당일 아침 헤매지 않도록 하여야 합니다.

시험 당일

1. 시험장에 가능한 일찍 도착하도록 하세요.

집에서 공부할 때에는 주변 여건 등으로 집중적인 학습이 어려웠더라도 시험장에 도착해서부터는 엄청 집중해서 학습이 가능합니다. 짧은 시간이지만 시험 전 잠시 봤던 내용이 시험에 나오면 정말 기분 좋게 정답을 체크할 수 있습니다. 그러니 시험 당일 조금 귀찮더라도 1~2시간 일찍 시험장에 도착해 대기실 한쪽에서라도 미리 준비해 온 정리집(오답노트)으로 마무리 공부를 해 보세요. 집에서 3~4시간 동안 해도 긴가민가하던 암기내용이 시험장에서는 1~2시간 만에 머리에 쏙쏙 들어올 것입니다.

2. 매사에 허둥대는 당신, 수험자 유의사항을 천천히 읽으며 마음을 가다듬도록 하세요.

입실시간이 되어 시험장에 입실하면 감독관 2분이 시험장에 들어오면서 시험준비가 시작됩니다.

인원체크, 시험시작 전 준비, 휴대폰 수거, 계산기 초기화 등 시험과 관련하여 사전에 처리할 일들을 진행합니다. 긴장되는 시간이기도 하고 혹은 쓸데없는 시간이라고 생각할 수도 있습니다. 하지만 감독관 입장에서는 정해진 루틴에 따라 처리해야 하는 업무이고 수험생 입장에서는 어쩔 수 없이 기다려야 하는 시간입니다. 감독관의 안내에 따라 화장실에 다녀오지 않으신 분들은 다녀오신 뒤에 차분히 그동안 공부한 내용들을 기억 속에서 떠올려 보시기 바랍니다.

수험자 정보 확인이 끝나면 수험자 유의사항을 확인할 수 있습니다. 꼼꼼히 읽어보시기 바랍니다. 읽어보시면서 긴장된 마음을 차분하게 정리하시기 바랍니다.

3. 시험시간에 쫓기지 마세요.

위험물산업기사 필기시험은 총 3과목 60문항을 1시간 30분 동안 해결하도록 하고 있습니다.

그러나 CBT 시험이다보니 시험장에 위험물산업기사 외 다른 산업기사 시험을 치르는 분들과 함께 시험을 치르게 됩니다. 그리고 CBT의 경우는 퇴실이 자유롭습니다. 즉, 10분도 되지 않아 시험을 포기하고 일어서서 나가는 분들도 있습니다. 주변 환경에 연연하지 마시고 자신의 페이스대로 시험시간을 최대한 활용하셔서 문제를 풀어나가시기 바랍니다. '혹시라도 나만 남게 되는 것은 아닌가?', '감독관이 눈치 주는 것 아닌가?' 하는 생각들로 인해 시험이 끝나지도 않았는데 서두르다 마킹을 잘못하거나 정답을 알고도 못 쓰는 경우가 허다합니다. 일찍 나가는 분들 중 일부는 열심히 공부해서 충분히 좋은 점수를 내는 분들도 있지만 아무리 봐도 몰라서 그냥 포기하는 분들도 꽤 됩니다. 그런 분들보다는 끝까지 남아서 문제를 풀어가는 당신의 합격 가능성이 더 높습니다. 일찍 나가는 데 연연하지 마시고 당신의 페이스대로 진행하십시오. 시간이 남는다면 문제의 마지막 구절(~옳은 것은? 혹은 잘못된 것은? 등)이라도 다시 한번 체크하면서 점검하시기 바랍니다. 이렇게 해서 실수로 잘못 이해한 문제를 한 두 문제 걸러낼 수 있다면 불합격이라는 세 글자에서 '불'이라는 글자를 떨구어 내는 소중한 시간이 될 수도 있습니다.

4. 처음 체크한 답안이 정답인 경우가 많습니다.

전공자를 제외하고 위험물산업기사 시험을 준비하는 수험생들의 대부분은 최소 5년 이상의 기출문제를 2~3번은 정독하거나 학습한 수험생입니다. 그렇지만 모든 문제를 다 기억하기는 힘듭니다. 시험문제를 읽다 보면 "아, 이 문제 본 적 있어." "답은 2번" 그래서 2번으로 체크하는 경우가 있습니다. 그런데 시간을 두고 꼼꼼히 읽다 보면 다른 문제들과 헷갈리기 시작해서 2번이 아닌 것 같은 생각이 듭니다. 정확하게 암기하지 않아 자신감이 떨어지는 경우이죠. 이런 경우 위아래의 답들과 비교해 보다가 답을 바꾸는 경우가 종종 있습니다. 그런데 사실은 처음에 체크했던 답이 정답인 경우가 더 많습니다. 체크한 답을 바꾸실 때는 정말 심사숙고하셔야 합니다.

5. 찍기라고 해서 아무 번호나 찍어서는 안 됩니다.

우리는 초등학교 시절부터 위험물산업기사 시험을 보고 있는 지금에 이르기까지 수많은 시험을 경험해 온 전문가들입니다. 그렇게 시험을 치르면서 찍기에 통달하신 분도 계시겠지만 정답 찍기는 만만한 경험은 절대 아닙니다. 충분히 고득점을 내는 분들이 아니라면 한두 문제가 합격의 당락을 결정하는 중요한 역할을 하는 만큼 찍기에도 전략이 필요합니다.

일단 아는 문제들은 확실하게 푸셔서 정확한 답안을 만드는 것이 우선입니다. 충분히 시간을 두고 아는 문제들을 모두 해결하셨다면 이제 찍기 타임에 들어갑니다. 남은 문제들은 크게 두 가지 유형으로 구분될 수 있습니다. 첫 번째 유형은 어느 정도 내용을 파악하고 있어서 전혀 말도 되지 않는 보기들을 골라낼 수 있는 문제들입니다. 그런 문제들의 경우는 일단 오답이 확실한 보기들을 골라낸 후 남은 정답 후보들 중에서 자신만의 일정한 기준으로 답을 선택합니다. 그 기준이 너무 흔들릴 경우 답만 피해갈 수 있으므로 어느 정도의 객관적인 기준에 맞도록 적용이 되어야 합니다.

두 번째 유형은, 정말 아무리 봐도 본 적도 없고 답을 알 수 없는 문제들입니다. 문제를 봐도 보기를 봐도 정말 모르겠다면 과감한 선택이 필요합니다. 10여 년 이상 무수한 시험들을 거쳐 온 우리 수험생들은 자기 나름의 방법이 있을 것입니다. 그 방법에 따라 일관되게 답을 선택하시기 바라며, 선택하셨다면 흔들리지 마시고 마킹 후 답안지를 전송하시기 바랍니다.

2020년 4회차부터는 산업기사 필기시험은 모두 CBT 시험으로 변경되어 PC가 설치된 시험장에서 시험을 치르고, 시험종료 후 답안을 전송하면 본인의 점수 확인이 즉시 가능합니다.

답안을 전송하게 되면 과목별 점수와 평균점수, 그리고 필기시험 합격여부가 나옵니다. 만약 합격점수 이상일 경우 합격(예정)이라고 표시됩니다. 이후 필기시험 합격(예정)자에 한해 응시자격을 증빙할 서류를 제출하여야 최종합격자로 분류되어 실기시험에 응시할 자격이 부여됩니다.

합격하셨다면 바로 서류 제출하시고 실기시험을 준비하세요.

이 책의 차례

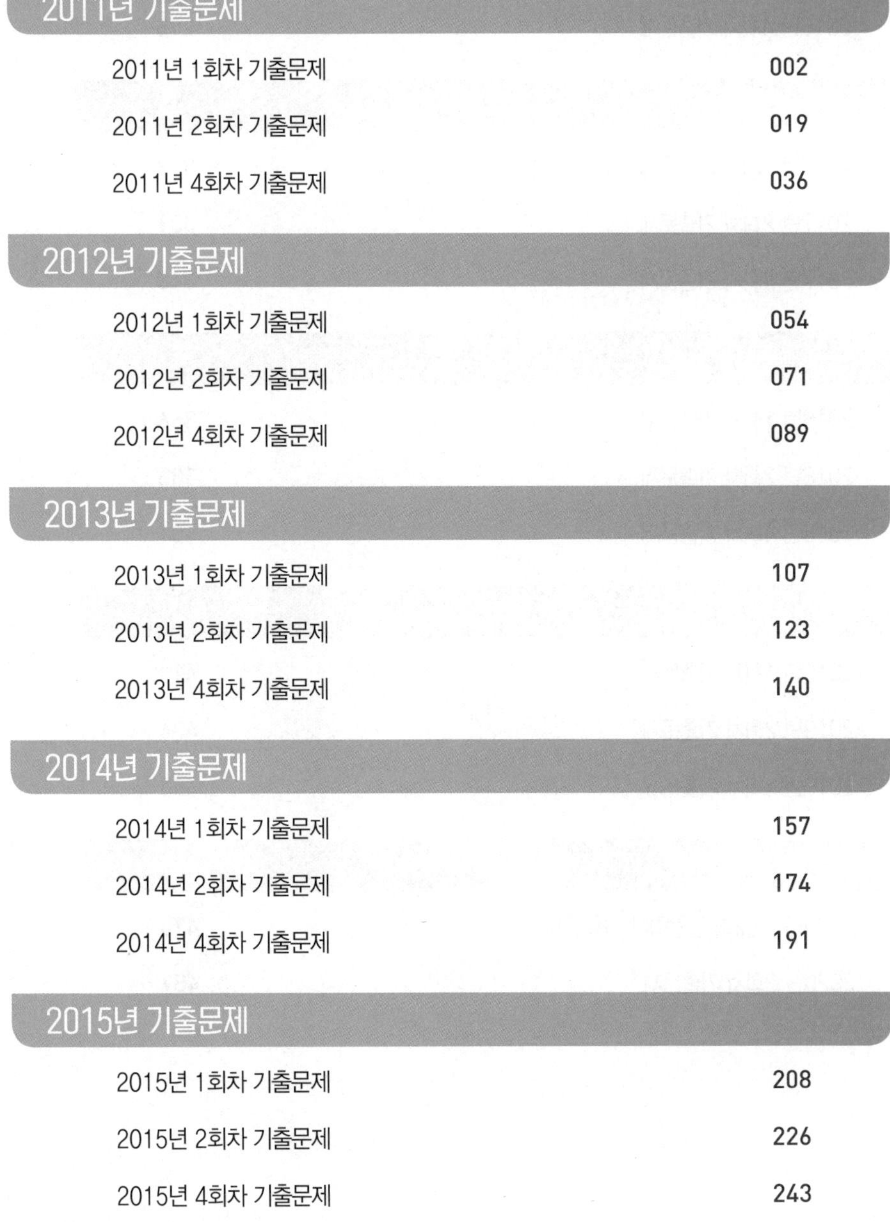

2024 | 한국산업인력공단 **국가기술자격**

고시넷 고패스

위험물산업기사 필기
10년간 기출문제집

위산기 베스트셀러

유형별 핵심이론
관련 실기 출제연혁

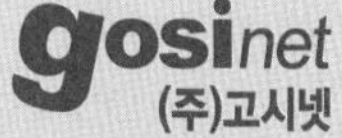

2011년 3월 20일

2011년 제1회

합격률 48.5%

1과목 일반화학

1504

01

Repetitive Learning (1회 2회 3회)

산의 일반적 성질을 옳게 나타낸 것은?

① 쓴 맛이 있는 미끈거리는 액체로 리트머스시험지를 푸르게 한다.
② 수용액에서 OH^- 이온을 내놓는다.
③ 수소보다 이온화 경향이 큰 금속과 반응하여 수소를 발생한다.
④ 금속의 수산화물로서 비전해질이다.

해설

- ①, ②, ④는 모두 염기의 성질을 설명하고 있다.

산(Acid)

- pH가 7보다 작은 물질로 pH 값이 작을수록 산의 세기가 강하다.
- 푸른 리트머스 종이를 붉게 변화시킨다.
- 수용액 속에서 H^+으로 되는 H를 가진 화합물로 다른 물질에 H^+를 줄 수 있다.
- 수용액은 신맛이며 수소보다 이온화 경향이 큰 금속과 반응하여 수소를 발생하는 것이 많다.(Fe, Zn)
- 수소 화합물 중에서 수용액은 전리되어 H^+이온을 방출한다.
- 비공유 전자쌍을 받는 물질이다.

0604 / 1704

02

Repetitive Learning (1회 2회 3회)

탄산음료수의 병마개를 열면 거품이 솟아오르는 이유를 가장 올바르게 설명한 것은?

① 수증기가 생성되기 때문이다.
② 이산화탄소가 분해되기 때문이다.
③ 용기 내부압력이 줄어들어 기체의 용해도가 감소하기 때문이다.
④ 온도가 내려가게 되어 기체가 생성물의 반응이 진행되기 때문이다.

해설

- 헨리의 법칙을 잘 설명하는 좋은 예는 탄산음료의 병마개를 따면 기포(이산화탄소)가 발생하는 현상으로 용기의 내부압력이 줄어들면서 기체의 용해도가 감소하므로 가스가 발생한다.

헨리의 법칙

- 동일한 온도에서, 같은 양의 액체에 용해될 수 있는 기체의 양은 기체의 부분압과 정비례한다는 것이다.
- 탄산음료의 병마개를 따면 거품이 나는 것으로 증명할 수 있다.

0404 / 0701 / 1901

03

Repetitive Learning (1회 2회 3회)

질산칼륨 수용액 속에 소량의 염화나트륨이 불순물로 포함되어 있다. 용해도 차이를 이용하여 이 불순물을 제거하는 방법으로 가장 적당한 것은?

① 증류　　② 막 분리
③ 재결정　　④ 전기분해

해설

- 문제에서 주어진 내용은 엄밀하게는 분별 결정 추출방식에 해당하나 온도에 따른 용해도 차이를 이용하는 방법은 크게 재결정방법으로 분류하므로 재결정으로 본다.

용해도 차이를 이용한 물질의 분리방법

용매에 대한 용해도	거름	• 두 고체 혼합물 중에서 어느 하나의 성분만을 녹이는 용매를 이용해 녹인 후 거름장치로 걸러내는 방법 • 나프탈렌과 소금, 모래와 소금 등
	추출	• 혼합물 중 특정 성분만을 녹이는 용매를 사용하여 그 성분을 분리하는 방법 • 콩속의 지방을 에테르로 녹이는 방법, 감의 떫은맛 성분을 소금물로 녹이는 방법 등
	분리	• 기체 혼합물 중 특정 성분만을 녹이는 용매에 기체 혼합물을 통과시켜 분리하는 방법 • 공기와 암모니아, 대기오염물질 분리 등
온도에 따른 용해도	재결정	• 소량의 불순물이 포함된 고체 물질을 고온의 용매에 녹인 후 냉각시켜 순수한 물질을 얻는 방법 • 천일염에서 정제소금을 얻거나 황산구리 수용액에서 황산 구리 얻는 방법
	분별 결정	• 온도에 따른 용해도 차이가 큰 고체와 작은 고체가 섞인 경우 높은 온도의 용매에 녹인 후 냉각시켜 결정으로 추출하는 방법 • 염화나트륨과 붕산, 질산칼륨과 염화나트륨

01 ③ 02 ③ 03 ③ 정답

0402 / 1701 / 2001

04 — Repetitive Learning (1회 2회 3회)

pH가 2인 용액은 pH가 4인 용액과 비교하면 수소이온농도가 몇 배인 용액이 되는가?

① 100배　　② 2배
③ 10^{-1}배　　④ 10^{-2}배

해설

- pH가 2인 용액의 수소이온농도는 10^{-2} 즉, 0.01이고, pH가 4인 용액의 수소이온농도는 10^{-4}=0.0001이다. 몇 배인지를 물었으므로 $\frac{0.01}{0.0001}=100$배가 된다.

수소이온농도지수(pH)

- 용액 1L 속에 존재하는 수소이온의 g이온수 즉, 몰농도(혹은 N농도×전리도)를 말한다.
- 수소이온은 매우 작은 값으로 존재하므로 수소이온의 역수에 상용로그값을 취하여 사용한다.

$$pH = \log\frac{1}{[H^+]} = -\log[H^+]$$

- 순수한 물의 경우 1기압 25℃에서 수소이온의 농도가 약 10^{-7}g 이온이므로 이를 pH 7 중성이라고 하고, 이보다 클 때 알카리성, 이보다 작을 때 산성이라고 한다.
- 수소이온농도지수[pH]+수산화이온농도지수[pOH]=14이다.

1602

05 — Repetitive Learning (1회 2회 3회)

17g의 NH_3와 충분한 양의 황산이 반응하여 만들어지는 황산암모늄은 몇 g인가? (단, 원소의 원자량은 H : 1, N : 14, O : 16, S : 32이다)

① 66g　　② 106g
③ 115g　　④ 132g

해설

- 반응식을 살펴보면 $2NH_3 + H_2SO_4 \rightarrow (NH_4)_2SO_4$가 된다.
- 즉, 2몰의 암모니아가 1몰의 황산암모늄을 만든다.
- 암모니아의 분자량은 17이고, 황산암모늄의 분자량은 132인데 17g의 암모니아(1몰)로 만들어내는 황산암모늄은 0.5몰이 되어야 하므로 66g이다.

암모니아(NH_3)

- 질소 분자 1몰과 수소분자 3몰이 결합하여 만들어지는 화합물이다.
- 끓는점은 −33.34℃이고, 분자량은 17이다.
- 암모니아 합성식은 $N_2 + 3H_2 \rightarrow 2NH_3$이다.
- 결합각이 107°인 입체 삼각뿔(피라밋) 구조를 하고 있다.

1504 / 1804

06 — Repetitive Learning (1회 2회 3회)

다음 물질 중 환원성이 없는 것은?

① 설탕　　② 엿당
③ 젖당　　④ 포도당

해설

- 당류 중 설탕은 환원성이 없다.

환원성

- 자신은 산화되면서 다른 물질을 환원시키는 성질을 말한다.
- 포도당, 젖당, 과당, 갈락토오스, 엿당 등의 당류는 환원성을 가지나, 설탕은 환원성을 갖지 않아 환원당 검출반응 용액인 베네딕트 용액으로 검출이 불가능하다.

07 — Repetitive Learning (1회 2회 3회)

TNT는 어느 물질로부터 제조하는가?

① COOH (벤젠고리)　　② OH (벤젠고리)
③ CH_3 (벤젠고리)　　④ NH_2 (벤젠고리)

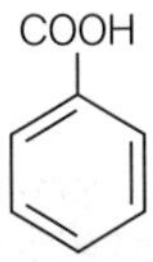

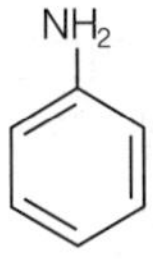

해설

- TNT의 재료로 사용되는 것은 톨루엔이고 톨루엔은 벤젠에서 수소 하나가 메틸기($-CH_3$)로 대체된 형태이다.

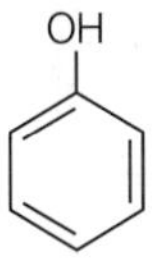

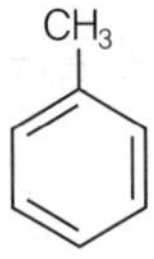

TNT[트리니트로톨루엔, $C_6H_2CH_3(NO_2)_3$]

- 톨루엔($C_6H_5CH_3$)이 질산과 반응하여 황산의 니트로화 작용에 의해 생성되었다.

$$C_6H_5CH_3 + 3HNO_3 \xrightarrow[\text{니트로화}]{C-H_2SO_4} C_6H_2(NO_2)_3CH_3 + 3H_2O$$

- 구조식은 다음과 같다.

톨루엔($C_6H_5CH_3$)	TNT($C_6H_2CH_3(NO_2)_3$)
 CH_3 (벤젠고리)	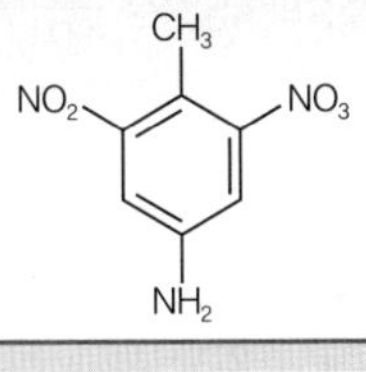 CH_3, NO_2, NO_3, NH_2 (벤젠고리)

정답 | 04 ① 05 ① 06 ① 07 ③

0404

08 Repetitive Learning (1회 2회 3회)

염소산칼륨을 가열하여 산소를 만들 때 촉매로 쓰이는 이산화망간의 역할은 무엇인가?

① KCl을 산화시킨다.
② 역반응을 일으킨다.
③ 반응속도를 증가시킨다.
④ 산소가 더 많이 나오게 한다.

해설

- 이산화망간은 과산화수소나 염소산칼륨을 분해하여 산소를 만드는 반응에서 촉매로 역할하며, 활성화에너지를 감소시켜 분해를 빠르게 진행시킨다.

염소산칼륨($KClO_3$)의 열분해

- 반응식은 $2KClO_3 \rightarrow 2KCl + 3O_2$으로, 산소를 얻기 위해 주로 사용하는 방법이다.
- 이산화망간(MnO_2)을 촉매로 사용하면 분해가 빠르게 진행되어 반응속도가 빨라진다.

0801 / 1901

09 Repetitive Learning (1회 2회 3회)

20%의 소금물을 전기분해하여 수산화나트륨 1몰을 얻는 데는 1A의 전류를 몇 시간 통해야 하는가?

① 13.4 ② 26.8
③ 53.6 ④ 104.2

해설

- 수산화나트륨 1몰을 얻기 위해서는 1F의 전기량이 필요하다.
- 1F의 전기량은 96,500[C]이고, 1[A]의 전류가 96,500[초] 흐를 때의 전기량이다.
- 96,500초는 26.81시간이다.

전기화학반응

- 1F의 전기량은 물질 1g당량을 석출하는데 필요한 전기량이다.
- 1F의 전기량은 전자 1몰이 갖는 전하량으로 96,500[C]의 전하량을 갖는다.
- 물질의 g당량은 $\frac{\text{원자량}}{\text{원자가}}$로 구한다.

1802

10 Repetitive Learning (1회 2회 3회)

다음 중 가수분해가 되지 않는 염은?

① NaCl ② NH_4Cl
③ CH_3COONa ④ CH_3COONH_4

해설

- 강산과 강염기로 결합된 염(NaCl, $NaNO_3$, Na_2SO_4, KNO_3 등)의 경우에는 가수분해가 되지 않는다.

가수분해

- 염이 물에 녹아 산과 염기로 분리되는 반응을 말한다.
- 강산과 강염기로 결합된 염(NaCl, $NaNO_3$, Na_2SO_4, KNO_3 등)의 경우에는 가수분해가 되지 않는다.
- 음식물의 지방이 가수분해 효소인 리파아제에 의해 글리세린과 지방산으로 분해되는 것이 일상생활에서 확인 가능한 가수분해의 예이다.

11 Repetitive Learning (1회 2회 3회)

알칼리 금속에 대한 설명 중 틀린 것은?

① 칼륨은 물보다 가볍다.
② 나트륨의 원자번호는 11이다.
③ 나트륨의 칼로 자를 수 있다.
④ 칼륨은 칼슘보다 이온화에너지가 크다.

해설

- 칼륨(K)은 칼슘(Ca)보다 주기율표 상에서 왼쪽에 위치한다.

이온화에너지

- 안정된 상태에 해당하는 바닥상태의 원자에서 전자를 제거하는데 필요한 에너지를 말한다.
- 전기음성도가 클수록 이온화에너지는 크다.
- 가전자와 양성자간의 인력이 클수록 이온화에너지는 크다.
- 일반적으로 주기율표에서 왼쪽으로 갈수록 양이온이 되기 쉬우므로 이온화에너지는 그만큼 작아진다.
- 일반적으로 같은 족인 경우 아래쪽으로 갈수록 원자핵으로부터 멀어지기 때문에 전자를 쉽게 제거 가능하여 이온화에너지는 작아진다.

08 ③ 09 ② 10 ① 11 ④ 정답

1402

12

Repetitive Learning (1회 2회 3회)

11g의 프로판이 연소하면 몇 g의 물이 생기는가?

① 4　　② 4.5
③ 9　　④ 18

해설

- 프로판의 완전연소식을 보면 $C_3H_8 + 5O_2 \rightarrow 3CO_2 + 4H_2O$이다. 즉, 1몰의 프로판을 완전연소시키면 4몰의 물이 생성된다.
- 프로판 1몰의 무게는 44로 44g을 완전연소시키면 생성되는 물의 질량은 18×4=72g이 된다.
- 11g을 연소하면 $\frac{72}{4} = 18$g이 된다.

프로판(C_3H_8)

- 알케인계 탄화수소의 한 종류이다.
- 특이한 냄새를 갖는 무색기체이다.
- 녹는점은 −187.69℃, 끓는점은 −42.07℃이고 분자량은 44이다.
- 물에는 약간, 알코올에 중간, 에테르에 잘 녹는다.
- 완전연소식 : $C_3H_8 + 5O_2 \rightarrow 3CO_2 + 4H_2O$: 이산화탄소+물

13

Repetitive Learning (1회 2회 3회)

원자번호가 19이며 원자량이 39인 K 원자의 중성자와 양성자수는 각각 몇 개인가?

① 중성자 19, 양성자 19
② 중성자 20, 양성자 19
③ 중성자 19, 양성자 20
④ 중성자 20, 양성자 20

해설

- 원자번호가 19라는 것은 양성자의 수가 19라는 것을 의미하고, 원자량이 39라고 했으므로 중성자의 수는 20이 된다.

원자번호(Atomic number)와 원자량(Atomic mass)

- 원자번호는 원자핵의 양성자수이자 중성원자의 총 전자수와 같다.
- 질량수=양성자의 수+중성자의 수로 구한다.
- 원자량은 6개의 양성자와 6개의 중성자로 구성되는 질량수 12인 탄소($_{12}C$)의 원자 질량을 12로 정한 조건에서 다른 원소의 비교질량을 원자량으로 나타낸다.

1804

14

Repetitive Learning (1회 2회 3회)

이상기체상수 R값이 0.082라면 그 단위로 옳은 것은?

① $\frac{atm \cdot mol}{L \cdot K}$　　② $\frac{mmHg \cdot mol}{L \cdot K}$
③ $\frac{atm \cdot L}{mol \cdot K}$　　④ $\frac{mmHg \cdot L}{mol \cdot K}$

해설

- 이상기체상수에 맞게 이상기체상태방정식을 전개하면 $R = \frac{P \times V}{몰수 \times T}$가 된다. 즉, $\frac{압력과\ 부피}{몰수와\ 절대온도}$가 되므로 관련된 단위를 찾으면 된다.

이상기체 상태방정식

- 특정 압력과 온도에서 기체의 분자량을 구할 때 사용한다.
- 분자량 $M = \frac{질량 \times R \times T}{P \times V}$로 구한다.

  이때, R은 이상기체상수로 0.082[atm · L/mol · K]이고,
  T는 절대온도(273+섭씨온도)[K]이고,
  P는 압력으로 atm 혹은 $\frac{주어진\ 압력[mmHg]}{760mmHg/atm}$이고,
  V는 부피[L]이다.

15

Repetitive Learning (1회 2회 3회)

부틸알코올과 이성질체인 것은?

① 메틸알코올　　② 디에틸에테르
③ 아세트산　　④ 아세트알데히드

해설

- 부틸알코올(C_4H_9OH)과 디에틸에테르($C_2H_5OC_2H_5$)는 이성질체이다.

이성질체

- 분자식은 같지만 서로 다른 물리/화학적 성질을 갖는 분자를 말한다.
- 구조이성질체는 원자의 연결순서가 달라 분자식은 같지만 시성식이 다른 이성질체이다.
- 광학이성질체는 같은 분자식을 가지면서 각각을 서로 겹치게 할 수 없는 거울상의 구조를 갖는 분자로 거울상 이성질체라고도 한다.
- 기하 이성질체란 서로 대칭을 이루지만 구조가 서로 같지 않을 수 있는 이성질체를 말한다.($CH_3CH = CHCH_3$와 같이 3중결합으로 대칭을 이루지만 CH_3와 CH의 위치에 따라 구조가 서로 같지 않을 수 있는 물질)

정답 | 12 ④　13 ②　14 ③　15 ②

16

Repetitive Learning (1회 2회 3회)

2가의 금속이온을 함유하는 전해질을 전기분해하여 1g당량이 20g임을 알았다. 이 금속의 원자량은?

① 40 ② 20
③ 22 ④ 18

해설

- 물질의 g당량은 $\frac{원자량}{원자가}$이므로 원자량은 g당량×원자가이므로 40g이 된다.

전기화학반응

문제 09번의 유형별 핵심이론 참조

1902

17

Repetitive Learning (1회 2회 3회)

자철광 제조법으로 빨갛게 달군 철에 수증기를 통할 때의 반응식으로 옳은 것은?

① $3Fe+4H_2O \rightarrow Fe_3O_4+4H_2$

② $2Fe+3H_2O \rightarrow Fe_2O_3+3H_2$

③ $Fe+H_2O \rightarrow FeO_4+H_2$

④ $Fe+2H_2O \rightarrow FeO_2+2H_2$

해설

- 자철광의 주성분은 4산화3철(Fe_3O_4)를 의미한다.

산화철의 종류와 구분

구분	화학식	특징
산화철(Ⅱ)	FeO	• 1산화철이라고도 한다. • 산화철(Ⅲ)을 수소로 환원하여 얻는다.
산화철(Ⅲ)	Fe_2O_3	• 3산화2철이라고도 한다. • 적철석의 주성분이다. • 철을 공기 중에서 가열하여 얻는다.
사산화삼철	Fe_3O_4	• 자철석의 주성분이다. • 뜨거운 철에 수증기를 접촉시켜 만든다.

1401

18

Repetitive Learning (1회 2회 3회)

물 36g을 모두 증발시키면 수증기가 차지하는 부피는 표준상태를 기준으로 몇 L인가?

① 11.2L ② 22.4L
③ 33.6L ④ 44.8L

해설

- 표준상태에서 기체 1몰의 부피는 22.4L인데 36g의 수증기(H_2O)는 2몰이므로 44.8L가 된다.

표준상태에서 기체의 부피

- 기체 1몰의 부피는 표준상태(0℃, 1기압)에서 0.0825×(273+0℃)=22.386으로 약 22.4L이다.

1902

19

Repetitive Learning (1회 2회 3회)

먹물에 아교를 약간 풀어주면 탄소 입자가 쉽게 침전되지 않는다. 이 때 가해준 아교를 무슨 콜로이드라 하는가?

① 서스펜션 ② 소수
③ 에멀젼 ④ 보호

해설

- 먹물은 대표적인 소수 콜로이드로 불안정해 쉽게 앙금이 생기지만 아교와 같은 친수 콜로이드를 첨가하면 쉽게 침전되지 않는다. 이런 것을 보호 콜로이드라고 한다.

콜로이드

㉠ 개요

- 지름이 10^{-7}~10^{-5}cm 크기의 콜로이드 입자(미립자)들이 액체 중에 분산되어 있는 용액을 말한다.
- 콜로이드 입자는 빛을 산란시켜 빛의 진로를 보이게 하는 틴들 현상을 보인다.
- 입자가 용해되지 않는 상태를 말한다.
- 콜로이드 입자는 (+) 또는 (-)로 대전하고 있다.

㉡ 물에서의 안정도를 기준으로 한 구분

구분	특징
소수	• 물과의 친화력이 낮다. • 물속에서 불안정해 쉽게 앙금이 생긴다.(엉김) • 먹물, 금속, 황, 철 등의 무기물질이 대표적이다.
친수	• 물과의 친화력이 높다. • 다량의 전해질에 의해서만 앙금이 생긴다.(염석) • 녹말, 아교, 단백질 등의 유기물질이 대표적이다.
보호	• 소수 콜로이드에 가해주는 친수 콜로이드를 말한다. • 소수 콜로이드에 친수 콜로이드를 조금 첨가할 경우 소수 콜로이드가 안정화되므로 앙금이 잘생기지 않는다.

16 ① 17 ① 18 ④ 19 ④ | 정답

0701 / 1504

20

Repetitive Learning (1회 2회 3회)

같은 주기에서 원자번호가 증가할수록 감소하는 것은?

① 이온화에너지　　② 원자반지름
③ 비금속성　　④ 전기음성도

해설

- 같은 주기의 원자인 경우 일반적으로 주기율표에서 왼쪽에 해당하는 알칼리 금속쪽이 반지름이 크고 오른쪽으로 갈수록 작아진다.

원자와 이온의 반지름

- 같은 족인 경우 원자번호가 커질수록 반지름은 커진다.
- 같은 주기의 원자인 경우 일반적으로 주기율표에서 왼쪽에 해당하는 알칼리 금속쪽이 반지름이 크다.
- 전자의 수가 같더라도 전자를 잃어서 양이온이 된 경우의 반지름은 전자를 얻어 음이온이 된 경우보다 더 작다.(예를 들어 S^{2-}, Cl^-, K^+, Ca^{2+}는 모두 전자의 수가 18개이지만 반지름은 $S^{2-} > Cl^- > K^+ > Ca^{2+}$순이 된다)

2과목 화재예방과 소화방법

0402 / 2001

21

Repetitive Learning (1회 2회 3회)

점화원 역할을 할 수 없는 것은?

① 기화열　　② 산화열
③ 정전기불꽃　　④ 마찰열

해설

- 자연발화를 일으키는 원인에 해당하는 산화열, 분해열, 중합열, 흡착열, 미생물에 의한 발열 등은 점화원이 될 수 있다.

연소이론

- 연소란 화학반응의 한 종류로, 가연물이 산소 중에서 산화반응을 하여 열과 빛을 발산하는 현상을 말한다.
- 연소의 3요소에는 가연물, 산소공급원, 점화원이 있다.
- 연소범위가 넓을수록 연소위험이 크다.
- 착화온도가 낮을수록 연소위험이 크다.
- 가연성 액체를 발화점 이상으로 공기 중에서 가열하면 별도의 점화원이 없어도 발화할 수 있다.

0802 / 1304 / 1702

22

Repetitive Learning (1회 2회 3회)

외벽이 내화구조인 위험물저장소 건축물의 연 면적이 1,500m^{2}인 경우 소요단위는?

① 6　　② 10
③ 13　　④ 14

해설

- 위험물 저장소의 건축물에 대한 소요단위는 외벽이 내화구조인 것은 연면적 150m^{2}를 1소요단위로 하므로 1,500m^{2}인 경우 10단위에 해당한다.

소요단위 실기 0604/0802/1202/1204/1704/1804/2001

- 소화설비의 설치대상이 되는 건축물 그 밖의 공작물의 규모 또는 위험물의 양의 기준단위이다.
- 계산방법

구분	기준
제조소 또는 취급소의 건축물	외벽이 내화구조인 것은 연면적 100m^{2}를 1소요단위로 하며, 외벽이 내화구조가 아닌 것은 연면적 50m^{2}를 1소요단위로 할 것
저장소의 건축물	외벽이 내화구조인 것은 연면적 150m^{2}를 1소요단위로 하고, 외벽이 내화구조가 아닌 것은 연면적 75m^{2}를 1소요단위로 할 것
제조소 등의 옥외에 설치된 공작물	외벽이 내화구조인 것으로 간주하고 공작물의 최대수평투영면적을 연면적으로 간주하여 제조소 혹은 저장소 건축물의 소요단위를 적용할 것
위험물	지정수량의 10배를 1소요단위로 할 것

1701

23

Repetitive Learning (1회 2회 3회)

분말소화약제의 분해반응식이다. (　　) 안에 알맞은 것은?

$$2NaHCO_3 \rightarrow (\quad) + CO_2 + H_2O$$

① $2NaCO$　　② $2NaCO_2$
③ Na_2CO_3　　④ Na_2CO_4

해설

- 탄산수소나트륨이 열분해되면 탄산나트륨(Na_2CO_3), 이산화탄소, 물로 분해된다.

제1종 분말소화약제 실기 0501/0602/0701/0801/0901/1204/1301/1404/1502/1504/1601/1602/1701/1801/1904/2003/2101

- 탄산수소나트륨($NaHCO_3$)을 주성분으로 하는 소화약제로 BC급 화재에 적응성을 갖는 착색색상은 백색인 소화약제이다.
- 탄산수소나트륨이 열분해되면 탄산나트륨, 이산화탄소, 물로 분해된다.($2NaHCO_3 \xrightarrow{\Delta} Na_2CO_3 + CO_2 + H_2O$)
- 분해 시 생성되는 이산화탄소와 수증기에 의한 질식효과, 수증기에 의한 냉각효과 및 열방사의 차단효과 등이 작용한다.

정답 | 20 ② 21 ① 22 ② 23 ③

24
Repetitive Learning (1회 2회 3회)

$(C_2H_5)_3Al$의 화재 예방법이 아닌 것은?

① 자연발화방지를 위해 얼음 속에 보관한다.
② 공기와의 접촉을 피하기 위해 불연성 가스를 봉입한다.
③ 용기는 밀봉하여 저장한다.
④ 화기의 접근을 피하여 저장한다.

해설

- 트리에틸알루미늄은 물과 접촉할 경우 폭발적으로 반응하여 수산화알루미늄과 에탄가스를 생성하므로 보관 시 주의한다.

트리에틸알루미늄[$(C_2H_5)_3Al$] 실기 0502/0804/0904/1004/1101/1104/1202/1204/1304/1402/1404/1602/1704/1804/1902/1904/2001/2003

- 알킬기(C_nH_{2n+1})와 알루미늄의 화합물로 자연발화성 및 금수성 물질에 해당하는 제3류 위험물이다.
- 지정수량은 10kg이고, 위험등급은 Ⅰ이다.
- 무색 투명한 액체로 물, 에탄올과 폭발적으로 반응한다.
- 물과 접촉할 경우 폭발적으로 반응하여 수산화알루미늄과 에탄가스를 생성하므로 보관 시 주의한다.(반응식 : $(C_2H_5)_3Al+3H_2O \rightarrow Al(OH)_3+3C_2H_6$)
- 화재 시 발생되는 흰 연기는 인체에 유해하며, 소화는 팽창질석, 팽창진주암 등이 가장 효율적이다.

1902

25
Repetitive Learning (1회 2회 3회)

ABC급 화재에 적응성이 있으며 부착성이 좋은 메타인산을 만드는 분말소화약제는?

① 제1종　② 제2종
③ 제3종　④ 제4종

해설

- 제3종 분말소화약제는 제1인산암모늄($NH_4H_2PO_4$)을 주성분으로 하는 소화약제로 ABC급 화재에 적응성이 있으며 열에 의해 메타인산(HPO_3), 암모니아, 물로 분해된다.

제3종 분말소화약제 실기 0501/0602/0701/0801/0901/1204/1301/1404/1502/1504/1601/1602/1701/1801/1904/2003/2101

- 제1인산암모늄($NH_4H_2PO_4$)을 주성분으로 하는 소화약제로 ABC급 화재에 적응성이 있으며 착색색상은 담홍색인 소화약제이다.
- 가연물의 표면에 피막을 형성하여 산소의 유입을 차단시킨다.
- 발수제로 실리콘 오일을 첨가한다.
- 인산암모늄이 열분해되면 메타인산, 암모니아, 물로 분해되는데, 이중 메타인산(HPO_3)이 부착성 있는 막을 만드는 방진효과로 A급화재 진화에 기여를 한다.
  ($NH_4H_2PO_4 \xrightarrow[\triangle]{} HPO_3+NH_3+H_2O$)

0701 / 1401 / 2003

26
Repetitive Learning (1회 2회 3회)

드라이아이스 1kg이 완전히 기화하면 약 몇 몰의 이산화탄소가 되겠는가?

① 22.7　② 51.3
③ 230.1　④ 515.0

해설

- 드라이아이스는 이산화탄소(CO_2)를 의미한다. 1몰의 무게가 44g이다. 드라이아이스 1kg은 $\frac{1000}{44}=22.72$몰에 해당한다.

드라이아이스

- 고체로 된 이산화탄소(CO_2)이다.
- 승화점은 −78.5℃이고, 기화열은 571kJ/kg이다.
- 얼음보다 차갑고 상태 변화 시 수분을 남기지 않아 냉각제로 사용된다.

0404 / 1401

27
Repetitive Learning (1회 2회 3회)

위험물제조소 등에 설치하는 이산화탄소소화설비의 기준으로 틀린 것은?

① 저장용기의 충전비는 고압식에 있어서는 1.5 이상 1.9 이하, 저압식에 있어서는 1.1 이상 1.4 이하로 한다.
② 저압식 저장용기에는 2.3MPa 이상 및 1.9MPa 이하의 압력에서 작동하는 압력경보장치를 설치한다.
③ 저압식 저장용기에는 용기내부의 온도를 −20℃ 이상, −18℃ 이하로 유지할 수 있는 자동냉동기를 설치한다.
④ 기동용 가스용기는 20MPa 이상의 압력에 견딜 수 있는 것이어야 한다.

해설

- 기동용 가스용기 및 해당 용기에 사용하는 밸브는 25MPa 이상의 압력에 견딜 수 있는 것으로 하여야 한다.

이산화탄소소화설비 중 가스압력식 기동장치의 기준

- 기동용 가스용기 및 해당 용기에 사용하는 밸브는 25MPa 이상의 압력에 견딜 수 있는 것으로 할 것
- 기동용 가스용기에는 내압시험압력의 0.8배부터 내압시험압력 이하에서 작동하는 안전장치를 설치할 것
- 기동용 가스용기의 용적은 5L 이상으로 하고, 해당 용기에 저장하는 질소 등의 비활성기체는 6.0MPa 이상(21℃ 기준)의 압력으로 충전할 것
- 기동용 가스용기에는 충전여부를 확인할 수 있는 압력게이지를 설치할 것

24 ① 25 ③ 26 ① 27 ④ | 정답

1904

28 ――― Repetitive Learning (1회 2회 3회)

마그네슘 분말의 화재 시 이산화탄소 소화약제는 소화적응성이 없다. 그 이유로 가장 적합한 것은?

① 분해반응에 의하여 산소가 발생하기 때문이다.
② 가연성의 일산화탄소 또는 탄소가 생성되기 때문이다.
③ 분해반응에 의하여 수소가 발생하고 이 수소는 공기 중의 산소와 폭명반응을 하기 때문이다.
④ 가연성의 아세틸렌가스가 발생하기 때문이다.

해설

- 마그네슘은 이산화탄소를 분해시켜 가연성의 일산화탄소 또는 탄소를 생성시키는 반응성이 큰 금속(Na, K, Mg, Ti 등)으로 이산화탄소 소화약제에 소화적응성이 없다.

이산화탄소 소화기 사용 제한

- 자기반응성 물질인 제5류 위험물과 같이 자체적으로 산소를 가지고 있는 물질 화재
- 이산화탄소를 분해시켜 가연성의 일산화탄소 또는 탄소를 생성시키는 반응성이 큰 금속(Na, K, Mg, Ti 등)과 금속수소화물(LiH, NaH 등) 화재
- 밀폐되어 방출할 경우 인명 피해가 우려되는 곳의 화재

1402

29 ――― Repetitive Learning (1회 2회 3회)

알코올 화재 시 수성막포소화약제는 효과가 없다. 그 이유로 가장 적당한 것은?

① 알코올이 수용성이어서 포를 소멸시키므로
② 알코올이 반응하여 가연성 가스를 발생하므로
③ 알코올 화재 시 불꽃의 온도가 매우 높으므로
④ 알코올이 포소화약제와 발열반응을 하므로

해설

- 알코올 화재에서 수성막포소화약제를 사용하면 알코올이 수용성이어서 수성막포를 소멸시키므로 소화효과가 떨어져 사용하지 않는다.

수성막포소화약제

- 불소계 계면활성제와 물을 혼합하여 거품을 형성한다.
- 계면활성제를 이용하여 물보다 가벼운 인화성 액체 위에 물이 떠 있도록 한 것이다.
- B급 화재인 유류화재에 우수한 성능을 발휘한다.
- 분말소화약제와 함께 사용하여도 소포현상이 일어나지 않아 트윈 에이전트 시스템에 사용된다.
- 알코올 화재에서는 알코올이 수용성이어서 포를 소멸(소포성)시키므로 효과가 낮다.

30 ――― Repetitive Learning (1회 2회 3회)

산소공급원으로 작용할 수 없는 위험물은?

① 과산화칼륨 ② 질산나트륨
③ 과망간산칼륨 ④ 알킬알루미늄

해설

- 과산화칼륨, 질산나트륨, 과망간산칼륨은 모두 제1류 위험물로 산소공급원이 될 수 있다.
- 알킬알루미늄은 제3류 위험물로 산소공급원이 될 수 없다.

산소공급원

- 연소의 3요소 중 하나이다.
- 공기, 산화제(제1류, 제6류 위험물), 자기반응성물질(제5류 위험물) 등이 해당한다.

0704 / 1504

31 ――― Repetitive Learning (1회 2회 3회)

위험물제조소 등에 옥내소화전이 1층에 6개, 2층에 5개, 3층에 4개가 설치되었다. 이 때 수원의 수량은 몇 m^3 이상이 되도록 설치하여야 하는가?

① 23.4 ② 31.8
③ 39.0 ④ 46.8

해설

- 옥내소화전설비에서 수원의 수량은 옥내소화전이 가장 많이 설치된 층의 옥내소화전 설치개수(설치개수가 5개 이상인 경우는 5개)에 $7.8m^3$를 곱한 양 이상이 되어야 하므로 1층에 6개로 5개 이상이므로 $5 \times 7.8 = 39m^3$ 이상이 되어야 한다.

옥내소화전설비의 설치기준 실기 1301/1304/1701/1702/1804

- 옥내소화전은 제조소등의 건축물의 층마다 당해 층의 각 부분에서 하나의 호스접속구까지의 수평거리가 25m 이하가 되도록 설치할 것. 이 경우 옥내소화전은 각층의 출입구 부근에 1개 이상 설치하여야 한다.
- 수원의 수량은 옥내소화전이 가장 많이 설치된 층의 옥내소화전 설치개수(설치개수가 5개 이상인 경우는 5개)에 $7.8m^3$를 곱한 양 이상이 되도록 설치할 것
- 옥내소화전설비는 각층을 기준으로 하여 당해 층의 모든 옥내소화전(설치개수가 5개 이상인 경우는 5개의 옥내소화전)을 동시에 사용할 경우에 각 노즐선단의 방수압력이 350kPa 이상이고 방수량이 1분당 260L 이상의 성능이 되도록 할 것
- 옥내소화전설비에는 비상전원을 설치할 것

정답 | 28 ② 29 ① 30 ④ 31 ③

1701

32 Repetitive Learning (1회 2회 3회)

탄산수소칼륨 소화약제가 열분해 반응 시 생성되는 물질이 아닌 것은?

① K_2CO_3 ② CO_2

③ H_2O ④ KNO_3

해설

- 제2종 분말소화약제는 탄산수소칼륨($KHCO_3$)을 주성분으로 하는 소화약제로 열에 의해 탄산칼륨, 이산화탄소, 물로 분해된다.

▣ 제2종 분말소화약제 실기 0501/0602/0701/0801/0901/1204/1301/1404/1502/1504/1601/1602/1701/1801/1904/2003/2101

- 탄산수소칼륨($KHCO_3$)을 주성분으로 하는 소화약제로 BC급 화재에 적응성을 갖는 착색색상은 담회색인 소화약제이다.
- 탄산수소칼륨이 열분해되면 탄산칼륨, 이산화탄소, 물로 분해된다. ($2KHCO_3 \xrightarrow{\triangle} K_2CO_3 + CO_2 + H_2O$)
- 분해 시 생성되는 이산화탄소와 수증기에 의한 질식효과, 수증기에 의한 냉각효과 및 열방사의 차단효과 등이 작용한다.
- 칼륨염이 나트륨염보다 흡습성이 강해 제1종 분말소화약제보다 소화효과가 1.6배 이상 크나, 제1종 분말소화약제와 달리 비누화 현상은 나타나지 않는다.

0402

33 Repetitive Learning (1회 2회 3회)

고체가연물에 있어서 덩어리 상태보다 분말일 때 화재 위험성이 증가하는 이유는?

① 공기와의 접촉면적이 증가하기 때문이다.

② 열전도율이 증가하기 때문이다.

③ 흡열반응이 진행되기 때문이다.

④ 활성화 에너지가 증가하기 때문이다.

해설

- 입자의 크기가 작은 분말상태일 때 연소위험성이 증가하는 이유는 많이 있으나 가장 대표적인 것은 표면적의 증가로 공기와의 접촉면적이 증가하는 것이다.

▣ 분말상태에서 연소위험성 증가의 이유

- 표면적의 증가로 공기와의 접촉면적이 증가한다.
- 체적이 증가한다.
- 보온성의 증가로 열의 축적이 용이하다.
- 비열의 감소로 적은 열로도 고온의 형성이 가능하다.
- 유동성의 증가로 공기와의 혼합가스 형성이 쉬워진다.

0701

34 Repetitive Learning (1회 2회 3회)

일반적인 연소형태가 표면연소인 것은?

① 플라스틱 ② 목탄

③ 유황 ④ 피크린산

해설

- ①은 분해연소, ③는 증발연소, ④는 자기연소를 한다.

▣ 고체의 연소형태 실기 0702/0902/1204/1904

구분	내용
분해연소	• 가연물이 열분해가 진행되어 산소와 결합하여 연소하는 고체의 연소방식이다. • 종이, 목재, 플라스틱, 석탄 등이 분해연소를 한다.
표면연소	• 열분해 되지 않고 고체 표면에 공기가 닿아 연소가 일어나 고온을 유지하며 타는 연소형태를 말한다. • 숯, 코크스, 목탄, 금속 등이 표면연소를 한다.
자기연소	• 공기 중 산소를 필요로 하지 않고 분자 내의 산소를 이용해 자신이 분해되며 타는 것을 말한다. • 니트로셀룰로오스, TNT, 셀룰로이드, 니트로글리세린과 같은 제5류 위험물이 자기연소를 한다.
증발연소	• 액체와 고체의 연소방식에 속한다. • 열분해를 일으키지 않고 증발한 증기가 공기와 혼합해서 연소되는 방식이다. • 주로 연료로 사용되는 휘발유, 등유, 경유, 알코올과 같은 액체와 양초, 나프탈렌, 왁스, 아세톤, 황 등 제4류 위험물이 증발연소를 한다.

1802

35 Repetitive Learning (1회 2회 3회)

연소이론에 대한 설명으로 가장 거리가 먼 것은?

① 착화온도가 낮을수록 위험성이 크다.

② 인화점이 낮을수록 위험성이 크다.

③ 인화점이 낮은 물질은 착화점도 낮다.

④ 폭발 한계가 넓을수록 위험성이 크다.

해설

- 인화점은 점화원이 있을 때 불이 붙을 수 있는 최저의 온도인데 반해 착화점은 점화원 없이 불이 붙을 수 있는 최저의 온도로 두 사이의 관계가 비례하지는 않는다.

▣ 연소이론

문제 21번의 유형별 핵심이론 ▣ 참조

32 ④ 33 ① 34 ② 35 ③ 정답

0704 / 0801 / 1701 / 1804

36 —— Repetitive Learning (1회 2회 3회)

위험물안전관리법령상 제2류 위험물 중 철분의 화재에 적응성이 있는 소화약제는?

① 물분무소화설비
② 포소화설비
③ 탄산수소염류분말소화설비
④ 할로겐화합물소화설비

해설

- 철분 · 금속분 · 마그네슘 화재는 탄산수소염류 소화기나 건조사, 팽창질석 등이 적응성을 갖는다.

⁘ 소화설비의 적응성 중 제2류 위험물 **실기** 1002/1101/1202/1601/1702/1902/2001/2003/2004

소화설비의 구분			제2류 위험물: 철분 · 금속분 · 마그네슘 등	제2류 위험물: 인화성고체	제2류 위험물: 그 밖의 것
옥내소화전 또는 옥외소화전설비				○	○
스프링클러설비				○	○
물분무등 소화설비	물분무소화설비			○	○
	포소화설비			○	○
	불활성가스소화설비				
	할로겐화합물소화설비				
	분말소화설비	인산염류등			
		탄산수소염류등	○		
		그 밖의 것	○		
대형 · 소형 수동식 소화기	봉상수(棒狀水)소화기			○	○
	무상수(霧狀水)소화기			○	○
	봉상강화액소화기			○	○
	무상강화액소화기			○	○
	포소화기			○	○
	이산화탄소 소화기			○	
	할로겐화합물소화기			○	
	분말소화기	인산염류소화기		○	○
		탄산수소염류소화기	○	○	
		그 밖의 것	○		
기타	물통 또는 수조			○	○
	건조사		○	○	○
	팽창질석 또는 팽창진주암		○	○	○

37 —— Repetitive Learning (1회 2회 3회)

메탄올 40,000L는 소요단위가 얼마인가?

① 5단위　② 10단위
③ 15단위　④ 20단위

해설

- 메탄올은 인화성 액체에 해당하는 제4류 위험물중 알코올류로 지정수량이 400L이고 소요단위는 지정수량의 10배이므로 4,000L가 1단위가 되므로 40,000L는 10단위에 해당한다.

⁘ 소요단위 **실기** 0604/0802/1202/1204/1704/1804/2001

문제 22번의 유형별 핵심이론 ⁘ 참조

38 —— Repetitive Learning (1회 2회 3회)

할로겐화합물 소화설비의 소화약제 중 축압식 저장용기에 저장하는 하론 2402의 충전비는?

① 0.51 이상 0.67 이하　② 0.67 이상 2.75 이하
③ 0.7 이상 1.4 이하　④ 0.9 이상 1.6 이하

해설

- 저장용기의 충전비는 하론 2402를 저장하는 것 중 가압식 저장용기에 있어서는 0.51 이상 0.67 미만, 축압식 저장용기에 있어서는 0.67 이상 2.75 이하, 하론 1211에 있어서는 0.7 이상 1.4 이하, 하론 1301에 있어서는 0.9 이상 1.6 이하로 하여야 한다.

⁘ 할로겐화합물 소화약제의 저장용기

- 축압식 저장용기의 압력은 온도 20℃에서 하론 1211을 저장하는 것에 있어서는 1.1MPa 또는 2.5MPa, 하론 1301을 저장하는 것에 있어서는 2.5MPa 또는 4.2MPa이 되도록 질소가스로 축압할 것
- 저장용기의 충전비는 하론 2402를 저장하는 것 중 가압식 저장용기에 있어서는 0.51 이상 0.67 미만, 축압식 저장용기에 있어서는 0.67 이상 2.75 이하, 하론 1211에 있어서는 0.7 이상 1.4 이하, 하론 1301에 있어서는 0.9 이상 1.6 이하로 할 것
- 동일 집합관에 접속되는 용기의 소화약제 충전량은 동일충전비의 것이어야 할 것

정답 | 36 ③　37 ②　38 ②

0204 / 1704

39

Repetitive Learning (1회 2회 3회)

연소 시 온도에 따른 불꽃의 색상이 잘못된 것은?

① 적색 : 약 850℃ ② 황적색 : 약 1,100℃
③ 휘적색 : 약 1,200℃ ④ 백적색 : 약 1,300℃

해설

- 휘적색은 약 950℃에 해당하는 불꽃 색상이다.

연소 시 온도에 따른 불꽃의 색상

색	암적	적	황	휘적	황적	백적	휘백
온도[℃]	700	850	900	950	1,100	1,300	1,500

0602

40

Repetitive Learning (1회 2회 3회)

지정수량 10배 이상의 위험물을 운반할 경우 서로 혼재할 수 있는 위험물 유별은?

① 제1류 위험물과 제2류 위험물
② 제2류 위험물과 제4류 위험물
③ 제5류 위험물과 제6류 위험물
④ 제3류 위험물과 제5류 위험물

해설

- 제1류와 제6류, 제2류와 제4류 및 제5류, 제3류와 제4류, 제4류와 제5류의 혼합은 비교적 위험도가 낮아 혼재 사용이 가능하다.

위험물의 혼합 사용 실기 0504/0601/0602/0701/0704/0804/1001/1102/1104/1302/1401/1404/1502/1504/1601/1704/1801/1802/1804/1901/1902/2001

- 유별을 달리하는 위험물은 동일 장소에서 저장, 취급해서는 안 된다.
- 제1류(산화성고체)와 제6류(산화성액체), 제2류(환원성고체)와 제4류(가연성액체) 및 제5류(자기반응성물질), 제3류(자연발화 및 금수성 물질)와 제4류(가연성액체)의 혼합은 비교적 위험도가 낮아 혼재 사용이 가능하다.
- 산화성물질과 가연물을 혼합하면 산화 · 환원반응이 더욱 잘 일어나는 혼합위험성 물질이 된다.
- 가연성 물질과 조연성 물질을 혼합할 때 폭발위험이 증가한다.

구분	1류	2류	3류	4류	5류	6류
1류		×	×	×	×	○
2류	×		×	○	○	×
3류	×	×		○	×	×
4류	×	○	○		○	×
5류	×	○	×	○		×
6류	○	×	×	×	×	

3과목 위험물의 성질과 취급

0601 / 0902

41

Repetitive Learning (1회 2회 3회)

다음 ( ) 안에 알맞은 수치와 용어를 옳게 나열한 것은?

> 이황화탄소의 옥외저장탱크는 벽 및 바닥의 두께가 ( )m 이상이고, 누수가 되지 아니하는 철근 콘크리트의 ( )에 넣어 보관하여야 한다.

① 0.2, 수조 ② 0.1, 수조
③ 0.2, 진공탱크 ④ 0.1, 진공탱크

해설

- 이황화탄소의 옥외저장탱크는 벽 및 바닥의 두께가 0.2m 이상이고 누수가 되지 아니하는 철근콘크리트의 수조에 넣어 보관하여야 한다.

이황화탄소의 옥외저장탱크

- 이황화탄소의 옥외저장탱크는 벽 및 바닥의 두께가 0.2m 이상이고 누수가 되지 아니하는 철근콘크리트의 수조에 넣어 보관하여야 한다.
- 보유공지 · 통기관 및 자동계량장치는 생략할 수 있다.

0701 / 1302 / 1802

42

Repetitive Learning (1회 2회 3회)

옥내저장소에서 위험물 용기를 겹쳐 쌓는 경우에 있어서 제4류 위험물 중 제3석유류만을 수납하는 용기를 겹쳐 쌓을 수 있는 높이는 최대 몇 m인가?

① 3 ② 4
③ 5 ④ 6

해설

- 제4류 위험물 중 제3석유류, 제4석유류 및 동 · 식물유류를 수납하는 용기만을 겹쳐 쌓는 경우는 4m까지 쌓을 수 있다.

옥내저장소에서 용기를 겹쳐쌓는 높이 실기 0904/1902/2003

- 기계에 의하여 하역하는 구조로 된 용기만을 겹쳐 쌓는 경우는 6m
- 제4류 위험물 중 제3석유류, 제4석유류 및 동 · 식물유류를 수납하는 용기만을 겹쳐 쌓는 경우는 4m
- 그 밖의 경우는 3m

39 ③ 40 ② 41 ① 42 ② | 정답

0304 / 0702

43 Repetitive Learning (1회 2회 3회)

위험물의 운반용기 외부에 표시하여야 하는 주의사항을 틀리게 연결한 것은?

① 염소산암모늄 – 화기·충격주의 및 가연물접촉주의
② 철분 – 화기주의 및 물기엄금
③ 아세틸퍼옥사이드 – 화기엄금 및 충격주의
④ 과염소산 – 물기엄금 및 가연물 접촉주의

해설

- 과염소산은 제6류 위험물에 해당하는 산화성 액체로 외부 용기에 가연물 접촉주의를 표시하여야 한다.

수납하는 위험물에 따른 용기 표시 주의사항 실기 0701/0801/0902/0904/1001/1004/1101/1201/1202/1404/1504/1601/1701/1801/1802/2003/2004/2101

제1류	알칼리금속의 과산화물	화기·충격주의, 물기엄금, 가연물접촉주의
	그 외	화기·충격주의, 가연물접촉주의
제2류	철분·금속분·마그네슘 또는 이를 함유한 것	화기주의, 물기엄금
	인화성 고체	화기엄금
	그 외	화기주의
제3류	자연발화성 물질	화기엄금, 공기접촉엄금
	금수성 물질	물기엄금
제4류		화기엄금
제5류		화기엄금, 충격주의
제6류		가연물접촉주의

1202

44 Repetitive Learning (1회 2회 3회)

오황화린이 물과 작용해서 발생하는 유독성 기체는?

① 아황산가스 ② 포스겐
③ 황화수소 ④ 인화수소

해설

- 오황화린(P_2S_5)은 물과의 반응으로 유독성 황화수소(H_2S)와 인산(H_3PO_4) 이 생성된다.

오황화린(P_2S_5)

- 황화린의 한 종류로 제2류 위험물에 해당하는 가연성 고체이며, 지정수량은 100kg이고, 위험등급은 II이다.
- 비중은 2.09로 물보다 무거운 담황색 조해성 물질이다.
- 이황화탄소에 잘 녹으며, 물과 반응하여 유독성 황화수소(H_2S), 인산(H_3PO_4)으로 분해된다.

45 Repetitive Learning (1회 2회 3회)

경유는 제 몇 석유류에 해당하는지와 지정수량을 옳게 나타낸 것은?

① 제1석유류 – 200L ② 제2석유류 – 1,000L
③ 제1석유류 – 400L ④ 제2석유류 – 2,000L

해설

- 경유는 비수용성 제2석유류로 지정수량이 1,000L이다.

제2석유류

㉠ 개요

- 1기압에서 인화점이 21℃ 이상 70℃ 미만인 액체이다.(단, 40중량% 이하이거나 연소점이 60℃ 이상인 것은 제외한다)
- 비수용성은 지정수량이 1,000L, 수용성은 지정수량이 2,000L이며, 위험등급은 II이다.
- 등유, 경유, 장뇌유, 크실렌, 테레핀유, 클로로벤젠, 스틸렌, 벤즈알데히드(이상 비수용성), 의산, 초산(아세트산) (이상 수용성) 등이 있다.

㉡ 종류

비수용성 (1,000L)	• 등유(케로신) • 경유(디젤유) • 장뇌유 • 크실렌[$C_6H_4(CH_3)_2$] • 테레핀유($C_{10}H_{16}$) • 클로로벤젠(C_6H_5Cl) • 스틸렌($C_6H_5CHCH_2$) • 벤즈알데히드(C_6H_5CHO)
수용성 (2,000L)	• 의산($HCOOH$) • 초산(아세트산, CH_3COOH) • 아크릴산($C_3H_4O_2$)

1604

46 Repetitive Learning (1회 2회 3회)

제조소 등의 관계인은 당해 제조소 등의 용도를 폐지한 때에는 총리령이 정하는 바에 따라 제조소 등의 용도를 폐지한 날부터 며칠 이내에 시·도지사에게 신고하여야 하는가?

① 5일 ② 7일
③ 14일 ④ 21일

해설

- 제조소 등을 폐지한 때에는 14일 이내에 시·도지사에게 신고하여야 한다.

제조소 등의 폐지

- 제조소 등의 관계인(소유자·점유자 또는 관리자)은 당해 제조소 등의 용도를 폐지한 때에는 행정안전부령이 정하는 바에 따라 제조소 등의 용도를 폐지한 날부터 14일 이내에 시·도지사에게 신고하여야 한다.

정답 | 43 ④ 44 ③ 45 ② 46 ③

47 Repetitive Learning (1회 2회 3회)

다음 물질 중 인화점이 가장 낮은 것은?

① 톨루엔 ② 아닐린
③ 피리딘 ④ 에틸렌글리콜

해설

- 톨루엔($C_6H_5CH_3$)은 제1석유류로 인화점이 4℃이다.
- 아닐린($C_6H_5NH_2$)은 제3석유류로 인화점이 75℃이다.
- 피리딘(C_6H_5N)은 제1석유류로 인화점이 20℃이다.
- 에틸렌글리콜[$C_2H_4(OH)_2$]은 제3석유류로 인화점이 111℃이다.

:: 제4류 위험물의 인화점 실기 0701/0704/0901/1001/1002/1201/1301/1304/1401/1402/1404/1601/1702/1704/1902/2003

제1석유류	인화점이 21℃ 미만
제2석유류	인화점이 21℃ 이상 70℃ 미만
제3석유류	인화점이 70℃ 이상 200℃ 미만
제4석유류	인화점이 200℃ 이상 250℃ 미만
동·식물유류	인화점이 250℃ 미만

1604 / 2003

48 Repetitive Learning

위험물의 취급 중 소비에 관한 기준으로 틀린 것은?

① 열처리 작업은 위험물이 위험한 온도에 이르지 아니하도록 하여 실시하여야 한다.
② 담금질 작업은 위험물이 위험한 온도에 이르지 아니하도록 하여 실시하여야 한다.
③ 분사도장 작업은 방화상 유효한 격벽 등으로 구획한 안전한 장소에서 하여야 한다.
④ 버너를 사용하는 경우에는 버너의 역화를 유지하고 위험물이 넘치지 아니하도록 하여야 한다.

해설

- 버너를 사용하는 경우에는 버너의 역화를 유지하는 것이 아니라 방지해야 한다.

:: 위험물의 취급 중 소비에 관한 기준

- 분사도장작업은 방화상 유효한 격벽 등으로 구획된 안전한 장소에서 실시할 것
- 담금질 또는 열처리작업은 위험물이 위험한 온도에 이르지 아니하도록 하여 실시할 것
- 버너를 사용하는 경우에는 버너의 역화를 방지하고 위험물이 넘치지 아니하도록 할 것

1502

49 Repetitive Learning (1회 2회 3회)

옥내저장소에서 안전거리 기준이 적용되는 경우는?

① 지정수량 20배 미만의 제4석유류를 저장하는 것
② 제2류 위험물 중 덩어리 상태의 유황을 저장하는 것
③ 지정수량 20배 미만의 동·식물유류를 저장하는 것
④ 제6류 위험물을 저장하는 것

해설

- 제4석유류 또는 동·식물유류의 위험물을 저장 또는 취급하는 옥내저장소로서 그 최대수량이 지정수량의 20배 미만인 것, 그리고 제6류 위험물을 저장하는 경우에는 옥내저장소에서 안전거리를 두지 않아도 된다.

:: 옥내저장소에서 안전거리 적용 제외 대상

- 제4석유류 또는 동·식물유류의 위험물을 저장 또는 취급하는 옥내저장소로서 그 최대수량이 지정수량의 20배 미만인 것
- 제6류 위험물을 저장 또는 취급하는 옥내저장소
- 지정수량의 20배(하나의 저장창고의 바닥면적이 150m^2 이하인 경우에는 50배) 이하의 위험물을 저장 또는 취급하는 옥내저장소로서 다음의 기준에 적합한 것
  - 저장창고의 벽·기둥·바닥·보 및 지붕이 내화구조인 것
  - 저장창고의 출입구에 수시로 열 수 있는 자동폐쇄방식의 갑종방화문이 설치되어 있을 것
  - 저장창고에 창을 설치하지 아니할 것

50 Repetitive Learning (1회 2회 3회)

위험물과 보호액을 잘못 연결한 것은?

① 이황화탄소 – 물 ② 인화칼슘 – 물
③ 황린 – 물 ④ 금속나트륨 – 등유

해설

- 인화칼슘(석회)이 물이나 산과 반응하면 독성의 가연성 기체인 포스핀가스(인화수소, PH_3)가 발생한다.

:: 인화석회/인화칼슘(Ca_3P_2) 실기 0502/0601/0704/0802/1401/1501/1602/2004

- 금속의 인화물의 한 종류로 지정수량이 300kg, 위험등급이 Ⅲ인 제3류 위험물이다.
- 상온에서 적갈색 고체로 비중이 2.5로 물보다 무겁다.
- 물 또는 약산과 반응하면 독성의 가연성 기체인 포스핀가스(인화수소, PH_3)가 발생한다.

물과의 반응식	$Ca_3P_2 + 6H_2O \rightarrow 3Ca(OH)_2 + 2PH_3$ 인화석회+물 → 수산화칼슘+인화수소
산과의 반응식	$Ca_3P_2 + 6HCl \rightarrow 3CaCl_2 + 2PH_3$ 인화석회+염산 → 염화칼슘+인화수소

47 ① 48 ④ 49 ② 50 ② | 정답

0801 / 1501 / 1801

51

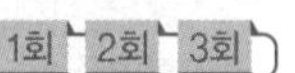

취급하는 장치가 구리나 마그네슘으로 되어 있을 때 반응을 일으켜서 폭발성의 아세틸라이트를 생성하는 물질은?

① 이황화탄소 ② 이소프로필알코올

③ 산화프로필렌 ④ 아세톤

해설

- 아세틸렌(C_2H_2), 아세트알데히드(CH_3CHO), 산화프로필렌(CH_3CH_2CHO) 등은 은, 수은, 동, 마그네슘 및 이의 합금과 결합할 경우 금속아세틸라이드라는 폭발성 물질을 생성한다.

산화프로필렌(CH_3CH_2CHO) 실기 0501/0602/1002/1704

- 인화점이 －37℃인 특수인화물로 지정수량은 50L이고, 위험등급은 Ⅰ이다.
- 연소범위는 2.5 ~ 38.5%이고, 끓는점(비점)은 34℃, 비중은 0.83으로 물보다 가벼우며, 증기비중은 2로 공기보다 무겁다.
- 무색의 휘발성 액체이고, 물이나 알코올, 에테르, 벤젠 등에 잘 녹는다.
- 증기압은 45mmHg로 제4류 위험물 중 가장 커 기화되기 쉽다.
- 액체가 피부에 닿으면 화상을 입고 증기를 마시면 심할 때는 폐부종을 일으킨다.
- 저장 시 은, 수은, 동, 마그네슘 및 이의 합금으로 된 용기를 사용하면 폭발성 물질인 아세틸라이드를 생성하므로 해당 용기의 사용을 절대 금한다.
- 저장 시 용기 내부에 불활성 기체(N_2) 또는 수증기를 봉입하여야 한다.

1102

52

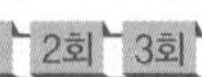

다음 중 요오드가가 가장 큰 것은?

① 땅콩기름 ② 해바라기기름

③ 면실유 ④ 아마인유

해설

- 해바라기기름은 요오드가가 120~142 정도의 건성유에 속한다.
- 땅콩기름은 요오드가가 100 이하인 불건성유이다.
- 면실유는 요오드가가 102~120 정도의 반건성유이다.
- 아마인유는 대표적인 건성유로 요오드가가 175~200 정도의 건성유이다.

동 · 식물유류 실기 0601/0604/1304/1502/1802/2003

㉠ 개요

- 1기압에서 인화점이 250℃ 미만인 것으로 지정수량이 10,000L이고, 위험등급이 Ⅲ에 해당하는 물질이다.
- 유지 100g에 부가되는 요오드의 g수를 의미하는 요오드값(옥소값)에 의해 건성유(130 이상), 반건성유(100~130), 불건성유(100 이하)로 구분한다.
- 요오드값이 클수록 자연발화의 위험이 크다.
- 요오드값이 클수록 이중결합이 많고, 불포화지방산을 많이 가진다.

㉡ 구분

구분	내용
건성유 (요오드값이 130 이상)	• 공기 중에서 자연발화의 위험이 있으며, 피막이 단단하다. • 동유, 아마인유, 정어리유, 대구유, 상어유, 해바라기유, 들기름 등
반건성유 (요오드값이 100~130)	• 피막이 얇다. • 참기름, 콩기름, 청어유, 쌀겨기름, 면실유, 채종유, 옥수수기름 등
불건성유 (요오드값이 100 이하)	• 피막을 만들지 않는다. • 피마자유, 올리브유, 팜유, 땅콩기름, 야자유, 쇠기름, 돼지기름, 고래기름 등

53

Repetitive Learning (1회 2회 3회)

염소산나트륨에 관한 설명으로 틀린 것은?

① 산과 반응하여 유독한 이산화염소를 발생한다.

② 무색 결정이다.

③ 조해성이 있다.

④ 알코올이나 글리세린에 녹지 않는다.

해설

- 염소산나트륨은 물, 알코올, 에테르, 글리세린 등에 잘 녹는다.

염소산나트륨($NaClO_3$) 실기 0602/0701/1101/1304

- 산화성 고체로 제1류 위험물에 해당하며, 지정수량은 50kg, 위험등급은 Ⅰ이다.
- 무색무취의 입방정계 주상결정으로 인체에 유독한 조해성이 큰 위험물로 철을 부식시키므로 철제 용기에 저장해서는 안 되는 물질이다.
- 물, 알코올, 에테르, 글리세린 등에 잘 녹고 산과 반응하여 폭발성을 지닌 이산화염소(ClO_2)를 발생시킨다.
- 살충제, 불꽃류의 원료로 사용된다.
- 열분해하면 염화나트륨과 산소로 분해된다.
($2NaClO_3 \xrightarrow[\triangle]{} 2NaCl + 3O_2$)

정답 | 51 ③ 52 ④ 53 ④

54

Repetitive Learning (1회 2회 3회)

제6류 위험물에 속하지 않는 것은?

① 질산　　② 질산구아니딘
③ 삼불화브롬　　④ 오불화요오드

해설

- 질산구아니딘은 질산(HNO_3)과 구아니딘[$C(NH)(NH_2)_2$]의 화합물로 자기반응성 물질에 해당하는 제5류 위험물에 속한다.
- 할로겐화합물에 해당하는 삼불화브롬(BrF_3), 오불화브롬(BrF_5), 오불화요오드(IF_5)는 제6류 위험물에 포함된다.

제6류 위험물 실기 0502/0704/0801/0902/1302/1702/2003

성질	품명	지정수량
산화성 액체	1. 과염소산	300kg
	2. 과산화수소	
	3. 질산	
	4. 그 밖에 행정안전부령으로 정하는 것	
	5. 제1호 내지 제4호의 1에 해당하는 어느 하나 이상을 함유한 것	

- 산화성액체란 액체로서 산화력의 잠재적인 위험성을 판단하기 위하여 고시로 정하는 시험에서 고시로 정하는 성질과 상태를 나타내는 것을 말한다.
- 과산화수소는 그 농도가 36중량퍼센트 이상인 것에 한하며, 산화성액체의 성상이 있는 것으로 본다.
- 질산은 그 비중이 1.49 이상인 것에 한하며, 산화성액체의 성상이 있는 것으로 본다.

0902

55

Repetitive Learning 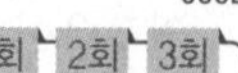

질산칼륨(KNO_3)의 성질에 대한 설명 중 틀린 것은?

① 물에 잘 녹는다.
② 화재 시 주수소화가 가능하다.
③ 열분해하면 산소를 발생한다.
④ 비중은 1보다 작다.

해설

- 질산칼륨의 비중은 2.1로 물보다 무겁다.

질산칼륨(초석, KNO_3) 실기 2003

- 산화성 고체로 제1류 위험물에 해당하며, 지정수량은 300kg, 위험등급은 Ⅱ이다.
- 무색 혹은 백색의 사방정계 분말로 비중은 2.1로 물보다 무거우며, 차가운 자극성의 짠맛이 있고 산화성을 갖는다.
- 물, 글리세린에 잘 녹으나, 알코올에는 녹지 않는다.
- 황이나 유기물 등과 혼합하면 폭발을 일으키므로 흑색화약 제조에 사용된다.
- 산소를 함유하고 있어 질식소화효과는 얻을 수 없으며, 물과 접촉 시 위험성이 낮으므로 화재 시 주수소화를 한다.
- 열분해하면 아질산칼륨과 산소를 발생한다.
($2KNO_3 \xrightarrow[\triangle]{} 2KNO_2 + O_2$)

1904

56

Repetitive Learning (1회 2회 3회)

물과 접촉하면 위험한 물질로만 나열된 것은?

① CH_3CHO, CaC_2, $NaClO_4$
② K_2O_2, $K_2Cr_2O_7$, CH_3CHO
③ K_2O_2, Na, CaC_2
④ Na, $K_2Cr_2O_7$, $NaClO_4$

해설

- 물과 접촉하면 위험한 물질은 금수성 물질이다. 금수성 물질은 제3류 위험물과 제1류 위험물 중 무기과산화물이다.
- 아세트알데히드(CH_3CHO)는 수용성 특수인화물로 금수성 물질이 아니다.
- 과염소산나트륨($NaClO_4$)은 물에 잘 녹는 과염소산염류로 금수성 물질이 아니다.
- 중크롬산칼륨($K_2Cr_2O_7$)은 물에 잘 녹는 중크롬산염류로 금수성 물질이 아니다.
- 과산화칼륨(K_2O_2), 금속나트륨(Na), 탄화칼슘(CaC_2)은 금수성 물질이다.

제3류 위험물_자연발화성 물질 및 금수성 물질 실기 0602/0702/0904/1001/1101/1202/1302/1504/1704/1804/1904/2004

품명	지정수량	위험등급
칼륨	10kg	Ⅰ
나트륨		
알킬알루미늄		
알킬리튬		
황린	20kg	
알칼리금속(칼륨 · 나트륨 제외) 및 알칼리토금속	50kg	Ⅱ
유기금속화합물(알킬알루미늄 · 알킬리튬 제외)		
금속의 수소화물	300kg	Ⅲ
금속의 인화물		
칼슘 또는 알루미늄의 탄화물		

54 ② 55 ④ 56 ③ | 정답

1402

57 Repetitive Learning 1회 2회 3회

가열했을 때 분해하여 적갈색의 유독한 가스를 방출하는 것은?

① 과염소산 ② 질산

③ 과산화수소 ④ 적린

해설

- 질산은 햇빛에 의해 분해되어 적갈색의 유독한 가스(이산화질소, NO_2)를 방출하므로 갈색병에 보관해야 한다.

질산(HNO_3) 실기 0502/0701/0702/0901/1001/1401

- 산화성 액체에 해당하는 제6류 위험물이다.
- 위험등급이 Ⅰ등급이고, 지정수량은 300kg이다.
- 무색 또는 담황색의 액체이다.
- 불연성의 물질로 산소를 포함하여 다른 물질의 연소를 돕는다.
- 부식성을 갖는 유독성이 강한 산화성 물질이다.
- 비중이 1.49 이상인 것만 위험물로 규정한다.
- 햇빛에 의해 분해되므로 갈색병에 보관한다.
- 가열했을 때 분해하여 적갈색의 유독한 가스(이산화질소, NO_2)를 방출한다.
- 구리와 반응하여 질산염을 생성한다.
- 진한질산은 철(Fe), 코발트(Co), 니켈(Ni), 크롬(Cr), 알루미늄(Al) 등의 표면에 수산화물의 얇은 막을 만들어 다른 산에 의해 부식되지 않도록 하는 부동태가 된다.

0902 / 1404 / 1701

58 Repetitive Learning 

산화프로필렌 300L, 메탄올 400L, 벤젠 200L를 저장하고 있는 경우 각각 지정수량배수의 총합은 얼마인가?

① 4 ② 6

③ 8 ④ 10

해설

- 산화프로필렌은 제4류 위험물에 해당하는 수용성 특수인화물로 지정수량이 50L이다.
- 메탄올은 제4류 위험물에 해당하는 수용성 알코올류로 지정수량이 400L이다.
- 벤젠은 제4류 위험물에 해당하는 비수용성 제1석유류로 지정수량이 200L이다.
- 지정수량의 배수의 합은 $\frac{300}{50}+\frac{400}{400}+\frac{200}{200}=6+1+1=8$배이다.

지정수량 배수의 계산

- 다수의 위험물을 저장하는 경우 지정수량의 배수를 구하려면 각각의 위험물에 해당하는 지정수량 배수($\frac{\text{저장수량}}{\text{지정수량}}$)의 합을 구하면 된다.
- 위험물 A, B를 저장하는 경우 지정수량의 배수의 합은 $\frac{\text{A저장수량}}{\text{A지정수량}}+\frac{\text{B저장수량}}{\text{B지정수량}}$가 된다.

1402 / 1702 / 2001

59 Repetitive Learning 1회 2회 3회

트리니트로페놀의 성질에 대한 설명 중 틀린 것은?

① 폭발에 대비하여 철, 구리로 만든 용기에 저장한다.

② 휘황색을 띤 침상결정이다.

③ 비중이 약 1.8로 물보다 무겁다.

④ 단독으로는 테트릴보다 충격, 마찰에 둔감한 편이다.

해설

- 피크린산은 철, 구리, 납 등과 반응 시 매우 위험하다.

트리니트로페놀[$C_6H_2OH(NO_2)_3$] 실기 0801/0904/1002/1201/1302/1504/1601/1602/1701/1702/1804/2001

- 피크르(린)산이라고 하며, TNP라고도 한다.
- 페놀의 니트로화를 통해 얻어진 니트로화합물에 속하는 자기반응성 물질로 제5류 위험물이다.
- 지정수량은 200kg이고, 위험등급은 Ⅱ이다.
- 순수한 것은 무색이지만 보통 공업용은 휘황색의 침상결정이다.
- 비중이 약 1.8로 물보다 무겁다.
- 물에 전리하여 강한 산이 되며, 이때 선명한 황색이 된다.
- 단독으로는 충격, 마찰에 둔감하고 안정한 편이나 금속염(철, 구리, 납), 요오드, 가솔린, 알코올, 황 등과의 혼합물은 마찰 및 충격에 폭발한다.
- 황색염료, 폭약에 쓰인다.
- 더운물, 알코올, 에테르 벤젠 등에 잘 녹는다.
- 화재발생시 다량의 물로 주수소화 할 수 있다.
- 특성온도 : 융점(122.5℃)<인화점(150℃)<비점(255℃)<착화점(300℃) 순이다.

정답 | 57 ② 58 ③ 59 ①

60

Repetitive Learning (1회 2회 3회)

2가지의 위험물이 섞여 있을 때 발화 또는 폭발 위험성이 가장 낮은 것은?

① 과망간산칼륨 – 글리세린
② 적린 – 염소산칼륨
③ 니트로셀룰로오스 – 알코올
④ 질산 – 나뭇조각

해설

- 니트로셀룰로오스는 알코올 수용액(30%) 또는 물에 습면하여 저장한다.

니트로셀룰로오스$[C_6H_7O_2(ONO_2)_3]_n$**의 저장 및 취급방법**

- 가열, 마찰을 피한다.
- 열원을 멀리하고 냉암소에 저장한다.
- 알코올 수용액(30%) 또는 물로 습면하여 저장한다.
- 직사광선 및 산과 접촉 시 자연발화하므로 주의한다.
- 건조하면 폭발 위험이 크지만 수분을 함유하면 폭발위험이 적어진다.
- 화재 시에는 다량의 물로 냉각소화한다.

60 ③ 정답

2011년 6월 12일

2011년 제2회

합격률 24.6%

1과목 일반화학

0401 / 0904

01

Repetitive Learning 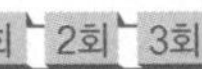

다음 물질 중 비전해질인 것은?

① CH_3COOH　　② C_2H_5OH
③ NH_4OH　　④ HCl

해설

- 아세트산(CH_3COOH), 암모니아수(NH_4OH), 염화수소(HCl)는 전해질에 해당한다.

비전해질

- 물에 녹인 수용액이 전기적으로 중성상태이므로 전원을 연결해도 전류가 흐르지 않는 물질을 말한다.
- 설탕($C_{12}H_{22}O_{11}$), 에탄올(C_2H_5OH), 글리세린[$C_3H_5(OH)_3$], 아세톤(CH_3COCH_3) 등이 이에 해당한다.

02

Repetitive Learning 1회 2회 3회

다음 합금 중 주요 성분으로 구리가 포함되지 않은 것은?

① 두랄루민　　② 문쯔메탈
③ 톰백　　④ 고속도강

해설

- 두랄루민은 구리 4%, 마그네슘 0.5%를 알루미늄에 넣은 합금이다.
- 문쯔메탈은 구리와 아연을 6 : 4로 합금한 것으로 기계부품용으로 주로 사용한다.
- 톰백은 구리와 아연을 8 : 2로 합금한 것으로 장신구나 악기 등에 주로 사용한다.

고속도강(High-speed steel)

- 금속재료를 빠르게 절삭하는 공구를 만드는데 사용되는 공구강을 말한다.
- 텅스텐 18%, 크로뮴 4%, 바나듐 1%를 철에 합금하여 만든다.

03

Repetitive Learning 1회 2회 3회

Mg^{2+}와 같은 전자배치를 가지는 것은?

① Ca^{2+}　　② Ar
③ Cl^-　　④ F^-

해설

- 마그네슘은(Mg)은 원자번호 12로 전자의 수도 12개이나, 마그네슘 이온(Mg^{2+})은 전자를 2개 잃은 상태이므로 전자의 수는 10개이다.
- 칼슘(Ca)은 원자번호 20으로 전자의 수는 20개이나, 칼슘 이온(Ca^{2+})은 전자를 2개 잃은 상태이므로 전자의 수는 18개이다.
- 아르곤(Ar)은 원자번호 18로 전자의 수도 18개이다.
- 염소(Cl)는 원자번호 17로 전자의 수도 17개이나, 염소 이온(Cl^-)은 원자를 하나 더 얻은 상태이므로 전자의 수는 18개이다.
- 불소(F)는 원자번호 9로 전자의 수도 9개이나, 불소 이온(F^-)은 원자를 하나 더 얻은 상태이므로 전자의 수는 10개이다.

전자의 배치

- 전자배치라는 것은 전자수를 의미한다.
- 전자배치가 같다는 것은 원소의 종류는 다를지라도 전자의 수는 동일한 것을 말한다.

04

Repetitive Learning 1회 2회 3회

염기성 산화물에 해당하는 것은?

① MgO　　② SnO
③ ZnO　　④ PbO

해설

- 산화주석(SnO), 산화아연(ZnO), 산화납(PbO)은 모두 양쪽성 산화물에 해당한다.

염기성 산화물

- 물과 반응하면 OH^-이온을 생성하는 산화물을 말한다.
- 주로 금속으로 이뤄진 산화물이 이에 해당한다.
- 대표적인 산성 산화물에는 산화바륨(BaO), 산화칼슘(CaO), 산화나트륨(Na_2O), 산화마그네슘(MgO) 등이 있다.

정답 | 01 ② 02 ④ 03 ④ 04 ①

05 — Repetitive Learning (1회 2회 3회)

염소산칼륨을 이산화망간을 촉매로 하여 가열하면 염화칼륨과 산소로 열분해 된다. 표준상태를 기준으로 11.2L의 산소를 얻으려면 몇 g의 염소산칼륨이 필요한가? (단, 원자량은 K 39, Cl 35.5이다)

① 30.63g ② 40.83g
③ 61.25g ④ 122.5g

해설

- 0℃, 1기압의 표준상태에서 기체 1몰의 부피는 22.4[L]이므로 11.2L은 0.5몰을 의미한다.
- 반응식은 $2KClO_3 \rightarrow 2KCl + 3O_2$이므로 염소산칼륨 2몰이 산소 3몰을 만드는데 염소산칼륨 몇 몰이 산소 0.5몰을 만드는지 계산하면 염소산칼륨 1/3몰이 필요함을 알 수 있다.
- 염소산칼륨 1몰은 39+35.5+(16×3)=122.5g이므로 이의 1/3은 40.83g이 된다.

염소산칼륨($KClO_3$)의 열분해

- 반응식은 $2KClO_3 \rightarrow 2KCl + 3O_2$으로, 산소를 얻기 위해 주로 사용하는 방법이다.
- 이산화망간(MnO_2)을 촉매로 사용하면 분해가 빠르게 진행되어 반응속도가 빨라진다.

06 — Repetitive Learning (1회 2회 3회)

0.1N 아세트산 용액의 전리도가 0.01이라고 하면 이 아세트산 용액의 pH는?

① 0.5 ② 1
③ 1.5 ④ 3

해설

- 0.1N 아세트산(CH_3COOH)의 pH는 −log[N농도×전리도]에서 아세트산의 전리도는 0.01이므로 −log[0.1×0.01]=3이 된다.

수소이온농도지수(pH)

- 용액 1L 속에 존재하는 수소이온의 g이온수 즉, 몰농도(혹은 N농도×전리도)를 말한다.
- 수소이온은 매우 작은 값으로 존재하므로 수소이온의 역수에 상용로그값을 취하여 사용한다.

$$pH = \log\frac{1}{[H^+]} = -\log[H^+]$$

- 순수한 물의 경우 1기압 25℃에서 수소이온의 농도가 약 10^{-7}g 이온이므로 이를 pH 7 중성이라고 하고, 이보다 클 때 알카리성, 이보다 작을 때 산성이라고 한다.
- 수소이온농도지수[pH]+수산화이온농도지수[pOH]=14이다.

0302 / 0501_추가 / 0702

07 — Repetitive Learning (1회 2회 3회)

고체 유기물질을 정제하는 과정에서 이 물질이 순물질인지를 알아보기 위한 조사 방법으로 다음 중 가장 적합한 방법은 무엇인가?

① 육안 관찰 ② 녹는점 측정
③ 광학현미경 분석 ④ 전도도 측정

해설

- 순물질과 혼합물을 구별하는 방법에는 녹는점, 어는점, 끓는점 등이 있다. 순물질은 물질의 양과 관계없이 녹는점과 끓는점이 일정하다.

순물질 확인방법

고체	액체	동소체
녹는점	끓는점과 어는점	연소생성물

1801

08 — Repetitive Learning (1회 2회 3회)

Rn은 α선 및 β선을 2번씩 방출하고 다음과 같이 변했다. 마지막 Po의 원자번호는 얼마인가? (단, Rn의 원자번호는 86, 원자량은 222이다)

$$Rn \xrightarrow{\alpha} Po \xrightarrow{\alpha} Pb \xrightarrow{\beta} Bi \xrightarrow{\beta} Po$$

① 78 ② 81
③ 84 ④ 87

해설

- 알파붕괴는 원자번호가 2감소, 베타붕괴는 원자번호가 1증가한다.
- 2번의 알파붕괴와 2번의 베타붕괴이므로 원자번호는 86−4+2=84가 된다.

방사성 붕괴

- 방사성 붕괴의 종류에는 방출되는 입자의 종류에 따라 알파붕괴, 베타붕괴, 감마붕괴로 구분된다.
- 알파(α)붕괴는 원자핵이 알파입자(^4_2He)를 방출하면서 질량수가 4, 원자번호가 2 감소하는 과정을 말한다.
- 베타(β)붕괴는 중성자가 양성자와 전자+반중성미자(음의 베타붕괴)를 방출하거나 양성자가 에너지를 흡수하여 중성자와 양전자+중성미자(양의 베타붕괴)를 방출하는 것으로 질량수는 변화없이 원자번호만 1증가한다.
- 감마(γ)붕괴는 원자번호나 질량수의 변화 없이 광자(γ선)를 방출하는 것을 말한다.

05 ② 06 ④ 07 ② 08 ③ | 정답

09 Repetitive Learning (1회 2회 3회)

20℃에서 설탕물 100g 중에 설탕 40g이 녹아있다. 이 용액이 포화용액일 경우 용해도(g/H_2O 100g)는 얼마인가?

① 72.4 ② 66.7
③ 40 ④ 28.6

해설

- 용해도란 포화용액에서 용매 100g애 용해되는 용질의 g수이므로 용액 100g에 40g이 녹아 포화용액이 되었다면 용매는 60g이라는 의미이다.
- 용매가 100g일 때 용해될 수 있는 용질의 수를 비례식으로 구하면 60 : 40 = 100 : x 에서 x는 $\frac{4000}{60}=66.67$이 된다.

용해도

- 용해도란 포화용액에서 용매 100g에 용해되는 용질의 g수를 그 온도에서의 용해도라고 한다.
- 대부분의 경우 온도가 높아질수록 고체의 용해도는 증가하고, 기체의 용해도는 감소한다.

10 Repetitive Learning (1회 2회 3회)

2차 알코올이 산화되면 무엇이 되는가?

① 알데히드 ② 에테르
③ 카르복실산 ④ 케톤

해설

- 1차 알코올은 산화하면 알데히드를 거쳐 카르복실산이 된다.

알킬기(CH_3)의 수량에 따른 알코올의 분류

구분	내용
1차 알코올 (C_2H_5OH) – 알킬기가 1개	OH H H / H H H • H—C—C—C—H 혹은 H—C—C—C—OH H H H / H H H • 산화하면 알데히드(CH_3CHO)를 거쳐 카르복실산(CH_3COOH)이 된다.
2차 알코올 (C_3H_7OH) – 알킬기가 2개	H H H • H—C—C—C—H H OH H • 산화하면 케톤(CH_3COCH_3)이 된다.
3차 알코올 (C_4H_9OH) – 알킬기가 3개	CH_3 • CH_3—C—CH_3 OH • 3차 알코올은 산화되기 어렵다.

11 Repetitive Learning (1회 2회 3회)

그레이엄의 법칙에 따른 기체의 확산 속도와 분자량의 관계를 옳게 설명한 것은?

① 기체 확산 속도는 분자량의 제곱에 비례한다.
② 기체 확산 속도는 분자량의 제곱에 반비례한다.
③ 기체 확산 속도는 분자량의 제곱근에 비례한다.
④ 기체 확산 속도는 분자량의 제곱근에 반비례한다.

해설

- 그레이엄의 법칙에 따르면 수소와 산소의 확산 속도는 4 : 1의 비를 갖는다.

그레이엄의 법칙

- 기체의 확산(Diffusion)과 관련된 법칙이다.
- 일정한 온도와 압력의 조건에서 두 기체의 확산 속도 비는 그들의 밀도(분자량)의 제곱근에 반비례한다.

12 Repetitive Learning (1회 2회 3회)

가로 2cm, 세로 5cm, 높이 3cm인 직육면체 물체의 무게는 100g이었다. 이 물체의 밀도는 몇 g/cm^{3}인가?

① 3.3 ② 4.3
③ 5.3 ④ 6.3

해설

- 밀도는 $\frac{질량}{부피}$이므로 대입하면 $\frac{100}{2\times5\times3}$ = 3.33[g/cm^3]이다.

밀도와 비중

- 밀도는 단위 부피에 대한 질량의 값으로 $\frac{질량}{부피}$으로 구한다.
- 밀도의 크기는 일반적으로 고체 > 액체 > 기체순이다.
- 기체의 밀도는 압력에 비례하고, 절대온도에 반비례한다.
- 비중은 각 물질의 질량이 그것과 같은 부피를 갖는 표준물질의 질량의 몇 배인가를 나타내는 수치이다. 액체나 고체는 4℃의 물 1cm^{3}를 1g으로 하여 표준으로 사용하며, 기체의 경우 0℃, 1기압에서의 공기를 표준으로 사용한다.

정답 | 09 ② 10 ④ 11 ④ 12 ①

13 Repetitive Learning (1회 2회 3회)

이상기체의 거동을 가정할 때, 표준상태에서의 기체 밀도가 약 1.96g/L인 기체는?

① O_2 ② CH_4

③ CO_2 ④ N_2

해설

- 밀도는 $\frac{질량}{부피} = \frac{MP}{RT}$에서 표준상태(0℃, 1기압)이므로 대입하면 $\frac{M}{22.4}$가 1.96이 되는 기체를 찾으면 된다. 즉, 분자량이 44인 기체를 찾고 있다.
- 산소의 분자량은 32, 메탄의 분자량은 16, 질소의 분자량은 28이다.

이상기체 상태방정식

- 특정 압력과 온도에서 기체의 분자량을 구할 때 사용한다.
- 분자량 M = $\frac{질량 \times R \times T}{P \times V}$로 구한다.

이때, R은 이상기체상수로 0.082[atm · L/mol · K]이고,
T는 절대온도(273+섭씨온도)[K]이고,
P는 압력으로 atm 혹은 $\frac{주어진 압력[mmHg]}{760mmHg/atm}$이고,
V는 부피[L]이다.

0602 / 1904

14 Repetitive Learning (1회 2회 3회)

어떤 원자핵에서 양성자의 수가 3이고, 중성자의 수가 2일 때 질량수는 얼마인가?

① 1 ② 3

③ 5 ④ 7

해설

- 질량수는 양성자의 수와 중성자의 수의 합이므로 3+2=5가 된다.

원자번호(Atomic number)와 원자량(Atomic mass)

- 원자번호는 원자핵의 양성자수이자 중성원자의 총 전자수와 같다.
- 질량수=양성자의 수+중성자의 수로 구한다.
- 원자량은 6개의 양성자와 6개의 중성자로 구성되는 질량수 12인 탄소($_{12}C$)의 원자 질량을 12로 정한 조건에서 다른 원소의 비교질량을 원자량으로 나타낸다.

15 Repetitive Learning (1회 2회 3회)

프리델-크래프트 반응을 나타내는 것은?

① $C_6H_6 + 3H_2 \xrightarrow{Ni} C_6H_{12}$

② $C_6H_6 + CH_3Cl \xrightarrow{AlCl_3} C_6H_5CH_3 + HCl$

③ $C_6H_6 + Cl_2 \xrightarrow{Fe} C_6H_5Cl + HCl$

④ $C_6H_6 + HONO_2 \xrightarrow{C-H_2SO_4} C_6H_5NO_3 + H_2O$

해설

- ①은 산화-환원반응이다.
- ③은 할로겐화 반응이다.
- ④는 니트로화 반응이다.

프리델 - 크래프트 반응

- 벤젠 등의 방향고리가 무수염화알루미늄($AlCl_3$)을 촉매로 할로겐화알킬에 의해 알킬화하는 반응($C_6H_6 + CH_3Cl \xrightarrow{AlCl_3} C_6H_5CH_3 + HCl$)을 말한다.
- 염화펜틸에 염화알루미늄을 작용시켜 펜틸벤젠을 얻는 반응을 말한다.

1904

16 Repetitive Learning (1회 2회 3회)

황산구리(Ⅱ) 수용액을 전기분해할 때 63.5g의 구리를 석출시키는데 필요한 전기량은 몇 F인가? (단, Cu의 원자량은 63.5이다)

① 0.635F ② 1F

③ 2F ④ 63.5F

해설

- Cu의 원자가는 2이고, 원자량은 63.54이므로 g당량은 31.77이고, 이는 0.5몰에 해당한다.
- 즉, 1F의 전기량으로 생성할 수 있는 구리의 몰수가 0.5몰(31.77)인데, 1몰에 해당하는 구리를 생성하기 위해서는 2F의 전기량이 필요하다.

전기화학반응

- 1F의 전기량은 물질 1g당량을 석출하는데 필요한 전기량이다.
- 1F의 전기량은 전자 1몰이 갖는 전하량으로 96,500[C]의 전하량을 갖는다.
- 물질의 g당량은 $\frac{원자량}{원자가}$로 구한다.

13 ③ 14 ③ 15 ② 16 ③ | 정답

17

Repetitive Learning (1회 2회 3회)

P 43.7wt% 와 O 56.3wt%로 구성된 화합물의 실험식으로 옳은 것은? (단, 원자량은 P 31, O 16이다)

① P_2O_4　　② PO_3
③ P_2O_5　　④ PO_2

해설

- 유기화합물의 중량%가 주어졌으므로 원자량으로 나누어 구성비를 구할 수 있다.
- 인(P)의 원자량은 31이고, 산소(O)의 원자량은 16이므로 중량%에 나누어주면 $\frac{43.7}{31}=1.41$, $\frac{56.3}{16}=3.52$이므로 비율을 정수비로 표시하면 $\frac{1.41}{1.41}:\frac{3.52}{1.41}=1:2.5$이므로 2 : 5의 비이다. 즉, 인 2개와 산소 5개가 결합한 유기화합물임을 알 수 있다.

화합물의 구성

- 화합물의 중량비를 알면 구성비는 중량비를 원자량으로 나누어 구성비를 구할 수 있다.

18

Repetitive Learning (1회 2회 3회)

산소 분자 1개의 질량을 구하기 위하여 필요한 것은?

① 아보가드로수와 원자가
② 아보가드로수와 분자량
③ 원자량과 원자번호
④ 질량수와 원자가

해설

- 분자의 개수는 아보가드로의 수로 구하며, 분자 1개의 질량은 분자량/아보가드로의 수로 구한다.

아보가드로의 법칙

- 모든 기체는 같은 온도, 같은 압력에서 같은 부피 속에 같은 개수의 분자를 포함한다는 법칙이다.
- 온도와 압력이 일정하다면 기체의 분자수가 2배라면 기체의 부피도 2배가 되며, 이것은 기체의 물리적, 화학적 특성과는 무관하다는 것이다.
- 아보가드로의 수는 6.0221415×10^{23}으로 간단히 6.02×10^{23}으로 계산한다.

19

Repetitive Learning (1회 2회 3회)

sp^3 혼성궤도함수를 구성하는 것은?

① BF_3　　② CH_4
③ PCl_5　　④ $BeCl_2$

해설

- (CH_4)은 대표적인 sp^3 혼성오비탈로 원자가가 +4인 탄소(C)가 바닥 상태에서 s오비탈과 p오비탈을 채우고(

s	p		
↑↓	↑	↑	

), 역시 원자가가 +1인 수소 4개가 나머지 p오비탈을 채워(

s	p		
↑↓	↑*	↑*	**

) sp^3 혼성오비탈을 완성한다.

혼성오비탈(Hybrid orbital)

- 공유결합으로 분자의 형성을 설명하기 힘든 일부 분자들의 분자형성 이유를 설명하기 위한 이론으로 원래의 원자 궤도함수들이 혼합되어 새로운 궤도함수를 형성하고 있다고 설명한다.
- 혼성오비탈의 종류에는 sp오비탈, sp^2오비탈, sp^3오비탈 등이 있다.

sp오비탈	$BeCl_2$, BeF_2 등이 있다.
	분자형태는 직선형을 띤다.
sp^2오비탈	BF_3, C_2H_4, SO_3 등이 있다.
	분자형태는 평면삼각형을 그린다.
sp^3오비탈	CH_4, NH_4, H_2O 등이 있다.
	분자형태는 사면체 구조를 갖는다.

20

Repetitive Learning (1회 2회 3회)

올레핀계 탄화수소에 해당하는 것은?

① CH_4　　② $CH_2=CH_2$
③ $CH=CH$　　④ CH_3CHO

해설

- 에틸렌(C_2H_4)은 탄소끼리의 이중결합이 하나 들어있는 올리핀계 탄화수소의 대표적인 물질이다.

올레핀계 탄화수소

- 사슬모양의 탄화수소로 탄소끼리의 이중결합이 하나 들어있는 불포화 탄화수소를 말한다.
- 주로 알켄(C_nH_{2n})계열로 구성되며, 다른 물질과 결합하기 쉽다.
- 대표적으로 에틸렌(C_2H_4)이 있다.

정답 | 17 ③ 18 ② 19 ② 20 ②

2과목 화재예방과 소화방법

21 Repetitive Learning (1회 2회 3회)

제조소 등에 전기설비(전기배선, 조명기구 등은 제외한다)가 설치된 장소의 바닥면적이 150m^{2}인 경우 설치해야 하는 소형수동식소화기의 최소 갯수는?

① 1개 ② 2개
③ 3개 ④ 4개

해설

- 면적 100m^{2}마다 소형수동식소화기를 1개 이상이므로 바닥면적이 150m^{2}이므로 2개 이상이 되어야 한다.

전기설비의 소화설비

- 제조소 등에 전기설비(전기배선, 조명기구 등은 제외한다)가 설치된 경우에는 당해 장소의 면적 100m^{2}마다 소형수동식소화기를 1개 이상 설치한다.

1901

22 Repetitive Learning (1회 2회 3회)

벤젠과 톨루엔의 공통점이 아닌 것은?

① 물에 녹지 않는다. ② 냄새가 없다.
③ 휘발성 액체이다. ④ 증기는 공기보다 무겁다.

해설

- 벤젠과 톨루엔 모두 독특한 냄새가 난다.

벤젠(C_6H_6)의 성질 실기 0504/0801/0802/1401/1502/2001

- 제1석유류로 비중은 약 0.88이고, 인체에 유해한 증기의 비중은 약 2.8이다.
- 물보다 비중값이 작지만, 증기비중 값은 공기보다 크다.
- 인화점은 약 −11℃로 0℃보다 낮다.
- 물에는 녹지 않으며, 알코올, 에테르에 녹으며, 녹는점은 약 5.5℃이다.
- 끓는점(88℃)은 상온보다 높다.
- 탄소가 많이 포함되어 있으므로 연소 시 검은 연기가 심하게 발생한다.
- 겨울철에 응고된 고체상태에서도 인화의 위험이 있다.
- 독특한 냄새가 있는 무색투명한 액체이다.
- 유체마찰에 의한 정전기 발생 위험이 있다.
- 휘발성이 강한 액체이다.
- 방향족 유기화합물이다.
- 불포화결합을 이루고 있으나 안전하여 첨가반응보다 치환반응이 많다.

1702

23 Repetitive Learning (1회 2회 3회)

위험물에 화재가 발생하였을 경우 물과의 반응으로 인해 주수소화가 적당하지 않은 것은?

① CH_3ONO_2 ② $KClO_3$
③ Li_2O_2 ④ P

해설

- 과산화나트륨(Na_2O_2), 과산화칼륨(K_2O_2), 과산화바륨(BaO_2), 과산화리튬(Li_2O_2)과 같은 무기과산화물은 물과 반응할 경우 산소를 발생시켜 발화 · 폭발하므로 주수소화를 금해야 한다.

대표적인 위험물의 소화약제

위험물	류별	소화약제
칼륨(K), 나트륨(Na), 마그네슘(Mg)	제2류	마른모래, 탄산수소염류 분말소화약제
황린(P_4)	제3류	주소소화, 마른모래 등
알킬(트리에틸)알루미늄, 수소화나트륨	제3류	마른모래, 팽창질석, 팽창진주암
경유, 등유, 벤젠(C_6H_6)	제4류	포소화약제, 이산화탄소, 분말소화약제
염소산칼륨($KClO_3$), 염소산아연[$Zn(ClO_3)_2$]	제1류	대량의 물을 통한 냉각소화
트리니트로페놀 [$C_6H_2OH(NO_2)_3$], 트리니트로톨루엔(TNT), 니트로셀룰로오스 등	제5류	대량의 물로 주수소화
과산화나트륨(Na_2O_2), 과산화칼륨(K_2O_2)	제1류	마른모래

2001

24 Repetitive Learning (1회 2회 3회)

묽은 질산이 칼슘과 반응하면 발생하는 기체는?

① 산소 ② 질소
③ 수소 ④ 수산화칼슘

해설

- 칼슘은 묽은 질산 및 물과 반응하여 수소를 발생시킨다.

칼슘(Ca) 실기 0701/1404

- 은백색의 알칼리 토금속으로 제3류 위험물에 해당한다.
- 지정수량이 50kg이고 위험등급은 II이다.
- 물과 반응하여 수산화칼슘과 수소를 발생시킨다. ($Ca+2H_2O \rightarrow Ca(OH)_2+H_2$)
- 묽은 질산과 반응하여 질산칼슘과 수소를 발생시킨다. ($2HNO_3+Ca \rightarrow Ca(NO_3)_2+H_2$)

21 ② 22 ② 23 ③ 24 ③ 정답

0604

25 Repetitive Learning (1회 2회 3회)

경유 50,000L의 소화설비 소요단위는?

① 3　② 4
③ 5　④ 6

해설

• 경유는 인화성 액체에 해당하는 제4류 위험물 중 제2석유류 중 비수용성으로 지정수량이 1,000L이고 소요단위는 지정수량의 10배이므로 10,000L가 1단위가 되므로 50,000L는 5단위에 해당한다.

소요단위 실기 0604/0802/1202/1204/1704/1804/2001

• 소화설비의 설치대상이 되는 건축물 그 밖의 공작물의 규모 또는 위험물의 양의 기준단위이다.
• 계산방법

구분	내용
제조소 또는 취급소의 건축물	외벽이 내화구조인 것은 연면적 $100m^2$를 1소요단위로 하며, 외벽이 내화구조가 아닌 것은 연면적 $50m^2$를 1소요단위로 할 것
저장소의 건축물	외벽이 내화구조인 것은 연면적 $150m^2$를 1소요단위로 하고, 외벽이 내화구조가 아닌 것은 연면적 $75m^2$를 1소요단위로 할 것
제조소 등의 옥외에 설치된 공작물	외벽이 내화구조인 것으로 간주하고 공작물의 최대수평투영면적을 연면적으로 간주하여 제조소 혹은 저장소 건축물의 소요단위를 적용할 것
위험물	지정수량의 10배를 1소요단위로 할 것

26 Repetitive Learning (1회 2회 3회)

분말소화약제로 사용되는 주성분에 해당하지 않는 것은?

① 탄산수소나트륨　② 황산수소칼슘
③ 탄산수소칼륨　④ 제1인산암모늄

해설

• ①은 제1종 분말소화약제이다.
• ③은 제2종 분말소화약제이다.
• ④는 제3종 분말소화약제이다.

분말소화약제의 종별과 적응성

소화약제의 종별	적응성	착색색상
제1종 분말(탄산수소나트륨)	BC	백색
제2종 분말(탄산수소칼륨)	BC	담회색
제3종 분말(인산암모늄)	ABC	담홍색
제4종 분말(탄산수소칼륨과 요소가 화합)	BC	회색

27 Repetitive Learning (1회 2회 3회)

황린이 연소할 때 다량으로 발생하는 흰 연기는 무엇인가?

① P_2O_5　② P_3O_7
③ PH_3　④ P_4S_3

해설

• 황린을 가열하여 적린을 얻는데 이때 발생하는 유독가스는 오산화인(P_2O_5)이다.

황린(P_4) 실기 0602/0701/0702/0901/1001/1202/1302/1401/1402/1504/1901/1902/2003

• 공기 중에서 발화하는 자연발화성 물질로 제3류 위험물에 속하며 지정수량은 20kg, 위험등급은 Ⅰ이다.
• 산소와 결합력이 강하고 착화온도가 낮기(미분 34℃, 고형분 60℃) 때문에 쉽게 자연발화한다.
• 백색 또는 담황색의 고체로 독성이 있는 물질로 물에는 녹지 않고 이황화탄소에는 녹는다.
• 수산화나트륨(NaOH) 수용액에 반응시키면 포스핀(인화수소, PH_3)를 발생시키므로 이를 방지하기 위해 pH9의 물속에 저장한다.
• 밀폐용기 속에서 260℃로 가열하여 적린을 얻을 수 있다. 이때 유독가스인 오산화인(P_2O_5)이 발생한다.
(반응식 : $P_4 + 5O_2 \rightarrow 2P_2O_5$)

0304

28 Repetitive Learning (1회 2회 3회)

옥외탱크저장소의 압력탱크 수압시험의 조건으로 옳은 것은?

① 최대상용압력의 1.5배의 압력으로 5분간 수압시험을 한다.
② 최대상용압력의 1.5배의 압력으로 10분간 수압시험을 한다.
③ 사용압력에서 15분간 수압시험을 한다.
④ 사용압력에서 20분간 수압시험을 한다.

해설

• 압력탱크는 최대상용압력의 1.5배의 압력으로 10분간 실시하는 수압시험에서 각각 새거나 변형되지 아니하여야 한다.

옥외저장탱크의 외부구조 실기 1801

• 옥외저장탱크는 특정옥외저장탱크 및 준특정옥외저장탱크 외에는 두께 3.2mm 이상의 강철판 또는 소방청장이 정하여 고시하는 규격에 적합한 재료로 제작하여야 한다.
• 압력탱크외의 탱크는 충수시험, 압력탱크는 최대상용압력의 1.5배의 압력으로 10분간 실시하는 수압시험에서 각각 새거나 변형되지 아니하여야 한다.

정답 | 25 ③ 26 ② 27 ① 28 ②

1404 / 1804

29

Repetitive Learning (1회 2회 3회)

옥외소화전설비의 옥외소화전이 3개 설치되었을 경우 수원의 수량은 몇 m^3 이상이 되어야 하는가?

① 7 ② 20.4

③ 40.5 ④ 100

해설

- 수원의 수량은 옥외소화전의 설치개수(설치개수가 4개 이상인 경우는 4개의 옥외소화전)에 $13.5m^3$를 곱한 양 이상이 되어야 하므로 $3 \times 13.5 = 40.5m^3$ 이상이 되어야 한다.

옥외소화전설비의 설치기준 실기 0802/1202

- 옥외소화전은 방호대상물의 각 부분(건축물의 경우에는 당해 건축물의 1층 및 2층의 부분에 한한다)에서 하나의 호스접속구까지의 수평거리가 40m 이하가 되도록 설치할 것. 이 경우 그 설치개수가 1개일 때는 2개로 하여야 한다.
- 수원의 수량은 옥외소화전의 설치개수(설치개수가 4개 이상인 경우는 4개의 옥외소화전)에 $13.5m^3$를 곱한 양 이상이 되도록 설치할 것
- 옥외소화전설비는 모든 옥외소화전(설치개수가 4개 이상인 경우는 4개의 옥외소화전)을 동시에 사용할 경우에 각 노즐선단의 방수압력이 350kPa 이상이고, 방수량이 1분당 450L 이상의 성능이 되도록 할 것
- 옥외소화전설비에는 비상전원을 설치할 것

0604 / 0702 / 1004

30

Repetitive Learning (1회 2회 3회)

전역방출방식 분말소화설비에 있어 분사헤드는 저장용기에 저장된 분말소화약제량을 몇 초 이내에 균일하게 방사하여야 하는가?

① 15 ② 30

③ 45 ④ 60

해설

- 저장용기에 저장된 분말소화약제의 양을 30초 이내에 균일하게 방사하여야 한다.

전역방출방식의 분말소화설비 분사헤드

- 방사된 소화약제가 방호구역의 전역에 균일하고 신속하게 확산할 수 있도록 설치할 것
- 분사헤드의 방사압력은 0.1MPa 이상일 것
- 소화약제의 양을 30초 이내에 균일하게 방사할 것

31

Repetitive Learning (1회 2회 3회)

주된 연소형태가 나머지 셋과 다른 하나는?

① 유황 ② 코크스

③ 금속분 ④ 숯

해설

- 유황은 열분해를 일으키지 않고 증발한 증기가 공기와 혼합해서 연소되는 증발연소를 한다.
- ②, ③, ④는 열분해 되지 않고 고체 표면에 공기가 닿아 연소가 일어나 고온을 유지하며 타는 표면연소를 하는 물질이다.

고체의 연소형태 실기 0702/0902/1204/1904

분해연소	• 가연물이 열분해가 진행되어 산소와 결합하여 연소하는 고체의 연소방식이다. • 종이, 목재, 플라스틱, 석탄 등이 분해연소를 한다.
표면연소	• 열분해 되지 않고 고체 표면에 공기가 닿아 연소가 일어나 고온을 유지하며 타는 연소형태를 말한다. • 숯, 코크스, 목탄, 금속 등이 표면연소를 한다.
자기연소	• 공기 중 산소를 필요로 하지 않고 분자 내의 산소를 이용해 자신이 분해되며 타는 것을 말한다. • 니트로셀룰로오스, TNT, 셀룰로이드, 니트로글리세린과 같은 제5류 위험물이 자기연소를 한다.
증발연소	• 액체와 고체의 연소방식에 속한다. • 열분해를 일으키지 않고 증발한 증기가 공기와 혼합해서 연소되는 방식이다. • 주로 연료로 사용되는 휘발유, 등유, 경유, 알코올과 같은 액체와 양초, 나프탈렌, 왁스, 아세톤, 황 등 제4류 위험물이 증발연소를 한다.

1204 / 1702

32

Repetitive Learning (1회 2회 3회)

자연발화를 방지하는 방법으로 가장 거리가 먼 것은?

① 통풍이 잘되게 할 것

② 열의 축적을 용이하지 않게 할 것

③ 저장실의 온도를 낮게 할 것

④ 습도를 높게 할 것

해설

- 자연발화를 방지하려면 습도를 낮게 해야 한다.

자연발화 방지방법

- 통풍이 잘되게 할 것
- 열의 축적을 용이하지 않게 할 것
- 저장실의 온도를 낮게 할 것
- 습도를 낮게 할 것
- 한 번에 5g 이상을 실험실에서 취급하지 않도록 할 것

29 ③ 30 ② 31 ① 32 ④ | 정답

1402

33 ──── Repetitive Learning (1회 2회 3회)

제3종 분말소화약제를 화재면에 방출시 부착성이 좋은 막을 형성하여 연소에 필요한 산소의 유입을 차단하기 때문에 연소를 중단시킬 수 있다. 그러한 막을 구성하는 물질은?

① H_3PO_4　　② PO_4

③ HPO_3　　④ P_2O_5

해설

- 제3종 분말소화약제는 제1인산암모늄($NH_4H_2PO_4$)을 주성분으로 하는 소화약제로 ABC급 화재에 적응성이 있으며 열에 의해 메타인산, 암모니아, 물로 분해되는데, 이중 메타인산(HPO_3)이 부착성 있는 막을 만드는 방진효과로 A급화재 진화에 기여를 한다.

제3종 분말소화약제 실기 0501/0602/0701/0801/0901/1204/1301/1404/1502/1504/1601/1602/1701/1801/1904/2003/2101

- 제1인산암모늄($NH_4H_2PO_4$)을 주성분으로 하는 소화약제로 ABC급 화재에 적응성이 있으며 착색색상은 담홍색인 소화약제이다.
- 가연물의 표면에 피막을 형성하여 산소의 유입을 차단시킨다.
- 발수제로 실리콘 오일을 첨가한다.
- 인산암모늄이 열분해되면 메타인산, 암모니아, 물로 분해되는데, 이중 메타인산(HPO_3)이 부착성 있는 막을 만드는 방진효과로 A급화재 진화에 기여를 한다.
  ($NH_4H_2PO_4 \xrightarrow[\triangle]{} HPO_3 + NH_3 + H_2O$)

0901 / 1404

34 ──── Repetitive Learning (1회 2회 3회)

펌프와 발포기의 중간에 설치된 벤투리관의 벤투리 작용과 펌프 가압수의 포 소화약제 저장탱크에 대한 압력에 의하여 포 소화약제를 흡입 · 혼합하는 방식은?

① 프레져 푸로포셔너

② 펌프 푸로로셔너

③ 프레져사이드 푸로포셔너

④ 라인 푸로포셔너

해설

- 펌프 푸로포셔너방식이란 펌프의 토출관과 흡입관 사이의 배관도중에 설치한 흡입기에 펌프에서 토출된 물의 일부를 보내고, 농도 조정밸브에서 조정된 포 소화약제의 필요량을 포 소화약제 탱크에서 펌프 흡입측으로 보내어 이를 혼합하는 방식을 말한다.
- 프레져사이드 푸로포셔너방식이란 펌프의 토출관에 압입기를 설치하여 포 소화약제 압입용펌프로 포 소화약제를 압입시켜 혼합하는 방식을 말한다.
- 라인 푸로포셔너방식이란 펌프와 발포기의 중간에 설치된 벤추리관의 벤추리작용에 따라 포 소화약제를 흡입 · 혼합하는 방식을 말한다

포 소화약제의 혼합장치

프레져 푸로포셔너	펌프와 발포기의 중간에 설치된 벤추리관의 벤추리작용과 펌프 가압수의 포 소화약제 저장탱크에 대한 압력에 따라 포 소화약제를 흡입 · 혼합하는 방식
펌프 푸로포셔너	펌프의 토출관과 흡입관 사이의 배관도중에 설치한 흡입기에 펌프에서 토출된 물의 일부를 보내고, 농도 조정밸브에서 조정된 포 소화약제의 필요량을 포 소화약제 탱크에서 펌프 흡입측으로 보내어 이를 혼합하는 방식
프레져사이드 푸로포셔너	펌프의 토출관에 압입기를 설치하여 포 소화약제 압입용펌프로 포 소화약제를 압입시켜 혼합하는 방식
라인 푸로포셔너	펌프와 발포기의 중간에 설치된 벤추리관의 벤추리작용에 따라 포 소화약제를 흡입 · 혼합하는 방식을 말한다
압축공기포 믹싱챔버	압축공기 또는 압축질소를 일정비율로 포수용액에 강제 주입 혼합하는 방식

0504 / 0804

35 ──── Repetitive Learning 

복합용도 건축물의 옥내저장소 기준에서 옥내저장소의 용도에 사용되는 부분 바닥면적은 몇 m^2 이하로 하여야 하는가?

① 30　　② 50

③ 75　　④ 100

해설

- 복합용도 건축물에서 옥내저장소의 용도에 사용되는 부분의 바닥면적은 $75m^2$ 이하로 하여야 한다.

복합용도 건축물의 옥내저장소 기준

- 옥내저장소는 벽 · 기둥 · 바닥 및 보가 내화구조인 건축물의 1층 또는 2층의 어느 하나의 층에 설치하여야 한다.
- 옥내저장소의 용도에 사용되는 부분의 바닥은 지면보다 높게 설치하고 그 층고를 6m 미만으로 하여야 한다.
- 옥내저장소의 용도에 사용되는 부분의 바닥면적은 $75m^2$ 이하로 하여야 한다.
- 옥내저장소의 용도에 사용되는 부분은 벽 · 기둥 · 바닥 · 보 및 지붕(상층이 있는 경우에는 상층의 바닥)을 내화구조로 하고, 출입구외의 개구부가 없는 두께 70mm 이상의 철근콘크리트조 또는 이와 동등 이상의 강도가 있는 구조의 바닥 또는 벽으로 당해 건축물의 다른 부분과 구획되도록 하여야 한다.
- 옥내저장소의 용도에 사용되는 부분의 출입구에는 수시로 열 수 있는 자동폐쇄방식의 갑종방화문을 설치하여야 한다.
- 옥내저장소의 용도에 사용되는 부분에는 창을 설치하지 아니하여야 한다.
- 옥내저장소의 용도에 사용되는 부분의 환기설비 및 배출설비에는 방화상 유효한 댐퍼 등을 설치하여야 한다.

정답 | 33 ③ 34 ① 35 ③

1601

36 Repetitive Learning (1회 2회 3회)

위험물안전관리법령상 전기설비에 적응성이 없는 소화설비는?

① 포소화설비　② 불활성가스소화설비
③ 물분무소화설비　④ 할로겐화합물소화설비

해설

- 옥내소화전 또는 옥외소화전, 스프링클러, 포소화설비, 봉상수(강화액), 건조사, 팽창질석 등은 전기설비 화재에 적응성이 없다.

전기설비에 적응성을 갖는 소화설비 실기 1002/1101/1202/1601/1702/1902/2001/2003/2004

소화설비의 구분			전기설비
옥내소화전 또는 옥외소화전설비			
스프링클러설비			
물분무등 소화설비	물분무소화설비		○
	포소화설비		
	불활성가스소화설비		○
	할로겐화합물소화설비		○
	분말 소화설비	인산염류등	○
		탄산수소염류등	○
		그 밖의 것	
대형·소형 수동식 소화기	봉상수(棒狀水)소화기		
	무상수(霧狀水)소화기		○
	봉상강화액소화기		
	무상강화액소화기		○
	포소화기		
	이산화탄소 소화기		○
	할로겐화합물소화기		○
	분말 소화기	인산염류소화기	○
		탄산수소염류소화기	○
		그 밖의 것	
기타	물통 또는 수조		
	건조사		
	팽창질석 또는 팽창진주암		

1601

37 Repetitive Learning (1회 2회 3회)

물의 특성 및 소화효과에 관한 설명으로 틀린 것은?

① 이산화탄소보다 기화 잠열이 크다.
② 극성분자이다.
③ 이산화탄소보다 비열이 작다.
④ 주된 소화효과가 냉각소화이다.

해설

- 물은 이산화탄소보다 기화잠열(539[kcal/kg])과 비열(1[kcal/kg℃])이 커 많은 열량의 흡수가 가능하다.

물의 특성 및 소화효과

㉠ 개요

- 이산화탄소보다 기화잠열(539[kcal/kg])과 비열(1[kcal/kg℃])이 커 많은 열량의 흡수가 가능하다.
- 산소가 전자를 잡아당겨 극성을 갖는 극성공유결합을 한다.
- 수소결합을 통해 강한 분자간의 힘을 가지므로 표면장력이 크다.
- 주된 소화효과는 기화잠열과 비열을 이용한 냉각소화이다.

㉡ 장단점

장점	단점
• 구하기 쉽다. • 취급이 간편하다. • 기화잠열이 크다.(냉각효과) • 기화팽창률이 크다.(질식효과)	• 피연소 물질에 피해를 준다. • 겨울철에 동파 우려가 있다.

1601

38 Repetitive Learning (1회 2회 3회)

제1석유류를 저장하는 옥외탱크저장소에 특형 포방출구를 설치하는 경우, 방출율은 액 표면적 $1m^2$당 1분에 몇 리터 이상이어야 하는가?

① 9.5L　② 8.0L
③ 6.5L　④ 3.7L

해설

- 인화점이 21℃ 미만인 제1석유류를 저장하는 저장소에 특형 포방출구를 설치하는 경우 방출율은 $1m^2$당 1분에 용액량에 상관없이 8L이다.

제4류 위험물의 구분에 따른 포방출구의 방출율

		1석유류	2석유류	인화점이 70℃ 이상
Ⅰ형	용액량	120	80	60
	방출율	4	4	4
Ⅱ형	용액량	220	120	100
	방출율	4	4	4
특형	용액량	240	160	120
	방출율	8	8	8
Ⅲ형	용액량	220	120	100
	방출율	4	4	4
Ⅳ형	용액량	220	120	100
	방출율	4	4	4

36 ① 37 ③ 38 ② 정답

39

Repetitive Learning (1회 2회 3회)

위험물안전관리법령상 위험물 품명이 나머지 셋과 다른 것은?

① 메틸알코올 ② 에틸알코올

③ 이소프로필알코올 ④ 부틸알코올

해설

• 부틸알코올(C_4H_9OH)은 제4류 위험물 중 제2석유류(비수용성)로 알코올류(수용성)에 속하는 메틸알코올, 에틸알코올, 이소프로필알코올과는 구별된다.

제4류 위험물

㉠ 특수인화물(위험등급 Ⅰ)

물질		지정수량
비수용성	디에틸에테르, 이황화탄소	50[ℓ]
수용성	아세트알데히드, 산화프로필렌	

㉡ 제1석유류(위험등급 Ⅱ)

물질		지정수량
비수용성	가솔린, 벤젠, 톨루엔, 시클로헥산, 에틸벤젠, 메틸에틸케톤, 초산메틸, 초산에틸, 초산프로필, 의산메틸, 의산에틸, 의산프로필, 의산부틸	200[ℓ]
수용성	아세톤, 피리딘, 시안화수소	400[ℓ]

㉢ 알코올류(위험등급 Ⅱ)

물질		지정수량
수용성	메틸알코올, 에틸알코올, 이소프로필알코올, 변성알코올, 퓨젤유	400[ℓ]

㉣ 제2석유류(위험등급 Ⅲ)

물질		지정수량
비수용성	등유, 경유, 오르소크실렌, 메타크실렌, 파라크실렌, 스티렌, 테레핀유, 장뇌유, 송근유, 클로로벤젠	1,000[ℓ]
수용성	포름산(의산), 아세트산(초산), 메틸셀로솔브, 에틸셀로솔브, 프로필셀로솔브, 부틸셀로솔브, 히드라진	2,000[ℓ]

㉤ 제3석유류(위험등급 Ⅲ)

물질		지정수량
비수용성	중유, 크레오소오트유, 아닐린, 벤질알코올, 니트로벤젠, 담금질유	2,000[ℓ]
수용성	에틸렌글리콜, 글리세린, 아세톤시안히드린	4,000[ℓ]

㉥ 제4석유류(위험등급 Ⅲ)

물질	지정수량
윤활유, 기어유, 실린더유, 기계유	6,000[ℓ]

㉦ 동식물유

물질			지정수량
건성유	요오드값 130 이상	정어리유, 대구유, 상어유, 해바라기유, 동유, 아마인유, 들기름	10,000[ℓ]
반건성유	요오드값 100~130	청어유, 쌀겨기름, 면실유, 채종유, 옥수수기름, 참기름, 콩기름	
불건성유	요오드값 100 이하	쇠기름, 돼지기름, 고래기름, 피마자유, 올리브유, 팜유, 땅콩기름, 야자유	

0404 / 0601 / 0904 / 1402 / 1504 / 1801

40

Repetitive Learning (1회 2회 3회)

위험물저장소 건축물의 외벽이 내화구조인 것은 연 면적 얼마를 1소요단위로 하는가?

① $50m^2$ ② $75m^2$

③ $100m^2$ ④ $150m^2$

해설

• 위험물 저장소의 건축물에 대한 소요단위는 외벽이 내화구조인 것은 연면적 $150m^2$를 1소요단위로 한다.

소요단위 실기 0604/0802/1202/1204/1704/1804/2001

문제 25번의 유형별 핵심이론 참조

정답 | 39 ④ 40 ④

41 Repetitive Learning (1회 2회 3회)

과염소산나트륨에 대한 설명 중 틀린 것은?

① 물에 녹는다.
② 산화제이다.
③ 열분해하여 염소를 방출한다.
④ 조해성이 있다.

해설

- 과염소산나트륨은 열분해하여 염화나트륨과 산소를 방출한다.

과염소산나트륨($NaClO_4$)

- 산화성 고체로 제1류 위험물의 과염소산염류에 해당하며, 지정수량은 50kg, 위험등급은 Ⅰ이다.
- 무색무취의 조해성을 갖는 산화제이다.
- 물, 에틸알코올, 아세톤 등에 잘 녹으나, 에테르에는 녹지 않는다.
- 열분해하여 염화나트륨과 산소를 방출한다.

($NaClO_4 \xrightarrow[\triangle]{} NaCl + 2O_2$)

42 Repetitive Learning (1회 2회 3회)

비중이 1보다 큰 물질은?

① 이황화탄소 ② 에틸알코올
③ 아세트알데히드 ④ 테레핀유

해설

- 에틸알코올(C_2H_5OH)은 비중이 0.79로 물보다 가볍다.
- 아세트알데히드(CH_3CHO)는 비중이 0.78로 물보다 가볍다.
- 테레핀유($C_{10}H_{16}$)는 비중이 0.86으로 물보다 가볍다.

이황화탄소(CS_2) 실기 0504/0704/0802/1102/1401/1402/1501/1601/1702/1802/2004/2101

- 특수인화물로 지정수량이 50L이고 위험등급은 Ⅰ이다.
- 인화점이 −30℃, 끓는점이 46.3℃, 발화점이 120℃이다.
- 순수한 것은 무색투명한 액체이나, 일광에 황색으로 변한다.
- 물에 녹지 않고 벤젠에는 녹는다.
- 가연성 증기의 발생을 방지하기 위해 물속에 넣어 저장한다.
- 비중이 1.26으로 물보다 무겁고 독성이 있다.
- 완전연소할 때 자극성이 강하고 유독한 기체(SO_2)를 발생시킨다.

1404

43 Repetitive Learning (1회 2회 3회)

위험물의 운반용기 외부에 수납하는 위험물의 종류에 따라 표시하는 주의사항을 옳게 연결한 것은?

① 염소산칼륨 – 물기주의
② 철분 – 물기주의
③ 아세톤 – 화기엄금
④ 질산 – 화기엄금

해설

- 염소산칼륨(제1류)은 알칼리금속의 과산화물로 "물기엄금"이라고 표시해야 한다.
- 철분(제2류)은 "화기주의", "물기엄금"이라고 표시해야 한다.
- 질산(제6류)은 "가연물접촉주의"라고 표시해야 한다.

수납하는 위험물에 따른 용기 표시 주의사항 실기 0701/0801/0902/0904/1001/1004/1101/1201/1202/1404/1504/1601/1701/1801/1802/2003/2004/2101

제1류	알칼리금속의 과산화물	화기 · 충격주의, 물기엄금, 가연물접촉주의
	그 외	화기 · 충격주의, 가연물접촉주의
제2류	철분 · 금속분 · 마그네슘 또는 이를 함유한 것	화기주의, 물기엄금
	인화성 고체	화기엄금
	그 외	화기주의
제3류	자연발화성 물질	화기엄금, 공기접촉엄금
	금수성 물질	물기엄금
제4류		화기엄금
제5류		화기엄금, 충격주의
제6류		가연물접촉주의

44 Repetitive Learning (1회 2회 3회)

다음 중 발화점이 가장 낮은 것은?

① 황 ② 황린
③ 적린 ④ 삼황화린

해설

- 발화온도 순으로 보기의 물질을 배열하면 황린(34℃)<삼황화린(100℃)<황(232℃)<적린(260℃) 순이다.

황린(P_4) 실기 0602/0701/0702/0901/1001/1202/1302/1401/1402/1504/1901/1902/2003

문제 27번의 유형별 핵심이론 참조

41 ③ 42 ① 43 ③ 44 ② | 정답

45 Repetitive Learning (1회 2회 3회)

메틸알코올과 에틸알코올의 공통 성질이 아닌 것은?

① 무색투명한 휘발성 액체이다.
② 물에 잘 녹는다.
③ 비중은 물보다 작다.
④ 인체에 대한 유독성이 없다.

해설

- 에틸알코올은 유독성이 없으나, 메틸알코올은 마셨을 경우 시신경 마비의 위험이 있다.

메틸알코올(CH_3OH) 실기 0801/0904/1501/1502/1901/2101

- 제4류 위험물인 인화성 액체 중 수용성 알코올류로 지정수량이 400L이고 위험등급이 Ⅱ이다.
- 분자량은 32g, 증기비중이 1.1로 공기보다 크다.
- 인화점이 11℃인 무색투명한 액체이다.
- 물에 잘 녹는다.
- 마셨을 경우 시신경 마비의 위험이 있다.
- 연소 범위는 약 7.3 ~ 36vol%로 에틸알코올(4.3~19vol%)보다 넓으며, 화재 시 그을음이 나지 않으며 소화는 알코올 포를 사용한다.
- 증기는 가열된 산화구리를 환원하여 구리를 만들고 포름알데히드가 된다.

46 Repetitive Learning (1회 2회 3회)

초산에틸(아세트산에틸)의 성질에 대한 설명으로 틀린 것은?

① 물보다 가볍다.
② 끓는점이 약 77℃이다.
③ 비수용성 제1석유류로 구분된다.
④ 무색, 무취의 투명 액체이다.

해설

- 초산에틸은 무색 투명한 액체로 과일향이 난다.

초산에틸($CH_3COOC_2H_5$)

- 비수용성 제1석유류로 지정수량이 200L, 위험등급은 Ⅱ이다.
- 인화점은 -4℃, 끓는점은 77℃, 착화점은 427℃이다.
- 비중이 0.9로 물보다 가벼우며, 증기비중은 3.04로 공기보다 무겁다.
- 무색투명한 액체로 과일향이 난다.

47 Repetitive Learning (1회 2회 3회)

담황색의 고체 위험물에 해당하는 것은?

① 니트로셀룰로오스 ② 금속칼륨
③ 트리니트로톨루엔 ④ 아세톤

해설

- TNT는 톨루엔에 질산, 황산을 반응시켜(니트로화) 생성되는 담황색의 고체 위험물로 니트로화합물에 속한다.

트리니트로톨루엔[$C_6H_2CH_3(NO_2)_3$] 실기 0802/0901/1004/1102/1201/1202/1501/1504/1601/1901/1904

- 담황색의 고체 위험물로 톨루엔에 질산, 황산을 반응시켜(니트로화) 생성되는 물질로 니트로화합물에 속한다.
- 자기반응성 물질로 제5류 위험물이다.
- 지정수량은 200kg이고, 위험등급은 Ⅱ이다.
- TNT라고 하며, 폭발력의 표준으로 사용된다.
- 피크린산에 비해서는 충격, 마찰에 둔감하다.
- 니트로글리세린과 달리 장기간 저장해도 자연분해 할 위험 없이 안전하다.
- 가열 충격 시 폭발하기 쉬우며, 폭발 시 다량의 가스를 발생한다.
- 물에는 녹지 않고·아세톤, 벤젠에 녹으며, 금속과는 반응하지 않는 물질이다.

반응식	$2C_6H_2CH_3(NO_2)_3 \rightarrow 12CO + 3N_2 + 5H_2 + 2C$ TNT → 일산화탄소+질소+수소+탄소

0904 / 1501 / 1702

48 Repetitive Learning (1회 2회 3회)

[그림]과 같은 위험물을 저장하는 탱크의 내용적은 약 몇 m^3인가? (단, r은 10m, L은 25m이다)

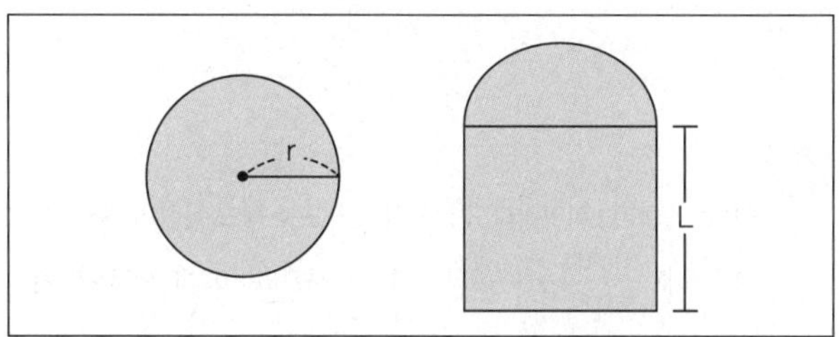

① 3,612 ② 4,754
③ 5,812 ④ 7,854

해설

- 주어진 값을 대입하면 탱크의 내용적은 $\pi \times 10^2 \times 25 = 7,853.98$ [m^3]이 된다.

탱크의 내용적 실기 0501/0804/1202/1504/1601/1701/1801/1802/2003/2101

- 탱크의 내용적 V = $\pi r^2 L$로 구한다.
  이때, r은 반지름, L은 탱크의 길이이다.

49 Repetitive Learning 1회 2회 3회

가솔린에 대한 설명 중 틀린 것은?

① 수산화칼륨과 요오드포름 반응을 한다.
② 휘발하기 쉽고 인화성이 크다.
③ 물보다 가벼우나 증기는 공기보다 무겁다.
④ 전기에 대하여 부도체이다.

해설

- 요오드포름 반응을 하는 물질은 아세톤(CH_3COCH_3), 아세트알데히드(CH_3CHO), 에틸알코올(C_2H_5OH)로 수산화칼륨(KOH), 수산화나트륨($NaOH$), 요오드(I_2)와 반응시키면 황색의 요오드포름(CHI_3) 침전물이 생성된다.

가솔린
- 비수용성 제1석유류로 지정수량이 200L인 인화성 액체(제4류 위험물)이다.
- 6~10개 정도의 탄소를 가진 탄화수소의 혼합물이다.
- 비중이 0.7로 물보다 가벼우며, 증기비중은 3.5로 공기보다 무겁다.
- 인화점은 −20℃ 이하이며, 착화점은 300℃이다.
- 휘발하기 쉽고 인화성이 크다.
- 전기에 대하여 부도체이다.
- 소화방법으로 포말에 의한 소화나 질식소화가 좋다.

0902 / 1401 / 2003

50 Repetitive Learning 

제4류 위험물을 저장하는 이동탱크저장소의 탱크 용량이 19,000L일 때 탱크의 칸막이는 최소 몇 개를 설치해야 하는가?

① 2　② 3
③ 4　④ 5

해설

- 칸막이는 4,000L 이하마다 구분하여야 하므로 탱크 용량이 19,000L일 경우 5개($\frac{19,000}{4,000}=4.75$)의 구역으로 구분되어야 하므로 실제 칸막이는 4개가 필요하다.

이동저장탱크에 칸막이의 설치 실기 0702/0801/0804/0901/1201/1404/1701
- 이동저장탱크는 그 내부에 4,000L 이하마다 3.2mm 이상의 강철판 또는 이와 동등 이상의 강도·내열성 및 내식성이 있는 금속성의 것으로 칸막이를 설치하여야 한다. 다만, 고체인 위험물을 저장하거나 고체인 위험물을 가열하여 액체 상태로 저장하는 경우에는 그러하지 아니하다.
- 칸막이로 구획된 각 부분마다 맨홀과 안전장치 및 방파판을 설치하여야 한다.

51 Repetitive Learning 1회 2회 3회

다음 중 인화점이 가장 높은 것은?

① $CH_3COOC_2H_5$　② CH_3OH
③ CH_3COOH　④ CH_3COCH_3

해설

- ①의 초산에틸($CH_3COOC_2H_5$)은 제1석유류로 인화점이 −4℃이다.
- ②의 메틸알코올(CH_3OH)은 알코올류로 인화점이 11℃이다.
- ③의 아세트산(CH_3COOH)은 제2석유류로 인화점이 40℃이다.
- ④의 아세톤(CH_3COCH_3)은 제1석유류로 인화점이 −18℃이다.

제4류 위험물의 인화점 실기 0701/0704/0901/1001/1002/1201/1301/1304/1401/1402/1404/1601/1702/1704/1902/2003

제1석유류	인화점이 21℃ 미만
제2석유류	인화점이 21℃ 이상 70℃ 미만
제3석유류	인화점이 70℃ 이상 200℃ 미만
제4석유류	인화점이 200℃ 이상 250℃ 미만
동·식물유류	인화점이 250℃ 미만

52 Repetitive Learning 1회 2회 3회

다음 (　) 안에 알맞은 색상을 차례대로 나열한 것은?

> 이동저장탱크 차량의 전면 및 후면의 보기 쉬운 곳에 직사각형판의 (　)바탕에 (　)의 반사도료로 "위험물"이라고 표시하여야 한다.

① 백색 − 적색　② 백색 − 흑색
③ 황색 − 적색　④ 흑색 − 황색

해설

- 위험물 표지판은 흑색 바탕에 황색의 반사도료로 "위험물"이라 표기하여야 한다.

위험물 운반 시 표지 실기 0802
- 부착위치
  - 이동탱크저장소 : 전면 상단 및 후면 상단
  - 위험물 운반차량 : 전면 및 후면
- 규격 및 형상 : 60cm 이상×30cm 이상의 횡형 사각형
- 색상 및 문자 : 흑색 바탕에 황색의 반사도료로 "위험물"이라 표기할 것
- 위험물이면서 유해화학물질에 해당하는 품목의 경우에는 유해화학물질 표지를 위험물 표지와 상하 또는 좌우로 인접하여 부착할 것

49 ① 50 ③ 51 ③ 52 ④ | 정답

1101

53 Repetitive Learning (1회 2회 3회)

다음 중 요오드가가 가장 큰 것은?

① 땅콩기름 ② 해바라기기름
③ 면실유 ④ 아마인유

해설

- 해바라기기름은 요오드가가 120~142 정도의 건성유에 속한다.
- 땅콩기름은 요오드가가 100 이하인 불건성유이다.
- 면실유는 요오드가가 102~120 정도의 반건성유이다.
- 아마인유는 대표적인 건성유로 요오드가가 175~200 정도의 건성유이다.

동 · 식물유류 실기 0601/0604/1304/1502/1802/2003

㉠ 개요
- 1기압에서 인화점이 250℃ 미만인 것으로 지정수량이 10,000L이고, 위험등급이 Ⅲ에 해당하는 물질이다.
- 유지 100g에 부가되는 요오드의 g수를 의미하는 요오드값(옥소값)에 의해 건성유(130 이상), 반건성유(100~130), 불건성유(100 이하)로 구분한다.
- 요오드값이 클수록 자연발화의 위험이 크다.
- 요오드값이 클수록 이중결합이 많고, 불포화지방산을 많이 가진다.

㉡ 구분

구분	내용
건성유 (요오드값이 130 이상)	• 공기 중에서 자연발화의 위험이 있으며, 피막이 단단하다. • 동유, 아마인유, 정어리유, 대구유, 상어유, 해바라기유, 들기름 등
반건성유 (요오드값이 100~130)	• 피막이 얇다. • 참기름, 콩기름, 청어유, 쌀겨기름, 면실유, 채종유, 옥수수기름 등
불건성유 (요오드값이 100 이하)	• 피막을 만들지 않는다. • 피마자유, 올리브유, 팜유, 땅콩기름, 야자유, 쇠기름, 돼지기름, 고래기름 등

1401 / 1802

54 Repetitive Learning (1회 2회 3회)

위험물안전관리법령에 따른 위험물 저장기준으로 틀린 것은?

① 이동탱크저장소에는 설치허가증과 운송허가증을 비치하여야 한다.
② 지하저장탱크의 주된 밸브는 위험물을 넣거나 빼낼 때 외에는 폐쇄하여야 한다.
③ 아세트알데히드를 저장하는 이동저장탱크에는 탱크 안에 불활성 가스를 봉입하여야 한다.
④ 옥외저장탱크 주위에 설치된 방유제의 내부에 물이나 유류가 괴었을 경우에는 즉시 배출하여야 한다.

해설

- 이동탱크저장소에는 당해 이동탱크저장소의 완공검사필증 및 정기점검기록을 비치하여야 한다.

이동탱크저장소에서의 취급기준
- 이동저장탱크로부터 위험물을 저장 또는 취급하는 탱크에 액체의 위험물을 주입할 경우에는 그 탱크의 주입구에 이동저장탱크의 주입호스를 견고하게 결합한다.
- 이동저장탱크로부터 액체위험물을 용기에 옮겨 담지 아니한다.
- 이동저장탱크로부터 위험물을 저장 또는 취급하는 탱크에 인화점이 40℃ 미만인 위험물을 주입할 때에는 이동탱크저장소의 원동기를 정지시킨다.
- 이동탱크저장소에는 당해 이동탱크저장소의 완공검사필증 및 정기점검기록을 비치하여야 한다.

55 Repetitive Learning (1회 2회 3회)

물과 접촉 시 동일한 가스를 발생하는 물질을 나열한 것은?

① 수소화알루미늄리튬, 금속리튬
② 탄화칼슘, 금속칼슘
③ 트리에틸알루미늄, 탄화알루미늄
④ 인화칼슘, 수소화칼슘

해설

- ② 탄화칼슘은 아세틸렌을, 금속칼슘은 수소를 발생한다.
- ③ 트리에틸알루미늄은 에탄을, 탄화알루미늄은 메탄을 발생한다.
- ④ 인화칼슘은 포스핀을, 수소화칼슘은 수소를 발생한다.

물과 반응하여 가스 발생

가스	물질	
아세틸렌 (C_2H_2)	• 탄화나트륨(Na_2C_2) • 탄화칼슘(CaC_2) • 탄화리튬(Li_2C_2)	• 탄화칼륨(K_2C_2) • 탄화마그네슘(MgC_2)
메탄(CH_4)	• 탄화베릴륨(Be_2C) • 탄화알루미늄(Al_4C_3)	• 트리메틸알루미늄 $[(CH_3)_3Al]$
포스핀, 인화수소(PH_3)	• 인화알루미늄(AIP) • 인화칼슘(Ca_3P_2)	• 인화아연(Zn_3P_2)
수소(H_2)	• 금속리튬(Li) • 금속칼슘(Ca) • 금속나트륨(Na) • 수소화리튬(LiH) • 수소화나트륨(NaH)	• 수소화칼륨(KH) • 수소화칼슘(CaH) • 수소화알루미늄리튬 ($LiAlH_4$)
에탄(C_2H_6)	• 트리에틸알루미늄$[(C_2H_5)_3Al]$	

정답 | 53 ④ 54 ① 55 ①

56

Repetitive Learning (1회 2회 3회)

피리딘에 대한 설명 중 틀린 것은?

① 액체이다.
② 물에 녹지 않는다.
③ 상온에서 인화의 위험이 있다.
④ 독성이 있다.

해설

- 피리딘은 물, 알코올, 에테르에 잘 녹는다.

피리딘(C_5H_5N)

- 수용성 제1석유류로 지정수량이 400L인 인화성 액체(제4류 위험물)이다.
- 비중이 0.98로 물보다 가벼우며, 약알칼리성을 띤다.
- 물, 알코올, 에테르에 잘 녹는다.
- 인화점이 20℃로 상온에서 인화의 위험이 있다.
- 악취와 독성이 있다.

0804 / 1404 / 1701

57

Repetitive Learning (1회 2회 3회)

그림과 같은 타원형 탱크의 내용적은 약 몇 m^3인가?

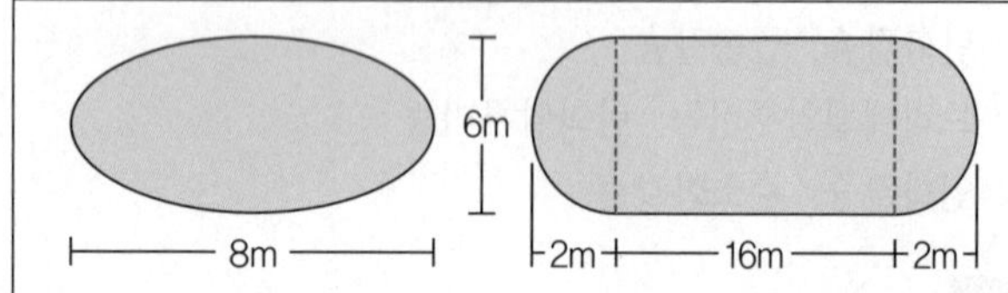

① 453 ② 553
③ 653 ④ 753

해설

- 주어진 값을 대입하면 탱크의 내용적은 $\frac{\pi \times 8 \times 6}{4}\left(16+\frac{2+2}{3}\right)=653.451[m^3]$이 된다.

타원형 탱크의 내용적 실기 0501/0804/1202/1504/1601/1701/1801/1802/2003/2101

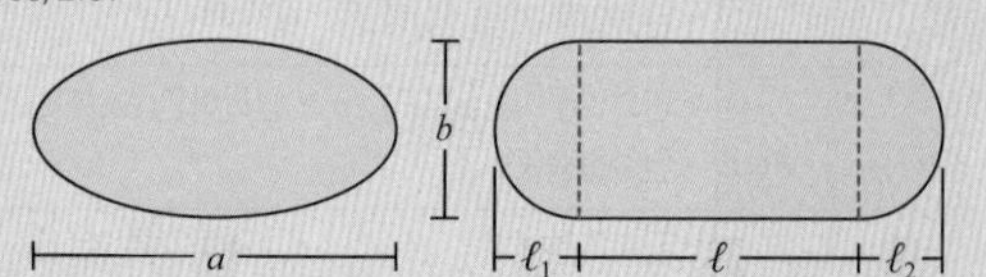

- 그림과 같이 주어진 타원형 탱크의 내용적 $V=\frac{\pi ab}{4}(\ell+\frac{\ell_1+\ell_2}{3})$로 구한다.

0302 / 1402

58

Repetitive Learning (1회 2회 3회)

A 업체에서 제조한 위험물을 B 업체로 운반할 때 규정에 의한 운반용기에 수납하지 않아도 되는 위험물은? (단, 지정수량의 2배 이상인 경우이다)

① 덩어리 상태의 유황 ② 금속분
③ 삼산화크롬 ④ 염소산나트륨

해설

- 덩어리 상태의 유황이나 위험물을 동일구내에 있는 제조소 등의 상호간에 운반하기 위하여 적재하는 경우에는 용기에 적재하지 않아도 무방하다.

용기 적재의 예외사항

- 위험물은 운반용기에 수납하여 적재하여야 하지만 덩어리 상태의 유황(제2류 위험물)을 운반하기 위하여 적재하는 경우 또는 위험물을 동일구내에 있는 제조소 등의 상호간에 운반하기 위하여 적재하는 경우에는 용기에 적재하지 않아도 무방하다.

59

Repetitive Learning (1회 2회 3회)

니트로글리세린에 대한 설명으로 틀린 것은?

① 순수한 것은 상온에서 무색투명한 액체이다.
② 순수한 것은 겨울철에 동결될 수 있다.
③ 메탄올에 녹는다.
④ 물보다 가볍다.

해설

- 니트로글리세린의 비중은 1.6으로 물보다 무겁다.

니트로글리세린[$C_3H_5(ONO_2)_3$]

- 자기반응성 물질로 질산에스테르류에 속하며 지정수량이 10kg이고 위험등급은 Ⅰ에 해당한다.
- 순수한 것은 상온에서 무색투명한 액체이나 겨울철에 동결될 수 있다.
- 비수용성이며 아세톤, 메탄올에 녹는다.
- 비중은 1.6으로 물보다 무겁다.
- 열, 마찰, 충격에 대단히 민감하여 폭발을 일으키기 쉽다.
- 규조토에 흡수시켜 다이너마이트를 만든다.
- 열분해 방정식은 $4C_3H_5(ONO_2)_3 \rightarrow 12CO_2+6N_2+O_2+10H_2O$이다.

56 ② 57 ③ 58 ① 59 ④ 정답

60 ──── Repetitive Learning (1회 2회 3회)

과산화나트륨에 관한 설명 중 옳지 못한 것은?

① 가열하면 산소를 방출한다.
② 표백제, 산화제로 사용한다.
③ 아세트산과 반응하여 과산화수소가 발생된다.
④ 순수한 것은 엷은 녹색이지만 시판품은 진한 청색이다.

해설

- 과산화나트륨은 순수한 것은 백색 정방정계 분말이나 시판되는 것은 황색이다.

과산화나트륨(Na_2O_2) 실기 0801/0804/1201/1202/1401/1402/1701/1704/1904/2003/2004

㉠ 개요
- 산화성 고체로 제1류 위험물에 해당하며, 지정수량은 50kg, 위험등급은 Ⅰ이다.
- 순수한 것은 백색 정방정계 분말이나 시판되는 것은 황색이다.
- 흡습성이 강하고 조해성이 있으며, 표백제, 산화제로 사용한다.
- 산과 반응하여 과산화수소(H_2O_2)를 발생시키며, 금, 니켈을 제외한 다른 금속을 침식하여 산화물로 만든다.
- 물과 격렬하게 반응하여 수산화나트륨과 산소를 발생시킨다. ($2Na_2O_2 + 2H_2O \rightarrow 4NaOH + O_2$)
- 가연물과 혼합되어 있을 경우 약간의 물 접촉만으로도 발화하며, 양이 많을 경우 주수에 의해 폭발하므로 주수소화를 금해야 한다.
- 가열하면 산화나트륨과 산소를 발생시킨다. ($2Na_2O_2 \xrightarrow[\triangle]{} 2Na_2O + O_2$)
- 아세트산과 반응하여 아세트산나트륨과 과산화수소를 발생시킨다.($Na_2O_2 + 2CH_3COOH \rightarrow 2CH_3COONa + H_2O_2$)

㉡ 저장 및 취급방법
- 물과 습기의 접촉을 피한다.
- 용기는 수분이 들어가지 않게 밀전 및 밀봉 저장한다.
- 가열 및 충격 · 마찰을 피하고 유기물질의 혼입을 막는다.

정답 | 60 ④

2011년 10월 2일

2011년 제4회

합격률 29.6%

1과목 일반화학

1404 / 1801

01

Repetitive Learning (1회 2회 3회)

결합력이 큰 것부터 작은 순서로 나열한 것은?

① 공유결합 > 수소결합 > 반데르발스결합
② 수소결합 > 공유결합 > 반데르발스결합
③ 반데르발스결합 > 수소결합 > 공유결합
④ 수소결합 > 반데르발스결합 > 공유결합

해설

- 결합력이 큰 것부터 차례대로 나열하면 원자결합 > 공유결합 > 이온결합 > 금속결합 > 수소결합 > 반데르발스 결합 순이 된다.

화학결합

- 원자 또는 분자를 구성하는 원자들 간에 작용하는 힘 또는 결합체를 말한다.
- 원자결합, 공유결합, 이온결합, 금속결합, 수소결합, 반데르발스 결합 등이 있다.
- 결합력이 큰 것부터 차례대로 나열하면 원자결합 > 공유결합 > 이온결합 > 금속결합 > 수소결합 > 반데르발스 결합 순이 된다.

02

Repetitive Learning (1회 2회 3회)

다음 물질 중 질소를 함유하는 것은?

① 나일론 ② 폴리에틸렌
③ 폴리염화비닐 ④ 프로필렌

해설

- 나일론은 대표적인 펩타이드 결합물질로 질소를 함유하고 있다.

펩타이드(Peptide) 결합

- 카르복실기($-COO-$)와 아미노기($-NH_2$)가 반응한 화학결합으로 반응 중에 물 분자(H_2O)가 생성되는 탈수반응이다.
- 대표적인 펩타이드 결합물질은 단백질, 알부민과 나일론, 아미드 등이 있다.

1904

03

Repetitive Learning (1회 2회 3회)

다음과 같이 나타낸 전지에 해당하는 것은?

$$(+)Cu \mid H_2SO_4(aq) \mid Zn(-)$$

① 볼타전지 ② 납축전지
③ 다니엘전지 ④ 건전지

해설

- 전해질 수용액인 묽은 황산(H_2SO_4)용액에 아연판과 구리판을 세우고 도선으로 연결한 전지는 볼타전지이다.

볼타전지

㉠ 개요

- 물질의 산화 · 환원 반응을 이용하여 화학에너지를 전기적 에너지로 전환시키는 장치로 세계 최초의 전지이다.
- 전해질 수용액인 묽은 황산(H_2SO_4)용액에 아연판과 구리판을 세우고 도선으로 연결한 전지이다.
- 음(−)극은 반응성이 큰 금속(아연)으로 산화반응이 일어난다.
- 양(+)극은 반응성이 작은 금속(구리)으로 환원반응이 일어난다.
- 전자는 (−)극에서 (+)극으로 이동한다.

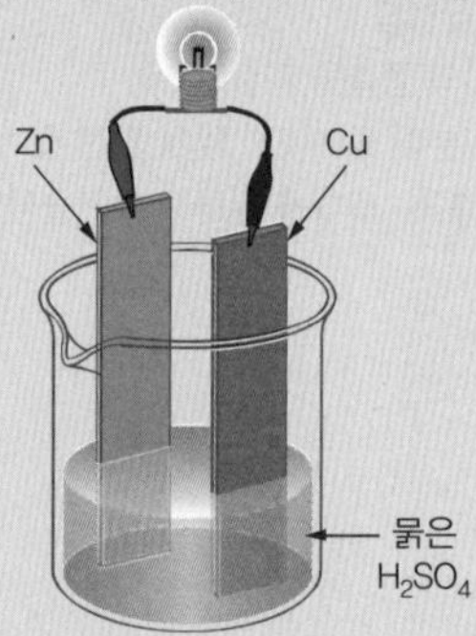

㉡ 분극현상

- 볼타전지의 기전력은 약 1.3V인데 전류가 흐르기 시작하면 갑자기 0.4V로 전류가 약해지는 현상을 말한다.
- 분극현상을 방지해주는 감극제로 이산화망간(MnO_2), 산화구리(CuO), 과산화납(PbO_2) 등을 사용한다.

01 ① 02 ① 03 ① | 정답

04 — Repetitive Learning (1회 2회 3회)

암모니아소다법의 탄산화 공정에서 사용되는 원료가 아닌 것은?

① NaCl　　② NH_3
③ CO_2　　④ H_2SO_4

해설

- 암모니아 소다법에서 사용하는 원료에는 암모니아(NH_3), 염화나트륨(NaCl), 이산화탄소(CO_2), 물(H_2O), 수산화칼슘($Ca(OH)_2$)등이 있다.

솔베이의 암모니아 소다법

- 원염에서 얻은 암모니아 함수로부터 탄산수소나트륨($NaHCO_3$)과 염화암모늄(NH_4Cl)을 얻는다.
  $NH_3 + H_2O + CO_2 \rightarrow NH_4HCO_3$
  $NaCl + NH_4HCO_3 \rightarrow NaHCO_3 + NH_4Cl$
- 탄산수소나트륨($NaHCO_3$)을 열분해하여 탄산나트륨(Na_2CO_3)와 탄산가스를 얻는다.
  $2NaHCO_3 \rightarrow Na_2CO_3 + H_2O + CO_2$
- 염화암모늄(NH_4Cl)에서 암모니아를 회수하여 재사용한다.
  $2NH_4Cl + Ca(OH)_2 \rightarrow CaCl_2 + 2H_2O + 2NH_3$

0502

05 — Repetitive Learning

다음 중 가스 상태에서의 밀도가 가장 큰 것은?

① 산소　　② 질소
③ 이산화탄소　　④ 수소

해설

- 밀도는 $\frac{질량}{부피}$이다. 이때 부피는 동일하다고 가정할 경우 밀도는 질량에 비례한다.
- 산소의 분자량은 32이다.
- 질소의 분자량은 28이다.
- 이산화탄소의 분자량은 44이다.
- 수소의 분자량은 2이다.
- 분자량이 제일 큰 이산화탄소의 밀도가 가장 크다.

밀도와 비중

- 밀도는 단위 부피에 대한 질량의 값으로 $\frac{질량}{부피}$으로 구한다.
- 밀도의 크기는 일반적으로 고체 > 액체 > 기체순이다.
- 기체의 밀도는 압력에 비례하고, 절대온도에 반비례한다.
- 비중은 각 물질의 질량이 그것과 같은 부피를 갖는 표준물질의 질량의 몇 배인가를 나타내는 수치이다. 액체나 고체는 4℃의 물 $1cm^3$를 1g으로 하여 표준으로 사용하며, 기체의 경우 0℃, 1기압에서의 공기를 표준으로 사용한다.

1604

06 — Repetitive Learning (1회 2회 3회)

어떤 용액의 pH를 측정하였더니 4이었다. 이 용액을 1,000배 희석시킨 용액의 pH를 옳게 나타낸 것은?

① pH=3　　② pH=4
③ pH=5　　④ 6 < pH < 7

해설

- pH가 4라는 것은 용액 1ℓ 속에 존재하는 수소이온의 농도가 10^{-4}에 해당하는데 여기에 용액을 1,000배 희석한다는 것은 농도가 1/1,000로 줄어든 것이 된다.
- 수소이온의 농도가 10^{-7}이 된다. 즉, pH의 값이 7이 된다는 의미이다. 보기에 pH가 7이 없는 것은 산성용액을 희석을 하게 되면 산성의 성질을 띠는데 pH가 7이라는 의미는 중성을 의미하므로 중성과는 차이를 두기 위해서 pH가 7보다는 적은 것으로 표현한 것이다.

수소이온농도지수(pH)

- 용액 1L 속에 존재하는 수소이온의 g이온수 즉, 몰농도(혹은 N농도×전리도)를 말한다.
- 수소이온은 매우 작은 값으로 존재하므로 수소이온의 역수에 상용로그값을 취하여 사용한다.

$$pH = \log\frac{1}{[H^+]} = -\log[H^+]$$

- 순수한 물의 경우 1기압 25℃에서 수소이온의 농도가 약 10^{-7}g 이온이므로 이를 pH 7 중성이라고 하고, 이보다 클 때 알카리성, 이보다 작을 때 산성이라고 한다.
- 수소이온농도지수[pH]+수산화이온농도지수[pOH]=14이다.

07 — Repetitive Learning (1회 2회 3회)

다음 중 이온상태에서의 반지름이 가장 작은 것은?

① S^{2-}　　② Cl^-
③ K^+　　④ Ca^{2+}

해설

- 보기에서 주어진 이온들의 반지름이 큰 것부터 작은 순으로 나열하면 $S^{2-} > Cl^- > K^+ > Ca^{2+}$순이다.

원자와 이온의 반지름

- 같은 족인 경우 원자번호가 커질수록 반지름은 커진다.
- 같은 주기의 원자인 경우 일반적으로 주기율표에서 왼쪽에 해당하는 알칼리 금속쪽이 반지름이 크다.
- 전자의 수가 같더라도 전자를 잃어서 양이온이 된 경우의 반지름은 전자를 얻어 음이온이 된 경우보다 더 작다.(예를 들어 S^{2-}, Cl^-, K^+, Ca^{2+}는 모두 전자의 수가 18개이지만 반지름은 $S^{2-} > Cl^- > K^+ > Ca^{2+}$순이 된다)

정답 | 04 ④　05 ③　06 ④　07 ④

0604

08 Repetitive Learning (1회 2회 3회)

다음 중 산화 · 환원 반응이 아닌 것은?

① $Cu+2H_2SO_4 \rightarrow CuSO_4+2H_2O+SO_2$

② $H_2S+I_2 \rightarrow 2HI+S$

③ $Zn+CuSO_4 \rightarrow ZnSO_4+Cu$

④ $HCl+NaOH \rightarrow NaCl+H_2O$

해설

- ①은 산화수가 0인 구리(Cu)가 산화수가 2로 증가(산화)하고, 산화수가 +6이었던 황(S)이 +4로 산화수가 감소(환원)된 산화 · 환원 반응이다.
- ②는 산화수가 −2였던 황(S)이 0으로 산화수가 증가(산화)하고, 산화수가 0이었던 요오드(I)가 −1로 감소(환원)된 산화 · 환원 반응이다.
- ③은 산화수가 0인 아연(Zn)이 2로 산화수가 증가(산화)하고, 산화수가 +2였던 구리(Cu)가 0으로 산화수가 감소(환원)된 산화 · 환원 반응이다.
- ④는 염소(Cl)와 나트륨(Na)의 산화수 변동없는 산과 염기의 반응에 해당한다.

산화 · 환원 반응

- 2개 이상의 화합물이 반응할 때 한 화합물은 산화(산소와 결합, 수소나 전자를 잃거나 산화수가 증가)하고, 다른 화합물은 환원(산소를 잃거나 수소나 전자와 결합, 산화수가 감소)하는 반응을 말한다.
- 주로 산화수의 증감으로 확인 가능하다.
- 산화 · 환원 반응에서 당량은 산화수를 의미한다.

09 Repetitive Learning (1회 2회 3회)

원자번호 20인 Ca의 원자량은 40이다. 원자핵의 중성자수는 얼마인가?

① 10 ② 20

③ 40 ④ 60

해설

- 원자번호가 20이라는 것은 양성자의 수가 20이라는 것을 의미하고, 원자량이 40이라고 했으므로 중성자의 수는 20이 된다.

원자번호(Atomic number)와 원자량(Atomic mass)

- 원자번호는 원자핵의 양성자수이자 중성원자의 총 전자수와 같다.
- 질량수 = 양성자의 수 + 중성자의 수로 구한다.
- 원자량은 6개의 양성자와 6개의 중성자로 구성되는 질량수 12인 탄소($_{12}C$)의 원자 질량을 12로 정한 조건에서 다른 원소의 비교질량을 원자량으로 나타낸다.

1904

10 Repetitive Learning (1회 2회 3회)

다음과 같은 경향성을 나타내지 않는 것은?

Li < Na < K

① 원자번호 ② 원자반지름

③ 제1차 이온화에너지 ④ 전자수

해설

- 주어진 원소들은 1A족에 해당하는 알칼리 금속이다. 같은 족에 있어서 원자번호가 클수록 커지는 경향성을 말하고 있다.
- 일반적으로 같은 족인 경우 아래쪽으로 갈수록 원자핵으로부터 멀어지기 때문에 전자를 쉽게 제거 가능하여 이온화에너지는 작아진다.

같은 족 원소들의 성질

- 전형 원소 내에서 원소의 화학적 성질이 비슷하다.
- 제일 바깥의 전자 궤도에 들어 있는 전자의 수가 같다.
- 같은 족 내에서 아래로 갈수록 원자번호, 원자량, 원자의 반지름, 전자수, 오비탈의 총 수가 증가한다.
- 같은 족 내에서 아래로 갈수록 이온화에너지와 전기음성도는 작아진다.

11 Repetitive Learning (1회 2회 3회)

평형 상태를 이동시키는 조건에 해당되지 않는 것은?

① 온도 ② 농도

③ 촉매 ④ 압력

해설

- 화학평형을 이동시키기 위해서는 온도, 압력, 농도를 조절한다.

화학평형의 이동

㉠ 온도를 조절할 경우
- 평형계에서 온도를 높이면 흡열반응쪽으로 반응이 진행된다.
- 평형계에서 온도를 낮추면 발열반응쪽으로 반응이 진행된다.

㉡ 압력을 조절할 경우
- 평형계에서 압력을 높이면 기체 몰수의 합이 적은 쪽으로 반응이 진행된다.
- 평형계에서 압력을 낮추면 기체 몰수의 합이 많은 쪽으로 반응이 진행된다

㉢ 농도를 조절할 경우(공통이온효과)
- 평형계에서 농도를 높이면 농도가 감소하는 쪽으로 반응이 진행된다.
- 평형계에서 농도를 낮추면 농도가 증가하는 쪽으로 반응이 진행된다.

08 ④ 09 ② 10 ③ 11 ③ | 정답

12 Repetitive Learning (1회 2회 3회)

대기를 오염시키고 산성비의 원인이 되며 광화학 스모그 현상을 일으키는 중요한 원인이 되는 물질은?

① 프레온가스 ② 질소산화물
③ 할로겐화수소 ④ 중금속물질

해설

- 광화학 스모그의 원인물질은 질소산화물이고, 황화형 스모그의 원인물질은 아황산가스이다.

스모그 현상의 분류

- 스모그 현상은 원인물질에 따라 황화형 스모그와 광화학 스모그로 분류된다.

	발생원	원인물질
황화형 스모그	난방연료	아황산가스(SO_2) 등
광화학 스모그	자동차연료	질소산화물(NO_2) 등

2003

13 Repetitive Learning (1회 2회 3회)

전자배치가 $1s^2 2s^2 2p^6 3s^2 3p^5$인 원자의 M껍질에는 몇 개의 전자가 들어 있는가?

① 2 ② 4
③ 7 ④ 17

해설

- 전자껍질은 K, L, M, N껍질로 구성되며, M껍질이라면 L껍질을 모두 채운 것으로 원자번호 11번부터의 총 18개의 원소의 전자배치를 의미한다.
- 주어진 원자는 3주기에 해당하는 $3s^2 3p^5$에 총 7개의 원자를 가지고 있다.

전자배치 구조

- 오비탈이라는 전자가 채워지는 공간을 통해 전자껍질을 구성한다.
- 전자껍질은 K, L, M, N껍질로 구성된다.

구분	K껍질	L껍질	M껍질	N껍질
오비탈	1s	2s2p	3s3p3d	4s4p4d4f
오비탈수	1개(1^2)	4개(2^2)	9개(3^2)	16개(4^2)
최대전자	최대 2개	최대 8개	최대 18개	최대 32개

- 오비탈의 종류

s오비탈	최대 2개의 전자를 채울 수 있다.
p오비탈	최대 6개의 전자를 채울 수 있다.
d오비탈	최대 10개의 전자를 채울 수 있다.
f오비탈	최대 14개의 전자를 채울 수 있다.

- 표시방법

$1s^2 2s^2 2p^6 3s^2 3p^6 4s^2 3d^{10} 4p^6$ …로 표시한다.
• 오비탈에 해당하는 s, p, d, f 앞의 숫자는 주기율표상의 주기를 의미한다. • 오비탈에 해당하는 s, p, d, f 오른쪽 위의 숫자는 전자의 수를 의미한다. • 항상 앞의 오비탈을 모두 채워야 다음 오비탈이 위치할 수 있다. • 주기율표와 같이 구성되게 하기 위해 1주기에는 s만, 2주기와 3주기에는 s와 p가, 4주기와 5주기에는 전이원소를 넣기 위해 s, d, p오비탈이 순서대로(이때, d앞의 숫자가 기존 s나 p보다 1적다) 배치된다.

- 대표적인 원소의 전자배치

주기	원소명	원자 번호	표시
1	수소(H)	1	$1s^1$
	헬륨(He)	2	$1s^2$
2	리튬(Li)	3	$1s^2 2s^1$
	베릴륨(Be)	4	$1s^2 2s^2$
	붕소(B)	5	$1s^2 2s^2 2p^1$
	탄소(C)	6	$1s^2 2s^2 2p^2$
	질소(N)	7	$1s^2 2s^2 2p^3$
	산소(O)	8	$1s^2 2s^2 2p^4$
	불소(F)	9	$1s^2 2s^2 2p^5$
	네온(Ne)	10	$1s^2 2s^2 2p^6$

14 Repetitive Learning (1회 2회 3회)

10L의 프로판을 완전연소 시키기 위해 필요한 공기는 몇 L인가? (단, 공기 중 산소의 부피는 20%로 가정한다)

① 10 ② 50
③ 125 ④ 250

해설

- 프로판의 완전연소식을 보면 $C_3H_8 + 5O_2 \rightarrow 3CO_2 + 4H_2O$이다. 즉, 1몰의 프로판을 완전연소하는데 필요한 산소는 5몰이다.
- 표준상태에서 1몰의 프로판과 산소는 각각 22.4L이므로 프로판 22.4L를 완전연소시키는데 필요한 산소는 22.4×5=112L가 된다.
- 따라서 프로판 10L를 완전연소시키는데 필요한 산소는 $\frac{112 \times 10}{22.4}$ = 50L이다.
- 주어진 문제는 필요한 공기라고 했고, 공기에서 산소의 부피는 20%이므로 산소 50L를 포함하는 공기는 50×5=250L이다.

프로판(C_3H_8)

- 알케인계 탄화수소의 한 종류이다.
- 특이한 냄새를 갖는 무색기체이다.
- 녹는점은 −187.69℃, 끓는점은 −42.07℃이다.
- 물에는 약간, 알코올에 중간, 에테르에 잘 녹는다.
- 완전연소식 : $C_3H_8 + 5O_2 \rightarrow 3CO_2 + 4H_2O$: 이산화탄소+물

정답 | 12 ② 13 ③ 14 ④

1404

15

Repetitive Learning (1회 2회 3회)

벤젠을 약 300℃, 높은 압력에서 Ni 촉매로 수소와 반응시켰을 때 얻어지는 물질은?

① Cyclopentane ② Cyclopropane
③ Cyclohexane ④ Cyclooctane

해설

- Cyclopentane(C_5H_{10})은 가솔린에서 분별증류하거나, 펜테인을 백금 촉매에 의해서 탈수소 고리닫음하여 만든다.
- Cyclopropane(C_3H_6)은 2개의 알킬 할라이드(Alkyl halides)와 나트륨(Sodium)이 반응하여 알케인을 형성하는 부르츠 반응에 의해 만든다.
- Cyclooctane(C_8H_{16})은 시클로옥타테트라엔을 접촉 환원해서 만든다.

시클로헥산(Cyclohexane, C_6H_{12})

- 벤젠과 비슷한 냄새가 나는 무색의 액체이다.
- 중추신경계의 진정제로 작용하며, 두통, 마취를 일으키고 높은 노출 수준에서는 사망에 이르게 한다.
- 벤젠을 약 300℃, 높은 압력에서 Ni 촉매로 수소와 반응시켰을 때 얻어진다.

16

Repetitive Learning (1회 2회 3회)

우라늄 $^{235}_{92}U$는 다음과 같이 붕괴한다. 생성된 Ac의 원자번호는?

$$^{235}_{92}U \xrightarrow{\alpha} Th \xrightarrow{\beta-} Pa \xrightarrow{\alpha} Ac$$

① 87 ② 88
③ 89 ④ 90

해설

- 알파붕괴는 원자번호가 2감소, 베타붕괴는 원자번호가 1증가한다.
- 2번의 알파붕괴와 1번의 베타붕괴이므로 원자번호는 92－4＋1＝89가 된다.

방사성 붕괴

- 방사성 붕괴의 종류에는 방출되는 입자의 종류에 따라 알파붕괴, 베타붕괴, 감마붕괴로 구분된다.
- 알파(α)붕괴는 원자핵이 알파입자(^4_2He)를 방출하면서 질량수가 4, 원자번호가 2 감소하는 과정을 말한다.
- 베타(β)붕괴는 중성자가 양성자와 전자＋반중성미자(음의 베타붕괴)를 방출하거나 양성자가 에너지를 흡수하여 중성자와 양전자＋중성미자(양의 베타붕괴)를 방출하는 것으로 질량수는 변화 없이 원자번호만 1증가한다.
- 감마(γ)붕괴는 원자번호나 질량수의 변화 없이 광자(γ선)를 방출하는 것을 말한다.

17

Repetitive Learning (1회 2회 3회)

0℃의 얼음 10g을 모두 수증기로 변화시키려면 약 몇 cal의 열량이 필요한가?

① 6,190cal ② 6,390cal
③ 6,890cal ④ 7,190cal

해설

- 0℃의 얼음 10g을 100℃의 수증기로 만드는데는 ⓐ 0℃의 얼음을 0℃의 물로 만드는 융해열, ⓑ 0℃의 물을 100℃의 물로 만드는 현열, ⓒ 100℃의 물을 100℃의 수증기로 만드는 기화열이 필요하다.
- ⓐ는 $Q_{잠열} = m \cdot k$이므로 대입하면 10×80＝800[cal]이다.
- ⓑ는 $Q_{현열} = m \cdot c \cdot \Delta t$이므로 대입하면 10×1×100＝1,000[cal]이다. 물의 비열은 1이다.
- ⓒ는 $Q_{잠열} = m \cdot k$이므로 대입하면 10×539＝5,390[cal]이다.
- 합을 구하면 800＋1,000＋5,390＝7,190[cal]가 된다.

현열과 잠열 실기 0604/1101

㉠ 현열
- 상태의 변화 없이 특정 물질의 온도를 증가시키는데 들어가는 열량을 말한다.
- $Q_{현열} = m \cdot c \cdot \Delta t$[cal]로 구하며 이때 m은 질량[g], c는 비열[cal/g · ℃], Δt는 온도차[℃]이다.

㉡ 잠열
- 온도의 변화 없이 물질의 상태를 변화시키는데 소요되는 열량을 말한다.
- 잠열에는 융해열과 기화열 등이 있다.
- $Q_{잠열} = m \cdot k$[cal]로 구하며 이때 m은 질량[g], k는 잠열상수(융해열 및 기화열 등)[cal/g]이다.

15 ③ 16 ③ 17 ④ 정답

1702

18

Repetitive Learning  1회 2회 3회

화약제조에 사용되는 물질인 질산칼륨에서 N의 산화수는 얼마인가?

① +1　　② +3
③ +5　　④ +7

해설

- KNO_3에서 질소의 산화수는 +5가가 되어야 1+5−6이 되어 화합물의 산화수가 0가로 된다.

화합물에서 산화수 관련 절대적 원칙

- 일반적으로 화합물에서 전기음성도가 큰 물질이 +의 산화수를 갖고, 전기음성도가 작은 물질이 −의 산화수를 가진다.
- 수소(H)는 결합하는 원자와의 전기음성도 차에 의해 +1가 혹은 −1가의 값을 가진다.
- 1족의 알칼리금속(Li, Na, K)은 +1가의 값을 가진다.
- 2족의 알칼리토금속(Be, Mg, Ca)는 +2가의 값을 가진다.
- 13족의 알루미늄(Al)은 +3가의 값을 가진다.
- 17족의 플로오린(F)은 −1가의 값을 가진다.

0704 / 1801

19

Repetitive Learning 1회 2회 3회

불순물로 식염을 포함하고 있는 NaOH 3.2g을 물에 녹여 100mL로 한 다음 그 중 50mL를 중화하는데 1N의 염산이 20mL 필요했다. 이 NaOH의 농도(순도)는 약 몇 wt%인가?

① 10　　② 20
③ 33　　④ 50

해설

- 염산의 분자량은 1+35.5=36.5이고, 당량수가 1이므로 g당량은 36.5이다.
- 1N 염산 1L(1,000mL)에는 36.5g의 HCl이 있으므로, 20mL에는 36.5×0.02=0.73g이 있다는 의미이고, 이는 몰수로 $\frac{0.73}{36.5}=0.02M$이 된다.
- 수산화나트륨 수용액 50mL을 중화하는데 0.02M의 HCl이 필요했으므로 100mL의 수산화나트륨을 중화하는데는 0.04M이 필요하고, 마찬가지로 이때의 수산화나트륨의 몰농도도 0.04M이다.(모두 1가)
- 수산화나트륨의 분자량이 40이므로 0.04몰은 1.6g이 된다.
- 불순물 식염을 포함한 NaOH의 전체량이 3.2g인데 수산화나트륨은 1.6g이므로 중량%는 50[wt%]가 된다.

중화적정

- 중화반응을 이용하여 용액의 농도를 확인하는 방법이다.
- 단일 산과 염기인 경우 $NV=N'V'$(N은 노르말 농도, V는 부피)
- 혼합용액의 경우 $NV \pm N'V'=N''V''$(혼합용액의 부피 $V''=V+V'$)
- 산, 염기의 가수(n)와 몰농도(M)가 주어질 때는 $nMV=n'M'V'$가 된다.

20

Repetitive Learning 1회 2회 3회

벤젠에 대한 설명으로 틀린 것은?

① 상온, 상압에서 액체이다.
② 일치환체는 이성질체가 없다.
③ 일반적으로 치환반응 보다 첨가반응을 잘한다.
④ 이치환체에는 ortho, meta, para 3종이 있다.

해설

- 벤젠은 공명 혼성구조로 안정한 방향족 화합물이나 첨가반응보다 치환반응을 더 잘한다.

벤젠(C_6H_6)

㉠ 개요
- 아세틸렌 3분자를 중합하여 얻거나, 코올타르를 분류(증류)하여 얻은 경유 속에 포함되어 있다.
- 상온, 상압에서 액체이며, 물보다 가볍고 물에 잘 녹지 않는다.
- 추운 겨울날씨에 응고될 수 있다.
- 알코올, 에테르에 잘 녹으며, 여러 가지 유기용제로 쓰인다.

㉡ 구조
- 정육각형의 평면구조로 120°의 결합각을 갖는다.
- 결합길이는 단일결합과 이중결합의 중간이고, 6개의 탄소−탄소결합은 2중결합과 단일결합이 각각 3개씩으로 구성된다.
- 공명 혼성구조로 안정한 방향족 화합물이나 첨가반응보다 치환반응을 더 잘한다.
- 일치환체는 이성질체가 없다.
- 이치환체에는 ortho, meta, para 3종의 이성질체가 있다.

2과목 화재예방과 소화방법

1902

21

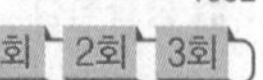

Repetitive Learning (1회 2회 3회)

다음 중 화재 시 다량의 물에 의한 냉각소화가 가장 효과적인 것은?

① 금속의 수소화물 ② 알칼리금속과산화물
③ 유기과산화물 ④ 금속분

해설

- 금속의 수소화물, 알칼리금속과산화물, 금속분은 물과 접촉할 경우 폭발하므로 물에 의한 소화를 금해야 한다.
- 과산화벤조일, 과산화메틸에틸케톤과 같은 유기과산화물은 제5류 위험물로 다량의 물로 냉각소화한다.

냉각소화

- 점화원을 차단하는 소화방법이다.
- 액체의 현열 및 증발잠열을 이용하여 점화에너지를 차단하는 방법이다.
- 증발잠열이 큰 물을 주로 많이 이용한다.

22

Repetitive Learning (1회 2회 3회)

연소반응이 용이하게 일어나기 위한 조건으로 틀린 것은?

① 가연물이 산소와 친화력이 클 것
② 가연물의 열전도율이 클 것
③ 가연물의 표면적이 클 것
④ 가연물의 활성화 에너지가 작을 것

해설

- 열전도율이 작아야 열의 이동이 쉽지 않아 열이 축적되고 연소반응이 용이하게 일어난다.

가연물이 될 수 있는 조건과 될 수 없는 조건

가능조건	• 산화할 때 발열량이 큰 것 • 산화할 때 열전도율이 작은 것 • 산화할 때 활성화 에너지가 작은 것 • 산소와 친화력이 좋고 표면적이 넓은 것
불가능조건	• 주기율표에서 0족(헬륨, 네온, 아르곤 등) 원소 • 이미 산화가 완료된 산화물(이산화탄소, 오산화린, 이산화규소, 산화알루미늄 등) • 질소 또는 질소 산화물(흡열반응)

23

Repetitive Learning (1회 2회 3회)

다음 인화성 액체 위험물 중 비중이 가장 큰 것은?

① 경유 ② 아세톤
③ 이황화탄소 ④ 중유

해설

- 이황화탄소의 비중은 1.26인데 반해 경유, 아세톤, 중유는 모두 물보다 가벼운 즉, 비중이 1이 되지 않는다.
- 보기의 물질의 비중이 작은 순에서 큰 순으로 나열하면 아세톤 < 경유 < 중유 < 이황화탄소 순이다.

이황화탄소(CS_2) 실기 0504/0704/0802/1102/1401/1402/1501/1601/1702/1802/2004/2101

- 인화성 액체에 해당하는 제4류 위험물 중 특수인화물로 지정수량은 50L이고, 위험등급은 Ⅰ이다.
- 비중이 1.26으로 물보다 무거우며 비수용성이므로 가연성 증기의 발생을 억제하여 화재를 예방하기 위해 물탱크에 저장한다.
- 착화온도가 100℃로 제4류 위험물 중 가장 낮으며 화재발생 시 자극성 유독가스를 발생시킨다.

1502 / 1901

24

Repetitive Learning (1회 2회 3회)

소화약제로서 물이 갖는 특성에 대한 설명으로 옳지 않은 것은?

① 유화효과(Emulsification effect)도 기대할 수 있다.
② 증발잠열이 커서 기화 시 다량의 열을 제거한다.
③ 기화팽창률이 커서 질식효과가 있다.
④ ~~용융~~잠열이 커서 주수 시 냉각효과가 뛰어나다.

해설

- 물은 기화잠열(증발잠열)이 커 주수 시 냉각효과가 좋다.

물의 특성 및 소화효과

㉠ 개요

- 이산화탄소보다 기화잠열(539[kcal/kg])과 비열(1[kcal/kg℃]) 이 커 많은 열량의 흡수가 가능하다.
- 산소가 전자를 잡아당겨 극성을 갖는 극성공유결합을 한다.
- 수소결합을 통해 강한 분자간의 힘을 가지므로 표면장력이 크다.
- 주된 소화효과는 기화잠열과 비열을 이용한 냉각소화이다.

㉡ 장단점

장점	단점
• 구하기 쉽다. • 취급이 간편하다. • 기화잠열이 크다.(냉각효과) • 기화팽창률이 크다.(질식효과)	• 피연소 물질에 피해를 준다. • 겨울철에 동파 우려가 있다.

21 ③ 22 ② 23 ③ 24 ④ | 정답

1702

25

위험물안전관리법령상 소화설비의 적응성에서 이산화탄소 소화기가 적응성이 있는 것은?

① 제1류 위험물 ② 제3류 위험물
③ 제4류 위험물 ④ 제5류 위험물

해설

- 이산화탄소 소화기는 전기설비, 제2류 위험물 중 인화성고체, 제4류 위험물에 적응성을 갖는다.

이산화탄소 소화기의 적응성 실기 1002/1101/1202/1601/1702/1902/2001/2003/2004

건축물 · 그 밖의 공작물		
전기설비		○
제1류 위험물	알칼리금속과산화물등	
	그 밖의 것	
제2류 위험물	철분 · 금속분 · 마그네슘등	
	인화성고체	○
	그밖의것	
제3류 위험물	금수성물품	
	그 밖의 것	
제4류 위험물		○
제5류 위험물		
제6류 위험물		△

0902

26

폐쇄형 스프링클러 헤드의 설치기준에서 급배기용 덕트 등의 긴 변의 길이가 몇 m 초과할 때 당해 덕트 등의 아랫면에도 스프링클러 헤드를 설치해야 하는가?

① 0.8 ② 1.0
③ 1.2 ④ 1.5

해설

- 급배기용 덕트 등의 긴변의 길이가 1.2m를 초과하는 것이 있는 경우에는 당해 덕트 등의 아랫면에도 스프링클러 헤드를 설치해야 한다.

폐쇄형 스프링클러 헤드의 설치기준

- 스프링클러 헤드의 반사판으로부터 하방으로 0.45m, 수평방향으로 0.3m의 공간을 보유할 것
- 스프링클러 헤드는 헤드의 축심이 당해 헤드의 부착면에 대하여 직각이 되도록 설치할 것
- 스프링클러 헤드의 반사판과 당해 헤드의 부착면과의 거리는 0.3m 이하일 것
- 스프링클러 헤드는 당해 헤드의 부착면으로부터 0.4m 이상 돌출한 보 등에 의하여 구획된 부분마다 설치할 것. 다만, 당해 보 등의 상호간의 거리(보 등의 중심선을 기산점으로 한다)가 1.8m 이하인 경우에는 그러하지 아니하다.
- 급배기용 덕트 등의 긴변의 길이가 1.2m를 초과하는 것이 있는 경우에는 당해 덕트 등의 아래면에도 스프링클러 헤드를 설치할 것
- 스프링클러 헤드의 부착위치는 가연성 물질을 수납하는 부분에 스프링클러 헤드를 설치하는 경우에는 당해 헤드의 반사판으로부터 하방으로 0.9m, 수평방향으로 0.4m의 공간을 보유해야 하며, 개구부에 설치하는 스프링클러 헤드는 당해 개구부의 상단으로부터 높이 0.15m 이내의 벽면에 설치할 것
- 건식 또는 준비작동식의 유수검지장치의 2차측에 설치하는 스프링클러 헤드는 상향식스프링클러 헤드로 할 것. 다만, 동결할 우려가 없는 장소에 설치하는 경우는 그러하지 아니하다.
- 부착장소의 최고주위온도에 따른 표시온도

부착장소의 최고주위온도[℃]	표시온도[℃]
28 미만	58 미만
28 이상 39 미만	58 이상 79 미만
39 이상 64 미만	79 이상 121 미만
64 이상 106 미만	121 이상 162 미만
106 이상	162 이상

27

Repetitive Learning (1회 2회 3회)

물과 반응하였을 때 발생하는 가스의 종류가 나머지 셋과 다른 하나는?

① 알루미늄분 ② 칼슘
③ 탄화칼슘 ④ 수소화칼슘

해설

- 알루미늄분(Al)은 물과 반응 시 수산화알루미늄, 가연성 수소를 발생한다.($2Al + 6H_2O \rightarrow 2Al(OH)_3 + 3H_2$)
- 칼슘(Ca)은 물과 반응 시 수산화칼슘과 가연성 수소를 발생한다. ($Ca + 2H_2O \rightarrow Ca(OH)_2 + H_2$)
- 탄화칼슘(CaC_2)은 물과 반응 시 수산화칼슘, 가연성 아세틸렌 가스를 발생한다.($CaC_2 + 2H_2O \rightarrow Ca(OH)_2 + C_2H_2$)
- 수소화칼슘(CaH_2)은 물과 반응 시 수산화칼슘, 가연성 수소를 발생한다.($CaH_2 + 2H_2O \rightarrow Ca(OH)_2 + 2H_2$)

물과의 반응으로 기체발생

수소	금속칼륨(K), 알루미늄분(Al), 칼슘(Ca), 소화칼슘(CaH_2)
아세틸렌	탄화칼슘(CaC_2)
포스핀	인화칼슘(Ca_3P_2)

정답 | 25 ③ 26 ③ 27 ③

0704 / 1402 / 2003

28

Repetitive Learning (1회 2회 3회)

분말소화약제인 탄산수소나트륨 10kg이 1기압, 270℃에서 방사되었을 때 발생하는 이산화탄소의 양은 약 몇 m^3인가?

① 2.65　② 3.65
③ 18.22　④ 36.44

해설

- 0℃, 1기압에서 기체의 부피는 0.082×(273+0)=22.386[L]이므로 270℃, 1기압에서 기체의 부피는 0.082×(273+270)=44.526[L]이다.
- 탄산수소나트륨은 분자량 84이다.
- 열분해반응식은 $2NaHCO_3 \rightarrow Na_2CO_3 + CO_2 + H_2O$이므로 2몰의 탄산수소나트륨이 반응하여 1몰의 이산화탄소 44.526[L]가 발생한다는 것이다.
- 탄산수소나트륨 168[g]이 44.526[L]를 발생시키므로 10kg일 경우는 $\frac{44.526 \times 10}{168} = 2.65[m^3]$을 발생시킨다.

이상기체 상태방정식

- 특정 압력과 온도에서 기체의 분자량을 구할 때 사용한다.
- $PV = nRT = \frac{W}{M}RT$이다.

  이때, R은 이상기체상수로 0.082[atm · L/mol · K]이고,
  T는 절대온도(273+섭씨온도)[K]이고,
  P는 압력으로 atm 혹은 $\frac{\text{주어진 압력[mmHg]}}{\text{760mmHg/atm}}$이고,
  V는 부피[L]이다.
- 분자량 $M = \frac{\text{질량} \times R \times T}{P \times V}$로 구한다.

1501

29

Repetitive Learning (1회 2회 3회)

제3종 분말소화약제의 제조 시 사용되는 실리콘 오일의 용도는?

① 경화제　② 발수제
③ 탈색제　④ 착색제

해설

- 제3종 분말소화약제는 발수제로 실리콘 오일을 첨가한다.

제3종 분말소화약제 실기 0501/0602/0701/0801/0901/1204/1301/1404/1502/1504/1601/1602/1701/1801/1904/2003/2101

- 제1인산암모늄($NH_4H_2PO_4$)을 주성분으로 하는 소화약제로 ABC급 화재에 적응성이 있으며 착색색상은 담홍색인 소화약제이다.
- 가연물의 표면에 피막을 형성하여 산소의 유입을 차단시킨다.
- 발수제로 실리콘 오일을 첨가한다.
- 인산암모늄이 열분해되면 메타인산, 암모니아, 물로 분해되는데, 이중 메타인산(HPO_3)이 부착성 있는 막을 만드는 방진효과로 A급화재 진화에 기여를 한다.
  ($NH_4H_2PO_4 \xrightarrow[\triangle]{} HPO_3 + NH_3 + H_2O$)

0602 / 1502

30

Repetitive Learning (1회 2회 3회)

옥외소화전의 개폐밸브 및 호스 접속구는 지반면으로부터 몇 m 이하의 높이에 설치해야 하는가?

① 1.5　② 2.5
③ 3.5　④ 4.5

해설

- 옥외소화전의 개폐밸브 및 호스접속구는 지반면으로부터 1.5m 이하의 높이에 설치해야 한다.

옥외소화전설비의 기준

- 옥외소화전의 개폐밸브 및 호스접속구는 지반면으로부터 1.5m 이하의 높이에 설치할 것
- 방수용기구를 격납하는 함(옥외소화전함)은 불연재료로 제작하고 옥외소화전으로부터 보행거리 5m 이하의 장소로서 화재발생 시 쉽게 접근가능하고 화재 등의 피해를 받을 우려가 적은 장소에 설치할 것

0404

31

Repetitive Learning (1회 2회 3회)

분말소화약제인 제1인산암모늄을 사용하였을 때 열분해하여 부착성인 막을 만들어 공기를 차단시키는 것은?

① HPO_3　② PH_3
③ NH_3　④ P_2O_3

해설

- 제3종 분말소화약제는 제1인산암모늄($NH_4H_2PO_4$)을 주성분으로 하는 소화약제로 ABC급 화재에 적응성이 있으며 열에 의해 메타인산, 암모니아, 물로 분해되는데, 이중 메타인산(HPO_3)이 부착성 있는 막을 만드는 방진효과로 A급화재 진화에 기여한다.

제3종 분말소화약제 실기 0501/0602/0701/0801/0901/1204/1301/1404/1502/1504/1601/1602/1701/1801/1904/2003/2101

문제 29번의 유형별 핵심이론 참조

28 ① 29 ② 30 ① 31 ① | 정답

32

Repetitive Learning (1회 2회 3회)

화재발생 시 위험물에 대한 소화방법으로 옳지 않은 것은?

① 트리에틸알루미늄 : 소규모 화재 시 팽창질석을 사용한다.
② 과산화나트륨 : 할로겐화합물소화기로 질식 소화한다.
③ 인화성 고체 : 이산화탄소 소화기로 질식 소화한다.
④ 휘발유 : 탄산수소염류 분말소화기를 사용하여 소화한다.

해설

- 인화성 고체는 다량의 물을 주수해 냉각소화하는 것이 가장 효율적이다.

제2류 위험물의 일반적인 성질 실기 0602/1101/1704/2004

- 비교적 낮은 온도에서 연소하기 쉬운 가연성 물질이다.
- 연소속도가 빠르고, 연소 시 유독한 가스에 주의하여야 한다.
- 가열이나 산화제를 멀리한다.
- 금속분, 철분, 마그네슘을 제외하고 주수에 의한 냉각소화를 한다.
- 금속분은 물또는 산과의 접촉 시 발열하므로 접촉을 금해야 하며, 금속분의 화재에는 건조사의 피복소화가 좋다.

1504

33

Repetitive Learning (1회 2회 3회)

소화설비의 설치기준에 있어서 위험물저장소의 건축물로서 외벽이 내화구조로 된 것은 연 면적 몇 m^2를 1 소요단위로 하는가?

① 50 ② 75
③ 100 ④ 150

해설

- 저장소의 건축물은 외벽이 내화구조인 경우 $150m^2$을 1 소요단위로 하고, 외벽이 내화구조가 아닌 것은 $75m^2$을 1 소요단위로 한다.

소요단위 실기 0604/0802/1202/1204/1704/1804/2001

- 소화설비의 설치대상이 되는 건축물 그 밖의 공작물의 규모 또는 위험물의 양의 기준단위이다.
- 계산방법

구분	기준
제조소 또는 취급소의 건축물	외벽이 내화구조인 것은 연면적 $100m^2$를 1소요단위로 하며, 외벽이 내화구조가 아닌 것은 연면적 $50m^2$를 1소요단위로 할 것
저장소의 건축물	외벽이 내화구조인 것은 연면적 $150m^2$를 1소요단위로 하고, 외벽이 내화구조가 아닌 것은 연면적 $75m^2$를 1소요단위로 할 것
제조소 등의 옥외에 설치된 공작물	외벽이 내화구조인 것으로 간주하고 공작물의 최대 수평투영면적을 연면적으로 간주하여 제조소 혹은 저장소 건축물의 소요단위를 적용할 것
위험물	지정수량의 10배를 1소요단위로 할 것

1804

34

Repetitive Learning (1회 2회 3회)

주된 소화효과가 산소공급원의 차단에 의한 소화가 아닌 것은?

① 포소화기 ② 건조사
③ CO_2 소화기 ④ Halon 1211 소화기

해설

- Halon 1211 소화기는 할로겐 화합물 등을 첨가하여 연쇄반응을 억제하는 화학적 소화방식(부촉매 소화)의 소화기이다.

질식소화

- 산소공급원을 차단하는 소화방법을 말한다.
- 연소범위 밖으로 농도를 유지하게 하는 방법과 연소범위를 좁혀서(불활성화) 소화를 유도하는 방법이 있다.
- 불활성화는 불활성물질(이산화탄소, 질소, 아르곤, 수증기 등)을 첨가하여 산소농도를 15% 이하로 만드는 방법이다.

1704

35

Repetitive Learning (1회 2회 3회)

연소형태가 나머지 셋과 다른 하나는?

① 목탄 ② 메탄올
③ 파라핀 ④ 유황

해설

- ②, ③, ④는 증발연소를 한다.
- 목탄은 열분해 되지 않고 고체 표면에 공기가 닿아 연소가 일어나 고온을 유지하며 타는 표면연소를 한다.

고체의 연소형태 실기 0702/0902/1204/1904

분해연소	• 가연물이 열분해가 진행되어 산소와 결합하여 연소하는 고체의 연소방식이다. • 종이, 목재, 플라스틱, 석탄 등이 분해연소를 한다.
표면연소	• 열분해 되지 않고 고체 표면에 공기가 닿아 연소가 일어나 고온을 유지하며 타는 연소형태를 말한다. • 숯, 코크스, 목탄, 금속 등이 표면연소를 한다.
자기연소	• 공기 중 산소를 필요로 하지 않고 분자 내의 산소를 이용해 자신이 분해되며 타는 것을 말한다. • 니트로셀룰로오스, TNT, 셀룰로이드, 니트로글리세린과 같은 제5류 위험물이 자기연소를 한다.
증발연소	• 액체와 고체의 연소방식에 속한다. • 열분해를 일으키지 않고 증발한 증기가 공기와 혼합해서 연소되는 방식이다. • 주로 연료로 사용되는 휘발유, 등유, 경유, 알코올과 같은 액체와 양초, 나프탈렌, 왁스, 아세톤, 황 등 제4류 위험물이 증발연소를 한다.

정답 | 32 ③ 33 ④ 34 ④ 35 ①

1701 / 2001

36 Repetitive Learning (1회 2회 3회)

일반적으로 다량의 주수를 통한 소화가 가장 효과적인 화재는?

① A급 화재　② B급 화재
③ C급 화재　④ D급 화재

해설

- A급 화재는 일반 가연성 물질로 대량 주소를 통한 냉각소화가 가장 효과적이다.

화재의 분류 실기 0504

분류	표시 색상	구분 및 대상	소화기	특징
A급	백색	종이, 나무 등 일반 가연성 물질	물 및 산, 알칼리 소화기	• 냉각소화 • 재가 남는다.
B급	황색	석유, 페인트 등 유류화재	모래나 소화기	• 질식소화 • 재가 남지 않는다.
C급	청색	전기스파크 등 전기화재	이산화탄소 소화기	• 질식소화, 냉각소화 • 물로 소화할 경우 감전의 위험이 있다.
D급	무색	금속나트륨, 금속칼륨 등 금속화재	마른 모래	• 질식소화 • 물로 소화할 경우 폭발의 위험이 있다.

0802 / 1604 / 2003

37 Repetitive Learning (1회 2회 3회)

이산화탄소 소화기의 장 · 단점에 대한 설명으로 틀린 것은?

① 밀폐된 공간에서 사용 시 질식으로 인명피해가 발생할 수 있다.
② 전도성이어서 전류가 통하는 장소에서의 사용은 위험하다.
③ 자체의 압력으로 방출할 수가 있다.
④ 소화 후 소화약제에 의한 오손이 없다.

해설

- 이산화탄소 소화기는 전기에 대한 절연성이 우수한 비전도성을 갖기 때문에 전기화재(C급)에 유효하다.

이산화탄소(CO_2) 소화기의 특징

- 용기는 이음매 없는 고압가스 용기를 사용한다.
- 산소와 반응하지 않는 안전한 가스이다.
- 전기에 대한 절연성이 우수(비전도성)하기 때문에 전기화재(C급)에 유효하다.
- 자체 압력으로 방출하므로 방출용 동력이 별도로 필요하지 않다.
- 고온의 직사광선이나 보일러실에 설치할 수 없다.
- 금속분의 화재 시에는 사용할 수 없다.
- 소화기 방출구에서 주울-톰슨효과에 의해 드라이아이스가 생성될 수 있다.

38 Repetitive Learning (1회 2회 3회)

제4류 위험물에 대해 적응성이 있는 소화설비 또는 소화기는?

① 옥내소화전설비　② 옥외소화전설비
③ 봉상강화액소화기　④ 무상강화액소화기

해설

- 제4류 위험물에 적응성을 갖는 강화액소화기는 무상강화액소화기이다.

소화설비의 적응성 중 제4류 위험물 실기 1002/1101/1202/1601/1702/1902/2001/2003/2004

소화설비의 구분			제4류 위험물
옥내소화전 또는 옥외소화전설비			
스프링클러설비			△
물분무등 소화설비	물분무소화설비		○
	포소화설비		○
	불활성가스소화설비		○
	할로겐화합물소화설비		○
	분말 소회설비	인산염류등	○
		탄산수소염류등	○
		그 밖의 것	
대형 · 소형수동식 소화기	봉상수(棒狀水)소화기		
	무상수(霧狀水)소화기		
	봉상강화액소화기		
	무상강화액소화기		○
	포소화기		○
	이산화탄소 소화기		○
	할로겐화합물소화기		○
	분말 소화기	인산염류소화기	○
		탄산수소염류소화기	○
		그 밖의 것	
기타	물통 또는 수조		
	건조사		○
	팽창질석 또는 팽창진주암		○

36 ① 37 ② 38 ④ 정답

1402 / 1902

39 ——— Repetitive Learning (1회 2회 3회)

피리딘 20,000리터에 대한 소화설비의 소요단위는?

① 5단위 ② 10단위
③ 15단위 ④ 100단위

해설

- 피리딘은 인화성 액체에 해당하는 제4류 위험물 중 제1석유류 중 수용성으로 지정수량이 400L이고 소요단위는 지정수량의 10배이므로 4,000L가 1단위가 되므로 20,000L는 5단위에 해당한다.

소요단위 실기 0604/0802/1202/1204/1704/1804/2001
문제 33번의 유형별 핵심이론 참조

40 ——— Repetitive Learning (1회 2회 3회)

소화약제로 사용하지 않는 것은?

① 이산화탄소 ② 제1인산암모늄
③ 탄산수소나트륨 ④ 트리클로로실란

해설

- ④의 트리클로로실란($SiHCl_3$)은 염소화규소화합물로 자연발화성 및 금수성 물질에 해당하는 제3류 위험물이다.

소화약제의 분류별 종류

분말 소화약제	제1종	$NaHCO_3$(탄산수소나트륨)
	제2종	$KHCO_3$(탄산수소칼륨)
	제3종	$NH_4H_2PO_4$(인산암모늄)
	제4종	$KHCO_3$(탄산수소칼륨), $CO(NH_2)_2$(요소)
포 소화약제	화학	$NaHCO_3$(중탄산나트륨), $Al_2(SO_4)_3$(황산알루미늄)
강화액소화약제		K_2CO_3(탄산칼륨)
산·알칼리소화약제		$NaHCO_3$(탄산수소나트륨), H_2SO_4(황산)
할론소화약제		CF_2ClBr(할론1211), CF_3Br(할론1301), CCl_4(할론104), CF_2ClBr_2(할론1202), C_4F_{10}(FC-3-1-10) 등
기타소화약제		KCl(염화칼륨), NaCl(염화나트륨), $BaCl_2$(염화바륨), CO_2(이산화탄소) 등

3과목 위험물의 성질과 취급

0901 / 1301

41 ——— Repetitive Learning (1회 2회 3회)

제2류 위험물과 제5류 위험물의 공통점에 해당하는 것은?

① 유기화합물이다.
② 가연성 물질이다.
③ 자연발화성 물질이다.
④ 산소를 포함하고 있는 물질이다.

해설

- 제5류 위험물은 산소를 함유하고 있는 자기 반응성 물질로 가연성 물질이고, 제2류 위험물은 산소를 함유하고 있지 않은 가연성 고체로 가연성 물질이다.

제2류 위험물_가연성 고체 실기 0504/1104/1602/1701

품명	지정수량	위험등급
황화린	100kg	II
적린		
유황		
마그네슘	500kg	III
철분		
금속분		
인화성고체	1,000kg	

42 ——— Repetitive Learning (1회 2회 3회)

인화점이 1기압에서 20℃ 이하인 것으로만 나열된 것은?

① 벤젠, 휘발유 ② 디에틸에테르, 등유
③ 휘발유, 글리세린 ④ 참기름, 등유

해설

- 벤젠과 휘발유는 제1석유류이므로 인화점이 21℃ 미만에 해당한다.

제4류 위험물의 인화점 실기 0701/0704/0901/1001/1002/1201/1301/1304/1401/1402/1404/1601/1702/1704/1902/2003

제1석유류	인화점이 21℃ 미만
제2석유류	인화점이 21℃ 이상 70℃ 미만
제3석유류	인화점이 70℃ 이상 200℃ 미만
제4석유류	인화점이 200℃ 이상 250℃ 미만
동·식물유류	인화점이 250℃ 미만

정답 | 39 ① 40 ④ 41 ② 42 ①

0602 / 1602

43 Repetitive Learning (1회 2회 3회)

위험물 주유취급소의 주유 및 급유 공지의 바닥에 대한 기준으로 옳지 않은 것은?

① 주위 지면보다 낮게 할 것
② 표면을 적당하게 경사지게 할 것
③ 배수구, 집유설비를 할 것
④ 유분리장치를 할 것

해설

- 공지의 바닥은 주위 지면보다 높게 하여야 한다.

주유취급소의 주유 및 급유 공지

- 주유취급소의 고정주유설비의 주위에는 주유를 받으려는 자동차 등이 출입할 수 있도록 너비 15m 이상, 길이 6m 이상의 콘크리트 등으로 포장한 공지를 보유하여야 하고, 고정급유설비를 설치하는 경우에는 고정급유설비의 호스기기의 주위에 필요한 공지를 보유하여야 한다.
- 공지의 바닥은 주위 지면보다 높게 하고, 그 표면을 적당하게 경사지게 하여 새어나온 기름 그 밖의 액체가 공지의 외부로 유출되지 아니하도록 배수구 · 집유설비 및 유분리장치를 하여야 한다.

1601

44 Repetitive Learning (1회 2회 3회)

다음의 2가지 물질을 혼합하였을 때 위험성이 증가하는 경우가 아닌 것은?

① 과망간산칼륨+황산
② 니트로셀룰로오스+알코올수용액
③ 질산나트륨+유기물
④ 질산+에틸알코올

해설

- 니트로셀룰로오스는 알코올 수용액(30%) 또는 물에 습면하여 저장한다.

니트로셀룰로오스$[C_6H_7O_2(ONO_2)_3]_n$의 저장 및 취급방법

- 가열, 마찰을 피한다.
- 열원을 멀리하고 냉암소에 저장한다.
- 알코올 수용액(30%) 또는 물로 습면하여 저장한다.
- 직사광선 및 산과 접촉 시 자연발화하므로 주의한다.
- 건조하면 폭발 위험이 크지만 수분을 함유하면 폭발위험이 적어진다.
- 화재 시에는 다량의 물로 냉각소화한다.

45 Repetitive Learning (1회 2회 3회)

CaO_2와 K_2O_2의 공통적 성질에 해당하는 것은?

① 청색 침상분말이다.
② 물과 알코올에 잘 녹는다.
③ 가열하면 산소를 방출하며 분해한다.
④ 염산과 반응하여 수소를 발생한다.

해설

- 과산화칼슘(CaO_2)은 백색분말, 과산화칼륨(K_2O_2)은 무색 혹은 오렌지색 분말이다.
- 과산화칼슘(CaO_2)은 물과 알코올에 녹지 않으며, 과산화칼륨(K_2O_2)은 물에는 녹지 않으나 에틸알코올에는 녹는다.
- 과산화칼슘(CaO_2)과 과산화칼륨(K_2O_2)을 염산과 반응하면 과산화수소(H_2O_2)가 발생한다.

과산화칼륨(K_2O_2) 실기 0604/1004/1801/2003

㉠ 개요

- 산화성 고체로 제1류 위험물에 해당하며, 지정수량은 50kg, 위험등급은 Ⅰ이다.
- 무색 혹은 오렌지색 비정계 분말이다.
- 흡습성이 있으며, 에탄올에 녹는다.
- 산과 반응하여 과산화수소(H_2O_2)를 발생시킨다.
- 물과 격렬하게 반응하여 수산화칼륨과 산소를 발생시킨다. ($2K_2O_2 + 2H_2O \rightarrow 4KOH + O_2$)
- 가연물과 혼합되어 있을 경우 약간의 물 접촉만으로도 발화하며, 양이 많을 경우 주수에 의해 폭발하므로 주수소화를 금해야 한다.
- 가열하면 산화칼륨과 산소를 발생시킨다. ($2K_2O_2 \xrightarrow[\triangle]{} 2K_2O + O_2$)
- 이산화탄소와 반응하여 탄산칼륨과 산소를 발생시킨다. ($2K_2O_2 + 2CO_2 \rightarrow 2K_2CO_3 + O_2$)
- 아세트산과 반응하여 아세트산칼륨과 과산화수소를 발생시킨다. ($K_2O_2 + 2CH_3COOH \rightarrow 2CH_3COOK + H_2O_2$)

㉡ 저장 및 취급방법

- 물과 습기의 접촉을 피한다.
- 용기는 수분이 들어가지 않게 밀전 및 밀봉 저장한다.
- 가열 및 충격 · 마찰을 피하고 유기물질의 혼입을 막는다.

43 ① 44 ② 45 ③ | 정답

46

Repetitive Learning (1회 2회 3회)

위험물의 유별 성질 중 자기반응성에 해당하는 것은?

① 적린 ② 메틸에틸케톤

③ 피크르산 ④ 철분

해설

- 적린(P)은 가연성 고체에 해당하는 제2류 위험물이다.
- 메틸에틸케톤(MEK, $CH_3COC_2H_5$)은 제1석유류로 인화성 액체에 해당하는 제4류 위험물이다.
- 철분(Fe)은 가연성 고체에 해당하는 제2류 위험물이다.

트리니트로페놀[$C_6H_2OH(NO_2)_3$] 실기 0801/0904/1002/1201/1302/1504/1601/1602/1701/1702/1804/2001

- 피크르(린)산이라고 하며, TNP라고도 한다.
- 페놀의 니트로화를 통해 얻어진 니트로화합물에 속하는 자기반응성 물질로 제5류 위험물이다.
- 지정수량은 200kg이고, 위험등급은 Ⅱ이다.
- 순수한 것은 무색이지만 보통 공업용은 휘황색의 침상결정이다.
- 비중이 약 1.8로 물보다 무겁다.
- 물에 전리하여 강한 산이 되며, 이때 선명한 황색이 된다.
- 단독으로는 충격, 마찰에 둔감하고 안정한 편이나 금속염(철, 구리, 납), 요오드, 가솔린, 알코올, 황 등과의 혼합물은 마찰 및 충격에 폭발한다.
- 황색염료, 폭약에 쓰인다.
- 더운물, 알코올, 에테르 벤젠 등에 잘 녹는다.
- 화재발생시 다량의 물로 주수소화 할 수 있다.
- 특성온도 : 융점(122.5℃) < 인화점(150℃) < 비점(255℃) < 착화점(300℃) 순이다.

1701

47

Repetitive Learning 

셀룰로이드의 자연발화 형태를 가장 옳게 나타낸 것은?

① 잠열에 의한 발화 ② 미생물에 의한 발화

③ 분해열에 의한 발화 ④ 흡착열에 의한 발화

해설

- 셀룰로이드류는 온도 및 습도가 높은 장소에서 취급할 때 분해열에 의한 자연발화 위험이 크다.

셀룰로이드류

- 니트로셀룰로오스 75%+장뇌 25%로 되는 고용체로 제5류 위험물에 해당한다.
- 온도 및 습도가 높은 장소에서 취급할 때 분해열에 의한 자연발화 위험이 크다.
- 자연발화의 위험성을 고려하여 통풍이 잘 되는 냉암소에 저장한다.

1404 / 1904

48

Repetitive Learning (1회 2회 3회)

다음의 위험물을 저장할 때 저장 또는 취급에 관한 기술상의 기준을 시 · 도의 조례에 의해 규제를 받는 경우는?

① 등유 2,000L를 저장하는 경우

② 중유 3,000L를 저장하는 경우

③ 윤활유 5,000L를 저장하는 경우

④ 휘발유 400L를 저장하는 경우

해설

- ①의 등유는 제2석유류로 지정수량이 1,000L이므로 위험물안전관리법의 규제를 받는다.
- ②의 중유는 제3석유류로 지정수량이 2,000L이므로 위험물안전관리법의 규제를 받는다.
- ③의 윤활유는 제4석유류로 지정수량이 6,000L이므로 위험물안전관리법이 아닌 시 · 도의 조례에 의해 규제를 받는다.
- ④의 휘발유는 제1석유류로 지정수량이 200L이므로 위험물안전관리법의 규제를 받는다.

지정수량 미만인 위험물의 저장 · 취급

- 지정수량 미만인 위험물의 저장 또는 취급에 관한 기술상의 기준은 특별시 · 광역시 · 특별자치시 · 도 및 특별자치도의 조례로 정한다.

1404

49

Repetitive Learning (1회 2회 3회)

위험물안전관리법령상 이송취급소 배관 등의 용접부는 비파괴시험을 실시하여 합격하여야 한다. 이 경우 이송기지 내의 지상에 설치되는 배관 등은 전체 용접부의 몇 % 이상 발췌하여 시험할 수 있는가?

① 10 ② 15

③ 20 ④ 25

해설

- 이송취급소의 배관의 비파괴시험의 경우 지상에 설치된 배관 등은 전체 용접부의 20% 이상을 발췌하여 시험할 수 있다.

이송취급소 배관의 비파괴시험

- 배관 등의 용접부는 비파괴시험을 실시하여 합격할 것. 이 경우 이송기지내의 지상에 설치된 배관 등은 전체 용접부의 20% 이상을 발췌하여 시험할 수 있다.
- 비파괴시험의 방법, 판정기준 등은 소방청장이 정하여 고시하는 바에 의할 것

정답 | 46 ③ 47 ③ 48 ③ 49 ③

50

1401 / 1901

Repetitive Learning (1회 2회 3회)

물과 접촉하였을 때 에탄이 발생되는 물질은?

① CaC_2　　② $(C_2H_5)_3Al$

③ $C_6H_3(NO_2)_3$　　④ $C_2H_5ONO_2$

해설

- 트리에틸알루미늄은 물과 접촉할 경우 폭발적으로 반응하여 수산화알루미늄과 에탄가스(C_2H_6)를 생성하므로 보관 시 주의해야 한다.

트리에틸알루미늄[$(C_2H_5)_3Al$] 실기 0502/0804/0904/1004/1101/1104/1202/1204/1304/1402/1404/1602/1704/1804/1902/1904/2001/2003

- 알킬기(C_nH_{2n+1})와 알루미늄의 화합물로 자연발화성 및 금수성 물질에 해당하는 제3류 위험물이다.
- 지정수량은 10kg이고, 위험등급은 Ⅰ이다.
- 무색 투명한 액체로 물, 에탄올과 폭발적으로 반응한다.
- 물과 접촉할 경우 폭발적으로 반응하여 수산화알루미늄과 에탄가스를 생성하므로 보관 시 주의한다.
  (반응식 : $(C_2H_5)_3Al + 3H_2O \rightarrow Al(OH)_3 + 3C_2H_6$)
- 화재 시 발생되는 흰 연기는 인체에 유해하며, 소화는 팽창질석, 팽창진주암 등이 가장 효율적이다.

51

2001

Repetitive Learning 

제1류 위험물에 해당하는 것은?

① 염소산칼륨　　② 수산화칼륨

③ 수소화칼륨　　④ 요오드화칼륨

해설

- 염소산칼륨($KClO_3$)은 염소산염류로 제1류 위험물이다.
- 수산화칼륨(KOH)과 요오드화칼륨(KI)은 위험물이 아니다.
- 수소화칼륨(KH)은 금속수소화물로 제3류 위험물이다.

제1류 위험물_산화성 고체 실기 0601/0901/0501/0702/1002/1301/2001

품명	지정수량	위험등급
아염소산염류	50kg	Ⅰ
염소산염류		
과염소산염류		
무기과산화물		
브롬산염류	300kg	Ⅱ
질산염류		
요오드산염류		
과망간산염류	1,000kg	Ⅲ
중크롬산염류		

52

1204 / 1401 / 1601

Repetitive Learning (1회 2회 3회)

보냉장치가 없는 이동저장탱크에 저장하는 아세트알데히드 등의 온도는 몇 ℃ 이하로 유지하여야 하는가?

① 30　　② 40

③ 55　　④ 65

해설

- 옥외저장탱크 · 옥내저장탱크 또는 지하저장탱크 중 압력탱크에 저장하는 아세트알데히드 등 또는 디에틸에테르 등의 온도는 40℃ 이하로 유지하여야 한다.

아세트알데히드 등의 저장기준 실기 0604/1202/1304/1602/1901/1904

- 옥외저장탱크 · 옥내저장탱크 또는 지하저장탱크 중 압력탱크에 있어서는 아세트알데히드 등의 취출에 의하여 당해 탱크내의 압력이 상용압력 이하로 저하하지 아니하도록, 압력탱크 외의 탱크에 있어서는 아세트알데히드 등의 취출이나 온도의 저하에 의한 공기의 혼입을 방지할 수 있도록 불활성 기체를 봉입할 것
- 이동저장탱크에 아세트알데히드 등을 저장하는 경우에는 항상 불활성의 기체를 봉입하여 둘 것
- 옥외저장탱크 · 옥내저장탱크 또는 지하저장탱크 중 압력탱크 외의 탱크에 저장하는 디에틸에테르 등 또는 아세트알데히드 등의 온도는 산화프로필렌과 이를 함유한 것 또는 디에틸에테르 등에 있어서는 30℃ 이하로, 아세트알데히드 또는 이를 함유한 것에 있어서는 15℃ 이하로 각각 유지할 것
- 옥외저장탱크 · 옥내저장탱크 또는 지하저장탱크 중 압력탱크에 저장하는 아세트알데히드 등 또는 디에틸에테르 등의 온도는 40℃ 이하로 유지할 것
- 보냉장치가 있는 이동저장탱크에 저장하는 아세트알데히드 등 또는 디에틸에테르 등의 온도는 당해 위험물의 비점 이하로 유지할 것
- 보냉장치가 없는 이동저장탱크에 저장하는 아세트알데히드 등 또는 디에틸에테르 등의 온도는 40℃ 이하로 유지할 것

53

Repetitive Learning (1회 2회 3회)

등유 속에 저장하는 위험물은?

① 트리에틸알루미늄　　② 인화칼슘

③ 탄화칼슘　　④ 칼륨

해설

- 칼륨이나 나트륨은 석유(파라핀, 경유, 등유) 속에 저장한다.

위험물 저장 시 보호액 실기 0502/0504/0604/0902/0904

금속칼륨, 나트륨	석유(파라핀, 경유, 등유), 벤젠
니트로셀룰로오스	알코올이나 물
황린, 이황화탄소	물

50 ② 51 ① 52 ② 53 ④ 정답

1601

54 Repetitive Learning (1회 2회 3회)

제3류 위험물의 운반 시 혼재할 수 있는 위험물은 제 몇 류 위험물인가? (단, 각각 지정수량의 10배인 경우이다)

① 제1류 ② 제2류
③ 제4류 ④ 제5류

해설

- 제1류와 제6류, 제2류와 제4류 및 제5류, 제3류와 제4류, 제4류와 제5류의 혼합은 비교적 위험도가 낮아 혼재 사용이 가능하다.

위험물의 혼합 사용 실기 0504/0601/0602/0701/0704/0804/1001/1102/1104/1302/1401/1404/1502/1504/1601/1704/1801/1802/1804/1901/1902/2001

- 유별을 달리하는 위험물은 동일 장소에서 저장, 취급해서는 안된다.
- 제1류(산화성고체)와 제6류(산화성액체), 제2류(환원성고체)와 제4류(가연성액체) 및 제5류(자기반응성물질), 제3류(자연발화 및 금수성 물질)와 제4류(가연성액체)의 혼합은 비교적 위험도가 낮아 혼재 사용이 가능하다.
- 산화성물질과 가연물을 혼합하면 산화·환원반응이 더욱 잘 일어나는 혼합위험성 물질이 된다.
- 가연성 물질과 조연성 물질을 혼합할 때 폭발위험이 증가한다.

구분	1류	2류	3류	4류	5류	6류
1류		×	×	×	×	○
2류	×		×	○	○	×
3류	×	×		○	×	×
4류	×	○	○		○	×
5류	×	○	×	○		×
6류	○	×	×	×	×	

1404 / 1704

55 Repetitive Learning (1회 2회 3회)

질산나트륨을 저장하고 있는 옥내저장소(내화구조의 격벽으로 완전히 구획된 실이 2이상 있는 경우에는 동일한 실)에 함께 저장하는 것이 법적으로 허용되는 것은? (단, 위험물을 유별로 정리하여 서로 1m 이상의 간격을 두는 경우이다)

① 적린 ② 인화성고체
③ 동·식물유류 ④ 과염소산

해설

- 질산나트륨은 제1류 위험물이므로 제6류 위험물, 제3류 위험물 중 자연발화성물질(황린 또는 이를 함유한 것)과 1m 이상의 간격을 두는 경우 옥내저장소에 함께 저장이 가능하다.
- 과염소산($HClO_4$)은 산화성 액체에 해당하는 제6류 위험물이다.

1m 이상의 간격을 두는 경우 동일 저장소에 저장 가능한 경우 실기 1304/1502/1804/1902/2004

- 제1류 위험물(알칼리금속의 과산화물 또는 이를 함유한 것 제외)과 제5류 위험물
- 제1류 위험물과 제6류 위험물을 저장하는 경우
- 제1류 위험물과 제3류 위험물 중 자연발화성물질(황린 또는 이를 함유한 것)을 저장하는 경우
- 제2류 위험물 중 인화성 고체와 제4류 위험물을 저장하는 경우
- 제3류 위험물 중 알킬알루미늄 등과 제4류 위험물(알킬알루미늄 또는 알킬리튬을 함유한 것)을 저장하는 경우
- 제4류 위험물 중 유기과산화물 또는 이를 함유한 것과 제5류 위험물 중 유기과산화물 또는 이를 함유한 것을 저장하는 경우

1202 / 1804

56 Repetitive Learning (1회 2회 3회)

위험물제조소 배출설비의 배출능력은 1시간당 배출장소 용적의 몇 배 이상인 것으로 해야 하는가? (단, 전역방식의 경우는 제외한다)

① 5 ② 10
③ 15 ④ 20

해설

- 제조소의 배출설비 배출능력은 1시간당 배출장소 용적의 20배 이상인 것으로 하여야 한다. 다만, 전역방식의 경우에는 바닥면적 $1m^2$당 $18m^3$ 이상으로 할 수 있다.

제조소의 배출설비 실기 0904/1601/2101

- 배출설비는 국소방식으로 하여야 한다.
- 배출설비를 전역방식으로 하는 경우는 위험물취급설비가 배관이음 등으로만 된 경우와 건축물의 구조·작업장소의 분포 등의 조건에 의하여 전역방식이 유효한 경우에 한해서이다.
- 배출설비는 배풍기·배출닥트·후드 등을 이용하여 강제적으로 배출하는 것으로 하여야 한다.
- 배출능력은 1시간당 배출장소 용적의 20배 이상인 것으로 하여야 한다. 다만, 전역방식의 경우에는 바닥면적 $1m^2$당 $18m^3$ 이상으로 할 수 있다.
- 배출설비의 급기구 및 배출구 기준
  - 급기구는 높은 곳에 설치하고, 가는 눈의 구리망 등으로 인화방지망을 설치할 것
  - 배출구는 지상 2m 이상으로서 연소의 우려가 없는 장소에 설치하고, 배출닥트가 관통하는 벽부분의 바로 가까이에 화재시 자동으로 폐쇄되는 방화댐퍼를 설치할 것
- 배풍기는 강제배기방식으로 하고, 옥내닥트의 내압이 대기압 이상이 되지 아니하는 위치에 설치하여야 한다.

정답 | 54 ③ 55 ④ 56 ④

57 Repetitive Learning (1회 2회 3회)

판매취급소에서 위험물을 배합하는 실의 기준으로 틀린 것은?

① 내화구조 또는 불연재료로 된 벽으로 구획한다.
② 출입구는 자동폐쇄식 갑종방화문을 설치한다.
③ 내부에 체류한 가연성 증기를 지붕위로 방출하는 설비를 한다.
④ 바닥에는 경사를 두어 되돌림관을 설치한다.

해설

- 위험물 배합실의 바닥은 위험물이 침투하지 아니하는 구조로 하여 적당한 경사를 두고 집유설비를 하여야 한다.

위험물 배합실의 기준 실기 1204/1704/2001

- 바닥면적은 $6m^2$ 이상 $15m^2$ 이하로 할 것
- 내화구조 또는 불연재료로 된 벽으로 구획할 것
- 바닥은 위험물이 침투하지 아니하는 구조로 하여 적당한 경사를 두고 집유설비를 할 것
- 출입구에는 수시로 열 수 있는 자동폐쇄식의 갑종방화문을 설치할 것
- 출입구 문턱의 높이는 바닥면으로부터 0.1m 이상으로 할 것
- 내부에 체류한 가연성의 증기 또는 가연성의 미분을 지붕 위로 방출하는 설비를 할 것

58 Repetitive Learning (1회 2회 3회)

위험물안전관리법령상 제2류 위험물 중 철분을 수납한 운반용기 외부에 표시해야 할 내용은?

① 물기주의 및 화기엄금
② 화기주의 및 물기엄금
③ 공기노출엄금
④ 충격주의 및 화기엄금

해설

- 제2류 위험물 중 철분 · 금속분 · 마그네슘 또는 이를 함유한 것에는 화기주의와 물기엄금 표시를 하여야 한다.

수납하는 위험물에 따른 용기 표시 주의사항 실기 0701/0801/0902/0904/1001/1004/1101/1201/1202/1404/1504/1601/1701/1801/1802/2003/2004/2101

제1류	알칼리금속의 과산화물	화기 · 충격주의, 물기엄금, 가연물접촉주의
	그 외	화기 · 충격주의, 가연물접촉주의
제2류	철분 · 금속분 · 마그네슘 또는 이를 함유한 것	화기주의, 물기엄금
	인화성 고체	화기엄금
	그 외	화기주의
제3류	자연발화성 물질	화기엄금, 공기접촉엄금
	금수성 물질	물기엄금
제4류		화기엄금
제5류		화기엄금, 충격주의
제6류		가연물접촉주의

1901

59 Repetitive Learning (1회 2회 3회)

황린에 대한 설명으로 틀린 것은?

① 백색 또는 담황색의 고체로 독성이 있다.
② 물에는 녹지 않고 이황화탄소에는 녹는다.
③ 공기 중에서 산화되어 오산화인이 된다.
④ 녹는점이 적린과 비슷하다.

해설

- 황린의 녹는점은 441℃인데 반해 적린의 녹는점은 589.5℃로 차이가 크다.

황린(P_4) 실기 0602/0701/0702/0901/1001/1202/1302/1401/1402/1504/1901/1902/2003

- 공기 중에서 발화하는 자연발화성 물질로 제3류 위험물에 속하며 지정수량은 20kg, 위험등급은 Ⅰ이다.
- 산소와 결합력이 강하고 착화온도가 낮기(미분 34℃, 고형분 60℃) 때문에 쉽게 자연발화한다.
- 백색 또는 담황색의 고체로 독성이 있는 물질로 물에는 녹지 않고 이황화탄소에는 녹는다.
- 수산화나트륨(NaOH) 수용액에 반응시키면 포스핀(인화수소, PH_3)를 발생시키므로 이를 방지하기 위해 pH9의 물속에 저장한다.
- 밀폐용기 속에서 260℃로 가열하여 적린을 얻을 수 있다. 이때 유독가스인 오산화인(P_2O_5)이 발생한다.
(반응식 : $P_4 + 5O_2 \rightarrow 2P_2O_5$)

57 ④ 58 ② 59 ④ | 정답

1401

60 — Repetitive Learning (1회 2회 3회)

위험물안전관리법령에 따른 위험물제조소의 안전거리 기준으로 틀린 것은?

① 주택으로부터 10m 이상
② 학교, 병원, 극장으로부터는 30m 이상
③ 유형문화재와 기념물 중 지정문화재로부터는 70m 이상
④ 고압가스등을 저장 · 취급하는 시설로부터는 20m 이상

해설

- 유형문화재와 기념물 중 지정문화재와는 50m 이상의 안전거리를 유지하여야 한다.

제조소의 안전거리(제6류 위험물제조소 제외) 실기 1302

구분	거리	비고
주거용 건물	10m 이상	불연재료로 된 담/벽 설치 시 단축가능
학교 · 병원 · 극장 그 밖에 다수인을 수용하는 시설	30m 이상	
유형문화재와 기념물 중 지정문화재	50m 이상	
고압가스, 액화석유가스 또는 도시가스를 저장 또는 취급하는 시설	20m 이상	
사용전압이 7,000V 초과 35,000V 이하의 특고압가공전선	3m 이상	
사용전압이 35,000V를 초과하는 특고압가공전선	5m 이상	

정답 | 60 ③

2012년 3월 4일

2012년 제1회

합격률 37.5%

1과목 일반화학

1901

01 Repetitive Learning (1회 2회 3회)

다음 중 벤젠고리를 함유하고 있는 것은?

① 아세틸렌 ② 아세톤
③ 메탄 ④ 아닐린

해설

- 방향족 화합물이란 방향족성(벤젠)고리를 가지는 화합물을 말하는데 벤젠, 톨루엔, 아닐린, 피크린산 등이 이에 해당된다.

방향족(Aromaticity) 화합물

- 평평한 고리 구조를 가진 원자들이 비정상적으로 안정된 상태를 의미한다.
- 특정 규칙에 의해 상호작용하는 다양한 파이결합을 가져 안정적이다.
- 이중결합은 주로 첨가반응이 일어나지만 방향족은 주로 치환반응이 더 잘 일어난다.
- 방향족 화합물의 종류에는 벤젠, 톨루엔, 나프탈렌, 피리딘, 피롤, 트로플론, 아닐린, 크레졸, 피크린산 등이 있다.

0404 / 1804

02 Repetitive Learning 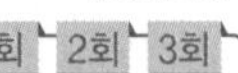

NaOH 1g이 물에 녹아 메스플라스크에서 250mL의 눈금을 나타낼 때 NaOH 수용액의 농도는?

① 0.1N ② 0.3N
③ 0.5N ④ 0.7N

해설

- 수산화나트륨의 분자량은 23+16+1=40이고, 수산화나트륨이 이온화될 경우 내놓는 OH의 이온수는 1개이므로 g당량은 40이다.
- 1N은 1000mL에 40g인데, 250mL에 1g의 NaOH가 녹을 때의 농도를 묻고 있다. 250mL에 10g 녹을 때 1N인데 1g이 녹았으므로 0.1N이 된다.

노르말 농도(N)

- 용액 1L 속에 녹아있는 용질의 g당량 수를 말한다.
- 노르말농도=몰농도×당량수로 구할 수 있다.

1904

03 Repetitive Learning (1회 2회 3회)

금속은 열, 전기를 잘 전도한다. 이와 같은 물리적 특성을 갖는 가장 큰 이유는?

① 금속의 원자반지름이 크다.
② 자유전자를 가지고 있다.
③ 비중이 대단히 크다.
④ 이온화에너지가 매우 크다.

해설

- 금속이 전기 전도성이 좋은 이유는 규칙적인 금속원자 결정 내를 자유로이 움직일 수 있는 자유전자를 가지고 있어서이다.

금속의 물리적 특성

- 규칙적인 금속원자 결정 내를 자유로이 움직일 수 있는 자유전자를 가지고 있어 열과 전기 전도성이 크다.
- 녹는점과 끓는점이 높다.
- 이온화에너지와 전기음성도가 낮다.

1604

04 Repetitive Learning (1회 2회 3회)

발연황산이란 무엇인가?

① H_2SO_4의 농도가 98% 이상인 거의 순수한 황산
② 황산과 염산을 1 : 3의 비율로 혼합한 것
③ SO_3를 황산에 흡수시킨 것
④ 일반적인 황산을 총괄하는 것

해설

- 발연황산이란 진한 황산(H_2SO_4)에 삼산화황(SO_3)을 녹인 물질로 일반 황산보다 탈수작용이나 산화작용이 매우 강한 황산이다.

황산(H_2SO_4)

- 강산성의 액체 화합물이다.
- 비료제조, 폐수처리, 석유정제 등의 목적으로 많이 사용된다.
- 강산은 흡습성이 강해 탈수제, CO_2의 건조제로 사용된다.
- 연실법(질산식) 또는 접촉법을 사용하여 이산화황(SO_2)을 산화해서 삼산화황(SO_3)을 만들고 이를 물에 흡수시켜서 제조하는 물질이다.

01 ④ 02 ① 03 ② 04 ③ | 정답

0504 / 0801 / 2001

05

Repetitive Learning (1회 2회 3회)

다음 물질 중에서 염기성인 것은?

① $C_6H_6NH_2$　② $C_6H_5NO_2$

③ C_6H_5OH　④ C_6H_5COOH

해설

- 아닐린($C_6H_5NH_2$)은 염기성에 해당하는 아민($-NH_2$)기를 가지고 있다.

아닐린($C_6H_5NH_2$)

- 인화성 액체에 해당하는 제4류 위험물 중 제3석유류에 속하며, 비수용성으로 지정수량이 2,000[L]이고, 위험등급이 Ⅲ이다.
- 인화점이 75℃, 착화점이 538℃이며 비중은 1.002이고, 분자량은 93.13이다.
- 니트로벤젠의 증기에 수소를 혼합한 뒤 촉매(니켈, 구리 등)를 사용하여 환원시켜서 얻는다.
- $CaOCl_2$ 용액에서 붉은 보라색을 띠며, HCl과 반응하여 염산염을 만든다.

0802

06

Repetitive Learning (1회 2회 3회)

어떤 온도에서 물 200g에 최대 설탕이 90g이 녹는다. 이 온도에서 설탕의 용해도는?

① 45　② 90

③ 180　④ 290

해설

- 용해도란 포화용액에서 용매 100g애 용해되는 용질의 g수이므로 용매 200g에 90g이 녹는다면 용매 100g에는 45g이 녹을 수 있으므로 용해도는 45이다.

용해도

- 용해도란 포화용액에서 용매 100g에 용해되는 용질의 g수를 그 온도에서의 용해도라고 한다.
- 대부분의 경우 온도가 높아질수록 고체의 용해도는 증가하고, 기체의 용해도는 감소한다.

07

Repetitive Learning (1회 2회 3회)

테르밋(Thermit)의 주성분은 무엇인가?

① Mg와 Al_2O_3　② Al과 Fe_2O_3

③ Zn과 Fe_2O_3　④ Cr와 Al_2O_3

해설

- 테르밋은 산화철 분말과 알루미늄 분말을 섞어서 사용한다.

테르밋(Thermit)

- 산화철(Fe_2O_3) 등 금속성 산화제 분말과 알루미늄(Al), 마그네슘(Mg) 등 금속분말을 혼합하여 만든 것이다.
- 산화제 속의 산소를 이용하여 격렬한 연소반응을 일으켜 순간적으로 높은 열(약 3,000℃)을 발생시킨다.
- 군사용 소이탄을 만들 때 사용되거나 테르밋 반응 시 일어나는 고열을 이용해 금속을 용접하는 테르밋 용접에도 이용된다.

0501_추가 / 1802

08

Repetitive Learning (1회 2회 3회)

배수비례의 법칙이 적용 가능한 화합물을 옳게 나열한 것은?

① CO, CO_2　② HNO_3, HNO_2

③ H_2SO_4, H_2SO_3　④ O_2, O_3

해설

- 배수비례의 법칙은 2개의 다른 원소가 결합할 때 적용되는 법칙으로 ②와 ③, 그리고 ④는 모두 2개의 원소가 아니다.

배수비례의 법칙

- 2종류의 원소가 반응하여 2가지 이상의 물질을 생성할 때 각 물질에 속한 원소 1개와 반응하는 다른 원소의 질량은 각 물질에서 항상 일정한 정수비를 갖는 법칙을 말한다.
- 대표적으로 질소와 산소의 5종류 화합물을 드는데 N_2O, NO, N_2O_3, NO_2, N_2O_5와 같이 질소 14g과 결합하는 산소의 질량이 8, 16, 24, 32, 40g으로 1 : 2 : 3 : 4 : 5의 정수비를 갖는 것이다.
- CO와 CO_2, H_2O와 H_2O_2, SO_2와 SO_3 등이 배수비례의 법칙에 해당한다.

09

Repetitive Learning (1회 2회 3회)

납축전지를 오랫동안 방전시키면 어느 물질이 생기는가?

① Pb　② PbO_2

③ H_2SO_4　④ $PbSO_4$

해설

- 방전 될 경우 두 극이 모두 황산납($PbSO_4$)으로 된다.

납축전지

- 음(-)극은 납(Pb)으로, 양(+)극은 이산화납(PbO_2)으로 한다.
- 방전 될 경우 두 극이 모두 황산납($PbSO_4$)으로 된다.
- 방전과정에서 용액 속의 황산(H_2SO_4)은 소비되고, 용액의 비중이 감소하여 최종적으로 물(H_2O)이 된다.

정답 | 05 ① 06 ① 07 ② 08 ① 09 ④

0701 / 0802 / 1702

10

Repetitive Learning 1회 2회 3회

다음 반응식에서 브뢴스테드의 산 · 염기 개념으로 볼 때 산에 해당하는 것은?

$$H_2O + NH_3 \Leftrightarrow OH^- + NH_4^+$$

① NH_3와 NH_4^+　② NH_3와 OH^-

③ H_2O와 OH^-　④ H_2O와 NH_4^+

해설

- 암모니아(NH_3)는 수소이온(H^+)을 흡수하므로 염기이고, 물(H_2O)은 수소이온(H^+)을 방출하므로 산이다.
- 수산화이온(OH^-)은 수소이온(H^+)을 흡수할 수 있으므로 염기이고, 암모늄이온(NH_4^+)은 수소이온(H^+)을 방출할 수 있으므로 산이다.

브뢴스테드의 산 · 염기

㉠ 산
- 수용액이 되었을 때 pH가 7보다 작은 값을 갖는 물질
- 수용액이 되었을 때 수소이온(H^+)을 내놓는 물질
- 전해질이며, 신맛이 나는 물질
- 수소보다 이온화 경향이 큰 금속과 반응하여 수소기체를 발생하는 물질

㉡ 염기
- 수용액이 되었을 때 pH가 7보다 큰 값을 갖는 물질
- 수용액이 되었을 때 수산화이온(OH^-)을 내놓거나 수소이온(H^+)을 흡수하는 물질
- 전해질이며, 쓴맛이 나는 물질
- 대부분의 금속산화물로 비공유 전자쌍을 가지고 있다.

11

Repetitive Learning 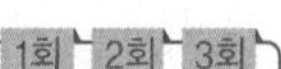

다음 물질 중 물에 가장 잘 용해되는 것은?

① 디에틸에테르　② 글리세린

③ 벤젠　④ 톨루엔

해설

- 글리세린[$C_3H_5(OH)_3$]은 물과 알코올에 잘 녹는다.

글리세린[$C_3H_5(OH)_3$]
- 무색, 무취, 단맛을 가진 수용성 액체로 화장품의 원료로 사용되는 인화성 액체로 제4류 위험물 중 제3석유류이며, 지정수량이 4,000[L]이다.
- 물과 알코올에 잘 녹는다.

12

Repetitive Learning 1회 2회 3회

한 원자에서 4 양자수가 똑같은 전자가 2개 이상 있을 수 없다는 이론은?

① 네른스트의 식　② 파울리의 배타원리

③ 패러데이의 법칙　④ 플랑크의 양자론

해설

- 네른스트의 식은 한 종류의 물질에 대한 양과 온도에 따른 전위를 나타내는 표현법이다. 이온화 상수와 pH 값을 이용하여 전극 전위 E를 나타낸다.
- 패러데이의 법칙은 전기분해 시 생성되는 물질과 이동하는 전하량과의 관계를 정의한 것이다.
- 플랑크의 양자론은 물질에서 방출된 에너지 덩어리 또는 양자가 광양자라는 복사에너지 덩어리가 된다는 이론이다.

파울리의 배타원리
- 원자 주위의 궤도를 차지하는 전자들이 따르는 규칙 중 하나이다.
- 각각의 전자는 4개의 양자수 set를 갖는데 동일한 양자상태에 존재하는 전자가 2개 이상 있을 수 없다는 이론이다.

13

Repetitive Learning 1회 2회 3회

어떤 용기에 수소 1g과 산소 16g을 넣고 전기불꽃을 이용하여 반응시켜 수증기를 생성하였다. 반응 전과 동일한 온도 · 압력으로 유지시켰을 때, 최종 기체의 총 부피는 처음 기체 총 부피의 얼마가 되는가?

① 1　② 1/2

③ 2/3　④ 3/4

해설

- 수소 2몰(4g)과 산소 1몰(32g)이 결합하여 2몰의 물(36g)을 생성한다.
- 주어진 수소의 양은 1g이고, 산소는 16g이므로 몰의 비가 작은 양에 해당하는 수소의 양만큼 반응하고, 나머지는 남게 된다. 즉, 수소의 양으로 반응식이 결정된다.
- 수소 1g(0.5몰)과 결합하는 산소의 양은 8g(0.25몰)이다. 이때 생성된 수증기의 양은 $\frac{36}{4}$ = 9g(0.5몰)이다. 그리고 산소 0.25몰이 남았다.
- 수증기와 산소의 부피 합은 0.5+0.25=0.75몰로 0.75×22.4=16.8L이다.
- 처음 기체의 총 부피는 수소 0.5몰과 산소 0.5몰이었으므로 22.4L인데 반응 후 수증기와 산소의 부피 합은 16.8L이므로 3/4에 해당한다.

물(H_2O)
- 2개의 수소원자와 1개의 산소 원자가 공유 결합한 액체이다.
- 녹는점은 0℃, 끓는점은 100℃, 분자량은 18이다.
- 반응식 : $2H_2 + O_2 \rightarrow 2H_2O$

10 ④ 11 ② 12 ② 13 ④ | 정답

2003

14 ——— Repetitive Learning (1회 2회 3회)

액체 0.2g을 기화시켰더니 그 증기의 부피가 97℃ 740mmHg에서 80mL였다. 이 액체의 분자량에 가장 가까운 값은?

① 40 ② 46
③ 78 ④ 121

해설

- 분자량을 구하는 문제이므로 이상기체 상태방정식에 대입하면 분자량 = $\frac{0.2\times0.082\times(273+97)}{\frac{740}{760}\times0.08} = \frac{6.068}{0.0779} = 77.89$가 된다.

이상기체 상태방정식

- 특정 압력과 온도에서 기체의 분자량을 구할 때 사용한다.
- 분자량 $M = \frac{질량\times R\times T}{P\times V}$로 구한다.

이때, R은 이상기체상수로 0.082[atm · L/mol · K]이고,
T는 절대온도(273+섭씨온도)[K]이고,
P는 압력으로 atm 혹은 $\frac{주어진\ 압력[mmHg]}{760mmHg/atm}$이고,
V는 부피[L]이다.

0601 / 1601

15 ——— Repetitive Learning (1회 2회 3회)

H_2O가 H_2S보다 비등점이 높은 이유는?

① 이온결합을 하고 있기 때문에
② 수소결합을 하고 있기 때문에
③ 공유결합을 하고 있기 때문에
④ 분자량이 적기 때문에

해설

- 물(H_2O)은 수소결합을 하는데 반해 황화수소(H_2S)는 이온결합을 하고 있다. 수소결합물은 다른 분자들에 비해 인력이 강해 끓는점이나 녹는점이 높다.

수소결합

- 질소(N), 산소(O), 불소(F) 등 전기음성도가 큰 원자와 수소(H)가 강한 인력으로 결합하는 것을 말한다.
- 수소결합이 가능한 분자들은 다른 분자들에 비해 인력이 강해 끓는점이나 녹는점이 높고 기화열, 융해열이 크다.
- 수소결합이 가능한 분자들은 비열, 표면장력이 크며, 물이 얼음이 될 때 부피가 늘어나는 것도 물이 수소결합을 하기 때문이다.

16 ——— Repetitive Learning (1회 2회 3회)

다음 중 끓는점이 가장 높은 물질은?

① HF ② HCl
③ HBr ④ HI

해설

- 주어진 보기는 수소와 할로겐 원소간의 결합한 물질들이다. 할로겐 원소의 경우 원자번호가 클수록 끓는점이나 녹는점이 크나 HF의 경우는 수소결합을 한 관계로 다른 할로겐과 수소결합물보다 월등히 끓는점이 높다.

수소결합

문제 15번의 유형별 핵심이론 참조

1704

17 ——— Repetitive Learning (1회 2회 3회)

밑줄 친 원소의 산화수가 +5인 것은?

① $H_3\underline{P}O_4$ ② $K\underline{Mn}O_4$
③ $K_2\underline{Cr_2}O_7$ ④ $K_3[\underline{Fe}(CN)_6]$

해설

- $H_3\underline{P}O_4$에서 인의 산화수는 +5가가 되어야 5+3−8이 되어 화합물의 산화수가 0가로 된다.
- $K\underline{Mn}O_4$에서 K가 1족의 알칼리금속이므로 망간의 산화수는 +7이 되어야 1+7−8이 되어 화합물의 산화수가 0가로 된다.
- $K_2\underline{Cr_2}O_7$에서 크롬의 산화수는 +6가가 되어야 2+12−14가 되어 화합물의 산화수가 0가로 된다.
- $K_3[\underline{Fe}(CN)_6]$에서 K는 +1가, C는 +2가, N은 −3가이므로 철의 산화수는 +3가가 되어야 3+3−6이 되어 화합물의 산화수가 0가로 된다.

화합물에서 산화수 관련 절대적 원칙

- 일반적으로 화합물에서 전기음성도가 큰 물질이 +의 산화수를 갖고, 전기음성도가 작은 물질이 −의 산화수를 가진다.
- 수소(H)는 결합하는 원자와의 전기음성도 차에 의해 +1가 혹은 −1가의 값을 가진다.
- 1족의 알칼리금속(Li, Na, K)은 +1가의 값을 가진다.
- 2족의 알칼리토금속(Be, Mg, Ca)는 +2가의 값을 가진다.
- 13족의 알루미늄(Al)은 +3가의 값을 가진다.
- 17족의 플로오린(F)은 −1가의 값을 가진다.

정답 | 14 ③ 15 ② 16 ① 17 ①

18

Repetitive Learning (1회 2회 3회)

$PbSO_4$의 용해도를 실험한 결과 0.045g/L이었다. $PbSO_4$의 용해도곱 상수(Ks)는? (단, $PbSO_4$의 분자량은 303.27이다)

① 5.5×10^{-2}　② 4.5×10^{-4}
③ 3.4×10^{-6}　④ 2.2×10^{-8}

해설

- 분자량이 주어졌으므로 이온농도 $= \frac{0.045}{303.27} = 1.483 \times 10^{-4}$이다.
- 용해도곱 = 양이온농도×음이온농도 $= [1.483 \times 10^{-4}]^2 = 2.2 \times 10^{-8}$이다.

:: 용해도 곱

- 포화상태에서 용액을 구성하는 양이온과 음이온의 농도를 곱한 값이다.
- 이온의 농도 $= \frac{\text{용해도}}{\text{분자량}}$으로 구한다.
- 포화상태에서의 양이온과 음이온의 농도는 같다.

0402

19

Repetitive Learning (1회 2회 3회)

$FeCl_3$의 존재 하에서 톨루엔과 염소를 반응시키면 어떤 물질이 생기는가?

① O-클로로톨루엔　② p-살리실산메틸
③ 아세트아닐리드　④ 염화벤젠디아조늄

해설

- $FeCl_3$의 존재 하에서 염소를 반응시키면 이성질체에 해당하는 o-클로로톨루엔, m-클로로톨루엔, p-클로로톨루엔이 생성된다.

:: 톨루엔($C_6H_5CH_3$)

- 인화성 액체에 해당하는 제4류 위험물 중 제1석유류에 속하며 비수용성인 관계로 지정수량이 200L이고, 위험등급은 Ⅱ이다.
- T.N.T의 원료로 벤젠의 수소하나가 메틸기($-CH_3$)로 치환된 것이다.
- $FeCl_3$의 존재 하에서 염소를 반응시키면 이성질체에 해당하는 o-클로로톨루엔, m-클로로톨루엔, p-클로로톨루엔이 생성된다.

20

Repetitive Learning (1회 2회 3회)

다음 중 염기성 산화물에 해당하는 것은?

① 이산화탄소　② 산화나트륨
③ 이산화규소　④ 이산화황

해설

- 이산화탄소(CO_2), 이산화규소(SiO_2), 이산화황(SO_2)은 산성 산화물에 해당한다.

:: 염기성 산화물

- 물과 반응하면 OH^-이온을 생성하는 산화물을 말한다.
- 주로 금속으로 이뤄진 산화물이 이에 해당한다.
- 대표적인 산성 산화물에는 산화바륨(BaO), 산화칼슘(CaO), 산화나트륨(Na_2O), 산화마그네슘(MgO) 등이 있다.

2과목 화재예방과 소화방법

21

Repetitive Learning (1회 2회 3회)

제3종 분말소화약제가 열분해했을 때 생기는 부착성이 좋은 물질은?

① NH_3　② HPO_3
③ CO_2　④ P_2O_5

해설

- 제3종 분말소화약제는 제1인산암모늄($NH_4H_2PO_4$)을 주성분으로 하는 소화약제로 ABC급 화재에 적응성이 있으며 열에 의해 메타인산, 암모니아, 물로 분해되는데, 이중 메타인산(HPO_3)이 부착성 있는 막을 만드는 방진효과로 A급화재 진화에 기여한다.

:: 제3종 분말소화약제 실기 0501/0602/0701/0801/0901/1204/1301/1404/1502/1504/1601/1602/1701/1801/1904/2003/2101

- 제1인산암모늄($NH_4H_2PO_4$)을 주성분으로 하는 소화약제로 ABC급 화재에 적응성이 있으며 착색색상은 담홍색인 소화약제이다.
- 가연물의 표면에 피막을 형성하여 산소의 유입을 차단시킨다.
- 발수제로 실리콘 오일을 첨가한다.
- 인산암모늄이 열분해되면 메타인산, 암모니아, 물로 분해되는데, 이중 메타인산(HPO_3)이 부착성 있는 막을 만드는 방진효과로 A급화재 진화에 기여를 한다.
($NH_4H_2PO_4 \xrightarrow[\triangle]{} HPO_3 + NH_3 + H_2O$)

18 ④ 19 ① 20 ② 21 ② | 정답

0301

22 Repetitive Learning (1회 2회 3회)

연소할 때 자기연소에 의하여 질식소화가 곤란한 위험물은?

① $C_3H_5(ONO_2)_3$ ② $C_6H_4(CH_3)_2$

③ CH_3CHCH_2 ④ $C_2H_5OC_2H_5$

해설

- ②는 크실렌, ③은 프로필렌, ④는 디에틸에테르로 모두 제4류 위험물이며 증발연소를 한다.
- ①은 니트로글리세린으로 제5류 위험물이며, 자기연소를 한다.

고체의 연소형태 실기 0702/0902/1204/1904

분해연소	• 가연물이 열분해가 진행되어 산소와 결합하여 연소하는 고체의 연소방식이다. • 종이, 목재, 플라스틱, 석탄 등이 분해연소를 한다.
표면연소	• 열분해 되지 않고 고체 표면에 공기가 닿아 연소가 일어나 고온을 유지하며 타는 연소형태를 말한다. • 숯, 코크스, 목탄, 금속 등이 표면연소를 한다.
자기연소	• 공기 중 산소를 필요로 하지 않고 분자 내의 산소를 이용해 자신이 분해되며 타는 것을 말한다. • 니트로셀룰로오스, TNT, 셀룰로이드, 니트로글리세린과 같은 제5류 위험물이 자기연소를 한다.
증발연소	• 액체와 고체의 연소방식에 속한다. • 열분해를 일으키지 않고 증발한 증기가 공기와 혼합해서 연소되는 방식이다. • 주로 연료로 사용되는 휘발유, 등유, 경유, 알코올과 같은 액체와 양초, 나프탈렌, 왁스, 아세톤, 황 등 제4류 위험물이 증발연소를 한다.

1504

23 Repetitive Learning (1회 2회 3회)

제4종 분말소화약제의 주성분으로 옳은 것은?

① 탄산수소칼륨과 요소의 반응생성물
② 탄산수소칼륨과 인산염의 반응생성물
③ 탄산수소나트륨과 요소의 반응생성물
④ 탄산수소나트륨과 인산염의 반응생성물

해설

- 4종 분말약제는 탄산수소칼륨과 요소가 화합한 것이다.

분말소화약제의 종별과 적응성

소화약제의 종별	적응성	착색색상
제1종 분말(탄산수소나트륨)	BC	백색
제2종 분말(탄산수소칼륨)	BC	담회색
제3종 분말(인산암모늄)	ABC	담홍색
제4종 분말(탄산수소칼륨과 요소가 화합)	BC	회색

0604 / 1701

24 Repetitive Learning (1회 2회 3회)

소화약제의 종류에 해당하지 않는 것은?

① CF_2BrCl ② $NaHCO_3$

③ NH_4BrO_3 ④ CF_3Br

해설

- ③은 브롬산암모늄은 산화성 고체로 제1류 위험물에 해당한다.

소화약제의 분류별 종류

분말 소화약제	제1종	$NaHCO_3$(탄산수소나트륨)
	제2종	$KHCO_3$(탄산수소칼륨)
	제3종	$NH_4H_2PO_4$(인산암모늄)
	제4종	$KHCO_3$(탄산수소칼륨), $CO(NH_2)_2$(요소)
포 소화약제	화학	$NaHCO_3$(중탄산나트륨), $Al_2(SO_4)_3$(황산알루미늄)
강화액소화약제		K_2CO_3(탄산칼륨)
산 · 알칼리소화약제		$NaHCO_3$(탄산수소나트륨), H_2SO_4(황산)
할론소화약제		CF_2ClBr(할론1211), CF_3Br(할론1301), CCl_4(할론104), CF_2ClBr_2(할론1202), C_4F_{10}(FC-3-1-10) 등
기타소화약제		KCl(염화칼륨), NaCl(염화나트륨), $BaCl_2$(염화바륨), CO_2(이산화탄소) 등

1901

25 Repetitive Learning (1회 2회 3회)

위험물제조소 등의 스프링클러설비의 기준에 있어 개방형스프링클러 헤드는 스프링클러 헤드의 반사판으로부터 하방과 수평방향으로 각각 몇 m의 공간을 보유하여야 하는가?

① 하방 0.3m, 수평방향 0.45m
② 하방 0.3m, 수평방향 0.3m
③ 하방 0.45m, 수평방향 0.45m
④ 하방 0.45m, 수평방향 0.3m

해설

- 개방형스프링클러 헤드는 스프링클러 헤드의 반사판으로부터 하방으로 0.45m, 수평방향으로 0.3m의 공간을 보유하여야 한다.

개방형스프링클러 헤드의 설치기준

- 스프링클러 헤드의 반사판으로부터 하방으로 0.45m, 수평방향으로 0.3m의 공간을 보유할 것
- 스프링클러 헤드는 헤드의 축심이 당해 헤드의 부착면에 대하여 직각이 되도록 설치할 것

정답 | 22 ① 23 ① 24 ③ 25 ④

26

1602

Repetitive Learning 1회 2회 3회

다음 중 물을 소화약제로 사용하는 가장 큰 이유는?

① 기화잠열이 크므로　② 부촉매 효과가 있으므로
③ 환원성이 있으므로　④ 기화하기 쉬우므로

해설

- 물의 주된 소화효과는 기화잠열과 비열을 이용한 냉각소화이다.

물의 특성 및 소화효과

㉠ 개요

- 이산화탄소보다 기화잠열(539[kcal/kg])과 비열(1[kcal/kg℃])이 커 많은 열량의 흡수가 가능하다.
- 산소가 전자를 잡아당겨 극성을 갖는 극성공유결합을 한다.
- 수소결합을 통해 강한 분자간의 힘을 가지므로 표면장력이 크다.
- 주된 소화효과는 기화잠열과 비열을 이용한 냉각소화이다.

㉡ 장단점

장점	단점
• 구하기 쉽다. • 취급이 간편하다. • 기화잠열이 크다.(냉각효과) • 기화팽창률이 크다.(질식효과)	• 피연소 물질에 피해를 준다. • 겨울철에 동파 우려가 있다.

27

Repetitive Learning 1회 2회 3회

표시색상이 황색인 화재는?

① A급 화재　② B급 화재
③ C급 화재　④ D급 화재

해설

- 유류화재는 B급으로 황색이다.

화재의 분류 실기 0504

분류	표시 색상	구분 및 대상	소화기	특징
A급	백색	종이, 나무 등 일반 가연성 물질	물 및 산, 알칼리 소화기	• 냉각소화 • 재가 남는다.
B급	황색	석유, 페인트 등 유류화재	모래나 소화기	• 질식소화 • 재가 남지 않는다.
C급	청색	전기스파크 등 전기화재	이산화탄소 소화기	• 질식소화, 냉각소화 • 물로 소화할 경우 감전의 위험이 있다.
D급	무색	금속나트륨, 금속칼륨 등 금속화재	마른 모래	• 질식소화 • 물로 소화할 경우 폭발의 위험이 있다.

28

0304 / 0702 / 1901

Repetitive Learning 1회 2회 3회

제1류 위험물 중 알칼리금속과산화물의 화재에 적응성이 있는 소화약제는?

① 인산염류분말
② 이산화탄소
③ 탄산수소염류분말
④ 할로겐화합물소화설비

해설

- 알칼리금속의 과산화물은 물기와 접촉할 경우 산소를 발생시켜 화재 및 폭발 위험성이 증가하므로 물을 이용한 소화는 금해야 한다.
- 알칼리금속의 과산화물에 적응성을 가진 소화설비는 분말소화설비나 소화기 중 탄산수소염류, 건조사 및 팽창질석 또는 팽창진주암 등이다.

소화설비의 적응성 중 제1류 위험물 실기 1002/1101/1202/1601/1702/1902/2001/2003/2004

소화설비의 구분			제1류 위험물	
			알칼리금속과산화물등	그 밖의 것
옥내소화전 또는 옥외소화전설비				○
스프링클러설비				○
물분무등 소화설비	물분무소화설비			○
	포소화설비			○
	불활성가스소화설비			
	할로겐화합물소화설비			
	분말소화설비	인산염류등		○
		탄산수소염류등	○	
		그 밖의 것	○	
대형·소형 수동식 소화기	봉상수(棒狀水)소화기			○
	무상수(霧狀水)소화기			○
	봉상강화액소화기			○
	무상강화액소화기			○
	포소화기			○
	이산화탄소 소화기			
	할로겐화합물소화기			
	분말소화기	인산염류소화기		○
		탄산수소염류소화기	○	
		그 밖의 것	○	
기타	물통 또는 수조			○
	건조사		○	○
	팽창질석 또는 팽창진주암		○	○

26 ① 27 ② 28 ③ 정답

2003

29 Repetitive Learning (1회 2회 3회)

위험물제조소의 환기설비 설치 기준으로 옳지 않은 것은?

① 환기구는 지붕 위 또는 지상 2m 이상의 높이에 설치할 것
② 급기구는 바닥면적 $150m^2$마다 1개 이상으로 할 것
③ 환기는 자연배기방식으로 할 것
④ 급기구는 높은 곳에 설치하고 인화방지망을 설치할 것

해설

- 급기구는 낮은 곳에 설치해야 한다.

제조소_환기설비

- 환기는 자연배기방식으로 할 것
- 급기구는 당해 급기구가 설치된 실의 바닥면적 $150m^2$마다 1개 이상으로 하되, 급기구의 크기는 $800cm^2$ 이상으로 할 것
- 바닥면적이 $150m^2$ 미만인 경우의 급기구 면적

바닥면적	급기구의 면적
$60m^2$ 미만	$150cm^2$ 이상
$60m^2$ 이상 $90m^2$ 미만	$300cm^2$ 이상
$90m^2$ 이상 $120m^2$ 미만	$450cm^2$ 이상
$120m^2$ 이상 $150m^2$ 미만	$600cm^2$ 이상

- 급기구는 낮은 곳에 설치하고 가는 눈의 구리망 등으로 인화방지망을 설치할 것
- 환기구는 지붕위 또는 지상 2m 이상의 높이에 회전식 고정벤티레이터 또는 루푸팬방식으로 설치할 것

0501_추가

30 Repetitive Learning (1회 2회 3회)

이산화탄소 소화설비의 배관에 대한 기준으로 옳은 것은?

① 원칙적으로 겸용이 가능하도록 할 것
② 동관의 배관은 고압식인 경우 16.5MPa 이상의 압력에 견딜 것
③ 관이음쇠는 저압식의 경우 5.0MPa 이상의 압력에 견디는 것일 것
④ 배관의 가장 높은 곳과 낮은 곳의 수직거리는 30m 이하

해설

- 배관은 전용으로 해야 한다.
- 관이음쇠는 저압식의 경우 3.75MPa 이상의 압력에 견디는 것이어야 한다.
- 배관의 가장 높은 곳과 낮은 곳의 수직거리는 50m 이하여야 한다.

이산화탄소 소화설비의 배관 설치 기준

- 전용으로 할 것
- 강관의 배관은 고압식인 것은 스케줄80 이상, 저압식인 것은 스케줄40 이상의 것 또는 이와 동등 이상의 강도를 갖는 것으로서 아연도금 등에 의한 방식처리를 한 것을 사용할 것
- 동관의 배관은 고압식인 것은 16.5MPa 이상, 저압식인 것은 3.75MPa 이상의 압력에 견딜 수 있는 것을 사용할 것
- 관이음쇠는 고압식인 것은 16.5MPa 이상, 저압식인 것은 3.75MPa 이상의 압력에 견딜 수 있는 것으로서 적절한 방식처리를 한 것을 사용할 것
- 낙차(배관의 가장 낮은 위치로부터 가장 높은 위치까지의 수직거리)는 50m 이하일 것

31 Repetitive Learning (1회 2회 3회)

위험물의 화재발생 시 사용하는 소화설비(약제)를 연결한 것이다. 소화효과가 가장 떨어진 것은?

① $(C_2H_5)_3Al$ – 팽창질석
② $C_2H_5OC_2H_5$ – CO_2
③ $C_6H_2(NO_2)_3OH$ – 수조
④ $C_6H_4(CH_3)_2$ – 수조

해설

- ①은 트리에틸알루미늄으로 제3류 위험물 중 금수성 물질로 팽창질석에 적응성이 있다.
- ②는 디에틸에테르로 제4류 위험물로 이산화탄소 소화기에 적응성이 있다.
- ③은 트리니트로페놀로 제5류 위험물로 수조에 적응성이 있다.
- ④는 크실렌으로 제4류 위험물로 수조에 적응성이 없다.

소화설비의 적응성 실기 1002/1101/1202/1601/1702/1902/2001/2003/2004

분류		이산화탄소 소화기	수조	팽창질석
건축물 · 그 밖의 공작물			○	
전기설비		○		
제1류 위험물	알칼리금속과산화물 등			○
	그 밖의 것		○	○
제2류 위험물	철분 · 금속분 · 마그네슘 등			○
	인화성고체	○	○	○
	그밖의것		○	○
제3류 위험물	금수성물품			○
	그 밖의 것		○	○
제4류 위험물		○		○
제5류 위험물			○	○
제6류 위험물		△	○	○

정답 | 29 ④ 30 ② 31 ④

1502

32

Repetitive Learning 

소화설비 설치 시 동 · 식물유류 400,000L에 대한 소요단위는 몇 단위인가?

① 2 ② 4
③ 20 ④ 40

해설

- 동 · 식물유류의 경우 지정수량이 10,000L이고, 소요단위는 지정수량의 10배가 1소요단위이므로 $\frac{400,000}{100,000}$= 4단위에 해당하게 된다.

소요단위 실기 0604/0802/1202/1204/1704/1804/2001

- 소화설비의 설치대상이 되는 건축물 그 밖의 공작물의 규모 또는 위험물의 양의 기준단위이다.
- 계산방법

제조소 또는 취급소의 건축물	외벽이 내화구조인 것은 연면적 100m²를 1소요단위로 하며, 외벽이 내화구조가 아닌 것은 연면적 50m²를 1소요단위로 할 것
저장소의 건축물	외벽이 내화구조인 것은 연면적 150m²를 1소요단위로 하고, 외벽이 내화구조가 아닌 것은 연면적 75m²를 1소요단위로 할 것
제조소 등의 옥외에 설치된 공작물	외벽이 내화구조인 것으로 간주하고 공작물의 최대 수평투영면적을 연면적으로 간주하여 제조소 혹은 저장소 건축물의 소요단위를 적용할 것
위험물	지정수량의 10배를 1소요단위로 할 것

33

Repetitive Learning 1회 2회 3회

위험물제조소 등에 설치하는 자동화재탐지설비의 설치기준으로 틀린 것은?

① 원칙적으로 경계구역은 건축물의 2 이상의 층에 걸치지 아니하도록 한다.
② 원칙적으로 상층이 있는 경우에는 감지기 설치를 하지 않을 수 있다.
③ 원칙적으로 하나의 경계구역의 면적은 600m³ 이하로 하고 그 한 변의 길이는 50m 이하로 한다.
④ 비상전원을 설치하여야 한다.

해설

- 자동화재탐지설비의 감지기는 상층이 있는 경우에는 상층의 바닥에 유효하게 화재의 발생을 감지할 수 있도록 설치하여야 한다.

자동화재탐지설비 설치기준 실기 1002

- 자동화재탐지설비의 경계구역(화재가 발생한 구역을 다른 구역과 구분하여 식별할 수 있는 최소단위의 구역)은 건축물 그 밖의 공작물의 2 이상의 층에 걸치지 아니하도록 할 것. 다만, 하나의 경계구역의 면적이 500m² 이하이면서 당해 경계구역이 두개의 층에 걸치는 경우이거나 계단 · 경사로 · 승강기의 승강로 그 밖에 이와 유사한 장소에 연기감지기를 설치하는 경우에는 그러하지 아니하다.
- 하나의 경계구역의 면적은 600m² 이하로 하고 그 한 변의 길이는 50m(광전식분리형 감지기를 설치할 경우에는 100m) 이하로 할 것. 다만, 당해 건축물 그 밖의 공작물의 주요한 출입구에서 그 내부의 전체를 볼 수 있는 경우는 그 면적을 1,000m² 이하로 할 수 있다.
- 자동화재탐지설비의 감지기는 지붕(상층이 있는 경우에는 상층의 바닥) 또는 벽의 옥내에 면한 부분(천장이 있는 경우에는 천장 또는 벽의 옥내에 면한 부분 및 천장의 뒷 부분)에 유효하게 화재의 발생을 감지할 수 있도록 설치할 것
- 자동화재탐지설비에는 비상전원을 설치할 것

1404

34

Repetitive Learning 1회 2회 3회

처마의 높이가 6m 이상인 단층 건물에 설치된 옥내저장소의 소화설비로 고려될 수 없는 것은?

① 고정식 포소화설비
② 옥내소화전설비
③ 고정식 이산화탄소 소화설비
④ 고정식 분말소화설비

해설

- 옥내소화전설비는 스프링클러설비 또는 이동식 외의 물분무등소화설비와 관련없는 별도의 소화설비이다.

처마의 높이가 6m 이상인 단층건물의 옥내저장소 – 소화난이등급 I 에 해당하는 소화설비

- 스프링클러설비 또는 이동식 외의 물분무등소화설비를 설치한다.

※ 물분무등소화설비	
• 물 분무 소화설비	• 미분무소화설비
• 포소화설비	• 이산화탄소 소화설비
• 하론소화설비	• 할로겐화합물 및 불활성기체 소화설비
• 분말소화설비	• 강화액소화설비

32 ② 33 ② 34 ② | 정답

1404/1602

35 Repetitive Learning 

위험물제조소 등에 설치된 옥외소화전설비는 모든 옥외소화전(설치 개수가 4개 이상인 경우는 4개의 옥외소화전)을 동시에 사용할 경우에 각 노즐선단의 방수압력은 몇 kPa 이상이어야 하는가?

① 250 ② 300
③ 350 ④ 450

해설

- 옥외소화전설비는 모든 옥외소화전(설치개수가 4개 이상인 경우는 4개의 옥외소화전)을 동시에 사용할 경우에 각 노즐선단의 방수압력이 350kPa 이상이고, 방수량이 1분당 450L 이상의 성능이 되도록 하여야 한다.

옥외소화전설비의 설치기준 실기 0802/1202

- 옥외소화전은 방호대상물의 각 부분(건축물의 경우에는 당해 건축물의 1층 및 2층의 부분에 한한다)에서 하나의 호스접속구까지의 수평거리가 40m 이하가 되도록 설치할 것. 이 경우 그 설치개수가 1개일 때는 2개로 하여야 한다.
- 수원의 수량은 옥외소화전의 설치개수(설치개수가 4개 이상인 경우는 4개의 옥외소화전)에 $13.5m^3$를 곱한 양 이상이 되도록 설치할 것
- 옥외소화전설비는 모든 옥외소화전(설치개수가 4개 이상인 경우는 4개의 옥외소화전)을 동시에 사용할 경우에 각 노즐선단의 방수압력이 350kPa 이상이고, 방수량이 1분당 450L 이상의 성능이 되도록 할 것
- 옥외소화전설비에는 비상전원을 설치할 것

1804

36 Repetitive Learning (1회 2회 3회)

위험물의 취급을 주된 작업내용으로 하는 다음의 장소에 스프링클러설비를 설치할 경우 확보하여야 하는 1분당 방사밀도는 몇 L/m^2 이상이어야 하는가? (단, 내화구조의 바닥 및 벽에 의하여 2개의 실로 구획되고, 각 실의 바닥면적은 $500m^2$이다)

- 취급하는 위험물 : 제4류 제3석유류
- 위험물을 취급하는 장소의 바닥면적 : $1,000m^2$

① 8.1 ② 12.2
③ 13.9 ④ 16.4

해설

- 주어진 조건이 제3석유류이므로 인화점이 70℃ 이상이고, 살수기준면적이 $465m^2$ 이상이므로 $8.1L/m^2$ 이상이 되어야 한다.

제4류 위험물의 살수기준면적에 따른 살수밀도기준(적응성)

살수기준면적(m^2)	방사밀도(L/m^2분)	
	인화점 38℃ 미만	인화점 38℃ 이상
279 미만	16.3 이상	12.2 이상
279 이상 372 미만	15.5 이상	11.8 이상
372 이상 465 미만	13.9 이상	9.8 이상
465 이상	12.2 이상	8.1 이상

1901

37 Repetitive Learning (1회 2회 3회)

알루미늄분의 연소 시 주수소화하면 위험한 이유를 옳게 설명한 것은?

① 물에 녹아 산이 된다.
② 물과 반응하여 유독가스가 발생한다.
③ 물과 반응하여 수소가스가 발생한다.
④ 물과 반응하여 산소가스가 발생한다.

해설

- 마그네슘분, 알루미늄분, 아연분과 같은 금속분은 물과 접촉 시 수소를 발생하여 발화 · 폭발하므로 주수소화를 금해야 한다.

대표적인 위험물의 소화약제

위험물	류별	소화약제
칼륨(K), 나트륨(Na), 마그네슘(Mg)	제2류	마른모래, 탄산수소염류 분말소화약제
황린(P_4)	제3류	주수소화, 마른모래 등
알킬(트리에틸)알루미늄, 수소화나트륨	제3류	마른모래, 팽창질석, 팽창진주암
경유, 등유, 벤젠(C_6H_6)	제4류	포소화약제, 이산화탄소, 분말소화약제
염소산칼륨($KClO_3$), 염소산아연[$Zn(ClO_3)_2$]	제1류	대량의 물을 통한 냉각소화
트리니트로페놀 [$C_6H_2OH(NO_2)_3$], 트리니트로톨루엔(TNT), 니트로셀룰로오스 등	제5류	대량의 물로 주수소화
과산화나트륨(Na_2O_2), 과산화칼륨(K_2O_2)	제1류	마른모래

정답 | 35 ③ 36 ① 37 ③

38

Repetitive Learning 1회 2회 3회

위험물의 화재 시 주수소화하면 가연성 가스의 발생으로 인하여 위험성이 증가하는 것은?

① 황 ② 염소산칼륨
③ 인화칼슘 ④ 질산암모늄

해설

• 인화칼슘(Ca_3P_2)은 물과 반응 시 유독성 가스인 포스핀가스(인화수소, PH_3)를 발생시키므로 마른모래 등으로 피복소화한다.

인화석회/인화칼슘(Ca_3P_2) 실기 0502/0601/0704/0802/1401/1501/1602/2004

• 금속의 인화물의 한 종류로 지정수량이 300kg, 위험등급이 Ⅲ인 제3류 위험물이다.
• 상온에서 적갈색 고체로 비중이 2.5로 물보다 무겁다.
• 물 또는 약산과 반응하면 독성의 가연성 기체인 포스핀가스(인화수소, PH_3)가 발생한다.

물과의 반응식	$Ca_3P_2 + 6H_2O \rightarrow 3Ca(OH)_2 + 2PH_3$ 인화석회+물 → 수산화칼슘+인화수소
산과의 반응식	$Ca_3P_2 + 6HCl \rightarrow 3CaCl_2 + 2PH_3$ 인화석회+염산 → 염화칼슘+인화수소

1804

39

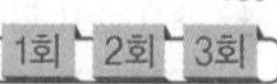

고체가연물의 일반적인 연소형태에 해당하지 않는 것은?

① 등심연소 ② 증발연소
③ 분해연소 ④ 표면연소

해설

• 고체의 연소방식에는 분해연소, 표면연소, 자기연소, 증발연소 등이 있다.

연소의 종류

기체	확산연소, 폭발연소, 혼합연소, 그을음연소 등이 있다.
액체	증발연소, 분해연소, 분무연소, 그을음연소 등이 있다.
고체	분해연소, 표면연소, 자기연소, 증발연소 등이 있다.

40

Repetitive Learning 1회 2회 3회

A약제인 $NaHCO_3$와 B약제인 $Al_2(SO_4)_3$로 되어 있는 소화기는?

① 산 · 알칼리소화기 ② 드라이케미컬소화기
③ 탄산가스소화기 ④ 화학포소화기

해설

• ①의 산 · 알칼리소화기는 A급화재를 냉각소화하는 소화기로 탄산나트륨과 황산의 반응을 이용한다.
• ②의 드라이케미컬소화기는 분말소화기를 의미한다.
• ③의 탄산가스소화기는 이산화탄소 소화기를 의미한다.

화학포소화기 실기 0702

• 중탄산나트륨과 황산알루미늄이 구분되어 있는 소화기로 사용할 때 이 두 물질을 반응시켜 이산화탄소, 수산화알루미늄, 황산나트륨, 물이 생성되는데 이산화탄소(포핵)에 의해 포를 외부에 방사한다.
($6NaHCO_3 + Al_2(SO_4)_3 \cdot 18H_2O$
$\rightarrow 6CO_2 + 2Al(OH)_3 + 3Na_2SO_4 + 18H_2O$)

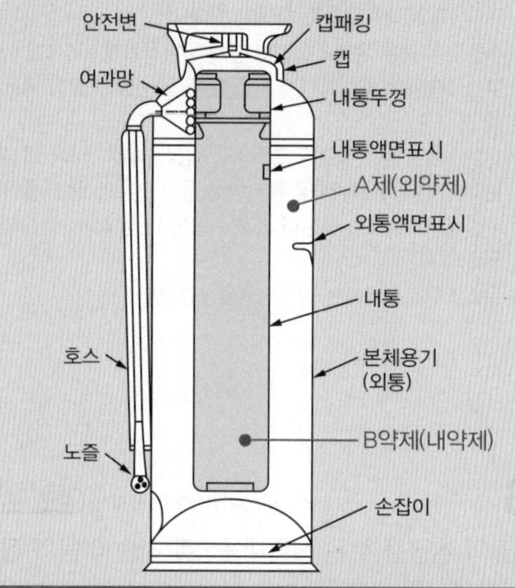

A제(외약제)	B약제(내약제)
• 중탄산나트륨($NaHCO_3$)과 기포안정제가 들어가 있는 곳 • 기포안정제는 가수분해 단백질, 사포닝, 계면활성제, 소다회($CaO + NaOH$) 등이 있다. • 알칼리성이다.	• 황산알루미늄[$Al_2(SO_4)_3$]이 들어가 있는 곳 • 산성이다.

38 ③ 39 ① 40 ④ 정답

3과목 위험물의 성질과 취급

41

Repetitive Learning (1회 2회 3회)

위험물안전관리법에 의한 위험물 분류상 제1류 위험물에 속하지 않는 것은?

① 아염소산염류 ② 질산염류
③ 유기과산화물 ④ 무기과산화물

해설

- 유기과산화물은 자기반응성 물질로 제5류 위험물에 속한다.

∷ 제1류 위험물_산화성 고체 실기 0601/0901/0501/0702/1002/1301/2001

품명	지정수량	위험등급
아염소산염류	50kg	Ⅰ
염소산염류		
과염소산염류		
무기과산화물		
브롬산염류	300kg	Ⅱ
질산염류		
요오드산염류		
과망간산염류	1,000kg	Ⅲ
중크롬산염류		

42

Repetitive Learning 

1기압에서 인화점이 21℃ 이상 70℃ 미만인 품명에 해당하는 물품은?

① 벤젠 ② 경유
③ 니트로벤젠 ④ 실린더유

해설

- 인화점이 21℃ 이상 70℃ 미만인 것은 제2석유류에 해당하는 물질을 찾으면 된다.
- 벤젠(C_6H_6)은 제1석유류로 인화점이 −11℃이다.
- 니트로벤젠($C_6H_5NO_2$)은 제3석유류로 인화점이 88℃이다.
- 실린더유는 제4석유류로 인화점이 200℃ 이상이다.

∷ 경유

- 비수용성 제2석유류로 지정수량이 1,000L인 인화성 액체(제4류 위험물)이다.
- 인화점은 60℃ 정도이다.
- 비중이 0.85로 물보다 가벼우며, 증기비중은 4.5로 공기보다 무겁다.
- 물에는 녹지 않으나 유기용제에는 잘 녹는다.

0504 / 0704 / 1404

43

Repetitive Learning (1회 2회 3회)

황린을 밀폐용기 속에서 260℃로 가열하여 얻은 물질을 연소시킬 때 주로 생성되는 물질은?

① P_2O_5 ② CO_2
③ PO_2 ④ CuO

해설

- 황린을 밀폐용기 속에서 260℃로 가열하여 적린을 얻을 수 있으며, 이때 유독가스인 오산화인(P_2O_5)이 발생한다.

∷ 황린(P_4) 실기 0602/0701/0702/0901/1001/1202/1302/1401/1402/1504/1901/1902/2003

- 공기 중에서 발화하는 자연발화성 물질로 제3류 위험물에 속하며 지정수량은 20kg, 위험등급은 Ⅰ이다.
- 산소와 결합력이 강하고 착화온도가 낮기(미분 34℃, 고형분 60℃) 때문에 쉽게 자연발화한다.
- 백색 또는 담황색의 고체로 독성이 있는 물질로 물에는 녹지 않고 이황화탄소에는 녹는다.
- 수산화나트륨($NaOH$) 수용액에 반응시키면 포스핀(인화수소, PH_3)를 발생시키므로 이를 방지하기 위해 pH9의 물속에 저장한다.
- 밀폐용기 속에서 260℃로 가열하여 적린을 얻을 수 있다. 이때 유독가스인 오산화인(P_2O_5)이 발생한다.
(반응식 : $P_4 + 5O_2 \rightarrow 2P_2O_5$)

0402 / 0701 / 0902 / 1501 / 1801

44

Repetitive Learning (1회 2회 3회)

이황화탄소(CS_2)를 물속에 저장하는 이유로 가장 타당한 것은?

① 공기와 접촉하면 즉시 폭발하므로
② 가연성 증기의 발생을 방지하므로
③ 온도의 상승을 방지하므로
④ 불순물을 물에 용해시키므로

해설

- 이황화탄소는 물에 녹지 않고 물보다 무거우며, 가연성 증기의 발생을 방지하기 위해 물속에 넣어 저장한다.

∷ 이황화탄소(CS_2) 실기 0504/0704/0802/1102/1401/1402/1501/1601/1702/1802/2004/2101

- 특수인화물로 지정수량이 50L이고 위험등급은 Ⅰ이다.
- 인화점이 −30℃, 끓는점이 46.3℃, 발화점이 120℃이다.
- 순수한 것은 무색투명한 액체이나, 일광에 황색으로 변한다.
- 물에 녹지 않고 벤젠에는 녹는다.
- 가연성 증기의 발생을 방지하기 위해 물속에 넣어 저장한다.
- 비중이 1.26으로 물보다 무겁고 독성이 있다.
- 완전연소할 때 자극성이 강하고 유독한 기체(SO_2)를 발생시킨다.

정답 | 41 ③ 42 ② 43 ① 44 ②

45 Repetitive Learning (1회 2회 3회)

디에틸에테르의 성질 및 저장, 취급할 때 주의사항으로 틀린 것은?

① 장시간 공기와 접촉하면 과산화물이 생성되어 폭발위험이 있다.
② 연소범위는 가솔린보다 좁지만 발화점이 낮아 위험하다.
③ 정전기 생성방지를 위해 약간의 $CaCl_2$를 넣어준다.
④ 이산화탄소 소화기는 적응성이 있다.

해설

- 가솔린의 연소범위는 1.4~7.6%로 에테르보다 좁다.

에테르($C_2H_5OC_2H_5$) · 디에틸에테르 실기 0602/0804/1601/1602

- 특수인화물로 무색투명한 휘발성 액체이다.
- 인화점이 −45℃, 연소범위가 1.9~48%로 넓은 편이고, 증기는 제4류 위험물 중 가장 인화성이 크다.
- 비중은 0.72로 물보다 가볍고, 증기비중은 2.55로 공기보다 무겁다.
- 물에는 잘 녹지 않고, 알코올에 잘 녹는다.
- 햇볕에 오래 쪼이면 일부 분해하여 과산화물을 생성하므로 갈색병에 넣어 냉암소에 보관한다.
- 건조한 에테르는 비전도성이므로, 정전기 생성방지를 위해 약간의 $CaCl_2$를 넣어준다.
- 소화제로서 CO_2가 가장 적당하다.
- 과산화물은 요오드화칼륨(KI) 10% 수용액을 황색으로 변화시킬 때 검출할 수 있으며, 과산화물을 제거할 때는 황산제일철($FeSO_4$)을 사용한다.

0301 / 0501 / 0801

46 Repetitive Learning (1회 2회 3회)

위험물안전관리법령상 위험물의 운반용기 외부에 표시해야 하는 사항이 아닌 것은? (단, 기계에 의하여 하역하는 구조로 된 운반용기는 제외한다)

① 위험물의 품명 ② 위험물의 수량
③ 위험물의 화학명 ④ 위험물의 제조년월일

해설

- 위험물의 운반용기에는 품명, 위험등급, 화학명, 수용성 여부, 수량, 위험물에 따른 주의사항 등을 표시하여야 한다.

위험물의 운반용기 표시사항

- 위험물의 품명 · 위험등급 · 화학명 및 수용성("수용성" 표시는 제4류 위험물로서 수용성인 것에 한한다)
- 위험물의 수량
- 수납하는 위험물에 따른 주의사항

2001

47 Repetitive Learning (1회 2회 3회)

적린에 대한 설명으로 옳은 것은?

① 발화 방지를 위해 염소산칼륨과 함께 보관한다.
② 물과 격렬하게 반응하여 열을 발생한다.
③ 공기 중에 방치하면 자연발화한다.
④ 산화제와 혼합할 경우 마찰 · 충격에 의해서 발화한다.

해설

- 적린은 염소산염류와 접촉하면 발화 및 폭발할 위험성이 있다.
- 적린은 물에 녹지 않으며 황린과 달리 물과 접촉해도 큰 위험이 없다.
- 적린은 발화점이 260℃로 공기 중에 방치해도 발화하지 않는다.

적린(P) 실기 1102

- 제2류 위험물에 해당하는 가연성 고체로 지정수량은 100kg이고, 위험등급은 Ⅱ이다.
- 물, 이황화탄소, 암모니아, 에테르 등에 녹지 않는다.
- 황린의 동소체이나 황린에 비해 대단히 안정적이어서 공기 또는 습기 중에서 위험성이 적으며, 독성이 없다.
- 강산화제와 혼합하거나 염소산염류와 접촉하면 발화 및 폭발할 위험성이 있으므로 주의해야 한다.
- 공기 중에서 연소할 때 오산화린(P_2O_5)이 생성된다.
  (반응식 : $4P + 5O_2 \rightarrow 2P_2O_5$)
- 성냥, 화약 등을 만드는데 이용된다.

0204 / 0704 / 0901

48 Repetitive Learning

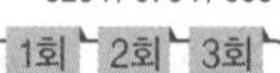

질산에틸의 성상에 관한 설명 중 틀린 것은?

① 향기를 갖는 무색의 액체이다.
② 휘발성 물질로 증기비중은 공기보다 작다.
③ 물에는 녹지 않으나 에테르에 녹는다.
④ 비점 이상으로 가열하면 폭발의 위험이 있다.

해설

- 질산에틸의 증기비중은 3.14로 1인 공기보다 크다.

질산에틸($C_2H_5ONO_2$)

- 질산에스테르류로 지정수량이 10kg이고, 위험등급이 Ⅰ인 자기반응성 물질로 제5류 위험물이다.
- 향기를 갖는 무색투명한 액체이다.
- 휘발성 물질이며, 증기비중은 3.14로 공기보다 무겁다.
- 물에는 녹지 않으나 알코올, 에테르에는 녹는다.
- 비점(88℃) 이상으로 가열하면 폭발의 위험이 있다.

45 ② 46 ④ 47 ④ 48 ② | 정답

49 Repetitive Learning 1회 2회 3회

알킬알루미늄에 대한 설명 중 틀린 것은?

① 물과 폭발적 반응을 일으켜 발화되어 비산하는 위험물이 있다.
② 이동저장탱크는 외면을 적색으로 도장하고, 용량은 1,900L 미만으로 저장한다.
③ 화재 시 발생되는 흰 연기는 인체에 유해하다.
④ 탄소수가 4개까지는 안전하나 5개 이상으로 증가할수록 자연발화의 위험성이 증가한다.

해설

- 알킬알루미늄에서 탄소수 4까지는 자연발화하지만 탄소수가 5 이상인 것은 점화물이 없으면 연소하지 않는다.

알킬알루미늄[$(C_nH_{2n+1})Al$]

- 알킬기(C_nH_{2n+1})와 알루미늄의 화합물로 자연발화성 및 금수성 물질에 해당하는 제3류 위험물이다.
- 지정수량은 10kg이고, 위험등급은 Ⅰ이다.
- 탄소수 4까지는 자연발화하지만 탄소수가 5 이상인 것은 점화물이 없으면 연소하지 않는다.
- 물과 폭발적 반응을 일으켜 발화되어 비산하는 위험물 및 가연성 가스가 발생하므로 주수소화는 금한다.
- 화재 시 발생되는 흰 연기는 인체에 유해하며, 소화는 팽창질석, 팽창진주암 등이 가장 효율적이다.

50 Repetitive Learning 1회 2회 3회

P_4S_3이 가장 잘 녹는 것은?

① 염산 ② 이황화탄소
③ 황산 ④ 냉수

해설

- 삼황화린(P_4S_3)은 물이나 염산, 황산에 잘 녹지 않는 반면, 질산, 알칼리, 이황화탄소에 녹는다.

삼황화린(P_4S_3)

- 황화린의 한 종류로 제2류 위험물에 해당하는 가연성 고체이며, 지정수량은 100kg이고, 위험등급은 Ⅱ이다.
- 발화점이 100℃, 비중은 2.03인 황색 결정덩어리다.
- 물이나 염산, 황산에 잘 녹지 않는 반면, 질산, 알칼리, 이황화탄소에 녹는다.
- 끓는 물에 분해된다.

1701

51 Repetitive Learning 1회 2회 3회

옥외탱크저장소에서 취급하는 위험물의 최대수량에 따른 보유 공지너비가 틀린 것은? (단, 원칙적인 경우에 한한다)

① 지정수량 500배 이하 – 3m 이상
② 지정수량 500배 초과 1,000배 이하 – 5m 이상
③ 지정수량 1,000배 초과 2,000배 이하 – 9m 이상
④ 지정수량 2,000배 초과 3,000배 이하 – 15m 이상

해설

- 지정수량의 2,000배 초과 3,000배 이하인 경우 12m 이상의 공지를 확보하여야 한다.

옥외저장탱크의 보유 공지 실기 0504/1901

저장 또는 취급하는 위험물의 최대수량	공지의 너비
지정수량의 500배 이하	3m 이상
지정수량의 500배 초과 1,000배 이하	5m 이상
지정수량의 1,000배 초과 2,000배 이하	9m 이상
지정수량의 2,000배 초과 3,000배 이하	12m 이상
지정수량의 3,000배 초과 4,000배 이하	15m 이상

- 지정수량의 4,000배 초과할 경우 당해 탱크의 수평단면의 최대지름(횡형인 경우에는 긴 변)과 높이 중 큰 것과 같은 거리 이상. 단, 30m 초과의 경우에는 30m 이상으로 할 수 있고, 15m 미만의 경우에는 15m 이상으로 하여야 한다.

0702 / 1501

52 Repetitive Learning 1회 2회 3회

위험물안전관리법령상 옥내저장탱크의 상호간에는 몇 m 이상의 간격을 유지하여야 하는가?

① 0.3 ② 0.5
③ 1.0 ④ 1.5

해설

- 옥내저장탱크와 탱크전용실의 벽과의 사이 및 옥내저장탱크의 상호간에는 0.5m 이상의 간격을 유지하여야 한다.

옥내탱크저장소의 간격 실기 2004

- 옥내저장탱크와 탱크전용실의 벽과의 사이 및 옥내저장탱크의 상호간에는 0.5m 이상의 간격을 유지할 것. 다만, 탱크의 점검 및 보수에 지장이 없는 경우에는 그러하지 아니하다.

정답 | 49 ④ 50 ② 51 ④ 52 ②

53 Repetitive Learning (1회 2회 3회)

다음 [보기]에서 설명하는 위험물은?

> • 순수한 것은 무색투명한 액체이다.
> • 물에 녹지 않고 벤젠에는 녹는다.
> • 물보다 무겁고 독성이 있다.

① 아세트알데히드 ② 디메틸에테르
③ 아세톤 ④ 이황화탄소

해설

- 아세트알데히드(CH_3CHO)는 비중이 0.78로 물보다 가볍다.
- 디메틸에테르(CH_3OCH_3)는 비중이 0.94로 물보다 가볍다.
- 아세톤(CH_3COCH_3)은 물에 잘 녹는다.

이황화탄소(CS_2) 실기 0504/0704/0802/1102/1401/1402/1501/1601/1702/1802/2004/2101

문제 44번의 유형별 핵심이론 참조

0604

54 Repetitive Learning (1회 2회 3회)

제5류 위험물의 일반적인 취급 및 소화방법으로 틀린 것은?

① 운반용기 외부에는 주의사항으로 화기엄금 및 충격주의 표시를 한다.
② 화재 시 소화방법으로는 질식소화가 가장 이상적이다.
③ 대량 화재 시 소화가 곤란하므로 가급적 소분하여 저장한다.
④ 화재 시 폭발의 위험성이 있으므로 충분한 안전거리를 확보하여야 한다.

해설

- 제5류 위험물은 물질 자체가 산소를 포함하고 있으므로 질식소화는 부적당하며 냉각소화가 가장 이상적이다.

제5류 위험물의 취급 및 소화방법 실기 0501/0504/0604

- 마찰, 충격을 피한다.
- 화기의 접근을 피한다.
- 분해를 촉진시키는 약품을 접촉시키지 않도록 한다.
- 운반용기 외부에는 주의사항으로 화기엄금 및 충격주의 표시를 한다.
- 대량 화재 시 소화가 곤란하므로 가급적 소분하여 저장한다.
- 화재 시 폭발의 위험성이 있으므로 충분한 안전거리를 확보하여야 한다.
- 화재 시 소화방법으로는 냉각소화가 가장 이상적이다.

0401 / 0404 / 0602 / 1802

55 Repetitive Learning (1회 2회 3회)

위험물의 저장 및 취급에 대한 설명으로 틀린 것은?

① H_2O_2 : 직사광선을 차단하고 찬 곳에 저장한다.
② MgO_2 : 습기의 존재 하에서 산소를 발생하므로 특히 방습에 주의한다.
③ $NaNO_3$: 조해성이 있으므로 습기에 주의한다.
④ K_2O_2 : 물과 반응하지 않으므로 물속에 저장한다.

해설

- 과산화칼륨은 물과 격렬하게 반응하여 수산화칼륨과 산소를 발생시킨다.

과산화칼륨(K_2O_2) 실기 0604/1004/1801/2003

㉠ 개요
- 산화성 고체로 제1류 위험물에 해당하며, 지정수량은 50kg, 위험등급은 Ⅰ이다.
- 무색 혹은 오렌지색 비정계 분말이다.
- 흡습성이 있으며, 에탄올에 녹는다.
- 산과 반응하여 과산화수소(H_2O_2)를 발생시킨다.
- 물과 격렬하게 반응하여 수산화칼륨과 산소를 발생시킨다. ($2K_2O_2 + 2H_2O \rightarrow 4KOH + O_2$)
- 가연물과 혼합되어 있을 경우 약간의 물 접촉만으로도 발화하며, 양이 많을 경우 주수에 의해 폭발하므로 주수소화를 금해야 한다.
- 가열하면 산화칼륨과 산소를 발생시킨다. ($2K_2O_2 \xrightarrow[\triangle]{} 2K_2O + O_2$)
- 이산화탄소와 반응하여 탄산칼륨과 산소를 발생시킨다. ($2K_2O_2 + 2CO_2 \rightarrow 2K_2CO_3 + O_2$)
- 아세트산과 반응하여 아세트산칼륨과 과산화수소를 발생시킨다.($K_2O_2 + 2CH_3COOH \rightarrow 2CH_3COOK + H_2O_2$)

㉡ 저장 및 취급방법
- 물과 습기의 접촉을 피한다.
- 용기는 수분이 들어가지 않게 밀전 및 밀봉 저장한다.
- 가열 및 충격 · 마찰을 피하고 유기물질의 혼입을 막는다.

53 ④ 54 ② 55 ④ | 정답

0702 / 0901 / 1501 / 1804

56 Repetitive Learning (1회 2회 3회)

다음 물질 중 증기비중이 가장 작은 것은?

① 이황화탄소 ② 아세톤
③ 아세트알데히드 ④ 에테르

해설

• 증기비중은 분자량에 비례하므로 증기비중이 작은 것은 분자량이 작은 것을 의미한다.
• 이황화탄소(CS_2)는 분자량이 76이고, 증기비중은 $\frac{76}{29}=2.62$이다.
• 아세톤(CH_3COCH_3)는 분자량이 58이고, 증기비중은 $\frac{58}{29}=2$이다.
• 아세트알데히드(CH_3CHO)는 분자량이 44이고, 증기비중은 $\frac{44}{29}=1.52$이다.
• 에테르($C_2H_5OHC_2H_5$)는 분자량이 74이고, 증기비중은 $\frac{74}{29}=2.55$이다.

아세트알데히드(CH_3CHO) 실기 0901/0704/0802/1304/1501/1504/1602/1801/1901/2001/2003

• 특수인화물로 자극성 과일향을 갖는 무색투명한 액체이다.
• 비중이 0.78로 물보다 가볍고, 증기비중은 1.52로 공기보다 무겁다.
• 연소범위는 4.1~57%로 아주 넓으며, 끓는점(비점)이 21℃로 아주 낮다.
• 수용성 물질로 물에 잘 녹고 에탄올이나 에테르와 잘 혼합한다.
• 산화되어 초산으로 된다.
• 저장 시 은, 수은, 동, 마그네슘 및 이의 합금으로 된 용기를 사용하면 폭발성 물질인 아세틸라이드를 생성하므로 해당 용기의 사용을 절대 금한다.
• 암모니아성 질산은 용액을 반응시키면 은거울반응이 일어나서 은을 석출시키는데 이는 알데히드의 환원성 때문이다.

1601

57 Repetitive Learning (1회 2회 3회)

위험물제조소 건축물의 구조 기준이 아닌 것은?

① 출입구에는 갑종 방화문 또는 을종 방화문을 설치할 것
② 지붕은 폭발력이 위로 방출될 정도의 가벼운 불연재료로 덮을 것
③ 벽 · 기둥 · 바닥 · 보 · 서까래 및 계단을 불연재료로 출입구 외의 개구부가 없는 내화구조의 벽으로 하여야 한다.
④ 산화성고체, 가연성고체 위험물을 취급하는 건축물의 바닥은 위험물이 스며들지 못하는 재료를 사용할 것

해설

• 건축물의 바닥을 위험물이 스며들지 못하는 재료로 사용하는 경우는 액체의 위험물을 취급하는 경우의 설치기준이다.

제조소에서의 건축물 구조

• 지하층이 없도록 하여야 한다.
• 벽 · 기둥 · 바닥 · 보 · 서까래 및 계단을 불연재료로 하고, 연소(延燒)의 우려가 있는 외벽은 출입구 외의 개구부가 없는 내화구조의 벽으로 하여야 한다.
• 지붕은 폭발력이 위로 방출될 정도의 가벼운 불연재료로 덮어야 한다.
• 출입구와 비상구에는 갑종방화문 또는 을종방화문을 설치하되, 연소의 우려가 있는 외벽에 설치하는 출입구에는 수시로 열 수 있는 자동폐쇄식의 갑종방화문을 설치하여야 한다.
• 위험물을 취급하는 건축물의 창 및 출입구에 유리를 이용하는 경우에는 망입유리로 하여야 한다.
• 액체의 위험물을 취급하는 건축물의 바닥은 위험물이 스며들지 못하는 재료를 사용하고, 적당한 경사를 두어 그 최저부에 집유설비를 하여야 한다.

0402

58 Repetitive Learning (1회 2회 3회)

지정수량 10배 이상의 위험물을 운반할 때 혼재가 가능한 것은?

① 제1류와 제2류 ② 제2류와 제6류
③ 제3류와 제5류 ④ 제4류와 제2류

해설

• 제1류와 제6류, 제2류와 제4류 및 제5류, 제3류와 제4류, 제4류와 제5류의 혼합은 비교적 위험도가 낮아 혼재 사용이 가능하다.

위험물의 혼합 사용 실기 0504/0601/0602/0701/0704/0804/1001/1102/1104/1302/1401/1404/1502/1504/1601/1704/1801/1802/1804/1901/1902/2001

• 유별을 달리하는 위험물은 동일 장소에서 저장, 취급해서는 안 된다.
• 제1류(산화성고체)와 제6류(산화성액체), 제2류(환원성고체)와 제4류(가연성액체) 및 제5류(자기반응성물질), 제3류(자연발화 및 금수성 물질)와 제4류(가연성액체)의 혼합은 비교적 위험도가 낮아 혼재 사용이 가능하다.
• 산화성물질과 가연물을 혼합하면 산화 · 환원반응이 더욱 잘 일어나는 혼합위험성 물질이 된다.
• 가연성 물질과 조연성 물질을 혼합할 때 폭발위험이 증가한다.

구분	1류	2류	3류	4류	5류	6류
1류		×	×	×	×	○
2류	×		×	○	○	×
3류	×	×		○	×	×
4류	×	○	○		○	×
5류	×	○	×	○		×
6류	○	×	×	×	×	

59 Repetitive Learning (1회 2회 3회)

동 · 식물유류를 취급 및 저장할 때 주의사항으로 옳은 것은?

① 아마인유는 불건성유이므로 옥외저장 시 자연발화의 위험이 없다.

② 요오드가가 130 이상인 것은 섬유질에 스며들어 있으므로 자연발화의 위험이 있다.

③ 요오드가가 100 이상인 것은 불건성유이므로 저장할 때 주의를 요한다.

④ 인화점이 상온 이하이므로 소화에는 별 어려움이 없다.

해설

- 아마인유는 대표적인 건성유로 요오드값이 175~200 정도의 건성유이다.
- 저장 시 주의를 요하는 것은 요오드값이 130 이상인 건성유이다.
- 동 · 식물유류는 인화점이 250℃ 미만인 유류이나 대부분 100℃ 이상의 높은 온도이다.

동 · 식물유류 실기 0601/0604/1304/1502/1802/2003

㉠ 개요

- 1기압에서 인화점이 250℃ 미만인 것으로 지정수량이 10,000L이고, 위험등급이 Ⅲ에 해당하는 물질이다.
- 유지 100g에 부가되는 요오드의 g수를 의미하는 요오드값(옥소값)에 의해 건성유(130 이상), 반건성유(100~130), 불건성유(100 이하)로 구분한다.
- 요오드값이 클수록 자연발화의 위험이 크다.
- 요오드값이 클수록 이중결합이 많고, 불포화지방산을 많이 가진다.

㉡ 구분

구분	내용
건성유 (요오드값이 130 이상)	• 공기 중에서 자연발화의 위험이 있으며, 피막이 단단하다. • 동유, 아마인유, 정어리유, 대구유, 상어유, 해바라기유, 들기름 등
반건성유 (요오드값이 100~130)	• 피막이 얇다. • 참기름, 콩기름, 청어유, 쌀겨기름, 면실유, 채종유, 옥수수기름 등
불건성유 (요오드값이 100 이하)	• 피막을 만들지 않는다. • 피마자유, 올리브유, 팜유, 땅콩기름, 야자유, 쇠기름, 돼지기름, 고래기름 등

60 Repetitive Learning (1회 2회 3회)

황린의 보존 방법으로 가장 적합한 것은?

① 벤젠 속에서 보존한다.

② 석유 속에서 보존한다.

③ 물속에 보존한다.

④ 알코올 속에 보존한다.

해설

- 황린은 물에 녹지 않으며, 인화수소(포스핀, PH_3) 발생을 방지하기 위해 pH9의 물속에 저장한다.

황린(P_4) 실기 0602/0701/0702/0901/1001/1202/1302/1401/1402/1504/1901/1902/2003

문제 43번의 유형별 핵심이론 참조

59 ② 60 ③ 정답

2012년 5월 20일

2012년 제2회

합격률 34.4%

1과목 일반화학

0802

01 Repetitive Learning (1회 2회 3회)

밑줄 친 원소 중 산화수가 가장 큰 것은?

① $\underline{N}H_4^+$　② $\underline{N}O_3^-$

③ $\underline{Mn}O_4^-$　④ $\underline{Cr}_2O_7^{2-}$

해설

- $\underline{N}H_4^+$에서 질소의 산화수가 -3가 되어야 -3+4가 되어 이온의 산화수가 +1가로 된다.
- $\underline{N}O_3^-$에서 질소의 산화수는 +5가가 되어야 5-6이 되어 이온의 산화수가 -1가로 된다.
- $\underline{Mn}O_4^-$에서 망간의 산화수는 +7가가 되어야 7-8이 되어 이온의 산화수가 -1가로 된다.
- $\underline{Cr}_2O_7^{2-}$에서 O는 -2가이므로 크롬의 산화수는 +6가가 되어야 12-14가 되어 이온의 산화수가 -2가로 된다.

화합물에서 산화수 관련 절대적 원칙

- 일반적으로 화합물에서 전기음성도가 큰 물질이 +의 산화수를 갖고, 전기음성도가 작은 물질이 -의 산화수를 가진다.
- 수소(H)는 결합하는 원자와의 전기음성도 차에 의해 +1가 혹은 -1가의 값을 가진다.
- 1족의 알칼리금속(Li, Na, K)은 +1가의 값을 가진다.
- 2족의 알칼리토금속(Be, Mg, Ca)는 +2가의 값을 가진다.
- 13족의 알루미늄(Al)은 +3가의 값을 가진다.
- 17족의 플로오린(F)은 -1가의 값을 가진다.

0401

02 Repetitive Learning (1회 2회 3회)

Si 원소의 전자배치로 옳은 것은?

① $1s^22s^22p^63s^23p^2$　② $1s^22s^22p^63s^13p^2$

③ $1s^22s^22p^53s^13p^2$　④ $1s^22s^22p^63s^2$

해설

- 규소는 원자번호 14인 3주기 원소이다. 앞의 오비탈을 모두 채워야 다음을 채울 수 있다는데 유의해야한다.

전자배치 구조

- 오비탈이라는 전자가 채워지는 공간을 통해 전자껍질을 구성한다.
- 전자껍질은 K, L, M, N껍질로 구성된다.

구분	K껍질	L껍질	M껍질	N껍질
오비탈	1s	2s2p	3s3p3d	4s4p4d4f
오비탈수	1개(1^2)	4개(2^2)	9개(3^2)	16개(4^2)
최대전자	최대 2개	최대 8개	최대 18개	최대 32개

- 오비탈의 종류

s오비탈	최대 2개의 전자를 채울 수 있다.
p오비탈	최대 6개의 전자를 채울 수 있다.
d오비탈	최대 10개의 전자를 채울 수 있다.
f오비탈	최대 14개의 전자를 채울 수 있다.

- 표시방법

$1s^22s^22p^63s^23p^64s^23d^{10}4p^6$ …로 표시한다.

- 오비탈에 해당하는 s, p, d, f 앞의 숫자는 주기율표상의 주기를 의미한다.
- 오비탈에 해당하는 s, p, d, f 오른쪽 위의 숫자는 전자의 수를 의미한다.
- 항상 앞의 오비탈을 모두 채워야 다음 오비탈이 위치할 수 있다.
- 주기율표와 같이 구성되게 하기 위해 1주기에는 s만, 2주기와 3주기에는 s와 p가, 4주기와 5주기에는 전이원소를 넣기 위해 s, d, p오비탈이 순서대로(이때, d앞의 숫자가 기존 s나 p보다 1적다) 배치된다.

- 대표적인 원소의 전자배치

주기	원소명	원자 번호	표시
1	수소(H)	1	$1s^1$
	헬륨(He)	2	$1s^2$
2	리튬(Li)	3	$1s^22s^1$
	베릴륨(Be)	4	$1s^22s^2$
	붕소(B)	5	$1s^22s^22p^1$
	탄소(C)	6	$1s^22s^22p^2$
	질소(N)	7	$1s^22s^22p^3$
	산소(O)	8	$1s^22s^22p^4$
	불소(F)	9	$1s^22s^22p^5$
	네온(Ne)	10	$1s^22s^22p^6$

03

0501

Repetitive Learning (1회 2회 3회)

반응이 오른쪽 방향으로 진행되는 것은?

① $Pb^{2+} + Zn \rightarrow Zn^{2+} + Pb$

② $I_2 + 2Cl^- \rightarrow 2I^- + Cl_2$

③ $Mg^{2+} + Zn \rightarrow Zn^{2+} + Mg$

④ $2H^+ + Cu \rightarrow Cu^{2+} + H_2$

해설

- 단일 금속원자들의 이온화 경향에 대한 문제이다.
- 이온화에너지가 클수록 해당 금속은 전자(−)를 잃어버리고 양이온(+)이 되는 힘이 더 크므로 이온화 경향의 분석을 통해 확인할 수 있다.
- ①의 경우 아연(Zn)은 납(Pb^{2+})보다 이온화에너지가 크므로 오른쪽으로 진행된다.
- ②의 경우 할로겐족 원소들로 전자와의 친화도가 요오드(I) 보다 큰 염소(Cl)는 전자를 계속 보유해야 하므로 오른쪽 방향으로 진행되지 않는다.
- ③의 경우 아연(Zn)은 마그네슘(Mg^{2+})보다 이온화에너지가 작으므로 오른쪽으로 진행되지 않는다.
- ④의 경우 구리(Cu)는 수소(H^+)보다 이온화에너지가 작으므로 오른쪽으로 진행되지 않는다.

금속원소의 반응성

- 금속이 수용액에서 전자를 잃고 양이온이 되려는 성질을 반응성이라고 한다.
- 이온화 경향이 큰 금속일수록 산화되기 쉽다.
- 반응성이 크다는 것은 환원력이 크다는 것을 의미한다.
- 알칼리 금속의 경우 주기율표 상에서 아래로 내려갈수록 금속 결합상의 길이가 증가하고, 원자핵과 자유 전자사이의 인력이 감소하여 반응성이 증가한다.($Cs > Rb > K > Na > Li$)
- 대표적인 금속의 이온화경향

K	Ca	Na	Mg	Al	Zn	Fe	Ni	Sn	Pb	H	Cu	Hg	Ag	Pt	Au
+++ 〈==================== ---															

- 이온화 경향이 왼쪽으로 갈수록 커진다.
- 왼쪽으로 갈수록 산화하기 쉽고 물과의 반응성도 커진다.
- 왼쪽으로 갈수록 산과의 반응성이 크다.

04

0801 / 1002

Repetitive Learning (1회 2회 3회)

반감기가 5일인 미지시료가 2g 있을 때 10일이 경과하면 남은 양은 몇 g인가?

① 2　　② 1

③ 0.5　　④ 0.25

해설

- 처음 질량이 2g이고, 반감기가 5일이고 10일 경과 후 남은 질량이므로 붕괴 후 남은 질량$=2\times\left(\frac{1}{2}\right)^{\frac{10}{5}}=2\times\frac{1}{4}=0.5$g이다.

반감기

- 방사성 원소의 양이 원래 양의 절반으로 감소하는데 걸리는 시간을 말한다.
- 반감기를 이용해 남은 원소의 질량을 구할 수 있다.

$$붕괴\ 후\ 질량 = 처음\ 질량\times\left(\frac{1}{2}\right)^{\frac{경과시간}{반감기}}$$

05

0701

Repetitive Learning (1회 2회 3회)

전기화학반응을 통해 전극에서 금속으로 석출되는 다음 원소 중 무게가 가장 큰 것은? (단, 각 원소의 원자량은 Ag는 107.868, Cu는 63.546, Al는 26.982, Pb는 207.2이고, 전기량은 동일하다)

① Ag　　② Cu

③ Al　　④ Pb

해설

- 같은 전기량일 경우 g당량이 가장 큰 것을 묻는 문제이다.
- g당량을 구하기 위해서는 원자량과 원자가를 알아야 한다.
- Ag의 원자가는 1이고, 원자량은 107.868이므로 g당량은 107.87이 된다.
- Cu의 원자가는 2이고, 원자량은 63.546이므로 g당량은 31.77이 된다.
- Al의 원자가는 3이고, 원자량은 26.982이므로 g당량은 8.99가 된다.
- Pb의 원자가는 2이고, 원자량은 207.2이므로 g당량은 103.6이 된다.

전기화학반응

- 1F의 전기량은 물질 1g당량을 석출하는데 필요한 전기량이다.
- 1F의 전기량은 전자 1몰이 갖는 전하량으로 96,500[C]의 전하량을 갖는다.
- 물질의 g당량은 $\frac{원자량}{원자가}$로 구한다.

03 ① 04 ③ 05 ① | 정답

06 — Repetitive Learning (1회 2회 3회)

$CH_2=CH-CH=CH_2$를 옳게 명명한 것은?

① 3-Butane　　② 3-Butadiene
③ 1,3-Butadiene　　④ 1,3-Butane

해설

- 부탄(butane)은 화학식으로 C_4H_{10}에 해당한다.
- 부타다이엔(butadiene)은 탄소원자 4개와 수소원자 6개(C_4H_6)로 구성된 불포화탄화수소이다.
- 주어진 화학식은 탄소 4개와 수소 6개이므로 부탄이 아니라 부타다이엔이고, 이중결합의 위치가 1번째 탄소와 3번째 탄소에 있으므로 1, 3-butadiene이 된다.

IUPAC(International Union of Pure and Applied Chemistry) 명명법

- 국제 순수 · 응용화학 연합(IUPAC)이 정한 화합물 명명법을 말한다.
- 포화탄화수소는 어미에 '-ane'를 붙여 명명한다.

이름	한글명	분자식	구조식
methane	메탄/메테인	CH_4	CH_4
ethane	에탄/에테인	C_2H_6	CH_3CH_3
propane	프로판/프로페인	C_3H_8	$CH_3CH_2CH_3$
butane	부탄/뷰테인	C_4H_{10}	$CH_3(CH_2)_2CH_3$
pentane	펜탄/펜테인	C_5H_{12}	$CH_3(CH_2)_3CH_3$
hexane	헥산/헥세인	C_6H_{14}	$CH_3(CH_2)_4CH_3$
heptane	헵탄/헵테인	C_7H_{16}	$CH_3(CH_2)_5CH_3$
octane	옥탄/옥테인	C_8H_{18}	$CH_3(CH_2)_6CH_3$
nonane	노네인	C_9H_{20}	$CH_3(CH_2)_7CH_3$
decane	데케인	$C_{10}H_{22}$	$CH_3(CH_2)_8CH_3$

- 가지 달린 화합물은 가장 긴 사슬을 기본명으로 하고, 가지의 위치가 되도록 작은 번호가 되도록 탄소원자에 아라비아 숫자를 붙여 결합위치-수-명칭을 기본명 앞에 붙여서 부른다.
- 알켄(Alkene)은 이중결합, 알킨(alkyne)은 3중결합을 의미한다.
- 2개 이상의 동일 치환기가 주사슬에 연결되면 다이(di-), 트라이(tri-), 테트라(tetra-)등의 접두어를 사용한다.
- 숫자와 숫자사이에는 쉼표(,)를 넣고, 숫자와 문자사이에는 hyphen (-)을 사용하며, 마지막 치환기 이름과 기본 알케인의 이름은 붙여서 쓴다.

0702 / 1002 / 1804

07 — Repetitive Learning (1회 2회 3회)

95Wt% 황산의 비중은 1.84이다. 이 황산의 몰농도는 약 얼마인가?

① 4.5　　② 8.9
③ 17.8　　④ 35.6

해설

- 중량%와 밀도(g/mL}가 주어질 경우 밀도×1,000을 하여 1리터의 수용액 무게를 구하고 거기에 중량%를 곱해주면 1리터에 포함된 용질의 g수를 구할 수 있다. 이를 분자량으로 나눠줄 경우 몰수를 구할 수 있다.
- 95wt%에 황산비중이 1.84[g/ml]이다. 1L에는 1840g의 용액인데 황산의 비중이 95wt%라고 했으므로 0.95를 곱하면 1748g의 황산이 있다는 의미이다.
- 황산(H_2SO_4)의 분자량은 (2×1)+32+(16×4)=98이므로 1748g은 $\frac{1,748}{98}=17.84$몰이 된다.

몰 농도

- 용액 1리터 속에 녹아있는 용질의 몰수를 말한다.

0501_추가 / 1702

08 — Repetitive Learning 

탄소와 모래를 전기로에 넣어서 가열하면 연마제로 쓰이는 물질이 생성된다. 이에 해당하는 것은?

① 카보런덤　　② 카바이드
③ 카본블랙　　④ 규소

해설

- 카바이드는 탄화칼슘(CaC_2)을 말한다.
- 카본블랙은 탄소 그을음으로 탄소계화합물의 불안전 연소로 인한 재를 말한다.
- 규소(Si)는 원자번호 14의 원소로 점토나 모래에서 산출된다.

카보런덤(Carborundum)

- 탄화규소(SiC)의 상품명이다.
- 규사와 코크스를 약 2,000℃의 전기저항로에서 강하게 가열하여 만든 결정체이다.
- 경도가 다이아몬드와 유사할 정도로 커 연마제로 사용한다.

정답 | 06 ③　07 ③　08 ①

09

Repetitive Learning (1회 2회 3회)

어떤 계가 평형상태에 있을 때의 자유에너지 $\triangle G$를 옳게 표현한 것은?

① $\triangle G < 0$ ② $\triangle G > 0$
③ $\triangle G = 0$ ④ $\triangle G = 1$

해설

• 화학적 평형상태에서 자유에너지($\triangle G°$)는 영(Zero)이다.

표준 자유에너지 변화($\triangle G°$)

• 25℃, 1기압에서의 자유에너지 변화값을 이용해 1기압이 아닌 다른 기압에서의 자유에너지를 구할 수 있다.
• 표준 자유에너지 변화($\triangle G°$) = $-RT \times \ln(K)$로 구한다.
이때 R은 기체상수(8.314J/mol · K), T는 절대온도(273+섭씨온도)이다.
• 화학적 평형상태에서 자유에너지($\triangle G°$)는 영(Zero)이다.

0304 / 0501

10

Repetitive Learning (1회 2회 3회)

화학반응의 속도에 영향을 미치지 않는 것은?

① 촉매의 유무
② 반응계의 온도의 변화
③ 반응 물질의 농도의 변화
④ 일정한 농도 하에서의 부피의 변화

해설

• 화학반응 속도에 영향을 미치는 요인에는 농도, 온도, 표면적, 촉매 등이 있다.

화학반응 속도

㉠ 개요

• 화학반응 속도 = $\frac{\text{반응물질의 농도 감소량}}{\text{시간의 변화}} = \frac{\text{생성물질의 농도 증가량}}{\text{시간의 변화}}$ 로 표시가능하다.
• 화학반응 속도에 영향을 미치는 요인에는 농도, 온도, 표면적, 촉매 등이 있다.

㉡ 화학반응 속도에 영향을 미치는 요인

• 농도가 높을수록 입자의 충돌횟수가 증가하므로 반응속도가 빨라진다.
• 온도가 높을수록 분자의 운동에너지가 증가하므로 반응속도가 빨라진다.
• 입자의 크기가 작을수록 즉, 표면적이 클수록 반응속도가 빨라진다.
• 촉매에 따라서 속도가 빨라지기도(정촉매)하고, 느려지기도(부촉매) 한다.

11

Repetitive Learning (1회 2회 3회)

전이원소의 일반적인 설명으로 틀린 것은?

① 주기율표의 17족에 속하며 활성이 큰 금속이다.
② 밀도가 큰 금속이다.
③ 여러 가지 원자가의 화합물을 만든다.
④ 녹는점이 높다.

해설

• 전이금속은 주기율표에서 3B~2B까지의 원소들로 밀도가 큰 금속이다.

전이금속의 특징

• 주기율표에서 3B~2B까지의 원소들로 밀도가 큰 금속이다.
• 녹는점이 높고, 여러 가지 원자가의 화합물을 만든다.
• d, f오비탈의 전자도 가전자 역할이 가능해 산화상태가 다양하다.
• 대부분의 화합물은 홀전자를 가지고 있어 상자기성을 나타낸다.
• 오비탈 간의 전자 이동으로 인해 대부분의 화합물은 색을 가진다.
• 최외곽 안쪽에 불안전한 d, f오비탈을 가지고 있어 착이온의 중심원소가 된다.

1904

12

Repetitive Learning (1회 2회 3회)

기하이성질체 때문에 극성 분자와 비극성 분자를 가질 수 있는 것은?

① C_2H_4 ② C_2H_3Cl
③ $C_2H_2Cl_2$ ④ C_2HCl_3

해설

• 평면구조를 가진 1,2-디클로로에탄($C_2H_2Cl_2$)은 탄소와 탄소가 2중결합을 하여 회전할 수 없으므로 이성질체를 가지며, 이로 인해 무극성과 극성 분자를 가질 수 있다.

1,2-디클로로에탄($C_2H_2Cl_2$)의 이성질체

• 평면구조를 가진 1,2-디클로로에탄($C_2H_2Cl_2$)는 3개의 이성질체를 갖는다.
• 기하이성질체 때문에 극성 분자(Cis)와 비극성(Trans) 분자를 가질 수 있다.

1,1-dichloroethene	Cis-1,2-dichloroethene
H, H / C=C / Cl, Cl	Cl, Cl / C=C / H, H
Trans-1,2-dichloroethene	
Cl, H / C=C / H, Cl	

09 ③ 10 ④ 11 ① 12 ③ | 정답

13 Repetitive Learning (1회 2회 3회)

아세틸렌의 성질과 관계가 없는 것은?

① 용접에 이용된다.
② 이중결합을 가지고 있다.
③ 합성 화학 원료로 쓸 수 있다.
④ 염화수소와 반응하여 염화비닐을 생성한다.

해설

- 2중결합이면 C_nH_{2n}으로 되어야 하나 아세틸렌(C_2H_2)은 3중결합에 해당하는 알카인계로 C_nH_{2n-2}에 해당한다.

아세틸렌(C_2H_2)

- 탄화수소 중 가장 간단한 형태의 화합물로 삼중결합을 가지고 있다.
- 연소 시 높은 열을 방출하므로 용접에 이용된다.
- 반응성이 뛰어나 다양한 합성 화학 원료로 사용하고 있다.
- 염화수소와 반응하여 염화비닐을 생성한다.

14 Repetitive Learning (1회 2회 3회)

수소원자에서 선스펙트럼이 나타나는 경우는?

① 들뜬 상태의 전자가 낮은 에너지 준위로 떨어질 때
② 전자가 같은 에너지 준위에서 돌고 있을 때
③ 전자껍질의 전자가 핵과 충돌할 때
④ 바닥상태의 전자가 들뜬 상태로 될 때

해설

- 들뜬 상태의 전자가 전자껍질의 에너지의 불연속성으로 인해 낮은 에너지 준위로 떨어질 때 빛을 방출하는데 이것이 선스펙트럼으로 나타난다.

보어의 원자모형

- 전자가 원자핵을 기준으로 원 궤도를 그리며 원운동을 하고 있다고 주장하였다.
- 들뜬 상태의 전자가 전자껍질의 에너지의 불연속성으로 인해 낮은 에너지 준위로 떨어질 때 빛을 방출하는데 이것이 선스펙트럼으로 나타난다.

15 Repetitive Learning (1회 2회 3회)

압력이 P일 때 일정한 온도에서 일정량이 액체에 녹는 기체의 부피를 V라 하면 압력이 nP일 때 녹는 기체의 부피는?

① V/n　　② nV
③ V　　④ n/V

해설

- 압력이 증가하면 액체에 녹는 기체의 질량은 압력에 비례하여 늘어나나 부피는 변화가 없다.

헨리의 법칙

- 일정한 온도에서 일정량의 액체에 용해되는 기체의 질량은 압력에 비례한다.
- 일정한 온도에서 액체에 녹는 기체의 부피는 압력에 관계없이 일정하다.

0801 / 1902

16 Repetitive Learning (1회 2회 3회)

네슬러 시약에 의하여 적갈색으로 검출되는 물질은 어느 것인가?

① 질산이온　　② 암모늄이온
③ 아황산이온　　④ 일산화탄소

해설

- 네슬러 시약은 암모니아에 예민하게 반응하여 황갈색으로 검출되며, 암모니아가 다량 존재할 경우 적갈색 침전을 생성시킨다.

네슬러 시약

- 요오드화 수은과 요오드화 칼륨을 수산화칼륨 수용액에 용해한 것이다.
- 암모니아의 검출 시약 및 비색정량 시약으로 사용한다.
- 암모니아에 예민하게 반응하여 황갈색으로 검출되며, 암모니아가 다량 존재할 경우 적갈색 침전을 생성한다.

17 Repetitive Learning (1회 2회 3회)

방향족 탄화수소가 아닌 것은?

① 톨루엔　　② 크실렌
③ 나프탈렌　　④ 시클로펜탄

해설

- 방향족은 고리모양의 불포화 탄화수소인데 시클로펜탄(C_5H_{10})은 고리모양이기는 하지만 포화탄화수소에 해당하므로 지방족 탄화수소에 해당한다.

방향족(Aromaticity) 화합물

- 평평한 고리 구조를 가진 원자들이 비정상적으로 안정된 상태를 의미한다.
- 특정 규칙에 의해 상호작용하는 다양한 파이결합을 가져 안정적이다.
- 이중결합은 주로 첨가반응이 일어나지만 방향족은 주로 치환반응이 더 잘 일어난다.
- 방향족 화합물의 종류에는 벤젠, 톨루엔, 나프탈렌, 피리딘, 피롤, 트로폴론, 아닐린, 크레졸, 피크린산 등이 있다.

정답 | 13 ② 14 ① 15 ③ 16 ② 17 ④

1804

18

Repetitive Learning (1회 2회 3회)

다음 pH 값에서 알칼리성이 가장 큰 것은?

① pH=1　　② pH=6
③ pH=8　　④ pH=13

해설

- pH는 수소이온농도로 pH 값이 7보다 클 때 알칼리성이라고 하면 그 값이 크면 클수록 알칼리성이 더 커진다.

수소이온농도지수(pH)

- 용액 1L 속에 존재하는 수소이온의 g이온수 즉, 몰농도(혹은 N농도×전리도)를 말한다.
- 수소이온은 매우 작은 값으로 존재하므로 수소이온의 역수에 상용로그값을 취하여 사용한다.

$$pH = \log\frac{1}{[H^+]} = -\log[H^+]$$

- 순수한 물의 경우 1기압 25℃에서 수소이온의 농도가 약 10^{-7}g 이온이므로 이를 pH 7 중성이라고 하고, 이보다 클 때 알카리성, 이보다 작을 때 산성이라고 한다.
- 수소이온농도지수[pH]+수산화이온농도지수[pOH]=14이다.

19

Repetitive Learning (1회 2회 3회)

산소 5g을 27℃에서 1.0L의 용기 속에 넣었을 때 기체의 압력은 몇 기압인가?

① 0.52기압　　② 3.84기압
③ 4.50기압　　④ 5.43기압

해설

- 이상기체 상태방정식에서 $P=\frac{n\times R\times T}{V}$이다.(n은 몰수)
- 대입하면 n은 $\frac{5}{32}$이고, R=0.082, T=(273+27), V=1이므로 $P=\frac{5}{32}\times 0.082\times 300 = 3.84$atm이 된다.

이상기체 상태방정식

- 특정 압력과 온도에서 기체의 분자량을 구할 때 사용한다.
- 분자량 $M=\frac{\text{질량}\times R\times T}{P\times V}$로 구한다.

  이때, R은 이상기체상수로 0.082[atm · L/mol · K]이고,
  T는 절대온도(273+섭씨온도)[K]이고,
  P는 압력으로 atm 혹은 $\frac{\text{주어진 압력[mmHg]}}{\text{760mmHg/atm}}$이고,
  V는 부피[L]이다.

20

Repetitive Learning (1회 2회 3회)

시클로헥산에 대한 설명으로 옳은 것은?

① 불포화고리 탄화수소이다.
② 불포화사슬 탄화수소이다.
③ 포화고리 탄화수소이다.
④ 포화사슬 탄화수소이다.

해설

- 시클로헥산(C_6H_{12})은 시클로알케인(C_nH_{2n})계 고리 모양 포화 탄화수소이다.

포화탄화수소

- 탄소(C)와 수소(H)가 결합된 유기화합물 중 탄소의 고리에 2중 결합 등이 없이 수소가 가득 차 있는 단일 결합상태의 물질을 말한다.
- 탄소원자수가 1~4개는 상온에서 기체, 탄소원자의 수가 5~17개는 상온에서 액체상태, 탄소원자수가 18개 이상인 것은 상온에서 고체상태이다.
- 메테인(CH_4), 에테인(C_2H_6), 프로페인(C_3H_8) 등 알칸(C_nH_{2n+2})계 사슬 모양 포화 탄화수소가 있다.
- 시클로펜탄(C_5H_{10}), 시클로헥산(C_6H_{12}) 등 시클로알케인(C_nH_{2n})계 고리 모양 포화 탄화수소가 있다.

2과목 화재예방과 소화방법

21

Repetitive Learning (1회 2회 3회)

CF_3Br 소화기의 주된 소화효과에 해당되는 것은?

① 억제효과　　② 질식효과
③ 냉각효과　　④ 피복효과

해설

- Halon 소화약제는 질식효과와 같은 물리적 효과도 있으나 주된 효과는 화학적 소화효과로 억제효과를 들 수 있다.

Halon 1301 소화약제

- 분자식은 CF_3Br에 해당하며, 상온 및 상압에서 기체이다.
- 비전도성이며, 기체의 비중이 5.1로 공기(비중 1)에 비해 무겁다.
- 주로 고압용기 내에 액체로 보존되는데 액체일 때(20℃)의 비중은 1.57이다.
- Halon 소화약제는 질식효과와 같은 물리적 효과도 있으나 주된 효과는 화학적 소화효과로 억제효과를 들 수 있다.

18 ④　19 ②　20 ③　21 ①　정답

1502 / 1704

22 ─── Repetitive Learning (1회 2회 3회)

스프링클러 설비의 장점이 아닌 것은?

① 소화약제가 물이므로 소화약제의 비용이 절감된다.
② 초기 시공비가 매우 적게 든다.
③ 화재 시 사람의 조작 없이 작동이 가능하다.
④ 초기 화재의 진화에 효과적이다.

해설

- 스프링클러는 타 설비에 비해 시공이 복잡하고, 초기 비용이 많이 든다.

스프링클러 설비의 특징

- 초기 진화작업에 효과가 크다.
- 감지부의 구조가 기계적이므로 오동작 염려가 적다.
- 폐쇄형 스프링클러 헤드는 헤드가 열에 의해 개방되는 형태로 자동화재탐지장치의 역할을 할 수 있다.
- 소화약제가 물이므로 소화약제의 비용이 절감된다.
- 화재 시 사람의 조작 없이 작동이 가능하다.
- 화재 적응성

구분		적응성
건축물 · 그 밖의 공작물		○
전기설비		
제1류 위험물	알칼리금속과산화물등	
	그 밖의 것	○
제2류 위험물	철분 · 금속분 · 마그네슘등	
	인화성고체	○
	그밖의것	○
제3류 위험물	금수성물품	
	그 밖의 것	○
제4류 위험물		△
제5류 위험물		○
제6류 위험물		○

- 제4류 위험물의 살수기준면적에 따른 살수밀도기준(적응성)

살수기준면적(m^2)	방사밀도(L/m^2분) 인화점 38℃ 미만	방사밀도(L/m^2분) 인화점 38℃ 이상
279 미만	16.3 이상	12.2 이상
279 이상 372 미만	15.5 이상	11.8 이상
372 이상 465 미만	13.9 이상	9.8 이상
465 이상	12.2 이상	8.1 이상

0602 / 0604

23 ─── Repetitive Learning (1회 2회 3회)

화학포소화약제의 화학반응식은?

① $2NaHCO_3 \rightarrow Na_2CO_3 + H_2O + CO_2$
② $2NaHCO_3 + H_2SO_4 \rightarrow Na_2SO_4 + 2H_2O + CO_2$
③ $4KMnO_4 + 6H_2SO_4$
$\rightarrow 2K_2SO_4 + 4MnSO_4 + 6H_2O + SO_2$
④ $6NaHCO_3 + Al_2(SO_4)_3 \cdot 18H_2O$
$\rightarrow 6CO_2 + 2Al(OH)_3 + 3Na_2SO_4 + 18H_2O$

해설

- 화학포소화기는 중탄산나트륨($NaHCO_3$)과 황산알루미늄 [$Al_2(SO_4)_3$]을 반응시켜 이산화탄소(CO_2), 수산화알루미늄 [$Al(OH)_3$], 황산나트륨(Na_2SO_4), 물(H_2O)이 생성된다.

화학포소화기 실기 0702

- 중탄산나트륨과 황산알루미늄이 구분되어 있는 소화기로 사용할 때 이 두 물질을 반응시켜 이산화탄소, 수산화알루미늄, 황산나트륨, 물이 생성되는데 이산화탄소(포핵)에 의해 포를 외부에 방사한다.
($6NaHCO_3 + Al_2(SO_4)_3 \cdot 18H_2O$
$\rightarrow 6CO_2 + 2Al(OH)_3 + 3Na_2SO_4 + 18H_2O$)

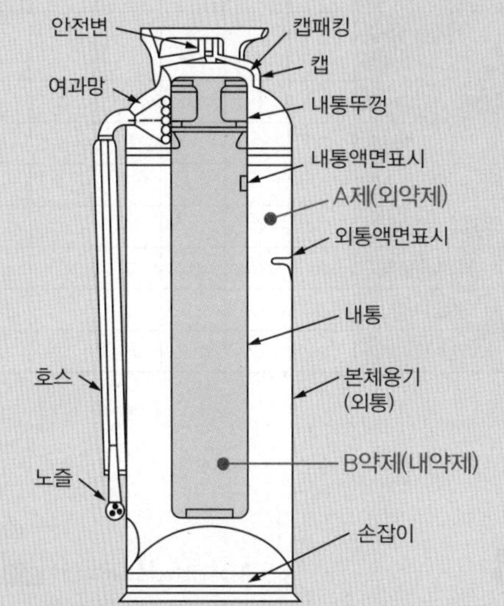

A제(외약제)	B약제(내약제)
• 중탄산나트륨($NaHCO_3$)과 기포안정제가 들어가 있는 곳 • 기포안정제는 가수분해 단백질, 사포닝, 계면활성제, 소다회 ($CaO + NaOH$) 등이 있다. • 알칼리성이다.	• 황산알루미늄[$Al_2(SO_4)_3$]이 들어가 있는 곳 • 산성이다.

1604

24 Repetitive Learning (1회 2회 3회)

위험물안전관리법령상 인화성 고체와 질산에 공통적으로 적응성이 있는 소화설비는?

① 불활성가스소화설비
② 할로겐화합물소화설비
③ 탄산수소염류분말소화설비
④ 포소화설비

해설

- 불활성가스소화설비, 할로겐화합물소화설비, 탄산수소염류분말소화설비는 공통적으로 질산과 같은 제6류 위험물에는 적응성이 없다.

물분무등소화설비의 분류와 적응성

소화설비의 구분		물분무 소화설비	포 소화설비	불활성 가스 소화설비	할로겐 화합물 소화설비	분말소화설비		
						인산염류 등	탄산수소 염류등	그 밖의 것
건축물 · 그 밖의 공작물		○	○			○		
전기설비		○		○	○	○	○	
제1류 위험물	알칼리금속 과산화물등						○	○
	그 밖의 것	○	○			○		
제2류 위험물	철분 · 금속분 · 마그네슘등						○	○
	인화성고체	○	○	○	○	○	○	
	그밖의것	○	○			○		
제3류 위험물	금수성물품						○	○
	그 밖의 것	○	○					
제4류 위험물		○	○	○	○	○	○	
제5류 위험물		○	○					
제6류 위험물		○	○			○		

0301 / 0601 / 1802

25 Repetitive Learning (1회 2회 3회)

전역방출방식의 할로겐화물 소화설비의 분사헤드에서 Halon 1211을 방사하는 경우의 방사압력은 얼마 이상으로 하여야 하는가?

① 0.1MPa ② 0.2MPa
③ 0.5MPa ④ 0.9MPa

해설

- 분사헤드의 방사압력은 하론 2402를 방사하는 것에 있어서는 0.1MPa 이상, 하론 1211을 방사하는 것에 있어서는 0.2MPa 이상, 하론1301을 방사하는 것에 있어서는 0.9MPa 이상으로 한다.

전역방출방식의 할로겐화합물소화설비의 분사헤드 설치기준

- 방사된 소화약제가 방호구역의 전역에 균일하게 신속히 확산할 수 있도록 할것
- 하론 2402를 방출하는 분사헤드는 당해 소화약제가 무상으로 분무되는 것으로 할 것
- 분사헤드의 방사압력은 하론 2402를 방사하는 것에 있어서는 0.1MPa 이상, 하론 1211을 방사하는 것에 있어서는 0.2MPa 이상, 하론1301을 방사하는 것에 있어서는 0.9MPa 이상으로 할 것
- 기준저장량의 소화약제를 10초 이내에 방사할 수 있는 것으로 할 것

1002 / 1802

26 Repetitive Learning (1회 2회 3회)

디에틸에테르 2,000L와 아세톤 4,000L를 옥내저장소에 저장하고 있다면 총 소요단위는 얼마인가?

① 5 ② 6
③ 50 ④ 60

해설

- 디에틸에테르는 인화성 액체에 해당하는 제4류 위험물중 특수인화물로 지정수량이 50L이고 소요단위는 지정수량의 10배이므로 500L가 1단위가 되고, 아세톤은 제1석유류 중 수용성으로 지정수량이 400L이고 소요단위는 4,000L가 1단위이므로 디에틸에테르 2,000L와 아세톤 4,000L는 각각 4단위와 1단위에 해당한다. 총 소요단위는 4+1=5단위이다.

소요단위 실기 0604/0802/1202/1204/1704/1804/2001

- 소화설비의 설치대상이 되는 건축물 그 밖의 공작물의 규모 또는 위험물의 양의 기준단위이다.
- 계산방법

구분	기준
제조소 또는 취급소의 건축물	외벽이 내화구조인 것은 연면적 100m^2를 1소요단위로 하며, 외벽이 내화구조가 아닌 것은 연면적 50m^2를 1소요단위로 할 것
저장소의 건축물	외벽이 내화구조인 것은 연면적 150m^2를 1소요단위로 하고, 외벽이 내화구조가 아닌 것은 연면적 75m^2를 1소요단위로 할 것
제조소 등의 옥외에 설치된 공작물	외벽이 내화구조인 것으로 간주하고 공작물의 최대수평투영면적을 연면적으로 간주하여 제조소 혹은 저장소 건축물의 소요단위를 적용할 것
위험물	지정수량의 10배를 1소요단위로 할 것

24 ④ 25 ② 26 ① 정답

27 Repetitive Learning (1회 2회 3회)

위험물의 화재 발생 시 사용 가능한 소화약제를 틀리게 연결한 것은?

① 질산암모늄 - H_2O

② 마그네슘 - CO_2

③ 트리에틸알루미늄 - 팽창질석

④ 니트로글리세린 - H_2O

해설

- 마그네슘은 물, 사염화탄소(CCl_4) 및 이산화탄소(CO_2)와 폭발반응을 하므로 물이나 이산화탄소 소화약제를 사용해서는 안 되며, 화재 발생 시 마른모래나 탄산수소염류의 금속화재용 분말소화약제로 소화하여야 한다.

대표적인 위험물의 소화약제

위험물	류별	소화약제
칼륨(K), 나트륨(Na), 마그네슘(Mg)	제2류	마른모래, 탄산수소염류 분말소화약제
황린(P_4)	제3류	주소소화, 마른모래 등
알킬(트리에틸)알루미늄, 수소화나트륨	제3류	마른모래, 팽창질석, 팽창진주암
경유, 등유, 벤젠(C_6H_6)	제4류	포소화약제, 이산화탄소, 분말소화약제
염소산칼륨($KClO_3$), 염소산아연[$Zn(ClO_3)_2$]	제1류	대량의 물을 통한 냉각소화
트리니트로페놀 [$C_6H_2OH(NO_2)_3$], 트리니트로톨루엔(TNT), 니트로셀룰로오스 등	제5류	대량의 물로 주수소화
과산화나트륨(Na_2O_2), 과산화칼륨(K_2O_2)	제1류	마른모래

28 Repetitive Learning (1회 2회 3회)

다음 중 알코올형포소화약제를 이용한 소화가 가장 효과적인 것은?

① 아세톤 ② 휘발유

③ 톨루엔 ④ 벤젠

해설

- 휘발유, 톨루엔, 벤젠은 모두 비수용성이므로 알코올형포소화약제의 효과가 제한적이다.

알코올형포소화약제

- 수용성 알코올 화재 등에서 포의 소멸을 방지하기 위해 단백질 가수분해물질과 계면활성제, 금속비누 등을 첨가하여 만든 포를 이용한다.
- 내알코올포 소화약제라고도 한다.
- 수용성 극성용매 화재에 사용한다.

29 Repetitive Learning (1회 2회 3회)

위험물안전관리법에 따른 지하탱크저장소에 관한 설명으로 틀린 것은?

① 안전거리 적용대상이 아니다.

② 보유공지 확보대상이 아니다.

③ 설치 용량의 제한이 없다.

④ 10m 내에 2기 이상을 인접하여 설치할 수 없다.

해설

- 지하저장탱크를 2 이상 인접해 설치하는 경우에는 그 상호간에 1m 이상의 간격을 유지하면 되므로 10m 내에 2기 이상을 인접하여 설치할 수 있다.

지하탱크저장소의 설치기준 실기 0901/1502/2003

- 위험물을 저장 또는 취급하는 지하탱크는 지면하에 설치된 탱크전용실에 설치하여야 한다.
- 탱크전용실은 지하의 가장 가까운 벽 · 피트 · 가스관 등의 시설물 및 대지경계선으로부터 0.1m 이상 떨어진 곳에 설치하고, 지하저장탱크와 탱크전용실의 안쪽과의 사이는 0.1m 이상의 간격을 유지하도록 하며, 당해 탱크의 주위에 마른 모래 또는 습기 등에 의하여 응고되지 아니하는 입자지름 5mm 이하의 마른 자갈분을 채워야 한다.
- 지하저장탱크의 윗부분은 지면으로부터 0.6m 이상 아래에 있어야 한다.
- 지하저장탱크를 2 이상 인접해 설치하는 경우에는 그 상호간에 1m(당해 2 이상의 지하저장탱크의 용량의 합계가 지정수량의 100배 이하인 때에는 0.5m) 이상의 간격을 유지하여야 한다. 다만, 그 사이에 탱크전용실의 벽이나 두께 20cm 이상의 콘크리트 구조물이 있는 경우에는 그러하지 아니하다.

정답 | 27 ② 28 ① 29 ④

2003

30 Repetitive Learning (1회 2회 3회)

다음 위험물의 저장창고에서 화재가 발생하였을 때 주수에 의한 냉각소화가 적절치 않은 위험물은?

① $NaClO_3$ ② Na_2O_2

③ $NaNO_3$ ④ $NaBrO_3$

해설

- 과산화나트륨(Na_2O_2), 과산화칼륨(K_2O_2), 과산화바륨(BaO_2), 과산화리튬(Li_2O_2)과 같은 무기과산화물은 물과 반응할 경우 산소를 발생시켜 발화 · 폭발하므로 주수소화를 금해야 한다.

대표적인 위험물의 소화약제

문제 27번의 유형별 핵심이론 참조

0701 / 1502 / 1904

31 Repetitive Learning (1회 2회 3회)

위험물제조소에 옥내소화전을 각 층에 8개씩 설치하도록 할 때 수원의 최소 수량은 얼마인가?

① $13m^3$ ② $20.8m^3$

③ $39m^3$ ④ $62.4m^3$

해설

- 옥내소화전설비에서 수원의 수량은 옥내소화전이 가장 많이 설치된 층의 옥내소화전 설치개수(설치개수가 5개 이상인 경우는 5개)에 $7.8m^3$를 곱한 양 이상이 되어야 하므로 각층에 8개로 5개 이상이므로 $5 \times 7.8 = 39m^3$ 이상이 되어야 한다.

옥내소화전설비의 설치기준 실기 1301/1304/1701/1702/1804

- 옥내소화전은 제조소등의 건축물의 층마다 당해 층의 각 부분에서 하나의 호스접속구까지의 수평거리가 25m 이하가 되도록 설치할 것. 이 경우 옥내소화전은 각층의 출입구 부근에 1개 이상 설치하여야 한다.
- 수원의 수량은 옥내소화전이 가장 많이 설치된 층의 옥내소화전 설치개수(설치개수가 5개 이상인 경우는 5개)에 $7.8m^3$를 곱한 양 이상이 되도록 설치할 것
- 옥내소화전설비는 각층을 기준으로 하여 당해 층의 모든 옥내소화전(설치개수가 5개 이상인 경우는 5개의 옥내소화전)을 동시에 사용할 경우에 각 노즐선단의 방수압력이 350kPa 이상이고 방수량이 1분당 260L 이상의 성능이 되도록 할 것
- 옥내소화전설비에는 비상전원을 설치할 것

32 Repetitive Learning (1회 2회 3회)

위험물에 따른 소화설비를 설명한 내용으로 틀린 것은?

① 제1류 위험물 중 알칼리금속과 산화물은 포소화설비가 적응성이 없다.

② 제2류 위험물 중 금속분은 스프링클러설비가 적응성이 없다.

③ 제3류 위험물 중 금수성 물질은 포소화설비가 적응성이 있다.

④ 제5류 위험물 중 스프링클러설비가 적응성이 있다.

해설

- 제3류 위험물 중 금수성 물질에 적응성 있는 소화기는 탄산수소염류 분말과 건조사, 팽창질석 또는 팽창진주암 등이다.

소화설비의 적응성 중 제3류 위험물 실기 1002/1101/1202/1601/1702/1902/2001/2003/2004

소화설비의 구분			제3류 위험물	
			금수성물품	그 밖의 것
옥내소화전 또는 옥외소화전설비				○
스프링클러설비				○
물분무등 소화설비	물분무소화설비			○
	포소화설비			○
	불활성가스소화설비			
	할로겐화합물소화설비			
	분말 소화설비	인산염류등		
		탄산수소염류등	○	
		그 밖의 것	○	
대형 · 소형 수동식 소화기	봉상수(棒狀水)소화기			○
	무상수(霧狀水)소화기			○
	봉상강화액소화기			○
	무상강화액소화기			○
	포소화기			○
	이산화탄소 소화기			
	할로겐화합물소화기			
	분말 소화기	인산염류소화기		
		탄산수소염류소화기	○	
		그 밖의 것	○	
기타	물통 또는 수조			○
	건조사		○	○
	팽창질석 또는 팽창진주암		○	○

30 ② 31 ③ 32 ③ 정답

0701 / 1102

33 Repetitive Learning (1회 2회 3회)

자연발화의 방지법으로 가장 거리가 먼 것은?

① 통풍을 잘 하여야 한다.
② 습도가 낮은 곳을 피한다.
③ 열이 쌓이지 않도록 유의한다.
④ 저장실의 온도를 낮춘다.

해설

- 습도가 높을수록 자연발화하기 쉽다.

자연발화 실기 0602/0704

㉠ 개요
- 물질이 고유의 성질로 인해 스스로 발열반응을 통해 발생한 열을 장기간 축적하여 발화하는 현상을 말한다.
- 자연발화를 일으키는 원인에는 산화열, 분해열, 중합열, 흡착열, 미생물에 의한 발열 등이 있다.

㉡ 발화하기 쉬운 조건
- 고온다습한 환경에서 자연발화가 발생하기 쉽다.
- 입자의 표면적이 넓을수록 자연발화가 발생하기 쉽다.
- 열전도율이 작을수록 자연발화가 발생하기 쉽다.

34 Repetitive Learning (1회 2회 3회)

제2류 위험물에 해당하는 것은?

① 마그네슘과 나트륨
② 황화린과 황린
③ 수소화리튬과 수소화나트륨
④ 유황과 적린

해설

- 주어진 보기에서 제2류 위험물에 해당하는 것은 마그네슘, 황화린, 유황, 적린이다.
- 나트륨과 황린, 수소화리튬, 수소화나트륨은 자연발화성 및 금수성 물질에 해당하는 제3류 위험물이다.

제2류 위험물_가연성 고체 실기 0504/1104/1602/1701

품명	지정수량	위험등급
황화린	100kg	Ⅱ
적린		
유황		
마그네슘	500kg	Ⅲ
철분		
금속분		
인화성고체	1,000kg	

35 Repetitive Learning (1회 2회 3회)

제조소 또는 일반취급소에서 취급하는 제4류 위험물의 최대수량의 합이 지정수량의 12만 배 미만인 사업소의 자체소방대에 두는 화학소방자동차와 자체소방대원의 기준으로 옳은 것은?

① 1대, 5인 ② 2대, 10인
③ 3대, 15인 ④ 4대, 20인

해설

- 지정수량의 12만배 미만인 사업소에는 화학소방자동차 1대, 자체소방대원의 수는 5인을 기준으로 한다.

자체소방대에 두는 화학소방자동차 및 인원 실기 1102/1402/1404/2001/2101

- 제4류 위험물을 지정수량의 3천배 이상 취급하는 제조소 또는 일반취급소를 대상으로 한다.

제조소 또는 일반취급소에서 취급하는 제4류 위험물의 최대수량의 합	화학 소방자동차	자체 소방대원의 수
지정수량의 12만배 미만인 사업소	1대	5인
지정수량의 12만배 이상 24만배 미만인 사업소	2대	10인
지정수량의 24만배 이상 48만배 미만인 사업소	3대	15인
지정수량의 48만배 이상인 사업소	4대	20인

1404

36 Repetitive Learning (1회 2회 3회)

다음 중 C급 화재에 가장 적응성이 있는 소화설비는?

① 봉상강화액 소화기 ② 포소화기
③ 이산화탄소 소화기 ④ 스프링클러설비

해설

- 이산화탄소 소화기는 전기설비, 제2류 위험물 중 인화성고체, 제4류 위험물에 적응성을 갖는다.

이산화탄소(CO_2) 소화기의 특징

- 용기는 이음매 없는 고압가스 용기를 사용한다.
- 산소와 반응하지 않는 안전한 가스이다.
- 전기에 대한 절연성이 우수(비전도성)하기 때문에 전기화재(C급)에 유효하다.
- 자체 압력으로 방출하므로 방출용 동력이 별도로 필요하지 않다.
- 고온의 직사광선이나 보일러실에 설치할 수 없다.
- 금속분의 화재 시에는 사용할 수 없다.
- 소화기 방출구에서 주울-톰슨효과에 의해 드라이아이스가 생성될 수 있다.

정답 | 33 ② 34 ④ 35 ① 36 ③

0501_추가 / 0904 / 1601 / 2001

37

Repetitive Learning (1회 2회 3회)

위험물안전관리법령에 따른 옥내소화전설비의 기준에서 펌프를 이용한 가압송수장치의 경우 펌프의 전양정 H는 소정의 산식에 의한 수치 이상이어야 한다. 전양정 H를 구하는 식으로 옳은 것은? (단, h_1 =소방용 호스의 마찰손실수두, h_2 =배관의 마찰손실수두, h_3 =낙차이며 단위는 모두 m이다)

① $H = h_1 + h_2 + h_3$

② $H = h_1 + h_2 + h_3 + 0.35m$

③ $H = h_1 + h_2 + h_3 + 35m$

④ $H = h_1 + h_2 + 35m$

해설

- 펌프의 전양정 $H = h_1 + h_2 + h_3 + 35m$로 구한다.

펌프의 전양정

- $H = h_1 + h_2 + h_3 + 35m$

  - H : 펌프의 전양정 (단위 m)
  - h_1 : 소방용 호스의 마찰손실수두 (단위 m)
  - h_2 : 배관의 마찰손실수두 (단위 m)
  - h_3 : 낙차 (단위 m)

0701

38

Repetitive Learning (1회 2회 3회)

제1인산암모늄을 주성분으로 하는 분말소화약제에서 발수제 역할을 하는 물질은?

① 실리콘 오일 ② 실리카겔

③ 활성탄 ④ 소다라임

해설

- 제3종 분말소화약제는 발수제로 실리콘 오일을 첨가한다.

제3종 분말소화약제 실기 0501/0602/0701/0801/0901/1204/1301/1404/1502/1504/1601/1602/1701/1801/1904/2003/2101

- 제1인산암모늄($NH_4H_2PO_4$)을 주성분으로 하는 소화약제로 ABC급 화재에 적응성이 있으며 착색색상은 담홍색인 소화약제이다.
- 가연물의 표면에 피막을 형성하여 산소의 유입을 차단시킨다.
- 발수제로 실리콘 오일을 첨가한다.
- 인산암모늄이 열분해되면 메타인산, 암모니아, 물로 분해되는데, 이중 메타인산(HPO_3)이 부착성 있는 막을 만드는 방진효과로 A급화재 진화에 기여를 한다.
  ($NH_4H_2PO_4 \xrightarrow[\triangle]{} HPO_3 + NH_3 + H_2O$)

39

Repetitive Learning (1회 2회 3회)

다음 물질 중에서 일반화재, 유류화재 및 전기화재에 모두 사용할 수 있는 분말소화약제의 주성분은?

① $KHCO_3$ ② Na_2SO_4

③ $NaHCO_3$ ④ $NH_4H_2PO_4$

해설

- 제3종 분말소화약제는 제1인산암모늄($NH_4H_2PO_4$)을 주성분으로 하는 소화약제로 ABC급 화재에 적응성이 있으며 착색색상은 담홍색이다.

제3종 분말소화약제 실기 0501/0602/0701/0801/0901/1204/1301/1404/1502/1504/1601/1602/1701/1801/1904/2003/2101

문제 38번의 유형별 핵심이론 참조

1404

40

Repetitive Learning (1회 2회 3회)

소화기가 유류화재에 적응력이 있음을 표시하는 색은?

① 백색 ② 황색

③ 청색 ④ 흑색

해설

- 유류화재는 B급으로 황색이다.

화재의 분류 실기 0504

분류	표시색상	구분 및 대상	소화기	특징
A급	백색	종이, 나무 등 일반 가연성 물질	물 및 산, 알칼리 소화기	• 냉각소화 • 재가 남는다.
B급	황색	석유, 페인트 등 유류화재	모래나 소화기	• 질식소화 • 재가 남지 않는다.
C급	청색	전기스파크 등 전기화재	이산화탄소 소화기	• 질식소화, 냉각소화 • 물로 소화할 경우 감전의 위험이 있다.
D급	무색	금속나트륨, 금속칼륨 등 금속화재	마른 모래	• 질식소화 • 물로 소화할 경우 폭발의 위험이 있다.

37 ③ 38 ① 39 ④ 40 ② | 정답

3과목 위험물의 성질과 취급

1504

41

Repetitive Learning (1회 2회 3회)

주거용 건축물과 위험물제조소와의 안전거리를 단축할 수 있는 경우는?

① 제조소가 위험물의 화재 진압을 하는 소방서와 근거리에 있는 경우
② 취급하는 위험물의 최대수량(지정수량의 배수)이 10배 미만이고 기준에 의한 방화상 유효한 벽을 설치한 경우
③ 위험물을 취급하는 시설이 철근콘크리트 벽일 경우
④ 취급하는 위험물이 단일 품목일 경우

해설

- 불연재료로 된 담/벽 설치 시 안전거리를 단축할 수 있다.

제조소의 안전거리(제6류 위험물제조소 제외) 실기 1302

주거용 건물	10m 이상	불연재료로 된 담/벽 설치 시 단축가능
학교 · 병원 · 극장 그 밖에 다수인을 수용하는 시설	30m 이상	
유형문화재와 기념물 중 지정문화재	50m 이상	
고압가스, 액화석유가스 또는 도시가스를 저장 또는 취급하는 시설	20m 이상	
사용전압이 7,000V 초과 35,000V 이하의 특고압가공전선	3m 이상	
사용전압이 35,000V를 초과하는 특고압가공전선	5m 이상	

1704

42

다음 Ⓐ~Ⓒ 물질 중 위험물안전관리법상 제6류 위험물에 해당하는 것은 모두 몇 개인가?

> Ⓐ 비중 1.49인 질산
> Ⓑ 비중 1.7인 과염소산
> Ⓒ 물 60g+과산화수소 40g 혼합 수용액

① 1개　② 2개
③ 3개　④ 없음

해설

- 과산화수소는 그 농도가 36중량퍼센트 이상인 것에 한해 제6류 위험물에 해당하며, 산화성액체의 성상이 있는 것으로 본다.
- Ⓐ는 비중이 1.49 이상이어야 하므로 제6류 위험물에 해당한다.
- Ⓑ는 제6류 위험물에 해당한다.
- Ⓒ는 과산화수소 40중량퍼센트($\frac{40}{60+40}\times 100 = \frac{40}{100}\times 100$)이므로 제6류 위험물에 해당한다.

제6류 위험물 실기 0502/0704/0801/0902/1302/1702/2003

성질	품명	지정수량
산화성 액체	1. 과염소산	300kg
	2. 과산화수소	
	3. 질산	
	4. 그 밖에 행정안전부령으로 정하는 것	
	5. 제1호 내지 제4호의 1에 해당하는 어느 하나 이상을 함유한 것	

- 산화성액체란 액체로서 산화력의 잠재적인 위험성을 판단하기 위하여 고시로 정하는 시험에서 고시로 정하는 성질과 상태를 나타내는 것을 말한다.
- 과산화수소는 그 농도가 36중량퍼센트 이상인 것에 한하며, 산화성액체의 성상이 있는 것으로 본다.
- 질산은 그 비중이 1.49 이상인 것에 한하며, 산화성액체의 성상이 있는 것으로 본다.

43

인화칼슘이 물과 반응해서 생성되는 유독가스는?

① PH_3　② CO
③ CS_2　④ H_2S

해설

- 인화칼슘(석회)이 물이나 산과 반응하면 독성의 가연성 기체인 포스핀가스(인화수소, PH_3)가 발생한다.

인화석회/인화칼슘(Ca_3P_2) 실기 0502/0601/0704/0802/1401/1501/1602/2004

- 금속의 인화물의 한 종류로 지정수량이 300kg, 위험등급이 Ⅲ인 제3류 위험물이다.
- 상온에서 적갈색 고체로 비중이 2.5로 물보다 무겁다.
- 물 또는 약산과 반응하면 독성의 가연성 기체인 포스핀가스(인화수소, PH_3)가 발생한다.

물과의 반응식	$Ca_3P_2 + 6H_2O \rightarrow 3Ca(OH)_2 + 2PH_3$ 인화석회+물 → 수산화칼슘+인화수소
산과의 반응식	$Ca_3P_2 + 6HCl \rightarrow 3CaCl_2 + 2PH_3$ 인화석회+염산 → 염화칼슘+인화수소

정답 | 41 ② 42 ③ 43 ①

1302 / 1901

44 Repetitive Learning (1회 2회 3회)

가연성의 증기 또는 미분이 체류할 우려가 있는 건축물에는 배출설비를 하여야 하는데 위험물제조소의 배출설비 기준 중 국소방식의 경우 배출능력은 1시간당 배출장소용적의 몇 배 이상인 것으로 하여야 하는가?

① 10배　② 20배
③ 30배　④ 40배

해설

- 제조소의 배출설비의 배출능력은 1시간당 배출장소 용적의 20배 이상인 것으로 하여야 한다.

제조소의 배출설비 실기 0904/1601/2101

- 배출설비는 국소방식으로 하여야 한다.
- 배출설비는 배풍기 · 배출닥트 · 후드 등을 이용하여 강제적으로 배출하는 것으로 하여야 한다.
- 배출능력은 1시간당 배출장소 용적의 20배 이상인 것으로 하여야 한다. 다만, 전역방식의 경우에는 바닥면적 $1m^2$당 $18m^3$ 이상으로 할 수 있다.
- 배풍기는 강제배기방식으로 하고, 옥내닥트의 내압이 대기압 이상이 되지 아니하는 위치에 설치하여야 한다.

45 Repetitive Learning (1회 2회 3회)

황린에 공기를 차단하고 약 몇 ℃로 가열하면 적린이 되는가?

① 250℃　② 120℃
③ 44℃　④ 34℃

해설

- 황린을 밀폐용기 속에서 260℃로 가열하여 적린을 얻을 수 있으며, 이때 유독가스인 오산화인(P_2O_5)이 발생한다.

황린(P_4) 실기 0602/0701/0702/0901/1001/1202/1302/1401/1402/1504/1901/1902/2003

- 공기 중에서 발화하는 자연발화성 물질로 제3류 위험물에 속하며 지정수량은 20kg, 위험등급은 Ⅰ이다.
- 산소와 결합력이 강하고 착화온도가 낮기(미분 34℃, 고형분 60℃) 때문에 쉽게 자연발화한다.
- 백색 또는 담황색의 고체로 독성이 있는 물질로 물에는 녹지 않고 이황화탄소에는 녹는다.
- 수산화나트륨(NaOH) 수용액에 반응시키면 포스핀(인화수소, PH_3)를 발생시키므로 이를 방지하기 위해 pH9의 물속에 저장한다.
- 밀폐용기 속에서 260℃로 가열하여 적린을 얻을 수 있다. 이때 유독가스인 오산화인(P_2O_5)이 발생한다.
  (반응식 : $P_4 + 5O_2 \rightarrow 2P_2O_5$)

0602 / 1004 / 1501 / 1904

46 Repetitive Learning (1회 2회 3회)

어떤 공장에서 아세톤과 메탄올을 18L 용기에 각각 10개, 등유를 200L 드럼으로 3드럼을 저장하고 있다면 각각의 지정수량 배수의 총합은 얼마인가?

① 1.3　② 1.5
③ 2.3　④ 2.5

해설

- 아세톤은 제4류 위험물에 해당하는 수용성 제1석유류로 지정수량이 400L이다.
- 메탄올은 제4류 위험물에 해당하는 수용성 알코올류로 지정수량이 400L이다.
- 등유는 제4류 위험물에 해당하는 비수용성 제2석유류로 지정수량이 1,000L이다.
- 지정수량의 배수의 합은 $\frac{180}{400}+\frac{180}{400}+\frac{600}{1,000}=0.45+0.45+0.6$ $=1.5$배이다.

지정수량 배수의 계산

- 다수의 위험물을 저장하는 경우 지정수량의 배수를 구하려면 각각의 위험물에 해당하는 지정수량 배수($\frac{저장수량}{지정수량}$)의 합을 구하면 된다.
- 위험물 A, B를 저장하는 경우 지정수량의 배수의 합은 $\frac{A저장수량}{A지정수량}+\frac{B저장수량}{B지정수량}$가 된다.

0702

47 Repetitive Learning (1회 2회 3회)

물질의 자연발화를 방지하기 위한 조치로서 가장 거리가 먼 것은?

① 퇴적할 때 열이 쌓이지 않게 한다.
② 저장실의 온도를 낮춘다.
③ 촉매 역할을 하는 물질과 분리하여 저장한다.
④ 저장실의 습도를 높인다.

해설

- 습도를 낮게 해야 한다.

자연발화 방지방법

- 통풍이 잘되게 할 것
- 열의 축적을 용이하지 않게 할 것
- 저장실의 온도를 낮게 할 것
- 습도를 낮게 할 것
- 한 번에 5g 이상을 실험실에서 취급하지 않도록 할 것

44 ② 45 ① 46 ② 47 ④ | 정답

1004 / 1904

48 Repetitive Learning (1회 2회 3회)

위험물을 적재, 운반할 때 방수성 덮개를 하지 않아도 되는 것은?

① 알칼리 금속의 과산화물
② 마그네슘
③ 니트로화합물
④ 탄화칼슘

해설

• 니트로화합물은 제5류 위험물이므로 차광성이 있는 피복으로 가려야 한다.

적재 시 피복 기준 실기 0704/1704/1904

• 제1류 위험물, 제3류 위험물 중 자연발화성물질, 제4류 위험물 중 특수인화물, 제5류 위험물 또는 제6류 위험물은 차광성이 있는 피복으로 가릴 것
• 제1류 위험물 중 알칼리금속의 과산화물 또는 이를 함유한 것, 제2류 위험물 중 철분 · 금속분 · 마그네슘 또는 이들 중 어느 하나 이상을 함유한 것 또는 제3류 위험물 중 금수성물질은 방수성이 있는 피복으로 덮을 것
• 제5류 위험물 중 55℃ 이하의 온도에서 분해될 우려가 있는 것은 보냉 컨테이너에 수납하는 등 적정한 온도관리를 할 것
• 액체위험물 또는 위험등급 Ⅱ의 고체위험물을 기계에 의하여 하역하는 구조로 된 운반용기에 수납하여 적재하는 경우에는 당해 용기에 대한 충격 등을 방지하기 위한 조치를 강구하여야 한다.

0902 / 1501

49 Repetitive Learning (1회 2회 3회)

위험물의 저장 방법에 대한 설명 중 틀린 것은?

① 황린은 산화제와 혼합되지 않게 저장한다.
② 황은 정전기가 축적되지 않도록 저장한다.
③ 적린은 인화성 물질로부터 격리 저장한다.
④ 마그네슘분은 분진을 방지하기 위해 약간의 수분을 포함시켜 저장한다.

해설

• 마그네슘분은 공기 중의 습기와 반응하여 열이 축적되면 자연발화의 위험이 있고, 수소가 발생해 폭발할 수 있다.

마그네슘(Mg) 실기 0604/0902/1002/1201/1402/1801/2003/2101

• 제2류 위험물에 해당하는 가연성 고체로 지정수량은 500kg이고, 위험등급은 Ⅲ이다.
• 온수 및 강산과 반응하여 수소가스를 생성한다.
• 공기 중의 습기와 반응하여 열이 축적되면 자연발화의 위험이 있다.
• 가열하면 연소가 쉬우며, 양이 많은 경우 순간적으로 맹렬히 폭발할 수 있다.
• 산화제와의 혼합하면 가열, 충격, 마찰 등에 의해 폭발할 위험성이 높으며, 산화제와 혼합되어 연소할 때 불꽃의 온도가 높아 자외선을 많이 포함하는 불꽃을 낸다.
• 마그네슘과 이산화탄소가 반응하면 산화마그네슘(MgO)과 탄소(C)로 변화하면서 연소를 지속하지만 탄소와 산소의 불완전연소 반응으로 일산화탄소(CO)가 생성된다.

1902

50 Repetitive Learning (1회 2회 3회)

과산화칼륨에 대한 설명으로 옳지 않은 것은?

① 염산과 반응하여 과산화수소를 생성한다.
② 탄산가스와 반응하여 산소를 생성한다.
③ 물과 반응하여 수소를 생성한다.
④ 물과의 접촉을 피하고 밀전하여 저장한다.

해설

• 과산화칼륨은 물과 격렬하게 반응하여 수산화칼륨과 산소를 발생시킨다.

과산화칼륨(K_2O_2) 실기 0604/1004/1801/2003

㉠ 개요
• 산화성 고체로 제1류 위험물에 해당하며, 지정수량은 50kg, 위험등급은 Ⅰ이다.
• 무색 혹은 오렌지색 비정계 분말이다.
• 흡습성이 있으며, 에탄올에 녹는다.
• 산과 반응하여 과산화수소(H_2O_2)를 발생시킨다.
• 물과 격렬하게 반응하여 수산화칼륨과 산소를 발생시킨다. ($2K_2O_2 + 2H_2O \rightarrow 4KOH + O_2$)
• 가연물과 혼합되어 있을 경우 약간의 물 접촉만으로도 발화하며, 양이 많을 경우 주수에 의해 폭발하므로 주수소화를 금해야 한다.
• 가열하면 산화칼륨과 산소를 발생시킨다. ($2K_2O_2 \xrightarrow[\triangle]{} 2K_2O + O_2$)
• 이산화탄소와 반응하여 탄산칼륨과 산소를 발생시킨다. ($2K_2O_2 + 2CO_2 \rightarrow 2K_2CO_3 + O_2$)
• 아세트산과 반응하여 아세트산칼륨과 과산화수소를 발생시킨다.($K_2O_2 + 2CH_3COOH \rightarrow 2CH_3COOK + H_2O_2$)

㉡ 저장 및 취급방법
• 물과 습기의 접촉을 피한다.
• 용기는 수분이 들어가지 않게 밀전 및 밀봉 저장한다.
• 가열 및 충격 · 마찰을 피하고 유기물질의 혼입을 막는다.

정답 | 48 ③ 49 ④ 50 ③

1004 / 1604

51 — Repetitive Learning (1회 2회 3회)

과염소산과 과산화수소의 공통된 성질이 아닌 것은?

① 비중이 1보다 크다. ② 물에 녹지 않는다.
③ 산화제이다. ④ 산소를 포함한다.

해설

- 과염소산은 산화성 액체에 해당하는 제6류 위험물로 물에 녹는다.
- 과산화수소는 물보다 무겁고 석유와 벤젠에는 녹지 않으나 물, 에테르, 에탄올에 녹는다.

과산화수소(H_2O_2) 실기 0502/1004/1301/2001/2101

㉠ 개요 및 특성

- 이산화망간(MgO_2), 과산화바륨(BaO_2)과 같은 금속 과산화물을 묽은 산(HCl 등)에 반응시켜 생성되는 물질로 제6류 위험물인 산화성 액체에 해당한다.
  (예, $BaO_2+2HCl \rightarrow BaCl_2+H_2O_2$: 과산화바륨＋염산 → 염화바륨＋과산화수소)
- 위험등급이 Ⅰ등급이고, 지정수량은 300kg이다.
- 물보다 무겁고 석유와 벤젠에 녹지 않고, 물, 에테르, 에탄올에 녹는다.
- 표백작용과 살균작용을 하는 물질이다.
- 불연성의 강산화제이지만 환원제로서 작용하는 경우도 있다.
- 피부와 접촉 시 수종을 생기게 하는 위험물질이다.
- 순수한 것은 점성이 있는 무색 액체이며, 다량이면 청색빛깔을 띤다.

㉡ 분해 및 저장 방법

- 이산화망간(MnO_2)이 있으면 분해가 촉진된다.
- 햇빛에 의하여 분해되므로 햇빛이 통과하지 않는 갈색 병에 보관한다.
- 분해되면 산소를 방출한다.
- 분해 방지를 위해 보관 시 인산, 요산 등의 안정제를 가할 수 있다.
- 냉암소에 저장하고 온도의 상승을 방지한다.
- 용기에 내압 상승을 방지하기 위하여 밀전하지 않고 작은 구멍이 뚫린 마개를 사용하여 보관한다.

㉢ 농도에 따른 위험성

- 농도가 높아질수록 위험성이 커진다.
- 농도에 따라 위험물에 해당하지 않는 것도 있다.(3%과산화수소는 옥시풀로 약국에서 판매한다)
- 농도가 높은 것은 불순물, 구리, 은, 백금 등의 미립자에 의하여 폭발적으로 분해한다.
- 농도가 클수록 위험하므로 분해방지 안정제를 넣어 산소분해를 억제한다.

1502

52 — Repetitive Learning (1회 2회 3회)

위험물제조소의 표지의 크기 규격으로 옳은 것은?

① 0.2m×0.4m ② 0.3m×0.3m
③ 0.3m×0.6m ④ 0.6m×0.2m

해설

- 제조소의 표지 및 게시판의 크기는 한 변의 길이가 0.3m 이상, 다른 한 변의 길이가 0.6m 이상인 직사각형으로 하여야 한다.

위험물제조소의 표지 및 게시판 실기 0502/1501

- 표지 및 게시판은 한 변의 길이가 0.3m 이상, 다른 한 변의 길이가 0.6m 이상인 직사각형으로 할 것
- 종류별 색상

구분	내용	색상
표지	게시판(저장 또는 취급하는 위험물의 유별 · 품명 및 저장최대수량 또는 취급최대수량, 지정수량의 배수 및 안전관리자의 성명 또는 직명을 기재)	바탕은 백색으로, 문자는 흑색
주의사항 게시판	제1류 위험물 중 알칼리금속의 과산화물과 이를 함유한 것 또는 제3류 위험물 중 금수성 물질에 있어서는 "물기엄금"	청색바탕에 백색문자로
	제2류 위험물(인화성 고체를 제외한다)에 있어서는 "화기주의"	적색바탕에 백색문자로
	제2류 위험물 중 인화성 고체, 제3류 위험물 중 자연발화성물질, 제4류 위험물 또는 제5류 위험물에 있어서는 "화기엄금"	

1101

53 — Repetitive Learning 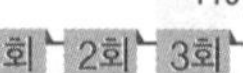

오황화린이 물과 작용해서 발생하는 유독성 기체는?

① 아황산가스 ② 포스겐
③ 황화수소 ④ 인화수소

해설

- 오황화린(P_2S_5)은 물과의 반응으로 유독성 황화수소(H_2S)와 인산(H_3PO_4) 이 생성된다.

오황화린(P_2S_5)

- 황화린의 한 종류로 제2류 위험물에 해당하는 가연성 고체이며, 지정수량은 100kg이고, 위험등급은 Ⅱ이다.
- 비중은 2.09로 물보다 무거운 담황색 조해성 물질이다.
- 이황화탄소에 잘 녹으며, 물과 반응하여 유독성 황화수소(H_2S), 인산(H_3PO_4)으로 분해된다.

51 ② 52 ③ 53 ③ | 정답

54 Repetitive Learning (1회 2회 3회)

건성유에 속하지 않는 것은?

① 동유 ② 아마인유
③ 야자유 ④ 들기름

해설

- 야자유는 요오드값이 100 이하인 불건성유에 해당한다.

동 · 식물유류 실기 0601/0604/1304/1502/1802/2003

㉠ 개요

- 1기압에서 인화점이 250℃ 미만인 것으로 지정수량이 10,000L 이고, 위험등급이 Ⅲ에 해당하는 물질이다.
- 유지 100g에 부가되는 요오드의 g수를 의미하는 요오드값(옥소값)에 의해 건성유(130 이상), 반건성유(100~130), 불건성유(100 이하)로 구분한다.
- 요오드값이 클수록 자연발화의 위험이 크다.
- 요오드값이 클수록 이중결합이 많고, 불포화지방산을 많이 가진다.

㉡ 구분

구분	내용
건성유 (요오드값이 130 이상)	• 공기 중에서 자연발화의 위험이 있으며, 피막이 단단하다. • 동유, 아마인유, 정어리유, 대구유, 상어유, 해바라기유, 들기름 등
반건성유 (요오드값이 100~130)	• 피막이 얇다. • 참기름, 콩기름, 청어유, 쌀겨기름, 면실유, 채종유, 옥수수기름 등
불건성유 (요오드값이 100 이하)	• 피막을 만들지 않는다. • 피마자유, 올리브유, 팜유, 땅콩기름, 야자유, 쇠기름, 돼지기름, 고래기름 등

1904

55 Repetitive Learning (1회 2회 3회)

위험물제조소는 문화재보호법에 의한 유형문화재로부터 몇 m 이상의 안전거리를 두어야 하는가?

① 20m ② 30m
③ 40m ④ 50m

해설

- 유형문화재와 기념물 중 지정문화재와는 50m 이상의 안전거리를 유지하여야 한다.

제조소의 안전거리(제6류 위험물제조소 제외) 실기 1302

문제 41번의 유형별 핵심이론 참조

0904 / 1502

56 Repetitive Learning (1회 2회 3회)

위험물안전관리법령에 따라 특정 옥외저장탱크를 원통형으로 설치하고자 한다. 지반면으로부터의 높이가 16m일 때 이 탱크가 받는 풍하중은 1m^{2}당 얼마 이상으로 계산하여야 하는가? (단, 강풍을 받을 우려가 있는 장소에 설치하는 경우는 제외한다)

① 0.7640kN ② 1.2348kN
③ 1.6464kN ④ 2.348kN

해설

- 원통형이므로 풍력계수는 0.7, 높이가 16m이므로 풍하중은 $0.588 \times 0.7 \times \sqrt{16} = 1.6464$[kN/m^2]가 된다.

특정옥외저장탱크의 풍하중

- 1m^{2}당 풍하중 $q = 0.588k\sqrt{h}$[kN/m^2]로 구한다.
  이때, q는 풍하중, k는 풍력계수(원통형은 0.7, 그 외는 1.0), h는 지반면으로부터의 높이(m)이다.

57 Repetitive Learning (1회 2회 3회)

니트로셀룰로오스에 대한 설명으로 옳지 않은 것은?

① 직사일광을 피해서 저장한다.
② 알코올수용액 또는 물로 습윤시켜 저장한다.
③ 질화도가 클수록 위험도가 증가한다.
④ 화재 시에는 질식소화가 효과적이다.

해설

- 니트로셀룰로오스는 화재 시 다량의 물로 냉각소화한다.

니트로셀룰로오스$[C_6H_7O_2(ONO_2)_3]_n$의 저장 및 취급방법

- 가열, 마찰을 피한다.
- 열원을 멀리하고 냉암소에 저장한다.
- 알코올 수용액(30%) 또는 물로 습면하여 저장한다.
- 직사광선 및 산과 접촉 시 자연발화하므로 주의한다.
- 건조하면 폭발 위험이 크지만 수분을 함유하면 폭발위험이 적어진다.
- 화재 시에는 다량의 물로 냉각소화한다.

정답 | 54 ③ 55 ④ 56 ③ 57 ④

1001 / 1602

58 Repetitive Learning (1회 2회 3회)

위험물의 운반에 관한 기준에서 위험물의 적재 시 혼재가 가능한 위험물은? (단, 지정수량의 5배인 경우이다)

① 과염소산칼륨 – 황린
② 질산메틸 – 경유
③ 마그네슘 – 알킬알루미늄
④ 탄화칼슘 – 니트로글리세린

해설

- 과염소산칼륨(제1류), 황린(제3류), 질산메틸(제5류), 경유(제4류), 마그네슘(제2류), 알킬알루미늄(제3류), 탄화칼슘(제3류), 니트로글리세린(제5류)이다.
- 과염소산칼륨과 황린은 1류와 3류이므로 혼재 불가능, 마그네슘과 알킬알루미늄은 2류와 3류이므로 혼재 불가능, 탄화칼슘과 니트로글리세린은 3류와 5류이므로 혼재 불가능하다.

위험물의 혼합 사용 실기 0504/0601/0602/0701/0704/0804/1001/1102/1104/1302/1401/1404/1502/1504/1601/1704/1801/1802/1804/1901/1902/2001

- 유별을 달리하는 위험물은 동일 장소에서 저장, 취급해서는 안 된다.
- 제1류(산화성고체)와 제6류(산화성액체), 제2류(환원성고체)와 제4류(가연성액체) 및 제5류(자기반응성물질), 제3류(자연발화 및 금수성 물질)와 제4류(가연성액체)의 혼합은 비교적 위험도가 낮아 혼재 사용이 가능하다.
- 산화성물질과 가연물을 혼합하면 산화 · 환원반응이 더욱 잘 일어나는 혼합위험성 물질이 된다.
- 가연성 물질과 조연성 물질을 혼합할 때 폭발위험이 증가한다.

구분	1류	2류	3류	4류	5류	6류
1류		×	×	×	×	○
2류	×		×	○	○	×
3류	×	×		○	×	×
4류	×	○	○		○	×
5류	×	○	×	○		×
6류	○	×	×	×	×	

0204 / 1002

59 Repetitive Learning (1회 2회 3회)

저장할 때 상부에 물을 덮어서 저장하는 것은?

① 디에틸에테르 ② 아세트알데히드
③ 산화프로필렌 ④ 이황화탄소

해설

- 이황화탄소는 물에 녹지 않고 물보다 무거우며, 가연성 증기의 발생을 방지하기 위해 물속에 넣어 저장한다.

이황화탄소(CS_2) 실기 0504/0704/0802/1102/1401/1402/1501/1601/1702/1802/2004/2101

- 특수인화물로 지정수량이 50L이고 위험등급은 Ⅰ이다.
- 인화점이 −30℃, 끓는점이 46.3℃, 발화점이 120℃이다.
- 순수한 것은 무색투명한 액체이나, 일광에 황색으로 변한다.
- 물에 녹지 않고 벤젠에는 녹는다.
- 가연성 증기의 발생을 방지하기 위해 물속에 넣어 저장한다.
- 비중이 1.26으로 물보다 무겁고 독성이 있다.
- 완전연소할 때 자극성이 강하고 유독한 기체(SO_2)를 발생시킨다.

1502

60 Repetitive Learning (1회 2회 3회)

제조소에서 취급하는 위험물의 최대수량이 지정수량의 20배인 경우 보유 공지의 너비는 얼마인가?

① 3m 이상 ② 5m 이상
③ 10m 이상 ④ 20m 이상

해설

- 지정수량의 10배를 초과한 경우는 5m 이상의 공지를 확보하여야 한다.

제조소가 확보하여야 할 공지

지정수량의 10배 이하	3m 이상
지정수량의 10배 초과	5m 이상

- 내화구조의 방화벽, 출입구 및 창을 자동폐쇄식 갑종방화문, 방화벽의 양단 및 상단이 외벽 또는 지붕으로부터 50cm 이상 돌출되도록 한 경우의 방화상 유효한 격벽을 설치한 때에는 공지를 보유하지 않을 수 있다.

58 ② 59 ④ 60 ② | 정답

2012년 9월 15일

2012년 제4회

합격률 22.0%

1과목 일반화학

1502 / 1801

01

Repetitive Learning (1회 2회 3회)

어떤 금속(M) 8g을 연소시키니 11.2g의 산화물이 얻어졌다. 이 금속의 원자량이 140이라면 이 산화물의 화학식은?

① M_2O_3 ② MO

③ MO_2 ④ M_2O_7

해설

- 어떤 금속(M)의 원자량은 140이고, 8g을 사용하였다.
- 산화된 산화물의 화학식은 M_xO_y라고 하고, 11.2g이 생성되었다.
- 산화물에 결합한 산소의 질량은 11.2－8＝3.2g이 된다.
- 이를 몰수의 비로 표시하면 금속은 $\frac{8}{140}=0.057$몰이 되고, 산소는 $\frac{3.2}{16}=0.2$몰이 된다.
- x, y는 정수가 되어야 하므로 0.057 : 0.2를 정수비로 표시하면 1 : 3.5이므로 2 : 7이 된다.
- 즉, 이 산화물은 M_2O_7이 된다.

금속 산화물

- 어떤 금속 M의 산화물의 조성은 산화물을 구성하는 각 원소들의 몰 당량에 의해 구성된다.
- 중량%가 주어지면 해당 중량%의 비로 금속의 당량을 확인할 수 있다.
- 원자량은 당량×원자가로 구한다.

1001 / 1501

02

Repetitive Learning (1회 2회 3회)

다음 중 수용액에서 산성의 세기가 가장 큰 것은?

① HF ② HCl

③ HBr ④ HI

해설

- 원자번호, 원자반지름, 수용액의 산성의 세기는 F<Cl<Br<I<At 순으로 커진다.

할로겐족(7A) 원소

2주기	3주기	4주기	5주기	6주기
9 −1 F 3 불소 5 7 19	17 −1 Cl 3 염소 5 7 35.5	35 −1 Br 3 브롬 5 7 80	53 −1 I 3 요오드 5 7 127	85 1 At 3 아스타틴 5 7 210

- 최외곽 전자는 모두 7개씩이다.
- 원자번호, 원자반지름, 수용액의 산성의 세기는 F<Cl<Br<I<At 순으로 커진다.
- 전기음성도, 극성의 세기, 이온화에너지, 결합에너지는 F>Cl>Br>I 순으로 작아진다.
- 불소(F)는 연환황색의 기체, 염소(Cl)는 황록색 기체, 브롬(Br)은 적갈색 액체, 요오드(I)는 흑자색 고체이다.

03

Repetitive Learning (1회 2회 3회)

단백질에 관한 설명으로 틀린 것은?

① 펩티드 결합을 하고 있다.

② 뷰렛반응에 의해 노란색으로 변한다.

③ 아미노산의 연결체이다.

④ 체내 에너지 대사에 관여한다.

해설

- 뷰렛 반응은 단백질 검출반응의 하나로 5%의 수산화 나트륨용액과 1%의 황산구리 수용액을 섞으면 푸른색이 나타나는 것을 이용한다.

단백질

- 펩티드 결합을 하고 있다.
- 뷰렛반응에 의해 푸른색으로 변한다.
- 아미노산의 연결체이다.
- 체내 에너지 대사에 관여한다.

정답 | 01 ④ 02 ④ 03 ②

04 — Repetitive Learning (1회 2회 3회)

CO_2와 CO의 성질에 대한 설명 중 옳지 않은 것은?

① CO_2는 공기보다 무겁고, CO는 가볍다.
② CO_2는 붉은색 불꽃을 내며 연소한다.
③ CO는 파란색 불꽃을 내며 연소한다.
④ CO는 독성이 있다.

해설

- CO_2는 타지 않는다.

일산화탄소(CO)와 이산화탄소(CO_2)

- CO_2는 공기보다 무겁고, CO는 가볍다.
- CO_2는 타지 않으나 CO는 파란색 불꽃을 내며 탄다.
- CO_2는 빵을 부풀게 하는데 쓰며, CO는 금속 산화물을 환원하는데 쓴다.
- CO_2는 석회수와 작용하여 탄산칼슘이 된다.
- CO는 독성이 있다.

1901

05 — Repetitive Learning (1회 2회 3회)

다음 반응식을 이용하여 구한 $SO_2(g)$의 몰 생성열은?

$$S(s) + 1.5O_2(g) \rightarrow SO_3(g) \quad \Delta H° = -94.5kcal$$
$$2SO_2(s) + O_2(g) \rightarrow 2SO_3(g) \quad \Delta H° = -47kcal$$

① -71kcal　　② -47.5kcal
③ 71kcal　　④ 47.5kcal

해설

- 몰 생성열은 1몰의 생성물에 주어진 열량이다.
- 주어진 2번째 식은 2몰이 생성되었으므로 1몰로 정리하면 $SO_2(s) + \frac{1}{2}O_2(g) \rightarrow SO_3(g) \quad \Delta H° = -23.5kcal$가 된다.
- S가 SO_3가 되기 위한 몰 생성열이 -94.5kcal이고, SO_2가 SO_3가 되기 위한 몰 생성열이 -23.5kcal이므로 S가 SO_2가 되기 위해서는 $-94.5-(-23.5)$ 가 되어야 하므로 -71[kcal]이다.

반응 발열량 구하기

- 주어진 원소가 결합하여 생성되는 생성물과 발열량이 있을 때 발열량을 구한다.
- 에너지 보존의 법칙은 항상 성립한다는 기준을 정한다.
- 반응 전의 에너지 = 반응 후의 에너지와 같아야 한다.
- 반응 엔탈피(ΔH) = 생성물의 엔탈피 − 반응물의 엔탈피로 구한다.
- 반응열(Q) = 반응물의 엔탈피 − 생성물의 엔탈피로 구한다.

06 — Repetitive Learning (1회 2회 3회)

벤젠에 대한 설명으로 옳지 않은 것은?

① 정육각형의 평면구조로 120°의 결합각을 갖는다.
② 결합길이는 단일결합과 이중결합의 중간이다.
③ 공명 혼성구조로 안정한 방향족 화합물이다.
④ 이중결합을 가지고 있어 치환반응보다 첨가반응이 지배적이다.

해설

- 벤젠은 공명 혼성구조로 안정한 방향족 화합물이나 첨가반응보다 치환반응을 더 잘한다.

벤젠(C_6H_6)

㉠ 개요

- 아세틸렌 3분자를 중합하여 얻거나, 코올타르를 분류(증류)하여 얻은 경유 속에 포함되어 있다.
- 상온, 상압에서 액체이며, 물보다 가볍고 물에 잘 녹지 않는다.
- 추운 겨울날씨에 응고될 수 있다.
- 알코올, 에테르에 잘 녹으며, 여러 가지 유기용제로 쓰인다.

㉡ 구조

- 정육각형의 평면구조로 120°의 결합각을 갖는디.
- 결합길이는 단일결합과 이중결합의 중간이고, 6개의 탄소−탄소결합은 2중결합과 단일결합이 각각 3개씩으로 구성된다.
- 공명 혼성구조로 안정한 방향족 화합물이나 첨가반응보다 치환반응을 더 잘한다.
- 일치환체는 이성질체가 없다.
- 이치환체에는 ortho, meta, para 3종의 이성질체가 있다.

07 — Repetitive Learning

$^{226}_{88}Ra$의 α붕괴 후 생성물은 어떤 물질인가?

① 금속원소　　② 비활성원소
③ 양쪽원소　　④ 할로겐원소

해설

- 알파붕괴는 질량수가 4, 원자번호가 2감소하므로 $^{226}_{88}Ra$이 알파붕괴를 하면 질량수는 222가, 원자번호는 86인 라돈(Rn)이 된다.
- 라돈은 0족의 불활성가스이다.

알파(α)붕괴

- 원자핵이 알파입자(^4_2He)를 방출하면서 질량수가 4, 원자번호가 2 감소하는 과정을 말한다.
- 우라늄의 알파붕괴 : $^{238}_{92}U \rightarrow ^4_2He + ^{234}_{90}Th$

04 ② 05 ① 06 ④ 07 ② | 정답

08
Repetitive Learning (1회 2회 3회)

27℃에서 9g의 비전해질을 녹여 만든 900mL 용액의 삼투압은 3.84기압이었다. 이 물질의 분자량은 약 얼마인가?

① 18 ② 32
③ 44 ④ 64

해설

- 삼투압을 통한 분자량을 구하는 문제이므로 이상기체 상태방정식에 대입한다.
- 분자량 M = $\frac{9\times0.082\times(273+27)}{3.84\times0.9}=\frac{221.4}{3.456}=64.06$이 된다.

이상기체 상태방정식

- 특정 압력과 온도에서 기체의 분자량을 구할 때 사용한다.
- 분자량 M = $\frac{질량\times R\times T}{P\times V}$로 구한다.

이때, R은 이상기체상수로 0.082[atm · L/mol · K]이고,
T는 절대온도(273+섭씨온도)[K]이고,
P는 압력으로 atm 혹은 $\frac{주어진\ 압력[mmHg]}{760mmHg/atm}$이고,
V는 부피[L]이다.

1701

09
Repetitive Learning (1회 2회 3회)

$CH_3COOH \rightarrow CH_3COO^- + H^+$의 반응식에서 전리평형상수 K는 다음과 같다. K 값을 변화시키기 위한 조건으로 옳은 것은?

$$K=\frac{[CH_3COO^-][H^+]}{[CH_3COOH]}$$

① 온도를 변화시킨다. ② 압력을 변화시킨다.
③ 농도를 변화시킨다. ④ 촉매양을 변화시킨다.

해설

- 평형상수 K는 온도 외에 다른 요인에는 영향을 받지 않는다.

화학평형의 법칙

- 일정한 온도에서 화학반응이 평형상태에 있을 때 전리평형상수(K)는 항상 일정하다.
- 전리평형상수(K)는 화학반응이 평형상태에 있을 때 반응물의 농도곱에 대한 생성물의 농도곱의 비를 말한다.

A와 B가 결합하여 C와 D가 생성되는 화학반응이 평형상태일 때 $aA+bB \Leftrightarrow cC+dD$라고 하면 $K=\frac{[C]^c[D]^d}{[A]^a[B]^b}$가 성립하며, $[A]$, $[B]$, $[C]$, $[D]$는 물질의 몰농도

1901

10
Repetitive Learning (1회 2회 3회)

수산화칼슘에 염소가스를 흡수시켜 만드는 물질은?

① 표백분 ② 염화칼슘
③ 염화수소 ④ 과산화망간

해설

- 염소를 수산화칼슘(소석회, $Ca(OH)_2$)에 흡수시키면 표백분이 만들어진다.

표백분($CaCl_2$)

- 자극적인 강한 냄새와 표백작용을 수행한다.
- 수산화칼슘(소석회, $Ca(OH)_2$)에 염소가스(Cl_2)를 흡수시켜 만든다.($2Ca(OH)_2+2Cl_2\rightarrow Ca(ClO)_2\cdot CaCl_2\cdot 2H_2O$)

0402 / 1702

11
Repetitive Learning (1회 2회 3회)

이온결합 물질의 일반적인 성질에 관한 설명 중 틀린 것은?

① 녹는점이 비교적 높다.
② 단단하며 부스러지기 쉽다.
③ 고체와 액체 상태에서 모두 도체이다.
④ 물과 같은 극성용매에 용해되기 쉽다.

해설

- 이온결합의 경우 고체상태에서는 전기가 잘 통하지 않지만 액체 상태에서 전기가 잘 통하는 도체상태가 된다.

이온결합

㉠ 개요

- 금속성이 강한 원자(양이온)와 비금속성이 강한 원자(음이온) 간의 화학결합을 말한다.
- 녹는점과 끓는점이 매우 높고, 물과 같은 극성용매에 용해되기 쉽다.
- 단단하며 부스러지기 쉽다.
- 고체상태에서는 전기가 잘 통하지 않지만 액체 상태에서 전기가 잘 통하는 도체상태가 된다.

㉡ 구분

구분	물질	비율
양이온과 음이온의 개수가 같은 경우	• 염화나트륨($NaCl$)	$Na^+ : Cl^-$ =1 : 1
	• 산화칼슘(CaO)	$Ca^{2+} : O^{2-}$ =2 : 2
	• 산화마그네슘(MgO)	$Mg^{2+} : O^{2-}$ =2 : 2
양이온과 음이온의 개수가 다른 경우	• 염화칼슘($CaCl_2$)	$Ca^{2+} : Cl^-$ =1 : 2
	• 염화마그네슘($MgCl_2$)	$Mg^{2+} : Cl^-$ =1 : 2
	• 산화알루미늄(Al_2O_3)	$Al^{3+} : O^{2-}$ =2 : 3

정답 | 08 ④ 09 ① 10 ① 11 ③

0304 / 1801

12 Repetitive Learning (1회 2회 3회)

산소의 산화수가 가장 큰 것은?

① O_2 ② $KClO_4$

③ H_2SO_4 ④ H_2O_2

해설

- O_2는 홑원소 물질이므로 산소의 산화수는 0가이다.
- $KClO_4$와 H_2SO_4에서는 산소의 전기음성도가 가장 크므로 −2가가 된다.
- H_2O_2에서는 수소의 산화수가 +1가이므로 산소의 산화수도 −1가가 된다.

화합물에서 산화수 관련 절대적 원칙

- 일반적으로 화합물에서 전기음성도가 큰 물질이 +의 산화수를 갖고, 전기음성도가 작은 물질이 −의 산화수를 가진다.
- 수소(H)는 결합하는 원자와의 전기음성도 차에 의해 +1가 혹은 −1가의 값을 가진다.
- 1족의 알칼리금속(Li, Na, K)은 +1가의 값을 가진다.
- 2족의 알칼리토금속(Be, Mg, Ca)는 +2가의 값을 가진다.
- 13족의 알루미늄(Al)은 +3가의 값을 가진다.
- 17족의 플로오린(F)은 −1가의 값을 가진다.

1501

13 Repetitive Learning (1회 2회 3회)

폴리염화비닐의 단위체와 합성법이 옳게 나열된 것은?

① $CH_2=CHCl$, 첨가중합

② $CH_2=CHCl$, 축합중합

③ $CH_2=CHCN$, 첨가중합

④ $CH_2=CHCN$, 축합중합

해설

- 폴리염화비닐은 에틸렌(C_2H_4)분자의 수소 하나를 염소로 치환한 비닐클로라이드(염화비닐, C_2H_3Cl)분자를 첨가중합시킨 것으로 가소제를 사용하여 소성을 가진 수지이다.

중합반응

- 중합이란 단위물질이 2개 이상 결합하는 화학반응을 통해 분자량이 큰 화합물을 생성하는 반응을 말한다.
- 첨가중합은 단위 물질 분자내의 이중결합이 끊어지면서 첨가반응을 통해 고분자 화합물이 만들어지는 과정을 말한다.
- 축합중합은 분자 내의 작용기들이 축합반응하여 물이나 염화수소 등의 간단한 분자들이 빠져나가면서 고분자화합물을 만드는 중합 과정으로 축중합, 폴리 중합이라고도 한다.

14 Repetitive Learning (1회 2회 3회)

에탄올은 공업적으로 약 280℃, 300기압에서 에틸렌에 물을 첨가하여 얻어진다. 이때 사용되는 촉매는?

① H_2SO_4 ② NH_3

③ HCl ④ $AlCl_3$

해설

- 에틸렌(C_2H_4)에 물을 첨가한 후 황산(H_2SO_4)을 촉매로 하여 260℃에서 탈수하면 에탄올이 생성된다.

에틸렌(C_2H_4)

- 분자량이 28, 밀도는 1.18kg/m²이고, 끓는점이 −103.7℃이다.
- 무색의 인화성을 가진 기체이다.
- 에틸렌에 물을 첨가한 후 황산을 촉매로 하여 260℃에서 탈수하면 에탄올이 생성된다.
  ($CH_2=CH_2+H_2O \xrightarrow[260℃\ 탈수]{C-H_2SO_4} CH_3CH_2OH$)
- 염화수소와 반응하여 염화비닐을 생성한다.
  ($CH_2=CH_2+HCl \rightarrow CH_3CH_2Cl$)
- 에틸렌이 산화되면 아세트알데히드를 거쳐 아세트산이 생성된다.
  ($CH_2=CH_2+\frac{1}{2}O_2 \rightarrow C_2H_4Cl_2+H_2O$)

1001 / 2003

15 Repetitive Learning (1회 2회 3회)

원자번호가 7인 질소와 같은 족에 해당되는 원소의 원자번호는?

① 15 ② 16

③ 17 ④ 18

해설

- 질소와 같은 족의 원소에는 원자번호 15인 인(P), 33인 비소(As), 51인 안티몬(Sb), 83인 비스무트(Bi)가 있다.

A(질소족)원소

2주기	3주기	4주기	5주기	6주기
7 ±3 5 N 질소 14	15 ±3 5 P 인 31	33 ±3 5 As 비소 75	51 3 5 Sb 안티몬 121.8	83 3 5 Bi 비스무트 209

12 ① 13 ① 14 ① 15 ① | 정답

0404 / 1602

16

볼타전지에서 갑자기 전류가 약해지는 현상을 "분극현상"이라 한다. 이 분극현상을 방지해주는 감극제로 사용되는 물질은?

① MnO_2 ② $CuSO_3$

③ NaCl ④ $Pb(NO_3)_2$

해설

- 분극현상을 방지해주는 감극제로 이산화망간(MnO_2), 산화구리(CuO), 과산화납(PbO_2) 등을 사용한다.

볼타전지

㉠ 개요

- 물질의 산화 · 환원 반응을 이용하여 화학에너지를 전기적 에너지로 전환시키는 장치로 세계 최초의 전지이다.
- 전해질 수용액인 묽은 황산(H_2SO_4)용액에 아연판과 구리판을 세우고 도선으로 연결한 전지이다.
- 음(−)극은 반응성이 큰 금속(아연)으로 산화반응이 일어난다.
- 양(+)극은 반응성이 작은 금속(구리)으로 환원반응이 일어난다.
- 전자는 (−)극에서 (+)극으로 이동한다.

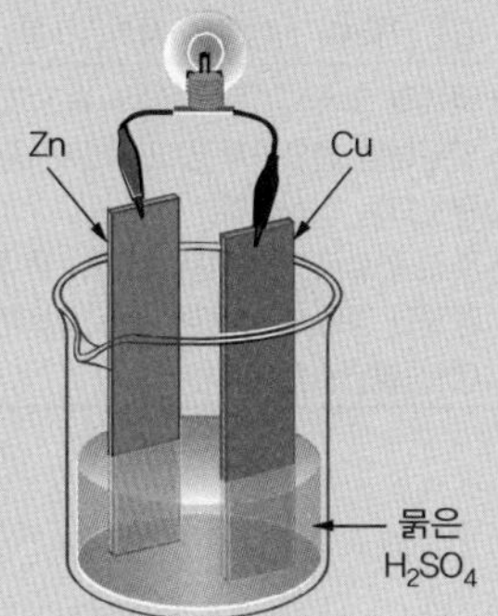

㉡ 분극현상

- 볼타전지의 기전력은 약 1.3V인데 전류가 흐르기 시작하면 갑자기 0.4V로 전류가 약해지는 현상을 말한다.
- 분극현상을 방지해주는 감극제로 이산화망간(MnO_2), 산화구리(CuO), 과산화납(PbO_2) 등을 사용한다.

17

Repetitive Learning (1회 2회 3회)

25℃에서 다음 반응에 대하여 열역학적 평형상수 값이 7.13이었다. 이 반응에 대한 $\triangle G°$값은 몇 kJ/mol인가? (단, 기체상수 R은 8.314J/mol · K이다)

$$2NO_2(g) \rightleftarrows N_2O_4(g)$$

① 4.87 ② −4.87

③ 9.74 ④ −9.74

해설

- 주어진 값을 대입하면 R=8.314, T=(273+25), K=7.13이므로 $\triangle G° = -(8.314 \times 298 \times \ln(7.13)) = -4866.72$[J/mol]이다. 문제에서 요구한 단위가 kJ/mol이므로 변형하면 −4.87[kJ/mol]이 된다.

표준 자유에너지 변화($\triangle G°$)

- 25℃, 1기압에서의 자유에너지 변화값을 이용해 1기압이 아닌 다른 기압에서의 자유에너지를 구할 수 있다.
- 표준 자유에너지 변화($\triangle G°$)$= -RT \times \ln(K)$로 구한다.
  이때 R은 기체상수(8.314J/mol · K), T는 절대온도(273+섭씨온도)이다.
- 화학적 평형상태에서 자유에너지($\triangle G°$)는 영(Zero)이다.

0402 / 1402 / 1701 / 1904

18

$KMnO_4$에서 Mn의 산화수는 얼마인가?

① +1 ② +3

③ +5 ④ +7

해설

- $K\underline{Mn}O_4$에서 K가 1족의 알칼리금속이므로 망간의 산화수는 +7이 되어야 1+7−8이 되어 화합물의 산화수가 0가로 된다.

화합물에서 산화수 관련 절대적 원칙

문제 12번의 유형별 핵심이론 참조

정답 | 16 ① 17 ② 18 ④

19

Repetitive Learning (1회 2회 3회)

다음 반응에서 Na^+ 이온의 전자배치와 동일한 전자배치를 갖는 원소는?

$Na + 에너지 \rightarrow Na^+ + e^-$

① He ② Ne
③ Mg ④ Li

해설

- 주어진 나트륨(Na)은 원자번호 11로 전자의 수도 11개이나, 나트륨 이온(Na^+)은 전자를 하나 잃은 상태이므로 전자의 수는 10개이다.
- 헬륨(He)은 원자번호 2로 전자의 수도 2개이다.
- 네온(Ne)은 원자번호 10으로 전자의 수도 10개이다.
- 마그네슘은(Mg)은 원자번호 12로 전자의 수도 12개이다.
- 리튬(Li)은 원자번호 3으로 전자의 수도 3개이다.

전자의 배치

- 전자배치라는 것은 전자수를 의미한다.
- 전자배치가 같다는 것은 원소의 종류는 다를지라도 전자의 수는 동일한 것을 말한다.

1804

20

Repetitive Learning (1회 2회 3회)

주기율표에서 제2주기에 있는 원소 성질 중 왼쪽에서 오른쪽으로 갈수록 감소하는 것은?

① 원자핵의 하전량 ② 원자의 전자 수
③ 원자반지름 ④ 전자껍질의 수

해설

- 같은 주기의 원자인 경우 일반적으로 주기율표에서 왼쪽에 해당하는 알칼리 금속쪽이 반지름이 크고 오른쪽으로 갈수록 작아진다.

원자와 이온의 반지름

- 같은 족인 경우 원자번호가 커질수록 반지름은 커진다.
- 같은 주기의 원자인 경우 일반적으로 주기율표에서 왼쪽에 해당하는 알칼리 금속쪽이 반지름이 크다.
- 전자의 수가 같더라도 전자를 잃어서 양이온이 된 경우의 반지름은 전자를 얻어 음이온이 된 경우보다 더 작다.(예를 들어 S^{2-}, Cl^-, K^+, Ca^{2+}는 모두 전자의 수가 18개이지만 반지름은 $S^{2-} > Cl^- > K^+ > Ca^{2+}$순이 된다)

2과목 화재예방과 소화방법

2003

21

Repetitive Learning 

주된 연소형태가 분해연소인 것은?

① 금속분 ② 유황
③ 목재 ④ 피크르산

해설

- ①은 표면연소, ②는 증발연소, ④는 자기연소를 한다.

고체의 연소형태 실기 0702/0902/1204/1904

분해연소	• 가연물이 열분해가 진행되어 산소와 결합하여 연소하는 고체의 연소방식이다. • 종이, 목재, 플라스틱, 석탄 등이 분해연소를 한다.
표면연소	• 열분해 되지 않고 고체 표면에 공기가 닿아 연소가 일어나 고온을 유지하며 타는 연소형태를 말한다. • 숯, 코크스, 목탄, 금속 등이 표면연소를 한다.
자기연소	• 공기 중 산소를 필요로 하지 않고 분자 내의 산소를 이용해 자신이 분해되며 타는 것을 말한다. • 니트로셀룰로오스, TNT, 셀룰로이드, 니트로글리세린과 같은 제5류 위험물이 자기연소를 한다.
증발연소	• 액체와 고체의 연소방식에 속한다. • 열분해를 일으키지 않고 증발한 증기가 공기와 혼합해서 연소되는 방식이다. • 주로 연료로 사용되는 휘발유, 등유, 경유, 알코올과 같은 액체와 양초, 나프탈렌, 왁스, 아세톤, 황 등 제4류 위험물이 증발연소를 한다.

1501

22

Repetitive Learning 

표준상태(0℃, 1atm)에서 2kg의 이산화탄소가 모두 기체 상태의 소화약제로 방사될 경우 부피는 몇 m^3인가?

① 1.018 ② 10.18
③ 101.8 ④ 1,018

해설

- 표준상태에서 기체의 부피 $V = \frac{WRT}{PM}$으로 구할 수 있다.
- 이산화탄소의 분자량은 44이다.
- 대입하면 $\frac{2,000 \times 0.082 \times 273}{1 \times 44} = 1,017.55$[L]이므로 1.018[$m^3$]이 된다.

이상기체 상태방정식

문제 08번의 유형별 핵심이론 참조

19 ② 20 ③ 21 ③ 22 ① 정답

23

Repetitive Learning (1회 2회 3회)

지정수량 10배의 위험물을 운반할 때 다음 중 혼재가 금지된 경우는?

① 제2류 위험물과 제4류 위험물
② 제2류 위험물과 제5류 위험물
③ 제3류 위험물과 제4류 위험물
④ 제3류 위험물과 제5류 위험물

해설

• 제1류와 제6류, 제2류와 제4류 및 제5류, 제3류와 제4류, 제4류와 제5류의 혼합은 비교적 위험도가 낮아 혼재 사용이 가능하다.

위험물의 혼합 사용 실기 0504/0601/0602/0701/0704/0804/1001/1102/1104/1302/1401/1404/1502/1504/1601/1704/1801/1802/1804/1901/1902/2001

• 유별을 달리하는 위험물은 동일 장소에서 저장, 취급해서는 안 된다.
• 제1류(산화성고체)와 제6류(산화성액체), 제2류(환원성고체)와 제4류(가연성액체) 및 제5류(자기반응성물질), 제3류(자연발화 및 금수성 물질)와 제4류(가연성액체)의 혼합은 비교적 위험도가 낮아 혼재 사용이 가능하다.
• 산화성물질과 가연물을 혼합하면 산화·환원반응이 더욱 잘 일어나는 혼합위험성 물질이 된다.
• 가연성 물질과 조연성 물질을 혼합할 때 폭발위험이 증가한다.

구분	1류	2류	3류	4류	5류	6류
1류		×	×	×	×	○
2류	×		×	○	○	×
3류	×	×		○	×	×
4류	×	○	○		○	×
5류	×	○	×	○		×
6류	○	×	×	×	×	

2001

24

Repetitive Learning 

과산화수소의 화재예방 방법으로 틀린 것은?

① 암모니아와의 접촉은 폭발의 위험이 있으므로 피한다.
② 완전히 밀전·밀봉하여 외부 공기와 차단한다.
③ 불투명 용기를 사용하여 직사광선이 닿지 않게 한다.
④ 분해를 막기 위해 분해방지 안정제를 사용한다.

해설

• 과산화수소 용기는 밀전하지 말고 통풍을 위해 구멍이 뚫린 마개를 사용한다.

과산화수소(H_2O_2) 취급 주의사항

• 암모니아와의 접촉은 폭발의 위험이 있으므로 피한다.
• 용기는 밀전하지 말고 통풍을 위해 구멍이 뚫린 마개를 사용한다.
• 용기는 착색하여 직사광선이 닿지 않게 한다.
• 분해를 막기 위해 분해방지 안정제(인산, 요산)를 사용한다.

25

Repetitive Learning (1회 2회 3회)

톨루엔의 화재에 적응성이 있는 소화방법이 아닌 것은?

① 무상수(霧狀水) 소화기에 의한 소화
② 무상강화액 소화기에 의한 소화
③ 포소화기에 의한 소화
④ 할로겐화합물 소화기에 의한 소화

해설

• 제4류 위험물의 화재에서 옥내소화전, 봉상수, 무상수, 봉상강화액, 물통 또는 수조는 적응성이 없다.

소화설비의 적응성 중 제4류 위험물 실기 1002/1101/1202/1601/1702/1902/2001/2003/2004

소화설비의 구분			제4류 위험물
옥내소화전 또는 옥외소화전설비			
스프링클러설비			△
물분무등 소화설비	물분무소화설비		○
	포소화설비		○
	불활성가스소화설비		○
	할로겐화합물소화설비		○
	분말 소화설비	인산염류등	○
		탄산수소염류등	○
		그 밖의 것	
대형·소형 수동식 소화기	봉상수(棒狀水)소화기		
	무상수(霧狀水)소화기		
	봉상강화액소화기		
	무상강화액소화기		○
	포소화기		○
	이산화탄소 소화기		○
	할로겐화합물소화기		○
	분말 소화기	인산염류소화기	○
		탄산수소염류소화기	○
		그 밖의 것	
기타	물통 또는 수조		
	건조사		○
	팽창질석 또는 팽창진주암		○

1704

26 Repetitive Learning (1회 2회 3회)

Halon 1301, Halon 1211, Halon 2402 중 상온, 상압에서 액체상태인 Halon 소화약제로만 나열한 것은?

① Halon 1211

② Halon 2402

③ Halon 1301, Halon 1211

④ Halon 2402, Halon 1211

해설

- 대표적으로 Halon 1211(CF_2ClBr)과 Halon 1301(CF_3Br)이 상온, 상압에서 기체상태로 존재한다.

하론 소화약제

㉠ 개요

소화약제	화학식	상온, 상압 상태
Halon 104	CCl_4	액체
Halon 1011	CH_2ClBr	액체
Halon 1211	CF_2ClBr	기체
Halon 1301	CF_3Br	기체
Halon 2402	$C_2F_4Br_2$	액체

- 화재안전기준에서 정한 소화약제는 하론1301, 하론1211, 하론2402이다.

㉡ 구성과 표기

- 구성원소로는 탄소(C), 불소(F), 염소(Cl), 브롬(Br), 요오드(I) 등이 있다.
- 하론 번호표기 규칙은 5개의 숫자로 구성되며 그 숫자는 아래 배치된 원소의 수량에 해당하며 뒤쪽의 원소가 없을 때는 0을 생략한다.

Halon	탄소(C)	불소(F)	염소(Cl)	브롬(Br)	요오드(I)

0204 / 0604 / 0804 / 0901 / 1801

27 Repetitive Learning (1회 2회 3회)

위험물안전관리법령상 제3류 위험물 중 금수성 물질에 적응성이 있는 소화기는?

① 할로겐화합물소화기

② 인산염류분말소화기

③ 이산화탄소 소화기

④ 탄산수소염류분말소화기

해설

- 금수성 물질에 적응성 있는 소화기는 탄산수소염류소화기와 건조사, 팽창질석 또는 팽창진주암 등이 있다.

소화설비의 적응성 중 제3류 위험물 실기 1002/1101/1202/1601/1702/1902/2001/2003/2004

소화설비의 구분			제3류 위험물	
			금수성물품	그 밖의 것
옥내소화전 또는 옥외소화전설비				○
스프링클러설비				○
물분무등 소화설비	물분무소화설비			○
	포소화설비			○
	불활성가스소화설비			
	할로겐화합물소화설비			
	분말 소화설비	인산염류등		
		탄산수소염류등	○	
		그 밖의 것	○	
대형·소형 수동식 소화기	봉상수(棒狀水)소화기			○
	무상수(霧狀水)소화기			○
	봉상강화액소화기			○
	무상강화액소화기			○
	포소화기			○
	이산화탄소 소화기			
	할로겐화합물소화기			
	분말 소화기	인산염류소화기		
		탄산수소염류소화기	○	
		그 밖의 것	○	
기타	물통 또는 수조			○
	건조사		○	○
	팽창질석 또는 팽창진주암		○	○

0904 / 1501 / 1902

28 Repetitive Learning (1회 2회 3회)

위험물안전관리법령상 옥내소화전설비의 비상전원은 자가발전설비 또는 축전지 설비로 옥내소화전 설비를 유효하게 몇 분 이상 작동할 수 있어야 하는가?

① 10분 ② 20분

③ 45분 ④ 60분

해설

- 비상전원의 용량은 옥내소화전설비를 유효하게 45분 이상 작동시키는 것이 가능할 것

옥내소화전설비의 비상전원

- 옥내소화전설비의 비상전원은 자가발전설비 또는 축전지설비에 의하도록 한다.
- 용량은 옥내소화전설비를 유효하게 45분 이상 작동시키는 것이 가능할 것

26 ② 27 ④ 28 ③ 정답

1404 / 1801

29 Repetitive Learning (1회 2회 3회)

인화성 액체의 화재의 분류로 옳은 것은?

① A급 화재 ② B급 화재
③ C급 화재 ④ D급 화재

해설

- A급 화재는 일반 가연성 물질, C급 화재는 전기화재, D급 화재는 금속화재이다.

화재의 분류 실기 0504

분류	표시 색상	구분 및 대상	소화기	특징
A급	백색	종이, 나무 등 일반 가연성 물질	물 및 산, 알칼리 소화기	• 냉각소화 • 재가 남는다.
B급	황색	석유, 페인트 등 유류화재	모래나 소화기	• 질식소화 • 재가 남지 않는다.
C급	청색	전기스파크 등 전기화재	이산화탄소 소화기	• 질식소화, 냉각소화 • 물로 소화할 경우 감전의 위험이 있다.
D급	무색	금속나트륨, 금속칼륨 등 금속화재	마른 모래	• 질식소화 • 물로 소화할 경우 폭발의 위험이 있다.

0801

30 Repetitive Learning 

제3종 분말소화약제가 열분해될 때 생성되는 물질로서 목재, 섬유 등을 구성하고 있는 섬유소를 탈수 · 탄화시켜 연소를 억제하는 것은?

① CO_2 ② NH_3PO_4
③ H_3PO_4 ④ NH_3

해설

- 제3종 분말소화약제는 제1인산암모늄($NH_4H_2PO_4$)이 분해되어 나오는 올소인산(H_3PO_4)은 목재, 섬유 등을 구성하고 있는 섬유소를 탈수 · 탄화시켜 연소를 억제해준다.

제3종 분말소화약제 실기 0501/0602/0701/0801/0901/1204/1301/1404/1502/1504/1601/1602/1701/1801/1904/2003/2101

- 제1인산암모늄($NH_4H_2PO_4$)을 주성분으로 하는 소화약제로 ABC급 화재에 적응성이 있으며 착색색상은 담홍색인 소화약제이다.
- 가연물의 표면에 피막을 형성하여 산소의 유입을 차단시킨다.
- 발수제로 실리콘 오일을 첨가한다.
- 인산암모늄이 열분해되면 메타인산, 암모니아, 물로 분해되는데, 이중 메타인산(HPO_3)이 부착성 있는 막을 만드는 방진효과로 A급화재 진화에 기여를 한다.
($NH_4H_2PO_4 \xrightarrow[\triangle]{} HPO_3 + NH_3 + H_2O$)

0804 / 1501 / 1901

31 Repetitive Learning (1회 2회 3회)

클로로벤젠 300,000L의 소요단위는 얼마인가?

① 20 ② 30
③ 200 ④ 300

해설

- 클로로벤젠은 인화성 액체에 해당하는 제4류 위험물 중 제2석유류 중 비수용성으로 지정수량이 1,000L이고 소요단위는 지정수량의 10배이므로 10,000L가 1단위가 되므로 300,000L는 30단위에 해당한다.

소요단위 실기 0604/0802/1202/1204/1704/1804/2001

- 소화설비의 설치대상이 되는 건축물 그 밖의 공작물의 규모 또는 위험물의 양의 기준단위이다.
- 계산방법

구분	내용
제조소 또는 취급소의 건축물	외벽이 내화구조인 것은 연면적 100m²를 1소요단위로 하며, 외벽이 내화구조가 아닌 것은 연면적 50m²를 1소요단위로 할 것
저장소의 건축물	외벽이 내화구조인 것은 연면적 150m²를 1소요단위로 하고, 외벽이 내화구조가 아닌 것은 연면적 75m²를 1소요단위로 할 것
제조소 등의 옥외에 설치된 공작물	외벽이 내화구조인 것으로 간주하고 공작물의 최대수평투영면적을 연면적으로 간주하여 제조소 혹은 저장소 건축물의 소요단위를 적용할 것
위험물	지정수량의 10배를 1소요단위로 할 것

2003

32 Repetitive Learning (1회 2회 3회)

분말소화기에 사용되는 소화약제 주성분이 아닌 것은?

① $NH_4H_2PO_4$ ② Na_2SO_4
③ $NaHCO_3$ ④ $KHCO_3$

해설

- ①은 인산암모늄으로 제3종 분말의 주성분이다.
- ③은 탄산수소나트륨으로 제1종 분말의 주성분이다.
- ④는 탄산수소칼륨으로 제2종 분말의 주성분이다.

분말소화약제의 종별과 적응성

소화약제의 종별	적응성	착색색상
제1종 분말(탄산수소나트륨)	BC	백색
제2종 분말(탄산수소칼륨)	BC	담회색
제3종 분말(인산암모늄)	ABC	담홍색
제4종 분말(탄산수소칼륨과 요소가 화합)	BC	회색

정답 | 29 ② 30 ③ 31 ② 32 ②

1804

33 Repetitive Learning (1회 2회 3회)

표준관입시험 및 평판재하시험을 실시하여야 하는 특정 옥외저장탱크의 지반의 범위는 기초의 외측이 지표면과 접하는 선의 범위 내에 있는 지반으로서 지표면으로부터 깊이 몇 m까지로 하는가?

① 10 ② 15
③ 20 ④ 25

해설

- 특정옥외저장탱크의 지반의 범위 중 깊이는 탱크의 하중을 지지하는 지층이 수평층상인 경우에는 지표면으로부터 15m까지로 한다.

특정옥외저장탱크의 지반의 범위

구분	내용
깊이	• 탱크의 하중을 지지하는 지층이 수평층상(표준관입시험에 의한 표준관입시험치가 20 이상에 상당하는 두께의 수평지층이 존재하고 당해 지층과 지표면의 사이에 쐐기모양의 지층이 존재하지 않는 상태)인 경우에는 지표면으로부터 깊이 15m • 탱크 하중에 대한 지지력의 안전율 및 계산침하량을 확보하는데 필요한 깊이
평면	• $L = \frac{2}{3} \times l$로 구하는 수평거리에 특정옥외저장탱크의 반경을 더한 거리를 반경으로 하여 저장탱크의 밑판의 중심을 중심으로 한 원의 범위(L : 수평거리[m], l : 지표면으로부터의 깊이[m])

0202 / 1604

34 Repetitive Learning (1회 2회 3회)

제2류 위험물의 화재에 대한 일반적인 특징으로 옳은 것은?

① 연소 속도가 빠르다.
② 산소를 함유하고 있어 질식소화는 효과가 없다.
③ 화재 시 자신이 환원되고 다른 물질을 산화시킨다.
④ 연소열이 거의 없어 초기 화재 시 발견이 어렵다.

해설

- 제2류 위험물 화재는 연소속도가 빠르고, 연소 시 유독한 가스가 발생할 수 있으므로 주의하여야 한다.

제2류 위험물의 일반적인 성질 실기 0602/1101/1704/2004

- 비교적 낮은 온도에서 연소하기 쉬운 가연성 물질이다.
- 연소속도가 빠르고, 연소 시 유독한 가스에 주의하여야 한다.
- 가열이나 산화제를 멀리한다.
- 금속분, 철분, 마그네슘을 제외하고 주수에 의한 냉각소화를 한다.
- 금속분은 물또는 산과의 접촉 시 발열하므로 접촉을 금해야 하며, 금속분의 화재에는 건조사의 피복소화가 좋다.

0701

35 Repetitive Learning (1회 2회 3회)

다음 중 Ca_3P_2 화재 시 가장 적합한 소화방법은?

① 마른 모래로 덮어 소화한다.
② 봉상의 물로 소화한다.
③ 화학포 소화기로 소화한다.
④ 산 · 알칼리 소화기로 소화한다.

해설

- 인화칼슘은 금수성 물질로 적응성 있는 소화기는 탄산수소염류소화기와 건조사, 팽창질석 또는 팽창진주암 등이 있다.

소화설비의 적응성 중 제3류 위험물 실기 1002/1101/1202/1601/1702/1902/2001/2003/2004

문제 27번의 유형별 핵심이론 참조

36 Repetitive Learning (1회 2회 3회)

위험물의 운반용기 외부에 표시하여야 하는 주의사항에 "화기엄금"이 포함되지 않는 것은?

① 제1류 위험물 중 알칼리금속의 과산화물
② 제2류 위험물 중 인화성고체
③ 제3류 위험물 중 자연발화성물질
④ 제5류 위험물

해설

- 제1류 위험물 중 알칼리금속의 과산화물은 화기 · 충격주의, 물기엄금, 가연물접촉주의를 표시한다.

수납하는 위험물에 따른 용기 표시 주의사항 실기 0701/0801/0902/0904/1001/1004/1101/1201/1202/1404/1504/1601/1701/1801/1802/2003/2004/2101

구분		주의사항
제1류	알칼리금속의 과산화물	화기 · 충격주의, 물기엄금, 가연물접촉주의
	그 외	화기 · 충격주의, 가연물접촉주의
제2류	철분 · 금속분 · 마그네슘 또는 이를 함유한 것	화기주의, 물기엄금
	인화성 고체	화기엄금
	그 외	화기주의
제3류	자연발화성 물질	화기엄금, 공기접촉엄금
	금수성 물질	물기엄금
제4류		화기엄금
제5류		화기엄금, 충격주의
제6류		가연물접촉주의

33 ② 34 ① 35 ① 36 ① 정답

1602 / 1904

37

Repetitive Learning 

위험물안전관리법령상 옥내소화전설비에 관한 기준에 대해 다음 ( )에 알맞은 수치를 옳게 나열한 것은?

> 위험물안전관리법령상 옥내소화전 설비는 각 층을 기준으로 하여 당해 층의 모든 옥내소화전(설치 개수가 5개 이상인 경우는 5개의 옥내소화전)을 동시에 사용할 경우에 각 노즐선단의 방수압력이 ( )kPa 이상이고, 방수량이 1분당 ( )L 이상의 성능이 되도록 할 것

① 350, 260　　② 260, 350
③ 450, 260　　④ 260, 450

해설

- 옥내소화전설비는 당해 층의 모든 옥내소화전을 동시에 사용할 경우에 각 노즐선단의 방수압력이 350kPa 이상이고 방수량이 1분당 260L 이상의 성능이 되도록 하여야 한다.

옥내소화전설비의 설치기준 실기 1301/1304/1701/1702/1804

- 옥내소화전은 제조소등의 건축물의 층마다 당해 층의 각 부분에서 하나의 호스접속구까지의 수평거리가 25m 이하가 되도록 설치할 것. 이 경우 옥내소화전은 각층의 출입구 부근에 1개 이상 설치하여야 한다.
- 수원의 수량은 옥내소화전이 가장 많이 설치된 층의 옥내소화전 설치개수(설치개수가 5개 이상인 경우는 5개)에 $7.8m^3$를 곱한 양 이상이 되도록 설치할 것
- 옥내소화전설비는 각층을 기준으로 하여 당해 층의 모든 옥내소화전(설치개수가 5개 이상인 경우는 5개의 옥내소화전)을 동시에 사용할 경우에 각 노즐선단의 방수압력이 350kPa 이상이고 방수량이 1분당 260L 이상의 성능이 되도록 할 것
- 옥내소화전설비에는 비상전원을 설치할 것

1802

38

Repetitive Learning (1회 2회 3회)

이산화탄소 소화기에 대한 설명으로 옳은 것은?

① C급 화재에는 적응성이 없다.
② 다량의 물질이 연소하는 A급 화재에 가장 효과적이다.
③ 밀폐되지 않은 공간에서 사용할 때 가장 소화효과가 좋다.
④ 방출용 동력이 별도로 필요치 않다.

해설

- 이산화탄소 소화기는 전기에 대한 절연성이 우수(비전도성)하기 때문에 전기화재(C급)에 유효하다.
- 이산화탄소 소화기는 밀폐된 공간에서 사용할 때 소화효과가 좋으나 공기 중 산소 농도를 저하시켜 질식의 위험이 있으므로 주의해야 한다.

이산화탄소(CO_2) 소화기의 특징

- 용기는 이음매 없는 고압가스 용기를 사용한다.
- 산소와 반응하지 않는 안전한 가스이다.
- 전기에 대한 절연성이 우수(비전도성)하기 때문에 전기화재(C급)에 유효하다.
- 자체 압력으로 방출하므로 방출용 동력이 별도로 필요하지 않다.
- 고온의 직사광선이나 보일러실에 설치할 수 없다.
- 금속분의 화재 시에는 사용할 수 없다.
- 소화기 방출구에서 주울-톰슨효과에 의해 드라이아이스가 생성될 수 있다.

1701

39

Repetitive Learning (1회 2회 3회)

트리에틸알루미늄이 습기와 반응할 때 발생되는 가스는?

① 수소　　② 아세틸렌
③ 에탄　　④ 메탄

해설

- 트리에틸알루미늄은 물과 접촉할 경우 폭발적으로 반응하여 수산화알루미늄과 에탄가스를 생성하므로 보관 시 주의한다.

트리에틸알루미늄[$(C_2H_5)_3Al$] 실기 0502/0804/0904/1004/1101/1104/1202/1204/1304/1402/1404/1602/1704/1804/1902/1904/2001/2003

- 알킬기(C_nH_{2n+1})와 알루미늄의 화합물로 자연발화성 및 금수성 물질에 해당하는 제3류 위험물이다.
- 지정수량은 10kg이고, 위험등급은 Ⅰ이다.
- 무색 투명한 액체로 물, 에탄올과 폭발적으로 반응한다.
- 물과 접촉할 경우 폭발적으로 반응하여 수산화알루미늄과 에탄가스를 생성하므로 보관 시 주의한다.
(반응식 : $(C_2H_5)_3Al + 3H_2O \rightarrow Al(OH)_3 + 3C_2H_6$)
- 화재 시 발생되는 흰 연기는 인체에 유해하며, 소화는 팽창질석, 팽창진주암 등이 가장 효율적이다.

정답 | 37 ① 38 ④ 39 ③

40 Repetitive Learning (1회 2회 3회)

위험물안전관리법령상 옥내소화전설비가 적응성이 있는 위험물의 유별로만 나열된 것은?

① 제1류 위험물, 제4류 위험물
② 제2류 위험물, 제4류 위험물
③ 제4류 위험물, 제5류 위험물
④ 제5류 위험물, 제6류 위험물

해설

- 옥내소화전설비는 류별로 볼 때 5류와 6류가 온전히 적응성을 가진다.

옥내소화전 또는 옥외소화전 설비의 적응성

구분		적응성
건축물 · 그 밖의 공작물		○
전기설비		
제1류 위험물	알칼리금속과산화물등	
	그 밖의 것	○
제2류 위험물	철분 · 금속분 · 마그네슘등	
	인화성고체	○
	그밖의것	○
제3류 위험물	금수성물품	
	그 밖의 것	○
제4류 위험물		
제5류 위험물		○
제6류 위험물		○

3과목 위험물의 성질과 취급

1002

41 Repetitive Learning (1회 2회 3회)

금속칼륨이 물과 반응했을 때 생성물로 옳은 것은?

① 산화칼륨+수소
② 수산화칼륨+수소
③ 산화칼륨+산소
④ 수산화칼륨+산소

해설

- 금속칼륨의 물과의 반응식은 $2K+2H_2O \rightarrow 2KOH+H_2$로 반응 후 수산화칼륨과 수소와 함께 열을 발생시킨다.

금속칼륨(K) 실기 0501/0701/0804/1501/1602/1702

- 은백색의 가벼운 금속으로 제3류 위험물이다.
- 비중은 0.86으로 물보다 작아 가벼우며, 화학적 활성이 강한(이온화 경향이 큰) 금속이다.
- 물과 반응하여 수소를 발생시켜 화재 및 폭발 가능성이 있으므로 물과 접촉하지 않도록 한다.
- 에탄올과 반응하여 칼륨에틸레이트와 수소를 발생시킨다.
- 융점 이상의 온도에서 보라빛 불꽃을 내면서 연소한다.
- 화재 시 건조사 또는 탄산수소염류 분말소화약제로 소화한다.
- 석유(파라핀, 경유, 등유) 속에 저장한다.

1102 / 1702

42 Repetitive Learning (1회 2회 3회)

자연발화를 방지하는 방법으로 가장 거리가 먼 것은?

① 통풍이 잘되게 할 것
② 열의 축적을 용이하지 않게 할 것
③ 저장실의 온도를 낮게 할 것
④ 습도를 높게 할 것

해설

- 습도를 낮게 해야 한다.

자연발화 방지방법

- 통풍이 잘되게 할 것
- 열의 축적을 용이하지 않게 할 것
- 저장실의 온도를 낮게 할 것
- 습도를 낮게 할 것
- 한 번에 5g 이상을 실험실에서 취급하지 않도록 할 것

40 ④ 41 ② 42 ④ 정답

0202 / 0801 / 1502

43

Repetitive Learning (1회 2회 3회)

다음 그림은 제5류 위험물 중 유기과산화물을 저장하는 옥내저장소의 저장창고를 개략적으로 보여 주고 있다. 창과 바닥으로부터 높이(a)와 하나의 창의 면적(b)은 각각 얼마로 하여야 하는가? (단, 이 저장창고의 바닥 면적은 $150m^2$ 이내이다)

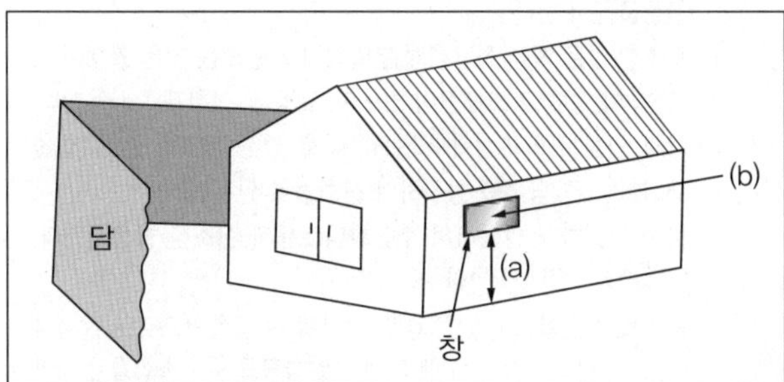

① (a) 2m 이상, (b) $0.6m^2$ 이내
② (a) 3m 이상, (b) $0.4m^2$ 이내
③ (a) 2m 이상, (b) $0.4m^2$ 이내
④ (a) 3m 이상, (b) $0.6m^2$ 이내

해설

- 창은 바닥면으로부터 2m 이상의 높이에, 하나의 창 면적은 $0.4m^2$ 이내로 하며, 한 벽면의 창의 면적 합계는 벽면 전체의 80분의 1 이내로 한다.

저장창고의 창과 출입구 실기 1202/1504/1702/2101

- 저장창고의 출입구에는 갑종방화문을 설치할 것
- 저장창고의 창은 바닥면으로부터 2m 이상의 높이에 두되, 하나의 벽면에 두는 창의 면적의 합계를 당해 벽면의 면적의 80분의 1 이내로 하고, 하나의 창의 면적을 $0.4m^2$ 이내로 할 것

1801

44

Repetitive Learning 

다음 위험물안전관리법령에서 정한 지정수량이 가장 작은 것은?

① 염소산염류 ② 브롬산염류
③ 니트로화합물 ④ 금속의 인화물

해설

- 니트로화합물은 제5류 위험물에 해당하는 자기반응성 물질로 지정수량이 200kg이고 위험등급은 Ⅱ에 해당하는 물질이다.
- 금속의 인화물은 제3류 위험물에 해당하는 금수성 물질로 지정수량이 300kg이고 위험등급은 Ⅲ에 해당하는 물질이다.
- 지정수량은 염소산염류는 50kg, 브롬산염류는 300kg, 니트로화합물은 200kg, 금속의 인화물은 300kg이다.

제1류 위험물_산화성 고체 실기 0601/0901/0501/0702/1002/1301/2001

품명	지정수량	위험등급
아염소산염류	50kg	Ⅰ
염소산염류		
과염소산염류		
무기과산화물		
브롬산염류	300kg	Ⅱ
질산염류		
요오드산염류		
과망간산염류	1,000kg	Ⅲ
중크롬산염류		

1802

45

Repetitive Learning 

최대 아세톤 150톤을 옥외탱크저장소에 저장할 경우 보유공지의 너비는 몇 m 이상으로 하여야 하는가? (단, 아세톤의 비중은 0.79이다)

① 3 ② 5
③ 9 ④ 12

해설

- 아세톤은 제4류 위험물에 해당하는 수용성 제1석유류로 지정수량이 400L이다.
- 주어진 값은 무게로 150톤은 150,000kg에 해당한다.
- 비중은 1L당의 무게에 해당하므로 무게를 통해서 부피를 구할 수 있다.
- 아세톤 150톤의 부피는 $\frac{150,000}{0.79} = 189,873.42$[L]에 해당한다.
- 이는 지정수량의 474.68배에 해당하므로 공지의 너비는 3m 이상이면 된다.

옥외저장탱크의 보유 공지 실기 0504/1901

저장 또는 취급하는 위험물의 최대수량	공지의 너비
지정수량의 500배 이하	3m 이상
지정수량의 500배 초과 1,000배 이하	5m 이상
지정수량의 1,000배 초과 2,000배 이하	9m 이상
지정수량의 2,000배 초과 3,000배 이하	12m 이상
지정수량의 3,000배 초과 4,000배 이하	15m 이상

- 지정수량의 4,000배 초과할 경우 당해 탱크의 수평단면의 최대지름(횡형인 경우에는 긴 변)과 높이 중 큰 것과 같은 거리 이상. 단, 30m 초과의 경우에는 30m 이상으로 할 수 있고, 15m 미만의 경우에는 15m 이상으로 하여야 한다.

정답 | 43 ③ 44 ① 45 ①

0602

46 Repetitive Learning (1회 2회 3회)

고체위험물의 운반 시 내장용기가 금속제인 경우 내장용기의 최대 용적은 몇 L인가?

① 10 ② 20
③ 30 ④ 100

해설

- 내장용기별 최대용적은 유리, 플라스틱의 경우 10L, 금속제 30L이다.

고체위험물의 운반용기

- 내장용기에는 유리, 플라스틱, 금속제, 플라스틱 필름포대 또는 종이포대가 사용된다.
- 내장용기별 최대용적은 유리, 플라스틱의 경우 10L, 금속제 30L이다.
- 외장용기에는 나무, 플라스틱, 파이버판, 금속제, 합성수지포대, 플라스틱 필름포대, 섬유포대, 종이포대가 사용된다.

47 Repetitive Learning (1회 2회 3회)

물과 반응하여 CH_4와 H_2 가스를 발생하는 것은?

① K_2C_2 ② MgC_2
③ Be_2C ④ Mn_3C

해설

- ①의 탄화칼륨, ②의 탄화마그네슘은 아세틸렌(C_2H_2)을 생성한다.
- ③의 탄화베릴륨은 메탄(CH_4)을 생성한다.

탄화망간(Mn_3C)

- 망간의 탄화물로 자연발화성 및 금수성 물질에 해당하며, 지정수량 300kg에 위험등급은 Ⅲ인 제3류 위험물이다.
- 물과 접촉하면 수산화망간[$Mn(OH)_2$]과 메탄(CH_4), 수소(H_2) 가스를 발생시킨다.
  (반응식 : $Mn_3C + 6H_2O \rightarrow 3Mn(OH)_2 + CH_4 + H_2$)

0801 / 1602 / 1901

48 Repetitive Learning (1회 2회 3회)

과산화나트륨이 물과 반응할 때의 변화를 가장 옳게 설명한 것은?

① 산화나트륨과 수소를 발생한다.
② 물을 흡수하여 수소를 발생한다.
③ 산소를 방출하며 수산화나트륨이 된다.
④ 서서히 물에 녹아 과산화나트륨의 안전한 수용액이 된다.

해설

- 과산화나트륨은 물과 격렬하게 반응하여 수산화나트륨과 산소를 발생시킨다.

과산화나트륨(Na_2O_2) 실기 0801/0804/1201/1202/1401/1402/1701/1704/1904/2003/2004

㉠ 개요
- 산화성 고체로 제1류 위험물에 해당하며, 지정수량은 50kg, 위험등급은 Ⅰ이다.
- 순수한 것은 백색 정방정계 분말이나 시판되는 것은 황색이다.
- 흡습성이 강하고 조해성이 있으며, 표백제, 산화제로 사용한다.
- 산과 반응하여 과산화수소(H_2O_2)를 발생시키며, 금, 니켈을 제외한 다른 금속을 침식하여 산화물로 만든다.
- 물과 격렬하게 반응하여 수산화나트륨과 산소를 발생시킨다.
  ($2Na_2O_2 + 2H_2O \rightarrow 4NaOH + O_2$)
- 가연물과 혼합되어 있을 경우 약간의 물 접촉만으로도 발화하며, 양이 많을 경우 주수에 의해 폭발하므로 주수소화를 금해야 한다.
- 가열하면 산화나트륨과 산소를 발생시킨다.
  ($2Na_2O_2 \xrightarrow[\triangle]{} 2Na_2O + O_2$)
- 아세트산과 반응하여 아세트산나트륨과 과산화수소를 발생시킨다.($Na_2O_2 + 2CH_3COOH \rightarrow 2CH_3COONa + H_2O_2$)

㉡ 저장 및 취급방법
- 물과 습기의 접촉을 피한다.
- 용기는 수분이 들어가지 않게 밀전 및 밀봉 저장한다.
- 가열 및 충격 · 마찰을 피하고 유기물질의 혼입을 막는다.

0704 / 1002 / 1601 / 2003

49 Repetitive Learning (1회 2회 3회)

1기압 27℃에서 아세톤 58g을 완전히 기화시키면 부피는 약 몇 L가 되는가?

① 22.4 ② 24.6
③ 27.4 ④ 58.0

해설

- 아세톤(CH_3COCH_3)의 분자량은 58[g]이고, 1기압, 섭씨 27℃, 무게 58[g]이므로 대입하면 부피 = 300 × 0.082 = 24.6[L]이다.

이상기체 방정식

- 기체의 온도, 부피, 몰수의 관계를 나타내는 식이다.
- $PV = nRT = \frac{W}{M}RT$이다. 이때 n은 몰수, W는 무게[g], M은 분자량, P는 압력[atm], V는 부피[L], R은 기체상수(0.082), T는 절대온도[K]이다.

46 ③ 47 ④ 48 ③ 49 ② 정답

0901 / 1801 / 1901

50 Repetitive Learning 1회 2회 3회

인화칼슘이 물과 반응하였을 때 발생하는 기체는?

① 수소 ② 산소
③ 포스핀 ④ 포스겐

해설

- 인화칼슘(석회)이 물이나 산과 반응하면 독성의 가연성 기체인 포스핀가스(인화수소, PH_3)가 발생한다.

■ 인화석회/인화칼슘(Ca_3P_2) 실기 0502/0601/0704/0802/1401/1501/1602/2004

- 금속의 인화물의 한 종류로 지정수량이 300kg, 위험등급이 Ⅲ인 제3류 위험물이다.
- 상온에서 적갈색 고체로 비중이 2.5로 물보다 무겁다.
- 물 또는 약산과 반응하면 독성의 가연성 기체인 포스핀가스(인화수소, PH_3)가 발생한다.

물과의 반응식	$Ca_3P_2 + 6H_2O \rightarrow 3Ca(OH)_2 + 2PH_3$ 인화석회+물 → 수산화칼슘+인화수소
산과의 반응식	$Ca_3P_2 + 6HCl \rightarrow 3CaCl_2 + 2PH_3$ 인화석회+염산 → 염화칼슘+인화수소

51 Repetitive Learning 1회 2회 3회

황린과 적린의 성질에 대한 설명 중 틀린 것은?

① 황린은 담황색의 고체이며 마늘과 비슷한 냄새가 난다.
② 적린은 암적색의 분말이고 냄새가 없다.
③ 황린은 독성이 없고 적린은 맹독성 물질이다.
④ 황린은 이황화탄소에 녹지만 적린은 녹지 않는다.

해설

- 황린은 독성이 있고, 적린은 독성이 없다.

■ 적린(P)과 황린(P_4)의 비교

	적린(P)	황린(P_4)
발화온도	260℃	34℃
성상	암적색 분말	담황색 고체
냄새	냄새가 없다.	마늘 냄새
독성	없다.	맹독성
이황화탄소 용해성	녹지 않는다.	잘 녹는다.
공통점	• 질식효과가 있는 물이나 모래로 소화한다. • 연소 시 오산화인(P_2O_5)이 발생한다. • 구성원소가 인(P)이다.	

52 Repetitive Learning 1회 2회 3회

유황(S)에 대한 설명으로 옳은 것은?

① 불연성이지만 산화제 역할을 하기 때문에 가연물과의 접촉은 위험하다.
② 유기용제, 알코올, 물 등에 매우 잘 녹는다.
③ 사방황, 고무상황과 같은 동소체가 있다.
④ 전기도체이므로 감전에 주의한다.

해설

- 유황은 가연성이면서 동시에 환원성 고체이다.
- 유황은 물에 녹지 않으며, 이황화탄소에도 일부는 녹지 않는다.
- 유황은 부도체이다.

■ 유황(S_8) 실기 0602/1004

- 제2류 위험물에 해당하는 가연성 고체로 지정수량은 100kg이고, 위험등급은 Ⅱ이다.
- 환원성 물질로 자신은 산화되면서 다른 물질을 환원시킨다.
- 산화제와 혼합되어 있을 때 가열이나 충격 등에 의하여 폭발할 수 있으며 흑색화약의 원료로 사용된다.
- 자유전자가 거의 없어 전기가 통하지 않는 부도체이다.
- 단사황, 사방황, 고무상황과 같은 동소체가 있다.
- 고온에서 용융된 유황은 수소와 반응하여 황화수소가 발생한다.
- 공기 중에서 연소하면 푸른 불꽃을 내면서 이산화황(아황산가스, SO_2)로 변한다.(반응식 : $S + O_2 \rightarrow SO_2$)

0901

53 Repetitive Learning 1회 2회 3회

니트로셀룰로오스의 저장 및 취급 방법으로 틀린 것은?

① 가열, 마찰을 피한다.
② 열원을 멀리하고 냉암소에 저장한다.
③ 알코올 용액으로 습면하여 운반한다.
④ 물과의 접촉을 피하기 위해 석유에 저장한다.

해설

- 니트로셀룰로오스는 알코올 수용액(30%) 또는 물에 습면하여 저장한다.

■ 니트로셀룰로오스$[C_6H_7O_2(ONO_2)_3]_n$의 저장 및 취급방법

- 가열, 마찰을 피한다.
- 열원을 멀리하고 냉암소에 저장한다.
- 알코올 수용액(30%) 또는 물로 습면하여 저장한다.
- 직사광선 및 산과 접촉 시 자연발화하므로 주의한다.
- 건조하면 폭발 위험이 크지만 수분을 함유하면 폭발위험이 적어진다.
- 화재 시에는 다량의 물로 냉각소화한다.

정답 | 50 ③ 51 ③ 52 ③ 53 ④

1104 / 1401 / 1601

54 — Repetitive Learning (1회 2회 3회)

옥외저장탱크 · 옥내저장탱크 또는 지하저장탱크 중 압력탱크에 저장하는 아세트알데히드 등의 온도는 몇 ℃ 이하로 유지하여야 하는가?

① 30 ② 40
③ 55 ④ 65

해설

- 옥외저장탱크 · 옥내저장탱크 또는 지하저장탱크 중 압력탱크에 저장하는 아세트알데히드 등 또는 디에틸에테르 등의 온도는 40℃ 이하로 유지하여야 한다.

아세트알데히드 등의 저장기준 실기 0604/1202/1304/1602/1901/1904

- 옥외저장탱크 · 옥내저장탱크 또는 지하저장탱크 중 압력탱크에 있어서는 아세트알데히드 등의 취출에 의하여 당해 탱크내의 압력이 상용압력 이하로 저하하지 아니하도록, 압력탱크 외의 탱크에 있어서는 아세트알데히드 등의 취출이나 온도의 저하에 의한 공기의 혼입을 방지할 수 있도록 불활성 기체를 봉입할 것
- 이동저장탱크에 아세트알데히드 등을 저장하는 경우에는 항상 불활성의 기체를 봉입하여 둘 것
- 옥외저장탱크 · 옥내저장탱크 또는 지하저장탱크 중 압력탱크 외의 탱크에 저장하는 디에틸에테르 등 또는 아세트알데히드 등의 온도는 산화프로필렌과 이를 함유한 것 또는 디에틸에테르 등에 있어서는 30℃ 이하로, 아세트알데히드 또는 이를 함유한 것에 있어서는 15℃ 이하로 각각 유지할 것
- 옥외저장탱크 · 옥내저장탱크 또는 지하저장탱크 중 압력탱크에 저장하는 아세트알데히드 등 또는 디에틸에테르 등의 온도는 40℃ 이하로 유지할 것
- 보냉장치가 있는 이동저장탱크에 저장하는 아세트알데히드 등 또는 디에틸에테르 등의 온도는 당해 위험물의 비점 이하로 유지할 것
- 보냉장치가 없는 이동저장탱크에 저장하는 아세트알데히드 등 또는 디에틸에테르 등의 온도는 40℃ 이하로 유지할 것

55 — Repetitive Learning (1회 2회 3회)

제4석유류를 저장하는 옥내탱크저장소의 기준으로 옳은 것은?

① 옥내저장탱크의 용량은 지정수량의 40배 이하일 것
② 탱크전용실은 벽, 기둥, 바닥, 보를 내화구조로 할 것
③ 유리창을 설치하고, 출입구는 자동폐쇄식의 목재 방화문으로 할 것
④ 3층 이하의 건축물에 설치된 탱크전용실에 옥내저장탱크를 설치할 것

해설

- 탱크전용실은 벽 · 기둥 및 바닥을 내화구조로 하고, 보를 불연재료로 하여야 한다.
- 탱크전용실의 창 및 출입구에는 갑종방화문 또는 을종방화문을 설치하는 동시에, 연소의 우려가 있는 외벽에 두는 출입구에는 수시로 열 수 있는 자동폐쇄식의 갑종방화문을 설치하여야 한다.
- 위험물을 저장 또는 취급하는 옥내탱크는 단층건축물에 설치된 탱크전용실에 설치하여야 한다.

옥내탱크저장소의 간격 실기 2004

- 위험물을 저장 또는 취급하는 옥내탱크는 단층건축물에 설치된 탱크전용실에 설치할 것
- 옥내저장탱크와 탱크전용실의 벽과의 사이 및 옥내저장탱크의 상호간에는 0.5m 이상의 간격을 유지할 것. 다만, 탱크의 점검 및 보수에 지장이 없는 경우에는 그러하지 아니하다.
- 탱크전용실에 펌프설비를 설치하는 경우에는 펌프설비를 견고한 기초 위에 고정시킨 다음 그 주위에 불연재료로 된 턱을 탱크전용실의 문턱높이 이상으로 설치할 것
- 옥내탱크저장소에는 보기 쉬운 곳에 "위험물 옥내탱크저장소"라는 표시를 한 표지와 방화에 관하여 필요한 사항을 게시한 게시판을 설치하여야 한다.
- 옥내저장탱크의 용량은 지정수량의 40배(제4석유류 및 동 · 식물유류 외의 제4류 위험물에 있어서 당해 수량이 20,000L를 초과할 때에는 20,000L) 이하일 것
- 탱크전용실은 벽 · 기둥 및 바닥을 내화구조로 하고, 보를 불연재료로 하며, 연소의 우려가 있는 외벽은 출입구 외에는 개구부가 없도록 할 것
- 탱크전용실은 지붕을 불연재료로 하고, 천장을 설치하지 아니할 것
- 탱크전용실의 창 및 출입구에는 갑종방화문 또는 을종방화문을 설치하는 동시에, 연소의 우려가 있는 외벽에 두는 출입구에는 수시로 열 수 있는 자동폐쇄식의 갑종방화문을 설치할 것

56 — Repetitive Learning (1회 2회 3회)

다음 중 분진 폭발의 위험성이 가장 작은 것은?

① 석탄분 ② 시멘트
③ 설탕 ④ 커피

해설

- 생석회(석회석 가루), 시멘트, 대리석, 탄산칼슘 등은 분진폭발의 위험성이 거의 없다.

분진폭발

- 분진폭발의 위험은 금속분(알루미늄분, 마그네슘, 스텔라이트 등), 유황, 적린, 곡물(소맥분) 등에 주로 존재한다.
- 생석회(석회석 가루), 시멘트, 대리석, 탄산칼슘 등은 분진폭발의 위험성이 거의 없다.

54 ② 55 ① 56 ② | 정답

57 —— Repetitive Learning 1회 2회 3회

비중이 1보다 작고, 인화점이 0℃ 이하인 것은?

① $C_2H_5ONO_2$　② $C_2H_5OC_2H_5$

③ CS_2　④ C_6H_5Cl

해설

- 질산에틸($C_2H_5ONO_2$)의 비중은 1.11이고, 인화점은 10℃이다.
- 이황화탄소(CS_2)는 비중이 1.26이고, 인화점은 －30℃이다.
- 클로로벤젠(C_6H_5Cl)은 비중이 1.11이고, 인화점은 32℃이다.

에테르($C_2H_5OC_2H_5$) · 디에틸에테르 실기 0602/0804/1601/1602

- 특수인화물로 무색투명한 휘발성 액체이다.
- 인화점이 －45℃, 연소범위가 1.9~48%로 넓은 편이고, 증기는 제4류 위험물 중 가장 인화성이 크다.
- 비중은 0.72로 물보다 가볍고, 증기비중은 2.55로 공기보다 무겁다.
- 물에는 잘 녹지 않고, 알코올에 잘 녹는다.
- 햇볕에 오래 쪼이면 일부 분해하여 과산화물을 생성하므로 갈색병에 넣어 냉암소에 보관한다.
- 건조한 에테르는 비전도성이므로, 정전기 생성방지를 위해 약간의 $CaCl_2$를 넣어준다.
- 소화제로서 CO_2가 가장 적당하다.
- 과산화물은 요오드화칼륨(KI) 10% 수용액을 황색으로 변화시킬 때 검출할 수 있으며, 과산화물을 제거할 때는 황산제일철($FeSO_4$)을 사용한다.

0901 / 1804

58 —— Repetitive Learning 

운반할 때 빗물의 침투를 방지하기 위하여 방수성이 있는 피복으로 덮어야 하는 위험물은?

① TNT　② 이황화탄소

③ 과염소산　④ 마그네슘

해설

- TNT(트리니트로톨루엔)는 제5류 위험물이므로 차광성이 있는 피복으로 가려야 한다.
- 이황화탄소는 제4류 위험물 중 특수인화물에 해당하므로 차광성 있는 피복으로 가려야 한다.
- 과염소산은 제6류 위험물이므로 차광성이 있는 피복으로 가려야 한다.

적재 시 피복 기준 실기 0704/1704/1904

- 제1류 위험물, 제3류 위험물 중 자연발화성물질, 제4류 위험물 중 특수인화물, 제5류 위험물 또는 제6류 위험물은 차광성이 있는 피복으로 가릴 것
- 제1류 위험물 중 알칼리금속의 과산화물 또는 이를 함유한 것, 제2류 위험물 중 철분 · 금속분 · 마그네슘 또는 이들 중 어느 하나 이상을 함유한 것 또는 제3류 위험물 중 금수성물질은 방수성이 있는 피복으로 덮을 것
- 제5류 위험물 중 55℃ 이하의 온도에서 분해될 우려가 있는 것은 보냉 컨테이너에 수납하는 등 적정한 온도관리를 할 것
- 액체위험물 또는 위험등급 II의 고체위험물을 기계에 의하여 하역하는 구조로 된 운반용기에 수납하여 적재하는 경우에는 당해 용기에 대한 충격 등을 방지하기 위한 조치를 강구하여야 한다.

1804

59 —— Repetitive Learning 

질산나트륨 90kg, 유황 70kg, 클로로벤젠 2,000L를 저장하고 있을 경우 각각의 지정수량의 배수의 총합은?

① 2　② 3

③ 4　④ 5

해설

- 질산나트륨은 제1류 위험물에 해당하는 산화성 고체로 지정수량이 300kg이다.
- 유황은 제2류 위험물에 해당하는 가연성 고체로 지정수량이 100kg이다.
- 클로로벤젠은 제4류 위험물에 해당하는 비수용성 제2석유류로 지정수량이 1,000L이다.
- 지정수량의 배수의 합은 $\frac{90}{300}+\frac{70}{100}+\frac{2,000}{1,000}=0.3+0.7+2=3$ 배이다.

지정수량 배수의 계산

- 다수의 위험물을 저장하는 경우 지정수량의 배수를 구하려면 각각의 위험물에 해당하는 지정수량 배수($\frac{\text{저장수량}}{\text{지정수량}}$)의 합을 구하면 된다.
- 위험물 A, B를 저장하는 경우 지정수량의 배수의 합은 $\frac{\text{A저장수량}}{\text{A지정수량}}+\frac{\text{B저장수량}}{\text{B지정수량}}$가 된다.

정답 | 57 ② 58 ④ 59 ②

1604

60 Repetitive Learning (1회 2회 3회)

이동저장탱크로부터 위험물을 저장 또는 취급하는 탱크에 인화점이 몇 ℃ 미만인 위험물을 주입할 때에는 이동탱크저장소의 원동기를 정지시켜야 하는가?

① 21 ② 40

③ 71 ④ 200

해설

- 이동저장탱크로부터 위험물을 저장 또는 취급하는 탱크에 인화점이 40℃ 미만인 위험물을 주입할 때에는 이동탱크저장소의 원동기를 정지시켜야 한다.

이동탱크저장소에서의 위험물의 취급기준

- 이동저장탱크로부터 위험물을 저장 또는 취급하는 탱크에 액체의 위험물을 주입할 경우에는 그 탱크의 주입구에 이동저장탱크의 주입호스를 견고하게 결합할 것
- 이동저장탱크로부터 액체위험물을 용기에 옮겨 담지 아니할 것
- 이동저장탱크로부터 위험물을 저장 또는 취급하는 탱크에 인화점이 40℃ 미만인 위험물을 주입할 때에는 이동탱크저장소의 원동기를 정지시킬 것
- 이동저장탱크로부터 직접 위험물을 자동차의 연료탱크에 주입하지 말 것

60 ② | 정답

2013년 3월 10일

2013년 제1회

합격률 42.5%

1과목 일반화학

0302 / 0802

01 Repetitive Learning (1회 2회 3회)

원소 질량의 표준이 되는 것은?

① ^{1}H　② ^{12}C
③ ^{16}O　④ ^{235}U

해설

• 원자량 결정의 기준은 6개의 양성자와 6개의 중성자인 탄소($_{12}C$)의 원자 질량을 12로 한 것이다.

원자번호(Atomic number)와 원자량(Atomic mass)

• 원자번호는 원자핵의 양성자수이자 중성원자의 총 전자수와 같다.
• 질량수 = 양성자의 수 + 중성자의 수로 구한다.
• 원자량은 6개의 양성자와 6개의 중성자로 구성되는 질량수 12인 탄소($_{12}C$)의 원자 질량을 12로 정한 조건에서 다른 원소의 비교질량을 원자량으로 나타낸다.

02 Repetitive Learning (1회 2회 3회)

아세토페논의 화학식에 해당하는 것은?

① C_6H_5OH　② $C_6H_5NO_2$
③ $C_6H_5CH_3$　④ $C_6H_5COCH_3$

해설

• ①은 페놀의 화학식이다.
• ②는 니트로벤젠의 화학식이다.
• ③은 톨루엔의 화학식이다.

아세토페논(C_8H_8O, $C_6H_5COCH_3$)

• 벤젠(C_6H_6)의 수소하나를 아세틸기(CH_3CO-)로 치환환 화합물이다.
• 마취성, 최면성을 가진 무색의 액체이다.

0602

03 Repetitive Learning (1회 2회 3회)

분자식 $HClO_2$의 명명으로 옳은 것은?

① 염소산　② 아염소산
③ 차아염소산　④ 과염소산

해설

• 염소산($HClO_3$)은 산소가 3개인데, 산소가 2개이므로 아염소산이 된다.

산소의 개수에 따른 염소산($HClO_3$)의 분류

$HClO$	$HClO_2$	$HClO_3$	$HClO_4$
차아염소산	아염소산	염소산	과염소산

04 Repetitive Learning (1회 2회 3회)

다음 중 카르보닐기를 갖는 화합물은?

① $C_6H_5CH_3$　② $C_6H_5NH_2$
③ CH_3OCH_3　④ CH_3COCH_3

해설

• 카르보닐기는 $-CO-$로 표현되는 작용기이며 아세톤(CH_3COCH_3)이 대표적인 카르보닐기이다.

대표적인 작용기

명칭	작용기	예
메틸기	$-CH_3$	메탄올(CH_3OH)
아미노기	$-NH_2$	아닐린($C_6H_5NH_2$)
아세틸기	$-COCH_3$	아세톤(CH_3COCH_3)
에틸기	$-C_2H_5$	에탄올(C_2H_5OH)
카르복실기	$-COOH$	아세트산(CH_3COOH)
에테르기	$-O-$	디에틸에테르($C_2H_5OC_2H_5$)
히드록시기	$-OH$	페놀(C_6H_5OH)
알데히드기	$-CHO$	포름알데히드($HCHO$)
니트로기	$-NO_2$	트리니트로톨루엔[$C_6H_2CH_3(NO_2)_3$]
카르보닐기	$-CO-$	아세톤(CH_3COCH_3)

정답 | 01 ② 02 ④ 03 ② 04 ④

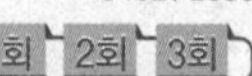

0402 / 2003

05 Repetitive Learning (1회 2회 3회)

백금 전극을 사용하여 물을 전기분해할 때 (+)극에서 5.6L의 기체가 발생하는 동안 (-)극에서 발생하는 기체의 부피는?

① 5.6L ② 11.2L
③ 22.4L ④ 44.8L

해설

- 1F의 전기량이 가해질 때 양(+)극에서는 산소가 5.6[L]생성되고, 음(-)극에서는 수소가 11.2[L] 생성된다.

물(H_2O)의 전기분해

- 분해 반응식 : $2H_2O \rightarrow 2H_2 + O_2$
- 1F의 전기량은 물질 1g당량을 석출하는데 필요한 전기량으로 전기분해할 경우 수소 1g당량과 산소 1g당량이 발생한다.
- 1F의 전기량은 전자 1몰이 갖는 전하량으로 96,500[C]의 전하량을 갖는다.
- 음(-)극에서는 수소의 1g당량은 $\frac{원자량}{원자가} = \frac{1}{1} = 1g$으로 표준상태에서 기체 1몰이 가지는 부피가 22.4[L]이므로 1g은 $\frac{1}{2}$몰이므로 11.2[L]가 생성된다.
- 양(+)극에서는 산소의 1g당량은 $\frac{원자량}{원자가} = \frac{16}{2} = 8g$으로 표준상태에서 기체 1몰이 가지는 부피가 22.4[L]이므로 8g은 $\frac{8}{32}$몰이므로 5.6[L]가 생성된다.

06 Repetitive Learning (1회 2회 3회)

80℃와 40℃에서 물에 대한 용해도가 각각 50, 30인 물질이 있다. 80℃의 이 포화용액 75g을 40℃로 냉각시키면 몇 g의 물질이 석출되겠는가?

① 25 ② 20
③ 15 ④ 10

해설

- 80℃에서의 용해도가 50이고, 포화용액의 양이 75g이므로 용매의 양을 구하면 75×0.67(=$\frac{100}{100+50}$)=50g이다.
- 용질의 양은 용액의 양에서 앞에서 구한 용매의 양을 빼서도 구할 수 있다. 75-50=25g이다.
- 40℃에서 용해도는 30, 용매의 양은 50g이므로 용해 가능한 용질의 양을 구하면 $\frac{30 \times 50}{100} = 15$이다.
- 40℃에서는 15g만이 50g의 용매(물)에 녹고 나머지 모두는 석출되므로 80℃에서 포화시킨 25g의 용질의 양에서 15g을 제외한 10g이 석출된다.

용해도를 이용한 용질의 석출량 계산

㉠ 개요

- 용해도란 포화용액에서 용매 100g에 용해되는 용질의 g수를 그 온도에서의 용해도라고 한다.
- 대부분의 경우 온도가 높아질수록 고체의 용해도는 증가하고, 기체의 용해도는 감소한다.

㉡ 석출량 계산

- 특정 온도(A℃)에서 포화된 용액의 용질 용해도와 포화용액의 양이 주어지고 그 온도보다 낮은 온도(B℃)에서의 용질의 석출량을 구하는 경우

> - 포화상태에서의 용매의 양과 용질의 양을 용해도를 이용해 구한다.
>   ⓐ 용매의 양=포화용액의 양×$\frac{100}{100+A℃의\ 용해도}$
>   ⓑ 용질의 양=포화용액의 양-ⓐ에서 구한 용매의 양
>   =포화용액의 양×$\frac{A℃의\ 용해도}{100+A℃의\ 용해도}$
>   ⓒ B℃에서의 용해도를 이용해 B℃에서의 용해가능한 용질의 양(=$\frac{B℃에서의\ 용해도 \times ⓐ에서\ 구한\ 용매의\ 양}{100}$)을 구한다.
> - ⓑ에서 구한 용질의 양에서 ⓒ에서 구한 용질의 양을 빼주면 석출된 용질의 양을 구할 수 있다.

1004

07 Repetitive Learning (1회 2회 3회)

10.0mL의 0.1M-$NaOH$을 25.0mL의 0.1M-HCl에 혼합하였을 때 이 혼합 용액의 pH는 얼마인가?

① 1.37 ② 2.82
③ 3.37 ④ 4.82

해설

- 중화적정의 문제이다.
- 산(HCl)과 염기(NaOH)의 혼합용액(NaCl)이므로 (0.1×25)-(0.1×10) =x×(35)이 되어야 하므로 $x = \frac{1.5}{35} = 0.043$이므로 수소이온의 농도는 0.043이다.
- pH는 -log[N농도]에서 -log[0.043]=1.37이 된다.

중화적정

- 중화반응을 이용하여 용액의 농도를 확인하는 방법이다.
- 단일 산과 염기인 경우 $NV = N'V'$(N은 노르말 농도, V는 부피)
- 혼합용액의 경우 $NV \pm N'V' = N''V''$(혼합용액의 부피 $V'' = V + V'$)

05 ② 06 ④ 07 ① | 정답

08

Repetitive Learning 1회 2회 3회

주양자수가 4일 때 이 속에 포함된 오비탈 수는?

① 4 ② 9
③ 16 ④ 32

해설

- 주양자수가 4라는 것은 N껍질을 의미한다. N껍질에 포함된 오비탈의 수는 4^2=16개이다.

전자배치 구조

- 오비탈이라는 전자가 채워지는 공간을 통해 전자껍질을 구성한다.
- 전자껍질은 K, L, M, N껍질로 구성된다.

구분	K껍질	L껍질	M껍질	N껍질
오비탈	1s	2s2p	3s3p3d	4s4p4d4f
오비탈수	1개(1^2)	4개(2^2)	9개(3^2)	16개(4^2)
최대전자	최대 2개	최대 8개	최대 18개	최대 32개

- 오비탈의 종류

s오비탈	최대 2개의 전자를 채울 수 있다.
p오비탈	최대 6개의 전자를 채울 수 있다.
d오비탈	최대 10개의 전자를 채울 수 있다.
f오비탈	최대 14개의 전자를 채울 수 있다.

- 표시방법

$1s^2 2s^2 2p^6 3s^2 3p^6 4s^2 3d^{10} 4p^6$ …로 표시한다.

- 오비탈에 해당하는 s, p, d, f 앞의 숫자는 주기율표상의 주기를 의미한다.
- 오비탈에 해당하는 s, p, d, f 오른쪽 위의 숫자는 전자의 수를 의미한다.
- 항상 앞의 오비탈을 모두 채워야 다음 오비탈이 위치할 수 있다.
- 주기율표와 같이 구성되게 하기 위해 1주기에는 s만, 2주기와 3주기에는 s와 p가, 4주기와 5주기에는 전이원소를 넣기 위해 s, d, p오비탈이 순서대로(이때, d앞의 숫자가 기존 s나 p보다 1적다) 배치된다.

- 대표적인 원소의 전자배치

주기	원소명	원자 번호	표시
1	수소(H)	1	$1s^1$
	헬륨(He)	2	$1s^2$
2	리튬(Li)	3	$1s^2 2s^1$
	베릴륨(Be)	4	$1s^2 2s^2$
	붕소(B)	5	$1s^2 2s^2 2p^1$
	탄소(C)	6	$1s^2 2s^2 2p^2$
	질소(N)	7	$1s^2 2s^2 2p^3$
	산소(O)	8	$1s^2 2s^2 2p^4$
	불소(F)	9	$1s^2 2s^2 2p^5$
	네온(Ne)	10	$1s^2 2s^2 2p^6$

09

Repetitive Learning 1회 2회 3회

$CO + 2H_2 \rightarrow CH_3OH$의 반응에 있어서 평형상수 K를 나타내는 식은?

① $K = \frac{[CH_3OH]}{[CO][H_2]}$ ② $K = \frac{[CH_3OH]}{[CO][H_2]^2}$

③ $K = \frac{[CO][H_2]}{[CH_3OH]}$ ④ $K = \frac{[CO][H_2]^2}{[CH_3OH]}$

해설

- 평형상수 K는 분모에 반응 전, 분자에 반응 후의 농도곱으로 구한다.

화학평형의 법칙

- 일정한 온도에서 화학반응이 평형상태에 있을 때 전리평형상수(K)는 항상 일정하다.
- 전리평형상수(K)는 화학반응이 평형상태에 있을 때 반응물의 농도곱에 대한 생성물의 농도곱의 비를 말한다.

A와 B가 결합하여 C와 D가 생성되는 화학반응이 평형상태일 때 $aA + bB \Leftrightarrow cC + dD$라고 하면 $K = \frac{[C]^c[D]^d}{[A]^a[B]^b}$가 성립하며, [A], [B], [C], [D]는 물질의 몰농도

10

Repetitive Learning 1회 2회 3회

0℃, 일정 압력 하에서 1L의 물에 이산화탄소 10.8g을 녹인 탄산음료가 있다. 동일한 온도에서 압력을 1/4로 낮추면 방출되는 이산화탄소의 질량은 몇 g인가?

① 2.7 ② 5.4
③ 8.1 ④ 10.8

해설

- 동일한 온도에서 액체에 용해되는 기체의 양은 압력에 정비례하므로 일정 압력일 때 10.8g이 녹는다고 할 경우 1/4의 압력이라면 10.8×(1/4)=2.7g이 된다.
- 즉, 2.7g을 제외한 나머지 탄산은 모두 방출되므로 그 양은 10.8−2.7=8.1g이 된다.

헨리의 법칙

- 동일한 온도에서, 같은 양의 액체에 용해될 수 있는 기체의 양은 기체의 부분압과 정비례한다는 것이다.
- 탄산음료의 병마개를 따면 거품이 나는 것으로 증명할 수 있다.

정답 | 08 ③ 09 ② 10 ③

11

Repetitive Learning (1회 2회 3회)

4℃의 물이 얼음의 밀도보다 큰 이유는 물 분자의 무슨 결합 때문인가?

① 이온결합 ② 공유결합
③ 배위결합 ④ 수소결합

해설

- 수소결합이 가능한 분자들은 비열, 표면장력이 크며, 물이 얼음이 될 때 부피가 늘어나는 것도 물이 수소결합을 하기 때문이다.

수소결합

- 질소(N), 산소(O), 불소(F) 등 전기음성도가 큰 원자와 수소(H)가 강한 인력으로 결합하는 것을 말한다.
- 수소결합이 가능한 분자들은 다른 분자들에 비해 인력이 강해 끓는점이나 녹는점이 높고 기화열, 융해열이 크다.
- 수소결합이 가능한 분자들은 비열, 표면장력이 크며, 물이 얼음이 될 때 부피가 늘어나는 것도 물이 수소결합을 하기 때문이다.

12

Repetitive Learning (1회 2회 3회)

다음 중 공유결합 화합물이 아닌 것은?

① NaCl ② HCl
③ CH_3COOH ④ CCl_4

해설

- 염화나트륨(NaCl)은 대표적인 이온결합물이다.

공유결합

㉠ 개요
- 공유결합은 전자를 원자들이 공유했을 때 생성되는 결합이다.
- 주로 비금속+비금속끼리의 결합형태이다.
- 화학반응에서 원자간의 공유결합을 끊어야 반응이 가능하여 반응속도가 느리다.

㉡ 공유하는 전자쌍에 따른 구분

단일결합	• 2개의 원자가 전자쌍 1개를 공유 • 메테인(CH_4), 암모니아(NH_3), 염화수소(HCl) 등
2중결합	• 2개의 원자가 전자쌍 2개를 공유 • 산소(O_2), 이산화탄소(CO_2) 등
3중결합	• 2개의 원자가 전자쌍 3개를 공유 • 질소(N_2), 일산화탄소(CO) 등

0604

13

Repetitive Learning (1회 2회 3회)

프로판 1몰을 완전연소하는데 필요한 산소의 이론량을 표준상태에서 계산하면 몇 L가 되는가?

① 22.4 ② 44.8
③ 89.6 ④ 112.0

해설

- 프로판의 완전연소식을 보면 $C_3H_8+5O_2 \rightarrow 3CO_2+4H_2O$이다. 즉, 1몰의 프로판을 완전연소하는테 필요한 산소는 5몰이다.
- 표준상태에서 1몰의 산소는 22.4L이므로 5몰은 22.4×5=112L가 된다.

프로판(C_3H_8)

- 알케인계 탄화수소의 한 종류이다.
- 특이한 냄새를 갖는 무색기체이다.
- 녹는점은 −187.69℃, 끓는점은 −42.07℃이다.
- 물에는 약간, 알코올에 중간, 에테르에 잘 녹는다.
- 완전연소식 : $C_3H_8+5O_2 \rightarrow 3CO_2+4H_2O$: 이산화탄소+물

14

Repetitive Learning (1회 2회 3회)

같은 분자식을 가지면서 각각을 서로 겹치게 할 수 없는 거울상의 구조를 갖는 분자를 무엇이라 하는가?

① 구조이성질체 ② 기하이성질체
③ 광학이성질체 ④ 분자이성질체

해설

- 광학이성질체는 거울상의 구조를 갖기 때문에 거울상 이성질체라고도 한다.

이성질체

- 분자식은 같지만 서로 다른 물리/화학적 성질을 갖는 분자를 말한다.
- 구조이성질체는 원자의 연결순서가 달라 분자식은 같지만 시성식이 다른 이성질체이다.
- 광학이성질체는 같은 분자식을 가지면서 각각을 서로 겹치게 할 수 없는 거울상의 구조를 갖는 분자로 거울상 이성질체라고도 한다.
- 기하이성질체란 서로 대칭을 이루지만 구조가 서로 같지 않을 수 있는 이성질체를 말한다.($CH_3CH=CHCH_3$와 같이 3중결합으로 대칭을 이루지만 CH_3와 CH의 위치에 따라 구조가 서로 같지 않을 수 있는 물질)

11 ④ 12 ① 13 ④ 14 ③ | 정답

1004

15

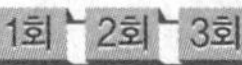
Repetitive Learning (1회 2회 3회)

물이 브뢴스테드의 산으로 작용한 것은?

① $HCl+H_2O \rightleftarrows H_3O^++Cl^-$

② $HCOOH+H_2O \rightleftarrows HCOO^-+H_3O^+$

③ $NH_3+H_2O \rightleftarrows NH_4^++OH^-$

④ $3Fe+4H_2O \rightleftarrows Fe_3O_4+4H_2$

해설

- 물이 산으로 작용한다는 것은 산화된다는 것을 의미한다. 산화는 수소나 전자를 잃는 반응이므로 물이 수소를 잃는 것을 찾으면 된다.

산화와 환원

산화	환원
전자를 잃는 반응	원자나 원자단 또는 이온이 전자를 얻는 반응
수소화합물이 수소를 잃는 반응	수소와 결합하는 반응
산소와 화합하는 반응	산소를 잃는 반응
한 원소의 산화수가 증가하는 반응	한 원소의 산화수가 감소하는 반응

1702

16

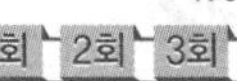
Repetitive Learning (1회 2회 3회)

불꽃반응 시 보라색을 나타내는 금속은?

① Li ② K

③ Na ④ Ba

해설

- 리튬(Li)은 빨강, 나트륨(Na)은 노랑, 바륨(Ba)은 빨강색을 낸다.

불꽃반응

- 금속이 녹아 있는 수용액을 불꽃에 넣으면 수용액에 녹아있는 금속성분에 따라 특유의 빛을 내는 현상을 말한다.

알칼리금속	불꽃반응색	알칼리토금속	불꽃반응색
리튬(Li)	빨강	베릴륨(Be)	무색
나트륨(Na)	노랑	마그네슘(Mg)	무색
칼륨(K)	보라	칼슘(Ca)	주황
루비듐(Rb)	진빨강	스트론튬(Sr)	빨강
세슘(Cs)	연파랑	바륨(Ba)	빨강

1701 / 2003

17

Repetitive Learning (1회 2회 3회)

일정한 온도 하에서 물질 A와 B가 반응을 할 때 A의 농도만 2배로 하면 반응속도가 2배가 되고 B의 농도만 2배로 하면 반응속도가 4배로 된다. 이 반응속도식은? (단, 반응속도 상수는 k이다)

① $v=k[A][B]^2$ ② $v=k[A]^2[B]$

③ $v=k[A][B]^{0.5}$ ④ $v=k[A][B]$

해설

- A의 농도와 반응속도가 비례하는데, B의 농도와 반응속도는 농도의 제곱에 비례하므로 반응속도식은 $v=k[A][B]^2$가 된다.

농도와 반응속도의 관계

- 일정한 온도에서 반응속도는 반응물질의 농도(몰/L)의 곱에 비례한다.
- 어떤 물질 A와 B의 반응을 통해 C와 D를 생성하는 반응식에서 $aA+bB \rightarrow cC+dD$에서 반응속도는 $k[A]^a[B]^b$가 되며, 그 역도 성립한다. 이때 k는 속도상수이며, [ ]은 몰농도이다.
- 온도가 일정하더라도 시간이 흐름에 따라 물질의 농도가 감소하므로 반응속도도 감소한다.

0902

18

Repetitive Learning (1회 2회 3회)

솔베이법으로 만들어지는 물질이 아닌 것은?

① Na_2CO_3 ② NH_4Cl

③ $CaCl_2$ ④ H_2SO_4

해설

- 솔베이법으로 얻을 수 있는 물질은 탄산수소나트륨($NaHCO_3$), 염화암모늄(NH_4Cl), 탄산나트륨(Na_2CO_3), 염화칼슘($CaCl_2$) 등이다.

솔베이의 암모니아 소다법

- 원염에서 얻은 암모니아 함수로부터 탄산수소나트륨($NaHCO_3$)과 염화암모늄(NH_4Cl)을 얻는다.
  $NH_3+H_2O+CO_2 \rightarrow NH_4HCO_3$
  $NaCl+NH_4HCO_3 \rightarrow NaHCO_3+NH_4Cl$
- 탄산수소나트륨($NaHCO_3$)을 열분해하여 탄산나트륨(Na_2CO_3)과 탄산가스를 얻는다.
  $2NaHCO_3 \rightarrow Na_2CO_3+H_2O+CO_2$
- 염화암모늄(NH_4Cl)에서 암모니아를 회수하여 재사용한다.
  $2NH_4Cl+Ca(OH)_2 \rightarrow CaCl_2+2H_2O+2NH_3$

정답 | 15 ③ 16 ② 17 ① 18 ④

19

Repetitive Learning (1회 2회 3회)

귀금속인 금이나 백금 등을 녹이는 왕수의 제조 비율로 옳은 것은?

① 질산 3부피+염산 1부피
② 질산 3부피+염산 2부피
③ 질산 1부피+염산 3부피
④ 질산 2부피+염산 3부피

해설

- 왕수는 진한 질산(HNO_3)과 진한 염산(HCl)을 1 : 3으로 섞은 용액으로 금이나 백금을 녹인다고해서 왕의 물(왕수)라 불린다.

왕수, 아쿠라레기아(Aqua regia)

- 진한 질산(HNO_3)과 진한 염산(HCl)을 1 : 3으로 섞은 용액이다.
- 일반 산에 녹지 않는 금이나 백금 등 귀금속을 녹일 때 사용한다.

0401

20

Repetitive Learning (1회 2회 3회)

니트로벤젠의 증기에 수소를 혼합한 뒤 촉매를 사용하여 환원시키면 무엇이 되는가?

① 페놀 ② 톨루엔
③ 아닐린 ④ 나프탈렌

해설

- 페놀(C_6H_5OH)은 벤젠 또는 벤조산을 산화시켜 만든다.
- 톨루엔($C_6H_5CH_3$)은 2-클로로에탄을 알킬화 반응하여 만든다.
- 나프탈렌($C_{10}H_8$)은 석탄 타르 제품으로 얻을 수 있다.

아닐린($C_6H_5NH_2$)

- 인화성 액체에 해당하는 제4류 위험물 중 제3석유류에 속하며, 비수용성으로 지정수량이 2,000[L]이고, 위험등급이 Ⅲ이다.
- 인화점이 75℃, 착화점이 538℃이며 비중은 1.002이고, 분자량은 93.13이다.
- 니트로벤젠의 증기에 수소를 혼합한 뒤 촉매(니켈, 구리 등)를 사용하여 환원시켜서 얻는다.
- $CaOCl_2$ 용액에서 붉은 보라색을 띠며, HCl과 반응하여 염산염을 만든다.

2과목 화재예방과 소화방법

21

Repetitive Learning (1회 2회 3회)

인화점이 38℃ 이상인 제4류 위험물 취급을 주된 작업내용으로 하는 장소에 스프링클러 설비를 설치할 경우 확보하여야 하는 1분당 방사밀도는 몇 L/m^2 이상이어야 하는가? (단, 살수 기준면적은 $250m^2$이다)

① 12.2 ② 13.9
③ 15.5 ④ 16.3

해설

- 주어진 조건이 인화점이 38℃ 이상이고, 살수기준면적이 $279m^2$ 미만이므로 $12.2L/m^2$ 이상이 되어야 한다.

제4류 위험물의 살수기준면적에 따른 살수밀도기준(적응성)

살수기준면적(m^2)	방사밀도(L/m^2분)	
	인화점 38℃ 미만	인화점 38℃ 이상
279 미만	16.3 이상	12.2 이상
279 이상 372 미만	15.5 이상	11.8 이상
372 이상 465 미만	13.9 이상	9.8 이상
465 이상	12.2 이상	8.1 이상

0901

22

Repetitive Learning (1회 2회 3회)

다음 중 소화기의 외부 표시사항으로 가장 거리가 먼 것은?

① 유효기간 ② 적응화재표시
③ 능력단위 ④ 취급상 주의사항

해설

- 제조연월일은 표시하나 유효기간은 표시할 필요가 없다.

소화기 외부 표시사항

- 소화기명
- 사용방법
- 적응화재별 능력단위의 수치
- 제조번호
- 제조연월일
- 제조회사명
- 용기시험의 압력치
- 총중량(충진약제를 용량으로 나타내는 것은 제외)
- 취급상의 주의 또는 유의사항

19 ③ 20 ③ 21 ① 22 ① | 정답

23

Repetitive Learning (1회 2회 3회)

과산화칼륨에 의한 화재 시 주수소화가 적합하지 않은 이유로 가장 타당한 것은?

① 산소가스가 발생하기 때문에
② 수소가스가 발생하기 때문에
③ 가연물이 발생하기 때문에
④ 금속칼륨이 발생하기 때문에

해설

• 과산화나트륨(Na_2O_2), 과산화칼륨(K_2O_2), 과산화바륨(BaO_2), 과산화리튬(Li_2O_2)과 같은 무기과산화물은 물과 반응할 경우 산소를 발생시켜 발화 · 폭발하므로 주수소화를 금해야 한다.

대표적인 위험물의 소화약제

위험물	류별	소화약제
칼륨(K), 나트륨(Na), 마그네슘(Mg)	제2류	마른모래, 탄산수소염류 분말소화약제
황린(P_4)	제3류	주소소화, 마른모래 등
알킬(트리에틸)알루미늄, 수소화나트륨	제3류	마른모래, 팽창질석, 팽창진주암
경유, 등유, 벤젠(C_6H_6)	제4류	포소화약제, 이산화탄소, 분말소화약제
염소산칼륨($KClO_3$), 염소산아연[$Zn(ClO_3)_2$]	제1류	대량의 물을 통한 냉각소화
트리니트로페놀[$C_6H_2OH(NO_2)_3$], 트리니트로톨루엔(TNT), 니트로세룰로오스 등	제5류	대량의 물로 주수소화
과산화나트륨(Na_2O_2), 과산화칼륨(K_2O_2)	제1류	마른모래

24

Repetitive Learning (1회 2회 3회)

화재를 잘 일으킬 수 있는 일반적인 경우에 대한 설명 중 틀린 것은?

① 산소와 친화력이 클수록 연소가 잘 된다.
② 온도가 상승하면 연소가 잘 된다.
③ 연소범위가 넓을수록 연소가 잘 된다.
④ 발화점이 높을수록 연소가 잘 된다.

해설

• 발화점 즉, 착화온도가 낮을수록 연소위험이 크다.

연소이론

• 연소란 화학반응의 한 종류로, 가연물이 산소 중에서 산화반응을 하여 열과 빛을 발산하는 현상을 말한다.
• 연소의 3요소에는 가연물, 산소공급원, 점화원이 있다.
• 연소범위가 넓을수록 연소위험이 크다.
• 착화온도가 낮을수록 연소위험이 크다.
• 가연성 액체를 발화점 이상으로 공기 중에서 가열하면 별도의 점화원이 없어도 발화할 수 있다.

0304 / 1001 / 1801

25

Repetitive Learning (1회 2회 3회)

공기포 발포배율을 측정하기 위해 중량 340g, 용량 1800mL의 포 수집 용기에 가득히 포를 채취하여 측정한 용기의 무게가 540g이었다면 발포배율은? (단, 포 수용액의 비중은 1로 가정한다)

① 3배　　② 5배
③ 7배　　④ 9배

해설

• 포의 중량은 540 - 340 = 200g이고, 용량은 1800mL이므로 $\frac{1,800}{200}$ = 9배이다.

공기포의 발포배율(팽창비) 산출식

• 발포배율은 내용적(용량) 대 중량의 비로 구한다.
• 발포배율 = $\frac{\text{내용적[mL]}}{\text{전체 중량[g]} - \text{빈 시료용 기중량[g]}}$으로 구한다.

26

Repetitive Learning (1회 2회 3회)

주된 소화작용이 질식소화와 가장 거리가 먼 것은?

① 하론소화기　　② 분말소화기
③ 포소화기　　④ 이산화탄소 소화기

해설

• 하론소화기는 할로겐 화합물 등을 첨가하여 연쇄반응을 억제하는 화학적 소화방식(부촉매 소화)의 소화기이다.

질식소화

• 산소공급원을 차단하는 소화방법을 말한다.
• 연소범위 밖으로 농도를 유지하게 하는 방법과 연소범위를 좁혀서(불활성화) 소화를 유도하는 방법이 있다.
• 불활성화는 불활성물질(이산화탄소, 질소, 아르곤, 수증기 등)을 첨가하여 산소농도를 15% 이하로 만드는 방법이다.

정답 | 23 ① 24 ④ 25 ④ 26 ①

0704

27 Repetitive Learning (1회 2회 3회)

옥내탱크전용실에 설치하는 탱크 상호 간에는 얼마의 간격을 두어야 하는가?

① 0.1m 이상　② 0.3m 이상
③ 0.5m 이상　④ 0.6m 이상

해설

- 옥내저장탱크와 탱크전용실의 벽과의 사이 및 옥내저장탱크의 상호 간에는 0.5m 이상의 간격을 유지해야 한다.

옥내탱크저장소의 기준

- 위험물을 저장 또는 취급하는 옥내탱크는 단층건축물에 설치된 탱크전용실에 설치할 것
- 옥내저장탱크와 탱크전용실의 벽과의 사이 및 옥내저장탱크의 상호간에는 0.5m 이상의 간격을 유지할 것. 다만, 탱크의 점검 및 보수에 지장이 없는 경우에는 그러하지 아니하다.
- 옥내탱크저장소에는 보기 쉬운 곳에 "위험물 옥내탱크저장소"라는 표시를 한 표지와 방화에 관하여 필요한 사항을 게시한 게시판을 설치하여야 한다.
- 옥내저장탱크의 용량은 지정수량의 40배(제4석유류 및 동 · 식물유류 외의 제4류 위험물에 있어서 당해 수량이 20,000L를 초과할 때에는 20,000L) 이하일 것

0404 / 0702

28 Repetitive Learning (1회 2회 3회)

위험물제조소 등에 설치하는 옥내소화전 설비의 기준으로 옳지 않은 것은?

① 옥내소화전함에는 그 표면에 "소화전"이라고 표시하여야 한다.
② 옥내소화전함의 상부의 벽면에 적색의 표시등을 설치하여야 한다.
③ 표시등 불빛은 부착면과 10도 이상의 각도가 되는 방향으로 8m 이내에서 쉽게 식별할 수 있어야 한다.
④ 호스접속구는 바닥면으로부터 1.5m 이하의 높이에 설치하여야 한다.

해설

- 표시등의 부착면과 15°이상의 각도가 되는 방향으로 10m 떨어진 곳에서 용이하게 식별이 가능하도록 해야 한다.

옥내소화전설비의 설치의 표시

- 옥내소화전함에는 그 표면에 "소화전"이라고 표시할 것
- 옥내소화전함의 상부의 벽면에 적색의 표시등을 설치하되, 당해 표시등의 부착면과 15°이상의 각도가 되는 방향으로 10m 떨어진 곳에서 용이하게 식별이 가능하도록 할 것

29 Repetitive Learning (1회 2회 3회)

다음 중 화재 시 물을 사용할 경우 가장 위험한 물질은?

① 염소산칼륨　② 인화칼슘
③ 황린　④ 과산화수소

해설

- 인화칼슘(Ca_3P_2)은 물과 반응 시 유독성 가스인 포스핀가스(인화수소, PH_3)를 발생시키므로 마른모래 등으로 피복소화한다.

인화석회/인화칼슘(Ca_3P_2) 실기 0502/0601/0704/0802/1401/1501/1602/2004

- 금속의 인화물의 한 종류로 지정수량이 300kg, 위험등급이 Ⅲ인 제3류 위험물이다.
- 상온에서 적갈색 고체로 비중이 2.5로 물보다 무겁다.
- 물 또는 약산과 반응하면 독성의 가연성 기체인 포스핀가스(인화수소, PH_3)가 발생한다.

물과의 반응식	$Ca_3P_2 + 6H_2O \rightarrow 3Ca(OH)_2 + 2PH_3$ 인화석회+물 → 수산화칼슘+인화수소
산과의 반응식	$Ca_3P_2 + 6HCl \rightarrow 3CaCl_2 + 2PH_3$ 인화석회+염산 → 염화칼슘+인화수소

1602 / 1804

30 Repetitive Learning (1회 2회 3회)

제1종 분말소화약제의 소화효과에 대한 설명으로 가장 거리가 먼 것은?

① 열분해 시 발생하는 이산화탄소와 수증기에 의한 질식효과
② 열분해 시 흡열반응에 의한 냉각효과
③ H^+ 이온에 의한 부촉매 효과
④ 분말 운무에 의한 열방사의 차단효과

해설

- 제1종 분말소화약제는 탄산수소나트륨의 분해 시 생성되는 이산화탄소와 수증기에 의한 질식효과, 물에 의한 냉각효과, 열방사의 차단효과 등이 작용한다.

제1종 분말소화약제 실기 0501/0602/0701/0801/0901/1204/1301/1404/1502/1504/1601/1602/1701/1801/1904/2003/2101

- 탄산수소나트륨($NaHCO_3$)을 주성분으로 하는 소화약제로 BC급 화재에 적응성을 갖는 착색색상은 백색인 소화약제이다.
- 탄산수소나트륨이 열분해되면 탄산나트륨, 이산화탄소, 물로 분해된다.($2NaHCO_3 \xrightarrow[\triangle]{} Na_2CO_3 + CO_2 + H_2O$)
- 분해 시 생성되는 이산화탄소와 수증기에 의한 질식효과, 수증기에 의한 냉각효과 및 열방사의 차단효과 등이 작용한다.

27 ③　28 ③　29 ②　30 ③ | 정답

0402 / 0601

31 Repetitive Learning (1회 2회 3회)

위험물안전관리법령상 지정수량의 10배 이상의 위험물을 저장, 취급하는 제조소 등에 설치하여야 할 경보설비 종류에 해당되지 않는 것은?

① 확성장치 ② 비상방송설비
③ 자동화재탐지설비 ④ 무선통신설비

해설

- 경보설비는 자동화재탐지설비 · 비상경보설비(비상벨장치 또는 경종을 포함한다) · 확성장치(휴대용확성기를 포함한다) 및 비상방송설비로 구분한다.

경보설비의 기준

- 지정수량의 10배 이상의 위험물을 저장 또는 취급하는 제조소 등(이동탱크저장소를 제외)에는 화재발생 시 이를 알릴 수 있는 경보설비를 설치하여야 한다.
- 경보설비는 자동화재탐지설비 · 비상경보설비(비상벨장치 또는 경종을 포함한다) · 확성장치(휴대용확성기를 포함한다) 및 비상방송설비로 구분한다.
- 자동신호장치를 갖춘 스프링클러설비 또는 물분무등소화설비를 설치한 제조소 등에 있어서는 자동화재탐지설비를 설치한 것으로 본다.

1902

32 Repetitive Learning (1회 2회 3회)

자연발화가 일어날 수 있는 조건으로 가장 옳은 것은?

① 주위의 온도가 낮을 것
② 표면적이 작을 것
③ 열전도율이 작을 것
④ 발열량이 작을 것

해설

- 온도가 높을수록 자연발화가 쉽다.
- 표면적이 클수록 자연발화가 쉽다.
- 발열량이 많고 축적이 될수록 자연발화가 쉽다.

자연발화 실기 0602/0704

㉠ 개요
- 물질이 고유의 성질로 인해 스스로 발열반응을 통해 발생한 열을 장기간 축적하여 발화하는 현상을 말한다.
- 자연발화를 일으키는 원인에는 산화열, 분해열, 중합열, 흡착열, 미생물에 의한 발열 등이 있다.

㉡ 발화하기 쉬운 조건
- 고온다습한 환경에서 자연발화가 발생하기 쉽다.
- 입자의 표면적이 넓을수록 자연발화가 발생하기 쉽다.
- 열전도율이 작을수록 자연발화가 발생하기 쉽다.

0801 / 1601 / 2001

33 Repetitive Learning (1회 2회 3회)

위험물제조소에서 옥내소화전이 1층에 4개, 2층에 6개가 설치되어 있을 때 수원의 수량은 몇 L 이상이 되도록 설치하여야 하는가?

① 13,000 ② 15,600
③ 39,000 ④ 46,800

해설

- 옥내소화전설비에서 수원의 수량은 옥내소화전이 가장 많이 설치된 층의 옥내소화전 설치개수(설치개수가 5개 이상인 경우는 5개)에 $7.8m^3$를 곱한 양 이상이 되어야 하므로 2층에 6개로 5개 이상이므로 $5 \times 7.8 = 39m^3$ 이상이 되어야 한다. [L]단위는 1,000을 곱하면 되므로 39,000L가 된다.

옥내소화전설비의 설치기준 실기 1301/1304/1701/1702/1804

- 옥내소화전은 제조소등의 건축물의 층마다 당해 층의 각 부분에서 하나의 호스접속구까지의 수평거리가 25m 이하가 되도록 설치할 것. 이 경우 옥내소화전은 각층의 출입구 부근에 1개 이상 설치하여야 한다.
- 수원의 수량은 옥내소화전이 가장 많이 설치된 층의 옥내소화전 설치개수(설치개수가 5개 이상인 경우는 5개)에 $7.8m^3$를 곱한 양 이상이 되도록 설치할 것
- 옥내소화전설비는 각층을 기준으로 하여 당해 층의 모든 옥내소화전(설치개수가 5개 이상인 경우는 5개의 옥내소화전)을 동시에 사용할 경우에 각 노즐선단의 방수압력이 350kPa 이상이고 방수량이 1분당 260L 이상의 성능이 되도록 할 것
- 옥내소화전설비에는 비상전원을 설치할 것

0802

34 Repetitive Learning (1회 2회 3회)

다음 중 니트로셀룰로오스 위험물의 화재 시에 가장 적절한 소화약제는?

① 사염화탄소 ② 이산화탄소
③ 물 ④ 인산염류

해설

- 니트로셀룰로오스$[[C_6H_7O_2(ONO_2)_3]_n]$는 자기반응성 물질에 해당하는 제5류 위험물인 폭발물로 연소속도가 대단히 빨라 연소가 어렵다. 주변의 인화물을 제거하는 것이 바람직하며 대량의 물로 주수소화한다.

대표적인 위험물의 소화약제

문제 23번의 유형별 핵심이론 참조

정답 | 31 ④ 32 ③ 33 ③ 34 ③

1904

35 Repetitive Learning (1회 2회 3회)

제1인산암모늄 분말소화약제의 색상과 적응화재를 옳게 나타낸 것은?

① 백색, BC급 ② 담홍색, BC급
③ 백색, ABC급 ④ 담홍색, ABC급

해설

- 제3종 분말소화약제는 제1인산암모늄($NH_4H_2PO_4$)을 주성분으로 하는 소화약제로 ABC급 화재에 적응성이 있으며 착색색상은 담홍색이다.

제3종 분말소화약제 실기 0501/0602/0701/0801/0901/1204/1301/1404/1502/1504/1601/1602/1701/1801/1904/2003/2101

- 제1인산암모늄($NH_4H_2PO_4$)을 주성분으로 하는 소화약제로 ABC급 화재에 적응성이 있으며 착색색상은 담홍색인 소화약제이다.
- 가연물의 표면에 피막을 형성하여 산소의 유입을 차단시킨다.
- 발수제로 실리콘 오일을 첨가한다.
- 인산암모늄이 열분해되면 메타인산, 암모니아, 물로 분해되는데, 이중 메타인산(HPO_3)이 부착성 있는 막을 만드는 방진효과로 A급화재 진화에 기여를 한다.
($NH_4H_2PO_4 \xrightarrow[\triangle]{} HPO_3 + NH_3 + H_2O$)

0602

36 Repetitive Learning (1회 2회 3회)

위험물안전관리법령에 따라 관계인이 예방규정을 정하여야 할 옥외탱크저장소에 저장되는 위험물의 지정수량 배수는?

① 100배 이상 ② 150배 이상
③ 200배 이상 ④ 250배 이상

해설

- 관계인이 예방규정을 정하여야 하는 옥외탱크저장소는 지정수량의 200배 이상의 위험을 저장하는 경우이다.

관계인이 예방규정을 정하여야 하는 제조소 등

- 지정수량의 10배 이상의 위험물을 취급하는 제조소
- 지정수량의 100배 이상의 위험물을 저장하는 옥외저장소
- 지정수량의 150배 이상의 위험물을 저장하는 옥내저장소
- 지정수량의 200배 이상의 위험물을 저장하는 옥외탱크저장소
- 암반탱크저장소
- 이송취급소
- 지정수량의 10배 이상의 위험물을 취급하는 일반취급소(단, 4류 위험물을 취급하는 일반취급소 중 보일러 · 버너 등을 소비하는 장치 혹은 위험물을 용기에 옮겨 담거나 차량에 고정된 탱크에 주입하는 일반취급소는 제외)

0502 / 1604

37 Repetitive Learning (1회 2회 3회)

소화기에 'B-2' 라고 표시되어 있었다. 이 표시의 의미를 가장 옳게 나타낸 것은?

① 일반화재에 대한 능력단위 2단위에 적용되는 소화기
② 일반화재에 대한 무게단위 2단위에 적용되는 소화기
③ 유류화재에 대한 능력단위 2단위에 적용되는 소화기
④ 유류화재에 대한 무게단위 2단위에 적용되는 소화기

해설

- B는 유류화재용을 의미하며, 2는 능력단위를 표시한다.

소화기의 표시

- 적응화재별 표시사항은 일반화재용 소화기의 경우 "A(일반화재용)", 유류화재용 소화기의 경우에는 "B(유류화재용)", 전기화재용 소화기의 경우 "C(전기화재용)", 주방화재용 소화기의 경우 "K(주방화재용)"으로 표시하여야 한다.
- 소화능력단위를 표시한다.
- 그 외 종별 및 형식, 형식승인번호, 제조년월 및 제조번호, 사용온도범위 등을 표시한다.

1001 / 1904

38 Repetitive Learning (1회 2회 3회)

할로겐화합물 소화약제의 구비조건으로 틀린 것은?

① 전기절연성이 우수할 것
② 공기보다 가벼울 것
③ 증발 잔유물이 없을 것
④ 인화성이 없을 것

해설

- 할로겐화합물 소화약제는 공기보다 무겁고 불연성이어야 한다.

할로겐화합물 소화약제의 조건

- 기화되기 쉽고 증발잠열이 커야 한다.
- 비점이 낮아야 한다.
- 기화 후 잔유물을 남기지 않아야 한다.
- 공기의 접촉을 차단해야 한다.
- 전기적으로 부도체여야 한다.
- 공기보다 무겁고 불연성이어야 한다.
- 부촉매에 의한 연소의 억제작용이 커야 한다.

35 ④ 36 ③ 37 ③ 38 ② | 정답

2003

39 Repetitive Learning (1회 2회 3회)

위험물안전관리법령상 이동탱크저장소로 위험물을 운송하게 하는 자는 위험물안전카드를 위험물운송자로 하여금 휴대하게 하여야 한다. 다음 중 이에 해당하는 위험물이 아닌 것은?

① 휘발유 ② 과산화수소
③ 경유 ④ 벤조일퍼옥사이드

해설

- 경유는 제4류 위험물 중 제2석유류에 해당하므로 위험물안전카드를 의무적으로 휴대할 필요가 없다.

위험물안전카드의 휴대

- 위험물(제4류 위험물에 있어서는 특수인화물 및 제1석유류에 한한다)을 운송하게 하는 자는 위험물안전카드를 위험물운송자로 하여금 휴대하게 한다.

0504 / 0804 / 1602

40 Repetitive Learning (1회 2회 3회)

위험물취급소의 건축물 연면적이 $500m^2$인 경우 소요단위는? (단, 외벽은 내화구조이다)

① 2단위 ② 5단위
③ 10단위 ④ 50단위

해설

- 위험물 취급소의 건축물에 대한 소요단위는 외벽이 내화구조인 것은 연면적 $100m^2$를 1소요단위로 하므로 $500m^2$인 경우 5단위에 해당한다.

소요단위 실기 0604/0802/1202/1204/1704/1804/2001

- 소화설비의 설치대상이 되는 건축물 그 밖의 공작물의 규모 또는 위험물의 양의 기준단위이다.
- 계산방법

구분	기준
제조소 또는 취급소의 건축물	외벽이 내화구조인 것은 연면적 $100m^2$를 1소요단위로 하며, 외벽이 내화구조가 아닌 것은 연면적 $50m^2$를 1소요단위로 할 것
저장소의 건축물	외벽이 내화구조인 것은 연면적 $150m^2$를 1소요단위로 하고, 외벽이 내화구조가 아닌 것은 연면적 $75m^2$를 1소요단위로 할 것
제조소 등의 옥외에 설치된 공작물	외벽이 내화구조인 것으로 간주하고 공작물의 최대수평투영면적을 연면적으로 간주하여 제조소 혹은 저장소 건축물의 소요단위를 적용할 것
위험물	지정수량의 10배를 1소요단위로 할 것

3과목 위험물의 성질과 취급

41 Repetitive Learning (1회 2회 3회)

위험물의 반응성에 대한 설명 중 틀린 것은?

① 마그네슘은 온수와 작용하여 산소를 발생하고 산화마그네슘이 된다.
② 황린은 공기 중에서 연소하여 오산화인을 발생한다.
③ 아연 분말은 공기 중에서 연소하여 산화아연을 발생한다.
④ 삼황화린은 공기 중에서 연소하여 오산화인을 발생한다.

해설

- 마그네슘은 온수 및 강산과 반응하여 수소가스를 생성한다.

마그네슘(Mg) 실기 0604/0902/1002/1201/1402/1801/2003/2101

- 제2류 위험물에 해당하는 가연성 고체로 지정수량은 500kg이고, 위험등급은 Ⅲ이다.
- 온수 및 강산과 반응하여 수소가스를 생성한다.
- 공기 중의 습기와 반응하여 열이 축적되면 자연발화의 위험이 있다.
- 가열하면 연소가 쉬우며, 양이 많은 경우 순간적으로 맹렬히 폭발할 수 있다.
- 산화제와의 혼합하면 가열, 충격, 마찰 등에 의해 폭발할 위험성이 높으며, 산화제와 혼합되어 연소할 때 불꽃의 온도가 높아 자외선을 많이 포함하는 불꽃을 낸다.
- 마그네슘과 이산화탄소가 반응하면 산화마그네슘(MgO)과 탄소(C)로 변화하면서 연소를 지속하지만 탄소와 산소의 불완전연소 반응으로 일산화탄소(CO)가 생성된다.

1004 / 1902

42 Repetitive Learning

고체위험물은 운반용기 내용적의 몇 % 이하의 수납율로 수납하여야 하는가?

① 94% ② 95%
③ 98% ④ 99%

해설

- 고체위험물은 운반용기 내용적의 95% 이하의 수납율로 수납하여야 한다.

용기의 수납율 실기 1104/1204/1501/1802/2004

- 고체위험물은 운반용기 내용적의 95% 이하의 수납율로 수납할 것
- 액체위험물은 운반용기 내용적의 98% 이하의 수납율로 수납하되, 55도의 온도에서 누설되지 아니하도록 충분한 공간용적을 유지하도록 할 것

정답 | 39 ③ 40 ② 41 ① 42 ②

2003

43

Repetitive Learning (1회 2회 3회)

물보다 무겁고, 물에 녹지 않아 저장 시 가연성 증기발생을 억제하기 위해 콘크리트 수조 속의 위험물탱크에 저장하는 물질은?

① 디에틸에테르　② 에탄올
③ 이황화탄소　④ 아세트알데히드

해설

- 이황화탄소의 옥외저장탱크는 벽 및 바닥의 두께가 0.2m 이상이고 누수가 되지 아니하는 철근콘크리트의 수조에 넣어 보관하여야 한다.

이황화탄소의 옥외저장탱크

- 이황화탄소의 옥외저장탱크는 벽 및 바닥의 두께가 0.2m 이상이고 누수가 되지 아니하는 철근콘크리트의 수조에 넣어 보관하여야 한다.
- 보유공지 · 통기관 및 자동계량장치는 생략할 수 있다.

1802

44

Repetitive Learning (1회 2회 3회)

위험물안전관리법령상 다음 [보기] 의 (　) 안에 알맞은 수치는?

> 이동저장탱크부터 위험물을 저장 또는 취급하는 탱크에 인화점이 (　)℃ 미만인 위험물을 주입할 때에는 이동탱크저장소의 원동기를 정지시킬 것

① 40　② 50
③ 60　④ 70

해설

- 이동저장탱크로부터 위험물을 저장 또는 취급하는 탱크에 인화점이 40℃ 미만인 위험물을 주입할 때에는 이동탱크저장소의 원동기를 정지시켜야 한다.

이동탱크저장소에서의 취급기준

- 이동저장탱크로부터 위험물을 저장 또는 취급하는 탱크에 액체의 위험물을 주입할 경우에는 그 탱크의 주입구에 이동저장탱크의 주입호스를 견고하게 결합한다.
- 이동저장탱크로부터 액체위험물을 용기에 옮겨 담지 아니한다.
- 이동저장탱크로부터 위험물을 저장 또는 취급하는 탱크에 인화점이 40℃ 미만인 위험물을 주입할 때에는 이동탱크저장소의 원동기를 정지시킨다.
- 이동탱크저장소에는 당해 이동탱크저장소의 완공검사필증 및 정기점검기록을 비치하여야 한다.

2003

45

Repetitive Learning (1회 2회 3회)

다음 위험물 중에서 인화점이 가장 낮은 것은?

① $C_6H_5CH_3$　② $C_6H_5CHCH_2$
③ CH_3OH　④ CH_3CHO

해설

- 톨루엔($C_6H_5CH_3$)은 제1석유류로 인화점이 4℃이다.
- 스티렌($C_6H_5CHCH_2$)은 제2석유류로 인화점이 31℃이다.
- 메틸알코올(CH_3OH)은 알코올류로 인화점이 11℃이다.

아세트알데히드(CH_3CHO) 실기 0901/0704/0802/1304/1501/1504/1602/1801/1901/2001/2003

- 특수인화물로 자극성 과일향을 갖는 무색투명한 액체이다.
- 비중이 0.78로 물보다 가볍고, 증기비중은 1.52로 공기보다 무겁다.
- 인화점이 −38℃, 연소범위는 4.1~57%로 아주 넓으며, 끓는점(비점)이 21℃로 아주 낮다.
- 수용성 물질로 물에 잘 녹고 에탄올이나 에테르와 잘 혼합한다.
- 산화되어 초산으로 된다.
- 저장 시 은, 수은, 동, 마그네슘 및 이의 합금으로 된 용기를 사용하면 폭발성 물질인 아세틸라이드를 생성하므로 해당 용기의 사용을 절대 금한다.
- 암모니아성 질산은 용액을 반응시키면 은거울반응이 일어나서 은을 석출시키는데 이는 알데히드의 환원성 때문이다.

1604

46

Repetitive Learning (1회 2회 3회)

위험물안전관리법령상 위험물의 운반용기 외부에 표시해야 할 사항이 아닌 것은? (단, 용기의 용적은 10L이며 원칙적인 경우에 한한다)

① 위험물의 화학명　② 위험물의 지정수량
③ 위험물의 품명　④ 위험물의 수량

해설

- 위험물의 운반용기에는 품명, 위험등급, 화학명, 수용성 여부, 수량, 위험물에 따른 주의사항 등을 표시하여야 한다.

위험물의 운반용기 표시사항

- 위험물의 품명 · 위험등급 · 화학명 및 수용성("수용성" 표시는 제4류 위험물로서 수용성인 것에 한한다)
- 위험물의 수량
- 수납하는 위험물에 따른 주의사항

43 ③　44 ①　45 ④　46 ② | 정답

0901 / 1104

47 Repetitive Learning (1회 2회 3회)

제2류 위험물과 제5류 위험물의 공통점에 해당하는 것은?

① 유기화합물이다.
② 가연성 물질이다.
③ 자연발화성 물질이다.
④ 산소를 포함하고 있는 물질이다.

해설

- 제5류 위험물은 산소를 함유하고 있는 자기 반응성 물질로 가연성 물질이고, 제2류 위험물은 산소를 함유하고 있지 않은 가연성 고체로 가연성 물질이다.

제2류 위험물_가연성 고체 실기 0504/1104/1602/1701

품명	지정수량	위험등급
황화린	100kg	II
적린		
유황		
마그네슘	500kg	III
철분		
금속분		
인화성고체	1,000kg	

1002 / 1004 / 1902

48 Repetitive Learning (1회 2회 3회)

위험물안전관리법령상 취급하는 위험물의 최대수량이 지정수량의 10배를 초과할 경우 제조소 주위에 보유하여야 하는 공지의 너비는?

① 3m 이상 ② 5m 이상
③ 10m 이상 ④ 15m 이상

해설

- 지정수량의 10배를 초과한 경우는 5m 이상의 공지를 확보하여야 한다.

제조소가 확보하여야 할 공지

지정수량의 10배 이하	3m 이상
지정수량의 10배 초과	5m 이상

- 내화구조의 방화벽, 출입구 및 창을 자동폐쇄식 갑종방화문, 방화벽의 양단 및 상단이 외벽또는 지붕으로부터 50cm 이상 돌출되도록 한 경우의 방화상 유효한 격벽을 설치한 때에는 공지를 보유하지 않을 수 있다.

0902

49 Repetitive Learning (1회 2회 3회)

과산화벤조일에 대한 설명으로 틀린 것은?

① 발화점이 약 425℃로 상온에서 비교적 안전하다.
② 상온에서 고체이다.
③ 산소를 포함하는 산화성 물질이다.
④ 물을 혼합하면 폭발성이 줄어든다.

해설

- 과산화벤조일은 발화점이 125℃로 건조상태에서 마찰 · 충격으로 폭발 위험성이 있다.

과산화벤조일[$(C_6H_5CO)_2O_2$] 실기 0802/0904/1001/1401

- 벤조일퍼옥사이드라고도 한다.
- 유기과산화물로 자기반응성 물질에 해당하는 제5류 위험물이다.
- 상온에서 고체이다.
- 발화점이 125℃로 건조상태에서 마찰 · 충격으로 폭발 위험성이 있다.
- 물에 녹지 않으며 에테르 등에는 잘 녹는다.
- 물이나 희석제(프탈산디메틸, 프탈산디부틸)를 첨가하여 폭발성을 낮출 수 있다.

1901

50 Repetitive Learning (1회 2회 3회)

다음 중 연소범위가 가장 넓은 위험물은?

① 휘발유 ② 톨루엔
③ 에틸알코올 ④ 디에틸에테르

해설

- 휘발유(가솔린)은 제1석유류로 연소범위는 1.4~7.6%이다.
- 톨루엔($C_6H_5CH_3$)은 제1석유류로 연소범위는 1.2~7%이다.
- 에틸알코올(CH_3OH)은 알코올류로 연소범위는 4.3~19%이다.

에테르($C_2H_5OC_2H_5$) · 디에틸에테르 실기 0602/0804/1601/1602

- 특수인화물로 무색투명한 휘발성 액체이다.
- 인화점이 −45℃, 연소범위가 1.9~48%로 넓은 편이고, 증기는 제4류 위험물 중 가장 인화성이 크다.
- 비중은 0.72로 물보다 가볍고, 증기비중은 2.55로 공기보다 무겁다.
- 물에는 잘 녹지 않고, 알코올에 잘 녹는다.
- 햇볕에 오래 쪼이면 일부 분해하여 과산화물을 생성하므로 갈색병에 넣어 냉암소에 보관한다.
- 건조한 에테르는 비전도성이므로, 정전기 생성방지를 위해 약간의 $CaCl_2$를 넣어준다.
- 소화제로서 CO_2가 가장 적당하다.
- 과산화물은 요오드화칼륨(KI) 10% 수용액을 황색으로 변화시킬 때 검출할 수 있으며, 과산화물을 제거할 때는 황산제일철($FeSO_4$)을 사용한다.

정답 | 47 ② 48 ② 49 ① 50 ④

51 Repetitive Learning (1회 2회 3회)

위험물안전관리법령 중 위험물의 운반에 관한 기준에 따라 운반용기의 외부에 주의사항으로 "화기 · 충격주의" "물기엄금" 및 "가연물접촉주의"를 표시하였다. 어떤 위험물에 해당하는가?

① 제1류 위험물 중 알칼리금속의 과산화물
② 제2류 위험물 중 철분 · 금속분 · 마그네슘
③ 제3류 위험물 중 자연발화성물질
④ 제4류 위험물

해설

- ②의 경우는 화기주의, 물기엄금을 표시한다.
- ③의 경우는 화기엄금, 공기접촉엄금을 표시한다.
- ④의 경우는 화기엄금을 표시한다.

수납하는 위험물에 따른 용기 표시 주의사항 실기 0701/0801/0902/0904/1001/1004/1101/1201/1202/1404/1504/1601/1701/1801/1802/2003/2004/2101

구분		주의사항
제1류	알칼리금속의 과산화물	화기 · 충격주의, 물기엄금, 가연물접촉주의
	그 외	화기 · 충격주의, 가연물접촉주의
제2류	철분 · 금속분 · 마그네슘 또는 이를 함유한 것	화기주의, 물기엄금
	인화성 고체	화기엄금
	그 외	화기주의
제3류	자연발화성 물질	화기엄금, 공기접촉엄금
	금수성 물질	물기엄금
제4류		화기엄금
제5류		화기엄금, 충격주의
제6류		가연물접촉주의

0404 / 0701

52 Repetitive Learning (1회 2회 3회)

벤젠의 성질에 대한 설명 중 틀린 것은?

① 증기는 유독하다.
② 물에 녹지 않는다.
③ CS_2보다 인화점이 낮다.
④ 독특한 냄새가 있는 액체이다.

해설

- 벤젠의 인화점은 약 −11℃인데 반해 이황화탄소(CS_2)의 인화점은 −30℃로 벤젠의 인화점이 더 높다.

벤젠(C_6H_6)의 성질 실기 0504/0801/0802/1401/1502/2001

- 제1석유류로 비중은 약 0.88이고, 인체에 유해한 증기의 비중은 약 2.80이다.
- 물보다 비중값이 작지만, 증기비중 값은 공기보다 크다.
- 인화점은 약 −11℃로 0℃보다 낮다.
- 물에는 녹지 않으며, 알코올, 에테르에 녹으며, 녹는점은 약 5.5℃이다.
- 끓는점(88℃)은 상온보다 높다.
- 탄소가 많이 포함되어 있으므로 연소 시 검은 연기가 심하게 발생한다.
- 겨울철에 응고된 고체상태에서도 인화의 위험이 있다.
- 독특한 냄새가 있는 무색투명한 액체이다.
- 유체마찰에 의한 정전기 발생 위험이 있다.
- 휘발성이 강한 액체이다.
- 방향족 유기화합물이다.
- 불포화결합을 이루고 있으나 안전하여 첨가반응보다 치환반응이 많다.

1004

53 Repetitive Learning (1회 2회 3회)

위험물 간이탱크저장소의 간이저장탱크 수압시험 기준으로 옳은 것은?

① 50kPa의 압력으로 7분간의 수압시험
② 70kPa의 압력으로 10분간의 수압시험
③ 50kPa의 압력으로 10분간의 수압시험
④ 70kPa의 압력으로 7분간의 수압시험

해설

- 간이저장탱크는 두께 3.2mm 이상의 강판으로 흠이 없도록 제작하여야 하며, 70kPa의 압력으로 10분간의 수압시험을 실시하여 새거나 변형되지 아니하여야 한다.

간이저장탱크의 설비 기준 실기 0604/1504

- 위험물을 저장 또는 취급하는 간이탱크는 옥외에 설치하여야 한다.
- 하나의 간이탱크저장소에 설치하는 간이저장탱크는 그 수를 3 이하로 하고, 동일한 품질의 위험물의 간이저장탱크를 2 이상 설치하지 아니하여야 한다.
- 간이저장탱크는 움직이거나 넘어지지 아니하도록 지면 또는 가설대에 고정시키되, 옥외에 설치하는 경우에는 그 탱크의 주위에 너비 1m 이상의 공지를 두고, 전용실안에 설치하는 경우에는 탱크와 전용실의 벽과의 사이에 0.5m 이상의 간격을 유지하여야 한다.
- 간이저장탱크의 용량은 600L 이하이어야 한다.
- 간이저장탱크는 두께 3.2mm 이상의 강판으로 흠이 없도록 제작하여야 하며, 70kPa의 압력으로 10분간의 수압시험을 실시하여 새거나 변형되지 아니하여야 한다.
- 간이저장탱크의 외면에는 녹을 방지하기 위한 도장을 하여야 한다.

51 ① 52 ③ 53 ② 정답

54 Repetitive Learning (1회 2회 3회)

아세톤의 물리적 특성으로 틀린 것은?

① 무색, 투명한 액체로서 독특한 자극성의 냄새를 가진다.
② 물에 잘 녹으며 에테르, 알코올에도 녹는다.
③ 화재 시 대량 주수소화로 희석소화가 가능하다.
④ 증기는 공기보다 가볍다.

해설

- 아세톤의 비중은 0.79로 물보다 작으나 증기비중은 2로 공기보다 무겁다.

아세톤(CH_3COCH_3) 실기 0704/0802/1004/1504/1804/2101

- 수용성 제1석유류로 지정수량이 400L인 가연성 액체이다.
- 비중은 0.79로 물보다 작으나 증기비중은 2로 공기보다 무겁다.
- 무색, 투명한 액체로서 독특한 자극성의 냄새를 가진다.
- 인화점이 −18℃로 상온에서 인화의 위험이 매우 높다.
- 물에 잘 녹으며 에테르, 알코올에도 녹는다.
- 아세틸렌을 녹이므로 아세틸렌 저장에 이용된다.
- 요오드포름 반응을 일으킨다.
- 화재 발생 시 이산화탄소나 포에 의한 소화 및 대량 주수소화로 희석소화가 가능하다.

0304

55 Repetitive Learning (1회 2회 3회)

염소산칼륨이 고온으로 가열되었을 때 현상으로 가장 거리가 먼 것은?

① 분해한다. ② 산소를 발생한다.
③ 염소를 발생한다. ④ 염화칼륨이 생성된다.

해설

- 염소산칼륨이 열분해하면 과염소산칼륨과 염화칼륨, 산소로 분해된다.

염소산칼륨($KClO_3$) 실기 0501/0502/1001/1302/1704/2001

- 산화성 고체로 제1류 위험물에 해당하며, 지정수량은 50kg, 위험등급은 Ⅰ이다.
- 무색무취의 단사정계 판상결정으로 인체에 유독한 위험물이다.
- 비중이 약 2.3으로 물보다 무거우며, 녹는점은 약 368℃이다.
- 온수나 글리세린에 잘 녹으나 냉수나 알코올에는 잘 녹지 않는다.
- 산과 반응하여 폭발성을 지닌 이산화염소(ClO_2)를 발생시킨다.
- 불꽃놀이, 폭약 등의 원료로 사용된다.
- 열분해하면 과염소산칼륨과 염화칼륨, 산소로 분해된다. ($2KClO_3 \xrightarrow[\triangle]{} KClO_4 + KCl + O_2$)
- 화재 발생 시 주수소화로 소화한다.

0801 / 1801

56 Repetitive Learning (1회 2회 3회)

과산화수소 용액의 분해를 방지하기 위한 방법으로 가장 거리가 먼 것은?

① 햇빛을 차단한다. ② 암모니아를 가한다.
③ 인산을 가한다. ④ 요산을 가한다.

해설

- 과산화수소는 햇빛에 의하여 분해되므로 햇빛이 통과하지 않는 갈색 병에 보관한다.
- 과산화수소의 분해 방지를 위해 보관 시 인산, 요산 등의 안정제를 가할 수 있다.

과산화수소(H_2O_2) 실기 0502/1004/1301/2001/2101

㉠ 개요 및 특성
- 이산화망간(MgO_2), 과산화바륨(BaO_2)과 같은 금속 과산화물을 묽은 산(HCl 등)에 반응시켜 생성되는 물질로 제6류 위험물인 산화성 액체에 해당한다.
(예, $BaO_2 + 2HCl \rightarrow BaCl_2 + H_2O_2$: 과산화바륨+염산 → 염화바륨+과산화수소)
- 위험등급이 Ⅰ등급이고, 지정수량은 300kg이다.
- 물보다 무겁고 석유와 벤젠에 녹지 않고, 물, 에테르, 에탄올에 녹는다.
- 표백작용과 살균작용을 하는 물질이다.
- 불연성의 강산화제이지만 환원제로서 작용하는 경우도 있다.
- 피부와 접촉 시 수종을 생기게 하는 위험물질이다.
- 순수한 것은 점성이 있는 무색 액체이며, 다량이면 청색빛깔을 띤다.

㉡ 분해 및 저장 방법
- 이산화망간(MnO_2)이 있으면 분해가 촉진된다.
- 햇빛에 의하여 분해되므로 햇빛이 통과하지 않는 갈색 병에 보관한다.
- 분해되면 산소를 방출한다.
- 분해 방지를 위해 보관 시 인산, 요산 등의 안정제를 가할 수 있다.
- 냉암소에 저장하고 온도의 상승을 방지한다.
- 용기에 내압 상승을 방지하기 위하여 밀전하지 않고 작은 구멍이 뚫린 마개를 사용하여 보관한다.

㉢ 농도에 따른 위험성
- 농도가 높아질수록 위험성이 커진다.
- 농도에 따라 위험물에 해당하지 않는 것도 있다.(3%과산화수소는 옥시풀로 약국에서 판매한다)
- 농도가 높은 것은 불순물, 구리, 은, 백금 등의 미립자에 의하여 폭발적으로 분해한다.
- 농도가 클수록 위험하므로 분해방지 안정제를 넣어 산소분해를 억제한다.

정답 | 54 ④ 55 ③ 56 ②

57

Repetitive Learning (1회 2회 3회)

오황화린이 물과 반응하였을 때 발생하는 물질로 옳은 것은?

① 황화수소, 오산화인 ② 황화수소, 인산
③ 이산화황, 오산화인 ④ 이산화황, 인산

해설

- 오황화린(P_2S_5)은 물과의 반응으로 유독성 황화수소(H_2S)와 인산(H_3PO_4) 이 생성된다.

오황화린(P_2S_5)

- 황화린의 한 종류로 제2류 위험물에 해당하는 가연성 고체이며, 지정수량은 100kg이고, 위험등급은 Ⅱ이다.
- 비중은 2.09로 물보다 무거운 담황색 조해성 물질이다.
- 이황화탄소에 잘 녹으며, 물과 반응하여 유독성 황화수소(H_2S), 인산(H_3PO_4)으로 분해된다.

0704

58

Repetitive Learning 

다음 위험물 중 물과 반응하여 연소범위가 약 2.5 ~ 81%인 위험한 가스를 발생시키는 것은?

① Na ② P
③ CaC_2 ④ Na_2O_2

해설

- 탄화칼슘이 물과 반응하면 연소범위가 약 2.5 ~ 81%를 갖는 가연성 가스인 아세틸렌(C_2H_2)가스를 발생시킨다.

탄화칼슘(CaC_2)/카바이트 실기 0604/0702/0801/0804/0902/1001/1002/1201/1304/1502/1701/1801/1901/2001/2101

- 칼슘 또는 알루미늄의 탄화물로 자연발화성 및 금수성 물질에 해당하며, 지정수량 300kg에 위험등급은 Ⅲ인 제3류 위험물이다.
- 흑회색의 불규칙한 고체 덩어리로 고온에서 질소가스와 반응하여 석회질소($CaCN_2$)가 된다.
- 비중은 약 2.2 정도로 물보다 무겁다.
- 물과 반응하여 연소범위가 약 2.5 ~ 81%를 갖는 가연성 가스인 아세틸렌(C_2H_2)가스를 발생시킨다.
  ($CaC_2 + 2H_2O \rightarrow Ca(OH)_2 + C_2H_2$)
- 화재 시 건조사, 탄산수소염류소화기, 사염화탄소소화기, 팽창질석 등을 사용하여 소화한다.

1701

59

Repetitive Learning 

가솔린 저장량이 2,000L일 때 소화설비 설치를 위한 소요단위는?

① 1 ② 2
③ 3 ④ 4

해설

- 가솔린은 제4류 위험물에 해당하는 인화성 액체로 지정수량이 200L이고, 소요단위는 지정수량의 10배를 1소요단위로 하므로 가솔린 2,000L는 지정수량의 10배에 해당하므로 1소요단위가 된다.

소요단위 실기 0604/0802/1202/1204/1704/1804/2001

문제 40번의 유형별 핵심이론 참조

60

Repetitive Learning (1회 2회 3회)

다음 중 제3류 위험물이 아닌 것은?

① 황린 ② 나트륨
③ 칼륨 ④ 마그네슘

해설

- 마그네슘(Mg)은 가연성 고체에 해당하는 제2류 위험물이다.

제3류 위험물_자연발화성 물질 및 금수성 물질 실기 0602/0702/0904/1001/1101/1202/1302/1504/1704/1804/1904/2004

품명	지정수량	위험등급
칼륨	10kg	Ⅰ
나트륨		
알킬알루미늄		
알킬리튬		
황린	20kg	
알칼리금속(칼륨 · 나트륨 제외) 및 알칼리토금속	50kg	Ⅱ
유기금속화합물(알킬알루미늄 · 알킬리튬 제외)		
금속의 수소화물	300kg	Ⅲ
금속의 인화물		
칼슘 또는 알루미늄의 탄화물		

57 ② 58 ③ 59 ① 60 ④ | 정답

2013년 6월 2일

2013년 제2회

합격률 45.6%

1과목 일반화학

1904

01 Repetitive Learning (1회 2회 3회)

$[H^+]=2\times10^{-6}$M인 용액의 pH는 약 얼마인가?

① 5.7　② 4.7
③ 3.7　④ 2.7

해설

- 수소이온의 몰 농도가 2×10^{-6}이므로 대입하면 $-\log(2\times10^{-6})=5.7$이 된다.

수소이온농도지수(pH)

- 용액 1L 속에 존재하는 수소이온의 g이온수 즉, 몰농도(혹은 N농도×전리도)를 말한다.
- 수소이온은 매우 작은 값으로 존재하므로 수소이온의 역수에 상용로그값을 취하여 사용한다.

$$pH=\log\frac{1}{[H^+]}=-\log[H^+]$$

- 순수한 물의 경우 1기압 25℃에서 수소이온의 농도가 약 10^{-7}g 이온이므로 이를 pH 7 중성이라고 하고, 이보다 클 때 알카리성, 이보다 작을 때 산성이라고 한다.
- 수소이온농도지수[pH]+수산화이온농도지수[pOH]=14이다.

0902 / 1701

02 Repetitive Learning (1회 2회 3회)

다음 중 완충용액에 해당하는 것은?

① CH_3COONa와 CH_3COOH
② NH_4Cl와 HCl
③ CH_3COONa와 $NaOH$
④ $HCOONa$와 Na_2SO_4

해설

- 가장 대표적인 완충용액은 아세트산(CH_3COOH)과 그 짝염기인 아세트산나트륨(CH_3COONa)을 들 수 있다.

완충용액

- 외부에서 산이나 염기를 가하더라도 pH의 변화가 거의 없는 용액을 의미한다.
- 보통 약산과 그 짝염기, 약염기와 그 짝산으로 이루어지는 용액을 이야기한다.
- 가장 대표적인 완충용액은 아세트산(CH_3COOH)과 그 짝염기인 아세트산나트륨(CH_3COONa)을 들 수 있다.

0302

03 Repetitive Learning (1회 2회 3회)

730mmHg, 100℃에서 257mL 부피의 용기 속에 어떤 기체가 채워져 있다. 그 무게는 1.671g이다. 이 물질의 분자량은 약 얼마인가?

① 28　② 56
③ 207　④ 257

해설

- 분자량을 구하는 문제이므로 이상기체 상태방정식에 대입하면 분자량 $=\dfrac{1.671\times0.082\times(273+100)}{\frac{730}{760}\times0.257}=\dfrac{51.11}{0.247}=206.92$가 된다.

이상기체 상태방정식

- 특정 압력과 온도에서 기체의 분자량을 구할 때 사용한다.
- 분자량 $M=\dfrac{\text{질량}\times R\times T}{P\times V}$로 구한다.

이때, R은 이상기체상수로 0.082[atm · L/mol · K]이고,
T는 절대온도(273+섭씨온도)[K]이고,
P는 압력으로 atm 혹은 $\dfrac{\text{주어진 압력[mmHg]}}{\text{760mmHg/atm}}$이고,
V는 부피[L]이다.

정답 | 01 ① 02 ① 03 ③

04 — Repetitive Learning (1회 2회 3회)

디에틸에테르에 관한 설명으로 옳지 않은 것은?

① 휘발성이 강하고 인화성이 크다.
② 증기는 마취성이 있다.
③ 2개의 알킬기가 있다.
④ 물에 잘 녹지만 알코올에는 불용이다.

해설

- 디에틸에테르($C_2H_5OC_2H_5$)는 물에는 약간 녹으며, 알코올에 잘 녹는 특성을 갖는다.

디에틸에테르($C_2H_5OC_2H_5$)

- 에테르, 에틸에테르라고도 한다.
- 인화성 액체에 해당하는 제4류 위험물 중 특수인화물에 해당하며, 지정수량은 50[L], 위험등급은 Ⅰ이다.
- 인화점은 −45℃, 착화점은 180℃인 물질로 비중은 0.72이다.
- 인화성이 강하며, 마취성을 갖는다.
- 물에는 약간 녹으며, 알코올에 잘 녹는 특성을 갖는다.
- 에탄올을 축합반응하여 만든다.
  ($2C_2H_5OH \xrightarrow[\text{축합}]{C-H_2SO_4} C_2H_5OC_2H_5 + H_2O$)

05 — Repetitive Learning (1회 2회 3회)

표준상태에서의 생성엔탈피가 다음과 같다고 가정할 때 가장 안정한 것은?

① $\triangle H_{HF} = -269kcal/mol$
② $\triangle H_{HCl} = -92.30kcal/mol$
③ $\triangle H_{HBr} = -36.2kcal/mol$
④ $\triangle H_{HI} = 25.21kcal/mol$

해설

- 표준 생성 엔탈피가 작다는 것은 그만큼 안정하다는 것을 의미하므로 가장 안정한 것을 찾으려면 엔탈피의 값이 가장 작은 것을 찾으면 된다.

표준 생성 엔탈피($\triangle Hf^\circ$)

- 표준상태에서 1몰의 화합물이 그것을 이루는 원소들로부터 생성될 때의 엔탈피(열량) 변화를 말한다.
- 표준상태에서 가장 안정한 형태로 존재하는 홑원소상태의 표준 생성 엔탈피는 영(Zero)이다.
- 표준 생성 엔탈피가 작다는 것은 그만큼 안정하다는 것을 의미한다.

0901 / 1802

06 — Repetitive Learning (1회 2회 3회)

방사성 원소에서 방출되는 방사선 중 전기장의 영향을 받지 않아 휘어지지 않는 선은?

① α선　　② β선
③ γ선　　④ α, β, γ선

해설

- 감마(γ)선은 방사선 중 파장이 가장 짧고 투과력과 방출속도가 가장 크며 휘어지지 않는다.

감마(γ)선

- 질량이 없고 전하를 띠지 않는다.
- 방사선 중 파장이 가장 짧고 투과력과 방출속도가 가장 크다.
- 전기장의 영향을 받지 않아 휘어지지 않는다.

0604 / 0902

07 — Repetitive Learning (1회 2회 3회)

할로겐 원소에 대한 설명 중 옳지 않은 것은?

① 요오드의 최외곽 전자는 7개이다.
② 할로겐 원소 중 원자반지름이 가장 작은 원소는 F이다.
③ 염화이온은 염화은의 흰색침전 생성에 관여한다.
④ 브롬은 상온에서 적갈색 기체로 존재한다.

해설

- 브롬(Br)은 상온에서 적갈색 액체로 존재한다.

할로겐족(7A) 원소

2주기	3주기	4주기	5주기	6주기
9 −1 F 불소 19	17 −1, 3, 5, 7 Cl 염소 35.5	35 −1, 3, 5, 7 Br 브롬 80	53 −1, 3, 5, 7 I 요오드 127	85 1, 3, 5, 7 At 아스타틴 210

- 최외곽 전자는 모두 7개씩이다.
- 원자번호, 원자반지름, 수용액의 산성의 세기는 F<Cl<Br<I<At 순으로 커진다.
- 전기음성도, 극성의 세기, 이온화에너지, 결합에너지는 F>Cl>Br>I 순으로 작아진다.
- 불소(F)는 연환황색의 기체, 염소(Cl)는 황록색 기체, 브롬(Br)은 적갈색 액체, 요오드(I)는 흑자색 고체이다.

04 ④ 05 ① 06 ③ 07 ④ | 정답

0604

08 Repetitive Learning (1회 2회 3회)

암모니아 분자의 구조는?

① 평면 ② 선형

③ 피라밋 ④ 사각형

해설

- 암모니아(NH_3)는 결합각이 107°인 입체 삼각뿔(피라밋) 모양이다.

암모니아(NH_3)

- 질소 분자 1몰과 수소분자 3몰이 결합하여 만들어지는 화합물이다.
- 끓는점은 −33.34℃이고, 분자량은 17이다.
- 암모니아 합성식은 $N_2 + 3H_2 \rightarrow 2NH_3$이다.
- 결합각이 107°인 입체 삼각뿔(피라밋) 구조를 하고 있다.

0702 / 1801 / 1802

09 Repetitive Learning 

어떤 기체의 확산 속도는 SO_2의 2배이다. 이 기체의 분자량은 얼마인가? (단, SO_2의 분자량은 64이다)

① 4 ② 8

③ 16 ④ 32

해설

- 그레이엄의 법칙에 따르면 기체의 분자량은 확산 속도의 제곱에 반비례한다. 2배 빠르다는 것은 분자량이 1/4배라는 것이다.

그레이엄의 법칙

- 기체의 확산(Diffusion)과 관련된 법칙이다.
- 일정한 온도와 압력의 조건에서 두 기체의 확산 속도 비는 그들의 밀도(분자량)의 제곱근에 반비례한다.

1602

10 Repetitive Learning (1회 2회 3회)

원자에서 복사되는 빛은 선스펙트럼을 만드는데 이것으로부터 알 수 있는 사실은?

① 빛에 의한 광전자의 방출

② 빛이 파동의 성질을 가지고 있다는 사실

③ 전자껍질의 에너지의 불연속성

④ 원자핵 내부의 구조

해설

- 들뜬 상태의 전자가 전자껍질의 에너지의 불연속성으로 인해 낮은 에너지 준위로 떨어질 때 빛을 방출하는데 이것이 선스펙트럼으로 나타난다.

보어의 원자모형

- 전자가 원자핵을 기준으로 원 궤도를 그리며 원운동을 하고 있다고 주장하였다.
- 들뜬 상태의 전자가 전자껍질의 에너지의 불연속성으로 인해 낮은 에너지 준위로 떨어질 때 빛을 방출하는데 이것이 선스펙트럼으로 나타난다.

11 Repetitive Learning (1회 2회 3회)

밀도가 2g/mL인 고체의 비중은 얼마인가?

① 0.002 ② 2

③ 20 ④ 200

해설

- 특별한 다른 언급이 없다면 밀도를 비중과 같이 사용하여도 무방하다.

밀도와 비중

- 밀도는 단위 부피에 대한 질량의 값으로 $\frac{질량}{부피}$으로 구한다.
- 밀도의 크기는 일반적으로 고체>액체>기체순이다.
- 기체의 밀도는 압력에 비례하고, 절대온도에 반비례한다.
- 비중은 각 물질의 질량이 그것과 같은 부피를 갖는 표준물질의 질량의 몇 배인가를 나타내는 수치이다. 액체나 고체는 4℃의 물 $1cm^3$를 1g으로 하여 표준으로 사용하며, 기체의 경우 0℃, 1기압에서의 공기를 표준으로 사용한다.

1701

12 Repetitive Learning (1회 2회 3회)

CH_4 16g 중에는 C가 몇 mol 포함되었는가?

① 1 ② 4

③ 16 ④ 22.4

해설

- 메탄(CH_4)의 분자량은 16인데 그중에 포함된 탄소(C)의 원자는 1몰이 포함된다.

원자번호(Atomic number)와 원자량(Atomic mass)

- 원자번호는 원자핵의 양성자수이자 중성원자의 총 전자수와 같다.
- 질량수 = 양성자의 수 + 중성자의 수로 구한다.
- 원자량은 6개의 양성자와 6개의 중성자로 구성되는 질량수 12인 탄소($_{12}C$)의 원자 질량을 12로 정한 조건에서 다른 원소의 비교질량을 원자량으로 나타낸다.

정답 | 08 ③ 09 ③ 10 ③ 11 ② 12 ①

0704 / 1902

13

Repetitive Learning (1회 2회 3회)

산(Acid)의 성질을 설명한 것 중 틀린 것은?

① 수용액 속에서 H^+를 내는 화합물이다.

② pH 값이 작을수록 강산이다.

③ 금속과 반응하여 수소를 발생하는 것이 많다.

④ 붉은색 리트머스 종이를 푸르게 변화시킨다.

해설

- 산은 푸른색 리트머스 종이를 붉게 변화시킨다.

산(Acid)

- pH가 7보다 작은 물질로 pH 값이 작을수록 산의 세기가 강하다.
- 푸른 리트머스 종이를 붉게 변화시킨다.
- 수용액 속에서 H^+으로 되는 H를 가진 화합물로 다른 물질에 H^+를 줄 수 있다.
- 수용액은 신맛이며 수소보다 이온화 경향이 큰 금속과 반응하여 수소를 발생하는 것이 많다.(Fe, Zn)
- 수소 화합물 중에서 수용액은 전리되어 H^+이온을 방출한다.
- 비공유 전자쌍을 받는 물질이다.

14

Repetitive Learning (1회 2회 3회)

다음 중 전자의 수가 같은 것으로 나열된 것은?

① Ne와 Cl^-　② Mg^{2+}와 O^{2-}

③ F와 Ne　④ Na와 Cl^-

해설

- 네온(Ne)은 원자번호 10이므로 전자의 수는 10이고, 염소(Cl)는 원자번호 17로 전자의 수는 17인데 전자 하나를 얻었으므로 전자의 수는 18이다.
- 마그네슘(Mg)이 전자를 2개 잃어서 전자의 수는 10이고, 산소(O)가 전자를 2개 얻어서 전자의 수가 10이 되었다.
- 불소(F)는 원자번호 9로 전자의 수는 9이고, 네온(Ne)은 원자번호 10이므로 전자의 수는 10이다.
- 나트륨(Na)는 원자번호 11로 전자의 수가 11이고, 염소(Cl)는 원자번호 17로 전자의 수는 17인데 전자 하나를 얻었으므로 전자의 수는 18이다.

원자번호(Atomic number)와 원자량(Atomic mass)

문제 12번의 유형별 핵심이론 참조

1901

15

Repetitive Learning (1회 2회 3회)

분자식이 같으면서도 구조가 다른 유기화합물을 무엇이라고 하는가?

① 이성질체　② 동소체

③ 동위원소　④ 방향족 화합물

해설

- 동소체란 하나의 원소로만 구성된 것으로 원자배열과 성질은 다르지만 최종 생성물이 동일한 물질을 말한다.
- 동위원소란 원자번호는 같지만 질량수가 다른 원소를 말한다.
- 방향족 화합물이란 방향족성(벤젠)고리를 가지는 화합물을 말한다.

이성질체

- 분자식은 같지만 서로 다른 물리/화학적 성질을 갖는 분자를 말한다.
- 구조이성질체는 원자의 연결순서가 달라 분자식은 같지만 시성식이 다른 이성질체이다.
- 광학이성질체는 같은 분자식을 가지면서 각각을 서로 겹치게 할 수 없는 거울상의 구조를 갖는 분자로 거울상 이성질체라고도 한다.
- 기하 이성질체란 서로 대칭을 이루지만 구조가 서로 같지 않을 수 있는 이성질체를 말한다.($CH_3CH=CHCH_3$와 같이 3중결합으로 대칭을 이루지만 CH_3와 CH의 위치에 따라 구조가 서로 같지 않을 수 있는 물질)

16

Repetitive Learning (1회 2회 3회)

$CH_4(g)+2O_2(g) \rightarrow CO_2(g)+2H_2O(g)$의 반응에서 메탄의 농도를 일정하게 하고 산소의 농도를 2배로 하면 동일한 온도에서 반응속도는 몇 배로 되는가?

① 2배　② 4배

③ 6배　④ 8배

해설

- 메탄과 산소가 결합하여 이산화탄소와 물이되는 반응에서 메탄의 농도는 일정하고 산소의 농도를 2배로 한 경우이므로 반응하는 산소의 계수가 이미 2인상태이므로 $[농도]^{계수}$에 대입하면 $2^2=4$배가 된다.

농도와 반응속도의 관계

- 일정한 온도에서 반응속도는 반응물질의 농도(몰/L)의 곱에 비례한다.
- 어떤 물질 A와 B의 반응을 통해 C와 D를 생성하는 반응식에서 $aA+bB \rightarrow cC+dD$에서 반응속도는 $k[A]^a[B]^b$가 되며, 그 역도 성립한다. 이때 k는 속도상수이며, [ ]은 몰농도이다.
- 온도가 일정하더라도 시간이 흐름에 따라 물질의 농도가 감소하므로 반응속도도 감소한다.

13 ④ 14 ② 15 ① 16 ② | 정답

1602 / 1904

17
Repetitive Learning 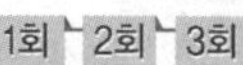

다음은 열역학 제 몇 법칙에 대한 내용인가?

0K(절대영도)에서 물질의 엔트로피는 0이다.

① 열역학 제0법칙　② 열역학 제1법칙
③ 열역학 제2법칙　④ 열역학 제3법칙

해설

- 절대 0도에서의 엔트로피가 상수임을 정립한 것은 열역학 3법칙이다.

열역학 법칙

0법칙	2계가 다른 계와 열적평형상태에 있으면 이 2계는 반드시 열적 평형상태이어야 한다.
1법칙	고립된 계의 에너지는 일정하다.
2법칙	고립된 계의 엔트로피가 열적평형상태가 아니라면 계속 증가해야한다.
3법칙	0K(절대영도)에서 물질의 엔트로피는 0이다.

18
Repetitive Learning 1회 2회 3회

$CuSO_4$ 수용액을 10A의 전류로 32분 10초 동안 전기분해시켰다. 음극에서 석출되는 Cu의 질량은 몇 g인가? (단, Cu의 원자량은 63.6이다)

① 3.18　② 6.36
③ 9.54　④ 12.72

해설

- 10[A]전류가 32분 10초(1,930초)동안 흘러갈 때의 전하량[Q]는 전류×시간이 되므로 10×1,930=19,300[C]이 된다.
- Cu의 원자가는 2이고, 원자량은 63.546이므로 g당량은 31.77이고, 이는 0.5몰에 해당한다.
- 즉, 1F의 전기량(96,500[C])으로 생성할 수 있는 구리의 몰수가 0.5몰인데, 19,300[C]으로 생성할 수 있는 구리의 몰수는 $\frac{0.5\times19,300}{96,500}$ $=0.1$몰이 된다.
- 구리 1몰은 63.6g이므로 0.1몰은 6.36g이 된다.

전기화학반응

- 1F의 전기량은 물질 1g당량을 석출하는데 필요한 전기량이다.
- 1F의 전기량은 전자 1몰이 갖는 전하량으로 96,500[C]의 전하량을 갖는다.
- 물질의 g당량은 $\frac{\text{원자량}}{\text{원자가}}$로 구한다.

19
Repetitive Learning 1회 2회 3회

원자번호 19, 질량수 39인 칼륨 원자의 중성자수는 얼마인가?

① 19　② 20
③ 39　④ 58

해설

- 원자번호가 19라는 것은 양성자의 수가 19라는 것을 의미하고, 질량수가 39라고 했으므로 중성자의 수는 20이 된다.

원자번호(Atomic number)와 원자량(Atomic mass)

문제 12번의 유형별 핵심이론 참조

20
Repetitive Learning 1회 2회 3회

다음 중 부동액으로 사용되는 것은?

① 에탄　② 아세톤
③ 이황화탄소　④ 에틸렌글리콜

해설

- 위험물질 중에서 부동액으로 사용되는 대표적인 것은 에틸렌글리콜 $[C_2H_4(OH)_2]$이다.

에틸렌글리콜$[C_2H_4(OH)_2]$

- 인화성 액체로 제4류 위험물 중 제3석유류의 한 종류로 수용성이어서 지정수량은 4,000[L]이고, 위험도는 Ⅲ이다.
- 비점이 약 197℃인 무색 액체이고 약간의 단맛을 가진다.
- 물과 혼합하여 부동액으로 사용한다.
- 물, 알코올, 아세톤 등에 잘 녹는다.

정답 | 17 ④　18 ②　19 ②　20 ④

2과목 화재예방과 소화방법

21 Repetitive Learning (1회 2회 3회)

위험물안전관리법령상 제1류 위험물에 속하지 않는 것은?

① 염소산염류 ② 무기과산화물
③ 유기과산화물 ④ 중크롬산염류

해설

- 과산화벤조일[$(C_6H_5CO)_2O_2$], 과산화메틸에틸케톤[$(CH_3COC_2H_5)_2O_2$]과 같은 유기과산화물은 자기반응성물질로 제5류 위험물에 해당한다.

제1류 위험물의 지정수량

품명		지정수량
아염소산염류		50kg
염소산염류		
과염소산염류		
무기과산화물		
브롬산염류		300kg
질산염류		
요오드산염류		
과망간산염류		1,000kg
중크롬산염류		
행안부령	차아염소산염류	50kg
	과요오드산염류	300kg
	과요오드산	
	크롬, 납 또는 요오드의 산화물	
	아질산염류	
	염소화이소시아눌산	
	퍼옥소이황산염류	
	퍼옥소붕산염류	

22 Repetitive Learning (1회 2회 3회)

공기 중 산소는 부피백분율과 질량백분율로 각각 약 몇 % 인가?

① 79%, 21% ② 21%, 23%
③ 23%, 21% ④ 21%, 79%

해설

- 공기 중 산소의 부피는 21%, 질량은 23%이다.

공기의 조성

- 공기 중 부피 백분율 : 질소(78%) : 산소(21%)
- 공기 중 질량 백분율 : 질소(77%) : 산소(23%)

23 Repetitive Learning (1회 2회 3회)

위험물안전관리법령상 디에틸에테르 화재발생 시 적응성이 없는 소화기는?

① 이산화탄소 소화기 ② 포소화기
③ 봉상강화액소화기 ④ 할로겐화합물소화기

해설

- 제4류 위험물의 화재에서 옥내소화전, 봉상수, 무상수, 봉상강화액, 물통 또는 수조는 적응성이 없다.

소화설비의 적응성 중 제4류 위험물 실기 1002/1101/1202/1601/1702/1902/2001/2003/2004

소화설비의 구분			제4류 위험물
옥내소화전 또는 옥외소화전설비			
스프링클러설비			△
물분무등 소화설비	물분무소화설비		○
	포소화설비		○
	불활성가스소화설비		○
	할로겐화합물소화설비		○
	분말 소화설비	인산염류등	○
		탄산수소염류등	○
		그 밖의 것	
대형·소형 수동식 소화기	봉상수(棒狀水)소화기		
	무상수(霧狀水)소화기		
	봉상강화액소화기		
	무상강화액소화기		○
	포소화기		○
	이산화탄소 소화기		○
	할로겐화합물소화기		○
	분말 소화기	인산염류소화기	○
		탄산수소염류소화기	○
		그 밖의 것	
기타	물통 또는 수조		
	건조사		○
	팽창질석 또는 팽창진주암		○

21 ③ 22 ② 23 ③ 정답

0402 / 0404 / 1004 / 1702

24 Repetitive Learning (1회 2회 3회)

탄화칼슘 60,000kg을 소요단위로 산정하면?

① 10단위 ② 20단위
③ 30단위 ④ 40단위

해설

- 탄화칼슘은 자연발화성 및 금수성 물질에 해당하는 제3류 위험물중 칼슘 또는 알루미늄의 탄화물로 지정수량이 300kg이고 소요단위는 지정수량의 10배이므로 3,000kg가 1단위가 되므로 60,000kg은 20단위에 해당한다.

소요단위 실기 0604/0802/1202/1204/1704/1804/2001

- 소화설비의 설치대상이 되는 건축물 그 밖의 공작물의 규모 또는 위험물의 양의 기준단위이다.
- 계산방법

구분	내용
제조소 또는 취급소의 건축물	외벽이 내화구조인 것은 연면적 $100m^2$를 1소요단위로 하며, 외벽이 내화구조가 아닌 것은 연면적 $50m^2$를 1소요단위로 할 것
저장소의 건축물	외벽이 내화구조인 것은 연면적 $150m^2$를 1소요단위로 하고, 외벽이 내화구조가 아닌 것은 연면적 $75m^2$를 1소요단위로 할 것
제조소 등의 옥외에 설치된 공작물	외벽이 내화구조인 것으로 간주하고 공작물의 최대수평투영면적을 연면적으로 간주하여 제조소 혹은 저장소 건축물의 소요단위를 적용할 것
위험물	지정수량의 10배를 1소요단위로 할 것

25 Repetitive Learning (1회 2회 3회)

다음 중 착화점에 대한 설명으로 가장 옳게 것은?

① 연소가 지속될 수 있는 최저의 온도
② 점화원과 접촉했을 때 발화하는 최저 온도
③ 외부의 점화원 없이 발화하는 최저 온도
④ 액체 가연물에서 증기가 발생할 때의 온도

해설

- ①은 연소점에 대한 설명이다.
- ②는 인화점에 대한 설명이다.
- ④는 비점에 대한 설명이다.

인화점과 착화점(발화점)

구분	내용
인화점	인화성 액체 위험물의 위험성 지표 기준으로 액체 표면에서 발생한 증기농도가 공기 중에서 연소하한농도가 될 수 있는 가장 낮은 액체온도를 말한다.
착화점	외부의 점화원 없이 가열된 열만으로 발화하는 최저 온도를 말한다.

1901

26 Repetitive Learning (1회 2회 3회)

분말소화약제로 사용할 수 있는 것을 모두 옳게 나타낸 것은?

ⓐ 탄산수소나트륨	ⓑ 탄산수소칼륨
ⓒ 황산구리	ⓓ 인산암모늄

① ⓐ, ⓑ, ⓒ, ⓓ ② ⓐ, ⓓ
③ ⓐ, ⓑ, ⓒ ④ ⓐ, ⓑ, ⓓ

해설

- ⓐ는 제1종 분말소화약제이다.
- ⓑ는 제2종 분말소화약제이다.
- ⓓ는 제3종 분말소화약제이다.

분말소화약제의 종별과 적응성

소화약제의 종별	적응성	착색색상
제1종 분말(탄산수소나트륨)	BC	백색
제2종 분말(탄산수소칼륨)	BC	담회색
제3종 분말(인산암모늄)	ABC	담홍색
제4종 분말(탄산수소칼륨과 요소가 화합)	BC	회색

1202 / 1901

27 Repetitive Learning (1회 2회 3회)

가연성의 증기 또는 미분이 체류할 우려가 있는 건축물에는 배출설비를 하여야 하는데 위험물제조소의 배출설비 기준 중 국소방식의 경우 배출능력은 1시간당 배출장소용적의 몇 배 이상인 것으로 하여야 하는가?

① 10배 ② 20배
③ 30배 ④ 40배

해설

- 제조소의 배출설비의 배출능력은 1시간당 배출장소 용적의 20배 이상인 것으로 하여야 한다.

제조소의 배출설비 실기 0904/1601/2101

- 배출설비는 국소방식으로 하여야 한다.
- 배출설비는 배풍기 · 배출닥트 · 후드 등을 이용하여 강제적으로 배출하는 것으로 하여야 한다.
- 배출능력은 1시간당 배출장소 용적의 20배 이상인 것으로 하여야 한다. 다만, 전역방식의 경우에는 바닥면적 $1m^2$당 $18m^3$ 이상으로 할 수 있다.
- 배풍기는 강제배기방식으로 하고, 옥내닥트의 내압이 대기압 이상이 되지 아니하는 위치에 설치하여야 한다.

정답 | 24 ② 25 ③ 26 ④ 27 ②

28 — Repetitive Learning (1회 2회 3회)

고정지붕구조 위험물 옥외탱크저장의 탱크 안에 설치하는 고정포방출구가 아닌 것은?

① 특형 방출구 ② Ⅰ형 방출구
③ Ⅱ형 방출구 ④ 표면하 주입식 방출구

해설

- 특형은 고정지붕 구조가 아닌 부상지붕구조의 탱크에 상부포주입법을 이용하는 것이다.

포방출구의 구분

Ⅰ형	고정지붕구조의 탱크에 상부포주입법을 이용하는 것으로서 방출된 포가 액면 아래로 몰입되거나 액면을 뒤섞지 않고 액면상을 덮을 수 있는 통계단 또는 미끄럼판 등의 설비 및 탱크내의 위험물증기가 외부로 역류되는 것을 저지할 수 있는 구조 · 기구를 갖는 포방출구
Ⅱ형	고정지붕구조 또는 부상덮개부착고정지붕구조의 탱크에 상부포주입법을 이용하는 것으로서 방출된 포가 탱크옆판의 내면을 따라 흘러내려 가면서 액면 아래로 몰입되거나 액면을 뒤섞지 않고 액면상을 덮을 수 있는 반사판 및 탱크내의 위험물증기가 외부로 역류되는 것을 저지할 수 있는 구조 · 기구를 갖는 포방출구
특형	부상지붕구조의 탱크에 상부포주입법을 이용하는 것으로서 부상지붕의 부상부분상에 높이 0.9m 이상의 금속제의 칸막이를 탱크옆판의 내측로부터 1.2m 이상 이격하여 설치하고 탱크옆판과 칸막이에 의하여 형성된 환상부분에 포를 주입하는 것이 가능한 구조의 반사판을 갖는 포방출구
Ⅲ형	고정지붕구조의 탱크에 저부포주입법을 이용하는 것으로서 송포관으로부터 포를 방출하는 포방출구
Ⅳ형	고정지붕구조의 탱크에 저부포주입법을 이용하는 것으로서 평상시에는 탱크의 액면하의 저부에 설치된 격납통에 수납되어 있는 특수호스 등이 송포관의 말단에 접속되어 있다가 포를 보내는 것에 의하여 특수호스 등이 전개되어 그 선단이 액면까지 도달한 후 포를 방출하는 포방출구

29 — Repetitive Learning (1회 2회 3회)

포소화약제의 주된 소화효과를 모두 옳게 나타낸 것은?

① 촉매효과와 냉각효과
② 억제효과와 제거효과
③ 질식효과와 냉각효과
④ 연소방지와 촉매효과

해설

- 포소화약제는 화재면 위에 거품(포)를 분사하여 산소공급을 차단하는 질식효과와 포의 주성분인 물을 이용한 냉각효과를 이용한다.

포소화약제

- 화재면 위에 거품(포)를 분사하여 산소공급을 차단하는 질식효과와 포의 주성분인 물을 이용한 냉각효과를 이용한 소화약제이다.
- 종류에는 화학포, 공기포(단백포, 활성계면활성제포, 수성막포), 알코올포 등이 있다.
- 포가 갖춰야 할 조건

부착성	기름보다 가벼우며, 화재면과의 부착성이 좋아야 한다.
응집성	바람에 견딜 수 있도록 응집성과 안정성이 있어야 한다.
유동성	열에 대한 막을 가지며 유동성이 좋아야 한다.
무독성	인체에 해롭지 않아야 한다.

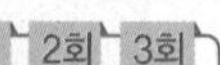

1701

30 — Repetitive Learning (1회 2회 3회)

위험물안전관리법령상 지정수량의 3천배 초과 4천배 이하의 위험물을 저장하는 옥외탱크저장소에 확보하여야 하는 보유공지의 너비는 얼마인가?

① 6m 이상 ② 9m 이상
③ 12m 이상 ④ 15m 이상

해설

- 지정수량의 3,000배 초과 4,000배 이하인 경우 15m 이상의 공지를 확보하여야 한다.

옥외저장탱크의 보유 공지 실기 0504/1901

저장 또는 취급하는 위험물의 최대수량	공지의 너비
지정수량의 500배 이하	3m 이상
지정수량의 500배 초과 1,000배 이하	5m 이상
지정수량의 1,000배 초과 2,000배 이하	9m 이상
지정수량의 2,000배 초과 3,000배 이하	12m 이상
지정수량의 3,000배 초과 4,000배 이하	15m 이상

- 지정수량의 4,000배 초과할 경우 당해 탱크의 수평단면의 최대지름(횡형인 경우에는 긴 변)과 높이 중 큰 것과 같은 거리 이상. 단, 30m 초과의 경우에는 30m 이상으로 할 수 있고, 15m 미만의 경우에는 15m 이상으로 하여야 한다.

28 ① 29 ③ 30 ④ 정답

0802 / 1702

31

Repetitive Learning 1회 2회 3회

고체의 일반적인 연소형태에 속하지 않는 것은?

① 표면연소 ② 확산연소
③ 자기연소 ④ 증발연소

해설

- 확산연소는 기체의 대표적인 연소방식이다.

연소의 종류

기체	확산연소, 폭발연소, 혼합연소, 그을음연소 등이 있다.
액체	증발연소, 분해연소, 분무연소, 그을음연소 등이 있다.
고체	분해연소, 표면연소, 자기연소, 증발연소 등이 있다.

0604 / 1002

32

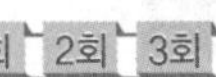

Repetitive Learning 1회 2회 3회

Halon 1011에 함유되지 않은 원소는?

① H ② Cl
③ Br ④ F

해설

- Halon 1011은 탄소(C)가 1, 염소(Cl)가 1, 브롬(Br)이 1이라는 의미로 불소(F)는 존재하지 않는다.

하론 소화약제

㉠ 개요

소화약제	화학식	상온, 상압 상태
Halon 104	CCl_4	액체
Halon 1011	CH_2ClBr	액체
Halon 1211	CF_2ClBr	기체
Halon 1301	CF_3Br	기체
Halon 2402	$C_2F_4Br_2$	액체

- 화재안전기준에서 정한 소화약제는 하론1301, 하론1211, 하론2402이다.

㉡ 구성과 표기

- 구성원소로는 탄소(C), 불소(F), 염소(Cl), 브롬(Br), 요오드(I) 등이 있다.
- 하론 번호표기 규칙은 5개의 숫자로 구성되며 그 숫자는 아래 배치된 원소의 수량에 해당하며 뒤쪽의 원소가 없을 때는 0을 생략한다.

Halon	탄소(C)	불소(F)	염소(Cl)	브롬(Br)	요오드(I)

0701

33

Repetitive Learning 1회 2회 3회

고온체의 색깔과 온도관계에서 다음 중 가장 낮은 온도의 색깔은?

① 적색 ② 암적색
③ 휘적색 ④ 백적색

해설

- 암적색은 700℃로 적색(850℃), 휘적색(950℃), 백적색(1,300℃)에 비해서 낮다.

연소 시 온도에 따른 불꽃의 색상

색	암적	적	황	휘적	황적	백적	휘백
온도[℃]	700	850	900	950	1,100	1,300	1,500

0302 / 1001

34

Repetitive Learning 1회 2회 3회

제1종 분말소화약제가 1차 열분해되어 표준상태를 기준으로 $10m^3$의 탄산가스가 생성되었다. 몇 kg의 탄산수소나트륨이 사용되었는가? (단, 나트륨의 원자량은 23이다)

① 18.75 ② 37
③ 56.25 ④ 75

해설

- 제1종 분말소화약제의 열분해 방정식을 보면 2몰의 탄산수소나트륨이 반응하여 탄산가스는 1몰이 생성되었음을 확인할 수 있다.
- 탄산수소나트륨($NaHCO_3$)의 분자량은 84이다.
- 즉 2몰에 해당하는 탄산수소나트륨 168[g]이 반응하면 22.4L의 탄산가스가 생성된다는 의미이다.
- 10[m^3]은 10,000[L]이므로 몇 [g]의 탄산수소나트륨이 사용되었는지를 연립방정식의 해를 구하는 방식으로 풀 수 있다.
- 22.4 : 168 = 10,000 : x에서 x는 $\frac{1,680,000}{22.4} = 75,000$[g]이고 이는 75kg이다.

제1종 분말소화약제 실기 0501/0602/0701/0801/0901/1204/1301/1404/1502/1504/1601/1602/1701/1801/1904/2003/2101

- 탄산수소나트륨($NaHCO_3$)을 주성분으로 하는 소화약제로 BC급 화재에 적응성을 갖는 착색색상은 백색인 소화약제이다.
- 탄산수소나트륨이 열분해되면 탄산나트륨, 이산화탄소, 물로 분해된다.($2NaHCO_3 \xrightarrow[\triangle]{} Na_2CO_3 + CO_2 + H_2O$)
- 분해 시 생성되는 이산화탄소와 수증기에 의한 질식효과, 수증기에 의한 냉각효과 및 열방사의 차단효과 등이 작용한다.

0702

35

Repetitive Learning (1회 2회 3회)

94wt% 드라이아이스 100g은 표준상태에서 몇 L의 CO_2가 되는가?

① 22.40 ② 47.85

③ 50.90 ④ 62.74

해설

- 드라이아이스는 이산화탄소(CO_2)를 의미한다. 1몰의 무게가 44g이다.
- 94wt% 100g은 94g의 이산화탄소(CO_2)이므로 94g은 $\frac{94}{44}=2.14$몰이다.
- 표준상태에서 1몰은 22.4L의 부피를 가지므로 2.14몰은 47.85L에 해당한다.

드라이아이스

- 고체로 된 이산화탄소(CO_2)이다.
- 승화점은 −78.5℃이고, 기화열은 571kJ/kg이다.
- 얼음보다 차갑고 상태 변화 시 수분을 남기지 않아 냉각제로 사용된다.

36

Repetitive Learning (1회 2회 3회)

제3종 소화분말약제의 표시 색상은?

① 백색 ② 담홍색

③ 검은색 ④ 회색

해설

- 제3종 분말소화약제는 제1인산암모늄($NH_4H_2PO_4$)을 주성분으로 하는 소화약제로 ABC급 화재에 적응성이 있으며 착색색상은 담홍색인 소화약제이다.

제3종 분말소화약제 실기 0501/0602/0701/0801/0901/1204/1301/1404/1502/1504/1601/1602/1701/1801/1904/2003/2101

- 제1인산암모늄($NH_4H_2PO_4$)을 주성분으로 하는 소화약제로 ABC급 화재에 적응성이 있으며 착색색상은 담홍색인 소화약제이다.
- 가연물의 표면에 피막을 형성하여 산소의 유입을 차단시킨다.
- 발수제로 실리콘 오일을 첨가한다.
- 인산암모늄이 열분해되면 메타인산, 암모니아, 물로 분해되는데, 이중 메타인산(HPO_3)이 부착성 있는 막을 만드는 방진효과로 A급화재 진화에 기여를 한다.
  ($NH_4H_2PO_4 \xrightarrow[\triangle]{} HPO_3 + NH_3 + H_2O$)

37

Repetitive Learning (1회 2회 3회)

다음 중 위험물안전관리법상의 기타 소화설비에 해당하지 않는 것은?

① 마른모래 ② 수조

③ 소화기 ④ 팽창질석

해설

- 소화기는 대형 · 소형수동식 소화기의 범주에 포함된다.

소화설비의 구분

- 옥내소화전 또는 옥외소화전설비, 스프링클러설비, 물분무등소화설비, 대형 · 소형수동식 소화기, 기타 소화설비로 구분한다.
- 기타 소화설비에는 물통 또는 수조, 건조사, 팽창질석 또는 팽창진주암이 있다.

0804

38

Repetitive Learning (1회 2회 3회)

위험물안전관리법령에 따른 이산화탄소 소화약제의 저장용기 설치장소에 대한 설명으로 틀린 것은?

① 방호구역 내의 장소에 설치하여야 한다.

② 직사일광 및 빗물이 침투할 우려가 적은 장소에 설치하여야 한다.

③ 온도변화가 적은 장소에 설치하여야 한다.

④ 온도가 섭씨 40도 이하인 곳에 설치하여야 한다.

해설

- 이산화탄소 소화약제의 저장용기는 방호구역외의 장소에 설치한다. 단, 방호구역 내에 설치할 경우에는 피난 및 조작이 용이하도록 피난구 부근에 설치하여야 한다.

이산화탄소 소화약제의 저장용기 설치장소

- 방호구역외의 장소에 설치할 것. 다만, 방호구역 내에 설치할 경우에는 피난 및 조작이 용이하도록 피난구 부근에 설치하여야 한다.
- 온도가 40℃ 이하이고, 온도변화가 적은 곳에 설치할 것
- 직사광선 및 빗물이 침투할 우려가 없는 곳에 설치할 것
- 방화문으로 구획된 실에 설치할 것
- 용기의 설치장소에는 해당 용기가 설치된 곳임을 표시하는 표지를 할 것
- 용기간의 간격은 점검에 지장이 없도록 3cm 이상의 간격을 유지할 것
- 저장용기와 집합관을 연결하는 연결배관에는 체크밸브를 설치할 것. 다만, 저장용기가 하나의 방호구역만을 담당하는 경우에는 그러하지 아니하다.

35 ② 36 ② 37 ③ 38 ① 정답

1404

39 Repetitive Learning (1회 2회 3회)

폐쇄형 스프링클러 헤드는 설치 장소의 평상시 최고 주위 온도에 따라서 결정된 표시온도의 것을 사용해야 한다. 설치장소의 최고 주위온도가 28℃ 이상 39℃ 미만일 때, 표시 온도는?

① 58℃ 미만
② 58℃ 이상 79℃ 미만
③ 79℃ 이상 121℃ 미만
④ 121℃ 이상 162℃ 미만

해설

- ①은 설치 장소의 최고 주위온도가 28℃ 미만인 경우이다.
- ③은 설치 장소의 최고 주위온도가 39℃ 이상 64℃ 미만인 경우이다.
- ④는 설치 장소의 최고 주위온도가 64℃ 이상 106℃ 미만인 경우이다.

폐쇄형 스프링클러 헤드의 설치기준

- 스프링클러 헤드의 반사판으로부터 하방으로 0.45m, 수평방향으로 0.3m의 공간을 보유할 것
- 스프링클러 헤드는 헤드의 축심이 당해 헤드의 부착면에 대하여 직각이 되도록 설치할 것
- 스프링클러 헤드의 반사판과 당해 헤드의 부착면과의 거리는 0.3m 이하일 것
- 스프링클러 헤드는 당해 헤드의 부착면으로부터 0.4m 이상 돌출한 보 등에 의하여 구획된 부분마다 설치할 것. 다만, 당해 보 등의 상호간의 거리(보 등의 중심선을 기산점으로 한다)가 1.8m 이하인 경우에는 그러하지 아니하다.
- 급배기용 덕트 등의 긴변의 길이가 1.2m를 초과하는 것이 있는 경우에는 당해 덕트 등의 아래면에도 스프링클러 헤드를 설치할 것
- 스프링클러 헤드의 부착위치는 가연성 물질을 수납하는 부분에 스프링클러 헤드를 설치하는 경우에는 당해 헤드의 반사판으로부터 하방으로 0.9m, 수평방향으로 0.4m의 공간을 보유해야 하며, 개구부에 설치하는 스프링클러 헤드는 당해 개구부의 상단으로부터 높이 0.15m 이내의 벽면에 설치할 것
- 건식 또는 준비작동식의 유수검지장치의 2차측에 설치하는 스프링클러 헤드는 상향식스프링클러 헤드로 할 것. 다만, 동결할 우려가 없는 장소에 설치하는 경우는 그러하지 아니하다.
- 부착장소의 최고주위온도에 따른 표시온도

부착장소의 최고주위온도[℃]	표시온도[℃]
28 미만	58 미만
28 이상 39 미만	58 이상 79 미만
39 이상 64 미만	79 이상 121 미만
64 이상 106 미만	121 이상 162 미만
106 이상	162 이상

1702

40 Repetitive Learning (1회 2회 3회)

할로겐화합물 소화약제의 조건으로 옳은 것은?

① 비점이 높을 것
② 기화되기 쉬울 것
③ 공기보다 가벼울 것
④ 연소성이 좋을 것

해설

- 할로겐화합물 소화약제는 비점이 낮아야 하며, 공기보다 무겁고 불연성이어야 한다.

할로겐화합물 소화약제의 조건

- 기화되기 쉽고 증발잠열이 커야 한다.
- 비점이 낮아야 한다.
- 기화 후 잔유물을 남기지 않아야 한다.
- 공기의 접촉을 차단해야 한다.
- 전기적으로 부도체여야 한다.
- 공기보다 무겁고 불연성이어야 한다.
- 부촉매에 의한 연소의 억제작용이 커야 한다.

3과목 위험물의 성질과 취급

41 Repetitive Learning (1회 2회 3회)

다음 중 인화점이 가장 낮은 것은?

① $C_6H_5NH_2$
② $C_6H_5NO_2$
③ C_5H_5N
④ $C_6H_5CH_3$

해설

- 아닐린($C_6H_5NH_2$)은 제3석유류로 인화점이 75℃이다.
- 니트로벤젠($C_6H_5NO_2$)은 제3석유류로 인화점이 88℃이다.
- 피리딘(C_5H_5N)은 제1석유류로 인화점이 20℃이다.
- 톨루엔($C_6H_5CH_3$)은 제1석유류로 인화점이 4℃이다.

제4류 위험물의 인화점 실기 0701/0704/0901/1001/1002/1201/1301/1304/1401/1402/1404/1601/1702/1704/1902/2003

제1석유류	인화점이 21℃ 미만
제2석유류	인화점이 21℃ 이상 70℃ 미만
제3석유류	인화점이 70℃ 이상 200℃ 미만
제4석유류	인화점이 200℃ 이상 250℃ 미만
동·식물유류	인화점이 250℃ 미만

1802

42 Repetitive Learning (1회 2회 3회)

제5류 위험물 중 니트로화합물에서 니트로기(Nitro group)를 옳게 나타낸 것은?

① $-NO$ ② $-NO_2$
③ $-NO_3$ ④ $-NON_3$

해설

- 니트로기는 $-NO_2$를 가진 니트로화합물로 폭발성을 갖는다.

대표적인 작용기

명칭	작용기	예
메틸기	$-CH_3$	메탄올(CH_3OH)
아미노기	$-NH_2$	아닐린($C_6H_5NH_2$)
아세틸기	$-COCH_3$	아세톤(CH_3COCH_3)
에틸기	$-C_2H_5$	에탄올(C_2H_5OH)
카르복실기	$-COOH$	아세트산(CH_3COOH)
에테르기	$-O-$	디에틸에테르($C_2H_5OC_2H_5$)
히드록시기	$-OH$	페놀(C_6H_5OH)
알데히드기	$-CHO$	포름알데히드($HCHO$)
니트로기	$-NO_2$	트리니트로톨루엔[$C_6H_2CH_3(NO_2)_3$]
카르보닐기	$-CO-$	아세톤(CH_3COCH_3)

0202 / 1802

43 Repetitive Learning (1회 2회 3회)

연소범위가 약 2.5 ~ 38.5vol%로 구리, 은, 마그네슘과 접촉 시 아세틸라이드를 생성하는 물질은?

① 아세트알데히드 ② 알킬알루미늄
③ 산화프로필렌 ④ 콜로디온

해설

- 아세트알데히드(CH_3CHO)는 연소범위는 4.1~57%로, 은, 수은, 동, 마그네슘 및 이의 합금과 결합할 경우 금속아세틸라이드라는 폭발성 물질을 생성한다.
- 알킬알루미늄은 반응성이 아주 커 저장 시 용기에 불활성기체를 봉입한다.

산화프로필렌(CH_3CH_2CHO) 실기 0501/0602/1002/1704

- 인화점이 -37℃인 특수인화물로 지정수량은 50L이고, 위험등급은 Ⅰ이다.
- 연소범위는 2.5 ~ 38.5%이고, 끓는점(비점)은 34℃, 비중은 0.83으로 물보다 가벼우며, 증기비중은 2로 공기보다 무겁다.
- 무색의 휘발성 액체이고, 물이나 알코올, 에테르, 벤젠 등에 잘 녹는다.
- 증기압은 45mmHg로 제4류 위험물 중 가장 커 기화되기 쉽다.
- 액체가 피부에 닿으면 화상을 입고 증기를 마시면 심할 때는 폐부종을 일으킨다.
- 저장 시 은, 수은, 동, 마그네슘 및 이의 합금으로 된 용기를 사용하면 폭발성 물질인 아세틸라이드를 생성하므로 해당 용기의 사용을 절대 금한다.
- 저장 시 용기 내부에 불활성 기체(N_2) 또는 수증기를 봉입하여야 한다.

1001 / 1602

44 Repetitive Learning (1회 2회 3회)

다음과 같이 위험물을 저장할 경우 각각의 지정수량 배수의 총합은 얼마인가?

> 클로로벤젠 : 1,000L
> 동 · 식물유류 : 5,000L
> 제4석유류 : 12,000L

① 2.5 ② 3.0
③ 3.5 ④ 4.0

해설

- 클로로벤젠은 제4류 위험물에 해당하는 비수용성 제2석유류로 지정수량이 1,000L이다.
- 동 · 식물유는 제4류 위험물로 지정수량이 10,000L이다.
- 제4석유류는 제4류 위험물로 지정수량이 6,000L이다.
- 지정수량의 배수의 합은 $\frac{1,000}{1,000}+\frac{5,000}{10,000}+\frac{12,000}{6,000}=1+0.5+2$ $=3.5$배이다.

지정수량 배수의 계산

- 다수의 위험물을 저장하는 경우 지정수량의 배수를 구하려면 각각의 위험물에 해당하는 지정수량 배수($\frac{\text{저장수량}}{\text{지정수량}}$)의 합을 구하면된다.
- 위험물 A, B를 저장하는 경우 지정수량의 배수의 합은 $\frac{\text{A저장수량}}{\text{A지정수량}}+\frac{\text{B저장수량}}{\text{B지정수량}}$가 된다.

42 ② 43 ③ 44 ③ | 정답

45 — Repetitive Learning (1회 2회 3회) 0602

위험물안전관리법령에 따른 지하탱크저장소의 지하저장탱크의 기준으로 옳지 않는 것은?

① 탱크의 외면에는 녹 방지를 위한 도장을 하여야 한다.
② 탱크의 강철판 두께는 3.2mm 이상으로 하여야 한다.
③ 압력탱크는 최대 사용압력의 1.5배의 압력으로 10분간 수압시험을 한다.
④ 압력탱크 외의 것은 50kPa의 압력으로 10분간 수압시험을 한다.

해설

- 압력탱크 외의 탱크에 있어서는 70kPa의 압력으로, 압력탱크에 있어서는 최대상용압력의 1.5배의 압력으로 각각 10분간 수압시험을 실시하여 새거나 변형되지 아니하여야 한다.

지하탱크저장소의 설치기준 실기 0901/1502/2003

- 위험물을 저장 또는 취급하는 지하탱크는 지면하에 설치된 탱크전용실에 설치하여야 한다.
- 탱크전용실은 지하의 가장 가까운 벽 · 피트 · 가스관 등의 시설물 및 대지경계선으로부터 0.1m 이상 떨어진 곳에 설치하고, 지하저장탱크와 탱크전용실의 안쪽과의 사이는 0.1m 이상의 간격을 유지하도록 하며, 당해 탱크의 주위에 마른 모래 또는 습기 등에 의하여 응고되지 아니하는 입자지름 5mm 이하의 마른 자갈분을 채워야 한다.
- 지하저장탱크의 윗부분은 지면으로부터 0.6m 이상 아래에 있어야 한다.
- 지하저장탱크를 2 이상 인접해 설치하는 경우에는 그 상호간에 1m(당해 2 이상의 지하저장탱크의 용량의 합계가 지정수량의 100배 이하인 때에는 0.5m) 이상의 간격을 유지하여야 한다. 다만, 그 사이에 탱크전용실의 벽이나 두께 20cm 이상의 콘크리트 구조물이 있는 경우에는 그러하지 아니하다.
- 철큰콘크리트구조의 벽 · 바닥 및 뚜껑의 두께는 0.3m 이상일 것
- 탱크의 강철판 두께는 3.2mm 이상으로 하고 탱크용량에 따라 증가하여야 한다.
- 압력탱크 외의 탱크에 있어서는 70kPa의 압력으로, 압력탱크에 있어서는 최대상용압력의 1.5배의 압력으로 각각 10분간 수압시험을 실시하여 새거나 변형되지 아니하여야 한다.
- 수압시험은 기밀시험과 비파괴시험을 동시에 실시하는 방법으로 대신할 수 있다.

46 — Repetitive Learning (1회 2회 3회) 1704

황린과 적린의 공통점으로 옳은 것은?

① 독성　② 발화점
③ 연소생성물　④ CS_2에 대한 용해성

해설

- 황린과 백린 모두 연소 시 오산화인(P_2O_5)이 발생한다.

적린(P)과 황린(P_4)의 비교

	적린(P)	황린(P_4)
발화온도	260℃	34℃
성상	암적색 분말	담황색 고체
냄새	냄새가 없다.	마늘 냄새
독성	없다.	맹독성
이황화탄소 용해성	녹지 않는다.	잘 녹는다.
공통점	• 질식효과가 있는 물이나 모래로 소화한다. • 연소 시 오산화인(P_2O_5)이 발생한다. • 구성원소가 인(P)이다.	

47 — Repetitive Learning (1회 2회 3회)

다음 중 물에 가장 잘 녹는 것은?

① CH_3CHO　② $C_2H_5OC_2H_5$
③ P_4　④ $C_2H_5ON_2$

해설

- 아세트알데히드는 수용성 물질로 물에 잘 녹고 에탄올이나 에테르와 잘 혼합한다.

아세트알데히드(CH_3CHO) 실기 0901/0704/0802/1304/1501/1504/1602/1801/1901/2001/2003

- 특수인화물로 자극성 과일향을 갖는 무색투명한 액체이다.
- 비중이 0.78로 물보다 가볍고, 증기비중은 1.52로 공기보다 무겁다.
- 인화점이 −38℃, 연소범위는 4.1~57%로 아주 넓으며, 끓는점(비점)이 21℃로 아주 낮다.
- 수용성 물질로 물에 잘 녹고 에탄올이나 에테르와 잘 혼합한다.
- 산화되어 초산으로 된다.
- 저장 시 은, 수은, 동, 마그네슘 및 이의 합금으로 된 용기를 사용하면 폭발성 물질인 아세틸라이드를 생성하므로 해당 용기의 사용을 절대 금한다.
- 암모니아성 질산은 용액을 반응시키면 은거울반응이 일어나서 은을 석출시키는데 이는 알데히드의 환원성 때문이다.

정답 | 45 ④　46 ③　47 ①

0702 / 1704

48 Repetitive Learning (1회 2회 3회)

지정수량 이상의 위험물을 차량으로 운반하는 경우에는 차량에 설치하는 표지의 색상에 관한 내용으로 옳은 것은?

① 흑색바탕에 청색의 도료로 "위험물"이라고 표기할 것
② 흑색바탕에 황색의 반사도료로 "위험물"이라고 표기할 것
③ 적색바탕에 흰색의 반사도료로 "위험물"이라고 표기할 것
④ 적색바탕에 흑색의 도료로 "위험물"이라고 표기할 것

해설

- 위험물 표지판은 흑색 바탕에 황색의 반사도료로 "위험물"이라 표기하여야 한다.

위험물 운반 시 표지 실기 0802

- 부착위치
  - 이동탱크저장소 : 전면 상단 및 후면 상단
  - 위험물 운반차량 : 전면 및 후면
- 규격 및 형상 : 60cm 이상×30cm 이상의 횡형 사각형
- 색상 및 문자 : 흑색 바탕에 황색의 반사도료로 "위험물"이라 표기할 것
- 위험물이면서 유해화학물질에 해당하는 품목의 경우에는 유해화학물질 표지를 위험물 표지와 상하 또는 좌우로 인접하여 부착할 것

0701 / 1101 / 1802

49 Repetitive Learning (1회 2회 3회)

옥내저장소에서 위험물 용기를 겹쳐 쌓는 경우에 있어서 제4류 위험물 중 제3석유류만을 수납하는 용기를 겹쳐 쌓을 수 있는 높이는 최대 몇 m인가?

① 3　② 4
③ 5　④ 6

해설

- 제4류 위험물 중 제3석유류, 제4석유류 및 동·식물유류를 수납하는 용기만을 겹쳐 쌓는 경우는 4m까지 쌓을 수 있다.

옥내저장소에서 용기를 겹쳐쌓는 높이 실기 0904/1902/2003

- 기계에 의하여 하역하는 구조로 된 용기만을 겹쳐 쌓는 경우는 6m
- 제4류 위험물 중 제3석유류, 제4석유류 및 동·식물유류를 수납하는 용기만을 겹쳐 쌓는 경우는 4m
- 그 밖의 경우는 3m

50 Repetitive Learning (1회 2회 3회)

다음 중 금수성 물질로만 나열된 것은?

① K, CaC_2, Na
② $KClO_3$, Na, S
③ KNO_3, CaO_2, Na_2O_2
④ $NaNO_3$, $KClO_3$, CaO_2

해설

- ②의 염소산칼륨($KClO_3$)은 제1류 위험물이고, 황(S)은 제2류 위험물이다.
- ③의 질산칼륨(KNO_3)은 제1류 위험물이고, 과산화칼슘(CaO_2)과 과산화나트륨(Na_2O_2)은 제1류 무기과산화물로 금수성 물질에 해당한다.
- ④의 질산나트륨($NaNO_3$)은 제1류 위험물이다.

제3류 위험물_자연발화성 물질 및 금수성 물질 실기 0602/0702/0904/1001/1101/1202/1302/1504/1704/1804/1904/2004

품명	지정수량	위험등급
칼륨	10kg	Ⅰ
나트륨		
알킬알루미늄		
알킬리튬		
황린	20kg	
알칼리금속(칼륨·나트륨 제외) 및 알칼리토금속	50kg	Ⅱ
유기금속화합물(알킬알루미늄·알킬리튬 제외)		
금속의 수소화물	300kg	Ⅲ
금속의 인화물		
칼슘 또는 알루미늄의 탄화물		

51 Repetitive Learning (1회 2회 3회)

다음 각 위험물을 저장할 때 사용하는 보호액으로 틀린 것은?

① 니트로셀룰로오스 – 알코올
② 이황화탄소 – 알코올
③ 금속칼륨 – 등유
④ 황린 – 물

해설

- 이황화탄소는 물속에 저장한다.

위험물 저장 시 보호액 실기 0502/0504/0604/0902/0904

금속칼륨, 나트륨	석유(파라핀, 경유, 등유), 벤젠
니트로셀룰로오스	알코올이나 물
황린, 이황화탄소	물

48 ② 49 ② 50 ① 51 ② 정답

52

Repetitive Learning (1회 2회 3회)

과산화나트륨이 물과 반응해서 일어나는 변화로 옳은 것은?

① 격렬히 반응하여 산소를 내며 수산화나트륨이 된다.
② 격렬히 반응하여 산소를 내며 산화나트륨이 된다.
③ 물을 흡수하여 과산화나트륨 수용액이 된다.
④ 물을 흡수하여 탄산나트륨이 된다.

해설

- 과산화나트륨은 물과 격렬하게 반응하여 수산화나트륨과 산소를 발생시킨다.

과산화나트륨(Na_2O_2) 실기 0801/0804/1201/1202/1401/1402/1701/1704/1904/2003/2004

㉠ 개요
- 산화성 고체로 제1류 위험물에 해당하며, 지정수량은 50kg, 위험등급은 Ⅰ이다.
- 순수한 것은 백색 정방정계 분말이나 시판되는 것은 황색이다.
- 흡습성이 강하고 조해성이 있으며, 표백제, 산화제로 사용한다.
- 산과 반응하여 과산화수소(H_2O_2)를 발생시키며, 금, 니켈을 제외한 다른 금속을 침식하여 산화물로 만든다.
- 물과 격렬하게 반응하여 수산화나트륨과 산소를 발생시킨다. ($2Na_2O_2 + 2H_2O \rightarrow 4NaOH + O_2$)
- 가연물과 혼합되어 있을 경우 약간의 물 접촉만으로도 발화하며, 양이 많을 경우 주수에 의해 폭발하므로 주수소화를 금해야 한다.
- 가열하면 산화나트륨과 산소를 발생시킨다. ($2Na_2O_2 \xrightarrow[\triangle]{} 2Na_2O + O_2$)
- 아세트산과 반응하여 아세트산나트륨과 과산화수소를 발생시킨다.($Na_2O_2 + 2CH_3COOH \rightarrow 2CH_3COONa + H_2O_2$)

㉡ 저장 및 취급방법
- 물과 습기의 접촉을 피한다.
- 용기는 수분이 들어가지 않게 밀전 및 밀봉 저장한다.
- 가열 및 충격 · 마찰을 피하고 유기물질의 혼입을 막는다.

53

Repetitive Learning (1회 2회 3회)

[보기]의 물질이 K_2O_2와 반응하였을 때 주로 생성되는 가스의 종류가 같은 것으로만 나열된 것은?

물, 이산화탄소, 아세트산, 염산

① 물, 이산화탄소
② 물, 이산화탄소, 염산
③ 물, 아세트산
④ 이산화탄소, 아세트산, 염산

해설

- 과산화칼륨은 물이나 이산화탄소와 반응하면 산소를 발생시킨다.
- 과산화칼륨은 아세트산이나 염산과 반응하면 과산화수소를 발생시킨다.

과산화칼륨(K_2O_2) 실기 0604/1004/1801/2003

㉠ 개요
- 산화성 고체로 제1류 위험물에 해당하며, 지정수량은 50kg, 위험등급은 Ⅰ이다.
- 무색 혹은 오렌지색 비정계 분말이다.
- 흡습성이 있으며, 에탄올에 녹는다.
- 산과 반응하여 과산화수소(H_2O_2)를 발생시킨다.
- 물과 격렬하게 반응하여 수산화칼륨과 산소를 발생시킨다. ($2K_2O_2 + 2H_2O \rightarrow 4KOH + O_2$)
- 가연물과 혼합되어 있을 경우 약간의 물 접촉만으로도 발화하며, 양이 많을 경우 주수에 의해 폭발하므로 주수소화를 금해야 한다.
- 가열하면 산화칼륨과 산소를 발생시킨다. ($2K_2O_2 \xrightarrow[\triangle]{} 2K_2O + O_2$)
- 이산화탄소와 반응하여 탄산칼륨과 산소를 발생시킨다. ($2K_2O_2 + 2CO_2 \rightarrow 2K_2CO_3 + O_2$)
- 아세트산과 반응하여 아세트산칼륨과 과산화수소를 발생시킨다.($K_2O_2 + 2CH_3COOH \rightarrow 2CH_3COOK + H_2O_2$)

㉡ 저장 및 취급방법
- 물과 습기의 접촉을 피한다.
- 용기는 수분이 들어가지 않게 밀전 및 밀봉 저장한다.
- 가열 및 충격 · 마찰을 피하고 유기물질의 혼입을 막는다.

0402 / 1801

54

Repetitive Learning (1회 2회 3회)

제조소에서 위험물을 취급함에 있어서 정전기를 유효하게 제거할 수 있는 방법으로 가장 거리가 먼 것은?

① 접지에 의한 방법
② 공기 중의 상대습도를 70% 이상으로 하는 방법
③ 공기를 이온화하는 방법
④ 부도체 재료를 사용하는 방법

해설

- 제조소에서의 정전기 제거설비의 정전기 제거 방법에는 접지, 상대습도를 70% 이상으로, 공기를 이온화하는 방법을 사용하여야 한다.

제조소에서 정전기 제거설비 방법 실기 0502/0602/0702
- 접지에 의한 방법
- 공기 중의 상대습도를 70% 이상으로 하는 방법
- 공기를 이온화하는 방법

정답 | 52 ① 53 ① 54 ④

1901

55 ―――― Repetitive Learning (1회 2회 3회)

동·식물유류에 대한 설명으로 틀린 것은?

① 건성유는 자연발화의 위험성이 높다.
② 불포화도가 높을수록 요오드가 크며 산화되기 쉽다.
③ 요오드값이 130 이하인 것이 건성유이다.
④ 1기압에서 인화점이 섭씨 250도 미만이다.

해설

- 요오드값이 130 이상인 것이 건성유이다.

동·식물유류 실기 0601/0604/1304/1502/1802/2003

㉠ 개요

- 1기압에서 인화점이 250℃ 미만인 것으로 지정수량이 10,000L이고, 위험등급이 Ⅲ에 해당하는 물질이다.
- 유지 100g에 부가되는 요오드의 g수를 의미하는 요오드값(옥소값)에 의해 건성유(130 이상), 반건성유(100~130), 불건성유(100 이하)로 구분한다.
- 요오드값이 클수록 자연발화의 위험이 크다.
- 요오드값이 클수록 이중결합이 많고, 불포화지방산을 많이 가진다.

㉡ 구분

구분	내용
건성유 (요오드값이 130 이상)	• 공기 중에서 자연발화의 위험이 있으며, 피막이 단단하다. • 동유, 아마인유, 정어리유, 대구유, 상어유, 해바라기유, 들기름 등
반건성유 (요오드값이 100~130)	• 피막이 얇다. • 참기름, 콩기름, 청어유, 쌀겨기름, 면실유, 채종유, 옥수수기름 등
불건성유 (요오드값이 100 이하)	• 피막을 만들지 않는다. • 피마자유, 올리브유, 팜유, 땅콩기름, 야자유, 쇠기름, 돼지기름, 고래기름 등

56 ―――― Repetitive Learning (1회 2회 3회)

메틸알코올의 성질로 옳은 것은?

① 인화점 이하가 되면 밀폐된 상태에서 연소하여 폭발한다.
② 비점은 물보다 높다.
③ 물에 녹기 어렵다.
④ 증기비중이 공기보다 크다.

해설

- 인화점 이하가 되면 밀폐된 상태에서 연소 및 폭발위험성이 줄어든다.
- 메틸알코올의 비점은 65℃로 물(100℃)보다 낮다.
- 메틸알코올은 물에 잘 녹는다.

메틸알코올(CH_3OH) 실기 0801/0904/1501/1502/1901/2101

- 제4류 위험물인 인화성 액체 중 수용성 알코올류로 지정수량이 400L이고 위험등급이 Ⅱ이다.
- 분자량은 32g, 증기비중이 1.1로 공기보다 크다.
- 인화점이 11℃인 무색투명한 액체이다.
- 물에 잘 녹는다.
- 마셨을 경우 시신경 마비의 위험이 있다.
- 연소 범위는 약 7.3 ~ 36vol%로 에틸알코올(4.3 ~ 19vol%)보다 넓으며, 화재 시 그을음이 나지 않으며 소화는 알코올 포를 사용한다.
- 증기는 가열된 산화구리를 환원하여 구리를 만들고 포름알데히드가 된다.

57 ―――― Repetitive Learning (1회 2회 3회)

적린이 공기 중에서 연소할 때 생성되는 물질은?

① P_2O ② PO_2
③ PO_3 ④ P_2O_5

해설

- 적린은 공기 중에서 연소할 때 황린과 같이 오산화린(P_2O_5)이 생성된다.

적린(P) 실기 1102

- 제2류 위험물에 해당하는 가연성 고체로 지정수량은 100kg이고, 위험등급은 Ⅱ이다.
- 물, 이황화탄소, 암모니아, 에테르 등에 녹지 않는다.
- 황린의 동소체이나 황린에 비해 대단히 안정적이어서 공기 또는 습기 중에서 위험성이 적으며, 독성이 없다.
- 강산화제와 혼합하거나 염소산염류와 접촉하면 발화 및 폭발할 위험성이 있으므로 주의해야 한다.
- 공기 중에서 연소할 때 오산화린(P_2O_5)이 생성된다.(반응식 : $4P + 5O_2 \rightarrow 2P_2O_5$)
- 성냥, 화약 등을 만드는데 이용된다.

55 ③ 56 ④ 57 ④ | 정답

58

Repetitive Learning (1회 2회 3회)

벤젠의 성질로 옳지 않은 것은?

① 휘발성을 갖는 갈색 무취의 액체이다.

② 증기는 유해하다.

③ 인화점은 0℃보다 낮다.

④ 끓는점은 상온보다 높다.

해설

- 벤젠은 독특한 냄새가 있는 무색투명한 휘발성 액체이다.

벤젠(C_6H_6)의 성질 실기 0504/0801/0802/1401/1502/2001

- 제1석유류로 비중은 약 0.88이고, 인체에 유해한 증기의 비중은 약 2.8이다.
- 물보다 비중값이 작지만, 증기비중 값은 공기보다 크다.
- 인화점은 약 -11℃로 0℃보다 낮다.
- 물에는 녹지 않으며, 알코올, 에테르에 녹으며, 녹는점은 약 5.5℃이다.
- 끓는점(88℃)은 상온보다 높다.
- 탄소가 많이 포함되어 있으므로 연소 시 검은 연기가 심하게 발생한다.
- 겨울철에 응고된 고체상태에서도 인화의 위험이 있다.
- 독특한 냄새가 있는 무색투명한 액체이다.
- 유체마찰에 의한 정전기 발생 위험이 있다.
- 휘발성이 강한 액체이다.
- 방향족 유기화합물이다.
- 불포화결합을 이루고 있으나 안전하여 첨가반응보다 치환반응이 많다.

0704 / 1602

59

Repetitive Learning (1회 2회 3회)

제4류 위험물의 일반적인 성질 또는 취급 시 주의사항에 대한 설명 중 가장 거리가 먼 것은?

① 액체의 비중은 물보다 가벼운 것이 많다.

② 대부분 증기는 공기보다 무겁다.

③ 제1석유류 ~ 제4석유류는 비점으로 구분한다.

④ 정전기 발생에 주의하여 취급하여야 한다.

해설

- 제4류 위험물은 인화점에 따라 분류한다.

제4류 위험물의 인화점 실기 0701/0704/0901/1001/1002/1201/1301/1304/1401/1402/1404/1601/1702/1704/1902/2003

문제 41번의 유형별 핵심이론 참조

60

Repetitive Learning (1회 2회 3회)

위험물안전관리법령에 따른 안전거리 규제를 받는 위험물시설이 아닌 것은?

① 제6류 위험물제조소

② 제1류 위험물 일반취급소

③ 제4류 위험물 옥내저장소

④ 제5류 위험물 옥외저장소

해설

- 안전거리가 20m 이상인 고압가스, 액화석유가스 또는 도시가스를 저장 또는 취급하는 시설에는 고압가스제조시설 또는 고압가스 사용시설, 고압가스 저장시설, 액화산소 소비시설, 액화석유가스 저장시설, 가스공급시설 등이 있다.
- 제6류 위험물을 취급하는 제조소는 안전거리 기준과는 무관하다.

제조소의 안전거리(제6류 위험물제조소 제외) 실기 1302

<table>
<tr><td>주거용 건물</td><td>10m 이상</td><td rowspan="3">불연재료로 된 담/벽 설치 시 단축가능</td></tr>
<tr><td>학교·병원·극장 그 밖에 다수인을 수용하는 시설</td><td>30m 이상</td></tr>
<tr><td>유형문화재와 기념물 중 지정문화재</td><td>50m 이상</td></tr>
<tr><td>고압가스, 액화석유가스 또는 도시가스를 저장 또는 취급하는 시설</td><td colspan="2">20m 이상</td></tr>
<tr><td>사용전압이 7,000V 초과 35,000V 이하의 특고압가공전선</td><td colspan="2">3m 이상</td></tr>
<tr><td>사용전압이 35,000V를 초과하는 특고압가공전선</td><td colspan="2">5m 이상</td></tr>
</table>

정답 | 58 ① 59 ③ 60 ①

2013년 9월 28일

2013년 제4회

합격률 37.7%

1과목 일반화학

0901 / 1702

01 Repetitive Learning (1회 2회 3회)

산성 산화물에 해당하는 것은?

① CaO ② Na_2O

③ CO_2 ④ MgO

해설

- 산화칼슘(CaO), 산화나트륨(Na_2O), 산화마그네슘(MgO)은 모두 염기성 산화물에 해당한다.

산성 산화물

- 물과 반응하면 수소(H^+)이온을 생성하는 산화물을 말한다.
- 주로 비금속으로 이뤄진 산화물이 이에 해당한다.
- 대표적인 산성 산화물에는 이산화질소(NO_2), 이산화탄소(CO_2), 이산화규소(SiO_2), 이산화황(SO_2) 등이 있다.

02 Repetitive Learning (1회 2회 3회)

공유결합과 배위결합에 의하여 이루어진 것은?

① NH_3 ② $Cu(OH)_2$

③ K_2CO_3 ④ $[NH_4]^+$

해설

- 암모늄이온$[NH_4]^+$은 H−N사이 공유결합한 암모니아(NH_3)와 수소와의 배위결합으로 형성된다.

염화암모늄(NH_4Cl)

- 암모니아와 염화수소의 중화반응을 통하거나 수산화암모늄과 염화수소와의 반응을 통해서 만들 수 있다.
- 백색 고체로 분자량은 53.50g/mol이고 밀도는 1.52g/cm³이다.
- 분자 내에서 배위결합(H−N사이 공유결합한 NH_3와 H^+과의 결합)과 이온결합(NH_4^+와 Cl^-)을 동시에 가지고 있다.

03 Repetitive Learning (1회 2회 3회)

물 분자들 사이에 작용하는 수소결합에 의해 나타나는 현상과 가장 관계가 없는 것은?

① 물의 기화열이 크다.

② 물의 끓는점이 높다.

③ 무색투명한 액체이다.

④ 얼음이 물 위에 뜬다.

해설

- 물 분자들이 수소결합을 함으로써 기화열이 크고, 끓는 점이 높다.
- 물 분자들이 수소결합을 하고 있어 얼었을 때 부피가 커져 얼음이 물 위에 뜨게 되며, 겨울철에 수도관이 터지게 된다.
- 물이 무색투명한 액체인 것과 수소결합은 관련이 없다.

수소결합

- 질소(N), 산소(O), 불소(F) 등 전기음성도가 큰 원자와 수소(H)가 강한 인력으로 결합하는 것을 말한다.
- 수소결합이 가능한 분자들은 다른 분자들에 비해 인력이 강해 끓는점이나 녹는점이 높고 기화열, 융해열이 크다.
- 수소결합이 가능한 분자들은 비열, 표면장력이 크며, 물이 얼음이 될 때 부피가 늘어나는 것도 물이 수소결합을 하기 때문이다.

04 Repetitive Learning (1회 2회 3회)

아미노기와 카르복실기가 동시에 존재하는 화합물은?

① 식초산 ② 석탄산

③ 아미노산 ④ 아민

해설

- 아미노기($-NH_2$)와 카르복실기($-COOH$)를 포함한 모든 분자를 아미노산이라고 한다.

아미노산(NH_2CHR_nCOOH)

- 생물의 몸을 구성하는 단백질의 기본 구성단위이다.
- 탄소 원자를 중심에 두고 아미노기($-NH_2$)와 카르복실기($-COOH$), 수소(H_2), 곁사슬(R)이 결합한 구조이다.

01 ③ 02 ④ 03 ③ 04 ③ | 정답

0202 / 1002

05 Repetitive Learning (1회 2회 3회)

염소원자의 최외곽 전자 수는 몇 개 인가?

① 1 ② 2
③ 7 ④ 8

해설

- 염소(Cl)는 원자번호 17로 $1s^2 2s^2 2p^6 3s^2 3p^5$이다. 가장 외곽을 구성하는 오비탈은 $3s^2 3p^5$이고 전자 수는 7개이다.

전자배치 구조

- 오비탈이라는 전자가 채워지는 공간을 통해 전자껍질을 구성한다.
- 전자껍질은 K, L, M, N껍질로 구성된다.

구분	K껍질	L껍질	M껍질	N껍질
오비탈	1s	2s2p	3s3p3d	4s4p4d4f
오비탈수	1개(1^2)	4개(2^2)	9개(3^2)	16개(4^2)
최대전자	최대 2개	최대 8개	최대 18개	최대 32개

- 오비탈의 종류

s오비탈	최대 2개의 전자를 채울 수 있다.
p오비탈	최대 6개의 전자를 채울 수 있다.
d오비탈	최대 10개의 전자를 채울 수 있다.
f오비탈	최대 14개의 전자를 채울 수 있다.

- 표시방법

$1s^2 2s^2 2p^6 3s^2 3p^6 4s^2 3d^{10} 4p^6$ …로 표시한다.

- 오비탈에 해당하는 s, p, d, f 앞의 숫자는 주기율표상의 주기를 의미한다.
- 오비탈에 해당하는 s, p, d, f 오른쪽 위의 숫자는 전자의 수를 의미한다.
- 항상 앞의 오비탈을 모두 채워야 다음 오비탈이 위치할 수 있다.
- 주기율표와 같이 구성되게 하기 위해 1주기에는 s만, 2주기와 3주기에는 s와 p가, 4주기와 5주기에는 전이원소를 넣기 위해 s, d, p오비탈이 순서대로(이때, d앞의 숫자가 기존 s나 p보다 1적다) 배치된다.

- 대표적인 원소의 전자배치

주기	원소명	원자 번호	표시
1	수소(H)	1	$1s^1$
	헬륨(He)	2	$1s^2$
2	리튬(Li)	3	$1s^2 2s^1$
	베릴륨(Be)	4	$1s^2 2s^2$
	붕소(B)	5	$1s^2 2s^2 2p^1$
	탄소(C)	6	$1s^2 2s^2 2p^2$
	질소(N)	7	$1s^2 2s^2 2p^3$
	산소(O)	8	$1s^2 2s^2 2p^4$
	불소(F)	9	$1s^2 2s^2 2p^5$
	네온(Ne)	10	$1s^2 2s^2 2p^6$

06 Repetitive Learning (1회 2회 3회)

Be의 원자핵에 α입자를 충격하였더니 중성자 n이 방출되었다. 다음 반응식을 완결하기 위하여 (   )속에 알맞은 것은?

$$Be + {}^4_2He \rightarrow (\quad) + {}^1_0n$$

① Be ② B
③ C ④ N

해설

- 베릴륨(Be)에 α입자(${}^4_2He$)을 충격하여 임의의 물질과 중성자(${}^1_0n$)로 분리되는 반응식이다.
- 좌변의 질량수는 9+4 =13이므로 우변의 질량수의 합도 13이 되어야 하므로 빈칸 물질의 질량수는 13-1=12가 되어야 한다.
- 좌변의 원자번호는 4+2=6이므로 우변의 원자번호 합도 6이 되어야 하므로 빈칸 물질의 원자번호는 6이 되어야 한다.
- 원자번호 6의 물질은 탄소(${}^{12}_6C$)이다.

핵 화학반응

- Chadwick이 입자가속기를 이용하여 α선을 원자핵에 대었을 때 일어나는 반응에 중성자가 개입한 것을 증명했다.
- 임의의 원자핵에 α입자(${}^4_2He$)을 충격하여 새로운 원자와 중성자로 분리되는 반응을 말한다.
- 질량수와 원자번호의 합은 반응 전후 일정하다.

07 Repetitive Learning (1회 2회 3회)

염소는 2가지 동위원소로 구성되어 있는데 원자량이 35인 염소는 75% 존재하고, 37인 염소는 25% 존재한다고 가정할 때, 이 염소의 평균원자량은 얼마인가?

① 34.5 ② 35.5
③ 36.5 ④ 37.5

해설

- 평균 원자량은 각 물질의 원자량×비율의 합으로 구한다.
- 35×0.75+37×0.25=26.25+9.25=35.5이다.

원자번호(Atomic number)와 원자량(Atomic mass)

- 원자번호는 원자핵의 양성자수이자 중성원자의 총 전자수와 같다.
- 질량수=양성자의 수+중성자의 수로 구한다.
- 원자량은 6개의 양성자와 6개의 중성자로 구성되는 질량수 12인 탄소(${}_{12}C$)의 원자 질량을 12로 정한 조건에서 다른 원소의 비교질량을 원자량으로 나타낸다.

정답 | 05 ③ 06 ③ 07 ②

0304 / 1002

08 Repetitive Learning (1회 2회 3회)

$Fe(CN)_6^{4-}$와 4개의 K^+이온으로 이루어진 물질 $K_4Fe(CN)_6$을 무엇이라고 하는가?

① 착화합물 ② 할로겐화합물
③ 유기혼합물 ④ 수소화합물

해설

- $K_4Fe(CN)_6$은 전이원소에 해당하는 철(Fe^{2+})이온에 강한 장 리간드에 해당하는 CN^-가 결합된 형태의 착화합물이다.

착화합물

- 착물이 포함되어 있는 화합물을 말한다.
- 착물이란 중심에 있는 전이 금속의 양이온에 몇 개의 분자 또는 이온이 결합되어 있는 물질을 말한다.
- 중심이온과 리간드 사이의 배위결합과 착이온과 다른 이온 사이의 이온결합으로 구별된다.
- 리간드(Ligand)란 착물 속에서 중심원자에 결합된 이온 또는 분자를 말한다.

1804

09 Repetitive Learning (1회 2회 3회)

다음 중 기하 이성질체가 존재하는 것은?

① C_5H_{12} ② $CH_3CH=CHCH_3$
③ C_3H_7Cl ④ $CH\equiv CH$

해설

- ①과 ③의 경우 탄소(C)의 숫자가 모두 홀수개로 서로 대칭을 이룰 수 없는 형태이다.
- ④의 경우 탄소(C)의 숫자가 짝수개이나 C와 H가 각각 1개씩 연결되어 어떤 경우에도 구조가 달라질 수 없으므로 이성질체가 존재할 수 없다.

이성질체

- 분자식은 같지만 서로 다른 물리/화학적 성질을 갖는 분자를 말한다.
- 구조이성질체는 원자의 연결순서가 달라 분자식은 같지만 시성식이 다른 이성질체이다.
- 광학이성질체는 같은 분자식을 가지면서 각각을 서로 겹치게 할 수 없는 거울상의 구조를 갖는 분자로 거울상 이성질체라고도 한다.
- 기하 이성질체란 서로 대칭을 이루지만 구조가 서로 같지 않을 수 있는 이성질체를 말한다.($CH_3CH=CHCH_3$와 같이 3중결합으로 대칭을 이루지만 CH_3와 CH의 위치에 따라 구조가 서로 같지 않을 수 있는 물질)

10 Repetitive Learning (1회 2회 3회)

옥텟규칙(Octet rule)에 따르면 게르마늄이 반응할 때, 다음 중 어떤 원소의 전자수와 같아지려고 하는가?

① Kr ② Si
③ Sn ④ As

해설

- 옥텟규칙에 의하면 모든 원소는 바깥 껍질이 꽉 찬 0가가 되려고 하므로 원소번호 32인 게르마늄(Ge)은 4개의 전자를 더 얻어 원소번호 36의 크립톤(Kr)의 전자수와 같아지려고 한다.

전자배치 구조

문제 05번의 유형별 핵심이론 참조

1704

11 Repetitive Learning (1회 2회 3회)

어떤 기체가 탄소원자 1개당 2개의 수소원자를 함유하고 0℃, 1기압에서 밀도가 1.25g/L일 때 이 기체에 해당하는 것은?

① CH_2 ② C_2H_4
③ C_3H_6 ④ C_4H_8

해설

- 탄소원자 1개당 2개의 수소원자를 함유하고 있으므로 C_xH_{2x}로 표시될 수 있다.
- 0℃, 1기압에서밀도는 $\frac{분자량}{부피}=\frac{분자량}{22.4}$로 표시되는데 이것이 1.25g/L이라고 하였으므로 분자량 $=22.4\times1.25=28$이 된다.
- 분자량이 28이 되기 위해서는 x가 2인 에틸렌(C_2H_4)을 의미한다.

에틸렌(C_2H_4)

- 분자량이 28, 밀도는 1.18kg/m^{2}이고, 끓는점이 −103.7℃이다.
- 무색의 인화성을 가진 기체이다.
- 에틸렌에 물을 첨가하면 에탄올이 생성된다.
  ($CH_2=CH_2+H_2O\xrightarrow[260℃\ 탈수]{C-H_2SO_4}CH_3CH_2OH$)
- 염화수소와 반응하여 염화비닐을 생성한다.
  ($CH_2=CH_2+HCl\rightarrow CH_3CH_2Cl$)
- 에틸렌이 산화되면 아세트알데히드를 거쳐 아세트산이 생성된다.
  ($CH_2=CH_2+\frac{1}{2}O_2\rightarrow C_2H_4Cl_2+H_2O$)

08 ① 09 ② 10 ① 11 ② 정답

12 Repetitive Learning (1회 2회 3회)

평면 구조를 가진 $C_2H_2Cl_2$의 이성질체의 수는?

① 1개　　② 2개
③ 3개　　④ 4개

해설

- 평면구조를 가진 1,2-디클로로에탄($C_2H_2Cl_2$)는 3개의 이성질체를 갖는다.

1,2-디클로로에탄($C_2H_2Cl_2$)의 이성질체

- 평면구조를 가진 1,2-디클로로에탄($C_2H_2Cl_2$)는 3개의 이성질체를 갖는다.
- 기하이성질체 때문에 극성 분자(Cis)와 비극성(Trans) 분자를 가질 수 있다.

1,1-dichloroethene	Cis-1,2-dichloroethene
H Cl C=C H Cl	Cl Cl C=C H H
Trans-1,2-dichloroethene	
Cl H C=C H Cl	

13 Repetitive Learning (1회 2회 3회)

가열하면 부드러워져서 소성을 나타내고 식히면 경화하는 수지는?

① 페놀 수지　　② 멜라민 수지
③ 요소 수지　　④ 폴리염화비닐 수지

해설

- 폴리염화비닐은 에틸렌(C_2H_4)분자의 수소 하나를 염소로 치환한 비닐클로라이드(염화비닐, C_2H_3Cl)분자를 첨가중합시킨 것으로 가소제를 사용하여 소성을 가진 수지이다.

중합반응

- 중합이란 단위물질이 2개 이상 결합하는 화학반응을 통해 분자량이 큰 화합물을 생성하는 반응을 말한다.
- 첨가중합은 단위 물질 분자내의 이중결합이 끊어지면서 첨가반응을 통해 고분자 화합물이 만들어지는 과정을 말한다.
- 축합중합은 분자 내의 작용기들이 축합반응하여 물이나 염화수소 등의 간단한 분자들이 빠져나가면서 고분자화합물을 만드는 중합 과정으로 축중합, 폴리 중합이라고도 한다.

1004 / 1604

14 Repetitive Learning (1회 2회 3회)

0.001N-HCl의 pH는?

① 2　　② 3
③ 4　　④ 5

해설

- 0.001N HCl(염산)의 pH는 −log[N농도×전리도]에서 염산의 전리도는 1이므로 −log[0.001×1]=3이 된다.

수소이온농도지수(pH)

- 용액 1L 속에 존재하는 수소이온의 g이온수 즉, 몰농도(혹은 N농도×전리도)를 말한다.
- 수소이온은 매우 작은 값으로 존재하므로 수소이온의 역수에 상용로그값을 취하여 사용한다.

$$pH = \log\frac{1}{[H^+]} = -\log[H^+]$$

- 순수한 물의 경우 1기압 25℃에서 수소이온의 농도가 약 10^{-7}g 이온이므로 이를 pH 7 중성이라고 하고, 이보다 클 때 알카리성, 이보다 작을 때 산성이라고 한다.
- 수소이온농도지수[pH]+수산화이온농도지수[pOH]=14이다.

1004

15 Repetitive Learning

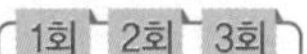

산화-환원에 대한 설명 중 틀린 것은?

① 한 원소의 산화수가 증가하였을 때 산화되었다고 한다.
② 전자를 잃은 반응을 산화라 한다.
③ 산화제는 다른 화학종을 환원시키며, 그 자신의 산화수는 증가하는 물질을 말한다.
④ 중성인 화합물에서 모든 원자와 이온들의 산화수의 합은 0이다.

해설

- 산화제는 자신은 환원(산화수가 감소)되면서 다른 화학종을 산화시키는 물질을 말한다.

산화와 환원

산화	환원
전자를 잃는 반응	원자나 원자단 또는 이온이 전자를 얻는 반응
수소화합물이 수소를 잃는 반응	수소와 결합하는 반응
산소와 화합하는 반응	산소를 잃는 반응
한 원소의 산화수가 증가하는 반응	한 원소의 산화수가 감소하는 반응

정답 | 12 ③　13 ④　14 ②　15 ③

16 Repetitive Learning (1회 2회 3회)

염화나트륨 수용액의 전기분해 시 음극(Cathode)에서 일어나는 반응식을 옳게 나타낸 것은?

① $2H_2O(L)+2Cl^-(aq) \rightarrow H_2(g)+Cl_2(g)+2OH^-(aq)$

② $2Cl^-(aq) \rightarrow Cl_2(g)+2e^-$

③ $2H_2O(L)+2e^- \rightarrow H_2(g)+2OH^-(aq)$

④ $2H_2O \rightarrow O_2+4H^++4e^-$

해설

- 음(−)극에서는 이동되어온 나트륨 대신 물의 환원으로 수소가 발생한다.

염화나트륨(NaCl) 수용액의 전기분해

- 염화나트륨 수용액을 전기분해하면 염소이온(Cl^-)은 양극으로, 나트륨이온(Na^+)은 음극으로 이동한다.
- 음(−)극에서는 이동되어온 나트륨(표준 환원 전위 −2.71V) 대신 나트륨보다 환원되기 쉬운 물(표준 환원 전위 −0.83V)의 환원으로 수소가 발생한다.($2H_2O+2e^- \rightarrow H_2+2OH^-$)
  이후 남은 수산화기는 나트륨과 결합하여 수산화나트륨(NaOH)을 생성시킨다.
- 양(+)극에서는 이동되어온 염소이온(Cl^-)이 산화된다.
  ($2Cl^- \rightarrow Cl_2+2e^-$)

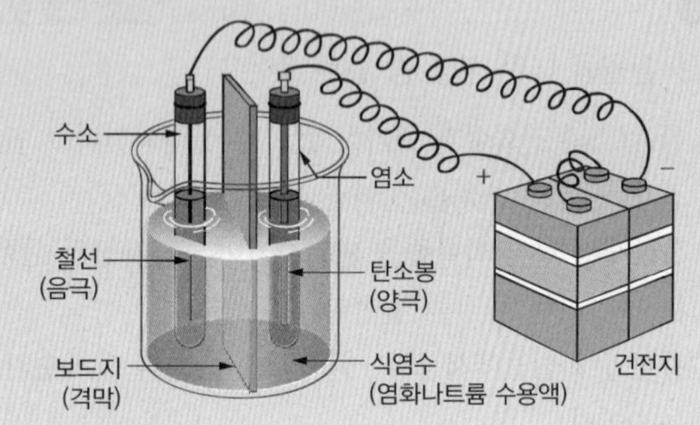

1804

17 Repetitive Learning (1회 2회 3회)

다음 반응식에서 산화된 성분은?

$$MnO_2+4HCl \rightarrow MnCl_2+2H_2O+Cl_2$$

① Mn ② O
③ H ④ Cl

해설

- 반응식에서 염소(Cl)의 산화수는 망간과 결합한 것은 변화 없이 −1이나 염소분자로 떨어져 나간 기체는 0으로 증가(산화)되었다.
- 망간(Mn)은 4였던 산화수가 2로 감소(환원)되었다.

산화 · 환원 반응

- 2개 이상의 화합물이 반응할 때 한 화합물은 산화(산소와 결합, 수소나 전자를 잃거나 산화수가 증가)하고, 다른 화합물은 환원(산소를 잃거나 수소나 전자와 결합, 산화수가 감소)하는 반응을 말한다.
- 주로 산화수의 증감으로 확인 가능하다.
- 산화 · 환원 반응에서 당량은 산화수를 의미한다.

0301 / 0501 / 1802

18 Repetitive Learning (1회 2회 3회)

A는 B이온과 반응하나 C이온과는 반응하지 않고, D는 C이온과 반응한다고 할 때 A, B, C, D의 환원력 세기를 큰 것부터 차례대로 나타낸 것은? (단, A, B, C, D는 모두 금속이다)

① A > B > D > C ② D > C > A > B
③ C > D > B > A ④ B > A > C > D

해설

- A는 B이온과 반응한다는 것은 A가 B보다 반응성이 크다(환원력이 크다)는 것을 의미한다.(A > B)
- A는 C이온과는 반응하지 않는다는 것은 C가 A보다 반응성이 크다(환원력이 크다)는 것을 의미한다.(C > A)
- D는 C와 반응한다는 것은 D는 C보다 반응성이 크다(환원력이 크다)는 것을 의미한다.(D > C)
- 따라서 D가 가장 크고, C, A, B순이 된다.

금속원소의 반응성

- 금속이 수용액에서 전자를 잃고 양이온이 되려는 성질을 반응성이라고 한다.
- 이온화 경향이 큰 금속일수록 산화되기 쉽다.
- 반응성이 크다는 것은 환원력이 크다는 것을 의미한다.
- 알칼리 금속의 경우 주기율표 상에서 아래로 내려갈수록 금속 결합상의 길이가 증가하고, 원자핵과 자유 전자사이의 인력이 감소하여 반응성이 증가한다.(Cs > Rb > K > Na > Li)
- 대표적인 금속의 이온화 경향

K	Ca	Na	Mg	Al	Zn	Fe	Ni	Sn	Pb	H	Cu	Hg	Ag	Pt	Au
+++ 〈==================== ---															

- 이온화 경향이 왼쪽으로 갈수록 커진다.
- 왼쪽으로 갈수록 산화하기 쉽고 물과의 반응성도 커진다.
- 왼쪽으로 갈수록 산과의 반응성이 크다.

16 ③ 17 ④ 18 ② | 정답

19 Repetitive Learning (1회 2회 3회)

이상기체의 밀도에 대한 설명으로 옳은 것은?

① 절대온도에 비례하고 압력에 반비례한다.
② 절대온도와 압력에 반비례한다.
③ 절대온도에 반비례하고 압력에 비례한다.
④ 절대온도와 압력에 비례한다.

해설

- 밀도는 $\frac{질량}{부피}$이다.
- 이상기체방정식을 $\frac{질량}{부피}$식으로 전개하면 $\frac{MP}{RT}$가 된다.
- 즉, 밀도는 압력에 비례하고, 절대온도에 반비례한다.

이상기체 상태방정식

- 특정 압력과 온도에서 기체의 분자량을 구할 때 사용한다.
- 분자량 $M = \frac{질량 \times R \times T}{P \times V}$로 구한다.

  이때, R은 이상기체상수로 0.082[atm · L/mol · K]이고,
  T는 절대온도(273+섭씨온도)[K]이고,
  P는 압력으로 atm 혹은 $\frac{주어진\ 압력[mmHg]}{760mmHg/atm}$이고,
  V는 부피[L]이다.

20 Repetitive Learning (1회 2회 3회)

공유 결정(원자 결정)으로 되어 있는 녹는점이 매우 높은 것은?

① 얼음 ② 수정
③ 소금 ④ 나프탈렌

해설

- 얼음과 나프탈렌은 분자결정이고, 소금은 이온결정이다.

결정의 종류

공유결정	원자들이 공유결합에 의해 연결된 결정	• 매우 단단하다. • 녹는점과 끓는점이 높다 • 다이아몬드, 수정 등
이온결정	양이온과 음이온의 전기적 인력에 의해 연결된 결정	• 녹는점과 끓는점이 높다. • 황산구리, 소금 등
분자결정	분자간의 인력으로 연결된 결정	• 녹는점과 끓는점이 낮다. • 얼음, 나프탈렌 등

2과목 화재예방과 소화방법

0502 / 1904

21 Repetitive Learning (1회 2회 3회)

이산화탄소 소화기 사용 중 소화기 방출구에서 생길 수 있는 물질은?

① 포스겐 ② 일산화탄소
③ 드라이아이스 ④ 수소가스

해설

- 이산화탄소 소화기는 소화기 방출구에서 주울-톰슨효과에 의해 드라이아이스가 생성될 수 있다.

이산화탄소(CO_2)소화기의 특징

- 용기는 이음매 없는 고압가스 용기를 사용한다.
- 산소와 반응하지 않는 안전한 가스이다.
- 전기에 대한 절연성이 우수(비전도성)하기 때문에 전기화재(C급)에 유효하다.
- 자체 압력으로 방출하므로 방출용 동력이 별도로 필요하지 않다.
- 고온의 직사광선이나 보일러실에 설치할 수 없다.
- 금속분의 화재 시에는 사용할 수 없다.
- 소화기 방출구에서 주울-톰슨효과에 의해 드라이아이스가 생성될 수 있다.

22 Repetitive Learning (1회 2회 3회)

옥내저장소 내부에 체류하는 가연성 증기를 지붕 위로 방출시키는 배출설비를 하여야 하는 위험물은?

① 과염소산 ② 과망간산칼륨
③ 피리딘 ④ 과산화나트륨

해설

- 과염소산은 제6류의 산화성 액체이고, 과망간산칼륨과 과산화나트륨은 제1류의 산화성 고체이다.
- 피리딘은 제4류 위험물 중 제1석유류에 해당하는 물질로 인화점이 20℃ 이므로 내부에 체류하는 가연성 증기를 지붕 위로 배출하는 설비를 갖춰야 한다.

옥내저장소 저장창고의 배출설비

- 인화점이 70℃ 미만인 위험물의 저장창고에 있어서는 내부에 체류한 가연성의 증기를 지붕 위로 배출하는 설비를 갖추어야 한다.

정답 | 19 ③ 20 ② 21 ③ 22 ③

23

Repetitive Learning (1회 2회 3회)

전기설비에 화재가 발생하였을 경우에 위험물안전관리법령상 적응성을 가지는 소화설비는?

① 이산화탄소 소화기 ② 포소화기
③ 봉상강화액소화기 ④ 마른 모래

해설

- 이산화탄소 소화기는 가장 대표적인 전기설비 화재용 소화기이다.

전기설비에 적응성을 갖는 소화설비 실기 1002/1101/1202/1601/1702/1902/2001/2003/2004

소화설비의 구분			전기설비
옥내소화전 또는 옥외소화전설비			
스프링클러설비			
물분무등 소화설비	물분무소화설비		○
	포소화설비		
	불활성가스소화설비		○
	할로겐화합물소화설비		○
	분말 소화설비	인산염류등	○
		탄산수소염류등	○
		그 밖의 것	
대형·소형 수동식 소화기	봉상수(棒狀水)소화기		
	무상수(霧狀水)소화기		○
	봉상강화액소화기		
	무상강화액소화기		○
	포소화기		
	이산화탄소 소화기		○
	할로겐화합물소화기		○
	분말 소화기	인산염류소화기	○
		탄산수소염류소화기	○
		그 밖의 것	
기타	물통 또는 수조		
	건조사		
	팽창질석 또는 팽창진주암		

24

Repetitive Learning (1회 2회 3회)

할로겐화합물 소화약제를 구성하는 할로겐 원소가 아닌 것은?

① 불소(F) ② 염소(Cl)
③ 브롬(Br) ④ 네온(Ne)

해설

- 네온은 0가의 불활성가스로 할로겐족 원소가 아니다.

하론 소화약제

㉠ 개요

소화약제	화학식	상온, 상압 상태
Halon 104	CCl_4	액체
Halon 1011	CH_2ClBr	액체
Halon 1211	CF_2ClBr	기체
Halon 1301	CF_3Br	기체
Halon 2402	$C_2F_4Br_2$	액체

- 화재안전기준에서 정한 소화약제는 하론1301, 하론1211, 하론2402이다.

㉡ 구성과 표기

- 구성원소로는 탄소(C), 불소(F), 염소(Cl), 브롬(Br), 요오드(I) 등이 있다.
- 하론 번호표기 규칙은 5개의 숫자로 구성되며 그 숫자는 아래 배치된 원소의 수량에 해당하며 뒤쪽의 원소가 없을 때는 0을 생략한다.

Halon	탄소(C)	불소(F)	염소(Cl)	브롬(Br)	요오드(I)

0601

25

Repetitive Learning (1회 2회 3회)

수성막포소화약제를 수용성 알코올 화재 시 사용하면 소화효과가 떨어지는 가장 큰 이유는?

① 유독가스가 발생하므로
② 화염의 온도가 높으므로
③ 알코올은 포와 반응하여 가연성 가스를 발생하므로
④ 알코올은 소포성을 가지므로

해설

- 알코올 화재에서 수성막포소화약제를 사용하면 알코올이 수용성이어서 수성막포를 소멸시키므로 소화효과가 떨어져 사용하지 않는다.

수성막포소화약제

- 불소계 계면활성제와 물을 혼합하여 거품을 형성한다.
- 계면활성제를 이용하여 물보다 가벼운 인화성 액체 위에 물이 떠 있도록 한 것이다.
- B급 화재인 유류화재에 우수한 성능을 발휘한다.
- 분말소화약제와 함께 사용하여도 소포현상이 일어나지 않아 트윈 에이전트 시스템에 사용된다.
- 알코올 화재에서는 알코올이 수용성이어서 포를 소멸(소포성)시키므로 효과가 낮다.

23 ① 24 ④ 25 ④ | 정답

0802 / 1101 / 1702

26

Repetitive Learning 

외벽이 내화구조인 위험물저장소 건축물의 연면적이 1,500m^{2}인 경우 소요단위는?

① 6　　② 10

③ 13　　④ 14

해설

- 위험물 저장소의 건축물에 대한 소요단위는 외벽이 내화구조인 것은 연면적 150m^{2}를 1소요단위로 하므로 1,500m^{2}인 경우 10단위에 해당한다.

소요단위 실기 0604/0802/1202/1204/1704/1804/2001

- 소화설비의 설치대상이 되는 건축물 그 밖의 공작물의 규모 또는 위험물의 양의 기준단위이다.
- 계산방법

제조소 또는 취급소의 건축물	외벽이 내화구조인 것은 연면적 100m^{2}를 1소요단위로 하며, 외벽이 내화구조가 아닌 것은 연면적 50m^{2}를 1소요단위로 할 것
저장소의 건축물	외벽이 내화구조인 것은 연면적 150m^{2}를 1소요단위로 하고, 외벽이 내화구조가 아닌 것은 연면적 75m^{2}를 1소요단위로 할 것
제조소 등의 옥외에 설치된 공작물	외벽이 내화구조인 것으로 간주하고 공작물의 최대 수평투영면적을 연면적으로 간주하여 제조소 혹은 저장소 건축물의 소요단위를 적용할 것
위험물	지정수량의 10배를 1소요단위로 할 것

27

Repetitive Learning 

오황화린의 저장 및 취급방법으로 틀린 것은?

① 산화제와의 접촉을 피한다.

② 물속에 밀봉하여 저장한다.

③ 불꽃과의 접근이나 가열을 피한다.

④ 용기의 파손, 위험물의 누출에 유의한다.

해설

- 오황화린(P_2S_5)은 물이나 알칼리와 반응 시 유독성 가스인 황화수소와 인산으로 분리된다.

오황화린(P_2S_5)

- 황화린의 한 종류로 제2류 위험물에 해당하는 가연성 고체이며, 지정수량은 100kg이고, 위험등급은 II이다.
- 비중은 2.09로 물보다 무거운 담황색 조해성 물질이다.
- 이황화탄소에 잘 녹으며, 물과 반응하여 유독성 황화수소(H_2S), 인산(H_3PO_4)으로 분해된다.

1602 / 1804

28

Repetitive Learning 1회 2회 3회

위험물안전관리법령에서 정한 다음의 소화설비 중 능력단위가 가장 큰 것은?

① 팽창진주암 160L(삽 1개 포함)

② 수조 80L(소화전용물통 3개 포함)

③ 마른 모래 50L(삽 1개 포함)

④ 팽창질석 160L(삽 1개 포함)

해설

- ①은 능력단위가 1이다.
- ②는 능력단위가 1.5이다.
- ③은 능력단위가 0.5이다.
- ④는 능력단위가 1.0이다.

소화설비의 능력단위

- 수동식소화기의 능력단위는 수동식소화기의 형식승인 및 검정기술기준에 의하여 형식승인 받은 수치로 할 것

소화설비	용량	능력단위
소화전용(轉用)물통	8L	0.3
수조(소화전용물통 3개 포함)	80L	1.5
수조(소화전용물통 6개 포함)	190L	2.5
마른 모래(삽 1개 포함)	50L	0.5
팽창질석 또는 팽창진주암(삽 1개 포함)	160L	1.0

0402

29

Repetitive Learning 1회 2회 3회

유기과산화물의 화재 예방상 주의사항으로 틀린 것은?

① 열원으로부터 멀리 한다.

② 직사광선을 피한다.

③ 용기의 파손 여부를 정기적으로 점검한다.

④ 가급적 환원제와 접촉하고 산화제는 멀리 한다.

해설

- 유기과산화물은 자체에 산소를 포함하고 있으므로 산화제 및 환원제와의 접촉을 피해야 한다.

유기과산화물(제5류 위험물)의 취급상 주의사항

- 열원으로부터 멀리 한다.
- 직사광선을 피한다.
- 용기의 파손 여부를 정기적으로 점검한다.
- 자체에 산소를 포함하고 있으므로 산화제 및 환원제와의 접촉을 피해야 한다.

정답 | 26 ② 27 ② 28 ② 29 ④

30 — Repetitive Learning (1회 2회 3회)

위험물안전관리법령상 제6류 위험물을 저장 또는 취급하는 제조소 등에 적응성이 없는 소화설비는?

① 팽창질석 ② 할로겐화합물소화기
③ 포소화기 ④ 인산염류분말소화기

해설

- 소화기에서 제6류 위험물에 할로겐화합물소화기, 분말소화기(탄산수소염류)는 적응성이 없고, 이산화탄소 소화기는 적응성이 부족하다.

소화설비의 적응성 중 제6류 위험물 실기 1002/1101/1202/1601/1702/1902/2001/2003/2004

소화설비의 구분			제6류 위험물
옥내소화전 또는 옥외소화전설비			○
스프링클러설비			○
물분무등 소화설비	물분무소화설비		○
	포소화설비		○
	불활성가스소화설비		
	할로겐화합물소화설비		
	분말 소화설비	인산염류등	○
		탄산수소염류등	
		그 밖의 것	
대형·소형 수동식 소화기	봉상수(棒狀水)소화기		○
	무상수(霧狀水)소화기		○
	봉상강화액소화기		○
	무상강화액소화기		○
	포소화기		○
	이산화탄소 소화기		△
	할로겐화합물소화기		
	분말 소화기	인산염류소화기	○
		탄산수소염류소화기	
		그 밖의 것	
기타	물통 또는 수조		○
	건조사		○
	팽창질석 또는 팽창진주암		○

0604 / 1701

31 — Repetitive Learning (1회 2회 3회)

위험물제조소에 옥내소화전이 가장 많이 설치된 층의 옥내소화전 설치개수가 2개이다. 위험물안전관리법령의 옥내소화전설비 설치기준에 의하면 수원의 수량은 얼마 이상이 되어야 하는가?

① $7.8m^3$ ② $15.6m^3$
③ $20.6m^3$ ④ $78m^3$

해설

- 옥내소화전설비에서 수원의 수량은 옥내소화전이 가장 많이 설치된 층의 옥내소화전 설치개수(설치개수가 5개 이상인 경우는 5개)에 $7.8m^3$를 곱한 양 이상이 되어야 하므로 $2\times7.8=15.6m^3$ 이상이 되어야 한다.

옥내소화전설비의 설치기준 실기 1301/1304/1701/1702/1804

- 옥내소화전은 제조소등의 건축물의 층마다 당해 층의 각 부분에서 하나의 호스접속구까지의 수평거리가 25m 이하가 되도록 설치할 것. 이 경우 옥내소화전은 각층의 출입구 부근에 1개 이상 설치하여야 한다.
- 수원의 수량은 옥내소화전이 가장 많이 설치된 층의 옥내소화전 설치개수(설치개수가 5개 이상인 경우는 5개)에 $7.8m^3$를 곱한 양 이상이 되도록 설치할 것
- 옥내소화전설비는 각층을 기준으로 하여 당해 층의 모든 옥내소화전(설치개수가 5개 이상인 경우는 5개의 옥내소화전)을 동시에 사용할 경우에 각 노즐선단의 방수압력이 350kPa 이상이고 방수량이 1분당 260L 이상의 성능이 되도록 할 것
- 옥내소화전설비에는 비상전원을 설치할 것

1002

32 — Repetitive Learning (1회 2회 3회)

폭굉 유도 거리(DID)가 짧아지는 요건에 해당되지 않은 것은?

① 정상 연소 속도가 큰 혼합가스일 경우
② 관속에 방해물이 없거나 관경이 큰 경우
③ 압력이 높을 경우
④ 점화원의 에너지가 클 경우

해설

- 관 속에 방해물이 있거나 관의 지름이 작을수록 폭굉 유도거리(DID)는 짧다.

폭굉(Detonation)

㉠ 개요
- 어떤 물질 내에서 반응전파속도가 음속보다 빠르게 진행되고 이로 인해 발생된 충격파가 반응을 일으키는 폭발현상을 말한다.
- 초기압력의 20배 이상 압력이 상승하여 전파속도 1,000 ~ 3,500[m/s]의 충격파를 형성한다.

㉡ 특징
- 가스 폭발 중 가장 파괴적인 형태로 나타난다.
- 폭굉은 혼합가스 뿐 아니라 수소, 아세틸렌 등 반응성이 큰 연료에서도 발생한다.
- 폭굉 유도거리(DID)란 관 속의 폭굉가스가 완만한 연소에서 격렬한 폭굉으로 발전할 때까지의 거리로 짧을수록 위험하다.

㉢ 폭굉 유도거리 조건
- 압력이 높을수록 짧다.
- 점화원의 에너지가 강할수록 짧다.
- 정상연소속도가 큰 혼합가스일수록 짧다.
- 관 속에 방해물이 있거나 관의 지름이 작을수록 짧다.

30 ② 31 ② 32 ② | 정답

1002 / 1701

33

Repetitive Learning (1회 2회 3회)

제4류 위험물을 취급하는 제조소에서 지정수량의 몇 배 이상을 취급할 경우 자체소방대를 설치하여야 하는가?

① 1,000배 ② 2,000배
③ 3,000배 ④ 4,000배

해설

• 자체소방대를 두는 경우는 제4류 위험물을 지정수량의 3천배 이상 취급하는 제조소 또는 일반취급소를 대상으로 한다.

자체소방대에 두는 화학소방자동차 및 인원 실기 1102/1402/1404/2001/2101

• 제4류 위험물을 지정수량의 3천배 이상 취급하는 제조소 또는 일반취급소를 대상으로 한다.

제조소 또는 일반취급소에서 취급하는 제4류 위험물의 최대수량의 합	화학 소방자동차	자체 소방대원의 수
지정수량의 12만배 미만인 사업소	1대	5인
지정수량의 12만배 이상 24만배 미만인 사업소	2대	10인
지정수량의 24만배 이상 48만배 미만인 사업소	3대	15인
지정수량의 48만배 이상인 사업소	4대	20인

34

Repetitive Learning (1회 2회 3회)

분말소화설비에서 분말소화약제의 가압용 가스로 사용하는 것은?

① CO_2 ② He
③ CCl_4 ④ Cl_2

해설

• 분말소화약제의 가압용 가스 또는 축압용 가스는 질소가스 또는 이산화탄소로 하여야 한다.

분말소화약제의 가압용 가스 또는 축압용 가스 기준

• 가압용가스 또는 축압용가스는 질소가스 또는 이산화탄소로 할 것
• 가압용가스에 질소가스를 사용하는 것의 질소가스는 소화약제 1kg마다 40L(35℃에서 1기압의 압력상태로 환산한 것) 이상, 이산화탄소를 사용하는 것의 이산화탄소는 소화약제 1kg에 대하여 20g에 배관의 청소에 필요한 양을 가산한 양 이상으로 할 것
• 축압용가스에 질소가스를 사용하는 것의 질소가스는 소화약제 1kg에 대하여 10L(35℃에서 1기압의 압력상태로 환산한 것) 이상, 이산화탄소를 사용하는 것의 이산화탄소는 소화약제 1kg에 대하여 20g에 배관의 청소에 필요한 양을 가산한 양 이상으로 할 것
• 배관의 청소에 필요한 양의 가스는 별도의 용기에 저장할 것

35

Repetitive Learning (1회 2회 3회)

다음 위험물 중 자연발화 위험성이 가장 낮은 것은?

① 알킬리튬 ② 알킬알루미늄
③ 칼륨 ④ 유황

해설

• 유황은 가연성 고체에 해당하는 제2류 위험물로 발화온도가 360℃로 높아 자연발화 위험성이 비교적 낮다.

제3류 위험물_자연발화성 물질 및 금수성 물질 실기 0602/0702/0904/1001/1101/1202/1302/1504/1704/1804/1904/2004

품명	지정수량	위험등급
칼륨	10kg	I
나트륨		
알킬알루미늄		
알킬리튬		
황린	20kg	
알칼리금속(칼륨 · 나트륨 제외) 및 알칼리토금속	50kg	II
유기금속화합물(알킬알루미늄 · 알킬리튬 제외)		
금속의 수소화물	300kg	III
금속의 인화물		
칼슘 또는 알루미늄의 탄화물		

0202 / 0601 / 0901 / 1902

36

Repetitive Learning (1회 2회 3회)

위험물제조소 등에 설치하는 포소화설비에 있어서 포헤드방식의 포헤드는 방호대상물의 표면적(m^2) 얼마 당 1개 이상의 헤드를 설치하여야 하는가?

① 3 ② 6
③ 9 ④ 12

해설

• 방호대상물의 표면적(건축물의 경우에는 바닥면적) $9m^2$당 1개 이상의 헤드를, 방호대상물의 표면적 $1m^2$당의 방사량이 6.5L/min 이상의 비율로 계산한 양의 포수용액을 표준방사량으로 방사할 수 있도록 설치해야 한다.

포헤드방식의 포헤드

• 포헤드는 방호대상물의 모든 표면이 포헤드의 유효사정 내에 있도록 설치할 것
• 방호대상물의 표면적(건축물의 경우에는 바닥면적) $9m^2$당 1개 이상의 헤드를, 방호대상물의 표면적 $1m^2$당의 방사량이 6.5L/min 이상의 비율로 계산한 양의 포수용액을 표준방사량으로 방사할 수 있도록 설치 할 것
• 방사구역은 $100m^2$ 이상(방호대상물의 표면적이 $100m^2$ 미만인 경우에는 당해 표면적)으로 할 것

정답 | 33 ③ 34 ① 35 ④ 36 ③

37 Repetitive Learning (1회 2회 3회)

분말소화약제의 착색된 색상으로 틀린 것은?

① $KHCO_3+(NH_2)_2CO$: 회색

② $NH_4H_2PO_4$: 담홍색

③ $KHCO_3$: 담회색

④ $NaHCO_3$: 황색

해설

- 탄산수소나트륨($NaHCO_3$)을 주성분으로 하는 소화약제로 BC급 화재에 적응성이 있으며 착색색상은 백색인 것은 제1종 분말소화약제이다.

분말소화약제의 종별과 적응성

소화약제의 종별	적응성	착색색상
제1종 분말(탄산수소나트륨)	BC	백색
제2종 분말(탄산수소칼륨)	BC	담회색
제3종 분말(인산암모늄)	ABC	담홍색
제4종 분말(탄산수소칼륨과 요소가 화합)	BC	회색

38 Repetitive Learning (1회 2회 3회)

제3종 분말소화약제 사용 시 방진(방신)효과로 A급 화재의 진화에 효과적인 물질은?

① 암모늄이온 ② 메타인산

③ 물 ④ 수산화이온

해설

- 제3종 분말소화약제는 제1인산암모늄($NH_4H_2PO_4$)을 주성분으로 하는 소화약제로 ABC급 화재에 적응성이 있으며 열에 의해 메타인산, 암모니아, 물로 분해되는데, 이중 메타인산(HPO_3)이 부착성 있는 막을 만드는 방진효과로 A급화재 진화에 기여한다.

제3종 분말소화약제 실기 0501/0602/0701/0801/0901/1204/1301/1404/1502/1504/1601/1602/1701/1801/1904/2003/2101

- 제1인산암모늄($NH_4H_2PO_4$)을 주성분으로 하는 소화약제로 ABC급 화재에 적응성이 있으며 착색색상은 담홍색인 소화약제이다.
- 가연물의 표면에 피막을 형성하여 산소의 유입을 차단시킨다.
- 발수제로 실리콘 오일을 첨가한다.
- 인산암모늄이 열분해되면 메타인산, 암모니아, 물로 분해되는데, 이중 메타인산(HPO_3)이 부착성 있는 막을 만드는 방진효과로 A급화재 진화에 기여를 한다.
($NH_4H_2PO_4 \xrightarrow[\triangle]{} HPO_3+NH_3+H_2O$)

39 Repetitive Learning (1회 2회 3회)

산소와 화합하지 않는 원소는?

① 황 ② 질소

③ 인 ④ 헬륨

해설

- 황은 산소와 결합한 연소 시 이산화황(SO_2)을 생성한다.
- 질소는 산소와 결합한 연소 시 아산화질소(N_2O)를 생성한다.
- 인은 산소와 결합한 연소 시 오산화린(P_2O_5)을 생성한다.
- 비활성 기체인 헬륨은 다른 물질과의 화합이 어렵다.

비활성 기체

- 원자가가 0으로 단원자 분자이다.
- 자체가 안정되어 있으므로 다른 물질과의 반응이 어렵다.
- 대부분 최외곽 전자는 8개이다.
- 저압에서 방전되면 색을 나타낸다.

1주기	2주기	3주기	4주기	5주기
2 0 He 헬륨 4	10 0 Ne 네온 20	18 0 Ar 아르곤 40	36 0 Kr 크립톤 83.8	54 0 Xe 크세논 131.3

40 Repetitive Learning (1회 2회 3회)

질소함유량 약 11%의 니트로셀룰로오스를 장뇌와 알코올에 녹여 교질 상태로 만든 것을 무엇이라고 하는가?

① 셀룰로이드 ② 펜트리트

③ TNT ④ 니트로글리콜

해설

- 펜트리트[$C(CH_2ONO_2)_4$]는 뇌관의 장약, 도폭선의 심약으로 사용되는 백색의 결정성 가루이다.
- TNT[$C_6H_2CH_3(NO_2)_3$]는 강력한 폭발물로 톨루엔에 니트로화제를 혼합하여 만든다.
- 니트로글리콜[$C_2H_4(ONO_2)_2$]은 독성이 매우 강한 액체로 니트로글리세린과 혼합하여 다이너마이트 원료로 사용한다.

셀룰로이드

- 질소함유량 약 11%의 니트로셀룰로오스를 장뇌와 알코올에 녹여 교질 상태로 만든 것이다.
- 물에는 녹지 않는다.

37 ④ 38 ② 39 ④ 40 ① | 정답

0501_추가/0904

41

Repetitive Learning 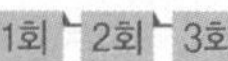

옥내저장창고의 바닥을 물이 스며 나오거나 스며들지 아니하는 구조로 해야 하는 위험물은?

① 과염소산칼륨　② 니트로셀룰로오스

③ 적린　④ 트리에틸알루미늄

해설

- 트리에틸알루미늄은 물과 접촉할 경우 폭발적으로 반응하여 수산화알루미늄과 에탄가스(C_2H_6)를 생성하므로 보관 시 주의해야 한다.

:: 트리에틸알루미늄[$(C_2H_5)_3Al$] 실기 0502/0804/0904/1004/1101/1104/1202/1204/1304/1402/1404/1602/1704/1804/1902/1904/2001/2003

- 알킬기(C_nH_{2n+1})와 알루미늄의 화합물로 자연발화성 및 금수성 물질에 해당하는 제3류 위험물이다.
- 지정수량은 10kg이고, 위험등급은 Ⅰ이다.
- 무색 투명한 액체로 물, 에탄올과 폭발적으로 반응한다.
- 물과 접촉할 경우 폭발적으로 반응하여 수산화알루미늄과 에탄가스를 생성하므로 보관 시 주의한다.
(반응식 : $(C_2H_5)_3Al+3H_2O \rightarrow Al(OH)_3+3C_2H_6$)
- 화재 시 발생되는 흰 연기는 인체에 유해하며, 소화는 팽창질석, 팽창진주암 등이 가장 효율적이다.

1901

42

Repetitive Learning 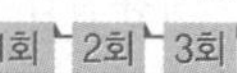

위험물안전관리법령에서 정한 위험물의 운반에 관한 설명으로 옳은 것은?

① 위험물을 화물차량으로 운반하면 특별히 규제받지 않는다.

② 승용차량으로 위험물을 운반할 경우에만 운반의 규제를 받는다.

③ 지정수량 이상의 위험물을 운반할 경우에만 운반의 규제를 받는다.

④ 위험물을 운반할 경우 그 양의 다소를 불문하고 운반의 규제를 받는다.

해설

- 위험물 운반에 있어서는 운반 양의 다소와 관련없이 규제를 받는다.

:: 위험물 운반의 원칙

- 모든 위험물의 운반에는 규제가 따른다.
- 운반 양의 다소와 관련없이 규제를 받는다.

0501/0701/0904/1701/1904

43

Repetitive Learning 1회 2회 3회

위험물제조소 등에서 안전거리의 단축기준과 관련해서 $H \leq pD^2+\alpha$인 경우 방화상 유효한 담의 높이는 2m 이상으로 한다. 다음 중 α에 해당되는 것은?

① 인근 건축물의 높이(m)

② 제조소 등의 외벽의 높이(m)

③ 제조소 등과 공작물과의 거리(m)

④ 제조소 등과 방화상 유효한 담과의 거리(m)

해설

- ①는 H, ③은 D, ④는 d에 해당한다.

:: 제조소에서 방화상 유효한 담의 높이 실기 0601

$H \leq pD^2+\alpha$인 경우	h=2
$H > pD^2+\alpha$인 경우	$h=H-p(D^2-d^2)$

단, D는 제조소 등과 인근 건축물 또는 공작물과의 거리(m)
H는 인근 건축물 또는 공작물의 높이(m)
α는 제조소 등의 외벽의 높이(m)
d는 제조소 등과 방화상 유효한 담과의 거리(m)
h는 방화상 유효한 담의 높이(m)
p는 상수

0801

44

Repetitive Learning 1회 2회 3회

니트로셀룰로오스의 안전한 저장 및 운반에 대한 설명으로 옳은 것은?

① 습도가 높으면 위험하므로 건조한 상태로 취급한다.

② 아닐린과 혼합한다.

③ 산을 첨가하여 중화시킨다.

④ 알코올 수용액으로 습면시킨다.

해설

- 니트로셀룰로오스는 알코올 수용액(30%) 또는 물에 습면하여 저장한다.

:: 니트로셀룰로오스$[C_6H_7O_2(ONO_2)_3]_n$의 저장 및 취급방법

- 가열, 마찰을 피한다.
- 열원을 멀리하고 냉암소에 저장한다.
- 알코올 수용액(30%) 또는 물로 습면하여 저장한다.
- 직사광선 및 산과 접촉 시 자연발화하므로 주의한다.
- 건조하면 폭발 위험이 크지만 수분을 함유하면 폭발위험이 적어진다.
- 화재 시에는 다량의 물로 냉각소화한다.

정답 | 41 ④ 42 ④ 43 ② 44 ④

45 Repetitive Learning (1회 2회 3회)

옥내저장소의 안전거리 기준을 적용하지 않을 수 있는 조건으로 틀린 것은?

① 지정수량의 20배 미만의 제4석유류를 저장하는 경우
② 제6류 위험물을 저장하는 경우
③ 지정수량의 20배 미만의 동 · 식물유류를 저장하는 경우
④ 지정수량의 20배 이하를 저장하는 것으로서 창에 망입유리를 설치한 것

해설

- 지정수량의 20배 이하를 저장하는 것으로서 안전거리 적용 대상에서 제외되는 경우는 저장창고의 벽 · 기둥 · 바닥 · 보 및 지붕이 내화구조이거나 출입구에 수시로 열 수 있는 자동폐쇄방식의 갑종방화문이 설치되어 있는 경우 그리고 창을 설치하지 아니한 경우가 있다.

옥내저장소에서 안전거리 적용 제외 대상

- 제4석유류 또는 동 · 식물유류의 위험물을 저장 또는 취급하는 옥내저장소로서 그 최대수량이 지정수량의 20배 미만인 것
- 제6류 위험물을 저장 또는 취급하는 옥내저장소
- 지정수량의 20배(하나의 저장창고의 바닥면적이 150m^2 이하인 경우에는 50배) 이하의 위험물을 저장 또는 취급하는 옥내저장소로서 다음의 기준에 적합한 것
  - 저장창고의 벽 · 기둥 · 바닥 · 보 및 지붕이 내화구조인 것
  - 저장창고의 출입구에 수시로 열 수 있는 자동폐쇄방식의 갑종방화문이 설치되어 있을 것
  - 저장창고에 창을 설치하지 아니할 것

46 Repetitive Learning (1회 2회 3회)

위험물안전관리법령상의 동 · 식물유류에 대한 설명으로 옳은 것은?

① 피마자유는 건성유이다.
② 요오드값이 130 이하인 것이 건성유이다.
③ 불포화도가 클수록 자연발화하기 쉽다.
④ 동 · 식물유류의 지정수량은 20,000L이다.

해설

- 피마자유는 요오드값이 100 이하인 불건성유이다.
- 요오드값이 130 이상인 것이 건성유이다.
- 동 · 식물유류의 지정수량은 10,000L이다.

동 · 식물유류 실기 0601/0604/1304/1502/1802/2003

㉠ 개요

- 1기압에서 인화점이 250℃ 미만인 것으로 지정수량이 10,000L이고, 위험등급이 Ⅲ에 해당하는 물질이다.
- 유지 100g에 부가되는 요오드의 g수를 의미하는 요오드값(옥소값)에 의해 건성유(130 이상), 반건성유(100~130), 불건성유(100 이하)로 구분한다.
- 요오드값이 클수록 자연발화의 위험이 크다.
- 요오드값이 클수록 이중결합이 많고, 불포화지방산을 많이 가진다.

㉡ 구분

구분	내용
건성유 (요오드값이 130 이상)	• 공기 중에서 자연발화의 위험이 있으며, 피막이 단단하다. • 동유, 아마인유, 정어리유, 대구유, 상어유, 해바라기유, 들기름 등
반건성유 (요오드값이 100~130)	• 피막이 얇다. • 참기름, 콩기름, 청어유, 쌀겨기름, 면실유, 채종유, 옥수수기름 등
불건성유 (요오드값이 100 이하)	• 피막을 만들지 않는다. • 피마자유, 올리브유, 팜유, 땅콩기름, 야자유, 쇠기름, 돼지기름, 고래기름 등

1602

47 Repetitive Learning (1회 2회 3회)

위험물안전관리법령에서 정하는 제조소와의 안전거리 기준이 가장 큰 것은?

① 「고압가스 안전관리법」의 규정에 의하여 허가를 받거나 신고를 하여야 하는 고압가스저장 시설
② 사용전압이 35,000V를 초과하는 특고압가공전선
③ 병원, 학교, 극장
④ 「문화재보호법」의 규정에 의한 유형문화재와 기념물 중 지정문화재

해설

- ①은 20m, ②는 5m, ③은 30m, ④는 50m 이상의 안전거리를 유지하여야 한다.

제조소의 안전거리(제6류 위험물제조소 제외) 실기 1302

대상	안전거리	비고
주거용 건물	10m 이상	불연재료로 된 담/벽 설치 시 단축가능
학교 · 병원 · 극장 그 밖에 다수인을 수용하는 시설	30m 이상	
유형문화재와 기념물 중 지정문화재	50m 이상	
고압가스, 액화석유가스 또는 도시가스를 저장 또는 취급하는 시설	20m 이상	
사용전압이 7,000V 초과 35,000V 이하의 특고압가공전선	3m 이상	
사용전압이 35,000V를 초과하는 특고압가공전선	5m 이상	

45 ④ 46 ③ 47 ④ | 정답

48

Repetitive Learning (1회 2회 3회)

위험물안전관리법령상 위험물의 운반에 관한 기준에 따라 차광성이 있는 피복으로 가리는 조치를 하여야 하는 위험물에 해당하지 않는 것은?

① 특수인화물 ② 제1석유류
③ 제1류 위험물 ④ 제6위험물

해설

- 제1석유류는 특수인화물과 관련 없으므로 별도의 피복을 하지 않아도 된다.

적재 시 피복 기준 실기 0704/1704/1904

- 제1류 위험물, 제3류 위험물 중 자연발화성물질, 제4류 위험물 중 특수인화물, 제5류 위험물 또는 제6류 위험물은 차광성이 있는 피복으로 가릴 것
- 제1류 위험물 중 알칼리금속의 과산화물 또는 이를 함유한 것, 제2류 위험물 중 철분 · 금속분 · 마그네슘 또는 이들 중 어느 하나 이상을 함유한 것 또는 제3류 위험물 중 금수성물질은 방수성이 있는 피복으로 덮을 것
- 제5류 위험물 중 55℃ 이하의 온도에서 분해될 우려가 있는 것은 보냉 컨테이너에 수납하는 등 적정한 온도관리를 할 것
- 액체위험물 또는 위험등급Ⅱ의 고체위험물을 기계에 의하여 하역하는 구조로 된 운반용기에 수납하여 적재하는 경우에는 당해 용기에 대한 충격 등을 방지하기 위한 조치를 강구하여야 한다.

1001

49

Repetitive Learning (1회 2회 3회)

다음 ( ) 안에 알맞은 수치는? (단, 인화점이 200℃ 이상인 위험물은 제외한다)

> 옥외저장탱크의 지름이 15m 미만인 경우에 방유제는 탱크의 옆판으로부터 탱크 높이의 ( ) 이상 이격하여야 한다.

① 1/3 ② 1/2
③ 1/4 ④ 2/3

해설

- 옥외저장탱크에 있어 방유제의 이격거리는 지름이 15m 이상인 경우 탱크 높이의 1/2, 15m 미만인 경우 탱크 높이의 1/3 이상이다.

옥외저장탱크의 지름에 따른 방유제의 이격거리

지름이 15m 미만	탱크 높이의 1/3 이상
지름이 15m 이상	탱크 높이의 1/2 이상

1801

50

Repetitive Learning (1회 2회 3회)

휘발유를 저장하던 이동저장탱크에 탱크의 상부로부터 등유나 경유를 주입할 때 액 표면이 주입관의 선단을 넘는 높이가 될 때까지 그 주입관내의 유속을 몇 m/s 이하로 하여야 하는가?

① 1 ② 2
③ 3 ④ 5

해설

- 이동저장탱크의 상부로부터 위험물을 주입할 때에는 위험물의 액표면이 주입관의 선단을 넘는 높이가 될 때까지 그 주입관내의 유속을 초당 1m 이하로 하여야 한다.

휘발유 저장 이동저장탱크에서의 정전기 등에 의한 재해방지조치

- 이동저장탱크의 상부로부터 위험물을 주입할 때에는 위험물의 액표면이 주입관의 선단을 넘는 높이가 될 때까지 그 주입관내의 유속을 초당 1m 이하로 할 것
- 이동저장탱크의 밑부분으로부터 위험물을 주입할 때에는 위험물의 액표면이 주입관의 정상부분을 넘는 높이가 될 때까지 그 주입배관내의 유속을 초당 1m 이하로 할 것
- 그 밖의 방법에 의한 위험물의 주입은 이동저장탱크에 가연성증기가 잔류하지 아니하도록 조치하고 안전한 상태로 있음을 확인한 후에 할 것

51

Repetitive Learning (1회 2회 3회)

안전한 저장을 위해 첨가하는 물질로 옳은 것은?

① 과망간산나트륨에 목탄을 첨가
② 질산나트륨에 유황을 첨가
③ 금속칼륨에 등유를 첨가
④ 중크롬산칼륨에 수산화칼슘을 첨가

해설

- 칼륨이나 나트륨은 석유(파라핀, 경유, 등유)나 벤젠 속에 저장한다.

위험물 저장 시 보호액 실기 0502/0504/0604/0902/0904

금속칼륨, 나트륨	석유(파라핀, 경유, 등유), 벤젠
니트로셀룰로오스	알코올이나 물
황린, 이황화탄소	물

정답 | 48 ② 49 ① 50 ① 51 ③

52

Repetitive Learning (1회 2회 3회)

피크린산의 각 특성 온도 중 가장 낮은 것은?

① 인화점 ② 발화점

③ 녹는점 ④ 끓는점

해설

- 피크린산의 특성온도 융점(122.5℃) < 인화점(150℃) < 비점(255℃) < 착화점(300℃) 순이다.

트리니트로페놀[$C_6H_2OH(NO_2)_3$] 실기 0801/0904/1002/1201/1302/1504/1601/1602/1701/1702/1804/2001

- 피크르(린)산이라고 하며, TNP라고도 한다.
- 페놀의 니트로화를 통해 얻어진 니트로화합물에 속하는 자기반응성 물질로 제5류 위험물이다.
- 지정수량은 200kg이고, 위험등급은 Ⅱ이다.
- 순수한 것은 무색이지만 보통 공업용은 휘황색의 침상결정이다.
- 비중이 약 1.8로 물보다 무겁다.
- 물에 전리하여 강한 산이 되며, 이때 선명한 황색이 된다.
- 단독으로는 충격, 마찰에 둔감하고 안정한 편이나 금속염(철, 구리, 납), 요오드, 가솔린, 알코올, 황 등과의 혼합물은 마찰 및 충격에 폭발한다.
- 황색염료, 폭약에 쓰인다.
- 더운물, 알코올, 에테르 벤젠 등에 잘 녹는다.
- 화재발생시 다량의 물로 주수소화 할 수 있다.
- 특성온도 : 융점(122.5℃) < 인화점(150℃) < 비점(255℃) < 착화점(300℃) 순이다.

53

Repetitive Learning (1회 2회 3회)

위험물안전관리법령상 어떤 위험물을 저장 또는 취급하는 이동탱크저장소는 불활성 기체를 봉입할 수 있는 구조로 하여야 하는가?

① 아세톤 ② 벤젠

③ 과염소산 ④ 산화프로필렌

해설

- 제조소 등에서의 위험물 저장 기준에서 알킬알루미늄, 아세트알데히드, 디에틸에테르 등은 불활성 기체를 봉입할 수 있는 구조로 하여야 하는데 이에 해당하는 물질은 산화프로필렌(CH_3CH_2CHO)으로 저장 시 용기 내부에 불활성기체에 해당하는 질소(N_2)를 봉입하여야 한다.

산화프로필렌(CH_3CH_2CHO) 실기 0501/0602/1002/1704

- 인화점이 −37℃인 특수인화물로 지정수량은 50L이고, 위험등급은 Ⅰ이다.
- 연소범위는 2.5 ~ 38.5%이고, 끓는점(비점)은 34℃, 비중은 0.83으로 물보다 가벼우며, 증기비중은 2로 공기보다 무겁다.
- 무색의 휘발성 액체이고, 물이나 알코올, 에테르, 벤젠 등에 잘 녹는다.
- 증기압은 45mmHg로 제4류 위험물 중 가장 커 기화되기 쉽다.
- 액체가 피부에 닿으면 화상을 입고 증기를 마시면 심할 때는 폐부종을 일으킨다.
- 저장 시 은, 수은, 동, 마그네슘 및 이의 합금으로 된 용기를 사용하면 폭발성 물질인 아세틸라이드를 생성하므로 해당 용기의 사용을 절대 금한다.
- 저장 시 용기 내부에 불활성 기체(N_2) 또는 수증기를 봉입하여야 한다.

0204 / 1701

54

Repetitive Learning (1회 2회 3회)

옥외저장소에 저장할 수 없는 위험물은? (단, 시 · 도 조례에서 별도로 정하는 위험물 또는 국제해상위험물규칙에 적합한 용기에 수납된 위험물은 제외한다)

① 과산화수소 ② 아세톤

③ 에탄올 ④ 유황

해설

- 과산화수소는 제6류 위험물로 옥외저장소에 저장가능하다.
- 아세톤은 제4류 위험물 중 제1석유류이나 인화점이 −18℃이므로 옥외저장소에 저장이 불가능하다.
- 에탄올은 제4류 위험물 중 알코올류로 옥외저장소에 저장가능하다.
- 유황은 제2류 위험물로 옥외저장소에 저장가능하다.

지정수량 이상의 위험물의 옥외저장소 저장 실기 1302/1701

- 제2류 위험물중 유황 또는 인화성고체(인화점이 섭씨 0도 이상인 것에 한한다)
- 제4류 위험물중 제1석유류(인화점이 섭씨 0도 이상인 것에 한한다) · 알코올류 · 제2석유류 · 제3석유류 · 제4석유류 및 동 · 식물유류
- 제6류 위험물
- 제2류 위험물 및 제4류 위험물중 특별시 · 광역시 또는 도의 조례에서 정하는 위험물(보세구역안에 저장하는 경우)
- 「국제해사기구에 관한 협약」에 의하여 설치된 국제해사기구가 채택한 「국제해상위험물규칙」(IMDG Code)에 적합한 용기에 수납된 위험물

52 ③ 53 ④ 54 ② 정답

55 Repetitive Learning 1회 2회 3회

디에틸에테르의 성상에 해당하는 것은?

① 청색 액체　　② 무미, 무취 액체
③ 휘발성 액체　　④ 불연성 액체

해설

- 디에틸에테르(에테르)는 무색투명한 휘발성 액체이다.

에테르($C_2H_5OC_2H_5$) · 디에틸에테르 실기 0602/0804/1601/1602

- 특수인화물로 무색투명한 휘발성 액체이다.
- 인화점이 −45℃, 연소범위가 1.9~48%로 넓은 편이고, 증기는 제4류 위험물 중 가장 인화성이 크다.
- 비중은 0.72로 물보다 가볍고, 증기비중은 2.55로 공기보다 무겁다.
- 물에는 잘 녹지 않고, 알코올에 잘 녹는다.
- 햇볕에 오래 쪼이면 일부 분해하여 과산화물을 생성하므로 갈색병에 넣어 냉암소에 보관한다.
- 건조한 에테르는 비전도성이므로, 정전기 생성방지를 위해 약간의 $CaCl_2$를 넣어준다.
- 소화제로서 CO_2가 가장 적당하다.
- 과산화물은 요오드화칼륨(KI) 10% 수용액을 황색으로 변화시킬 때 검출할 수 있으며, 과산화물을 제거할 때는 황산제일철($FeSO_4$)을 사용한다.

1704

56 Repetitive Learning 

위험물안전관리법령상의 지정수량이 나머지 셋과 다른 하나는?

① 질산에스테르류　　② 니트로소화합물
③ 디아조화합물　　④ 히드라진 유도체

해설

- ②, ③, ④는 모두 제5류 위험물에 해당하는 자기반응성 물질로 지정수량이 200kg인데 반해 질산에스테르류는 제5류 위험물에 해당하는 자기반응성 물질로 지정수량이 10kg이고, 위험등급이 Ⅰ인 물질이다.

제5류 위험물_자기반응성 물질 실기 0902/1304/1502/2001/2101

품명	지정수량	위험등급
유기과산화물	10kg	Ⅰ
질산에스테르류		
히드록실아민	100kg	Ⅱ
니트로화합물	200kg	
니트로소화합물		
아조화합물		
디아조화합물		
히드라진 유도체		

57 Repetitive Learning 1회 2회 3회

적린에 관한 설명 중 틀린 것은?

① 황린의 동소체이고 황린에 비하여 안정하다.
② 성냥, 화약 등에 이용된다.
③ 연소생성물은 황린과 같다.
④ 자연발화를 막기 위해 물속에 보관한다.

해설

- 적린은 직사광선을 피해 냉암소에 보관한다. 물속에 보관하는 것은 황린이다.

적린(P) 실기 1102

- 제2류 위험물에 해당하는 가연성 고체로 지정수량은 100kg이고, 위험등급은 Ⅱ이다.
- 물, 이황화탄소, 암모니아, 에테르 등에 녹지 않는다.
- 황린의 동소체이나 황린에 비해 대단히 안정적이어서 공기 또는 습기 중에서 위험성이 적으며, 독성이 없다.
- 강산화제와 혼합하거나 염소산염류와 접촉하면 발화 및 폭발할 위험성이 있으므로 주의해야 한다.
- 공기 중에서 연소할 때 오산화린(P_2O_5)이 생성된다.(반응식 : $4P+5O_2 \rightarrow 2P_2O_5$)
- 성냥, 화약 등을 만드는데 이용된다.

0604 / 1801

58 Repetitive Learning 1회 2회 3회

다음 중 황린의 연소 생성물은?

① 삼황화린　　② 인화수소
③ 오산화인　　④ 오황화린

해설

- 황린을 밀폐용기 속에서 260℃로 가열하여 적린을 얻을 수 있으며, 이때 유독가스인 오산화인(P_2O_5)이 발생한다.

황린(P_4) 실기 0602/0701/0702/0901/1001/1202/1302/1401/1402/1504/1901/1902/2003

- 공기 중에서 발화하는 자연발화성 물질로 제3류 위험물에 속하며 지정수량은 20kg, 위험등급은 Ⅰ이다.
- 산소와 결합력이 강하고 착화온도가 낮기(미분 34℃, 고형분 60℃) 때문에 쉽게 자연발화한다.
- 백색 또는 담황색의 고체로 독성이 있는 물질로 물에는 녹지 않고 이황화탄소에는 녹는다.
- 수산화나트륨(NaOH) 수용액에 반응시키면 포스핀(인화수소, PH_3)를 발생시키므로 이를 방지하기 위해 pH9의 물속에 저장한다.
- 밀폐용기 속에서 260℃로 가열하여 적린을 얻을 수 있다. 이때 유독가스인 오산화인(P_2O_5)이 발생한다.
(반응식 : $P_4+5O_2 \rightarrow 2P_2O_5$)

정답 | 55 ③ 56 ① 57 ④ 58 ③

1904

59

Repetitive Learning (1회 2회 3회)

다음 중 과망간산칼륨과 혼촉하였을 때 위험성이 가장 낮은 물질은?

① 물 ② 디에틸에테르
③ 글리세린 ④ 염산

해설

- 과망간산칼륨은 물에 녹으면 강한 살균력을 지닌 산화제가 되나, 위험하지는 않다.
- 에테르, 글리세린은 모두 제4류 위험물로 제1류 위험물인 과망간산칼륨과의 혼촉을 금해야 한다.
- 과망간산칼륨은 염산과 혼촉하면 염소를 발생시키므로 혼촉을 금해야 한다.

과망간산칼륨($KMnO_4$) 실기 0601/1004

- 산화성 고체로 제1류 위험물에 해당하며, 지정수량은 1,000kg, 위험등급은 Ⅲ이다.
- 흑자색의 주상결정으로 물에 녹으면 강한 살균력을 지닌 산화제가 된다.
- 알코올류와 접촉시켜두면 위험하므로 주의해야 한다.
- 황산을 가하면 격렬하게 튀는 듯이 폭발한다.
- 가열하면 약 240℃ 에서 망간산칼륨, 이산화망간, 산소로 분해된다.($2KMnO_4 \xrightarrow[\triangle]{} K_2MnO_4 + MnO_2 + O_2$)
- 화재 시 다량의 물로 냉각소화한다.

0302 / 1601

60

Repetitive Learning (1회 2회 3회)

TNT의 폭발, 분해 시 생성물이 아닌 것은?

① CO ② N_2
③ SO_2 ④ H_2

해설

- TNT는 톨루엔에 니트로화제(혼산)를 혼합하여 만든 것으로 분해되면 일산화탄소, 질소, 수소, 탄소 등으로 분해된다.

트리니트로톨루엔[$C_6H_2CH_3(NO_2)_3$] 실기 0802/0901/1004/1102/1201/1202/1501/1504/1601/1901/1904

- 담황색의 고체 위험물로 톨루엔에 질산, 황산을 반응시켜(니트로화) 생성되는 물질로 니트로화합물에 속한다.
- 자기반응성 물질로 제5류 위험물이다.
- 지정수량은 200kg이고, 위험등급은 Ⅱ이다.
- TNT라고 하며, 폭발력의 표준으로 사용된다.
- 피크린산에 비해서는 충격, 마찰에 둔감하다.
- 니트로글리세린과 달리 장기간 저장해도 자연분해 할 위험 없이 안전하다.
- 가열 충격 시 폭발하기 쉬우며, 폭발 시 다량의 가스를 발생한다.
- 물에는 녹지 않고 아세톤, 벤젠에 녹으며, 금속과는 반응하지 않는 물질이다.

반응식	$2C_6H_2CH_3(NO_2)_3 \rightarrow 12CO + 3N_2 + 5H_2 + 2C$: TNT → 일산화탄소+질소+수소+탄소

59 ① 60 ③ 정답

2014년 3월 2일

2014년 제1회

합격률 45.5%

1과목 일반화학

01 Repetitive Learning 

다음 중 전자배치가 다른 것은?

① Ar　② F^-
③ Na^+　④ Ne

해설

- 전자의 수는 원자번호와 동일하므로 원자번호를 통해 전자의 배치를 확인할 수 있다.
- 아르곤(Ar)은 원자번호 18로, 전자의 수도 18개이다.
- 불소(F)는 원자번호 9로 전자의 수도 9개이나, 불소 이온(F^-)은 원자를 하나 더 얻은 상태이므로 전자의 수는 10개이다.
- 나트륨(Na)은 원자번호 11로 전자의 수도 11개이나, 나트륨 이온(Na^+)은 전자를 하나 잃은 상태이므로 전자의 수는 10개이다.
- 네온(Ne)은 원자번호 10으로 전자의 수도 10개이다.

전자의 배치
- 전자배치라는 것은 전자수를 의미한다.
- 전자배치가 같다는 것은 원소의 종류는 다를지라도 전자의 수는 동일한 것을 말한다.

1101

02 Repetitive Learning 1회 2회 3회

물 36g을 모두 증발시키면 수증기가 차지하는 부피는 표준상태를 기준으로 몇 L인가?

① 11.2L　② 22.4L
③ 33.6L　④ 44.8L

해설

- 표준상태에서 기체 1몰의 부피는 22.4L인데 36g의 수증기(H_2O)는 2몰이므로 44.8L가 된다.

표준상태에서 기체의 부피
- 기체 1몰의 부피는 표준상태(0℃, 1기압)에서 0.0825×(273+0℃) =22.386으로 약 22.4L이다.

0701

03 Repetitive Learning 1회 2회 3회

NaCl의 결정계는 다음 중 무엇에 해당되는가?

① 입방정계(Cubic)　② 정방정계(Tetragonal)
③ 육방정계(Hexagonal)　④ 단사정계(Monoclinic)

해설

- 염화나트륨에서 염소이온은 입방밀집구조를 하며, 나트륨 이온이 염소 이온을 채우고 있다.

입방정계(Cubic)
- 입방정계는 정육면체의 모양을 하고 있으며 3개의 결정축이 수직을 이룬다.
- 염화나트륨 결정의 구조가 가장 대표적이다.

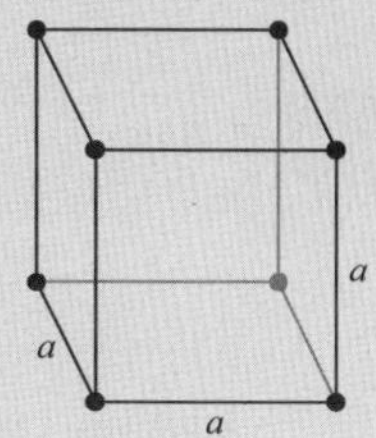

1002 / 1904

04 Repetitive Learning 1회 2회 3회

수성가스(Water gas)의 주성분을 옳게 나타낸 것은?

① CO_2, CH_4　② CO, H_2
③ CO_2, H_2, O_2　④ H_2, H_2O

해설

- 수성가스(Water gas)는 고온의 탄소질에 수증기를 반응시켜 얻은 일산화탄소(CO)와 수소(H_2)의 혼합가스를 말한다.

수성가스(Water gas)
- 고온의 탄소질에 수증기를 반응시켜 얻은 일산화탄소(CO)와 수소(H_2)의 혼합가스를 말한다.
- 수증기만을 이용해 만들어진 가스로 일산화탄소(CO) 40%와 수소(H_2) 50%로 구성된다.

정답 | 01 ① 02 ④ 03 ① 04 ②

0704

05 Repetitive Learning (1회 2회 3회)

$CuCl_2$의 용액에 5A 전류를 1시간 동안 흐르게 하면 몇 g의 구리가 석출되는가? (단, Cu의 원자량은 63.54이며, 전자 1개의 전하량은 1.602×10^{-19}C이다)

① 3.17 ② 4.83
③ 5.93 ④ 6.35

해설

- 5[A] 전류가 1시간동안 흘러갈 때의 전하량[Q]는 전류×시간이 되므로 5×3,600=18,000[C]이 된다.
- Cu의 원자가는 2이고, 원자량은 63.546이므로 g당량은 31.77이고, 이는 0.5몰에 해당한다.
- 즉, 1F의 전기량(96,500[C])으로 생성할 수 있는 구리의 몰수가 0.5몰인데, 18,000[C]으로 생성할 수 있는 구리의 몰수는 $\frac{0.5\times18,000}{96,500}=0.093264\cdots$몰이 된다.
- 구리 1몰은 63.54g이므로 0.093264×63.54=5.93g이 된다.

전기화학반응

- 1F의 전기량은 물질 1g당량을 석출하는데 필요한 전기량이다.
- 1F의 전기량은 전자 1몰이 갖는 전하량으로 96,500[C]의 전하량을 갖는다.
- 물질의 g당량은 $\frac{\text{원자량}}{\text{원자가}}$로 구한다.

1901

06 Repetitive Learning (1회 2회 3회)

다음 중 반응이 정반응으로 진행되는 것은?

① $Pb^{2+}+Zn \rightarrow Zn^{2+}+Pb$
② $I_2+2Cl^- \rightarrow 2I^-+Cl_2$
③ $2Fe^{3+}+3Cu \rightarrow 3Cu^{2+}+2Fe$
④ $Mg^{2+}+Zn \rightarrow Zn^{2+}+Mg$

해설

- 단일 금속원자들의 이온화 경향에 대한 문제이다.
- 이온화에너지가 클수록 해당 금속은 전자(−)를 잃어버리고 양이온(+)이 되는 힘이 더 크므로 이온화 경향의 분석을 통해 확인할 수 있다.
- ①의 경우 아연(Zn)은 납(Pb^{2+})보다 이온화에너지가 크므로 오른쪽으로 진행된다.
- ②의 경우 할로겐족 원소들로 전자와의 친화도가 요오드(I) 보다 큰 염소(Cl)는 전자를 계속 보유해야 하므로 오른쪽 방향으로 진행되지 않는다.
- ③의 경우 구리(Cu)는 철(Fe^{3+})보다 이온화에너지가 작으므로 오른쪽으로 진행되지 않는다.
- ④의 경우 아연(Zn)은 마그네슘(Mg^{2+})보다 이온화에너지가 작으므로 오른쪽으로 진행되지 않는다.

금속원소의 반응성

- 금속이 수용액에서 전자를 잃고 양이온이 되려는 성질을 반응성이라고 한다.
- 이온화 경향이 큰 금속일수록 산화되기 쉽다.
- 반응성이 크다는 것은 환원력이 크다는 것을 의미한다.
- 알칼리 금속의 경우 주기율표 상에서 아래로 내려갈수록 금속 결합상의 길이가 증가하고, 원자핵과 자유 전자사이의 인력이 감소하여 반응성이 증가한다.(Cs > Rb > K > Na > Li)
- 대표적인 금속의 이온화경향

K	Ca	Na	Mg	Al	Zn	Fe	Ni	Sn	Pb	H	Cu	Hg	Ag	Pt	Au
+++ <==================== ---															
• 이온화 경향이 왼쪽으로 갈수록 커진다. • 왼쪽으로 갈수록 산화하기 쉽다. • 왼쪽으로 갈수록 반응성이 크다.															

0902

07 Repetitive Learning (1회 2회 3회)

다음 화합물 중 2mol이 완전연소될 때 6mol의 산소가 필요한 것은?

① $CH_3\text{-}CH_3$ ② $CH_2=CH_2$
③ $CH\equiv CH$ ④ C_6H_6

해설

- 완전연소를 위한 최소한의 산소농도를 구하기 위해 완전연소조성농도(Cst)를 구하는데 화합물 2몰이 완전연소된다고 했으므로 필요한 산소역시 2를 곱해줄 필요가 있다.
- ①은 1몰 연소 시 탄소 2개, 수소 6개이므로 $2+\frac{6}{4}=3.5$몰의 산소가 필요하므로 2몰일 경우 7몰의 산소가 필요하다.
- ②는 1몰 연소 시 탄소 2개, 수소 4개로 $2+\frac{4}{4}=3$몰의 산소가 필요하므로 2몰일 경우 6몰의 산소가 필요하다.
- ③은 1몰 연소 시 탄소 2개 수소 2개로 $2+\frac{2}{4}=2.5$몰의 산소가 필요하므로 2몰일 경우 5몰의 산소가 필요하다.
- ④는 1몰 연소 시 탄소 6개, 수소 6개로 $6+\frac{6}{4}=7.5$몰의 산소가 필요하므로 2몰일 경우 15몰의 산소가 필요하다.

최소산소농도(MOC)

- 완전연소조성농도(Cst)를 구할 때 사용하는 $a+\frac{b-c-2d}{4}$로 구할 수 있다.(단, a : 탄소, b : 수소, c : 할로겐원자의 원자수, d : 산소의 원자수로 구한다)

05 ③ 06 ① 07 ② 정답

08

Repetitive Learning 1회 2회 3회

볼타전지의 기전력은 약 1.3V인데 전류가 흐르기 시작하면 곧 0.4V로 된다. 이러한 현상을 무엇이라 하는가?

① 감극　　② 소극
③ 분극　　④ 충전

해설

- 볼타전지의 기전력은 약 1.3V인데 전류가 흐르기 시작하면 갑자기 0.4V로 전류가 약해지는 현상을 분극현상이라 한다.

볼타전지

㉠ 개요

- 물질의 산화 · 환원 반응을 이용하여 화학에너지를 전기적 에너지로 전환시키는 장치로 세계 최초의 전지이다.
- 전해질 수용액인 묽은 황산(H_2SO_4)용액에 아연판과 구리판을 세우고 도선으로 연결한 전지이다.
- 음(−)극은 반응성이 큰 금속(아연)으로 산화반응이 일어난다.
- 양(+)극은 반응성이 작은 금속(구리)으로 환원반응이 일어난다.
- 전자는 (−)극에서 (+)극으로 이동한다.

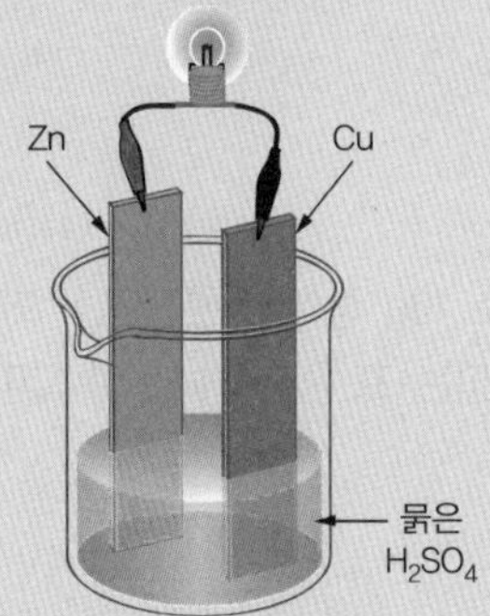

㉡ 분극현상

- 볼타전지의 기전력은 약 1.3V인데 전류가 흐르기 시작하면 갑자기 0.4V로 전류가 약해지는 현상을 말한다.
- 분극현상을 방지해주는 감극제로 이산화망간(MnO_2), 산화구리(CuO), 과산화납(PbO_2) 등을 사용한다.

09

Repetitive Learning 1회 2회 3회

알칼리 금속이 다른 금속원소에 비해 반응성이 큰 이유와 밀접한 관련이 있는 것은?

① 밀도가 작기 때문이다.
② 물에 잘 녹기 때문이다.
③ 이온화에너지가 작기 때문이다.
④ 녹는점과 끓는점이 비교적 낮기 때문이다.

해설

- 알칼리 금속은 주기율표에서 가장 왼쪽에 위치하여 양이온이 되기 쉬운 원소인 관계로 이온화에너지가 작고, 반응성이 크다.

이온화에너지

- 안정된 상태에 해당하는 바닥상태의 원자에서 전자를 제거하는데 필요한 에너지를 말한다.
- 전기음성도가 클수록 이온화에너지는 크다.
- 가전자와 양성자간의 인력이 클수록 이온화에너지는 크다.
- 일반적으로 주기율표에서 왼쪽으로 갈수록 양이온이 되기 쉬우므로 이온화에너지는 그만큼 작아진다.
- 일반적으로 같은 족인 경우 아래쪽으로 갈수록 원자핵으로부터 멀어지기 때문에 전자를 쉽게 제거 가능하여 이온화에너지는 작아진다.

0701

10

Repetitive Learning 1회 2회 3회

다음 반응식 중 흡열 반응을 나타내는 것은?

① $CO + \frac{1}{2}O_2 \rightarrow CO_2 + 68kcal$

② $N_2 + O_2 \rightarrow 2NO,\ \Delta H = +42kal$

③ $C + O_2 \rightarrow CO_2,\ \Delta H = -94kal$

④ $H_2 + \frac{1}{2}O_2 - 58kcal \rightarrow H_2O$

해설

- ①은 반응열을 양(+)의 값으로 표시했으므로 발열반응이다.
- ③은 반응 엔탈피를 음(−)의 값으로 표시했으므로 발열반응이다.
- ④는 반응 전에 필요한 열량을 음(−)의 값으로 표시했으므로 발열반응이다.

발열반응과 흡열반응의 표시

㉠ 발열반응

- 반응 시 열을 발생시키는 반응으로 반응 후 생성물 옆에 반응열량(Q)을 양(+)의 값으로 표시하거나 별도의 엔탈피(ΔH)를 음(−)의 값으로 표시한다.

• $A + B \rightarrow C + Q[cal]$
• $A + B \rightarrow C,\quad \Delta H = -Q[cal]$

㉡ 흡열반응

- 반응 시 열을 흡수해야 하는 반응으로 반응 후 생성물 옆에 반응열량(Q)을 음(−)의 값으로 표시하거나 별도의 엔탈피(ΔH)를 양(+)의 값으로 표시한다.

• $A + B \rightarrow C - Q[cal]$
• $A + B \rightarrow C,\quad \Delta H = +Q[cal]$

정답 | 08 ③ 09 ③ 10 ②

0702

11

Repetitive Learning 1회 2회 3회

벤젠에 수소 원자 한 개는 $-CH_3$기로, 또 다른 수소원자 한 개는 $-OH$기로 치환되었다면 이성질체 수는 몇 개인가?

① 1　　② 2

③ 3　　④ 4

해설

- 벤젠에 수소 원자 대신에 메틸기 하나와 수산화기 하나가 결합한 것은 크레졸이다.

크레졸[$C_6H_4(CH_3)OH$] 실기 0801

- 벤젠에 수소 원자 한 개는 $-CH_3$기로, 또 다른 수소원자 한 개는 $-OH$기로 치환된 것을 말한다.
- 살균력이 강하고 독성이 적어 방역에 이용된다.
- o-, m-, p- 의 3이성체가 존재한다.

o-cresol	m-cresol	p-cresol
OH, CH_3	OH, CH_3	OH, CH_3

0604 / 1801

12

Repetitive Learning 1회 2회 3회

지시약으로 사용되는 페놀프탈레인 용액은 산성에서 어떤 색을 띠는가?

① 적색　　② 청색

③ 무색　　④ 황색

해설

- 페놀프탈레인 용액은 8.3 ~ 10.0의 범위 아래 즉, 산성에서는 무색, 범위의 위 즉, 염기성에서는 적색을 표시한다.

지시약

- 수용액의 pH값에 따라 색깔이 달라지는 물질로 산이나 염기를 구분할 때 사용하는 용액이다.
- 변색범위

지시약	변색범위(색상)		pH 변색범위
메틸오렌지	적색	오렌지색	3.1 ~ 4.5
메틸레드	적색	노란색	4.2 ~ 6.3
리트머스	적색	푸른색	4.5 ~ 8.3
티몰블루	노란색	푸른색	6.0 ~ 7.6
페놀프탈레인	무색	적색	8.3 ~ 10.0

0702 / 0902

13

Repetitive Learning 1회 2회 3회

유기화합물을 질량 분석한 결과 C 84%, H 16%의 결과를 얻었다. 다음 중 이 물질에 해당하는 실험식은?

① C_5H　　② C_2H_2

③ C_7H_8　　④ C_7H_{16}

해설

- 유기화합물의 중량%가 주어졌으므로 원자량으로 나누어 구성비를 구할 수 있다.
- 탄소의 원자량은 12이고, 수소의 원자량은 1이므로 중량%에 나누어 주면 $\frac{84}{12}=7$, $\frac{16}{1}=16$이므로 탄소 7개와 수소 16개가 결합한 유기화합물임을 알 수 있다.

화합물의 구성

- 화합물의 중량비를 알면 구성비는 중량비를 원자량으로 나누어 구성비를 구할 수 있다.

0904

14

Repetitive Learning 1회 2회 3회

탄소 3g이 산소 16g 중에서 완전연소 되었다면, 연소한 후 혼합기체의 부피는 표준상태에서 몇 L가 되는가?

① 5.6　　② 6.8

③ 11.2　　④ 22.4

해설

- 탄소가 산소와 결합하여 이산화탄소를 생성한다. 이때 탄소 1몰 12g이 산소 1몰 32g과 반응하여 이산화탄소 1몰 44g을 생성하게 된다.
- 탄소 3g($\frac{1}{4}$몰)은 산소 8g($\frac{1}{4}$몰)과 반응하여 이산화탄소 11g($\frac{1}{4}$몰)을 생성하는데 주어진 산소는 그중 절반에 해당하는 8g($\frac{1}{4}$몰)이 남게 된다.
- 즉, 연소한 후의 혼합가스는 이산화탄소 $\frac{1}{4}$몰과 산소 $\frac{1}{4}$몰의 혼합가스가 된다. 이의 부피는 표준상태에서 각각 $22.4\times\frac{1}{4}=5.6$L씩이므로 합은 11.2L가 된다.

이산화탄소(CO_2)

- 무색, 무취, 무미의 기체이다.
- 녹는점이 -78.45℃, 끓는점이 -56.55℃, 분자량이 44이다.
- 탄소가 연소되어 이산화탄소를 생성한다.
  반응식 : $C+O_2 \rightarrow CO_2$

11 ③ 12 ③ 13 ④ 14 ③ | 정답

2003

15 Repetitive Learning (1회 2회 3회)

다음 중 물이 산으로 작용하는 반응은?

① $NH_4^+ + H_2O \rightarrow NH_3 + H_3O^+$

② $HCOOH + H_2O \rightarrow HCOO^- + H_3O^+$

③ $CH_3COO^- + H_2O \rightarrow CH_3COOH + OH^-$

④ $HCl + H_2O \rightarrow H_3O^+ + Cl^-$

해설

- 물이 산으로 작용한다는 것은 산화된다는 것을 의미한다. 산화는 수소나 전자를 잃는 반응이므로 물이 수소를 잃는 것을 찾으면 된다.

산화와 환원

산화	환원
전자를 잃는 반응	원자나 원자단 또는 이온이 전자를 얻는 반응
수소화합물이 수소를 잃는 반응	수소와 결합하는 반응
산소와 화합하는 반응	산소를 잃는 반응
한 원소의 산화수가 증가하는 반응	한 원소의 산화수가 감소하는 반응

0604 / 1801

16 Repetitive Learning (1회 2회 3회)

다음 중 전리도가 가장 커지는 경우는?

① 농도와 온도가 일정할 때

② 농도가 진하고 온도가 높을수록

③ 농도가 묽고 온도가 높을수록

④ 농도가 진하고 온도가 낮을수록

해설

- 전리도는 온도가 높을수록, 농도가 묽을수록 커진다.

전리도

- 이온화하기 전의 물질의 양에 대한 이온화된 물질의 양의 비를 표시하는 이온화도와 같이 사용한다.
- 수소이온 혹은 수산화이온의 몰농도와 같은 개념이다.
- $\frac{\text{이온화된 몰 수}}{\text{이온화 전의 총 몰수}} = \frac{\text{이온화된 분자 수}}{\text{이온화 전의 총 분자수}}$로 구한다.
- 산이나 알칼리가 강하다는 것은 전리도가 커다는 것을 의미하고, 산이나 알칼리가 약하다는 것은 전리도가 작다는 것을 의미한다.
- 전리도는 온도가 높을수록, 농도가 묽을수록 커진다.

0704

17 Repetitive Learning (1회 2회 3회)

다음 물질 중 sp^3 혼성궤도함수와 가장 관계가 있는 것은?

① CH_4 ② $BeCl_2$

③ BF_3 ④ HF

해설

- 메테인(CH_4)은 대표적인 sp^3 혼성오비탈로 원자가가 +4인 탄소(C)가 바닥상태에서 s오비탈과 p오비탈을 채우고

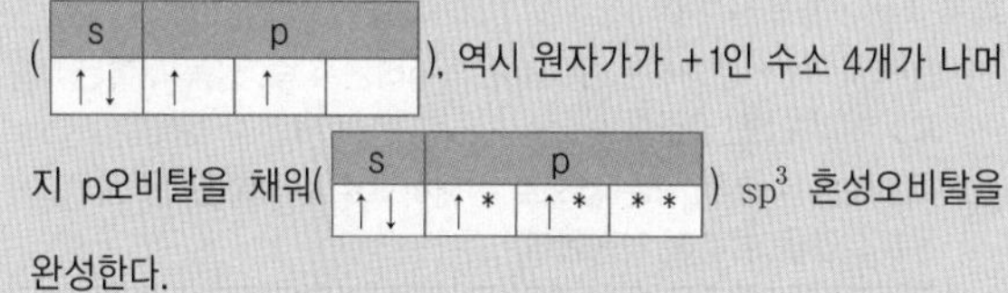

(s: ↑↓ / p: ↑ ↑), 역시 원자가가 +1인 수소 4개가 나머지 p오비탈을 채워(s: ↑↓ / p: ↑* ↑* **) sp^3 혼성오비탈을 완성한다.

혼성오비탈(Hybrid orbital)

- 공유결합으로 분자의 형성을 설명하기 힘든 일부 분자들의 분자형성 이유를 설명하기 위한 이론으로 원래의 원자 궤도함수들이 혼합되어 새로운 궤도함수를 형성하고 있다고 설명한다.
- 혼성오비탈의 종류에는 sp오비탈, sp^2오비탈, sp^3오비탈 등이 있다.

sp오비탈	$BeCl_2$, BeF_2 등이 있다.
	분자형태는 직선형을 띤다.
sp^2오비탈	BF_3, C_2H_4, SO_3 등이 있다.
	분자형태는 평면삼각형을 그린다.
sp^3오비탈	CH_4, NH_4, H_2O 등이 있다.
	분자형태는 사면체 구조를 갖는다.

0301

18 Repetitive Learning (1회 2회 3회)

아세틸렌계열 탄화수소에 해당되는 것은?

① C_5H_8 ② C_6H_{12}

③ C_6H_8 ④ C_3H_2

해설

- 아세틸렌(C_2H_2)은 알킨계(C_nH_{2n-2})에 해당한다. n의 값을 증가시키면서 같은 값이 나오는 탄화수소의 화학식을 찾으면 된다.

알킨계(C_nH_{2n-2}) 탄화수소

- 사슬모양의 탄화수소로 불포화탄화수소에 해당하며, 3중결합 구조를 갖는 지방족 탄화수소이다.
- 종류에는 아세틸렌(C_2H_2), 프로파인(C_3H_4), 1-부틴(C_4H_6), 1-펜타인(C_5H_8) 등이 있다.

정답 | 15 ③ 16 ③ 17 ① 18 ①

19 Repetitive Learning (1회 2회 3회)

어떤 용액의 $[OH^-] = 2 \times 10^{-5}$M이었다. 이 용액의 pH는 얼마인가?

① 11.3　② 10.3
③ 9.3　④ 8.3

해설

- $pH = 14 - p[OH^-]$이므로 $pH = 14 - (-\log 2 \times 10^{-5}) = 9.301$이 된다.

수소이온농도지수(pH)

- 용액 1L 속에 존재하는 수소이온의 g이온수 즉, 몰농도(혹은 N농도×전리도)를 말한다.
- 수소이온은 매우 작은 값으로 존재하므로 수소이온의 역수에 상용로그값을 취하여 사용한다.

$$pH = \log \frac{1}{[H^+]} = -\log[H^+]$$

- 순수한 물의 경우 1기압 25℃에서 수소이온의 농도가 약 10^{-7}g 이온이므로 이를 pH 7 중성이라고 하고, 이보다 클 때 알카리성, 이보다 작을 때 산성이라고 한다.
- 수소이온농도지수[pH]+수산화이온농도지수[pOH]=14이다.

20 Repetitive Learning (1회 2회 3회)

전극에서 유리되고 화학물질의 무게가 전지를 통하여 사용된 전류의 양에 정비례하고 또한 주어진 전류량에 의하여 생성된 물질의 무게는 그 물질의 당량에 비례한다는 화학법칙은?

① 르 샤틀리에의 법칙　② 아보가드로의 법칙
③ 패러데이의 법칙　④ 보일-샤를의 법칙

해설

- 르 샤틀리에의 법칙은 가역 반응이 평형 상태에 있을 때 농도, 압력, 온도의 조건을 변화시키면 화학계는 그 변화를 감소시키는 방향으로 평형이 이동하여 새로운 평형을 이룬다는 것이다.
- 아보가드로의 법칙은 모든 기체는 같은 온도, 같은 압력에서 같은 부피 속에 같은 개수의 분자를 포함한다는 것이다.
- 보일-샤를의 법칙은 기체의 압력, 온도, 부피 사이의 관계를 나타내는 법칙으로 $\frac{P_1V_1}{T_1} = \frac{P_2V_2}{T_2}$의 식으로 나타낸다.

패러데이의 법칙

- 전기분해 시 생성되는 물질과 이동하는 전하량과의 관계를 정의하였다.
- 전기분해 시 생성되거나 소모되는 물질의 양은 이동하는 전하량에 비례한다. (전지와 전극의 종류에 무관)
- 일정한 전하량이 흐를 때, 즉, 물질이 생성되거나 소모될 때 그에 해당하는 당량만큼 생성되거나 소모된다.

2과목 화재예방과 소화방법

21 Repetitive Learning (1회 2회 3회)

위험물안전관리법령상 위험물제조소와의 안전거리 기준이 50m 이상이어야 하는 것은?

① 고압가스 취급시설　② 학교 · 병원
③ 유형문화재　④ 극장

해설

- 유형문화재와 기념물 중 지정문화재와는 50m 이상의 안전거리를 유지하여야 한다.

제조소의 안전거리(제6류 위험물제조소 제외) 실기 1302

주거용 건물	10m 이상	불연재료로 된 담/벽 설치 시 단축가능
학교 · 병원 · 극장 그 밖에 다수인을 수용하는 시설	30m 이상	
유형문화재와 기념물 중 지정문화재	50m 이상	
고압가스, 액화석유가스 또는 도시가스를 저장 또는 취급하는 시설	20m 이상	
사용전압이 7,000V 초과 35,000V 이하의 특고압가공전선	3m 이상	
사용전압이 35,000V를 초과하는 특고압가공전선	5m 이상	

0701 / 1101 / 2003

22 Repetitive Learning (1회 2회 3회)

드라이아이스 1kg이 완전히 기화하면 약 몇 몰의 이산화탄소가 되겠는가?

① 22.7　② 51.3
③ 230.1　④ 515.0

해설

- 드라이아이스는 이산화탄소(CO_2)를 의미한다. 1몰의 무게가 44g이다. 드라이아이스 1kg은 $\frac{1000}{44} = 22.72$몰에 해당한다.

드라이아이스

- 고체로 된 이산화탄소(CO_2)이다.
- 승화점은 −78.5℃이고, 기화열은 571kJ/kg이다.
- 얼음보다 차갑고 상태 변화 시 수분을 남기지 않아 냉각제로 사용된다.

19 ③ 20 ③ 21 ③ 22 ① 정답

0704

23 Repetitive Learning (1회 2회 3회)

위험물안전관리법령에 의거하여 개방형 스프링클러 헤드를 이용하는 스프링클러설비에 설치하는 수동식 개방밸브를 개방 조작하는 데 필요한 힘은 몇 kg 이하가 되도록 설치하여야 하는가?

① 5　② 10
③ 15　④ 20

해설

- 수동식개방밸브를 개방조작하는데 필요한 힘이 15kg 이하가 되도록 설치해야 한다.

개방형 스프링클러 헤드의 일제개방밸브 또는 수동식개방밸브 설치기준

- 일제개방밸브의 기동조작부 및 수동식개방밸브는 화재 시 쉽게 접근 가능한 바닥면으로부터 1.5m 이하의 높이에 설치할 것
- 방수구역마다 설치할 것
- 일제개방밸브 또는 수동식개방밸브에 작용하는 압력은 당해 일제개방밸브 또는 수동식 개방밸브의 최고사용압력 이하로 할 것
- 일제개방밸브 또는 수동식개방밸브의 2차측 배관부분에는 당해 방수구역에 방수하지 않고 당해 밸브의 작동을 시험할 수 있는 장치를 설치할 것
- 수동식개방밸브를 개방조작하는데 필요한 힘이 15kg 이하가 되도록 설치할 것

1001 / 1701 / 2001

24 Repetitive Learning (1회 2회 3회)

표준상태에서 프로판 $2m^3$이 완전연소할 때 필요한 이론 공기량은 약 몇 m^3인가? (단, 공기 중 산소농도는 21vol%이다)

① 23.81　② 35.72
③ 47.62　④ 71.43

해설

- 프로판 $2m^3$이 완전연소하기 위해 필요한 산소는 $2m^3 \times 5 = 10m^3$이 필요하다.
- 필요한 공기량을 묻고 있으므로 $10 \times \frac{100}{21} = 47.62m^3$이 필요하다.

프로판(C_3H_8)의 연소 반응식

- 프로판(C_3H_8) 1몰을 연소하기 위해서는 산소분자(O_2) 5몰이 필요하다.

$$C_3H_8 + 5O_2 \rightarrow 3CO_2 + 4H_2O$$

25 Repetitive Learning (1회 2회 3회)

위험물안전관리법령상 포소화설비의 고정포 방출구를 설치한 위험물 탱크에 부속하는 보조포소화전에서 3개의 노즐을 동시에 사용할 경우 각각의 노즐선단에서의 분당 방사량은 몇 L/min 이상이어야 하는가?

① 80　② 130
③ 230　④ 400

해설

- 보조포소화전은 3개(호스접속구가 3개 미만인 경우에는 그 개수)의 노즐을 동시에 사용할 경우에 각각의 노즐선단의 방사압력이 0.35MPa 이상이고 방사량이 400L/min 이상의 성능이 되도록 설치해야 한다.

보조포소화전

- 방유제 외측의 소화활동상 유효한 위치에 설치하되 각각의 보조포소화전 상호간의 보행거리가 75m 이하가 되도록 설치할 것
- 보조포소화전은 3개(호스접속구가 3개 미만인 경우에는 그 개수)의 노즐을 동시에 사용할 경우에 각각의 노즐선단의 방사압력이 0.35MPa 이상이고 방사량이 400L/min 이상의 성능이 되도록 설치할 것
- 보조포소화전은 옥외소화전설비의 옥외소화전의 기준의 예에 준하여 설치할 것

0702 / 0904

26 Repetitive Learning (1회 2회 3회)

위험물안전관리법령상 분말소화설비의 기준에서 가압용 또는 축압용 가스로 사용하도록 지정한 것은?

① 헬륨　② 질소
③ 일산화탄소　④ 아르곤

해설

- 가압용가스 또는 축압용가스는 질소가스 또는 이산화탄소로 한다.

가압용 가스 또는 축압용 가스 기준

- 가압용가스 또는 축압용가스는 질소가스 또는 이산화탄소로 할 것
- 가압용가스에 질소가스를 사용하는 것의 질소가스는 소화약제 1kg마다 40L(35℃에서 1기압의 압력상태로 환산한 것) 이상, 이산화탄소를 사용하는 것의 이산화탄소는 소화약제 1kg에 대하여 20g에 배관의 청소에 필요한 양을 가산한 양 이상으로 할 것
- 축압용가스에 질소가스를 사용하는 것의 질소가스는 소화약제 1kg에 대하여 10L(35℃에서 1기압의 압력상태로 환산한 것) 이상, 이산화탄소를 사용하는 것의 이산화탄소는 소화약제 1kg에 대하여 20g에 배관의 청소에 필요한 양을 가산한 양 이상으로 할 것
- 배관의 청소에 필요한 양의 가스는 별도의 용기에 저장할 것

정답 | 23 ③ 24 ③ 25 ④ 26 ②

0404 / 1101

27 Repetitive Learning (1회 2회 3회)

위험물제조소 등에 설치하는 이산화탄소 소화설비의 기준으로 틀린 것은?

① 저장용기의 충전비는 고압식에 있어서는 1.5 이상 1.9 이하, 저압식에 있어서는 1.1 이상 1.4 이하로 한다.
② 저압식 저장용기에는 2.3MPa 이상 및 1.9MPa 이하의 압력에서 작동하는 압력경보장치를 설치한다.
③ 저압식 저장용기에는 용기내부의 온도를 -20℃ 이상, -18℃ 이하로 유지할 수 있는 자동냉동기를 설치한다.
④ 기동용 가스용기는 20MPa 이상의 압력에 견딜 수 있는 것이어야 한다.

해설

- 기동용 가스용기 및 해당 용기에 사용하는 밸브는 25MPa 이상의 압력에 견딜 수 있는 것으로 하여야 한다.

이산화탄소 소화설비 중 가스압력식 기동장치의 기준

- 기동용 가스용기 및 해당 용기에 사용하는 밸브는 25MPa 이상의 압력에 견딜 수 있는 것으로 할 것
- 기동용 가스용기에는 내압시험압력의 0.8배부터 내압시험압력 이하에서 작동하는 안전장치를 설치할 것
- 기동용 가스용기의 용적은 5L 이상으로 하고, 해당 용기에 저장하는 질소 등의 비활성기체는 6.0MPa 이상(21 ℃ 기준)의 압력으로 충전 할 것
- 기동용 가스용기에는 충전여부를 확인할 수 있는 압력게이지를 설치할 것

1504

28 Repetitive Learning (1회 2회 3회)

다음은 위험물안전관리법령에서 정한 제조소 등에서의 위험물의 저장 및 취급에 관한 기준 중 위험물의 유별 저장 · 취급의 공통기준에 관한 내용이다. (   ) 안에 알맞은 것은?

> (   )은 가연물과의 접촉 · 혼합이나 분해를 촉진하는 물품과의 접근 또는 과열을 피하여야 한다.

① 제2류 위험물　　② 제4류 위험물
③ 제5류 위험물　　④ 제6류 위험물

해설

- 제6류 위험물은 가연물과의 접촉 · 혼합이나 분해를 촉진하는 물품과의 접근 또는 과열을 피하여야 한다.

위험물의 유별 저장 · 취급의 공통기준(중요기준) 실기 1501/1704/1802/2001

유별		공통기준
제1류		가연물과의 접촉 · 혼합이나 분해를 촉진하는 물품과의 접근 또는 과열 · 충격 · 마찰 등을 피하는 한편, 알칼리금속의 과산화물 및 이를 함유한 것에 있어서는 물과의 접촉을 피하여야 한다.
제2류		산화제와의 접촉 · 혼합이나 불티 · 불꽃 · 고온체와의 접근 또는 과열을 피하는 한편, 철분 · 금속분 · 마그네슘 및 이를 함유한 것에 있어서는 물이나 산과의 접촉을 피하고 인화성 고체에 있어서는 함부로 증기를 발생시키지 아니하여야 한다.
제3류	자연발화성	불티 · 불꽃 또는 고온체와의 접근 · 과열 또는 공기와의 접촉을 피하여야 한다.
	금수성	물과의 접촉을 피하여야 한다.
제4류		불티 · 불꽃 · 고온체와의 접근 또는 과열을 피하고, 함부로 증기를 발생시키지 아니하여야 한다.
제5류		불티 · 불꽃 · 고온체와의 접근이나 과열 · 충격 또는 마찰을 피하여야 한다.
제6류		가연물과의 접촉 · 혼합이나 분해를 촉진하는 물품과의 접근 또는 과열을 피하여야 한다.

29 Repetitive Learning (1회 2회 3회)

제5류 위험물인 자기반응성 물질에 포함되지 않는 것은?

① CH_3NO_2　　② $[C_6H_7O_2(ONO_2)_3]_n$
③ $C_6H_2CH_3(NO_2)_3$　　④ $C_6H_5NO_2$

해설

- ④의 니트로벤젠은 인화성 액체로 제4류 위험물 중 제3석유류에 해당한다.
- ①은 니트로메탄, ②는 니트로셀룰로오스, ③은 트리니트로톨루엔으로 모두 제5류 위험물에 해당한다.

제5류 위험물_자기반응성 물질 실기 0902/1304/1502/2001/2101

품명	지정수량	위험등급
유기과산화물	10kg	I
질산에스테르류		
히드록실아민	100kg	II
니트로화합물	200kg	
니트로소화합물		
아조화합물		
디아조화합물		
히드라진 유도체		

27 ④　28 ④　29 ④ 정답

0801

30 ─ Repetitive Learning (1회 2회 3회)

위험물제조소에서 화기엄금 및 화기주의를 표시하는 게시판의 바탕색과 문자색을 옳게 연결한 것은?

① 백색바탕 – 청색문자　② 청색바탕 – 백색문자
③ 적색바탕 – 백색문자　④ 백색바탕 – 적색문자

해설

- 위험물제조소의 게시판에 화기주의와 화기엄금을 표시할 때는 적색바탕에 백색문자로 한다.

위험물제조소의 표지 및 게시판 실기 0502/1501

- 표지 및 게시판은 한 변의 길이가 0.3m 이상, 다른 한 변의 길이가 0.6m 이상인 직사각형으로 할 것
- 종류별 색상

구분	내용	색상
표지	게시판(저장 또는 취급하는 위험물의 유별 · 품명 및 저장최대수량 또는 취급최대수량, 지정수량의 배수 및 안전관리자의 성명 또는 직명을 기재)	바탕은 백색으로, 문자는 흑색
주의사항 게시판	제1류 위험물 중 알칼리금속의 과산화물과 이를 함유한 것 또는 제3류 위험물 중 금수성 물질에 있어서는 "물기엄금"	청색바탕에 백색문자로
	제2류 위험물(인화성 고체를 제외한다)에 있어서는 "화기주의"	적색바탕에 백색문자로
	제2류 위험물 중 인화성 고체, 제3류 위험물 중 자연발화성물질, 제4류 위험물 또는 제5류 위험물에 있어서는 "화기엄금"	

0801

31 ─ Repetitive Learning 

가연물의 주된 연소형태에 대한 설명으로 옳지 않은 것은?

① 유황의 연소형태는 증발연소이다.
② 목재의 연소형태는 분해연소이다.
③ 에테르의 연소형태는 표면연소이다.
④ 숯의 연소형태는 표면연소이다.

해설

- 에테르는 액체로 액체의 가장 대표적인 연소형태인 증발연소를 한다.
- 표면연소는 고체의 대표적인 연소형태이다.

연소의 종류

기체	확산연소, 폭발연소, 혼합연소, 그을음연소 등이 있다.
액체	증발연소, 분해연소, 분무연소, 그을음연소 등이 있다.
고체	분해연소, 표면연소, 자기연소, 증발연소 등이 있다.

32 ─ Repetitive Learning (1회 2회 3회)

위험물제조소 등에 설치하는 전역방출방식의 이산화탄소 소화설비 분사헤드의 방사 압력은 고압식의 경우 몇 MPa 이상이어야 하는가?

① 1.05　② 1.7
③ 2.1　④ 2.6

해설

- 이산화탄소 방사 분사헤드의 방사압력은 소화약제가 상온으로 용기에 저장된 고압식의 경우 2.1MPa 이상, 소화약제가 영하 18℃ 이하의 온도로 용기에 저장되는 저압식의 경우는 1.05MPa 이상이어야 한다.

전역방출방식의 불활성가스 소화설비의 분사헤드 방사압력

이산화탄소	• 고압식 – 2.1MPa 이상 • 저압식 – 1.05MPa 이상
질소(IG-100) 질소 : 아르곤이 50 : 50(IG-55) 질소 : 아르곤 : 이산화탄소가 52 : 40 : 8(IG-541)	1.9MPa 이상

33 ─ Repetitive Learning (1회 2회 3회)

위험물안전관리법령상 물분무소화설비의 제어밸브는 바닥으로부터 어느 위치에 설치하여야 하는가?

① 0.5m 이상, 1.5m 이하
② 0.8m 이상, 1.5m 이하
③ 1m 이상, 1.5m 이하
④ 1.5m 이상

해설

- 제어밸브는 바닥면으로부터 0.8m 이상 1.5m 이하의 높이에 설치한다.

물분무소화설비의 제어밸브

- 각층 또는 방사구역마다 제어밸브를 설치할 것
- 제어밸브는 개방형 스프링클러 헤드를 이용하는 스프링클러설비에 있어서는 방수구역마다, 폐쇄형 스프링클러 헤드를 사용하는 스프링클러설비에 있어서는 당해 방화대상물의 층마다, 바닥면으로부터 0.8m 이상 1.5m 이하의 높이에 설치할 것
- 제어밸브에는 함부로 닫히지 아니하는 조치를 강구할 것
- 제어밸브에는 직근의 보기 쉬운 장소에 "물분무소화설비의 제어밸브"라고 표시할 것

정답 | 30 ③　31 ③　32 ③　33 ②

34 — Repetitive Learning (1회 2회 3회)

다음 [보기] 중 상온에서의 상태(기체, 액체, 고체)가 동일한 것을 모두 나열한 것은?

Halon 1301, Halon 1211, Halon 2402

① Halon 1301, Halon 2402
② Halon 1211, Halon 2402
③ Halon 1301, Halon 1211
④ Halon 1301, Halon 1211, Halon 2402

해설

- 대표적으로 Halon 1211(CF_2ClBr)과 Halon 1301(CF_3Br)이 상온, 상압에서 기체상태로 존재한다.

하론 소화약제

㉠ 개요

소화약제	화학식	상온, 상압 상태
Halon 104	CCl_4	액체
Halon 1011	CH_2ClBr	액체
Halon 1211	CF_2ClBr	기체
Halon 1301	CF_3Br	기체
Halon 2402	$C_2F_4Br_2$	액체

- 화재안전기준에서 정한 소화약제는 하론1301, 하론1211, 하론 2402이다.

㉡ 구성과 표기

- 구성원소로는 탄소(C), 불소(F), 염소(Cl), 브롬(Br), 요오드(I) 등이 있다.
- 하론 번호표기 규칙은 5개의 숫자로 구성되며 그 숫자는 아래 배치된 원소의 수량에 해당하며 뒤쪽의 원소가 없을 때는 0을 생략한다.

Halon	탄소(C)	불소(F)	염소(Cl)	브롬(Br)	요오드(I)

0501_추가 / 0902 / 1701

35 — Repetitive Learning (1회 2회 3회)

특정옥외탱크저장소라 함은 옥외탱크저장소 중 저장 또는 취급하는 액체 위험물의 최대수량이 얼마 이상의 것을 말하는가?

① 50만리터 이상 ② 100만리터 이상
③ 150만리터 이상 ④ 200만리터 이상

해설

- 저장 또는 취급하는 액체위험물의 최대수량이 100만L 이상의 옥외저장탱크를 특정옥외탱크저장소라 한다.

특정옥외탱크저장소와 준특정옥외탱크저장소

- 특정옥외탱크저장소는 옥외탱크저장소 중 그 저장 또는 취급하는 액체위험물의 최대수량이 100만L 이상의 것을 말한다.
- 준특정옥외탱크저장소는 옥외탱크저장소 중 그 저장 또는 취급하는 액체위험물의 최대수량이 50만L 이상 100만L 미만의 것을 말한다.

2001

36 — Repetitive Learning (1회 2회 3회)

다음 물질의 화재 시 내알코올포를 쓰지 못하는 것은?

① 아세트알데히드 ② 알킬리튬
③ 아세톤 ④ 에탄올

해설

- 알킬리튬은 물과 반응 시 가연성가스를 발생하는 제3류 위험물이므로 화재 발생 시 팽창질석이나 팽창진주암 등으로 피복소화한다.
- 아세트알데히드, 아세톤, 에탄올 모두 수용성 제4류 위험물로 내알코올포로 소화한다.

알코올형포소화약제

- 수용성 알코올 화재 등에서 포의 소멸을 방지하기 위해 단백질 가수분해물질과 계면활성제, 금속비누 등을 첨가하여 만든 포를 이용한다.
- 내알코올포 소화약제라고도 한다.
- 수용성 극성용매 화재에 사용한다.

1501 / 1702

37 — Repetitive Learning (1회 2회 3회)

Halon 1301에 해당하는 화학식은?

① CH_3Br ② CF_3Br
③ CBr_3F ④ CH_3Cl

해설

- Halon 1301은 탄소(C)가 1, 불소(F)가 3, 브롬(Br)이 1이며, 염소(Cl)는 존재하지 않는다는 의미이다.

하론 소화약제

문제 34번의 유형별 핵심이론 참조

34 ③ 35 ② 36 ② 37 ② | 정답

38

Repetitive Learning (1회 2회 3회)

분말소화기의 각 종별 소화약제 주성분이 옳게 연결된 것은?

① 제1종 소화분말 : $KHCO_3$

② 제2종 소화분말 : $NaHCO_3$

③ 제3종 소화분말 : $NH_4H_2PO_4$

④ 제4종 소화분말 : $NaHCO_3 + (NH_2)_2CO$

해설

- ①은 탄산수소칼륨으로 제2종 분말의 주성분이다.
- ②는 탄산수소나트륨으로 제1종 분말의 주성분이다.
- ④의 제4종 분말은 $KHCO_3 + (NH_2)_2CO$가 되어야 한다.

분말소화약제의 종별과 적응성

소화약제의 종별	적응성	착색색상
제1종 분말(탄산수소나트륨)	BC	백색
제2종 분말(탄산수소칼륨)	BC	담회색
제3종 분말(인산암모늄)	ABC	담홍색
제4종 분말(탄산수소칼륨과 요소가 화합)	BC	회색

1902

39

Repetitive Learning (1회 2회 3회)

정전기를 유효하게 제거할 수 있는 설비를 설치하고자 할 때 위험물안전관리법령에서 정한 정전기 제거 방법의 기준으로 옳은 것은?

① 공기 중의 상대습도를 70% 이상으로 하는 방법

② 공기 중의 상대습도를 70% 이하로 하는 방법

③ 공기 중의 절대습도를 70% 이상으로 하는 방법

④ 공기 중의 절대습도를 70% 이하로 하는 방법

해설

- 위험물안전관리법 상 정전기를 유효하게 제거하는 방법에서 공기 중 상대습도는 70% 이상으로 하는 방법을 사용하여야 한다.

정전기 제거

- 접지에 의한 방법
- 공기 중의 상대습도를 70% 이상으로 하는 방법
- 공기를 이온화하는 방법

0704

40

Repetitive Learning (1회 2회 3회)

경유의 대규모 화재 발생 시 주수소화가 부적당한 이유에 대한 설명으로 가장 옳은 것은?

① 경유가 연소할 때 물과 반응하여 수소가스를 발생하여 연소를 돕기 때문에

② 주수소화하면 경유의 연소열 때문에 분해하여 산소를 발생하고 연소를 돕기 때문에

③ 경유는 물과 반응하여 유독가스를 발생하므로

④ 경유는 물보다 가볍고 또 물에 녹지 않기 때문에 화재가 널리 확대되므로

해설

- 경유와 같은 제4류 위험물은 인화성 액체인 관계로 봉상수를 이용한 주수소화는 연소면을 확대시키므로 절대 금해야 한다.

대표적인 위험물의 소화약제

위험물	류별	소화약제
칼륨(K), 나트륨(Na), 마그네슘(Mg)	제2류	마른모래, 탄산수소염류 분말소화약제
황린(P_4)	제3류	주소소화, 마른모래 등
알킬(트리에틸)알루미늄, 수소화나트륨	제3류	마른모래, 팽창질석, 팽창진주암
경유, 등유, 벤젠(C_6H_6)	제4류	포소화약제, 이산화탄소, 분말소화약제
염소산칼륨($KClO_3$), 염소산아연[$Zn(ClO_3)_2$]	제1류	대량의 물을 통한 냉각소화
트리니트로페놀[$C_6H_2OH(NO_2)_3$], 트리니트로톨루엔(TNT), 니트로셀룰로오스 등	제5류	대량의 물로 주수소화
과산화나트륨(Na_2O_2), 과산화칼륨(K_2O_2)	제1류	마른모래

정답 | 38 ③ 39 ① 40 ④

3과목 위험물의 성질과 취급

41 Repetitive Learning (1회 2회 3회)

염소산나트륨의 성질에 속하지 않는 것은?

① 환원력이 강하다.
② 무색 결정이다.
③ 주수소화가 가능하다.
④ 강산과 혼합하면 폭발할 수 있다.

해설

- 염소산나트륨은 산화성 고체로 산화력이 강하다.

염소산나트륨($NaClO_3$) 실기 0602/0701/1101/1304

- 산화성 고체로 제1류 위험물에 해당하며, 지정수량은 50kg, 위험등급은 Ⅰ이다.
- 무색무취의 입방정계 주상결정으로 인체에 유독한 조해성이 큰 위험물로 철을 부식시키므로 철제 용기에 저장해서는 안 되는 물질이다.
- 물, 알코올, 에테르, 글리세린 등에 잘 녹고 산과 반응하여 폭발성을 지닌 이산화염소(ClO_2)를 발생시킨다.
- 살충제, 불꽃류의 원료로 사용된다.
- 열분해하면 염화나트륨과 산소로 분해된다.

$(2NaClO_3 \xrightarrow[\triangle]{} 2NaCl + 3O_2)$

0804 / 1702

42 Repetitive Learning (1회 2회 3회)

다음 중 C_5H_5N에 대한 설명으로 틀린 것은?

① 순수한 것은 무색이고 악취가 나는 액체이다.
② 상온에서 인화의 위험이 있다.
③ 물에 녹는다.
④ 강한 산성을 나타낸다.

해설

- 피리딘은 비중이 0.98로 물보다 가벼우며, 약알칼리성을 띈다.

피리딘(C_5H_5N)

- 수용성 제1석유류로 지정수량이 400L인 인화성 액체(제4류 위험물)이다.
- 비중이 0.98로 물보다 가벼우며, 약알칼리성을 띈다.
- 물, 알코올, 에테르에 잘 녹는다.
- 인화점이 20℃로 상온에서 인화의 위험이 있다.
- 악취와 독성이 있다.

43 Repetitive Learning (1회 2회 3회)

위험물안전관리법령상 지정수량이 나머지 셋과 다른 하나는?

① 적린 ② 황화린
③ 유황 ④ 마그네슘

해설

- 마그네슘은 제2류 위험물에 해당하는 가연성 고체로 지정수량이 500kg이고 위험등급은 Ⅲ에 해당하는 물질이다.

제2류 위험물_가연성 고체 실기 0504/1104/1602/1701

품명	지정수량	위험등급
황화린	100kg	Ⅱ
적린		
유황		
마그네슘	500kg	Ⅲ
철분		
금속분		
인화성고체	1,000kg	

0501 / 2003

44 Repetitive Learning (1회 2회 3회)

위험물안전관리법령상 제6류 위험물에 해당하는 물질로서 햇빛에 의해 갈색의 연기를 내며 분해할 위험이 있으므로 갈색병에 보관해야 하는 것은?

① 질산 ② 황산
③ 염산 ④ 과산화수소

해설

- 질산은 햇빛에 의해 분해되어 적갈색의 유독한 가스(이산화질소, NO_2)를 방출하므로 갈색병에 보관해야 한다.

질산(HNO_3) 실기 0502/0701/0702/0901/1001/1401

- 산화성 액체에 해당하는 제6류 위험물이다.
- 위험등급이 Ⅰ등급이고, 지정수량은 300kg이다.
- 무색 또는 담황색의 액체이다.
- 불연성의 물질로 산소를 포함하여 다른 물질의 연소를 돕는다.
- 부식성을 갖는 유독성이 강한 산화성 물질이다.
- 비중이 1.49 이상인 것만 위험물로 규정한다.
- 햇빛에 의해 분해되므로 갈색병에 보관한다.
- 가열했을 때 분해하여 적갈색의 유독한 가스(이산화질소, NO_2)를 방출한다.
- 구리와 반응하여 질산염을 생성한다.
- 진한질산은 철(Fe), 코발트(Co), 니켈(Ni), 크롬(Cr), 알루미늄(Al) 등의 표면에 수산화물의 얇은 막을 만들어 다른 산에 의해 부식되지 않도록 하는 부동태가 된다.

41 ① 42 ④ 43 ④ 44 ① 정답

1001

45 Repetitive Learning (1회 2회 3회)

다음은 위험물의 성질을 설명한 것이다. 위험물과 그 위험물의 성질을 모두 옳게 연결한 것은?

A. 건조 질소와 상온에서 반응한다.
B. 물과 작용하면 가연성 가스를 발생한다.
C. 물과 작용하면 수산화칼슘을 발생한다.
D. 비중이 1 이상이다.

① K - A, B, C ② Ca_3P_2 - B, C, D
③ Na - A, C, D ④ CaC_2 - A, B, D

해설

- 인화칼슘(석회)이 물이나 산과 반응하면 독성의 가연성 기체인 포스핀가스(인화수소, PH_3)가 발생한다.
- 인화칼슘의 비중은 2.5로 물보다 무겁다.

인화석회/인화칼슘(Ca_3P_2) 실기 0502/0601/0704/0802/1401/1501/1602/2004

- 금속의 인화물의 한 종류로 지정수량이 300kg, 위험등급이 Ⅲ인 제3류 위험물이다.
- 상온에서 적갈색 고체로 비중이 2.5로 물보다 무겁다.
- 물 또는 약산과 반응하면 독성의 가연성 기체인 포스핀가스(인화수소, PH_3)가 발생한다.

물과의 반응식	$Ca_3P_2 + 6H_2O \rightarrow 3Ca(OH)_2 + 2PH_3$ 인화석회+물 → 수산화칼슘+인화수소
산과의 반응식	$Ca_3P_2 + 6HCl \rightarrow 3CaCl_2 + 2PH_3$ 인화석회+염산 → 염화칼슘+인화수소

0602 / 0902

46 Repetitive Learning (1회 2회 3회)

다음 중 물과 반응할 때 위험성이 가장 큰 것은?

① 과산화나트륨 ② 과산화바륨
③ 과산화수소 ④ 과염소산나트륨

해설

- 과산화나트륨은 제1류 위험물 중 무기과산화물로 물과 접촉하면 격렬하게 반응하여 산소를 발생하면서 발화하므로 주의해야 한다.

과산화나트륨(Na_2O_2) 실기 0801/0804/1201/1202/1401/1402/1701/1704/1904/2003/2004

㉠ 개요
- 산화성 고체로 제1류 위험물에 해당하며, 지정수량은 50kg, 위험등급은 Ⅰ이다.
- 순수한 것은 백색 정방정계 분말이나 시판되는 것은 황색이다.
- 흡습성이 강하고 조해성이 있으며, 표백제, 산화제로 사용한다.
- 산과 반응하여 과산화수소(H_2O_2)를 발생시키며, 금, 니켈을 제외한 다른 금속을 침식하여 산화물로 만든다.
- 물과 격렬하게 반응하여 수산화나트륨과 산소를 발생시킨다. ($2Na_2O_2 + 2H_2O \rightarrow 4NaOH + O_2$)
- 가연물과 혼합되어 있을 경우 약간의 물 접촉만으로도 발화하며, 양이 많을 경우 주수에 의해 폭발하므로 주수소화를 금해야 한다.
- 가열하면 산화나트륨과 산소를 발생시킨다. ($2Na_2O_2 \xrightarrow[\Delta]{} 2Na_2O + O_2$)
- 아세트산과 반응하여 아세트산나트륨과 과산화수소를 발생시킨다.($Na_2O_2 + 2CH_3COOH \rightarrow 2CH_3COONa + H_2O_2$)

㉡ 저장 및 취급방법
- 물과 습기의 접촉을 피한다.
- 용기는 수분이 들어가지 않게 밀전 및 밀봉 저장한다.
- 가열 및 충격 · 마찰을 피하고 유기물질의 혼입을 막는다.

1004

47 Repetitive Learning (1회 2회 3회)

위험물안전관리법령에 따라 지정수량 10배의 위험물을 운반할 때 혼재가 가능한 것은?

① 제1류 위험물과 제2류 위험물
② 제2류 위험물과 제3류 위험물
③ 제3류 위험물과 제5류 위험물
④ 제4류 위험물과 제5류 위험물

해설

- 제1류와 제6류, 제2류와 제4류 및 제5류, 제3류와 제4류, 제4류와 제5류의 혼합은 비교적 위험도가 낮아 혼재 사용이 가능하다.

위험물의 혼합 사용 실기 0504/0601/0602/0701/0704/0804/1001/1102/1104/1302/1401/1404/1502/1504/1601/1704/1801/1802/1804/1901/1902/2001

- 유별을 달리하는 위험물은 동일 장소에서 저장, 취급해서는 안 된다.
- 제1류(산화성고체)와 제6류(산화성액체), 제2류(환원성고체)와 제4류(가연성액체) 및 제5류(자기반응성물질), 제3류(자연발화 및 금수성 물질)와 제4류(가연성액체)의 혼합은 비교적 위험도가 낮아 혼재 사용이 가능하다.
- 산화성물질과 가연물을 혼합하면 산화 · 환원반응이 더욱 잘 일어나는 혼합위험성 물질이 된다.
- 가연성 물질과 조연성 물질을 혼합할 때 폭발위험이 증가한다.

구분	1류	2류	3류	4류	5류	6류
1류	╳	×	×	×	×	○
2류	×	╳	×	○	○	×
3류	×	×	╳	○	×	×
4류	×	○	○	╳	○	×
5류	×	○	×	○	╳	×
6류	○	×	×	×	×	╳

정답 | 45 ② 46 ① 47 ④

1104 / 1901

48

Repetitive Learning (1회 2회 3회)

물과 접촉하였을 때 에탄이 발생되는 물질은?

① CaC_2　　② $(C_2H_5)_3Al$

③ $C_6H_3(NO_2)_3$　　④ $C_2H_5ONO_2$

해설

- 트리에틸알루미늄은 물과 접촉할 경우 폭발적으로 반응하여 수산화알루미늄과 에탄가스(C_2H_6)를 생성하므로 보관 시 주의해야 한다.

트리에틸알루미늄[$(C_2H_5)_3Al$] 실기 0502/0804/0904/1004/1101/1104/1202/1204/1304/1402/1404/1602/1704/1804/1902/1904/2001/2003

- 알킬기(C_nH_{2n+1})와 알루미늄의 화합물로 자연발화성 및 금수성 물질에 해당하는 제3류 위험물이다.
- 지정수량은 10kg이고, 위험등급은 Ⅰ이다.
- 무색 투명한 액체로 물, 에탄올과 폭발적으로 반응한다.
- 물과 접촉할 경우 폭발적으로 반응하여 수산화알루미늄과 에탄가스를 생성하므로 보관 시 주의한다.
  (반응식 : $(C_2H_5)_3Al + 3H_2O \rightarrow Al(OH)_3 + 3C_2H_6$)
- 화재 시 발생되는 흰 연기는 인체에 유해하며, 소화는 팽창질석, 팽창진주암 등이 가장 효율적이다.

1004 / 2001

49

Repetitive Learning 

주유취급소에서 고정주유설비는 도로경계선과 몇 m 이상 거리를 유지하여야 하는가? (단, 고정주유설비의 중심선을 기점으로 한다)

① 2　　② 4

③ 6　　④ 8

해설

- 고정주유설비는 고정주유설비의 중심선을 기점으로 하여 도로경계선까지 4m 이상, 부지경계선 · 담 및 건축물의 벽까지 2m(개구부가 없는 벽까지는 1m) 이상의 거리를 유지하여야 한다.

주유취급소에서 고정주(급)유 설비의 설치 위치 실기 1002/2004

- 고정주유설비의 중심선을 기점으로 하여 도로경계선까지 4m 이상, 부지경계선·담 및 건축물의 벽까지 2m(개구부가 없는 벽까지는 1m) 이상의 거리를 유지하고, 고정급유설비의 중심선을 기점으로 하여 도로경계선까지 4m 이상, 부지경계선 및 담까지 1m 이상, 건축물의 벽까지 2m(개구부가 없는 벽까지는 1m) 이상의 거리를 유지할 것
- 고정주유설비와 고정급유설비의 사이에는 4m 이상의 거리를 유지할 것

50

Repetitive Learning (1회 2회 3회)

위험물의 저장법으로 옳지 않은 것은?

① 금속 나트륨은 석유 속에 저장한다.

② 황린은 물속에 저장한다.

③ 질화면은 물 또는 알코올에 적셔서 저장한다.

④ 알루미늄분은 분진발생 방지를 위해 물에 적셔서 저장한다.

해설

- 알루미늄분을 물과 반응시 수소가스를 생성하여 폭발할 수 있으므로 물과의 접촉을 피해야 한다.

위험물 저장 시 보호액 실기 0502/0504/0604/0902/0904

위험물	보호액
금속칼륨, 나트륨	석유(파라핀, 경유, 등유), 벤젠
니트로셀룰로오스	알코올이나 물
황린, 이황화탄소	물

1102 / 1802

51

Repetitive Learning (1회 2회 3회)

위험물안전관리법령에 따른 위험물 저장기준으로 틀린 것은?

① 이동탱크저장소에는 설치허가증과 운송허가증을 비치하여야 한다.

② 지하저장탱크의 주된 밸브는 위험물을 넣거나 빼낼 때 외에는 폐쇄하여야 한다.

③ 아세트알데히드를 저장하는 이동저장탱크에는 탱크 안에 불활성 가스를 봉입하여야 한다.

④ 옥외저장탱크 주위에 설치된 방유제의 내부에 물이나 유류가 괴었을 경우에는 즉시 배출하여야 한다.

해설

- 이동탱크저장소에는 당해 이동탱크저장소의 완공검사필증 및 정기점검기록을 비치하여야 한다.

이동탱크저장소에서의 취급기준

- 이동저장탱크로부터 위험물을 저장 또는 취급하는 탱크에 액체의 위험물을 주입할 경우에는 그 탱크의 주입구에 이동저장탱크의 주입호스를 견고하게 결합한다.
- 이동저장탱크로부터 액체위험물을 용기에 옮겨 담지 아니한다.
- 이동저장탱크로부터 위험물을 저장 또는 취급하는 탱크에 인화점이 40℃ 미만인 위험물을 주입할 때에는 이동탱크저장소의 원동기를 정지시킨다.
- 이동탱크저장소에는 당해 이동탱크저장소의 완공검사필증 및 정기점검기록을 비치하여야 한다.

48 ② 49 ② 50 ④ 51 ① | 정답

1104 / 1204 / 1601

52

Repetitive Learning 

위험물안전관리법령상 보냉장치가 없는 이동저장탱크에 저장하는 아세트알데히드 등의 온도는 몇 ℃ 이하로 유지하여야 하는가?

① 30 ② 40

③ 55 ④ 65

해설

- 옥외저장탱크 · 옥내저장탱크 또는 지하저장탱크 중 압력탱크에 저장하는 아세트알데히드 등 또는 디에틸에테르 등의 온도는 40℃ 이하로 유지하여야 한다.

아세트알데히드 등의 저장기준 실기 0604/1202/1304/1602/1901/1904

- 옥외저장탱크 · 옥내저장탱크 또는 지하저장탱크 중 압력탱크에 있어서는 아세트알데히드 등의 취출에 의하여 당해 탱크내의 압력이 상용압력 이하로 저하하지 아니하도록, 압력탱크 외의 탱크에 있어서는 아세트알데히드 등의 취출이나 온도의 저하에 의한 공기의 혼입을 방지할 수 있도록 불활성 기체를 봉입할 것
- 이동저장탱크에 아세트알데히드 등을 저장하는 경우에는 항상 불활성의 기체를 봉입하여 둘 것
- 옥외저장탱크 · 옥내저장탱크 또는 지하저장탱크 중 압력탱크 외의 탱크에 저장하는 디에틸에테르 등 또는 아세트알데히드 등의 온도는 산화프로필렌과 이를 함유한 것 또는 디에틸에테르 등에 있어서는 30℃ 이하로, 아세트알데히드 또는 이를 함유한 것에 있어서는 15℃ 이하로 각각 유지할 것
- 옥외저장탱크 · 옥내저장탱크 또는 지하저장탱크 중 압력탱크에 저장하는 아세트알데히드 등 또는 디에틸에테르 등의 온도는 40℃ 이하로 유지할 것
- 보냉장치가 있는 이동저장탱크에 저장하는 아세트알데히드 등 또는 디에틸에테르 등의 온도는 당해 위험물의 비점 이하로 유지할 것
- 보냉장치가 없는 이동저장탱크에 저장하는 아세트알데히드 등 또는 디에틸에테르 등의 온도는 40℃ 이하로 유지할 것

0802 / 1402 / 1604

53

Repetitive Learning 

위험물안전관리법령상 제1류 위험물 중 알칼리금속의 과산화물의 운반용기 외부에 표시하여야 하는 주의사항을 모두 나타낸 것은?

① "화기엄금", "충격주의" 및 "가연물접촉주의"

② "화기 · 충격주의", "물기엄금" 및 "가연물접촉주의"

③ "화기주의" 및 "물기엄금"

④ "화기엄금" 및 "물기엄금"

해설

- ①의 경우는 제1류 위험물 중 알칼리금속의 과산화물을 제외한 물질의 운반용기 표시사항이다.
- ③은 제2류 위험물 중 철분 · 금속분 · 마그네슘에 대한 운반용기 표시사항이다.
- ④는 해당 물질이 없다.

수납하는 위험물에 따른 용기 표시 주의사항 실기 0701/0801/0902/0904/1001/1004/1101/1201/1202/1404/1504/1601/1701/1801/1802/2003/2004/2101

제1류	알칼리금속의 과산화물	화기 · 충격주의, 물기엄금, 가연물접촉주의
	그 외	화기 · 충격주의, 가연물접촉주의
제2류	철분 · 금속분 · 마그네슘 또는 이를 함유한 것	화기주의, 물기엄금
	인화성 고체	화기엄금
	그 외	화기주의
제3류	자연발화성 물질	화기엄금, 공기접촉엄금
	금수성 물질	물기엄금
제4류		화기엄금
제5류		화기엄금, 충격주의
제6류		가연물접촉주의

0704 / 1901

54

Repetitive Learning 

위험물안전관리법령에 근거한 위험물 운반 및 수납 시 주의사항에 대한 설명 중 틀린 것은?

① 위험물을 수납하는 용기는 위험물이 누출되지 않게 밀봉시켜야 한다.

② 온도 변화가 가스발생 우려가 있는 것은 가스 배출구를 설치한 운반용기에 수납할 수 있다.

③ 액체 위험물은 운반용기 내용적의 98% 이하의 수납율로 수납하되 55℃의 온도에서 누설되지 아니하도록 충분한 공간 용적을 유지하도록 하여야 한다.

④ 고체 위험물은 운반용기 내용적의 98% 이하의 수납율로 수납하여야 한다.

해설

- 고체위험물은 운반용기 내용적의 95% 이하의 수납율로 수납하여야 한다.

용기의 수납율 실기 1104/1204/1501/1802/2004

- 고체위험물은 운반용기 내용적의 95% 이하의 수납율로 수납할 것
- 액체위험물은 운반용기 내용적의 98% 이하의 수납율로 수납하되, 55도의 온도에서 누설되지 아니하도록 충분한 공간용적을 유지하도록 할 것

정답 | 52 ② 53 ② 54 ④

55

Repetitive Learning 1회 2회 3회

위험물안전관리법령상 산화프로필렌을 취급하는 위험물 제조설비의 재질로 사용이 금지된 금속이 아닌 것은?

① 금 ② 은

③ 동 ④ 마그네슘

해설

- 아세틸렌(C_2H_2), 아세트알데히드(CH_3CHO), 산화프로필렌(CH_3CH_2CHO) 등은 은, 수은, 동, 마그네슘 및 이의 합금과 결합할 경우 금속아세틸라이드라는 폭발성 물질을 생성하므로 위험물 제조설비의 재질로 사용이 금지된다.

산화프로필렌(CH_3CH_2CHO) 실기 0501/0602/1002/1704

- 인화점이 -37℃인 특수인화물로 지정수량은 50L이고, 위험등급은 Ⅰ이다.
- 연소범위는 2.5 ~ 38.5%이고, 끓는점(비점)은 34℃, 비중은 0.83으로 물보다 가벼우며, 증기비중은 2로 공기보다 무겁다.
- 무색의 휘발성 액체이고, 물이나 알코올, 에테르, 벤젠 등에 잘 녹는다.
- 증기압은 45mmHg로 제4류 위험물 중 가장 커 기화되기 쉽다.
- 액체가 피부에 닿으면 화상을 입고 증기를 마시면 심할 때는 폐부종을 일으킨다.
- 저장 시 은, 수은, 동, 마그네슘 및 이의 합금으로 된 용기를 사용하면 폭발성 물질인 아세틸라이드를 생성하므로 해당 용기의 사용을 절대 금한다.
- 저장 시 용기 내부에 불활성 기체(N_2) 또는 수증기를 봉입하여야 한다.

1104

56

Repetitive Learning 1회 2회 3회

위험물안전관리법령에 따른 위험물제조소의 안전거리 기준으로 틀린 것은?

① 주택으로부터 10m 이상

② 학교, 병원, 극장으로부터는 30m 이상

③ 유형문화재와 기념물 중 지정문화재로부터는 70m 이상

④ 고압가스등을 저장 · 취급하는 시설로부터는 20m 이상

해설

- 유형문화재와 기념물 중 지정문화재와는 50m 이상의 안전거리를 유지하여야 한다.

제조소의 안전거리(제6류 위험물제조소 제외) 실기 1302

문제 21번의 유형별 핵심이론 참조

0902 / 1102 / 2003

57

Repetitive Learning 1회 2회 3회

제4류 위험물을 저장하는 이동탱크저장소의 탱크 용량이 19,000L일 때 탱크의 칸막이는 최소 몇 개를 설치해야 하는가?

① 2 ② 3

③ 4 ④ 5

해설

- 칸막이는 4,000L 이하마다 구분하여야 하므로 탱크 용량이 19,000L일 경우 5개($\frac{19,000}{4,000} = 4.75$)의 구역으로 구분되어야 하므로 실제 칸막이는 4개가 필요하다.

이동저장탱크에 칸막이의 설치 실기 0702/0801/0804/0901/1201/1404/1701

- 이동저장탱크는 그 내부에 4,000L 이하마다 3.2mm 이상의 강철판 또는 이와 동등 이상의 강도·내열성 및 내식성이 있는 금속성의 것으로 칸막이를 설치하여야 한다. 다만, 고체인 위험물을 저장하거나 고체인 위험물을 가열하여 액체 상태로 저장하는 경우에는 그러하지 아니하다.
- 칸막이로 구획된 각 부분마다 맨홀과 안전장치 및 방파판을 설치하여야 한다.

0501

58

Repetitive Learning 1회 2회 3회

아세톤에 관한 설명 중 틀린 것은?

① 무색의 액체로서 특이한 냄새를 가지고 있다.

② 가연성이며 비중은 물보다 작다.

③ 화재 발생 시 이산화탄소나 포에 의한 소화가 가능하다.

④ 알코올, 에테르에 녹지 않는다.

해설

- 아세톤은 물에 잘 녹으며 에테르, 알코올에도 녹는다.

아세톤(CH_3COCH_3) 실기 0704/0802/1004/1504/1804/2101

- 수용성 제1석유류로 지정수량이 400L인 가연성 액체이다.
- 비중은 0.79로 물보다 작으나 증기비중은 2로 공기보다 무겁다.
- 무색, 투명한 액체로서 독특한 자극성의 냄새를 가진다.
- 인화점이 -18℃로 상온에서 인화의 위험이 매우 높다.
- 물에 잘 녹으며 에테르, 알코올에도 녹는다.
- 아세틸렌을 녹이므로 아세틸렌 저장에 이용된다.
- 요오드포름 반응을 일으킨다.
- 화재 발생 시 이산화탄소나 포에 의한 소화 및 대량 주수소화로 희석소화가 가능하다.

55 ① 56 ③ 57 ③ 58 ④ | 정답

59
0802

Repetitive Learning (1회 2회 3회)

다음 중 독성이 있고, 제2석유류에 속하는 것은?

① CH_3CHO ② C_6H_6
③ $C_6H_5CH=CH_2$ ④ $C_6H_5NH_2$

해설

- CH_3CHO는 아세트알데히드로 특수인화물에 해당한다.
- C_6H_6는 벤젠으로 제1석유류에 해당한다.
- $C_6H_5NH_2$는 아닐린으로 제3석유류에 해당한다.

제2석유류

㉠ 개요

- 1기압에서 인화점이 21℃ 이상 70℃ 미만인 액체이다.(단, 40중량% 이하이거나 연소점이 60℃ 이상인 것은 제외한다)
- 비수용성은 지정수량이 1,000L, 수용성은 지정수량이 2,000L이며, 위험등급은 Ⅲ이다.
- 등유, 경유, 장뇌유, 크실렌, 테레핀유, 클로로벤젠, 스틸렌, 벤즈알데히드(이상 비수용성), 의산, 초산(아세트산) (이상 수용성) 등이 있다.

㉡ 종류

구분	종류
비수용성 (1,000L)	• 등유(케로신) • 경유(디젤유) • 장뇌유 • 크실렌[$C_6H_4(CH_3)_2$] • 테레핀유($C_{10}H_{16}$) • 클로로벤젠(C_6H_5Cl) • 스틸렌($C_6H_5CHCH_2$) • 벤즈알데히드(C_6H_5CHO)
수용성 (2,000L)	• 의산(HCOOH) • 초산(아세트산, CH_3COOH) • 아크릴산($C_3H_4O_2$)

60
1002

Repetitive Learning (1회 2회 3회)

탄화칼슘과 물이 반응하였을 때 생성되는 가스는?

① C_2H_2 ② C_2H_4
③ C_2H_6 ④ CH_4

해설

- 탄화칼슘이 물과 반응하면 연소범위가 약 2.5 ~ 81%를 갖는 가연성 가스인 아세틸렌(C_2H_2)가스를 발생시킨다.

탄화칼슘(CaC_2)/카바이트 실기 0604/0702/0801/0804/0902/1001/1002/1201/1304/1502/1701/1801/1901/2001/2101

- 칼슘 또는 알루미늄의 탄화물로 자연발화성 및 금수성 물질에 해당하며, 지정수량 300kg에 위험등급은 Ⅲ인 제3류 위험물이다.
- 흑회색의 불규칙한 고체 덩어리로 고온에서 질소가스와 반응하여 석회질소($CaCN_2$)가 된다.
- 비중은 약 2.2 정도로 물보다 무겁다.
- 물과 반응하여 연소범위가 약 2.5 ~ 81%를 갖는 가연성 가스인 아세틸렌(C_2H_2)가스를 발생시킨다.
  ($CaC_2+2H_2O \rightarrow Ca(OH)_2+C_2H_2$)
- 화재 시 건조사, 탄산수소염류소화기, 사염화탄소소화기, 팽창질석 등을 사용하여 소화한다.

정답 | 59 ③ 60 ①

2014년 5월 25일

2014년 제2회

합격률 41.4%

1과목 일반화학

01

Repetitive Learning (1회 2회 3회)

염화칼슘의 화학식량은 얼마인가? (단, 염소의 원자량은 35.5, 칼슘의 원자량은 40, 황의 원자량은 32, 요오드의 원자량은 127이다)

① 111　② 121
③ 131　④ 141

해설

- 염화칼슘($CaCl_2$)의 분자량은 40+(35.5×2)=111이 된다.

염화칼슘($CaCl_2$)

- 칼슘과 염소로 이뤄진 흰색의 염이다.
- 녹는점이 772℃, 끓는점이 1,935℃이고 밀도가 2.15이며 분자량은 111이다.
- 제빙할 때 냉각 매제로, 길의 눈이 어는 것을 방지할 때 사용한다.

1004

02

Repetitive Learning (1회 2회 3회)

방사성 동위원소의 반감기가 20일일 때 40일이 지난 후 남은 원소의 분율은?

① 1/2　② 1/3
③ 1/4　④ 1/6

해설

- 반감기의 2배이므로 $\left(\frac{1}{2}\right)^2$이 된다. 즉 $\left(\frac{1}{4}\right)$배가 된다.

반감기

- 방사성 원소의 양이 원래 양의 절반으로 감소하는데 걸리는 시간을 말한다.
- 반감기를 이용해 남은 원소의 질량을 구할 수 있다.

$$\text{붕괴 후 질량} = \text{처음 질량} \times \left(\frac{1}{2}\right)^{\frac{\text{경과시간}}{\text{반감기}}}$$

03

Repetitive Learning (1회 2회 3회)

분자 운동에너지와 분자간의 인력에 의하여 물질의 상태 변화가 일어난다. 다음 그림에서 (a), (b)의 변화는?

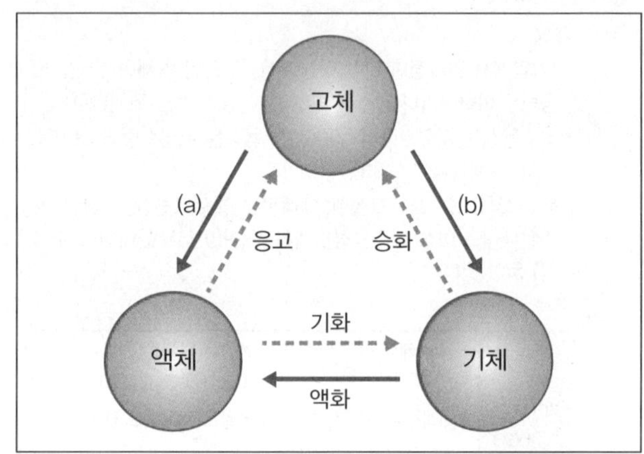

① (a)융해, (b)승화　② (a)승화, (b)융해
③ (a)응고, (b)승화　④ (a)승화, (b)응고

해설

- 고체가 액체가 되는 것은 융해, 고체가 기체가 되는 것은 승화라 한다.

물질의 상태변화

- 융해 : 고체가 액체로 되는 것
- 응고 : 액체가 고체로 되는 것
- 승화 : 기체가 고체로, 혹은 고체가 기체로 되는 것
- 액화 : 기체가 액체로 되는 것
- 기화 : 액체가 기체로 되는 것

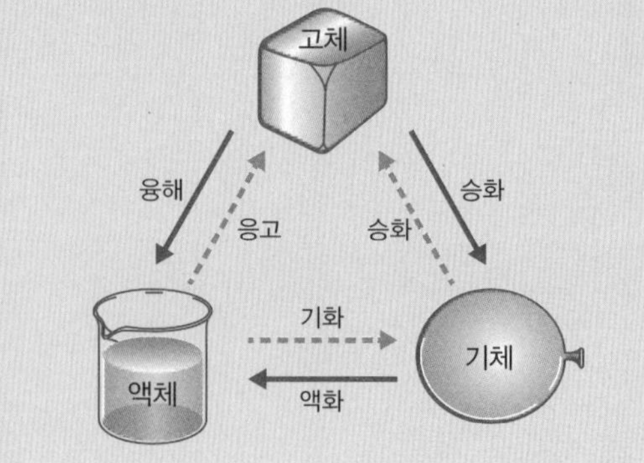

01 ① 02 ③ 03 ① 정답

04

Repetitive Learning (1회 2회 3회)

BF_3는 무극성 분자이고 NH_3는 극성 분자이다. 이 사실과 가장 관계가 있는 것은?

① 비공유 전자쌍은 BF_3에는 있고 NH_3에는 없다.
② BF_3는 공유 결합 물질이고 NH_3는 수소 결합 물질이다.
③ BF_3는 평면 정삼각형이고 NH_3는 피라미드형 구조이다.
④ BF_3는 sp^3 혼성 오비탈을 하고 있고 NH_3는 sp^2 혼성 오비탈을 하고 있다.

해설

- 암모니아(NH_3)는 피라미드형(삼각뿔) 구조로 수소 3개가 결합된 방향의 반대방향으로 힘이 주어지는 형태의 극성분자인데 반해, 삼불화붕소(BF_3)는 붕소(B)와 불소(F)가 서로의 전자를 공유하는 공유전자쌍 3개가 평면 정삼각형을 이루는 무극성 분자이다.

극성 및 비극성 분자

구분	내용
극성	• 대칭관계에 있더라도 끌어당기는 힘이 서로 다를 경우 힘이 큰 쪽의 분자의 성질만 나타나게 되는 분자형태 • 물에 잘 녹는 특성을 갖는다. • CO, NH_3, H_2O, HF 등
비극성	• 대칭관계에 있는 분자들이 서로 같은 힘으로 끌어당기므로 어느 쪽으로도 치우치지 않는 분자형태 • 분자간의 인력이 적으며, 물에 잘 녹지 않는 특성을 갖는다. • CH_4, CO_2, CCl_4, Cl_2, BF_3, H_2, O_2, N_2, C_6H_6 등

1901

05

Repetitive Learning 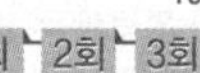

물 500g 중에 설탕($C_{12}H_{22}O_{11}$) 171g이 녹아 있는 설탕물의 몰랄농도는?

① 2.0　　② 1.5
③ 1.0　　④ 0.5

해설

- 설탕의 분자량을 구해야 한다.
- 설탕의 분자량은 12×12+22×1+11×16=144+22+176=342이다.
- 물 500g에 설탕이 0.5몰이 녹아 있는 경우이므로 몰랄농도는 1M이 된다.

몰랄농도

- 용매 1kg당 녹아있는 용질의 몰수를 표시하는 단위이다.
- 몰농도는 온도 변화에 따라 값이 변화되므로 온도가 변화하는 상황에서 용질의 입자 수를 측정할 때 몰랄농도를 주로 사용한다.

0804 / 2001

06

Repetitive Learning (1회 2회 3회)

수소와 질소로 암모니아를 합성하는 반응의 화학반응식은 다음과 같다. 암모니아의 생성률을 높이기 위한 조건은?

$$N_2 + 3H_2 \rightarrow 2NH_3 + 22.1\text{kcal}$$

① 온도와 압력을 낮춘다.
② 온도는 낮추고, 압력은 높인다.
③ 온도를 높이고, 압력은 낮춘다.
④ 온도와 압력을 높인다.

해설

- 등호를 기준으로 왼쪽에서 오른쪽으로 진행은 열을 발생하는 발열반응이고, 몰수가 큰 쪽(4몰)에서 작은 쪽(2몰)으로의 진행이므로 온도를 낮추고, 압력을 높여야 한다.

화학반응식의 평형

- 발열반응으로 진행하려면 온도를 낮춰야하고, 흡열반응으로 진행하려면 온도를 높여야한다.
- 반응식에서 압력을 높이면 기체의 몰수의 합이 적은 쪽으로 반응이 진행되고, 압력을 낮추면 기체의 몰수의 합이 많은 쪽으로 반응이 진행된다.

07

Repetitive Learning (1회 2회 3회)

질소 2몰과 산소 3몰의 혼합기체가 나타내는 전 압력이 10기압 일 때 질소의 분압은 얼마인가?

① 2기압　　② 4기압
③ 8기압　　④ 10기압

해설

- 이상기체 상태방정식에서 $P = \frac{n \times R \times T}{V}$이다.(n은 몰수)
- 압력은 몰수에 비례한다.
- 질소 : 산소의 몰수 비가 2 : 3이므로 압력의 비도 2 : 3이 된다.

이상기체 상태방정식

- 특정 압력과 온도에서 기체의 분자량을 구할 때 사용한다.
- 분자량 $M = \frac{\text{질량} \times R \times T}{P \times V}$로 구한다.

이때, R은 이상기체상수로 0.082[atm · L/mol · K]이고,
T는 절대온도(273+섭씨온도)[K]이고,
P는 압력으로 atm 혹은 $\frac{\text{주어진 압력[mmHg]}}{760\text{mmHg/atm}}$이고,
V는 부피[L]이다.

08 Repetitive Learning (1회 2회 3회)

찬물을 컵에 담아서 더운 방에 놓아두었을 때 유리와 물의 접촉면에 기포가 생기는 이유로 가장 옳은 것은?

① 물의 증기압력이 높아지기 때문에
② 접촉면에서 수증기가 발생하기 때문에
③ 방안의 이산화탄소가 녹아 들어가기 때문에
④ 온도가 올라갈수록 기체의 용해도가 감소하기 때문에

해설

- 액체에 녹아있던 기체가 온도가 올라갈수록 기체의 용해도가 감소함에 따라 증발하여 기포로 생성된다.

용해도

- 용해도란 포화용액에서 용매 100g에 용해되는 용질의 g수를 그 온도에서의 용해도라고 한다.
- 대부분의 경우 온도가 높아질수록 고체의 용해도는 증가하고, 기체의 용해도는 감소한다.

09 Repetitive Learning (1회 2회 3회)

같은 온도에서 크기가 같은 4개의 용기에 다음과 같은 양의 기체를 채웠을 때 용기의 압력이 가장 큰 것은?

① 메탄 분자 1.5×10^{23}
② 산소 1그램당량
③ 표준상태에서 CO_2 16.8L
④ 수소기체 1g

해설

- 압력은 몰수에 비례하므로 몰수가 가장 큰 것이 압력이 가장 크다.
- ① 메탄 1/4몰을 의미한다.
- ② 산소 당량수가 2이고 분자량은 32이므로 1g 당량은 1/4몰을 의미한다.
- ③ 표준상태 1몰의 부피는 22.4L인데 16.8L이므로 3/4몰을 의미한다.
- ④ 수소 당량수가 1이고 분자량은 2이므로 1g 당량은 1/2몰을 의미한다.

g당량

- 물질의 g당량은 $\frac{\text{몰 질량}}{\text{당량수}}$로 구한다.
- 당량수는 원자가 혹은 분자나 원자가 내놓을 수 있는 수소이온(H^+)의 수를 말한다.

1101

10 Repetitive Learning (1회 2회 3회)

11g의 프로판이 연소하면 몇 g의 물이 생기는가?

① 4 ② 4.5
③ 9 ④ 18

해설

- 프로판의 완전연소식을 보면 $C_3H_8 + 5O_2 \rightarrow 3CO_2 + 4H_2O$이다. 즉, 1몰의 프로판을 완전연소시키면 4몰의 물이 생성된다.
- 프로판 1몰의 무게는 44로 44g을 완전연소시키면 생성되는 물의 질량은 18×4=72g이 된다.
- 11g을 연소하면 $\frac{72}{4} = 18$g이 된다.

프로판(C_3H_8)

- 알케인계 탄화수소의 한 종류이다.
- 특이한 냄새를 갖는 무색기체이다.
- 녹는점은 −187.69℃, 끓는점은 −42.07℃이고 분자량은 44이다.
- 물에는 약간, 알코올에 중간, 에테르에 잘 녹는다.
- 완전연소식 : $C_3H_8 + 5O_2 \rightarrow 3CO_2 + 4H_2O$: 이산화탄소+물

1701

11 Repetitive Learning (1회 2회 3회)

포화 탄화수소에 해당하는 것은?

① 톨루엔 ② 에틸렌
③ 프로판 ④ 아세틸렌

해설

- 톨루엔은 방향족 화합물로 불포화 탄화수소에 해당한다.
- 에틸렌은 2중 결합을 가지고 있는 불포화 탄화수소이다.
- 아세틸렌은 3중 결합을 가지고 있는 불포화 탄화수소이다.

포화 탄화수소

- 탄소(C)와 수소(H)가 결합된 유기화합물 중 탄소의 고리에 2중 결합 등이 없이 수소가 가득 차 있는 단일 결합상태의 물질을 말한다.
- 탄소원자수가 1~4개는 상온에서 기체, 탄소원자의 수가 5~17개는 상온에서 액체상태, 탄소원자수가 18개 이상인 것은 상온에서 고체상태이다.
- 메테인(CH_4), 에테인(C_2H_6), 프로페인(C_3H_8) 등 알칸(C_nH_{2n+2})계 사슬 모양 포화 탄화수소가 있다.
- 시클로펜탄(C_5H_{10}), 시클로헥산(C_6H_{12}) 등 시클로알케인(C_nH_{2n})계 고리 모양 포화 탄화수소가 있다.

08 ④ 09 ③ 10 ④ 11 ③ | 정답

12

Repetitive Learning 1회 2회 3회

다음 중 나타내는 수의 크기가 다른 하나는?

① 질소 7g 중의 원자 수
② 수소 1g 중의 원자 수
③ 염소 71g 중의 분자 수
④ 물 18g 중의 분자 수

해설

- 질소(N)의 원자량은 14g인데 7g중의 원자 수는 $\frac{1}{2}$이다.
- 수소(H)의 원자량은 1g인데 1g중의 원자 수는 1이다.
- 염소분자(Cl_2)의 분자량은 71g인데 71g중의 분자 수는 1이다.
- 물(H_2O)의 분자량은 18g인데 18g 중의 분자 수는 1이다.

원자번호(Atomic number)와 원자량(Atomic mass)

- 원자번호는 원자핵의 양성자수이자 중성원자의 총 전자수와 같다.
- 질량수 = 양성자의 수 + 중성자의 수로 구한다.
- 원자량은 6개의 양성자와 6개의 중성자로 구성되는 질량수 12인 탄소($_{12}C$)의 원자 질량을 12로 정한 조건에서 다른 원소의 비교질량을 원자량으로 나타낸다.

0901

13

Repetitive Learning 1회 2회 3회

96wt% H_2SO_4(A)와 60wt% H_2SO_4(B)를 혼합하여 80wt% H_2SO_4 100kg을 만들려고 한다. 각각 몇 kg씩 혼합하여야 하는가?

① A : 30, B : 70
② A : 44.4, B : 55.6
③ A : 55.6, B : 44.4
④ A : 70, B : 30

해설

- 중화적정에 관한 문제이다.
- (0.96×A)+(0.6×B)=0.8×100가 성립하는 A와 B를 구하는 문제이다.
- A+B=100이 되어야 한다. B=100−A를 적용한다.
- 0.96A+0.6(100−A)=80이므로 0.36A=20이 된다. A=55.6이다.
- A가 55.6이면 B는 44.4가 되어야 한다.

중화적정

- 중화반응을 이용하여 용액의 농도를 확인하는 방법이다.
- 단일 산과 염기인 경우 $NV = N'V'$(N은 노르말 농도, V는 부피)
- 혼합용액의 경우 $NV \pm N'V' = N''V''$(혼합용액의 부피 $V'' = V + V'$)
- 산, 염기의 가수(n)와 몰농도(M)가 주어질 때는 $nMV = n'M'V'$가 된다.

0901

14

Repetitive Learning 1회 2회 3회

8g의 메탄을 완전연소시키는데 필요한 산소분자의 수는?

① 6.02×10^{23}
② 1.204×10^{23}
③ 6.02×10^{24}
④ 1.204×10^{24}

해설

- 반응식을 살펴보면 $CH_4 + 2O_2 \rightarrow CO_2 + 2H_2O$로, 메탄 1몰(16g)을 완전연소시키는데 필요한 산소는 2몰이었다.
- 메탄 8g을 연소시키기 위해서 필요한 산소는 1몰이므로 산소분자의 수는 아보가드로 수를 적용하면 6.02×10^{23}개다.

메탄(CH_4)

- 탄소 1개에 수소 4개가 붙은 간단한 형태의 탄소화합물이다.
- 녹는점은 −183℃, 끓는점은 −162℃로 기체상태이며, 분자량은 16이다.
- 완전연소 반응식 : $CH_4 + 2O_2 \rightarrow CO_2 + 2H_2O$이다.

15

Repetitive Learning 1회 2회 3회

다음 산화수에 대한 설명 중 틀린 것은?

① 화학결합이나 반응에서 산화, 환원을 나타내는 척도이다.
② 자유원소 상태의 원자의 산화수는 0이다.
③ 이온결합 화합물에서 각 원자의 산화수는 이온 전하의 크기와 관계없다.
④ 화합물에서 각 원자의 산화수는 총합이 0이다.

해설

- 이온결합 화합물에서 각 원자의 산화수는 이온 전하의 크기와 같다.

산화수

- 화학결합이나 반응에서 산화, 환원을 나타내는 척도이다.
- (자유원소 상태의 원자가 전자)−(화학종에서의 원자가 전자)로 구한다. 즉, 공유결합 화합물에서 전기음성도가 큰 원소가 공유전자쌍을 모두 가지는 것으로 하여 계산하여 빼 준다는 의미이다.
- 자유원소 상태 원자의 산화수는 0이다.
- 화합물에서 각 원자의 산화수는 총합이 0이다.
- 이온결합 화합물에서 단원자 금속이온은 원자가 전자를 모두 잃는다.
- 이온결합 화합물에서 단원자 비금속이온은 원자가 전자껍질을 모두 채운다.
- 이온결합 화합물에서 각 원자의 산화수는 이온 전하의 크기와 같다.

정답 | 12 ① 13 ③ 14 ① 15 ③

0402 / 1204 / 1701 / 1904

16

Repetitive Learning 

$KMnO_4$에서 Mn의 산화수는 얼마인가?

① +1　② +3
③ +5　④ +7

해설

- $KMnO_4$에서 K가 1족의 알칼리금속이므로 망간의 산화수는 +7이 되어야 1+7−8이 되어 화합물의 산화수가 0가로 된다.

화합물에서 산화수 관련 절대적 원칙

- 일반적으로 화합물에서 전기음성도가 큰 물질이 +의 산화수를 갖고, 전기음성도가 작은 물질이 −의 산화수를 가진다.
- 수소(H)는 결합하는 원자와의 전기음성도 차에 의해 +1가 혹은 −1가의 값을 가진다.
- 1족의 알칼리금속(Li, Na, K)은 +1가의 값을 가진다.
- 2족의 알칼리토금속(Be, Mg, Ca)는 +2가의 값을 가진다.
- 13족의 알루미늄(Al)은 +3가의 값을 가진다.
- 17족의 플로오린(F)은 −1가의 값을 가진다.

0501

17

Repetitive Learning 1회 2회 3회

다음 핵 화학반응식에서 산소(O)의 원자번호는 얼마인가?

$$^{14}_{7}N + ^{4}_{2}He(\alpha) \rightarrow O + ^{1}_{1}H$$

① 6　② 7
③ 8　④ 9

해설

- 질소($^{14}_{7}N$)에 α입자($^{4}_{2}He$)을 충격하여 산소와 수소($^{1}_{1}H$)로 분리되는 반응식이다.
- 좌변의 질량수는 14+4 =18이므로 우변의 질량수의 합도 18이 되어야 하므로 산소의 질량수는 18−1=17이 되어야 한다.
- 좌변의 원자번호는 7+2=9이므로 우변의 원자번호 합도 9가 되어야 하므로 산소의 원자번호는 9−1=8이 되어야 한다.

핵 화학반응

- Chadwick이 입자가속기를 이용하여 α선을 원자핵에 대었을 때 일어나는 반응에 중성자가 개입한 것을 증명했다.
- 임의의 원자핵에 α입자($^{4}_{2}He$)을 충격하여 새로운 원자와 중성자로 분리되는 반응을 말한다.
- 질량수와 원자번호의 합은 반응 전후 일정하다.

18

Repetitive Learning 1회 2회 3회

같은 질량의 산소 기체와 메탄 기체가 있다. 두 물질이 가지고 있는 원자 수의 비는?

① 5 : 1　② 2 : 1
③ 1 : 1　④ 1 : 5

해설

- 산소의 원자량은 16이고, 메탄(CH_4)의 분자량은 16인데 이때의 원자의 수는 5개이다.
- 같은 무게라고 한다면 원자 수의 비는 1 : 5이다.

원자번호(Atomic number)와 원자량(Atomic mass)

문제 12번의 유형별 핵심이론 참조

1802

19

Repetitive Learning 1회 2회 3회

다음 물질 중 감광성이 가장 큰 것은?

① HgO　② CuO
③ $NaNO_3$　④ AgCl

해설

- 은(Ag)과 할로겐물의 결합체인 AgBr, AgCl, AgI 등은 감광성이 뛰어나다.

염화은(AgCl)

- 은이온(Ag^+)과 염화이온(Cl^-)이 반응하여 물에 녹지 않는 흰색 앙금의 염화은(AgCl)을 생성한다.
- 햇빛에 노출되면 은이 검게 변하는 감광성을 가져, 감광지의 원료나 사진 등에 사용된다.

20

Repetitive Learning 1회 2회 3회

분자량의 무게가 4배이면 확산 속도는 몇 배인가?

① 0.5배　② 1배
③ 2배　④ 4배

해설

- 그레이엄의 법칙에 따르면 기체의 확산 속도는 분자량의 제곱근에 반비례한다. 4배 무겁다면 확산 속도는 1/2배라는 의미이다.

그레이엄의 법칙

- 기체의 확산(Diffusion)과 관련된 법칙이다.
- 일정한 온도와 압력의 조건에서 두 기체의 확산 속도 비는 그들의 밀도(분자량)의 제곱근에 반비례한다.

16 ④　17 ③　18 ④　19 ④　20 ①　정답

21 Repetitive Learning (1회 2회 3회)

다음 각각의 위험물 화재 발생 시 위험물안전관리법령상 적응 가능한 소화설비를 옳게 나타낸 것은?

① $C_6H_5NO_2$: 이산화탄소 소화기
② $(C_2H_5)_3Al$: 봉상수소화기
③ $C_2H_5OC_2H_5$: 봉상수소화기
④ $C_3H_5(ONO_2)_3$: 이산화탄소 소화기

해설

- ①의 니트로벤젠($C_6H_5NO_2$)은 제4류 위험물이므로 봉상수소화기는 적응성이 없으나 이산화탄소 소화기는 적응 가능하다.
- ②의 트리에틸알루미늄[$(C_2H_5)_3Al$]은 제3류 위험물 중 금수성물질이므로 봉상수소화기와 이산화탄소 소화기에 모두 적응성이 없다.
- ③의 디에틸에테르($C_2H_5OC_2H_5$)는 제4류 위험물이므로 봉상수소화기는 적응성이 없으나 이산화탄소 소화기는 적응 가능하다.
- ④의 니트로글리세린[$C_3H_5(ONO_2)_3$]은 제5류 위험물이므로 이산화탄소 소화기는 적응성이 없으나 봉상수소화기는 적응 가능하다.

봉상수소화기와 이산화탄소 소화기의 적응성 실기 1002/1101/1202/1601/1702/1902/2001/2003/2004

분류		봉상수 소화기	이산화탄소 소화기
건축물 · 그 밖의 공작물		○	
전기설비			○
제1류 위험물	알칼리금속과산화물등		
	그 밖의 것	○	
제2류 위험물	철분 · 금속분 · 마그네슘등		
	인화성고체	○	○
	그밖의것	○	
제3류 위험물	금수성물품		
	그 밖의 것	○	
제4류 위험물			○
제5류 위험물		○	
제6류 위험물		○	△

1504

22 Repetitive Learning (1회 2회 3회)

위험물제조소 등에 설치하는 이산화탄소 소화설비에 있어 저압식 저장용기에 설치하는 압력경보장치의 작동압력 기준은?

① 0.9MPa 이하, 1.3MPa 이상
② 1.9MPa 이하, 2.3MPa 이상
③ 0.9MPa 이하, 2.3MPa 이상
④ 1.9MPa 이하, 1.3MPa 이상

해설

- 이산화탄소를 저장하는 저압식저장용기에는 2.3MPa 이상의 압력 및 1.9MPa 이하의 압력에서 작동하는 압력경보장치를 설치하여야 한다.

이산화탄소를 저장하는 저압식 저장용기 실기 1204/2003

- 이산화탄소를 저장하는 저압식저장용기에는 액면계 및 압력계를 설치할 것
- 이산화탄소를 저장하는 저압식저장용기에는 2.3MPa 이상의 압력 및 1.9MPa 이하의 압력에서 작동하는 압력경보장치를 설치할 것
- 이산화탄소를 저장하는 저압식저장용기에는 용기내부의 온도를 영하 20℃ 이상 영하 18℃ 이하로 유지할 수 있는 자동냉동기를 설치할 것
- 이산화탄소를 저장하는 저압식저장용기에는 파괴판을 설치할 것
- 이산화탄소를 저장하는 저압식저장용기에는 방출밸브를 설치할 것

0501_추가

23 Repetitive Learning (1회 2회 3회)

다음 중 분말소화약제의 주된 소화작용에 가장 가까운 것은?

① 질식　② 냉각
③ 유화　④ 제거

해설

- 분말소화약제는 열분해로 생긴 불연성가스에 의한 질식효과가 가장 크다.

분말소화약제

- 탄산수소나트륨, 탄산수소칼륨, 제1인산암모늄 등의 물질을 미세한 분말로 만들어 유동성을 높여 가스압으로 분출시켜 화재를 소화하는 약제이다.
- 열분해로 생긴 불연성가스에 의한 질식효과가 크며, 일부 냉각효과도 있어 가연성 액체의 표면화재에 효과가 크다.
- 습기와 반응하면 고화되기 때문에 실리콘 수지를 이용하여 방습처리를 하여야 한다.

정답 | 21 ① 22 ② 23 ①

0704 / 1702

24 Repetitive Learning (1회 2회 3회)

중유의 주된 연소형태는?

① 표면연소 ② 분해연소
③ 증발연소 ④ 자기연소

해설

• 연료로 사용되는 휘발유, 등유, 경유, 알코올은 증발연소를 하는데 반해 중유와 타르 등 비휘발성이거나 끓는점이 높은 가연성 액체는 연소할 때 먼저 열분해하여 탄소가 만들어지면서 연소되는 분해연소를 한다.

액체의 연소형태 실기 0702/0902/1204/1904

증발연소	• 액체와 고체의 연소방식에 속한다. • 열분해를 일으키지 않고 증발한 증기가 공기와 혼합해서 연소되는 방식이다. • 주로 연료로 사용되는 휘발유, 등유, 경유, 알코올과 같은 액체와 양초, 나프탈렌, 왁스, 아세톤, 황 등 제4류 위험물이 증발연소를 한다.
분해연소	• 비휘발성이거나 끓는점이 높은 가연성 액체가 연소 될 때 먼저 열분해되어 탄소를 만들어내면서 연소되는 방식이다. • 중유나 타르 등이 분해연소를 한다.
그을음연소	• 열분해를 일으키기 쉬운 불안정한 물질이 열분해로 발생한 휘발분이 점화되지 않을 경우 다량의 발연을 수반하는 연소형태를 말한다. • 주로 연료(LNG, LPG, 휘발유, 경유 등)로 사용하는 액체나 기체가 연소되는 현상에 해당한다.

0801

25 Repetitive Learning (1회 2회 3회)

표준상태에서 적린 8mol이 완전연소하여 오산화인을 만드는데 필요한 이론 공기량은 약 몇 L인가? (단, 공기 중 산소는 21vol%이다)

① 1,066.7 ② 806.7
③ 224 ④ 22.4

해설

• 적린 4몰이 완전연소하기 위해 필요한 산소는 5몰이므로 8몰의 적린을 연소하여 오산화인을 만드는데 필요한 산소는 총 10몰(224L)이 된다.
• 필요한 공기량을 묻고 있으므로 $224\times\frac{100}{21}=1,066.67$L가 필요하다.

적린(P)의 연소 반응식

• 적린(4P) 4몰을 연소하기 위해서는 산소분자(O_2) 5몰이 필요하다.

$$4P+5O_2\rightarrow 2P_2O_5$$

1904

26 Repetitive Learning (1회 2회 3회)

제조소 건축물로 외벽이 내화구조인 것의 1소요단위는 연면적이 몇 m^2인가?

① 50 ② 100
③ 150 ④ 1,000

해설

• 제조소 또는 취급소의 건축물에 대한 소요단위는 외벽이 내화구조인 것은 연면적 100m^2를 1소요단위로 한다.

소요단위 실기 0604/0802/1202/1204/1704/1804/2001

• 소화설비의 설치대상이 되는 건축물 그 밖의 공작물의 규모 또는 위험물의 양의 기준단위이다.
• 계산방법

제조소 또는 취급소의 건축물	외벽이 내화구조인 것은 연면적 100m^2를 1소요단위로 하며, 외벽이 내화구조가 아닌 것은 연면적 50m^2를 1소요단위로 할 것
저장소의 건축물	외벽이 내화구조인 것은 연면적 150m^2를 1소요단위로 하고, 외벽이 내화구조가 아닌 것은 연면적 75m^2를 1소요단위로 할 것
제조소 등의 옥외에 설치된 공작물	외벽이 내화구조인 것으로 간주하고 공작물의 최대 수평투영면적을 연면적으로 간주하여 제조소 혹은 저장소 건축물의 소요단위를 적용할 것
위험물	지정수량의 10배를 1소요단위로 할 것

0704 / 1104 / 2003

27 Repetitive Learning (1회 2회 3회)

분말소화약제인 탄산수소나트륨 10kg이 1기압, 270℃에서 방사되었을 때 발생하는 이산화탄소의 양은 약 몇 m^3인가?

① 2.65 ② 3.65
③ 18.22 ④ 36.44

해설

• 0℃, 1기압에서 기체의 부피는 $0.082\times(273+0)=22.386$[L]이므로 270℃, 1기압에서 기체의 부피는 $0.082\times(273+270)=44.526$[L]이다.
• 탄산수소나트륨은 분자량 84이다.
• 열분해반응식은 $2NaHCO_3\rightarrow Na_2CO_3+CO_2+H_2O$이므로 2몰의 탄산수소나트륨이 반응하여 1몰의 이산화탄소 44.526[L]가 발생한다는 것이다.
• 탄산수소나트륨 168[g]이 44.526[L]를 발생시키므로 10kg일 경우는 $\frac{44.526\times10}{168}=2.65[m^3]$을 발생시킨다.

이상기체 상태방정식

문제 07번의 유형별 핵심이론 참조

24 ② 25 ① 26 ② 27 ① | 정답

0801

28 Repetitive Learning (1회 2회 3회)

위험물제조소에서 취급하는 제4류 위험물의 최대수량의 합이 지정수량의 15만 배인 사업소에 두어야 할 자체소방대의 화학소방자동차와 자체소방대원의 수는 각각 얼마로 규정되어 있는가? (단, 상호응원협정을 체결한 경우는 제외한다)

① 1대, 5인 ② 2대, 10인
③ 3대, 15인 ④ 4대, 20인

해설

• 지정수량의 12만배 이상 24만배 미만인 사업소에는 화학소방자동차 2대, 자체소방대원의 수는 10인을 기준으로 한다.

자체소방대에 두는 화학소방자동차 및 인원 실기 1102/1402/1404/2001/2101

• 제4류 위험물을 지정수량의 3천배 이상 취급하는 제조소 또는 일반취급소를 대상으로 한다.

제조소 또는 일반취급소에서 취급하는 제4류 위험물의 최대수량의 합	화학 소방자동차	자체 소방대원의 수
지정수량의 12만배 미만인 사업소	1대	5인
지정수량의 12만배 이상 24만배 미만인 사업소	2대	10인
지정수량의 24만배 이상 48만배 미만인 사업소	3대	15인
지정수량의 48만배 이상인 사업소	4대	20인

29 Repetitive Learning (1회 2회 3회)

위험물제조소 등에 설치하는 옥내소화전설비의 설명 중 틀린 것은?

① 개폐밸브 및 호스 접속구는 바닥으로부터 1.5m 이하에 설치
② 함의 표면에서 "소화전"이라고 표시할 것
③ 축전지설비는 설치된 벽으로부터 0.2m 이상 이격할 것
④ 비상전원의 용량은 45분 이상일 것

해설

• 축전지설비는 설치된 실의 벽으로부터 0.1m 이상 이격하도록 한다.

옥내소화전설비 중 축전지설비

• 축전지설비는 설치된 실의 벽으로부터 0.1m 이상 이격할 것
• 축전지설비를 동일 실에 2 이상 설치하는 경우에는 축전지설비의 상호간격은 0.6m(높이가 1.6m 이상인 선반 등을 설치한 경우에는 1m) 이상 이격할 것
• 축전지설비는 물이 침투할 우려가 없는 장소에 설치할 것
• 축전지설비를 설치한 실에는 옥외로 통하는 유효한 환기설비를 설치할 것
• 충전장치와 축전지를 동일실에 설치하는 경우에는 충전장치를 강제의 함에 수납하고 당해 함의 전면에 폭 1m 이상의 공지를 보유할 것

30 Repetitive Learning (1회 2회 3회)

트리니트로톨루엔에 대한 설명으로 틀린 것은?

① 햇빛을 받으면 다갈색으로 변한다.
② 벤젠, 아세톤 등에 잘 녹는다.
③ 건조사 또는 팽창질석만 소화설비로 사용할 수 있다.
④ 폭약의 원료로 사용될 수 있다.

해설

• 트리니트로톨루엔은 제5류 위험물로 옥내 및 옥외소화전, 스프링클러, 물분무소화설비, 포소화설비, 수조, 건조사, 팽창질석 등에 적응성이 있다.

소화설비의 적응성 중 제5류 위험물 실기 1002/1101/1202/1601/1702/1902/2001/2003/2004

소화설비의 구분			제5류 위험물
옥내소화전 또는 옥외소화전설비			○
스프링클러설비			○
물분무등 소화설비	물분무소화설비		○
	포소화설비		○
	불활성가스소화설비		
	할로겐화합물소화설비		
	분말 소화설비	인산염류등	
		탄산수소염류등	
		그 밖의 것	
대형·소형 수동식 소화기	봉상수(棒狀水)소화기		○
	무상수(霧狀水)소화기		○
	봉상강화액소화기		○
	무상강화액소화기		○
	포소화기		○
	이산화탄소 소화기		
	할로겐화합물소화기		
	분말 소화기	인산염류소화기	
		탄산수소염류소화기	
		그 밖의 것	
기타	물통 또는 수조		○
	건조사		○
	팽창질석 또는 팽창진주암		○

정답 | 28 ② 29 ③ 30 ③

0702

31 Repetitive Learning (1회 2회 3회)

다음 중 전기의 불량도체로 정전기가 발생되기 쉽고 폭발범위가 가장 넓은 위험물은?

① 아세톤 ② 톨루엔
③ 에틸알코올 ④ 에틸에테르

해설

- 아세톤(CH_3COCH_3)의 연소범위는 2.6~12.8%이다.
- 톨루엔($C_6H_5CH_3$)의 연소범위는 1.1~7.1%이다.
- 에틸알코올(C_2H_5OH)의 연소범위는 4.3~19%이다.
- 보기의 물질을 연소범위가 넓은 것부터 배치하면 에틸에테르 > 에틸알코올 > 아세톤 > 톨루엔 순이다.

에테르($C_2H_5OC_2H_5$) · 디에틸에테르 실기 0602/0804/1601/1602

- 특수인화물로 무색투명한 휘발성 액체이다.
- 인화점이 −45℃, 연소범위가 1.9~48%로 넓은 편이고, 증기는 제4류 위험물 중 가장 인화성이 크다.
- 비중은 0.72로 물보다 가볍고, 증기비중은 2.55로 공기보다 무겁다.
- 물에는 잘 녹지 않고, 알코올에 잘 녹는다.
- 햇볕에 오래 쪼이면 일부 분해하여 과산화물을 생성하므로 갈색병에 넣어 냉암소에 보관한다.
- 건조한 에테르는 비전도성이므로, 정전기 생성방지를 위해 약간의 $CaCl_2$를 넣어준다.
- 소화제로서 CO_2가 가장 적당하다.
- 과산화물은 요오드화칼륨(KI) 10% 수용액을 황색으로 변화시킬 때 검출할 수 있으며, 과산화물을 제거할 때는 황산제일철($FeSO_4$)을 사용한다.

0801 / 1704

32 Repetitive Learning (1회 2회 3회)

대통령령이 정하는 제조소 등의 관계인은 그 제조소 등에 대하여 연 몇 회 이상 정기점검을 실시해야 하는가? (단, 특정옥외탱크저장소의 정기점검은 제외한다)

① 1 ② 2
③ 3 ④ 4

해설

- 제조소 등의 관계인은 당해 제조소 등에 대하여 연 1회 이상 정기점검을 실시하여야 한다.

정기점검의 횟수

- 제조소 등의 관계인은 당해 제조소 등에 대하여 연 1회 이상 정기점검을 실시하여야 한다.

1101

33 Repetitive Learning (1회 2회 3회)

알코올 화재 시 수성막포소화약제는 효과가 없다. 그 이유로 가장 적당한 것은?

① 알코올이 수용성이어서 포를 소멸시키므로
② 알코올이 반응하여 가연성 가스를 발생하므로
③ 알코올 화재 시 불꽃의 온도가 매우 높으므로
④ 알코올이 포소화약제와 발열반응을 하므로

해설

- 알코올 화재에서 수성막포소화약제를 사용하면 알코올이 수용성이어서 수성막포를 소멸시키므로 소화효과가 떨어져 사용하지 않는다.

수성막포소화약제

- 불소계 계면활성제와 물을 혼합하여 거품을 형성한다.
- 계면활성제를 이용하여 물보다 가벼운 인화성 액체 위에 물이 떠 있도록 한 것이다.
- B급 화재인 유류화재에 우수한 성능을 발휘한다.
- 분말소화약제와 함께 사용하여도 소포현상이 일어나지 않아 트윈 에이전트 시스템에 사용된다.
- 알코올 화재에서는 알코올이 수용성이어서 포를 소멸(소포성)시키므로 효과가 낮다.

1102

34 Repetitive Learning (1회 2회 3회)

제3종 분말소화약제를 화재면에 방출시 부착성이 좋은 막을 형성하여 연소에 필요한 산소의 유입을 차단하기 때문에 연소를 중단시킬 수 있다. 그러한 막을 구성하는 물질은?

① H_3PO_4 ② PO_4
③ HPO_3 ④ P_2O_5

해설

- 제3종 분말소화약제는 제1인산암모늄($NH_4H_2PO_4$)을 주성분으로 하는 소화약제로 ABC급 화재에 적응성이 있으며 열에 의해 메타인산, 암모니아, 물로 분해되는데, 이중 메타인산(HPO_3)이 부착성 있는 막을 만드는 방진효과로 A급화재 진화에 기여한다.

제3종 분말소화약제 실기 0501/0602/0701/0801/0901/1204/1301/1404/1502/1504/1601/1602/1701/1801/1904/2003/2101

- 제1인산암모늄($NH_4H_2PO_4$)을 주성분으로 하는 소화약제로 ABC급 화재에 적응성이 있으며 착색색상은 담홍색인 소화약제이다.
- 가연물의 표면에 피막을 형성하여 산소의 유입을 차단시킨다.
- 발수제로 실리콘 오일을 첨가한다.
- 인산암모늄이 열분해되면 메타인산, 암모니아, 물로 분해되는데, 이중 메타인산(HPO_3)이 부착성 있는 막을 만드는 방진효과로 A급 화재 진화에 기여한다.($NH_4H_2PO_4 \xrightarrow[\Delta]{} HPO_3 + NH_3 + H_2O$)

31 ④ 32 ① 33 ① 34 ③ | 정답

1702

35 Repetitive Learning (1회 2회 3회)

경보설비는 지정수량 몇 배 이상의 위험물을 저장, 취급하는 제조소 등에 설치하는가?

① 2 ② 4
③ 8 ④ 10

해설

- 지정수량의 10배 이상의 위험물을 저장 또는 취급하는 제조소 등(이동탱크저장소를 제외)에는 화재발생 시 이를 알릴 수 있는 경보설비를 설치하여야 한다.

경보설비의 기준

- 지정수량의 10배 이상의 위험물을 저장 또는 취급하는 제조소 등(이동탱크저장소를 제외)에는 화재발생 시 이를 알릴 수 있는 경보설비를 설치하여야 한다.
- 경보설비는 자동화재탐지설비 · 비상경보설비(비상벨장치 또는 경종을 포함한다) · 확성장치(휴대용확성기를 포함한다) 및 비상방송설비로 구분한다.
- 자동신호장치를 갖춘 스프링클러설비 또는 물분무등소화설비를 설치한 제조소 등에 있어서는 자동화재탐지설비를 설치한 것으로 본다.

36 Repetitive Learning (1회 2회 3회)

BLEVE 현상에 대한 설명으로 가장 옳은 것은?

① 기름탱크에서의 수증기 폭발현상
② 비등상태의 액화가스가 기화하여 팽창하고 폭발하는 현상
③ 화재 시 기름 속의 수분이 급격히 증발하여 기름거품이 되고 팽창해서 기름탱크에서 밖으로 내뿜어져 나오는 현상
④ 원유, 중유 등 고점도의 기름 속에 수증기를 포함한 볼 형태의 물방울이 형성되어 탱크 밖으로 넘치는 현상

해설

- BLEVE는 비등액 팽창증기폭발로 탱크 내 액체가 급격히 비등하고 증기가 팽창 하면서 폭발을 일으키는 현상을 말한다.

비등액 팽창증기폭발(BLEVE)

- 비점이나 인화점이 낮은 액체가 들어 있는 용기 주위에 화재 등으로 인하여 가열되면, 내부의 비등현상으로 인한 압력 상승으로 용기의 벽면이 파열되면서 그 내용물이 폭발적으로 증발, 팽창하면서 폭발을 일으키는 현상을 말한다.
- 비등액 팽창증기폭발에 영향을 미치는 요인에는 저장용기의 재질, 온도, 압력, 저장된 물질의 종류와 형태 등이 있다.

37 Repetitive Learning (1회 2회 3회)

다음은 위험물안전관리법령에 따른 할로겐화물소화설비에 관한 기준이다. ( )에 알맞은 수치는?

축압식 저장용기 등은 온도 20℃에서 하론 1301을 저장하는 것은 ( )MPa 또는 ( )MPa이 되도록 질소가스로 가압할 것

① 0.1, 1.0 ② 1.1, 2.5
③ 2.5, 1.0 ④ 2.5, 4.2

해설

- 축압식 저장용기의 압력은 온도 20℃에서 하론 1211을 저장하는 것에 있어서는 1.1MPa 또는 2.5MPa, 하론 1301을 저장하는 것에 있어서는 2.5MPa 또는 4.2MPa이 되도록 질소가스로 축압하여야 한다.

할로겐화합물 소화약제의 저장용기

- 축압식 저장용기의 압력은 온도 20℃에서 하론 1211을 저장하는 것에 있어서는 1.1MPa 또는 2.5MPa, 하론 1301을 저장하는 것에 있어서는 2.5MPa 또는 4.2MPa이 되도록 질소가스로 축압할 것
- 저장용기의 충전비는 하론 2402를 저장하는 것 중 가압식 저장용기에 있어서는 0.51 이상 0.67 미만, 축압식 저장용기에 있어서는 0.67 이상 2.75 이하, 하론 1211에 있어서는 0.7 이상 1.4 이하, 하론 1301에 있어서는 0.9 이상 1.6 이하로 할 것
- 동일 집합관에 접속되는 용기의 소화약제 충전량은 동일충전비의 것이어야 할 것

1104 / 1902

38 Repetitive Learning (1회 2회 3회)

피리딘 20,000리터에 대한 소화설비의 소요단위는?

① 5단위 ② 10단위
③ 15단위 ④ 100단위

해설

- 피리딘은 인화성 액체에 해당하는 제4류 위험물 중 제1석유류 중 수용성으로 지정수량이 400L이고 소요단위는 지정수량의 10배이므로 4,000L가 1단위가 되므로 20,000L는 5단위에 해당한다.

소요단위 실기 0604/0802/1202/1204/1704/1804/2001

문제 26번의 유형별 핵심이론 참조

정답 | 35 ④ 36 ② 37 ④ 38 ①

1004 / 1901

39

Repetitive Learning (1회 2회 3회)

위험물제조소 등에 설치하는 포소화설비의 기준에 따르면 포헤드방식의 포헤드는 방호대상물의 표면적 $1m^2$당의 방사량이 몇 L/min 이상의 비율로 계산한 양의 포수용액을 표준방사량으로 방사할 수 있도록 설치하여야 하는가?

① 3.5 ② 4
③ 6.5 ④ 9

해설

- 방호대상물의 표면적(건축물의 경우에는 바닥면적) $9m^2$당 1개 이상의 헤드를, 방호대상물의 표면적 $1m^2$당의 방사량이 6.5L/min 이상의 비율로 계산한 양의 포수용액을 표준방사량으로 방사할 수 있도록 설치해야 한다.

포헤드방식의 포헤드

- 포헤드는 방호대상물의 모든 표면이 포헤드의 유효사정 내에 있도록 설치할 것
- 방호대상물의 표면적(건축물의 경우에는 바닥면적) $9m^2$당 1개 이상의 헤드를, 방호대상물의 표면적 $1m^2$당의 방사량이 6.5L/min 이상의 비율로 계산한 양의 포수용액을 표준방사량으로 방사할 수 있도록 설치 할 것
- 방사구역은 $100m^2$ 이상(방호대상물의 표면적이 $100m^2$ 미만인 경우에는 당해 표면적)으로 할 것

0404 / 0601 / 0904 / 1102 / 1504 / 1801

40

Repetitive Learning (1회 2회 3회)

위험물안전관리법령상 위험물저장소 건축물의 외벽이 내화구조인 것은 연면적 얼마를 1소요단위로 하는가?

① $50m^2$ ② $75m^2$
③ $100m^2$ ④ $150m^2$

해설

- 위험물 저장소의 건축물에 대한 소요단위는 외벽이 내화구조인 것은 연면적 $150m^2$를 1소요단위로 한다.

소요단위 실기 0604/0802/1202/1204/1704/1804/2001

문제 26번의 유형별 핵심이론 참조

3과목 위험물의 성질과 취급

0702

41

Repetitive Learning (1회 2회 3회)

다음 중 나트륨의 보호액으로 가장 적합한 것은?

① 메탄올 ② 수은
③ 물 ④ 유동파라핀

해설

- 칼륨이나 나트륨은 석유(파라핀, 경유, 등유)나 벤젠 속에 저장한다.

위험물 저장 시 보호액 실기 0502/0504/0604/0902/0904

금속칼륨, 나트륨	석유(파라핀, 경유, 등유), 벤젠
니트로셀룰로오스	알코올이나 물
황린, 이황화탄소	물

0704

42

Repetitive Learning (1회 2회 3회)

벤젠의 일반적 성질에 관한 사항 중 틀린 것은?

① 알코올, 에테르에 녹는다.
② 물에는 녹지 않는다.
③ 냄새는 없고 색상은 갈색인 휘발성 액체이다.
④ 증기 비중은 약 2.8이다.

해설

- 벤젠은 독특한 냄새가 있는 무색투명한 휘발성 액체이다.

벤젠(C_6H_6)의 성질 실기 0504/0801/0802/1401/1502/2001

- 제1석유류로 비중은 약 0.88이고, 인체에 유해한 증기의 비중은 약 2.8이다.
- 물보다 비중이 작지만, 증기비중은 공기보다 크다.
- 인화점은 약 −11℃로 0℃보다 낮다.
- 물에는 녹지 않으며, 알코올, 에테르에 녹으며, 녹는점은 약 5.5℃이다.
- 끓는점(88℃)은 상온보다 높다.
- 탄소가 많이 포함되어 있으므로 연소 시 검은 연기가 심하게 발생한다.
- 겨울철에 응고된 고체상태에서도 인화의 위험이 있다.
- 독특한 냄새가 있는 무색투명한 액체이다.
- 유체마찰에 의한 정전기 발생 위험이 있다.
- 휘발성이 강한 액체이다.
- 방향족 유기화합물이다.
- 불포화결합을 이루고 있으나 안전하여 첨가반응보다 치환반응이 많다.

39 ③ 40 ④ 41 ④ 42 ③ | 정답

43 Repetitive Learning (1회 2회 3회)

인화석회가 물과 반응하여 생성하는 기체는?

① 포스핀 ② 아세틸렌
③ 이산화탄소 ④ 수산화칼슘

해설

• 인화칼슘(석회)이 물이나 산과 반응하면 독성의 가연성 기체인 포스핀가스(인화수소, PH_3)가 발생한다.

인화석회/인화칼슘(Ca_3P_2) 실기 0502/0601/0704/0802/1401/1501/1602/2004

• 금속의 인화물의 한 종류로 지정수량이 300kg, 위험등급이 Ⅲ인 제3류 위험물이다.
• 상온에서 적갈색 고체로 비중이 2.5로 물보다 무겁다.
• 물 또는 약산과 반응하면 독성의 가연성 기체인 포스핀가스(인화수소, PH_3)가 발생한다.

물과의 반응식	$Ca_3P_2 + 6H_2O \rightarrow 3Ca(OH)_2 + 2PH_3$ 인화석회+물→수산화칼슘+인화수소
산과의 반응식	$Ca_3P_2 + 6HCl \rightarrow 3CaCl_2 + 2PH_3$ 인화석회+염산→염화칼슘+인화수소

1704

44 Repetitive Learning (1회 2회 3회)

위험물안전관리법령에 의한 위험물제조소의 설치기준으로 옳지 않은 것은?

① 위험물을 취급하는 기계 · 기구 그 밖의 설비는 위험물이 새거나 넘치거나 비산하는 것을 방지할 수 있는 구조로 하여야 한다.
② 위험물을 가열하거나 냉각하는 설비 또는 위험물의 취급에 수반하여 온도변화가 생기는 설비에는 온도측정장치를 설치하여야 한다.
③ 위험물을 취급함에 있어서 정전기가 발생할 우려가 있는 설비에는 정전기를 유효하게 제거할 수 있는 설비를 설치하여야 한다.
④ 위험물을 취급하는 동관을 지하에 설치하는 경우에는 지진 · 풍압 · 지반침하 및 온도변화에 안전한 구조의 지지물에 설치하여야 한다.

해설

• 지진 · 풍압 · 지반침하 및 온도변화에 안전한 구조의 지지물에 설치하는 것은 배관을 지상에 설치하는 경우의 기준에 해당한다.

제조소에서의 배관을 지하에 매설할 경우의 기준

• 금속성 배관의 외면에는 부식방지를 위하여 도복장 · 코팅 또는 전기방식등의 필요한 조치를 할 것
• 배관의 접합부분(용접에 의한 접합부 또는 위험물의 누설의 우려가 없다고 인정되는 방법에 의하여 접합된 부분을 제외한다)에는 위험물의 누설여부를 점검할 수 있는 점검구를 설치할 것
• 지면에 미치는 중량이 당해 배관에 미치지 아니하도록 보호할 것

45 Repetitive Learning (1회 2회 3회)

다음 반응식 중에서 옳지 않은 것은?

① $CaO_2 + 2HCl \rightarrow CaCl_2 + H_2O_2$
② $CaH_2 + 2H_2O \rightarrow Ca(OH)_2 + 2H_2$
③ $Ca_3P_2 + 4H_2O \rightarrow Ca_3(OH)_2 + 2PH_3$
④ $CaC_2 + 2H_2O \rightarrow Ca(OH)_2 + C_2H_2$

해설

• 인화칼슘은 물과 반응하면 수산화칼슘[$Ca(OH)_2$]과 독성의 가연성 기체인 포스핀가스(인화수소, PH_3)가 발생한다.

인화석회/인화칼슘(Ca_3P_2) 실기 0502/0601/0704/0802/1401/1501/1602/2004

문제 43번의 유형별 핵심이론 참조

0701 / 1802

46 Repetitive Learning (1회 2회 3회)

다음 중 메탄올의 연소범위에 가장 가까운 것은?

① 약 1.4 ~ 5.6vol% ② 약 7.3 ~ 36vol%
③ 약 20.3 ~ 66vol% ④ 약 42.0 ~ 77vol%

해설

• 메틸알코올의 연소 범위는 약 7.3 ~ 36vol%로 에틸알코올(4.3 ~ 19vol%)보다 넓다.

메틸알코올(CH_3OH) 실기 0801/0904/1501/1502/1901/2101

• 제4류 위험물인 인화성 액체 중 수용성 알코올류로 지정수량이 400L이고 위험등급이 Ⅱ이다.
• 분자량은 32g, 증기비중이 1.1로 공기보다 크다.
• 인화점이 11℃인 무색투명한 액체이다.
• 물에 잘 녹는다.
• 마셨을 경우 시신경 마비의 위험이 있다.
• 연소 범위는 약 7.3 ~ 36vol%로 에틸알코올(4.3 ~ 19vol%)보다 넓으며, 화재 시 그을음이 나지 않으며 소화는 알코올 포를 사용한다.
• 증기는 가열된 산화구리를 환원하여 구리를 만들고 포름알데히드가 된다.

정답 | 43 ① 44 ④ 45 ③ 46 ②

0302 / 1001 / 1702

47

Repetitive Learning (1회 2회 3회)

과산화수소의 성질 또는 취급방법에 관한 설명 중 틀린 것은?

① 햇빛에 의하여 분해한다.

② 인산, 요산 등의 분해방지 안정제를 넣는다.

③ 공기와의 접촉은 위험하므로 저장용기는 밀전(密栓)하여야 한다.

④ 에탄올에 녹는다.

해설

- 과산화수소를 보관할 때는 용기에 내압 상승을 방지하기 위하여 밀전하지 않고 작은 구멍이 뚫린 마개를 사용한다.

과산화수소(H_2O_2) 실기 0502/1004/1301/2001/2101

㉠ 개요 및 특성
- 이산화망간(MgO_2), 과산화바륨(BaO_2)과 같은 금속 과산화물을 묽은 산(HCl 등)에 반응시켜 생성되는 물질로 제6류 위험물인 산화성 액체에 해당한다.
(예, $BaO_2 + 2HCl \rightarrow BaCl_2 + H_2O_2$: 과산화바륨+염산 → 염화바륨+과산화수소)
- 위험등급이 Ⅰ등급이고, 지정수량은 300kg이다.
- 물보다 무겁고 석유와 벤젠에 녹지 않고, 물, 에테르, 에탄올에 녹는다.
- 표백작용과 살균작용을 하는 물질이다.
- 불연성의 강산화제이지만 환원제로서 작용하는 경우도 있다.
- 피부와 접촉 시 수종을 생기게 하는 위험물질이다.
- 순수한 것은 점성이 있는 무색 액체이며, 다량이면 청색빛깔을 띤다.

㉡ 분해 및 저장 방법
- 이산화망간(MnO_2)이 있으면 분해가 촉진된다.
- 햇빛에 의하여 분해되므로 햇빛이 통과하지 않는 갈색 병에 보관한다.
- 분해되면 산소를 방출한다.
- 분해 방지를 위해 보관 시 인산, 요산 등의 안정제를 가할 수 있다.
- 냉암소에 저장하고 온도의 상승을 방지한다.
- 용기에 내압 상승을 방지하기 위하여 밀전하지 않고 작은 구멍이 뚫린 마개를 사용하여 보관한다.

㉢ 농도에 따른 위험성
- 농도가 높아질수록 위험성이 커진다.
- 농도에 따라 위험물에 해당하지 않는 것도 있다.(3%과산화수소는 옥시풀로 약국에서 판매한다)
- 농도가 높은 것은 불순물, 구리, 은, 백금 등의 미립자에 의하여 폭발적으로 분해한다.
- 농도가 클수록 위험하므로 분해방지 안정제를 넣어 산소분해를 억제한다.

48

Repetitive Learning (1회 2회 3회)

위험물안전관리법령에 따른 위험물제조소 건축물의 구조로 틀린 것은?

① 벽, 기둥, 서까래 및 계단은 난연재료로 할 것

② 지하층이 없도록 할 것

③ 출입구에는 갑종 또는 을종 방화문을 설치할 것

④ 창에 유리를 이용하는 경우에는 망입유리로 할 것

해설

- 벽 · 기둥 · 바닥 · 보 · 서까래 및 계단을 불연재료로 하여야 한다.

제조소에서의 건축물 구조
- 지하층이 없도록 하여야 한다.
- 벽 · 기둥 · 바닥 · 보 · 서까래 및 계단을 불연재료로 하고, 연소(延燒)의 우려가 있는 외벽은 출입구 외의 개구부가 없는 내화구조의 벽으로 하여야 한다.
- 지붕은 폭발력이 위로 방출될 정도의 가벼운 불연재료로 덮어야 한다.
- 출입구와 비상구에는 갑종방화문 또는 을종방화문을 설치하되, 연소의 우려가 있는 외벽에 설치하는 출입구에는 수시로 열 수 있는 자동폐쇄식의 갑종방화문을 설치하여야 한다.
- 위험물을 취급하는 건축물의 창 및 출입구에 유리를 이용하는 경우에는 망입유리로 하여야 한다.
- 액체의 위험물을 취급하는 건축물의 바닥은 위험물이 스며들지 못하는 재료를 사용하고, 적당한 경사를 두어 그 최저부에 집유설비를 하여야 한다.

0302 / 1102

49

Repetitive Learning (1회 2회 3회)

A 업체에서 제조한 위험물을 B 업체로 운반할 때 규정에 의한 운반용기에 수납하지 않아도 되는 위험물은? (단, 지정수량의 2배 이상인 경우이다)

① 덩어리 상태의 유황　　② 금속분

③ 삼산화크롬　　④ 염소산나트륨

해설

- 덩어리 상태의 유황이나 위험물을 동일 구내에 있는 제조소 등의 상호간에 운반하기 위하여 적재하는 경우에는 용기에 적재하지 않아도 무방하다.

용기 적재의 예외사항
- 위험물은 운반용기에 수납하여 적재하여야 하지만 덩어리 상태의 유황(제2류 위험물)을 운반하기 위하여 적재하는 경우 또는 위험물을 동일 구내에 있는 제조소 등의 상호간에 운반하기 위하여 적재하는 경우에는 용기에 적재하지 않아도 무방하다.

47 ③ 48 ① 49 ① 정답

50 — Repetitive Learning (1회 2회 3회)

제1류 위험물의 일반적인 성질이 아닌 것은?

① 불연성 물질들이다.
② 유기화합물들이다.
③ 산화성 고체로서 강산화제이다.
④ 알칼리금속의 과산화물은 물과 작용하여 발열한다.

해설

- 제1류 위험물은 대부분 산소를 포함하는 무기화합물이다.

제1류 위험물의 일반적인 성질 실기 0504/0601/1204/1804

㉠ 개요
- 불연성 물질들이다.
- 산화성 고체로서 강산화제이다.
- 조해성이 있는 물질이 있다.
- 물보다 비중이 큰 물질이 많다.
- 대부분 산소를 포함하는 무기화합물이다.
- 알칼리금속의 과산화물은 물과 작용하여 발열한다.

㉡ 취급 및 보관방법
- 가연물과 혼재하면 다른 가연물의 연소를 도우므로 가연물과의 접촉을 피한다.
- 가열 등에 의해 산소를 방출하므로 가열, 충격, 마찰을 피한다.
- 용기는 밀폐하여 통풍이 잘되는 냉암소에 보관한다.

0504

51 — Repetitive Learning (1회 2회 3회)

제4류 위험물 중 제1석유류에 속하는 것으로만 나열한 것은?

① 아세톤, 휘발유, 톨루엔, 시안화수소
② 이황화탄소, 디에틸에테르, 아세트알데히드
③ 메탄올, 에탄올, 부탄올, 벤젠
④ 중유, 크레오소트유, 실린더유, 의산에틸

해설

- 이황화탄소, 디에틸에테르, 아세트알데히드는 특수인화물에 해당한다.
- 메탄올, 에탄올, 부탄올은 알코올류에 해당한다.
- 중유, 크레오소트유는 제3석유류에 해당한다.
- 실린더유는 제4석유류에 해당한다.

제1석유류

㉠ 개요
- 1기압에서 인화점이 21℃ 미만인 액체이다.
- 비수용성은 지정수량이 200L, 수용성은 지정수량이 400L이며, 위험등급은 Ⅱ이다.
- 휘발유, 벤젠, 톨루엔, 메틸에틸케톤, 시클로헥산, 초산에스테르류, 의산에스테르류, 염화아세틸(이상 비수용성), 아세톤, 피리딘, 시안화수소(이상 수용성) 등이 있다.

㉡ 종류

비수용성 (200L)	• 휘발유(가솔린) • 벤젠(C_6H_6) • 톨루엔($C_6H_5CH_3$) • 메틸에틸케톤($CH_3COC_2H_5$) • 시클로헥산(C_6H_{12}) • 초산에스테르(초산메틸, 초산에틸, 초산프로필 등) • 의산에스테르(의산메틸, 의산에틸, 의산프로필 등) • 염화아세틸(CH_3COCl)
수용성 (400L)	• 아세톤(CH_3COCH_3) • 피리딘(C_5H_5N) • 시안화수소(HCN)

52 — Repetitive Learning (1회 2회 3회)

위험물안전관리법령상 제1석유류를 취급하는 위험물제조소의 건축물의 지붕에 대한 설명으로 옳은 것은?

① 항상 불연재료로 하여야 한다.
② 항상 내화구조로 하여야 한다.
③ 가벼운 불연재료가 원칙이지만 예외적으로 내화구조로 할 수 있는 경우가 있다.
④ 내화구가 원칙이지만 예외적으로 가벼운 불연재료로 할 수 있는 경우가 있다.

해설

- 지붕은 폭발력이 위로 방출될 정도의 가벼운 불연재료로 덮어야 하지만 제2류, 제4류, 제6류 위험물을 취급하거나 내외부의 압력에 잘 견딜 수 있는 철근콘크리트 밀폐형 구조의 건축물인 경우 내화구조로 할 수 있다.

제조소 건축물에서 지붕의 구조
- 지붕은 폭발력이 위로 방출될 정도의 가벼운 불연재료로 덮어야 한다.

구분	내용
지붕을 내화구조로 할 수 있는 경우	• 제2류 위험물(분상의 것과 인화성고체 제외), 제4류 위험물 중 제4석유류·동·식물유류 또는 제6류 위험물을 취급하는 건축물인 경우 • 내부의 과압(過壓) 또는 부압(負壓)과 외부화재에 90분 이상 견딜 수 있는 철근콘크리트조 밀폐형 구조의 건축물인 경우

정답 | 50 ② 51 ① 52 ③

53 Repetitive Learning (1회 2회 3회)

위험물안전관리법령에 따라 제4류 위험물 옥내저장탱크에 설치하는 밸브 없는 통기관의 설치기준으로 가장 거리가 먼 것은?

① 통기관의 지름은 30mm 이상으로 한다.
② 통기관의 선단은 수평면에 대하여 아래로 45도 이상 구부려 설치한다.
③ 통기관은 가스가 체류되지 않도록 그 선단을 건축물의 출입구로부터 0.5m 이상 떨어진 곳에 설치하고 끝에 팬을 설치한다.
④ 가는 눈의 구리망 등으로 인화방지장치를 한다.

해설

- 통기관은 가스 등이 체류할 우려가 있는 굴곡이 없도록 하여야 한다.

옥내탱크저장소에 밸브없는 통기관 설치 기준 실기 0902/1901

- 통기관의 선단은 건축물의 창 · 출입구 등의 개구부로부터 1m 이상 떨어진 옥외의 장소에 지면으로부터 4m 이상의 높이로 설치하되, 인화점이 40℃ 미만인 위험물의 탱크에 설치하는 통기관에 있어서는 부지경계선으로부터 1.5m 이상 이격할 것. 다만, 고인화점 위험물만을 100℃ 미만의 온도로 저장 또는 취급하는 탱크에 설치하는 통기관은 그 선단을 탱크전용실 내에 설치할 수 있다.
- 선단은 수평면보다 45도 이상 구부려 빗물 등의 침투를 막는 구조로 할 것
- 통기관은 가스 등이 체류할 우려가 있는 굴곡이 없도록 할 것
- 직경은 30mm 이상일 것
- 가는 눈의 구리망 등으로 인화방지장치를 할 것. 다만, 인화점 70℃ 이상의 위험물만을 해당 위험물의 인화점 미만의 온도로 저장 또는 취급하는 탱크에 설치하는 통기관에 있어서는 그러하지 아니하다.
- 가연성의 증기를 회수하기 위한 밸브를 통기관에 설치하는 경우는 당해 통기관의 밸브는 저장탱크에 위험물을 주입하는 경우를 제외하고는 항상 개방되어 있는 구조로 하는 한편, 폐쇄하였을 경우는 10kPa 이하의 압력에서 개방되는 구조로 할 것. 이 경우 개방된 부분의 유효단면적은 777.15mm^2 이상이어야 한다.

0801 / 0902 / 1502

54 Repetitive Learning (1회 2회 3회)

위험물 운반 시 유별을 달리하는 위험물의 혼재기준에서 다음 중 혼재가 가능한 위험물은? (단, 각각 지정수량 10배의 위험물로 가정한다)

① 제1류와 제4류　　② 제2류와 제3류
③ 제3류와 제4류　　④ 제1류와 제5류

해설

- 제1류와 제6류, 제2류와 제4류 및 제5류, 제3류와 제4류, 제4류와 제5류의 혼합은 비교적 위험도가 낮아 혼재 사용이 가능하다.

위험물의 혼합 사용 실기 0504/0601/0602/0701/0704/0804/1001/1102/1104/1302/1401/1404/1502/1504/1601/1704/1801/1802/1804/1901/1902/2001

- 유별을 달리하는 위험물은 동일 장소에서 저장, 취급해서는 안 된다.
- 제1류(산화성고체)와 제6류(산화성액체), 제2류(환원성고체)와 제4류(가연성액체) 및 제5류(자기반응성물질), 제3류(자연발화 및 금수성 물질)와 제4류(가연성액체)의 혼합은 비교적 위험도가 낮아 혼재 사용이 가능하다.
- 산화성물질과 가연물을 혼합하면 산화 · 환원반응이 더욱 잘 일어나는 혼합위험성 물질이 된다.
- 가연성 물질과 조연성 물질을 혼합할 때 폭발위험이 증가한다.

구분	1류	2류	3류	4류	5류	6류
1류		×	×	×	×	○
2류	×		×	○	○	×
3류	×	×		○	×	×
4류	×	○	○		○	×
5류	×	○	×	○		×
6류	○	×	×	×	×	

1101

55 Repetitive Learning (1회 2회 3회)

가열했을 때 분해하여 적갈색의 유독한 가스를 방출하는 것은?

① 과염소산　　② 질산
③ 과산화수소　　④ 적린

해설

- 질산은 햇빛에 의해 분해되어 적갈색의 유독한 가스(이산화질소, NO_2)를 방출하므로 갈색병에 보관해야 한다.

질산(HNO_3) 실기 0502/0701/0702/0901/1001/1401

- 산화성 액체에 해당하는 제6류 위험물이다.
- 위험등급이 Ⅰ등급이고, 지정수량은 300kg이다.
- 무색 또는 담황색의 액체이다.
- 불연성의 물질로 산소를 포함하여 다른 물질의 연소를 돕는다.
- 부식성을 갖는 유독성이 강한 산화성 물질이다.
- 비중이 1.49 이상인 것만 위험물로 규정한다.
- 햇빛에 의해 분해되므로 갈색병에 보관한다.
- 가열했을 때 분해하여 적갈색의 유독한 가스(이산화질소, NO_2)를 방출한다.
- 구리와 반응하여 질산염을 생성한다.
- 진한질산은 철(Fe), 코발트(Co), 니켈(Ni), 크롬(Cr), 알루미늄(Al) 등의 표면에 수산화물의 얇은 막을 만들어 다른 산에 의해 부식되지 않도록 하는 부동태가 된다.

53 ③　54 ③　55 ② 정답

1101 / 1702 / 2001

56

Repetitive Learning (1회 2회 3회)

트리니트로페놀의 성질에 대한 설명 중 틀린 것은?

① 폭발에 대비하여 철, 구리로 만든 용기에 저장한다.
② 휘황색을 띤 침상결정이다.
③ 비중이 약 1.8로 물보다 무겁다.
④ 단독으로는 테트릴보다 충격, 마찰에 둔감한 편이다.

해설

- 피크린산은 철, 구리, 납 등과 반응 시 매우 위험하다.

트리니트로페놀[$C_6H_2OH(NO_2)_3$] 실기 0801/0904/1002/1201/1302/1504/1601/1602/1701/1702/1804/2001

- 피크르(린)산이라고 하며, TNP라고도 한다.
- 페놀의 니트로화를 통해 얻어진 니트로화합물에 속하는 자기반응성 물질로 제5류 위험물이다.
- 지정수량은 200kg이고, 위험등급은 Ⅱ이다.
- 순수한 것은 무색이지만 보통 공업용은 휘황색의 침상결정이다.
- 비중이 약 1.8로 물보다 무겁다.
- 물에 전리하여 강한 산이 되며, 이때 선명한 황색이 된다.
- 단독으로는 충격, 마찰에 둔감하고 안정한 편이나 금속염(철, 구리, 납), 요오드, 가솔린, 알코올, 황 등과의 혼합물은 마찰 및 충격에 폭발한다.
- 황색염료, 폭약에 쓰인다.
- 더운물, 알코올, 에테르 벤젠 등에 잘 녹는다.
- 화재발생시 다량의 물로 주수소화 할 수 있다.
- 특성온도 : 융점(122.5℃) < 인화점(150℃) < 비점(255℃) < 착화점(300℃) 순이다.

57

Repetitive Learning (1회 2회 3회)

위험물안전관리법령에서 정한 이황화탄소의 옥외탱크 저장시설에 대한 기준으로 옳은 것은?

① 벽 및 바닥의 두께가 0.2m 이상이고 누수가 되지 아니하는 철근콘크리트의 수조에 넣어 보관하여야 한다.
② 벽 및 바닥의 두께가 0.2m 이상이고 누수가 되지 아니하는 철근콘크리트의 석유조에 넣어 보관하여야 한다.
③ 벽 및 바닥의 두께가 0.3m 이상이고 누수가 되지 아니하는 철근콘크리트의 수조에 넣어 보관하여야 한다.
④ 벽 및 바닥의 두께가 0.3m 이상이고 누수가 되지 아니하는 철근콘크리트의 석유조에 넣어 보관하여야 한다.

해설

- 이황화탄소의 옥외저장탱크는 벽 및 바닥의 두께가 0.2m 이상이고 누수가 되지 아니하는 철근콘크리트의 수조에 넣어 보관하여야 한다.

이황화탄소의 옥외저장탱크

- 이황화탄소의 옥외저장탱크는 벽 및 바닥의 두께가 0.2m 이상이고 누수가 되지 아니하는 철근콘크리트의 수조에 넣어 보관하여야 한다.
- 보유공지 · 통기관 및 자동계량장치는 생략할 수 있다.

0802 / 1401 / 1604

58

Repetitive Learning (1회 2회 3회)

위험물안전관리법령상 제1류 위험물 중 알칼리금속의 과산화물의 운반용기 외부에 표시하여야 하는 주의사항을 모두 나타낸 것은?

① "화기엄금", "충격주의" 및 "가연물접촉주의"
② "화기 · 충격주의", "물기엄금" 및 "가연물접촉주의"
③ "화기주의" 및 "물기엄금"
④ "화기엄금" 및 "물기엄금"

해설

- ①의 경우는 제1류 위험물 중 알칼리금속의 과산화물을 제외한 물질의 운반용기 표시사항이다.
- ③은 제2류 위험물 중 철분 · 금속분 · 마그네슘에 대한 운반용기 표시사항이다.
- ④는 해당 물질이 없다.

수납하는 위험물에 따른 용기 표시 주의사항 실기 0701/0801/0902/0904/1001/1004/1101/1201/1202/1404/1504/1601/1701/1801/1802/2003/2004/2101

구분		주의사항
제1류	알칼리금속의 과산화물	화기 · 충격주의, 물기엄금, 가연물접촉주의
	그 외	화기 · 충격주의, 가연물접촉주의
제2류	철분 · 금속분 · 마그네슘 또는 이를 함유한 것	화기주의, 물기엄금
	인화성 고체	화기엄금
	그 외	화기주의
제3류	자연발화성 물질	화기엄금, 공기접촉엄금
	금수성 물질	물기엄금
제4류		화기엄금
제5류		화기엄금, 충격주의
제6류		가연물접촉주의

정답 | 56 ① 57 ① 58 ②

0501 / 0704

59

Repetitive Learning 1회 2회 3회

금속칼륨의 성질로서 옳은 것은?

① 중금속류에 속한다.
② 화학적으로 이온화 경향이 큰 금속이다.
③ 물속에 보관한다.
④ 상온, 상압에서 액체형태인 금속이다.

해설

- 금속칼륨은 은백색의 경금속이다.
- 금속칼륨은 석유(파라핀, 경유, 등유) 속에 저장한다.
- 금속칼륨은 상온, 상압에서 고체형태이다.

금속칼륨(K) 실기 0501/0701/0804/1501/1602/1702

- 은백색의 가벼운 금속으로 제3류 위험물이다.
- 비중은 0.86으로 물보다 작아 가벼우며, 화학적 활성이 강한(이온화 경향이 큰) 금속이다.
- 물과 반응하여 수소를 발생시켜 화재 및 폭발 가능성이 있으므로 물과 접촉하지 않도록 한다.
- 에탄올과 반응하여 칼륨에틸레이트와 수소를 발생시킨다.
- 융점 이상의 온도에서 보라빛 불꽃을 내면서 연소한다.
- 화재 시 건조사 또는 탄산수소염류 분말소화약제로 소화한다.
- 석유(파라핀, 경유, 등유) 속에 저장한다.

60

Repetitive Learning 1회 2회 3회

적린과 황린의 공통점이 아닌 것은?

① 화재발생 시 물을 이용한 소화가 가능하다.
② 이황화탄소에 잘 녹는다.
③ 연소 시 P_2O_5의 흰 연기가 생긴다.
④ 구성 원소는 P이다.

해설

- 황린은 이황화탄소에 녹지만 적린은 녹지 않는다.

적린(P)과 황린(P_4)의 비교

	적린(P)	황린(P_4)
발화온도	260℃	34℃
성상	암적색 분말	담황색 고체
냄새	냄새가 없다.	마늘 냄새
독성	없다.	맹독성
이황화탄소 용해성	녹지 않는다.	잘 녹는다.
공통점	• 질식효과가 있는 물이나 모래로 소화한다. • 연소 시 오산화인(P_2O_5)이 발생한다. • 구성원소가 인(P)이다.	

59 ② 60 ② 정답

2014년 9월 20일

2014년 제4회

합격률 53.2%

1과목 일반화학

0901

01

Repetitive Learning (1회 2회 3회)

다음 중 3차 알코올에 해당되는 것은?

① 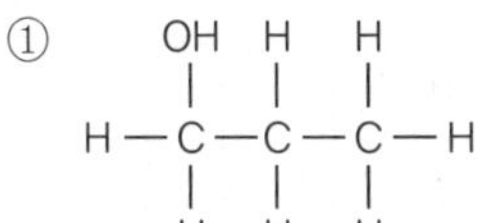

② 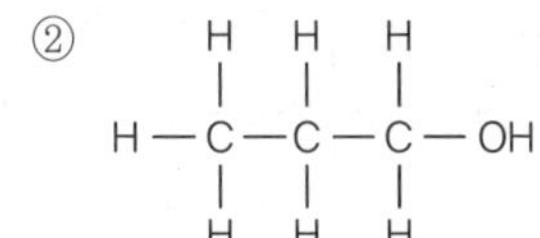

③
```
     H   H   H
     |   |   |
 H — C — C — C — H
     |   |   |
     H  OH   H
```

④
```
         CH3
          |
  CH3 — C — CH3
          |
         OH
```

해설

- ①과 ②는 알킬기(CH_3)가 각각 1개씩 존재하므로 1차 알코올이다.
- ③은 알킬기(CH_3)가 2개 존재하므로 2차 알코올이다.

알킬기(CH_3)의 수량에 따른 알코올의 분류

구분	내용
1차 알코올 (C_2H_5OH) – 알킬기가 1개	• H—C(OH)(H)—C(H)(H)—C(H)(H)—H 혹은 H—C(H)(H)—C(H)(H)—C(H)(H)—OH • 산화하면 알데히드(CH_3CHO)를 거쳐 카르복실산(CH_3COOH)이 된다.
2차 알코올 (C_3H_7OH) – 알킬기가 2개	• H—C(H)(H)—C(H)(OH)—C(H)(H)—H • 산화하면 케톤(CH_3COCH_3)이 된다.
3차 알코올 (C_4H_9OH) – 알킬기가 3개	• CH_3—C(CH_3)(OH)—CH_3 • 3차 알코올은 산화되기 어렵다.

02

Repetitive Learning (1회 2회 3회)

KNO_3의 물에 대한 용해도는 70℃에서 130이며 30℃에서 40이다. 70℃의 포화용액 260g을 30℃로 냉각시킬 때 석출되는 KNO_3의 양은 약 얼마인가?

① 92g　　② 101g
③ 130g　　④ 153g

해설

- 70℃에서의 용해도가 130이고, 포화용액의 양이 260g이므로 용매의 양을 구하면 $260\times0.435(=\frac{100}{100+130})=113$g이다.
- 용질의 양은 용액의 양에서 앞에서 구한 용매의 양을 빼서도 구할 수 있다. 260 – 113 = 147g이다.
- 30℃에서 용해도는 40, 용매의 양은 113g이므로 용해 가능한 용질의 양을 구하면 $\frac{40\times113}{100}=45.2$이다.
- 30℃에서는 45.2g만이 113g의 용매(물)에 녹고 나머지 모두는 석출되므로 70℃에서 포화시킨 147g의 용질의 양에서 45.2g을 제외한 101.8g이 석출된다.

용해도를 이용한 용질의 석출량 계산

㉠ 개요
- 용해도란 포화용액에서 용매 100g에 용해되는 용질의 g수를 그 온도에서의 용해도라고 한다.
- 대부분의 경우 온도가 높아질수록 고체의 용해도는 증가하고, 기체의 용해도는 감소한다.

㉡ 석출량 계산
- 특정 온도(A℃)에서 포화된 용액의 용질 용해도와 포화용액의 양이 주어지고 그 온도보다 낮은 온도(B℃)에서의 용질의 석출량을 구하는 경우

> • 포화상태에서의 용매의 양과 용질의 양을 용해도를 이용해 구한다.
> ⓐ 용매의 양 = 포화용액의 양 × $\frac{100}{100+\text{A℃의 용해도}}$
> ⓑ 용질의 양 = 포화용액의 양 – ⓐ에서 구한 용매의 양
> = 포화용액의 양 × $\frac{\text{A℃의 용해도}}{100+\text{A℃의 용해도}}$
> ⓒ B℃에서의 용해도를 이용해 B℃에서의 용해가능한 용질의 양 (= $\frac{\text{B℃에서의 용해도}\times\text{ⓐ에서 구한 용매의 양}}{100}$)을 구한다.
> • ⓑ에서 구한 용질의 양에서 ⓒ에서 구한 용질의 양을 빼주면 석출된 용질의 양을 구할 수 있다.

정답 | 01 ④　02 ②

1104

03 Repetitive Learning (1회 2회 3회)

벤젠을 약 300℃, 높은 압력에서 Ni 촉매로 수소와 반응시켰을 때 얻어지는 물질은?

① Cyclopentane ② Cyclopropane
③ Cyclohexane ④ Cyclooctane

해설

- Cyclopentane(C_5H_{10})은 가솔린에서 분별증류하거나, 펜테인을 백금 촉매에 의해서 탈수소 고리닫음하여 만든다.
- Cyclopropane(C_3H_6)은 2개의 알킬 할라이드(Alkyl halides)와 나트륨(sodium)이 반응하여 알케인을 형성하는 부르츠 반응에 의해 만든다.
- Cyclooctane(C_8H_{16})은 시클로옥타테트라엔을 접촉 환원해서 만든다.

시클로헥산(Cyclohexane, C_6H_{12})

- 벤젠과 비슷한 냄새가 나는 무색의 액체이다.
- 중추신경계의 진정제로 작용하며, 두통, 마취를 일으키고 높은 노출 수준에서는 사망에 이르게 한다.
- 벤젠을 약 300℃, 높은 압력에서 Ni 촉매로 수소와 반응시켰을 때 얻어진다.

0304 / 0501 / 1001

04 Repetitive Learning

다음 작용기 중에서 메틸(Methyl)기에 해당하는 것은?

① $-C_2H_5$ ② $-COCH_3$
③ $-NH_2$ ④ $-CH_3$

해설

- ①은 에틸기, ②는 아세틸기, ③은 아미노기이다.

대표적인 작용기

명칭	작용기	예
메틸기	$-CH_3$	메탄올(CH_3OH)
아미노기	$-NH_2$	아닐린($C_6H_5NH_2$)
아세틸기	$-COCH_3$	아세톤(CH_3COCH_3)
에틸기	$-C_2H_5$	에탄올(C_2H_5OH)
카르복실기	$-COOH$	아세트산(CH_3COOH)
에테르기	$-O-$	디에틸에테르($C_2H_5OC_2H_5$)
히드록시기	$-OH$	페놀(C_6H_5OH)
알데히드기	$-CHO$	포름알데히드($HCHO$)
니트로기	$-NO_2$	트리니트로톨루엔[$C_6H_2CH_3(NO_2)_3$]
카르보닐기	$-CO-$	아세톤(CH_3COCH_3)

0402 / 1704

05 Repetitive Learning (1회 2회 3회)

탄소수가 5개인 포화 탄화수소 펜탄의 구조이성질체 수는 몇 개인가?

① 2개 ② 3개
③ 4개 ④ 5개

해설

- 알칸계 탄화수소인 펜탄(C_5H_{12})은 3개의 구조이성질체를 갖는다.

펜탄(C_5H_{12})의 구조이성질체

- 알칸계 탄화수소인 펜탄(C_5H_{12})은 3개의 구조이성질체를 갖는다.

n-pentane

```
    H   H   H   H   H
    |   |   |   |   |
H — C — C — C — C — C — H
    |   |   |   |   |
    H   H   H   H   H
```

2-methyl-butane

```
        H
        |
     H—C—H
  H     |     H   H
  |     |     |   |
H—C ——— C ——— C — C — H
  |     |     |   |
  H     H     H   H
```

2,2dimethylpropane

```
          H
          |
       H—C—H
  H       |       H
  |       |       |
H—C ————— C ————— C—H
  |       |       |
  H       |       H
       H—C—H
          |
          H
```

0902

06 Repetitive Learning

1기압의 수소 2L와 3기압의 산소 2L를 동일 온도에서 5L의 용기에 넣으면 전체 압력은 몇 기압이 되는가?

① 4/5 ② 8/5
③ 12/5 ④ 16/5

해설

- 보일의 법칙에 의해 1기압의 수소 2L와 3기압의 산소 2L를 5L의 용기에 넣을 경우 전체 압력은 1×2+3×2=5×x에서 $x=\frac{8}{5}=1.6$기압이 된다.

보일의 법칙

- 기체의 양과 온도가 일정하면, 압력(P)과 부피(V)는 서로 반비례한다.
- PV=k(k는 비례상수)

03 ③ 04 ④ 05 ② 06 ② | 정답

07 Repetitive Learning (1회 2회 3회)

구리선의 밀도가 7.81g/mL이고, 질량이 3.72g이다. 이 구리선의 부피는 얼마인가?

① 0.48 ② 2.09
③ 1.48 ④ 3.09

해설

- 밀도는 $\frac{질량}{부피}$이다. 따라서 부피는 $\frac{질량}{밀도}$이므로 대입하면 $\frac{3.72}{7.81}$ = 0.48이 된다.

밀도와 비중

- 밀도는 단위 부피에 대한 질량의 값으로 $\frac{질량}{부피}$으로 구한다.
- 밀도의 크기는 일반적으로 고체 > 액체 > 기체순이다.
- 기체의 밀도는 압력에 비례하고, 절대온도에 반비례한다.
- 비중은 각 물질의 질량이 그것과 같은 부피를 갖는 표준물질의 질량의 몇 배인가를 나타내는 수치이다. 액체나 고체는 4℃의 물 1cm^{2}를 1g으로 하여 표준으로 사용하며, 기체의 경우 0℃, 1기압에서의 공기를 표준으로 사용한다.

08 Repetitive Learning (1회 2회 3회)

수소 5g과 산소 24g의 연소반응 결과 생성된 수증기는 0℃, 1기압에서 몇 L인가?

① 11.2 ② 16.8
③ 33.6 ④ 44.8

해설

- 수소 2몰(4g)과 산소 1몰(32g)이 결합하여 2몰의 물(36g)을 생성한다.
- 주어진 수소의 양은 5g인데 반해 산소는 24g만 주어졌으므로 작은 양에 해당하는 산소의 양만 반응하고, 나머지는 남게된다. 즉, 산소의 양으로 반응식이 결정된다.
- 산소 24g과 결합하는 수소의 양은 $\frac{4\times24}{32}=\frac{96}{32}=3$g이다. 이때 생성된 수증기의 양은 $\frac{24\times36}{32}=\frac{864}{32}=27$g이다. 27g은 수증기 1.5몰에 해당하므로 표준상태에서 수증기의 부피는 22.4×1.5=33.6L이다.

물(H_2O)

- 2개의 수소원자와 1개의 산소 원자가 공유 결합한 액체이다.
- 녹는점은 0℃, 끓는점은 100℃, 분자량은 18이다.
- 반응식 : $2H_2+O_2\rightarrow2H_2O$

1104 / 1801

09 Repetitive Learning (1회 2회 3회)

결합력이 큰 것부터 작은 순서로 나열한 것은?

① 공유결합 > 수소결합 > 반데르발스결합
② 수소결합 > 공유결합 > 반데르발스결합
③ 반데르발스결합 > 수소결합 > 공유결합
④ 수소결합 > 반데르발스결합 > 공유결합

해설

- 결합력이 큰 것부터 차례대로 나열하면 원자결합 > 공유결합 > 이온결합 > 금속결합 > 수소결합 > 반데르발스 결합 순이 된다.

화학결합

- 원자 또는 분자를 구성하는 원자들 간에 작용하는 힘 또는 결합체를 말한다.
- 원자결합, 공유결합, 이온결합, 금속결합, 수소결합, 반데르발스 결합 등이 있다.
- 결합력이 큰 것부터 차례대로 나열하면 원자결합 > 공유결합 > 이온결합 > 금속결합 > 수소결합 > 반데르발스 결합 순이 된다.

10 Repetitive Learning (1회 2회 3회)

어떤 물질 1g을 증발시켰더니 그 부피가 0℃, 4atm에서 329.2mL이었다. 이 물질의 분자량은? (단, 증발한 기체는 이상기체라 가정한다)

① 17 ② 23
③ 30 ④ 60

해설

- 분자량을 구하는 문제이므로 이상기체 상태방정식에 대입한다.
- 분자량 M= $\frac{1\times0.082\times273}{4\times0.3292}=\frac{22.386}{1.3168}=17$이 된다.

이상기체 상태방정식

- 특정 압력과 온도에서 기체의 분자량을 구할 때 사용한다.
- 분자량 M= $\frac{질량\times R\times T}{P\times V}$로 구한다.

  이때, R은 이상기체상수로 0.082[atm · L/mol · K]이고,
  T는 절대온도(273+섭씨온도)[K]이고,
  P는 압력으로 atm 혹은 $\frac{주어진\ 압력[mmHg]}{760mmHg/atm}$이고,
  V는 부피[L]이다.

정답 | 07 ① 08 ③ 09 ① 10 ①

1804

11 Repetitive Learning (1회 2회 3회)

물 450g에 NaOH 80g이 녹아있는 용액에서 NaOH의 몰 분율은? (단, Na의 원자량은 23이다)

① 0.074 ② 0.178
③ 0.200 ④ 0.450

해설

- 몰 분율을 구하기 위해서는 모든 성분의 몰수를 구해야 한다.
- 물(H_2O)은 분자량이 18이므로 물 450g은 25몰이다.
- 수산화나트륨(NaOH)의 분자량은 23+16+1=40이므로 80g은 2몰이다.
- 전체 몰수는 27몰이고 그중 수산화나트륨의 몰수는 2몰이므로 몰 분율은 0.074이다.

몰 분율
- 전체 성분의 몰수에서 특정한 성분의 몰수 비율을 말한다.

12 Repetitive Learning (1회 2회 3회)

원자 A가 이온 A^{2+}로 되었을 때의 전자수와 원자번호 n인 원자 B가 이온 B^{3-}으로 되었을 때 갖는 전자수가 같았다면 A의 원자번호는?

① n−1 ② n+2
③ n−3 ④ n+5

해설

- 원자번호는 전자수와 같다. 원자번호 n인 원자 B가 전자 3개를 획득한 이온 B^{3-}와 2개의 전자를 잃은 A^{2+}의 전자수가 같다고 했으므로 n+3=x−2라는 방정식이 성립된다.
- 따라서 A의 원자번호 x는 n+5와 같다.

원자번호(Atomic number)와 원자량(Atomic mass)
- 원자번호는 원자핵의 양성자수이자 중성원자의 총 전자수와 같다.
- 질량수=양성자의 수+중성자의 수로 구한다.
- 원자량은 6개의 양성자와 6개의 중성자로 구성되는 질량수 12인 탄소($_{12}C$)의 원자 질량을 12로 정한 조건에서 다른 원소의 비교질량을 원자량으로 나타낸다.

0404 / 0904

13 Repetitive Learning (1회 2회 3회)

커플링(Coupling) 반응 시 생성되는 작용기는?

① $-NH_2$ ② $-CH_3$
③ $-COOH$ ④ $-N=N-$

해설

- 커플링 반응은 질소와 질소가 2중으로 연결되는 디아조기(N=N)를 갖는 염에서 일어난다.

커플링(Coupling) 반응
- 방향족 디아조기(N=N)를 갖는 염이 방향족 화합물과 반응해 아조화합물(R−N=N−R′)을 생성하는 반응을 말한다.
- 디아조기와 반응하는 방향족 화합물에는 반응성이 높은 OH, NR_2 등이 대표적이다.

14 Repetitive Learning (1회 2회 3회)

$H_2S+I_2 \rightarrow 2HI+S$에서 I_2의 역할은?

① 산화제이다.
② 환원제이다.
③ 산화제이면서 환원제이다.
④ 촉매역할을 한다.

해설

- 한 물질이 산화되면 반드시 다른 물질은 환원되어야 한다. 황화수소의 경우 −2였던 산화수가 황으로 바뀌면서 산화수가 0이 되면서 증가하여 환원제로 사용되어졌고, 요오드의 경우 산화수가 0이었는데 수소와 결합하면서 산화수가 −1로 감소되어(환원되어) 산화제로 작용한 경우이다.

산화제와 환원제
- ㉠ 산화제
  - 자신은 환원(산화수가 감소)되면서 다른 화학종을 산화시키는 물질을 말한다.
  - 자신이 가지고 있는 산소 또는 산소공급원을 내주어서 다른 가연물을 연소시키고 반응 후 자신은 산소를 잃어버리는 것을 말한다.
- ㉡ 환원제
  - 자신은 산화(산화수가 증가)되면서 다른 화학종을 환원시키는 물질을 말한다.
  - 산화제로부터 산소를 받아들여 자신이 직접 연소되는 가연물을 의미한다.

11 ① 12 ④ 13 ④ 14 ① | 정답

0601

15

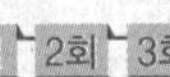

Repetitive Learning (1회 2회 3회)

다음 중 단원자 분자에 해당하는 것은?

① 산소　　② 질소
③ 네온　　④ 염소

해설

- 산소(O_2), 질소(N_2), 염소(Cl_2)는 모두 2개의 원자가 분자를 구성한다.

원자 수에 따른 분자의 분류

단원자 분자	• 하나의 원자가 분자를 구성하는 형태 • 헬륨(He), 네온(Ne), 아르곤(Ar) 등
이원자 분자	• 2개의 원자가 분자를 구성하는 형태 • 수소(H_2), 산소(O_2), 염소(Cl_2), 질소(N_2) 등
삼원자 분자	• 3개의 원자가 분자를 구성하는 형태 • 오존(O_3), 물(H_2O) 등

16

Repetitive Learning (1회 2회 3회)

다음의 화합물 중 화합물 내 질소분율이 가장 높은 것은?

① $Ca(CN)_2$　　② $NaCN$
③ $(NH_2)_2CO$　　④ NH_4NO_3

해설

- 질소의 분율을 구하기 위해서는 모든 성분의 몰수를 구해야 한다.
- 질소(N) 원자량이 14이다.
- ①의 전체 분자량은 40+(26)×2=92인데 그중 질소는 28이다. 질소의 분율은 $\frac{28}{92}\times 100 = 30.43$이다.
- ②의 전체 분자량은 23+12+14=49인데 그중 질소는 14이다. 질소의 분율은 $\frac{14}{49}\times 100 = 28.57$이다.
- ③의 전체 분자량은 (16)×2+12+16=60인데 그중 질소는 28이다. 질소의 분율은 $\frac{28}{60}\times 100 = 46.67$이다.
- ④의 전체 분자량은 14+4+14+48=80인데 그중 질소는 28이다. 질소의 분율은 $\frac{28}{80}\times 100 = 35$이다.

몰 분율

문제 11번의 유형별 핵심이론 참조

1002

17

Repetitive Learning (1회 2회 3회)

수소 1.2몰과 염소 2몰이 반응할 경우 생성되는 염화수소의 몰수는?

① 1.2　　② 2
③ 2.4　　④ 4.8

해설

- 염소와 수소의 반응식을 살펴보면 $H_2 + Cl_2 \rightarrow 2HCl$이 만들어진다. 즉, 수소와 염소 각각 1몰씩이 반응하면 염화수소 2몰이 만들어진다는 의미이다.
- 문제에서 수소와 염소가 각각 1.2몰과 2몰이 주어진다고 했으므로 적은 양에 해당하는 1.2몰씩이 반응에 필요하게 된다.
- 즉, 수소 1.2몰과 염소 1.2몰이 반응해서 염화수소 2.4몰이 만들어지게 된다는 의미이다.

염화수소(HCl)

- 반응식 : $H_2 + Cl_2 \rightarrow 2HCl$
- 수소(H_2)와 염소(Cl_2)가 공유결합한 화합물로 물에 녹일 경우 염산이 된다.

0701

18

Repetitive Learning (1회 2회 3회)

중크롬산칼륨(다이크롬산칼륨)에서 크롬의 산화수는?

① 2　　② 4
③ 6　　④ 8

해설

- 중크롬산칼륨($K_2Cr_2O_7$)에서 K가 1족의 알칼리금속이므로 +1가의 값을 가진다. 즉 크롬이 +6가가 되어야 2+12−14가 되어 화합물의 산화수가 0가로 된다.

화합물에서 산화수 관련 절대적 원칙

- 일반적으로 화합물에서 전기음성도가 큰 물질이 +의 산화수를 갖고, 전기음성도가 작은 물질이 −의 산화수를 가진다.
- 수소(H)는 결합하는 원자와의 전기음성도 차에 의해 +1가 혹은 −1가의 값을 가진다.
- 1족의 알칼리금속(Li, Na, K)은 +1가의 값을 가진다.
- 2족의 알칼리토금속(Be, Mg, Ca)는 +2가의 값을 가진다.
- 13족의 알루미늄(Al)은 +3가의 값을 가진다.
- 17족의 플로오린(F)은 −1가의 값을 가진다.

정답 | 15 ③　16 ③　17 ③　18 ③

0902 / 2001

19

Repetitive Learning 1회 2회 3회

중성원자가 무엇을 잃으면 양이온으로 되는가?

① 중성자 ② 핵전자

③ 양성자 ④ 전자

해설

• 중성원자가 전자를 잃으면 양이온이 된다.

이온(Ion)

• 양성자의 수와 전자의 수가 다른 화학종으로 중성물질에서 전자를 잃거나 얻는 화학종을 말한다.
• 전자를 잃어 양성자의 수가 전자의 수보다 큰 경우를 양이온(Cation)이라고 한다. 주로 금속의 경우이다.
• 전자를 얻어 전자의 수가 양성자의 수보다 큰 경우를 음이온(Anion)이라고 한다. 주로 비금속의 경우이다.

0302

20

Repetitive Learning 1회 2회 3회

이산화황이 산화제로 작용하는 화학반응은?

① $SO_2+H_2O \rightarrow H_2SO_4$

② $SO_2+NaOH \rightarrow NaHSO_3$

③ $SO_2+2H_2S \rightarrow 3S+2H_2O$

④ $SO_2+Cl_2+2H_2O \rightarrow H_2SO_4+2HCl$

해설

• 이산화황(SO_2)은 황화수소(H_2S)에 산소(O_2)를 내주어 연소시킴으로서 물과 산소(O_2)를 잃어버린 황(S)이 되었으므로 산화제로 역할하였다.

산화제와 환원제

문제 14번의 유형별 핵심이론 참조

2과목 화재예방과 소화방법

1102 / 1804

21

Repetitive Learning 1회 2회 3회

옥외소화전설비의 옥외소화전이 3개 설치되었을 경우 수원의 수량은 몇 m^3 이상이 되어야 하는가?

① 7 ② 20.4

③ 40.5 ④ 100

해설

• 수원의 수량은 옥외소화전의 설치개수(설치개수가 4개 이상인 경우는 4개의 옥외소화전)에 13.5m^3를 곱한 양 이상이 되어야 하므로 3×13.5=40.5m^3 이상이 되어야 한다.

옥외소화전설비의 설치기준 실기 0802/1202

• 옥외소화전은 방호대상물의 각 부분(건축물의 경우에는 당해 건축물의 1층 및 2층의 부분에 한한다)에서 하나의 호스접속구까지의 수평거리가 40m 이하가 되도록 설치할 것. 이 경우 그 설치개수가 1개일 때는 2개로 하여야 한다.
• 수원의 수량은 옥외소화전의 설치개수(설치개수가 4개 이상인 경우는 4개의 옥외소화전)에 13.5m^3를 곱한 양 이상이 되도록 설치할 것
• 옥외소화전설비는 모든 옥외소화전(설치개수가 4개 이상인 경우는 4개의 옥외소화전)을 동시에 사용할 경우에 각 노즐선단의 방수압력이 350kPa 이상이고, 방수량이 1분당 450L 이상의 성능이 되도록 할 것
• 옥외소화전설비에는 비상전원을 설치할 것

22

Repetitive Learning 1회 2회 3회

고체연소에 대한 분류로 옳지 않은 것은?

① 혼합연소 ② 증발연소

③ 분해연소 ④ 표면연소

해설

• 고체의 연소방식에는 분해연소, 표면연소, 자기연소, 증발연소 등이 있다.

연소의 종류

구분	내용
기체	확산연소, 폭발연소, 혼합연소, 그을음연소 등이 있다.
액체	증발연소, 분해연소, 분무연소, 그을음연소 등이 있다.
고체	분해연소, 표면연소, 자기연소, 증발연소 등이 있다.

19 ④ 20 ③ 21 ③ 22 ① | 정답

23 — Repetitive Learning (1회 2회 3회)

불연성기체로서 비교적 액화가 용이하며 안전하게 저장할 수 있으며 전기절연성이 좋아 C급 화재에 사용되기도 하는 기체는?

① N_2 ② CO_2

③ Ar ④ He

해설

- 이산화탄소는 전기에 대한 절연성이 우수한 비전도성을 갖기 때문에 전기화재(C급)에 유효하다.

이산화탄소(CO_2)

- 무색, 무취이며 비전도성이다.
- 증기상태의 비중은 약 1.52로 공기보다 무겁다.
- 임계온도는 약 31℃이다.
- 냉각 및 압축에 의하여 액화될 수 있다.
- 산소와 반응하지 않고 산소공급을 차단하므로 표면소화에 효과적이다.
- 방사 시 열량을 흡수하므로 냉각소화 및 질식, 피복소화 작용이 있다.
- 밀폐된 공간에서는 질식을 유발할 수 있으므로 주의해야 한다.

1504 / 2003

24 — Repetitive Learning (1회 2회 3회)

위험물제조소 등에 설치하는 옥외소화전설비에 있어서 옥외소화전함은 옥외소화전으로부터 보행거리 몇 m 이하의 장소에 설치하는가?

① 2m ② 3m

③ 5m ④ 10m

해설

- 방수용기구를 격납하는 함(옥외소화전함)은 불연재료로 제작하고 옥외소화전으로부터 보행거리 5m 이하의 장소로서 화재발생시 쉽게 접근가능하고 화재 등의 피해를 받을 우려가 적은 장소에 설치해야 한다.

옥외소화전설비의 기준

- 옥외소화전의 개폐밸브 및 호스접속구는 지반면으로부터 1.5m 이하의 높이에 설치할 것
- 방수용기구를 격납하는 함(옥외소화전함)은 불연재료로 제작하고 옥외소화전으로부터 보행거리 5m 이하의 장소로서 화재발생시 쉽게 접근가능하고 화재 등의 피해를 받을 우려가 적은 장소에 설치할 것

0701

25 — Repetitive Learning (1회 2회 3회)

할로겐화물소화설비 기준에서 하론 2402를 가압식 저장 용기에 저장하는 경우 충전비로 옳은 것은?

① 0.51 이상 0.67 이하

② 0.7 이상 1.4 미만

③ 0.9 이상 1.6 이하

④ 0.67 이상 2.75 이하

해설

- 저장용기의 충전비는 하론 2402를 저장하는 것 중 가압식 저장용기에 있어서는 0.51 이상 0.67 미만, 축압식 저장용기에 있어서는 0.67 이상 2.75 이하, 하론 1211에 있어서는 0.7 이상 1.4 이하, 하론 1301에 있어서는 0.9 이상 1.6 이하로 하여야 한다.

할로겐화합물 소화약제의 저장용기

- 축압식 저장용기의 압력은 온도 20℃에서 하론 1211을 저장하는 것에 있어서는 1.1MPa 또는 2.5MPa, 하론 1301을 저장하는 것에 있어서는 2.5MPa 또는 4.2MPa이 되도록 질소가스로 축압할 것
- 저장용기의 충전비는 하론 2402를 저장하는 것 중 가압식 저장용기에 있어서는 0.51 이상 0.67 미만, 축압식 저장용기에 있어서는 0.67 이상 2.75 이하, 하론 1211에 있어서는 0.7 이상 1.4 이하, 하론 1301에 있어서는 0.9 이상 1.6 이하로 할 것
- 동일 집합관에 접속되는 용기의 소화약제 충전량은 동일충전비의 것이어야 할 것

26 — Repetitive Learning (1회 2회 3회)

주성분이 탄산수소나트륨인 소화약제는 제 몇 종 분말소화약제인가?

① 제1종 ② 제2종

③ 제3종 ④ 제4종

해설

- 탄산수소나트륨($NaHCO_3$)은 제1종 분말의 주성분이다.

분말소화약제의 종별과 적응성

소화약제의 종별	적응성	착색색상
제1종 분말(탄산수소나트륨)	BC	백색
제2종 분말(탄산수소칼륨)	BC	담회색
제3종 분말(인산암모늄)	ABC	담홍색
제4종 분말(탄산수소칼륨과 요소가 화합)	BC	회색

정답 | 23 ② 24 ③ 25 ① 26 ①

1302

27 Repetitive Learning (1회 2회 3회)

폐쇄형 스프링클러 헤드는 설치 장소의 평상시 최고 주위 온도에 따라서 결정된 표시온도의 것을 사용해야 한다. 설치장소의 최고 주위온도가 28℃ 이상 39℃ 미만일 때, 표시 온도는?

① 58℃ 미만
② 58℃ 이상 79℃ 미만
③ 79℃ 이상 121℃ 미만
④ 121℃ 이상 162℃ 미만

해설

- ①은 설치 장소의 최고 주위온도가 28℃ 미만인 경우이다.
- ③은 설치 장소의 최고 주위온도가 39℃ 이상 64℃ 미만인 경우이다.
- ④는 설치 장소의 최고 주위온도가 64℃ 이상 106℃ 미만인 경우이다.

폐쇄형 스프링클러 헤드의 설치기준

- 스프링클러 헤드의 반사판으로부터 하방으로 0.45m, 수평방향으로 0.3m의 공간을 보유할 것
- 스프링클러 헤드는 헤드의 축심이 당해 헤드의 부착면에 대하여 직각이 되도록 설치할 것
- 스프링클러 헤드의 반사판과 당해 헤드의 부착면과의 거리는 0.3m 이하일 것
- 스프링클러 헤드는 당해 헤드의 부착면으로부터 0.4m 이상 돌출한 보 등에 의하여 구획된 부분마다 설치할 것. 다만, 당해 보 등의 상호간의 거리(보 등의 중심선을 기산점으로 한다)가 1.8m 이하인 경우에는 그러하지 아니하다.
- 급배기용 덕트 등의 긴변의 길이가 1.2m를 초과하는 것이 있는 경우에는 당해 덕트 등의 아래면에도 스프링클러 헤드를 설치할 것
- 스프링클러 헤드의 부착위치는 가연성 물질을 수납하는 부분에 스프링클러 헤드를 설치하는 경우에는 당해 헤드의 반사판으로부터 하방으로 0.9m, 수평방향으로 0.4m의 공간을 보유해야 하며, 개구부에 설치하는 스프링클러 헤드는 당해 개구부의 상단으로부터 높이 0.15m 이내의 벽면에 설치할 것
- 건식 또는 준비작동식의 유수검지장치의 2차측에 설치하는 스프링클러 헤드는 상향식스프링클러 헤드로 할 것. 다만, 동결할 우려가 없는 장소에 설치하는 경우는 그러하지 아니하다.
- 부착장소의 최고주위온도에 따른 표시온도

부착장소의 최고주위온도[℃]	표시온도[℃]
28 미만	58 미만
28 이상 39 미만	58 이상 79 미만
39 이상 64 미만	79 이상 121 미만
64 이상 106 미만	121 이상 162 미만
106 이상	162 이상

1502

28 Repetitive Learning (1회 2회 3회)

가연물의 구비조건으로 옳지 않은 것은?

① 열전도율이 클 것
② 연소열량이 클 것
③ 화학적 활성이 강할 것
④ 활성화 에너지가 작을 것

해설

- 열전도율이 작아야 열의 이동이 쉽지 않아 열이 축적되고 연소반응이 용이하게 일어난다.

가연물이 될 수 있는 조건과 될 수 없는 조건

가능조건	• 산화할 때 발열량이 큰 것 • 산화할 때 열전도율이 작은 것 • 산화할 때 활성화 에너지가 작은 것 • 산소와 친화력이 좋고 표면적이 넓은 것
불가능조건	• 주기율표에서 0족(헬륨, 네온, 아르곤 등) 원소 • 이미 산화가 완료된 산화물(이산화탄소, 오산화린, 이산화규소, 산화알루미늄 등) • 질소 또는 질소 산화물(흡열반응)

29 Repetitive Learning (1회 2회 3회)

제4류 위험물의 저장 및 취급 시 화재예방 및 주의사항에 대한 일반적인 설명으로 틀린 것은?

① 증기의 누출에 유의할 것
② 증기는 낮은 곳에 체류하기 쉬우므로 조심할 것
③ 전도성이 좋은 석유류는 정전기 발생에 유의할 것
④ 서늘하고 통풍이 양호한 곳에 저장할 것

해설

- 석유류는 전도성이 좋지 못하므로 정전기의 발생에 유의해야 한다.

제4류 위험물의 특징 실기 0501

- 석유류, 알코올류, 동식물유 등 인화성 액체에 해당한다.
- 증기는 공기보다 무거우며, 공기와 혼합되면 연소한다.
- 물에 잘 녹지 않으며, 액체의 경우 물보다 가벼우나 증기비중은 공기보다 무거운 편이다.
- 액체보다 증기상태가 더 위험하며, 착화온도 이상의 온도로 가열시키면 연소된다.
- 제1석유류 ~ 제4석유류는 인화점에 따라 분류한다.
- 밀폐된 용기에 공간이 남아 있을 경우 증기가 공간을 메우므로 가득 차 있을 경우보다 폭발 위험이 더 커진다.
- 정전기가 축적될 경우 화재 위험이 커지므로 정전기 발생에 주의해야 한다.

27 ② 28 ① 29 ③ 정답

0502 / 1901

30 Repetitive Learning (1회 2회 3회)

이산화탄소 소화설비의 소화약제 방출방식 중 전역방출방식 소화설비에 대한 설명으로 옳은 것은?

① 발화위험 및 연소위험이 적고 광대한 실내에서 특정장치나 기계만을 방호하는 방식
② 일정 방호구역 전체에 방출하는 경우 해당 부분의 구획을 밀폐하여 불연성가스를 방출하는 방식
③ 일반적으로 개방되어 있는 대상물에 대하여 설치하는 방식
④ 사람이 용이하게 소화활동을 할 수 있는 장소에는 호스를 연장하여 소화활동을 행하는 방식

해설

- ①과 ③은 국소방출방식에 대한 설명이다.
- ④는 호스릴방식에 대한 설명이다.

이산화탄소 소화설비 관련 용어

전역 방출방식	고정식 이산화탄소 공급장치에 배관 및 분사헤드를 고정 설치하여 밀폐 방호구역 내에 이산화탄소를 방출하는 설비
국소 방출방식	고정식 이산화탄소 공급장치에 배관 및 분사헤드를 설치하여 직접 화점에 이산화탄소를 방출하는 설비로 화재발생부분에만 집중적으로 소화약제를 방출하도록 설치하는 방식
호스릴 방식	분사헤드가 배관에 고정되어 있지 않고 소화약제 저장용기에 호스를 연결하여 사람이 직접 화점에 소화약제를 방출하는 이동식 소화설비
교차회로 방식	하나의 방호구역 내에 2 이상의 화재감지기회로를 설치하고 인접한 2 이상의 화재감지기가 동시에 감지되는 때에는 이산화탄소 소화설비가 작동하여 소화약제가 방출되는 방식

0502 / 0901

31 Repetitive Learning 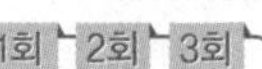

다음 중 제5류 위험물의 화재 시에 가장 적당한 소화방법은?

① 질소가스를 사용한다.
② 할로겐화합물을 사용한다.
③ 탄산가스를 사용한다.
④ 다량의 물을 사용한다.

해설

- 제5류 위험물은 옥내 및 옥외소화전, 스프링클러, 물분무소화설비, 포소화설비, 수조, 건조사, 팽창질석 등에 적응성이 있으나 물질 자체에 산소를 포함하고 있어 연소속도가 매우 빨라 화재 시 소화하기 어려우며, 주로 다량의 주수에 의한 냉각소화를 한다.

소화설비의 적응성 중 제5류 위험물 실기 1002/1101/1202/1601/1702/1902/2001/2003/2004

소화설비의 구분			제5류 위험물
옥내소화전 또는 옥외소화전설비			○
스프링클러설비			○
물분무등 소화설비	물분무소화설비		○
	포소화설비		○
	불활성가스소화설비		
	할로겐화합물소화설비		
	분말 소화설비	인산염류등	
		탄산수소염류등	
		그 밖의 것	
대형 · 소형 수동식 소화기	봉상수(棒狀水)소화기		○
	무상수(霧狀水)소화기		○
	봉상강화액소화기		○
	무상강화액소화기		○
	포소화기		○
	이산화탄소 소화기		
	할로겐화합물소화기		
	분말 소화기	인산염류소화기	
		탄산수소염류소화기	
		그 밖의 것	
기타	물통 또는 수조		○
	건조사		○
	팽창질석 또는 팽창진주암		○

1202

32 Repetitive Learning (1회 2회 3회)

다음 중 C급 화재에 가장 적응성이 있는 소화설비는?

① 봉상강화액 소화기　② 포소화기
③ 이산화탄소 소화기　④ 스프링클러설비

해설

- 이산화탄소 소화기는 전기설비, 제2류 위험물 중 인화성고체, 제4류 위험물에 적응성을 갖는다.

이산화탄소(CO_2) 소화기의 특징

- 용기는 이음매 없는 고압가스 용기를 사용한다.
- 산소와 반응하지 않는 안전한 가스이다.
- 전기에 대한 절연성이 우수(비전도성)하기 때문에 전기화재(C급)에 유효하다.
- 자체 압력으로 방출하므로 방출용 동력이 별도로 필요하지 않다.
- 고온의 직사광선이나 보일러실에 설치할 수 없다.
- 금속분의 화재 시에는 사용할 수 없다.
- 소화기 방출구에서 주울-톰슨효과에 의해 드라이아이스가 생성될 수 있다.

정답 | 30 ② 31 ④ 32 ③

1204 / 1801

33 Repetitive Learning (1회 2회 3회)

인화성 액체의 화재의 분류로 옳은 것은?

① A급 화재 ② B급 화재
③ C급 화재 ④ D급 화재

해설

• A급 화재는 일반 가연성 물질, C급 화재는 전기화재, D급 화재는 금속화재이다.

화재의 분류 실기 0504

분류	표시 색상	구분 및 대상	소화기	특징
A급	백색	종이, 나무 등 일반 가연성 물질	물 및 산, 알칼리 소화기	• 냉각소화 • 재가 남는다.
B급	황색	석유, 페인트 등 유류화재	모래나 소화기	• 질식소화 • 재가 남지 않는다.
C급	청색	전기스파크 등 전기화재	이산화탄소 소화기	• 질식소화, 냉각소화 • 물로 소화할 경우 감전의 위험이 있다.
D급	무색	금속나트륨, 금속칼륨 등 금속화재	마른 모래	• 질식소화 • 물로 소화할 경우 폭발의 위험이 있다.

1201

34 Repetitive Learning (1회 2회 3회)

처마의 높이가 6m 이상인 단층 건물에 설치된 옥내저장소의 소화설비로 고려될 수 없는 것은?

① 고정식 포소화설비
② 옥내소화전설비
③ 고정식 이산화탄소 소화설비
④ 고정식 분말소화설비

해설

• 옥내소화전설비는 스프링클러설비 또는 이동식 외의 물분무등소화설비와 관련없는 별도의 소화설비이다.

처마의 높이가 6m 이상인 단층건물의 옥내저장소–소화난이등급 Ⅰ에 해당하는 소화설비

• 스프링클러설비 또는 이동식 외의 물분무등소화설비를 설치한다.

※ 물분무등소화설비

• 물 분무 소화설비	• 미분무소화설비
• 포소화설비	• 이산화탄소 소화설비
• 하론소화설비	• 할로겐화합물 및 불활성기체 소화설비
• 분말소화설비	• 강화액소화설비

0901 / 1102

35 Repetitive Learning (1회 2회 3회)

펌프와 발포기의 중간에 설치된 벤투리관의 벤투리 작용과 펌프 가압수의 포 소화약제 저장탱크에 대한 압력에 의하여 포 소화약제를 흡입 · 혼합하는 방식은?

① 프레져 푸로포셔너
② 펌프 푸로로셔너
③ 프레져사이드 푸로포셔너
④ 라인 푸로포셔너

해설

• 펌프 푸로포셔너방식이란 펌프의 토출관과 흡입관 사이의 배관도중에 설치한 흡입기에 펌프에서 토출된 물의 일부를 보내고, 농도 조정밸브에서 조정된 포 소화약제의 필요량을 포 소화약제 탱크에서 펌프 흡입측으로 보내어 이를 혼합하는 방식을 말한다.
• 프레져사이드 푸로포셔너방식이란 펌프의 토출관에 압입기를 설치하여 포 소화약제 압입용펌프로 포 소화약제를 압입시켜 혼합하는 방식을 말한다.
• 라인 푸로포셔너방식이란 펌프와 발포기의 중간에 설치된 벤추리관의 벤추리작용에 따라 포 소화약제를 흡입 · 혼합하는 방식을 말한다.

포 소화약제의 혼합장치

프레져 푸로포셔너	펌프와 빌포기의 중간에 설치된 벤추리관의 벤추리작용과 펌프 가압수의 포 소화약제 저장탱크에 대한 압력에 따라 포 소화약제를 흡입 · 혼합하는 방식
펌프 푸로포셔너	펌프의 토출관과 흡입관 사이의 배관도중에 설치한 흡입기에 펌프에서 토출된 물의 일부를 보내고, 농도 조정밸브에서 조정된 포 소화약제의 필요량을 포 소화약제 탱크에서 펌프 흡입측으로 보내어 이를 혼합하는 방식
프레져사이드 푸로포셔너	펌프의 토출관에 압입기를 설치하여 포 소화약제 압입용펌프로 포 소화약제를 압입시켜 혼합하는 방식
라인 푸로포셔너	펌프와 발포기의 중간에 설치된 벤추리관의 벤추리작용에 따라 포 소화약제를 흡입 · 혼합하는 방식을 말한다
압축공기포 믹싱챔버	압축공기 또는 압축질소를 일정비율로 포수용액에 강제 주입 혼합하는 방식

1202

36 Repetitive Learning (1회 2회 3회)

소화기가 유류화재에 적응력이 있음을 표시하는 색은?

① 백색 ② 황색
③ 청색 ④ 흑색

해설

• 유류화재는 B급으로 황색이다.

화재의 분류 실기 0504

문제 33번의 유형별 핵심이론 참조

33 ② 34 ② 35 ① 36 ② | 정답

37

Repetitive Learning (1회 2회 3회)

위험물제조소 등에 설치하는 옥내소화전설비가 설치된 건축물에 옥내소화전이 1층에 5개, 2층에 6개가 설치되어 있다. 이때 수원의 수량은 몇 m^3 이상으로 하여야 하는가?

① 19　　② 29

③ 39　　④ 47

해설

- 옥내소화전설비에서 수원의 수량은 옥내소화전이 가장 많이 설치된 층의 옥내소화전 설치개수(설치개수가 5개 이상인 경우는 5개)에 $7.8m^3$를 곱한 양 이상이 되어야 하므로 2층에 6개로 5개 이상이므로 $5 \times 7.8 = 39m^3$ 이상이 되어야 한다.

옥내소화전설비의 설치기준 실기 1301/1304/1701/1702/1804

- 옥내소화전은 제조소등의 건축물의 층마다 당해 층의 각 부분에서 하나의 호스접속구까지의 수평거리가 25m 이하가 되도록 설치할 것. 이 경우 옥내소화전은 각층의 출입구 부근에 1개 이상 설치하여야 한다.
- 수원의 수량은 옥내소화전이 가장 많이 설치된 층의 옥내소화전 설치개수(설치개수가 5개 이상인 경우는 5개)에 $7.8m^3$를 곱한 양 이상이 되도록 설치할 것
- 옥내소화전설비는 각층을 기준으로 하여 당해 층의 모든 옥내소화전(설치개수가 5개 이상인 경우는 5개의 옥내소화전)을 동시에 사용할 경우에 각 노즐선단의 방수압력이 350kPa 이상이고 방수량이 1분당 260L 이상의 성능이 되도록 할 것
- 옥내소화전설비에는 비상전원을 설치할 것

1201 / 1602

38

Repetitive Learning (1회 2회 3회)

위험물제조소 등에 설치된 옥외소화전설비는 모든 옥외소화전(설치 개수가 4개 이상인 경우는 4개의 옥외소화전)을 동시에 사용할 경우에 각 노즐선단의 방수압력은 몇 kPa 이상이어야 하는가?

① 250　　② 300

③ 350　　④ 450

해설

- 옥외소화전설비는 모든 옥외소화전(설치개수가 4개 이상인 경우는 4개의 옥외소화전)을 동시에 사용할 경우에 각 노즐선단의 방수압력이 350kPa 이상이고, 방수량이 1분당 450L 이상의 성능이 되도록 하여야 한다.

옥외소화전설비의 설치기준 실기 0802/1202

문제 21번의 유형별 핵심이론 참조

1001

39

Repetitive Learning (1회 2회 3회)

제조소 또는 취급소의 건축물로 외벽이 내화구조인 것은 연면적 몇 m^2를 1 소요단위로 규정하는가?

① $100m^2$　　② $200m^2$

③ $300m^2$　　④ $400m^2$

해설

- 제조소 또는 취급소의 건축물에 대한 소요단위는 외벽이 내화구조인 것은 연면적 $100m^2$를 1소요단위로 한다.

소요단위 실기 0604/0802/1202/1204/1704/1804/2001

- 소화설비의 설치대상이 되는 건축물 그 밖의 공작물의 규모 또는 위험물의 양의 기준단위이다.
- 계산방법

구분	기준
제조소 또는 취급소의 건축물	외벽이 내화구조인 것은 연면적 $100m^2$를 1소요단위로 하며, 외벽이 내화구조가 아닌 것은 연면적 $50m^2$를 1소요단위로 할 것
저장소의 건축물	외벽이 내화구조인 것은 연면적 $150m^2$를 1소요단위로 하고, 외벽이 내화구조가 아닌 것은 연면적 $75m^2$를 1소요단위로 할 것
제조소 등의 옥외에 설치된 공작물	외벽이 내화구조인 것으로 간주하고 공작물의 최대수평투영면적을 연면적으로 간주하여 제조소 혹은 저장소 건축물의 소요단위를 적용할 것
위험물	지정수량의 10배를 1소요단위로 할 것

0701 / 1902

40

Repetitive Learning (1회 2회 3회)

탄소 1mol이 완전연소하는데 필요한 최소 이론 공기량은 약 몇 L인가? (단, 0℃, 1기압 기준이며, 공기 중 산소의 농도는 21vol%이다)

① 10.7　　② 22.4

③ 107　　④ 224

해설

- 단원자 분자인 탄소 1몰이 완전연소하기 위해서는 산소 역시 1몰이 필요하다.
- 산소 1몰(22.4L)을 포함하는 공기의 부피를 구해야 한다.
- 공기 중 산소비율이 공기 100에 산소는 21이므로 산소 22.4L를 위해서는 공기 $\frac{100 \times 22.4}{21} = 106.67$L가 필요하다.

탄소의 연소 반응식

- 단원자 분자인 탄소(C) 1몰을 연소하기 위해서는 산소분자(O_2) 1몰이 필요하다.

$$C + O_2 \rightarrow CO_2$$

정답 | 37 ③ 38 ③ 39 ① 40 ③

41

Repetitive Learning (1회 2회 3회)

위험물안전관리법령에 따른 위험물제조소와 관련한 내용으로 틀린 것은?

① 채광설비는 불연재료를 사용한다.
② 환기는 자연배기방식으로 한다.
③ 조명설비의 전선은 내화 · 내열전선으로 한다.
④ 조명설비의 점멸스위치는 출입구 안쪽부분에 설치한다.

해설

- 점멸스위치는 출입구 바깥부분에 설치하여야 한다.

제조소의 조명설비 기준

- 가연성가스 등이 체류할 우려가 있는 장소의 조명등은 방폭등으로 할 것
- 전선은 내화 · 내열전선으로 할 것
- 점멸스위치는 출입구 바깥부분에 설치할 것. 다만, 스위치의 스파크로 인한 화재 · 폭발의 우려가 없을 경우에는 그러하지 아니하다.

42

Repetitive Learning (1회 2회 3회)

위험물이 물과 반응하였을 때 발생하는 가연성 가스를 잘못 나타낸 것은?

① 금속칼륨 – 수소
② 금속나트륨 – 수소
③ 인화칼슘 – 포스겐
④ 탄화칼슘 – 아세틸렌

해설

- 인화칼슘(석회)이 물이나 산과 반응하면 독성의 가연성 기체인 포스핀가스(인화수소, PH_3)가 발생한다.

인화석회/인화칼슘(Ca_3P_2) 실기 0502/0601/0704/0802/1401/1501/1602/2004

- 금속의 인화물의 한 종류로 지정수량이 300kg, 위험등급이 Ⅲ인 제3류 위험물이다.
- 상온에서 적갈색 고체로 비중이 2.5로 물보다 무겁다.
- 물 또는 약산과 반응하면 독성의 가연성 기체인 포스핀가스(인화수소, PH_3)가 발생한다.

물과의 반응식	$Ca_3P_2 + 6H_2O \rightarrow 3Ca(OH)_2 + 2PH_3$ 인화석회 + 물 → 수산화칼슘 + 인화수소
산과의 반응식	$Ca_3P_2 + 6HCl \rightarrow 3CaCl_2 + 2PH_3$ 인화석회 + 염산 → 염화칼슘 + 인화수소

0902 / 1101 / 1701

43

Repetitive Learning (1회 2회 3회)

산화프로필렌 300L, 메탄올 400L, 벤젠 200L를 저장하고 있는 경우 각각 지정수량 배수의 총합은 얼마인가?

① 4
② 6
③ 8
④ 10

해설

- 산화프로필렌은 제4류 위험물에 해당하는 수용성 특수인화물로 지정수량이 50L이다.
- 메탄올은 제4류 위험물에 해당하는 수용성 알코올류로 지정수량이 400L이다.
- 벤젠은 제4류 위험물에 해당하는 비수용성 제1석유류로 지정수량이 200L이다.
- 지정수량의 배수의 합은 $\frac{300}{50} + \frac{400}{400} + \frac{200}{200} = 6 + 1 + 1 = 8$배이다.

지정수량 배수의 계산

- 다수의 위험물을 저장하는 경우 지정수량의 배수를 구하려면 각각의 위험물에 해당하는 지정수량 배수($\frac{\text{저장수량}}{\text{지정수량}}$)의 합을 구하면된다.
- 위험물 A, B를 저장하는 경우 지정수량의 배수의 합은 $\frac{\text{A저장수량}}{\text{A지정수량}} + \frac{\text{B저장수량}}{\text{B지정수량}}$가 된다.

1104 / 1904

44

Repetitive Learning (1회 2회 3회)

다음의 위험물을 저장할 때 저장 또는 취급에 관한 기술상의 기준을 시 · 도의 조례에 의해 규제를 받는 경우는?

① 등유 2,000L를 저장하는 경우
② 중유 3,000L를 저장하는 경우
③ 윤활유 5,000L를 저장하는 경우
④ 휘발유 400L를 저장하는 경우

해설

- ①의 등유는 제2석유류로 지정수량이 1,000L이므로 위험물안전관리법의 규제를 받는다.
- ②의 중유는 제3석유류로 지정수량이 2,000L이므로 위험물안전관리법의 규제를 받는다.
- ③의 윤활유는 제4석유류로 지정수량이 6,000L이므로 위험물안전관리법이 아닌 시 · 도의 조례에 의해 규제를 받는다.
- ④의 휘발유는 제1석유류로 지정수량이 200L이므로 위험물안전관리법의 규제를 받는다.

지정수량 미만인 위험물의 저장 · 취급

- 지정수량 미만인 위험물의 저장 또는 취급에 관한 기술상의 기준은 특별시 · 광역시 · 특별자치시 · 도 및 특별자치도의 조례로 정한다.

41 ④ 42 ③ 43 ③ 44 ③ | 정답

2003

45

Repetitive Learning (1회 2회 3회)

위험물안전관리법령상 위험물제조소의 위험물을 취급하는 건축물의 구성 부분 중 반드시 내화구조로 하여야 하는 것은?

① 연소의 우려가 있는 기둥
② 바닥
③ 연소의 우려가 있는 외벽
④ 계단

해설

- 벽 · 기둥 · 바닥 · 보 · 서까래 및 계단을 불연재료로 하고, 연소(延燒)의 우려가 있는 외벽은 출입구 외의 개구부가 없는 내화구조의 벽으로 하여야 한다.

제조소에서의 건축물 구조

- 지하층이 없도록 하여야 한다.
- 벽 · 기둥 · 바닥 · 보 · 서까래 및 계단을 불연재료로 하고, 연소(延燒)의 우려가 있는 외벽은 출입구 외의 개구부가 없는 내화구조의 벽으로 하여야 한다.
- 지붕은 폭발력이 위로 방출될 정도의 가벼운 불연재료로 덮어야 한다.
- 출입구와 비상구에는 갑종방화문 또는 을종방화문을 설치하되, 연소의 우려가 있는 외벽에 설치하는 출입구에는 수시로 열 수 있는 자동폐쇄식의 갑종방화문을 설치하여야 한다.
- 위험물을 취급하는 건축물의 창 및 출입구에 유리를 이용하는 경우에는 망입유리로 하여야 한다.
- 액체의 위험물을 취급하는 건축물의 바닥은 위험물이 스며들지 못하는 재료를 사용하고, 적당한 경사를 두어 그 최저부에 집유설비를 하여야 한다.

1104 / 1704

46

Repetitive Learning (1회 2회 3회)

질산나트륨을 저장하고 있는 옥내저장소(내화구조의 격벽으로 완전히 구획된 실이 2 이상 있는 경우에는 동일한 실)에 함께 저장하는 것이 법적으로 허용되는 것은? (단, 위험물을 유별로 정리하여 서로 1m 이상의 간격을 두는 경우이다)

① 적린 ② 인화성고체
③ 동 · 식물유류 ④ 과염소산

해설

- 질산나트륨은 제1류 위험물이므로 제6류 위험물, 제3류 위험물 중 자연발화성물질(황린 또는 이를 함유한 것)과 1m 이상의 간격을 두는 경우 옥내저장소에 함께 저장이 가능하다.
- 과염소산($HClO_4$)은 산화성 액체에 해당하는 제6류 위험물이다.

1m 이상의 간격을 두는 경우 동일 저장소에 저장 가능한 경우

실기 1304/1502/1804/1902/2004

- 제1류 위험물(알칼리금속의 과산화물 또는 이를 함유한 것 제외)과 제5류 위험물
- 제1류 위험물과 제6류 위험물을 저장하는 경우
- 제1류 위험물과 제3류 위험물 중 자연발화성물질(황린 또는 이를 함유한 것)을 저장하는 경우
- 제2류 위험물 중 인화성 고체와 제4류 위험물을 저장하는 경우
- 제3류 위험물 중 알킬알루미늄 등과 제4류 위험물(알킬알루미늄 또는 알킬리튬을 함유한 것)을 저장하는 경우
- 제4류 위험물 중 유기과산화물 또는 이를 함유한 것과 제5류 위험물 중 유기과산화물 또는 이를 함유한 것을 저장하는 경우

1102

47

Repetitive Learning (1회 2회 3회)

위험물의 운반용기 외부에 수납하는 위험물의 종류에 따라 표시하는 주의사항을 옳게 연결한 것은?

① 염소산칼륨 – 물기주의
② 철분 – 물기주의
③ 아세톤 – 화기엄금
④ 질산 – 화기엄금

해설

- 염소산칼륨(제1류)은 알칼리금속의 과산화물로 "물기엄금"이라고 표시해야 한다.
- 철분(제2류)은 "화기주의"라고 표시해야 한다.
- 질산(제6류)은 "가연물접촉주의"라고 표시해야 한다.

수납하는 위험물에 따른 용기 표시 주의사항 실기 0701/0801/0902/0904/1001/1004/1101/1201/1202/1404/1504/1601/1701/1801/1802/2003/2004/2101

구분		주의사항
제1류	알칼리금속의 과산화물	화기 · 충격주의, 물기엄금, 가연물접촉주의
	그 외	화기 · 충격주의, 가연물접촉주의
제2류	철분 · 금속분 · 마그네슘 또는 이를 함유한 것	화기주의, 물기엄금
	인화성 고체	화기엄금
	그 외	화기주의
제3류	자연발화성 물질	화기엄금, 공기접촉엄금
	금수성 물질	물기엄금
제4류		화기엄금
제5류		화기엄금, 충격주의
제6류		가연물접촉주의

정답 | 45 ③ 46 ④ 47 ③

1701

48

Repetitive Learning (1회 2회 3회)

질산암모늄(NH_4NO_3)에 관한 설명 중 틀린 것은?

① 상온에서 고체이다.
② 폭약의 제조 원료로 사용할 수 있다.
③ 흡습성과 조해성이 있다.
④ 물과 반응하여 발열하고 다량의 가스를 발생한다.

해설

- 질산암모늄은 물이나 알코올에 잘 녹으며, 특히 물에 녹을 때 흡열반응을 나타낸다.

질산암모늄(NH_4NO_3) 실기 0702/1002/1104/1302/1502/1901/1902/2004/2101

- 산화성 고체로 제1류 위험물에 해당하며, 지정수량은 300kg, 위험등급은 Ⅱ이다.
- 무색무취의 고체결정으로 흡습성과 조해성이 있다.
- 갑작스러운 가열, 충격에 의해 분해 폭발하므로 폭약의 재료로 사용할 수 있다.
- 물이나 알코올에 잘 녹으며, 특히 물에 녹을 때 흡열반응을 나타낸다.
- 산소를 함유하고 있어 질식소화효과는 얻을 수 없으며, 물과 접촉 시 위험성이 낮으므로 화재 시 주수소화를 한다.
- 열분해하면 1차적으로 아산화질소와 물로 분해되고 ($NH_4NO_3 \xrightarrow[\triangle]{} N_2O + 2H_2O$), 아산화질소를 다시 가열하면 질소와 산소로 분해된다.($2N_2O \xrightarrow[\triangle]{} 2N_2 + O_2$)

1104

49

Repetitive Learning (1회 2회 3회)

위험물안전관리법령상 이송취급소 배관 등의 용접부는 비파괴시험을 실시하여 합격하여야 한다. 이 경우 이송기지 내의 지상에 설치되는 배관 등은 전체 용접부의 몇 % 이상 발췌하여 시험할 수 있는가?

① 10　② 15
③ 20　④ 25

해설

- 이송취급소의 배관의 비파괴시험의 경우 지상에 설치된 배관 등은 전체 용접부의 20% 이상을 발췌하여 시험할 수 있다.

이송취급소 배관의 비파괴시험

- 배관 등의 용접부는 비파괴시험을 실시하여 합격할 것. 이 경우 이송기지내의 지상에 설치된 배관 등은 전체 용접부의 20% 이상을 발췌하여 시험할 수 있다.
- 비파괴시험의 방법, 판정기준 등은 소방청장이 정하여 고시하는 바에 의할 것

50

Repetitive Learning (1회 2회 3회)

질산에 대한 설명으로 틀린 것은?

① 무색 또는 담황색의 액체이다.
② 유독성이 강한 산화성 물질이다.
③ 위험물안전관리법령상 비중이 1.49 이상인 것만 위험물로 규정한다.
④ 햇빛이 잘 드는 곳에서 투명한 유리병에 보관하여야 한다.

해설

- 질산은 햇빛에 의해 분해되므로 갈색병에 보관해야 한다.

질산(HNO_3) 실기 0502/0701/0702/0901/1001/1401

- 산화성 액체에 해당하는 제6류 위험물이다.
- 위험등급이 Ⅰ등급이고, 지정수량은 300kg이다.
- 무색 또는 담황색의 액체이다.
- 불연성의 물질로 산소를 포함하여 다른 물질의 연소를 돕는다.
- 부식성을 갖는 유독성이 강한 산화성 물질이다.
- 비중이 1.49 이상인 것만 위험물로 규정한다.
- 햇빛에 의해 분해되므로 갈색병에 보관한다.

0504 / 0704 / 1201

51

Repetitive Learning 

황린을 밀폐용기 속에서 260℃로 가열하여 얻은 물질을 연소시킬 때 주로 생성되는 물질은?

① P_2O_5　② CO_2
③ PO_2　④ CuO

해설

- 황린을 밀폐용기 속에서 260℃로 가열하여 적린을 얻을 수 있으며, 이때 유독가스인 오산화인(P_2O_5)이 발생한다.

황린(P_4) 실기 0602/0701/0702/0901/1001/1202/1302/1401/1402/1504/1901/1902/2003

- 공기 중에서 발화하는 자연발화성 물질로 제3류 위험물에 속하며 지정수량은 20kg, 위험등급은 Ⅰ이다.
- 산소와 결합력이 강하고 착화온도가 낮기(미분 34℃, 고형분 60℃) 때문에 쉽게 자연발화한다.
- 백색 또는 담황색의 고체로 독성이 있는 물질로 물에는 녹지 않고 이황화탄소에는 녹는다.
- 수산화나트륨(NaOH) 수용액에 반응시키면 포스핀(인화수소, PH_3)를 발생시키므로 이를 방지하기 위해 pH9의 물속에 저장한다.
- 밀폐용기 속에서 260℃로 가열하여 적린을 얻을 수 있다. 이때 유독가스인 오산화인(P_2O_5)이 발생한다. (반응식 : $P_4 + 5O_2 \rightarrow 2P_2O_5$)

48 ④　49 ③　50 ④　51 ① | 정답

0704 / 1502 / 1704 / 1902 / 2001

52 Repetitive Learning (1회 2회 3회)

위험물을 저장 또는 취급하는 탱크의 용량산정 방법에 관한 설명으로 옳은 것은?

① 탱크의 내용적에서 공간용적을 뺀 용적으로 한다.
② 탱크의 공간용적에서 내용적을 뺀 용적으로 한다.
③ 탱크의 공간용적에서 내용적을 더한 용적으로 한다.
④ 탱크의 볼록하거나 오목한 부분을 뺀 용적으로 한다.

해설

- 위험물을 저장 또는 취급하는 탱크의 용량은 해당 탱크의 내용적에서 공간용적을 뺀 용적으로 한다.

탱크 용적의 산정기준

- 위험물을 저장 또는 취급하는 탱크의 용량은 해당 탱크의 내용적에서 공간용적을 뺀 용적으로 한다.
- 제조소 또는 일반취급소의 위험물을 취급하는 탱크 중 특수한 구조 또는 설비를 이용함에 따라 당해 탱크내의 위험물의 최대량이 내용적에서 공간용적을 뺀 용량 이하인 경우에는 당해 최대량을 용량으로 한다.

0502 / 0804 / 1601

53 Repetitive Learning 

다음 제4류 위험물 중 인화점이 가장 낮은 것은?

① 아세톤 ② 아세트알데히드
③ 산화프로필렌 ④ 디에틸에테르

해설

	아세톤	아세트알데히드	산화프로필렌	에테르
인화점	-18℃	-38℃	-37℃	-45℃
품명	제1석유류	특수인화물	특수인화물	특수인화물

에테르($C_2H_5OC_2H_5$) · 디에틸에테르 실기 0602/0804/1601/1602

- 특수인화물로 무색투명한 휘발성 액체이다.
- 인화점이 -45℃, 연소범위가 1.9~48%로 넓은 편이고, 증기는 제4류 위험물 중 가장 인화성이 크다.
- 비중은 0.72로 물보다 가볍고, 증기비중은 2.55로 공기보다 무겁다.
- 물에는 잘 녹지 않고, 알코올에 잘 녹는다.
- 햇볕에 오래 쪼이면 일부 분해하여 과산화물을 생성하므로 갈색병에 넣어 냉암소에 보관한다.
- 건조한 에테르는 비전도성이므로, 정전기 생성방지를 위해 약간의 $CaCl_2$를 넣어준다.
- 소화제로서 CO_2가 가장 적당하다.
- 과산화물은 요오드화칼륨(KI) 10% 수용액을 황색으로 변화시킬 때 검출할 수 있으며, 과산화물을 제거할 때는 황산제일철($FeSO_4$)을 사용한다.

0404

54 Repetitive Learning (1회 2회 3회)

위험물안전관리법령상 위험물제조소에 설치하는 "물기엄금" 게시판의 색으로 옳은 것은?

① 청색바탕 백색글씨 ② 백색바탕 청색글씨
③ 황색바탕 청색글씨 ④ 청색바탕 황색글씨

해설

- 제조소에서 물기엄금은 청색바탕에 백색문자로, 화기주의나 화기엄금은 적색바탕에 백색문자로 표시해야 한다.

제조소에서의 주의사항 게시판

구분		게시판
제1류	알칼리금속의 과산화물	물기엄금(청색바탕에 백색문자)
제2류	철분 · 금속분 · 마그네슘 또는 이를 함유한 것	화기주의(적색바탕에 백색문자)
	인화성 고체	화기엄금(적색바탕에 백색문자)
	그 외	화기주의(적색바탕에 백색문자)
제3류	자연발화성 물질	화기엄금(적색바탕에 백색문자)
	금수성 물질	물기엄금(청색바탕에 백색문자)
제4류		화기엄금(적색바탕에 백색문자)
제5류		화기엄금(적색바탕에 백색문자)

55 Repetitive Learning (1회 2회 3회)

황이 연소할 때 발생하는 가스는?

① H_2S ② SO_2
③ CO_2 ④ H_2O

해설

- 유황은 공기 중에서 연소하면 푸른 불꽃을 내면서 이산화황(아황산가스, SO_2)로 변한다.

유황(S_8) 실기 0602/1004

- 제2류 위험물에 해당하는 가연성 고체로 지정수량은 100kg이고, 위험등급은 Ⅱ이다.
- 환원성 물질로 자신은 산화되면서 다른 물질을 환원시킨다.
- 산화제와 혼합되어 있을 때 가열이나 충격 등에 의하여 폭발할 수 있으며 흑색화약의 원료로 사용된다.
- 자유전자가 거의 없어 전기가 통하지 않는 부도체이다.
- 단사황, 사방황, 고무상황과 같은 동소체가 있다.
- 고온에서 용융된 유황은 수소와 반응하여 황화수소가 발생한다.
- 공기 중에서 연소하면 푸른 불꽃을 내면서 이산화황(아황산가스, SO_2)로 변한다.(반응식 : $S+O_2 \rightarrow SO_2$)

정답 | 52 ① 53 ④ 54 ① 55 ②

56 Repetitive Learning 1회 2회 3회

다음 중 물과 접촉하였을 때 위험성이 가장 높은 것은?

① S ② CH_3COOH

③ C_2H_5OH ④ K

해설

- 금속칼륨은 물과 반응하여 수소를 발생시켜 화재 및 폭발 가능성이 있으므로 물과 접촉하지 않도록 한다.

금속칼륨(K) 실기 0501/0701/0804/1501/1602/1702

- 은백색의 가벼운 금속으로 제3류 위험물이다.
- 비중은 0.86으로 물보다 작아 가벼우며, 화학적 활성이 강한(이온화 경향이 큰) 금속이다.
- 물과 반응하여 수소를 발생시켜 화재 및 폭발 가능성이 있으므로 물과 접촉하지 않도록 한다.
- 에탄올과 반응하여 칼륨에틸레이트와 수소를 발생시킨다.
- 융점 이상의 온도에서 보라빛 불꽃을 내면서 연소한다.
- 화재 시 건조사 또는 탄산수소염류 분말소화약제로 소화한다.
- 석유(파라핀, 경유, 등유) 속에 저장한다.

0804 / 1102 / 1701

57 Repetitive Learning 

그림과 같은 타원형 탱크의 내용적은 약 몇 m^3인가?

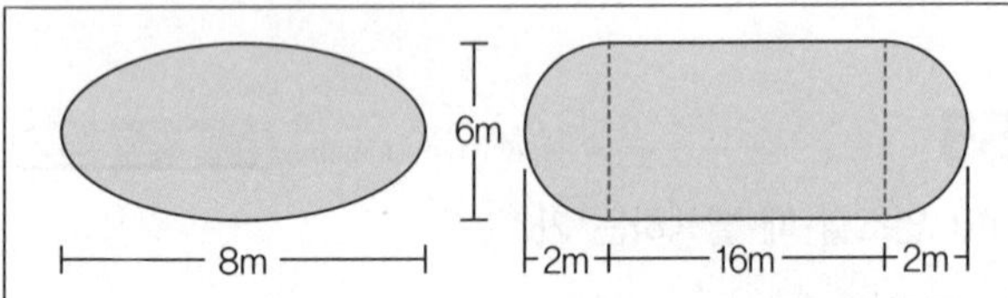

① 453 ② 553

③ 653 ④ 753

해설

- 주어진 값을 대입하면 탱크의 내용적은 $\frac{\pi \times 8 \times 6}{4}\left(16+\frac{2+2}{3}\right)=$ 653.451[m^3]이 된다.

타원형 탱크의 내용적 실기 0501/0804/1202/1504/1601/1701/1801/1802/2003/2101

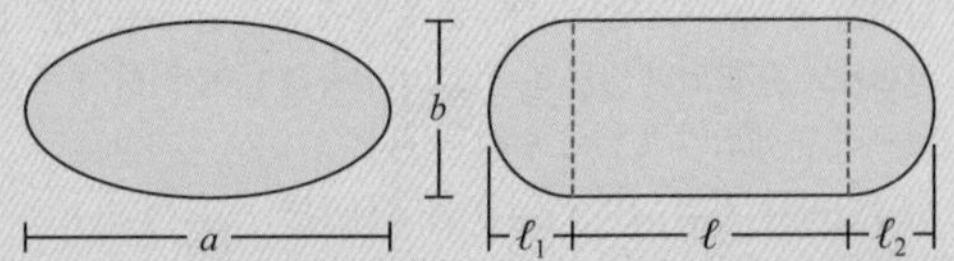

- 그림과 같이 주어진 타원형 탱크의 내용적 $V=\frac{\pi ab}{4}(\ell+\frac{\ell_1+\ell_2}{3})$로 구한다.

58 Repetitive Learning 1회 2회 3회

위험물안전관리법령에서 정의한 특수인화물의 조건으로 옳은 것은?

① 1기압에서 발화점이 100℃ 이상인 것 또는 인화점이 영하 10℃ 이하이고 비점이 40℃ 이하인 것

② 1기압에서 발화점이 100℃ 이하인 것 또는 인화점이 영하 20℃ 이하이고 비점이 40℃ 이하인 것

③ 1기압에서 발화점이 200℃ 이상인 것 또는 인화점이 영하 10℃ 이하이고 비점이 40℃ 이하인 것

④ 1기압에서 발화점이 200℃ 이하인 것 또는 인화점이 영하 20℃ 이하이고 비점이 40℃ 이하인 것

해설

- 특수인화물은 1기압에서 발화점이 섭씨 100도 이하인 것 또는 인화점이 섭씨 영하 20도 이하이고 비점이 섭씨 40도 이하인 것을 말한다.

특수인화물과 알코올류의 정의

㉠ 특수인화물이라 함은 이황화탄소, 디에틸에테르 그 밖에 1기압에서 발화점이 섭씨 100도 이하인 것 또는 인화점이 섭씨 영하 20도 이하이고 비점이 섭씨 40도 이하인 것을 말한다.

㉡ 알코올류라 함은 1분자를 구성하는 탄소원자의 수가 1개부터 3개까지인 포화1가 알코올(변성알코올을 포함한다)을 말한다.

알코올류에서 제외	• 1분자를 구성하는 탄소원자의 수가 1개 내지 3개의 포화1가 알코올의 함유량이 60중량퍼센트 미만인 수용액 • 가연성액체량이 60중량퍼센트 미만이고 인화점 및 연소점이 에틸알코올 60중량퍼센트 수용액의 인화점 및 연소점을 초과하는 것

2001

59 Repetitive Learning 1회 2회 3회

다음 중 3개의 이성질체가 존재하는 물질은?

① 아세톤 ② 톨루엔

③ 벤젠 ④ 자일렌

해설

- 크실렌(자일렌)은 3개의 이성질체(o-크실렌, m-크실렌, p-크실렌)가 존재한다.

크실렌[디메틸벤젠, 자일렌, $C_6H_4(CH_3)_2$] 실기 0604/0702/1402/1501

- 비수용성 제2석유류로 지정수량이 1,000L인 인화성 액체(제4류 위험물)이다.
- 물에 녹지않고, 알코올 및 에테르와 같은 유기용제에 용해된다.
- 3개의 이성질체(o-크실렌, m-크실렌, p-크실렌)가 존재한다.

56 ④ 57 ③ 58 ② 59 ④ 정답

60

Repetitive Learning (1회 2회 3회)

염소산칼륨의 성질이 아닌 것은?

① 황산과 반응하여 이산화염소를 발생한다.
② 상온에서 고체이다.
③ 알코올보다는 글리세린에 더 잘 녹는다.
④ 환원력이 강하다.

해설

- 염소산칼륨은 강산화제이다.

염소산칼륨($KClO_3$) 실기 0501/0502/1001/1302/1704/2001

- 산화성 고체로 제1류 위험물에 해당하며, 지정수량은 50kg, 위험등급은 Ⅰ이다.
- 무색무취의 단사정계 판상결정으로 인체에 유독한 위험물이다.
- 비중이 약 2.3으로 물보다 무거우며, 녹는점은 약 368℃이다.
- 온수나 글리세린에 잘 녹으나 냉수나 알코올에는 잘 녹지 않는다.
- 산과 반응하여 폭발성을 지닌 이산화염소(ClO_2)를 발생시킨다.
- 불꽃놀이, 폭약 등의 원료로 사용된다.
- 열분해하면 과염소산칼륨과 염화칼륨, 산소로 분해된다.
  ($2KClO_3 \xrightarrow[\triangle]{} KClO_4 + KCl + O_2$)
- 화재 발생 시 주수소화로 소화한다.

정답 | 60 ④

2015년 3월 8일

2015년 제1회

합격률 46.0%

1과목 일반화학

1801

01

Repetitive Learning (1회 2회 3회)

1기압에서 2L의 부피를 차지하는 어떤 이상기체를 온도의 변화 없이 압력을 4기압으로 하면 부피는 얼마가 되겠는가?

① 8L ② 2L

③ 1L ④ 0.5L

해설

- 보일-샤를의 법칙에 의해 온도의 변화 없이 압력을 4배 증가시켰을 때 부피를 계산해보면 $1 \times 2 = 4 \times x$이 성립되어야 한다.
- 4기압에서의 부피는 0.5L가 된다.

보일-샤를의 법칙

- 기체의 압력, 온도, 부피 사이의 관계를 나타내는 법칙이다.
- $\frac{P_1V_1}{T_1} = \frac{P_2V_2}{T_2}$의 식이 성립한다.

0202 / 0601 / 0602 / 0804

02

Repetitive Learning (1회 2회 3회)

암모니아성 질산은 용액과 반응하여 은거울을 만드는 것은?

① CH_3CH_2OH ② CH_3OCH_3

③ CH_3COCH_3 ④ CH_3CHO

해설

- 아세트알데히드(CH_3CHO)는 물에 잘 녹고 은거울반응 및 페엘링 반응을 하는 환원력이 큰 물질이다.

아세트알데히드(CH_3CHO)

- 인화성 액체로 제4류 위험물 중 특수인화물에 해당하는 물질로 지정수량은 50[L], 위험등급은 Ⅰ이다.
- 인화점은 −38℃, 착화점은 185℃, 비중은 0.78이다.
- 물에 잘 녹고 은거울반응 및 페엘링 반응을 하는 환원력이 큰 물질이다.

03

Repetitive Learning (1회 2회 3회)

볼타전지에 관련된 내용으로 가장 거리가 먼 것은?

① 아연판과 구리판 ② 화학전지

③ 진한 질산 용액 ④ 분극현상

해설

- 볼타전지는 전해질 수용액인 묽은 황산(H_2SO_4)용액에 아연판과 구리판을 세우고 도선으로 연결한 전지이다.

볼타전지

㉠ 개요

- 물질의 산화 · 환원 반응을 이용하여 화학에너지를 전기적 에너지로 전환시키는 장치로 세계 최초의 전지이다.
- 전해질 수용액인 묽은 황산(H_2SO_4)용액에 아연판과 구리판을 세우고 도선으로 연결한 전지이다.
- 음(−)극은 반응성이 큰 금속(아연)으로 산화반응이 일어난다.
- 양(+)극은 반응성이 작은 금속(구리)으로 환원반응이 일어난다.
- 전자는 (−)극에서 (+)극으로 이동한다.

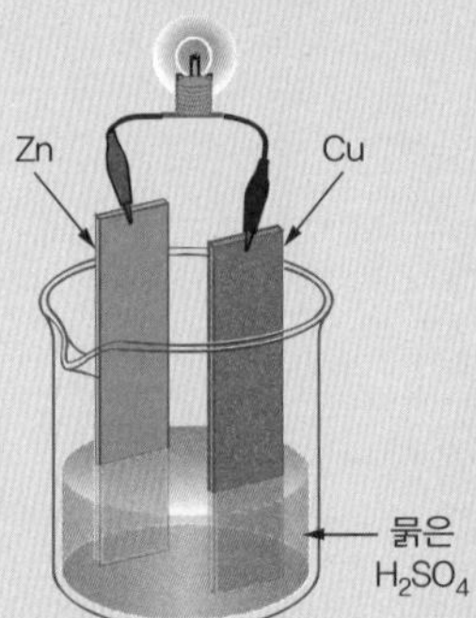

㉡ 분극현상

- 볼타전지의 기전력은 약 1.3V인데 전류가 흐르기 시작하면 갑자기 0.4V로 전류가 약해지는 현상을 말한다.
- 분극현상을 방지해주는 감극제로 이산화망간(MnO_2), 산화구리(CuO), 과산화납(PbO_2) 등을 사용한다.

01 ④ 02 ④ 03 ③ | 정답

0701

04

Repetitive Learning (1회 2회 3회)

비활성 기체원자 Ar과 같은 전자배치를 가지고 있는 것은?

① Na^{+} ② Li^{+}

③ Al^{3+} ④ S^{2-}

해설

- 전자의 수는 원자번호와 동일하므로 원자번호를 통해 전자의 배치를 확인할 수 있다.
- 아르곤(Ar)은 원자번호 18로, 전자의 수도 18개이다.
- 나트륨(Na)은 원자번호 11로 전자의 수도 11개이나, 나트륨 이온(Na^{+})은 전자를 하나 잃은 상태이므로 전자의 수는 10개이다.
- 리튬(Li)은 원자번호 3으로 전자의 수도 3개이나, 리튬 이온(Li^{+})은 전자를 하나 잃은 상태이므로 전자의 수는 2개이다.
- 알루미늄(Al)은 원자번호 13으로 전자의 수도 13개이나, 알루미늄 이온(Al^{3+})은 전자 3개를 잃은 상태이므로 전자의 수는 10개이다.
- 황(S)은 원자번호 16으로 전자의 수도 16개이나, 황 이온(S^{2-})은 전자 2개를 얻은 상태이므로 전자의 수는 18개이다.

전자의 배치

- 전자배치라는 것은 전자수를 의미한다.
- 전자배치가 같다는 것은 원소의 종류는 다를지라도 전자의 수는 동일한 것을 말한다.

1704

05

Repetitive Learning (1회 2회 3회)

집기병 속의 물에 적신 빨간 꽃잎을 넣고 어떤 기체를 채웠더니 얼마 후 꽃잎이 탈색되었다. 이와 같이 색을 탈색(표백)시키는 성질을 가진 기체는?

① He ② CO_2

③ N_2 ④ Cl_2

해설

- 헬륨(He)은 원자번호 2, 원자량은 4인 불활성가스(0족)이다.
- 이산화탄소(CO_2)는 고체상태에서는 드라이아이스라 불리며 무색, 무취, 무미의 기체로 분자량은 44이다.
- 질소(N)는 원자번호 7, 원자량은 14일 질소족 기체이다. 지구상에 가장 많은 비중을 차지하고 있으며, 지구상 생명체의 구성물이다.

염소(Cl)

- 자극적인 냄새가 나는 기체로 화재를 일으키거나 확대시키는 산화제이다.
- 피부에 심한 화상과 눈에 손상을 일으킨다.
- 할로겐족 원소로 원자번호 17, 원자량은 35.5이다.
- 꽃잎을 탈색(표백)시키는 성질을 가진다.

1001 / 1204

06

Repetitive Learning (1회 2회 3회)

다음 중 수용액에서 산성의 세기가 가장 큰 것은?

① HF ② HCl

③ HBr ④ HI

해설

- 원자번호, 원자반지름, 수용액의 산성의 세기는 F<Cl<Br<I<At 순으로 커진다.

할로겐족(7A) 원소

2주기	3주기	4주기	5주기	6주기
9 −1 F 불소 19	17 −1, 3, 5, 7 Cl 염소 35.5	35 −1, 3, 5, 7 Br 브롬 80	53 −1, 3, 5, 7 I 요오드 127	85 1, 3, 5, 7 At 아스타틴 210

- 최외곽 전자는 모두 7개씩이다.
- 원자번호, 원자반지름, 수용액의 산성의 세기는 F<Cl<Br<I<At 순으로 커진다.
- 전기음성도, 극성의 세기, 이온화에너지, 결합에너지는 F>Cl>Br>I 순으로 작아진다.
- 불소(F)는 연환황색의 기체, 염소(Cl)는 황록색 기체, 브롬(Br)은 적갈색 액체, 요오드(I)는 흑자색 고체이다.

0804

07

Repetitive Learning (1회 2회 3회)

벤젠에 진한 질산과 진한 황산의 혼합물을 작용시킬 때 황산이 촉매와 탈수제 역할을 하여 얻어지는 화합물은?

① 니트로벤젠 ② 클로로벤젠

③ 알킬벤젠 ④ 벤젠술폰산

해설

- 클로로벤젠(C_6H_5Cl)은 철의 존재하에 벤젠을 염소화하여 얻는 벤젠의 염화물이다.

니트로벤젠($C_6H_5NO_2$)

- 벤젠에 진한 질산과 진한 황산의 혼합물을 작용시킬 때 황산이 촉매와 탈수제 역할을 하여 얻어지는 화합물이다.

$$C_6H_6 + HNO_3 \xrightarrow[\text{니트로화}]{C-H_2SO_4} C_6H_5NO_2 + H_2O$$

- 인화성 액체에 해당하는 제4류 위험물 중 제3석유류로 비수용성이어서 지정수량은 2,000[ℓ]이고, 위험등급은 Ⅲ이다.
- 구조식은 (벤젠 고리에 NO_2) 와 같다.

08 Repetitive Learning 1회 2회 3회

이온화에너지에 대한 설명으로 옳은 것은?

① 바닥상태에 있는 원자로부터 전자를 제거하는데 필요한 에너지이다.
② 들뜬상태에서 전자를 하나 받아들일 때 흡수하는 에너지이다.
③ 일반적으로 주기율표에서 왼쪽으로 갈수록 증가한다.
④ 일반적으로 같은 족에서 아래로 갈수록 증가한다.

해설

- 이온화에너지는 바닥상태에서 전자를 제거하는데 필요한 에너지이다.
- 주기율표에서 왼쪽으로 갈수록 이온화에너지는 감소한다.
- 같은 족에서 아래쪽으로 갈수록 이온화에너지는 감소한다.

이온화에너지

- 안정된 상태에 해당하는 바닥상태의 원자에서 전자를 제거하는데 필요한 에너지를 말한다.
- 전기음성도가 클수록 이온화에너지는 크다.
- 가전자와 양성자간의 인력이 클수록 이온화에너지는 크다.
- 일반적으로 주기율표에서 왼쪽으로 갈수록 양이온이 되기 쉬우므로 이온화에너지는 그만큼 작아진다.
- 일반적으로 같은 족인 경우 아래쪽으로 갈수록 원자핵으로부터 멀어지기 때문에 전자를 쉽게 제거 가능하여 이온화에너지는 작아진다.

09 Repetitive Learning

$CH_3-CHCl-CH_3$의 명명법으로 옳은 것은?

① 2－chloropropane
② di－chloroethylene
③ di－methylmethane
④ di－methylethane

해설

- di－chloroethylene은 $HCl \equiv HCl$의 명명이다.
- di－ methylmethane은 $CH_3-CH_2-CH_3$의 명명이다.
- di － methylethane은 $\begin{matrix} & CH_3 & \\ & | & \\ CH_3- & C & -CH_3 \end{matrix}$ 의 명명이다.

2－chloropropane(C_3H_7Cl)

- 프로판/프로페인(propane)은 탄소가 3개임을 의미한다.
- chloro는 염소(Cl)를 의미한다.
- 할로겐화 유기화합물에 포함된다.
- 구조식은 $\begin{matrix} & Cl & \\ & | & \\ & CH & \\ H_3C\diagup & & \diagdown CH_3 \end{matrix}$ 가 된다.

0704

10 Repetitive Learning 1회 2회 3회

25℃에서 83% 해리된 0.1N HCl의 pH는 얼마인가?

① 1.08
② 1.52
③ 2.02
④ 2.25

해설

- 해리되었다는 의미는 분자가 분해되어 이온이 되었다는 의미이다. 83% 해리된 0.1N의 염산(HCl)이므로 이의 수소이온 농도는 0.1×0.83=0.083N이 된다.
- 수소이온농도가 주어졌으므로 $pH = -\log(0.083) = 1.08$이 된다.

수소이온농도지수(pH)

- 용액 1L 속에 존재하는 수소이온의 g이온수 즉, 몰농도(혹은 N농도×전리도)를 말한다.
- 수소이온은 매우 작은 값으로 존재하므로 수소이온의 역수에 상용로그값을 취하여 사용한다.

$$pH = \log\frac{1}{[H^+]} = -\log[H^+]$$

- 순수한 물의 경우 1기압 25℃에서 수소이온의 농도가 약 10^{-7}g 이온이므로 이를 pH 7 중성이라고 하고, 이보다 클 때 알카리성, 이보다 작을 때 산성이라고 한다.
- 수소이온농도지수[pH]+수산화이온농도지수[pOH]=14이다.

11 Repetitive Learning 1회 2회 3회

C_nH_{2n+2}의 일반식을 갖는 탄화수소는?

① Alkyne
② Alkene
③ Alkane
④ Cycloalkane

해설

- C_nH_{2n+2}은 단일결합으로 알케인(Alkane)을 말한다.

탄화수소

- 탄소(C)와 수소(H)만으로 이루어진 유기화합물을 지칭한다.
- 결합형태에 따라 단일결합인 알케인(Alkane), 이중결합인 알켄(Alkene), 삼중결합인 알카인 혹은 알킨(Alkyne)으로 구분한다.

구분	알케인(Alkane)	알켄(Alkene)	알카인(Alkyne)
표시	C_nH_{2n+2}	C_nH_{2n}	C_nH_{2n-2}
탄소 1개	메테인 (CH_4)		
탄소 2개	에테인 (C_2H_6)	에텐(에틸렌) (C_2H_4)	에타인(아세틸렌) (C_2H_2)
탄소 3개	프로페인 (C_3H_8)	프로펜(프로필렌) (C_3H_6)	프로파인(메틸아세틸렌) (C_3H_4)

08 ① 09 ① 10 ① 11 ③ 정답

0801

12

Repetitive Learning (1회 2회 3회)

다음의 변화 중 에너지가 가장 많이 필요한 경우는?

① 100℃의 물 1몰을 100℃ 수증기로 변화시킬 때
② 0℃의 얼음 1몰을 50℃ 물로 변화시킬 때
③ 0℃의 물 1몰을 100℃ 물로 변화시킬 때
④ 0℃의 얼음 10g 을 100℃ 물로 변화시킬 때

해설

- 물(H_2O)의 분자량은 18g이다.
- ① 100℃의 물 1몰을 수증기로 변화시키는데 필요한 에너지는 18×540=9,720cal가 필요하다.
- ② 0℃의 얼음 1몰을 50℃ 물로 변화시키는데 필요한 에너지는 18g의 얼음을 물로 변화시키는데 80×18=1,440cal와 0℃의 물을 50℃로 만들기 위해 50×18=900cal를 더한 2,340cal가 필요하다.
- ③ 0℃의 물 1몰을 100℃ 물로 변화시키는데 필요한 에너지는 18g의 물을 100℃로 만들기위해 100×18=1,800cal가 필요하다.
- ④ 0℃의 얼음 10g 을 100℃ 물로 변화시키는데 필요한 에너지는 10g의 얼음을 물로 변화시키는데 80×10= 800cal와 0℃의 물을 100℃로 만들기 위해 100×10=1,000cal를 더한 1,800cal가 필요하다.

물의 상태변화(1기압)에 필요한 에너지

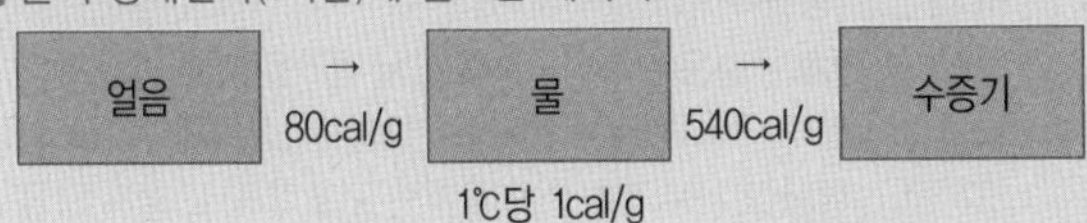

0801 / 1704

13

Repetitive Learning (1회 2회 3회)

25℃의 포화용액 90g 속에 어떤 물질이 30g 녹아있다. 이 온도에서 이 물질의 용해도는 얼마인가?

① 30　② 33
③ 50　④ 63

해설

- 용해도란 포화용액에서 용매 100g애 용해되는 용질의 g수이므로 포화용액 90g 속에 용질이 30g이 녹아있다는 의미이다. 용매는 60g이 되므로 용매가 100g일 때 녹을수 있는 용질은 비례식으로 구할 수 있다.
- 60 : 30=100 : x 이므로 x는 50이 된다.

용해도

- 용해도란 포화용액에서 용매 100g에 용해되는 용질의 g수를 그 온도에서의 용해도라고 한다.
- 대부분의 경우 온도가 높아질수록 고체의 용해도는 증가하고, 기체의 용해도는 감소한다.

0304

14

Repetitive Learning (1회 2회 3회)

황산구리 수용액에 1.93A의 전류를 통할 때 매 초 음극에서 석출되는 Cu의 원자 수를 구하면 약 몇 개가 존재하는가?

① 3.12×10^{18}　② 4.02×10^{18}
③ 5.12×10^{18}　④ 6.02×10^{18}

해설

- 원자수를 묻는 문제이므로 1몰을 구성하는 입자수에 대한 아보가드로의 수(6.02×10^{23})의 개념이 필요하다.
- 1.93[A]전류가 1초동안 흘러갈 때의 전하량[Q]는 전류×시간이 되므로 1.93×1=1.93[C]이 된다.
- Cu의 원자가는 2이고, 원자량은 63.546이므로 g당량은 31.77이고, 이는 0.5몰에 해당한다.
- 즉, 1F의 전기량(96,500[C])으로 생성할 수 있는 구리의 몰수가 0.5몰인데, 1.93[C]으로 생성할 수 있는 구리의 몰수는 $\frac{0.5 \times 1.93}{96,500} = \frac{1}{100000} = 10^{-5}$몰이 된다.
- 1몰이 가지는 원자의 수가 6.02×10^{23}이므로 10^{-5}몰은 $6.02 \times 10^{23} \times 10^{-5} = 6.02 \times 10^{18}$개가 된다.

전기화학반응

- 1F의 전기량은 물질 1g당량을 석출하는데 필요한 전기량이다.
- 1F의 전기량은 전자 1몰이 갖는 전하량으로 96,500[C]의 전하량을 갖는다.
- 물질의 g당량은 $\frac{\text{원자량}}{\text{원자가}}$로 구한다.

0204

15

Repetitive Learning (1회 2회 3회)

프리델프리델-크래프트 반응에서 사용하는 촉매는?

① $HNO_3 + H_2SO_4$　② SO_3
③ Fe　④ $AlCl_3$

해설

- 프리델-크래프트 반응은 벤젠 등의 방향고리가 무수염화알루미늄($AlCl_3$)을 촉매로 할로겐화알킬에 의해 알킬화하는 반응이다.

프리델-크래프트 반응

- 벤젠 등의 방향고리가 무수염화알루미늄($AlCl_3$)을 촉매로 할로겐화알킬에 의해 알킬화하는 반응
($C_6H_6 + CH_3Cl \xrightarrow{AlCl_3} C_6H_5CH_3 + HCl$)을 말한다.
- 염화펜틸에 염화알루미늄을 작용시켜 펜틸벤젠을 얻는 반응을 말한다.

정답 | 12 ① 13 ③ 14 ④ 15 ④

2003

16 —— Repetitive Learning (1회 2회 3회)

다음 밑줄 친 원소 중 산화수가 +5인 것은?

① $Na_2\underline{Cr}_2O_7$　　② $K_2\underline{S}O_4$

③ $K\underline{N}O_3$　　④ $\underline{Cr}O_3$

해설

- $Na_2\underline{Cr}_2O_7$에서 Na는 +1가, O는 −2가이므로 크롬의 산화수는 +6가가 되어야 2+12−14가 되어 화합물의 산화수가 0가로 된다.
- $K_2\underline{S}O_4$에서 황의 산화수는 K가 1족의 알칼리금속이므로 +6가가 되어야 2+6−8이 되어 화합물의 산화수가 0가로 된다.
- $K\underline{N}O_3$에서 질소의 산화수는 +5가가 되어야 1+5−6이 되어 화합물의 산화수가 0가로 된다.
- $\underline{Cr}O_3$에서 크롬의 산화수는 +6가가 되어야 6−6이 되어 화합물의 산화수가 0가로 된다.

화합물에서 산화수 관련 절대적 원칙

- 일반적으로 화합물에서 전기음성도가 큰 물질이 +의 산화수를 갖고, 전기음성도가 작은 물질이 −의 산화수를 가진다.
- 수소(H)는 결합하는 원자와의 전기음성도 차에 의해 +1가 혹은 −1가의 값을 가진다.
- 1족의 알칼리금속(Li, Na, K)은 +1가의 값을 가진다.
- 2족의 알칼리토금속(Be, Mg, Ca)는 +2가의 값을 가진다.
- 13족의 알루미늄(Al)은 +3가의 값을 가진다.
- 17족의 플로오린(F)은 −1가의 값을 가진다.

1204

17 —— Repetitive Learning (1회 2회 3회)

폴리염화비닐의 단위체와 합성법이 옳게 나열된 것은?

① $CH_2=CHCl$, 첨가중합

② $CH_2=CHCl$, 축합중합

③ $CH_2=CHCN$, 첨가중합

④ $CH_2=CHCN$, 축합중합

해설

- 폴리염화비닐은 에틸렌(C_2H_4)분자의 수소 하나를 염소로 치환한 비닐클로라이드(염화비닐, C_2H_3Cl)분자를 첨가중합시킨 것으로 가소제를 사용하여 소성을 가진 수지이다.

중합반응

- 중합이란 단위물질이 2개 이상 결합하는 화학반응을 통해 분자량이 큰 화합물을 생성하는 반응을 말한다.
- 첨가중합은 단위 물질 분자내의 이중결합이 끊어지면서 첨가반응을 통해 고분자 화합물이 만들어지는 과정을 말한다.
- 축합중합은 분자 내의 작용기들이 축합반응하여 물이나 염화수소 등의 간단한 분자들이 빠져나가면서 고분자화합물을 만드는 중합 과정으로 축중합, 폴리 중합이라고도 한다.

0802

18 —— Repetitive Learning (1회 2회 3회)

다음 중 이성질체로 짝지어진 것은?

① CH_3OH와 CH_4

② CH_4와 C_2H_8

③ CH_3OCH_3와 $CH_3CH_2OCH_2CH_3$

④ C_2H_5OH와 CH_3OCH_3

해설

- ①에서는 산소가 포함된 분자(메탄올, CH_3OH)와 포함되지 않은 분자(메탄, CH_4)으로 이성질체가 아니다.
- ②에서는 탄소가 1개 포함된 메탄(CH_4)과 탄소가 2개 포함된 존재할 수 없는 분자(C_2H_8)로 이성질체가 아니다.
- ③에서는 탄소가 2개 포함된 디메틸에테르(CH_3OCH_3)와 탄소가 4개 포함된 디에틸에테르($CH_3CH_2OCH_2CH_3$)로 이성질체가 아니다.

이성질체

- 분자식은 같지만 서로 다른 물리/화학적 성질을 갖는 분자를 말한다.
- 구조이성질체는 원자의 연결순서가 달라 분자식은 같지만 시성식이 다른 이성질체이다.
- 광학이성질체는 같은 분자식을 가지면서 각각을 서로 겹치게 할 수 없는 거울상의 구조를 갖는 분자로 거울상 이성질체라고도 한다.
- 기하 이성질체란 서로 대칭을 이루지만 구조가 서로 같지 않을 수 있는 이성질체를 말한다.($CH_3CH=CHCH_3$와 같이 3중결합으로 대칭을 이루지만 CH_3와 CH의 위치에 따라 구조가 서로 같지 않을 수 있는 물질)

0901

19 —— Repetitive Learning (1회 2회 3회)

다음 중 헨리의 법칙으로 설명되는 것은?

① 극성이 큰 물질일수록 물에 잘 녹는다.

② 비눗물은 0℃보다 낮은 온도에서 언다.

③ 높은 산 위에서는 물이 100℃ 이하에서 끓는다.

④ 사이다의 병마개를 따면 거품이 난다.

해설

- 헨리의 법칙을 잘 설명하는 좋은 예는 탄산음료의 병마개를 따면 기포(이산화탄소)가 발생하는 현상이다.

헨리의 법칙

- 동일한 온도에서, 같은 양의 액체에 용해될 수 있는 기체의 양은 기체의 부분압과 정비례한다는 것이다.
- 탄산음료의 병마개를 따면 거품이 나는 것으로 증명할 수 있다.

16 ③　17 ①　18 ④　19 ④ | 정답

0502 / 0902

20 ─── Repetitive Learning (1회 2회 3회)

질산은 용액에 담갔을 때 은(Ag)이 석출되지 않는 것은?

① 백금　　② 납
③ 구리　　④ 아연

해설

- 이온화경향이 큰 금속은 반응성이 커 이온화경향이 작은 금속을 밀어내어 석출시킬 수 있다. 즉, 은이 석출되지 않는다는 것은 은보다 이온화경향이 작은 물질을 찾으면 된다.
- 백금(Pt)은 금(Au)과 함께 은(Ag)보다 이온화 경향이 작은 물질에 해당한다.

금속원소의 반응성

- 금속이 수용액에서 전자를 잃고 양이온이 되려는 성질을 반응성이라고 한다.
- 이온화 경향이 큰 금속일수록 산화되기 쉽다.
- 반응성이 크다는 것은 환원력이 크다는 것을 의미한다.
- 알칼리 금속의 경우 주기율표 상에서 아래로 내려갈수록 금속 결합상의 길이가 증가하고, 원자핵과 자유 전자사이의 인력이 감소하여 반응성이 증가한다.(Cs > Rb > K > Na > Li)
- 대표적인 금속의 이온화경향

K	Ca	Na	Mg	Al	Zn	Fe	Ni	Sn	Pb	H	Cu	Hg	Ag	Pt	Au
+++ <==================== ---															

- 이온화 경향이 왼쪽으로 갈수록 커진다.
- 왼쪽으로 갈수록 산화하기 쉽다.
- 왼쪽으로 갈수록 반응성이 크다.

2과목 화재예방과 소화방법

1204

21 ─── Repetitive Learning

표준상태(0℃, 1atm)에서 2kg의 이산화탄소가 모두 기체 상태의 소화약제로 방사될 경우 부피는 몇 m^3인가?

① 1.018　　② 10.18
③ 101.8　　④ 1,018

해설

- 표준상태에서 기체의 부피 $V = \frac{WRT}{PM}$으로 구할 수 있다.
- 이산화탄소의 분자량은 44이다.
- 대입하면 $\frac{2,000 \times 0.082 \times 273}{1 \times 44} = 1,017.55$[L]이므로 1.018[$m^3$]이 된다.

이상기체 상태방정식

- 특정 압력과 온도에서 기체의 분자량을 구할 때 사용한다.
- $PV = nRT = \frac{W}{M}RT$이다.

  이때, R은 이상기체상수로 0.082[atm · L/mol · K]이고,
  T는 절대온도(273 + 섭씨온도)[K]이고,
  P는 압력으로 atm 혹은 $\frac{\text{주어진 압력[mmHg]}}{760\text{mmHg/atm}}$이고,
  V는 부피[L]이다.
- 분자량 $M = \frac{\text{질량} \times R \times T}{P \times V}$로 구한다.

0904 / 1204 / 1902

22 ─── Repetitive Learning (1회 2회 3회)

위험물안전관리법령상 옥내소화전설비의 비상전원은 자가발전설비 또는 축전지 설비로 옥내소화전 설비를 유효하게 몇 분 이상 작동할 수 있어야 하는가?

① 10분　　② 20분
③ 45분　　④ 60분

해설

- 비상전원의 용량은 옥내소화전설비를 유효하게 45분 이상 작동시키는 것이 가능할 것

옥내소화전설비의 비상전원

- 옥내소화전설비의 비상전원은 자가발전설비 또는 축전지설비에 의하도록 한다.
- 용량은 옥내소화전설비를 유효하게 45분 이상 작동시키는 것이 가능할 것

정답 | 20 ① 21 ① 22 ③

23

Repetitive Learning (1회 2회 3회)

다음 중 가연물이 될 수 있는 것은?

① CS_2 ② H_2O_2

③ CO_2 ④ He

해설

- 과산화수소(H_2O_2)는 제6류 위험물로 산소공급원은 되지만 불연성이어서 가연물은 될 수 없다.
- 이산화탄소(CO_2)는 이미 산화가 완료된 산화물로 가연물이 될 수 없다.
- 헬륨(He)은 0족 비활성 기체로 가연물이 될 수 없다.

가연물이 될 수 있는 조건과 될 수 없는 조건

가능조건	• 산화할 때 발열량이 큰 것 • 산화할 때 열전도율이 작은 것 • 산화할 때 활성화 에너지가 작은 것 • 산소와 친화력이 좋고 표면적이 넓은 것
불가능 조건	• 주기율표에서 0족(헬륨, 네온, 아르곤 등) 원소 • 이미 산화가 완료된 산화물(이산화탄소, 오산화린, 이산화규소, 산화알루미늄 등) • 질소 또는 질소 산화물(흡열반응)

24

Repetitive Learning (1회 2회 3회)

위험물안전관리법령상 옥외소화전이 5개 설치된 제조소 등에서 옥외소화전의 수원의 수량은 얼마 이상이어야 하는가?

① $14m^3$ ② $35m^3$

③ $54m^3$ ④ $78m^3$

해설

- 수원의 수량은 옥외소화전의 설치개수(설치개수가 4개 이상인 경우는 4개의 옥외소화전)에 $13.5m^3$를 곱한 양 이상이 되어야 하므로 5개는 4개 이상이므로 $4 \times 13.5 = 54m^3$ 이상이 되어야 한다.

옥외소화전설비의 설치기준 실기 0802/1202

- 옥외소화전은 방호대상물의 각 부분(건축물의 경우에는 당해 건축물의 1층 및 2층의 부분에 한한다)에서 하나의 호스접속구까지의 수평거리가 40m 이하가 되도록 설치할 것. 이 경우 그 설치개수가 1개일 때는 2개로 하여야 한다.
- 수원의 수량은 옥외소화전의 설치개수(설치개수가 4개 이상인 경우는 4개의 옥외소화전)에 $13.5m^3$를 곱한 양 이상이 되도록 설치할 것
- 옥외소화전설비는 모든 옥외소화전(설치개수가 4개 이상인 경우는 4개의 옥외소화전)을 동시에 사용할 경우에 각 노즐선단의 방수압력이 350kPa 이상이고, 방수량이 1분당 450L 이상의 성능이 되도록 할 것
- 옥외소화전설비에는 비상전원을 설치할 것

0501 / 0802

25

Repetitive Learning (1회 2회 3회)

준특정옥외탱크저장소에서 저장 또는 취급하는 액체위험물의 최대수량 범위를 옳게 나타낸 것은?

① 50만L 미만

② 50만L 이상 100만L 미만

③ 100만L 이상 200만L 미만

④ 200만L 이상

해설

- 저장 또는 취급하는 액체위험물의 최대수량이 50만L 이상 100만L 미만의 옥외저장탱크를 준특정옥외탱크저장소라 한다.

특정옥외탱크저장소와 준특정옥외탱크저장소

- 특정옥외탱크저장소는 옥외탱크저장소 중 그 저장 또는 취급하는 액체위험물의 최대수량이 100만L 이상의 것을 말한다.
- 준특정옥외탱크저장소는 옥외탱크저장소 중 그 저장 또는 취급하는 액체위험물의 최대수량이 50만L 이상 100만L 미만의 것을 말한다.

0804 / 1204 / 1901

26

Repetitive Learning (1회 2회 3회)

클로로벤젠 300,000L의 소요단위는 얼마인가?

① 20 ② 30

③ 200 ④ 300

해설

- 클로로벤젠은 인화성 액체에 해당하는 제4류 위험물 중 제2석유류 중 비수용성으로 지정수량이 1,000L이고 소요단위는 지정수량의 10배이므로 10,000L가 1단위가 되므로 300,000L는 30단위에 해당한다.

소요단위 실기 0604/0802/1202/1204/1704/1804/2001

- 소화설비의 설치대상이 되는 건축물 그 밖의 공작물의 규모 또는 위험물의 양의 기준단위이다.
- 계산방법

제조소 또는 취급소의 건축물	외벽이 내화구조인 것은 연면적 $100m^2$를 1소요단위로 하며, 외벽이 내화구조가 아닌 것은 연면적 $50m^2$를 1소요단위로 할 것
저장소의 건축물	외벽이 내화구조인 것은 연면적 $150m^2$를 1소요단위로 하고, 외벽이 내화구조가 아닌 것은 연면적 $75m^2$를 1소요단위로 할 것
제조소 등의 옥외에 설치된 공작물	외벽이 내화구조인 것으로 간주하고 공작물의 최대수평투영면적을 연면적으로 간주하여 제조소 혹은 저장소 건축물의 소요단위를 적용할 것
위험물	지정수량의 10배를 1소요단위로 할 것

23 ① 24 ③ 25 ② 26 ② 정답

27 — Repetitive Learning (1회 2회 3회)

벤젠(C_6H_6) 화재의 소화약제로서 적합하지 않은 것은?

① 인산염류분말　② 이산화탄소
③ 할로겐화합물　④ 물(봉상수)

해설

- 벤젠(C_6H_6)은 제4류 위험물로 비수용성 인화성 액체인 관계로 봉상수를 이용한 주수소화는 연소면을 확대시키므로 절대 금해야 한다.

대표적인 위험물의 소화약제

위험물	류별	소화약제
칼륨(K), 나트륨(Na), 마그네슘(Mg)	제2류	마른모래, 탄산수소염류 분말소화약제
황린(P_4)	제3류	주소소화, 마른모래 등
알킬(트리에틸)알루미늄, 수소화나트륨	제3류	마른모래, 팽창질석, 팽창진주암
경유, 등유, 벤젠(C_6H_6)	제4류	포소화약제, 이산화탄소, 분말소화약제
염소산칼륨($KClO_3$), 염소산아연[$Zn(ClO_3)_2$]	제1류	대량의 물을 통한 냉각소화
트리니트로페놀 [$C_6H_2OH(NO_2)_3$], 트리니트로톨루엔(TNT), 니트로셀룰로오스 등	제5류	대량의 물로 주수소화
과산화나트륨(Na_2O_2), 과산화칼륨(K_2O_2)	제1류	마른모래

28 — Repetitive Learning (1회 2회 3회)

위험물안전관리법령에서 정한 위험물의 유별 저장 · 취급의 공통기준(중요기준) 중 제5류 위험물에 해당하는 것은?

① 물이나 산과의 접촉을 피하고 인화성 고체에 있어서는 함부로 증기를 발생시키지 아니하여야 한다.
② 공기와의 접촉을 피하고, 물과의 접촉을 피하여야 한다.
③ 가연물과의 접촉 · 혼합이나 분해를 촉진하는 물품과의 접근 또는 과열을 피하여야 한다.
④ 불티 · 불꽃 · 고온체와의 접근이나 과열 · 충격 또는 마찰을 피하여야 한다.

해설

- ①은 제2류 위험물에 대한 저장 · 취급의 공통기준이다.
- ②는 제3류 위험물 중 자연발화성 물질과 금수성 물질에 대한 저장 · 취급의 공통기준이다.
- ③은 제1류 및 제2류 위험물에 대한 저장 · 취급의 공통기준이다.

위험물의 유별 저장 · 취급의 공통기준(중요기준) 실기 1501/1704/1802/2001

유별		공통기준
제1류		가연물과의 접촉 · 혼합이나 분해를 촉진하는 물품과의 접근 또는 과열 · 충격 · 마찰 등을 피하는 한편, 알칼리금속의 과산화물 및 이를 함유한 것에 있어서는 물과의 접촉을 피하여야 한다.
제2류		산화제와의 접촉 · 혼합이나 불티 · 불꽃 · 고온체와의 접근 또는 과열을 피하는 한편, 철분 · 금속분 · 마그네슘 및 이를 함유한 것에 있어서는 물이나 산과의 접촉을 피하고 인화성 고체에 있어서는 함부로 증기를 발생시키지 아니하여야 한다.
제3류	자연 발화성	불티 · 불꽃 또는 고온체와의 접근 · 과열 또는 공기와의 접촉을 피하여야 한다.
	금수성	물과의 접촉을 피하여야 한다.
제4류		불티 · 불꽃 · 고온체와의 접근 또는 과열을 피하고, 함부로 증기를 발생시키지 아니하여야 한다.
제5류		불티 · 불꽃 · 고온체와의 접근이나 과열 · 충격 또는 마찰을 피하여야 한다.
제6류		가연물과의 접촉 · 혼합이나 분해를 촉진하는 물품과의 접근 또는 과열을 피하여야 한다.

1104

29 — Repetitive Learning (1회 2회 3회)

제3종 분말소화약제의 제조 시 사용되는 실리콘 오일의 용도는?

① 경화재　② 발수제
③ 탈색제　④ 착색제

해설

- 제3종 분말소화약제는 발수제로 실리콘 오일을 첨가한다.

제3종 분말소화약제 실기 0501/0602/0701/0801/0901/1204/1301/1404/1502/1504/1601/1602/1701/1801/1904/2003/2101

- 제1인산암모늄($NH_4H_2PO_4$)을 주성분으로 하는 소화약제로 ABC급 화재에 적응성이 있으며 착색색상은 담홍색인 소화약제이다.
- 가연물의 표면에 피막을 형성하여 산소의 유입을 차단시킨다.
- 발수제로 실리콘 오일을 첨가한다.
- 인산암모늄이 열분해되면 메타인산, 암모니아, 물로 분해되는데, 이중 메타인산(HPO_3)이 부착성 있는 막을 만드는 방진효과로 A급 화재 진화에 기여한다.($NH_4H_2PO_4 \xrightarrow{\Delta} HPO_3 + NH_3 + H_2O$)

정답 | 27 ④ 28 ④ 29 ②

1401 / 1702

30

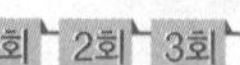

Repetitive Learning (1회 2회 3회)

Halon 1301에 해당하는 화학식은?

① CH_3Br　② CF_3Br

③ CBr_3F　④ CH_3Cl

해설

• Halon 1301은 탄소(C)가 1, 불소(F)가 3, 브롬(Br)이 1이며, 염소(Cl)는 존재하지 않는다는 의미이다.

하론 소화약제

㉠ 개요

소화약제	화학식	상온, 상압 상태
Halon 104	CCl_4	액체
Halon 1011	CH_2ClBr	액체
Halon 1211	CF_2ClBr	기체
Halon 1301	CF_3Br	기체
Halon 2402	$C_2F_4Br_2$	액체

• 화재안전기준에서 정한 소화약제는 하론1301, 하론1211, 하론2402이다.

㉡ 구성과 표기

• 구성원소로는 탄소(C), 불소(F), 염소(Cl), 브롬(Br), 요오드(I) 등이 있다.

• 하론 번호표기 규칙은 5개의 숫자로 구성되며 그 숫자는 아래 배치된 원소의 수량에 해당하며 뒤쪽의 원소가 없을 때는 0을 생략한다.

Halon	탄소(C)	불소(F)	염소(Cl)	브롬(Br)	요오드(I)

0304 / 0604 / 0702 / 0904 / 1604

31

Repetitive Learning (1회 2회 3회)

화재 예방을 위하여 이황화탄소는 액면 자체 위에 물을 채워주는데 그 이유로 가장 타당한 것은?

① 공기와 접촉하면 발생하는 불쾌한 냄새를 방지하기 위하여

② 발화점을 낮추기 위하여

③ 불순물을 물에 용해시키기 위하여

④ 가연성 증기의 발생을 방지하기 위하여

해설

• 이황화탄소는 비중이 1.26으로 물보다 무거우며 비수용성이므로 가연성 증기의 발생을 억제하여 화재를 예방하기 위해 물탱크에 저장한다.

이황화탄소(CS_2) 실기 0504/0704/0802/1102/1401/1402/1501/1601/1702/1802/2004/2101

• 인화성 액체에 해당하는 제4류 위험물 중 특수인화물로 지정수량은 50L이고, 위험등급은 Ⅰ이다.

• 비중이 1.26으로 물보다 무거우며 비수용성이므로 가연성 증기의 발생을 억제하여 화재를 예방하기 위해 물탱크에 저장한다.

• 착화온도가 100℃로 제4류 위험물 중 가장 낮으며 화재발생 시 자극성 유독가스를 발생시킨다.

1904

32

Repetitive Learning (1회 2회 3회)

위험물안전관리법령상 위험물 저장·취급 시 화재 또는 재난을 방지하기 위하여 자체소방대를 두어야 하는 경우가 아닌 것은?

① 지정수량의 3천배 이상의 제4류 위험물을 저장·취급하는 제조소

② 지정수량의 3천배 이상의 제4류 위험물을 저장·취급하는 일반취급소

③ 지정수량의 2천배의 제4류 위험물을 취급하는 일반취급소와 지정수량의 1천배의 제4류 위험물을 취급하는 제조소가 동일한 사업소에 있는 경우

④ 지정수량의 3천배 이상의 제4류 위험물을 저장·취급하는 옥외탱크저장소

해설

• 자체소방대를 두는 경우는 제4류 위험물을 지정수량의 3천배 이상 취급하는 제조소 또는 일반취급소를 대상으로 한다.

자체소방대에 두는 화학소방자동차 및 인원 실기 1102/1402/1404/2001/2101

• 제4류 위험물을 지정수량의 3천배 이상 취급하는 제조소 또는 일반취급소를 대상으로 한다.

제조소 또는 일반취급소에서 취급하는 제4류 위험물의 최대수량의 합	화학 소방자동차	자체 소방대원의 수
지정수량의 12만배 미만인 사업소	1대	5인
지정수량의 12만배 이상 24만배 미만인 사업소	2대	10인
지정수량의 24만배 이상 48만배 미만인 사업소	3대	15인
지정수량의 48만배 이상인 사업소	4대	20인

30 ② 31 ④ 32 ④ | 정답

33 Repetitive Learning (1회 2회 3회)

위험물안전관리법령상 제1석유류를 저장하는 옥외탱크저장소 중 소화난이도등급 I에 해당하는 것은? (단, 지중탱크 또는 해상탱크가 아닌 경우이다)

① 액 표면적이 $10m^2$인 것
② 액 표면적이 $20m^2$인 것
③ 지반면으로부터 탱크 옆판의 상단까지 높이가 4m인 것
④ 지반면으로부터 탱크 옆판의 상단까지 높이가 6m인 것

해설

- 소화난이등급 I 에 해당하는 옥외탱크저장소는 액 표면적이 $40m^2$인 것과 지반면으로부터 탱크 옆판의 상단까지 높이가 6m 이상인 것, 지중탱크 또는 해상탱크로서 지정수량의 100배 이상인 것, 고체위험물을 저장하는 것으로서 지정수량의 100배 이상인 것 등으로 구분한다.

소화난이등급 I 에 해당하는 옥외탱크저장소 실기 1504/2101

- 액표면적이 $40m^2$ 이상인 것(제6류 위험물을 저장하는 것 및 고인화점위험물만을 100℃ 미만의 온도에서 저장하는 것은 제외)
- 지반면으로부터 탱크 옆판의 상단까지 높이가 6m 이상인 것(제6류 위험물을 저장하는 것 및 고인화점위험물만을 100℃ 미만의 온도에서 저장하는 것은 제외)
- 지중탱크 또는 해상탱크로서 지정수량의 100배 이상인 것(제6류 위험물을 저장하는 것 및 고인화점위험물만을 100℃ 미만의 온도에서 저장하는 것은 제외)
- 고체위험물을 저장하는 것으로서 지정수량의 100배 이상인 것

34 Repetitive Learning (1회 2회 3회)

위험물안전관리법령에서 정한 제3류 위험물에 있어서 화재예방법 및 화재 시 조치 방법에 대한 설명으로 틀린 것은?

① 칼륨과 나트륨은 금수성 물질로 물과 반응하여 가연성 기체를 발생한다.
② 알킬알루미늄은 알킬기의 탄소 수에 따라 주수 시 발생하는 가연성 기체의 종류가 다르다.
③ 탄화칼슘은 물과 반응하여 폭발성의 아세틸렌가스를 발생한다.
④ 황린은 물과 반응하여 유독성의 포스핀 가스를 발생한다.

해설

- 황린은 물에 반응하지 않으므로 물속에 저장한다.

황린(P_4) 실기 0602/0701/0702/0901/1001/1202/1302/1401/1402/1504/1901/1902/2003

- 공기 중에서 발화하는 자연발화성 물질로 제3류 위험물에 속하며 지정수량은 20kg, 위험등급은 I 이다.
- 산소와 결합력이 강하고 착화온도가 낮기(미분 34℃, 고형분 60℃) 때문에 쉽게 자연발화한다.
- 백색 또는 담황색의 고체로 독성이 있는 물질로 물에는 녹지 않고 이황화탄소에는 녹는다.
- 수산화나트륨(NaOH) 수용액에 반응시키면 포스핀(인화수소, PH_3)를 발생시키므로 이를 방지하기 위해 pH9의 물속에 저장한다.
- 밀폐용기 속에서 260℃로 가열하여 적린을 얻을 수 있다. 이때 유독가스인 오산화인(P_2O_5)이 발생한다.
(반응식 : $P_4 + 5O_2 \rightarrow 2P_2O_5$)

0902

35 Repetitive Learning (1회 2회 3회)

제4류 위험물 중 비수용성 인화성 액체의 탱크화재 시 물을 뿌려 소화하는 것은 적당하지 않다고 한다. 그 이유로서 가장 적당한 것은?

① 인화점이 낮아진다.
② 가연성 가스가 발생한다.
③ 화재면(연소면)이 확대된다.
④ 발화점이 낮아진다.

해설

- 제4류 위험물 중 비수용성 인화성 액체는 물을 이용한 주수소화를 할 경우 연소면을 확대시키므로 절대 금해야 한다.

제4류 위험물의 연소와 소화

- 제4류 위험물의 연소는 가연성 증기와 공기 혼합물의 연소를 의미한다.
- 가연성 증기는 공기와 약간만 혼합되어도 연소하므로 취급에 주의해야 한다.
- 화재가 발생했을 때 연소하고 있는 가연물이 들어있는 용기를 기계적으로 밀폐하여 공기의 공급을 차단하거나 타고 있는 액체나 고체의 표면을 거품 또는 불활성 액체로 피복하여 연소에 필요한 공기의 공급을 차단시키는 질식효과를 이용해서 소화하는 것이 가장 적합하다.
- 주로 포약제에 의한 소화방법을 많이 이용한다.
- 봉상의 주수소화는 연소면을 확대하므로 금하도록 한다.

정답 | 33 ④ 34 ④ 35 ③

36

Repetitive Learning (1회 2회 3회)

위험물안전관리법령상 질산나트륨에 대한 소화설비의 적응성으로 옳은 것은?

① 건조사만 적응성이 있다.
② 이산화탄소 소화기는 적응성이 있다.
③ 포소화기는 적응성이 없다.
④ 할로겐화합물소화기는 적응성이 없다.

해설

- 질산나트륨은 질산염류로 제1류 위험물 중 알칼리금속의 과산화물이 아니므로 불활성가스소화설비, 할로겐화합물소화기, 이산화탄소 소화기, 탄산수소염류소화기 등에 적응성이 없다.

소화설비의 적응성 중 제1류 위험물 실기 1002/1101/1202/1601/1702/1902/2001/2003/2004

소화설비의 구분			제1류 위험물	
			알칼리금속 과산화물등	그 밖의 것
옥내소화전 또는 옥외소화전설비				ㅇ
스프링클러설비				ㅇ
물분무등 소화설비	물분무소화설비			ㅇ
	포소화설비			ㅇ
	불활성가스소화설비			
	할로겐화합물소화설비			
	분말 소화설비	인산염류등		ㅇ
		탄산수소염류등	ㅇ	
		그 밖의 것	ㅇ	
대형·소형 수동식 소화기	봉상수(棒狀水)소화기			ㅇ
	무상수(霧狀水)소화기			ㅇ
	봉상강화액소화기			ㅇ
	무상강화액소화기			ㅇ
	포소화기			ㅇ
	이산화탄소 소화기			
	할로겐화합물소화기			
	분말 소화기	인산염류소화기		ㅇ
		탄산수소염류소화기	ㅇ	
		그 밖의 것	ㅇ	
기타	물통 또는 수조			ㅇ
	건조사		ㅇ	ㅇ
	팽창질석 또는 팽창진주암		ㅇ	ㅇ

37

Repetitive Learning (1회 2회 3회)

보관 시 인산 등의 분해방지 안정제를 첨가하는 제6류 위험물에 해당하는 것은?

① 황산 ② 과산화수소
③ 질산 ④ 염산

해설

- 과산화수소는 햇빛에 의하여 분해되므로 햇빛이 통과하지 않는 갈색 병에 보관해야하며, 분해 방지를 위해 보관 시 인산, 요산 등의 안정제를 가할 수 있다.

과산화수소(H_2O_2) 실기 0502/1004/1301/2001/2101

㉠ 개요 및 특성
- 이산화망간(MgO_2), 과산화바륨(BaO_2)과 같은 금속 과산화물을 묽은 산(HCl 등)에 반응시켜 생성되는 물질로 제6류 위험물인 산화성 액체에 해당한다.
  (예, $BaO_2 + 2HCl \rightarrow BaCl_2 + H_2O_2$: 과산화바륨+염산 → 염화바륨+과산화수소)
- 위험등급이 Ⅰ등급이고, 지정수량은 300kg이다.
- 물보다 무겁고 석유와 벤젠에 녹지 않고, 물, 에테르, 에탄올에 녹는다.
- 표백작용과 살균작용을 하는 물질이다.
- 불연성의 강산화제이지만 환원제로서 작용하는 경우도 있다.
- 피부와 접촉 시 수종을 생기게 하는 위험물질이다.
- 순수한 것은 점성이 있는 무색 액체이며, 다량이면 청색빛깔을 띤다.

㉡ 분해 및 저장 방법
- 이산화망간(MnO_2)이 있으면 분해가 촉진된다.
- 햇빛에 의하여 분해되므로 햇빛이 통과하지 않는 갈색 병에 보관한다.
- 분해되면 산소를 방출한다.
- 분해 방지를 위해 보관 시 인산, 요산 등의 안정제를 가할 수 있다.
- 냉암소에 저장하고 온도의 상승을 방지한다.
- 용기에 내압 상승을 방지하기 위하여 밀전하지 않고 작은 구멍이 뚫린 마개를 사용하여 보관한다.

㉢ 농도에 따른 위험성
- 농도에 따라 밀도, 끓는점, 녹는점이 달라진다.
- 농도가 높아질수록 위험성이 커진다.
- 농도에 따라 위험물에 해당하지 않는 것도 있다.(3% 과산화수소는 옥시풀로 약국에서 판매한다)
- 농도가 높은 것은 불순물, 구리, 은, 백금 등의 미립자에 의하여 폭발적으로 분해한다.
- 농도가 클수록 위험하므로 분해방지 안정제를 넣어 산소분해를 억제한다.

36 ④ 37 ② | 정답

38

Repetitive Learning (1회 2회 3회)

벼락으로부터 재해를 예방하기 위하여 위험물안전관리법령상 피뢰설비를 설치하여야 하는 위험물제조소의 기준은? (단, 제6류 위험물을 취급하는 위험물제조소는 제외한다)

① 모든 위험물을 취급하는 제조소
② 지정수량 5배 이상의 위험물을 취급하는 제조소
③ 지정수량 10배 이상의 위험물을 취급하는 제조소
④ 지정수량 20배 이상의 위험물을 취급하는 제조소

해설

- 위험물제조소에 있어서 지정수량의 10배 이상의 위험물을 취급하는 제조소에는 피뢰침을 설치하여야 한다.

제조소_피뢰설비 실기 0804

- 지정수량의 10배 이상의 위험물을 취급하는 제조소에는 피뢰침을 설치하여야 한다.
- 제6류 위험물을 취급하는 제조소는 피뢰침을 설치할 필요가 없다.
- 제조소의 주위의 상황에 따라 안전상 지장이 없는 경우에는 피뢰침을 설치하지 아니할 수 있다.

0901

39

Repetitive Learning 

화재분류에 따른 표시색상이 옳은 것은?

① 유류화재 – 황색 ② 유류화재 – 백색
③ 전기화재 – 황색 ④ 전기화재 – 백색

해설

- 유류화재는 B급으로 황색, 전기화재는 C급으로 청색이다.

화재의 분류 실기 0504

분류	표시색상	구분 및 대상	소화기	특징
A급	백색	종이, 나무 등 일반 가연성 물질	물 및 산, 알칼리 소화기	• 냉각소화 • 재가 남는다.
B급	황색	석유, 페인트 등 유류화재	모래나 소화기	• 질식소화 • 재가 남지 않는다.
C급	청색	전기스파크 등 전기화재	이산화탄소 소화기	• 질식소화, 냉각소화 • 물로 소화할 경우 감전의 위험이 있다.
D급	무색	금속나트륨, 금속칼륨 등 금속화재	마른 모래	• 질식소화 • 물로 소화할 경우 폭발의 위험이 있다.

40

Repetitive Learning (1회 2회 3회)

분말소화약제에 해당하는 착색으로 옳은 것은?

① 탄산수소칼륨 – 청색
② 제1인산암모늄 – 담홍색
③ 탄산수소칼륨 – 담홍색
④ 제1인산암모늄 – 청색

해설

- 제2종 분말에 해당하는 탄산수소칼륨($KHCO_3$)의 착색색상은 담회색이다.
- 제1인산암모늄($NH_4H_2PO_4$)을 주성분으로 ABC급 화재에 적응성이 있으며 착색색상은 담홍색인 것은 제3종 분말소화약제이다.

제3종 분말소화약제 실기 0501/0602/0701/0801/0901/1204/1301/1404/1502/1504/1601/1602/1701/1801/1904/2003/2101

문제 29번의 유형별 핵심이론 참조

3과목 위험물의 성질과 취급

41

Repetitive Learning (1회 2회 3회)

금속나트륨이 물과 작용하면 위험한 이유로 옳은 것은?

① 물과 반응하여 과염소산을 생성하므로
② 물과 반응하여 염산을 생성하므로
③ 물과 반응하여 수소를 방출하므로
④ 물과 반응하여 산소를 방출하므로

해설

- 금속나트륨은 물과 반응하여 수소를 발생시키며, 이는 화재 및 폭발 가능성이 있어 위험하므로 물과 접촉하지 않도록 한다.

금속나트륨(Na) 실기 0501/0604/0701/0702/1204/1402/1404/1801/1802/2003

- 은백색의 가벼운 금속으로 제3류 위험물이다.
- 융점은 약 97.8℃이고, 비중은 0.97로 물보다 가볍다.
- 물과 반응하여 수소를 발생시켜 화재 및 폭발 가능성이 있으므로 물과 접촉하지 않도록 한다.
- 에탄올과 반응하여 나트륨에틸레이트와 수소를 발생시킨다.
- 노란색 불꽃을 내며 연소한다.
- 화재 시 건조사 또는 탄산수소염류 분말소화약제로 소화한다.
- 석유(파라핀, 경유, 등유) 속에 저장한다.

정답 | 38 ③ 39 ① 40 ② 41 ③

1904

42

Repetitive Learning 1회 2회 3회

가연성 물질이며 산소를 다량 함유하고 있기 때문에 자기연소가 가능한 물질은?

① $C_6H_2CH_3(NO_2)_3$ ② $CH_3COC_2H_5$
③ $NaClO_4$ ④ HNO_3

해설

- 트리니트로톨루엔[$C_6H_2CH_3(NO_2)_3$]은 내부에 산소를 다량 함유한 자기반응성 물질이다.

트리니트로톨루엔[$C_6H_2CH_3(NO_2)_3$] 실기 0802/0901/1004/1102/1201/1202/1501/1504/1601/1901/1904

- 담황색의 고체 위험물로 톨루엔에 질산, 황산을 반응시켜(니트로화) 생성되는 물질로 니트로화합물에 속한다.
- 자기반응성 물질로 제5류 위험물이다.
- 지정수량은 200kg이고, 위험등급은 Ⅱ이다.
- TNT라고 하며, 폭발력의 표준으로 사용된다.
- 피크린산에 비해서는 충격, 마찰에 둔감하다.
- 니트로글리세린과 달리 장기간 저장해도 자연분해 할 위험 없이 안전하다.
- 가열 충격 시 폭발하기 쉬우며, 폭발 시 다량의 가스를 발생한다.
- 물에는 녹지 않고 아세톤, 벤젠에 녹으며, 금속과는 반응하지 않는 물질이다.

반응식	$2C_6H_2CH_3(NO_2)_3 \rightarrow 12CO + 3N_2 + 5H_2 + 2C$ TNT → 일산화탄소+질소+수소+탄소

0501_추가/2003

43

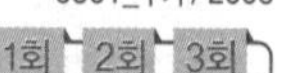

위험물안전관리법령상 제4류 위험물 옥외저장탱크의 대기밸브부착 통기관은 몇 kPa 이하의 압력차이로 작동할 수 있어야 하는가?

① 2 ② 3
③ 4 ④ 5

해설

- 옥외저장탱크에 설치하는 대기밸브 부착 통기관은 5kPa 이하의 압력차이로 작동할 수 있어야 한다.

옥외저장탱크에 설치하는 대기밸브 부착 통기관의 구조

- 5kPa 이하의 압력차이로 작동할 수 있을 것
- 가는 눈의 구리망 등으로 인화방지장치를 할 것. 다만, 인화점 70℃ 이상의 위험물만을 해당 위험물의 인화점 미만의 온도로 저장 또는 취급하는 탱크에 설치하는 통기관에 있어서는 그러하지 아니하다.

44

Repetitive Learning 1회 2회 3회

무색무취 입방정계 주상결정으로 물, 알코올 등에 잘 녹고 산과 반응하여 폭발성을 지닌 이산화염소를 발생시키는 위험물로 살충제, 불꽃류의 원료로 사용되는 것은?

① 염소산나트륨 ② 과염소산칼륨
③ 과산화나트륨 ④ 과망간산칼륨

해설

- 산과 반응하여 이산화염소(ClO_2)를 발생시키는 것은 염소산염류에 해당한다.

염소산나트륨($NaClO_3$) 실기 0602/0701/1101/1304

- 산화성 고체로 제1류 위험물에 해당하며, 지정수량은 50kg, 위험등급은 Ⅰ이다.
- 무색무취의 입방정계 주상결정으로 인체에 유독한 조해성이 큰 위험물로 철을 부식시키므로 철제 용기에 저장해서는 안 되는 물질이다.
- 물, 알코올, 에테르, 글리세린 등에 잘 녹고 산과 반응하여 폭발성을 지닌 이산화염소(ClO_2)를 발생시킨다.
- 살충제, 불꽃류의 원료로 사용된다.
- 열분해하면 염화나트륨과 산소로 분해된다.
($2NaClO_3 \xrightarrow[\triangle]{} 2NaCl + 3O_2$)

0904/1102/1702

45

[그림]과 같은 위험물을 저장하는 탱크의 내용적은 약 몇 m^3인가? (단, r은 10m, L은 25m이다)

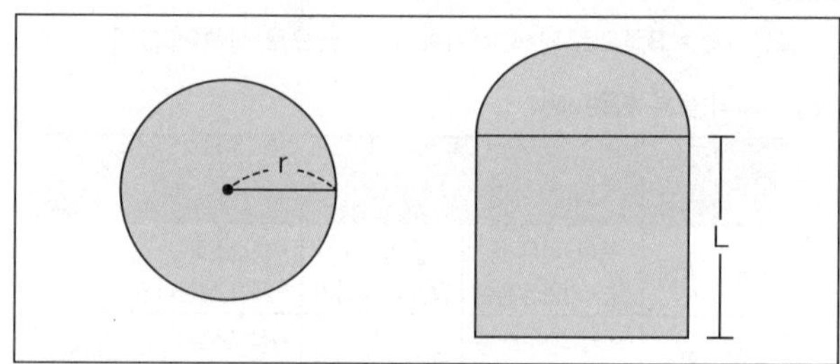

① 3,612 ② 4,754
③ 5,812 ④ 7,854

해설

- 주어진 값을 대입하면 탱크의 내용적은 $\pi \times 10^2 \times 25 = 7,853.98$ [m^3]이 된다.

탱크의 내용적 실기 0501/0804/1202/1504/1601/1701/1801/1802/2003/2101

- 탱크의 내용적 $V = \pi r^2 L$로 구한다.
이때, r은 반지름, L은 탱크의 길이이다.

42 ① 43 ④ 44 ① 45 ④ 정답

46

Repetitive Learning (1회 2회 3회)

위험물안전관리법령상 옥외저장소에 저장할 수 없는 위험물은? (단, 국제해상위험물규칙에 적합한 용기에 수납된 위험물인 경우를 제외한다)

① 질산에스테르류 ② 질산
③ 제2석유류 ④ 동 · 식물유류

해설

- 질산에스테르류는 자기반응성 물질에 해당하는 제5류 위험물로 옥외저장소에 저장할 수 없다.
- 질산은 산화성 액체로 제6류 위험물이므로 옥외저장소에 저장한다.
- 제2석유류와 동 · 식물유류는 제4류 위험물로 옥외저장소에 저장한다.

지정수량 이상의 위험물의 옥외저장소 저장 실기 1302/1701

- 제2류 위험물중 유황 또는 인화성고체(인화점이 섭씨 0도 이상인 것에 한한다)
- 제4류 위험물중 제1석유류(인화점이 섭씨 0도 이상인 것에 한한다) · 알코올류 · 제2석유류 · 제3석유류 · 제4석유류 및 동 · 식물유류
- 제6류 위험물
- 제2류 위험물 및 제4류 위험물중 특별시 · 광역시 또는 도의 조례에서 정하는 위험물(보세구역안에 저장하는 경우)
- 「국제해사기구에 관한 협약」에 의하여 설치된 국제해사기구가 채택한 「국제해상위험물규칙」(IMDG Code)에 적합한 용기에 수납된 위험물

47

Repetitive Learning (1회 2회 3회)

위험물안전관리법령상 위험물 운반용기의 외부에 표시하도록 규정한 사항이 아닌 것은?

① 위험물의 품명 ② 위험물의 제조번호
③ 위험물의 주의사항 ④ 위험물의 수량

해설

- 위험물의 운반용기에는 품명, 위험등급, 화학명, 수용성 여부, 수량, 위험물에 따른 주의사항 등을 표시하여야 한다.

위험물의 운반용기 표시사항

- 위험물의 품명 · 위험등급 · 화학명 및 수용성("수용성" 표시는 제4류 위험물로서 수용성인 것에 한한다)
- 위험물의 수량
- 수납하는 위험물에 따른 주의사항

0802 / 1804

48

Repetitive Learning (1회 2회 3회)

위험물 지하탱크저장소의 탱크전용실 설치기준으로 틀린 것은?

① 철근콘크리트 구조의 벽은 두께 0.3m 이상으로 한다.
② 지하저장탱크와 탱크전용실의 안쪽과의 사이는 50cm 이상의 간격을 유지한다.
③ 철근콘크리트 구조의 바닥은 두께 0.3m 이상으로 한다.
④ 벽, 바닥 등에 적정한 방수 조치를 강구한다.

해설

- 지하저장탱크와 탱크전용실의 안쪽과의 사이는 0.1m 이상의 간격을 유지하도록 하여야 한다.

지하탱크저장소의 설치기준 실기 0901/1502/2003

- 위험물을 저장 또는 취급하는 지하탱크는 지면하에 설치된 탱크전용실에 설치하여야 한다.
- 탱크전용실은 지하의 가장 가까운 벽 · 피트 · 가스관 등의 시설물 및 대지경계선으로부터 0.1m 이상 떨어진 곳에 설치하고, 지하저장탱크와 탱크전용실의 안쪽과의 사이는 0.1m 이상의 간격을 유지하도록 하며, 당해 탱크의 주위에 마른 모래 또는 습기 등에 의하여 응고되지 아니하는 입자지름 5mm 이하의 마른 자갈분을 채워야 한다.
- 지하저장탱크의 윗부분은 지면으로부터 0.6m 이상 아래에 있어야 한다.
- 지하저장탱크를 2 이상 인접해 설치하는 경우에는 그 상호간에 1m(당해 2 이상의 지하저장탱크의 용량의 합계가 지정수량의 100배 이하인 때에는 0.5m) 이상의 간격을 유지하여야 한다. 다만, 그 사이에 탱크전용실의 벽이나 두께 20cm 이상의 콘크리트 구조물이 있는 경우에는 그러하지 아니하다.
- 철큰콘크리트구조의 벽 · 바닥 및 뚜껑의 두께는 0.3m 이상일 것
- 탱크의 강철판 두께는 3.2mm 이상으로 하고 탱크용량에 따라 증가하여야 한다.
- 압력탱크 외의 탱크에 있어서는 70kPa의 압력으로, 압력탱크에 있어서는 최대상용압력의 1.5배의 압력으로 각각 10분간 수압시험을 실시하여 새거나 변형되지 아니하여야 한다.
- 수압시험은 기밀시험과 비파괴시험을 동시에 실시하는 방법으로 대신할 수 있다.

정답 | 46 ① 47 ② 48 ②

0602 / 1004 / 1202 / 1904

49

Repetitive Learning (1회 2회 3회)

어떤 공장에서 아세톤과 메탄올을 18L 용기에 각각 10개, 등유를 200L 드럼으로 3드럼을 저장하고 있다면 각각의 지정수량 배수의 총합은 얼마인가?

① 1.3 ② 1.5

③ 2.3 ④ 2.5

해설

- 아세톤은 제4류 위험물에 해당하는 수용성 제1석유류로 지정수량이 400L이다.
- 메탄올은 제4류 위험물에 해당하는 수용성 알코올류로 지정수량이 400L이다.
- 등유는 제4류 위험물에 해당하는 비수용성 제2석유류로 지정수량이 1,000L이다.
- 지정수량의 배수의 합은 $\frac{180}{400}+\frac{180}{400}+\frac{600}{1,000}=0.45+0.45+0.6=1.5$배이다.

지정수량 배수의 계산

- 다수의 위험물을 저장하는 경우 지정수량의 배수를 구하려면 각각의 위험물에 해당하는 지정수량 배수($\frac{저장수량}{지정수량}$)의 합을 구하면된다.
- 위험물 A, B를 저장하는 경우 지정수량의 배수의 합은 $\frac{A저장수량}{A지정수량}+\frac{B저장수량}{B지정수량}$가 된다.

0902 / 1202

50

Repetitive Learning 

위험물의 저장 방법에 대한 설명 중 틀린 것은?

① 황린은 산화제와 혼합되지 않게 저장한다.

② 황은 정전기가 축적되지 않도록 저장한다.

③ 적린은 인화성 물질로부터 격리 저장한다.

④ 마그네슘분은 분진을 방지하기 위해 약간의 수분을 포함시켜 저장한다.

해설

- 마그네슘분은 공기 중의 습기와 반응하여 열이 축적되면 자연발화의 위험이 있고, 수소가 발생해 폭발할 수 있다.

마그네슘(Mg) 실기 0604/0902/1002/1201/1402/1801/2003/2101

- 제2류 위험물에 해당하는 가연성 고체로 지정수량은 500kg이고, 위험등급은 Ⅲ이다.
- 온수 및 강산과 반응하여 수소가스를 생성한다.
- 공기 중의 습기와 반응하여 열이 축적되면 자연발화의 위험이 있다.
- 가열하면 연소가 쉬우며, 양이 많은 경우 순간적으로 맹렬히 폭발할 수 있다.
- 산화제와의 혼합하면 가열, 충격, 마찰 등에 의해 폭발할 위험성이 높으며, 산화제와 혼합되어 연소할 때 불꽃의 온도가 높아 자외선을 많이 포함하는 불꽃을 낸다.
- 마그네슘과 이산화탄소가 반응하면 산화마그네슘(MgO)과 탄소(C)로 변화하면서 연소를 지속하지만 탄소와 산소의 불완전연소 반응으로 일산화탄소(CO)가 생성된다.

0702 / 0901 / 1201 / 1804

51

Repetitive Learning (1회 2회 3회)

다음 물질 중 증기비중이 가장 작은 것은?

① 이황화탄소 ② 아세톤

③ 아세트알데히드 ④ 에테르

해설

- 증기비중은 분자량에 비례하므로 증기비중이 작은 것은 분자량이 작은 것을 이미한다.
- 이황화탄소(CS_2)는 분자량이 76이고, 증기비중은 $\frac{76}{29}=2.62$이다.
- 아세톤(CH_3COCH_3)는 분자량이 58이고, 증기비중은 $\frac{58}{29}=2$이다.
- 아세트알데히드(CH_3CHO)는 분자량이 44이고, 증기비중은 $\frac{44}{29}=1.52$이다.
- 에테르($C_2H_5OHC_2H_5$)는 분자량이 74이고, 증기비중은 $\frac{74}{29}=2.55$이다.

아세트알데히드(CH_3CHO) 실기 0901/0704/0802/1304/1501/1504/1602/1801/1901/2001/2003

- 특수인화물로 자극성 과일향을 갖는 무색투명한 액체이다.
- 비중이 0.78로 물보다 가볍고, 증기비중은 1.52로 공기보다 무겁다.
- 연소범위는 4.1 ~ 57%로 아주 넓으며, 끓는점(비점)이 21℃로 아주 낮다.
- 수용성 물질로 물에 잘 녹고 에탄올이나 에테르와 잘 혼합한다.
- 산화되어 초산으로 된다.
- 저장 시 은, 수은, 동, 마그네슘 및 이의 합금으로 된 용기를 사용하면 폭발성 물질인 아세틸라이드를 생성하므로 해당 용기의 사용을 절대 금한다.
- 암모니아성 질산은 용액을 반응시키면 은거울반응이 일어나서 은을 석출시키는데 이는 알데히드의 환원성 때문이다.

49 ② 50 ④ 51 ③ | 정답

0701

52 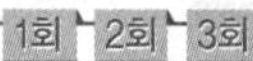 Repetitive Learning (1회 2회 3회)

위험물안전관리법령상 운반 시 적재하는 위험물에 차광성이 있는 피복으로 가리지 않아도 되는 것은?

① 제2류 위험물 중 철분
② 제4류 위험물 중 특수인화물
③ 제5류 위험물
④ 제6류 위험물

해설

- 철분은 제2류 위험물에 해당하는 가연성 고체로 방수성이 있는 피복으로 가려야 한다.

적재 시 피복 기준 실기 0704/1704/1904

- 제1류 위험물, 제3류 위험물 중 자연발화성물질, 제4류 위험물 중 특수인화물, 제5류 위험물 또는 제6류 위험물은 차광성이 있는 피복으로 가릴 것
- 제1류 위험물 중 알칼리금속의 과산화물 또는 이를 함유한 것, 제2류 위험물 중 철분 · 금속분 · 마그네슘 또는 이들 중 어느 하나 이상을 함유한 것 또는 제3류 위험물 중 금수성물질은 방수성이 있는 피복으로 덮을 것
- 제5류 위험물 중 55℃ 이하의 온도에서 분해될 우려가 있는 것은 보냉 컨테이너에 수납하는 등 적정한 온도관리를 할 것
- 액체위험물 또는 위험등급 II 의 고체위험물을 기계에 의하여 하역하는 구조로 된 운반용기에 수납하여 적재하는 경우에는 당해 용기에 대한 충격 등을 방지하기 위한 조치를 강구하여야 한다.

1904

53 Repetitive Learning (1회 2회 3회)

위험물안전관리법령상 지정수량의 각각 10배를 운반할 때 혼재할 수 있는 위험물은?

① 과산화나트륨과 과염소산
② 과망간산칼륨과 적린
③ 질산과 알코올
④ 과산화수소와 아세톤

해설

- 과산화나트륨(제1류), 과염소산(제6류), 과망간산칼륨(제1류), 적린(제2류), 질산(제6류), 알코올(제4류), 과산화수소(제6류), 아세톤(제4류)이다.
- 과망간산칼륨과 적린은 1류와 2류이므로 혼재 불가능, 질산과 알코올 그리고 과산화수소와 아세톤은 6류와 4류이므로 혼재 불가능하다.

위험물의 혼합 사용 실기 0504/0601/0602/0701/0704/0804/1001/1102/1104/1302/1401/1404/1502/1504/1601/1704/1801/1802/1804/1901/1902/2001

- 유별을 달리하는 위험물은 동일 장소에서 저장, 취급해서는 안 된다.
- 제1류(산화성고체)와 제6류(산화성액체), 제2류(환원성고체)와 제4류(가연성액체) 및 제5류(자기반응성물질), 제3류(자연발화 및 금수성 물질)와 제4류(가연성액체)의 혼합은 비교적 위험도가 낮아 혼재 사용이 가능하다.
- 산화성물질과 가연물을 혼합하면 산화 · 환원반응이 더욱 잘 일어나는 혼합위험성 물질이 된다.
- 가연성 물질과 조연성 물질을 혼합할 때 폭발위험이 증가한다.

구분	1류	2류	3류	4류	5류	6류
1류		×	×	×	×	○
2류	×		×	○	○	×
3류	×	×		○	×	×
4류	×	○	○		○	×
5류	×	○	×	○		×
6류	○	×	×	×	×	

0801 / 1101 / 1801

54 Repetitive Learning  (1회 2회 3회)

취급하는 장치가 구리나 마그네슘으로 되어 있을 때 반응을 일으켜서 폭발성의 아세틸라이트를 생성하는 물질은?

① 이황화탄소　② 이소프로필알코올
③ 산화프로필렌　④ 아세톤

해설

- 아세틸렌(C_2H_2), 아세트알데히드(CH_3CHO), 산화프로필렌(CH_3CH_2CHO) 등은 은, 수은, 동, 마그네슘 및 이의 합금과 결합할 경우 금속아세틸라이드라는 폭발성 물질을 생성한다.

산화프로필렌(CH_3CH_2CHO) 실기 0501/0602/1002/1704

- 인화점이 −37℃인 특수인화물로 지정수량은 50L이고, 위험등급은 I 이다.
- 연소범위는 2.5 ~ 38.5%이고, 끓는점(비점)은 34℃, 비중은 0.83으로 물보다 가벼우며, 증기비중은 2로 공기보다 무겁다.
- 무색의 휘발성 액체이고, 물이나 알코올, 에테르, 벤젠 등에 잘 녹는다.
- 증기압은 45mmHg로 제4류 위험물 중 가장 커 기화되기 쉽다.
- 액체가 피부에 닿으면 화상을 입고 증기를 마시면 심할 때는 폐부종을 일으킨다.
- 저장 시 은, 수은, 동, 마그네슘 및 이의 합금으로 된 용기를 사용하면 폭발성 물질인 아세틸라이드를 생성하므로 해당 용기의 사용을 절대 금한다.
- 저장 시 용기 내부에 불활성 기체(N_2) 또는 수증기를 봉입하여야 한다.

정답 | 52 ① 53 ① 54 ③

1801

55

Repetitive Learning 1회 2회 3회

위험물안전관리법령에 따른 질산에 대한 설명으로 틀린 것은?

① 지정수량은 300kg이다.

② 위험등급은 Ⅰ이다.

③ 농도가 36wt% 이상인 것에 한하여 위험물로 간주된다.

④ 운반 시 제1류 위험물과 혼재할 수 있다.

해설

- 농도가 36wt% 이상인 것에 한하여 위험물로 간주하는 것은 과산화수소(H_2O_2)에 해당한다.
- 질산은 비중이 1.49이상인 것만 위험물로 간주된다.

질산(HNO_3) 실기 0502/0701/0702/0901/1001/1401

- 산화성 액체에 해당하는 제6류 위험물이다.
- 위험등급이 Ⅰ등급이고, 지정수량은 300kg이다.
- 무색 또는 담황색의 액체이다.
- 불연성의 물질로 산소를 포함하여 다른 물질의 연소를 돕는다.
- 부식성을 갖는 유독성이 강한 산화성 물질이다.
- 비중이 1.49 이상인 것만 위험물로 규정한다.
- 햇빛에 의해 분해되므로 갈색병에 보관한다.
- 가열했을 때 분해하여 적갈색의 유독한 가스(이산화질소, NO_2)를 방출한다.
- 구리와 반응하여 질산염을 생성한다.
- 진한질산은 철(Fe), 코발트(Co), 니켈(Ni), 크롬(Cr), 알루미늄(Al) 등의 표면에 수산화물의 얇은 막을 만들어 다른 산에 의해 부식되지 않도록 하는 부동태가 된다.

0702 / 1201

56

Repetitive Learning 1회 2회 3회

위험물안전관리법령상 옥내저장탱크의 상호간에는 몇 m 이상의 간격을 유지하여야 하는가?

① 0.3　　② 0.5

③ 1.0　　④ 1.5

해설

- 옥내저장탱크와 탱크전용실의 벽과의 사이 및 옥내저장탱크의 상호간에는 0.5m 이상의 간격을 유지하여야 한다.

옥내탱크저장소의 간격 실기 2004

- 옥내저장탱크와 탱크전용실의 벽과의 사이 및 옥내저장탱크의 상호간에는 0.5m 이상의 간격을 유지할 것. 다만, 탱크의 점검 및 보수에 지장이 없는 경우에는 그러하지 아니하다.

0602 / 0704

57

Repetitive Learning 1회 2회 3회

은백색의 광택이 있는 비중 약 2.7의 금속으로서 열, 전기의 전도성이 크며, 진한 질산에서는 부동태가 되고 묽은 질산에 잘 녹는 것은?

① Al　　② Mg

③ Zn　　④ Sb

해설

- 알루미늄은 진한 질산에서는 부동태가 되고 묽은 질산에 잘 녹아 수소를 발생시킨다.

알루미늄분 실기 1002/1304

- 제2류 위험물(금속분)에 해당하는 가연성 고체로 지정수량은 500kg이고, 위험등급은 Ⅲ이다.
- 은백색의 광택을 있으며, 비중이 약 2.7인 경금속이다.
- 열, 전기의 전도성이 크다.
- 진한 질산에서는 부동태가 되고 묽은 질산에 잘 녹아 수소를 발생시킨다.
- 알루미늄을 물과 반응시키면 수산화알루미늄과 수소가 발생한다.($2Al+6H_2O \rightarrow 2Al(OH)_3+3H_2$)
- 알루미늄을 연소시키면 산화알루미늄이 생성된다. ($2Al+1.5O_2 \rightarrow Al_2O_3$)

1904

58

Repetitive Learning 1회 2회 3회

황화린에 대한 설명으로 틀린 것은?

① 고체이다.

② 가연성 물질이다.

③ P_4S_3, P_2S_5 등의 물질이 있다.

④ 물질에 따른 지정수량은 50kg, 100kg 등이 있다.

해설

- 황화린은 제2류 위험물에 해당하는 가연성 고체로 지정수량은 100kg이고, 위험등급은 Ⅱ이다.

황화린 실기 0602/0901/0902/0904/1001/1301/1404/1501/1601/1701/1804/1901/2003

- 제2류 위험물에 해당하는 가연성 고체로 지정수량은 100kg이고, 위험등급은 Ⅱ이다.
- 공통적으로 비중이 2.0 이상으로 물보다 무거우며, 유독한 연소생성물이 발생한다.
- 과산화물, 망간산염, 안티몬 등과 공존하면 발화한다.
- 황과 인의 분포에 따라 삼황화린(P_4S_3), 오황화린(P_2S_5), 칠황화린(P_4S_7) 등으로 구분되며, 종류에 따라 용해성질이 다를 수 있다.
- 오황화린(P_2S_5)과 칠황화린(P_4S_7)은 담황색의 결정으로 조해성 물질에 해당한다.

55 ③　56 ②　57 ①　58 ④ | 정답

0902

59

Repetitive Learning (1회 2회 3회)

다음 중 인화점이 20℃ 이상인 것은?

① CH_3COOCH_3 ② CH_3COCH_3

③ CH_3COOH ④ CH_3CHO

해설

- ①의 초산메틸(CH_3COOCH_3)은 제1석유류로 인화점이 -10℃이다.
- ②의 아세톤(CH_3COCH_3)은 제1석유류로 인화점이 -18℃이다.
- ③의 아세트산(CH_3COOH)은 제2석유류로 인화점이 40℃이다.
- ④의 아세트알데히드(CH_3CHO)는 특수인화물로 인화점이 -38℃이다.

제4류 위험물의 인화점 실기 0701/0704/0901/1001/1002/1201/1301/1304/1401/1402/1404/1601/1702/1704/1902/2003

제1석유류	인화점이 21℃ 미만
제2석유류	인화점이 21℃ 이상 70℃ 미만
제3석유류	인화점이 70℃ 이상 200℃ 미만
제4석유류	인화점이 200℃ 이상 250℃ 미만
동·식물유류	인화점이 250℃ 미만

60

Repetitive Learning (1회 2회 3회)

피크르산에 대한 설명으로 틀린 것은?

① 화재발생시 다량의 물로 주수소화 할 수 있다.

② 트리니트로페놀이라고도 한다.

③ 알코올, 아세톤에 녹는다.

④ 플라스틱과 반응하므로 철 또는 납의 금속용기에 저장해야 한다.

해설

- 피크린산은 철, 구리, 납 등과 반응 시 매우 위험하다.

트리니트로페놀[$C_6H_2OH(NO_2)_3$] 실기 0801/0904/1002/1201/1302/1504/1601/1602/1701/1702/1804/2001

- 피크르(린)산이라고 하며, TNP라고도 한다.
- 페놀의 니트로화를 통해 얻어진 니트로화합물에 속하는 자기반응성 물질로 제5류 위험물이다.
- 지정수량은 200kg이고, 위험등급은 II이다.
- 순수한 것은 무색이지만 보통 공업용은 휘황색의 침상결정이다.
- 비중이 약 1.8로 물보다 무겁다.
- 물에 전리하여 강한 산이 되며, 이때 선명한 황색이 된다.
- 단독으로는 충격, 마찰에 둔감하고 안정한 편이나 금속염(철, 구리, 납), 요오드, 가솔린, 알코올, 황 등과의 혼합물은 마찰 및 충격에 폭발한다.
- 황색염료, 폭약에 쓰인다.
- 더운물, 알코올, 에테르 벤젠 등에 잘 녹는다.
- 화재발생시 다량의 물로 주수소화 할 수 있다.
- 특성온도 : 융점(122.5℃) < 인화점(150℃) < 비점(255℃) < 착화점(300℃) 순이다.

정답 | 59 ③ 60 ④

2015년 5월 31일

2015년 제2회

합격률 46.2%

1과목 일반화학

01

Repetitive Learning (1회 2회 3회)

농도 단위에서 "N" 의 의미를 가장 옳게 나타낸 것은?

① 용액 1L 속에 녹아있는 용질의 몰 수
② 용액 1L 속에 녹아있는 용질의 g당량 수
③ 용액 1,000g 속에 녹아있는 용질의 몰 수
④ 용액 1,000g 속에 녹아있는 용질의 g당량 수

해설

- ①은 몰농도의 개념이다.
- ③은 몰랄농도의 개념이다.

노르말 농도(N)

- 용액 1L 속에 녹아있는 용질의 g당량 수를 말한다.
- 노르말농도 = 몰농도×당량수로 구할 수 있다.

02

Repetitive Learning (1회 2회 3회)

NaOH 수용액 100mL를 중화하는데 2.5N의 HCl 80mL가 소요되었다. NaOH 용액의 농도(N)는?

① 1　② 2
③ 3　④ 4

해설

- 중화적정에 관한 문제이다.
- 2.5×80 = N×100이 되어야 하므로 N은 2이다.

중화적정

- 중화반응을 이용하여 용액의 농도를 확인하는 방법이다.
- 단일 산과 염기인 경우 $NV = N'V'$(N은 노르말 농도, V는 부피)
- 혼합용액의 경우 $NV \pm N'V' = N''V''$(혼합용액의 부피 $V'' = V + V'$)
- 산, 염기의 가수(n)와 몰농도(M)가 주어질 때는 $nMV = n'M'V'$가 된다.

03

Repetitive Learning (1회 2회 3회)

비극성 분자에 해당하는 것은?

① CO　② CO_2
③ NH_3　④ H_2O

해설

- 이산화탄소(CO_2)는 탄소(C) 1개와 산소(O) 2개가 탄소 원자를 사이에 두고 양쪽에 산소가 결합하는 형태로 쌍극자 모멘트의 벡터 합이 0이 되는, 방향은 반대이고 크기는 같은 대칭 형태로 무극성에 해당한다.

극성 및 비극성 분자

구분	내용
극성	• 대칭관계에 있더라도 끌어당기는 힘이 서로 다를 경우 힘이 큰 쪽의 분자의 성질만 나타나게 되는 분자형태 • 물에 잘 녹는 특성을 갖는다. • CO, NH_3, H_2O, HF 등
비극성	• 대칭관계에 있는 분자들이 서로 같은 힘으로 끌어당기므로 어느 쪽으로도 치우치지 않는 분자형태 • 분자간의 인력이 적으며, 물에 잘 녹지 않는 특성을 갖는다. • CH_4, CO_2, CCl_4, Cl_2, BF_3, H_2, O_2, N_2, C_6H_6 등

04

Repetitive Learning (1회 2회 3회)

공기의 평균분자량은 약 29라고 한다. 이 평균분자량을 계산하는데 관계된 원소는?

① 산소, 수소　② 탄소, 수소
③ 산소, 질소　④ 질소, 탄소

해설

- 공기는 78%의 질소(N_2), 21%의 산소(O_2) 그리고 아르곤 및 이산화탄소, 수증기 등으로 구성되어 있다.

공기의 구성

- 공기는 78%의 질소(N_2), 21%의 산소(O_2) 그리고 아르곤 및 이산화탄소, 수증기 등으로 구성되어 있다.
- 공기의 평균분자량을 29라 한다면 질소와 산소의 분자량을 분율비로 계산해보면 28×0.78+32×0.21=21.84+6.72=28.56으로 질소와 산소의 분자량만으로도 근사치를 구할 수 있다.

01 ② 02 ② 03 ② 04 ③ | 정답

1001

05 —— Repetitive Learning 

다음 물질 중 수용액에서 약한 산성을 나타내며 염화제이철 수용액과 정색반응을 하는 것은?

①
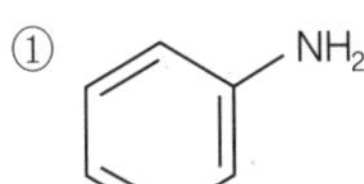

② OH

③
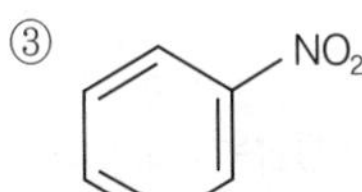

④ Cl

해설

- 수용액은 약한 산성을 띠며, $FeCl_3$ 수용액과 정색반응하여 보라색으로 변하는 것은 페놀(C_6H_5OH)이다.

페놀(C_6H_5OH)

- 카르복실산($-COOH$)과 반응하여 에스테르기($-COO-$)를 형성한다.
- 나트륨(Na)과 반응하여 수소(H_2) 기체를 발생한다.
- 수용액은 약한 산성을 띤다.
- 벤젠에 수산기(OH)가 포함되어 $FeCl_3$ 수용액과 정색반응하여 보라색으로 변한다.
- 벤젠(C_6H_6)보다 끓는점이 높다.
- (OH) 로 표시한다.

0202 / 0704 / 0904 / 1804

06 —— Repetitive Learning (1회 2회 3회)

알루미늄 이온(Al^{3+}) 한 개에 대한 설명으로 틀린 것은?

① 질량수는 27이다. ② 양성자 수는 13이다.
③ 중성자 수는 13이다. ④ 전자 수는 10이다.

해설

- 알루미늄(Al)의 원자번호는 13, 질량수는 27이다. 원자번호가 13이므로 양성자의 수는 13이고, 질량수가 27이므로 중성자의 수는 14이다. 알루미늄 이온이 3가(Al^{3+})이므로 전자를 3개 잃은 경우이므로 원래 13개의 전자에서 3개를 잃어 전자는 10개이다.

원자번호(Atomic number)와 원자량(Atomic mass)

- 원자번호는 원자핵의 양성자수이자 중성원자의 총 전자수와 같다.
- 질량수=양성자의 수+중성자의 수로 구한다.
- 원자량은 6개의 양성자와 6개의 중성자로 구성되는 질량수 12인 탄소($_{12}C$)의 원자 질량을 12로 정한 조건에서 다른 원소의 비교질량을 원자량으로 나타낸다.

1804

07 —— Repetitive Learning (1회 2회 3회)

헥산(C_6H_{14})의 구조이성질체의 수는 몇 개인가?

① 3개 ② 4개
③ 5개 ④ 9개

해설

- 헥산(C_6H_{14})은 알케인 탄화수소로 5개의 구조이성질체를 갖는다.

헥산(C_6H_{14})의 구조이성질체

- 알케인 탄화수소로 5개의 구조이성질체를 갖는다.

hexane	2-mehtypentane
$CH_3CH_2CH_2CH_2CH_2CH_3$	$CH_3-CH(CH_3)-CH_2CH_2CH_3$
3-mehtypentane	**2,2-dimehtylbutane**
$CH_3CH_2-CH(CH_3)-CH_2CH_3$	$CH_3-C(CH_3)_2-CH_2CH_3$
2,3-dimehtylbutane	
$CH_3-CH(CH_3)-CH(CH_3)-CH_3$	

08 —— Repetitive Learning (1회 2회 3회)

방사능 붕괴의 형태 중 $^{226}_{88}Ra$이 α붕괴할 때 생기는 원소는?

① $^{222}_{86}Rn$ ② $^{232}_{90}Th$
③ $^{231}_{91}Pa$ ④ $^{238}_{92}U$

해설

- 알파붕괴는 질량수가 4, 원자번호가 2감소하므로 $^{226}_{88}Ra$이 알파붕괴를 하면 질량수는 222가, 원자번호는 86인 라돈(Rn)이 된다.

알파(α)붕괴

- 원자핵이 알파입자(^4_2He)를 방출하면서 질량수가 4, 원자번호가 2 감소하는 과정을 말한다.
- 우라늄의 알파붕괴 : $^{238}_{92}U \rightarrow {^4_2He} + {^{234}_{90}Th}$

정답 | 05 ② 06 ③ 07 ③ 08 ①

09 Repetitive Learning (1회 2회 3회)

밑줄 친 원소의 산화수가 같은 것끼리 짝지어진 것은?

① $\underline{S}O_3$와 $\underline{Ba}O_2$ ② $\underline{Ba}O_2$와 $K_2\underline{Cr_2}O_7$

③ $K_2\underline{Cr_2}O_7$과 $\underline{S}O_3$ ④ $H\underline{N}O_3$와 $\underline{N}H_3$

해설

- ①의 $\underline{S}O_3$에서 황은 +6가, $\underline{Ba}O_2$에서 Ba는 +4가이다.
- ②의 $\underline{Ba}O_2$에서 Ba는 +4가, $K_2\underline{Cr_2}O_7$에서 Cr은 +6가이다.
- ③의 $K_2\underline{Cr_2}O_7$에서 Cr은 +6가, $\underline{S}O_3$에서 황은 +6가이다.
- ④의 $H\underline{N}O_3$에서 N은 +5가, $\underline{N}H_3$에서 N은 -3가이다.

화합물에서 산화수 관련 절대적 원칙

- 일반적으로 화합물에서 전기음성도가 큰 물질이 +의 산화수를 갖고, 전기음성도가 작은 물질이 -의 산화수를 가진다.
- 수소(H)는 결합하는 원자와의 전기음성도 차에 의해 +1가 혹은 -1가의 값을 가진다.
- 1족의 알칼리금속(Li, Na, K)은 +1가의 값을 가진다.
- 2족의 알칼리토금속(Be, Mg, Ca)는 +2가의 값을 가진다.
- 13족의 알루미늄(Al)은 +3가의 값을 가진다.
- 17족의 플로오린(F)은 -1가의 값을 가진다.

0702

10 Repetitive Learning 

CO_2 44g을 만들려면 C_3H_8 분자가 약 몇 개 완전연소해야하는가?

① 2.01×10^{23} ② 2.01×10^{22}

③ 6.02×10^{23} ④ 6.02×10^{22}

해설

- 프로판의 완전연소식을 보면 $C_3H_8 + 5O_2 \rightarrow 3CO_2 + 4H_2O$이다. 즉, 1몰의 프로판을 완전연소하면 생성되는 이산화탄소는 3몰이다.
- 프로판 1몰의 무게는 44로 44g을 완전연소하면 생성된 이산화탄소는 3몰로 44×3=132g이 된다.
- 따라서 이산화탄소 44g을 만드려면 프로판 1/3몰이 연소되면 되므로 이를 아보가드로 수에 대입하면 필요한 프로판 분자 수는 $6.02 \times 10^{23} \times \frac{1}{3} = 2.01 \times 10^{23}$이 된다.

프로판(C_3H_8)

- 알케인계 탄화수소의 한 종류이다.
- 특이한 냄새를 갖는 무색기체이다.
- 녹는점은 -187.69℃, 끓는점은 -42.07℃이다.
- 물에는 약간, 알코올에 중간, 에테르에 잘 녹는다.
- 완전연소식 : $C_3H_8 + 5O_2 \rightarrow 3CO_2 + 4H_2O$: 이산화탄소+물

0502 / 1801

11 Repetitive Learning (1회 2회 3회)

구리를 석출하기 위해 $CuSO_4$ 용액에 0.5F의 전기량을 흘렸을 때 약 몇 g의 구리가 석출되겠는가? (단, 원자량은 Cu 64, S 32, O 16이다)

① 16 ② 32

③ 64 ④ 128

해설

- Cu의 원자가는 2이고, 원자량은 63.54이므로 g당량은 31.77이고, 이는 0.5몰에 해당한다.
- 즉, 1F의 전기량으로 생성할 수 있는 구리의 몰수가 0.5몰인데, 0.5F의 전기량을 흘러 구할 수 있는 구리의 몰수는 $\frac{1}{4}$몰이므로 $64 \times \frac{1}{4}$ = 16g이다.

전기화학반응

- 1F의 전기량은 물질 1g당량을 석출하는데 필요한 전기량이다.
- 1F의 전기량은 전자 1몰이 갖는 전하량으로 96,500[C]의 전하량을 갖는다.
- 물질의 g당량은 $\frac{원자량}{원자가}$로 구한다.

0204

12 Repetitive Learning (1회 2회 3회)

수소 분자 1mol에 포함된 양성자수와 같은 것은?

① $\frac{1}{4}O_2$mol 중 양성자수

② NaCl 1mol 중 ion의 총수

③ 수소 원자 $\frac{1}{2}$mol 중의 원자 수

④ CO_2 1mol 중의 원자 수

해설

- 수소분자(H_2) 1몰에 포함된 양성자의 수는 2이다.
- 산소 분자(O_2) 1몰에 포함된 양성자 수는 16이다. 따라서 $\frac{1}{4}O_2$mol에 포함된 양성자수는 4이다.
- 수소 원자(H) 1몰에 포함된 원자의 수 1이다. $\frac{1}{2}$mol 중의 원자 수는 $\frac{1}{2}$이다.
- CO_2 1mol 중의 원자 수는 탄소 1개와 산소 2개로 총 3이다.

원자번호(Atomic number)와 원자량(Atomic mass)

문제 06번의 유형별 핵심이론 참조

09 ③ 10 ① 11 ① 12 ② | 정답

1002

13

어떤 물질이 산소 50Wt%, 황 50Wt%로 구성되어 있다. 이 물질의 실험식을 옳게 나타낸 것은?

① SO　　② SO_2
③ SO_3　　④ SO_4

해설

- 산소의 원자량은 16, 황의 원자량은 32이므로 중량비를 원자량으로 나누면 $\frac{50}{16}:\frac{50}{32}=2:1$이 된다. 즉, 산소 2개와 황 1개가 결합한 것이다.

화합물의 구성

- 화합물의 중량비를 알면 구성비는 중량비를 원자량으로 나누어 구성비를 구할 수 있다.

1204 / 1801

14

Repetitive Learning 1회 2회 3회

어떤 금속(M) 8g을 연소시키니 11.2g의 산화물이 얻어졌다. 이 금속의 원자량이 140이라면 이 산화물의 화학식은?

① M_2O_3　　② MO
③ MO_2　　④ M_2O_7

해설

- 어떤 금속(M)의 원자량은 140이고, 8g을 사용하였다.
- 산화된 산화물의 화학식은 M_xO_y라고 하고, 11.2g이 생성되었다.
- 산화물에 결합한 산소의 질량은 11.2−8=3.2g이 된다.
- 이를 몰수의 비로 표시하면 금속은 $\frac{8}{140}=0.057$몰이 되고, 산소는 $\frac{3.2}{16}=0.2$몰이 된다.
- x, y는 정수가 되어야 하므로 0.057 : 0.2를 정수비로 표시하면 1 : 3.5이므로 2 : 7이 된다.
- 즉, 이 산화물은 M_2O_7이 된다.

금속 산화물

- 어떤 금속 M의 산화물의 조성은 산화물을 구성하는 각 원소들의 몰 당량에 의해 구성된다.
- 중량%가 주어지면 해당 중량%의 비로 금속의 당량을 확인할 수 있다.
- 원자량은 당량×원자가로 구한다.

15

Repetitive Learning 1회 2회 3회

이소프로필알코올에 해당하는 것은?

① C_6H_5OH　　② CH_3CHO
③ CH_3COOH　　④ $(CH_3)_2CHOH$

해설

- C_6H_5OH은 페놀의 화학식이다.
- CH_3CHO는 아세트알데히드의 화학식이다.
- CH_3COOH는 아세트산의 화학식이다.

이소프로필알코올($(CH_3)_2CHOH$)

- 알코올은 알킬기(C_nH_{2n+1})와 수산기(OH)의 결합물로 그중 탄소가 3개있는 알코올을 프로필 알코올이라고 한다.
- 노르말프로필알코올(C_3H_7OH)의 시성식을 변환한 것이다.

16

Repetitive Learning 1회 2회 3회

이온평형계에서 평형에 참여하는 이온과 같은 종류의 이온을 외부에서 넣어주면 그 이온의 농도를 감소시키는 방향으로 평형이 이동한다는 이론과 관계있는 것은?

① 공통이온효과
② 가수분해효과
③ 물의 자체 이온화 현상
④ 이온용액의 총괄성

해설

- 농도를 통해 화학평형을 이동시키는 것은 공통이온효과와 관련된다.

화학평형의 이동

㉠ 온도를 조절할 경우
- 평형계에서 온도를 높이면 흡열반응쪽으로 반응이 진행된다.
- 평형계에서 온도를 낮추면 발열반응쪽으로 반응이 진행된다.

㉡ 압력을 조절할 경우
- 평형계에서 압력을 높이면 기체 몰수의 합이 적은 쪽으로 반응이 진행된다.
- 평형계에서 압력을 낮추면 기체 몰수의 합이 많은 쪽으로 반응이 진행된다

㉢ 농도를 조절할 경우(공통이온효과)
- 평형계에서 농도를 높이면 농도가 감소하는 쪽으로 반응이 진행된다.
- 평형계에서 농도를 낮추면 농도가 증가하는 쪽으로 반응이 진행된다.

정답 | 13 ② 14 ④ 15 ④ 16 ①

17

Repetitive Learning (1회 2회 3회)

은거울 반응을 하는 화합물은?

① CH_3COCH_3　② CH_3OCH_3
③ HCOOH　④ CH_3CH_2OH

해설

- 개미산(HCOOH)은 은거울 반응을 하며, 페엘링 용액을 환원시켜 붉은 침전을 생성시킨다.

개미산(HCOOH)

- 인화성 액체에 해당하는 제4류 위험물 중 제2석유류에 해당하며, 수용성으로 지정수량은 2,000[ℓ]이고 위험등급은 Ⅲ이다.
- 인화점은 69℃, 착화점은 601℃이다.
- 물에 잘 녹으며 비중이 1.218로 물보다 무겁다.
- 은거울 반응을 하며, 페엘링 용액을 환원시켜 붉은 침전이 생긴다.
- 진한 황산(H_2SO_4)과 함께 가열하면 일산화탄소(CO)를 생성한다.

0301

18

Repetitive Learning (1회 2회 3회)

sp^3 혼성오비탈을 가지고 있는 것은?

① BF_3　② $BeCl_2$
③ C_2H_4　④ CH_4

해설

- 메테인(CH_4)은 대표적인 sp^3 혼성오비탈로 원자가가 +4인 탄소(C)가 바닥상태에서 s오비탈과 p오비탈을 채우고

s	p		
↑↓	↑	↑	

), 역시 원자가가 +1인 수소 4개가 나머지 p오비탈을 채워(

s	p		
↑↓	↑*	↑*	**

) sp^3 혼성오비탈을 완성한다.

혼성오비탈(Hybrid orbital)

- 공유결합으로 분자의 형성을 설명하기 힘든 일부 분자들의 분자 형성 이유를 설명하기 위한 이론으로 원래의 원자 궤도함수들이 혼합되어 새로운 궤도함수를 형성하고 있다고 설명한다.
- 혼성오비탈의 종류에는 sp오비탈, sp^2오비탈, sp^3오비탈 등이 있다.

sp오비탈	$BeCl_2$, BeF_2 등이 있다.
	분자형태는 직선형을 띤다.
sp^2 오비탈	BF_3, C_2H_4, SO_3 등이 있다.
	분자형태는 평면삼각형을 그린다.
sp^3 오비탈	CH_4, NH_4, H_2O 등이 있다.
	분자형태는 사면체 구조를 갖는다.

19

Repetitive Learning (1회 2회 3회)

60℃에서 KNO_3의 포화용액 100g을 10℃로 냉각시키면 몇 g의 KNO_3가 석출하는가? (단, 용해도는 60℃에서 100g KNO_3/100g H_2O, 10℃에서 20g KNO_3/100g H_2O 이다)

① 4　② 40
③ 80　④ 120

해설

- 60℃에서의 용해도가 100이고, 포화용액의 양이 100g이므로 용매의 양을 구하면 100×0.5($=\frac{100}{100+100}$)=50g이다.
- 용질의 양은 용액의 양에서 앞에서 구한 용매의 양을 빼서도 구할 수 있다. 100−50=50g이다.
- 10℃에서 용해도는 20, 용매의 양은 50g이므로 용해 가능한 용질의 양을 구하면 $\frac{20\times50}{100}=10$이다.
- 10℃에서는 10g만이 50g의 용매(물)에 녹고 나머지 모두는 석출되므로 60℃에서 포화시킨 50g의 용질의 양에서 10g을 제외한 40g이 석출된다.

용해도를 이용한 용질의 석출량 계산

㉠ 개요
- 용해도란 포화용액에서 용매 100g에 용해되는 용질의 g수를 그 온도에서의 용해도라고 한다.
- 대부분의 경우 온도가 높아질수록 고체의 용해도는 증가하고, 기체의 용해도는 감소한다.

㉡ 석출량 계산
- 특정 온도(A℃)에서 포화된 용액의 용질 용해도와 포화용액의 양이 주어지고 그 온도보다 낮은 온도(B℃)에서의 용질의 석출량을 구하는 경우

> - 포화상태에서의 용매의 양과 용질의 양을 용해도를 이용해 구한다.
>   ⓐ 용매의 양=포화용액의 양×$\frac{100}{100+A℃의\ 용해도}$
>   ⓑ 용질의 양=포화용액의 양−ⓐ에서 구한 용매의 양
>   =포화용액의 양×$\frac{A℃의\ 용해도}{100+A℃의\ 용해도}$
>   ⓒ B℃에서의 용해도를 이용해 B℃에서의 용해가능한 용질의 양($=\frac{B℃에서의\ 용해도×ⓐ에서\ 구한\ 용매의\ 양}{100}$)을 구한다.
> - ⓑ에서 구한 용질의 양에서 ⓒ에서 구한 용질의 양을 빼주면 석출된 용질의 양을 구할 수 있다.

17 ③　18 ④　19 ② 정답

20

Repetitive Learning (1회 2회 3회)

다음의 반응식에서 평형을 오른쪽으로 이동시키기 위한 조건은?

$$N_2(g) + O_2 \rightarrow 2NO(g) - 43.2\text{kcal}$$

① 압력을 높인다.　　② 온도를 높인다.
③ 압력을 낮춘다.　　④ 온도를 낮춘다.

해설

- 반응식 좌우의 몰수의 합은 동일하게 2몰이므로 압력과는 상관없이 반응이 진행된다.
- 반응식이 흡열반응이므로 온도를 높일 경우 흡열반응 쪽으로 평형이 이동한다. 즉, 온도를 높여야 한다.

화학평형의 이동

문제 16번의 유형별 핵심이론 참조

2과목 화재예방과 소화방법

1802

21

Repetitive Learning 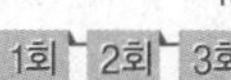

위험물안전관리법령상 마른모래(삽 1개 포함) 50L의 능력단위는?

① 0.3　　② 0.5
③ 1.0　　④ 1.5

해설

- 삽 1개를 포함한 마른모래(삽 1개 포함)의 용량이 50L일 때 능력단위는 0.5이다.

소화설비의 능력단위

- 수동식소화기의 능력단위는 수동식소화기의 형식승인 및 검정기술기준에 의하여 형식승인 받은 수치로 할 것

소화설비	용량	능력단위
소화전용(轉用)물통	8L	0.3
수조(소화전용물통 3개 포함)	80L	1.5
수조(소화전용물통 6개 포함)	190L	2.5
마른 모래(삽 1개 포함)	50L	0.5
팽창질석 또는 팽창진주암(삽 1개 포함)	160L	1.0

1201

22

Repetitive Learning (1회 2회 3회)

소화설비 설치 시 동 · 식물유류 400,000L에 대한 소요단위는 몇 단위인가?

① 2　　② 4
③ 20　　④ 40

해설

- 동 · 식물유류의 경우 지정수량이 10,000L이고, 소요단위는 지정수량의 10배가 1소요단위이므로 $\frac{400,000}{100,000} = 4$단위에 해당하게 된다.

소요단위 실기 0604/0802/1202/1204/1704/1804/2001

- 소화설비의 설치대상이 되는 건축물 그 밖의 공작물의 규모 또는 위험물의 양의 기준단위이다.
- 계산방법

구분	내용
제조소 또는 취급소의 건축물	외벽이 내화구조인 것은 연면적 $100m^2$를 1소요단위로 하며, 외벽이 내화구조가 아닌 것은 연면적 $50m^2$를 1소요단위로 할 것
저장소의 건축물	외벽이 내화구조인 것은 연면적 $150m^2$를 1소요단위로 하고, 외벽이 내화구조가 아닌 것은 연면적 $75m^2$를 1소요단위로 할 것
제조소 등의 옥외에 설치된 공작물	외벽이 내화구조인 것으로 간주하고 공작물의 최대수평투영면적을 연면적으로 간주하여 제조소 혹은 저장소 건축물의 소요단위를 적용할 것
위험물	지정수량의 10배를 1소요단위로 할 것

23

Repetitive Learning (1회 2회 3회)

다음 중 가연성 물질이 아닌 것은?

① $C_2H_5OC_2H_5$　　② $KClO_4$
③ $C_2H_4(OH)_2$　　④ P_4

해설

- 과염소산칼륨($KClO_4$)은 제1류 위험물인 산화성 고체로 산소의 공급원은 가능하지만 불연성이어서 가연성 물질이 될 수 없다.

가연물이 될 수 있는 조건과 될 수 없는 조건

가능조건	• 산화할 때 발열량이 큰 것 • 산화할 때 열전도율이 작은 것 • 산화할 때 활성화 에너지가 작은 것 • 산소와 친화력이 좋고 표면적이 넓은 것
불가능조건	• 주기율표에서 0족(헬륨, 네온, 아르곤 등) 원소 • 이미 산화가 완료된 산화물(이산화탄소, 오산화린, 이산화규소, 산화알루미늄 등) • 질소 또는 질소 산화물(흡열반응)

정답 | 20 ② 21 ② 22 ② 23 ②

1104 / 1901

24 Repetitive Learning (1회 2회 3회)

소화약제로서 물이 갖는 특성에 대한 설명으로 옳지 않은 것은?

① 유화효과(Emulsification effect)도 기대할 수 있다.
② 증발잠열이 커서 기화 시 다량의 열을 제거한다.
③ 기화팽창률이 커서 질식효과가 있다.
④ 용융잠열이 커서 주수 시 냉각효과가 뛰어나다.

해설

- 물은 기화잠열(증발잠열)이 커 주수 시 냉각효과가 좋다.

물의 특성 및 소화효과

㉠ 개요

- 이산화탄소보다 기화잠열(539[kcal/kg])과 비열(1[kcal/kg℃])이 커 많은 열량의 흡수가 가능하다.
- 산소가 전자를 잡아당겨 극성을 갖는 극성공유결합을 한다.
- 수소결합을 통해 강한 분자간의 힘을 가지므로 표면장력이 크다.
- 주된 소화효과는 기화잠열과 비열을 이용한 냉각소화이다.

㉡ 장단점

장점	단점
• 구하기 쉽다. • 취급이 간편하다. • 기화잠열이 크다.(냉각효과) • 기화팽창률이 크다.(질식효과)	• 피연소 물질에 피해를 준다. • 겨울철에 동파 우려가 있다.

0601 / 1601

25 Repetitive Learning (1회 2회 3회)

하론 2402를 소화약제로 사용하는 이동식할로겐화물소화설비는 20℃의 온도에서 하나의 노즐마다 분당 방사되는 소화약제의 양(kg)을 얼마 이상으로 하여야 하는가?

① 5　　② 35
③ 45　　④ 50

해설

- Halon 2402에 있어서 하나의 노즐마다 1분당 방사하는 소화약제의 양은 45kg이다.

호스릴할로겐화합물소화설비 설치기준

- 방호대상물의 각 부분으로부터 하나의 호스접결구까지의 수평거리가 20m 이하가 되도록 할 것
- 소화약제의 저장용기의 개방밸브는 호스릴의 설치장소에서 수동으로 개폐할 수 있는 것으로 할 것
- 소화약제의 저장용기는 호스릴을 설치하는 장소마다 설치할 것
- 노즐은 20℃에서 하나의 노즐마다 1분당 방사하는 소화약제 양

소화약제의 종별	1분당 방사하는 소화약제 양
Halon 2402	45kg
Halon 1211	40kg
Halon 1301	35kg

- 소화약제 저장용기의 가까운 곳의 보기 쉬운 곳에 적색의 표시등을 설치하고, 호스릴할로겐화합물소화설비가 있다는 뜻을 표시한 표지를 할 것

0601

26 Repetitive Learning (1회 2회 3회)

수소화나트륨 저장창고에 화재가 발생하였을 때 주수소화가 부적합한 이유로 옳은 것은?

① 발열반응을 일으키고 수소를 발생한다.
② 수화반응을 일으키고 수소를 발생한다.
③ 중화반응을 일으키고 수소를 발생한다.
④ 중합반응을 일으키고 수소를 발생한다.

해설

- 수소화나트륨(NaH)은 제3류 위험물 중 금수성물질로 물과 반응할 경우 수소와 열을 발생시키므로 주수소화를 금해야 한다.

대표적인 위험물의 소화약제

위험물	류별	소화약제
칼륨(K), 나트륨(Na), 마그네슘(Mg)	제2류	마른모래, 탄산수소염류 분말소화약제
황린(P_4)	제3류	주소소화, 마른모래 등
알킬(트리에틸)알루미늄, 수소화나트륨	제3류	마른모래, 팽창질석, 팽창진주암
경유, 등유, 벤젠(C_6H_6)	제4류	포소화약제, 이산화탄소, 분말소화약제
염소산칼륨($KClO_3$), 염소산아연[$Zn(ClO_3)_2$]	제1류	대량의 물을 통한 냉각소화
트리니트로페놀[$C_6H_2OH(NO_2)_3$], 트리니트로톨루엔(TNT), 니트로세룰로오스 등	제5류	대량의 물로 주수소화
과산화나트륨(Na_2O_2), 과산화칼륨(K_2O_2)	제1류	마른모래

24 ④ 25 ③ 26 ① | 정답

0602 / 1104

27

Repetitive Learning 1회 2회 3회

옥외소화전의 개폐밸브 및 호스 접속구는 지반면으로부터 몇 m 이하의 높이에 설치해야 하는가?

① 1.5　② 2.5
③ 3.5　④ 4.5

해설

- 옥외소화전의 개폐밸브 및 호스접속구는 지반면으로부터 1.5m 이하의 높이에 설치해야 한다.

옥외소화전설비의 기준

- 옥외소화전의 개폐밸브 및 호스접속구는 지반면으로부터 1.5m 이하의 높이에 설치할 것
- 방수용기구를 격납하는 함(옥외소화전함)은 불연재료로 제작하고 옥외소화전으로부터 보행거리 5m 이하의 장소로서 화재발생 시 쉽게 접근가능하고 화재 등의 피해를 받을 우려가 적은 장소에 설치할 것

28

Repetitive Learning 1회 2회 3회

위험물안전관리법령상 물분무소화설비가 적응성이 있는 대상물은?

① 알칼리금속과산화물　② 전기설비
③ 마그네슘　④ 금속분

해설

- 물분무소화설비는 건축물, 전기설비, 제1류 위험물(알칼리금속과산화물 제외), 제2류 위험물(철분 및 금속분 등 제외), 제3류 위험물(금수성 물질 제외), 제4류, 제5류, 제6류 위험물 화재에 적응성이 있다.

물분무소화설비의 분류와 적응성

분류		물분무소화설비
건축물 · 그 밖의 공작물		○
전기설비		○
제1류 위험물	알칼리금속과산화물등	
	그 밖의 것	○
제2류 위험물	철분 · 금속분 · 마그네슘등	
	인화성고체	○
	그밖의것	○
제3류 위험물	금수성물품	
	그 밖의 것	○
제4류 위험물		○
제5류 위험물		○
제6류 위험물		○

1004

29

Repetitive Learning 1회 2회 3회

소화약제 또는 그 구성성분으로 사용되지 않는 물질은?

① CF_2ClBr　② $CO(NH_2)_2$
③ NH_4NO_3　④ K_2CO_3

해설

- ③의 질산암모늄은 산화성 고체에 해당하는 제1류 위험물로 농업용으로 사용하는 고질소 비료이다.

소화약제의 분류별 종류

분류		종류
분말 소화약제	제1종	$NaHCO_3$(탄산수소나트륨)
	제2종	$KHCO_3$(탄산수소칼륨)
	제3종	$NH_4H_2PO_4$(인산암모늄)
	제4종	$KHCO_3$(탄산수소칼륨), $CO(NH_2)_2$(요소)
포 소화약제	화학	$NaHCO_3$(중탄산나트륨), $Al_2(SO_4)_3$(황산알루미늄)
강화액소화약제		K_2CO_3(탄산칼륨)
산 · 알칼리소화약제		$NaHCO_3$(탄산수소나트륨), H_2SO_4(황산)
할론소화약제		CF_2ClBr(할론1211), CF_3Br(할론1301), CCl_4(할론104), CF_2ClBr_2(할론1202), C_4F_{10}(FC-3-1-10) 등
기타소화약제		KCl(염화칼륨), NaCl(염화나트륨), $BaCl_2$(염화바륨), CO_2(이산화탄소) 등

30

Repetitive Learning 1회 2회 3회

다음 중 화학적 에너지원이 아닌 것은?

① 연소열　② 분해열
③ 마찰열　④ 융해열

해설

- 마찰열은 물리적인 에너지원에 해당한다.

연소이론

- 연소란 화학반응의 한 종류로, 가연물이 산소 중에서 산화반응을 하여 열과 빛을 발산하는 현상을 말한다.
- 연소의 3요소에는 가연물, 산소공급원, 점화원이 있다.
- 연소범위가 넓을수록 연소위험이 크다.
- 착화온도가 낮을수록 연소위험이 크다.
- 가연성 액체를 발화점 이상으로 공기 중에서 가열하면 별도의 점화원이 없어도 발화할 수 있다.

정답 | 27 ① 28 ② 29 ③ 30 ③

1202 / 1704

31 Repetitive Learning (1회 2회 3회)

스프링클러 설비의 장점이 아닌 것은?

① 소화약제가 물이므로 소화약제의 비용이 절감된다.
② 초기 시공비가 매우 적게 든다.
③ 화재 시 사람의 조작 없이 작동이 가능하다.
④ 초기 화재의 진화에 효과적이다.

해설

- 스프링클러는 타 설비에 비해 시공이 복잡하고, 초기 비용이 많이 든다.

스프링클러 설비의 특징

- 초기 진화작업에 효과가 크다.
- 감지부의 구조가 기계적이므로 오동작 염려가 적다.
- 폐쇄형 스프링클러 헤드는 헤드가 열에 의해 개방되는 형태로 자동화재탐지장치의 역할을 할 수 있다.
- 소화약제가 물이므로 소화약제의 비용이 절감된다.
- 화재 시 사람의 조작 없이 작동이 가능하다.
- 화재 적응성

구분		적응성
건축물 · 그 밖의 공작물		○
전기설비		
제1류 위험물	알칼리금속과산화물등	
	그 밖의 것	○
제2류 위험물	철분 · 금속분 · 마그네슘등	
	인화성고체	○
	그밖의것	○
제3류 위험물	금수성물품	
	그 밖의 것	○
제4류 위험물		△
제5류 위험물		○
제6류 위험물		○

- 제4류 위험물의 살수기준면적에 따른 살수밀도기준(적응성)

살수기준면적(m^2)	방사밀도(L/m^2분)	
	인화점 38℃ 미만	인화점 38℃ 이상
279 미만	16.3 이상	12.2 이상
279 이상 372 미만	15.5 이상	11.8 이상
372 이상 465 미만	13.9 이상	9.8 이상
465 이상	12.2 이상	8.1 이상

32 Repetitive Learning (1회 2회 3회)

이산화탄소 소화기에 관한 설명으로 옳지 않은 것은?

① 소화 작용은 질식효과와 냉각효과에 의한다.
② A급, B급 및 C급 화재 중 A급 화재에 가장 적응성이 있다.
③ 소화약제 자체의 유독성은 적으나, 공기 중 산소 농도를 저하시켜 질식의 위험이 있다.
④ 소화약제의 동결, 부패, 변질 우려가 적다.

해설

- 이산화탄소 소화기는 가장 대표적인 전기설비 화재(C급)용 소화기이다.

이산화탄소(CO_2) 소화기의 특징

- 용기는 이음매 없는 고압가스 용기를 사용한다.
- 산소와 반응하지 않는 안전한 가스이다.
- 전기에 대한 절연성이 우수(비전도성)하기 때문에 전기화재(C급)에 유효하다.
- 자체 압력으로 방출하므로 방출용 동력이 별도로 필요하지 않다.
- 고온의 직사광선이나 보일러실에 설치할 수 없다.
- 금속분의 화재 시에는 사용할 수 없다.
- 소화기 방출구에서 주울-톰슨효과에 의해 드라이아이스가 생성될 수 있다.

33 Repetitive Learning (1회 2회 3회)

다음 중 비열이 가장 큰 물질은?

① 물 ② 구리
③ 나무 ④ 철

해설

- 보기 물질을 비열이 작은 것부터 큰 순서대로 배열하면 구리 < 철 < 나무 < 유리 순이다.

비열

- 물질 1g의 온도를 1℃ 올리는데 필요한 열량을 말한다.
- 위험인자의 입장에서 값이 작을 경우 위험성이 더 커진다.
- 대표적인 물질의 비열

물질	비열[cal/g · ℃]	물질	비열[cal/g · ℃]
물	1	얼음	0.5
나무	0.41	철	0.09
유리	0.2	구리	0.11

31 ② 32 ② 33 ① 정답

34

Repetitive Learning (1회 2회 3회)

위험물안전관리법령상 가솔린의 화재 시 적응성이 없는 소화기는?

① 봉상강화액소화기 ② 무상강화액소화기
③ 이산화탄소 소화기 ④ 포소화기

해설

- 제4류 위험물의 화재에서 옥내소화전, 봉상수, 무상수, 봉상강화액, 물통 또는 수조는 적응성이 없다.

소화설비의 적응성 중 제4류 위험물 실기 1002/1101/1202/1601/1702/1902/2001/2003/2004

소화설비의 구분			제4류 위험물
옥내소화전 또는 옥외소화전설비			
스프링클러설비			△
물분무등 소화설비	물분무소화설비		○
	포소화설비		○
	불활성가스소화설비		○
	할로겐화합물소화설비		○
	분말 소화설비	인산염류등	○
		탄산수소염류등	○
		그 밖의 것	
대형·소형 수동식 소화기	봉상수(棒狀水)소화기		
	무상수(霧狀水)소화기		
	봉상강화액소화기		
	무상강화액소화기		○
	포소화기		○
	이산화탄소 소화기		○
	할로겐화합물소화기		○
	분말 소화기	인산염류소화기	○
		탄산수소염류소화기	○
		그 밖의 것	
기타	물통 또는 수조		
	건조사		○
	팽창질석 또는 팽창진주암		○

0701 / 1202 / 1904

35

Repetitive Learning 

위험물제조소에 옥내소화전을 각 층에 8개씩 설치하도록 할 때 수원의 최소 수량은 얼마인가?

① $13m^3$ ② $20.8m^3$
③ $39m^3$ ④ $62.4m^3$

해설

- 옥내소화전설비에서 수원의 수량은 옥내소화전이 가장 많이 설치된 층의 옥내소화전 설치개수(설치개수가 5개 이상인 경우는 5개)에 $7.8m^3$를 곱한 양 이상이 되어야 하므로 각층에 8개로 5개 이상이므로 $5 \times 7.8 = 39m^3$ 이상이 되어야 한다.

옥내소화전설비의 설치기준 실기 1301/1304/1701/1702/1804

- 옥내소화전은 제조소등의 건축물의 층마다 당해 층의 각 부분에서 하나의 호스접속구까지의 수평거리가 25m 이하가 되도록 설치할 것. 이 경우 옥내소화전은 각층의 출입구 부근에 1개 이상 설치하여야 한다.
- 수원의 수량은 옥내소화전이 가장 많이 설치된 층의 옥내소화전 설치개수(설치개수가 5개 이상인 경우는 5개)에 $7.8m^3$를 곱한 양 이상이 되도록 설치할 것
- 옥내소화전설비는 각층을 기준으로 하여 당해 층의 모든 옥내소화전(설치개수가 5개 이상인 경우는 5개의 옥내소화전)을 동시에 사용할 경우에 각 노즐선단의 방수압력이 350kPa 이상이고 방수량이 1분당 260L 이상의 성능이 되도록 할 것
- 옥내소화전설비에는 비상전원을 설치할 것

1404

36

Repetitive Learning (1회 2회 3회)

가연물의 구비조건으로 옳지 않은 것은?

① 열전도율이 클 것 ② 연소열량이 클 것
③ 화학적 활성이 강할 것 ④ 활성화 에너지가 작을 것

해설

- 열전도율이 작아야 열의 이동이 쉽지 않아 열이 축적되고 연소반응이 용이하게 일어난다.

가연물이 될 수 있는 조건과 될 수 없는 조건
문제 23번의 유형별 핵심이론 참조

1001

37

Repetitive Learning (1회 2회 3회)

물을 소화약제로 사용하는 장점이 아닌 것은?

① 구하기 쉽다.
② 취급이 간편하다.
③ 기화잠열이 크다.
④ 피연소 물질에 대한 피해가 없다.

해설

- 물은 피연소 물질에 피해를 주는 단점을 가진다.

물의 특성 및 소화효과
문제 24번의 유형별 핵심이론 참조

정답 | 34 ① 35 ③ 36 ① 37 ④

1804 / 1902

38 Repetitive Learning (1회 2회 3회)

위험물안전관리법령상 제6류 위험물에 적응성이 있는 소화설비는?

① 옥내소화전설비
② 불활성가스소화설비
③ 할로겐화합물소화설비
④ 분말소화설비(탄산수소염류)

해설

• 물분무등소화설비에서 제6류 위험물에 불활성가스소화설비, 할로겐화합물소화설비, 분말소화설비(탄산수소염류)는 적응성이 없다.

∷ 소화설비의 적응성 중 제6류 위험물 실기 1002/1101/1202/1601/1702/1902/2001/2003/2004

소화설비의 구분			제6류 위험물
옥내소화전 또는 옥외소화전설비			○
스프링클러설비			○
물분무등 소화설비	물분무소화설비		○
	포소화설비		○
	불활성가스소화설비		
	할로겐화합물소화설비		
	분말 소화설비	인산염류등	○
		탄산수소염류등	
		그 밖의 것	
대형·소형 수동식 소화기	봉상수(棒狀水)소화기		○
	무상수(霧狀水)소화기		○
	봉상강화액소화기		○
	무상강화액소화기		○
	포소화기		○
	이산화탄소 소화기		△
	할로겐화합물소화기		
	분말 소화기	인산염류소화기	○
		탄산수소염류소화기	
		그 밖의 것	
기타	물통 또는 수조		○
	건조사		○
	팽창질석 또는 팽창진주암		○

39 Repetitive Learning (1회 2회 3회)

위험물안전관리법령에서 정한 포소화설비의 기준에 따른 기동장치에 대한 설명으로 옳은 것은?

① 자동식의 기동장치만 설치하여야 한다.
② 수동식의 기동장치만 설치하여야 한다.
③ 자동식의 기동장치와 수동식의 기동장치를 모두 설치하여야 한다.
④ 자동식의 기동장치 또는 수동식의 기동장치를 설치하여야 한다.

해설

• 포소화설비의 기동장치는 자동식 혹은 수동식의 기동장치를 설치하여야 한다.

∷ 포소화설비의 기동장치 설치기준

• 기동장치는 자동식 혹은 수동식의 기동장치를 설치하여야 한다.

자동식	자동화재탐지설비의 감지기의 작동 또는 폐쇄형 스프링클러 헤드의 개방과 연동하여 가압송수장치, 일제개방밸브 및 포소화약제혼합장치가 기동될 수 있도록 할 것
수동식	• 직접조작 또는 원격조작에 의하여 가압송수장치, 수동식 개방밸브 및 포소화약제혼합장치를 기동할 수 있을 것 • 2 이상의 방사구역을 갖는 포소화설비는 방사구역을 선택할 수 있는 구조로 할 것 • 기동장치의 조작부는 화재 시 용이하게 접근이 가능하고 바닥면으로부터 0.8m 이상 1.5m 이하의 높이에 설치할 것 • 기동장치의 조작부에는 유리 등에 의한 방호조치가 되어 있을 것 • 기동장치의 조작부 및 호스접속구에는 직근의 보기 쉬운 장소에 각각 "기동장치의 조작부" 또는 "접속구"라고 표시할 것

40 Repetitive Learning (1회 2회 3회)

트리에틸알루미늄의 소화약제로서 다음 중 가장 적당한 것은?

① 마른모래, 팽창질석 ② 물, 수성막포
③ 할로겐화물, 단백포 ④ 이산화탄소, 강화액

해설

• 트리에틸알루미늄[$(C_2H_5)_3Al$]은 물과 접촉하면 가연성 가스인 에탄을 발생하므로 주수소화를 금해야 한다.

∷ 대표적인 위험물의 소화약제

문제 26번의 유형별 핵심이론 ∷ 참조

38 ① 39 ④ 40 ① | 정답

3과목 위험물의 성질과 취급

0501_추가/0704

41 Repetitive Learning (1회 2회 3회)

위험물을 수납한 운반용기의 외부에 표시하여야 할 사항이 아닌 것은?

① 위험등급 ② 위험물의 수량
③ 위험물의 품명 ④ 안전관리자의 이름

해설

- 위험물의 운반용기에는 품명, 위험등급, 화학명, 수용성 여부, 수량, 위험물에 따른 주의사항 등을 표시하여야 한다.

위험물의 운반용기 표시사항

- 위험물의 품명 · 위험등급 · 화학명 및 수용성("수용성" 표시는 제4류 위험물로서 수용성인 것에 한한다)
- 위험물의 수량
- 수납하는 위험물에 따른 주의사항

0704 / 1404 / 1704 / 1902 / 2001

42 Repetitive Learning (1회 2회 3회)

위험물을 저장 또는 취급하는 탱크의 용량산정 방법에 관한 설명으로 옳은 것은?

① 탱크의 내용적에서 공간용적을 뺀 용적으로 한다.
② 탱크의 공간용적에서 내용적을 뺀 용적으로 한다.
③ 탱크의 공간용적에서 내용적을 더한 용적으로 한다.
④ 탱크의 볼록하거나 오목한 부분을 뺀 용적으로 한다.

해설

- 위험물을 저장 또는 취급하는 탱크의 용량은 해당 탱크의 내용적에서 공간용적을 뺀 용적으로 한다.

탱크 용적의 산정기준

- 위험물을 저장 또는 취급하는 탱크의 용량은 해당 탱크의 내용적에서 공간용적을 뺀 용적으로 한다.
- 제조소 또는 일반취급소의 위험물을 취급하는 탱크 중 특수한 구조 또는 설비를 이용함에 따라 당해 탱크내의 위험물의 최대량이 내용적에서 공간용적을 뺀 용량 이하인 경우에는 당해 최대량을 용량으로 한다.

43 Repetitive Learning (1회 2회 3회)

피리딘에 대한 설명 중 틀린 것은?

① 물보다 가벼운 액체이다.
② 인화점은 30℃ 보다 낮다.
③ 제1석유류이다.
④ 지정수량이 200리터이다.

해설

- 피리딘은 수용성 제1석유류로 지정수량이 400L인 인화성 액체(제4류 위험물)이다.

피리딘(C_5H_5N)

- 수용성 제1석유류로 지정수량이 400L인 인화성 액체(제4류 위험물)이다.
- 비중이 0.98로 물보다 가벼우며, 약알칼리성을 띤다.
- 물, 알코올, 에테르에 잘 녹는다.
- 인화점이 20℃로 상온에서 인화의 위험이 있다.
- 악취와 독성이 있다.

0401 / 0901 / 1004 / 1604

44 Repetitive Learning (1회 2회 3회)

위험물안전관리법령에서는 위험물을 제조 외의 목적으로 취급하기 위한 장소와 그에 따른 취급소의 구분을 4가지로 정하고 있다. 다음 중 법령에서 정한 취급소의 구분에 해당되지 않는 것은?

① 주유취급소 ② 특수취급소
③ 일반취급소 ④ 이송취급소

해설

- 취급소는 주유, 판매, 이송, 일반취급소로 구분한다.

취급소의 구분

구분	내용
주유취급소	고정된 주유설비에 의하여 자동차 · 항공기 또는 선박 등의 연료탱크에 직접 주유하기 위하여 위험물을 취급하는 장소
판매취급소	점포에서 위험물을 용기에 담아 판매하기 위하여 지정수량의 40배 이하의 위험물을 취급하는 장소
이송취급소	배관 및 이에 부속된 설비에 의하여 위험물을 이송하는 장소
일반취급소	그 외의 장소

정답 | 41 ④ 42 ① 43 ④ 44 ②

45

Repetitive Learning 1회 2회 3회

$KClO_4$에 관한 설명으로 옳지 못한 것은?

① 순수한 것은 황색의 사방정계결정이다.
② 비중은 약 2.52이다.
③ 녹는점은 약 610℃이다.
④ 열분해하면 산소와 염화칼륨으로 분해된다.

해설

- 과염소산칼륨은 무색무취의 사방정계 결정이다.

과염소산칼륨($KClO_4$) 실기 0904/1601/1702

- 산화성 고체로 제1류 위험물의 과염소산염류에 해당하며, 지정수량은 50kg, 위험등급은 Ⅰ이다.
- 무색무취의 사방정계 결정이다.
- 비중은 2.52로 물보다 무거우며, 녹는점은 약 610℃이다.
- 물이나 에테르, 알코올 등에 녹지 않는다.
- 열분해하면 염화칼륨과 산소로 분해된다.

($KClO_4 \xrightarrow[\triangle]{} KCl + 2O_2$)

1202

46

Repetitive Learning 1회 2회 3회

위험물제조소의 표지의 크기 규격으로 옳은 것은?

① 0.2m×0.4m
② 0.3m×0.3m
③ 0.3m×0.6m
④ 0.6m×0.2m

해설

- 제조소의 표지 및 게시판의 크기는 한 변의 길이가 0.3m 이상, 다른 한 변의 길이가 0.6m 이상인 직사각형으로 하여야 한다.

위험물제조소의 표지 및 게시판 실기 0502/1501

- 표지 및 게시판은 한 변의 길이가 0.3m 이상, 다른 한 변의 길이가 0.6m 이상인 직사각형으로 할 것
- 종류별 색상

구분	내용	색상
표지	게시판(저장 또는 취급하는 위험물의 유별 · 품명 및 저장최대수량 또는 취급최대수량, 지정수량의 배수 및 안전관리자의 성명 또는 직명을 기재)	바탕은 백색으로, 문자는 흑색
주의사항 게시판	제1류 위험물 중 알칼리금속의 과산화물과 이를 함유한 것 또는 제3류 위험물 중 금수성물질에 있어서는 "물기엄금"	청색바탕에 백색문자로
	제2류 위험물(인화성 고체를 제외한다)에 있어서는 "화기주의"	적색바탕에 백색문자로
	제2류 위험물 중 인화성 고체, 제3류 위험물 중 자연발화성물질, 제4류 위험물 또는 제5류 위험물에 있어서는 "화기엄금"	

47

Repetitive Learning 1회 2회 3회

과산화수소의 성질에 관한 설명으로 옳지 않은 것은?

① 농도에 따라 위험물에 해당하지 않는 것도 있다.
② 분해 방지를 위해 보관 시 안정제를 가할 수 있다.
③ 에테르에 녹지 않으며, 벤젠에 잘 녹는다.
④ 산화제이지만 환원제로서 작용하는 경우도 있다.

해설

- 과산화수소는 물보다 무겁고 석유와 벤젠에는 녹지 않으나, 물, 에테르, 에탄올에는 녹는다.

과산화수소(H_2O_2) 실기 0502/1004/1301/2001/2101

㉠ 개요 및 특성
- 이산화망간(MgO_2), 과산화바륨(BaO_2)과 같은 금속 과산화물을 묽은 산(HCl 등)에 반응시켜 생성되는 물질로 제6류 위험물인 산화성 액체에 해당한다.
(예, $BaO_2 + 2HCl \rightarrow BaCl_2 + H_2O_2$: 과산화바륨＋염산 → 염화바륨＋과산화수소)
- 위험등급이 Ⅰ등급이고, 지정수량은 300kg이다.
- 물보다 무겁고 석유와 벤젠에 녹지 않고, 물, 에테르, 에탄올에 녹는다.
- 표백작용과 살균작용을 하는 물질이다.
- 불연성의 강산화제이지만 환원제로서 작용하는 경우도 있다.
- 피부와 접촉 시 수종을 생기게 하는 위험물질이다.
- 순수한 것은 점성이 있는 무색 액체이며, 다량이면 청색빛깔을 띤다.

㉡ 분해 및 저장 방법
- 이산화망간(MnO_2)이 있으면 분해가 촉진된다.
- 햇빛에 의하여 분해되므로 햇빛이 통과하지 않는 갈색 병에 보관한다.
- 분해되면 산소를 방출한다.
- 분해 방지를 위해 보관 시 인산, 요산 등의 안정제를 가할 수 있다.
- 냉암소에 저장하고 온도의 상승을 방지한다.
- 용기에 내압 상승을 방지하기 위하여 밀전하지 않고 작은 구멍이 뚫린 마개를 사용하여 보관한다.

㉢ 농도에 따른 위험성
- 농도가 높아질수록 위험성이 커진다.
- 농도에 따라 위험물에 해당하지 않는 것도 있다.(3%과산화수소는 옥시풀로 약국에서 판매한다)
- 농도가 높은 것은 불순물, 구리, 은, 백금 등의 미립자에 의하여 폭발적으로 분해한다.
- 농도가 클수록 위험하므로 분해방지 안정제를 넣어 산소분해를 억제한다.

45 ① 46 ③ 47 ③ | 정답

1202

48

제조소에서 취급하는 위험물의 최대수량이 지정수량의 20배인 경우 보유 공지의 너비는 얼마인가?

① 3m 이상 ② 5m 이상
③ 10m 이상 ④ 20m 이상

해설

- 지정수량의 10배를 초과한 경우는 5m 이상의 공지를 확보하여야 한다.

제조소가 확보하여야 할 공지

지정수량의 10배 이하	3m 이상
지정수량의 10배 초과	5m 이상

- 내화구조의 방화벽, 출입구 및 창을 자동폐쇄식 갑종방화문, 방화벽의 양단 및 상단이 외벽또는 지붕으로부터 50cm 이상 돌출되도록 한 경우의 방화상 유효한 격벽을 설치한 때에는 공지를 보유하지 않을 수 있다.

49

황화린의 성질에 해당되지 않는 것은?

① 공통적으로 유독한 연소 생성물이 발생한다.
② 종류에 따라 용해성질이 다를 수 있다.
③ P_4S_3의 녹는점은 100℃ 보다 높다.
④ P_2S_5는 물보다 가볍다.

해설

- 황화린은 공통적으로 비중이 2.0 이상이며, 오황화린(P_2S_5)의 비중도 2.09로 물보다 무겁다.

황화린 실기 0602/0901/0902/0904/1001/1301/1404/1501/1601/1701/1804/1901/2003

- 제2류 위험물에 해당하는 가연성 고체로 지정수량은 100kg이고, 위험등급은 Ⅱ이다.
- 공통적으로 비중이 2.0 이상으로 물보다 무거우며, 유독한 연소 생성물이 발생한다.
- 과산화물, 망간산염, 안티몬 등과 공존하면 발화한다.
- 황과 인의 분포에 따라 삼황화린(P_4S_3), 오황화린(P_2S_5), 칠황화린(P_4S_7) 등으로 구분되며, 종류에 따라 용해성질이 다를 수 있다.
- 오황화린(P_2S_5)과 칠황화린(P_4S_7)은 담황색의 결정으로 조해성 물질에 해당한다.

50

Repetitive Learning 1회 2회 3회

물과 반응하여 가연성 또는 유독성 가스를 발생하지 않는 것은?

① 탄화칼슘 ② 인화칼슘
③ 과염소산칼륨 ④ 금속나트륨

해설

- 과염소산칼륨은 물에 녹지 않으며, 접촉하여도 가연성 또는 유독성 가스를 발생하지 않으므로 위험성이 작다.

과염소산칼륨($KClO_4$) 실기 0904/1601/1702

문제 45번의 유형별 핵심이론 참조

0801 / 0902 / 1402

51

Repetitive Learning 1회 2회 3회

위험물 운반 시 유별을 달리하는 위험물의 혼재기준에서 다음 중 혼재가 가능한 위험물은? (단, 각각 지정수량 10배의 위험물로 가정한다)

① 제1류와 제4류 ② 제2류와 제3류
③ 제3류와 제4류 ④ 제1류와 제5류

해설

- 제1류와 제6류, 제2류와 제4류 및 제5류, 제3류와 제4류, 제4류와 제5류의 혼합은 비교적 위험도가 낮아 혼재 사용이 가능하다.

위험물의 혼합 사용 실기 0504/0601/0602/0701/0704/0804/1001/1102/1104/1302/1401/1404/1502/1504/1601/1704/1801/1802/1804/1901/1902/2001

- 유별을 달리하는 위험물은 동일 장소에서 저장, 취급해서는 안 된다.
- 제1류(산화성고체)와 제6류(산화성액체), 제2류(환원성고체)와 제4류(가연성액체) 및 제5류(자기반응성물질), 제3류(자연발화 및 금수성 물질)와 제4류(가연성액체)의 혼합은 비교적 위험도가 낮아 혼재 사용이 가능하다.
- 산화성물질과 가연물을 혼합하면 산화 · 환원반응이 더욱 잘 일어나는 혼합위험성 물질이 된다.
- 가연성 물질과 조연성 물질을 혼합할 때 폭발위험이 증가한다.

구분	1류	2류	3류	4류	5류	6류
1류		×	×	×	×	○
2류	×		×	○	○	×
3류	×	×		○	×	×
4류	×	○	○		○	×
5류	×	○	×	○		×
6류	○	×	×	×	×	

52

Repetitive Learning (1회 2회 3회)

아염소산나트륨의 성상에 관한 설명 중 틀린 것은?

① 자신은 불연성이다.
② 열분해하면 산소를 방출한다.
③ 수용액 상태에서도 강력한 환원력을 가지고 있다.
④ 조해성이 있다.

해설

- 아염소산나트륨은 산화성 고체로 수용액 상태에서 산화력을 가진다.

아염소산나트륨($NaClO_2$) 실기 0902

- 산화성 고체로 제1류 위험물의 아염소산염류에 해당하며, 지정수량은 50kg, 위험등급은 Ⅰ이다.
- 무색의 결정성 분말로 물에 잘 녹는다.
- 스스로는 불연성이지만 산소를 함유하고 있어 다른 물질의 연소를 돕는다.
- 분해온도는 350℃ 이상이나 수분이 포함될 경우 불안정하여 180℃ 이상 가열하면 산소를 방출한다.
- 산과 접촉할 경우 유독가스(이산화염소, ClO_2)를 발생한다.

1801

53

Repetitive Learning 

과산화벤조일에 대한 설명으로 틀린 것은?

① 벤조일퍼옥사이드라고도 한다.
② 상온에서 고체이다.
③ 산소를 포함하지 않는 환원성 물질이다.
④ 희석제를 첨가하여 폭발성을 낮출 수 있다.

해설

- 과산화벤조일은 제5류 위험물이므로 물질 자체에 산소를 함유하고 있는 자기반응성 물질이다.

과산화벤조일[$(C_6H_5CO)_2O_2$] 실기 0802/0904/1001/1401

- 벤조일퍼옥사이드라고도 한다.
- 유기과산화물로 자기반응성 물질에 해당하는 제5류 위험물이다.
- 상온에서 고체이다.
- 발화점이 125℃로 건조상태에서 마찰 · 충격으로 폭발 위험성이 있다.
- 물에 녹지 않으며 에테르 등에는 잘 녹는다.
- 물이나 희석제(프탈산디메틸, 프탈산디부틸)를 첨가하여 폭발성을 낮출 수 있다.

0901

54

Repetitive Learning (1회 2회 3회)

제3류 위험물을 취급하는 제조소와 3백명 이상의 인원을 수용하는 영화상영관과의 안전거리는 몇 m 이상이어야 하는가?

① 10　　② 20
③ 30　　④ 50

해설

- 학교 · 병원 · 극장 그 밖에 다수인을 수용하는 시설과는 30m 이상의 안전거리를 유지하여야 한다.

제조소의 안전거리(제6류 위험물제조소 제외) 실기 1302

구분	안전거리	비고
주거용 건물	10m 이상	불연재료로 된 담/벽 설치 시 단축가능
학교 · 병원 · 극장 그 밖에 다수인을 수용하는 시설	30m 이상	
유형문화재와 기념물 중 지정문화재	50m 이상	
고압가스, 액화석유가스 또는 도시가스를 저장 또는 취급하는 시설	20m 이상	
사용전압이 7,000V 초과 35,000V 이하의 특고압가공전선	3m 이상	
사용전압이 35,000V를 초과하는 특고압가공전선	5m 이상	

0904 / 1202

55

Repetitive Learning (1회 2회 3회)

위험물안전관리법령에 따라 특정옥외저장탱크를 원통형으로 설치하고자 한다. 지반면으로부터의 높이가 16m일 때 이 탱크가 받는 풍하중은 $1m^2$당 얼마 이상으로 계산하여야 하는가? (단, 강풍을 받을 우려가 있는 장소에 설치하는 경우는 제외한다)

① 0.7640kN　　② 1.2348kN
③ 1.6464kN　　④ 2.348kN

해설

- 원통형이므로 풍력계수는 0.7, 높이가 16m이므로 풍하중은 $0.588 \times 0.7 \times \sqrt{16} = 1.6464[kN/m^2]$가 된다.

특정옥외저장탱크의 풍하중

- $1m^2$당 풍하중 $q = 0.588k\sqrt{h}$ $[kN/m^2]$로 구한다.
  이때, q는 풍하중, k는 풍력계수(원통형은 0.7, 그 외는 1.0), h는 지반면으로부터의 높이(m)이다.

52 ③ 53 ③ 54 ③ 55 ③ | 정답

0701

56 Repetitive Learning (1회 2회 3회)

위험물안전관리법령상 제1석유류에 속하지 않는 것은?

① CH_3COCH_3 ② C_6H_6

③ $CH_3COC_2H_5$ ④ CH_3COOH

해설

- 아세트산(CH_3COOH)은 제2석유류에 해당한다.

제1석유류

㉠ 개요

- 1기압에서 인화점이 21℃ 미만인 액체이다.
- 비수용성은 지정수량이 200L, 수용성은 지정수량이 400L이며, 위험등급은 Ⅱ이다.
- 휘발유, 벤젠, 톨루엔, 메틸에틸케톤, 시클로헥산, 초산에스테르류, 의산에스테르류, 염화아세틸(이상 비수용성), 아세톤, 피리딘, 시안화수소(이상 수용성) 등이 있다.

㉡ 종류

비수용성 (200L)	• 휘발유(가솔린) • 벤젠(C_6H_6) • 톨루엔($C_6H_5CH_3$) • 시클로헥산(C_6H_{12}) • 메틸에틸케톤($CH_3COC_2H_5$) • 초산에스테르(초산메틸, 초산에틸, 초산프로필 등) • 의산에스테르(의산메틸, 의산에틸, 의산프로필 등) • 염화아세틸(CH_3COCl)
수용성 (400L)	• 아세톤(CH_3COCH_3) • 피리딘(C_5H_5N) • 시안화수소(HCN)

57 Repetitive Learning (1회 2회 3회)

다음 중 일반적으로 자연발화의 위험성이 가장 낮은 장소는?

① 온도 및 습도가 높은 장소

② 습도 및 온도가 낮은 장소

③ 습도는 높고 온도는 낮은 장소

④ 습도는 낮고 온도는 높은 장소

해설

- 자연발화를 방지하려면 습도와 온도를 낮게 해야 한다.

자연발화 방지방법

- 통풍이 잘되게 할 것
- 열의 축적을 용이하지 않게 할 것
- 저장실의 온도를 낮게 할 것
- 습도를 낮게 할 것
- 한 번에 5g 이상을 실험실에서 취급하지 않도록 할 것

0701

58 Repetitive Learning (1회 2회 3회)

옥외저장탱크를 강철판으로 제작할 경우 두께기준은 몇 mm 이상인가? (단, 특정옥외저장탱크 및 준 특정 옥외저장탱크는 제외한다)

① 1.2 ② 2.2

③ 3.2 ④ 4.2

해설

- 옥외저장탱크는 두께 3.2mm 이상의 강철판 또는 소방청장이 정하여 고시하는 규격에 적합한 재료로 제작하여야 한다.

옥외저장탱크의 외부구조 실기 1801

- 옥외저장탱크는 특정옥외저장탱크 및 준특정옥외저장탱크 외에는 두께 3.2mm 이상의 강철판 또는 소방청장이 정하여 고시하는 규격에 적합한 재료로 제작하여야 한다.
- 압력탱크외의 탱크는 충수시험, 압력탱크는 최대상용압력의 1.5배의 압력으로 10분간 실시하는 수압시험에서 각각 새거나 변형되지 아니하여야 한다.

1101

59 Repetitive Learning (1회 2회 3회)

옥내저장소에서 안전거리 기준이 적용되는 경우는?

① 지정수량 20배 미만의 제4석유류를 저장하는 것

② 제2류 위험물 중 덩어리 상태의 유황을 저장하는 것

③ 지정수량 20배미만의 동·식물유류를 저장하는 것

④ 제6류 위험물을 저장하는 것

해설

- 제4석유류 또는 동·식물유류의 위험물을 저장 또는 취급하는 옥내저장소로서 그 최대수량이 지정수량의 20배 미만인 것, 그리고 제6류 위험물을 저장하는 경우에는 옥내저장소에서 안전거리를 두지 않아도 된다.

옥내저장소에서 안전거리 적용 제외 대상

- 제4석유류 또는 동·식물유류의 위험물을 저장 또는 취급하는 옥내저장소로서 그 최대수량이 지정수량의 20배 미만인 것
- 제6류 위험물을 저장 또는 취급하는 옥내저장소
- 지정수량의 20배(하나의 저장창고의 바닥면적이 150m^2 이하인 경우에는 50배) 이하의 위험물을 저장 또는 취급하는 옥내저장소로서 다음의 기준에 적합한 것
  - 저장창고의 벽·기둥·바닥·보 및 지붕이 내화구조인 것
  - 저장창고의 출입구에 수시로 열 수 있는 자동폐쇄방식의 갑종방화문이 설치되어 있을 것
  - 저장창고에 창을 설치하지 아니할 것

정답 | 56 ④ 57 ② 58 ③ 59 ②

0202 / 0801 / 1204

60

Repetitive Learning (1회 2회 3회)

다음 그림은 제5류 위험물 중 유기과산화물을 저장하는 옥내 저장소의 저장창고를 개략적으로 보여 주고 있다. 창과 바닥으로부터 높이(a)와 하나의 창의 면적(b)은 각각 얼마로 하여야 하는가? (단, 이 저장창고의 바닥 면적은 150m^2 이내이다)

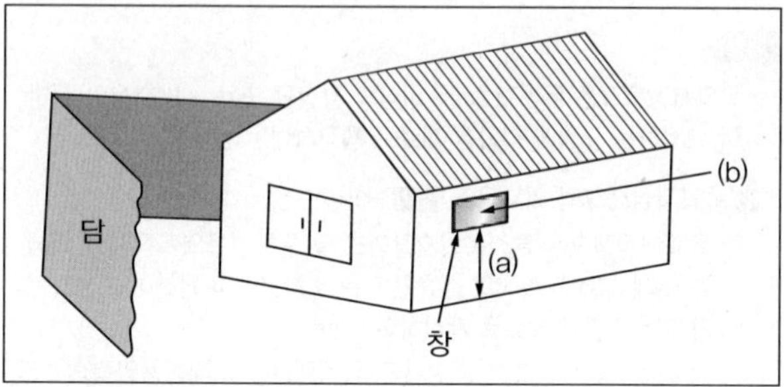

① (a) 2m 이상, (b) 0.6m^2 이내
② (a) 3m 이상, (b) 0.4m^2 이내
③ (a) 2m 이상, (b) 0.4m^2 이내
④ (a) 3m 이상, (b) 0.6m^2 이내

해설

- 창은 바닥면으로부터 2m 이상의 높이에, 하나의 창 면적은 0.4m^2 이내로 하며, 한 벽면의 창의 면적 합계는 벽면 전체의 80분의 1 이내로 한다.

저장창고의 창과 출입구 실기 1202/1504/1702/2101

- 저장창고의 출입구에는 갑종방화문을 설치할 것
- 저장창고의 창은 바닥면으로부터 2m 이상의 높이에 두되, 하나의 벽면에 두는 창의 면적의 합계를 당해 벽면의 면적의 80분의 1 이내로 하고, 하나의 창의 면적을 0.4m^2 이내로 할 것

60 ③ | 정답

2015년 9월 19일

2015년 제4회

합격률 52.3%

1과목 일반화학

01

Repetitive Learning (1회 2회 3회)

다음은 에탄올의 연소반응이다. 반응식의 계수 x, y, z를 순서대로 옳게 표시한 것은?

$$C_2H_5OH + xO_2 \rightarrow yH_2O + zCO_2$$

① 4, 4, 3　② 4, 3, 2
③ 5, 4, 3　④ 3, 3, 2

해설

- 에탄올의 탄소는 2, 수소는 6, 산소는 1이므로 MOC$=2+\frac{6-2}{4}=3$이 된다. 주어진 식의 x는 3이된다.
- 애초 탄소가 2이므로 z는 2이다. 산소로 풀어보면 좌변에 산소원자는 x가 3이므로 총 7이고, 우변에는 z가 2이므로 y는 3이 되어야 한다.

최소산소농도(MOC)
- 완전연소조성농도(Cst)를 구할 때 사용하는 $a+\frac{b-c-2d}{4}$로 구할 수 있다.(단, a : 탄소, b : 수소, c : 할로겐원자의 원자수, d : 산소의 원자수로 구한다)

0602 / 0704

02

Repetitive Learning (1회 2회 3회)

다음 중 헨리의 법칙이 가장 잘 적용되는 기체는?

① 암모니아　② 염화수소
③ 이산화탄소　④ 플루오르화수소

해설

- 헨리의 법칙을 잘 설명하는 좋은 예는 탄산음료의 병마개를 따면 기포(이산화탄소)가 발생하는 현상이다.

헨리의 법칙
- 동일한 온도에서, 같은 양의 액체에 용해될 수 있는 기체의 양은 기체의 부분압과 정비례한다는 것이다.
- 탄산음료의 병마개를 따면 거품이 나는 것으로 증명할 수 있다.

03

Repetitive Learning (1회 2회 3회)

촉매 하에 H_2O의 첨가반응으로 에탄올을 만들 수 있는 물질은?

① CH_4　② C_2H_2
③ C_6H_6　④ C_2H_4

해설

- 에틸렌(C_2H_4)에 물을 첨가한 후 황산(H_2SO_4)을 촉매로 하여 260℃에서 탈수하면 에탄올이 생성된다.

에틸렌(C_2H_4)
- 분자량이 28, 밀도는 1.18kg/m²이고, 끓는점이 −103.7℃이다.
- 무색의 인화성을 가진 기체이다.
- 에틸렌에 물을 첨가한 후 황산을 촉매로 하여 260℃에서 탈수하면 에탄올이 생성된다.
  $(CH_2=CH_2+H_2O \xrightarrow[260℃\ 탈수]{C-H_2SO_4} CH_3CH_2OH)$
- 염화수소와 반응하여 염화비닐을 생성한다.
  $(CH_2=CH_2+HCl \rightarrow CH_3CH_2Cl)$
- 에틸렌이 산화되면 아세트알데히드를 거쳐 아세트산이 생성된다.
  $(CH_2=CH_2+\frac{1}{2}O_2 \rightarrow C_2H_4Cl_2+H_2O)$

1101 / 1804

04

Repetitive Learning (1회 2회 3회)

다음 물질 중 환원성이 없는 것은?

① 젖당　② 과당
③ 설탕　④ 엿당

해설

- 당류 중 설탕은 환원성이 없다.

환원성
- 자신은 산화되면서 다른 물질을 환원시키는 성질을 말한다.
- 포도당, 젖당, 과당, 갈락토오스, 엿당 등의 당류는 환원성을 가지나, 설탕은 환원성을 갖지 않아 환원당 검출반응 용액인 베네딕트 용액으로 검출이 불가능하다.

정답 | 01 ④ 02 ③ 03 ④ 04 ③

0604 / 1901

05

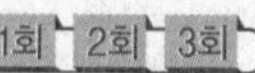

Repetitive Learning (1회 2회 3회)

다음 중 수용액의 pH가 가장 작은 것은?

① 0.001N HCl ② 0.01N HCl
③ 0.01N CH_3COOH ④ 0.1N NaOH

해설

- 0.001N HCl(염산)의 pH는 −log[N농도×전리도]에서 염산의 전리도는 1이므로 −log[0.001×1]=3이 된다.
- 0.01N HCl(염산)의 pH는 −log[N농도×전리도]에서 염산의 전리도는 1이므로 −log[0.01×1]=2가 된다.
- 0.01N CH_3COOH(아세트산)의 pH는 −log[N농도×전리도]에서 아세트산의 전리도는 0.01이므로 −log[0.01×0.01]=4가 된다.
- NaOH는 수산화나트륨으로 염기이며 이 경우 pH=14−p[OH^-] 이고 이는 pH=14−(−log[N농도×전리도])에서 수산화나트륨의 전리도는 1이므로 14−(−log[0.1×1])=13이 된다.

수소이온농도지수(pH)

- 용액 1L 속에 존재하는 수소이온의 g이온수 즉, 몰농도(혹은 N농도×전리도)를 말한다.
- 수소이온은 매우 작은 값으로 존재하므로 수소이온의 역수에 상용로그값을 취하여 사용한다.

$$pH = \log\frac{1}{[H^+]} = -\log[H^+]$$

- 순수한 물의 경우 1기압 25℃에서 수소이온의 농도가 약 10^{-7}g 이온이므로 이를 pH 7 중성이라고 하고, 이보다 클 때 알카리성, 이보다 작을 때 산성이라고 한다.
- 수소이온농도지수[pH]+수산화이온농도지수[pOH]=14이다.

0504 / 0704

06

Repetitive Learning (1회 2회 3회)

방사선 중 감마선에 대한 설명으로 옳은 것은?

① 질량을 갖고 음의 전화를 띰
② 질량을 갖고 전하를 띠지 않음
③ 질량이 없고 전하를 띠지 않음
④ 질량이 없고 음의 전하를 띰

해설

- 알파(α)선은 양전하를, 베타(β)선은 음전하를 띠지만 감마(γ)선은 질량이 없고 전하를 띠지 않는다.

감마(γ)선

- 질량이 없고 전하를 띠지 않는다.
- 방사선 중 파장이 가장 짧고 투과력과 방출속도가 가장 크다.
- 전기장의 영향을 받지 않아 휘어지지 않는다.

07

Repetitive Learning (1회 2회 3회)

어떤 용기에 산소 16g과 수소 2g을 넣었을 때 산소와 수소의 압력의 비는?

① 1 : 2 ② 1 : 1
③ 2 : 1 ④ 4 : 1

해설

- 이상기체 상태방정식에서 $P = \frac{n \times R \times T}{V}$이다.(n은 몰수)
- 즉, 압력은 몰수에 비례한다.
- 산소(O_2) 16g은 $\frac{1}{2}$몰인데, 수소(H_2) 2g은 1몰이므로 압력의 비는 1 : 2가 된다.

이상기체 상태방정식

- 특정 압력과 온도에서 기체의 분자량을 구할 때 사용한다.
- 분자량 $M = \frac{질량 \times R \times T}{P \times V}$로 구한다.

이때, R은 이상기체상수로 0.082[atm · L/mol · K]이고,
T는 절대온도(273+섭씨온도)[K]이고,
P는 압력으로 atm 혹은 $\frac{주어진\ 압력[mmHg]}{760mmHg/atm}$이고,
V는 부피[L]이다.

2003

08

Repetitive Learning (1회 2회 3회)

원자량이 56인 금속 M 1.12g을 산화시켜 실험식이 M_xO_y인 산화물 1.60g을 얻었다. x, y는 각각 얼마인가?

① x=1, y=2 ② x=2, y=3
③ x=3, y=2 ④ x=2, y=1

해설

- 주어진 것들을 분석해보면 금속 1.12g과 산소 (1.60−1.12)g이 반응하여 M_xO_y 1.60g의 산화물을 얻은 경우이다.
- 금속의 원자가는 모르지만 산소의 원자가는 −2로 알고 있으므로 산화물의 화학식은 M_2O_y가 된다.
- 즉, 금속 1.12g과 산소 0.48g이 결합하여 M_2O_y를 형성한 경우이다.
- M_2는 56×2=112g일 때는 산소 48g이 결합되어야 하므로 산소 48g은 산소원자 3개의 양이므로 y값은 3이 된다.

금속 산화물

- 어떤 금속 M의 산화물의 조성은 산화물을 구성하는 각 원소들의 몰 당량에 의해 구성된다.
- 중량%가 주어지면 해당 중량%의 비로 금속의 당량을 확인할 수 있다.
- 원자량은 당량×원자가로 구한다.

05 ② 06 ③ 07 ① 08 ② | 정답

0904 / 2001

09 Repetitive Learning (1회 2회 3회)

1패러데이(Faraday)의 전기량으로 물을 전기분해하였을 때 생성되는 수소기체는 0℃, 1기압에서 얼마의 부피를 갖는가?

① 5.6L ② 11.2L
③ 22.4L ④ 44.8L

해설

- 1F의 전기량으로 생성되는 기체는 1g당량이므로 수소는 1g당량이 $\frac{1}{2}$몰이므로 $\frac{1}{2}\times 22.4 = 11.2$[L]가 된다.

물(H_2O)의 전기분해

- 분해 반응식 : $2H_2O \rightarrow 2H_2 + O_2$
- 1F의 전기량은 물질 1g당량을 석출하는데 필요한 전기량으로 전기분해할 경우 수소 1g당량과 산소 1g당량이 발생한다.
- 1F의 전기량은 전자 1몰이 갖는 전하량으로 96,500[C]의 전하량을 갖는다.
- 음(−)극에서는 수소의 1g당량은 $\frac{\text{원자량}}{\text{원자가}} = \frac{1}{1} = 1\text{g}$으로 표준상태에서 기체 1몰이 가지는 부피가 22.4[L]이므로 1g은 $\frac{1}{2}$몰이므로 11.2[L]가 생성된다.
- 양(+)극에서는 산소의 1g당량은 $\frac{\text{원자량}}{\text{원자가}} = \frac{16}{2} = 8\text{g}$으로 표준상태에서 기체 1몰이 가지는 부피가 22.4[L]이므로 8g은 $\frac{8}{32}$몰이므로 5.6[L]가 생성된다.

0801 / 0802

10 Repetitive Learning (1회 2회 3회)

어떤 금속의 원자가는 2이며, 그 산화물의 조성은 금속이 80wt%이다. 이 금속의 원자량은?

① 32 ② 48
③ 64 ④ 80

해설

- 어떤 금속 M의 산화물 조성에 있어 질량비가 금속 : 산소이 80 : 20이라는 의미이다.
- 산소의 원자가는 2, 원자량이 16이므로 몰당량은 8이 된다.
- 금속의 몰당량은 중량%비에서 산소의 4배에 해당하므로 32가 되어야 한다.
- 금속의 원자가가 2가이므로 원자량은 64가 된다.

금속 산화물

문제 08번의 유형별 핵심이론 참조

11 Repetitive Learning (1회 2회 3회)

벤젠에 관한 설명으로 틀린 것은?

① 화학식은 C_6H_{12}이다.
② 알코올, 에테르에 잘 녹는다.
③ 물보다 가볍다.
④ 추운 겨울날씨에 응고될 수 있다.

해설

- 벤젠의 화학식은 C_6H_6이다.

벤젠(C_6H_6)

㉠ 개요
- 아세틸렌 3분자를 중합하여 얻거나, 코올타르를 분류(증류)하여 얻은 경유 속에 포함되어 있다.
- 상온, 상압에서 액체이며, 물보다 가볍고 물에 잘 녹지 않는다.
- 추운 겨울날씨에 응고될 수 있다.
- 알코올, 에테르에 잘 녹으며, 여러 가지 유기용제로 쓰인다.

㉡ 구조
- 정육각형의 평면구조로 120°의 결합각을 갖는다.
- 결합길이는 단일결합과 이중결합의 중간이고, 6개의 탄소−탄소결합은 2중결합과 단일결합이 각각 3개씩으로 구성된다.
- 공명 혼성구조로 안정한 방향족 화합물이나 첨가반응보다 치환반응을 더 잘한다.
- 일치환체는 이성질체가 없다.
- 이치환체에는 ortho, meta, para 3종의 이성질체가 있다.

12 Repetitive Learning (1회 2회 3회)

활성화에너지에 대한 설명으로 옳은 것은?

① 물질이 반응 전에 가지고 있는 에너지이다.
② 물질이 반응 후에 가지고 있는 에너지이다.
③ 물질이 반응 전과 후에 가지고 있는 에너지의 차이이다.
④ 물질이 반응을 일으키는데 필요한 최소한의 에너지이다.

해설

- 물질이 반응을 일으키는데 필요한 최소한의 에너지를 활성화에너지라고 하고, 활성화에너지를 작게하기 위해 촉매를 사용한다.

활성화에너지

- 물질이 반응을 일으키는데 필요한 최소한의 에너지이다.
- 활성화에너지가 크면 반응속도가 느리고, 활성화에너지가 작으면 반응속도가 빠르다.
- 활성화에너지를 작게하여 반응속도를 높이기 위해 촉매를 사용한다.
- 온도가 상승하면 분자의 운동에너지가 증가하고 이에 따라 반응속도도 증가한다.

정답 | 09 ② 10 ③ 11 ① 12 ④

0701

13

Repetitive Learning 1회 2회 3회

휘발성 유기물 1.39g을 증발시켰더니 100℃, 760mmHg에서 420mL였다. 이 물질의 분자량은 약 몇 g/mol인가?

① 53　② 73
③ 101　④ 150

해설

• 분자량을 구하는 문제이므로 이상기체 상태방정식에 대입하면 분자량 $= \dfrac{1.39 \times 0.082 \times (273+100)}{\dfrac{760}{760} \times 0.42} = \dfrac{42.515}{0.42} = 101.23$이 된다.

∷ 이상기체 상태방정식

문제 07번의 유형별 핵심이론 ∷ 참조

1101

14

Repetitive Learning 1회 2회 3회

산의 일반적 성질을 옳게 나타낸 것은?

① 쓴 맛이 있는 미끈거리는 액체로 리트머스시험지를 푸르게 한다.
② 수용액에서 OH^- 이온을 내놓는다.
③ 수소보다 이온화 경향이 큰 금속과 반응하여 수소를 발생한다.
④ 금속의 수산화물로서 비전해질이다.

해설

• ①, ②, ④는 모두 염기의 성질을 설명하고 있다.

∷ 산(Acid)

• pH가 7보다 작은 물질로 pH 값이 작을수록 산의 세기가 강하다.
• 푸른 리트머스 종이를 붉게 변화시킨다.
• 수용액 속에서 H^+으로 되는 H를 가진 화합물로 다른 물질에 H^+를 줄 수 있다.
• 수용액은 신맛이며 수소보다 이온화 경향이 큰 금속과 반응하여 수소를 발생하는 것이 많다.(Fe, Zn)
• 수소 화합물 중에서 수용액은 전리되어 H^+이온을 방출한다.
• 비공유 전자쌍을 받는 물질이다.

0204 / 0602 / 0702

15

Repetitive Learning 1회 2회 3회

요소 6g를 물에 녹여 1,000L로 만든 용액의 27℃에서의 삼투압은 약 몇 atm인가? (단, 요소의 분자량은 60이다)

① 1.26×10^{-1}　② 1.26×10^{-2}
③ 2.46×10^{-3}　④ 2.56×10^{-4}

해설

• 삼투압을 통한 분자량과 관련된 문제이므로 이상기체 상태방정식을 변형하여 압력식으로 전개하면 $P = \dfrac{질량 \times R \times T}{P \times V}$이 되므로 대입하면 $\dfrac{6 \times 0.082 \times (273+27)}{60 \times 1,000} = \dfrac{147.6}{60,000} = 0.00246$기압이 된다.

∷ 이상기체 상태방정식

문제 07번의 유형별 핵심이론 ∷ 참조

16

Repetitive Learning 1회 2회 3회

다음 중 1차 이온화에너지가 가장 작은 것은?

① Li　② O
③ Cs　④ Cl

해설

• 이온화에너지는 주기율표 상에서 오른쪽 위쪽으로 갈수록 커진다.
• 보기의 원소들의 이온화에너지는 O > Cl > Li > Cs 순이다.

∷ 이온화에너지

• 안정된 상태에 해당하는 바닥상태의 원자에서 전자를 제거하는데 필요한 에너지를 말한다.
• 전기음성도가 클수록 이온화에너지는 크다.
• 가전자와 양성자간의 인력이 클수록 이온화에너지는 크다.
• 일반적으로 주기율표에서 왼쪽으로 갈수록 양이온이 되기 쉬우므로 이온화에너지는 그만큼 작아진다.
• 일반적으로 같은 족인 경우 아래쪽으로 갈수록 원자핵으로부터 멀어지기 때문에 전자를 쉽게 제거 가능하여 이온화에너지는 작아진다.

13 ③　14 ③　15 ③　16 ③ 정답

0701 / 1101

17 Repetitive Learning (1회 2회 3회)

같은 주기에서 원자번호가 증가할수록 감소하는 것은?

① 이온화에너지　　② 원자 반지름

③ 비금속성　　④ 전기음성도

해설

- 같은 주기의 원자인 경우 일반적으로 주기율표에서 왼쪽에 해당하는 알칼리 금속쪽이 반지름이 크고 오른쪽으로 갈수록 작아진다.

원자와 이온의 반지름

- 같은 족인 경우 원자번호가 커질수록 반지름은 커진다.
- 같은 주기의 원자인 경우 일반적으로 주기율표에서 왼쪽에 해당하는 알칼리 금속쪽이 반지름이 크다.
- 전자의 수가 같더라도 전자를 잃어서 양이온이 된 경우의 반지름은 전자를 얻어 음이온이 된 경우보다 더 작다.(예를 들어 S^{2-}, Cl^-, K^+, Ca^{2+}는 모두 전자의 수가 18개이지만 반지름은 S^{2-} > Cl^- > K^+ > Ca^{2+}순이 된다)

18 Repetitive Learning (1회 2회 3회)

아세트알데히드에 대한 시성식은?

① CH_3COOH　　② CH_3COCH_3

③ CH_3CHO　　④ CH_3COOCH_3

해설

- 알데히드(-CHO)가 붙어있는 것을 찾으면 된다.
- ①은 아세트산, ②는 아세톤, ④는 아세트산메틸이다.

아세트알데히드(CH_3CHO)

- 인화성 액체로 제4류 위험물 중 특수인화물에 해당하는 물질로 지정수량은 50[L], 위험등급은 Ⅰ이다.
- 인화점은 −38℃, 착화점은 185℃, 비중은 0.78이다.
- 물에 잘 녹고 은거울반응 및 페엘링 반응을 하는 환원력이 큰 물질이다.

1004

19 Repetitive Learning (1회 2회 3회)

Mg^{2+}의 전자 수는 몇 개인가?

① 2　　② 10

③ 12　　④ 6×10^{23}

해설

- 마그네슘(Mg)의 원자번호가 12이므로 양성자의 수와 전자수가 12에서 전자를 2개 잃은 상태이므로 전자의 수는 10개이다.

원자번호(Atomic number)와 원자량(Atomic mass)

- 원자번호는 원자핵의 양성자수이자 중성원자의 총 전자수와 같다.
- 질량수 = 양성자의 수 + 중성자의 수로 구한다.
- 원자량은 6개의 양성자와 6개의 중성자로 구성되는 질량수 12인 탄소($_{12}C$)의 원자 질량을 12로 정한 조건에서 다른 원소의 비교질량을 원자량으로 나타낸다.

20 Repetitive Learning (1회 2회 3회)

pH=12인 용액의 $[OH^-]$는 pH=9인 용액 농도의 몇 배인가?

① 1/1,000　　② 1/100

③ 100　　④ 1,000

해설

- pH가 12이면 pOH는 2이다. 이의 수산화(OH)이온 농도는 10^{-2}이다.
- pH가 9이면 pOH는 5이다. 이의 수산화(OH)이온 농도는 10^{-5}이다.
- 농도의 비를 구하면 $\frac{10^{-2}}{10^{-5}} = 10^3 = 1{,}000$배이다.

수소이온농도지수(pH)

문제 05번의 유형별 핵심이론 참조

정답 | 17 ② 18 ③ 19 ② 20 ④

0802

21

Repetitive Learning 

분말소화기에 사용되는 분말소화약제 주성분이 아닌 것은?

① $NaHCO_3$ ② $KHCO_3$
③ $NH_4H_2PO_4$ ④ $NaOH$

해설

- ①은 탄산수소나트륨으로 제1종 분말의 주성분이다.
- ②는 탄산수소칼륨으로 제2종 분말의 주성분이다.
- ③은 인산암모늄으로 제3종 분말의 주성분이다.

분말소화약제의 종별과 적응성

소화약제의 종별	적응성	착색색상
제1종 분말(탄산수소나트륨)	BC	백색
제2종 분말(탄산수소칼륨)	BC	담회색
제3종 분말(인산암모늄)	ABC	담홍색
제4종 분말(탄산수소칼륨과 요소가 화합)	BC	회색

0704 / 2001

22

Repetitive Learning 

위험물안전관리법령상 분말소화설비의 기준에서 가압용 또는 축압용 가스로 사용이 가능한 가스로만 이루어진 것은?

① 산소 또는 수소 ② 수소 또는 질소
③ 이산화탄소 또는 산소 ④ 질소 또는 이산화탄소

해설

- 가압용가스 또는 축압용가스는 질소가스 또는 이산화탄소로 한다.

가압용 가스 또는 축압용 가스 기준

- 가압용가스 또는 축압용가스는 질소가스 또는 이산화탄소로 할 것
- 가압용가스에 질소가스를 사용하는 것의 질소가스는 소화약제 1kg마다 40L(35℃에서 1기압의 압력상태로 환산한 것) 이상, 이산화탄소를 사용하는 것의 이산화탄소는 소화약제 1kg에 대하여 20g에 배관의 청소에 필요한 양을 가산한 양 이상으로 할 것
- 축압용가스에 질소가스를 사용하는 것의 질소가스는 소화약제 1kg에 대하여 10L(35℃에서 1기압의 압력상태로 환산한 것) 이상, 이산화탄소를 사용하는 것의 이산화탄소는 소화약제 1kg에 대하여 20g에 배관의 청소에 필요한 양을 가산한 양 이상으로 할 것
- 배관의 청소에 필요한 양의 가스는 별도의 용기에 저장할 것

1104

23

Repetitive Learning 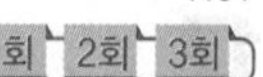

소화설비의 설치기준에 있어서 위험물저장소의 건축물로서 외벽이 내화구조로 된 것은 연면적 몇 m^2를 1 소요단위로 하는가?

① 50 ② 75
③ 100 ④ 150

해설

- 저장소의 건축물은 외벽이 내화구조인 경우 $150m^2$을 1 소요단위로 하고, 외벽이 내화구조가 아닌 것은 $75m^2$을 1 소요단위로 한다.

소요단위 실기 0604/0802/1202/1204/1704/1804/2001

- 소화설비의 설치대상이 되는 건축물 그 밖의 공작물의 규모 또는 위험물의 양의 기준단위이다.
- 계산방법

구분	기준
제조소 또는 취급소의 건축물	외벽이 내화구조인 것은 연면적 $100m^2$를 1소요단위로 하며, 외벽이 내화구조가 아닌 것은 연면적 $50m^2$를 1소요단위로 할 것
저장소의 건축물	외벽이 내화구조인 것은 연면적 $150m^2$를 1소요단위로 하고, 외벽이 내화구조가 아닌 것은 연면적 $75m^2$를 1소요단위로 할 것
제조소 등의 옥외에 설치된 공작물	외벽이 내화구조인 것으로 간주하고 공작물의 최대수평투영면적을 연면적으로 간주하여 제조소 혹은 저장소 건축물의 소요단위를 적용할 것
위험물	지정수량의 10배를 1소요단위로 할 것

0702 / 0902 / 1901

24

Repetitive Learning 1회 2회 3회

위험물안전관리법령상 정전기를 유효하게 제거하기 위해서는 공기 중의 상대습도는 몇 % 이상 되게 하여야 하는가?

① 40% ② 50%
③ 60% ④ 70%

해설

- 위험물안전관리법 상 정전기를 유효하게 제거하는 방법에서 공기 중 상대습도는 70% 이상으로 하는 방법을 사용하여야 한다.

정전기 제거

- 접지에 의한 방법
- 공기 중의 상대습도를 70% 이상으로 하는 방법
- 공기를 이온화하는 방법

21 ④ 22 ④ 23 ④ 24 ④ | 정답

0802 / 1901

25 Repetitive Learning (1회 2회 3회)

일반적으로 고급 알코올황산에스테르염을 기포제로 사용하며 냄새가 없는 황색의 액체로서 밀폐 또는 준밀폐 구조물의 화재 시 고팽창포로 사용하여 화재를 진압할 수 있는 포소화약제는?

① 단백포소화약제
② 합성계면활성제포소화약제
③ 알코올형포소화약제
④ 수성막포소화약제

해설

- 단백포소화약제는 동물성 단백질을 수산화칼슘과 같은 알칼리로 가수분해서 만든 포를 이용한다.
- 알코올형포소화약제는 수용성 알코올 화재 등에서 포의 소멸을 방지하기 위해 단백질 가수분해물질과 계면활성제, 금속비누 등을 첨가하여 만든 포를 이용한다.
- 수성막포소화약제는 불소계 계면활성제와 물을 혼합하여 만든 포를 이용한다.

합성계면활성제포소화약제

- 고급 알코올황산에스테르염을 기포제로 사용하며 냄새가 없는 황색의 액체로서 밀폐 또는 준밀폐 구조물의 화재 시 고팽창포로 사용하여 화재를 진압할 수 있다.
- 내열성이 좋지 않아 다량의 유류화재에 효과가 떨어진다.

26 Repetitive Learning (1회 2회 3회)

하론 1301 소화약제의 저장용기에 저장하는 소화약제의 양을 산출할 때는 「위험물의 종류에 대한 가스계 소화약제의 계수」를 고려해야 한다. 위험물의 종류가 이황화탄소인 경우 하론 1301에 해당하는 계수 값은 얼마인가?

① 1.0　　② 1.6
③ 2.2　　④ 4.2

해설

- 이황화탄소에 대한 소화약제 계수는 하론 1301는 4.2, 하론 1211은 1.0이다.

이황화탄소(CS_2)에 대한 가스계 및 분말소화약제의 계수

이산화탄소	IG-100	IG-55	IG-541	할로겐화물					
				하론 1301	하론 1211	HFC-23	HFC-125	HFC-227ea	FK-5-1-12
3.0	3.0	3.0	3.0	4.2	1.0	4.2	4.2	4.2	4.2

1904

27 Repetitive Learning (1회 2회 3회)

분말소화약제 중 열분해 시 부착성이 있는 유리상의 메타인산이 생성되는 것은?

① Na_3PO_4　　② $(NH_4)_3PO_4$
③ $NaHCO_3$　　④ $NH_4H_2PO_4$

해설

- 제3종 분말소화약제는 제1인산암모늄($NH_4H_2PO_4$)을 주성분으로 하는 소화약제로 ABC급 화재에 적응성이 있으며 열에 의해 메타인산(HPO_3), 암모니아, 물로 분해된다.

제3종 분말소화약제 실기 0501/0602/0701/0801/0901/1204/1301/1404/1502/1504/1601/1602/1701/1801/1904/2003/2101

- 제1인산암모늄($NH_4H_2PO_4$)을 주성분으로 하는 소화약제로 ABC급 화재에 적응성이 있으며 착색색상은 담홍색인 소화약제이다.
- 가연물의 표면에 피막을 형성하여 산소의 유입을 차단시킨다.
- 발수제로 실리콘 오일을 첨가한다.
- 인산암모늄이 열분해되면 메타인산, 암모니아, 물로 분해되는데, 이중 메타인산(HPO_3)이 부착성 있는 막을 만드는 방진효과로 A급화재 진화에 기여를 한다.
($NH_4H_2PO_4 \xrightarrow[\triangle]{} HPO_3 + NH_3 + H_2O$)

0702

28 Repetitive Learning (1회 2회 3회)

위험물제조소 등에 "화기주의"라고 표시한 게시판을 설치하는 경우 몇 류 위험물의 제조소인가?

① 제1류 위험물　　② 제2류 위험물
③ 제4류 위험물　　④ 제5류 위험물

해설

- 위험물제조소의 게시판에 적색바탕에 백색문자로 "화기주의"를 표시하는 것은 인화성 고체를 제외한 제2류 위험물제조소이다.

제조소에서의 주의사항 게시판

구분	대상	게시판
제1류	알칼리금속의 과산화물	물기엄금(청색바탕에 백색문자)
제2류	철분 · 금속분 · 마그네슘 또는 이를 함유한 것	화기주의(적색바탕에 백색문자)
	인화성 고체	화기엄금(적색바탕에 백색문자)
	그 외	화기주의(적색바탕에 백색문자)
제3류	자연발화성 물질	화기엄금(적색바탕에 백색문자)
	금수성 물질	물기엄금(청색바탕에 백색문자)
제4류		화기엄금(적색바탕에 백색문자)
제5류		

정답 | 25 ② 26 ④ 27 ④ 28 ②

29

Repetitive Learning (1회 2회 3회)

위험물안전관리법령상 자동화재탐지설비를 반드시 설치하여야 할 대상에 해당되지 않는 것은?

① 옥내에서 지정수량 200배의 제3류 위험물을 취급하는 제조소
② 옥내에서 지정수량 200배의 제2류 위험물을 취급하는 일반취급소
③ 지정수량 200배의 제1류 위험물을 저장하는 옥내저장소
④ 지정수량 200배의 고인화점 위험물만을 저장하는 옥내저장소

해설

- 고인화점위험물만을 저장 또는 취급하는 것은 자동화재탐지설비 설치 대상에서 제외한다.

▪ 자동화재탐지설비를 설치하여야 하는 대상

제조소등의 구분	제조소등의 규모, 저장 또는 취급하는 위험물의 종류 및 최대수량 등
제조소 및 일반취급소	• 연면적 500m² 이상인 것 • 옥내에서 지정수량의 100배 이상을 취급하는 것(고인화점 위험물만을 100℃ 미만의 온도에서 취급하는 것을 제외) • 일반취급소로 사용되는 부분 외의 부분이 있는 건축물에 설치된 일반취급소(일반취급소와 일반취급소 외의 부분이 내화구조의 바닥 또는 벽으로 개구부 없이 구획된 것을 제외)
옥내저장소	• 지정수수량의 100배 이상을 저장 또는 취급하는 것(고인화점위험물만을 저장 또는 취급하는 것을 제외) • 저장창고의 연면적이 150m²를 초과하는 것[당해 저장창고가 연면적 150m² 이내마다 불연재료의 격벽으로 개구부 없이 완전히 구획된 것과 제2류 또는 제4류의 위험물(인화성고체 및 인화점이 70℃ 미만인 제4류 위험물을 제외)만을저장 또는 취급하는 것에 있어서는 저장창고의 연면적이 500m² 이상의 것에 한한다] • 처마높이가 6m 이상인 단층건물의 것 • 옥내저장소로 사용되는 부분 외의 부분이 있는 건축물에 설치된 옥내저장소[옥내저장소와 옥내저장소 외의 부분이 내화구조의 바닥 또는 벽으로 개구부 없이 구획된 것과 제2류 또는 제4류의 위험물(인화성고체 및 인화점이 70℃ 미만인 제4류 위험물을 제외)만을 저장 또는 취급 하는 것을 제외]

30

Repetitive Learning (1회 2회 3회)

이산화탄소를 소화약제로 사용하는 이유로서 옳은 것은?

① 산소와 결합하지 않기 때문에
② 산화반응을 일으키나 발열량이 적기 때문에
③ 산소와 결합하나 흡열반응을 일으키기 때문에
④ 산화반응을 일으키나 환원반응도 일으키기 때문에

해설

- 이산화탄소는 산소와 반응하지 않고 산소공급을 차단하므로 표면소화에 효과적이다.

▪ 이산화탄소(CO_2)

- 무색, 무취이며 비전도성이다.
- 증기상태의 비중은 약 1.52로 공기보다 무겁다.
- 임계온도는 약 31℃이다.
- 냉각 및 압축에 의하여 액화될 수 있다.
- 산소와 반응하지 않고 산소공급을 차단하므로 표면소화에 효과적이다.
- 방사 시 열량을 흡수하므로 냉각소화 및 질식, 피복소화 작용이 있다.
- 밀폐된 공간에서는 질식을 유발할 수 있으므로 주의해야 한다.

1404 / 2003

31

Repetitive Learning (1회 2회 3회)

위험물제조소 등에 설치하는 옥외소화전설비에 있어서 옥외소화전함은 옥외소화전으로부터 보행거리 몇 m 이하의 장소에 설치하는가?

① 2m　　② 3m
③ 5m　　④ 10m

해설

- 방수용기구를 격납하는 함(옥외소화전함)은 불연재료로 제작하고 옥외소화전으로부터 보행거리 5m 이하의 장소로서 화재발생시 쉽게 접근가능하고 화재 등의 피해를 받을 우려가 적은 장소에 설치해야 한다.

▪ 옥외소화전설비의 기준

- 옥외소화전의 개폐밸브 및 호스접속구는 지반면으로부터 1.5m 이하의 높이에 설치할 것
- 방수용기구를 격납하는 함(옥외소화전함)은 불연재료로 제작하고 옥외소화전으로부터 보행거리 5m 이하의 장소로서 화재발생시 쉽게 접근가능하고 화재 등의 피해를 받을 우려가 적은 장소에 설치할 것

29 ④ 30 ① 31 ③ | 정답

1902

32

화재 발생 시 물을 사용하여 소화할 수 있는 물질은?

① K_2O_2 ② CaC_2

③ Al_4C_3 ④ P_4

해설

- 과산화칼륨(K_2O_2)은 물과 반응할 경우 산소를 발생시켜 발화 · 폭발하므로 주수소화를 금해야 한다.
- 탄화칼슘(CaC_2)은 물과 반응하여 가연성 가스인 아세틸렌(C_2H_2)가스를 발생시켜 위험성이 증가하므로 주수소화를 금한다.
- 탄화알루미늄(Al_4C_3)은 물과 반응 시 메탄(CH_4)을 발생시키므로 주수소화를 금한다.

대표적인 위험물의 소화약제

위험물	류별	소화약제
칼륨(K), 나트륨(Na), 마그네슘(Mg)	제2류	마른모래, 탄산수소염류 분말소화약제
황린(P_4)	제3류	주소소화, 마른모래 등
알킬(트리에틸)알루미늄, 수소화나트륨	제3류	마른모래, 팽창질석, 팽창진주암
경유, 등유, 벤젠(C_6H_6)	제4류	포소화약제, 이산화탄소, 분말소화약제
염소산칼륨($KClO_3$), 염소산아연[$Zn(ClO_3)_2$]	제1류	대량의 물을 통한 냉각소화
트리니트로페놀 [$C_6H_2OH(NO_2)_3$], 트리니트로톨루엔(TNT), 니트로셀룰로오스 등	제5류	대량의 물로 주수소화
과산화나트륨(Na_2O_2), 과산화칼륨(K_2O_2)	제1류	마른모래

33

Repetitive Learning 1회 2회 3회

위험물안전관리법령상 위험물별 적응성이 있는 소화설비가 옳게 연결되지 않은 것은?

① 제4류 및 제5류 위험물 – 할로겐화합물 소화기

② 제4류 및 제6류 위험물 – 인산염류

③ 제1류 알칼리금속 과산화물 – 탄산수소염류 분말소화기

④ 제2류 및 제3류 위험물 – 팽창질석

해설

- 할로겐화합물 소화기는 제4류 위험물에는 적응성이 있으나, 제5류 위험물에는 적응성이 없다.

소화설비의 적응성 중 제5류 위험물 실기 1002/1101/1202/1601/1702/1902/2001/2003/2004

소화설비의 구분			제4류 위험물	제5류 위험물
옥내소화전 또는 옥외소화전설비				○
스프링클러설비			△	○
물분무 등 소화설비	물분무소화설비		○	○
	포소화설비		○	○
	불활성가스소화설비		○	
	할로겐화합물소화설비		○	
	분말 소화설비	인산염류등	○	
		탄산수소염류등	○	
		그 밖의 것		
대형 · 소형 수동식 소화기	봉상수(棒狀水)소화기			○
	무상수(霧狀水)소화기			○
	봉상강화액소화기			○
	무상강화액소화기		○	○
	포소화기		○	○
	이산화탄소 소화기		○	
	할로겐화합물소화기		○	
	분말 소화기	인산염류소화기	○	
		탄산수소염류소화기	○	
		그 밖의 것		
기타	물통 또는 수조			○
	건조사		○	○
	팽창질석 또는 팽창진주암		○	○

1201

34

Repetitive Learning 1회 2회 3회

제4종 분말소화약제의 주성분으로 옳은 것은?

① 탄산수소칼륨과 요소의 반응생성물

② 탄산수소칼륨과 인산염의 반응생성물

③ 탄산수소나트륨과 요소의 반응생성물

④ 탄산수소나트륨과 인산염의 반응생성물

해설

- 4종 분말약제는 탄산수소칼륨과 요소가 화합한 것이다.

분말소화약제의 종별과 적응성

문제 21번의 유형별 핵심이론 참조

정답 | 32 ④ 33 ① 34 ①

1401

35 Repetitive Learning 1회 2회 3회

다음은 위험물안전관리법령에서 정한 제조소 등에서의 위험물의 저장 및 취급에 관한 기준 중 위험물의 유별 저장 · 취급의 공통기준에 관한 내용이다. (   ) 안에 알맞은 것은?

> (   )은 가연물과의 접촉 · 혼합이나 분해를 촉진하는 물품과의 접근 또는 과열을 피하여야 한다.

① 제2류 위험물 ② 제4류 위험물
③ 제5류 위험물 ④ 제6류 위험물

해설

- 제6류 위험물은 가연물과의 접촉 · 혼합이나 분해를 촉진하는 물품과의 접근 또는 과열을 피하여야 한다.

위험물의 유별 저장 · 취급의 공통기준(중요기준) 실기 1501/1704/1802/2001

유별		공통기준
제1류		가연물과의 접촉 · 혼합이나 분해를 촉진하는 물품과의 접근 또는 과열 · 충격 · 마찰 등을 피하는 한편, 알칼리금속의 과산화물 및 이를 함유한 것에 있어서는 물과의 접촉을 피하여야 한다.
제2류		산화제와의 접촉 · 혼합이나 불티 · 불꽃 · 고온체와의 접근 또는 과열을 피하는 한편, 철분 · 금속분 · 마그네슘 및 이를 함유한 것에 있어서는 물이나 산과의 접촉을 피하고 인화성 고체에 있어서는 함부로 증기를 발생시키지 아니하여야 한다.
제3류	자연 발화성	불티 · 불꽃 또는 고온체와의 접근 · 과열 또는 공기와의 접촉을 피하여야 한다.
	금수성	물과의 접촉을 피하여야 한다.
제4류		불티 · 불꽃 · 고온체와의 접근 또는 과열을 피하고, 함부로 증기를 발생시키지 아니하여야 한다.
제5류		불티 · 불꽃 · 고온체와의 접근이나 과열 · 충격 또는 마찰을 피하여야 한다.
제6류		가연물과의 접촉 · 혼합이나 분해를 촉진하는 물품과의 접근 또는 과열을 피하여야 한다.

1402

36 Repetitive Learning 1회 2회 3회

위험물제조소 등에 설치하는 이산화탄소 소화설비에 있어 저압식 저장용기에 설치하는 압력경보장치의 작동압력 기준은?

① 0.9MPa 이하, 1.3MPa 이상
② 1.9MPa 이하, 2.3MPa 이상
③ 0.9MPa 이하, 2.3MPa 이상
④ 1.9MPa 이하, 1.3MPa 이상

해설

- 이산화탄소를 저장하는 저압식저장용기에는 2.3MPa 이상의 압력 및 1.9MPa 이하의 압력에서 작동하는 압력경보장치를 설치하여야 한다.

이산화탄소를 저장하는 저압식 저장용기 실기 1204/2003

- 이산화탄소를 저장하는 저압식저장용기에는 액면계 및 압력계를 설치할 것
- 이산화탄소를 저장하는 저압식저장용기에는 2.3MPa 이상의 압력 및 1.9MPa 이하의 압력에서 작동하는 압력경보장치를 설치할 것
- 이산화탄소를 저장하는 저압식저장용기에는 용기내부의 온도를 영하 20℃ 이상 영하 18℃ 이하로 유지할 수 있는 자동냉동기를 설치할 것
- 이산화탄소를 저장하는 저압식저장용기에는 파괴판을 설치할 것
- 이산화탄소를 저장하는 저압식저장용기에는 방출밸브를 설치할 것

0801

37 Repetitive Learning 1회 2회 3회

할로겐화합물의 화학식과 Halon 번호가 옳게 연결된 것은?

① CH_2ClBr – Halon 1211
② CF_2ClBr – Halon 104
③ $C_2F_4Br_2$ – Halon 2402
④ CF_3Br – Halon 1011

해설

- ①에서 수소는 표시되지 않으므로 Halon 1011에 해당한다.
- ②는 Halon 1211에 해당한다.
- ④는 Halon 1301에 해당한다.

하론 소화약제

㉠ 개요

소화약제	화학식	상온, 상압 상태
Halon 104	CCl_4	액체
Halon 1011	CH_2ClBr	액체
Halon 1211	CF_2ClBr	기체
Halon 1301	CF_3Br	기체
Halon 2402	$C_2F_4Br_2$	액체

- 화재안전기준에서 정한 소화약제는 하론1301, 하론1211, 하론2402이다.

㉡ 구성과 표기

- 구성원소로는 탄소(C), 불소(F), 염소(Cl), 브롬(Br), 요오드(I) 등이 있다.
- 하론 번호표기 규칙은 5개의 숫자로 구성되며 그 숫자는 아래 배치된 원소의 수량에 해당하며 뒤쪽의 원소가 없을 때는 0을 생략한다.

Halon	탄소(C)	불소(F)	염소(Cl)	브롬(Br)	요오드(I)

35 ④ 36 ② 37 ③ 정답

0704 / 1101

38 Repetitive Learning (1회 2회 3회)

위험물제조소 등에 옥내소화전이 1층에 6개, 2층에 5개, 3층에 4개가 설치되었다. 이 때 수원의 수량은 몇 m^3 이상이 되도록 설치하여야 하는가?

① 23.4 ② 31.8
③ 39.0 ④ 46.8

해설

- 옥내소화전설비에서 수원의 수량은 옥내소화전이 가장 많이 설치된 층의 옥내소화전 설치개수(설치개수가 5개 이상인 경우는 5개)에 $7.8m^3$를 곱한 양 이상이 되어야 하므로 1층에 6개로 5개 이상이므로 $5 \times 7.8 = 39m^3$ 이상이 되어야 한다.

옥내소화전설비의 설치기준 실기 1301/1304/1701/1702/1804

- 옥내소화전은 제조소등의 건축물의 층마다 당해 층의 각 부분에서 하나의 호스접속구까지의 수평거리가 25m 이하가 되도록 설치할 것. 이 경우 옥내소화전은 각층의 출입구 부근에 1개 이상 설치하여야 한다.
- 수원의 수량은 옥내소화전이 가장 많이 설치된 층의 옥내소화전 설치개수(설치개수가 5개 이상인 경우는 5개)에 $7.8m^3$를 곱한 양 이상이 되도록 설치할 것
- 옥내소화전설비는 각층을 기준으로 하여 당해 층의 모든 옥내소화전(설치개수가 5개 이상인 경우는 5개의 옥내소화전)을 동시에 사용할 경우에 각 노즐선단의 방수압력이 350kPa 이상이고 방수량이 1분당 260L 이상의 성능이 되도록 할 것
- 옥내소화전설비에는 비상전원을 설치할 것

0702 / 2001

39 Repetitive Learning (1회 2회 3회)

1기압, 100℃에서 물 36g이 모두 기화되었다. 생성된 기체는 약 몇 L인가?

① 11.2 ② 22.4
③ 44.8 ④ 61.2

해설

- 이상기체 상태방정식을 부피를 기준으로 정리하면 부피(V)= $\frac{질량 \times R \times T}{P \times V}$이 된다.
- 질량이 36g, 분자량은 18g, 이상기체상수는 0.082, 온도는 (273+100), 압력은 1기압으로 주어졌으므로 대입하면 $\frac{36 \times 0.082 \times 373}{1 \times 18}$ =61.17L가 된다.

이상기체 상태방정식

문제 07번의 유형별 핵심이론 참조

40 Repetitive Learning (1회 2회 3회)

스프링클러 설비에 대한 설명 중 틀린 것은?

① 초기 화재의 진압에 효과적이다.
② 조작이 쉽다.
③ 소화약제가 물이므로 경제적이다.
④ 타 설비보다 시공이 비교적 간단하다.

해설

- 스프링클러는 타 설비에 비해 시공이 복잡하고, 초기 비용이 많이 든다.

스프링클러 설비의 특징

- 초기 진화작업에 효과가 크다.
- 감지부의 구조가 기계적이므로 오동작 염려가 적다.
- 폐쇄형 스프링클러 헤드는 헤드가 열에 의해 개방되는 형태로 자동화재탐지장치의 역할을 할 수 있다.
- 소화약제가 물이므로 소화약제의 비용이 절감된다.
- 화재 시 사람의 조작 없이 작동이 가능하다.
- 타 설비에 비해 시공이 복잡하고, 초기 비용이 많이 든다.
- 화재 적응성

구분		적응성
건축물 · 그 밖의 공작물		○
전기설비		
제1류 위험물	알칼리금속과산화물등	
	그 밖의 것	○
제2류 위험물	철분 · 금속분 · 마그네슘등	
	인화성고체	○
	그밖의것	○
제3류 위험물	금수성물품	
	그 밖의 것	○
제4류 위험물		△
제5류 위험물		○
제6류 위험물		○

- 제4류 위험물의 살수기준면적에 따른 살수밀도기준(적응성)

살수기준면적(m^2)	방사밀도(L/m^2분)	
	인화점 38℃ 미만	인화점 38℃ 이상
279 미만	16.3 이상	12.2 이상
279 이상 372 미만	15.5 이상	11.8 이상
372 이상 465 미만	13.9 이상	9.8 이상
465 이상	12.2 이상	8.1 이상

정답 | 38 ③ 39 ④ 40 ④

3과목 위험물의 성질과 취급

41 Repetitive Learning (1회 2회 3회)

마그네슘의 위험성에 관한 설명으로 틀린 것은?

① 연소 시 양이 많은 경우 순간적으로 맹렬히 폭발할 수 있다.
② 가열하면 가연성 가스를 발생한다.
③ 산화제와의 혼합물은 위험성이 높다.
④ 공기 중의 습기와 반응하여 열이 축적되면 자연발화의 위험이 있다.

해설

- 마그네슘을 가열하면 연소가 쉬워진다.

마그네슘(Mg) 실기 0604/0902/1002/1201/1402/1801/2003/2101

- 제2류 위험물에 해당하는 가연성 고체로 지정수량은 500kg이고, 위험등급은 Ⅲ이다.
- 온수 및 강산과 반응하여 수소가스를 생성한다.
- 공기 중의 습기와 반응하여 열이 축적되면 자연발화의 위험이 있다.
- 가열하면 연소가 쉬우며, 양이 많은 경우 순간적으로 맹렬히 폭발할 수 있다.
- 산화제와의 혼합하면 가열, 충격, 마찰 등에 의해 폭발할 위험성이 높으며, 산화제와 혼합되어 연소할 때 불꽃의 온도가 높아 자외선을 많이 포함하는 불꽃을 낸다.
- 마그네슘과 이산화탄소가 반응하면 산화마그네슘(MgO)과 탄소(C)로 변화하면서 연소를 지속하지만 탄소와 산소의 불완전연소 반응으로 일산화탄소(CO)가 생성된다.

42 Repetitive Learning (1회 2회 3회)

위험물안전관리법령에서 정한 제1류 위험물이 아닌 것은?

① 질산메틸 ② 질산나트륨
③ 질산칼륨 ④ 질산암모늄

해설

- 질산나트륨($NaNO_3$), 질산칼륨(KNO_3), 질산암모늄(NH_4NO_3)은 모두 질산염류로 제1류 위험물에 해당한다.
- 질산메틸(CH_3ONO_2)은 질산에스테르류로 자기반응성 물질에 해당하므로 제5류 위험물이다.

제1류 위험물_산화성 고체 실기 0601/0901/0501/0702/1002/1301/2001

품명	지정수량	위험등급
아염소산염류	50kg	Ⅰ
염소산염류		
과염소산염류		
무기과산화물		
브롬산염류	300kg	Ⅱ
질산염류		
요오드산염류		
과망간산염류	1,000kg	Ⅲ
중크롬산염류		

0901

43 Repetitive Learning (1회 2회 3회)

다음 (　　) 안에 알맞은 용어는?

> "지정수량이라 함은 위험물의 종류별로 위험성을 고려하여 (　　)이(가) 정하는 수량으로서 규정에 의한 제조소 등의 설치허가 등에 있어서 최저의 기준이 되는 수량을 말한다."

① 대통령령 ② 총리령
③ 소방본부장 ④ 시 · 도지사

해설

- 위험물안전관리법 상의 각종 용어는 대통령령이 정하는 바에 따라 정해진다.

위험물안전관리법의 정의

용어	정의
위험물	인화성 또는 발화성 등의 성질을 가지는 것으로서 대통령령이 정하는 물품
지정수량	위험물의 종류별로 위험성을 고려하여 대통령령이 정하는 수량으로서 제6호의 규정에 의한 제조소등의 설치허가 등에 있어서 최저의 기준이 되는 수량
제조소	위험물을 제조할 목적으로 지정수량 이상의 위험물을 취급하기 위하여 허가를 받은 장소
저장소	지정수량 이상의 위험물을 저장하기 위한 대통령령이 정하는 장소로서 허가를 받은 장소
취급소	지정수량 이상의 위험물을 제조외의 목적으로 취급하기 위한 대통령령이 정하는 장소로서 허가를 받은 장소
제조소 등	제조소 · 저장소 및 취급소

정답: 41 ② 42 ① 43 ①

0501_추가 / 0701 / 0904

44

Repetitive Learning 1회 2회 3회

위험물안전관리법령상 간이탱크저장소의 위치 · 구조 및 설비의 기준에서 간이 저장탱크 1개의 용량은 몇 L 이하이어야 하는가?

① 300 ② 600
③ 1,000 ④ 1,200

해설

- 간이저장탱크의 용량은 600L 이하이어야 한다.

간이저장탱크의 설비 기준 실기 0604/1504

- 위험물을 저장 또는 취급하는 간이탱크는 옥외에 설치하여야 한다.
- 하나의 간이탱크저장소에 설치하는 간이저장탱크는 그 수를 3 이하로 하고, 동일한 품질의 위험물의 간이저장탱크를 2 이상 설치하지 아니하여야 한다.
- 간이저장탱크는 움직이거나 넘어지지 아니하도록 지면 또는 가설대에 고정시키되, 옥외에 설치하는 경우에는 그 탱크의 주위에 너비 1m 이상의 공지를 두고, 전용실 안에 설치하는 경우에는 탱크와 전용실의 벽과의 사이에 0.5m 이상의 간격을 유지하여야 한다.
- 간이저장탱크의 용량은 600L 이하이어야 한다.
- 간이저장탱크는 두께 3.2mm 이상의 강판으로 흠이 없도록 제작하여야 하며, 70kPa의 압력으로 10분간의 수압시험을 실시하여 새거나 변형되지 아니하여야 한다.
- 간이저장탱크의 외면에는 녹을 방지하기 위한 도장을 하여야 한다.

0604 / 1804

45

Repetitive Learning 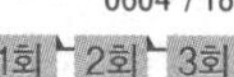

다음 중 물과 반응하여 산소를 발생하는 것은?

① $KClO_3$ ② Na_2O_2
③ $KClO_4$ ④ CaC_2

해설

- 과산화나트륨은 제1류 위험물 중 무기과산화물로 물과 접촉하면 격렬하게 반응하여 산소를 발생하면서 발화하므로 주의해야 한다.

과산화나트륨(Na_2O_2) 실기 0801/0804/1201/1202/1401/1402/1701/1704/1904/2003/2004

㉠ 개요

- 산화성 고체로 제1류 위험물에 해당하며, 지정수량은 50kg, 위험등급은 Ⅰ이다.
- 순수한 것은 백색 정방정계 분말이나 시판되는 것은 황색이다.
- 흡습성이 강하고 조해성이 있으며, 표백제, 산화제로 사용한다.
- 산과 반응하여 과산화수소(H_2O_2)를 발생시키며, 금, 니켈을 제외한 다른 금속을 침식하여 산화물로 만든다.
- 물과 격렬하게 반응하여 수산화나트륨과 산소를 발생시킨다. ($2Na_2O_2 + 2H_2O \rightarrow 4NaOH + O_2$)
- 가연물과 혼합되어 있을 경우 약간의 물 접촉만으로도 발화하며, 양이 많을 경우 주수에 의해 폭발하므로 주수소화를 금해야 한다.
- 가열하면 산화나트륨과 산소를 발생시킨다. ($2Na_2O_2 \xrightarrow[\triangle]{} 2Na_2O + O_2$)
- 아세트산과 반응하여 아세트산나트륨과 과산화수소를 발생시킨다.($Na_2O_2 + 2CH_3COOH \rightarrow 2CH_3COONa + H_2O_2$)

㉡ 저장 및 취급방법

- 물과 습기의 접촉을 피한다.
- 용기는 수분이 들어가지 않게 밀전 및 밀봉 저장한다.
- 가열 및 충격 · 마찰을 피하고 유기물질의 혼입을 막는다.

0804

46

Repetitive Learning 1회 2회 3회

제5류 위험물의 제조소에 설치하는 주의사항 게시판에서 게시판 바탕 및 문자의 색을 옳게 나타낸 것은?

① 청색바탕에 백색문자 ② 백색바탕에 청색문자
③ 백색바탕에 적색문자 ④ 적색바탕에 백색문자

해설

- 제5류 위험물의 경우 주의사항 게시판에는 "화기엄금"을 적색바탕에 백색문자로 표시한다.

위험물제조소의 표지 및 게시판 실기 0502/1501

- 표지 및 게시판은 한 변의 길이가 0.3m 이상, 다른 한 변의 길이가 0.6m 이상인 직사각형으로 할 것
- 종류별 색상

구분	내용	색상
표지	게시판(저장 또는 취급하는 위험물의 유별 · 품명 및 저장최대수량 또는 취급최대수량, 지정수량의 배수 및 안전관리자의 성명 또는 직명을 기재)	바탕은 백색으로, 문자는 흑색
주의사항 게시판	제1류 위험물 중 알칼리금속의 과산화물과 이를 함유한 것 또는 제3류 위험물 중 금수성 물질에 있어서는 "물기엄금"	청색바탕에 백색문자로
	제2류 위험물(인화성 고체를 제외한다)에 있어서는 "화기주의"	적색바탕에 백색문자로
	제2류 위험물 중 인화성 고체, 제3류 위험물 중 자연발화성물질, 제4류 위험물 또는 제5류 위험물에 있어서는 "화기엄금"	

정답 | 44 ② 45 ② 46 ④

0702

47

Repetitive Learning 

황린을 물속에 저장할 때 인화수소의 발생을 방지하기 위한 물의 pH는 얼마 정도가 좋은가?

① 4　② 5
③ 7　④ 9

해설

- 황린은 물에 녹지 않으며, 인화수소(포스핀, PH_3) 발생을 방지하기 위해 PH9의 물속에 저장한다.

황린(P_4) 실기 0602/0701/0702/0901/1001/1202/1302/1401/1402/1504/1901/1902/2003

- 공기 중에서 발화하는 자연발화성 물질로 제3류 위험물에 속하며 지정수량은 20kg, 위험등급은 Ⅰ이다.
- 산소와 결합력이 강하고 착화온도가 낮기(미분 34℃, 고형분 60℃) 때문에 쉽게 자연발화한다.
- 백색 또는 담황색의 고체로 독성이 있는 물질로 물에는 녹지 않고 이황화탄소에는 녹는다.
- 수산화나트륨(NaOH) 수용액에 반응시키면 포스핀(인화수소, PH_3)를 발생시키므로 이를 방지하기 위해 pH9의 물속에 저장한다.
- 밀폐용기 속에서 260℃로 가열하여 적린을 얻을 수 있다. 이때 유독가스인 오산화인(P_2O_5)이 발생한다.
(반응식 : $P_4 + 5O_2 \rightarrow 2P_2O_5$)

2001

48

Repetitive Learning 

물과 반응하였을 때 발생하는 가연성 가스의 종류가 나머지 셋과 다른 하나는?

① 탄화리튬(Li_2C_2)　② 탄화마그네슘(MgC_2)
③ 탄화칼슘(CaC_2)　④ 탄화알루미늄(Al_4C_3)

해설

- 탄화리튬, 탄화마그네슘, 탄화칼슘은 모두 물과 반응하면 가연성 아세틸렌(C_2H_2)가스를 발생시키는 데 반해 탄화알루미늄은 메탄을 발생시킨다.

탄화알루미늄(Al_4C_3) 실기 0704/1301/1602/2003

- 칼슘 또는 알루미늄의 탄화물로 자연발화성 및 금수성 물질에 해당하며, 지정수량 300kg에 위험등급은 Ⅲ인 제3류 위험물이다.
- 분자량이 약 144이고 비중이 약 2.36으로 물보다 무겁다.
- 물과 접촉하면 수산화알루미늄[$AL(OH)_3$]과 메탄(CH_4)가스를 발생시킨다.(반응식 : $Al_4C_3 + 12H_2O \rightarrow 4Al(OH)_3 + 3CH_4$)

49

Repetitive Learning 1회 2회 3회

염소산칼륨에 관한 설명 중 옳지 않은 것은?

① 강산화제로 가열에 의해 분해하여 산소를 방출한다.
② 무색의 결정 또는 분말이다.
③ 온수 및 글리세린에 녹지 않는다.
④ 인체에 유독하다.

해설

- 염소산칼륨은 온수나 글리세린에 잘 녹으나 냉수나 알코올에는 잘 녹지 않는다.

염소산칼륨($KClO_3$) 실기 0501/0502/1001/1302/1704/2001

- 산화성 고체로 제1류 위험물에 해당하며, 지정수량은 50kg, 위험등급은 Ⅰ이다.
- 무색무취의 단사정계 판상결정으로 인체에 유독한 위험물이다.
- 비중이 약 2.3으로 물보다 무거우며, 녹는점은 약 368℃이다.
- 온수나 글리세린에 잘 녹으나 냉수나 알코올에는 잘 녹지 않는다.
- 산과 반응하여 폭발성을 지닌 이산화염소(ClO_2)를 발생시킨다.
- 불꽃놀이, 폭약 등의 원료로 사용된다.
- 열분해하면 과염소산칼륨과 염화칼륨, 산소로 분해된다.
($2KClO_3 \xrightarrow[\triangle]{} KClO_4 + KCl + O_2$)
- 화재 발생 시 주수소화로 소화한다.

50

Repetitive Learning 1회 2회 3회

위험물안전관리법령상 1기압에서 제3석유류의 인화점 범위로 옳은 것은?

① 21℃ 이상 70℃ 미만
② 70℃ 이상 200℃ 미만
③ 200℃ 이상 300℃ 미만
④ 300℃ 이상 400℃ 미만

해설

- ①은 제2석유류, ③은 제4석유류에 해당한다.

제4류 위험물의 인화점 실기 0701/0704/0901/1001/1002/1201/1301/1304/1401/1402/1404/1601/1702/1704/1902/2003

구분	인화점
제1석유류	인화점이 21℃ 미만
제2석유류	인화점이 21℃ 이상 70℃ 미만
제3석유류	인화점이 70℃ 이상 200℃ 미만
제4석유류	인화점이 200℃ 이상 250℃ 미만
동·식물유류	인화점이 250℃ 미만

47 ④ 48 ④ 49 ③ 50 ② | 정답

0701 / 1901

51

Repetitive Learning (1회 2회 3회)

제1류 위험물 중 무기과산화물 150kg, 질산염류 300kg, 중크롬산염류 3,000kg을 저장하려 한다. 각각 지정수량의 배수의 합은 얼마인가?

① 5　　② 6
③ 7　　④ 8

해설

- 무기과산화물은 제1류 위험물에 해당하는 산화성 고체로 지정수량이 50kg이다.
- 질산염류는 제1류 위험물에 해당하는 산화성 고체로 지정수량이 300kg이다.
- 중크롬산염류는 제1류 위험물에 해당하는 산화성 고체로 지정수량이 1,000kg이다.
- 지정수량의 배수의 합은 $\frac{150}{50}+\frac{300}{300}+\frac{3,000}{1,000}=3+1+3=7$배이다.

지정수량 배수의 계산

- 다수의 위험물을 저장하는 경우 지정수량의 배수를 구하려면 각각의 위험물에 해당하는 지정수량 배수($\frac{저장수량}{지정수량}$)의 합을 구하면된다.
- 위험물 A, B를 저장하는 경우 지정수량의 배수의 합은 $\frac{A저장수량}{A지정수량}+\frac{B저장수량}{B지정수량}$가 된다.

0202 / 0304 / 0402 / 0504 / 0801 / 0802

52

Repetitive Learning 

피뢰침은 지정수량 몇 배 이상의 위험물을 취급하는 제조소에 설치하여야 하는가? (단, 제6류 위험물을 취급하는 위험물제조소는 제외한다)

① 10배　　② 20배
③ 100배　　④ 200배

해설

- 제6류 위험물을 제외한 위험물제조소에는 지정수량의 10배 이상의 위험물을 취급할 경우 피뢰침을 설치하여야 한다.

제조소_피뢰설비 실기 0804

- 지정수량의 10배 이상의 위험물을 취급하는 제조소에는 피뢰침을 설치하여야 한다.
- 제6류 위험물을 취급하는 제조소는 피뢰침을 설치할 필요가 없다.
- 제조소의 주위의 상황에 따라 안전상 지장이 없는 경우에는 피뢰침을 설치하지 아니할 수 있다.

53

Repetitive Learning (1회 2회 3회)

물보다 무겁고 비수용성인 위험물로 이루어진 것은?

① 이황화탄소, 니트로벤젠, 클레오소트유
② 이황화탄소, 글리세린, 클로로벤젠
③ 에틸렌글리콜, 니트로벤젠, 의산메틸
④ 초산메틸, 클로로벤젠, 클레오소트유

해설

- 글리세린[$C_3H_5(OH)_3$]은 비중이 1.26이나 수용성이다.
- 에틸렌글리콜[$C_2H_4(OH)_2$]은 비중이 1.11이나 수용성이다.
- 의산메틸($HCOOCH_3$)은 비중이 0.98로 물보다 가볍다.
- 초산메틸(CH_3COOCH_3)은 비중이 0.93으로 물보다 가볍다.

이황화탄소(CS_2) 실기 0504/0704/0802/1102/1401/1402/1501/1601/1702/1802/2004/2101

- 특수인화물로 지정수량이 50L이고 위험등급은 Ⅰ이다.
- 인화점이 -30℃, 끓는점이 46.3℃, 발화점이 120℃이다.
- 순수한 것은 무색투명한 액체이나, 일광에 황색으로 변한다.
- 물에 녹지 않고 벤젠에는 녹는다.
- 가연성 증기의 발생을 방지하기 위해 물속에 넣어 저장한다.
- 비중이 1.26으로 물보다 무겁고 독성이 있다.
- 완전연소할 때 자극성이 강하고 유독한 기체(SO_2)를 발생시킨다.

0904

54

Repetitive Learning (1회 2회 3회)

아밀알코올에 대한 설명으로 틀린 것은?

① 8가지 이성체가 있다.
② 청색이고 무취의 액체이다.
③ 분자량은 약 88.15이다.
④ 포화지방족 알코올이다.

해설

- 아밀알코올은 무색의 독특한 냄새가 나는 액체이다.

아밀알코올($C_5H_{11}OH$)

- 탄소수가 5개인 포화지방족 알코올이다.
- 8가지 이성체가 있다.
- 무색이고 독특한 냄새가 나는 액체이다.
- 비중이 0.8, 분자량은 약 88.15이다.
- 물에 녹지 않고 에테르, 벤젠 등의 유기용제에 잘 녹는다.
- 유지, 수지, 셀룰로오스를 잘 녹인다.

정답 | 51 ③ 52 ① 53 ① 54 ②

1801

55

Repetitive Learning 

위험물안전관리법령상 옥내저장소의 안전거리를 두지 않을 수 있는 경우는?

① 지정수량 20배 이상의 동 · 식물유류
② 지정수량 20배 미만의 특수인화물
③ 지정수량 20배 미만의 제4석유류
④ 지정수량 20배 이상의 제5류 위험물

해설

- 제4석유류 또는 동 · 식물유류의 위험물을 저장 또는 취급하는 옥내저장소로서 그 최대수량이 지정수량의 20배 미만인 것은 옥내저장소에서 안전거리를 두지 않아도 된다.

옥내저장소에서 안전거리 적용 제외 대상

- 제4석유류 또는 동 · 식물유류의 위험물을 저장 또는 취급하는 옥내저장소로서 그 최대수량이 지정수량의 20배 미만인 것
- 제6류 위험물을 저장 또는 취급하는 옥내저장소
- 지정수량의 20배(하나의 저장창고의 바닥면적이 $150m^2$ 이하인 경우에는 50배) 이하의 위험물을 저장 또는 취급하는 옥내저장소로서 다음의 기준에 적합한 것
  - 저장창고의 벽 · 기둥 · 바닥 · 보 및 지붕이 내화구조인 것
  - 저장창고의 출입구에 수시로 열 수 있는 자동폐쇄방식의 갑종방화문이 설치되어 있을 것
  - 저장창고에 창을 설치하지 아니할 것

56

Repetitive Learning (1회 2회 3회)

위험물안전관리법령에서 정한 품명이 나머지 셋과 다른 하나는?

① $(CH_3)_2CHCH_2OH$
② $CH_2OHCHOHCH_2OH$
③ CH_2OHCH_2OH
④ $C_6H_5NO_2$

해설

- ①은 이소부탄올로 제2석유류에 해당한다.
- ②의 글리세린, ③의 에틸렌글리콜, ④의 니트로벤젠은 모두 제3석유류에 해당한다.

제3석유류

㉠ 개요

- 1기압에서 인화점이 70℃ 이상 200℃ 미만인 액체이다.(단, 40중량% 이하인 것은 제외한다)
- 비수용성은 지정수량이 2,000L, 수용성은 지정수량이 4,000L이며, 위험등급은 Ⅲ이다.
- 중유, 클레오소트유, 니트로벤젠, 아닐린, 메타크레졸(이상 비수용성), 에틸렌글리콜, 글리세린(이상 수용성) 등이 있다.

㉡ 종류

구분	종류
비수용성 (2,000L)	• 중유 • 클레오소트유(타르유) • 니트로벤젠($C_6H_5NO_2$) • 아닐린($C_6H_5NH_2$) • 메타크레졸($C_6H_4CH_3OH$)
수용성 (4,000L)	• 에틸렌글리콜[$C_2H_4(OH)_2$] • 글리세린[$C_3H_5(OH)_3$]

1004

57

Repetitive Learning (1회 2회 3회)

염소산나트륨의 위험성에 대한 설명 중 틀린 것은?

① 조해성이 강하므로 저장용기는 밀전한다.
② 산과 반응하여 이산화염소를 발생한다.
③ 황, 목탄, 유기물 등과 혼합한 것은 위험하다.
④ 유리용기를 부식시키므로 철제용기에 저장한다.

해설

- 염소산나트륨은 철을 부식시키므로 철제 용기에 저장해서는 안 된다.

염소산나트륨($NaClO_3$) 실기 0602/0701/1101/1304

- 산화성 고체로 제1류 위험물에 해당하며, 지정수량은 50kg, 위험등급은 Ⅰ이다.
- 무색무취의 입방정계 주상결정으로 인체에 유독한 조해성이 큰 위험물로 철을 부식시키므로 철제 용기에 저장해서는 안 되는 물질이다.
- 물, 알코올, 에테르, 글리세린 등에 잘 녹고 산과 반응하여 폭발성을 지닌 이산화염소(ClO_2)를 발생시킨다.
- 살충제, 불꽃류의 원료로 사용된다.
- 열분해하면 염화나트륨과 산소로 분해된다.
  ($2NaClO_3 \xrightarrow[\triangle]{} 2NaCl + 3O_2$)

55 ③ 56 ① 57 ④ 정답

58

Repetitive Learning (1회 2회 3회)

다음 물질 중 발화점이 가장 낮은 것은?

① CS_2 ② C_6H_6

③ CH_3COCH_3 ④ CH_3COOCH_3

해설

	CS_2	C_6H_6	CH_3COCH_3	CH_3COOCH_3
물질명	이황화탄소	벤젠	초산메틸	무수초산
발화점	120℃	720℃	454℃	332℃

⁘ 이황화탄소(CS_2) 실기 0504/0704/0802/1102/1401/1402/1501/1601/1702/1802/2004/2101

문제 53번의 유형별 핵심이론 ⁘ 참조

1202

59

Repetitive Learning (1회 2회 3회)

주거용 건축물과 위험물제조소와의 안전거리를 단축할 수 있는 경우는?

① 제조소가 위험물의 화재 진압을 하는 소방서와 근거리에 있는 경우

② 취급하는 위험물의 최대수량(지정수량의 배수)이 10배 미만이고 기준에 의한 방화상 유효한 벽을 설치한 경우

③ 위험물을 취급하는 시설이 철근콘크리트 벽일 경우

④ 취급하는 위험물이 단일 품목일 경우

해설

• 불연재료로 된 담/벽 설치 시 안전거리를 단축할 수 있다.

⁘ 제조소의 안전거리(제6류 위험물제조소 제외) 실기 1302

구분	거리	비고
주거용 건물	10m 이상	불연재료로 된 담/벽 설치 시 단축가능
학교·병원·극장 그 밖에 다수인을 수용하는 시설	30m 이상	
유형문화재와 기념물 중 지정문화재	50m 이상	
고압가스, 액화석유가스 또는 도시가스를 저장 또는 취급하는 시설	20m 이상	
사용전압이 7,000V 초과 35,000V 이하의 특고압가공전선	3m 이상	
사용전압이 35,000V를 초과하는 특고압가공전선	5m 이상	

0804 / 1601 / 1902

60

Repetitive Learning (1회 2회 3회)

염소산칼륨이 고온에서 완전 열분해할 때 주로 생성되는 물질은?

① 칼륨과 물 및 산소 ② 염화칼륨과 산소

③ 이염화칼륨과 수소 ④ 칼륨과 물

해설

• 염소산칼륨이 열분해하면 과염소산칼륨과 염화칼륨, 산소로 분해된다.

⁘ 염소산칼륨($KClO_3$) 실기 0501/0502/1001/1302/1704/2001

문제 49번의 유형별 핵심이론 ⁘ 참조

정답 | 58 ① 59 ② 60 ②

2016년 3월 6일

2016년 제1회

합격률 45.5%

1과목 일반화학

01 Repetitive Learning (1회 2회 3회)

산화에 의하여 카르보닐기를 가진 화합물을 만들 수 있는 것은?

① $CH_3-CH_2-CH_2-COOH$

② $CH_3-CH(OH)-CH_3$

③ $CH_3-CH_2-CH_2-OH$

④ $CH_2(OH)-CH_2(OH)$

해설

- 카르보닐기는 $-CO-$로 표현되는 작용기이며 아세톤(CH_3COCH_3)이 대표적인 카르보닐기이다.

대표적인 작용기

명칭	작용기	예
메틸기	$-CH_3$	메탄올(CH_3OH)
아미노기	$-NH_2$	아닐린($C_6H_5NH_2$)
아세틸기	$-COCH_3$	아세톤(CH_3COCH_3)
에틸기	$-C_2H_5$	에탄올(C_2H_5OH)
카르복실기	$-COOH$	아세트산(CH_3COOH)
에테르기	$-O-$	디에틸에테르($C_2H_5OC_2H_5$)
히드록시기	$-OH$	페놀(C_6H_5OH)
알데히드기	$-CHO$	포름알데히드($HCHO$)
니트로기	$-NO_2$	트리니트로톨루엔[$C_6H_2CH_3(NO_2)_3$]
카르보닐기	$-CO-$	아세톤(CH_3COCH_3)

02 Repetitive Learning (1회 2회 3회)

27℃에서 500mL에 6g의 비전해질을 녹인 용액의 삼투압은 7.4기압이었다. 이 물질의 분자량은 약 얼마인가?

① 20.78　② 39.89

③ 58.16　④ 77.65

해설

- 삼투압을 통한 분자량을 구하는 문제이므로 이상기체 상태방정식에 대입한다.
- 분자량 $M = \frac{6 \times 0.082 \times (273+27)}{7.4 \times 0.5} = \frac{147.6}{3.7} = 39.89$가 된다.

이상기체 상태방정식

- 특정 압력과 온도에서 기체의 분자량을 구할 때 사용한다.
- 분자량 $M = \frac{질량 \times R \times T}{P \times V}$로 구한다.

이때, R은 이상기체상수로 0.082[atm · L/mol · K]이고,
T는 절대온도(273+섭씨온도)[K]이고,
P는 압력으로 atm 혹은 $\frac{주어진\ 압력[mmHg]}{760mmHg/atm}$이고,
V는 부피[L]이다.

03 Repetitive Learning (1회 2회 3회)

다음 물질 중 C_2H_2와 첨가반응이 일어나지 않는 것은?

① 염소　② 수은

③ 브롬　④ 요오드

해설

- 3중결합을 하는 아세틸렌에 할로겐 원소(브롬, 염소, 요오드)를 첨가하여 새로운 물질을 생성하는 반응을 첨가반응이라고 한다.

첨가반응

- 2개의 분자가 직접 결합해 새로운 분자를 생성하는 반응을 말하는데 주로 에틸렌(C_2H_4), 카르보닐기($-C(=O)-$) 등의 2중결합이나 아세틸렌(C_2H_2), 니트릴기($-C \equiv N$) 등의 3중결합을 가진 화합물에 할로겐(Br, Cl, I 등), 할로겐화수소, 물, 수소 등 간단한 화합물을 첨가하여 나타나는 반응을 말한다.

01 ② 02 ② 03 ② | 정답

0601 / 1201

04

Repetitive Learning (1회 2회 3회)

H_2O가 H_2S보다 비등점이 높은 이유는?

① 이온결합을 하고 있기 때문에
② 수소결합을 하고 있기 때문에
③ 공유결합을 하고 있기 때문에
④ 분자량이 적기 때문에

해설

- 물(H_2O)은 수소결합을 하는데 반해 황화수소(H_2S)는 이온결합을 하고 있다. 수소결합물은 다른 분자들에 비해 인력이 강해 끓는점이나 녹는점이 높다.

수소결합

- 질소(N), 산소(O), 불소(F) 등 전기음성도가 큰 원자와 수소(H)가 강한 인력으로 결합하는 것을 말한다.
- 수소결합이 가능한 분자들은 다른 분자들에 비해 인력이 강해 끓는점이나 녹는점이 높고 기화열, 융해열이 크다.
- 수소결합이 가능한 분자들은 비열, 표면장력이 크며, 물이 얼음이 될 때 부피가 늘어나는 것도 물이 수소결합을 하기 때문이다.

0302 / 0502

05

Repetitive Learning 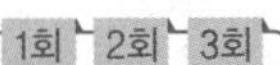

염(Salt)을 만드는 화학반응식이 아닌 것은?

① $HCl + NaOH \rightarrow NaCl + H_2O$
② $2NH_4OH + H_2SO_4 \rightarrow (NH_4)_2SO_4 + 2H_2O$
③ $CuO + H_2 \rightarrow Cu + H_2O$
④ $H_2SO_4 + Ca(OH)_2 \rightarrow CaSO_4 + 2H_2O$

해설

- ①은 나트륨 양이온(Na^+)이 수소를 밀어내고 염소(Cl^-)와 결합하여 염화나트륨(NaCl)이라는 염을 생성
- ②는 암모늄 양이온(NH_4^+)이 수소를 밀어내고 황산(SO_4^-)과 결합하여 황산암모늄[$(Na_4)_2SO_4$]이라는 염을 생성
- ③은 수소와 결합한 음이온이 없으므로 염을 만드는 화학반응식으로 볼 수 없다.
- ④는 칼슘(Ca^+)이온이 수소를 밀어내고 황산(SO_4^-)과 결합하여 황산칼슘($CaSO_4$)이라는 염을 생성

염(Salt)

- 산의 음이온과 염기의 양이온이 전기적으로 결합한 이온성 화합물을 말한다.
- 염류(K, Na 등)가 수소와 결합된 음이온과 만나 수소를 밀어내고 음이온과 결합하여 만든 물질을 말한다.

0202 / 0604

06

Repetitive Learning (1회 2회 3회)

다음 중 최외곽 전자가 2개 또는 8개로써 불활성인 것은?

① Na과 Br
② N와 Cl
③ C와 B
④ He와 Ne

해설

- 비활성 기체는 0족 원소를 말한다. 즉, 각 껍질의 마지막까지 꽉 채워진 경우의 전자배치를 찾으면 된다.
- 비활성 기체 중 헬륨(He)은 $1s^2$로 최외곽 전자 2개, 네온(Ne)은 $1s^22s^22p^6$로 최외곽 전자 8개이다.

전자배치 구조

- 오비탈이라는 전자가 채워지는 공간을 통해 전자껍질을 구성한다.
- 전자껍질은 K, L, M, N껍질로 구성된다.

구분	K껍질	L껍질	M껍질	N껍질
오비탈	1s	2s2p	3s3p3d	4s4p4d4f
오비탈수	1개(1^2)	4개(2^2)	9개(3^2)	16개(4^2)
최대전자	최대 2개	최대 8개	최대 18개	최대 32개

- 오비탈의 종류

s오비탈	최대 2개의 전자를 채울 수 있다.
p오비탈	최대 6개의 전자를 채울 수 있다.
d오비탈	최대 10개의 전자를 채울 수 있다.
f오비탈	최대 14개의 전자를 채울 수 있다.

- 표시방법

$1s^22s^22p^63s^23p^64s^23d^{10}4p^6$ …로 표시한다.

- 오비탈에 해당하는 s, p, d, f 앞의 숫자는 주기율표상의 주기를 의미한다.
- 오비탈에 해당하는 s, p, d, f 오른쪽 위의 숫자는 전자의 수를 의미한다.
- 항상 앞의 오비탈을 모두 채워야 다음 오비탈이 위치할 수 있다.
- 주기율표와 같이 구성되게 하기 위해 1주기에는 s만, 2주기와 3주기에는 s와 p가, 4주기와 5주기에는 전이원소를 넣기 위해 s, d, p오비탈이 순서대로(이때, d앞의 숫자가 기존 s나 p보다 1적다) 배치된다.

- 대표적인 원소의 전자배치

주기	원소명	원자 번호	표시
1	수소(H)	1	$1s^1$
	헬륨(He)	2	$1s^2$
2	리튬(Li)	3	$1s^22s^1$
	베릴륨(Be)	4	$1s^22s^2$
	붕소(B)	5	$1s^22s^22p^1$
	탄소(C)	6	$1s^22s^22p^2$
	질소(N)	7	$1s^22s^22p^3$
	산소(O)	8	$1s^22s^22p^4$
	불소(F)	9	$1s^22s^22p^5$
	네온(Ne)	10	$1s^22s^22p^6$

정답 | 04 ② 05 ③ 06 ④

0401 / 0901 / 2001

07

Repetitive Learning 1회 2회 3회

물 200g에 A 물질 2.9g을 녹인 용액의 어는점은? (단, 물의 어는점 내림 상수는 1.86℃ · kg/mol이고, A 물질의 분자량은 58이다)

① −0.465℃ ② −0.932℃

③ −1.871℃ ④ −2.453℃

해설

- 물의 어는점이 얼마나 내렸는지 계산하기 위해 대입해보면 $1.86 \times \frac{2.9 \times 1{,}000}{58 \times 200} = \frac{5{,}394}{11{,}600} = 0.465[℃]$이다.

라울의 법칙

- 용매에 용질을 녹일 경우 용매의 증기압이 감소하여 끓는(어는)점이 변화하는데 이때 변화의 크기는 용액 중에 녹아있는 용질의 몰분율에 비례한다.
- 끓는점 상승도 $= K_b \times \frac{w \times 1{,}000}{M \times G}$로 구한다.
  이때, K_b는 몰랄 오름 상수(0.52℃ · kg/mol)이고, w는 용질의 무게, M은 용질의 분자량, G는 용매의 무게이다.
- 어는점 강하도 $= K_f \times \frac{w \times 1{,}000}{M \times G}$로 구한다.
  이때, K_f는 몰랄 내림 상수(1.86℃ · kg/mol)이고, w는 용질의 무게, M은 용질의 분자량, G는 용매의 무게이다.

08

Repetitive Learning 1회 2회 3회

다음의 그래프는 어떤 고체물질의 용해도 곡선이다. 100℃ 포화용액(비중 1.4) 100mL를 20℃의 포화용액으로 만들려면 몇 g의 물을 더 가해야 하는가?

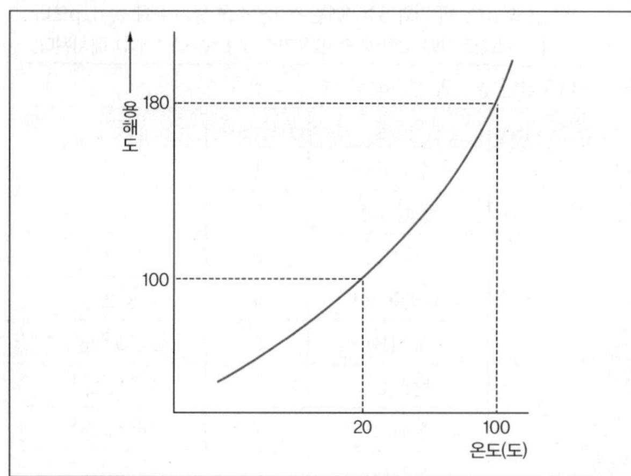

① 20g ② 40g

③ 60g ④ 80g

해설

- 그래프를 보면 100℃에서의 용해도가 180이고, 20℃에서의 용해도가 100이다.
- 100℃에서의 포화용액 100mL라고 하였다. 아울러 비중이 1.4라고 주어졌으므로 부피와 비중을 가지고 질량을 구해야 한다. 질량은 140g이 된다. 즉, 100℃에서의 포화용액 140g이라는 의미이므로 이 용액의 용매의 양은 $140 \times 0.36(= \frac{100}{100+180}) = 50$g이다. 따라서 용질은 90g이 된다.
- 20℃에서 포화용액을 구해야하므로 20℃에서의 용해도가 100이다. 즉 용매 100g에 용질 100g이 용해되어야 포화용액이 된다는 의미이므로 주어진 용질의 양이 90g이므로 용매 역시 90g이 되어야 한다. 현재 용매가 50g이므로 40g을 더 부어넣어야 한다.

용해도를 이용한 용질의 석출량 계산

㉠ 개요

- 용해도란 포화용액에서 용매 100g에 용해되는 용질의 g수를 그 온도에서의 용해도라고 한다.
- 대부분의 경우 온도가 높아질수록 고체의 용해도는 증가하고, 기체의 용해도는 감소한다.

㉡ 석출량 계산

- 특정 온도(A℃)에서 포화된 용액의 용질 용해도와 포화용액의 양이 주어지고 그 온도보다 낮은 온도(B℃)에서의 용질의 석출량을 구하는 경우

> - 포화상태에서의 용매의 양과 용질의 양을 용해도를 이용해 구한다.
>   ⓐ 용매의 양 = 포화용액의 양 × $\frac{100}{100+\text{A℃의 용해도}}$
>   ⓑ 용질의 양 = 포화용액의 양 − ⓐ에서 구한 용매의 양
>   = 포화용액의 양 × $\frac{\text{A℃의 용해도}}{100+\text{A℃의 용해도}}$
>   ⓒ B℃에서의 용해도를 이용해 B℃에서의 용해가능한 용질의 양 $(= \frac{\text{B℃에서의 용해도} \times \text{ⓐ에서 구한 용매의 양}}{100})$을 구한다.
> - ⓑ에서 구한 용질의 양에서 ⓒ에서 구한 용질의 양을 빼주면 석출된 용질의 양을 구할 수 있다.

09

Repetitive Learning 1회 2회 3회

d 오비탈이 수용할 수 있는 최대 전자의 총수는?

① 6 ② 8

③ 10 ④ 14

해설

- s오비탈은 최대 2개, p오비탈은 최대 6개, d오비탈은 최대 10개, f오비탈은 최대 14개의 전자를 채울 수 있다.

전자배치 구조

문제 06번의 유형별 핵심이론 참조

07 ① 08 ② 09 ③ 정답

10

Repetitive Learning (1회 2회 3회)

0.01N NaOH 용액 100mL에 0.02N HCl 55mL를 넣고 증류수를 넣어 전체 용액을 1,000mL로 한 용액의 pH는?

① 3　② 4
③ 10　④ 11

해설

- 산(HCl)과 염기(NaOH)의 혼합용액(NaCl)이므로 (0.02×55)−(0.01×100)= x×(1,000)이 되어야 하므로 $x=\frac{0.1}{1,000}=1\times10^{-4}$이므로 노르말 농도는 1×10^{-4}이다.
- pH는 −log[N농도]에서 −log[1×10^{-4}]=4가 된다.

중화적정

- 중화반응을 이용하여 용액의 농도를 확인하는 방법이다.
- 단일 산과 염기인 경우 NV = N′V′(N은 노르말 농도, V는 부피)
- 혼합용액의 경우 NV ±N′V′ = N″V″(혼합용액의 부피 V″ = V + V′)

11

Repetitive Learning (1회 2회 3회)

다음 화합물들 가운데 기하학적 이성질체를 가지고 있는 것은?

① $CH_2=CH_2$　② $CH_3-CH_2-CH_2-OH$
③ $(CH_3)_2C=C(CH_3)_2$　④ $CH_3-CH=CH-CH_3$

해설

- ②의 경우 탄소(C)의 숫자가 홀수개로 서로 대칭을 이룰 수 없는 형태이다.
- ①과 ③의 경우 탄소(C)의 숫자가 짝수개이나 H 2개의 위치 혹은 CH_3 4개의 위치를 어떻게 배치하던 구조가 달라질 수 없으므로 이성질체가 존재할 수 없다.

이성질체

- 분자식은 같지만 서로 다른 물리/화학적 성질을 갖는 분자를 말한다.
- 구조이성질체는 원자의 연결순서가 달라 분자식은 같지만 시성식이 다른 이성질체이다.
- 광학이성질체는 같은 분자식을 가지면서 각각을 서로 겹치게 할 수 없는 거울상의 구조를 갖는 분자로 거울상 이성질체라고도 한다.
- 기하 이성질체란 서로 대칭을 이루지만 구조가 서로 같지 않을 수 있는 이성질체를 말한다.($CH_3CH=CHCH_3$와 같이 3중결합으로 대칭을 이루지만 CH_3와 CH의 위치에 따라 구조가 서로 같지 않을 수 있는 물질)

0604 / 1904

12

Repetitive Learning (1회 2회 3회)

n그램(g)의 금속을 묽은 염산에 완전히 녹였더니 m몰의 수소가 발생하였다. 이 금속의 원자가를 2가로 하면 이 금속의 원자량은?

① n/m　② 2n/m
③ n/2m　④ 2m/n

해설

- 반응식을 보면 2가의 금속 $M+2HCl\rightarrow MCl_2+H_2$가 되어 수소가 발생한 경우라고 볼 수 있다.
- 어떤 금속 ng이 반응되면 수소가 m몰 발생한 경우이다. 몰당량의 비로 확인해보면 어떤 금속의 몰당량을 x라 가정하면 금속 xg이 반응하면 수소(H_2)는 표준상태에서 22.4L가 발생하며, 수소의 몰당량을 볼 때 0.5몰이 발생한다.
- $n : m = x : 0.5$이므로 $x=\frac{0.5\times n}{m}$g이다. 이 금속의 원자가가 2가이므로 원자량은 $2\times\frac{0.5\times n}{m}=\frac{n}{m}$이 된다.

금속 산화물

- 어떤 금속 M의 산화물의 조성은 산화물을 구성하는 각 원소들의 몰 당량에 의해 구성된다.
- 중량%가 주어지면 해당 중량%의 비로 금속의 당량을 확인할 수 있다.
- 원자량은 당량×원자가로 구한다.

13

Repetitive Learning (1회 2회 3회)

20℃에서 4L를 차지하는 기체가 있다. 동일한 압력 40℃에서는 몇 L를 차지하는가?

① 0.23　② 1.23
③ 4.27　④ 5.27

해설

- 보일-샤를의 법칙에 의해 압력이 동일한 상태에서 온도가 변했을 때의 부피를 계산해보면 $\frac{4}{(273+20)}=\frac{x}{(273+40)}$이 성립되어야 한다.
- 40℃의 부피는 $\frac{4\times313}{293}=\frac{1252}{293}=4.27$L가 된다.

보일-샤를의 법칙

- 기체의 압력, 온도, 부피 사이의 관계를 나타내는 법칙이다.
- $\frac{P_1V_1}{T_1}=\frac{P_2V_2}{T_2}$의 식이 성립한다.

정답 | 10 ② 11 ④ 12 ① 13 ③

0202

14

Repetitive Learning 1회 2회 3회

에틸렌(C_2H_4)을 원료로 하지 않은 것은?

① 아세트산 ② 염화비닐
③ 에탄올 ④ 메탄올

해설

- 메탄올(CH_3OH)은 일산화탄소(CO) 혹은 이산화탄소(CO_2)와 수소(H_2)를 반응시켜 만든다.

에틸렌(C_2H_4)

- 분자량이 28, 밀도는 1.18kg/m^{2}이고, 끓는점이 −103.7℃이다.
- 무색의 인화성을 가진 기체이다.
- 에틸렌에 물을 첨가하면 에탄올이 생성된다.
  ($CH_2=CH_2+H_2O \xrightarrow[260℃\ 탈수]{C-H_2SO_4} CH_3CH_2OH$)
- 염화수소와 반응하여 염화비닐을 생성한다.
  ($CH_2=CH_2+HCl \rightarrow CH_3CH_2Cl$)
- 에틸렌이 산화되면 아세트알데히드를 거쳐 아세트산이 생성된다.
  ($CH_2=CH_2+\frac{1}{2}O_2 \rightarrow C_2H_4Cl_2+H_2O$)

2001

15

Repetitive Learning 1회 2회 3회

3가지 기체 물질 A, B, C가 일정한 온도에서 다음과 같은 반응을 하고 있다. 평형에서 A, B, C가 각각 1몰, 2몰, 4몰이라면 평형상수 K의 값은?

A+3B → 2C+열

① 0.5 ② 2
③ 3 ④ 4

해설

- 주어진 값을 대입하면 $K=\frac{[4]^2}{[1][2]^3}=\frac{16}{8}=2$가 된다.

화학평형의 법칙

- 일정한 온도에서 화학반응이 평형상태에 있을 때 전리평형상수(K)는 항상 일정하다.
- 전리평형상수(K)는 화학반응이 평형상태에 있을 때 반응물의 농도곱에 대한 생성물의 농도곱의 비를 말한다.

A와 B가 결합하여 C와 D가 생성되는 화학반응이 평형상태일 때 $aA+bB \Leftrightarrow cC+dD$라고 하면 $K=\frac{[C]^c[D]^d}{[A]^a[B]^b}$가 성립하며, [A], [B], [C], [D]는 물질의 몰농도

16

Repetitive Learning 1회 2회 3회

pH에 대한 설명으로 옳은 것은?

① 건강한 사람의 혈액의 pH는 5.7 이다.
② pH 값은 산성 용액에서 알칼리성 용액보다 크다.
③ pH가 7인 용액에 지시약 메틸오렌지를 넣으면 노란색을 띤다.
④ 알칼리성 용액은 pH가 7보다 작다.

해설

- 건강한 사람의 혈액과 체액의 pH는 7.4이다.
- pH 값은 산성보다 알칼리성이 더 크다.
- 알칼리성 용액의 pH 값은 7보다 크다.

메틸오렌지 용액(Methyl orange solution)

- 리트머스 종이, 페놀프탈레인 용액, BTB 용액, 붉은 양배추 용액 등과 함께 용액이 가지는 성질에 따라 색깔이 변하는 물질로 지시약(Indicator) 중 하나이다.
- 원래의 색은 오렌지색(노란색)이며, 산성이 강할수록 빨간색으로, 염기성이 강할수록 노란색으로 변한다.

0301 / 0702

17

Repetitive Learning 1회 2회 3회

일반적으로 환원제가 될 수 있는 물질이 아닌 것은?

① 수소를 내기 쉬운 물질
② 전자를 잃기 쉬운 물질
③ 산소와 화합하기 쉬운 물질
④ 발생기의 산소를 내는 물질

해설

- 산소를 내주는 것은 산화제의 특성이다.

산화제와 환원제

㉠ 산화제
- 자신은 환원(산화수가 감소)되면서 다른 화학종을 산화시키는 물질을 말한다.
- 자신이 가지고 있는 산소 또는 산소공급원을 내주어서 다른 가연물을 연소시키고 반응 후 자신은 산소를 잃어버리는 것을 말한다.
- 산화납, 과망가니즈산칼륨, 산화염소, 염소 등이 있다.

㉡ 환원제
- 자신은 산화(산화수가 증가)되면서 다른 화학종을 환원시키는 물질을 말한다.
- 산화제로부터 산소를 받아들여 자신이 직접 연소되는 가연물을 의미한다.
- 수소, 이산화황, 탄소 등이 있다.

14 ④ 15 ② 16 ③ 17 ④ | 정답

1004

18 ─ Repetitive Learning (1회 2회 3회)

25g의 암모니아가 과잉의 황산과 반응하여 황산암모늄이 생성될 때 생성된 황산암모늄의 양은 약 얼마인가? (단, 황산암모늄의 몰 질량은 132g/mol이다)

① 82g ② 86g
③ 92g ④ 97g

해설

- 반응식을 살펴보면 $2NH_3 + H_2SO_4 \rightarrow (NH_4)_2SO_4$가 된다.
- 즉, 2몰의 암모니아가 1몰의 황산암모늄을 만든다.
- 암모니아의 분자량은 17이므로 34g의 암모니아로 황산암모늄 132g을 생성하므로 25g의 암모니아로 만들어내는 황산암모늄은 $\frac{132\times25}{34}$ =97g이 된다.

암모니아(NH_3)

- 질소 분자 1몰과 수소분자 3몰이 결합하여 만들어지는 화합물이다.
- 끓는점은 −33.34℃이고, 분자량은 17이다.
- 암모니아 합성식은 $N_2 + 3H_2 \rightarrow 2NH_3$이다.
- 결합각이 107°인 입체 삼각뿔(피라밋) 구조를 하고 있다.

19 ─ Repetitive Learning (1회 2회 3회)

표준상태에서 11.2L의 암모니아에 들어있는 질소는 몇 g인가?

① 7 ② 8.5
③ 22.4 ④ 14

해설

- 표준상태에서 기체 1몰의 부피는 22.4L인데 11.2L라는 것은 0.5몰을 의미한다. 질소 0.5몰은 7g이다.

표준상태에서 기체의 부피

- 기체 1몰의 부피는 표준상태(0℃, 1기압)에서 0.0825×(273+0℃)=22.386으로 약 22.4L이다.

20 ─ Repetitive Learning (1회 2회 3회)

에탄(C_2H_6)을 연소시키면 이산화탄소(CO_2)와 수증기(H_2O)가 생성된다. 표준상태에서 에탄 30g을 반응시킬 때 발생하는 이산화탄소와 수증기의 분자 수는 모두 몇 개인가?

① 6×10^{23}개 ② 12×10^{23}개
③ 18×10^{23}개 ④ 30×10^{23}개

해설

- 에탄의 연소반응식 $C_2H_6 + 3.5O_2 \rightarrow 2CO_2 + 3H_2O$이다. 즉, 1몰의 에탄을 완전연소하면 생성되는 이산화탄소는 2몰, 수증기는 3몰로 총 5몰이 된다.
- 표준상태에서 1몰의 분자에 포함된 분자수는 아보가드로의 수에 해당하는 6.02×10^{23}이므로 5몰이라면 $5\times6.02\times10^{23} = 30.1\times10^{23}$가 된다.

아보가드로의 법칙

- 모든 기체는 같은 온도, 같은 압력에서 같은 부피 속에 같은 개수의 분자를 포함한다는 법칙이다.
- 온도와 압력이 일정하다면 기체의 분자수가 2배라면 기체의 부피도 2배가 되며, 이것은 기체의 물리적, 화학적 특성과는 무관하다는 것이다.
- 아보가드로의 수는 6.0221415×10^{23}으로 간단히 6.02×10^{23}으로 계산한다.

1102

21 — Repetitive Learning (1회 2회 3회)

물의 특성 및 소화효과에 관한 설명으로 틀린 것은?

① 이산화탄소보다 기화 잠열이 크다.
② 극성분자이다.
③ 이산화탄소보다 비열이 작다.
④ 주된 소화효과가 냉각소화이다.

해설

- 물은 이산화탄소보다 기화잠열(539[kcal/kg])과 비열(1[kcal/kg℃])이 커 많은 열량의 흡수가 가능하다.

물의 특성 및 소화효과

㉠ 개요
- 이산화탄소보다 기화잠열(539[kcal/kg])과 비열(1[kcal/kg℃])이 커 많은 열량의 흡수가 가능하다.
- 산소가 전자를 잡아당겨 극성을 갖는 극성공유결합을 한다.
- 수소결합을 통해 강한 분자간의 힘을 가지므로 표면장력이 크다.
- 주된 소화효과는 기화잠열과 비열을 이용한 냉각소화이다.

㉡ 장단점

장점	단점
• 구하기 쉽다. • 취급이 간편하다. • 기화잠열이 크다.(냉각효과) • 기화팽창률이 크다.(질식효과)	• 피연소 물질에 피해를 준다. • 겨울철에 동파 우려가 있다.

22 — Repetitive Learning (1회 2회 3회)

드라이아이스의 성분을 옳게 나타낸 것은?

① H_2O ② CO_2
③ $H_2O + CO_2$ ④ $N_2 + H_2O + CO_2$

해설

- 드라이아이스는 이산화탄소(CO_2)를 의미한다.

드라이아이스
- 고체로 된 이산화탄소(CO_2)이다.
- 승화점은 −78.5℃이고, 기화열은 571kJ/kg이다.
- 얼음보다 차갑고 상태 변화 시 수분을 남기지 않아 냉각제로 사용된다.

0801 / 1301 / 2001

23 — Repetitive Learning (1회 2회 3회)

위험물제조소에서 옥내소화전이 1층에 4개, 2층에 6개가 설치되어 있을 때 수원의 수량은 몇 L 이상이 되도록 설치하여야 하는가?

① 13,000 ② 15,600
③ 39,000 ④ 46,800

해설

- 옥내소화전설비에서 수원의 수량은 옥내소화전이 가장 많이 설치된 층의 옥내소화전 설치개수(설치개수가 5개 이상인 경우는 5개)에 7.8m³를 곱한 양 이상이 되어야 하므로 2층에 6개로 5개 이상이므로 5×7.8=39m³ 이상이 되어야 한다. [L]단위는 1,000을 곱하면 되므로 39,000L가 된다.

옥내소화전설비의 설치기준 실기 1301/1304/1701/1702/1804
- 옥내소화전은 제조소등의 건축물의 층마다 당해 층의 각 부분에서 하나의 호스접속구까지의 수평거리가 25m 이하가 되도록 설치할 것. 이 경우 옥내소화전은 각층의 출입구 부근에 1개 이상 설치하여야 한다.
- 수원의 수량은 옥내소화전이 가장 많이 설치된 층의 옥내소화전 설치개수(설치개수가 5개 이상인 경우는 5개)에 7.8m³를 곱한 양 이상이 되도록 설치할 것
- 옥내소화전설비는 각층을 기준으로 하여 당해 층의 모든 옥내소화전(설치개수가 5개 이상인 경우는 5개의 옥내소화전)을 동시에 사용할 경우에 각 노즐선단의 방수압력이 350kPa 이상이고 방수량이 1분당 260L 이상의 성능이 되도록 할 것
- 옥내소화전설비에는 비상전원을 설치할 것

24 — Repetitive Learning (1회 2회 3회)

불활성가스소화약제 중 "IG−55"의 성분 및 그 비율을 옳게 나타낸 것은? (단, 용량비 기준이다)

① 질소 : 이산화탄소=55 : 45
② 질소 : 이산화탄소=50 : 50
③ 질소 : 아르곤=55 : 45
④ 질소 : 아르곤=50 : 50

해설

- IG−55는 질소와 아르곤이 5 : 5로 구성된 불활성가스소화약제이다.

불활성가스소화약제의 성분(용량비)

	질소(N_2)	아르곤(Ar)	이산화탄소(CO_2)
IG−100	100%		
IG−55	50%	50%	
IG−541	52%	40%	8%

21 ③ 22 ② 23 ③ 24 ④ | 정답

0802

25

Repetitive Learning (1회 2회 3회)

다음 위험물의 저장창고에 화재가 발생하였을 때 소화방법으로 주수소화가 적당하지 않은 것은?

① $NaClO_3$　② S
③ NaH　④ TNT

해설

- ③의 수소화나트륨은 금속의 수소화물로 금수성 물질이므로 주수소화를 금해야 한다.

소화설비의 적응성 중 제3류 위험물 실기 1002/1101/1202/1601/1702/1902/2001/2003/2004

소화설비의 구분			제3류 위험물	
			금수성물품	그 밖의 것
옥내소화전 또는 옥외소화전설비				○
스프링클러설비				○
물분무등 소화설비	물분무소화설비			○
	포소화설비			○
	불활성가스소화설비			
	할로겐화합물소화설비			
	분말 소화설비	인산염류등		
		탄산수소염류등	○	
		그 밖의 것	○	
대형·소형 수동식 소화기	봉상수(棒狀水)소화기			○
	무상수(霧狀水)소화기			○
	봉상강화액소화기			○
	무상강화액소화기			○
	포소화기			○
	이산화탄소 소화기			
	할로겐화합물소화기			
	분말 소화기	인산염류소화기		
		탄산수소염류소화기	○	
		그 밖의 것	○	
기타	물통 또는 수조			○
	건조사		○	○
	팽창질석 또는 팽창진주암		○	○

1004

26

Repetitive Learning (1회 2회 3회)

위험물안전관리법령상 물분무소화설비가 적응성이 있는 위험물은?

① 알칼리금속과산화물　② 금속분·마그네슘
③ 금수성물질　④ 인화성고체

해설

- 물분무소화설비는 건축물, 전기설비, 제1류 위험물(알칼리금속과산화물 제외), 제2류 위험물(철분 및 금속분 등 제외), 제3류 위험물(금수성 물질 제외), 제4류, 제5류, 제6류 위험물 화재에 적응성이 있다.

물분무소화설비의 분류와 적응성

분류		물분무소화설비
건축물·그 밖의 공작물		○
전기설비		○
제1류 위험물	알칼리금속과산화물등	
	그 밖의 것	○
제2류 위험물	철분·금속분·마그네슘등	
	인화성고체	○
	그밖의것	○
제3류 위험물	금수성물품	
	그 밖의 것	○
제4류 위험물		○
제5류 위험물		○
제6류 위험물		○

0501_추가/0904/1202/2001

27

Repetitive Learning (1회 2회 3회)

위험물안전관리법령에 따른 옥내소화전설비의 기준에서 펌프를 이용한 가압송수장치의 경우 펌프의 전양정 H는 소정의 산식에 의한 수치 이상이어야 한다. 전양정 H를 구하는 식으로 옳은 것은? (단, h_1 = 소방용 호스의 마찰손실수두, h_2 = 배관의 마찰손실수두, h_3 = 낙차이며 단위는 모두 m이다)

① $H = h_1 + h_2 + h_3$
② $H = h_1 + h_2 + h_3 + 0.35m$
③ $H = h_1 + h_2 + h_3 + 35m$
④ $H = h_1 + h_2 + 35m$

해설

- 펌프의 전양정 $H = h_1 + h_2 + h_3 + 35m$로 구한다.

펌프의 전양정

- $H = h_1 + h_2 + h_3 + 35m$

- H : 펌프의 전양정 (단위 m)
- h_1 : 소방용 호스의 마찰손실수두 (단위 m)
- h_2 : 배관의 마찰손실수두 (단위 m)
- h_3 : 낙차 (단위 m)

정답 | 25 ③ 26 ④ 27 ③

28 Repetitive Learning (1회 2회 3회)

화재발생 시 소화방법으로 공기를 차단하는 것이 효과가 있으며, 연소물질을 제거하거나 액체를 인화점 이하로 냉각시켜 소화할 수도 있는 위험물은?

① 제1류 위험물 ② 제4류 위험물
③ 제5류 위험물 ④ 제6류 위험물

해설

- 알칼리금속과산화물을 제외한 제1류 위험물은 냉각소화가 가장 효과적이다.
- 제5류 위험물과 제6류 위험물은 냉각소화가 가장 효과적이다.

제4류 위험물의 소화방법

- 공기차단에 의한 질식소화가 효과적이다.
- 연소물질을 제거하거나 액체를 인화점 이하로 냉각시켜 소화할 수도 있다.
- 물분무소화도 적응성이 있다.
- 수용성 알코올 화재는 알코올포를 사용한다.
- 비중이 물보다 작은 위험물의 경우는 주수소화가 효과가 떨어진다.
- 수용성 가연성액체의 화재에 수성막포는 소화효과가 떨어진다.

1804

29 Repetitive Learning (1회 2회 3회)

가연물에 대한 일반적인 설명으로 옳지 않은 것은?

① 주기율표에서 0족의 원소는 가연물이 될 수 없다.
② 활성화 에너지가 작을수록 가연물이 되기 쉽다.
③ 산화반응이 완결된 산화물은 가연물이 아니다.
④ 질소는 비활성 기체이므로 질소의 산화물은 존재하지 않는다.

해설

- 질소에는 질소산화물이 존재하지만 질소 및 질소산화물이 연소 시 흡열반응을 하므로 가연물이 될 수 없는 비활성 기체로 분류된다.

가연물이 될 수 있는 조건과 될 수 없는 조건

구분	내용
가능조건	• 산화할 때 발열량이 큰 것 • 산화할 때 열전도율이 작은 것 • 산화할 때 활성화 에너지가 작은 것 • 산소와 친화력이 좋고 표면적이 넓은 것
불가능조건	• 주기율표에서 0족(헬륨, 네온, 아르곤 등) 원소 • 이미 산화가 완료된 산화물(이산화탄소, 오산화린, 이산화규소, 산화알루미늄 등) • 질소 또는 질소 산화물(흡열반응)

30 Repetitive Learning (1회 2회 3회)

다음 제1류 위험물 중 물과의 접촉이 가장 위험한 것은?

① 아염소산나트륨 ② 과산화나트륨
③ 과염소산나트륨 ④ 중크롬산암모늄

해설

- 제1류 위험물 중 알칼리금속의 과산화물은 물기와 접촉할 경우 산소를 발생시켜 화재 및 폭발 위험성이 증가하므로 물기와의 접촉을 엄금한다.

수납하는 위험물에 따른 용기 표시 주의사항 실기 0701/0801/0902/0904/1001/1004/1101/1201/1202/1404/1504/1601/1701/1801/1802/2003/2004/2101

구분		주의사항
제1류	알칼리금속의 과산화물	화기·충격주의, 물기엄금, 가연물접촉주의
	그 외	화기·충격주의, 가연물접촉주의
제2류	철분·금속분·마그네슘 또는 이를 함유한 것	화기주의, 물기엄금
	인화성 고체	화기엄금
	그 외	화기주의
제3류	자연발화성 물질	화기엄금, 공기접촉엄금
	금수성 물질	물기엄금
제4류		화기엄금
제5류		화기엄금, 충격주의
제6류		가연물접촉주의

1904

31 Repetitive Learning 

자연발화가 잘 일어나는 조건에 해당하지 않는 것은?

① 주위 습도가 높을 것 ② 열전도율이 클 것
③ 주위 온도가 높을 것 ④ 표면적이 넓을 것

해설

- 열전도율이 작을수록 자연발화가 쉽다.

자연발화 실기 0602/0704

㉠ 개요
- 물질이 고유의 성질로 인해 스스로 발열반응을 통해 발생한 열을 장기간 축적하여 발화하는 현상을 말한다.
- 자연발화를 일으키는 원인에는 산화열, 분해열, 중합열, 흡착열, 미생물에 의한 발열 등이 있다.

㉡ 발화하기 쉬운 조건
- 고온다습한 환경에서 자연발화가 발생하기 쉽다.
- 입자의 표면적이 넓을수록 자연발화가 발생하기 쉽다.
- 열전도율이 작을수록 자연발화가 발생하기 쉽다.

28 ② 29 ④ 30 ② 31 ② 정답

0804

32 Repetitive Learning (1회 2회 3회)

최소 착화에너지를 측정하기 위해 콘덴서를 이용하여 불꽃 방전 실험을 하고자 한다. 콘덴서의 전기용량을 C, 방전전압을 V, 전기량을 Q라 할 때 착화에 필요한 최소 전기에너지 E를 옳게 나타낸 것은?

① $E = \frac{1}{2}CQ^2$ ② $E = \frac{1}{2}C^2V$

③ $E = \frac{1}{2}QV^2$ ④ $E = \frac{1}{2}CV^2$

해설

- $Q = CV$이므로 $\frac{1}{2}QV = \frac{1}{2}CV^2$이 된다.

착화에 필요한 최소의 전기에너지

- $E = \frac{1}{2}QV = \frac{1}{2}CV^2$으로 구한다. 이때, C는 콘덴서의 전기용량을, V는 방전전압을, Q는 전기량을 의미한다.

1102

33 Repetitive Learning (1회 2회 3회)

제1석유류를 저장하는 옥외탱크저장소에 특형 포방출구를 설치하는 경우, 방출율은 액 표면적 $1m^2$당 1분에 몇 리터 이상이어야 하는가?

① 9.5L ② 8.0L

③ 6.5L ④ 3.7L

해설

- 인화점이 21℃ 미만인 제1석유류를 저장하는 저장소에 특형 포방출구를 설치하는 경우 방출율은 $1m^2$당 1분에 용액량에 상관없이 8L이다.

제4류 위험물의 구분에 따른 포방출구의 방출율

		1석유류	2석유류	인화점이 70℃ 이상
Ⅰ형	용액량	120	80	60
	방출율	4	4	4
Ⅱ형	용액량	220	120	100
	방출율	4	4	4
특형	용액량	240	160	120
	방출율	8	8	8
Ⅲ형	용액량	220	120	100
	방출율	4	4	4
Ⅳ형	용액량	220	120	100
	방출율	4	4	4

1102

34 Repetitive Learning (1회 2회 3회)

위험물안전관리법령상 전기설비에 적응성이 없는 소화설비는?

① 포소화설비

② 불활성가스소화설비

③ 물분무소화설비

④ 할로겐화합물소화설비

해설

- 옥내소화전 또는 옥외소화전, 스프링클러, 포소화설비, 봉상수(강화액), 건조사, 팽창질석 등은 전기설비 화재에 적응성이 없다.

전기설비에 적응성을 갖는 소화설비 실기 1002/1101/1202/1601/1702/1902/2001/2003/2004

소화설비의 구분			전기설비
옥내소화전 또는 옥외소화전설비			
스프링클러설비			
물분무등 소화설비	물분무소화설비		○
	포소화설비		
	불활성가스소화설비		○
	할로겐화합물소화설비		○
	분말 소화설비	인산염류등	○
		탄산수소염류등	○
		그 밖의 것	
대형·소형 수동식 소화기	봉상수(棒狀水)소화기		
	무상수(霧狀水)소화기		○
	봉상강화액소화기		
	무상강화액소화기		○
	포소화기		
	이산화탄소 소화기		○
	할로겐화합물소화기		○
	분말 소화기	인산염류소화기	○
		탄산수소염류소화기	○
		그 밖의 것	
기타	물통 또는 수조		
	건조사		
	팽창질석 또는 팽창진주암		

정답 | 32 ④ 33 ② 34 ①

0601 / 1502

35 Repetitive Learning (1회 2회 3회)

하론 2402를 소화약제로 사용하는 이동식할로겐화물소화설비는 20℃의 온도에서 하나의 노즐마다 분당 방사되는 소화약제의 양(kg)을 얼마 이상으로 하여야 하는가?

① 5 ② 35
③ 45 ④ 50

해설

- Halon 2402에 있어서 하나의 노즐마다 1분당 방사하는 소화약제의 양은 45kg이다.

호스릴할로겐화합물소화설비 설치기준

- 방호대상물의 각 부분으로부터 하나의 호스접결구까지의 수평거리가 20m 이하가 되도록 할 것
- 소화약제의 저장용기의 개방밸브는 호스릴의 설치장소에서 수동으로 개폐할 수 있는 것으로 할 것
- 소화약제의 저장용기는 호스릴을 설치하는 장소마다 설치할 것
- 노즐은 20℃에서 하나의 노즐마다 1분당 방사하는 소화약제 양

소화약제의 종별	1분당 방사하는 소화약제 양
Halon 2402	45kg
Halon 1211	40kg
Halon 1301	35kg

- 소화약제 저장용기의 가까운 곳의 보기 쉬운 곳에 적색의 표시등을 설치하고, 호스릴할로겐화합물소화설비가 있다는 뜻을 표시한 표지를 할 것

36 Repetitive Learning (1회 2회 3회)

분말소화약제로 사용되는 탄산수소칼륨(중탄산칼륨)의 착색 색상은?

① 백색 ② 담홍색
③ 청색 ④ 담회색

해설

- 탄산수소칼륨($KHCO_3$)을 주성분으로 하는 소화약제로 BC급 화재에 적응성이 있으며 착색색상은 담회색인 것은 제2종 분말소화약제이다.

분말소화약제의 종별과 적응성

소화약제의 종별	적응성	착색색상
제1종 분말(탄산수소나트륨)	BC	백색
제2종 분말(탄산수소칼륨)	BC	담회색
제3종 분말(인산암모늄)	ABC	담홍색
제4종 분말(탄산수소칼륨과 요소가 화합)	BC	회색

1804

37 Repetitive Learning (1회 2회 3회)

알코올 화재 시 수성막포 소화약제는 내알코올포 소화약제에 비하여 소화효과가 낮다. 그 이유로서 가장 타당한 것은?

① 소화약제와 섞이지 않아서 연소면을 확대하기 때문에
② 알코올은 포와 반응하여 가연성가스를 발생하기 때문에
③ 알코올이 연료로 사용되어 불꽃의 온도가 올라가기 때문에
④ 수용성 알코올로 인해 포가 소멸되기 때문에

해설

- 알코올 화재에서 수성막포소화약제를 사용하면 알코올이 수용성이어서 수성막포를 소멸시키므로 소화효과가 떨어져 사용하지 않는다.

수성막포소화약제

- 불소계 계면활성제와 물을 혼합하여 거품을 형성한다.
- 계면활성제를 이용하여 물보다 가벼운 인화성 액체 위에 물이 떠 있도록 한 것이다.
- B급 화재인 유류화재에 우수한 성능을 발휘한다.
- 분말소화약제와 함께 사용하여도 소포현상이 일어나지 않아 트윈 에이전트 시스템에 사용된다.
- 알코올 화재에서는 알코올이 수용성이어서 포를 소멸(소포성)시키므로 효과가 낮다.

38 Repetitive Learning (1회 2회 3회)

이산화탄소 소화약제에 대한 설명으로 틀린 것은?

① 장기간 저장하여도 변질, 부패 또는 분해를 일으키지 않는다.
② 한랭지에서 동결의 우려가 없고 전기 절연성이 있다.
③ 밀폐된 지역에서 방출 시 인명피해의 위험이 있다.
④ 표면화재보다는 심부화재에 적응력이 뛰어나다.

해설

- 이산화탄소는 산소와 반응하지 않고 산소공급을 차단하므로 표면소화에 효과적이다.

이산화탄소(CO_2)

- 무색, 무취이며 비전도성이다.
- 증기상태의 비중은 약 1.52로 공기보다 무겁다.
- 임계온도는 약 31℃이다.
- 냉각 및 압축에 의하여 액화될 수 있다.
- 산소와 반응하지 않고 산소공급을 차단하므로 표면소화에 효과적이다.
- 방사 시 열량을 흡수하므로 냉각소화 및 질식, 피복소화 작용이 있다.
- 밀폐된 공간에서는 질식을 유발할 수 있으므로 주의해야 한다.

35 ③ 36 ④ 37 ④ 38 ④ | 정답

39 — Repetitive Learning (1회 2회 3회)

주유취급소에 캐노피를 설치하고자 한다. 위험물안전관리법령에 따른 캐노피의 설치 기준이 아닌 것은?

① 캐노피의 면적은 주유취급소 공지면적의 1/2 이하로 할 것
② 배관이 캐노피 내부를 통과할 경우에는 1개 이상의 점검구를 설치할 것
③ 캐노피 외부의 배관이 일광열의 영향을 받을 우려가 있는 경우에는 단열재로 피복할 것
④ 캐노피 외부의 점검이 곤란한 장소에 배관을 설치하는 경우에는 용접이음으로 할 것

해설

- 주유취급소에 캐노피 설치기준에서 캐노피의 면적은 소방기술기준에 관한 규칙이 폐지되면서 삭제되었다.

주유취급소에 캐노피 설치기준

- 배관이 캐노피 내부를 통과할 경우에는 1개 이상의 점검구를 설치할 것
- 캐노피 외부의 점검이 곤란한 장소에 배관을 설치하는 경우에는 용접이음으로 할 것
- 캐노피 외부의 배관이 일광열의 영향을 받을 우려가 있는 경우에는 단열재로 피복할 것

40 — Repetitive Learning (1회 2회 3회)

분말소화약제의 종별 주성분을 바르게 연결한 것은?

① 1종 분말약제 – 탄산수소나트륨
② 2종 분말약제 – 인산암모늄
③ 3종 분말약제 – 탄산수소칼륨
④ 4종 분말약제 – 탄산수소칼륨+인산암모늄

해설

- 2종 분말약제는 탄산수소칼륨($KHCO_3$)이다.
- 3종 분말약제는 인산암모늄($NH_4H_2PO_4$)이다.
- 4종 분말약제는 탄산수소칼륨과 요소가 화합한 것이다.

분말소화약제의 종별과 적응성

문제 36번의 유형별 핵심이론 참조

3과목 위험물의 성질과 취급

41 — Repetitive Learning (1회 2회 3회)

연소반응을 위한 산소 공급원이 될 수 없는 것은?

① 과망간산칼륨　② 염소산칼륨
③ 탄화칼슘　④ 질산칼륨

해설

- 과망간산칼륨($KMnO_4$), 염소산칼륨($KClO_3$), 질산칼륨(KNO_3)은 모두 산화성 고체에 해당하는 제1류 위험물로 열분해 시 산소를 발생시키므로 산소 공급원이 될 수 있다.
- 탄화칼슘은 가연성 가스를 발생시키므로 산소 공급원이 될 수 없다.

탄화칼슘(CaC_2)/카바이트 실기 0604/0702/0801/0804/0902/1001/1002/1201/1304/1502/1701/1801/1901/2001/2101

- 칼슘 또는 알루미늄의 탄화물로 자연발화성 및 금수성 물질에 해당하며, 지정수량 300kg에 위험등급은 Ⅲ인 제3류 위험물이다.
- 흑회색의 불규칙한 고체 덩어리로 고온에서 질소가스와 반응하여 석회질소($CaCN_2$)가 된다.
- 비중은 약 2.2 정도로 물보다 무겁다.
- 물과 반응하여 연소범위가 약 2.5 ~ 81%를 갖는 가연성 가스인 아세틸렌(C_2H_2)가스를 발생시킨다. ($CaC_2+2H_2O \rightarrow Ca(OH)_2+C_2H_2$)
- 화재 시 건조사, 탄산수소염류소화기, 사염화탄소소화기, 팽창질석 등을 사용하여 소화한다.

0704 / 1002 / 1204 / 2003

42 — Repetitive Learning (1회 2회 3회)

1기압 27℃에서 아세톤 58g을 완전히 기화시키면 부피는 약 몇 L가 되는가?

① 22.4　② 24.6
③ 27.4　④ 58.0

해설

- 아세톤(CH_3COCH_3)의 분자량은 58[g]이고, 1기압, 섭씨 27℃, 무게 58[g]이므로 대입하면 부피 = 300×0.082 = 24.6[L]이다.

이상기체 방정식

- 기체의 온도, 부피, 몰수의 관계를 나타내는 식이다.
- $PV=nRT=\frac{W}{M}RT$이다. 이때 n은 몰수, W는 무게[g], M은 분자량, P는 압력[atm], V는 부피[L], R은 기체상수(0.082), T는 절대온도[K]이다.

43

Repetitive Learning 1회 2회 3회

위험물안전관리법령에 따른 제1류 위험물과 제6류 위험물의 공통적 성질로 옳은 것은?

① 산화성 물질이며 다른 물질을 환원시킨다.
② 환원성 물질이며 다른 물질을 환원시킨다.
③ 산화성 물질이며 다른 물질을 산화시킨다.
④ 환원성 물질이며 다른 물질을 산화시킨다.

해설

- 제1류 위험물은 산화성 고체이고, 제6류 위험물은 산화성 액체이다.
- 산화성 물질은 다른 물질을 산화시키는 성질을 갖는다.

제6류 위험물 실기 0502/0704/0801/0902/1302/1702/2003

성질	품명	지정수량
산화성 액체	1. 과염소산	300kg
	2. 과산화수소	
	3. 질산	
	4. 그 밖에 행정안전부령으로 정하는 것	
	5. 제1호 내지 제4호의 1에 해당하는 어느 하나 이상을 함유한 것	

- 산화성액체란 액체로서 산화력의 잠재적인 위험성을 판단하기 위하여 고시로 정하는 시험에서 고시로 정하는 성질과 상태를 나타내는 것을 말한다.
- 과산화수소는 그 농도가 36중량퍼센트 이상인 것에 한하며, 산화성액체의 성상이 있는 것으로 본다.
- 질산은 그 비중이 1.49 이상인 것에 한하며, 산화성액체의 성상이 있는 것으로 본다.

1201

44

Repetitive Learning 1회 2회 3회

위험물제조소 건축물의 구조 기준이 아닌 것은?

① 출입구에는 갑종 방화문 또는 을종 방화문을 설치할 것
② 지붕은 폭발력이 위로 방출될 정도의 가벼운 불연재료로 덮을 것
③ 벽·기둥·바닥·보·서까래 및 계단을 불연재료로 출입구 외의 개구부가 없는 내화구조의 벽으로 하여야 한다.
④ 산화성고체, 가연성고체 위험물을 취급하는 건축물의 바닥은 위험물이 스며들지 못하는 재료를 사용할 것

해설

- 건축물의 바닥을 위험물이 스며들지 못하는 재료로 사용하는 경우는 액체의 위험물을 취급하는 경우의 설치기준이다.

제조소에서의 건축물 구조

- 지하층이 없도록 하여야 한다.
- 벽·기둥·바닥·보·서까래 및 계단을 불연재료로 하고, 연소(延燒)의 우려가 있는 외벽은 출입구 외의 개구부가 없는 내화구조의 벽으로 하여야 한다.
- 지붕은 폭발력이 위로 방출될 정도의 가벼운 불연재료로 덮어야 한다.
- 출입구와 비상구에는 갑종방화문 또는 을종방화문을 설치하되, 연소의 우려가 있는 외벽에 설치하는 출입구에는 수시로 열 수 있는 자동폐쇄식의 갑종방화문을 설치하여야 한다.
- 위험물을 취급하는 건축물의 창 및 출입구에 유리를 이용하는 경우에는 망입유리로 하여야 한다.
- 액체의 위험물을 취급하는 건축물의 바닥은 위험물이 스며들지 못하는 재료를 사용하고, 적당한 경사를 두어 그 최저부에 집유설비를 하여야 한다.

0502 / 0804 / 1404

45

Repetitive Learning 1회 2회 3회

다음 제4류 위험물 중 인화점이 가장 낮은 것은?

① 아세톤　　② 아세트알데히드
③ 산화프로필렌　　④ 디에틸에테르

해설

	아세톤	아세트알데히드	산화프로필렌	에테르
인화점	−18℃	−38℃	−37℃	−45℃
품명	제1석유류	특수인화물	특수인화물	특수인화물

에테르($C_2H_5OC_2H_5$)·디에틸에테르 실기 0602/0804/1601/1602

- 특수인화물로 무색투명한 휘발성 액체이다.
- 인화점이 −45℃, 연소범위가 1.9~48%로 넓은 편이고, 증기는 제4류 위험물 중 가장 인화성이 크다.
- 비중은 0.72로 물보다 가볍고, 증기비중은 2.55로 공기보다 무겁다.
- 물에는 잘 녹지 않고, 알코올에 잘 녹는다.
- 햇볕에 오래 쪼이면 일부 분해하여 과산화물을 생성하므로 갈색병에 넣어 냉암소에 보관한다.
- 건조한 에테르는 비전도성이므로, 정전기 생성방지를 위해 약간의 $CaCl_2$를 넣어준다.
- 소화제로서 CO_2가 가장 적당하다.
- 과산화물은 요오드화칼륨(KI) 10% 수용액을 황색으로 변화시킬 때 검출할 수 있으며, 과산화물을 제거할 때는 황산제일철($FeSO_4$)을 사용한다.

43 ③　44 ④　45 ④ | 정답

0302 / 1304

46

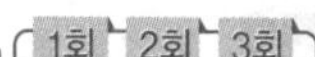

Repetitive Learning (1회 2회 3회)

TNT의 폭발, 분해 시 생성물이 아닌 것은?

① CO ② N_2

③ SO_2 ④ H_2

해설

- TNT는 톨루엔에 니트로화제(혼산)를 혼합하여 만든 것으로 분해되면 일산화탄소, 질소, 수소, 탄소 등으로 분해된다.

트리니트로톨루엔[$C_6H_2CH_3(NO_2)_3$] 실기 0802/0901/1004/1102/1201/1202/1501/1504/1601/1901/1904

- 담황색의 고체 위험물로 톨루엔에 질산, 황산을 반응시켜(니트로화) 생성되는 물질로 니트로화합물에 속한다.
- 자기반응성 물질로 제5류 위험물이다.
- 지정수량은 200kg이고, 위험등급은 Ⅱ이다.
- TNT라고 하며, 폭발력의 표준으로 사용된다.
- 피크린산에 비해서는 충격, 마찰에 둔감하다.
- 니트로글리세린과 달리 장기간 저장해도 자연분해 할 위험 없이 안전하다.
- 가열 충격 시 폭발하기 쉬우며, 폭발 시 다량의 가스를 발생한다.
- 물에는 녹지 않고 아세톤, 벤젠에 녹으며, 금속과는 반응하지 않는 물질이다.

반응식	$2C_6H_2CH_3(NO_2)_3 \rightarrow 12CO + 3N_2 + 5H_2 + 2C$ TNT → 일산화탄소+질소+수소+탄소

1104

47

Repetitive Learning (1회 2회 3회)

다음의 2가지 물질을 혼합하였을 때 위험성이 증가하는 경우가 아닌 것은?

① 과망간산칼륨+황산

② 니트로셀룰로오스+알코올수용액

③ 질산나트륨+유기물

④ 질산+에틸알코올

해설

- 니트로셀룰로오스는 알코올 수용액(30%) 또는 물에 습면하여 저장한다.

니트로셀룰로오스[$C_6H_7O_2(ONO_2)_3$]$_n$의 저장 및 취급방법

- 가열, 마찰을 피한다.
- 열원을 멀리하고 냉암소에 저장한다.
- 알코올 수용액(30%) 또는 물로 습면하여 저장한다.
- 직사광선 및 산과 접촉 시 자연발화하므로 주의한다.
- 건조하면 폭발 위험이 크지만 수분을 함유하면 폭발위험이 적어진다.
- 화재 시에는 다량의 물로 냉각소화한다.

48

Repetitive Learning (1회 2회 3회)

이황화탄소의 인화점, 발화점, 끓는점에 해당하는 온도를 낮은 것부터 차례대로 나타낸 것은?

① 끓는점 < 인화점 < 발화점

② 끓는점 < 발화점 < 인화점

③ 인화점 < 끓는점 < 발화점

④ 인화점 < 발화점 < 끓는점

해설

- 이황화탄소의 인화점은 −30℃, 끓는점은 46.3℃, 발화점은 100℃이다.

이황화탄소(CS_2) 실기 0504/0704/0802/1102/1401/1402/1501/1601/1702/1802/2004/2101

- 특수인화물로 지정수량이 50L이고 위험등급은 Ⅰ이다.
- 인화점이 −30℃, 끓는점이 46.3℃, 발화점이 120℃이다.
- 순수한 것은 무색투명한 액체이나, 일광에 황색으로 변한다.
- 물에 녹지 않고 벤젠에는 녹는다.
- 가연성 증기의 발생을 방지하기 위해 물속에 넣어 저장한다.
- 비중이 1.26으로 물보다 무겁고 독성이 있다.
- 완전연소할 때 자극성이 강하고 유독한 기체(SO_2)를 발생시킨다.

49

Repetitive Learning (1회 2회 3회)

물과 접촉 시 발생되는 가스의 종류가 나머지 셋과 다른 하나는?

① 나트륨 ② 수소화칼슘

③ 인화칼슘 ④ 수소화나트륨

해설

- 나트륨, 수소화칼슘, 수소화나트륨은 모두 물과 반응할 때 수소를 발생시키는데 인화칼슘(석회)은 독성의 가연성 기체인 포스핀가스(인화수소, PH_3)을 발생시킨다.

인화석회/인화칼슘(Ca_3P_2) 실기 0502/0601/0704/0802/1401/1501/1602/2004

- 금속의 인화물의 한 종류로 지정수량이 300kg, 위험등급이 Ⅲ인 제3류 위험물이다.
- 상온에서 적갈색 고체로 비중이 2.5로 물보다 무겁다.
- 물 또는 약산과 반응하면 독성의 가연성 기체인 포스핀가스(인화수소, PH_3)가 발생한다.

물과의 반응식	$Ca_3P_2 + 6H_2O \rightarrow 3Ca(OH)_2 + 2PH_3$ 인화석회+물 → 수산화칼슘+인화수소
산과의 반응식	$Ca_3P_2 + 6HCl \rightarrow 3CaCl_2 + 2PH_3$ 인화석회+염산 → 염화칼슘+인화수소

정답 | 46 ③ 47 ② 48 ③ 49 ③

50

Repetitive Learning (1회 2회 3회)

트리에틸알루미늄(Triethyl aluminium) 분자식에 포함된 탄소의 개수는?

① 2 ② 3

③ 5 ④ 6

해설

- 트리에틸알루미늄은 $(C_2H_5)_3Al$로 탄소가 총 6개 포함된다.

트리에틸알루미늄[$(C_2H_5)_3Al$] 실기 0502/0804/0904/1004/1101/1104/1202/1204/1304/1402/1404/1602/1704/1804/1902/1904/2001/2003

- 알킬기(C_nH_{2n+1})와 알루미늄의 화합물로 자연발화성 및 금수성 물질에 해당하는 제3류 위험물이다.
- 지정수량은 10kg이고, 위험등급은 Ⅰ이다.
- 무색 투명한 액체로 물, 에탄올과 폭발적으로 반응한다.
- 물과 접촉할 경우 폭발적으로 반응하여 수산화알루미늄과 에탄가스를 생성하므로 보관 시 주의한다.
  (반응식 : $(C_2H_5)_3Al+3H_2O \rightarrow Al(OH)_3+3C_2H_6$)
- 화재 시 발생되는 흰 연기는 인체에 유해하며, 소화는 팽창질석, 팽창진주암 등이 가장 효율적이다.

0804 / 1504 / 1902

51

Repetitive Learning (1회 2회 3회)

염소산칼륨이 고온에서 완전 열분해할 때 주로 생성되는 물질은?

① 칼륨과 물 및 산소 ② 염화칼륨과 산소

③ 이염화칼륨과 수소 ④ 칼륨과 물

해설

- 염소산칼륨이 열분해하면 과염소산칼륨과 염화칼륨, 산소로 분해된다.

염소산칼륨($KClO_3$) 실기 0501/0502/1001/1302/1704/2001

- 산화성 고체로 제1류 위험물에 해당하며, 지정수량은 50kg, 위험등급은 Ⅰ이다.
- 무색무취의 단사정계 판상결정으로 인체에 유독한 위험물이다.
- 비중이 약 2.3으로 물보다 무거우며, 녹는점은 약 368℃이다.
- 온수나 글리세린에 잘 녹으나 냉수나 알코올에는 잘 녹지 않는다.
- 산과 반응하여 폭발성을 지닌 이산화염소(ClO_2)를 발생시킨다.
- 불꽃놀이, 폭약 등의 원료로 사용된다.
- 열분해하면 과염소산칼륨과 염화칼륨, 산소로 분해된다.
  ($2KClO_3 \xrightarrow[\triangle]{} KClO_4+KCl+O_2$)
- 화재 발생 시 주수소화로 소화한다.

1104

52

Repetitive Learning (1회 2회 3회)

제3류 위험물의 운반 시 혼재할 수 있는 위험물은 제 몇 류 위험물인가? (단, 각각 지정수량의 10배인 경우이다)

① 제1류 ② 제2류

③ 제4류 ④ 제5류

해설

- 제1류와 제6류, 제2류와 제4류 및 제5류, 제3류와 제4류, 제4류와 제5류의 혼합은 비교적 위험도가 낮아 혼재 사용이 가능하다.

위험물의 혼합 사용 실기 0504/0601/0602/0701/0704/0804/1001/1102/1104/1302/1401/1404/1502/1504/1601/1704/1801/1802/1804/1901/1902/2001

- 유별을 달리하는 위험물은 동일 장소에서 저장, 취급해서는 안 된다.
- 제1류(산화성고체)와 제6류(산화성액체), 제2류(환원성고체)와 제4류(가연성액체) 및 제5류(자기반응성물질), 제3류(자연발화 및 금수성 물질)와 제4류(가연성액체)의 혼합은 비교적 위험도가 낮아 혼재 사용이 가능하다.
- 산화성물질과 가연물을 혼합하면 산화 · 환원반응이 더욱 잘 일어나는 혼합위험성 물질이 된다.
- 가연성 물질과 조연성 물질을 혼합할 때 폭발위험이 증가한다.

구분	1류	2류	3류	4류	5류	6류
1류		×	×	×	×	○
2류	×		×	○	○	×
3류	×	×		○	×	×
4류	×	○	○		○	×
5류	×	○	×	○		×
6류	○	×	×	×	×	

53

Repetitive Learning (1회 2회 3회)

위험물의 운반용기 재질 중 액체위험물의 외장용기로 사용할 수 없는 것은?

① 유리 ② 나무

③ 파이버판 ④ 플라스틱

해설

- 유리는 액체위험물의 내장용기로 사용된다.

액체위험물의 운반용기 실기 1504

- 내장용기에는 유리, 플라스틱, 금속제 용기가 사용된다.
- 내장용기별 최대용적은 유리, 플라스틱의 경우 10L, 금속제 30L이다.
- 외장용기에는 나무, 플라스틱, 파이버판, 금속제 용기가 사용된다.

50 ④ 51 ② 52 ③ 53 ① 정답

0604 / 1804

54

위험물안전관리법령에 따른 제4류 위험물 중 제1석유류에 해당하지 않는 것은?

① 등유 ② 벤젠
③ 메틸에틸케톤 ④ 톨루엔

해설

• 등유는 제2석유류에 해당한다.

제1석유류

㉠ 개요

• 1기압에서 인화점이 21℃ 미만인 액체이다.
• 비수용성은 지정수량이 200L, 수용성은 지정수량이 400L이며, 위험등급은 Ⅱ이다.
• 휘발유, 벤젠, 톨루엔, 메틸에틸케톤, 시클로헥산, 초산에스테르류, 의산에스테르류, 염화아세틸(이상 비수용성), 아세톤, 피리딘, 시안화수소(이상 수용성) 등이 있다.

㉡ 종류

구분	종류
비수용성 (200L)	• 휘발유(가솔린) • 벤젠(C_6H_6) • 톨루엔($C_6H_5CH_3$) • 시클로헥산(C_6H_{12}) • 메틸에틸케톤($CH_3COC_2H_5$) • 초산에스테르(초산메틸, 초산에틸, 초산프로필 등) • 의산에스테르(의산메틸, 의산에틸, 의산프로필 등) • 염화아세틸(CH_3COCl)
수용성 (400L)	• 아세톤(CH_3COCH_3) • 피리딘(C_5H_5N) • 시안화수소(HCN)

1804

55

외부의 산소공급이 없어도 연소하는 물질이 아닌 것은?

① 알루미늄의 탄화물 ② 과산화벤조일
③ 유기과산화물 ④ 질산에스테르

해설

• 과산화벤조일[$(C_6H_5CO)_2O_2$], 유기과산화물, 질산에스테르는 모두 자기반응성 물질로 내부에 산소를 포함하고 있어서 자기 연소하는 제5류 위험물이다.

탄화알루미늄(Al_4C_3) 실기 0704/1301/1602/2003

• 칼슘 또는 알루미늄의 탄화물로 자연발화성 및 금수성 물질에 해당하며, 지정수량 300kg에 위험등급은 Ⅲ인 제3류 위험물이다.
• 분자량이 약 144이고 비중이 약 2.36으로 물보다 무겁다.
• 물과 접촉하면 수산화알루미늄[$AL(OH)_3$]과 메탄(CH_4)가스를 발생시킨다.(반응식 : $Al_4C_3 + 12H_2O \rightarrow 4Al(OH)_3 + 3CH_4$)

56

Repetitive Learning (1회 2회 3회)

다음 중 증기비중이 가장 큰 것은?

① 벤젠 ② 아세톤
③ 아세트알데히드 ④ 톨루엔

해설

• 증기비중은 $\frac{\text{분자량}}{\text{공기분자량}}$으로 구한다. 즉, 공기의 분자량은 일정하므로 물질의 분자량이 큰 것이 증기비중이 크다.
• 벤젠(C_6H_6)의 분자량은 78이므로 증기비중은 $\frac{78}{29} = 2.7$이다.
• 아세톤(CH_3COCH_3)의 분자량은 58이므로 증기비중은 $\frac{58}{29} = 2$이다.
• 아세트알데히드(CH_3CHO)의 분자량은 44이므로 증기비중은 $\frac{44}{29} = 1.52$이다.

톨루엔($C_6H_5CH_3$) 실기 0701/1101/1201/1904

• 비수용성 제1석유류로 지정수량이 200L인 인화성 액체(제4류 위험물)이다.
• 벤젠(C_6H_6)의 수소(H)와 메틸기(CH_3)가 치환된 것이다.
• 인화점이 4℃이고 비중은 0.87, 증기비중은 3.18이다.

57

Repetitive Learning (1회 2회 3회)

위험물 운반용기 외부표시의 주의사항으로 틀린 것은?

① 제1류 위험물 중 알칼리금속의 과산화물 : 화기 · 충격주의, 물기엄금 및 가연물접촉주의
② 제2류 위험물 중 인화성 고체 : 화기엄금
③ 제4류 위험물 : 화기엄금
④ 제6류 위험물 : 물기엄금

해설

• 제6류 위험물에 해당하는 산화성 액체는 외부 용기에 가연물 접촉주의를 표시하여야 한다.

수납하는 위험물에 따른 용기 표시 주의사항 실기 0701/0801/0902/0904/1001/1004/1101/1201/1202/1404/1504/1601/1701/1801/1802/2003/2004/2101

문제 30번의 유형별 핵심이론 참조

정답 | 54 ① 55 ① 56 ④ 57 ④

58 ─── Repetitive Learning (1회 2회 3회)

과산화나트륨의 위험성에 대한 설명으로 틀린 것은?

① 가열하면 분해하여 산소를 방출한다.
② 부식성 물질이므로 취급 시 주의해야 한다.
③ 물과 접촉하면 가연성 수소 가스를 방출한다.
④ 이산화탄소와 반응을 일으킨다.

해설

• 과산화나트륨은 물과 격렬하게 반응하여 수산화나트륨과 산소를 발생시킨다.

과산화나트륨(Na_2O_2) 실기 0801/0804/1201/1202/1401/1402/1701/1704/1904/2003/2004

㉠ 개요

• 산화성 고체로 제1류 위험물에 해당하며, 지정수량은 50kg, 위험등급은 Ⅰ이다.
• 순수한 것은 백색 정방정계 분말이나 시판되는 것은 황색이다.
• 흡습성이 강하고 조해성이 있으며, 표백제, 산화제로 사용한다.
• 산과 반응하여 과산화수소(H_2O_2)를 발생시키며, 금, 니켈을 제외한 다른 금속을 침식하여 산화물로 만든다.
• 물과 격렬하게 반응하여 수산화나트륨과 산소를 발생시킨다. ($2Na_2O_2 + 2H_2O \rightarrow 4NaOH + O_2$)
• 가연물과 혼합되어 있을 경우 약간의 물 접촉만으로도 발화하며, 양이 많을 경우 주수에 의해 폭발하므로 주수소화를 금해야 한다.
• 가열하면 산화나트륨과 산소를 발생시킨다. ($2Na_2O_2 \xrightarrow[\triangle]{} 2Na_2O + O_2$)
• 아세트산과 반응하여 아세트산나트륨과 과산화수소를 발생시킨다.($Na_2O_2 + 2CH_3COOH \rightarrow 2CH_3COONa + H_2O_2$)

㉡ 저장 및 취급방법

• 물과 습기의 접촉을 피한다.
• 용기는 수분이 들어가지 않게 밀전 및 밀봉 저장한다.
• 가열 및 충격·마찰을 피하고 유기물질의 혼입을 막는다.

0401

59 ─── Repetitive Learning (1회 2회 3회)

셀룰로이드류를 다량으로 저장하는 경우, 자연발화의 위험성을 고려하였을 때 다음 중 가장 적합한 장소는?

① 습도가 높고 온도가 낮은 곳
② 습도가 온도가 모두 낮은 곳
③ 습도가 온도가 모두 높은 곳
④ 습도가 낮고 온도가 높은 곳

해설

• 셀룰로이드류는 자연발화의 위험성을 고려하여 통풍이 잘 되는 냉암소에 저장한다.

셀룰로이드류

• 니트로셀룰로오스 75%+장뇌 25%로 되는 고용체로 제5류 위험물에 해당한다.
• 온도 및 습도가 높은 장소에서 취급할 때 분해열에 의한 자연발화 위험이 크다.
• 자연발화의 위험성을 고려하여 통풍이 잘 되는 냉암소에 저장한다.

1104 / 1204 / 1401

60 ─── Repetitive Learning (1회 2회 3회)

옥외저장탱크·옥내저장탱크 또는 지하저장탱크 중 압력탱크에 저장하는 아세트알데히드 등의 온도는 몇 ℃ 이하로 유지하여야 하는가?

① 30 ② 40
③ 55 ④ 65

해설

• 옥외저장탱크·옥내저장탱크 또는 지하저장탱크 중 압력탱크에 저장하는 아세트알데히드 등 또는 디에틸에테르 등의 온도는 40℃ 이하로 유지하여야 한다.

아세트알데히드 등의 저장기준 실기 0604/1202/1304/1602/1901/1904

• 옥외저장탱크·옥내저장탱크 또는 지하저장탱크 중 압력탱크에 있어서는 아세트알데히드 등의 취출에 의하여 당해 탱크내의 압력이 상용압력 이하로 저하하지 아니하도록, 압력탱크 외의 탱크에 있어서는 아세트알데히드 등의 취출이나 온도의 저하에 의한 공기의 혼입을 방지할 수 있도록 불활성 기체를 봉입할 것
• 이동저장탱크에 아세트알데히드 등을 저장하는 경우에는 항상 불활성의 기체를 봉입하여 둘 것
• 옥외저장탱크·옥내저장탱크 또는 지하저장탱크 중 압력탱크 외의 탱크에 저장하는 디에틸에테르 등 또는 아세트알데히드 등의 온도는 산화프로필렌과 이를 함유한 것 또는 디에틸에테르 등에 있어서는 30℃ 이하로, 아세트알데히드 또는 이를 함유한 것에 있어서는 15℃ 이하로 각각 유지할 것
• 옥외저장탱크·옥내저장탱크 또는 지하저장탱크 중 압력탱크에 저장하는 아세트알데히드 등 또는 디에틸에테르 등의 온도는 40℃ 이하로 유지할 것
• 보냉장치가 있는 이동저장탱크에 저장하는 아세트알데히드 등 또는 디에틸에테르 등의 온도는 당해 위험물의 비점 이하로 유지할 것
• 보냉장치가 없는 이동저장탱크에 저장하는 아세트알데히드 등 또는 디에틸에테르 등의 온도는 40℃ 이하로 유지할 것

58 ③ 59 ② 60 ② | 정답

2016년 5월 8일

2016년 제2회

합격률 31.4%

1과목 일반화학

01 Repetitive Learning (1회 2회 3회)

질산칼륨을 물에 용해시키면 용액의 온도가 떨어진다. 다음 사항 중 옳지 않은 것은?

① 용해시간과 용해도는 무관하다.
② 질산칼륨의 용해 시 열을 흡수한다.
③ 온도가 상승할수록 용해도는 증가한다.
④ 질산칼륨 포화용액을 냉각시키면 불포화용액이 된다.

해설

- 질산칼륨 포화용액을 냉각시키면 과포화용액 상태가 되어 일부의 용매를 석출시키게 된다.

용해도를 이용한 용질의 석출량 계산

㉠ 개요
- 용해도란 포화용액에서 용매 100g에 용해되는 용질의 g수를 그 온도에서의 용해도라고 한다.
- 대부분의 경우 온도가 높아질수록 고체의 용해도는 증가하고, 기체의 용해도는 감소한다.

㉡ 석출량 계산
- 특정 온도(A℃)에서 포화된 용액의 용질 용해도와 포화용액의 양이 주어지고 그 온도보다 낮은 온도(B℃)에서의 용질의 석출량을 구하는 경우

- 포화상태에서의 용매의 양과 용질의 양을 용해도를 이용해 구한다.
  ⓐ 용매의 양 = 포화용액의 양 × $\frac{100}{100 + \text{A℃의 용해도}}$
  ⓑ 용질의 양 = 포화용액의 양 − ⓐ에서 구한 용매의 양
  = 포화용액의 양 × $\frac{\text{A℃의 용해도}}{100 + \text{A℃의 용해도}}$
  ⓒ B℃에서의 용해도를 이용해 B℃에서의 용해가능한 용질의 양 (= $\frac{\text{B℃에서의 용해도} \times \text{ⓐ에서 구한 용매의 양}}{100}$)을 구한다.
- ⓑ에서 구한 용질의 양에서 ⓒ에서 구한 용질의 양을 빼주면 석출된 용질의 양을 구할 수 있다.

0604

02 Repetitive Learning (1회 2회 3회)

대기압 하에서 열린 실린더에 있는 1mol의 기체를 20℃에서 120℃까지 가열하면 기체가 흡수하는 열량은 약 몇 cal인가? (단, 이 기체 몰 열용량은 4.97cal/mol · K이다)

① 1　　② 100
③ 497　　④ 7,601

해설

- 기체의 몰 열용량이 4.97cal/mol · K이라는 것은 해당하는 기체의 1몰을 1℃ 증가시키는데 들어가는 열량(cal)를 의미하므로 20℃에서 120℃로 100℃ 올리는데 필요한 열량은 4.97×100=497cal가 된다.

기체의 몰 열용량
- 몰에 해당하는 특정 기체의 온도를 1℃ 올리는데 필요한 열량을 말한다.
- 단위로는 cal/mol · K를 사용한다.

03 Repetitive Learning (1회 2회 3회)

벤조산은 무엇을 산화하면 얻을 수 있는가?

① 톨루엔　　② 니트로벤젠
③ 트리니트로톨루엔　　④ 페놀

해설

- 톨루엔($C_6H_5CH_3$)이 수소를 잃고 산소를 얻으면 벤조산(C_6H_5COOH)이 된다.

톨루엔($C_6H_5CH_3$)
- 인화성 액체에 해당하는 제4류 위험물 중 제1석유류에 속하며 비수용성인 관계로 지정수량이 200L이고, 위험등급은 Ⅱ이다.
- T.N.T의 원료로 벤젠의 수소하나가 메틸기($-CH_3$)로 치환된 것이다.
- $FeCl_3$의 존재 하에서 염소를 반응시키면 이성질체에 해당하는 o−클로로톨루엔, m−클로로톨루엔, p−클로로톨루엔이 생성된다.

정답 | 01 ④ 02 ③ 03 ①

1002

04 Repetitive Learning (1회 2회 3회)

페놀 수산기($-OH$)의 특성에 대한 설명으로 옳은 것은?

① 수용액이 강알칼리성이다.

② $-OH$기가 하나 더 첨가되면 물에 대한 용해도가 작아진다.

③ 카르복실산과 반응하지 않는다.

④ $FeCl_3$용액과 정색반응을 한다.

해설

- 수용액은 약한 산성을 띤다.
- $-OH$기가 추가되면 물에 대한 용해도가 커진다.
- 카르복실산($-COOH$)과 반응하여 에스테르기($-COO-$)를 형성한다.

페놀(C_6H_5OH)

- 카르복실산($-COOH$)과 반응하여 에스테르기($-COO-$)를 형성한다.
- 나트륨(Na)과 반응하여 수소(H_2) 기체를 발생한다.
- 수용액은 약한 산성을 띤다.
- 벤젠에 수산기(OH)가 포함되어 $FeCl_3$ 수용액과 정색반응하여 보라색으로 변한다.
- 벤젠(C_6H_6)보다 끓는점이 높다.
- 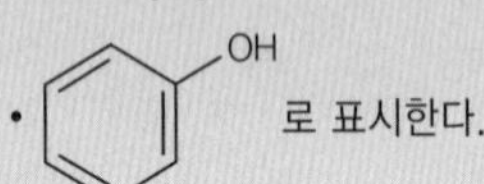

로 표시한다.

0501

05 Repetitive Learning (1회 2회 3회)

물(H_2O)의 끓는점이 황화수소(H_2S)의 끓는점보다 높은 이유는?

① 분자량이 작기 때문에 ② 수소결합 때문에

③ pH가 높기 때문에 ④ 극성 결합 때문에

해설

- 물(H_2O)은 수소결합을 하는데 반해 황화수소(H_2S)는 이온결합을 하고 있다. 수소결합물은 다른 분자들에 비해 인력이 강해 끓는점이나 녹는점이 높다.

수소결합

- 질소(N), 산소(O), 불소(F) 등 전기음성도가 큰 원자와 수소(H)가 강한 인력으로 결합하는 것을 말한다.
- 수소결합이 가능한 분자들은 다른 분자들에 비해 인력이 강해 끓는점이나 녹는점이 높고 기화열, 융해열이 크다.
- 수소결합이 가능한 분자들은 비열, 표면장력이 크며, 물이 얼음이 될 때 부피가 늘어나는 것도 물이 수소결합을 하기 때문이다.

1902

06 Repetitive Learning (1회 2회 3회)

NH_4Cl에서 배위결합을 하는 부분을 옳게 설명한 것은?

① NH_3의 N-H 결합

② NH_3와 H^+과의 결합

③ NH_4^+과 Cl^-과의 결합

④ H^+과 Cl^-과의 결합

해설

- 염화암모늄은 분자 내에서 배위결합(H-N사이 공유결합한 NH_3와 H^+과의 결합)과 이온결합(NH_4^+와 Cl^-)을 동시에 가지고 있다.

염화암모늄(NH_4Cl)

- 암모니아와 염화수소의 중화반응을 통하거나 수산화암모늄과 염화수소와의 반응을 통해서 만들 수 있다.
- 백색 고체로 분자량은 53.50g/mol이고 밀도는 1.52g/cm^{3}이다.
- 분자 내에서 배위결합(H-N사이 공유결합한 NH_3와 H^+과의 결합)과 이온결합(NH_4^+와 Cl^-)을 동시에 가지고 있다.

07 Repetitive Learning (1회 2회 3회)

어떤 비전해질 12g을 물 60.0g에 녹였다. 이 용액이 −1.88℃의 빙점 강하를 보였을 때 이 물질의 분자량을 구하면? (단, 물의 몰랄 어는점 내림 상수 K=1.86℃/m이다)

① 297 ② 202

③ 198 ④ 165

해설

- 물의 어는점이 얼마나 내렸는지 계산하기 위해 대입해보면 $1.86\times\frac{12\times1,000}{x\times60}=1.88$[℃]이 되었을 때 x를 구하면 된다.
- $x=\frac{1.86\times12\times1,000}{60\times1.88}=\frac{22320}{112.8}=198.87$이다.

라울의 법칙

- 용매에 용질을 녹일 경우 용매의 증기압이 감소하여 끓는(어는)점이 변화하는데 이때 변화의 크기는 용액 중에 녹아있는 용질의 몰분율에 비례한다.
- 끓는점 상승도 = $K_b\times\frac{w\times1,000}{M\times G}$로 구한다.
  이때, K_b는 몰랄 오름 상수(0.52℃ · kg/mol)이고, w는 용질의 무게, M은 용질의 분자량, G는 용매의 무게이다.
- 어는점 강하도 = $K_f\times\frac{w\times1,000}{M\times G}$로 구한다.
  이때, K_f는 몰랄 내림 상수(1.86℃ · kg/mol)이고, w는 용질의 무게, M은 용질의 분자량, G는 용매의 무게이다.

04 ④ 05 ② 06 ② 07 ③ | 정답

08 — Repetitive Learning 1회 2회 3회

분자구조에 대한 설명을 옳은 것은?

① BF_3는 삼각 피라미드형이고, NH_3는 선형이다.
② BF_3는 평면 정삼각형이고, NH_3는 삼각 피라미드형이다.
③ BF_3는 굽은형(V형)이고, NH_3는 삼각 피라미드형이다.
④ BF_3는 평면 정삼각형이고, NH_3는 선형이다.

해설

- 삼불화붕소(BF_3)는 중심원자에 공유 전자쌍만 있는 평면삼각형 구조를 하는데 반해 암모니아(NH_3)는 결합각이 107°인 입체 삼각뿔(피라밋) 구조를 하고 있다.

암모니아(NH_3)
- 질소 분자 1몰과 수소분자 3몰이 결합하여 만들어지는 화합물이다.
- 끓는점은 −33.34℃이고, 분자량은 17이다.
- 암모니아 합성식은 $N_2 + 3H_2 \rightarrow 2NH_3$이다.
- 결합각이 107°인 입체 삼각뿔(피라밋) 구조를 하고 있다.

0404 / 1004

09 — Repetitive Learning 1회 2회 3회

다음에서 설명하는 물질의 명칭은?

> • HCl과 반응하여 염산염을 만든다.
> • 니트로벤젠을 수소로 환원하여 만든다.
> • $CaOCl_2$ 용액에서 붉은 보라색을 띤다.

① 페놀 ② 아닐린
③ 톨루엔 ④ 벤젠술폰산

해설

- 니트로벤젠($C_6H_5NO_2$)을 니켈, 구리 등을 촉매로 환원시키면 아닐린($C_6H_5NH_2$)이 얻어진다.

아닐린($C_6H_5NH_2$)
- 인화성 액체에 해당하는 제4류 위험물 중 제3석유류에 속하며, 비수용성으로 지정수량이 2,000[L]이고, 위험등급이 Ⅲ이다.
- 인화점이 75℃, 착화점이 538℃이며 비중은 1.002이고, 분자량은 93.13이다.
- 니트로벤젠의 증기에 수소를 혼합한 뒤 촉매(니켈, 구리 등)를 사용하여 환원시켜서 얻는다.
- $CaOCl_2$ 용액에서 붉은 보라색을 띠며, HCl과 반응하여 염산염을 만든다.

1302

10 — Repetitive Learning 1회 2회 3회

원자에서 복사되는 빛은 선스펙트럼을 만드는데 이것으로부터 알 수 있는 사실은?

① 빛에 의한 광전자의 방출
② 빛이 파동의 성질을 가지고 있다는 사실
③ 전자껍질의 에너지의 불연속성
④ 원자핵 내부의 구조

해설

- 들뜬 상태의 전자가 전자껍질의 에너지의 불연속성으로 인해 낮은 에너지 준위로 떨어질 때 빛을 방출하는데 이것이 선스펙트럼으로 나타난다.

보어의 원자모형
- 전자가 원자핵을 기준으로 원 궤도를 그리며 원운동을 하고 있다고 주장하였다.
- 들뜬 상태의 전자가 전자껍질의 에너지의 불연속성으로 인해 낮은 에너지 준위로 떨어질 때 빛을 방출하는데 이것이 선스펙트럼으로 나타난다.

1101

11 — Repetitive Learning 1회 2회 3회

17g의 NH_3와 충분한 양의 황산이 반응하여 만들어지는 황산암모늄은 몇 g인가? (단, 원소의 원자량은 H : 1, N : 14, O : 16, S : 32이다)

① 66g ② 106g
③ 115g ④ 132g

해설

- 반응식을 살펴보면 $2NH_3 + H_2SO_4 \rightarrow (NH_4)_2SO_4$가 된다.
- 즉, 2몰의 암모니아가 1몰의 황산암모늄을 만든다.
- 암모니아의 분자량은 17이고, 황산암모늄의 분자량은 132인데 17g의 암모니아(1몰)로 만들어내는 황산암모늄은 0.5몰이 되어야 하므로 66g이다.

암모니아(NH_3)
- 질소 분자 1몰과 수소분자 3몰이 결합하여 만들어지는 화합물이다.
- 끓는점은 −33.34℃이고, 분자량은 17이다.
- 암모니아 합성식은 $N_2 + 3H_2 \rightarrow 2NH_3$이다.
- 결합각이 107°인 입체 삼각뿔(피라밋) 구조를 하고 있다.

정답 | 08 ② 09 ② 10 ③ 11 ①

2001

12 Repetitive Learning (1회 2회 3회)

다음의 반응에서 환원제로 쓰인 것은?

$$MnO_2 + 4HCl \rightarrow MnCl_2 + 2H_2O + Cl_2$$

① Cl_2 ② $MnCl_2$
③ HCl ④ MnO_2

해설

- 한 물질이 산화되면 반드시 다른 물질은 환원되어야 한다. 이산화망간에서 산소를 내주는 만큼 이산화망간은 산화제로 사용되었는데, 염화수소의 경우 염소로 변화되면서 수소를 잃고 산화수도 −1에서 0으로 증가하였으므로 환원제로 사용되었다.

산화제와 환원제

㉠ 산화제
- 자신은 환원(산화수가 감소)되면서 다른 화학종을 산화시키는 물질을 말한다.
- 자신이 가지고 있는 산소 또는 산소공급원을 내주어 다른 가연물을 연소시키고 반응 후 자신은 산소를 잃어버리는 것을 말한다.
- 산화납, 과망가니즈산칼륨, 산화염소, 염소 등이 있다.

㉡ 환원제
- 자신은 산화(산화수가 증가)되면서 다른 화학종을 환원시키는 물질을 말한다.
- 산화제로부터 산소를 받아들여 자신이 직접 연소되는 가연물을 의미한다.
- 수소, 이산화황, 탄소 등이 있다.

0401

13 Repetitive Learning 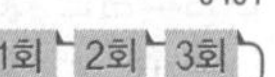

다음 중 비공유 전자쌍을 가장 많이 가지고 있는 것은?

① CH_4 ② NH_3
③ H_2O ④ CO_2

해설

- 메탄(CH_4)은 공유전자쌍 4개이나 비공유전자쌍은 없다.
- 암모니아(NH_3)는 공유전자쌍 3개, 비공유전자쌍 1개로 구성된다.
- 물(H_2O)은 공유전자쌍 2개, 비공유전자쌍 2개로 구성된다.
- 이산화탄소(CO_2)는 공유전자쌍 4개, 비공유전자쌍 4개씩이 된다.

비공유 전자쌍
- 고립전자쌍이라고도 한다.
- 다른 원자와 서로 전자를 공유하는 공유결합을 하지 않는 전자쌍을 말한다.
- 공유전자쌍보다 구속력과 반발력이 커 결합각이 굽은 모양 형태 등으로 다양하게 되고 전자밀도에 따른 극성이 생긴다.

14 Repetitive Learning (1회 2회 3회)

시약의 보관방법을 옳지 않은 것은?

① Na : 석유 속에 보관
② NaOH : 공기가 잘 통하는 곳에 보관
③ P_4(흰인) : 물속에 보관
④ HNO_3 : 갈색병에 보관

해설

- 수산화나트륨은 공기 중 수분을 빨아들여 자신이 녹는 조해성을 가지고 있으므로 보관 시 공기와의 접촉을 피해 밀봉 보관해야 한다.

수산화나트륨(NaOH)
- 녹는점은 328℃, 끓는점은 1390℃이며, 밀도는 2.13g/cm^{3}이고 분자량은 40이다.
- $Ni(OH)_2$와 $Al(OH)_3$의 혼합물을 분리시키는 데 시약으로 주로 사용한다.
- 공기 중 수분을 빨아들여 자신이 녹는 조해성을 가지고 있으므로 보관 시 공기와의 접촉을 피해 밀봉 보관해야 한다.

1302 / 1904

15 Repetitive Learning 

다음은 열역학 제 몇 법칙에 대한 내용인가?

> 0K(절대영도)에서 물질의 엔트로피는 0이다.

① 열역학 제0법칙 ② 열역학 제1법칙
③ 열역학 제2법칙 ④ 열역학 제3법칙

해설

- 절대 0도에서의 엔트로피가 상수임을 정립한 것은 열역학 3법칙이다.

열역학 법칙

0법칙	2계가 다른 계와 열적평형상태에 있으면 이 2계는 반드시 열적 평형상태이어야 한다.
1법칙	고립된 계의 에너지는 일정하다.
2법칙	고립된 계의 엔트로피가 열적평형상태가 아니라면 계속 증가해야한다.
3법칙	0K(절대영도)에서 물질의 엔트로피는 0이다.

12 ③ 13 ④ 14 ② 15 ④ | 정답

0404 / 1204

16

Repetitive Learning 

볼타전지에서 갑자기 전류가 약해지는 현상을 "분극현상"이라 한다. 이 분극현상을 방지해주는 감극제로 사용되는 물질은?

① MnO_2 ② $CuSO_3$
③ NaCl ④ $Pb(NO_3)_2$

해설

- 분극현상을 방지해주는 감극제로 이산화망간(MnO_2), 산화구리(CuO), 과산화납(PbO_2) 등을 사용한다.

볼타전지

㉠ 개요

- 물질의 산화 · 환원 반응을 이용하여 화학에너지를 전기적 에너지로 전환시키는 장치로 세계 최초의 전지이다.
- 전해질 수용액인 묽은 황산(H_2SO_4)용액에 아연판과 구리판을 세우고 도선으로 연결한 전지이다.
- 음(−)극은 반응성이 큰 금속(아연)으로 산화반응이 일어난다.
- 양(+)극은 반응성이 작은 금속(구리)으로 환원반응이 일어난다.
- 전자는 (−)극에서 (+)극으로 이동한다.

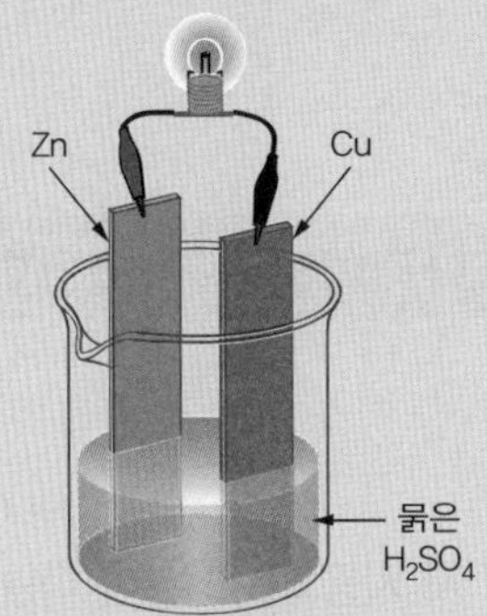

㉡ 분극현상

- 볼타전지의 기전력은 약 1.3V인데 전류가 흐르기 시작하면 갑자기 0.4V로 전류가 약해지는 현상을 말한다.
- 분극현상을 방지해주는 감극제로 이산화망간(MnO_2), 산화구리(CuO), 과산화납(PbO_2) 등을 사용한다.

17

Repetitive Learning 1회 2회 3회

원자가 전자배열이 as^2ap^2인 것은? (단, a=2, 3이다)

① Ne, Ar ② Li, Na
③ C, Si ④ N, P

해설

- 전자의 배열이 as^2ap^2이라고 하더라도 앞의 오비탈이 모두 채워져야 한다는데 주의해야 한다.
- a에 2를 대입하면 $1s^22s^22p^2$가 되며, 이는 원자번호 6인 탄소(C)이다.
- a에 3을 대입하면 $1s^22s^22p^63s^23p^2$가 되며, 이는 원자번호 14인 규소(Si)이다.

전자배치 구조

- 오비탈이라는 전자가 채워지는 공간을 통해 전자껍질을 구성한다.
- 전자껍질은 K, L, M, N껍질로 구성된다.

구분	K껍질	L껍질	M껍질	N껍질
오비탈	1s	2s2p	3s3p3d	4s4p4d4f
오비탈수	1개(1^2)	4개(2^2)	9개(3^2)	16개(4^2)
최대전자	최대 2개	최대 8개	최대 18개	최대 32개

- 오비탈의 종류

s오비탈	최대 2개의 전자를 채울 수 있다.
p오비탈	최대 6개의 전자를 채울 수 있다.
d오비탈	최대 10개의 전자를 채울 수 있다.
f오비탈	최대 14개의 전자를 채울 수 있다.

- 표시방법

$1s^22s^22p^63s^23p^64s^23d^{10}4p^6$ …로 표시한다.

- 오비탈에 해당하는 s, p, d, f 앞의 숫자는 주기율표상의 주기를 의미한다.
- 오비탈에 해당하는 s, p, d, f 오른쪽 위의 숫자는 전자의 수를 의미한다.
- 항상 앞의 오비탈을 모두 채워야 다음 오비탈이 위치할 수 있다.
- 주기율표와 같이 구성되게 하기 위해 1주기에는 s만, 2주기와 3주기에는 s와 p가, 4주기와 5주기에는 전이원소를 넣기 위해 s, d, p오비탈이 순서대로(이때, d앞의 숫자가 기존 s나 p보다 1적다) 배치된다.

- 대표적인 원소의 전자배치

주기	원소명	원자 번호	표시
1	수소(H)	1	$1s^1$
	헬륨(He)	2	$1s^2$
2	리튬(Li)	3	$1s^22s^1$
	베릴륨(Be)	4	$1s^22s^2$
	붕소(B)	5	$1s^22s^22p^1$
	탄소(C)	6	$1s^22s^22p^2$
	질소(N)	7	$1s^22s^22p^3$
	산소(O)	8	$1s^22s^22p^4$
	불소(F)	9	$1s^22s^22p^5$
	네온(Ne)	10	$1s^22s^22p^6$

정답 | 16 ① 17 ③

0501_추가

18

Repetitive Learning (1회 2회 3회)

다음 화학반응으로부터 설명하기 어려운 것은?

$$2H_2(g) + O_2(g) \rightarrow 2H_2O(g)$$

① 반응물질 및 생성물질의 부피비
② 일정 성분비의 법칙
③ 반응물질 및 생성물질의 몰수비
④ 배수비례의 법칙

해설

- 반응물질 및 생성물질의 부피비는 수소 : 산소 : 물의 부피의 비가 2 : 1 : 2를 의미한다.
- 일정 성분비의 법칙은 화합물을 구성하는 각 성분원소의 질량비가 일정하다는 법칙으로 수소 : 산소가 1 : 8의 질량비를 가짐을 의미한다.
- 반응물질 및 생성물질의 몰수비는 부피비와 마찬가지로 수소 : 산소 : 물의 몰수비가 2 : 1 : 2를 의미한다.

배수비례의 법칙

- 2종류의 원소가 반응하여 2가지 이상의 물질을 생성할 때 각 물질에 속한 원소 1개와 반응하는 다른 원소의 질량은 각 물질에서 항상 일정한 정수비를 갖는 법칙을 말한다.
- 대표적으로 질소와 산소의 5종류 화합물을 드는데 N_2O, NO, N_2O_3, NO_2, N_2O_5와 같이 질소 14g과 결합하는 산소의 질량이 8, 16, 24, 32, 40g으로 1 : 2 : 3 : 4 : 5의 정수비를 갖는 것이다.
- CO와 CO_2, H_2O와 H_2O_2, SO_2와 SO_3 등이 배수비례의 법칙에 해당한다.

0704

19

Repetitive Learning 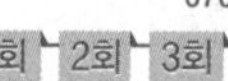

디클로로벤젠의 구조이성질체 수는 몇 개인가?

① 5
② 4
③ 3
④ 2

해설

- 디클로로벤젠($C_6H_4Cl_2$)에는 o-, m-, p- 의 3이성체가 존재한다.

디클로로벤젠($C_6H_4Cl_2$)

- 철을 촉매로 하여 벤젠을 염소화하면 혼합물로서 얻어진다.
- o-, m-, p- 의 3이성체가 존재한다.

20

Repetitive Learning (1회 2회 3회)

중크롬산이온($Cr_2O_7^{2-}$)에서 Cr의 산화수는?

① +3
② +6
③ +7
④ +12

해설

- 중크롬산이온($Cr_2O_7^{2-}$)에서 크롬이 +6가가 되어야 12-14가 되어 이온의 산화수가 -2가로 된다.

화합물에서 산화수 관련 절대적 원칙

- 일반적으로 화합물에서 전기음성도가 큰 물질이 +의 산화수를 갖고, 전기음성도가 작은 물질이 -의 산화수를 가진다.
- 수소(H)는 결합하는 원자와의 전기음성도 차에 의해 +1가 혹은 -1가의 값을 가진다.
- 1족의 알칼리금속(Li, Na, K)은 +1가의 값을 가진다.
- 2족의 알칼리토금속(Be, Mg, Ca)는 +2가의 값을 가진다.
- 13족의 알루미늄(Al)은 +3가의 값을 가진다.
- 17족의 플로오린(F)은 -1가의 값을 가진다.

2과목 화재예방과 소화방법

21

Repetitive Learning (1회 2회 3회)

소화약제 제조 시 사용되는 성분이 아닌 것은?

① 에틸렌글리콜
② 탄산칼륨
③ 인산이수소암모늄
④ 인화알루미늄

해설

- ①의 $NH_4H_2PO_4$는 제3종 분말소화약제에 해당한다.
- ②의 $NaHCO_3$는 제1종 분말소화약제에 해당한다.
- ③의 $Al_2(SO_4)_3$는 화학포소화약제에 해당한다.

인화알루미늄(AlP) 실기 1202/1204/1602/1802/1901

- 금속의 인화합물로 제3류 위험물에 해당하는 금수성 물질로 지정수량이 300kg이고, 위험등급은 Ⅲ이다.
- 물과 반응할 경우 수산화알루미늄과 함께 맹독성 포스핀가스(PH_3)를 발생시키므로 방독마스클 착용하고 취급해야 한다.
- 물과의 반응식은 $AlP + 3H_2O \rightarrow Al(OH)_3 + PH_3$이다.

18 ④ 19 ③ 20 ② 21 ④ 정답

22 Repetitive Learning (1회 2회 3회)

위험물안전관리법령상 이산화탄소를 저장하는 저압식 저장용기에는 용기 내부의 온도를 어떤 범위로 유지할 수 있는 자동냉동기를 설치하여야 하는가?

① 영하 20℃ ~ 영하 18℃
② 영하 20℃ ~ 0℃
③ 영하 25℃ ~ 영하 18℃
④ 영하 25℃ ~ 0℃

해설

- 이산화탄소를 저장하는 저압식저장용기에는 용기내부의 온도를 영하 20℃ 이상 영하 18℃ 이하로 유지할 수 있는 자동냉동기를 설치하여야 한다.

이산화탄소를 저장하는 저압식 저장용기 실기 1204/2003

- 이산화탄소를 저장하는 저압식저장용기에는 액면계 및 압력계를 설치할 것
- 이산화탄소를 저장하는 저압식저장용기에는 2.3MPa 이상의 압력 및 1.9MPa 이하의 압력에서 작동하는 압력경보장치를 설치할 것
- 이산화탄소를 저장하는 저압식저장용기에는 용기내부의 온도를 영하 20℃ 이상 영하 18℃ 이하로 유지할 수 있는 자동냉동기를 설치할 것
- 이산화탄소를 저장하는 저압식저장용기에는 파괴판을 설치할 것
- 이산화탄소를 저장하는 저압식저장용기에는 방출밸브를 설치할 것

1804

23 Repetitive Learning (1회 2회 3회)

열의 전달에 있어서 열전달면적과 열전도도가 각각 2배로 증가한다면, 다른 조건이 일정한 경우 전도에 의해 전달되는 열의 양은 몇 배가 되는가?

① 0.5배　　② 1배
③ 2배　　④ 4배

해설

- 열전달면적과 열전도도를 각각 2배로 했으므로 총 4배가 증가하게 된다.

열 전달량

- 열 전달량은 열전달면적과 열전도도, 그리고 온도차에 비례하여 전달된다.

$$Q_{CD} = k \cdot A \cdot \Delta t$$

이때 k는 열전도도, A는 전달면적, Δt는 온도차이다.

24 Repetitive Learning (1회 2회 3회)

위험물안전관리법령상 제3류 위험물 중 금수성 물질 이외의 것에 적응성이 있는 소화설비는?

① 할로겐화합물소화설비　　② 불활성가스소화설비
③ 포소화설비　　④ 분말소화설비

해설

- 금수성 물질 외 제3류 위험물에 적응성 있는 소화기에는 옥내소화전 및 스프링클러, 물분무소화설비, 포소화설비, 봉상수, 무상수소화기, 봉상강화액, 무상강화액, 포소화기, 수조, 건조사, 팽창질석 또는 팽창진주암 등이 있다.

소화설비의 적응성 중 제3류 위험물 실기 1002/1101/1202/1601/1702/1902/2001/2003/2004

소화설비의 구분			제3류 위험물	
			금수성물품	그 밖의 것
옥내소화전 또는 옥외소화전설비				○
스프링클러설비				○
물분무등 소화설비	물분무소화설비			○
	포소화설비			○
	불활성가스소화설비			
	할로겐화합물소화설비			
	분말 소화설비	인산염류등		
		탄산수소염류등	○	
		그 밖의 것	○	
대형·소형 수동식 소화기	봉상수(棒狀水)소화기			○
	무상수(霧狀水)소화기			○
	봉상강화액소화기			○
	무상강화액소화기			○
	포소화기			○
	이산화탄소 소화기			
	할로겐화합물소화기			
	분말 소화기	인산염류소화기		
		탄산수소염류소화기	○	
		그 밖의 것	○	
기타	물통 또는 수조			○
	건조사		○	○
	팽창질석 또는 팽창진주암		○	○

정답 | 22 ① 23 ④ 24 ③

1904

25

Repetitive Learning (1회 2회 3회)

강화액소화기에 대한 설명으로 옳은 것은?

① 물의 유동성을 크게 하기 위한 유화제를 첨가한 소화기이다.

② 물의 표면장력을 강화하기 위해 탄소를 첨가한 소화기이다.

③ 산 알칼리 액을 주성분으로 하는 소화기이다.

④ 물의 소화효과를 높이기 위해 염류를 첨가한 소화기이다.

해설

- 강화액소화기는 물에 탄산칼륨과 같은 알칼리 금속염을 첨가하여 소화효과를 강화시킨 소화기이다.

강화액소화기

- 물의 소화효과를 높이기 위해 염류를 첨가한 소화약제를 사용하는 소화기이다.
- 물과 한냉지역 및 겨울철에도 얼지 않도록 하기 위해 추가한 탄산칼륨을 주성분으로 한다.
- 첨가하는 물질이 주로 알칼리 금속염(탄산칼륨, 중탄산나트륨, 인산암모늄 등)이므로 액성은 강알칼리성이다.
- A급화재에 적응성이 있다.
- 축압식, 가압식, 반응식이 있으나 최근에는 주로 강화액을 공기압으로 가압한 후 압축공기의 압력으로 방출하는 축압식을 사용한다.

26

Repetitive Learning (1회 2회 3회)

불활성가스소화약제 중 IG-100의 성분을 옳게 나타낸 것은?

① 질소 100%

② 질소 50%, 아르곤 50%

③ 질소 52%, 아르곤 40%, 이산화탄소 8%

④ 질소 52%, 이산화탄소 40%, 아르곤 8%

해설

- ②는 IG-55의 성분비이다.
- ③은 IG-541의 성분비이다.

불활성가스소화약제의 성분(용량비)

	질소(N_2)	아르곤(Ar)	이산화탄소(CO_2)
IG-100	100%		
IG-55	50%	50%	
IG-541	52%	40%	8%

0504 / 0804 / 1301

27

Repetitive Learning (1회 2회 3회)

위험물취급소의 건축물 연면적이 500m^{2}인 경우 소요단위는? (단, 외벽은 내화구조이다)

① 2단위 ② 5단위

③ 10단위 ④ 50단위

해설

- 위험물 취급소의 건축물에 대한 소요단위는 외벽이 내화구조인 것은 연면적 100m^{2}를 1소요단위로 하므로 500m^{2}인 경우 5단위에 해당한다.

소요단위 실기 0604/0802/1202/1204/1704/1804/2001

- 소화설비의 설치대상이 되는 건축물 그 밖의 공작물의 규모 또는 위험물의 양의 기준단위이다.
- 계산방법

구분	기준
제조소 또는 취급소의 건축물	외벽이 내화구조인 것은 연면적 100m^{2}를 1소요단위로 하며, 외벽이 내화구조가 아닌 것은 연면적 50m^{2}를 1소요단위로 할 것
저장소의 건축물	외벽이 내화구조인 것은 연면적 150m^{2}를 1소요단위로 하고, 외벽이 내화구조가 아닌 것은 연면적 75m^{2}를 1소요단위로 할 것
제조소 등의 옥외에 설치된 공작물	외벽이 내화구조인 것으로 간주하고 공작물의 최대수평투영면적을 연면적으로 간주하여 제조소 혹은 저장소 건축물의 소요단위를 적용할 것
위험물	지정수량의 10배를 1소요단위로 할 것

28

Repetitive Learning (1회 2회 3회)

가연성 가스나 증기의 농도를 연소한계(하한) 이하로 하여 소화하는 방법은?

① 희석소화 ② 제거소화

③ 질식소화 ④ 냉각소화

해설

- 제거소화는 가연물을 제거하거나 격리시키는 방식이다.
- 질식소화는 산소공급원을 차단하는 방식이다.
- 냉각소화는 점화원을 차단하는 방식이다.

희석소화

- 가연성 가스나 증기의 농도를 연소한계(하한) 이하로 만들어 소화하는 방식이다.
- 알코올 등과 같은 수용성 액체 위험물이나 제6류 위험물에 적용하는 방식이다.

25 ④ 26 ① 27 ② 28 ① | 정답

1201 / 1404

29

Repetitive Learning (1회 2회 3회)

위험물제조소 등에 설치된 옥외소화전설비는 모든 옥외소화전(설치 개수가 4개 이상인 경우는 4개의 옥외소화전)을 동시에 사용할 경우에 각 노즐선단의 방수압력은 몇 kPa 이상이어야 하는가?

① 250 ② 300
③ 350 ④ 450

해설

- 옥외소화전설비는 모든 옥외소화전(설치개수가 4개 이상인 경우는 4개의 옥외소화전)을 동시에 사용할 경우에 각 노즐선단의 방수압력이 350kPa 이상이고, 방수량이 1분당 450L 이상의 성능이 되도록 하여야 한다.

옥외소화전설비의 설치기준 실기 0802/1202

- 옥외소화전은 방호대상물의 각 부분(건축물의 경우에는 당해 건축물의 1층 및 2층의 부분에 한한다)에서 하나의 호스접속구까지의 수평거리가 40m 이하가 되도록 설치할 것. 이 경우 그 설치개수가 1개일 때는 2개로 하여야 한다.
- 수원의 수량은 옥외소화전의 설치개수(설치개수가 4개 이상인 경우는 4개의 옥외소화전)에 13.5m^3를 곱한 양 이상이 되도록 설치할 것
- 옥외소화전설비는 모든 옥외소화전(설치개수가 4개 이상인 경우는 4개의 옥외소화전)을 동시에 사용할 경우에 각 노즐선단의 방수압력이 350kPa 이상이고, 방수량이 1분당 450L 이상의 성능이 되도록 할 것
- 옥외소화전설비에는 비상전원을 설치할 것

30

Repetitive Learning (1회 2회 3회)

마그네슘에 화재가 발생하여 물을 주수하였다. 그에 대한 설명으로 옳은 것은?

① 냉각소화 효과에 의해서 화재가 진압된다.
② 주수된 물이 증발하여 질식소화 효과에 의해서 화재가 진압된다.
③ 수소가 발생하여 폭발 및 화재 확산의 위험성이 증가한다.
④ 물과 반응하여 독성가스를 발생한다.

해설

- 칼륨이나 나트륨, 마그네슘은 물과 반응하여 수소와 열을 발생시키므로 물로 소화해서는 안 된다.

대표적인 위험물의 소화약제

위험물	류별	소화약제
칼륨(K), 나트륨(Na), 마그네슘(Mg)	제2류	마른모래, 탄산수소염류 분말소화약제
황린(P_4)	제3류	주소소화, 마른모래 등
알킬(트리에틸)알루미늄, 수소화나트륨	제3류	마른모래, 팽창질석, 팽창진주암
경유, 등유, 벤젠(C_6H_6)	제4류	포소화약제, 이산화탄소, 분말소화약제
염소산칼륨($KClO_3$), 염소산아연[$Zn(ClO_3)_2$]	제1류	대량의 물을 통한 냉각소화
트리니트로페놀 [$C_6H_2OH(NO_2)_3$], 트리니트로톨루엔(TNT), 니트로세룰로오스 등	제5류	대량의 물로 주수소화
과산화나트륨(Na_2O_2), 과산화칼륨(K_2O_2)	제1류	마른모래

1304 / 1804

31

Repetitive Learning (1회 2회 3회)

위험물안전관리법령에서 정한 다음의 소화설비 중 능력단위가 가장 큰 것은?

① 팽창진주암 160L(삽 1개 포함)
② 수조 80L(소화전용물통 3개 포함)
③ 마른 모래 50L(삽 1개 포함)
④ 팽창질석 160L(삽 1개 포함)

해설

- ①은 능력단위가 1이다.
- ②는 능력단위가 1.5이다.
- ③은 능력단위가 0.5이다.
- ④는 능력단위가 1.0이다.

소화설비의 능력단위

- 수동식소화기의 능력단위는 수동식소화기의 형식승인 및 검정기술기준에 의하여 형식승인 받은 수치로 할 것

소화설비	용량	능력단위
소화전용(轉用)물통	8L	0.3
수조(소화전용물통 3개 포함)	80L	1.5
수조(소화전용물통 6개 포함)	190L	2.5
마른 모래(삽 1개 포함)	50L	0.5
팽창질석 또는 팽창진주암(삽 1개 포함)	160L	1.0

정답 | 29 ③ 30 ③ 31 ②

32

Repetitive Learning (1회 2회 3회)

제4류 위험물의 소화방법에 대한 설명 중 틀린 것은?

① 공기차단에 의한 질식소화가 효과적이다.
② 물분무소화도 적응성이 있다.
③ 수용성인 가연성 액체의 화재에는 수성막포에 의한 소화가 효과적이다.
④ 비중이 물보다 작은 위험물의 경우는 주수소화가 효과가 떨어진다.

해설

- 수성막포를 아세트알데히드, 알코올, 아세톤 등과 같은 수용성 물질의 화재에 사용할 경우 수용성 용매가 포속의 물을 탈취하여 소포작용에 의해 포를 소멸시켜 소화약제로의 기능을 상실하게 하므로 소화효과가 떨어진다.

제4류 위험물의 소화방법

- 공기차단에 의한 질식소화가 효과적이다.
- 연소물질을 제거하거나 액체를 인화점 이하로 냉각시켜 소화할 수도 있다.
- 물분무소화도 적응성이 있다.
- 수용성 알코올 화재는 알코올포를 사용한다.
- 비중이 물보다 작은 위험물의 경우는 주수소화가 효과가 떨어진다.
- 수용성 가연성액체의 화재에 수성막포는 소화효과가 떨어진다.

33

Repetitive Learning (1회 2회 3회)

불꽃의 표면온도가 300℃에서 360℃로 상승하였다면 300℃ 보다 약 몇 배의 열을 방출하는가?

① 1.49배 ② 3배
③ 7.27배 ④ 10배

해설

- 300℃는 절대온도로 573K일 때 $573^4\sigma$인데 360℃는 절대온도로 633k이므로 $633^4\sigma$이 된다. 이를 비율로 표시하면 $\frac{633^4}{573^4}=\frac{1.6055\times10^{11}}{1.078\times10^{11}}=1.49$배가 된다.

슈테판-볼츠만의 법칙

- 흑체의 복사강도 즉, 불꽃의 열방출량은 절대온도 T의 4제곱에 비례한다.

$$Q=\sigma T^4$$

이때 σ는 슈테판-볼츠만 상수로 $5.67\times10^{-8}[W\cdot m^{-2}K^{-4}]$이다.

34

Repetitive Learning (1회 2회 3회)

다음 중 물을 소화약제로 사용하는 가장 큰 이유는?

① 기화잠열이 크므로 ② 부촉매 효과가 있으므로
③ 환원성이 있으므로 ④ 기화하기 쉬우므로

해설

- 물의 주된 소화효과는 기화잠열과 비열을 이용한 냉각소화이다.

물의 특성 및 소화효과

㉠ 개요

- 이산화탄소보다 기화잠열(539[kcal/kg])과 비열(1[kcal/kg℃])이 커 많은 열량의 흡수가 가능하다.
- 산소가 전자를 잡아당겨 극성을 갖는 극성공유결합을 한다.
- 수소결합을 통해 강한 분자간의 힘을 가지므로 표면장력이 크다.
- 주된 소화효과는 기화잠열과 비열을 이용한 냉각소화이다.

㉡ 장단점

장점	단점
• 구하기 쉽다. • 취급이 간편하다. • 기화잠열이 크다.(냉각효과) • 기화팽창률이 크다.(질식효과)	• 피연소 물질에 피해를 준다. • 겨울철에 동파 우려가 있다.

35

Repetitive Learning (1회 2회 3회)

위험물안전관리법령상 연소의 우려가 있는 위험물제조소의 외벽의 기준으로 옳은 것은?

① 개구부가 없는 불연재료의 벽으로 하여야 한다.
② 개구부가 없는 내화구조의 벽으로 하여야 한다.
③ 출입구 외의 개구부가 없는 불연재료의 벽으로 하여야 한다.
④ 출입구 외의 개구부가 없는 내화구조의 벽으로 하여야 한다.

해설

- 위험물제조소에 있어서 연소(延燒)의 우려가 있는 외벽은 출입구 외의 개구부가 없는 내화구조의 벽으로 하여야 한다.

제조소의 외벽 기준

- 벽 · 기둥 · 바닥 · 보 · 서까래 및 계단을 불연재료로 한다.
- 연소(延燒)의 우려가 있는 외벽은 출입구 외의 개구부가 없는 내화구조의 벽으로 하여야 한다.
- 제6류 위험물을 취급하는 건축물에 있어서 위험물이 스며들 우려가 있는 부분에 대하여는 아스팔트 그 밖에 부식되지 아니하는 재료로 피복하여야 한다.

32 ③ 33 ① 34 ① 35 ④ | 정답

2001

36 Repetitive Learning (1회 2회 3회)

인화점이 70℃ 이상인 제4류 위험물을 저장 · 취급하는 소화난이도등급 I의 옥외탱크저장소(지중탱크 또는 해상탱크 외의 것)에 설치하는 소화설비는?

① 스프링클러소화설비 ② 물분무소화설비
③ 간이소화설비 ④ 분말소화설비

해설

- 인화점 70℃ 이상의 제4류 위험물만을 저장 · 취급하는 것에는 물분무소화설비 또는 고정식 포소화설비를 설치해야 한다.

소화난이도등급 I 의 옥외탱크저장소에 설치하여야 하는 소화설비

구분		소화설비
지중탱크 또는 해상탱크 외의 것	유황만을 저장 취급하는 것	물분무소화설비
	인화점 70℃ 이상의 제4류 위험물만을 저장취급하는 것	물분무소화설비 또는 고정식 포소화설비
	그 밖의 것	고정식 포소화설비(포소화설비가 적응성이 없는 경우에는 분말소화설비)
지중탱크		고정식 포소화설비, 이동식 이외의 불활성가스소화설비 또는 이동식 이외이 할로겐화합물소화설비
해상탱크		고정식 포소화설비, 물분무소화설비, 이동식이외의 불활성가스소화설비 또는 이동식 이외의 할로겐화합물소화설비

1204 / 1904

37 Repetitive Learning 

위험물안전관리법령상 옥내소화전설비에 관한 기준에 대해 다음 ( )에 알맞은 수치를 옳게 나열한 것은?

> 위험물안전관리법령상 옥내소화전 설비는 각 층을 기준으로 하여 당해 층의 모든 옥내소화전(설치 개수가 5개 이상인 경우는 5개의 옥내소화전)을 동시에 사용할 경우에 각 노즐선단의 방수압력이 ( )kPa 이상이고, 방수량이 1분당 ( )L 이상의 성능이 되도록 할 것

① 350, 260 ② 260, 350
③ 450, 260 ④ 260, 450

해설

- 옥내소화전설비는 당해 층의 모든 옥내소화전을 동시에 사용할 경우에 각 노즐선단의 방수압력이 350kPa 이상이고 방수량이 1분당 260L 이상의 성능이 되도록 하여야 한다.

옥내소화전설비의 설치기준 실기 1301/1304/1701/1702/1804

- 옥내소화전은 제조소등의 건축물의 층마다 당해 층의 각 부분에서 하나의 호스접속구까지의 수평거리가 25m 이하가 되도록 설치할 것. 이 경우 옥내소화전은 각층의 출입구 부근에 1개 이상 설치하여야 한다.
- 수원의 수량은 옥내소화전이 가장 많이 설치된 층의 옥내소화전 설치개수(설치개수가 5개 이상인 경우는 5개)에 7.8m^3를 곱한 양 이상이 되도록 설치할 것
- 옥내소화전설비는 각층을 기준으로 하여 당해 층의 모든 옥내소화전(설치개수가 5개 이상인 경우는 5개의 옥내소화전)을 동시에 사용할 경우에 각 노즐선단의 방수압력이 350kPa 이상이고 방수량이 1분당 260L 이상의 성능이 되도록 할 것
- 옥내소화전설비에는 비상전원을 설치할 것

38 Repetitive Learning (1회 2회 3회)

위험물안전관리법령상 이산화탄소 소화기가 적응성이 있는 위험물은?

① 트리니트로톨루엔 ② 과산화나트륨
③ 철분 ④ 인화성고체

해설

- 이산화탄소 소화기는 전기설비, 제2류 위험물 중 인화성고체, 제4류 위험물에 적응성을 갖는다.

이산화탄소 소화기의 적응성 실기 1002/1101/1202/1601/1702/1902/2001/2003/2004

구분		적응성
건축물 · 그 밖의 공작물		
전기설비		○
제1류 위험물	알칼리금속과산화물등	
	그 밖의 것	
제2류 위험물	철분 · 금속분 · 마그네슘등	
	인화성고체	○
	그밖의것	
제3류 위험물	금수성물품	
	그 밖의 것	
제4류 위험물		○
제5류 위험물		
제6류 위험물		△

정답 | 36 ② 37 ① 38 ④

39

Repetitive Learning (1회 2회 3회)

트리에틸알루미늄의 화재 발생 시 물을 이용한 소화가 위험한 이유를 옳게 설명한 것은?

① 가연성의 수소가스가 발생하기 때문에
② 유독성의 포스핀가스가 발생하기 때문에
③ 유독성의 포스겐가스가 발생하기 때문에
④ 가연성의 에탄가스가 발생하기 때문에

해설

- 트리에틸알루미늄은 물과 접촉할 경우 에탄가스를 발성하므로 물을 이용한 소화를 금해야 한다.

트리에틸알루미늄[$(C_2H_5)_3Al$] 실기 0502/0804/0904/1004/1101/1104/1202/1204/1304/1402/1404/1602/1704/1804/1902/1904/2001/2003

- 알킬기(C_nH_{2n+1})와 알루미늄의 화합물로 자연발화성 및 금수성 물질에 해당하는 제3류 위험물이다.
- 지정수량은 10kg이고, 위험등급은 Ⅰ이다.
- 무색 투명한 액체로 물, 에탄올과 폭발적으로 반응한다.
- 물과 접촉할 경우 폭발적으로 반응하여 수산화알루미늄과 에탄가스를 생성하므로 보관 시 주의한다.
(반응식 : $(C_2H_5)_3Al + 3H_2O \rightarrow Al(OH)_3 + 3C_2H_6$)
- 화재 시 발생되는 흰 연기는 인체에 유해하며, 소화는 팽창질석, 팽창진주암 등이 가장 효율적이다.

1301 / 1804

40

Repetitive Learning 

제1종 분말소화약제의 소화효과에 대한 설명으로 가장 거리가 먼 것은?

① 열분해 시 발생하는 이산화탄소와 수증기에 의한 질식효과
② 열분해 시 흡열반응에 의한 냉각효과
③ H^+ 이온에 의한 부촉매 효과
④ 분말 운무에 의한 열방사의 차단효과

해설

- 제1종 분말소화약제는 탄산수소나트륨의 분해 시 생성되는 이산화탄소와 수증기에 의한 질식효과, 물에 의한 냉각효과, 열방사의 차단효과 등이 작용한다.

제1종 분말소화약제 실기 0501/0602/0701/0801/0901/1204/1301/1404/1502/1504/1601/1602/1701/1801/1904/2003/2101

- 탄산수소나트륨($NaHCO_3$)을 주성분으로 하는 소화약제로 BC급 화재에 적응성을 갖는 착색색상은 백색인 소화약제이다.
- 탄산수소나트륨이 열분해되면 탄산나트륨, 이산화탄소, 물로 분해된다.($2NaHCO_3 \xrightarrow[\Delta]{} Na_2CO_3 + CO_2 + H_2O$)
- 분해 시 생성되는 이산화탄소와 수증기에 의한 질식효과, 수증기에 의한 냉각효과 및 열방사의 차단효과 등이 작용한다.

3과목 위험물의 성질과 취급

41

Repetitive Learning (1회 2회 3회)

다음 중 지정수량이 나머지 셋과 다른 금속은?

① Fe분　② Zn분
③ Na　④ Mg

해설

- 나트륨은 제3류 위험물에 해당하는 자연발화성 물질로 지정수량이 10kg이고 위험등급은 Ⅰ에 해당하는 물질이다.
- 마그네슘과 철분, 아연분은 모두 제2류 위험물에 해당하는 가연성 고체로 지정수량이 500kg이다.

제2류 위험물_가연성 고체 실기 0504/1104/1602/1701

품명	지정수량	위험등급
황화린	100kg	Ⅱ
적린		
유황		
마그네슘	500kg	Ⅲ
철분		
금속분		
인화성고체	1,000kg	

0802

42

Repetitive Learning (1회 2회 3회)

다음 중 물과 반응하여 수소를 발생하지 않는 물질은?

① 칼륨　② 수소화붕소나트륨
③ 탄화칼슘　④ 수소화칼슘

해설

- 탄화칼슘은 물과 반응하면 연소범위가 약 2.5 ~ 81%를 갖는 가연성 가스인 아세틸렌(C_2H_2)가스를 발생시킨다.

탄화칼슘(CaC_2)/카바이트 실기 0604/0702/0801/0804/0902/1001/1002/1201/1304/1502/1701/1801/1901/2001/2101

- 칼슘 또는 알루미늄의 탄화물로 자연발화성 및 금수성 물질에 해당하며, 지정수량 300kg에 위험등급은 Ⅲ인 제3류 위험물이다.
- 흑회색의 불규칙한 고체 덩어리로 고온에서 질소가스와 반응하여 석회질소($CaCN_2$)가 된다.
- 비중은 약 2.2 정도로 물보다 무겁다.
- 물과 반응하여 연소범위가 약 2.5 ~ 81%를 갖는 가연성 가스인 아세틸렌(C_2H_2)가스를 발생시킨다.
($CaC_2 + 2H_2O \rightarrow Ca(OH)_2 + C_2H_2$)
- 화재 시 건조사, 탄산수소염류소화기, 사염화탄소소화기, 팽창질석 등을 사용하여 소화한다.

39 ④ 40 ③ 41 ③ 42 ③ | 정답

43 Repetitive Learning (1회 2회 3회)

다음은 위험물안전관리법령에 관한 내용이다. (　　)에 알맞은 수치의 합은?

> • 위험물안전관리자를 선임한 제조소 등의 관계인은 그 안전관리자를 해임하거나 안전관리자가 퇴직한 때에는 해임하거나 퇴직한 날부터 (　　)일 이내에 다시 안전관리자를 선임하여야 한다.
> • 제조소 등의 관계인은 당해 제조소 등의 용도를 폐지한 때에는 총리령이 정하는 바에 따라 제조소 등의 용도를 폐지한 날부터 (　　)일 이내에 시 · 도지사에게 신고하여야 한다.

① 30　　② 44

③ 49　　④ 62

해설

• 위험물안전관리자의 재선임은 30일 이내에, 제조소 등의 폐지는 14일 이내에 신고하여야 하므로 30+14=44가 된다.

위험물안전관리자

• 제조소 등의 관계인은 위험물의 안전관리에 관한 직무를 수행하게 하기 위하여 제조소 등마다 대통령령이 정하는 위험물의 취급에 관한 자격이 있는 자를 위험물안전관리자로 선임하여야 한다.
• 안전관리자를 선임한 제조소 등의 관계인은 그 안전관리자를 해임하거나 안전관리자가 퇴직한 때에는 해임하거나 퇴직한 날부터 30일 이내에 다시 안전관리자를 선임하여야 한다.
• 제조소 등의 관계인은 안전관리자를 선임한 경우에는 선임한 날부터 14일 이내에 행정안전부령으로 정하는 바에 따라 소방본부장 또는 소방서장에게 신고하여야 한다.

제조소 등의 폐지

• 제조소 등의 관계인(소유자 · 점유자 또는 관리자)은 당해 제조소 등의 용도를 폐지한 때에는 행정안전부령이 정하는 바에 따라 제조소 등의 용도를 폐지한 날부터 14일 이내에 시 · 도지사에게 신고하여야 한다.

0602 / 1104

44 Repetitive Learning (1회 2회 3회)

위험물 주유취급소의 주유 및 급유 공지의 바닥에 대한 기준으로 옳지 않은 것은?

① 주위 지면보다 낮게 할 것
② 표면을 적당하게 경사지게 할 것
③ 배수구, 집유설비를 할 것
④ 유분리장치를 할 것

해설

• 공지의 바닥은 주위 지면보다 높게 하여야 한다.

주유취급소의 주유 및 급유 공지

• 주유취급소의 고정주유설비의 주위에는 주유를 받으려는 자동차 등이 출입할 수 있도록 너비 15m 이상, 길이 6m 이상의 콘크리트 등으로 포장한 공지를 보유하여야 하고, 고정급유설비를 설치하는 경우에는 고정급유설비의 호스기기의 주위에 필요한 공지를 보유하여야 한다.
• 공지의 바닥은 주위 지면보다 높게 하고, 그 표면을 적당하게 경사지게 하여 새어나온 기름 그 밖의 액체가 공지의 외부로 유출되지 아니하도록 배수구 · 집유설비 및 유분리장치를 하여야 한다.

0801 / 1204 / 1901

45 Repetitive Learning (1회 2회 3회)

과산화나트륨이 물과 반응할 때의 변화를 가장 옳게 설명한 것은?

① 산화나트륨과 수소를 발생한다.
② 물을 흡수하여 수소를 발생한다.
③ 산소를 방출하며 수산화나트륨이 된다.
④ 서서히 물에 녹아 과산화나트륨의 안전한 수용액이 된다.

해설

• 과산화나트륨은 물과 격렬하게 반응하여 수산화나트륨과 산소를 발생시킨다.

과산화나트륨(Na_2O_2) 실기 0801/0804/1201/1202/1401/1402/1701/1704/1904/2003/2004

㉠ 개요
- 산화성 고체로 제1류 위험물에 해당하며, 지정수량은 50kg, 위험등급은 Ⅰ이다.
- 순수한 것은 백색 정방정계 분말이나 시판되는 것은 황색이다.
- 흡습성이 강하고 조해성이 있으며, 표백제, 산화제로 사용한다.
- 산과 반응하여 과산화수소(H_2O_2)를 발생시키며, 금, 니켈을 제외한 다른 금속을 침식하여 산화물로 만든다.
- 물과 격렬하게 반응하여 수산화나트륨과 산소를 발생시킨다. ($2Na_2O_2 + 2H_2O \rightarrow 4NaOH + O_2$)
- 가연물과 혼합되어 있을 경우 약간의 물 접촉만으로도 발화하며, 양이 많을 경우 주수에 의해 폭발하므로 주수소화를 금해야 한다.
- 가열하면 산화나트륨과 산소를 발생시킨다. ($2Na_2O_2 \xrightarrow[\triangle]{} 2Na_2O + O_2$)
- 아세트산과 반응하여 아세트산나트륨과 과산화수소를 발생시킨다.($Na_2O_2 + 2CH_3COOH \rightarrow 2CH_3COONa + H_2O_2$)

㉡ 저장 및 취급방법
- 물과 습기의 접촉을 피한다.
- 용기는 수분이 들어가지 않게 밀전 및 밀봉 저장한다.
- 가열 및 충격 · 마찰을 피하고 유기물질의 혼입을 막는다.

정답 | 43 ② 44 ① 45 ③

1001 / 1302

46 Repetitive Learning (1회 2회 3회)

다음과 같이 위험물을 저장할 경우 각각의 지정수량 배수의 총합은 얼마인가?

클로로벤젠 : 1,000L 동 · 식물유류 : 5,000L 제4석유류 : 12,000L

① 2.5 ② 3.0

③ 3.5 ④ 4.0

해설

- 클로로벤젠은 제4류 위험물에 해당하는 비수용성 제2석유류로 지정수량이 1,000L이다.
- 동 · 식물유는 제4류 위험물로 지정수량이 10,000L이다.
- 제4석유류는 제4류 위험물로 지정수량이 6,000L이다.
- 지정수량의 배수의 합은 $\frac{1,000}{1,000}+\frac{5,000}{10,000}+\frac{12,000}{6,000}=1+0.5+2=$ 3.5배이다.

지정수량 배수의 계산

- 다수의 위험물을 저장하는 경우 지정수량의 배수를 구하려면 각각의 위험물에 해당하는 지정수량 배수($\frac{저장수량}{지정수량}$)의 합을 구하면 된다.
- 위험물 A, B를 저장하는 경우 지정수량의 배수의 합은 $\frac{A저장수량}{A지정수량}+\frac{B저장수량}{B지정수량}$가 된다.

47 Repetitive Learning (1회 2회 3회)

위험물안전관리법령상 다음 암반탱크의 공간용적은 얼마인가?

가. 암반탱크의 내용적 100억리터 나. 탱크 내에 용출하는 1일 지하수의 양 2천만리터

① 2천만리터 ② 2억리터

③ 1억4천만리터 ④ 100억리터

해설

- 암반탱크이므로 탱크 내용적의 100분의 1은 1억리터이고, 7일간의 지하수 양은 1억4천만리터이다.
- 둘 중 큰 값을 공간용적으로 하므로 1억4천만리터가 해당 암반탱크의 공간용적이 된다.

탱크의 내용적 및 공간용적

- 탱크의 공간용적은 탱크의 내용적의 100분의 5 이상 100분의 10 이하의 용적으로 한다. 다만, 소화설비를 설치하는 탱크의 공간용적은 당해 소화설비의 소화약제방출구 아래의 0.3미터 이상 1미터 미만 사이의 면으로부터 윗부분의 용적으로 한다.
- 암반탱크에 있어서는 당해 탱크내에 용출하는 7일간의 지하수의 양에 상당하는 용적과 당해 탱크의 내용적의 100분의 1의 용적 중에서 보다 큰 용적을 공간용적으로 한다.

48 Repetitive Learning (1회 2회 3회)

위험물안전관리법령상 위험물 운반 시에 혼재가 금지된 위험물로 이루어진 것은? (단, 지정수량의 1/10 초과이다)

① 과산화나트륨과 유황

② 유황과 과산화벤조일

③ 황린과 휘발유

④ 과염소산과 과산화나트륨

해설

- 제1류와 제6류, 제2류와 제4류 및 제5류, 제3류와 제4류, 제4류와 제5류의 혼합은 비교적 위험도가 낮아 혼재 사용이 가능하다.
- 과산화나트륨(제1류), 유황(제2류), 과산화벤조일(제5류), 황린(제3류), 휘발유(제4류), 과염소산(제6류)이다.
- 유황과 과산화벤조일은 2류와 5류이므로 혼재가능, 황린과 휘발유는 3류와 4류이므로 혼재가능, 과염소산과 과산화나트륨은 6류와 1류이므로 혼재가능하다.

위험물의 혼합 사용 실기 0504/0601/0602/0701/0704/0804/1001/1102/1104/1302/1401/1404/1502/1504/1601/1704/1801/1802/1804/1901/1902/2001

- 유별을 달리하는 위험물은 동일 장소에서 저장, 취급해서는 안 된다.
- 제1류(산화성고체)와 제6류(산화성액체), 제2류(환원성고체)와 제4류(가연성액체) 및 제5류(자기반응성물질), 제3류(자연발화 및 금수성 물질)와 제4류(가연성액체)의 혼합은 비교적 위험도가 낮아 혼재 사용이 가능하다.
- 산화성물질과 가연물을 혼합하면 산화 · 환원반응이 더욱 잘 일어나는 혼합위험성 물질이 된다.
- 가연성 물질과 조연성 물질을 혼합할 때 폭발위험이 증가한다.

구분	1류	2류	3류	4류	5류	6류
1류		×	×	×	×	○
2류	×		×	○	○	×
3류	×	×		○	×	×
4류	×	○	○		○	×
5류	×	○	×	○		×
6류	○	×	×	×	×	

46 ③ 47 ③ 48 ① | 정답

1804

49 Repetitive Learning (1회 2회 3회)

제4석유류를 저장하는 옥내탱크저장소의 기준으로 옳은 것은? (단, 단층건물에 탱크전용실을 설치하는 경우이다)

① 옥내저장탱크의 용량은 지정수량의 40배 이하일 것
② 탱크전용실은 벽, 기둥, 바닥, 보를 내화구조로 할 것
③ 탱크전용실에는 창을 설치하지 아니할 것
④ 탱크전용실에 펌프설비를 설치하는 경우에는 그 주위에 0.2m 이상의 높이로 턱을 설치할 것

해설

- 탱크전용실은 벽 · 기둥 및 바닥을 내화구조로 하고, 보를 불연재료로 하여야 한다.
- 탱크전용실의 창 및 출입구에는 갑종방화문 또는 을종방화문을 설치하는 동시에, 연소의 우려가 있는 외벽에 두는 출입구에는 수시로 열 수 있는 자동폐쇄식의 갑종방화문을 설치하여야 한다.
- 탱크전용실에 펌프설비를 설치하는 경우에는 펌프설비를 견고한 기초 위에 고정시킨 다음 그 주위에 불연재료로 된 턱을 탱크전용실의 문턱높이 이상으로 설치하여야 한다.

옥내탱크저장소의 간격 실기 2004

- 위험물을 저장 또는 취급하는 옥내탱크는 단층건축물에 설치된 탱크전용실에 설치할 것
- 옥내저장탱크와 탱크전용실의 벽과의 사이 및 옥내저장탱크의 상호간에는 0.5m 이상의 간격을 유지할 것. 다만, 탱크의 점검 및 보수에 지장이 없는 경우에는 그러하지 아니하다.
- 탱크전용실에 펌프설비를 설치하는 경우에는 펌프설비를 견고한 기초 위에 고정시킨 다음 그 주위에 불연재료로 된 턱을 탱크전용실의 문턱높이 이상으로 설치할 것
- 옥내탱크저장소에는 보기 쉬운 곳에 "위험물 옥내탱크저장소"라는 표시를 한 표지와 방화에 관하여 필요한 사항을 게시한 게시판을 설치하여야 한다.
- 옥내저장탱크의 용량은 지정수량의 40배(제4석유류 및 동 · 식물유류 외의 제4류 위험물에 있어서 당해 수량이 20,000L를 초과할 때에는 20,000L) 이하일 것
- 탱크전용실은 벽 · 기둥 및 바닥을 내화구조로 하고, 보를 불연재료로 하며, 연소의 우려가 있는 외벽은 출입구 외에는 개구부가 없도록 할 것
- 탱크전용실은 지붕을 불연재료로 하고, 천장을 설치하지 아니할 것
- 탱크전용실의 창 및 출입구에는 갑종방화문 또는 을종방화문을 설치하는 동시에, 연소의 우려가 있는 외벽에 두는 출입구에는 수시로 열 수 있는 자동폐쇄식의 갑종방화문을 설치할 것

0704 / 1302

50 Repetitive Learning (1회 2회 3회)

제4류 위험물의 일반적인 성질 또는 취급 시 주의사항에 대한 설명 중 가장 거리가 먼 것은?

① 액체의 비중은 물보다 가벼운 것이 많다.
② 대부분 증기는 공기보다 무겁다.
③ 제1석유류 ~ 제4석유류는 비점으로 구분한다.
④ 정전기 발생에 주의하여 취급하여야 한다.

해설

- 제4류 위험물은 인화점에 따라 분류한다.

제4류 위험물의 인화점 실기 0701/0704/0901/1001/1002/1201/1301/1304/1401/1402/1404/1601/1702/1704/1902/2003

구분	인화점
제1석유류	인화점이 21℃ 미만
제2석유류	인화점이 21℃ 이상 70℃ 미만
제3석유류	인화점이 70℃ 이상 200℃ 미만
제4석유류	인화점이 200℃ 이상 250℃ 미만
동 · 식물유류	인화점이 250℃ 미만

0402 / 1901

51 Repetitive Learning (1회 2회 3회)

오황화린에 관한 설명으로 옳은 것은?

① 물과 반응하면 불연성기체가 발생된다.
② 담황색 결정으로서 흡습성과 조해성이 있다.
③ P_2S_5로 표현되며, 물에 녹지 않는다.
④ 공기 중에서 자연발화 한다.

해설

- 오황화린이 물과 반응하여 생성되는 유독성 황화수소(H_2S)는 가연성 가스이다.
- 오황화린은 P_2S_5로 표현되며, 물에 녹아 분해된다.
- 오황화린은 물과 알칼리에 분해되며, 공기 중에서 자연발화하지는 않는다.

오황화린(P_2S_5)

- 황화린의 한 종류로 제2류 위험물에 해당하는 가연성 고체이며, 지정수량은 100kg이고, 위험등급은 II이다.
- 비중은 2.09로 물보다 무거운 담황색 조해성 물질이다.
- 이황화탄소에 잘 녹으며, 물과 반응하여 유독성 황화수소(H_2S), 인산(H_3PO_4)으로 분해된다.

정답 | 49 ① 50 ③ 51 ②

52 Repetitive Learning (1회 2회 3회)

위험물안전관리법령상 다음 사항을 참고하여 제조소의 소화설비의 소요단위의 합을 옳게 산출한 것은?

> 가. 제조소 건축물의 연면적은 3,000m^2
> 나. 제조소 건축물의 외벽은 내화구조이다.
> 다. 제조소 허가 지정수량은 3,000배이다.
> 라. 제조소의 옥외 공작물의 최대수평투영면적은 500m^2이다.

① 335 ② 395
③ 400 ④ 440

해설

- 제조소의 건축물은 외벽이 내화구조인 것은 연면적 100m^2를 1소요단위로 하므로 건축물의 연면적이 3,000m^2이면 30소요단위에 해당한다.
- 지정수량의 10배를 1소요단위로 하므로 3,000배일 경우 300소요단위에 해당한다.
- 옥외 공작물의 경우 외벽을 내화구조에 준해서 처리하므로 수평투영면적을 연면적으로 간주할 경우 500m^2은 5소요단위에 해당한다.
- 소화설비 소요단위의 합을 계산하면 30+300+5=335소요단위가 된다.

소요단위 실기 0604/0802/1202/1204/1704/1804/2001

문제 27번의 유형별 핵심이론 참조

53 Repetitive Learning (1회 2회 3회)

다음은 위험물안전관리법령상 위험물의 운반에 관한 기준 중 적재방법에 관한 내용이다. ( ) 알맞은 내용은?

> ( ) 위험물 중 ( )℃ 이하의 온도에서 분해될 우려가 있는 것은 보냉 컨테이너에 수납하는 등 적정한 온도관리를 해야 한다.

① 제5류, 25 ② 제5류, 55
③ 제6류, 25 ④ 제6류, 55

해설

- 제5류 위험물 중 55℃ 이하의 온도에서 분해될 우려가 있는 것은 보냉 컨테이너에 수납하는 등 적정한 온도관리를 하여야 한다.

적재 시 피복 기준 실기 0704/1704/1904

- 제1류 위험물, 제3류 위험물 중 자연발화성물질, 제4류 위험물 중 특수인화물, 제5류 위험물 또는 제6류 위험물은 차광성이 있는 피복으로 가릴 것
- 제1류 위험물 중 알칼리금속의 과산화물 또는 이를 함유한 것, 제2류 위험물 중 철분 · 금속분 · 마그네슘 또는 이들 중 어느 하나 이상을 함유한 것 또는 제3류 위험물 중 금수성물질은 방수성이 있는 피복으로 덮을 것
- 제5류 위험물 중 55℃ 이하의 온도에서 분해될 우려가 있는 것은 보냉 컨테이너에 수납하는 등 적정한 온도관리를 할 것
- 액체위험물 또는 위험등급 II의 고체위험물을 기계에 의하여 하역하는 구조로 된 운반용기에 수납하여 적재하는 경우에는 당해 용기에 대한 충격 등을 방지하기 위한 조치를 강구하여야 한다.

54 Repetitive Learning (1회 2회 3회)

위험물안전관리법령상 HCN의 품명으로 옳은 것은?

① 제1석유류 ② 제2석유류
③ 제3석유류 ④ 제4석유류

해설

- HCN은 시안화수소로 수용성 제1석유류에 해당한다.

제1석유류

㉠ 개요

- 1기압에서 인화점이 21℃ 미만인 액체이다.
- 비수용성은 지정수량이 200L, 수용성은 지정수량이 400L이며, 위험등급은 II이다.
- 휘발유, 벤젠, 톨루엔, 메틸에틸케톤, 시클로헥산, 초산에스테르류, 의산에스테르류, 염화아세틸(이상 비수용성), 아세톤, 피리딘, 시안화수소(이상 수용성) 등이 있다.

㉡ 종류

비수용성 (200L)	• 휘발유(가솔린) • 벤젠(C_6H_6) • 톨루엔($C_6H_5CH_3$) • 메틸에틸케톤($CH_3COC_2H_5$) • 시클로헥산(C_6H_{12}) • 초산에스테르(초산메틸, 초산에틸, 초산프로필 등) • 의산에스테르(의산메틸, 의산에틸, 의산프로필 등) • 염화아세틸(CH_3COCl)
수용성 (400L)	• 아세톤(CH_3COCH_3) • 피리딘(C_5H_5N) • 시안화수소(HCN)

52 ① 53 ② 54 ① | 정답

0904 / 2001

55

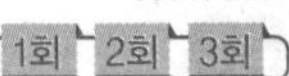

Repetitive Learning (1회 2회 3회)

짚, 헝겊 등을 다음의 물질과 적셔서 대량으로 쌓아 두었을 경우 자연발화의 위험성이 제일 높은 것은?

① 동유 ② 야자유
③ 올리브유 ④ 피마자유

해설

- 동유는 유동나무 열매기름으로 건성유에 해당한다.
- 야자유, 올리브유, 피마자유는 요오드값이 100보다 작은 불건성유이다.

동 · 식물유류 실기 0601/0604/1304/1502/1802/2003

㉠ 개요
- 1기압에서 인화점이 250℃ 미만인 것으로 지정수량이 10,000L이고, 위험등급이 Ⅲ에 해당하는 물질이다.
- 유지 100g에 부가되는 요오드의 g수를 의미하는 요오드값(옥소값)에 의해 건성유(130 이상), 반건성유(100~130), 불건성유(100 이하)로 구분한다.
- 요오드값이 클수록 자연발화의 위험이 크다.
- 요오드값이 클수록 이중결합이 많고, 불포화지방산을 많이 가진다.

㉡ 구분

구분	내용
건성유(요오드값이 130 이상)	• 공기 중에서 자연발화의 위험이 있으며, 피막이 단단하다. • 동유, 아마인유, 정어리유, 대구유, 상어유, 해바라기유, 들기름 등
반건성유(요오드값이 100~130)	• 피막이 얇다. • 참기름, 콩기름, 청어유, 쌀겨기름, 면실유, 채종유, 옥수수기름 등
불건성유(요오드값이 100 이하)	• 피막을 만들지 않는다. • 피마자유, 올리브유, 팜유, 땅콩기름, 야자유, 쇠기름, 돼지기름, 고래기름 등

56

Repetitive Learning (1회 2회 3회)

이동저장탱크에 저장할 때 불연성 가스를 봉입하여야 하는 위험물은?

① 메틸에틸케톤퍼옥사이드
② 아세트알데히드
③ 아세톤
④ 트리니트로톨루엔

해설

- 이동저장탱크에 아세트알데히드 등을 저장하는 경우에는 항상 불활성의 기체를 봉입하여 두어야 한다.

아세트알데히드 등의 저장기준 실기 0604/1202/1304/1602/1901/1904

- 옥외저장탱크 · 옥내저장탱크 또는 지하저장탱크 중 압력탱크에 있어서는 아세트알데히드 등의 취출에 의하여 당해 탱크내의 압력이 상용압력 이하로 저하하지 아니하도록, 압력탱크 외의 탱크에 있어서는 아세트알데히드 등의 취출이나 온도의 저하에 의한 공기의 혼입을 방지할 수 있도록 불활성 기체를 봉입할 것
- 이동저장탱크에 아세트알데히드 등을 저장하는 경우에는 항상 불활성의 기체를 봉입하여 둘 것
- 옥외저장탱크 · 옥내저장탱크 또는 지하저장탱크 중 압력탱크 외의 탱크에 저장하는 디에틸에테르 등 또는 아세트알데히드 등의 온도는 산화프로필렌과 이를 함유한 것 또는 디에틸에테르 등에 있어서는 30℃ 이하로, 아세트알데히드 또는 이를 함유한 것에 있어서는 15℃ 이하로 각각 유지할 것
- 옥외저장탱크 · 옥내저장탱크 또는 지하저장탱크 중 압력탱크에 저장하는 아세트알데히드 등 또는 디에틸에테르 등의 온도는 40℃ 이하로 유지할 것
- 보냉장치가 있는 이동저장탱크에 저장하는 아세트알데히드 등 또는 디에틸에테르 등의 온도는 당해 위험물의 비점 이하로 유지할 것
- 보냉장치가 없는 이동저장탱크에 저장하는 아세트알데히드 등 또는 디에틸에테르 등의 온도는 40℃ 이하로 유지할 것

1304

57

Repetitive Learning (1회 2회 3회)

위험물안전관리법령에서 정하는 제조소와의 안전거리의 기준이 다음 가장 큰 것은?

① 「고압가스 안전관리법」의 규정에 의하여 허가를 받거나 신고를 하여야 하는 고압가스저장 시설
② 사용전압이 35,000V를 초과하는 특고압가공전선
③ 병원, 학교, 극장
④ 「문화재보호법」의 규정에 의한 유형문화재와 기념물 중 지정문화재

해설

- ①은 20m, ②는 5m, ③은 30m, ④는 50m 이상의 안전거리를 유지하여야 한다.

제조소의 안전거리(제6류 위험물제조소 제외) 실기 1302

구분	거리	비고
주거용 건물	10m 이상	불연재료로 된 담/벽 설치 시 단축가능
학교 · 병원 · 극장 그 밖에 다수인을 수용하는 시설	30m 이상	
유형문화재와 기념물 중 지정문화재	50m 이상	
고압가스, 액화석유가스 또는 도시가스를 저장 또는 취급하는 시설	20m 이상	
사용전압이 7,000V 초과 35,000V 이하의 특고압가공전선	3m 이상	
사용전압이 35,000V를 초과하는 특고압가공전선	5m 이상	

정답 | 55 ① 56 ② 57 ④

1001 / 1202

58

Repetitive Learning 1회 2회 3회

위험물의 운반에 관한 기준에서 위험물의 적재 시 혼재가 가능한 위험물은? (단, 지정수량의 5배인 경우이다)

① 과염소산칼륨 – 황린
② 질산메틸 – 경유
③ 마그네슘 – 알킬알루미늄
④ 탄화칼슘 – 니트로글리세린

해설

- 과염소산칼륨(제1류), 황린(제3류), 질산메틸(제5류), 경유(제4류), 마그네슘(제2류), 알킬알루미늄(제3류), 탄화칼슘(제3류), 니트로글리세린(제5류)이다.
- 과염소산칼륨과 황린은 1류와 3류이므로 혼재 불가능, 마그네슘과 알킬알루미늄은 2류와 3류이므로 혼재 불가능, 탄화칼슘과 니트로글리세린은 3류와 5류이므로 혼재 불가능하다.

:: 위험물의 혼합 사용 실기 0504/0601/0602/0701/0704/0804/1001/1102/1104/1302/1401/1404/1502/1504/1601/1704/1801/1802/1804/1901/1902/2001

문제 48번의 유형별 핵심이론 :: 참조

59

Repetitive Learning 1회 2회 3회

다음 중 물과 접촉 시 유독성의 가스를 발생하지는 않지만 화재의 위험성이 증가하는 것은?

① 인화칼슘 ② 황린
③ 적린 ④ 나트륨

해설

- 인화칼슘은 물과 반응 시 유독성 가스인 포스핀가스(인화수소, PH_3)를 발생시킨다.
- 적린과 황린은 물에 녹지 않으며, 특히 황린은 물속에 저장한다.

:: 금속나트륨(Na) 실기 0501/0604/0701/0702/1204/1402/1404/1801/1802/2003

- 은백색의 가벼운 금속으로 제3류 위험물이다.
- 융점은 약 97.8℃이고, 비중은 0.97로 물보다 가볍다.
- 물과 반응하여 수소를 발생시켜 화재 및 폭발 가능성이 있으므로 물과 접촉하지 않도록 한다.
- 에탄올과 반응하여 나트륨에틸레이트와 수소를 발생시킨다.
- 노란색 불꽃을 내며 연소한다.
- 화재 시 건조사 또는 탄산수소염류 분말소화약제로 소화한다.
- 석유(파라핀, 경유, 등유) 속에 저장한다.

60

Repetitive Learning 1회 2회 3회

인화칼슘의 성질이 아닌 것은?

① 적갈색의 고체이다.
② 물과 반응하여 포스핀가스를 발생한다.
③ 물과 반응하여 유독한 불연성 가스를 발생한다.
④ 산과 반응하여 포스핀 가스를 발생한다.

해설

- 인화칼슘(석회)이 물이나 산과 반응하면 독성의 가연성 기체인 포스핀가스(인화수소, PH_3)가 발생한다.

:: 인화석회/인화칼슘(Ca_3P_2) 실기 0502/0601/0704/0802/1401/1501/1602/2004

- 금속의 인화물의 한 종류로 지정수량이 300kg, 위험등급이 Ⅲ인 제3류 위험물이다.
- 상온에서 적갈색 고체로 비중이 2.5로 물보다 무겁다.
- 물 또는 약산과 반응하면 독성의 가연성 기체인 포스핀가스(인화수소, PH_3)가 발생한다.

물과의 반응식	$Ca_3P_2 + 6H_2O \rightarrow 3Ca(OH)_2 + 2PH_3$ 인화석회+물 → 수산화칼슘+인화수소
산과의 반응식	$Ca_3P_2 + 6HCl \rightarrow 3CaCl_2 + 2PH_3$ 인화석회+염산 → 염화칼슘+인화수소

58 ② 59 ④ 60 ③ 정답

2016년 10월 1일

2016년 제4회

합격률 34.7%

1과목 일반화학

0601

01 Repetitive Learning (1회 2회 3회)

다음의 평형계에서 압력을 증가시키면 반응에 어떤 영향이 나타나는가?

$$N_2(g) + 3H_2(g) \Leftrightarrow 2NH_3(g)$$

① 오른쪽으로 진행
② 왼쪽으로 진행
③ 무변화
④ 왼쪽과 오른쪽으로 모두 진행

해설

- 기체의 결합에 있어 압력을 증가시키면 기체 몰수의 합이 적은 쪽으로 반응이 진행된다.
- 왼쪽의 몰수의 합은 4몰인데 반해, 오른쪽의 몰수는 2몰이므로 오른쪽이 몰수가 적으므로 반응이 오른쪽으로 진행된다.

화학평형의 이동

㉠ 온도를 조절할 경우
- 평형계에서 온도를 높이면 흡열반응쪽으로 반응이 진행된다.
- 평형계에서 온도를 낮추면 발열반응쪽으로 반응이 진행된다.

㉡ 압력을 조절할 경우
- 평형계에서 압력을 높이면 기체 몰수의 합이 적은 쪽으로 반응이 진행된다.
- 평형계에서 압력을 낮추면 기체 몰수의 합이 많은 쪽으로 반응이 진행된다

㉢ 농도를 조절할 경우(공통 이온 효과)
- 평형계에서 농도를 높이면 농도가 감소하는 쪽으로 반응이 진행된다.
- 평형계에서 농도를 낮추면 농도가 증가하는 쪽으로 반응이 진행된다.

02 Repetitive Learning (1회 2회 3회)

다음 화학반응에서 밑줄 친 원소가 산화된 것은?

① $H_2 + \underline{Cl_2} \rightarrow 2HCl$
② $2\underline{Zn} + O_2 \rightarrow 2ZnO$
③ $2KBr + \underline{Cl_2} \rightarrow 2KCl + Br_2$
④ $2\underline{Ag^+} + Cu \rightarrow 2Ag + Cu^{++}$

해설

- ① 산화수가 0인 염소(Cl_2)가 −1로 감소(환원)되었다.
- ② 산화수가 0인 아연(Zn)이 2로 증가(산화)하였다.
- ③ 산화수가 0인 염소(Cl_2)가 −1로 감소(환원)되었다.
- ④ 산화수가 +1인 은(Ag)이 0으로 감소(환원)되었다.

산화 · 환원 반응

- 2개 이상의 화합물이 반응할 때 한 화합물은 산화(산소와 결합, 수소나 전자를 잃거나 산화수가 증가)하고, 다른 화합물은 환원(산소를 잃거나 수소나 전자와 결합, 산화수가 감소)하는 반응을 말한다.
- 주로 산화수의 증감으로 확인 가능하다.
- 산화 · 환원 반응에서 당량은 산화수를 의미한다.

0502 / 0904

03 Repetitive Learning (1회 2회 3회)

100mL 메스플라스크로 10ppm 용액 100mL를 만들려고 한다. 1,000ppm 용액 몇 mL를 취해야 하는가?

① 0.1 ② 1
③ 10 ④ 100

해설

- 10ppm 100mL가 1,000ppm xmL와 농도가 같아야 하므로 10×100 =1,000×x가 성립해야한다. x는 1이다.

PPM(Parts per Million)

- 100만분의 1을 의미하는 분율의 단위이다.
- %는 100분의 1을 의미한다.
- mg/L의 단위와 같다.

정답 | 01 ① 02 ② 03 ②

1201

04

Repetitive Learning 1회 2회 3회

발연황산이란 무엇인가?

① H_2SO_4의 농도가 98% 이상인 거의 순수한 황산

② 황산과 염산을 1 : 3의 비율로 혼합한 것

③ SO_3를 황산에 흡수시킨 것

④ 일반적인 황산을 총괄하는 것

해설

- 발연황산이란 진한 황산(H_2SO_4)에 삼산화황(SO_3)을 녹인 물질로 일반 황산보다 탈수작용이나 산화작용이 매우 강한 황산이다.

황산(H_2SO_4)

- 강산성의 액체 화합물이다.
- 비료제조, 폐수처리, 석유정제 등의 목적으로 많이 사용된다.
- 강산은 흡습성이 강해 탈수제, CO_2의 건조제로 사용된다.
- 연실법(질산식) 또는 접촉법을 사용하여 이산화황(SO_2)을 산화해서 삼산화황(SO_3)을 만들고 이를 물에 흡수시켜서 제조하는 물질이다.

1004 / 1304

05

Repetitive Learning 1회 2회 3회

0.001N-HCl의 pH는?

① 2 ② 3

③ 4 ④ 5

해설

- 0.001N HCl(염산)의 pH는 -log[N농도×전리도]에서 염산의 전리도는 1이므로 -log[0.001×1]=3이 된다.

수소이온농도지수(pH)

- 용액 1L 속에 존재하는 수소이온의 g이온수 즉, 몰농도(혹은 N농도×전리도)를 말한다.
- 수소이온은 매우 작은 값으로 존재하므로 수소이온의 역수에 상용로그값을 취하여 사용한다.

$$pH = \log\frac{1}{[H^+]} = -\log[H^+]$$

- 순수한 물의 경우 1기압 25℃에서 수소이온의 농도가 약 10^{-7}g 이온이므로 이를 pH 7 중성이라고 하고, 이보다 클 때 알카리성, 이보다 작을 때 산성이라고 한다.
- 수소이온농도지수[pH]+수산화이온농도지수[pOH]=14이다.

0802

06

Repetitive Learning 1회 2회 3회

다음 중 $FeCl_3$과 반응하면 색깔이 보라색으로 되는 현상을 이용해서 검출하는 것은?

① CH_3OH ② C_6H_5OH

③ $C_6H_5NH_2$ ④ $C_6H_5CH_3$

해설

- 페놀은 $FeCl_3$ 수용액과 정색반응하여 보라색으로 변한다.

페놀(C_6H_5OH)

- 카르복실산(−COOH)과 반응하여 에스테르기(−COO−)를 형성한다.
- 나트륨(Na)과 반응하여 수소(H_2) 기체를 발생한다.
- 수용액은 약한 산성을 띤다.
- 벤젠에 수산기(OH)가 포함되어 $FeCl_3$ 수용액과 정색반응하여 보라색으로 변한다.
- 벤젠(C_6H_6)보다 끓는점이 높다.
- 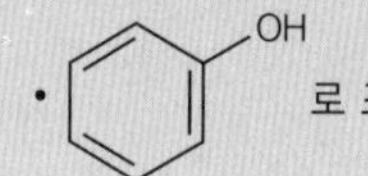

로 표시한다.

07

Repetitive Learning 1회 2회 3회

다음 중 유리기구 사용을 피해야 하는 화학반응은?

① $CaCO_3 + HCl$

② $Na_2CO_3 + Ca(OH)_2$

③ $Mg + HCl$

④ $CaF_2 + H_2SO_4$

해설

- 불화칼슘(CaF_2)과 황산(H_2SO_4)가 결합하면 황산칼슘($CaSO_4$)과 불화수소(HF)가 생성되는데 불화수소는 금속과 유리를 녹이는 물질이므로 유리기구의 사용을 피해야 한다.

불화수소(HF)

- 물에 녹으면 불화수소산(불산)이 된다.
- 전기음성도가 큰 불소(F)가 수소와 강한 인력으로 수소결합한 물질이다.
- 맹독성을 가진 불연성가스로 공기와 접촉하면 흰색으로 변한다.
- 금속과 유리를 용해시키고, SiO_2와 반응하여 SiF_4가 생성하므로 유리 및 석영에 쉽게 반응하여 침식된다.

04 ③ 05 ② 06 ② 07 ④ | 정답

08

Repetitive Learning (1회 2회 3회)

0℃의 얼음 20g을 100℃의 수증기로 만드는데 필요한 열량은? (단, 융해열은 80cal/g, 기화열은 539cal/g이다)

① 3,600cal　　② 11,600cal

③ 12,380cal　　④ 14,380cal

해설

- 0℃의 얼음 20g을 100℃의 수증기로 만드는데는 ⓐ 0℃의 얼음을 0℃의 물로 만드는 융해열, ⓑ 0℃의 물을 100℃의 물로 만드는 현열, ⓒ 100℃의 물을 100℃의 수증기로 만드는 기화열이 필요하다.
- ⓐ는 $Q_{잠열} = m \cdot k$이므로 대입하면 20×80=1,600[cal]이다.
- ⓑ는 $Q_{현열} = m \cdot c \cdot \Delta t$이므로 대입하면 20×1×100=2,000[cal]이다. 물의 비열은 1이다.
- ⓒ는 $Q_{잠열} = m \cdot k$이므로 대입하면 20×539=10,780[cal]이다.
- 합을 구하면 1,600+2,000+10,780= 14,380[cal]가 된다.

현열과 잠열 실기 0604/1101

㉠ 현열
- 상태의 변화 없이 특정 물질의 온도를 증가시키는데 들어가는 열량을 말한다.
- $Q_{현열} = m \cdot c \cdot \Delta t$[cal]로 구하며 이때 m은 질량[g], c는 비열[cal/g · ℃], Δt는 온도차[℃]이다.

㉡ 잠열
- 온도의 변화 없이 물질의 상태를 변화시키는데 소요되는 열량을 말한다.
- 잠열에는 융해열과 기화열 등이 있다.
- $Q_{잠열} = m \cdot k$[cal]로 구하며 이때 m은 질량[g], k는 잠열상수(융해열 및 기화열 등)[cal/g]이다.

09

Repetitive Learning (1회 2회 3회)

Ca^{2+} 이온의 전자배치를 옳게 나타낸 것은?

① $1s^2 2s^2 2p^6 3s^2 3p^6 3d^2$

② $1s^2 2s^2 2p^6 3s^2 3p^6 4s^2$

③ $1s^2 2s^2 2p^6 3s^2 3p^6 4s^2 3d^2$

④ $1s^2 2s^2 2p^6 3s^2 3p^6$

해설

- 칼슘(Ca)은 원소번호 20번의 원소이나 주어진 칼슘 이온(Ca^{2+})은 전자 2개를 잃어버린 상태이다.
- 원래 칼슘의 전자배치는 $1s^2 2s^2 2p^6 3s^2 3p^6 4s^2$인데, 전자 2개를 잃었으므로 전자배치는 $1s^2 2s^2 2p^6 3s^2 3p^6$가 된다.

전자배치 구조

- 오비탈이라는 전자가 채워지는 공간을 통해 전자껍질을 구성한다.
- 전자껍질은 K, L, M, N껍질로 구성된다.

구분	K껍질	L껍질	M껍질	N껍질
오비탈	1s	2s2p	3s3p3d	4s4p4d4f
오비탈수	1개(1^2)	4개(2^2)	9개(3^2)	16개(4^2)
최대전자	최대 2개	최대 8개	최대 18개	최대 32개

- 오비탈의 종류

s오비탈	최대 2개의 전자를 채울 수 있다.
p오비탈	최대 6개의 전자를 채울 수 있다.
d오비탈	최대 10개의 전자를 채울 수 있다.
f오비탈	최대 14개의 전자를 채울 수 있다.

- 표시방법

$1s^2 2s^2 2p^6 3s^2 3p^6 4s^2 3d^{10} 4p^6$ …로 표시한다.

- 오비탈에 해당하는 s, p, d, f 앞의 숫자는 주기율표상의 주기를 의미한다.
- 오비탈에 해당하는 s, p, d, f 오른쪽 위의 숫자는 전자의 수를 의미한다.
- 항상 앞의 오비탈을 모두 채워야 다음 오비탈이 위치할 수 있다.
- 주기율표와 같이 구성되게 하기 위해 1주기에는 s만, 2주기와 3주기에는 s와 p가, 4주기와 5주기에는 전이원소를 넣기 위해 s, d, p오비탈이 순서대로(이때, d앞의 숫자가 기존 s나 p보다 1적다) 배치된다.

- 대표적인 원소의 전자배치

주기	원소명	원자 번호	표시
1	수소(H)	1	$1s^1$
	헬륨(He)	2	$1s^2$
2	리튬(Li)	3	$1s^2 2s^1$
	베릴륨(Be)	4	$1s^2 2s^2$
	붕소(B)	5	$1s^2 2s^2 2p^1$
	탄소(C)	6	$1s^2 2s^2 2p^2$
	질소(N)	7	$1s^2 2s^2 2p^3$
	산소(O)	8	$1s^2 2s^2 2p^4$
	불소(F)	9	$1s^2 2s^2 2p^5$
	네온(Ne)	10	$1s^2 2s^2 2p^6$

정답 | 08 ④ 09 ④

1904

10 ── Repetitive Learning (1회 2회 3회)

콜로이드 용액 중 친수콜로이드와 소수콜로이드로 구분할 때 소수콜로이드에 해당하는 것은?

① 녹말 ② 아교
③ 단백질 ④ 수산화철(Ⅲ)

해설

- 소수콜로이드는 주로 무기물질(먹물, 금속, 철 등)을 말한다.

콜로이드

㉠ 개요

- 지름이 $10^{-7} \sim 10^{-5}$cm 크기의 콜로이드 입자(미립자)들이 액체 중에 분산되어 있는 용액을 말한다.
- 콜로이드 입자는 빛을 산란시켜 빛의 진로를 보이게 하는 틴들 현상을 보인다.
- 입자가 용해되지 않는 상태를 말한다.
- 콜로이드 입자는 (+) 또는 (−)로 대전하고 있다.

㉡ 물에서의 안정도를 기준으로 한 구분

구분	내용
소수	• 물과의 친화력이 낮다. • 물속에서 불안정해 쉽게 앙금이 생긴다.(엉김) • 먹물, 금속, 황, 철 등의 무기물질이 대표적이다.
친수	• 물과의 친화력이 높다. • 다량의 전해질에 의해서만 앙금이 생긴다.(염석) • 녹말, 아교, 단백질 등의 유기물질이 대표적이다.
보호	• 소수 콜로이드에 가해주는 친수 콜로이드를 말한다. • 소수 콜로이드에 친수 콜로이드를 조금 첨가할 경우 소수 콜로이드가 안정화되므로 앙금이 잘생기지 않는다.

11 ── Repetitive Learning (1회 2회 3회)

다음 화합물 중 펩티드 결합이 들어있는 것은?

① 폴리염화비닐 ② 유지
③ 탄수화물 ④ 단백질

해설

- 대표적인 펩타이드 결합물질은 단백질, 알부민과 나일론, 아미드 등이 있다.

펩타이드(Peptide) 결합

- 카르복실기(−COO−)와 아미노기($-NH_2$)가 반응한 화학결합으로 반응 중에 물 분자(H_2O)가 생성되는 탈수반응이다.
- 대표적인 펩타이드 결합물질은 단백질, 알부민과 나일론, 아미드 등이 있다.

12 ── Repetitive Learning (1회 2회 3회)

0℃, 1기압에서 1g의 수소가 들어 있는 용기에 산소 32g을 넣었을 때 용기의 총 내부 압력은? (단, 온도는 일정하다)

① 1기압 ② 2기압
③ 3기압 ④ 4기압

해설

- 이상기체상태방정식(PV=nRT)에서 기체의 몰수와 압력은 서로 비례한다.(n은 몰수)
- 수소 1g은 0.5몰이므로 1기압에서 0.5몰이 들어있는 용기에 산소 32g은 1몰이므로 수소와 산소의 혼합기체 1.5몰이 있을 경우 몰수가 3배 증가하였으므로 압력도 3배 증가하여 3기압이 된다.

이상기체 상태방정식

- 특정 압력과 온도에서 기체의 분자량을 구할 때 사용한다.
- 분자량 $M = \frac{질량 \times R \times T}{P \times V}$로 구한다.

이때, R은 이상기체상수로 0.082[atm · L/mol · K]이고,
T는 절대온도(273+섭씨온도)[K]이고,
P는 압력으로 atm 혹은 $\frac{주어진\ 압력[mmHg]}{760mmHg/atm}$이고,
V는 부피[L]이다.

0502

13 ── Repetitive Learning (1회 2회 3회)

축중합반응에 의하여 나일론−66을 제조할 때 사용되는 주원료는?

① 아디프산과 헥사메틸렌디아민
② 이소프렌과 아세트산
③ 염화비닐과 폴리에틸렌
④ 멜라민과 클로로벤젠

해설

- 나이론이란 아디프산과 헥사메틸렌디아민의 고온에서 축중합(縮重合)시켜 만드는 합성 섬유로 아마이드(O＝C−NH)결합을 하고 있다.

중합반응

- 중합이란 단위물질이 2개 이상 결합하는 화학반응을 통해 분자량이 큰 화합물을 생성하는 반응을 말한다.
- 첨가중합은 단위 물질 분자내의 이중결합이 끊어지면서 첨가반응을 통해 고분자 화합물이 만들어지는 과정을 말한다.
- 축합중합은 분자 내의 작용기들이 축합반응하여 물이나 염화수소 등의 간단한 분자들이 빠져나가면서 고분자화합물을 만드는 중합과정으로 축중합, 폴리 중합이라고도 한다.

10 ④ 11 ④ 12 ③ 13 ① | 정답

1001 / 2001

14

Repetitive Learning (1회 2회 3회)

ns^2nP^5의 전자구조를 가지지 않는 것은?

① F(원자번호 9) ② Cl(원자번호 17)

③ Se(원자번호 34) ④ I(원자번호 53)

해설

- 전자의 배열이 ns^2np^5이라고 하더라도 앞의 오비탈이 모두 채워져야 한다는데 주의해야 한다.
- n에 2를 대입하면 $1s^22s^22p^5$가 되며, 이는 원자번호 9인 불소(F)이다.
- n에 3을 대입하면 $1s^22s^22p^63s^23p^5$가 되며, 이는 원자번호 17인 염소(Cl)이다.
- n에 4를 대입하면 $1s^22s^22p^63s^23p^64s^23d^{10}4p^5$가 되며, 이는 원자번호 35인 브롬(Br)이다.
- n에 5를 대입하면 $1s^22s^22p^63s^23p^64s^23d^{10}4p^65s^24d^{10}5p^5$가 되며, 이는 원자번호 53인 요오드(I)이다.

전자배치 구조

문제 09번의 유형별 핵심이론 참조

0804

15

Repetitive Learning (1회 2회 3회)

황산구리 수용액을 전기분해하여 음극에서 63.54g의 구리를 석출시키고자 한다. 10A의 전기를 흐르게 하면 전기분해에는 약 몇 시간이 소요되는가? (단, 구리의 원자량은 63.54이다)

① 2.72 ② 5.36

③ 8.13 ④ 10.8

해설

- Cu의 원자가는 2이고, 원자량은 63.54이므로 g당량은 31.77이고, 이는 0.5몰에 해당한다.
- 즉, 1F의 전기량(96,500[C])으로 생성할 수 있는 구리의 몰수가 0.5몰인데, 63.54g의 구리는 1몰에 해당하므로 전기량은 2F(96,500×2)가 필요하다.
- 10[A]전류를 x초 동안 흐르게 했을 때 전하량이 96,500×2 즉, 193,000[C]이 되는지 계산하면 된다.
- $x=\frac{193,000}{10}=19,300$초이므로 시간으로 계산하면 5.36시간이 된다.

전기화학반응

- 1F의 전기량은 물질 1g당량을 석출하는데 필요한 전기량이다.
- 1F의 전기량은 전자 1몰이 갖는 전하량으로 96,500[C]의 전하량을 갖는다.
- 물질의 g당량은 $\frac{\text{원자량}}{\text{원자가}}$로 구한다.

0401 / 1001

16

Repetitive Learning (1회 2회 3회)

표준상태를 기준으로 수소 2.24L가 염소와 완전히 반응했다면 생성된 염화수소의 부피는 몇 L인가?

① 2.24 ② 4.48

③ 22.4 ④ 44.8

해설

- 염화수소의 반응식을 살펴보면 $H_2+Cl_2 \rightarrow 2HCl$로 수소 분자 1몰이 2몰의 염화수소를 생성하고 있다.
- 수소 1몰은 22.4L인데 2.24L라는 의미는 0.1몰을 의미한다. 즉, 생성된 염화수소도 0.2몰 분량 즉, 0.2×22.4L이므로 4.48L가 된다.

염화수소(HCl)

- 반응식 : $H_2+Cl_2 \rightarrow 2HCl$
- 염화수소의 끓는점이 −85.08℃이고, 녹는점이 −144℃이며 분자량은 36.46이다.
- 수소(H_2)와 염소(Cl_2)가 공유결합한 화합물로 물에 녹일 경우 염산이 된다.

17

Repetitive Learning (1회 2회 3회)

원소의 주기율표에서 같은 족에 속하는 원소들의 화학적 성질에는 비슷한 점이 많다. 이것과 관련 있는 설명은?

① 같은 크기의 반지름을 가지는 이온이 된다.

② 제일 바깥의 전자 궤도에 들어 있는 전자의 수가 같다.

③ 핵의 양 하전의 크기가 같다.

④ 원자 번호를 8a+b라는 일반식으로 나타낼 수 있다.

해설

- 같은 족에서 아래로 갈수록 원자의 반지름 크기는 커진다.
- 같은 족에서 아래로 갈수록 핵의 양 하전의 크기가 커진다.
- 1주기에는 2개의 원소만 존재하고, 4주기부터는 전이원소가 추가되므로 원자번호를 일반식으로 표현할 수 없다.

같은 족 원소들의 성질

- 전형 원소 내에서 원소의 화학적 성질이 비슷하다.
- 제일 바깥의 전자 궤도에 들어 있는 전자의 수가 같다.
- 같은 족 내에서 아래로 갈수록 원자번호, 원자량, 원자의 반지름, 전자수, 오비탈의 총 수가 증가한다.
- 같은 족 내에서 아래로 갈수록 이온화에너지와 전기음성도는 작아진다.

정답 | 14 ③ 15 ② 16 ② 17 ②

0302

18

Repetitive Learning (1회 2회 3회)

다음 중 물이 산으로 작용하는 반응은?

① $3Fe+4H_2O \rightarrow Fe_3O_4+4H_2$

② $NH_4^+ + H_2O \leftrightarrows NH_3 + H_3O^+$

③ $HCOOH+H_2O \rightarrow HCOO^- + H_3O^+$

④ $CH_3COO^- + H_2O \rightarrow CH_3COOH + OH^-$

해설

- 물이 산으로 작용한다는 것은 산화된다는 것을 의미한다. 산화는 수소나 전자를 잃는 반응이므로 물이 수소를 잃는 것을 찾으면 된다.

산화와 환원

산화	환원
전자를 잃는 반응	원자나 원자단 또는 이온이 전자를 얻는 반응
수소화합물이 수소를 잃는 반응	수소와 결합하는 반응
산소와 화합하는 반응	산소를 잃는 반응
한 원소의 산화수가 증가하는 반응	한 원소의 산화수가 감소하는 반응

19

Repetitive Learning (1회 2회 3회)

물 100g에 황산구리결정($CuSO_4 \cdot 5H_2O$) 2g을 넣으면 몇 % 용액이 되는가? (단, $CuSO_4$의 분자량은 160g/mol이다)

① 1.25% ② 1.96%

③ 2.4% ④ 4.42%

해설

- %농도를 묻고 있다.
- 물 100g+황산구리결정 2g=102g 내에 포함된 순수한 황산구리($CUSO_4$)의 질량비를 구해야 한다.
- 황산구리결정($CuSO_4 \cdot 5H_2O$)의 분자량은 황산구리($CUSO_4$) 160g+물(5×18) 90g에서 250g이다. 즉, 250g의 황산구리 결정에서 순수한 황산구리는 160g이므로 2g의 황산구리 결정에서 순수한 황산구리는 $\frac{320}{250}=1.28$g이다.
- 이제 %농도를 구하기 위해 전체 용액 102g 중 1.28g의 농도를 구하면 $\frac{1.28}{102}=1.25$%가 된다.

%농도

- 용액 100에 녹아있는 용질의 단위를 백분율로 표시한 것이다.

1104

20

Repetitive Learning (1회 2회 3회)

어떤 용액의 pH를 측정하였더니 4이었다. 이 용액을 1,000배 희석시킨 용액의 pH를 옳게 나타낸 것은?

① pH=3 ② pH=4

③ pH=5 ④ 6 < pH < 7

해설

- pH가 4라는 것은 용액 1ℓ 속에 존재하는 수소이온의 농도가 10^{-4}에 해당하는데 여기에 용액을 1,000배 희석한다는 것은 농도가 1/1,000로 줄어든 것이 된다.
- 수소이온의 농도가 10^{-7}이 된다. 즉, pH의 값이 7이 된다는 의미이다. 보기에 pH가 7이 없는 것은 산성용액을 희석을 하게 되면 산성의 성질을 띠는데 pH가 7이라는 의미는 중성을 의미하므로 중성과는 차이를 두기 위해서 pH가 7보다는 적은 것으로 표현한 것이다.

수소이온농도지수(pH)

문제 05번의 유형별 핵심이론 참조

2과목 화재예방과 소화방법

0502 / 1301

21

Repetitive Learning (1회 2회 3회)

소화기에 'B-2' 라고 표시되어 있었다. 이 표시의 의미를 가장 옳게 나타낸 것은?

① 일반화재에 대한 능력단위 2단위에 적용되는 소화기

② 일반화재에 대한 무게단위 2단위에 적용되는 소화기

③ 유류화재에 대한 능력단위 2단위에 적용되는 소화기

④ 유류화재에 대한 무게단위 2단위에 적용되는 소화기

해설

- B는 유류화재용을 의미하며, 2는 능력단위를 표시한다.

소화기의 표시

- 적응화재별 표시사항은 일반화재용 소화기의 경우 "A(일반화재용)", 유류화재용 소화기의 경우에는 "B(유류화재용)", 전기화재용 소화기의 경우 "C(전기화재용)", 주방화재용 소화기의 경우 "K(주방화재용)"으로 표시하여야 한다.
- 소화능력단위를 표시한다.
- 그 외 종별 및 형식, 형식승인번호, 제조년월 및 제조번호, 사용온도범위 등을 표시한다.

18 ④ 19 ① 20 ④ 21 ③ 정답

0304 / 0604 / 0702 / 0904 / 1501

22 Repetitive Learning (1회 2회 3회)

화재 예방을 위하여 이황화탄소는 액면 자체 위에 물을 채워 주는데 그 이유로 가장 타당한 것은?

① 공기와 접촉하면 발생하는 불쾌한 냄새를 방지하기 위하여
② 발화점을 낮추기 위하여
③ 불순물을 물에 용해시키기 위하여
④ 가연성 증기의 발생을 방지하기 위하여

해설

- 비중이 1.26으로 물보다 무거우며 비수용성이므로 가연성 증기의 발생을 억제하여 화재를 예방하기 위해 물탱크에 저장한다.

이황화탄소(CS_2) 실기 0504/0704/0802/1102/1401/1402/1501/1601/1702/1802/2004/2101

- 인화성 액체에 해당하는 제4류 위험물 중 특수인화물로 지정수량은 50L이고, 위험등급은 Ⅰ이다.
- 비중이 1.26으로 물보다 무거우며 비수용성이므로 가연성 증기의 발생을 억제하여 화재를 예방하기 위해 물탱크에 저장한다.
- 착화온도가 100℃로 제4류 위험물 중 가장 낮으며 화재발생 시 자극성 유독가스를 발생시킨다.

2003

23 Repetitive Learning (1회 2회 3회)

수성막포소화약제에 대한 설명으로 옳은 것은?

① 물보다 가벼운 유류의 화재에는 사용할 수 없다.
② 계면활성제를 사용하지 않고 수성의 막을 이용한다.
③ 내열성이 뛰어나고 고온의 화재일수록 효과적이다.
④ 일반적으로 불소계 계면활성제를 사용한다.

해설

- 수성막포소화약제는 물보다 가벼운 인화성 액체 위에 물이 떠 있도록 하여 질식소화를 수행한다.
- 수성막포소화약제는 계면활성제와 물을 혼합하여 거품을 형성한다.
- 수성막포소화약제는 고온에서 막의 생성이 안 될 수 있으므로 효과가 떨어진다.

수성막포소화약제

- 불소계 계면활성제와 물을 혼합하여 거품을 형성한다.
- 계면활성제를 이용하여 물보다 가벼운 인화성 액체 위에 물이 떠 있도록 한 것이다.
- B급 화재인 유류화재에 우수한 성능을 발휘한다.
- 분말소화약제와 함께 사용하여도 소포현상이 일어나지 않아 트윈 에이전트 시스템에 사용된다.
- 알코올 화재에서는 알코올이 수용성이어서 포를 소멸(소포성)시키므로 효과가 낮다.

1901

24 Repetitive Learning (1회 2회 3회)

제1종 분말소화약제가 1차 열분해되어 표준상태를 기준으로 $2m^3$의 탄산가스가 생성되었다. 몇 kg의 탄산수소나트륨이 사용되었는가? (단, 나트륨의 원자량은 23이다)

① 15　　② 18.75
③ 56.25　　④ 75

해설

- 제1종 분말소화약제의 열분해 방정식을 보면 2몰의 탄산수소나트륨이 반응하여 탄산가스는 1몰이 생성되었음을 확인할 수 있다.
- 탄산수소나트륨($NaHCO_3$)의 분자량은 84이다.
- 즉 2몰에 해당하는 탄산수소나트륨 168[g]이 반응하면 22.4L의 탄산가스가 생성된다는 의미이다.
- $2[m^3]$은 2,000[L]이므로 몇 [g]의 탄산수소나트륨이 사용되었는지를 연립방정식의 해를 구하는 방식으로 풀 수 있다.
- 22.4 : 168 = 2,000 : x에서 x는 $\frac{336,000}{22.4} = 15,000$[g]이고 이는 15kg이다.

제1종 분말소화약제 실기 0501/0602/0701/0801/0901/1204/1301/1404/1502/1504/1601/1602/1701/1801/1904/2003/2101

- 탄산수소나트륨($NaHCO_3$)을 주성분으로 하는 소화약제로 BC급 화재에 적응성을 갖는 착색색상은 백색인 소화약제이다.
- 탄산수소나트륨이 열분해되면 탄산나트륨, 이산화탄소, 물로 분해된다.($2NaHCO_3 \xrightarrow[\triangle]{} Na_2CO_3 + CO_2 + H_2O$)
- 분해 시 생성되는 이산화탄소와 수증기에 의한 질식효과, 수증기에 의한 냉각효과 및 열방사의 차단효과 등이 작용한다.

1001

25 Repetitive Learning (1회 2회 3회)

이산화탄소를 이용한 질식소화에 있어서 아세톤의 한계산소농도(vol%)에 가장 가까운 값은?

① 15　　② 18
③ 21　　④ 25

해설

- 이산화탄소를 이용한 질식소화는 이산화탄소를 불활성물질로 삼아 산소농도를 15% 이하로 만드는 소화방법이다.

질식소화

- 산소공급원을 차단하는 소화방법을 말한다.
- 연소범위 밖으로 농도를 유지하게 하는 방법과 연소범위를 좁혀서(불활성화) 소화를 유도하는 방법이 있다.
- 불활성화는 불활성물질(이산화탄소, 질소, 아르곤, 수증기 등)을 첨가하여 산소농도를 15% 이하로 만드는 방법이다.

정답 | 22 ④ 23 ④ 24 ① 25 ①

26

Repetitive Learning (1회 2회 3회)

액체 상태의 물이 1기압, 100℃ 수증기로 변하면 체적이 약 몇 배 증가하는가?

① 530 ~ 540　　② 900 ~ 1,100
③ 1,600 ~ 1,700　　④ 2,300 ~ 2,400

해설

- 액체상태의 물은 비중이 1이므로 온도와 압력에 상관없이 질량과 부피가 일정하다. 질량은 분자량이므로 18g이고, 질량이 18g이고 밀도가 1이므로 부피는 18mL이다. 즉, 0.018L이다.
- 수증기 1몰의 부피는 이상기체 상태방정식을 부피를 기준으로 정리하면 부피(V)= $\frac{질량 \times R \times T}{P \times V}$ 이 된다.
- 질량이 18g, 분자량은 18g, 이상기체상수는 0.082, 온도는 (273+100), 압력은 1기압으로 주어졌으므로 대입하면 $\frac{18 \times 0.082 \times 373}{1 \times 18}$ L =30.586가 된다.
- 0.018 : 30.586 = 약 1,700배에 해당한다.

∷ 이상기체 상태방정식
　문제 12번의 유형별 핵심이론 ∷ 참조

27

Repetitive Learning (1회 2회 3회)

위험물안전관리법령상 방호대상물의 표면적이 70m²인 경우 물분무소화설비의 방사구역은 몇 m²로 하여야 하는가?

① 35　　② 70
③ 150　　④ 300

해설

- 물분무소화설비의 방사구역은 150m² 이상으로 하여야 하며, 방호대상물의 표면적이 150m² 미만인 경우에는 당해 표면적으로 하여야 한다.

∷ 물분무소화설비의 설치기준

- 분무헤드의 개수 및 배치는 분무헤드로부터 방사되는 물분무에 의하여 방호대상물의 모든 표면을 유효하게 소화할 수 있도록 설치할 것
- 물분무소화설비의 방사구역은 150m² 이상(방호대상물의 표면적이 150m² 미만인 경우에는 당해 표면적)으로 할 것
- 수원의 수량은 분무헤드가 가장 많이 설치된 방사구역의 모든 분무헤드를 동시에 사용할 경우에 당해 방사구역의 표면적 1m²당 1분당 20L의 비율로 계산한 양으로 30분간 방사할 수 있는 양 이상이 되도록 설치할 것
- 물분무소화설비는 분무헤드를 동시에 사용할 경우에 각 선단의 방사압력이 350kPa 이상으로 표준방사량을 방사할 수 있는 성능이 되도록 할 것
- 물분무소화설비에는 비상전원을 설치할 것

28

Repetitive Learning (1회 2회 3회)

위험물안전관리법령상 톨루엔의 화재에 적응성이 있는 소화 방법은?

① 무상수(霧狀水)소화기에 의한 소화
② 무상강화액소화기에 의한 소화
③ 봉상수(棒狀水)소화기에 의한 소화
④ 봉상강화액소화기에 의한 소화

해설

- 톨루엔은 제4류 위험물 중 제1석유류에 해당한다.
- 제4류 위험물에 적응성을 갖는 강화액소화기는 무상강화액소화기이다.

∷ 소화설비의 적응성 중 제4류 위험물 실기 1002/1101/1202/1601/1702/1902/2001/2003/2004

소화설비의 구분			제4류 위험물
옥내소화전 또는 옥외소화전설비			
스프링클러설비			△
물분무등 소화설비	물분무소화설비		○
	포소화설비		○
	불활성가스소화설비		○
	할로겐화합물소화설비		○
	분말 소화설비	인산염류등	○
		탄산수소염류등	○
		그 밖의 것	
대형 · 소형 수동식 소화기	봉상수(棒狀水)소화기		
	무상수(霧狀水)소화기		
	봉상강화액소화기		
	무상강화액소화기		○
	포소화기		○
	이산화탄소 소화기		○
	할로겐화합물소화기		○
	분말 소화기	인산염류소화기	○
		탄산수소염류소화기	○
		그 밖의 것	
기타	물통 또는 수조		
	건조사		○
	팽창질석 또는 팽창진주암		○

26 ③　27 ②　28 ② | 정답

29 Repetitive Learning (1회 2회 3회)

위험물안전관리법령상 제4류 위험물의 위험등급에 대한 설명으로 옳은 것은?

① 특수인화물은 위험등급 Ⅰ, 알코올류는 위험등급 Ⅱ이다.
② 특수인화물과 제1석유류는 위험등급 Ⅰ이다.
③ 특수인화물은 위험등급 Ⅰ, 그 이외에는 위험등급 Ⅱ이다.
④ 제2석유류는 위험등급 Ⅱ이다.

해설

- 제4류 위험물에서 위험등급 Ⅰ은 특수인화물이고, 위험등급 Ⅱ는 제1석유류와 알코올류이며, 그 외는 위험등급 Ⅲ이다.

:: 제4류 위험물_인화성 액체 실기 0501/0502/0701/0804/0904/1001/1004/1101/1102/1104/1201/1301/1502/1602/1701/1902/2001/2003/2004/2101

품명		지정수량	위험등급
특수인화물		50L	Ⅰ
제1석유류	비수용성	200L	Ⅱ
	수용성	400L	
알코올류		400L	
제2석유류	비수용성	1,000L	Ⅲ
	수용성	2,000L	
제3석유류	비수용성	2,000L	
	수용성	4,000L	
제4석유류		6,000L	
동·식물유류		10,000L	

30 Repetitive Learning (1회 2회 3회)

다음 중 증발잠열이 가장 큰 것은?

① 아세톤　② 사염화탄소
③ 이산화탄소　④ 물

해설

- 아세톤의 증발잠열은 124.5cal/g이다.
- 사염화탄소의 증발잠열은 46.3cal/g이다.
- 이산화탄소의 증발잠열은 56.13cal/g이다.
- 보기의 물질들을 증발잠열이 큰 순에서 작은 순으로 나열하면 물 > 아세톤 > 이산화탄소 > 사염화탄소 순이다.

:: 증발잠열

- 증발이나 응축이 있는 액체-기체 의 상 변화가 일어나는 동안 흡수되거나 발산되는 열량을 말한다.
- 물의 증발잠열은 540.0cal/g이다.
- 물을 소화제로 사용하는 것도 물의 증발잠열을 이용해 화재 면의 온도를 발화점 미만으로 떨어지게 하는 원리를 이용한다.

31 Repetitive Learning (1회 2회 3회)

위험물안전관리법령에 따른 불활성가스 소화설비의 저장용기 설치 기준으로 틀린 것은?

① 방호구역 외의 장소에 설치할 것
② 저장용기에는 안전장치(용기밸브에 설치되어 있는 것은 제외)를 설치할 것
③ 저장용기의 외면에 소화약제의 종류와 양, 제조년도 및 제조자를 표시할 것
④ 온도가 섭씨 40도 이하이고 온도 변화가 적은 장소에 설치할 것

해설

- 저장용기에는 안전장치(용기밸브에 설치되어 있는 것을 포함)를 설치한다.

:: 불활성가스소화설비 저장용기의 설치기준

- 방호구역 외의 장소에 설치할 것
- 온도가 40℃ 이하이고 온도 변화가 적은 장소에 설치할 것
- 직사일광 및 빗물이 침투할 우려가 적은 장소에 설치할 것
- 저장용기에는 안전장치를 설치할 것(용기밸브에 설치되어 있는 것을 포함)
- 저장용기의 외면에 소화약제의 종류와 양, 제조년도 및 제조자를 표시할 것

0604

32 Repetitive Learning (1회 2회 3회)

위험물안전관리법령상 옥내소화전설비의 기준에서 옥내소화전이 개폐밸브 및 호스접속구의 바닥면으로부터 설치 높이 기준으로 옳은 것은?

① 1.2m 이하　② 1.2m 이상
③ 1.5m 이하　④ 1.5m 이상

해설

- 옥내소화전의 개폐밸브 및 호스접속구는 바닥면으로부터 1.5m 이하의 높이에 설치해야 한다.

:: 옥내소화전설비 기준

- 옥내소화전의 개폐밸브 및 호스접속구는 바닥면으로부터 1.5m 이하의 높이에 설치할 것
- 옥내소화전의 개폐밸브 및 방수용기구를 격납하는 상자(소화전함)는 불연재료로 제작하고 점검에 편리하고 화재발생시 연기가 충만할 우려가 없는 장소 등 쉽게 접근이 가능하고 화재 등에 의한 피해를 받을 우려가 적은 장소에 설치할 것

정답 | 29 ① 30 ④ 31 ② 32 ③

33 Repetitive Learning (1회 2회 3회)

연소 및 소화에 대한 설명으로 틀린 것은?

① 공기 중의 산소 농도가 0%까지 떨어져야만 연소가 중단되는 것은 아니다.
② 질식소화, 냉각소화 등은 물리적 소화에 해당한다.
③ 연소의 연쇄반응을 차단하는 것은 화학적 소화에 해당한다.
④ 가연물질에 상관없이 온도, 압력이 동일하면 한계산소량은 일정한 값을 가진다.

해설

- 가연물질의 연소범위는 물질에 따라 상이한데 그 이유는 온도, 압력이 동일할 때 한계산소량은 서로 다른 값을 갖기 때문이다.

연소이론

- 연소란 화학반응의 한 종류로, 가연물이 산소 중에서 산화반응을 하여 열과 빛을 발산하는 현상을 말한다.
- 연소의 3요소에는 가연물, 산소공급원, 점화원이 있다.
- 연소범위가 넓을수록 연소위험이 크다.
- 착화온도가 낮을수록 연소위험이 크다.
- 가연성 액체를 발화점 이상으로 공기 중에서 가열하면 별도의 점화원이 없어도 발화할 수 있다.

34 Repetitive Learning (1회 2회 3회)

다음 위험물을 보관하는 창고에 화재가 발생하였을 때 물을 사용하여 소화하면 위험성이 증가하는 것은?

① 질산암모늄 ② 탄화칼슘
③ 과염소산나트륨 ④ 셀룰로이드

해설

- 탄화칼슘(카바이트)은 물과 반응하여 가연성 가스인 아세틸렌(C_2H_2)가스를 발생시켜 위험성이 증가한다.

탄화칼슘(CaC_2)/카바이트 실기 0604/0702/0801/0804/0902/1001/1002/1201/1304/1502/1701/1801/1901/2001/2101

- 칼슘 또는 알루미늄의 탄화물로 자연발화성 및 금수성 물질에 해당하며, 지정수량 300kg에 위험등급은 Ⅲ인 제3류 위험물이다.
- 흑회색의 불규칙한 고체 덩어리로 고온에서 질소가스와 반응하여 석회질소($CaCN_2$)가 된다.
- 비중은 약 2.2 정도로 물보다 무겁다.
- 물과 반응하여 연소범위가 약 2.5 ~ 81%를 갖는 가연성 가스인 아세틸렌(C_2H_2)가스를 발생시킨다. ($CaC_2 + 2H_2O \rightarrow Ca(OH)_2 + C_2H_2$)
- 화재 시 건조사, 탄산수소염류소화기, 사염화탄소소화기, 팽창질석 등을 사용하여 소화한다.

35 Repetitive Learning (1회 2회 3회)

다음 [보기]의 물질 중 위험물안전관리법령상 제1류 위험물에 해당하는 것의 지정수량을 모두 합산한 값은?

퍼옥소이황상염류, 요오드산, 과염소산, 차아염소산염류

① 350kg ② 400kg
③ 650kg ④ 1,350kg

해설

- 퍼옥소이황산염류는 행안부령에 의해 정해진 제1류 위험물로 지정수량이 300kg이다.
- 요오드산 염류는 제1류 위험물로 지정수량이 300kg이나 요오드산은 비위험물이다.
- 과염소산은 산화성 액체로 제6류 위험물이며, 지정수량이 300kg이다.
- 차아염소산염류는 행안부령에 의해 정해진 제1류 위험물로 지정수량이 50kg이다.
- 제1류 위험물에 해당하는 것은 퍼옥소이황산염류와 차아염소산염류로 지정수량의 합은 300+50=350kg이다.

제1류 위험물의 지정수량

품명		지정수량
아염소산염류		50kg
염소산염류		
과염소산염류		
무기과산화물		
브롬산염류		300kg
질산염류		
요오드산염류		
과망간산염류		1,000kg
중크롬산염류		
행안부령	차아염소산염류	50kg
	과요오드산염류	300kg
	과요오드산	
	크롬, 납 또는 요오드의 산화물	
	아질산염류	
	염소화이소시아눌산	
	퍼옥소이황산염류	
	퍼옥소붕산염류	

33 ④ 34 ② 35 ① | 정답

0802 / 1104 / 2003

36

Repetitive Learning (1회 2회 3회)

이산화탄소 소화기의 장 · 단점에 대한 설명으로 틀린 것은?

① 밀폐된 공간에서 사용 시 질식으로 인명피해가 발생할 수 있다.
② 전도성이어서 전류가 통하는 장소에서의 사용은 위험하다.
③ 자체의 압력으로 방출할 수가 있다.
④ 소화 후 소화약제에 의한 오손이 없다.

해설

- 이산화탄소 소화기는 전기에 대한 절연성이 우수한 비전도성을 갖기 때문에 전기화재(C급)에 유효하다.

이산화탄소(CO_2) 소화기의 특징

- 용기는 이음매 없는 고압가스 용기를 사용한다.
- 산소와 반응하지 않는 안전한 가스이다.
- 전기에 대한 절연성이 우수(비전도성)하기 때문에 전기화재(C급)에 유효하다.
- 자체 압력으로 방출하므로 방출용 동력이 별도로 필요하지 않다.
- 고온의 직사광선이나 보일러실에 설치할 수 없다.
- 금속분의 화재 시에는 사용할 수 없다.
- 소화기 방출구에서 주울-톰슨효과에 의해 드라이아이스가 생성될 수 있다.

0202 / 1204

37

Repetitive Learning (1회 2회 3회)

제2류 위험물의 화재에 대한 일반적인 특징으로 옳은 것은?

① 연소 속도가 빠르다.
② 산소를 함유하고 있어 질식소화는 효과가 없다.
③ 화재 시 자신이 환원되고 다른 물질을 산화시킨다.
④ 연소열이 거의 없어 초기 화재 시 발견이 어렵다.

해설

- 제2류 위험물 화재는 연소속도가 빠르고, 연소 시 유독한 가스가 발생할 수 있으므로 주의하여야 한다.

제2류 위험물의 일반적인 성질 실기 0602/1101/1704/2004

- 비교적 낮은 온도에서 연소하기 쉬운 가연성 물질이다.
- 연소속도가 빠르고, 연소 시 유독한 가스에 주의하여야 한다.
- 가열이나 산화제를 멀리한다.
- 금속분, 철분, 마그네슘을 제외하고 주수에 의한 냉각소화를 한다.
- 금속분은 물또는 산과의 접촉 시 발열하므로 접촉을 금해야 하며, 금속분의 화재에는 건조사의 피복소화가 좋다.

38

Repetitive Learning (1회 2회 3회)

위험물안전관리법령상 이동식 불활성가스 소화설비의 호스접속구는 모든 방호대상물에 대하여 당해 방호대상물의 각 부분으로부터 하나의 호스접속구까지의 수평거리가 몇 이하가 되도록 설치하여야 하는가?

① 5 ② 10
③ 15 ④ 20

해설

- 이동식 불활성가스소화설비에서 호스접속부는 모든 방호대상물에 대하여 당해 방호대상물의 각 부분으로부터 하나의 호스접속구까지의 수평거리가 15m 이하가 되도록 설치해야 한다.

불활성가스소화설비의 설치기준

구분	설치기준
전역방출방식 불활성가스 소화설비	분사헤드는 불연재료의 벽 · 기둥 · 바닥 · 보 및 지붕으로 구획되고 개구부에 자동폐쇄장치가 설치되어 있는 부분에 당해 부분의 용적 및 방호대상물의 성질에 따라 표준방사량으로 방호대상물의 화재를 유효하게 소화할 수 있도록 필요한 개수를 적당한 위치에 설치할 것
국소방출방식 불활성가스 소화설비	분사헤드는 방호대상물의 형상, 구조, 성질, 수량 또는 취급방법에 따라 방호대상물에 이산화탄소소화약제를 직접 방사하여 표준방사량으로 방호대상물의 화재를 유효하게 소화할 수 있도록 필요한 개수를 적당한 위치에 설치할 것
이동식 불활성가스 소화설비	호스접속구는 모든 방호대상물에 대하여 당해 방호대상물의 각 부분으로부터 하나의 호스접속구까지의 수평거리가 15m 이하가 되도록 설치할 것

39

Repetitive Learning (1회 2회 3회)

분말소화약제의 소화효과로 가장 거리가 먼 것은?

① 질식효과 ② 냉각효과
③ 제거효과 ④ 방사열 차단효과

해설

- 제거효과는 가연물을 제거하거나 격리시키는 방식으로 분말소화약제와 거리가 멀다.

분말소화약제

- 탄산수소나트륨, 탄산수소칼륨, 제1인산암모늄 등의 물질을 미세한 분말로 만들어 유동성을 높여 가스압으로 분출시켜 화재를 소화하는 약제이다.
- 열분해로 생긴 불연성가스에 의한 질식효과가 크며, 일부 냉각효과도 있어 가연성 액체의 표면화재에 효과가 크다.
- 습기와 반응하면 고화되기 때문에 실리콘 수지를 이용하여 방습처리를 하여야 한다.

정답 | 36 ② 37 ① 38 ③ 39 ③

1202

40 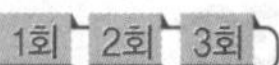

위험물안전관리법령상 인화성 고체와 질산에 공통적으로 적응성이 있는 소화설비는?

① 불활성가스소화설비
② 할로겐화합물소화설비
③ 탄산수소염류분말소화설비
④ 포소화설비

해설

- 불활성가스소화설비, 할로겐화합물소화설비, 탄산수소염류분말소화설비는 공통적으로 질산과 같은 제6류 위험물에는 적응성이 없다.

물분무등소화설비의 분류와 적응성

소화설비의 구분		물분무 소화설비	포 소화설비	불활성 가스 소화설비	할로겐 화합물 소화설비	분말소화설비		
						인산염류 등	탄산수소염류등	그 밖의 것
건축물 · 그 밖의 공작물		○	○			○		
전기설비		○		○	○	○	○	
제1류 위험물	알칼리금속 과산화물등						○	○
	그 밖의 것	○	○			○		
제2류 위험물	철분 · 금속분 · 마그네슘등						○	○
	인화성고체	○	○	○	○	○	○	
	그밖의것	○	○			○		
제3류 위험물	금수성물품						○	○
	그 밖의 것	○	○					
제4류 위험물		○	○	○	○	○	○	
제5류 위험물		○	○					
제6류 위험물		○	○			○		

3과목 위험물의 성질과 취급

41 Repetitive Learning (1회 2회 3회)

산화제와 혼합되어 연소할 때 자외선을 많이 포함하는 불꽃을 내는 것은?

① 셀룰로이드 ② 니트로셀룰로오스
③ 마그네슘 ④ 글리세린

해설

- 마그네슘은 산화제와의 혼합하면 가열, 충격, 마찰 등에 의해 폭발할 위험성이 높으며, 산화제와 혼합되어 연소할 때 불꽃의 온도가 높아 자외선을 많이 포함하는 불꽃을 낸다.

마그네슘(Mg) 실기 0604/0902/1002/1201/1402/1801/2003/2101

- 제2류 위험물에 해당하는 가연성 고체로 지정수량은 500kg이고, 위험등급은 Ⅲ이다.
- 온수 및 강산과 반응하여 수소가스를 생성한다.
- 공기 중의 습기와 반응하여 열이 축적되면 자연발화의 위험이 있다.
- 가열하면 연소가 쉬우며, 양이 많은 경우 순간적으로 맹렬히 폭발할 수 있다.
- 산화제와의 혼합하면 가열, 충격, 마찰 등에 의해 폭발할 위험성이 높으며, 산화제와 혼합되어 연소할 때 불꽃의 온도가 높아 자외선을 많이 포함하는 불꽃을 낸다.
- 마그네슘과 이산화탄소가 반응하면 산화마그네슘(MgO)과 탄소(C)로 변화하면서 연소를 지속하지만 탄소와 산소의 불완전연소 반응으로 일산화탄소(CO)가 생성된다.

1301

42 Repetitive Learning (1회 2회 3회)

위험물안전관리법령상 위험물의 운반용기 외부에 표시해야 할 사항이 아닌 것은? (단, 용기의 용적은 10L이며 원칙적인 경우에 한한다)

① 위험물의 화학명 ② 위험물의 지정수량
③ 위험물의 품명 ④ 위험물의 수량

해설

- 위험물의 운반용기에는 품명, 위험등급, 화학명, 수용성 여부, 수량, 위험물에 따른 주의사항 등을 표시하여야 한다.

위험물의 운반용기 표시사항

- 위험물의 품명 · 위험등급 · 화학명 및 수용성("수용성" 표시는 제4류 위험물로서 수용성인 것에 한한다)
- 위험물의 수량
- 수납하는 위험물에 따른 주의사항

40 ④ 41 ③ 42 ② | 정답

1901

43

Repetitive Learning (1회 2회 3회)

위험물안전관리법령상 시 · 도의 조례가 정하는 바에 따라, 관할소방서장의 승인을 받아 지정수량 이상의 위험물을 임시로 제조소 등이 아닌 장소에서 취급할 때 며칠 이내의 기간 동안 취급할 수 있는가?

① 7 ② 30

③ 90 ④ 180

해설

- 시 · 도의 조례가 정하는 바에 따라 관할소방서장의 승인을 받아 지정수량 이상의 위험물을 90일 이내의 기간 동안 임시로 저장 또는 취급할 수 있다.

위험물의 저장 및 취급의 제한

- 지정수량 이상의 위험물을 저장소가 아닌 장소에서 저장하거나 제조소등이 아닌 장소에서 취급하여서는 아니 된다.
- 시 · 도의 조례가 정하는 바에 따라 관할소방서장의 승인을 받아 지정수량 이상의 위험물을 90일 이내의 기간 동안 임시로 저장 또는 취급할 수 있다.
- 군부대의 경우 지정수량 이상의 위험물을 군사목적으로 임시로 저장 또는 취급할 수 있다.
- 제조소등에서의 위험물의 저장 또는 취급에 관하여는 중요기준 및 세부기준에 따라야 한다.

구분	내용
중요기준	화재 등 위해의 예방과 응급조치에 있어서 큰 영향을 미치거나 그 기준을 위반하는 경우 직접적으로 화재를 일으킬 가능성이 큰 기준으로서 행정안전부령이 정하는 기준
세부기준	화재 등 위해의 예방과 응급조치에 있어서 중요기준보다 상대적으로 적은 영향을 미치거나 그 기준을 위반하는 경우 간접적으로 화재를 일으킬 수 있는 기준 및 위험물의 안전관리에 필요한 표시와 서류 · 기구 등의 비치에 관한 기준으로서 행정안전부령이 정하는 기준

- 제조소 등의 위치 · 구조 및 설비의 기술기준은 행정안전부령으로 정한다.
- 둘 이상의 위험물을 같은 장소에서 저장 또는 취급하는 경우에 있어서 당해 장소에서 저장 또는 취급하는 각 위험물의 수량을 그 위험물의 지정수량으로 각각 나누어 얻은 수의 합계가 1 이상인 경우 당해 위험물은 지정수량 이상의 위험물로 본다.

1204

44

Repetitive Learning 

이동저장탱크로부터 위험물을 저장 또는 취급하는 탱크에 인화점이 몇 ℃ 미만인 위험물을 주입할 때에는 이동탱크저장소의 원동기를 정지시켜야 하는가?

① 21 ② 40

③ 71 ④ 200

해설

- 이동저장탱크로부터 위험물을 저장 또는 취급하는 탱크에 인화점이 40℃ 미만인 위험물을 주입할 때에는 이동탱크저장소의 원동기를 정지시켜야 한다.

이동탱크저장소에서의 위험물의 취급기준

- 이동저장탱크로부터 위험물을 저장 또는 취급하는 탱크에 액체의 위험물을 주입할 경우에는 그 탱크의 주입구에 이동저장탱크의 주입호스를 견고하게 결합할 것
- 이동저장탱크로부터 액체위험물을 용기에 옮겨 담지 아니할 것
- 이동저장탱크로부터 위험물을 저장 또는 취급하는 탱크에 인화점이 40℃ 미만인 위험물을 주입할 때에는 이동탱크저장소의 원동기를 정지시킬 것
- 이동저장탱크로부터 직접 위험물을 자동차의 연료탱크에 주입하지 말 것

0802 / 1401 / 1402

45

Repetitive Learning (1회 2회 3회)

위험물안전관리법령상 제1류 위험물 중 알칼리금속의 과산화물의 운반용기 외부에 표시하여야 하는 주의사항을 모두 나타낸 것은?

① "화기엄금", "충격주의" 및 "가연물접촉주의"

② "화기 · 충격주의", "물기엄금" 및 "가연물접촉주의"

③ "화기주의" 및 "물기엄금"

④ "화기엄금" 및 "물기엄금"

해설

- ①의 경우는 제1류 위험물 중 알칼리금속의 과산화물을 제외한 물질의 운반용기 표시사항이다.
- ③은 제2류 위험물 중 철분 · 금속분 · 마그네슘에 대한 운반용기 표시사항이다.
- ④는 해당 물질이 없다.

수납하는 위험물에 따른 용기 표시 주의사항 실기 0701/0801/0902/0904/1001/1004/1101/1201/1202/1404/1504/1601/1701/1801/1802/2003/2004/2101

유별	구분	주의사항
제1류	알칼리금속의 과산화물	화기 · 충격주의, 물기엄금, 가연물접촉주의
	그 외	화기 · 충격주의, 가연물접촉주의
제2류	철분 · 금속분 · 마그네슘 또는 이를 함유한 것	화기주의, 물기엄금
	인화성 고체	화기엄금
	그 외	화기주의
제3류	자연발화성 물질	화기엄금, 공기접촉엄금
	금수성 물질	물기엄금
제4류		화기엄금
제5류		화기엄금, 충격주의
제6류		가연물접촉주의

정답 | 43 ③ 44 ② 45 ②

46 ― Repetitive Learning (1회 2회 3회)

제4류 2석유류 비수용성인 위험물 180,000리터를 저장하는 옥외저장소의 경우 설치하여야 하는 소화설비의 기준과 소화기 개수를 설명한 것이다. ( ) 안에 들어갈 숫자의 합은?

> 해당 옥외저장소는 소화난이도 등급 Ⅱ에 해당하며, 소화설비의 기준은 방사능력 범위 내에 공작물 및 위험물이 포함되도록 대형수동식소화기를 설치하고 당해 위험물의 소요단위의 ( )에 해당하는 능력단위의 소형수동식소화기를 설치하여야 한다.
> 해당 옥외저장소의 경우 대형수동식소화기와 설치하고자하는 소형수동식소화기의 능력단위가 2라고 가정할 때 비치하여야 하는 소형수동식소화기의 최소 개수는 ( )개이다.

① 2.2　② 4.5
③ 9　④ 10

해설

- 제4류 위험물 비수용성 제2석유류는 지정수량이 1,000L이다.
- 위험물은 지정수량의 10배를 1소요단위로 하므로 10,000L가 1소요단위가 된다. 즉, 180,000리터는 18소요단위에 해당한다.
- 소화난이도등급 Ⅱ의 제조소 등에 설치해야하는 소화설비는 당해 위험물의 소요단위의 1/5 이상에 해당하는 능력단위의 소형수동식소화기 등을 설치하여야 한다. 18소요단위는 3.6이상이므로 4 능력단위의 소화기가 필요하다. 소화기의 능력단위가 2이므로 2대의 소화기가 필요하다.
- 첫 번째 ( )는 1/5이고, 두 번째 ( )는 2이므로 합은 2.2가 된다.

소요단위 실기 0604/0802/1202/1204/1704/1804/2001

- 소화설비의 설치대상이 되는 건축물 그 밖의 공작물의 규모 또는 위험물의 양의 기준단위이다.
- 계산방법

구분	내용
제조소 또는 취급소의 건축물	외벽이 내화구조인 것은 연면적 $100m^2$를 1소요단위로 하며, 외벽이 내화구조가 아닌 것은 연면적 $50m^2$를 1소요단위로 할 것
저장소의 건축물	외벽이 내화구조인 것은 연면적 $150m^2$를 1소요단위로 하고, 외벽이 내화구조가 아닌 것은 연면적 $75m^2$를 1소요단위로 할 것
제조소 등의 옥외에 설치된 공작물	외벽이 내화구조인 것으로 간주하고 공작물의 최대 수평투영면적을 연면적으로 간주하여 제조소 혹은 저장소 건축물의 소요단위를 적용할 것
위험물	지정수량의 10배를 1소요단위로 할 것

1004 / 1202

47 ― Repetitive Learning (1회 2회 3회)

과염소산과 과산화수소의 공통된 성질이 아닌 것은?

① 비중이 1보다 크다.　② 물에 녹지 않는다.
③ 산화제이다.　④ 산소를 포함한다.

해설

- 과염소산은 산화성 액체에 해당하는 제6류 위험물로 물에 녹는다.
- 과산화수소는 물보다 무겁고 석유와 벤젠에는 녹지 않으나 물, 에테르, 에탄올에 녹는다.

과산화수소(H_2O_2) 실기 0502/1004/1301/2001/2101

㉠ 개요 및 특성
- 이산화망간(MgO_2), 과산화바륨(BaO_2)과 같은 금속 과산화물을 묽은 산(HCl 등)에 반응시켜 생성되는 물질로 제6류 위험물인 산화성 액체에 해당한다.
(예, $BaO_2 + 2HCl \rightarrow BaCl_2 + H_2O_2$: 과산화바륨+염산 → 염화바륨+과산화수소)
- 위험등급이 Ⅰ등급이고, 지정수량은 300kg이다.
- 물보다 무겁고 석유와 벤젠에 녹지 않고, 물, 에테르, 에탄올에 녹는다.
- 표백작용과 살균작용을 하는 물질이다.
- 불연성의 강산화제이지만 환원제로서 작용하는 경우도 있다.
- 피부와 접촉 시 수종을 생기게 하는 위험물질이다.
- 순수한 것은 점성이 있는 무색 액체이며, 다량이면 청색빛깔을 띤다.

㉡ 분해 및 저장 방법
- 이산화망간(MnO_2)이 있으면 분해가 촉진된다.
- 햇빛에 의하여 분해되므로 햇빛이 통과하지 않는 갈색 병에 보관한다.
- 분해되면 산소를 방출한다.
- 분해 방지를 위해 보관 시 인산, 요산 등의 안정제를 가할 수 있다.
- 냉암소에 저장하고 온도의 상승을 방지한다.
- 용기에 내압 상승을 방지하기 위하여 밀전하지 않고 작은 구멍이 뚫린 마개를 사용하여 보관한다.

㉢ 농도에 따른 위험성
- 농도가 높아질수록 위험성이 커진다.
- 농도에 따라 위험물에 해당하지 않는 것도 있다.(3%과산화수소는 옥시풀로 약국에서 판매한다)
- 농도가 높은 것은 불순물, 구리, 은, 백금 등의 미립자에 의하여 폭발적으로 분해한다.
- 농도가 클수록 위험하므로 분해방지 안정제를 넣어 산소분해를 억제한다.

46 ① 47 ② | 정답

48
Repetitive Learning 1회 2회 3회

위험물안전관리법령에서 정의한 철분의 정의로 옳은 것은?

① "철분"이라 함은 철의 분말로서 53마이크로미터의 표준체를 통과하는 것이 50중량퍼센트 미만인 것은 제외한다.
② "철분"이라 함은 철의 분말로서 50마이크로미터의 표준체를 통과하는 것이 53중량퍼센트 미만인 것은 제외한다.
③ "철분"이라 함은 철의 분말로서 53마이크로미터의 표준체를 통과하는 것이 50부피퍼센트 미만인 것은 제외한다.
④ "철분"이라 함은 철의 분말로서 50마이크로미터의 표준체를 통과하는 것이 53부피퍼센트 미만인 것은 제외한다.

해설

- 철분은 53마이크로미터의 표준체를 통과하는 것이 50중량 퍼센트 미만인 것은 제외한다.

철분의 법률적 정의 실기 0702/0901/1202/2004/2101

- 철분은 철의 분말로서 53마이크로미터의 표준체를 통과하는 것이 50중량퍼센트 미만인 것은 제외한다.

49
Repetitive Learning 1회 2회 3회

위험물안전관리법령에 따른 위험물제조소의 안전거리 기준으로 틀린 것은?

① 주택으로부터 10m 이상
② 학교로부터 30m 이상
③ 유형문화재와 기념물 중 지정문화재로부터는 30m 이상
④ 병원으로부터 30m 이상

해설

- 유형문화재와 기념물 중 지정문화재와는 50m 이상의 안전거리를 유지하여야 한다.

제조소의 안전거리(제6류 위험물제조소 제외) 실기 1302

주거용 건물	10m 이상	불연재료로 된 담/벽 설치 시 단축가능
학교·병원·극장 그 밖에 다수인을 수용하는 시설	30m 이상	
유형문화재와 기념물 중 지정문화재	50m 이상	
고압가스, 액화석유가스 또는 도시가스를 저장 또는 취급하는 시설	20m 이상	
사용전압이 7,000V 초과 35,000V 이하의 특고압가공전선	3m 이상	
사용전압이 35,000V를 초과하는 특고압가공전선	5m 이상	

50
Repetitive Learning 1회 2회 3회

위험물의 적재 방법에 관한 기준으로 틀린 것은?

① 위험물은 규정에 의한 바에 따라 재해를 발생시킬 우려가 있는 물품과 함께 적재하지 아니하여야 한다.
② 적재하는 위험물의 성질에 따라 일광의 직사 또는 빗물의 침투를 방지하기 위하여 유효하게 피복하는 등 규정에서 정하는 기준에 따른 조치를 하여야 한다.
③ 증기발생·폭발에 대비하여 운반용기의 수납구를 옆 또는 아래로 향하게 하여야 한다.
④ 위험물을 수납한 운반용기가 전도·낙하 또는 파손되지 아니하도록 적재하여야 한다.

해설

- 운반용기는 수납구를 위로 향하게 하여 적재하여야 한다.

위험물의 적재방법

- 위험물은 당해 위험물이 전락(轉落)하거나 위험물을 수납한 운반용기가 전도·낙하 또는 파손되지 아니하도록 적재하여야 한다.
- 운반용기는 수납구를 위로 향하게 하여 적재하여야 한다.
- 적재하는 위험물의 성질에 따라 일광의 직사 또는 빗물의 침투를 방지하기 위하여 유효하게 피복하는 등 조치를 하여야 한다.
- 위험물은 종류를 달리하는 그 밖의 위험물 또는 재해를 발생시킬 우려가 있는 물품과 함께 적재하지 아니하여야 한다.
- 위험물을 수납한 운반용기를 겹쳐 쌓는 경우에는 그 높이를 3m 이하로 하고, 용기의 상부에 걸리는 하중은 당해 용기 위에 당해 용기와 동종의 용기를 겹쳐 쌓아 3m의 높이로 하였을 때에 걸리는 하중 이하로 하여야 한다.
- 위험물은 그 운반용기의 외부에 위험물의 품명, 수량 등을 표시하여 적재하여야 한다.

0204

51
Repetitive Learning 1회 2회 3회

물과 접촉되었을 때 연소범위의 하한값이 2.5vol%인 가연성 가스가 발생하는 것은?

① 금속나트륨 ② 인화칼슘
③ 과산화칼륨 ④ 탄화칼슘

해설

- 탄화칼슘이 물과 반응하면 연소범위가 약 2.5 ~ 81%를 갖는 가연성 가스인 아세틸렌(C_2H_2)가스를 발생시킨다.

탄화칼슘(CaC_2)/카바이트 실기 0604/0702/0801/0804/0902/1001/1002/1201/1304/1502/1701/1801/1901/2001/2101

문제 34번의 유형별 핵심이론 참조

정답 | 48 ① 49 ③ 50 ③ 51 ④

52 Repetitive Learning (1회 2회 3회)

제3류 위험물 중 금수성 물질의 위험물제조소에 설치하는 주의사항 게시판의 색상 및 표시 내용으로 옳은 것은?

① 청색바탕 – 백색문자, "물기엄금"
② 백색바탕 – 청색문자, "물기엄금"
③ 백색바탕 – 적색문자, "물기엄금"
④ 적색바탕 – 백색문자, "물기엄금"

해설

- 제조소에서 물기엄금은 청색바탕에 백색문자로, 화기주의나 화기엄금은 적색바탕에 백색문자로 표시해야 한다.

제조소에서의 주의사항 게시판

구분		표시
제1류	알칼리금속의 과산화물	물기엄금(청색바탕에 백색문자)
제2류	철분 · 금속분 · 마그네슘 또는 이를 함유한 것	화기주의(적색바탕에 백색문자)
	인화성 고체	화기엄금(적색바탕에 백색문자)
	그 외	화기주의(적색바탕에 백색문자)
제3류	자연발화성 물질	화기엄금(적색바탕에 백색문자)
	금수성 물질	물기엄금(청색바탕에 백색문자)
제4류		화기엄금(적색바탕에 백색문자)
제5류		화기엄금(적색바탕에 백색문자)

1101

53 Repetitive Learning (1회 2회 3회)

제조소 등의 관계인은 당해 제조소 등의 용도를 폐지한 때에는 총리령이 정하는 바에 따라 제조소 등의 용도를 폐지한 날부터 며칠 이내에 시 · 도지사에게 신고하여야 하는가?

① 5일 ② 7일
③ 14일 ④ 21일

해설

- 제조소 등을 폐지한 때에는 14일 이내에 시 · 도지사에게 신고하여야 한다.

제조소 등의 폐지

- 제조소 등의 관계인(소유자 · 점유자 또는 관리자)은 당해 제조소 등의 용도를 폐지한 때에는 행정안전부령이 정하는 바에 따라 제조소 등의 용도를 폐지한 날부터 14일 이내에 시 · 도지사에게 신고하여야 한다.

54 Repetitive Learning (1회 2회 3회)

일반취급소 1층에 옥내소화전 6개, 2층에 옥내소화전 5개, 3층에 옥내소화전 5개를 설치하고자 한다. 위험물안전관리법령상 이 일반취급소에 설치되는 옥내소화전에 있어서 수원의 수량은 얼마 이상이어야 하는가?

① $13m^3$ ② $15.6m^3$
③ $39m^3$ ④ $46.8m^3$

해설

- 옥내소화전이 가장 많이 설치된 층은 1층으로 6개이다. 5개 이상의 경우 5개로 간주하여 $7.8m^3$를 곱한 양 이상이 되면 되므로 $5 \times 7.8 = 39m^3$ 이상이면 된다.

수원의 수량

옥내소화전	옥내소화전이 가장 많이 설치된 층의 옥내소화전 설치개수(설치개수가 5개 이상인 경우는 5개)에 $7.8m^3$를 곱한 양 이상이 되도록 설치할 것
옥외소화전	옥외소화전의 설치개수(설치개수가 4개 이상인 경우는 4개의 옥외소화전)에 $13.5m^3$를 곱한 양 이상이 되도록 설치할 것

2001

55 Repetitive Learning (1회 2회 3회)

삼황화린과 오황화린의 공통 연소생성물을 모두 나타낸 것은?

① H_2S, SO_2 ② P_2O_5, H_2S
③ SO_2, P_2O_5 ④ H_2S, SO_2, P_2O_5

해설

- 삼황화린(P_4S_3)과 오황화린(P_2S_5)의 연소생성물은 이산화황(SO_2)과 오산화린(P_2O_5)이다.

황화린의 구분

	삼황화린(P_4S_3)	오황화린(P_2S_5)	칠황화린(P_4S_7)
성상	황색 결정	담황색 결정	
조해성	×	○	○
이황화탄소 용해도	녹는다	잘 녹는다	약간 녹는다
물과의 반응	상온에는 녹지 않고 끓는 물에 분해된다.	유독성 황화수소(H_2S), 인산(H_3PO_4) 생성	
연소생성물	이산화황(SO_2)과 오산화린(P_2O_5)		

52 ① 53 ③ 54 ③ 55 ③ 정답

0902

56 —— Repetitive Learning 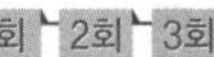

적재 시 일광의 직사를 피하기 위하여 차광성이 있는 피복으로 가려야 하는 것은?

① 메탄올 ② 과산화수소
③ 철분 ④ 가솔린

해설

- 메탄올은 제4류 위험물에 해당하는 인화성 액체 중 알코올류이며, 가솔린은 제1석유류이므로 별도의 피복을 하지 않아도 된다.
- 철분은 제2류 위험물에 해당하는 가연성 고체로 방수성이 있는 피복으로 가려야 한다.
- 과산화수소는 제5류 위험물이므로 차광성이 있는 피복으로 가려야 한다.

적재 시 피복 기준 실기 0704/1704/1904

- 제1류 위험물, 제3류 위험물 중 자연발화성물질, 제4류 위험물 중 특수인화물, 제5류 위험물 또는 제6류 위험물은 차광성이 있는 피복으로 가릴 것
- 제1류 위험물 중 알칼리금속의 과산화물 또는 이를 함유한 것, 제2류 위험물 중 철분·금속분·마그네슘 또는 이들 중 어느 하나 이상을 함유한 것 또는 제3류 위험물 중 금수성 물질은 방수성이 있는 피복으로 덮을 것
- 제5류 위험물 중 55℃ 이하의 온도에서 분해될 우려가 있는 것은 보냉 컨테이너에 수납하는 등 적정한 온도관리를 할 것
- 액체위험물 또는 위험등급Ⅱ의 고체위험물을 기계에 의하여 하역하는 구조로 된 운반용기에 수납하여 적재하는 경우에는 당해 용기에 대한 충격 등을 방지하기 위한 조치를 강구하여야 한다.

0401 / 0901 / 1004 / 1502

57 —— Repetitive Learning 

위험물안전관리법령에서는 위험물을 제조 외의 목적으로 취급하기 위한 장소와 그에 따른 취급소의 구분을 4가지로 정하고 있다. 다음 중 법령에서 정한 취급소의 구분에 해당되지 않는 것은?

① 주유취급소 ② 특수취급소
③ 일반취급소 ④ 이송취급소

해설

- 취급소는 주유, 판매, 이송, 일반취급소로 구분한다.

취급소의 구분

주유취급소	고정된 주유설비에 의하여 자동차·항공기 또는 선박 등의 연료탱크에 직접 주유하기 위하여 위험물을 취급하는 장소
판매취급소	점포에서 위험물을 용기에 담아 판매하기 위하여 지정수량의 40배 이하의 위험물을 취급하는 장소
이송취급소	배관 및 이에 부속된 설비에 의하여 위험물을 이송하는 장소
일반취급소	그 외의 장소

0802

58 —— Repetitive Learning 1회 2회 3회

다음 물질 중 인화점이 가장 낮은 것은?

① CS_2 ② $C_2H_5OC_2H_5$
③ CH_3COCH_3 ④ CH_3OH

해설

	아세톤	아세트알데히드	산화프로필렌	에테르
인화점	−18℃	−38℃	−37℃	−45℃
품명	제1석유류	특수인화물	특수인화물	특수인화물

에테르($C_2H_5OC_2H_5$)·디에틸에테르 실기 0602/0804/1601/1602

- 특수인화물로 무색투명한 휘발성 액체이다.
- 인화점이 −45℃, 연소범위가 1.9~48%로 넓은 편이고, 증기는 제4류 위험물 중 가장 인화성이 크다.
- 비중은 0.72로 물보다 가볍고, 증기비중은 2.55로 공기보다 무겁다.
- 물에는 잘 녹지 않고, 알코올에 잘 녹는다.
- 햇볕에 오래 쪼이면 일부 분해하여 과산화물을 생성하므로 갈색병에 넣어 냉암소에 보관한다.
- 건조한 에테르는 비전도성이므로, 정전기 생성방지를 위해 약간의 $CaCl_2$를 넣어준다.
- 소화제로서 CO_2가 가장 적당하다.
- 과산화물은 요오드화칼륨(KI) 10% 수용액을 황색으로 변화시킬 때 검출할 수 있으며, 과산화물을 제거할 때는 황산제일철($FeSO_4$)을 사용한다.

정답 | 56 ② 57 ② 58 ②

0604 / 1001

59 Repetitive Learning (1회 2회 3회)

지정수량에 따른 제4류 위험물 옥외탱크저장소 주위의 보유 공지 너비의 기준으로 틀린 것은?

① 지정수량의 500배 이하 – 3m 이상
② 지정수량의 500배 초과 1,000배 이하 – 5m 이상
③ 지정수량의 1,000배 초과 2,000배 이하 – 9m 이상
④ 지정수량의 2,000배 초과 3,000배 이하 – 15m 이상

해설

- 지정수량의 2,000배 초과 3,000배 이하인 경우 12m 이상의 공지를 확보하여야 한다.

옥외저장탱크의 보유 공지 실기 0504/1901

저장 또는 취급하는 위험물의 최대수량	공지의 너비
지정수량의 500배 이하	3m 이상
지정수량의 500배 초과 1,000배 이하	5m 이상
지정수량의 1,000배 초과 2,000배 이하	9m 이상
지정수량의 2,000배 초과 3,000배 이하	12m 이상
지정수량의 3,000배 초과 4,000배 이하	15m 이상

- 지정수량의 4,000배 초과할 경우 당해 탱크의 수평단면의 최대지름(횡형인 경우에는 긴 변)과 높이 중 큰 것과 같은 거리 이상. 단, 30m 초과의 경우에는 30m 이상으로 할 수 있고, 15m 미만의 경우에는 15m 이상으로 하여야 한다.

1101 / 2003

60 Repetitive Learning (1회 2회 3회)

위험물의 취급 중 소비에 관한 기준으로 틀린 것은?

① 열처리 작업은 위험물이 위험한 온도에 이르지 아니하도록 하여 실시하여야 한다.
② 담금질 작업은 위험물이 위험한 온도에 이르지 아니하도록 하여 실시하여야 한다.
③ 분사도장 작업은 방화상 유효한 격벽 등으로 구획한 안전한 장소에서 하여야 한다.
④ 버너를 사용하는 경우에는 버너의 역화를 유지하고 위험물이 넘치지 아니하도록 하여야 한다.

해설

- 버너를 사용하는 경우에는 버너의 역화를 유지하는 것이 아니라 방지해야 한다.

위험물의 취급 중 소비에 관한 기준

- 분사도장작업은 방화상 유효한 격벽 등으로 구획된 안전한 장소에서 실시할 것
- 담금질 또는 열처리작업은 위험물이 위험한 온도에 이르지 아니하도록 하여 실시할 것
- 버너를 사용하는 경우에는 버너의 역화를 방지하고 위험물이 넘치지 아니하도록 할 것

59 ④ 60 ④ | 정답

2017년 3월 5일

2017년 제1회

합격률 52.0%

1과목 일반화학

01

Repetitive Learning (1회 2회 3회)

비누화 값이 작은 지방에 대한 설명으로 옳은 것은?

① 분자량이 작으며, 저급 지방산의 에스테르이다.
② 분자량이 작으며, 고급 지방산의 에스테르이다.
③ 분자량이 크며, 저급 지방산의 에스테르이다.
④ 분자량이 크며, 고급 지방산의 에스테르이다.

해설

- 비누화 값은 분자량에 반비례하며, 저급 지방산이 많을수록 비누화 값이 커지고, 고급 지방산이 많을수록 비누화 값이 작아진다.

비누화반응

㉠ 개요
- 비누화 반응이란 비누를 만드는 반응을 의미한다.
- 긴 사슬모양의 알킬기(CH_3)가 소수성을 나타내고, 카르복실기($-COO-$)가 친수성을 나타낸다.

가수분해반응	에스테르화반응의 역반응
유지와 강염기의 반응	유지와 강염기를 가열하여 지방산의 염(비누)과 알코올로 분해하는 반응 $(C_{16}H_{31}COO)_3C_3H_6 + 3NaOH \rightarrow 3C_{16}H_{31}COONa + C_3H_5(OH)_3$

㉡ 비누화 값
- 비누화 값이란 비누화 반응을 통해 유지 1g을 비누화하는데 필요한 KOH의 mg 수를 말한다.
- 비누화 값이 작은 지방은 분자량이 크며, 고급 지방산의 에스테르이다.

02

Repetitive Learning (1회 2회 3회)

다음 화합물 수용액 농도가 모두 0.5M일 때 끓는점이 가장 높은 것은?

① $C_6H_{12}O_6$(포도당) ② $C_{12}H_{22}O_{11}$(설탕)
③ $CaCl_2$(염화칼슘) ④ $NaCl$(염화나트륨)

해설

- 끓는점이 높은 것은 수소결합 및 이온결합물질이다.
- ①과 ②는 비금속끼리 결합한 공유결합으로 쉽게 끓는 끓는점이 비교적 낮은 물질이다.
- ③과 ④는 이온결합물질로 끓는점이 비교적 높은 물질이며, 이온결합물질은 이온 수가 많을 경우 끓는점이 더 높기 때문에 염화칼슘이 이온 수 3개로 염화나트륨 이온 수 2개보다 많으므로 끓는점이 더 높다.

염화칼슘($CaCl_2$)
- 칼슘과 염소로 이뤄진 흰색의 염이다.
- 녹는점이 772℃, 끓는점이 1,935℃이고 밀도가 2.15이며 분자량은 111이다.
- 제빙할 때 냉각 매제로, 길의 눈이 어는 것을 방지할 때 사용한다.

1302

03

Repetitive Learning (1회 2회 3회)

CH_4 16g 중에는 C가 몇 mol 포함되었는가?

① 1 ② 4
③ 16 ④ 22.4

해설

- 메탄(CH_4)의 분자량은 16인데 그중에 포함된 탄소(C)의 원자는 1몰이 포함된다.

원자번호(Atomic number)와 원자량(Atomic mass)
- 원자번호는 원자핵의 양성자수이자 중성원자의 총 전자수와 같다.
- 질량수 = 양성자의 수 + 중성자의 수로 구한다.
- 원자량은 6개의 양성자와 6개의 중성자로 구성되는 질량수 12인 탄소($_{12}C$)의 원자 질량을 12로 정한 조건에서 다른 원소의 비교질량을 원자량으로 나타낸다.

정답 | 01 ④ 02 ③ 03 ①

1402

04 Repetitive Learning 1회 2회 3회

포화 탄화수소에 해당하는 것은?

① 톨루엔　② 에틸렌
③ 프로판　④ 아세틸렌

해설

- 톨루엔은 방향족 화합물로 불포화 탄화수소에 해당한다.
- 에틸렌은 2중 결합을 가지고 있는 불포화 탄화수소이다.
- 아세틸렌은 3중 결합을 가지고 있는 불포화 탄화수소이다.

포화 탄화수소

- 탄소(C)와 수소(H)가 결합된 유기화합물 중 탄소의 고리에 2중 결합 등이 없이 수소가 가득 차 있는 단일 결합상태의 물질을 말한다.
- 탄소원자수가 1~4개는 상온에서 기체, 탄소원자의 수가 5~17개는 상온에서 액체상태, 탄소원자수가 18개 이상인 것은 상온에서 고체상태이다.
- 메테인(CH_4), 에테인(C_2H_6), 프로페인(C_3H_8) 등 알칸(C_nH_{2n+2})계 사슬 모양 포화 탄화수소가 있다.
- 시클로펜탄(C_5H_{10}), 시클로헥산(C_6H_{12}) 등 시클로알케인(C_nH_{2n})계 고리 모양 포화 탄화수소가 있다.

05 Repetitive Learning 1회 2회 3회

기체 A 5g은 27℃, 380mmHg에서 부피가 6,000mL이다. 이 기체의 분자량(g/mol)은 약 얼마인가? (단, 이상기체로 가정한다)

① 24　② 41
③ 64　④ 123

해설

- 분자량을 구하는 문제이므로 이상기체 상태방정식에 대입하면 분자량 = $\frac{5\times0.082\times(273+27)}{\frac{380}{760}\times6}=41$이 된다.

이상기체 상태방정식

- 특정 압력과 온도에서 기체의 분자량을 구할 때 사용한다.
- 분자량 M = $\frac{\text{질량}\times R\times T}{P\times V}$로 구한다.

이때, R은 이상기체상수로 0.082[atm · L/mol · K]이고,
T는 절대온도(273+섭씨온도)[K]이고,
P는 압력으로 atm 혹은 $\frac{\text{주어진 압력[mmHg]}}{\text{760mmHg/atm}}$이고,
V는 부피[L]이다.

06 Repetitive Learning 1회 2회 3회

황산구리 결정 $CuSO_4\cdot5H_2O$ 25g을 100g의 물에 녹였을 때 몇 wt% 농도의 황산구리($CuSO_4$) 수용액이 되는가? (단, $CuSO_4$ 분자량은 160이다)

① 1.28%　② 1.60%
③ 12.8%　④ 16.0%

해설

- %농도를 묻고 있다.
- 물 100g+황산구리결정 25g=125g 내에 포함된 순수한 황산구리($CuSO_4$)의 질량비를 구해야 한다.
- 황산구리결정($CuSO_4\cdot5H_2O$)의 분자량은 황산구리($CuSO_4$) 160g+물(5×18) 90g에서 250g이다. 즉, 250g의 황산구리 결정에서 순수한 황산구리는 160g이므로 25g의 황산구리 결정에서 순수한 황산구리는 $\frac{160\times25}{250}=16$g이다.
- 이제 %농도를 구하기 위해 전체 용액 125g 중 16g의 농도를 구하면 $\frac{16}{125}=12.8$%가 된다.

%농도

- 용액 100에 녹아있는 용질의 단위를 백분율로 표시한 것이다.

07 Repetitive Learning 1회 2회 3회

다음 분자 중 가장 무거운 분자의 질량은 가장 가벼운 분자의 몇 배인가? (단, Cl의 원자량은 35.3이다)

H_2　Cl_2　CH_4　CO_2

① 4배　② 22배
③ 30.5배　④ 35.5배

해설

- 수소(H_2)의 분자량은 2이다.
- 염소(Cl_2)의 분자량은 70.6이다.
- 메탄(CH_4)의 분자량은 16이다.
- 이산화탄소(CO_2)의 분자량은 44이다.
- 가장 무거운 질량과 가장 가벼운 질량의 비는 70.6 : 2이므로 35.5 : 1이다.

원자번호(Atomic number)와 원자량(Atomic mass)

문제 03번의 유형별 핵심이론 참조

04 ③　05 ②　06 ③　07 ④ | 정답

08 Repetitive Learning (1회 2회 3회)

염화철(Ⅲ)($FeCl_3$) 수용액과 반응하여 정색반응을 일으키지 않는 것은?

①
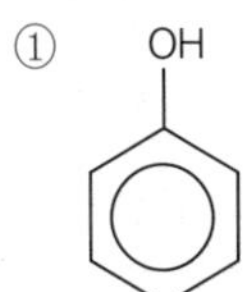

②
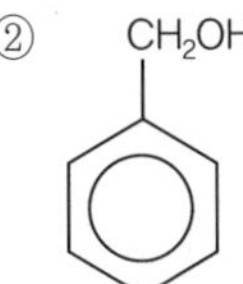

③
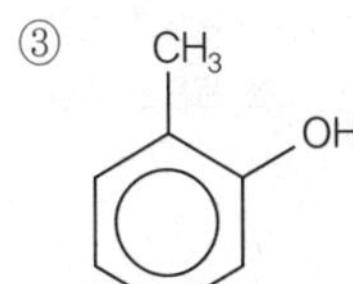

④ COOH
OH

해설

- 정색반응을 하는 것은 벤젠에 수산기(OH)가 포함되어있기 때문이다. 정색반응을 하지 않는 것은 벤젠에 수산기가 포함되지 않은 것을 찾으면 된다.

페놀(C_6H_5OH)

- 카르복실산($-COOH$)과 반응하여 에스테르기($-COO-$)를 형성한다.
- 나트륨(Na)과 반응하여 수소(H_2) 기체를 발생한다.
- 수용액은 약한 산성을 띤다.
- 벤젠에 수산기(OH)가 포함되어 $FeCl_3$ 수용액과 정색반응하여 보라색으로 변한다.
- 벤젠(C_6H_6)보다 끓는점이 높다.
- 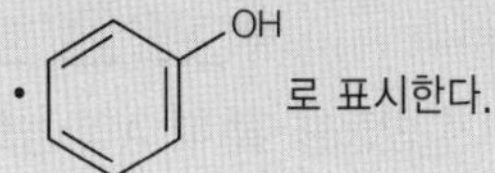

로 표시한다.

09 Repetitive Learning (1회 2회 3회)

p오비탈에 대한 설명 중 옳은 것은?

① 원자핵에서 가장 가까운 오비탈이다.
② s오비탈보다는 약간 높은 모든 에너지 준위에서 발견된다.
③ X, Y의 2방향을 축으로 한 원형 오비탈이다.
④ 오비탈의 수는 3개, 들어갈 수 있는 최대 전자 수는 6개이다.

해설

- 원자핵에서 가장 가까운 오비탈은 s오비탈이다.
- 에너지 준위는 각 오비탈에서 전자가 채워지는 우선순위로 p오비탈은 s오비탈에 비해 낮은 에너지 준위에서 발견된다.
- p오비탈은 아령모양으로 3개의 방향을 이루고 있다.

전자배치 구조

- 오비탈이라는 전자가 채워지는 공간을 통해 전자껍질을 구성한다.
- 전자껍질은 K, L, M, N껍질로 구성된다.

구분	K껍질	L껍질	M껍질	N껍질
오비탈	1s	2s2p	3s3p3d	4s4p4d4f
오비탈수	1개(1^2)	4개(2^2)	9개(3^2)	16개(4^2)
최대전자	최대 2개	최대 8개	최대 18개	최대 32개

- 오비탈의 종류

s오비탈	최대 2개의 전자를 채울 수 있다.
p오비탈	최대 6개의 전자를 채울 수 있다.
d오비탈	최대 10개의 전자를 채울 수 있다.
f오비탈	최대 14개의 전자를 채울 수 있다.

- 표시방법

$1s^2 2s^2 2p^6 3s^2 3p^6 4s^2 3d^{10} 4p^6$ …로 표시한다.

- 오비탈에 해당하는 s, p, d, f 앞의 숫자는 주기율표상의 주기를 의미한다.
- 오비탈에 해당하는 s, p, d, f 오른쪽 위의 숫자는 전자의 수를 의미한다.
- 항상 앞의 오비탈을 모두 채워야 다음 오비탈이 위치할 수 있다.
- 주기율표와 같이 구성되게 하기 위해 1주기에는 s만, 2주기와 3주기에는 s와 p가, 4주기와 5주기에는 전이원소를 넣기 위해 s, d, p오비탈이 순서대로(이때, d앞의 숫자가 기존 s나 p보다 1적다) 배치된다.

- 대표적인 원소의 전자배치

주기	원소명	원자 번호	표시
1	수소(H)	1	$1s^1$
	헬륨(He)	2	$1s^2$
2	리튬(Li)	3	$1s^2 2s^1$
	베릴륨(Be)	4	$1s^2 2s^2$
	붕소(B)	5	$1s^2 2s^2 2p^1$
	탄소(C)	6	$1s^2 2s^2 2p^2$
	질소(N)	7	$1s^2 2s^2 2p^3$
	산소(O)	8	$1s^2 2s^2 2p^4$
	불소(F)	9	$1s^2 2s^2 2p^5$
	네온(Ne)	10	$1s^2 2s^2 2p^6$

정답 | 08 ② 09 ④

0602

10 Repetitive Learning (1회 2회 3회)

다음 이원자 분자 중 결합 에너지 값이 가장 큰 것은?

① H_2 ② N_2

③ O_2 ④ F_2

해설

- 이원자 분자들은 모두 하나의 원자가 분자를 이루고 있는 것을 말하는데 원자가의 수로 결합을 이루고 있다.
- 수소는 1가로 단일결합, 산소는 2가로 2중결합, 질소는 3가로 3중결합, 불소는 1기로 단일결합을 한다.
- 3중결합이 결합에너지가 가장 크다.

공유결합

㉠ 개요

- 공유결합은 전자를 원자들이 공유했을 때 생성되는 결합이다.
- 주로 비금속+비금속끼리의 결합형태이다.
- 화학반응에서 원자간의 공유결합을 끊어야 반응이 가능하여 반응속도가 느리다.

㉡ 공유하는 전자쌍에 따른 구분

단일결합	•2개의 원자가 전자쌍 1개를 공유 •메테인(CH_4), 암모니아(NH_3), 염화수소(HCl) 등
2중결합	•2개의 원자가 전자쌍 2개를 공유 •산소(O_2), 이산화탄소(CO_2) 등
3중결합	•2개의 원자가 전자쌍 3개를 공유 •질소(N_2), 일산화탄소(CO) 등

1002

11 Repetitive Learning (1회 2회 3회)

액체 공기에서 질소 등을 분리하여 산소를 얻는 방법은 다음 중 어떤 성질을 이용한 것인가?

① 용해도 ② 비등점

③ 색상 ④ 압축율

해설

- 질소의 끓는점이 -195.8℃이고, 산소의 끓는점은 -183.0℃이므로 질소 등과 혼합되어 있는 액체공기에서 질소 및 산소를 분리할 때 이용한다.

물질의 녹는점, 어는점, 끓는점, 전이점

- 어는점은 고체상의 물질이 액체상과 평형에 있을 때의 온도를 말한다.
- 끓는점은 액체의 증기압과 외부압력이 같게 되는 온도로 비등점이라고도 한다.
- 녹는점은 일정 압력에서 물질의 고체상과 액체상이 평형을 유지하는 온도를 말하며, 융해점, 융점이라고도 한다.
- 전이점은 물질의 상태가 전이될 때의 온도를 말한다.

0402 / 1101 / 2001

12 Repetitive Learning (1회 2회 3회)

pH가 2인 용액은 pH가 4인 용액과 비교하면 수소이온농도가 몇 배인 용액이 되는가?

① 100배 ② 2배

③ 10^{-1}배 ④ 10^{-2}배

해설

- pH가 2인 용액의 수소이온농도는 10^{-2} 즉, 0.01이고, pH가 4인 용액의 수소이온농도는 10^{-4}=0.0001이다. 몇 배인지를 물었으므로 $\frac{0.01}{0.0001}=100$배가 된다.

수소이온농도지수(pH)

- 용액 1L 속에 존재하는 수소이온의 g이온수 즉, 몰농도(혹은 N농도×전리도)를 말한다.
- 수소이온은 매우 작은 값으로 존재하므로 수소이온의 역수에 상용로그값을 취하여 사용한다.

$$pH=\log\frac{1}{[H^+]}=-\log[H^+]$$

- 순수한 물의 경우 1기압 25℃에서 수소이온의 농도가 약 10^{-7}g 이온이므로 이를 pH 7 중성이라고 하고, 이보다 클 때 알카리성, 이보다 작을 때 산성이라고 한다.
- 수소이온농도지수[pH]+수산화이온농도지수[pOH]=14이다.

1301 / 2003

13 Repetitive Learning (1회 2회 3회)

일정한 온도 하에서 물질 A와 B가 반응을 할 때 A의 농도만 2배로 하면 반응속도가 2배가 되고 B의 농도만 2배로 하면 반응속도가 4배로 된다. 이 반응속도식은? (단, 반응속도 상수는 k이다)

① $v=k[A][B]^2$ ② $v=k[A]^2[B]$

③ $v=k[A][B]^{0.5}$ ④ $v=k[A][B]$

해설

- A의 농도와 반응속도가 비례하는데, B의 농도와 반응속도는 농도의 제곱에 비례하므로 반응속도식은 $v=k[A][B]^2$가 된다.

농도와 반응속도의 관계

- 일정한 온도에서 반응속도는 반응물질의 농도(몰/L)의 곱에 비례한다.
- 어떤 물질 A와 B의 반응을 통해 C와 D를 생성하는 반응식에서 $aA+bB \rightarrow cC+dD$에서 반응속도는 $k[A]^a[B]^b$가 되며, 그 역도 성립한다. 이때 k는 속도상수이며, [ ]은 몰농도이다.
- 온도가 일정하더라도 시간이 흐름에 따라 물질의 농도가 감소하므로 반응속도도 감소한다.

10 ② 11 ② 12 ① 13 ① 정답

14 Repetitive Learning 1회 2회 3회

C-C-C-C을 부탄이라고 한다면 C=C-C-C의 명명은? (단, C와 결합된 원소는 H이다)

① 1-부텐　　② 2-부텐
③ 1, 2-부텐　　④ 3, 4-부텐

해설

- 부탄(butane)은 화학식으로 C_4H_{10}에 해당한다.
- 주어진 화학식은 탄소 4개의 구성에서 첫 번째 탄소위치에 2중결합(알켄계)이 되었으므로 1-부텐(C_4H_8)이 된다.

IUPAC(International Union of Pure and Applied Chemistry) 명명법

- 국제 순수 · 응용화학 연합(IUPAC)이 정한 화합물 명명법을 말한다.
- 포화탄화수소는 어미에 '-ane'를 붙여 명명한다.

이름	한글명	분자식	구조식
methane	메탄/메테인	CH_4	CH_4
ethane	에탄/에테인	C_2H_6	CH_3CH_3
propane	프로판/프로페인	C_3H_8	$CH_3CH_2CH_3$
butane	부탄/뷰테인	C_4H_{10}	$CH_3(CH_2)_2CH_3$
pentane	펜탄/펜테인	C_5H_{12}	$CH_3(CH_2)_3CH_3$
hexane	헥산/헥세인	C_6H_{14}	$CH_3(CH_2)_4CH_3$
heptane	헵탄/헵테인	C_7H_{16}	$CH_3(CH_2)_5CH_3$
octane	옥탄/옥테인	C_8H_{18}	$CH_3(CH_2)_6CH_3$
nonane	노네인	C_9H_{20}	$CH_3(CH_2)_7CH_3$
decane	데케인	$C_{10}H_{22}$	$CH_3(CH_2)_8CH_3$

- 알켄(Alkene)은 이중결합, 알킨(alkyne)은 3중결합을 의미한다.
- 가지 달린 화합물은 가장 긴 사슬을 기본명으로 하고, 가지의 위치가 되도록 작은 번호가 되도록 탄소원자에 아라비아 숫자를 붙여 결합위치-수-명칭을 기본명 앞에 붙여서 부른다.
- 2개 이상의 동일 치환기가 주사슬에 연결되면 다이(di-), 트라이(tri-), 테트라(tetra-)등의 접두어를 사용한다.
- 숫자와 숫자사이에는 쉼표(,)를 넣고, 숫자와 문자사이에는 hyphen(-)을 사용하며, 마지막 치환기 이름과 기본 알케인의 이름은 붙여서 쓴다.

0402 / 1204 / 1402 / 1904

15 Repetitive Learning 1회 2회 3회

$KMnO_4$에서 Mn의 산화수는 얼마인가?

① +1　　② +3
③ +5　　④ +7

해설

- $KMnO_4$에서 K가 1족의 알칼리금속이므로 망간의 산화수는 +7이 되어야 1+7-8이 되어 화합물의 산화수가 0가로 된다.

화합물에서 산화수 관련 절대적 원칙

- 일반적으로 화합물에서 전기음성도가 큰 물질이 +의 산화수를 갖고, 전기음성도가 작은 물질이 -의 산화수를 가진다.
- 수소(H)는 결합하는 원자와의 전기음성도 차에 의해 +1가 혹은 -1가의 값을 가진다.
- 1족의 알칼리금속(Li, Na, K)은 +1가의 값을 가진다.
- 2족의 알칼리토금속(Be, Mg, Ca)는 +2가의 값을 가진다.
- 13족의 알루미늄(Al)은 +3가의 값을 가진다.
- 17족의 플로오린(F)은 -1가의 값을 가진다.

1204

16 Repetitive Learning

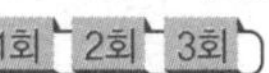

$CH_3COOH \rightarrow CH_3COO^- + H^+$의 반응식에서 전리평형상수 K는 다음과 같다. K 값을 변화시키기 위한 조건으로 옳은 것은?

$$K = \frac{[CH_3COO^-][H^+]}{[CH_3COOH]}$$

① 온도를 변화시킨다.　　② 압력을 변화시킨다.
③ 농도를 변화시킨다.　　④ 촉매양을 변화시킨다.

해설

- 평형상수 K는 온도 외에 다른 요인에는 영향을 받지 않는다.

화학평형의 법칙

- 일정한 온도에서 화학반응이 평형상태에 있을 때 전리평형상수(K)는 항상 일정하다.
- 전리평형상수(K)는 화학반응이 평형상태에 있을 때 반응물의 농도곱에 대한 생성물의 농도곱의 비를 말한다.

> A와 B가 결합하여 C와 D가 생성되는 화학반응이 평형상태일 때 $aA + bB \Leftrightarrow cC + dD$라고 하면 $K = \frac{[C]^c[D]^d}{[A]^a[B]^b}$가 성립하며, [A], [B], [C], [D]는 물질의 몰농도

정답 | 14 ①　15 ④　16 ①

17 Repetitive Learning (1회 2회 3회)

25℃에서 $Cd(OH)_2$염의 몰 용해도는 1.7×10^{-5}mol/L이다. $Cd(OH)_2$염의 용해도 곱 상수 K_{sp}를 구하면 약 얼마인가?

① 2.0×10^{-14}　② 2.2×10^{-12}
③ 2.4×10^{-10}　④ 2.6×10^{-8}

해설

- 몰 용해도가 1.7×10^{-5}로 주어져 있다.
- 수산화카드뮴[$Cd(OH)_2$]염의 이온수를 살펴보면 양이온의 경우 2가의 카드뮴(Cd^{2+})이 양이온 1개가 1몰이 존재한다.
- 음이온의 경우 수산화(OH^-) 2개가 2몰이 존재한다.
- 용해도 곱 상수=양이온농도×음이온농도= $1.7\times10^{-5}\times(2\times1.7\times10^{-5})^2$ 이므로 1.9652×10^{-14}이 된다.

몰 용해도와 용해도 곱 상수(K_{sp})

- 몰 용해도란 정해진 온도에서 용해 가능한 염의 최대 몰 농도[mol/L]를 말한다.
- 용해도 곱 상수는 양이온의 농도와 음이온의 농도를 곱한 값으로 [음이온의 몰 용해도×이온수]^{몰수}×[양이온의 몰 용해도×이온수]^{몰수}로 구한다.

0902 / 1302

18 Repetitive Learning (1회 2회 3회)

다음 중 완충용액에 해당하는 것은?

① CH_3COONa와 CH_3COOH
② NH_4Cl와 HCl
③ CH_3COONa와 $NaOH$
④ $HCOONa$와 Na_2SO_4

해설

- 가장 대표적인 완충용액은 아세트산(CH_3COOH)과 그 짝염기인 아세트산나트륨(CH_3COONa)을 들 수 있다.

완충용액

- 외부에서 산이나 염기를 가하더라도 pH의 변화가 거의 없는 용액을 의미한다.
- 보통 약산과 그 짝염기, 약염기와 그 짝산으로 이루어지는 용액을 이야기한다.
- 가장 대표적인 완충용액은 아세트산(CH_3COOH)과 그 짝염기인 아세트산나트륨(CH_3COONa)을 들 수 있다.

19 Repetitive Learning (1회 2회 3회)

다음 물질의 수용액을 같은 전기량으로 전기분해해서 금속을 석출한다고 가정할 때 석출되는 금속의 질량이 가장 많은 것은? (단, 괄호 안의 값은 석출되는 금속의 원자량이다)

① $CuSO_4$(Cu=64)　② $NiSO_4$(Ni=59)
③ $AgNO_3$(Ag=108)　④ $Pb(NO_3)_2$(Pb=207)

해설

- g당량을 구하기 위해서는 원자량과 원자가를 알아야 한다.
- Cu의 원자가는 2이고, 원자량은 64이므로 g당량은 32이므로 1F의 전기량이라 가정할 때 32g이 석출된다.
- Ni의 원자가는 2이고, 원자량은 59이므로 g당량은 29.5이므로 1F의 전기량이라 가정할 때 29.5g이 석출된다.
- Ag의 원자가는 1이고, 원자량은 108이므로 g당량은 108이므로 1F의 전기량이라 가정할 때 108g이 석출된다.
- Pb의 원자가는 2이고, 원자량은 207이므로 g당량은 103.5이므로 1F의 전기량이라 가정할 때 103.5g이 석출된다.

전기화학반응

- 1F의 전기량은 물질 1g당량을 석출하는데 필요한 전기량이다.
- 물질의 g당량은 $\frac{원자량}{원자가}$로 구한다.

20 Repetitive Learning (1회 2회 3회)

모두 염기성 산화물로만 나타낸 것은?

① CaO, Na_2O　② K_2O, SO_2
③ CO_2, SO_3　④ Al_2O_3, P_2O_5

해설

- 이산화황(SO_2), 이산화탄소(CO_2), 삼산화황(SO_3), 오산화인(P_2O_5)은 모두 산성 산화물에 해당한다.

염기성 산화물

- 물과 반응하면 OH^-이온을 생성하는 산화물을 말한다.
- 주로 금속으로 이뤄진 산화물이 이에 해당한다.
- 대표적인 산성 산화물에는 산화바륨(BaO), 산화칼슘(CaO), 산화나트륨(Na_2O), 산화마그네슘(MgO) 등이 있다.

17 ① 18 ① 19 ③ 20 ① 정답

1002

21 Repetitive Learning (1회 2회 3회)

폐쇄형 스프링클러 헤드 부착장소의 평상시의 최고 주위 온도가 39℃ 이상 64℃ 미만일 때 표시온도의 범위로 옳은 것은?

① 58℃ 이상 79℃ 미만
② 79℃ 이상 121℃ 미만
③ 121℃ 이상 162℃ 미만
④ 162℃ 이상

해설

- ①은 설치 장소의 최고 주위온도가 28℃ 이상 39℃ 미만인 경우이다.
- ③은 설치 장소의 최고 주위온도가 64℃ 이상 106℃ 미만인 경우이다.
- ④는 설치 장소의 최고 주위온도가 106℃ 이상인 경우이다.

폐쇄형 스프링클러 헤드의 설치기준

- 스프링클러 헤드의 반사판으로부터 하방으로 0.45m, 수평방향으로 0.3m의 공간을 보유할 것
- 스프링클러 헤드는 헤드의 축심이 당해 헤드의 부착면에 대하여 직각이 되도록 설치할 것
- 스프링클러 헤드의 반사판과 당해 헤드의 부착면과의 거리는 0.3m 이하일 것
- 스프링클러 헤드는 당해 헤드의 부착면으로부터 0.4m 이상 돌출한 보 등에 의하여 구획된 부분마다 설치할 것. 다만, 당해 보 등의 상호간의 거리(보 등의 중심선을 기산점으로 한다)가 1.8m 이하인 경우에는 그러하지 아니하다.
- 급배기용 덕트 등의 긴변의 길이가 1.2m를 초과하는 것이 있는 경우에는 당해 덕트 등의 아래면에도 스프링클러 헤드를 설치할 것
- 스프링클러 헤드의 부착위치는 가연성 물질을 수납하는 부분에 스프링클러 헤드를 설치하는 경우에는 당해 헤드의 반사판으로부터 하방으로 0.9m, 수평방향으로 0.4m의 공간을 보유해야 하며, 개구부에 설치하는 스프링클러 헤드는 당해 개구부의 상단으로부터 높이 0.15m 이내의 벽면에 설치할 것
- 건식 또는 준비작동식의 유수검지장치의 2차측에 설치하는 스프링클러 헤드는 상향식스프링클러 헤드로 할 것. 다만, 동결할 우려가 없는 장소에 설치하는 경우는 그러하지 아니하다.
- 부착장소의 최고주위온도에 따른 표시온도

부착장소의 최고주위온도[℃]	표시온도[℃]
28 미만	58 미만
28 이상 39 미만	58 이상 79 미만
39 이상 64 미만	79 이상 121 미만
64 이상 106 미만	121 이상 162 미만
106 이상	162 이상

0604

22 Repetitive Learning (1회 2회 3회)

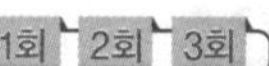

양초(파라핀)의 연소형태는?

① 표면연소 ② 분해연소
③ 자기연소 ④ 증발연소

해설

- 양초는 열에 녹아 액체가 된 후 그 가연성 증기가 연소되는 형태의 증발연소를 한다.

고체의 연소형태 실기 0702/0902/1204/1904

분해연소	• 가연물이 열분해가 진행되어 산소와 결합하여 연소하는 고체의 연소방식이다. • 종이, 목재, 플라스틱, 석탄 등이 분해연소를 한다.
표면연소	• 열분해 되지 않고 고체 표면에 공기가 닿아 연소가 일어나 고온을 유지하며 타는 연소형태를 말한다. • 숯, 코크스, 목탄, 금속 등이 표면연소를 한다.
자기연소	• 공기 중 산소를 필요로 하지 않고 분자 내의 산소를 이용해 자신이 분해되며 타는 것을 말한다. • 니트로셀룰로오스, TNT, 셀룰로이드, 니트로글리세린과 같은 제5류 위험물이 자기연소를 한다.
증발연소	• 액체와 고체의 연소방식에 속한다. • 열분해를 일으키지 않고 증발한 증기가 공기와 혼합해서 연소되는 방식이다. • 주로 연료로 사용되는 휘발유, 등유, 경유, 알코올과 같은 액체와 양초, 나프탈렌, 왁스, 아세톤, 황 등 제4류 위험물이 증발연소를 한다.

0501_추가 / 0902 / 1401

23 Repetitive Learning (1회 2회 3회)

특정옥외탱크저장소라 함은 옥외탱크저장소 중 저장 또는 취급하는 액체 위험물의 최대수량이 얼마 이상의 것을 말하는가?

① 50만리터 이상 ② 100만리터 이상
③ 150만리터 이상 ④ 200만리터 이상

해설

- 저장 또는 취급하는 액체위험물의 최대수량이 100만L 이상의 옥외저장탱크를 특정옥외탱크저장소라 한다.

특정옥외탱크저장소와 준특정옥외탱크저장소

- 특정옥외탱크저장소는 옥외탱크저장소 중 그 저장 또는 취급하는 액체위험물의 최대수량이 100만L 이상의 것을 말한다.
- 준특정옥외탱크저장소는 옥외탱크저장소 중 그 저장 또는 취급하는 액체위험물의 최대수량이 50만L 이상 100만L 미만의 것을 말한다.

정답 | 21 ② 22 ④ 23 ②

0604 / 1201

24 Repetitive Learning (1회 2회 3회)

소화약제의 종류에 해당하지 않는 것은?

① CF_2BrCl ② $NaHCO_3$
③ NH_4BrO_3 ④ CF_3Br

해설

- ③은 브롬산암모늄은 산화성 고체로 제1류 위험물에 해당한다.

소화약제의 분류별 종류

구분		종류
분말 소화약제	제1종	$NaHCO_3$(탄산수소나트륨)
	제2종	$KHCO_3$(탄산수소칼륨)
	제3종	$NH_4H_2PO_4$(인산암모늄)
	제4종	$KHCO_3$(탄산수소칼륨), $CO(NH_2)_2$(요소)
포 소화약제	화학	$NaHCO_3$(중탄산나트륨), $Al_2(SO_4)_3$(황산알루미늄)
강화액소화약제		K_2CO_3(탄산칼륨)
산·알칼리소화약제		$NaHCO_3$(탄산수소나트륨), H_2SO_4(황산)
할론소화약제		CF_2ClBr(할론1211), CF_3Br(할론1301), CCl_4(할론104), CF_2ClBr_2(할론1202), C_4F_{10}(FC-3-1-10) 등
기타소화약제		KCl(염화칼륨), NaCl(염화나트륨), $BaCl_2$(염화바륨), CO_2(이산화탄소) 등

25 Repetitive Learning (1회 2회 3회)

청정소화약제 중 IG-541의 구성 성분을 옳게 나타낸 것은?

① 헬륨, 네온, 아르곤
② 질소, 아르곤, 이산화탄소
③ 질소, 이산화탄소, 헬륨
④ 헬륨, 네온, 이산화탄소

해설

- IG-541은 불활성 가스인 질소(N_2), 아르곤(Ar), 이산화탄소(CO_2)의 혼합물질이다.

불활성가스소화약제의 성분(용량비)

	질소(N_2)	아르곤(Ar)	이산화탄소(CO_2)
IG-100	100%		
IG-55	50%	50%	
IG-541	52%	40%	8%

1101

26 Repetitive Learning (1회 2회 3회)

분말소화약제의 분해반응식이다. (   ) 안에 알맞은 것은?

$$2NaHCO_3 \rightarrow (\quad) + CO_2 + H_2O$$

① 2NaCO ② $2NaCO_2$
③ Na_2CO_3 ④ Na_2CO_4

해설

- 탄산수소나트륨이 열분해되면 탄산나트륨(Na_2CO_3), 이산화탄소, 물로 분해된다.

제1종 분말소화약제 실기 0501/0602/0701/0801/0901/1204/1301/1404/1502/1504/1601/1602/1701/1801/1904/2003/2101

- 탄산수소나트륨($NaHCO_3$)을 주성분으로 하는 소화약제로 BC급 화재에 적응성을 갖는 착색색상은 백색인 소화약제이다.
- 탄산수소나트륨이 열분해되면 탄산나트륨, 이산화탄소, 물로 분해된다.($2NaHCO_3 \xrightarrow{\triangle} Na_2CO_3 + CO_2 + H_2O$)
- 분해 시 생성되는 이산화탄소와 수증기에 의한 질식효과, 수증기에 의한 냉각효과 및 열방사의 차단효과 등이 작용한다.

1002 / 1304

27 Repetitive Learning (1회 2회 3회)

제4류 위험물을 취급하는 제조소에서 지정수량의 몇 배 이상을 취급할 경우 자체소방대를 설치하여야 하는가?

① 1,000배 ② 2,000배
③ 3,000배 ④ 4,000배

해설

- 자체소방대를 두는 경우는 제4류 위험물을 지정수량의 3천배 이상 취급하는 제조소 또는 일반취급소를 대상으로 한다.

자체소방대에 두는 화학소방자동차 및 인원 실기 1102/1402/1404/2001/2101

- 제4류 위험물을 지정수량의 3천배 이상 취급하는 제조소 또는 일반취급소를 대상으로 한다.

제조소 또는 일반취급소에서 취급하는 제4류 위험물의 최대수량의 합	화학 소방자동차	자체 소방대원의 수
지정수량의 12만배 미만인 사업소	1대	5인
지정수량의 12만배 이상 24만배 미만인 사업소	2대	10인
지정수량의 24만배 이상 48만배 미만인 사업소	3대	15인
지정수량의 48만배 이상인 사업소	4대	20인

24 ③ 25 ② 26 ③ 27 ③ | 정답

0304

28 Repetitive Learning (1회 2회 3회)

다량의 비수용성 제4류 위험물의 화재 시 물로 소화하는 것이 적합하지 않은 이유는?

① 가연서 가스를 발생한다.
② 연소면을 확대한다.
③ 인화점이 내려간다.
④ 물이 열분해한다.

해설

- 제4류 위험물 중 비수용성 인화성 액체는 물을 이용한 주수소화를 할 경우 연소면을 확대시키므로 절대 금해야 한다.

제4류 위험물의 연소와 소화

- 제4류 위험물의 연소는 가연성 증기와 공기 혼합물의 연소를 의미한다.
- 가연성 증기는 공기와 약간만 혼합되어도 연소하므로 취급에 주의해야 한다.
- 화재가 발생했을 때 연소하고 있는 가연물이 들어있는 용기를 기계적으로 밀폐하여 공기의 공급을 차단하거나 타고 있는 액체나 고체의 표면을 거품 또는 불활성 액체로 피복하여 연소에 필요한 공기의 공급을 차단시키는 질식효과를 이용해서 소화하는 것이 가장 적합하다.
- 주로 포약제에 의한 소화방법을 많이 이용한다.
- 봉상의 주수소화는 연소면을 확대하므로 금하도록 한다.

29 Repetitive Learning (1회 2회 3회)

포소화약제와 분말소화약제의 공통적인 주요 소화효과는?

① 질식효과 ② 부촉매효과
③ 제거효과 ④ 억제효과

해설

- 포소화약제는 질식효과와 냉각효과를 이용한 소화약제로 분말소화약제와 거의 비슷한 효과를 갖는다.

분말소화약제

- 탄산수소나트륨, 탄산수소칼륨, 제1인산암모늄 등의 물질을 미세한 분말로 만들어 유동성을 높여 가스압으로 분출시켜 화재를 소화하는 약제이다.
- 열분해로 생긴 불연성가스에 의한 질식효과가 크며, 일부 냉각효과도 있어 가연성 액체의 표면화재에 효과가 크다.
- 습기와 반응하면 고화되기 때문에 실리콘 수지를 이용하여 방습처리를 하여야 한다.

30 Repetitive Learning (1회 2회 3회)

과산화나트륨의 화재 시 적응성이 있는 소화설비로만 나열된 것은?

① 포소화기, 건조사
② 건조사, 팽창질석
③ 이산화탄소 소화기, 건조사, 팽창질석
④ 포소화기, 건조사, 팽창질석

해설

- 알칼리금속의 과산화물은 물기와 접촉할 경우 산소를 발생시켜 화재 및 폭발 위험성이 증가하므로 물을 이용한 소화는 금해야 한다.
- 알칼리금속의 과산화물에 적응성을 가진 소화설비는 분말소화설비나 소화기 중 탄산수소염류, 건조사 및 팽창질석 또는 팽창진주암 등이다.

소화설비의 적응성 중 제1류 위험물 실기 1002/1101/1202/1601/1702/1902/2001/2003/2004

소화설비의 구분			제1류 위험물	
			알칼리금속과 산화물등	그 밖의 것
옥내소화전 또는 옥외소화전설비				○
스프링클러설비				○
물분무등 소화설비	물분무소화설비			○
	포소화설비			○
	불활성가스소화설비			
	할로겐화합물소화설비			
	분말 소화설비	인산염류등		○
		탄산수소염류등	○	
		그 밖의 것	○	
대형·소형 수동식 소화기	봉상수(棒狀水)소화기			○
	무상수(霧狀水)소화기			○
	봉상강화액소화기			○
	무상강화액소화기			○
	포소화기			○
	이산화탄소 소화기			
	할로겐화합물소화기			
	분말 소화기	인산염류소화기		○
		탄산수소염류소화기	○	
		그 밖의 것	○	
기타	물통 또는 수조			○
	건조사		○	○
	팽창질석 또는 팽창진주암		○	○

0604 / 1304

31 — Repetitive Learning (1회 2회 3회)

위험물제조소에 옥내소화전이 가장 많이 설치된 층의 옥내소화전 설치개수가 2개이다. 위험물안전관리법령의 옥내소화전설비 설치기준에 의하면 수원의 수량은 얼마 이상이 되어야 하는가?

① $7.8m^3$ ② $15.6m^3$
③ $20.6m^3$ ④ $78m^3$

해설

- 옥내소화전설비에서 수원의 수량은 옥내소화전이 가장 많이 설치된 층의 옥내소화전 설치개수(설치개수가 5개 이상인 경우는 5개)에 $7.8m^3$를 곱한 양 이상이 되어야 하므로 $2\times7.8=15.6m^3$ 이상이 되어야 한다.

옥내소화전설비의 설치기준 실기 1301/1304/1701/1702/1804

- 옥내소화전은 제조소등의 건축물의 층마다 당해 층의 각 부분에서 하나의 호스접속구까지의 수평거리가 25m 이하가 되도록 설치할 것. 이 경우 옥내소화전은 각층의 출입구 부근에 1개 이상 설치하여야 한다.
- 수원의 수량은 옥내소화전이 가장 많이 설치된 층의 옥내소화전 설치개수(설치개수가 5개 이상인 경우는 5개)에 $7.8m^3$를 곱한 양 이상이 되도록 설치할 것
- 옥내소화전설비는 각층을 기준으로 하여 당해 층의 모든 옥내소화전(설치개수가 5개 이상인 경우는 5개의 옥내소화전)을 동시에 사용할 경우에 각 노즐선단의 방수압력이 350kPa 이상이고 방수량이 1분당 260L 이상의 성능이 되도록 할 것
- 옥내소화전설비에는 비상전원을 설치할 것

1001 / 1401 / 2001

32 — Repetitive Learning 

표준상태에서 프로판 $2m^3$이 완전연소할 때 필요한 이론 공기량은 약 몇 m^3인가? (단, 공기 중 산소농도는 21vol%이다)

① 23.81 ② 35.72
③ 47.62 ④ 71.43

해설

- 프로판 $2m^3$이 완전연소하기 위해 필요한 산소는 $2m^3\times5=10m^3$이 필요하다.
- 필요한 공기량을 묻고 있으므로 $10\times\frac{100}{21}=47.62m^3$이 필요하다.

프로판(C_3H_8)의 연소 반응식

- 프로판(C_3H_8) 1몰을 연소하기 위해서는 산소분자(O_2) 5몰이 필요하다.

$$C_3H_8+5O_2\rightarrow3CO_2+4H_2O$$

33 — Repetitive Learning (1회 2회 3회)

제2류 위험물의 일반적인 특징에 대한 설명으로 가장 옳은 것은?

① 비교적 낮은 온도에서 연소하기 쉬운 물질이다.
② 위험물 자체 내에 산소를 갖고 있다.
③ 연소속도가 느리지만 지속적으로 연소한다.
④ 대부분 물보다 가볍고 물에 잘 녹는다.

해설

- 제2류 위험물은 자체 내에 산소를 포함하지 않으며, 연소속도가 빠르다.
- 제2류 위험물은 대부분 물에 잘 녹지 않으며, 금속분의 경우 물과의 접촉 시 발열하므로 물과의 접촉을 금한다.

제2류 위험물의 일반적인 성질 실기 0602/1101/1704/2004

- 비교적 낮은 온도에서 연소하기 쉬운 가연성 물질이다.
- 연소속도가 빠르고, 연소 시 유독한 가스에 주의하여야 한다.
- 가열이나 산화제를 멀리한다.
- 금속분, 철분, 마그네슘을 제외하고 주수에 의한 냉각소화를 한다.
- 금속분은 물또는 산과의 접촉 시 발열하므로 접촉을 금해야 하며, 금속분의 화재에는 건조사의 피복소화가 좋다.

0404 / 0702

34 — Repetitive Learning (1회 2회 3회)

다음 소화설비 중 능력단위가 1.0인 것은?

① 삽 1개를 포함한 마른모래 50L
② 삽 1개를 포함한 마른모래 150L
③ 삽 1개를 포함한 팽창질석 100L
④ 삽 1개를 포함한 팽창질석 160L

해설

- 삽 1개를 포함할 경우 마른모래의 경우 50L가 능력단위 0.5이고, 팽창질석는 160L가 능력단위 1.0이다.

소화설비의 능력단위

- 수동식소화기의 능력단위는 수동식소화기의 형식승인 및 검정기술기준에 의하여 형식승인 받은 수치로 할 것

소화설비	용량	능력단위
소화전용(轉用)물통	8L	0.3
수조(소화전용물통 3개 포함)	80L	1.5
수조(소화전용물통 6개 포함)	190L	2.5
마른 모래(삽 1개 포함)	50L	0.5
팽창질석 또는 팽창진주암(삽 1개 포함)	160L	1.0

31 ② 32 ③ 33 ① 34 ④ | 정답

35

1302

Repetitive Learning (1회 2회 3회)

위험물안전관리법령상 지정수량의 3천배 초과 4천배 이하의 위험물을 저장하는 옥외탱크저장소에 확보하여야 하는 보유공지의 너비는 얼마인가?

① 6m 이상 ② 9m 이상
③ 12m 이상 ④ 15m 이상

해설

- 지정수량의 3,000배 초과 4,000배 이하인 경우 15m 이상의 공지를 확보하여야 한다.

옥외저장탱크의 보유 공지 실기 0504/1901

저장 또는 취급하는 위험물의 최대수량	공지의 너비
지정수량의 500배 이하	3m 이상
지정수량의 500배 초과 1,000배 이하	5m 이상
지정수량의 1,000배 초과 2,000배 이하	9m 이상
지정수량의 2,000배 초과 3,000배 이하	12m 이상
지정수량의 3,000배 초과 4,000배 이하	15m 이상

- 지정수량의 4,000배 초과할 경우 당해 탱크의 수평단면의 최대지름(횡형인 경우에는 긴 변)과 높이 중 큰 것과 같은 거리 이상. 단, 30m 초과의 경우에는 30m 이상으로 할 수 있고, 15m 미만의 경우에는 15m 이상으로 하여야 한다.

36

1204

Repetitive Learning 

트리에틸알루미늄이 습기와 반응할 때 발생되는 가스는?

① 수소 ② 아세틸렌
③ 에탄 ④ 메탄

해설

- 트리에틸알루미늄은 물과 접촉할 경우 폭발적으로 반응하여 수산화알루미늄과 에탄가스를 생성하므로 보관 시 주의한다.

트리에틸알루미늄[$(C_2H_5)_3Al$] 실기 0502/0804/0904/1004/1101/1104/1202/1204/1304/1402/1404/1602/1704/1804/1902/1904/2001/2003

- 알킬기(C_nH_{2n+1})와 알루미늄의 화합물로 자연발화성 및 금수성 물질에 해당하는 제3류 위험물이다.
- 지정수량은 10kg이고, 위험등급은 Ⅰ이다.
- 무색 투명한 액체로 물, 에탄올과 폭발적으로 반응한다.
- 물과 접촉할 경우 폭발적으로 반응하여 수산화알루미늄과 에탄가스를 생성하므로 보관 시 주의한다.
  (반응식 : $(C_2H_5)_3Al + 3H_2O \rightarrow Al(OH)_3 + 3C_2H_6$)
- 화재 시 발생되는 흰 연기는 인체에 유해하며, 소화는 팽창질석, 팽창진주암 등이 가장 효율적이다.

37

0704 / 0801 / 1101 / 1804

Repetitive Learning (1회 2회 3회)

위험물안전관리법령상 제2류 위험물 중 철분의 화재에 적응성이 있는 소화약제는?

① 물분무소화설비
② 포소화설비
③ 탄산수소염류분말소화설비
④ 할로겐화합물소화설비

해설

- 철분 · 금속분 · 마그네슘 화재는 탄산수소염류 소화기나 건조사, 팽창질석 등이 적응성을 갖는다.

소화설비의 적응성 중 제2류 위험물 실기 1002/1101/1202/1601/1702/1902/2001/2003/2004

소화설비의 구분			제2류 위험물		
			철분 · 금속분 · 마그네슘 등	인화성고체	그 밖의 것
옥내소화전 또는 옥외소화전설비				○	○
스프링클러설비				○	○
물분무 등 소화설비	물분무소화설비			○	○
	포소화설비			○	○
	불활성가스소화설비				
	할로겐화합물소화설비				
	분말소화설비	인산염류등			
		탄산수소염류등	○		
		그 밖의 것	○		
대형 · 소형 수동식 소화기	봉상수(棒狀水)소화기			○	○
	무상수(霧狀水)소화기			○	○
	봉상강화액소화기			○	○
	무상강화액소화기			○	○
	포소화기			○	○
	이산화탄소 소화기			○	
	할로겐화합물소화기			○	
	분말소화기	인산염류소화기		○	○
		탄산수소염류소화기	○	○	
		그 밖의 것	○		
기타	물통 또는 수조			○	○
	건조사		○	○	○
	팽창질석 또는 팽창진주암		○	○	○

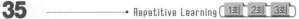

정답 | 35 ④ 36 ③ 37 ③

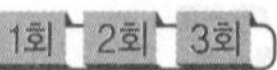

1104 / 2001

38 Repetitive Learning (1회 2회 3회)

일반적으로 다량의 주수를 통한 소화가 가장 효과적인 화재는?

① A급 화재 ② B급 화재
③ C급 화재 ④ D급 화재

해설

- A급 화재는 일반 가연성 물질로 대량 주소를 통한 냉각소화가 가장 효과적이다.

∷ 화재의 분류 실기 0504

분류	표시 색상	구분 및 대상	소화기	특징
A급	백색	종이, 나무 등 일반 가연성 물질	물 및 산, 알칼리 소화기	• 냉각소화 • 재가 남는다.
B급	황색	석유, 페인트 등 유류화재	모래나 소화기	• 질식소화 • 재가 남지 않는다.
C급	청색	전기스파크 등 전기화재	이산화탄소 소화기	• 질식소화, 냉각소화 • 물로 소화할 경우 감전의 위험이 있다.
D급	무색	금속나트륨, 금속칼륨 등 금속화재	마른 모래	• 질식소화 • 물로 소화할 경우 폭발의 위험이 있다.

39 Repetitive Learning (1회 2회 3회)

화재예방 시 자연발화를 방지하기 위한 일반적인 방법으로 옳지 않은 것은?

① 통풍을 방지한다.
② 저장실의 온도를 낮춘다.
③ 습도가 높은 장소를 피한다.
④ 열의 축적을 막는다.

해설

- 통풍을 방지하면 열이 축적되므로 자연발화가 발생하기 쉬워진다.

∷ 자연발화 실기 0602/0704

㉠ 개요
- 물질이 고유의 성질로 인해 스스로 발열반응을 통해 발생한 열을 장기간 축적하여 발화하는 현상을 말한다.
- 자연발화를 일으키는 원인에는 산화열, 분해열, 중합열, 흡착열, 미생물에 의한 발열 등이 있다.

㉡ 발화하기 쉬운 조건
- 고온다습한 환경에서 자연발화가 발생하기 쉽다.
- 입자의 표면적이 넓을수록 자연발화가 발생하기 쉽다.
- 열전도율이 작을수록 자연발화가 발생하기 쉽다.

1101

40 Repetitive Learning (1회 2회 3회)

탄산수소칼륨 소화약제가 열분해 반응 시 생성되는 물질이 아닌 것은?

① K_2CO_3 ② CO_2
③ H_2O ④ KNO_3

해설

- 제2종 분말소화약제는 탄산수소칼륨($KHCO_3$)을 주성분으로 하는 소화약제로 열에 의해 탄산칼륨, 이산화탄소, 물로 분해된다.

∷ 제2종 분말소화약제 실기 0501/0602/0701/0801/0901/1204/1301/1404/1502/1504/1601/1602/1701/1801/1904/2003/2101

- 탄산수소칼륨($KHCO_3$)을 주성분으로 하는 소화약제로 BC급 화재에 적응성을 갖는 착색색상은 담회색인 소화약제이다.
- 탄산수소칼륨이 열분해되면 탄산칼륨, 이산화탄소, 물로 분해된다. ($2KHCO_3 \xrightarrow[\triangle]{} K_2CO_3 + CO_2 + H_2O$)
- 분해 시 생성되는 이산화탄소와 수증기에 의한 질식효과, 수증기에 의한 냉각효과 및 열방사의 차단효과 등이 작용한다.
- 칼륨염이 나트륨염보다 흡습성이 강해 제1종 분말소화약제보다 소화효과가 1.6배 이상 크나, 제1종 분말소화약제와 달리 비누화 현상은 나타나지 않는다.

3과목 위험물의 성질과 취급

1201

41 Repetitive Learning (1회 2회 3회)

옥외탱크저장소에서 취급하는 위험물의 최대수량에 따른 보유 공지너비가 틀린 것은? (단, 원칙적인 경우에 한한다)

① 지정수량 500배 이하 – 3m 이상
② 지정수량 500배 초과 1,000배 이하 – 5m 이상
③ 지정수량 1,000배 초과 2,000배 이하 – 9m 이상
④ 지정수량 2,000배 초과 3,000배 이하 – 15m 이상

해설

- 지정수량의 2,000배 초과 3,000배 이하인 경우 12m 이상의 공지를 확보하여야 한다.

∷ 옥외저장탱크의 보유 공지 실기 0504/1901

문제 35번의 유형별 핵심이론 ∷ 참조

38 ① 39 ① 40 ④ 41 ④ | 정답

0802

42

Repetitive Learning 1회 2회 3회

위험물안전관리법령상 위험등급 I의 위험물이 아닌 것은?

① 염소산염류　　② 황화린

③ 알킬리튬　　④ 과산화수소

해설

- 황화린은 제2류 위험물에 해당하는 가연성 고체로 지정수량은 100kg이고, 위험등급은 II이다.

황화린 실기 0602/0901/0902/0904/1001/1301/1404/1501/1601/1701/1804/1901/2003

- 제2류 위험물에 해당하는 가연성 고체로 지정수량은 100kg이고, 위험등급은 II이다.
- 공통적으로 비중이 2.0 이상으로 물보다 무거우며, 유독한 연소 생성물이 발생한다.
- 과산화물, 망간산염, 안티몬 등과 공존하면 발화한다.
- 황과 인의 분포에 따라 삼황화린(P_4S_3), 오황화린(P_2S_5), 칠황화린(P_4S_7) 등으로 구분되며, 종류에 따라 용해성질이 다를 수 있다.
- 오황화린(P_2S_5)과 칠황화린(P_4S_7)은 담황색의 결정으로 조해성 물질에 해당한다.

0501 / 0701 / 0904 / 1304 / 1904

43

Repetitive Learning 1회 2회 3회

위험물제조소 등에서 안전거리의 단축기준과 관련해서 $H \leq pD^2 + \alpha$인 경우 방화상 유효한 담의 높이는 2m 이상으로 한다. 다음 중 α에 해당되는 것은?

① 인근 건축물의 높이(m)

② 제조소 등의 외벽의 높이(m)

③ 제조소 등과 공작물과의 거리(m)

④ 제조소 등과 방화상 유효한 담과의 거리(m)

해설

- ①는 H, ③은 D, ④는 d에 해당한다.

제조소에서 방화상 유효한 담의 높이 실기 0601

$H \leq pD^2 + \alpha$인 경우	h=2
$H > pD^2 + \alpha$인 경우	$h = H - p(D^2 - d^2)$

단, D는 제조소 등과 인근 건축물 또는 공작물과의 거리(m)
H는 인근 건축물 또는 공작물의 높이(m)
α는 제조소 등의 외벽의 높이(m)
d는 제조소 등과 방화상 유효한 담과의 거리(m)
h는 방화상 유효한 담의 높이(m)
p는 상수

44

Repetitive Learning 1회 2회 3회

다음 중 조해성이 있는 황화린만 모두 선택하여 나열한 것은?

P_4S_3, P_2S_5, P_4S_7

① P_4S_3, P_2S_5　　② P_4S_3, P_4S_7

③ P_2S_5, P_4S_7　　④ P_4S_3, P_2S_5, P_4S_7

해설

- 오황화린(P_2S_5)과 칠황화린(P_4S_7)은 담황색의 결정으로 조해성 물질에 해당한다.

황화린 실기 0602/0901/0902/0904/1001/1301/1404/1501/1601/1701/1804/1901/2003

문제 42번의 유형별 핵심이론 참조

0804

45

Repetitive Learning 1회 2회 3회

다음 물질 중 지정수량이 400L인 것은?

① 포름산메틸　　② 벤젠

③ 톨루엔　　④ 벤즈알데히드

해설

- 지정수량의 단위가 L인 것은 제4류 위험물에 해당하는 인화성 액체에 대한 물음이다.
- 인화성 액체 중 지정수량이 400L인 것은 수용성 제1석유류와 알코올류에 해당한다.
- 벤젠(C_6H_6)은 비수용성 제1석유류로 지정수량이 200L이다.
- 톨루엔($C_6H_5CH_3$)은 비수용성 제1석유류로 지정수량이 200L이다.
- 벤즈알데히드는(C_6H_5CHO)는 수용성 제2석유류로 지정수량이 2,000L이다.

제4류 위험물_인화성 액체 실기 0501/0502/0701/0804/0904/1001/1004/1101/1102/1104/1201/1301/1502/1602/1701/1902/2001/2003/2004/2101

품명		지정수량	위험등급
특수인화물		50L	I
제1석유류	비수용성	200L	II
	수용성	400L	
알코올류		400L	
제2석유류	비수용성	1,000L	III
	수용성	2,000L	
제3석유류	비수용성	2,000L	
	수용성	4,000L	
제4석유류		6,000L	
동·식물유류		10,000L	

정답 | 42 ② 43 ② 44 ③ 45 ①

0804 / 1102 / 1404

46 Repetitive Learning (1회 2회 3회)

그림과 같은 타원형 탱크의 내용적은 약 몇 m^3인가?

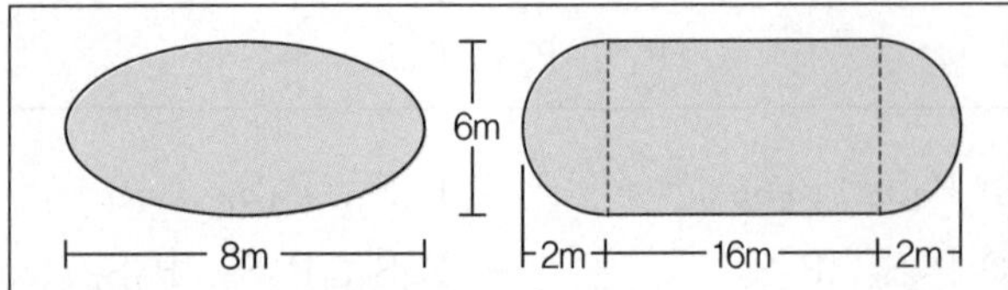

① 453 ② 553
③ 653 ④ 753

해설

• 주어진 값을 대입하면 탱크의 내용적은 $\frac{\pi \times 8 \times 6}{4}\left(16+\frac{2+2}{3}\right)=653.451[m^3]$이 된다.

타원형 탱크의 내용적 실기 0501/0804/1202/1504/1601/1701/1801/1802/2003/2101

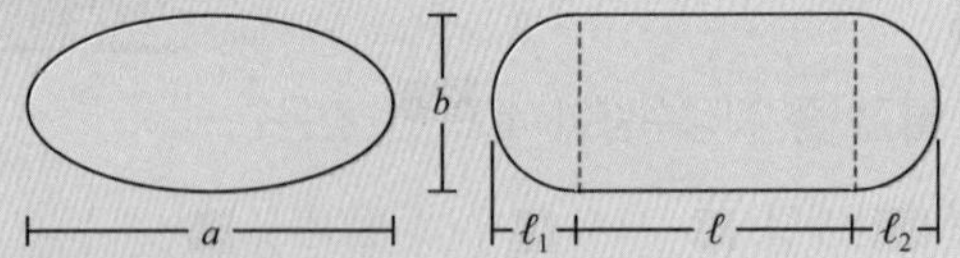

• 그림과 같이 주어진 타원형 탱크의 내용적 $V=\frac{\pi ab}{4}(\ell+\frac{\ell_1+\ell_2}{3})$로 구한다.

0601

47 Repetitive Learning (1회 2회 3회)

벤젠에 진한 질산과 진한 황산의 혼산을 반응시켜 얻어지는 화합물은?

① 피크린산 ② 아닐린
③ TNT ④ 니트로벤젠

해설

• 니트로벤젠은 벤젠에 진한 질산과 진한 황산의 혼산을 반응시켜(니트로화) 얻어지는 화합물이지만 폭발성은 없다.

니트로벤젠($C_6H_5NO_2$)

• 벤젠(C_6H_6)에서 1개의 수소(H)대신에 니트로기(NO_2)로 치환한 화합물이다.
• 벤젠에 진한 질산과 진한 황산의 혼산을 반응시켜(니트로화) 얻어지는 화합물이지만 폭발성은 없다.
• 인화성 액체인 비수용성 제3석유류로 제4류 위험물에 해당한다.
• 지정수량이 200L이고, 위험등급은 Ⅲ이다.
• 화재 시 질식소화방식을 이용한다.

1301

48 Repetitive Learning (1회 2회 3회)

가솔린 저장량이 2,000L일 때 소화설비 설치를 위한 소요단위는?

① 1 ② 2
③ 3 ④ 4

해설

• 가솔린은 제4류 위험물에 해당하는 인화성 액체로 지정수량이 200L이고, 소요단위는 지정수량의 10배를 1소요단위로 하므로 가솔린 2,000L는 지정수량의 10배에 해당하므로 1소요단위가 된다.

소요단위 실기 0604/0802/1202/1204/1704/1804/2001

• 소화설비의 설치대상이 되는 건축물 그 밖의 공작물의 규모 또는 위험물의 양의 기준단위이다.
• 계산방법

구분	기준
제조소 또는 취급소의 건축물	외벽이 내화구조인 것은 연면적 $100m^2$를 1소요단위로 하며, 외벽이 내화구조가 아닌 것은 연면적 $50m^2$를 1소요단위로 할 것
저장소의 건축물	외벽이 내화구조인 것은 연면적 $150m^2$를 1소요단위로 하고, 외벽이 내화구조가 아닌 것은 연면적 $75m^2$를 1소요단위로 할 것
제조소 등의 옥외에 설치된 공작물	외벽이 내화구조인 것으로 간주하고 공작물의 최대수평투영면적을 연면적으로 간주하여 제조소 혹은 저장소 건축물의 소요단위를 적용할 것
위험물	지정수량의 10배를 1소요단위로 할 것

1104

49 Repetitive Learning (1회 2회 3회)

셀룰로이드의 자연발화 형태를 가장 옳게 나타낸 것은?

① 잠열에 의한 발화 ② 미생물에 의한 발화
③ 분해열에 의한 발화 ④ 흡착열에 의한 발화

해설

• 셀룰로이드류는 온도 및 습도가 높은 장소에서 취급할 때 분해열에 의한 자연발화 위험이 크다.

셀룰로이드류

• 니트로셀룰로오스 75%+장뇌 25%로 되는 고용체로 제5류 위험물에 해당한다.
• 온도 및 습도가 높은 장소에서 취급할 때 분해열에 의한 자연발화 위험이 크다.
• 자연발화의 위험성을 고려하여 통풍이 잘 되는 냉암소에 저장한다.

46 ③ 47 ④ 48 ① 49 ③ | 정답

1404

50 Repetitive Learning (1회 2회 3회)

질산암모늄(NH_4NO_3)에 관한 설명 중 틀린 것은?

① 상온에서 고체이다.
② 폭약의 제조 원료로 사용할 수 있다.
③ 흡습성과 조해성이 있다.
④ 물과 반응하여 발열하고 다량의 가스를 발생한다.

해설

- 질산암모늄은 물이나 알코올에 잘 녹으며, 특히 물에 녹을 때 흡열반응을 나타낸다.

질산암모늄(NH_4NO_3) 실기 0702/1002/1104/1302/1502/1901/1902/2004/2101

- 산화성 고체로 제1류 위험물에 해당하며, 지정수량은 300kg, 위험등급은 Ⅱ이다.
- 무색무취의 고체결정으로 흡습성과 조해성이 있다.
- 갑작스러운 가열, 충격에 의해 분해 폭발하므로 폭약의 재료로 사용할 수 있다.
- 물이나 알코올에 잘 녹으며, 특히 물에 녹을 때 흡열반응을 나타낸다.
- 산소를 함유하고 있어 질식소화효과는 얻을 수 없으며, 물과 접촉 시 위험성이 낮으므로 화재 시 주수소화를 한다.
- 열분해하면 1차적으로 아산화질소와 물로 분해되고 ($NH_4NO_3 \xrightarrow[\triangle]{} N_2O + 2H_2O$), 아산화질소를 다시 가열하면 질소와 산소로 분해된다.($2N_2O \xrightarrow[\triangle]{} 2N_2 + O_2$)

0204 / 1304

51 Repetitive Learning (1회 2회 3회)

옥외저장소에 저장할 수 없는 위험물은? (단, 시·도 조례에서 별도로 정하는 위험물 또는 국제해상위험물규칙에 적합한 용기에 수납된 위험물은 제외한다)

① 과산화수소　② 아세톤
③ 에탄올　④ 유황

해설

- 과산화수소는 제6류 위험물로 옥외저장소에 저장가능하다.
- 아세톤은 제4류 위험물 중 제1석유류이나 인화점이 −18℃이므로 옥외저장소에 저장이 불가능하다.
- 에탄올은 제4류 위험물 중 알코올류로 옥외저장소에 저장가능하다.
- 유황은 제2류 위험물로 옥외저장소에 저장가능하다.

지정수량 이상의 위험물의 옥외저장소 저장 실기 1302/1701

- 제2류 위험물중 유황 또는 인화성고체(인화점이 섭씨 0도 이상인 것에 한한다)
- 제4류 위험물중 제1석유류(인화점이 섭씨 0도 이상인 것에 한한다)·알코올류·제2석유류·제3석유류·제4석유류 및 동·식물유류
- 제6류 위험물
- 제2류 위험물 및 제4류 위험물중 특별시·광역시 또는 도의 조례에서 정하는 위험물(보세구역안에 저장하는 경우)
- 「국제해사기구에 관한 협약」에 의하여 설치된 국제해사기구가 채택한 「국제해상위험물규칙」(IMDG Code)에 적합한 용기에 수납된 위험물

52 Repetitive Learning (1회 2회 3회)

동·식물유류에 대한 설명으로 틀린 것은?

① 요오드화 값이 작을수록 자연발화의 위험성이 높아진다.
② 요오드화 값이 130 이상인 것은 건성유이다.
③ 건성유에는 아마인유, 들기름 등이 있다.
④ 인화점이 물의 비점보다 낮은 것도 있다.

해설

- 요오드값이 클수록 자연발화의 위험이 크다.

동·식물유류 실기 0601/0604/1304/1502/1802/2003

㉠ 개요

- 1기압에서 인화점이 250℃ 미만인 것으로 지정수량이 10,000L이고, 위험등급이 Ⅲ에 해당하는 물질이다.
- 유지 100g에 부가되는 요오드의 g수를 의미하는 요오드값(옥소값)에 의해 건성유(130 이상), 반건성유(100~130), 불건성유(100 이하)로 구분한다.
- 요오드값이 클수록 자연발화의 위험이 크다.
- 요오드값이 클수록 이중결합이 많고, 불포화지방산을 많이 가진다.

㉡ 구분

구분	내용
건성유 (요오드값이 130 이상)	• 공기 중에서 자연발화의 위험이 있으며, 피막이 단단하다. • 동유, 아마인유, 정어리유, 대구유, 상어유, 해바라기유, 들기름 등
반건성유 (요오드값이 100~130)	• 피막이 얇다. • 참기름, 콩기름, 청어유, 쌀겨기름, 면실유, 채종유, 옥수수기름 등
불건성유 (요오드값이 100 이하)	• 피막을 만들지 않는다. • 피마자유, 올리브유, 팜유, 땅콩기름, 야자유, 쇠기름, 돼지기름, 고래기름 등

정답 | 50 ④　51 ②　52 ①

0604

53 Repetitive Learning (1회 2회 3회)

금속칼륨의 일반적인 성질로 옳지 않은 것은?

① 은백색의 연한 금속이다.

② 알코올 속에 저장한다.

③ 물과 반응하여 수소가스를 발생한다.

④ 물보다 가볍다.

해설

- 금속칼륨은 석유(파라핀, 경유, 등유) 속에 저장한다.

금속칼륨(K) 실기 0501/0701/0804/1501/1602/1702

- 은백색의 가벼운 금속으로 제3류 위험물이다.
- 비중은 0.86으로 물보다 작아 가벼우며, 화학적 활성이 강한(이온화 경향이 큰) 금속이다.
- 물과 반응하여 수소를 발생시켜 화재 및 폭발 가능성이 있으므로 물과 접촉하지 않도록 한다.
- 에탄올과 반응하여 칼륨에틸레이트와 수소를 발생시킨다.
- 융점 이상의 온도에서 보라빛 불꽃을 내면서 연소한다.
- 화재 시 건조사 또는 탄산수소염류 분말소화약제로 소화한다.
- 석유(파라핀, 경유, 등유) 속에 저장한다.

54 Repetitive Learning (1회 2회 3회)

다음과 같은 물질이 서로 혼합되었을 때 발화 또는 폭발의 위험성이 가장 높은 것은?

① 벤조일퍼옥사이드와 질산

② 이황화탄소와 증류수

③ 금속나트륨과 석유

④ 금속칼륨과 유동성 파라핀

해설

- 질산은 산화성 액체에 해당하는 제6류 위험물로 유기과산화물인 벤조일퍼옥사이드와 혼합되었을 때 폭발위험성이 대단히 높아진다.
- ②, ③, ④는 물질과 그 물질을 보호하기 위한 보호액을 연결한 것이다.

과산화벤조일[$(C_6H_5CO)_2O_2$] 실기 0802/0904/1001/1401

- 벤조일퍼옥사이드라고도 한다.
- 유기과산화물로 자기반응성 물질에 해당하는 제5류 위험물이다.
- 상온에서 고체이다.
- 발화점이 125℃로 건조상태에서 마찰·충격으로 폭발 위험성이 있다.
- 물에 녹지 않으며 에테르 등에는 잘 녹는다.
- 물이나 희석제(프탈산디메틸, 프탈산디부틸)를 첨가하여 폭발성을 낮출 수 있다.

0902 / 1101 / 1404

55 Repetitive Learning (1회 2회 3회)

산화프로필렌 300L, 메탄올 400L, 벤젠 200L를 저장하고 있는 경우 각각 지정수량 배수의 총합은 얼마인가?

① 4 ② 6

③ 8 ④ 10

해설

- 산화프로필렌은 제4류 위험물에 해당하는 수용성 특수인화물로 지정수량이 50L이다.
- 메탄올은 제4류 위험물에 해당하는 수용성 알코올류로 지정수량이 400L이다.
- 벤젠은 제4류 위험물에 해당하는 비수용성 제1석유류로 지정수량이 200L이다.
- 지정수량의 배수의 합은 $\frac{300}{50}+\frac{400}{400}+\frac{200}{200}=6+1+1=8$배이다.

지정수량 배수의 계산

- 다수의 위험물을 저장하는 경우 지정수량의 배수를 구하려면 각각의 위험물에 해당하는 지정수량 배수($\frac{\text{저장수량}}{\text{지정수량}}$)의 합을 구하면 된다.
- 위험물 A, B를 저장하는 경우 지정수량의 배수의 합은 $\frac{\text{A저장수량}}{\text{A지정수량}}+\frac{\text{B저장수량}}{\text{B지정수량}}$가 된다.

56 Repetitive Learning (1회 2회 3회)

다음 중 물과 접촉했을 때 위험성이 가장 큰 것은?

① 금속칼륨 ② 황린

③ 과산화벤조일 ④ 디에틸에테르

해설

- 황린(P_4)은 물에 녹지 않아 물속에 저장한다.
- 과산화벤조일[$(C_6H_5CO)_2O_2$]은 물에 녹지 않으며, 수분이 함유될 경우 분해 및 폭발을 억제할 수 있다.
- 디에틸에테르($C_2H_5OC_2H_5$)는 물에 잘 녹지 않는다.

금속칼륨(K) 실기 0501/0701/0804/1501/1602/1702

문제 53번의 유형별 핵심이론 참조

53 ② 54 ① 55 ③ 56 ① 정답

57 Repetitive Learning (1회 2회 3회)

위험물안전관리법령상 은, 수은, 동, 마그네슘 및 이의 합금으로 된 용기를 사용하여서는 안 되는 물질은?

① 이황화탄소 ② 아세트알데히드
③ 아세톤 ④ 디에틸에테르

해설

- 아세틸렌(C_2H_2), 아세트알데히드(CH_3CHO), 산화프로필렌(CH_3CH_2CHO) 등은 은, 수은, 동, 마그네슘 및 이의 합금과 결합할 경우 금속아세틸라이드라는 폭발성 물질을 생성하므로 해당 금속과 관련된 용기를 사용하여서는 안 된다.

아세트알데히드(CH_3CHO) 실기 0901/0704/0802/1304/1501/1504/1602/1801/1901/2001/2003

- 특수인화물로 자극성 과일향을 갖는 무색투명한 액체이다.
- 비중이 0.78로 물보다 가볍고, 증기비중은 1.52로 공기보다 무겁다.
- 연소범위는 4.1~57%로 아주 넓으며, 끓는점(비점)이 21℃로 아주 낮다.
- 수용성 물질로 물에 잘 녹고 에탄올이나 에테르와 잘 혼합한다.
- 산화되어 초산으로 된다.
- 저장 시 은, 수은, 동, 마그네슘 및 이의 합금으로 된 용기를 사용하면 폭발성 물질인 아세틸라이드를 생성하므로 해당 용기의 사용을 절대 금한다.
- 암모니아성 질산은 용액을 반응시키면 은거울반응이 일어나서 은을 석출시키는데 이는 알데히드의 환원성 때문이다.

58 Repetitive Learning (1회 2회 3회)

염소산칼륨에 대한 설명으로 옳은 것은?

① 강한 산화제이며 열분해하여 염소를 발생한다.
② 폭약의 원료로 사용된다.
③ 점성이 있는 액체이다.
④ 녹는점이 700℃ 이상이다.

해설

- 염소산칼륨이 열분해하면 과염소산칼륨과 염화칼륨, 산소로 분해된다.
- 염소산칼륨은 무색무취의 단사정계 판상결정 고체이다.
- 염소산칼륨의 분해온도는 약 400℃이다.

염소산칼륨($KClO_3$) 실기 0501/0502/1001/1302/1704/2001

- 산화성 고체로 제1류 위험물에 해당하며, 지정수량은 50kg, 위험등급은 Ⅰ이다.
- 무색무취의 단사정계 판상결정으로 인체에 유독한 위험물이다.
- 비중이 약 2.3으로 물보다 무거우며, 녹는점은 약 368℃이다.
- 온수나 글리세린에 잘 녹으나 냉수나 알코올에는 잘 녹지 않는다.
- 산과 반응하여 폭발성을 지닌 이산화염소(ClO_2)를 발생시킨다.
- 불꽃놀이, 폭약 등의 원료로 사용된다.
- 열분해하면 과염소산칼륨과 염화칼륨, 산소로 분해된다. ($2KClO_3 \xrightarrow[\triangle]{} KClO_4 + KCl + O_2$)
- 화재 발생 시 주수소화로 소화한다.

59 Repetitive Learning (1회 2회 3회)

탄화칼슘에 대한 설명으로 틀린 것은?

① 화재 시 이산화탄소 소화기가 적응성이 있다.
② 비중은 약 2.2로 물보다 무겁다.
③ 질소 중에서 고온으로 가열하면 $CaCN_2$가 얻어진다.
④ 물과 반응하면 아세틸렌가스가 발생한다.

해설

- 탄화칼슘 화재 시 이산화탄소 소화기를 사용하면 일산화탄소를 발생시켜 폭발할 위험이 생기므로 사용을 금한다.

탄화칼슘(CaC_2)/카바이트 실기 0604/0702/0801/0804/0902/1001/1002/1201/1304/1502/1701/1801/1901/2001/2101

- 칼슘 또는 알루미늄의 탄화물로 자연발화성 및 금수성 물질에 해당하며, 지정수량 300kg에 위험등급은 Ⅲ인 제3류 위험물이다.
- 흑회색의 불규칙한 고체 덩어리로 고온에서 질소가스와 반응하여 석회질소($CaCN_2$)가 된다.
- 비중은 약 2.2 정도로 물보다 무겁다.
- 물과 반응하여 연소범위가 약 2.5 ~ 81%를 갖는 가연성 가스인 아세틸렌(C_2H_2)가스를 발생시킨다. ($CaC_2 + 2H_2O \rightarrow Ca(OH)_2 + C_2H_2$)
- 화재 시 건조사, 탄산수소염류소화기, 사염화탄소소화기, 팽창질석 등을 사용하여 소화한다.

정답 | 57 ② 58 ② 59 ①

60 — Repetitive Learning (1회 2회 3회)

과산화수소의 저장 방법으로 옳은 것은?

① 분해를 막기 위해 히드라진을 넣고 완전히 밀전하여 보관한다.

② 분해를 막기 위해 히드라진을 넣고 가스가 빠지는 구조로 마개를 하여 보관한다.

③ 분해를 막기 위해 요산을 넣고 완전히 밀전하여 보관한다.

④ 분해를 막기 위해 요산을 넣고 가스가 빠지는 구조로 마개를 하여 보관한다.

해설

- 과산화수소를 보관할 때는 용기에 내압 상승을 방지하기 위하여 밀전하지 않고 작은 구멍이 뚫린 마개를 사용하며, 분해를 막기 위해 인산이나 요산 등의 안정제를 사용한다.

과산화수소(H_2O_2) 실기 0502/1004/1301/2001/2101

㉠ 개요 및 특성

- 이산화망간(MgO_2), 과신화바륨(BaO_2)과 같은 금속 과산화물을 묽은 산(HCl 등)에 반응시켜 생성되는 물질로 제6류 위험물인 산화성 액체에 해당한다.(예, $BaO_2 + 2HCl \rightarrow BaCl_2 + H_2O_2$: 과산화바륨 + 염산 → 염화바륨 + 과산화수소)
- 위험등급이 Ⅰ등급이고, 지정수량은 300kg이다.
- 물보다 무겁고 석유와 벤젠에 녹지 않고, 물, 에테르, 에탄올에 녹는다.
- 표백작용과 살균작용을 하는 물질이다.
- 불연성의 강산화제이지만 환원제로서 작용하는 경우도 있다.
- 피부와 접촉 시 수종을 생기게 하는 위험물질이다.
- 순수한 것은 점성이 있는 무색 액체이며, 다량이면 청색빛깔을 띤다.

㉡ 분해 및 저장 방법

- 이산화망간(MnO_2)이 있으면 분해가 촉진된다.
- 햇빛에 의하여 분해되므로 햇빛이 통과하지 않는 갈색 병에 보관한다.
- 분해되면 산소를 방출한다.
- 분해 방지를 위해 보관 시 인산, 요산 등의 안정제를 가할 수 있다.
- 냉암소에 저장하고 온도의 상승을 방지한다.
- 용기에 내압 상승을 방지하기 위하여 밀전하지 않고 작은 구멍이 뚫린 마개를 사용하여 보관한다.

㉢ 농도에 따른 위험성

- 농도가 높아질수록 위험성이 커진다.
- 농도에 따라 위험물에 해당하지 않는 것도 있다.(3%과산화수소는 옥시풀로 약국에서 판매한다)
- 농도가 높은 것은 불순물, 구리, 은, 백금 등의 미립자에 의하여 폭발적으로 분해한다.
- 농도가 클수록 위험하므로 분해방지 안정제를 넣어 산소분해를 억제한다.

60 ④ | 정답

2017년 5월 7일

2017년 제2회

합격률 54.0%

1과목 일반화학

0901 / 1304

01 Repetitive Learning (1회 2회 3회)

산성 산화물에 해당하는 것은?

① CaO ② Na_2O

③ CO_2 ④ MgO

해설

- 산화칼슘(CaO), 산화나트륨(Na_2O), 산화마그네슘(MgO)은 모두 염기성 산화물에 해당한다.

산성 산화물

- 물과 반응하면 수소(H^+)이온을 생성하는 산화물을 말한다.
- 주로 비금속으로 이뤄진 산화물이 이에 해당한다.
- 대표적인 산성 산화물에는 이산화질소(NO_2), 이산화탄소(CO_2), 이산화규소(SiO_2), 이산화황(SO_2) 등이 있다.

02 Repetitive Learning (1회 2회 3회)

나일론(Nylon 6, 6)에는 다음 어느 결합이 들어 있는가?

① —S—S— ② —O—

③ $-\overset{\displaystyle O}{\overset{\|}{C}}-O-$ ④ $-\overset{\displaystyle O}{\overset{\|}{C}}-\overset{\displaystyle H}{\overset{|}{N}}-$

해설

- 나이론이란 아디프산과 헥사메틸렌디아민의 고온에서 축중합(縮重合)시켜 만드는 합성 섬유로 아마이드(O＝C－NH)결합을 하고 있다.

중합반응

- 중합이란 단위물질이 2개 이상 결합하는 화학반응을 통해 분자량이 큰 화합물을 생성하는 반응을 말한다.
- 첨가중합은 단위 물질 분자내의 이중결합이 끊어지면서 첨가반응을 통해 고분자 화합물이 만들어지는 과정을 말한다.
- 축합중합은 분자 내의 작용기들이 축합반응하여 물이나 염화수소 등의 간단한 분자들이 빠져나가면서 고분자화합물을 만드는 중합 과정으로 축중합, 폴리 중합이라고도 한다.

0901

03 Repetitive Learning (1회 2회 3회)

다음 화합물의 0.1mol 수용액 중에서 가장 약한 산성을 나타내는 것은?

① H_2SO_4 ② HCl

③ CH_3COOH ④ HNO_3

해설

- 질산(HNO_3), 염산(HCl), 황산(H_2SO_4)은 모두 이온화도가 큰 산으로 강산에 해당한다.
- 아세트산(CH_3COOH)은 이온화도가 작은 산으로 약산에 해당한다.

산(Acid)의 구분

구분	내용
강산	• 이온화도(전리도)가 커 수소이온(H^+)을 많이 방출하는 것 • 과염소산($HClO_4$) > 요오드화수소산(HI) > 브로민화수소산(HBr) > 염산(HCl) > 황산(H_2SO_4) > 질산(HNO_3) 순으로 산의 강도가 세다.
약산	• 이온화도(전리도)가 작아 수소이온(H^+)을 적게 방출하는 것 • 초산(CH_3COOH) > 탄산(H_2CO_3) 순으로 산의 강도가 세다.

1001

04 Repetitive Learning (1회 2회 3회)

물 2.5L 중에 어떤 불순물이 10mg 함유되어 있다면 약 몇 ppm으로 나타낼 수 있는가?

① 0.4 ② 1

③ 4 ④ 40

해설

- ppm은 mg/L의 단위와 같으므로 대입하면 10mg/2.5L＝4ppm이 된다.

PPM(Parts per Million)

- 100만분의 1을 의미하는 분율의 단위이다.
- %는 100분의 1을 의미한다.
- mg/L의 단위와 같다.

정답 | 01 ③ 02 ④ 03 ③ 04 ③

0701 / 0802 / 1201

05 Repetitive Learning (1회 2회 3회)

다음 반응식에서 브뢴스테드의 산 · 염기 개념으로 볼 때 산에 해당하는 것은?

$$H_2O + NH_3 \Leftrightarrow OH^- + NH_4^+$$

① NH_3와 NH_4^+
② NH_3와 OH^-
③ H_2O와 OH^-
④ H_2O와 NH_4^+

해설

- 암모니아(NH_3)는 수소이온(H^+)을 흡수하므로 염기이고, 물(H_2O)은 수소이온(H^+)을 방출하므로 산이다.
- 수산화이온(OH^-)은 수소이온(H^+)을 흡수할 수 있으므로 염기이고, 암모늄이온(NH_4^+)은 수소이온(H^+)을 방출할 수 있으므로 산이다.

브뢴스테드의 산 · 염기

㉠ 산
- 수용액이 되었을 때 pH가 7보다 작은 값을 갖는 물질
- 수용액이 되었을 때 수소이온(H^+)을 내놓는 물질
- 전해질이며, 신맛이 나는 물질
- 수소보다 이온화 경향이 큰 금속과 반응하여 수소기체를 발생하는 물질

㉡ 염기
- 수용액이 되었을 때 pH가 7보다 큰 값을 갖는 물질
- 수용액이 되었을 때 수산화이온(OH^-)을 내놓거나 수소이온(H^+)을 흡수하는 물질
- 전해질이며, 쓴맛이 나는 물질
- 대부분의 금속산화물로 비공유 전자쌍을 가지고 있다.

0302

06 Repetitive Learning (1회 2회 3회)

같은 몰농도에서 비전해질 용액은 전해질 용액보다 비등점 상승도의 변화추이가 어떠한가?

① 크다.
② 작다.
③ 같다.
④ 전해질 여부와 무관하다.

해설

- 비전해질은 전해질에 비해 비등점이 낮아 잘 끓는다. 즉, 비등점 상승도의 변화추이가 전해질보다 작다.

전해질 용액과 비전해질 용액

- 수용액 상태에서 전극을 투입할 때 전류가 흐르는 물질을 전해질이라고 하고, 전류가 흐르지 않는 물질을 비전해질이라고 한다.

전해질	염화나트륨(NaCl), 브롬화칼륨(KBr), 황산(H_2SO_4), 아세트산(CH_3COOH) 등
비전해질	에탄올(C_2H_5OH), 포도당, 설탕 등

- 전해질 용액은 열을 가해도 비등점이 높아져 잘 끓지 않는데 반해, 비전해질은 전해질에 비해 비등점이 낮아 잘 끓는다.

0402 / 1204

07 Repetitive Learning (1회 2회 3회)

이온결합 물질의 일반적인 성질에 관한 설명 중 틀린 것은?

① 녹는점이 비교적 높다.
② 단단하며 부스러지기 쉽다.
③ 고체와 액체 상태에서 모두 도체이다.
④ 물과 같은 극성용매에 용해되기 쉽다.

해설

- 이온결합의 경우 고체상태에서는 전기가 잘 통하지 않지만 액체 상태에서 전기가 잘 통하는 도체상태가 된다.

이온결합

㉠ 개요
- 금속성이 강한 원자(양이온)와 비금속성이 강한 원자(음이온) 간의 화학결합을 말한다.
- 녹는점과 끓는점이 매우 높고, 물과 같은 극성용매에 용해되기 쉽다.
- 단단하며 부스러지기 쉽다.
- 고체상태에서는 전기가 잘 통하지 않지만 액체 상태에서 전기가 잘 통하는 도체상태가 된다.

㉡ 구분

구분	물질	비율
양이온과 음이온의 개수가 같은 경우	• 염화나트륨(NaCl)	$Na^+ : Cl^- = 1:1$
	• 산화칼슘(CaO)	$Ca^{2+} : O^{2-} = 2:2$
	• 산화마그네슘(MgO)	$Mg^{2+} : O^{2-} = 2:2$
양이온과 음이온의 개수가 다른 경우	• 염화칼슘($CaCl_2$)	$Ca^{2+} : Cl^- = 1:2$
	• 염화마그네슘($MgCl_2$)	$Mg^{2+} : Cl^- = 1:2$
	• 산화알루미늄(Al_2O_3)	$Al^{3+} : O^{2-} = 2:3$

05 ④ 06 ② 07 ③ 정답

0704

08

Repetitive Learning (1회 2회 3회)

다음 화학반응식 중 실제로 반응이 오른쪽으로 진행되는 것은?

① $2KI + F_2 \rightarrow 2KF + I_2$

② $2KBr + I_2 \rightarrow 2KI + Br_2$

③ $2KF + Br_2 \rightarrow 2KBr + F_2$

④ $2KCl + Br_2 \rightarrow 2KBr + Cl_2$

해설

- 반응이 오른쪽으로 진행되려면 할로겐 분자들의 결합에너지가 기존 화합물에 결합된 할로겐 원자보다 커야 기존 결합을 끊고 새로운 결합이 가능하다.
- 결합에너지는 F > Cl > Br > I 순이다.
- ①의 경우 요오드보다 불소(F_2)분자의 에너지가 크므로 오른쪽으로 진행된다.
- ②의 경우 브롬보다 요오드(I_2)분자의 에너지가 작으므로 오른쪽 방향으로 진행되지 않는다.
- ③의 경우 불소보다 브롬(Br_2)분자의 에너지가 작으므로 오른쪽 방향으로 진행되지 않는다.
- ④의 경우 염소보다 브롬(Br_2)분자의 에너지가 작으므로 오른쪽 방향으로 진행되지 않는다.

할로겐족(7A) 원소

2주기	3주기	4주기	5주기	6주기
9 −1 F 불소 19	17 −1, 3, 5, 7 Cl 염소 35.5	35 −1, 3, 5, 7 Br 브롬 80	53 −1, 3, 5, 7 I 요오드 127	85 1, 3, 5, 7 At 아스타틴 210

- 최외곽 전자는 모두 7개씩이다.
- 원자번호, 원자반지름, 수용액의 산성의 세기는 $F < Cl < Br < I < At$ 순으로 커진다.
- 전기음성도, 극성의 세기, 이온화에너지, 결합에너지는 $F > Cl > Br > I$ 순으로 작아진다.
- 불소(F)는 연환황색의 기체, 염소(Cl)는 황록색 기체, 브롬(Br)은 적갈색 액체, 요오드(I)는 흑자색 고체이다.

0602

09

Repetitive Learning (1회 2회 3회)

산성용액 하에서 사용할 0.1N $KMnO_4$용액 500mL를 만들려면 $KMnO_4$ 몇 g이 필요한가? (단, 원자량은 K : 39, Mn : 55, O : 16)

① 15.8g ② 16.8g

③ 1.58g ④ 0.89g

해설

- 산성용액 하에서 과망간산칼륨 반응식은 $MnO_4^- + 8H^+ + 5e \rightarrow Mn^{2+} + 4H_2O$가 되므로 당량수가 5가 된다.
- 분자량은 39+55+64=158이므로 g당량은 $\frac{158}{5} = 31.6$이 된다.
- 0.1N 용액이 필요하므로 3.16g이 필요하나 전체 용액이 500mL를 만들려고 하므로 이의 절반에 해당하는 1.58g이 필요하다.

노르말 농도(N)

- 용액 1L 속에 녹아있는 용질의 g당량 수를 말한다.
- 노르말농도=몰농도×당량수로 구할 수 있다.

0802

10

Repetitive Learning (1회 2회 3회)

황산구리 수용액을 Pt 전극을 써서 전기분해하여 음극에서 63.5g의 구리를 얻고자 한다. 10A의 전류를 약 몇 시간 흐르게 하여야 하는가? (단, 구리의 원자량은 63.5이다)

① 2.36 ② 5.36

③ 8.16 ④ 9.16

해설

- 구리의 원자가는 2이고, 원자량은 63.5이므로 g당량은 31.75이고, 이는 0.5몰에 해당한다.
- 즉, 1F의 전기량(96,500[C])으로 생성할 수 있는 구리의 몰수가 0.5몰인데, 63.5g의 구리는 1몰에 해당하므로 전기량은 2F(96,500×2)가 필요하다.
- 10[A]전류를 x초 등안 흐르게 했을 때 전하량이 96,500×2 즉, 193,000[C]이 되는지 계산하면 된다.
- $x = \frac{193,000}{10} = 19,300$초이므로 시간으로 계산하면 5.36시간이 된다.

전기화학반응

- 1F의 전기량은 물질 1g당량을 석출하는데 필요한 전기량이다.
- 1F의 전기량은 전자 1몰이 갖는 전하량으로 96,500[C]의 전하량을 갖는다.
- 물질의 g당량은 $\frac{원자량}{원자가}$로 구한다.

정답 | 08 ① 09 ③ 10 ②

11 Repetitive Learning (1회 2회 3회)

표준상태에서 기체 A 1L의 무게는 1.964g이다. A의 분자량은?

① 44　② 16
③ 4　④ 2

해설

- 표준상태에서 기체 1L의 무게가 주어질 때 분자량은 이상기체 상태방정식에 대입하여 구한다.
- 분자량 $= \frac{1.964 \times 0.082 \times (273+0)}{1 \times 1} = \frac{43.97}{1} = 43.97$이 된다.

이상기체 상태방정식
- 특정 압력과 온도에서 기체의 분자량을 구할 때 사용한다.
- 분자량 $M = \frac{질량 \times R \times T}{P \times V}$로 구한다.

　이때, R은 이상기체상수로 0.082[atm · L/mol · K]이고,
　T는 절대온도(273+섭씨온도)[K]이고,
　P는 압력으로 atm 혹은 $\frac{주어진\ 압력[mmHg]}{760mmHg/atm}$이고,
　V는 부피[L]이다.

0704

12 Repetitive Learning (1회 2회 3회)

어떤 금속 1.0g을 묽은 황산에 넣었더니 표준상태에서 560mL의 수소가 발생하였다. 이 금속의 원자가는 얼마인가? (단, 금속의 원자량은 40으로 가정한다)

① 1가　② 2가
③ 3가　④ 4가

해설

- 반응식을 보면 $M + H_2SO_4 \rightarrow MSO_4 + H_2$가 되어 수소가 발생한 경우라고 볼 수 있다.
- 어떤 금속 1g이 반응되면 수소가 560mL발생한 경우이다. 몰당량의 비로 확인해보면 어떤 금속의 몰당량을 x라 가정하면 금속 xg이 반응하면 수소(H_2)는 표준상태에서 22.4L가 발생하며, 수소의 몰당량을 볼 때 11.2L가 발생한다.
- 1 : 0.56 = x : 11.2이므로 $x = \frac{11.2}{0.56} = 20$g이다. 즉, 어떤 금속 M의 몰당량이 20g이고, 원자량이 40이라면 원자가는 2가 된다.

금속 산화물
- 어떤 금속 M의 산화물의 조성은 산화물을 구성하는 각 원소들의 몰 당량에 의해 구성된다.
- 중량%가 주어지면 해당 중량%의 비로 금속의 당량을 확인할 수 있다.
- 원자량은 당량×원자가로 구한다.

13 Repetitive Learning (1회 2회 3회)

C_3H_8 22.0g을 완전연소시켰을 때 필요한 공기의 부피는 약 얼마인가? (단, 0℃, 1기압 기준이며, 공기 중의 산소량은 21%이다)

① 56L　② 112L
③ 224L　④ 267L

해설

- 프로판의 완전연소식을 보면 $C_3H_8 + 5O_2 \rightarrow 3CO_2 + 4H_2O$이다. 즉, 1몰의 프로판을 완전연소하는데 필요한 산소는 5몰이다.
- 프로판 1몰의 무게는 44로 44g을 완전연소하는데 필요한 산소의 부피는 5몰로 22.4×5=112L가 된다.
- 따라서 프로판 22g을 완전연소시키는데 필요한 산소는 $\frac{22 \times 112}{44} =$ 56L이다.
- 주어진 문제는 필요한 공기라고 했고, 공기에서 산소의 부피는 21%이므로 산소 56L를 포함하는 공기는 $56 \times \frac{100}{21} = 266.67$L이다.

프로판(C_3H_8)
- 알케인계 탄화수소의 한 종류이다.
- 특이한 냄새를 갖는 무색기체이다.
- 녹는점은 −187.69℃, 끓는점은 −42.07℃이다.
- 물에는 약간, 알코올에 중간, 에테르에 잘 녹는다.
- 완전연소식 : $C_3H_8 + 5O_2 \rightarrow 3CO_2 + 4H_2O$: 이산화탄소+물

1104

14 Repetitive Learning (1회 2회 3회)

화약제조에 사용되는 물질인 질산칼륨에서 N의 산화수는 얼마인가?

① +1　② +3
③ +5　④ +7

해설

- KNO_3에서 질소의 산화수는 +5가가 되어야 1+5−6이 되어 화합물의 산화수가 0가로 된다.

화합물에서 산화수 관련 절대적 원칙
- 일반적으로 화합물에서 전기음성도가 큰 물질이 +의 산화수를 갖고, 전기음성도가 작은 물질이 −의 산화수를 가진다.
- 수소(H)는 결합하는 원자와의 전기음성도 차에 의해 +1가 혹은 −1가의 값을 가진다.
- 1족의 알칼리금속(Li, Na, K)은 +1가의 값을 가진다.
- 2족의 알칼리토금속(Be, Mg, Ca)는 +2가의 값을 가진다.
- 13족의 알루미늄(Al)은 +3가의 값을 가진다.
- 17족의 플로오린(F)은 −1가의 값을 가진다.

11 ① 12 ② 13 ④ 14 ③ | 정답

1002

15 Repetitive Learning (1회 2회 3회)

볼타전지에 관한 설명으로 틀린 것은?

① 이온화 경향이 큰 쪽의 물질이 (−)극이다.
② (+)극에서는 방전 시 산화반응이 일어난다.
③ 전자는 도선을 따라 (−)극에서 (+)극으로 이동한다.
④ 전류의 방향은 전자의 이동 방향과 반대이다.

해설

- 양(+)극은 반응성이 작은 금속으로 환원반응이 일어난다.

볼타전지

㉠ 개요

- 물질의 산화 · 환원 반응을 이용하여 화학에너지를 전기적 에너지로 전환시키는 장치로 세계 최초의 전지이다.
- 전해질 수용액인 묽은 황산(H_2SO_4)용액에 아연판과 구리판을 세우고 도선으로 연결한 전지이다.
- 음(−)극은 반응성이 큰 금속(아연)으로 산화반응이 일어난다.
- 양(+)극은 반응성이 작은 금속(구리)으로 환원반응이 일어난다.
- 전자는 (−)극에서 (+)극으로 이동한다.

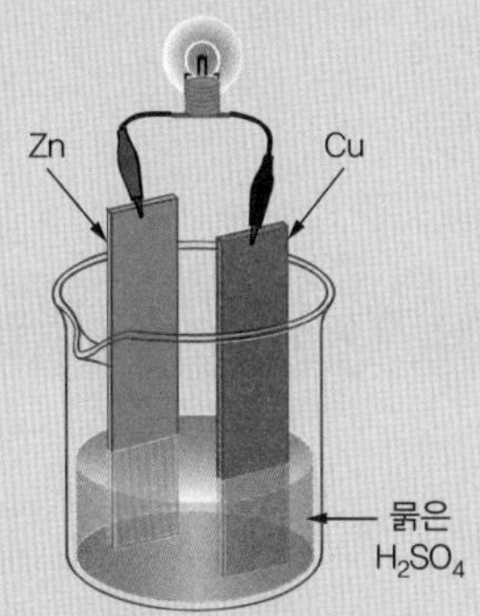

㉡ 분극현상

- 볼타전지의 기전력은 약 1.3V인데 전류가 흐르기 시작하면 갑자기 0.4V로 전류가 약해지는 현상을 말한다.
- 분극현상을 방지해주는 감극제로 이산화망간(MnO_2), 산화구리(CuO), 과산화납(PbO_2) 등을 사용한다.

16 Repetitive Learning (1회 2회 3회)

전형원소 내에서 원소의 화학적 성질이 비슷한 것은?

① 원소의 족이 같은 경우
② 원소의 주기가 같은 경우
③ 원자 번호가 비슷한 경우
④ 원자의 전자수가 같은 경우

해설

- 전형원소 내에서 같은 족인 경우 원소의 화학적 성질이 비슷하다.

같은 족 원소들의 성질

- 전형원소 내에서 원소의 화학적 성질이 비슷하다.
- 제일 바깥의 전자 궤도에 들어 있는 전자의 수가 같다.
- 같은 족 내에서 아래로 갈수록 원자번호, 원자량, 원자의 반지름, 전자수, 오비탈의 총 수가 증가한다.
- 같은 족 내에서 아래로 갈수록 이온화에너지와 전기음성도는 작아진다.

0501_추가 / 1202

17 Repetitive Learning

탄소와 모래를 전기로에 넣어서 가열하면 연마제로 쓰이는 물질이 생성된다. 이에 해당하는 것은?

① 카보런덤 ② 카바이드
③ 카본블랙 ④ 규소

해설

- 카바이드는 탄화칼슘(CaC_2)을 말한다.
- 카본블랙은 탄소 그을음으로 탄소계화합물의 불안전 연소로 인한 재를 말한다.
- 규소(Si)는 원자번호 14의 원소로 점토나 모래에서 산출된다.

카보런덤

- 탄화규소(SiC)의 상품명이다.
- 규사와 코크스를 약 2,000℃의 전기저항로에서 강하게 가열하여 만든 결정체이다.
- 경도가 다이아몬드와 유사할 정도로 커 연마제로 사용한다.

18 Repetitive Learning (1회 2회 3회)

주기율표에서 원소를 차례대로 나열할 때 기준이 되는 것은?

① 원자의 부피 ② 원자핵의 양성자수
③ 원자가 전자수 ④ 원자 반지름이 크기

해설

- 주기율표는 원소를 원자번호 순으로 배열한 것으로 원자번호는 원자핵에 있는 양성자의 수를 기준으로 한다.

원자번호(Atomic number)와 원자량(Atomic mass)

- 원자번호는 원자핵의 양성자수이자 중성원자의 총 전자수와 같다.
- 질량수 = 양성자의 수 + 중성자의 수로 구한다.
- 원자량은 6개의 양성자와 6개의 중성자로 구성되는 질량수 12인 탄소($_{12}C$)의 원자 질량을 12로 정한 조건에서 다른 원소의 비교질량을 원자량으로 나타낸다.

정답 | 15 ② 16 ① 17 ① 18 ②

0502

19  Repetitive Learning (1회 2회 3회)

다음 화학식의 IUPAC 명명법에 따른 올바른 명명법은?

$$\begin{array}{c} CH_3 - CH_2 - \underset{\displaystyle CH_3}{\underset{|}{CH}} - CH_2 - CH_3 \end{array}$$

① 3 − 메틸펜탄　② 2, 3, 5 − 트리메틸 헥산
③ 이소부탄　④ 1, 4 − 헥산

해설

- 메인사슬에서 탄소는 5개, 수소는 11개이다. 탄소 5개로 구성된 것은 펜탄/펜테인이다. 이중 3번째 탄소에 가지가 붙었다. 가지에 딸린 것은 메틸기(CH_3)이므로 주어진 화학식은 3−메틸펜탄이 된다.

IUPAC(International Union of Pure and Applied Chemistry) 명명법

- 국제 순수 · 응용화학 연합(IUPAC)이 정한 화합물 명명법을 말한다.
- 포화탄화수소는 어미에 '−ane'를 붙여 명명한다.

이름	한글명	분자식	구조식
methane	메탄/메테인	CH_4	CH_4
ethane	에탄/에테인	C_2H_6	CH_3CH_3
propane	프로판/프로페인	C_3H_8	$CH_3CH_2CH_3$
butane	부탄/뷰테인	C_4H_{10}	$CH_3(CH_2)_2CH_3$
pentane	펜탄/펜테인	C_5H_{12}	$CH_3(CH_2)_3CH_3$
hexane	헥산/헥세인	C_6H_{14}	$CH_3(CH_2)_4CH_3$
heptane	헵탄/헵테인	C_7H_{16}	$CH_3(CH_2)_5CH_3$
octane	옥탄/옥테인	C_8H_{18}	$CH_3(CH_2)_6CH_3$
nonane	노네인	C_9H_{20}	$CH_3(CH_2)_7CH_3$
decane	데케인	$C_{10}H_{22}$	$CH_3(CH_2)_8CH_3$

- 알켄(Alkene)은 이중결합, 알킨(alkyne)은 3중결합을 의미한다.
- 가지 달린 화합물은 가장 긴 사슬을 기본명으로 하고, 가지의 위치가 되도록 작은 번호가 되도록 탄소원자에 아라비아 숫자를 붙여 결합위치−수−명칭을 기본명 앞에 붙여서 부른다.
- 2개 이상의 동일 치환기가 주사슬에 연결되면 다이(di−), 트라이(tri−), 테트라(tetra−)등의 접두어를 사용한다.
- 숫자와 숫자사이에는 쉼표(,)를 넣고, 숫자와 문자사이에는 hyphen(−)을 사용하며, 마지막 치환기 이름과 기본 알케인의 이름은 붙여서 쓴다.

1301

20 Repetitive Learning (1회 2회 3회)

불꽃반응 시 보라색을 나타내는 금속은?

① LI　② K
③ Na　④ Ba

해설

- 리튬(Li)은 빨강, 나트륨(Na)은 노랑, 바륨(Ba)은 빨강색을 낸다.

불꽃반응

- 금속이 녹아 있는 수용액을 불꽃에 넣으면 수용액에 녹아있는 금속성분에 따라 특유의 빛을 내는 현상을 말한다.

알칼리금속	불꽃반응색	알칼리토금속	불꽃반응색
리튬(Li)	빨강	베릴륨(Be)	무색
나트륨(Na)	노랑	마그네슘(Mg)	무색
칼륨(K)	보라	칼슘(Ca)	주황
루비듐(Rb)	진빨강	스트론튬(Sr)	빨강
세슘(Cs)	연파랑	바륨(Ba)	빨강

2과목 화재예방과 소화방법

1302

21 Repetitive Learning (1회 2회 3회)

할로겐화합물 소화약제의 조건으로 옳은 것은?

① 비점이 높을 것　② 기화되기 쉬울 것
③ 공기보다 가벼울 것　④ 연소성이 좋을 것

해설

- 할로겐화합물 소화약제는 비점이 낮아야 하며, 공기보다 무겁고 불연성이어야 한다.

할로겐화합물 소화약제의 조건

- 기화되기 쉽고 증발잠열이 커야 한다.
- 비점이 낮아야 한다.
- 기화 후 잔유물을 남기지 않아야 한다.
- 공기의 접촉을 차단해야 한다.
- 전기적으로 부도체여야 한다.
- 공기보다 무겁고 불연성이어야 한다.
- 부촉매에 의한 연소의 억제작용이 커야 한다.

19 ① 20 ② 21 ② 정답

22 Repetitive Learning (1회 2회 3회)

포소화약제의 혼합방식 중 포 원액을 송수관에 압입하기 위하여 포 원액용 펌프를 별도로 설치하여 혼합하는 방식은?

① 라인 푸로포셔너 방식
② 프레져 푸로포셔너 방식
③ 펌프 푸로포셔너 방식
④ 프레져사이드 푸로포셔너 방식

해설

• 압입용펌프로 포 소화약제를 압입시켜 혼합하는 방식은 프레져사이드 푸로포셔너 방식이다.

포 소화약제의 혼합장치

프레져 푸로포셔너	펌프와 발포기의 중간에 설치된 벤추리관의 벤추리작용과 펌프 가압수의 포 소화약제 저장탱크에 대한 압력에 따라 포 소화약제를 흡입 · 혼합하는 방식
펌프 푸로포셔너	펌프의 토출관과 흡입관 사이의 배관도중에 설치한 흡입기에 펌프에서 토출된 물의 일부를 보내고, 농도 조정밸브에서 조정된 포 소화약제의 필요량을 포 소화약제 탱크에서 펌프 흡입측으로 보내어 이를 혼합하는 방식
프레져사이드 푸로포셔너	펌프의 토출관에 압입기를 설치하여 포 소화약제 압입용펌프로 포 소화약제를 압입시켜 혼합하는 방식
라인 푸로포셔너	펌프와 발포기의 중간에 설치된 벤추리관의 벤추리작용에 따라 포 소화약제를 흡입 · 혼합하는 방식을 말한다
압축공기포 믹싱챔버	압축공기 또는 압축질소를 일정비율로 포수용액에 강제 주입 혼합하는 방식

23 Repetitive Learning (1회 2회 3회)

과염소산 1몰을 모두 기체로 변화하였을 때 질량은 1기압, 50℃를 기준으로 몇 g인가? (단, Cl의 원자량은 35.5이다)

① 5.4 ② 22.4
③ 100.5 ④ 224

해설

• 과염소산($HClO_4$)의 분자량은 1+35.5+(16×4)=100.5g이다.
• 기체의 질량은 부피와 달리 온도와 압력에 상관없이 일정하므로 100.5g이 된다.

과염소산($HClO_4$) 실기 0501

• 산화성 액체에 해당하는 제6류 위험물로 지정수량은 300kg이고, 위험등급은 Ⅰ이다.
• 염소 냄새가 나는 무색의 액체로 물과 접촉 시 열을 심하게 발생시킨다.

24 Repetitive Learning (1회 2회 3회)

자연발화가 일어나는 물질과 대표적인 에너지원의 관계로 옳지 않은 것은?

① 셀룰로이드 – 흡착열에 의한 발열
② 활성탄 – 흡착열에 의한 발열
③ 퇴비 – 미생물에 의한 발열
④ 먼지 – 미생물에 의한 발열

해설

• 셀룰로이드는 제5류 위험물 중 질산에스테르에 속하는 물질로 분해열에 의해 발열된다.

자연발화 물질과 에너지원

분해열	셀룰로이드, 니트로화합물, 아세틸렌 등
흡착열	활성탄, 목탄 등
발효열(미생물)	퇴비, 먼지, 건초, 곡물 등
산화열	건성유, 석탄, 금속분, 기름걸레, 산업폐기물 등
중합열	액화시안화수소 등

1104

25 Repetitive Learning (1회 2회 3회)

위험물안전관리법령상 소화설비의 적응성에서 이산화탄소 소화기가 적응성이 있는 것은?

① 제1류 위험물 ② 제3류 위험물
③ 제4류 위험물 ④ 제5류 위험물

해설

• 이산화탄소 소화기는 전기설비, 제2류 위험물 중 인화성고체, 제4류 위험물에 적응성을 갖는다.

이산화탄소 소화기의 적응성 실기 1002/1101/1202/1601/1702/1902/2001/2003/2004

구분		적응성
건축물 · 그 밖의 공작물		
전기설비		○
제1류 위험물	알칼리금속과산화물등	
	그 밖의 것	
제2류 위험물	철분 · 금속분 · 마그네슘등	
	인화성고체	○
	그밖의것	
제3류 위험물	금수성물품	
	그 밖의 것	
제4류 위험물		○
제5류 위험물		
제6류 위험물		△

정답 | 22 ④ 23 ③ 24 ① 25 ③

2001

26 ─ Repetitive Learning (1회 2회 3회)

소화기와 주된 소화효과가 옳게 짝지어진 것은?

① 포 소화기 – 제거소화
② 할로겐화합물 소화기 – 냉각소화
③ 탄산가스소화기 – 억제소화
④ 분말 소화기 – 질식소화

해설

- ①의 포 소화기는 질식 및 냉각소화를 한다.
- ②의 할로겐화합물 소화기는 억제소화를 한다.
- ③의 탄산가스소화기는 질식소화를 한다.

소화기와 소화효과

포(말)소화기	질식 및 냉각소화
할로겐화합물소화기	억제소화
탄산가스소화기	질식소화
분말소화기	질식소화
건조사	질식소화
물	냉각소화

1402

27 ─ Repetitive Learning (1회 2회 3회)

경보설비는 지정수량 몇 배 이상의 위험물을 저장, 취급하는 제조소 등에 설치하는가?

① 2　② 4
③ 8　④ 10

해설

- 지정수량의 10배 이상의 위험물을 저장 또는 취급하는 제조소 등(이동탱크저장소를 제외)에는 화재발생 시 이를 알릴 수 있는 경보설비를 설치하여야 한다.

경보설비의 기준

- 지정수량의 10배 이상의 위험물을 저장 또는 취급하는 제조소 등(이동탱크저장소를 제외)에는 화재발생 시 이를 알릴 수 있는 경보설비를 설치하여야 한다.
- 경보설비는 자동화재탐지설비 · 비상경보설비(비상벨장치 또는 경종을 포함한다) · 확성장치(휴대용확성기를 포함한다) 및 비상방송설비로 구분한다.
- 자동신호장치를 갖춘 스프링클러설비 또는 물분무등소화설비를 설치한 제조소 등에 있어서는 자동화재탐지설비를 설치한 것으로 본다.

0204 / 1004

28 ─ Repetitive Learning (1회 2회 3회)

위험물안전관리법령상 물분무등소화설비에 포함되지 않는 것은?

① 포소화설비　② 분말소화설비
③ 스프링클러설비　④ 불활성가스소화설비

해설

- 물분무등소화설비에는 물분무소화설비, 포소화설비, 불활성가스소화설비, 할로겐화합물소화설비와 분말소화설비 등으로 분류된다.

물분무등소화설비의 분류와 적응성

소화설비의 구분		물분무소화설비	포소화설비	불활성가스소화설비	할로겐화합물소화설비	분말소화설비		
						인산염류등	탄산수소염류등	그 밖의 것
건축물 · 그 밖의 공작물		○	○			○		
전기설비		○		○	○	○	○	
제1류 위험물	알칼리금속과산화물등						○	○
	그 밖의 것	○	○			○		
제2류 위험물	철분 · 금속분 · 마그네슘등						○	○
	인화성고체	○	○	○	○	○	○	
	그밖의것	○	○			○		
제3류 위험물	금수성물품						○	○
	그 밖의 것	○	○					
제4류 위험물		○	○	○	○	○	○	
제5류 위험물		○	○					
제6류 위험물		○	○			○		

0802 / 1302

29 ─ Repetitive Learning

고체의 일반적인 연소형태에 속하지 않는 것은?

① 표면연소　② 확산연소
③ 자기연소　④ 증발연소

해설

- 확산연소는 기체의 대표적인 연소방식이다.

연소의 종류

기체	확산연소, 폭발연소, 혼합연소, 그을음연소 등이 있다.
액체	증발연소, 분해연소, 분무연소, 그을음연소 등이 있다.
고체	분해연소, 표면연소, 자기연소, 증발연소 등이 있다.

26 ④　27 ④　28 ③　29 ② | 정답

1102

30

Repetitive Learning 

위험물에 화재가 발생하였을 경우 물과의 반응으로 인해 주수소화가 적당하지 않은 것은?

① CH_3ONO_2　　② $KClO_3$
③ Li_2O_2　　④ P

해설

- 과산화나트륨(Na_2O_2), 과산화칼륨(K_2O_2), 과산화바륨(BaO_2), 과산화리튬(Li_2O_2)과 같은 무기과산화물은 물과 반응할 경우 산소를 발생시켜 발화 · 폭발하므로 주수소화를 금해야 한다.

대표적인 위험물의 소화약제

위험물	류별	소화약제
칼륨(K), 나트륨(Na), 마그네슘(Mg)	제2류	마른모래, 탄산수소염류 분말소화약제
황린(P_4)	제3류	주소소화, 마른모래 등
알킬(트리에틸)알루미늄, 수소화나트륨	제3류	마른모래, 팽창질석, 팽창진주암
경유, 등유, 벤젠(C_6H_6)	제4류	포소화약제, 이산화탄소, 분말소화약제
염소산칼륨($KClO_3$), 염소산아연[$Zn(ClO_3)_2$]	제1류	대량의 물을 통한 냉각소화
트리니트로페놀[$C_6H_2OH(NO_2)_3$], 트리니트로톨루엔(TNT), 니트로셀룰로오스 등	제5류	대량의 물로 주수소화
과산화나트륨(Na_2O_2), 과산화칼륨(K_2O_2)	제1류	마른모래

0904

31

Repetitive Learning 

다음에서 설명하는 소화약제에 해당하는 것은?

> • 무색, 무취이며 비전도성이다.
> • 증기상태의 비중은 약 1.5이다.
> • 임계온도는 약 31℃이다.

① 탄산수소나트륨　　② 이산화탄소
③ 하론 1301　　④ 황산알루미늄

해설

- 탄산수소나트륨($NaHCO_3$)은 백색의 분말로, 분자량이 84이므로 증기비중은 약 2.9이다.
- 하론 1301(CF_3Br)로 무색, 무취의 기체로 분자량이 148.91로 증기비중은 약 5.1이고, 임계온도는 약 66℃이다.
- 황산알루미늄($Al_2(SO_4)_3$은 백색 결정으로, 분자량이 342로 증기비중은 11.8이다.

이산화탄소(CO_2)

- 무색, 무취이며 비전도성이다.
- 증기상태의 비중은 약 1.52로 공기보다 무겁다.
- 임계온도는 약 31℃이다.
- 냉각 및 압축에 의하여 액화될 수 있다.
- 산소와 반응하지 않고 산소공급을 차단하므로 표면소화에 효과적이다.
- 방사 시 열량을 흡수하므로 냉각소화 및 질식, 피복소화 작용이 있다.
- 밀폐된 공간에서는 질식을 유발할 수 있으므로 주의해야 한다.

0402 / 0404 / 1004 / 1302

32

Repetitive Learning 1회 2회 3회

탄화칼슘 60,000kg을 소요단위로 산정하면?

① 10단위　　② 20단위
③ 30단위　　④ 40단위

해설

- 탄화칼슘은 자연발화성 및 금수성 물질에 해당하는 제3류 위험물중 칼슘 또는 알루미늄의 탄화물로 지정수량이 300kg이고 소요단위는 지정수량의 10배이므로 3,000kg가 1단위가 되므로 60,000kg은 20단위에 해당한다.

소요단위 실기 0604/0802/1202/1204/1704/1804/2001

- 소화설비의 설치대상이 되는 건축물 그 밖의 공작물의 규모 또는 위험물의 양의 기준단위이다.
- 계산방법

제조소 또는 취급소의 건축물	외벽이 내화구조인 것은 연면적 $100m^2$를 1소요단위로 하며, 외벽이 내화구조가 아닌 것은 연면적 $50m^2$를 1소요단위로 할 것
저장소의 건축물	외벽이 내화구조인 것은 연면적 $150m^2$를 1소요단위로 하고, 외벽이 내화구조가 아닌 것은 연면적 $75m^2$를 1소요단위로 할 것
제조소 등의 옥외에 설치된 공작물	외벽이 내화구조인 것으로 간주하고 공작물의 최대 수평투영면적을 연면적으로 간주하여 제조소 혹은 저장소 건축물의 소요단위를 적용할 것
위험물	지정수량의 10배를 1소요단위로 할 것

정답 | 30 ③　31 ②　32 ②

33 Repetitive Learning (1회 2회 3회)

자연발화에 영향을 주는 인자로 가장 거리가 먼 것은?

① 수분　　② 증발열
③ 발열량　　④ 열전도율

해설

- 자연발화에 영향을 주는 인자에는 수분, 온도, 발열량, 열전도율, 입자의 표면적 등이 있다.

자연발화 실기 0602/0704

㉠ 개요
- 물질이 고유의 성질로 인해 스스로 발열반응을 통해 발생한 열을 장기간 축적하여 발화하는 현상을 말한다.
- 자연발화를 일으키는 원인에는 산화열, 분해열, 중합열, 흡착열, 미생물에 의한 발열 등이 있다.

㉡ 발화하기 쉬운 조건
- 고온다습한 환경에서 자연발화가 발생하기 쉽다.
- 입자의 표면적이 넓을수록 자연발화가 발생하기 쉽다.
- 열전도율이 작을수록 자연발화가 발생하기 쉽다.

34 Repetitive Learning (1회 2회 3회)

주된 연소형태가 표면연소인 것은?

① 황　　② 종이
③ 금속분　　④ 니트로셀룰로오스

해설

- ①은 증발연소, ②는 분해연소, ④는 자기연소를 한다.

고체의 연소형태 실기 0702/0902/1204/1904

구분	내용
분해연소	• 가연물이 열분해가 진행되어 산소와 결합하여 연소하는 고체의 연소방식이다. • 종이, 목재, 플라스틱, 석탄 등이 분해연소를 한다.
표면연소	• 열분해 되지 않고 고체 표면에 공기가 닿아 연소가 일어나 고온을 유지하며 타는 연소형태를 말한다. • 숯, 코크스, 목탄, 금속 등이 표면연소를 한다.
자기연소	• 공기 중 산소를 필요로 하지 않고 분자 내의 산소를 이용해 자신이 분해되며 타는 것을 말한다. • 니트로셀룰로오스, TNT, 셀룰로이드, 니트로글리세린과 같은 제5류 위험물이 자기연소를 한다.
증발연소	• 액체와 고체의 연소방식에 속한다. • 열분해를 일으키지 않고 증발한 증기가 공기와 혼합해서 연소되는 방식이다. • 주로 연료로 사용되는 휘발유, 등유, 경유, 알코올과 같은 액체와 양초, 나프탈렌, 왁스, 아세톤, 황 등 제4류 위험물이 증발연소를 한다.

35 Repetitive Learning (1회 2회 3회)

제5류 위험물의 화재 시 일반적인 조치사항으로 알맞은 것은?

① 분말소화약제를 이용한 질식소화가 효과적이다.
② 할로겐화합물 소화약제를 이용한 냉각소화가 효과적이다.
③ 이산화탄소를 이용한 질식소화가 효과적이다.
④ 다량의 주수에 의한 냉각소화가 효과적이다.

해설

- 제5류 위험물은 옥내 및 옥외소화전, 스프링클러, 물분무소화설비, 포소화설비, 수조, 건조사, 팽창질석 등에 적응성이 있으나 물질 자체에 산소를 포함하고 있어 연소속도가 매우 빨라 화재 시 소화하기 어려우며, 주로 다량의 주수에 의한 냉각소화를 한다.

소화설비의 적응성 중 제5류 위험물 실기 1002/1101/1202/1601/1702/1902/2001/2003/2004

소화설비의 구분			제5류 위험물
옥내소화전 또는 옥외소화전설비			○
스프링클러설비			○
물분무등 소화설비	물분무소화설비		○
	포소화설비		○
	불활성가스소화설비		
	할로겐화합물소화설비		
	분말 소화설비	인산염류등	
		탄산수소염류등	
		그 밖의 것	
대형·소형 수동식 소화기	봉상수(棒狀水)소화기		○
	무상수(霧狀水)소화기		○
	봉상강화액소화기		○
	무상강화액소화기		○
	포소화기		○
	이산화탄소 소화기		
	할로겐화합물소화기		
	분말 소화기	인산염류소화기	
		탄산수소염류소화기	
		그 밖의 것	
기타	물통 또는 수조		○
	건조사		○
	팽창질석 또는 팽창진주암		○

33 ② 34 ③ 35 ④ 정답

36

Repetitive Learning (1회 2회 3회)

위험물의 화재위험에 대한 설명으로 옳은 것은?

① 인화점이 높을수록 위험하다.
② 착화점이 높을수록 위험하다.
③ 착화에너지가 작을수록 위험하다.
④ 연소열이 작을수록 위험하다.

해설

- 인화점이 낮을수록 일반적으로 연소위험이 크다.
- 착화점이 낮을수록 일반적으로 연소위험이 크다.
- 연소열은 물질이 연소할 때 발생하는 열량으로 클수록 위험하다.

화재 위험

• 인화점 · 착(발)화점 • 융점 · 비점 • 열전도율 • 착화에너지 • 폭발하한값	작을수록 낮을수록	연소위험이 커진다.
• 연소범위 • 증기압 • 주변 온도 • 폭발상한값 • 산소농도 • 압력 및 증기압 • 연소속도 및 연소열	클수록 높을수록	

37

Repetitive Learning (1회 2회 3회)

소화약제의 열분해 반응식으로 옳은 것은?

① $NH_4H_2PO_4 \xrightarrow[\triangle]{} HPO_3 + NH_3 + H_2O$

② $2KNO_3 \xrightarrow[\triangle]{} 2KNO_2 + O_2$

③ $KClO_4 \xrightarrow[\triangle]{} KCl + 2O_2$

④ $2CaHCO_3 \xrightarrow[\triangle]{} 2CaO + H_2CO_3$

해설

- ②는 제1류 위험물인 질산칼륨의 분해반응식이다.
- ③은 제1류 위험물인 과염소산칼륨의 분해반응식이다.
- ④는 위험물에 포함되지 않는 탄산수소칼륨의 분해반응식이다.

제3종 분말소화약제 실기 0501/0602/0701/0801/0901/1204/1301/1404/1502/1504/1601/1602/1701/1801/1904/2003/2101

- 제1인산암모늄($NH_4H_2PO_4$)을 주성분으로 하는 소화약제로 ABC급 화재에 적응성이 있으며 착색색상은 담홍색인 소화약제이다.
- 가연물의 표면에 피막을 형성하여 산소의 유입을 차단시킨다.
- 발수제로 실리콘 오일을 첨가한다.
- 인산암모늄이 열분해되면 메타인산, 암모니아, 물로 분해되는데, 이중 메타인산(HPO_3)이 부착성 있는 막을 만드는 방진효과로 A급 화재 진화에 기여한다.($NH_4H_2PO_4 \xrightarrow[\triangle]{} HPO_3 + NH_3 + H_2O$)

0704 / 1402

38

Repetitive Learning (1회 2회 3회)

중유의 주된 연소형태는?

① 표면연소 ② 분해연소
③ 증발연소 ④ 자기연소

해설

- 연료로 사용되는 휘발유, 등유, 경유, 알코올은 증발연소를 하는데 반해 중유와 타르 등 비휘발성이거나 끓는점이 높은 가연성 액체는 연소할 때 먼저 열분해하여 탄소가 만들어지면서 연소되는 분해연소를 한다.

액체의 연소형태 실기 0702/0902/1204/1904

증발연소	• 액체와 고체의 연소방식에 속한다. • 열분해를 일으키지 않고 증발한 증기가 공기와 혼합해서 연소되는 방식이다. • 주로 연료로 사용되는 휘발유, 등유, 경유, 알코올과 같은 액체와 양초, 나프탈렌, 왁스, 아세톤, 황 등 제4류 위험물이 증발연소를 한다.
분해연소	• 비휘발성이거나 끓는점이 높은 가연성 액체가 연소 될 때 먼저 열분해되어 탄소를 만들어내면서 연소되는 방식이다. • 중유나 타르 등이 분해연소를 한다.
그을음연소	• 열분해를 일으키기 쉬운 불안정한 물질이 열분해로 발생한 휘발분이 점화되지 않을 경우 다량의 발연을 수반하는 연소형태를 말한다. • 주로 연료(LNG, LPG, 휘발유, 경유 등)로 사용하는 액체나 기체가 연소되는 현상에 해당한다.

정답 | 36 ③ 37 ① 38 ②

0802 / 1101 / 1304

39

Repetitive Learning (1회 2회 3회)

외벽이 내화구조인 위험물저장소 건축물의 연면적이 1,500m^2인 경우 소요단위는?

① 6　② 10
③ 13　④ 14

해설

- 위험물 저장소의 건축물에 대한 소요단위는 외벽이 내화구조인 것은 연면적 150m^2를 1소요단위로 하므로 1,500m^2인 경우 10단위에 해당한다.

∷ 소요단위 실기 0604/0802/1202/1204/1704/1804/2001

문제 32번의 유형별 핵심이론 ∷ 참조

1401 / 1501

40

Repetitive Learning (1회 2회 3회)

Halon 1301에 해당하는 화학식은?

① CH_3Br　② CF_3Br
③ CBr_3F　④ CH_3Cl

해설

- Halon 1301은 탄소(C)가 1, 불소(F)가 3, 브롬(Br)이 1이며, 염소(Cl)는 존재하지 않는다는 의미이다.

∷ 하론 소화약제

㉠ 개요

소화약제	화학식	상온, 상압 상태
Halon 104	CCl_4	액체
Halon 1011	CH_2ClBr	액체
Halon 1211	CF_2ClBr	기체
Halon 1301	CF_3Br	기체
Halon 2402	$C_2F_4Br_2$	액체

- 화재안전기준에서 정한 소화약제는 하론1301, 하론1211, 하론2402이다.

㉡ 구성과 표기

- 구성원소로는 탄소(C), 불소(F), 염소(Cl), 브롬(Br), 요오드(I) 등이 있다.
- 하론 번호표기 규칙은 5개의 숫자로 구성되며 그 숫자는 아래 배치된 원소의 수량에 해당하며 뒤쪽의 원소가 없을 때는 0을 생략한다.

Halon	탄소(C)	불소(F)	염소(Cl)	브롬(Br)	요오드(I)

3과목 위험물의 성질과 취급

41

Repetitive Learning (1회 2회 3회)

금속칼륨 20kg, 금속나트륨 40kg, 탄화칼슘 600kg 각각의 지정수량 배수의 총합은 얼마인가?

① 2　② 4
③ 6　④ 8

해설

- 금속칼륨과 금속나트륨은 제3류 위험물에 해당하는 자연발화성 및 금수성 물질로 지정수량이 10kg이다.
- 탄화칼슘은 제3류 위험물에 해당하는 자연발화성 및 금수성 물질로 지정수량이 300kg이다.
- 지정수량의 배수의 합은 $\frac{20}{10}+\frac{40}{10}+\frac{600}{300}=2+4+2=8$배이다.

∷ 지정수량 배수의 계산

- 다수의 위험물을 저장하는 경우 지정수량의 배수를 구하려면 각각의 위험물에 해당하는 지정수량 배수($\frac{저장수량}{지정수량}$)의 합을 구하면 된다.
- 위험물 A, B를 저장하는 경우 지정수량의 배수의 합은 $\frac{A저장수량}{A지정수량}+\frac{B저장수량}{B지정수량}$가 된다.

0804 / 1401

42

Repetitive Learning (1회 2회 3회)

다음 중 C_5H_5N에 대한 설명으로 틀린 것은?

① 순수한 것은 무색이고 악취가 나는 액체이다.
② 상온에서 인화의 위험이 있다.
③ 물에 녹는다.
④ 강한 산성을 나타낸다.

해설

- 피리딘은 비중이 0.98로 물보다 가벼우며, 약알칼리성을 띤다.

∷ 피리딘(C_5H_5N)

- 수용성 제1석유류로 지정수량이 400L인 인화성 액체(제4류 위험물)이다.
- 비중이 0.98로 물보다 가벼우며, 약알칼리성을 띤다.
- 물, 알코올, 에테르에 잘 녹는다.
- 인화점이 20℃로 상온에서 인화의 위험이 있다.
- 악취와 독성이 있다.

39 ② 40 ② 41 ④ 42 ④ | 정답

43

Repetitive Learning (1회 2회 3회)

물에 녹지 않고 물보다 무거우므로 안전한 저장을 위해 물속에 저장하는 것은?

① 디에틸에테르 ② 아세트알데히드
③ 산화프로필렌 ④ 이황화탄소

해설

- 이황화탄소는 물에 녹지 않고 물보다 무거우며, 가연성 증기의 발생을 방지하기 위해 물속에 넣어 저장한다.

이황화탄소(CS_2) 실기 0504/0704/0802/1102/1401/1402/1501/1601/1702/1802/2004/2101

- 특수인화물로 지정수량이 50L이고 위험등급은 Ⅰ이다.
- 인화점이 -30℃, 끓는점이 46.3℃, 발화점이 120℃이다.
- 순수한 것은 무색투명한 액체이나, 일광에 황색으로 변한다.
- 물에 녹지 않고 벤젠에는 녹는다.
- 가연성 증기의 발생을 방지하기 위해 물속에 넣어 저장한다.
- 비중이 1.26으로 물보다 무겁고 독성이 있다.
- 완전연소할 때 자극성이 강하고 유독한 기체(SO_2)를 발생시킨다.

0904 / 1102 / 1501

44

Repetitive Learning (1회 2회 3회)

[그림]과 같은 위험물을 저장하는 탱크의 내용적은 약 몇 m^3인가? (단, r은 10m, L은 25m이다)

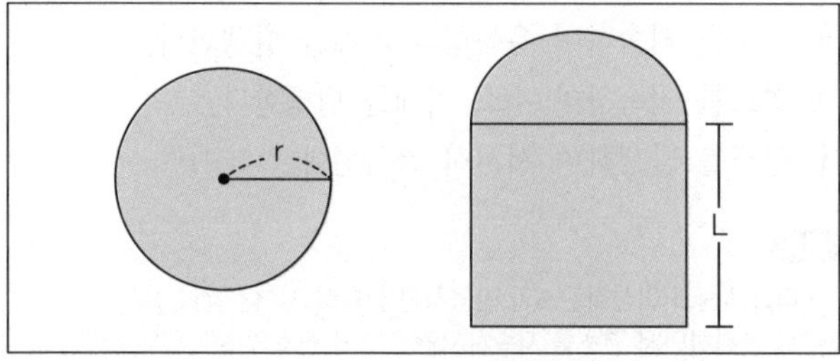

① 3,612 ② 4,754
③ 5,812 ④ 7,854

해설

- 주어진 값을 대입하면 탱크의 내용적은 $\pi \times 10^2 \times 25 = 7,853.98$ [m^3]이 된다.

탱크의 내용적 실기 0501/0804/1202/1504/1601/1701/1801/1802/2003/2101

- 탱크의 내용적 $V = \pi r^2 L$로 구한다.
  이때, r은 반지름, L은 탱크의 길이이다.

45

Repetitive Learning (1회 2회 3회)

알루미늄의 연소생성물을 옳게 나타낸 것은?

① Al_2O_3 ② $Al(OH)_3$
③ Al_2O_3, H_2O ④ $Al(OH)_3$, H_2O

해설

- 알루미늄을 연소시키면 산화알루미늄(Al_2O_3)이 생성된다.

알루미늄분 실기 1002/1304

- 제2류 위험물(금속분)에 해당하는 가연성 고체로 지정수량은 500kg이고, 위험등급은 Ⅲ이다.
- 은백색의 광택을 있으며, 비중이 약 2.7인 경금속이다.
- 열, 전기의 전도성이 크다.
- 진한 질산에서는 부동태가 되고 묽은 질산에 잘 녹아 수소를 발생시킨다.
- 알루미늄을 물과 반응시키면 수산화알루미늄과 수소가 발생한다.($2Al + 6H_2O \rightarrow 2Al(OH)_3 + 3H_2$)
- 알루미늄을 연소시키면 산화알루미늄이 생성된다. ($2Al + 1.5O_2 \rightarrow Al_2O_3$)

46

Repetitive Learning (1회 2회 3회)

염소산나트륨이 열분해하였을 때 발생하는 기체는?

① 나트륨 ② 염화수소
③ 염소 ④ 산소

해설

- 염소산나트륨을 열분해하면 염화나트륨과 산소로 분해된다.

염소산나트륨($NaClO_3$) 실기 0602/0701/1101/1304

- 산화성 고체로 제1류 위험물에 해당하며, 지정수량은 50kg, 위험등급은 Ⅰ이다.
- 무색무취의 입방정계 주상결정으로 인체에 유독한 조해성이 큰 위험물로 철을 부식시키므로 철제 용기에 저장해서는 안 되는 물질이다.
- 물, 알코올, 에테르, 글리세린 등에 잘 녹고 산과 반응하여 폭발성을 지닌 이산화염소(ClO_2)를 발생시킨다.
- 살충제, 불꽃류의 원료로 사용된다.
- 열분해하면 염화나트륨과 산소로 분해된다. ($2NaClO_3 \xrightarrow[\triangle]{} 2NaCl + 3O_2$)

정답 | 43 ④ 44 ④ 45 ① 46 ④

0802

47

Repetitive Learning (1회 2회 3회)

다음 물질을 적셔서 얻은 헝겊을 대량으로 쌓아 두었을 경우 자연발화의 위험성이 가장 큰 것은?

① 아마인유　② 땅콩기름
③ 야자유　④ 올리브유

해설

- 요오드값이 클수록 자연발화의 위험이 크므로 건성유를 찾는 문제이다.
- 땅콩기름, 야자유, 올리브유는 요오드값이 100보다 작은 불건성유이다.

동 · 식물유류 실기 0601/0604/1304/1502/1802/2003

㉠ 개요

- 1기압에서 인화점이 250℃ 미만인 것으로 지정수량이 10,000L이고, 위험등급이 Ⅲ에 해당하는 물질이다.
- 유지 100g에 부가되는 요오드의 g수를 의미하는 요오드값(옥소값)에 의해 건성유(130 이상), 반건성유(100~130), 불건성유(100 이하)로 구분한다.
- 요오드값이 클수록 자연발화의 위험이 크다.
- 요오드값이 클수록 이중결합이 많고, 불포화지방산을 많이 가진다.

㉡ 구분

구분	내용
건성유 (요오드값이 130 이상)	• 공기 중에서 자연발화의 위험이 있으며, 피막이 단단하다. • 동유, 아마인유, 정어리유, 대구유, 상어유, 해바라기유, 들기름 등
반건성유 (요오드값이 100~130)	• 피막이 얇다. • 참기름, 콩기름, 청어유, 쌀겨기름, 면실유, 채종유, 옥수수기름 등
불건성유 (요오드값이 100 이하)	• 피막을 만들지 않는다. • 피마자유, 올리브유, 팜유, 땅콩기름, 야자유, 쇠기름, 돼지기름, 고래기름 등

48

Repetitive Learning (1회 2회 3회)

다음은 위험물안전관리법령상 제조소 등에서의 위험물의 저장 및 취급에 관한 기준 중 저장 기준의 일부이다. (　) 안에 알맞은 것은?

> 옥내저장소에 있어서 위험물은 규정에 의한 바에 따라 용기에 수납하여 저장하여야 한다. 다만, (　)과 별도의 규정에 의한 위험물에 있어서는 그러지 아니하다.

① 동 · 식물유류　② 덩어리 상태의 유황
③ 고체 상태의 알코올　④ 고화된 제4석유류

해설

- 덩어리 상태의 유황이나 위험물을 동일 구내에 있는 제조소 등의 상호간에 운반하기 위하여 적재하는 경우에는 용기에 적재하지 않아도 무방하다.

용기 적재 기준

- 저장소에는 위험물 외의 물품을 저장하지 아니하여야 한다.
- 유별을 달리하는 위험물은 동일한 저장소에 저장하지 아니하여야 한다.
- 제3류 위험물 중 황린 그 밖에 물속에 저장하는 물품과 금수성 물질은 동일한 저장소에서 저장하지 아니하여야 한다.
- 옥내저장소에 있어서 위험물은 용기에 수납하여 저장하여야 한다. 다만, 덩어리상태의 유황과 제48조의 규정에 의한 위험물에 있어서는 그러하지 아니하다.
- 옥내저장소에서 동일 품명의 위험물이더라도 자연발화할 우려가 있는 위험물 또는 재해가 현저하게 증대할 우려가 있는 위험물을 다량 저장하는 경우에는 지정수량의 10배 이하마다 구분하여 상호간 0.3m 이상의 간격을 두어 저장하여야 한다.
- 옥내저장소에서는 용기에 수납하여 저장하는 위험물의 온도가 55℃를 넘지 아니하도록 필요한 조치를 강구하여야 한다.

49

Repetitive Learning (1회 2회 3회)

마그네슘 리본에 불을 붙여 이산화탄소 기체 속에 넣었을 때 일어나는 현상은?

① 즉시 소화된다.
② 연소를 지속하며 유독성의 기체를 발생한다.
③ 연소를 지속하며 수소 기체를 발생한다.
④ 산소를 발생하며 서서히 소화된다.

해설

- 마그네슘과 이산화탄소가 반응하면 산화마그네슘(MgO)과 탄소(C)로 변화하면서 연소를 지속하지만 탄소와 산소의 불완전연소반응으로 일산화탄소(CO)가 생성된다.

마그네슘(Mg) 실기 0604/0902/1002/1201/1402/1801/2003/2101

- 제2류 위험물에 해당하는 가연성 고체로 지정수량은 500kg이고, 위험등급은 Ⅲ이다.
- 온수 및 강산과 반응하여 수소가스를 생성한다.
- 공기 중의 습기와 반응하여 열이 축적되면 자연발화의 위험이 있다.
- 가열하면 연소가 쉬우며, 양이 많은 경우 순간적으로 맹렬히 폭발할 수 있다.
- 산화제와의 혼합하면 가열, 충격, 마찰 등에 의해 폭발할 위험성이 높으며, 산화제와 혼합되어 연소할 때 불꽃의 온도가 높아 자외선을 많이 포함하는 불꽃을 낸다.
- 마그네슘과 이산화탄소가 반응하면 산화마그네슘(MgO)과 탄소(C)로 변화하면서 연소를 지속하지만 탄소와 산소의 불완전연소반응으로 일산화탄소(CO)가 생성된다.

47 ① 48 ② 49 ② | 정답

1101 / 1402 / 2001

50

Repetitive Learning (1회 2회 3회)

트리니트로페놀의 성질에 대한 설명 중 틀린 것은?

① 폭발에 대비하여 철, 구리로 만든 용기에 저장한다.
② 휘황색을 띤 침상결정이다.
③ 비중이 약 1.8로 물보다 무겁다.
④ 단독으로는 테트릴보다 충격, 마찰에 둔감한 편이다.

해설

- 피크린산은 철, 구리, 납 등과 반응 시 매우 위험하다.

트리니트로페놀[$C_6H_2OH(NO_2)_3$] 실기 0801/0904/1002/1201/1302/1504/1601/1602/1701/1702/1804/2001

- 피크르(린)산이라고 하며, TNP라고도 한다.
- 페놀의 니트로화를 통해 얻어진 니트로화합물에 속하는 자기반응성 물질로 제5류 위험물이다.
- 지정수량은 200kg이고, 위험등급은 II이다.
- 순수한 것은 무색이지만 보통 공업용은 휘황색의 침상결정이다.
- 비중이 약 1.8로 물보다 무겁다.
- 물에 전리하여 강한 산이 되며, 이때 선명한 황색이 된다.
- 단독으로는 충격, 마찰에 둔감하고 안정한 편이나 금속염(철, 구리, 납), 요오드, 가솔린, 알코올, 황 등과의 혼합물은 마찰 및 충격에 폭발한다.
- 황색염료, 폭약에 쓰인다.
- 더운물, 알코올, 에테르 벤젠 등에 잘 녹는다.
- 화재발생시 다량의 물로 주수소화 할 수 있다.
- 특성온도 : 융점(122.5℃) < 인화점(150℃) < 비점(255℃) < 착화점(300℃) 순이다.

51

Repetitive Learning (1회 2회 3회)

충격 마찰에 예민하고 폭발 위력이 큰 물질로 뇌관의 첨장약으로 사용되는 것은?

① 니트로글리콜 ② 니트로셀룰로오스
③ 테트릴 ④ 질산메틸

해설

- 테트릴은 TNT보다 폭발 위력이 큰 물질로 뇌관의 첨장약으로 사용된다.

테트릴(트리니트로페닐메틸니트로아민, $C_7H_5N_5O_8$)

- 니트로화합물에 속하는 자기반응성 물질로 제5류 위험물이다.
- 물이나 에탄올, 에테르 등에는 녹지않고, 아세톤에 녹는다.
- 충격 마찰에 예민하고 TNT보다 폭발 위력이 큰 물질로 뇌관의 첨장약으로 사용된다.

0302 / 1001 / 1402

52

Repetitive Learning (1회 2회 3회)

과산화수소의 성질 또는 취급방법에 관한 설명 중 틀린 것은?

① 햇빛에 의하여 분해한다.
② 인산, 요산 등의 분해방지 안정제를 넣는다.
③ 공기와의 접촉은 위험하므로 저장용기는 밀전(密栓)하여야 한다.
④ 에탄올에 녹는다.

해설

- 과산화수소를 보관할 때는 용기에 내압 상승을 방지하기 위하여 밀전하지 않고 작은 구멍이 뚫린 마개를 사용한다.

과산화수소(H_2O_2) 실기 0502/1004/1301/2001/2101

㉠ 개요 및 특성
- 이산화망간(MgO_2), 과산화바륨(BaO_2)과 같은 금속 과산화물을 묽은 산(HCl 등)에 반응시켜 생성되는 물질로 제6류 위험물인 산화성 액체에 해당한다.
  (예, $BaO_2 + 2HCl \rightarrow BaCl_2 + H_2O_2$: 과산화바륨+염산 → 염화바륨+과산화수소)
- 위험등급이 I등급이고, 지정수량은 300kg이다.
- 물보다 무겁고 석유와 벤젠에 녹지 않고, 물, 에테르, 에탄올에 녹는다.
- 표백작용과 살균작용을 하는 물질이다.
- 불연성의 강산화제이지만 환원제로서 작용하는 경우도 있다.
- 피부와 접촉 시 수종을 생기게 하는 위험물질이다.
- 순수한 것은 점성이 있는 무색 액체이며, 다량이면 청색빛깔을 띤다.

㉡ 분해 및 저장 방법
- 이산화망간(MnO_2)이 있으면 분해가 촉진된다.
- 햇빛에 의하여 분해되므로 햇빛이 통과하지 않는 갈색 병에 보관한다.
- 분해되면 산소를 방출한다.
- 분해 방지를 위해 보관 시 인산, 요산 등의 안정제를 가할 수 있다.
- 냉암소에 저장하고 온도의 상승을 방지한다.
- 용기에 내압 상승을 방지하기 위하여 밀전하지 않고 작은 구멍이 뚫린 마개를 사용하여 보관한다.

㉢ 농도에 따른 위험성
- 농도가 높아질수록 위험성이 커진다.
- 농도에 따라 위험물에 해당하지 않는 것도 있다.(3%과산화수소는 옥시풀로 약국에서 판매한다)
- 농도가 높은 것은 불순물, 구리, 은, 백금 등의 미립자에 의하여 폭발적으로 분해한다.
- 농도가 클수록 위험하므로 분해방지 안정제를 넣어 산소분해를 억제한다.

정답 | 50 ① 51 ③ 52 ③

1002

53 Repetitive Learning (1회 2회 3회)

메틸에틸케톤의 저장 또는 취급 시 유의할 점으로 가장 거리가 먼 것은?

① 통풍을 잘 시킬 것
② 찬 곳에 저장할 것
③ 직사일광을 피할 것
④ 저장 용기에는 증기 배출을 위해 구멍을 설치할 것

해설

- 메틸에틸케톤은 증기가 배출되면 폭발위험이 있으므로 유리용기에 밀폐하여 저장해야 한다.

메틸에틸케톤($CH_3COC_2H_5$)의 취급방법 실기 0504

- 쉽게 연소하므로 화기 접근을 금한다.
- 직사광선을 피하고 통풍이 잘되는 냉암소에 저장한다.
- 탈지작용이 있으므로 피부에 접촉하지 않도록 주의한다.
- 증기가 배출되면 폭발위험이 있으므로 유리용기에 밀폐하여 저장한다.

54 Repetitive Learning 

금속나트륨에 대한 설명으로 옳은 것은?

① 청색 불꽃을 내며 연소한다.
② 경도가 높은 중금속에 해당한다.
③ 녹는점이 100℃보다 낮다.
④ 25% 이상의 알코올수용액에 저장한다.

해설

- 금속나트륨은 노란색 불꽃을 내며 연소한다.
- 금속나트륨은 은백색의 가벼운 금속이다.
- 금속나트륨은 석유(파라핀, 경유, 등유) 속에 저장한다.

금속나트륨(Na) 실기 0501/0604/0701/0702/1204/1402/1404/1801/1802/2003

- 은백색의 가벼운 금속으로 제3류 위험물이다.
- 융점은 약 97.8℃이고, 비중은 0.97로 물보다 가볍다.
- 물과 반응하여 수소를 발생시켜 화재 및 폭발 가능성이 있으므로 물과 접촉하지 않도록 한다.
- 에탄올과 반응하여 나트륨에틸레이트와 수소를 발생시킨다.
- 노란색 불꽃을 내며 연소한다.
- 화재 시 건조사 또는 탄산수소염류 분말소화약제로 소화한다.
- 석유(파라핀, 경유, 등유) 속에 저장한다.

0701

55 Repetitive Learning (1회 2회 3회)

염소산칼륨의 성질에 대한 설명 중 옳지 않은 것은?

① 비중은 약 2.3으로 물보다 무겁다.
② 강산과의 접촉은 위험하다.
③ 열분해 하면 산소와 염화칼륨이 생성된다.
④ 냉수에도 매우 잘 녹는다.

해설

- 염소산칼륨은 온수나 글리세린에 잘 녹으나 냉수나 알코올에는 잘 녹지 않는다.

염소산칼륨($KClO_3$) 실기 0501/0502/1001/1302/1704/2001

- 산화성 고체로 제1류 위험물에 해당하며, 지정수량은 50kg, 위험등급은 Ⅰ이다.
- 무색무취의 단사정계 판상결정으로 인체에 유독한 위험물이다.
- 비중이 약 2.3으로 물보다 무거우며, 녹는점은 약 368℃이다.
- 온수나 글리세린에 잘 녹으나 냉수나 알코올에는 잘 녹지 않는다.
- 산과 반응하여 폭발성을 지닌 이산화염소(ClO_2)를 발생시킨다.
- 불꽃놀이, 폭약 등의 원료로 사용된다.
- 열분해하면 과염소산칼륨과 염화칼륨, 산소로 분해된다.
  ($2KClO_3 \xrightarrow[\triangle]{} KClO_4 + KCl + O_2$)
- 화재 발생 시 주수소화로 소화한다.

56 Repetitive Learning (1회 2회 3회)

자기반응성 물질의 일반적인 성질로 옳지 않은 것은?

① 강산류와의 접촉은 위험하다.
② 연소속도가 대단히 빨라서 폭발이 있다.
③ 물질자체가 산소를 함유하고 있어 내부연소를 일으키기 쉽다.
④ 물과 격렬하게 반응하여 폭발성가스를 발생한다.

해설

- 자기반응성 물질은 물과의 직접적인 반응 위험성은 적다.

제5류 위험물의 성질

- 자기반응성 물질로 자기연소를 일으키며 연소속도가 빠르다.
- 가연성과 폭발성을 갖는다.
- 자연발화의 위험성을 갖는다.
- 물과의 직접적인 반응 위험성은 적다.

53 ④ 54 ③ 55 ④ 56 ④ | 정답

57 Repetitive Learning (1회 2회 3회)

위험물안전관리법령상 유별을 달리하는 위험물의 혼재기준에서 제6류 위험물과 혼재할 수 있는 위험물의 유별에 해당하는 것은? (단, 지정수량의 1/10을 초과하는 경우이다)

① 제1류　② 제2류
③ 제3류　④ 제4류

해설

- 제1류와 제6류, 제2류와 제4류 및 제5류, 제3류와 제4류, 제4류와 제5류의 혼합은 비교적 위험도가 낮아 혼재 사용이 가능하다.

위험물의 혼합 사용 실기 0504/0601/0602/0701/0704/0804/1001/1102/1104/1302/1401/1404/1502/1504/1601/1704/1801/1802/1804/1901/1902/2001

- 유별을 달리하는 위험물은 동일 장소에서 저장, 취급해서는 안 된다.
- 제1류(산화성고체)와 제6류(산화성액체), 제2류(환원성고체)와 제4류(가연성액체) 및 제5류(자기반응성물질), 제3류(자연발화 및 금수성 물질)와 제4류(가연성액체)의 혼합은 비교적 위험도가 낮아 혼재 사용이 가능하다.
- 산화성물질과 가연물을 혼합하면 산화·환원반응이 더욱 잘 일어나는 혼합위험성 물질이 된다.
- 가연성 물질과 조연성 물질을 혼합할 때 폭발위험이 증가한다.

구분	1류	2류	3류	4류	5류	6류
1류		×	×	×	×	○
2류	×		×	○	○	×
3류	×	×		○	×	×
4류	×	○	○		○	×
5류	×	○	×	○		×
6류	○	×	×	×	×	

0802

58 Repetitive Learning (1회 2회 3회)

다음 중 에틸알코올의 인화점(℃)에 가장 가까운 것은?

① −4℃　② 3℃
③ 13℃　④ 27℃

해설

- 에틸알코올의 인화점은 13℃로 메틸알코올(11℃)보다 더 높다.

에틸알코올(C_2H_5OH) 실기 0502/0902/1101/1104/1401/1404/1801/1902/2004

- 제4류 위험물인 인화성 액체 중 수용성 알코올류로 지정수량이 400L이고 위험등급이 Ⅱ이다.
- 인화점이 13℃로 메틸알코올(11℃)보다 더 높다.
- 연소범위는 4.3 ~ 19vol%로 메틸알코올(7.3 ~ 36vol%)보다 좁다.
- 주정이라고 불리며, 물에 잘 녹고 유독성이 없다.

1102 / 1204

59 Repetitive Learning (1회 2회 3회)

자연발화를 방지하는 방법으로 가장 거리가 먼 것은?

① 통풍이 잘되게 할 것
② 열의 축적을 용이하지 않게 할 것
③ 저장실의 온도를 낮게 할 것
④ 습도를 높게 할 것

해설

- 자연발화를 방지하려면 습도를 낮게 해야 한다.

자연발화 방지방법

- 통풍이 잘되게 할 것
- 열의 축적을 용이하지 않게 할 것
- 저장실의 온도를 낮게 할 것
- 습도를 낮게 할 것
- 한 번에 5g 이상을 실험실에서 취급하지 않도록 할 것

60 Repetitive Learning (1회 2회 3회)

다음 중 일반적인 연소의 형태가 나머지 셋과 다른 하나는?

① 나프탈렌　② 코크스
③ 양초　④ 유황

해설

- 코크스는 표면연소하는 대표적인 물질이다.

증발연소(Evaporative combustion)

- 액체와 고체의 연소방식에 속한다.
- 열분해를 일으키지 않고 증발한 증기가 공기와 혼합해서 연소되는 방식이다.
- 주로 연료로 사용되는 휘발유, 등유, 경유와 같은 액체와 양초, 나프탈렌, 왁스, 아세톤 등 제4류 위험물이 주로 증발연소의 형태를 보인다.

정답 | 57 ① 58 ③ 59 ④ 60 ②

2017년 9월 23일

2017년 제4회

합격률 38.6%

1과목 일반화학

01

Repetitive Learning (1회 2회 3회)

다음 중 두 물질을 섞었을 때 용해성이 가장 낮은 것은?

① C_6H_6과 H_2O

② Nacl과 H_2O

③ C_2H_5OH과 H_2O

④ C_2H_5OH과 CH_3OH

해설

- ①의 경우 벤젠과 물이다. 벤젠은 물에 거의 녹지 않는 비수용성이므로 용해성이 낮다.
- ②의 경우 염화나트륨(소금)은 물에 잘 녹으므로 용해성이 높다고 볼 수 있다.
- ③의 경우 에틸알코올은 물에 잘 녹으므로 용해성이 높다고 볼 수 있다.
- ④의 경우는 에틸알코올과 메틸알코올의 경우로 유기물은 다른 유기물에도 잘 녹으므로 용해성이 높다고 볼 수 있다.

벤젠(C_6H_6)

㉠ 개요
- 아세틸렌 3분자를 중합하여 얻거나, 코올타르를 분류(증류)하여 얻은 경유 속에 포함되어 있다.
- 상온, 상압에서 액체이며, 물보다 가볍고 물에 잘 녹지 않는다.
- 추운 겨울날씨에 응고될 수 있다.
- 알코올, 에테르에 잘 녹으며, 여러 가지 유기용제로 쓰인다.

㉡ 구조
- 정육각형의 평면구조로 120°의 결합각을 갖는다.
- 결합길이는 단일결합과 이중결합의 중간이고, 6개의 탄소-탄소결합은 2중결합과 단일결합이 각각 3개씩으로 구성된다.
- 공명 혼성구조로 안정한 방향족 화합물이나 첨가반응보다 치환반응을 더 잘한다.
- 일치환체는 이성질체가 없다.
- 이치환체에는 ortho, meta, para 3종의 이성질체가 있다.

02

Repetitive Learning (1회 2회 3회)

금속의 특징에 대한 설명 중 틀린 것은?

① 고체 금속은 연성과 전성이 있다.

② 고체 상태에서 결정구조를 형성한다.

③ 반도체, 절연체에 비하여 전기전도도가 크다.

④ 상온에서 모두 고체이다.

해설

- 수은(Hg)은 금속이지만 상온상태에서 액체 상태를 유지한다.

금속의 특징
- 고체 금속은 연성과 전성이 있다.
- 고체 상태에서 결정구조를 형성한다.
- 반도체, 절연체에 비하여 전기전도도가 크다.
- 상온에서 대부분 고체이나 수은(Hg)의 경우 녹는점이 상온 이하여서 상온에서 액체 상태인 경우도 있다.
- 금속은 전자를 잘 내어주는 물성으로 인해 양이온이 되기 쉽다.

03

Repetitive Learning (1회 2회 3회)

다음 물질 중 산성이 가장 센 물질은?

① 아세트산 ② 벤젠술폰산

③ 페놀 ④ 벤조산

해설

- 아세트산, 페놀, 벤조산은 모두 약산성의 물질이다.
- 벤젠술폰산은 벤젠과 황산의 반응물로 강산성을 띤다.

산(Acid)의 구분

구분	내용
강산	• 이온화도(전리도)가 커 수소이온(H^+)을 많이 방출하는 것 • 과염소산($HClO_4$) > 요오드화수소산(HI) > 브로민화수소산(HBr) > 염산(HCl) > 황산(H_2SO_4) > 질산(HNO_3) 순으로 산의 강도가 세다.
약산	• 이온화도(전리도)가 작아 수소이온(H^+)을 적게 방출하는 것 • 초산(CH_3COOH) > 탄산(H_2CO_3) 순으로 산의 강도가 세다.

01 ① 02 ④ 03 ② 정답

0501 / 2003

04

Repetitive Learning (1회 2회 3회)

$[OH^-]=1\times10^{-5}$mol/L인 용액의 pH와 액성으로 옳은 것은?

① pH=5, 산성 ② pH=5, 알칼리성
③ pH=9, 산성 ④ pH=9, 알칼리성

해설

- pH=14−p$[OH^-]$이므로 pH=14−(−log1×10^{-5})=9가 되며, pH의 값이 9라는 것은 알칼리성을 의미한다.

수소이온농도지수(pH)

- 용액 1L 속에 존재하는 수소이온의 g이온수 즉, 몰농도(혹은 N농도×전리도)를 말한다.
- 수소이온은 매우 작은 값으로 존재하므로 수소이온의 역수에 상용로그값을 취하여 사용한다.

$$pH=\log\frac{1}{[H^+]}=-\log[H^+]$$

- 순수한 물의 경우 1기압 25℃에서 수소이온의 농도가 약 10^{-7}g 이온이므로 이를 pH 7 중성이라고 하고, 이보다 클 때 알카리성, 이보다 작을 때 산성이라고 한다.
- 수소이온농도지수[pH]+수산화이온농도지수[pOH]=14이다.

05

Repetitive Learning (1회 2회 3회)

다음 중 침전을 형성하는 조건은?

① 이온곱 > 용해도곱 ② 이온곱 = 용해도곱
③ 이온곱 < 용해도곱 ④ 이온곱 + 용해도곱 = 1

해설

- 침전이 형성되려면 이온곱의 값이 용해도곱의 값보다 커야 한다.

이온곱과 용해도곱

㉠ 개요

이온곱	• 평형상태에 있지 않은 상태에서 용액을 구상하는 양이온과 음이온의 농도를 곱한 값이다.
용해도곱	• 포화상태에서 용액을 구성하는 양이온과 음이온의 농도를 곱한 값이다. • 이온의 농도 = $\frac{용해도}{분자량}$으로 구한다. • 포화상태에서의 양이온과 음이온의 농도는 같다.

㉡ 관계

이온곱 > 용해도곱	침전물이 형성된다.
이온곱 = 용해도곱	상태가 유지된다.
이온곱 < 용해도곱	용해되지 않은 용질이 용해된다.

2003

06

Repetitive Learning (1회 2회 3회)

다음 물질 1g을 각각 1kg의 물에 녹였을 때 빙점강하가 가장 큰 것은? (단, 빙점강하 상수값(어느점 내림상수)은 동일하다고 가정한다)

① CH_3OH ② C_2H_5OH
③ $C_3H_5(OH)_3$ ④ $C_6H_{12}O_6$

해설

- 다른 모든 것이 같을 경우에 각 물질의 빙점 강하의 크기는 분자량이 작을수록 빙점강하의 크기가 크다.
- 보기의 주어진 물질의 분자량을 계산해보면 ①은 32이고, ②는 46, ③은 92, ④는 180이다.

라울의 법칙

- 용매에 용질을 녹일 경우 용매의 증기압이 감소하여 끓는(어는)점이 변화하는데 이때 변화의 크기는 용액 중에 녹아있는 용질의 몰분율에 비례한다.
- 끓는점 상승도 = $K_b\times\frac{w\times1,000}{M\times G}$로 구한다.

  이때, K_b는 몰랄 오름 상수(0.52℃ · kg/mol)이고, w는 용질의 무게, M은 용질의 분자량, G는 용매의 무게이다.
- 어는점 강하도 = $K_f\times\frac{w\times1,000}{M\times G}$로 구한다.

  이때, K_f는 몰랄 내림 상수(1.86℃ · kg/mol)이고, w는 용질의 무게, M은 용질의 분자량, G는 용매의 무게이다.

0501 / 0904

07

Repetitive Learning (1회 2회 3회)

미지농도의 염산 용액 100mL를 중화하는데 0.2N NaOH 용액 250mL가 소모되었다. 이 염산의 농도는 몇 N인가?

① 0.05 ② 0.2
③ 0.25 ④ 0.5

해설

- 중화적정에 관한 문제이다.
- 0.2×250=N×100이 되어야 하므로 N은 0.5이다.

중화적정

- 중화반응을 이용하여 용액의 농도를 확인하는 방법이다.
- 단일 산과 염기인 경우 NV=N′V′(N은 노르말 농도, V는 부피)
- 혼합용액의 경우 NV±N′V′=N″V″(혼합용액의 부피 V″=V+V′)
- 산, 염기의 가수(n)와 몰농도(M)가 주어질 때는 nMV=n′M′V′가 된다.

정답 | 04 ④ 05 ① 06 ① 07 ④

08 Repetitive Learning 1회 2회 3회

공기 중에 포함되어 있는 질소와 산소의 부피비는 0.79 : 0.21이므로 질소와 산소의 분자 수의 비도 0.79 : 0.21이다. 이와 관계있는 법칙은?

① 아보가드로의 법칙　② 일정 성분비의 법칙
③ 배수비례의 법칙　④ 질량보존의 법칙

해설

- 일정 성분비의 법칙은 화합물을 구성하는 각 성분원소의 질량비가 일정하다는 법칙이다.
- 배수비례의 법칙은 2종류의 원소가 반응하여 2가지 이상의 물질을 생성할 때 각 물질에 속한 원소 1개와 반응하는 다른 원소의 질량은 각 물질에서 항상 일정한 정수비를 갖는 법칙을 말한다.
- 질량보존의 법칙은 화학반응에 있어서 반응 전의 성분이 그대로 생성물질의 성분으로 바뀐 것으로 물질이 소멸되거나 새로이 생성된 것이 아니라는 법칙이다.

아보가드로의 법칙

- 모든 기체는 같은 온도, 같은 압력에서 같은 부피 속에 같은 개수의 분자를 포함한다는 법칙이다.
- 온도와 압력이 일정하다면 기체의 분자수가 2배라면 기체의 부피도 2배가 되며, 이것은 기체의 물리적, 화학적 특성과는 무관하다는 것이다.
- 아보가드로의 수는 6.0221415×10^{23}으로 간단히 6.02×10^{23}으로 계산한다.

0204 / 0604 / 0904

09 Repetitive Learning 

다음 중 산소와 같은 족의 원소가 아닌 것은?

① S　② Se
③ Te　④ Bi

해설

- 산소와 같은 족의 원소에는 원자번호 16인 황(S), 34인 셀레늄(Se), 52인 텔루륨(Te), 84인 폴로늄(Po)가 있다.
- 비스무트(Bi)는 원자번호 83으로 질소와 같은 족의 원소이다.

6A(산소족)원소

2주기	3주기	4주기	5주기	6주기
8 −2 O 산소 16	16 −2, 4, 6 S 황 32	34 −2, 4, 6 Se 셀레늄 79	52 −2, 4, 6 Te 텔루륨 127.6	84 2, 4 Po 폴로늄 210

1304

10 Repetitive Learning 1회 2회 3회

어떤 기체가 탄소원자 1개당 2개의 수소원자를 함유하고 0℃, 1기압에서 밀도가 1.25g/L일 때 이 기체에 해당하는 것은?

① CH_2　② C_2H_4
③ C_3H_6　④ C_4H_8

해설

- 탄소원자 1개당 2개의 수소원자를 함유하고 있으므로 C_xH_{2x}로 표시될 수 있다.
- 0℃, 1기압에서밀도는 $\frac{분자량}{부피} = \frac{분자량}{22.4}$로 표시되는데 이것이 1.25g/L이라고 하였으므로 분자량 = $22.4 \times 1.25 = 28$이 된다.
- 분자량이 28이 되기 위해서는 x가 2인 에틸렌(C_2H_4)을 의미한다.

에틸렌(C_2H_4)

- 분자량이 28, 밀도는 1.18kg/m^{2}이고, 끓는점이 −103.7℃이다.
- 무색의 인화성을 가진 기체이다.
- 에틸렌에 물을 첨가하면 에탄올이 생성된다.
  ($CH_2 = CH_2 + H_2O \xrightarrow[260℃\ 탈수]{C-H_2SO_4} CH_3CH_2OH$)
- 염화수소와 반응하여 염화비닐을 생성한다.
  ($CH_2 = CH_2 + HCl \rightarrow CH_3CH_2Cl$)
- 에틸렌이 산화되면 아세트알데히드를 거쳐 아세트산이 생성된다.
  ($CH_2 = CH_2 + \frac{1}{2}O_2 \rightarrow C_2H_4Cl_2 + H_2O$)

0801 / 1501

11 Repetitive Learning 1회 2회 3회

25℃의 포화용액 90g 속에 어떤 물질이 30g 녹아있다. 이 온도에서 이 물질의 용해도는 얼마인가?

① 30　② 33
③ 50　④ 63

해설

- 용해도란 포화용액에서 용매 100g애 용해되는 용질의 g수이므로 포화용액 90g 속에 용질이 30g이 녹아있다는 의미이다. 용매는 60g이 되므로 용매가 100g일 때 녹을수 있는 용질은 비례식으로 구할 수 있다.
- 60 : 30 = 100 : x 이므로 x는 50이 된다.

용해도

- 용해도란 포화용액에서 용매 100g에 용해되는 용질의 g수를 그 온도에서의 용해도라고 한다.
- 대부분의 경우 온도가 높아질수록 고체의 용해도는 증가하고, 기체의 용해도는 감소한다.

08 ① 09 ④ 10 ② 11 ③ | 정답

12

Repetitive Learning (1회 2회 3회)

탄소와 수소로 되어있는 유기화합물을 연소시켜 CO_2 44g, H_2O 27g을 얻었다. 이 유기화합물의 탄소와 수소 몰 비율(C : H)은 얼마인가?

① 1 : 3 ② 1 : 4

③ 3 : 1 ④ 4 : 1

해설

- 주어진 것들을 분석해보면 연소시켜 얻은 이산화탄소(CO_2)의 분자량이 44인데 44g이 생성되었으므로 1몰, 물(H_2O)의 분자량이 18인데 27g을 얻었으므로 이는 1.5몰이 된다.
- 위의 내용을 통해서 반응식을 유추해보면 $C_xH_y + \frac{3.5}{2}O_2 \rightarrow CO_2 + 1.5H_2O$를 구할 수 있다.
- 위의 반응식을 통해 탄소 1과 수소 3이 결합되었음을 확인가능하다.

화합물의 구성

- 화합물의 중량비를 알면 구성비는 중량비를 원자량으로 나누어 구성비를 구할 수 있다.

0604 / 1101

13

Repetitive Learning (1회 2회 3회)

탄산 음료수의 병마개를 열면 거품이 솟아오르는 이유를 가장 올바르게 설명한 것은?

① 수증기가 생성되기 때문이다.

② 이산화탄소가 분해되기 때문이다.

③ 용기 내부압력이 줄어들어 기체의 용해도가 감소하기 때문이다.

④ 온도가 내려가게 되어 기체가 생성물의 반응이 진행되기 때문이다.

해설

- 헨리의 법칙을 잘 설명하는 좋은 예는 탄산음료의 병마개를 따면 기포(이산화탄소)가 발생하는 현상으로 용기의 내부압력이 줄어들면서 기체의 용해도가 감소하므로 가스가 발생한다.

헨리의 법칙

- 동일한 온도에서, 같은 양의 액체에 용해될 수 있는 기체의 양은 기체의 부분압과 정비례한다는 것이다.
- 탄산음료의 병마개를 따면 거품이 나는 것으로 증명할 수 있다.

0804

14

Repetitive Learning (1회 2회 3회)

방사선에서 γ선과 비교한 α선에 대한 설명 중 틀린 것은?

① γ선보다 투과력이 강하다.

② γ선보다 형광작용이 강하다.

③ γ선보다 감광작용이 강하다.

④ γ선보다 전리작용이 강하다.

해설

- 방사선에서 투과력은 α선 < β선 < γ선 순으로 강해진다.

알파(α)선

- 방사선 중 가장 투과력이 약하다.
- 본체는 헬륨의 원자핵으로 양전하를 띤다.
- 방사선 원소에 따라 속도는 다르다.
- 형광작용, 감광작용, 전리작용이 가장 강하다.

0402 / 1404

15

Repetitive Learning 

탄소수가 5개인 포화탄소수가 5개인 포화 탄화수소 펜탄의 구조이성질체 수는 몇 개인가?

① 2개 ② 3개

③ 4개 ④ 5개

해설

- 알칸계 탄화수소인 펜탄(C_5H_{12})은 3개의 구조이성질체를 갖는다.

펜탄(C_5H_{12})의 구조이성질체

- 알칸계 탄화수소인 펜탄(C_5H_{12})은 3개의 구조이성질체를 갖는다.

n-pentane

```
    H   H   H   H   H
    |   |   |   |   |
H - C - C - C - C - C - H
    |   |   |   |   |
    H   H   H   H   H
```

2-methyl-butane

```
             H
             |
         H - C - H
    H        |       H   H
    |        |       |   |
H - C ------ C ----- C - C - H
    |        |       |   |
    H        H       H   H
```

2,2dimethylpropane

```
             H
             |
         H - C - H
    H        |       H
    |        |       |
H - C ------ C ----- C - H
    |        |       |
    H        |       H
         H - C - H
             |
             H
```

1501

16

Repetitive Learning (1회 2회 3회)

집기병 속의 물에 적신 빨간 꽃잎을 넣고 어떤 기체를 채웠더니 얼마 후 꽃잎이 탈색되었다. 이와 같이 색을 탈색(표백)시키는 성질을 가진 기체는?

① He ② CO_2

③ N_2 ④ Cl_2

해설

- 헬륨(He)은 원자번호 2, 원자량은 4인 불활성가스(0족)이다.
- 이산화탄소(CO_2)는 고체상태에서는 드라이아이스라 불리며 무색, 무취, 무미의 기체로 분자량은 44이다.
- 질소(N)는 원자번호 7, 원자량은 14일 질소족 기체이다. 지구상에 가장 많은 비중을 차지하고 있으며, 지구상 생명체의 구성물이다.

염소(Cl)

- 자극적인 냄새가 나는 기체로 화재를 일으키거나 확대시키는 산화제이다.
- 피부에 심한 화상과 눈에 손상을 일으킨다.
- 할로겐족 원소로 원자번호 17, 원자량은 35.5이다.
- 꽃잎을 탈색(표백)시키는 성질을 가진다.

17

Repetitive Learning (1회 2회 3회)

어떤 주어진 양의 기체의 부피가 21℃, 1.4atm에서 250mL이다. 온도가 49℃로 상승되었을 때의 부피가 300mL라고 하면 이 때의 압력은 얼마인가?

① 1.35atm ② 1.28atm

③ 1.21atm ④ 1.16atm

해설

- 보일-샤를의 법칙에 주어진 값을 대입하면 $\frac{1.4\times250}{(273+21)}=\frac{x\times300}{(273+49)}$ 이 성립되어야 한다.
- $x=\frac{1.4\times250\times322}{294\times300}=\frac{112,700}{88,200}=1.28$atm이 된다.

보일-샤를의 법칙

- 기체의 압력, 온도, 부피 사이의 관계를 나타내는 법칙이다.
- $\frac{P_1V_1}{T_1}=\frac{P_2V_2}{T_2}$ 의 식이 성립한다.

1201

18

Repetitive Learning (1회 2회 3회)

밑줄 친 원소의 산화수가 +5인 것은?

① $H_3\underline{P}O_4$ ② $K\underline{Mn}O_4$

③ $K_2\underline{Cr_2}O_7$ ④ $K_3[\underline{Fe}(CN)_6]$

해설

- $H_3\underline{P}O_4$에서 인의 산화수는 +5가가 되어야 5+3-8이 되어 화합물의 산화수가 0가로 된다.
- $K\underline{Mn}O_4$에서 K가 1족의 알칼리금속이므로 망간의 산화수는 +7이 되어야 1+7-8이 되어 화합물의 산화수가 0가로 된다.
- $K_2\underline{Cr_2}O_7$에서 크롬의 산화수는 +6가가 되어야 2+12-14가 되어 화합물의 산화수가 0가로 된다.
- $K_3[\underline{Fe}(CN)_6]$에서 K는 +1가, C는 +2가, N은 -3가이므로 철의 산화수는 +3가가 되어야 3+3-6이 되어 화합물의 산화수가 0가로 된다.

화합물에서 산화수 관련 절대적 원칙

- 일반적으로 화합물에서 전기음성도가 큰 물질이 +의 산화수를 갖고, 전기음성도가 작은 물질이 -의 산화수를 가진다.
- 수소(H)는 결합하는 원자와의 전기음성도 차에 의해 +1가 혹은 -1가의 값을 가진다.
- 1족의 알칼리금속(Li, Na, K)은 +1가의 값을 가진다.
- 2족의 알칼리토금속(Be, Mg, Ca)는 +2가의 값을 가진다.
- 13족의 알루미늄(Al)은 +3가의 값을 가진다.
- 17족의 플로오린(F)은 -1가의 값을 가진다.

0801

19

Repetitive Learning (1회 2회 3회)

원자번호 11이고 중성자수가 12인 나트륨의 질량수는?

① 11 ② 12

③ 23 ④ 28

해설

- 원자번호가 11이라는 것은 양성자의 수가 11이라는 것을 의미하므로 질량수는 11+12=23이 된다.

원자번호(Atomic number)와 원자량(Atomic mass)

- 원자번호는 원자핵의 양성자수이자 중성원자의 총 전자수와 같다.
- 질량수=양성자의 수+중성자의 수로 구한다.
- 원자량은 6개의 양성자와 6개의 중성자로 구성되는 질량수 12인 탄소($_{12}C$)의 원자 질량을 12로 정한 조건에서 다른 원소의 비교질량을 원자량으로 나타낸다.

16 ④ 17 ② 18 ① 19 ③ | 정답

20 Repetitive Learning (1회 2회 3회)

다음과 같은 순서로 커지는 성질이 아닌 것은?

$$F_2 < Cl_2 < Br_2 < I_2$$

① 구성 원자의 전기 음성도
② 녹는점
③ 끓는점
④ 구성 원자의 반지름

해설

- 주어진 원소들은 모두 할로겐족의 원소들이다. 같은 족 내에서 원자번호가 커지는 순으로 커지는 성질이 아닌 것을 찾으면 된다.
- 주기율표상에서 오른쪽 위로 갈수록 커지는 것은 이온화에너지와 전기음성도이다.

할로겐족(7A) 원소

2주기	3주기	4주기	5주기	6주기
9 −1 F 불소 19	17 −1, 3, 5, 7 Cl 염소 35.5	35 −1, 3, 5, 7 Br 브롬 80	53 −1, 3, 5, 7 I 요오드 127	85 1, 3, 5, 7 At 아스타틴 210

- 최외곽 전자는 모두 7개씩이다.
- 원자번호, 원자반지름, 수용액의 산성의 세기는 F < Cl < Br < I < At 순으로 커진다.
- 전기음성도, 극성의 세기, 이온화에너지, 결합에너지는 F > Cl > Br > I 순으로 작아진다.
- 불소(F)는 연환황색의 기체, 염소(Cl)는 황록색 기체, 브롬(Br)은 적갈색 액체, 요오드(I)는 흑자색 고체이다.

2과목 화재예방과 소화방법

1802

21 Repetitive Learning (1회 2회 3회)

불활성가스 소화약제 중 IG-541의 구성성분이 아닌 것은?

① N_2
② Ar
③ Ne
④ CO_2

해설

- IG-541은 불활성 가스인 질소(N_2), 아르곤(Ar), 이산화탄소(CO_2)의 혼합물질이다.

불활성가스소화약제의 성분(용량비)

	질소(N_2)	아르곤(Ar)	이산화탄소(CO_2)
IG-100	100%		
IG-55	50%	50%	
IG-541	52%	40%	8%

22 Repetitive Learning (1회 2회 3회)

위험물안전관리법령에서 정한 물분무소화설비의 설치기준에서 물분무소화설비의 방사구역은 몇 m^2 이상으로 하여야 하는가? (단, 방호대상물의 표면적이 150m^2 이상인 경우이다)

① 75
② 100
③ 150
④ 350

해설

- 물분무소화설비의 방사구역은 150m^2 이상으로 하여야 하며, 방호대상물의 표면적이 150m^2 미만인 경우에는 당해 표면적으로 하여야 한다.

물분무소화설비의 설치기준

- 분무헤드의 개수 및 배치는 분무헤드로부터 방사되는 물분무에 의하여 방호대상물의 모든 표면을 유효하게 소화할 수 있도록 설치할 것
- 물분무소화설비의 방사구역은 150m^2 이상(방호대상물의 표면적이 150m^2 미만인 경우에는 당해 표면적)으로 할 것
- 수원의 수량은 분무헤드가 가장 많이 설치된 방사구역의 모든 분무헤드를 동시에 사용할 경우에 당해 방사구역의 표면적 1m^2당 1분당 20L의 비율로 계산한 양으로 30분간 방사할 수 있는 양 이상이 되도록 설치할 것
- 물분무소화설비는 분무헤드를 동시에 사용할 경우에 각 선단의 방사압력이 350kPa 이상으로 표준방사량을 방사할 수 있는 성능이 되도록 할 것
- 물분무소화설비에는 비상전원을 설치할 것

정답 | 20 ① 21 ③ 22 ③

0204 / 1101

23 Repetitive Learning (1회 2회 3회)

연소 시 온도에 따른 불꽃의 색상이 잘못된 것은?

① 적색 : 약 850℃ ② 황적색 : 약 1,100℃

③ 휘적색 : 약 1,200℃ ④ 백적색 : 약 1,300℃

해설

- 휘적색은 약 950℃에 해당하는 불꽃 색상이다.

연소 시 온도에 따른 불꽃의 색상

색	암적	적	황	휘적	황적	백적	휘백
온도[℃]	700	850	900	950	1,100	1,300	1,500

1204

24 Repetitive Learning (1회 2회 3회)

Halon 1301, Halon 1211, Halon 2402 중 상온, 상압에서 액체상태인 Halon 소화약제로만 나열한 것은?

① Halon 1211

② Halon 2402

③ Halon 1301, Halon 1211

④ Halon 2402, Halon 1211

해설

- 대표적으로 Halon 1211(CF_2ClBr)과 Halon 1301(CF_3Br)이 상온, 상압에서 기체상태로 존재한다.

하론 소화약제

㉠ 개요

소화약제	화학식	상온, 상압 상태
Halon 104	CCl_4	액체
Halon 1011	CH_2ClBr	액체
Halon 1211	CF_2ClBr	기체
Halon 1301	CF_3Br	기체
Halon 2402	$C_2F_4Br_2$	액체

- 화재안전기준에서 정한 소화약제는 하론1301, 하론1211, 하론2402이다.

㉡ 구성과 표기

- 구성원소로는 탄소(C), 불소(F), 염소(Cl), 브롬(Br), 요오드(I) 등이 있다.
- 하론 번호표기 규칙은 5개의 숫자로 구성되며 그 숫자는 아래 배치된 원소의 수량에 해당하며 뒤쪽의 원소가 없을 때는 0을 생략한다.

Halon	탄소(C)	불소(F)	염소(Cl)	브롬(Br)	요오드(I)

1202 / 1502

25 Repetitive Learning (1회 2회 3회)

스프링클러 설비의 장점이 아닌 것은?

① 소화약제가 물이므로 소화약제의 비용이 절감된다.

② 초기 시공비가 매우 적게 든다.

③ 화재 시 사람의 조작 없이 작동이 가능하다.

④ 초기 화재의 진화에 효과적이다.

해설

- 스프링클러는 타 설비에 비해 시공이 복잡하고, 초기 비용이 많이 든다.

스프링클러 설비의 특징

- 초기 진화작업에 효과가 크다.
- 감지부의 구조가 기계적이므로 오동작 염려가 적다.
- 폐쇄형 스프링클러 헤드는 헤드가 열에 의해 개방되는 형태로 자동화재탐지장치의 역할을 할 수 있다.
- 소화약제가 물이므로 소화약제의 비용이 절감된다.
- 화재 시 사람의 조작 없이 작동이 가능하다.
- 화재 적응성

건축물 · 그 밖의 공작물		○
전기설비		
제1류 위험물	알칼리금속과산화물등	
	그 밖의 것	○
제2류 위험물	철분 · 금속분 · 마그네슘등	
	인화성고체	○
	그밖의것	○
제3류 위험물	금수성물품	
	그 밖의 것	○
제4류 위험물		△
제5류 위험물		○
제6류 위험물		○

- 제4류 위험물의 살수기준면적에 따른 살수밀도기준(적응성)

살수기준면적(m^2)	방사밀도(L/m^2분)	
	인화점 38℃ 미만	인화점 38℃ 이상
279 미만	16.3 이상	12.2 이상
279 이상 372 미만	15.5 이상	11.8 이상
372 이상 465 미만	13.9 이상	9.8 이상
465 이상	12.2 이상	8.1 이상

23 ③ 24 ② 25 ② 정답

26 Repetitive Learning (1회 2회 3회)

제3종 분말소화약제에 대한 설명으로 틀린 것은?

① A급을 제외한 모든 화재에 적응성이 있다.
② 주성분은 $NH_4H_2PO_4$의 분자식으로 표현된다.
③ 제1인산암모늄이 주성분이다.
④ 담홍색(또는 황색)으로 착색되어 있다.

해설

- 제3종 분말소화약제는 제1인산암모늄($NH_4H_2PO_4$)을 주성분으로 하는 소화약제로 ABC급 화재에 적응성이 있다.

제3종 분말소화약제 실기 0501/0602/0701/0801/0901/1204/1301/1404/1502/1504/1601/1602/1701/1801/1904/2003/2101

- 제1인산암모늄($NH_4H_2PO_4$)을 주성분으로 하는 소화약제로 ABC급 화재에 적응성이 있으며 착색색상은 담홍색인 소화약제이다.
- 가연물의 표면에 피막을 형성하여 산소의 유입을 차단시킨다.
- 발수제로 실리콘 오일을 첨가한다.
- 인산암모늄이 열분해되면 메타인산, 암모니아, 물로 분해되는데, 이중 메타인산(HPO_3)이 부착성 있는 막을 만드는 방진효과로 A급화재 진화에 기여를 한다.
  ($NH_4H_2PO_4 \xrightarrow[\triangle]{} HPO_3 + NH_3 + H_2O$)

27 Repetitive Learning (1회 2회 3회)

이산화탄소 소화기는 어떤 현상에 의해서 온도가 내려가 드라이아이스를 생성하는가?

① 주울-톰슨 효과 ② 사이펀
③ 표면장력 ④ 모세관

해설

- 이산화탄소 소화기는 소화기 방출구에서 주울-톰슨효과에 의해 드라이아이스가 생성될 수 있다.

이산화탄소(CO_2) 소화기의 특징

- 용기는 이음매 없는 고압가스 용기를 사용한다.
- 산소와 반응하지 않는 안전한 가스이다.
- 전기에 대한 절연성이 우수(비전도성)하기 때문에 전기화재(C급)에 유효하다.
- 자체 압력으로 방출하므로 방출용 동력이 별도로 필요하지 않다.
- 고온의 직사광선이나 보일러실에 설치할 수 없다.
- 금속분의 화재 시에는 사용할 수 없다.
- 소화기 방출구에서 주울-톰슨효과에 의해 드라이아이스가 생성될 수 있다.

0404 / 0804

28 Repetitive Learning (1회 2회 3회)

위험물안전관리법령상 전역방출방식의 분말소화설비에서 분사헤드의 방사압력은 몇 MPa 이상이어야 하는가?

① 0.1 ② 0.5
③ 1 ④ 3

해설

- 전역방출방식의 분말소화설비 분사헤드의 방사압력은 0.1MPa 이상이어야 한다.

전역방출방식의 분말소화설비 분사헤드

- 방사된 소화약제가 방호구역의 전역에 균일하고 신속하게 확산할 수 있도록 설치할 것
- 분사헤드의 방사압력은 0.1MPa 이상일 것
- 소화약제의 양을 30초 이내에 균일하게 방사할 것

1001

29 Repetitive Learning (1회 2회 3회)

물통 또는 수조를 이용한 소화가 공통적으로 적응성이 있는 위험물은 제 몇 류 위험물인가?

① 제2류 위험물 ② 제3류 위험물
③ 제4류 위험물 ④ 제5류 위험물

해설

- 물통 또는 수조는 제2류 위험물 중 철분 등에는 적응성이 없다.
- 물통 또는 수조는 제3류 위험물 중 금수성 물품에 적응성이 없다.
- 물통 또는 수조는 제4류 위험물에 적응성이 없다.

물통 또는 수조의 적응성

구분		적응성
건축물 · 그 밖의 공작물		○
전기설비		
제1류 위험물	알칼리금속과산화물등	
	그 밖의 것	○
제2류 위험물	철분 · 금속분 · 마그네슘등	
	인화성고체	○
	그밖의것	○
제3류 위험물	금수성물품	
	그 밖의 것	○
제4류 위험물		
제5류 위험물		○
제6류 위험물		○

정답 | 26 ① 27 ① 28 ① 29 ④

30 Repetitive Learning (1회 2회 3회)

위험물의 화재발생 시 적응성이 있는 소화설비의 연결로 틀린 것은?

① 마그네슘 – 포소화기
② 황린 – 포소화기
③ 인화성고체 – 이산화탄소 소화기
④ 등유 – 이산화탄소 소화기

해설

- 마그네슘 화재는 탄산수소염류 소화기나 건조사, 팽창질석 등이 적응성을 갖는다.

소화설비의 적응성 중 제2류 위험물 실기 1002/1101/1202/1601/1702/1902/2001/2003/2004

소화설비의 구분			제2류 위험물		
			철분 · 금속분 · 마그네슘 등	인화성고체	그 밖의 것
옥내소화전 또는 옥외소화전설비				○	○
스프링클러설비				○	○
물분무등소화설비	물분무소화설비			○	○
물분무등소화설비	포소화설비			○	○
물분무등소화설비	불활성가스소화설비				
물분무등소화설비	할로겐화합물소화설비				
물분무등소화설비	분말소화설비	인산염류등			
물분무등소화설비	분말소화설비	탄산수소염류등	○		
물분무등소화설비	분말소화설비	그 밖의 것	○		
대형 · 소형 수동식 소화기	봉상수(棒狀水)소화기			○	○
대형 · 소형 수동식 소화기	무상수(霧狀水)소화기			○	○
대형 · 소형 수동식 소화기	봉상강화액소화기			○	○
대형 · 소형 수동식 소화기	무상강화액소화기			○	○
대형 · 소형 수동식 소화기	포소화기			○	○
대형 · 소형 수동식 소화기	이산화탄소 소화기			○	
대형 · 소형 수동식 소화기	할로겐화합물소화기			○	
대형 · 소형 수동식 소화기	분말소화기	인산염류소화기		○	○
대형 · 소형 수동식 소화기	분말소화기	탄산수소염류소화기	○	○	
대형 · 소형 수동식 소화기	분말소화기	그 밖의 것	○		
기타	물통 또는 수조			○	○
기타	건조사		○	○	○
기타	팽창질석 또는 팽창진주암		○	○	○

0801 / 1402

31 Repetitive Learning (1회 2회 3회)

대통령령이 정하는 제조소 등의 관계인은 그 제조소 등에 대하여 연 몇 회 이상 정기점검을 실시해야 하는가? (단, 특정 옥외탱크저장소의 정기점검은 제외한다)

① 1　② 2
③ 3　④ 4

해설

- 제조소 등의 관계인은 당해 제조소 등에 대하여 연 1회 이상 정기점검을 실시하여야 한다.

정기점검의 횟수

- 제조소 등의 관계인은 당해 제조소 등에 대하여 연 1회 이상 정기점검을 실시하여야 한다.

32 Repetitive Learning (1회 2회 3회)

위험물을 저장하기 위해 제작한 이동저장탱크의 내용적이 20,000L인 경우 위험물 허가를 위해 산정할 수 있는 이 탱크의 최대용량은 지정수량의 몇 배인가? (단, 저장하는 위험물은 비수용성 제2석유류이며 비중은 0.8, 차량의 최대적재량은 15톤이다)

① 21배　② 18.75배
③ 12배　④ 9.375배

해설

- 차량의 최대적재량이 15톤이므로 이는 15,000kg이다.
- 비중은 $\frac{질량}{부피}$이고, 이 값이 0.8이므로 15,000kg에 해당하는 부피는 $\frac{15,000}{0.8} = 18,750$L이다.
- 비수용성 제2석유류의 지정수량은 1,000L이다.
- 탱크의 최대용량(18,750L)는 지정수량(1,000L)의 18.75배이다.

지정수량 배수의 계산

- 다수의 위험물을 저장하는 경우 지정수량의 배수를 구하려면 각각의 위험물에 해당하는 지정수량 배수($\frac{저장수량}{지정수량}$)의 합을 구하면 된다.
- 위험물 A, B를 저장하는 경우 지정수량의 배수의 합은 $\frac{A저장수량}{A지정수량} + \frac{B저장수량}{B지정수량}$가 된다.

30 ① 31 ① 32 ② | 정답

33 Repetitive Learning (1회 2회 3회)

표준상태에서 벤젠 2mol이 완전연소하는 데 필요한 이론 공기요구량은 몇 L인가? (단, 공기 중 산소는 21vol%이다)

① 168 ② 336
③ 1,600 ④ 3,200

해설

- 벤젠의 연소반응식을 보면 $2C_6H_6 + 15O_2 \rightarrow 12CO_2 + 6H_2O$이다. 즉, 2몰의 벤젠을 완전연소하는테 필요한 산소는 15몰이다.
- 표준상태에서 2몰의 벤젠을 22.4×15=336L가 된다.
- 주어진 문제는 필요한 공기라고 했고, 공기에서 산소의 부피는 21%이므로 산소 336L를 포함하는 공기는 $336\times\frac{100}{21}=1,600$L이다.

벤젠(C_6H_6)의 성질 실기 0504/0801/0802/1401/1502/2001

- 제1석유류로 비중은 약 0.88이고, 인체에 유해한 증기의 비중은 약 2.8이다.
- 물보다 비중값이 작지만, 증기비중 값은 공기보다 크다.
- 인화점은 약 -11℃로 0℃보다 낮다.
- 물에는 녹지 않으며, 알코올, 에테르에 녹으며, 녹는점은 약 5.5℃이다.
- 끓는점(88℃)은 상온보다 높다.
- 탄소가 많이 포함되어 있으므로 연소 시 검은 연기가 심하게 발생한다.
- 겨울철에 응고된 고체상태에서도 인화의 위험이 있다.
- 독특한 냄새가 있는 무색투명한 액체이다.
- 유체마찰에 의한 정전기 발생 위험이 있다.
- 휘발성이 강한 액체이다.
- 방향족 유기화합물이다.
- 불포화결합을 이루고 있으나 안전하여 첨가반응보다 치환반응이 많다.

34 Repetitive Learning (1회 2회 3회)

할로겐화합물 중 CH_3I에 해당하는 하론번호는?

① 1031 ② 1301
③ 13001 ④ 10001

해설

- CH_3I는 탄소(C)가 1, 불소(F)가 0, 염소(Cl)가 0, 브롬(Br)이 0, 요오드(I)가 1이므로 10001에 해당한다.

하론 소화약제

문제 24번의 유형별 핵심이론 참조

35 Repetitive Learning (1회 2회 3회)

다음 중 점화원이 될 수 없는 것은?

① 전기스파크 ② 증발잠열
③ 마찰열 ④ 분해열

해설

- 증발잠열은 화재발생 시 냉각소화를 하는 소화약제가 가지는 특성으로 점화원과는 거리가 멀다.

연소이론

- 연소란 화학반응의 한 종류로, 가연물이 산소 중에서 산화반응을 하여 열과 빛을 발산하는 현상을 말한다.
- 연소의 3요소에는 가연물, 산소공급원, 점화원이 있다.
- 연소범위가 넓을수록 연소위험이 크다.
- 착화온도가 낮을수록 연소위험이 크다.
- 가연성 액체를 발화점 이상으로 공기 중에서 가열하면 별도의 점화원이 없어도 발화할 수 있다.

1104

36 Repetitive Learning (1회 2회 3회)

연소형태가 나머지 셋과 다른 하나는?

① 목탄 ② 메탄올
③ 파라핀 ④ 유황

해설

- ②, ③, ④는 증발연소를 한다.
- 목탄은 열분해 되지 않고 고체 표면에 공기가 닿아 연소가 일어나 고온을 유지하며 타는 표면연소를 한다.

고체의 연소형태 실기 0702/0902/1204/1904

구분	내용
분해연소	• 가연물이 열분해가 진행되어 산소와 결합하여 연소하는 고체의 연소방식이다. • 종이, 목재, 플라스틱, 석탄 등이 분해연소를 한다.
표면연소	• 열분해 되지 않고 고체 표면에 공기가 닿아 연소가 일어나 고온을 유지하며 타는 연소형태를 말한다. • 숯, 코크스, 목탄, 금속 등이 표면연소를 한다.
자기연소	• 공기 중 산소를 필요로 하지 않고 분자 내의 산소를 이용해 자신이 분해되며 타는 것을 말한다. • 니트로셀룰로오스, TNT, 셀룰로이드, 니트로글리세린과 같은 제5류 위험물이 자기연소를 한다.
증발연소	• 액체와 고체의 연소방식에 속한다. • 열분해를 일으키지 않고 증발한 증기가 공기와 혼합해서 연소되는 방식이다. • 주로 연료로 사용되는 휘발유, 등유, 경유, 알코올과 같은 액체와 양초, 나프탈렌, 왁스, 아세톤, 황 등 제4류 위험물이 증발연소를 한다.

정답 | 33 ③ 34 ④ 35 ② 36 ①

0501_추가/0704/2003

37 Repetitive Learning (1회 2회 3회)

위험물안전관리법령상 전역방출방식 또는 국소방출방식의 분말소화설비의 기준에서 가압식의 분말소화설비에는 얼마 이하의 압력으로 조정할 수 있는 압력조정기를 설치하여야 하는가?

① 2.0MPa ② 2.5MPa
③ 3.0MPa ④ 5MPa

해설

- 가압식의 분말소화설비에는 2.5MPa 이하의 압력으로 조정할 수 있는 압력조정기를 설치해야 한다.

가압식 분말소화설비

- 가압식의 분말소화설비에는 2.5MPa 이하의 압력으로 조정할 수 있는 압력조정기를 설치할 것
- 가압식의 분말소화설비에 설치하는 정압작동장치의 기준
  - 기동장치의 작동 후 저장용기 등의 압력이 설정압력이 되었을 때 방출밸브를 개방시키는 것일 것
  - 정압작동장치는 저장용기 등마다 설치할 것

38 Repetitive Learning (1회 2회 3회)

능력단위가 1단위의 팽창질석(삽 1개 포함)은 용량이 몇 L인가?

① 160 ② 130
③ 90 ④ 60

해설

- 삽 1개를 포함할 경우 마른모래의 경우 50L가 능력단위 0.5이고, 팽창질석는 160L가 능력단위 1.0이다.

소화설비의 능력단위

- 수동식소화기의 능력단위는 수동식소화기의 형식승인 및 검정기술기준에 의하여 형식승인 받은 수치로 할 것

소화설비	용량	능력단위
소화전용(轉用)물통	8L	0.3
수조(소화전용물통 3개 포함)	80L	1.5
수조(소화전용물통 6개 포함)	190L	2.5
마른 모래(삽 1개 포함)	50L	0.5
팽창질석 또는 팽창진주암(삽 1개 포함)	160L	1.0

39 Repetitive Learning (1회 2회 3회)

전기설비에 화재가 발생하였을 경우에 위험물안전관리법령상 적응성을 가지는 소화설비는?

① 물분무소화설비 ② 포소화기
③ 봉상강화액소화기 ④ 건조사

해설

- 옥내소화전 또는 옥외소화전, 스프링클러, 포소화설비, 봉상수(강화액), 건조사, 팽창질석 등은 전기설비 화재에 적응성이 없다.

전기설비에 적응성을 갖는 소화설비 실기 1002/1101/1202/1601/1702/1902/2001/2003/2004

소화설비의 구분			전기설비
옥내소화전 또는 옥외소화전설비			
스프링클러설비			
물분무등 소화설비	물분무소화설비		○
	포소화설비		
	불활성가스소화설비		○
	할로겐화합물소화설비		○
	분말 소화설비	인산염류등	○
		탄산수소염류등	○
		그 밖의 것	
대형·소형 수동식 소화기	봉상수(棒狀水)소화기		
	무상수(霧狀水)소화기		○
	봉상강화액소화기		
	무상강화액소화기		○
	포소화기		
	이산화탄소 소화기		○
	할로겐화합물소화기		○
	분말 소화기	인산염류소화기	○
		탄산수소염류소화기	○
		그 밖의 것	
기타	물통 또는 수조		
	건조사		
	팽창질석 또는 팽창진주암		

37 ② 38 ① 39 ① 정답

40
1002

Repetitive Learning (1회 2회 3회)

그림과 같은 타원형 위험물탱크의 내용적은 약 얼마인가? (단, 단위는 m이다)

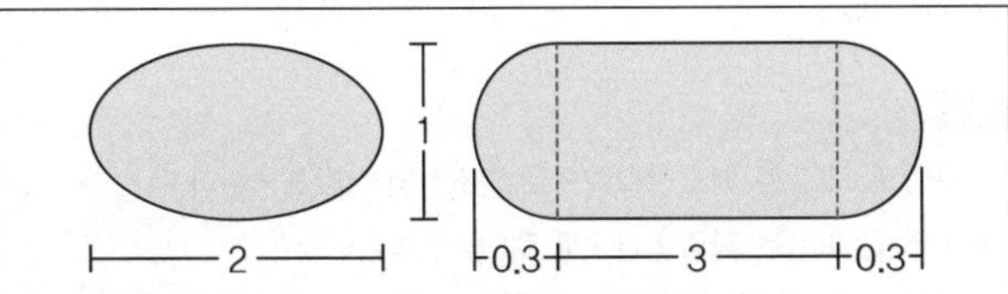

① 5.03m^3 ② 7.52m^3
③ 9.03m^3 ④ 19.05m^3

해설

- 주어진 값을 대입하면 탱크의 내용적은 $\frac{\pi\times2\times1}{4}\left(3+\frac{0.3+0.3}{3}\right)$ =5.026[m^3]이 된다.

타원형 탱크의 내용적 실기 0501/0804/1202/1504/1601/1701/1801/1802/2003/2101

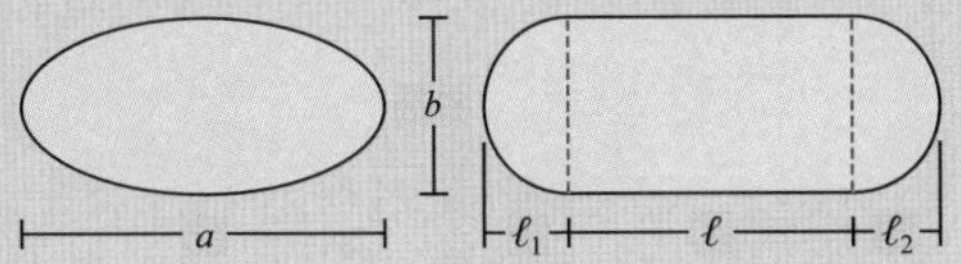

- 그림과 같이 주어진 타원형 탱크의 내용적 V= $\frac{\pi ab}{4}(\ell+\frac{\ell_1+\ell_2}{3})$로 구한다.

3과목 위험물의 성질과 취급

41

Repetitive Learning (1회 2회 3회)

산화프로필렌에 대한 설명으로 틀린 것은?

① 무색의 휘발성 액체이고, 물에 녹는다.
② 인화점이 상온 이하이므로 가연성 증기발생을 억제하여 보관해야 한다.
③ 은, 마그네슘 등의 금속과 반응하여 폭발성 혼합물을 생성한다.
④ 증기압이 낮고 연소범위가 좁아서 위험성이 높다.

해설

- 산화프로필렌(CH_3CH_2CHO)의 연소범위는 2.5 ~ 38.5%로 넓은 편이고 증기압은 45mmHg로 제4류 위험물 중 가장 크다.

산화프로필렌(CH_3CH_2CHO) 실기 0501/0602/1002/1704

- 인화점이 −37℃인 특수인화물로 지정수량은 50L이고, 위험등급은 Ⅰ이다.
- 연소범위는 2.5 ~ 38.5%이고, 끓는점(비점)은 34℃, 비중은 0.83으로 물보다 가벼우며, 증기비중은 2로 공기보다 무겁다.
- 무색의 휘발성 액체이고, 물이나 알코올, 에테르, 벤젠 등에 잘 녹는다.
- 증기압은 45mmHg로 제4류 위험물 중 가장 커 기화되기 쉽다.
- 액체가 피부에 닿으면 화상을 입고 증기를 마시면 심할 때는 폐부종을 일으킨다.
- 저장 시 은, 수은, 동, 마그네슘 및 이의 합금으로 된 용기를 사용하면 폭발성 물질인 아세틸라이드를 생성하므로 해당 용기의 사용을 절대 금한다.
- 저장 시 용기 내부에 불활성 기체(N_2) 또는 수증기를 봉입하여야 한다.

42

Repetitive Learning (1회 2회 3회)

위험물을 지정수량이 큰 것부터 작은 순서로 옳게 나열한 것은?

① 니트로화합물 > 브롬산염류 > 히드록실아민
② 니트로화합물 > 히드록실아민 > 브롬산염류
③ 브롬산염류 > 히드록실아민 > 니트로화합물
④ 브롬산염류 > 니트로화합물 > 히드록실아민

해설

- 히드록실아민은 제5류 위험물에 해당하는 자기반응성 물질로 지정수량이 100kg이고 위험등급은 Ⅱ에 해당하는 물질이다.
- 지정수량은 브롬산염류는 300kg, 니트로화합물은 200kg, 히드록실아민은 100kg이다.

제1류 위험물_산화성 고체 실기 0601/0901/0501/0702/1002/1301/2001

품명	지정수량	위험등급
아염소산염류	50kg	Ⅰ
염소산염류		
과염소산염류		
무기과산화물		
브롬산염류	300kg	Ⅱ
질산염류		
요오드산염류		
과망간산염류	1,000kg	Ⅲ
중크롬산염류		

43
Repetitive Learning (1회 2회 3회)

황의 연소생성물과 그 특성을 옳게 나타낸 것은?

① SO_2, 유독가스　② SO_2, 청정가스
③ H_2S, 유독가스　④ H_2S, 청정가스

해설

- 유황은 공기 중에서 연소하면 푸른 불꽃을 내면서 이산화황(아황산가스, SO_2)로 변한다.

유황(S_8) 실기 0602/1004

- 제2류 위험물에 해당하는 가연성 고체로 지정수량은 100kg이고, 위험등급은 Ⅱ이다.
- 환원성 물질로 자신은 산화되면서 다른 물질을 환원시킨다.
- 산화제와 혼합되어 있을 때 가열이나 충격 등에 의하여 폭발할 수 있으며 흑색화약의 원료로 사용된다.
- 자유전자가 거의 없어 전기가 통하지 않는 부도체이다.
- 단사황, 사방황, 고무상황과 같은 동소체가 있다.
- 고온에서 용융된 유황은 수소와 반응하여 황화수소가 발생한다.
- 공기 중에서 연소하면 푸른 불꽃을 내면서 이산화황(아황산가스, SO_2)로 변한다.(반응식 : $S+O_2 \rightarrow SO_2$)

1304
44
Repetitive Learning (1회 2회 3회)

위험물안전관리법령상의 지정수량이 나머지 셋과 다른 하나는?

① 질산에스테르류　② 니트로소화합물
③ 디아조화합물　④ 히드라진 유도체

해설

- ②, ③, ④는 모두 제5류 위험물에 해당하는 자기반응성 물질로 지정수량이 200kg인데 반해 질산에스테르류는 제5류 위험물에 해당하는 자기반응성 물질로 지정수량이 10kg이고, 위험등급이 Ⅰ인 물질이다.

제5류 위험물_자기반응성 물질 실기 0902/1304/1502/2001/2101

품명	지정수량	위험등급
유기과산화물	10kg	Ⅰ
질산에스테르류		
히드록실아민	100kg	Ⅱ
니트로화합물	200kg	
니트로소화합물		
아조화합물		
디아조화합물		
히드라진 유도체		

45
Repetitive Learning (1회 2회 3회)

다음 중 제1류 위험물의 과염소산염류에 속하는 것은?

① $KClO_3$　② $NaClO_4$
③ $HClO_4$　④ $NaClO_2$

해설

- ①의 $KClO_3$은 염소산칼륨으로 염소산염류에 해당한다.
- ③의 $HClO_4$은 과염소산으로 제6류 위험물이다.
- ④의 $NaClO_2$은 아염소산나트륨으로 아염소산염류에 해당한다.
- 과염소산염류에는 과염소산나트륨($NaClO_4$), 과염소산칼륨($KClO_4$), 과염소산암모늄(NH_4ClO_4) 등이 있다.

과염소산염류

- 산화성 고체로 제1류 위험물에 해당하며, 지정수량은 50kg, 위험등급은 Ⅰ이다.
- 과염소산나트륨($NaClO_4$), 과염소산칼륨($KClO_4$), 과염소산암모늄(NH_4ClO_4) 등이 있다.
- 분해될 경우 산소를 발생시킨다.

46
Repetitive Learning (1회 2회 3회)

다음 위험물 중 인화점이 가장 높은 것은?

① 메탄올　② 휘발유
③ 아세트산메틸　④ 메틸에틸케톤

해설

물질	메탄올	휘발유	아세트산메틸	메틸에틸케톤
인화점	11℃	-43~-20℃	-10℃	-1℃

메틸알코올(CH_3OH) 실기 0801/0904/1501/1502/1901/2101

- 제4류 위험물인 인화성 액체 중 수용성 알코올류로 지정수량이 400L이고 위험등급이 Ⅱ이다.
- 분자량은 32g, 증기비중이 1.1로 공기보다 크다.
- 인화점이 11℃인 무색투명한 액체이다.
- 물에 잘 녹는다.
- 마셨을 경우 시신경 마비의 위험이 있다.
- 연소 범위는 약 7.3 ~ 36vol%로 에틸알코올(4.3 ~ 19vol%)보다 넓으며, 화재 시 그을음이 나지 않으며 소화는 알코올 포를 사용한다.
- 증기는 가열된 산화구리를 환원하여 구리를 만들고 포름알데히드가 된다.

43 ① 44 ① 45 ② 46 ① 정답

47 ── Repetitive Learning (1회 2회 3회)

다음 중 물과 반응하여 산소와 열을 발생하는 것은?

① 염소산칼륨　② 과산화나트륨
③ 금속나트륨　④ 과산화벤조일

해설

• 과산화나트륨은 제1류 위험물 중 무기과산화물로 물과 접촉하면 격렬하게 반응하여 산소를 발생하면서 발화하므로 주의해야 한다.

과산화나트륨(Na_2O_2) 실기 0801/0804/1201/1202/1401/1402/1701/1704/1904/2003/2004

㉠ 개요
- 산화성 고체로 제1류 위험물에 해당하며, 지정수량은 50kg, 위험등급은 Ⅰ이다.
- 순수한 것은 백색 정방정계 분말이나 시판되는 것은 황색이다.
- 흡습성이 강하고 조해성이 있으며, 표백제, 산화제로 사용한다.
- 산과 반응하여 과산화수소(H_2O_2)를 발생시키며, 금, 니켈을 제외한 다른 금속을 침식하여 산화물로 만든다.
- 물과 격렬하게 반응하여 수산화나트륨과 산소를 발생시킨다. ($2Na_2O_2 + 2H_2O \rightarrow 4NaOH + O_2$)
- 가연물과 혼합되어 있을 경우 약간의 물 접촉만으로도 발화하며, 양이 많을 경우 주수에 의해 폭발하므로 주수소화를 금해야 한다.
- 가열하면 산화나트륨과 산소를 발생시킨다. ($2Na_2O_2 \xrightarrow[\triangle]{} 2Na_2O + O_2$)
- 아세트산과 반응하여 아세트산나트륨과 과산화수소를 발생시킨다.($Na_2O_2 + 2CH_3COOH \rightarrow 2CH_3COONa + H_2O_2$)

㉡ 저장 및 취급방법
- 물과 습기의 접촉을 피한다.
- 용기는 수분이 들어가지 않게 밀전 및 밀봉 저장한다.
- 가열 및 충격 · 마찰을 피하고 유기물질의 혼입을 막는다.

48 ── Repetitive Learning (1회 2회 3회)

위험물안전관리법령상 옥외탱크저장소의 위치 · 구조 및 설비의 기준에서 간막이 둑을 설치할 경우, 그 용량의 기준으로 옳은 것은?

① 간막이 둑 안에 설치된 탱크의 용량의 110% 이상일 것
② 간막이 둑 안에 설치된 탱크의 용량 이상일 것
③ 간막이 둑 안에 설치된 탱크의 용량의 10% 이상일 것
④ 간막이 둑 안에 설치된 탱크의 간막이 둑 높이 이상 부분의 용량 이상일 것

해설

• 간막이 둑의 용량은 간막이 둑안에 설치된 탱크의 용량의 10% 이상이어야 한다.

간막이 둑의 설치
- 용량이 1천만L 이상의 옥외저장탱크의 주위에 설치한다.
- 간막이 둑의 높이는 0.3m(방유제내에 설치되는 옥외저장탱크의 용량의 합계가 2억L를 넘는 방유제에 있어서는 1m)이상으로 하되, 방유제의 높이보다 0.2m 이상 낮게 할 것
- 간막이 둑은 흙 또는 철근콘크리트로 할 것
- 간막이 둑의 용량은 간막이 둑안에 설치된 탱크의 용량의 10% 이상일 것

1402

49 ── Repetitive Learning (1회 2회 3회)

위험물안전관리법령에 의한 위험물제조소의 설치기준으로 옳지 않은 것은?

① 위험물을 취급하는 기계 · 기구 그 밖의 설비는 위험물이 새거나 넘치거나 비산하는 것을 방지할 수 있는 구조로 하여야 한다.
② 위험물을 가열하거나 냉각하는 설비 또는 위험물의 취급에 수반하여 온도변화가 생기는 설비에는 온도측정장치를 설치하여야 한다.
③ 위험물을 취급함에 있어서 정전기가 발생할 우려가 있는 설비에는 정전기를 유효하게 제거할 수 있는 설비를 설치하여야 한다.
④ 위험물을 취급하는 동관을 지하에 설치하는 경우에는 지진 · 풍압 · 지반침하 및 온도변화에 안전한 구조의 지지물에 설치하여야 한다.

해설

• 지진 · 풍압 · 지반침하 및 온도변화에 안전한 구조의 지지물에 설치하는 것은 배관을 지상에 설치하는 경우의 기준에 해당한다.

제조소에서의 배관을 지하에 매설할 경우의 기준
- 금속성 배관의 외면에는 부식방지를 위하여 도복장 · 코팅 또는 전기방식등의 필요한 조치를 할 것
- 배관의 접합부분(용접에 의한 접합부 또는 위험물의 누설의 우려가 없다고 인정되는 방법에 의하여 접합된 부분을 제외한다)에는 위험물의 누설여부를 점검할 수 있는 점검구를 설치할 것
- 지면에 미치는 중량이 당해 배관에 미치지 아니하도록 보호할 것

정답 | 47 ② 48 ③ 49 ④

1202

50

Repetitive Learning (1회 2회 3회)

다음 Ⓐ~Ⓒ 물질 중 위험물안전관리법상 제6류 위험물에 해당하는 것은 모두 몇 개인가?

Ⓐ 비중 1.49인 질산 Ⓑ 비중 1.7인 과염소산 Ⓒ 물 60g+과산화수소 40g 혼합 수용액

① 1개 ② 2개
③ 3개 ④ 없음

해설

- 과산화수소는 그 농도가 36중량퍼센트 이상인 것에 한해 제6류 위험물에 해당하며, 산화성액체의 성상이 있는 것으로 본다.
- Ⓐ는 비중이 1.49 이상이어야 하므로 제6류 위험물에 해당한다.
- Ⓑ는 제6류 위험물에 해당한다.
- Ⓒ는 과산화수소 40중량퍼센트($\frac{40}{60+40} \times 100 = \frac{40}{100} \times 100$)이므로 제6류 위험물에 해당한다.

제6류 위험물 실기 0502/0704/0801/0902/1302/1702/2003

성질	품명	지정수량
산화성 액체	1. 과염소산	300kg
	2. 과산화수소	
	3. 질산	
	4. 그 밖에 행정안전부령으로 정하는 것	
	5. 제1호 내지 제4호의 1에 해당하는 어느 하나 이상을 함유한 것	

- 산화성액체란 액체로서 산화력의 잠재적인 위험성을 판단하기 위하여 고시로 정하는 시험에서 고시로 정하는 성질과 상태를 나타내는 것을 말한다.
- 과산화수소는 그 농도가 36중량퍼센트 이상인 것에 한하며, 산화성액체의 성상이 있는 것으로 본다.
- 질산은 그 비중이 1.49 이상인 것에 한하며, 산화성액체의 성상이 있는 것으로 본다.

51

Repetitive Learning (1회 2회 3회)

금속칼륨의 일반적인 성질에 대한 설명으로 틀린 것은?

① 칼로 자를 수 있는 무른 금속이다.
② 에탄올과 반응하여 조연성 기체(산소)를 발생한다.
③ 물과 반응하여 가연성 기체를 발생한다.
④ 물보다 가벼운 은백색의 금속이다.

해설

- 금속칼륨은 에탄올과 반응하여 칼륨에틸레이트와 수소를 발생시킨다.

금속칼륨(K) 실기 0501/0701/0804/1501/1602/1702

- 은백색의 가벼운 금속으로 제3류 위험물이다.
- 비중은 0.86으로 물보다 작아 가벼우며, 화학적 활성이 강한(이온화 경향이 큰) 금속이다.
- 물과 반응하여 수소를 발생시켜 화재 및 폭발 가능성이 있으므로 물과 접촉하지 않도록 한다.
- 에탄올과 반응하여 칼륨에틸레이트와 수소를 발생시킨다.
- 융점 이상의 온도에서 보라빛 불꽃을 내면서 연소한다.
- 화재 시 건조사 또는 탄산수소염류 분말소화약제로 소화한다.
- 석유(파라핀, 경유, 등유) 속에 저장한다.

52

Repetitive Learning (1회 2회 3회)

다음 위험물 중 가연성 액체를 옳게 나타낸 것은?

HNO_3 $HClO_4$ H_2O_2

① $HClO_4$, HNO_3
② HNO_3, H_2O_2
③ HNO_3, $HClO_4$, H_2O_2
④ 모두 가연성이 아님

해설

- 질산(HNO_3), 과염소산($HClO_4$), 과산화수소(H_2O_2)는 모두 산화성 액체로 스스로는 모두 불연성인 제6류 위험물이다.

제6류 위험물의 성질과 취급방법

㉠ 성질
- 산화성 액체로 다른 물질을 산화시키는 성질을 갖는다.
- 산화성 무기화합물이다.
- 고온체와 접촉하여도 화재 위험이 적다.
- 물을 만나면 열과 산소를 발생시킨다.
- 비중이 1보다 크다.
- 스스로는 불연성이고, 다른 물질의 연소를 돕는 조연성을 갖는다.

㉡ 취급방법
- 가연성 물질과의 접촉을 피한다.
- 지정수량의 $\frac{1}{10}$을 초과할 경우 제2류 위험물과의 혼재를 금한다.
- 피부와 접촉을 하지 않도록 주의한다.
- 염기 및 물의 접촉을 피한다.
- 용기는 내산성이 있는 것을 사용한다.
- 소량 누출 시는 마른모래나 흙으로 흡수시킨다.

50 ③ 51 ② 52 ④ 정답

53

Repetitive Learning (1회 2회 3회)

다음에서 설명하는 위험물을 옳게 나타낸 것은?

- 지정수량은 2,000L이다.
- 로켓의 연료, 플라스틱 발포제 등으로 사용된다.
- 암모니아와 비슷한 냄새가 나고, 녹는점은 약 2℃이다.

① N_2H_4 ② $C_6H_5CH=CH_2$
③ NH_4ClO_4 ④ C_6H_5Br

해설

- 지정수량이 2,000L이므로 제4류 위험물 중 제2석유류 수용성 액체를 의미한다.

하이드라진 하드레이트($N_2H_4 \cdot H_2O$)
- 수용성 제2석유류로 지정수량이 2,000L인 인화성 액체(제4류 위험물)이다.
- 하이드라진 기체가 물에 용해된 것을 말한다.
- 암모니아와 비슷한 냄새가 나고, 무색의 맹독성 액체이다.
- 녹는점은 약 2℃이고, 물이나 알코올에 잘 녹고, 에테르에는 녹지 않는다.
- 로켓의 연료, 플라스틱 발포제 등으로 사용된다.

0704 / 1404 / 1502 / 1902 / 2001

54

Repetitive Learning (1회 2회 3회)

위험물을 저장 또는 취급하는 탱크의 용량산정 방법에 관한 설명으로 옳은 것은?

① 탱크의 내용적에서 공간용적을 뺀 용적으로 한다.
② 탱크의 공간용적에서 내용적을 뺀 용적으로 한다.
③ 탱크의 공간용적에서 내용적을 더한 용적으로 한다.
④ 탱크의 볼록하거나 오목한 부분을 뺀 용적으로 한다.

해설

- 위험물을 저장 또는 취급하는 탱크의 용량은 해당 탱크의 내용적에서 공간용적을 뺀 용적으로 한다.

탱크 용적의 산정기준
- 위험물을 저장 또는 취급하는 탱크의 용량은 해당 탱크의 내용적에서 공간용적을 뺀 용적으로 한다.
- 제조소 또는 일반취급소의 위험물을 취급하는 탱크 중 특수한 구조 또는 설비를 이용함에 따라 당해 탱크내의 위험물의 최대량이 내용적에서 공간용적을 뺀 용량 이하인 경우에는 당해 최대량을 용량으로 한다.

0702 / 1302

55

Repetitive Learning (1회 2회 3회)

지정수량 이상의 위험물을 차량으로 운반하는 경우에는 차량에 설치하는 표지의 색상에 관한 내용으로 옳은 것은?

① 흑색바탕에 청색의 도료로 "위험물"이라고 표기할 것
② 흑색바탕에 황색의 반사도료로 "위험물"이라고 표기할 것
③ 적색바탕에 흰색의 반사도료로 "위험물"이라고 표기할 것
④ 적색바탕에 흑색의 도료로 "위험물"이라고 표기할 것

해설

- 위험물 표지판은 흑색 바탕에 황색의 반사도료로 "위험물"이라 표기하여야 한다.

위험물 운반 시 표지 실기 0802
- 부착위치
  - 이동탱크저장소 : 전면 상단 및 후면 상단
  - 위험물 운반차량 : 전면 및 후면
- 규격 및 형상 : 60cm 이상×30cm 이상의 횡형 사각형
- 색상 및 문자 : 흑색 바탕에 황색의 반사도료로 "위험물"이라 표기할 것
- 위험물이면서 유해화학물질에 해당하는 품목의 경우에는 유해화학물질 표지를 위험물 표지와 상하 또는 좌우로 인접하여 부착할 것

1302

56

Repetitive Learning (1회 2회 3회)

황린과 적린의 공통점으로 옳은 것은?

① 독성 ② 발화점
③ 연소생성물 ④ CS_2에 대한 용해성

해설

- 황린과 백린 모두 연소 시 오산화인(P_2O_5)이 발생한다.

적린(P)과 황린(P_4)의 비교

	적린(P)	황린(P_4)
발화온도	260℃	34℃
성상	암적색 분말	담황색 고체
냄새	냄새가 없다.	마늘 냄새
독성	없다.	맹독성
이황화탄소 용해성	녹지 않는다.	잘 녹는다.
공통점	• 질식효과가 있는 물이나 모래로 소화한다. • 연소 시 오산화인(P_2O_5)이 발생한다. • 구성원소가 인(P)이다.	

정답 | 53 ① 54 ① 55 ② 56 ③

57

Repetitive Learning (1회 2회 3회)

동 · 식물유류에 대한 설명 중 틀린 것은?

① 요오드가가 클수록 자연발화의 위험이 크다.
② 아마인유는 불건성유이므로 자연발화의 위험이 낮다.
③ 동 · 식물유류는 제4류 위험물에 속한다.
④ 요오드가가 130 이상인 것이 건성유이므로 저장할 때 주의한다.

해설

- 아마인유는 건성유로 공기 중에서 자연 발화의 위험이 있다.

동 · 식물유류 실기 0601/0604/1304/1502/1802/2003

㉠ 개요

- 1기압에서 인화점이 250℃ 미만인 것으로 지정수량이 10,000L이고, 위험등급이 Ⅲ에 해당하는 물질이다.
- 유지 100g에 부가되는 요오드의 g수를 의미하는 요오드값(옥소값)에 의해 건성유(130 이상), 반건성유(100~130), 불건성유(100 이하)로 구분한다.
- 요오드값이 클수록 자연발화의 위험이 크다.
- 요오드값이 클수록 이중결합이 많고, 불포화지방산을 많이 가진다.

㉡ 구분

구분	내용
건성유 (요오드값이 130 이상)	• 공기 중에서 자연발화의 위험이 있으며, 피막이 단단하다. • 동유, 아마인유, 정어리유, 대구유, 상어유, 해바라기유, 들기름 등
반건성유 (요오드값이 100~130)	• 피막이 얇다. • 참기름, 콩기름, 청어유, 쌀겨기름, 면실유, 채종유, 옥수수기름 등
불건성유 (요오드값이 100 이하)	• 피막을 만들지 않는다. • 피마자유, 올리브유, 팜유, 땅콩기름, 야자유, 쇠기름, 돼지기름, 고래기름 등

1104 / 1404

58

Repetitive Learning (1회 2회 3회)

질산나트륨을 저장하고 있는 옥내저장소(내화구조의 격벽으로 완전히 구획된 실이 2 이상 있는 경우에는 동일한 실)에 함께 저장하는 것이 법적으로 허용되는 것은? (단, 위험물을 유별로 정리하여 서로 1m 이상의 간격을 두는 경우이다)

① 적린 ② 인화성고체
③ 동 · 식물유류 ④ 과염소산

해설

- 질산나트륨은 제1류 위험물이므로 제6류 위험물, 제3류 위험물 중 자연발화성물질(황린 또는 이를 함유한 것)과 1m 이상의 간격을 두는 경우 옥내저장소에 함께 저장이 가능하다.
- 과염소산($HClO_4$)은 산화성 액체에 해당하는 제6류 위험물이다.

1m 이상의 간격을 두는 경우 동일 저장소에 저장 가능한 경우 실기 1304/1502/1804/1902/2004

- 제1류 위험물(알칼리금속의 과산화물 또는 이를 함유한 것 제외)과 제5류 위험물
- 제1류 위험물과 제6류 위험물을 저장하는 경우
- 제1류 위험물과 제3류 위험물 중 자연발화성물질(황린 또는 이를 함유한 것)을 저장하는 경우
- 제2류 위험물 중 인화성 고체와 제4류 위험물을 저장하는 경우
- 제3류 위험물 중 알킬알루미늄 등과 제4류 위험물(알킬알루미늄 또는 알킬리튬을 함유한 것)을 저장하는 경우
- 제4류 위험물 중 유기과산화물 또는 이를 함유한 것과 제5류 위험물 중 유기과산화물 또는 이를 함유한 것을 저장하는 경우

59

Repetitive Learning (1회 2회 3회)

다음 표의 빈칸(㉮, ㉯)에 알맞은 품명은?

품명	지정수량
㉮	100킬로그램
㉯	1,000킬로그램

① ㉮ : 철분, ㉯ : 인화성고체
② ㉮ : 적린, ㉯ : 인화성고체
③ ㉮ : 철분, ㉯ : 마그네슘
④ ㉮ : 적린, ㉯ : 마그네슘

해설

- 철분과 마그네슘의 지정수량은 500kg이고, 인화성고체의 지정수량은 1,000kg이다.

적린(P) 실기 1102

- 제2류 위험물에 해당하는 가연성 고체로 지정수량은 100kg이고, 위험등급은 Ⅱ이다.
- 물, 이황화탄소, 암모니아, 에테르 등에 녹지 않는다.
- 황린의 동소체이나 황린에 비해 대단히 안정적이어서 공기 또는 습기 중에서 위험성이 적으며, 독성이 없다.
- 강산화제와 혼합하거나 염소산염류와 접촉하면 발화 및 폭발할 위험성이 있으므로 주의해야 한다.
- 공기 중에서 연소할 때 오산화린(P_2O_5)이 생성된다.(반응식 : $4P+5O_2 \rightarrow 2P_2O_5$)
- 성냥, 화약 등을 만드는데 이용된다.

57 ② 58 ④ 59 ② 정답

0401 / 1004

60 Repetitive Learning (1회 2회 3회)

다음 중 위험물안전관리법령상 제2석유류에 해당되는 것은?

①
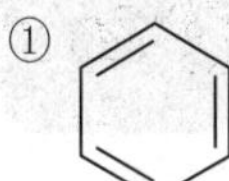

②
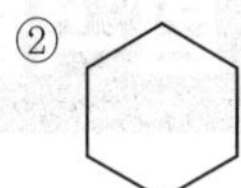

③
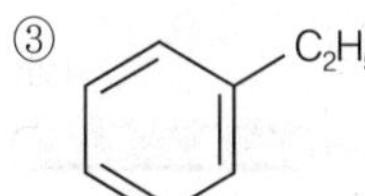

④
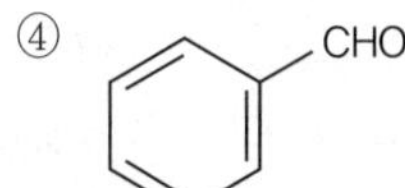

해설

- ①은 벤젠(C_6H_6)으로 제1석유류에 해당한다.
- ②는 시클로헥산(C_6H_{12})으로 제1석유류에 해당한다.
- ③은 에틸벤젠($C_6H_5C_2H_5$)으로 제1석유류에 해당한다.

제2석유류

㉠ 개요

- 1기압에서 인화점이 21℃ 이상 70℃ 미만인 액체이다.(단, 40 중량% 이하이거나 연소점이 60℃ 이상인 것은 제외한다)
- 비수용성은 지정수량이 1,000L, 수용성은 지정수량이 2,000L 이며, 위험등급은 Ⅱ이다.
- 등유, 경유, 장뇌유, 크실렌, 테레핀유, 클로로벤젠, 스틸렌, 벤즈알데히드(이상 비수용성), 의산, 초산(아세트산) (이상 수용성) 등이 있다.

㉡ 종류

구분	종류
비수용성 (1,000L)	• 등유(케로신) • 경유(디젤유) • 장뇌유 • 크실렌[$C_6H_4(CH_3)_2$] • 테레핀유($C_{10}H_{16}$) • 클로로벤젠(C_6H_5Cl) • 스틸렌($C_6H_5CHCH_2$) • 벤즈알데히드(C_6H_5CHO)
수용성 (2,000L)	• 의산(HCOOH) • 초산(아세트산, CH_3COOH) • 아크릴산($C_3H_4O_2$)

정답 | 60 ④

2018년 3월 4일

2018년 제1회

합격률 51.5%

1과목 일반화학

1001

01 Repetitive Learning (1회 2회 3회)

반투막을 이용하여 콜로이드 입자를 전해질이나 작은 분자로부터 분리 정제하는 것을 무엇이라 하는가?

① 틴들현상 ② 브라운 운동
③ 투석 ④ 전기영동

해설

- 틴들현상은 콜로이드 입자가 빛을 산란시키는 현상을 이용한다.
- 브라운 운동은 액체나 기체 안에서 미소 입자가 불규칙적으로 계속 움직이는 것을 말한다.
- 전기영동은 전극 사이의 전기장 하에서 용액 속의 전하가 반대 전하의 전극을 향해 이동하는 현상을 말한다.

콜로이드

㉠ 개요

- 지름이 $10^{-7} \sim 10^{-5}$cm 크기의 콜로이드 입자(미립자)들이 액체 중에 분산되어 있는 용액을 말한다.
- 콜로이드 입자는 빛을 산란시켜 빛의 진로를 보이게 하는 틴들현상을 보인다.
- 입자가 용해되지 않는 상태를 말한다.
- 콜로이드 입자는 (+) 또는 (−)로 대전하고 있다.

㉡ 물에서의 안정도를 기준으로 한 구분

구분	내용
소수	• 물과의 친화력이 낮다. • 물속에서 불안정해 쉽게 앙금이 생긴다.(엉김) • 먹물, 금속, 황, 철 등의 무기물질이 대표적이다.
친수	• 물과의 친화력이 높다. • 다량의 전해질에 의해서만 앙금이 생긴다.(염석) • 녹말, 아교, 단백질 등의 유기물질이 대표적이다.
보호	• 소수 콜로이드에 가해주는 친수 콜로이드를 말한다. • 소수 콜로이드에 친수 콜로이드를 조금 첨가할 경우 소수 콜로이드가 안정화되므로 앙금이 잘생기지 않는다.

1501

02 Repetitive Learning (1회 2회 3회)

1기압에서 2L의 부피를 차지하는 어떤 이상기체를 온도의 변화 없이 압력을 4기압으로 하면 부피는 얼마가 되겠는가?

① 8L ② 2L
③ 1L ④ 0.5L

해설

- 보일-샤를의 법칙에 의해 온도의 변화 없이 압력을 4배 증가시켰을 때 부피를 계산해보면 $1 \times 2 = 4 \times x$이 성립되어야 한다.
- 4기압에서의 부피는 0.5L가 된다.

보일-샤를의 법칙

- 기체의 압력, 온도, 부피 사이의 관계를 나타내는 법칙이다.
- $\frac{P_1V_1}{T_1} = \frac{P_2V_2}{T_2}$의 식이 성립한다.

0604 / 1401

03 Repetitive Learning (1회 2회 3회)

지시약으로 사용되는 페놀프탈레인 용액은 산성에서 어떤 색을 띠는가?

① 적색 ② 청색
③ 무색 ④ 황색

해설

- 페놀프탈레인 용액은 8.3~10.0의 범위 아래 즉, 산성에서는 무색, 범위의 위 즉, 염기성에서는 적색을 표시한다.

지시약

- 수용액의 pH 값에 따라 색깔이 달라지는 물질로 산이나 염기를 구분할 때 사용하는 용액이다.
- 변색범위

지시약	변색범위(색상)		pH 변색범위
메틸오렌지	적색	오렌지색	3.1 ~ 4.5
메틸레드	적색	노란색	4.2 ~ 6.3
리트머스	적색	푸른색	4.5 ~ 8.3
티몰블루	노란색	푸른색	6.0 ~ 7.6
페놀프탈레인	무색	적색	8.3 ~ 10.0

정답 01 ③ 02 ④ 03 ③

0704 / 1104

04

Repetitive Learning 

불순물로 식염을 포함하고 있는 NaOH 3.2g을 물에 녹여 100mL로 한 다음 그 중 50mL를 중화하는데 1N의 염산이 20mL 필요했다. 이 NaOH의 농도(순도)는 약 몇 wt%인가?

① 10　　② 20
③ 33　　④ 50

해설

- 염산의 분자량은 1+35.5=36.5이고, 당량수가 1이므로 g당량은 36.5이다.
- 1N 염산 1L(1,000mL)에는 36.5g의 HCl이 있으므로, 20mL에는 36.5×0.02=0.73g이 있다는 의미이고, 이는 몰수로 $\frac{0.73}{36.5}=0.02\text{M}$ 이 된다.
- 수산화나트륨 수용액 50mL을 중화하는데 0.02M의 HCl이 필요했으므로 100mL의 수산화나트륨을 중화하는데는 0.04M이 필요하고, 마찬가지로 이때의 수산화나트륨의 몰농도도 0.04M이다.(모두 1가)
- 수산화나트륨의 분자량이 40이므로 0.04몰은 1.6g이 된다.
- 불순물 식염을 포함한 NaOH의 전체량이 3.2g인데 수산화나트륨은 1.6g이므로 중량%는 50[wt%]가 된다.

중화적정

- 중화반응을 이용하여 용액의 농도를 확인하는 방법이다.
- 단일 산과 염기인 경우 $NV = N'V'$(N은 노르말 농도, V는 부피)
- 혼합용액의 경우 $NV \pm N'V' = N''V''$(혼합용액의 부피 $V'' = V + V'$)
- 산, 염기의 가수(n)와 몰농도(M)가 주어질 때는 $nMV = n'M'V'$가 된다.

0802

05

Repetitive Learning 

다음 물질 중 비점이 약 197℃인 무색 액체이고, 약간 단맛이 있으며 부동액의 원료로 사용하는 것은?

① CH_3CHCl_2　　② CH_3COCH_3
③ $(CH_3)_2CO$　　④ $C_2H_4(OH)_2$

해설

- 위험물질 중에서 부동액으로 사용되는 대표적인 것은 에틸렌글리콜 [$C_2H_4(OH)_2$]이다.

에틸렌글리콜[$C_2H_4(OH)_2$]

- 인화성 액체로 제4류 위험물 중 제3석유류의 한 종류로 수용성이어서 지정수량은 4,000[L]이고, 위험도는 Ⅲ이다.
- 비점이 약 197℃인 무색 액체이고 약간의 단맛을 가진다.
- 물과 혼합하여 부동액으로 사용한다.
- 물, 알코올, 아세톤 등에 잘 녹는다.

0202

06

Repetitive Learning 1회 2회 3회

다음 중 배수비례의 법칙이 성립하는 화합물을 나열한 것은?

① CH_4, CCl_4　　② SO_2, SO_3
③ H_2O, H_2S　　④ SN_3, BH_3

해설

- 배수비례의 법칙은 2종류의 원소가 2종류 이상의 화합물을 생성할 때 특정 원소 하나와 결합하는 다른 원소의 질량비가 정수비로 나타나는 것으로 ①의 경우 탄소와 결합하는 수소와 염소가 다른 물질이므로 관련없으며, ③의 경우는 수소와 결합하는 산소와 황이 다른 물질이므로 관련 없으며, ④의 경우는 서로 다른 2물질이 서로 다른 2물질을 생성하는 것이므로 배수비례의 법칙과는 관련이 없다.

배수비례의 법칙

- 2종류의 원소가 반응하여 2가지 이상의 물질을 생성할 때 각 물질에 속한 원소 1개와 반응하는 다른 원소의 질량은 각 물질에서 항상 일정한 정수비를 갖는 법칙을 말한다.
- 대표적으로 질소와 산소의 5종류 화합물을 드는데 N_2O, NO, N_2O_3, NO_2, N_2O_5와 같이 질소 14g과 결합하는 산소의 질량이 8, 16, 24, 32, 40g으로 1 : 2 : 3 : 4 : 5의 정수비를 갖는 것이다.
- CO와 CO_2, H_2O와 H_2O_2, SO_2와 SO_3 등이 배수비례의 법칙에 해당한다.

1104 / 1404

07

Repetitive Learning 1회 2회 3회

결합력이 큰 것부터 작은 순서로 나열한 것은?

① 공유결합 > 수소결합 > 반데르발스결합
② 수소결합 > 공유결합 > 반데르발스결합
③ 반데르발스결합 > 수소결합 > 공유결합
④ 수소결합 > 반데르발스결합 > 공유결합

해설

- 결합력이 큰 것부터 차례대로 나열하면 원자결합 > 공유결합 > 이온결합 > 금속결합 > 수소결합 > 반데르발스 결합 순이 된다.

화학결합

- 원자 또는 분자를 구성하는 원자들 간에 작용하는 힘 또는 결합체를 말한다.
- 원자결합, 공유결합, 이온결합, 금속결합, 수소결합, 반데르발스 결합 등이 있다.
- 결합력이 큰 것부터 차례대로 나열하면 원자결합 > 공유결합 > 이온결합 > 금속결합 > 수소결합 > 반데르발스 결합 순이 된다.

정답 | 04 ④　05 ④　06 ②　07 ①

0701

08 Repetitive Learning (1회 2회 3회)

다음 중 CH_3COOH와 C_2H_5OH의 혼합물에 소량의 진한 황산을 가하여 가열하였을 때 주로 생성되는 물질은?

① 아세트산에틸 ② 메탄산에틸
③ 글리세롤 ④ 디에틸에테르

해설

- 아세트산(CH_3COOH)과 에탄올(C_2H_5OH)에 소량의 황산을 가해 가열 증류하여 얻어지는 것은 아세트산에틸($CH_3COOC_2H_5$)이다.

초산에틸(아세트산에틸, $CH_3COOC_2H_5$)

- 인화성 액체에 해당하는 제4류 위험물 중 제1석유류에 속하는 초산에스테르류의 한 종류이며, 비수용성이어서 지정수량이 200[ℓ]이다.
- 인화점이 −4℃, 착화점이 427℃이고, 비중이 0.9005이다.
- 아세트산(CH_3COOH)과 C_2H_5OH의 혼합물에 소량의 진한 황산(H_2SO_4)을 가하여 가열하였을 때 주로 생성된다.

0502 / 1502

09 Repetitive Learning (1회 2회 3회)

구리를 석출하기 위해 $CuSO_4$ 용액에 0.5F의 전기량을 흘렸을 때 약 몇 g의 구리가 석출되겠는가? (단, 원자량은 Cu 64, S 32, O 16이다)

① 16 ② 32
③ 64 ④ 128

해설

- Cu의 원자가는 2이고, 원자량은 63.54이므로 g당량은 31.77이고, 이는 0.5몰에 해당한다.
- 즉, 1F의 전기량으로 생성할 수 있는 구리의 몰수가 0.5몰인데, 0.5F의 전기량을 흘려 구할 수 있는 구리의 몰수는 $\frac{1}{4}$몰이므로 $64 \times \frac{1}{4}$ = 16g이다.

전기화학반응

- 1F의 전기량은 물질 1g당량을 석출하는데 필요한 전기량이다.
- 1F의 전기량은 전자 1몰이 갖는 전하량으로 96,500[C]의 전하량을 갖는다.
- 물질의 g당량은 $\frac{\text{원자량}}{\text{원자가}}$로 구한다.

0402

10 Repetitive Learning (1회 2회 3회)

다음 중 비극성 분자는 어느 것인가?

① HF ② H_2O
③ NH_3 ④ CH_4

해설

- 메테인(CH_4)은 탄소(C) 1개와 수소(H) 4개가 각각 109.5°의 각도로 대칭되어 있다.

극성 및 비극성 분자

구분	내용
극성	• 대칭관계에 있더라도 끌어당기는 힘이 서로 다를 경우 힘이 큰 쪽의 분자의 성질만 나타나게 되는 분자형태 • 물에 잘 녹는 특성을 갖는다. • CO, NH_3, H_2O, HF 등
비극성	• 대칭관계에 있는 분자들이 서로 같은 힘으로 끌어당기므로 어느 쪽으로도 치우치지 않는 분자형태 • 분자간의 인력이 적으며, 물에 잘 녹지 않는 특성을 갖는다. • CH_4, CO_2, CCl_4, Cl_2, BF_3, H_2, O_2, N_2, C_6H_6 등

0402 / 0704 / 1001

11 Repetitive Learning 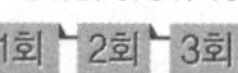

다음 중 양쪽성 산화물에 해당하는 것은?

① NO_2 ② Al_2O_3
③ MgO ④ Na_2O

해설

- 양쪽성 산화물은 양쪽성 원소가 산화된 것으로 산화알루미늄(Al_2O_3), 산화아연(ZnO), 산화납(PbO) 등이 있다.
- 이산화질소(NO_2)는 산성산화물이고, 산화마그네슘(MgO), 산화나트륨(Na_2O)은 염기성 산화물이다.

양쪽성 원소

- 금속원소와 비금속원소의 경계면에 위치한 원소들을 말한다.
- 산 · 염기에 모두 반응하여 수소(H_2)기체를 발생시킨다.
- 알루미늄(Al), 아연(Zn), 주석(Sn), 납(Pb), 갈륨(Ga), 게르마늄(Ge), 인듐(In), 탈륨(Tl), 안티몬(Sb), 비스무트(Bi), 폴로늄(Po) 등이 여기에 해당한다.

08 ① 09 ① 10 ④ 11 ② 정답

0901

12 Repetitive Learning (1회 2회 3회)

다음 중 아르곤(Ar)과 같은 전자수를 갖는 양이온과 음이온으로 이루어진 화합물은?

① NaCl ② MgO
③ KF ④ CaS

해설

- 아르곤(Ar)의 원자번호는 18로 18개의 전자를 갖는다. 양이온과 음이온이 전자수를 18개를 갖는 화합물을 찾으면 된다.
- ①은 10개의 전자를 갖는 양이온과 18개의 전자를 갖는 음이온이다.
- ②는 10개의 전자를 갖는 양이온과 음이온이다.
- ③은 18개의 전자를 갖는 양이온과 10개의 전자를 갖는 음이온이다.

원자번호(Atomic number)와 원자량(Atomic mass)

- 원자번호는 원자핵의 양성자수이자 중성원자의 총 전자수와 같다.
- 질량수 = 양성자의 수 + 중성자의 수로 구한다.
- 원자량은 6개의 양성자와 6개의 중성자로 구성되는 질량수 12인 탄소($_{12}C$)의 원자 질량을 12로 정한 조건에서 다른 원소의 비교질량을 원자량으로 나타낸다.

0504 / 0804 / 1001

13 Repetitive Learning (1회 2회 3회)

다음 중 방향족 화합물이 아닌 것은?

① 톨루엔 ② 아세톤
③ 크레졸 ④ 아닐린

해설

- 방향족 화합물이란 방향족성(벤젠)고리를 가지는 화합물을 말하는데 아세톤은 사슬구조의 지방족 화합물로 분류된다.

방향족(Aromaticity) 화합물

- 평평한 고리 구조를 가진 원자들이 비정상적으로 안정된 상태를 의미한다.
- 특정 규칙에 의해 상호작용하는 다양한 파이결합을 가져 안정적이다.
- 이중결합은 주로 첨가반응이 일어나지만 방향족은 주로 치환반응이 더 잘 일어난다.
- 방향족 화합물의 종류에는 벤젠, 톨루엔, 나프탈렌, 피리딘, 피롤, 트로플론, 아닐린, 크레졸, 피크린산 등이 있다.

0304 / 1204

14 Repetitive Learning (1회 2회 3회)

산소의 산화수가 가장 큰 것은?

① O_2 ② $KClO_4$
③ H_2SO_4 ④ H_2O_2

해설

- O_2는 홑원소 물질이므로 산소의 산화수는 0가이다.
- $KClO_4$와 H_2SO_4에서는 산소의 전기음성도가 가장 크므로 −2가가 된다.
- H_2O_2에서는 수소의 산화수가 +1가이므로 산소의 산화수도 −1가 된다.

화합물에서 산화수 관련 절대적 원칙

- 일반적으로 화합물에서 전기음성도가 큰 물질이 +의 산화수를 갖고, 전기음성도가 작은 물질이 −의 산화수를 가진다.
- 수소(H)는 결합하는 원자와의 전기음성도 차에 의해 +1가 혹은 −1가의 값을 가진다.
- 1족의 알칼리금속(Li, Na, K)은 +1가의 값을 가진다.
- 2족의 알칼리토금속(Be, Mg, Ca)는 +2가의 값을 가진다.
- 13족의 알루미늄(Al)은 +3가의 값을 가진다.
- 17족의 플로오린(F)은 −1가의 값을 가진다.

15 Repetitive Learning (1회 2회 3회)

에탄올 20.0g과 물 40.0g을 함유한 용액에서 에탄올의 몰분율은 약 얼마인가?

① 0.090 ② 0.164
③ 0.444 ④ 0.896

해설

- 몰 분율을 구하기 위해서는 모든 성분의 몰수를 구해야 한다.
- 물(H_2O)은 분자량이 18이므로 물 40g은 2.22몰이다.
- 에탄올(C_2H_5OH)의 분자량은 12×2+5×1+16+1=46이므로 20g은 0.43몰이다.
- 전체 몰수는 2.65몰이고 그중 에탄올의 몰수는 0.43몰이므로 몰분율은 0.16이다.

몰 분율

- 전체 성분의 몰수에서 특정한 성분의 몰수 비율을 말한다.

정답 | 12 ④ 13 ② 14 ① 15 ②

16 — Repetitive Learning (1회 2회 3회)

다음 중 밑줄 친 원자의 산화수 값이 나머지 셋과 다른 하나는?

① $\underline{Cr}_2O_7^{2-}$　　② $H_3\underline{P}O_4$

③ $H\underline{N}O_3$　　④ $H\underline{Cl}O_3$

해설

- $\underline{Cr}_2O_7^{2-}$에서 크롬의 산화수는 +6가가 되어야 12-14가 되어 이온의 산화수가 -2가의 값을 가지게 된다.
- $H_3\underline{P}O_4$에서 인의 산화수는 +5가가 되어야 5+3-8이 되어 화합물의 산화수가 0가로 된다.
- $H\underline{N}O_3$에서 질소의 산화수는 +5가가 되어야 1+5-6이 되어 화합물의 산화수가 0가로 된다.
- $H\underline{Cl}O_3$에서 염소의 산화수는 +5가가 되어야 1+5-6이 되어 화합물의 산화수가 0가로 된다.

화합물에서 산화수 관련 절대적 원칙

문제 14번의 유형별 핵심이론 참조

1204 / 1502

17 — Repetitive Learning (1회 2회 3회)

어떤 금속(M) 8g을 연소시키니 11.2g의 산화물이 얻어졌다. 이 금속의 원자량이 140이라면 이 산화물의 화학식은?

① M_2O_3　　② MO

③ MO_2　　④ M_2O_7

해설

- 어떤 금속(M)의 원자량은 140이고, 8g을 사용하였다.
- 산화된 산화물의 화학식은 M_xO_y라고 하고, 11.2g이 생성되었다.
- 산화물에 결합한 산소의 질량은 11.2-8=3.2g이 된다.
- 이를 몰수의 비로 표시하면 금속은 $\frac{8}{140}=0.057$몰이 되고, 산소는 $\frac{3.2}{16}=0.2$몰이 된다.
- x, y는 정수가 되어야 하므로 0.057 : 0.2를 정수비로 표시하면 1 : 3.5이므로 2 : 7이 된다.
- 즉, 이 산화물은 M_2O_7이 된다.

금속 산화물

- 어떤 금속 M의 산화물의 조성은 산화물을 구성하는 각 원소들의 몰 당량에 의해 구성된다.
- 중량%가 주어지면 해당 중량%의 비로 금속의 당량을 확인할 수 있다.
- 원자량은 당량×원자가로 구한다.

1102

18 — Repetitive Learning (1회 2회 3회)

Rn은 α선 및 β선을 2번씩 방출하고 다음과 같이 변했다. 마지막 Po의 원자번호는 얼마인가? (단, Rn의 원자번호는 86, 원자량은 222이다)

$$Rn \xrightarrow{\alpha} Po \xrightarrow{\alpha} Pb \xrightarrow{\beta} Bi \xrightarrow{\beta} Po$$

① 78　　② 81

③ 84　　④ 87

해설

- 알파붕괴는 원자번호가 2감소, 베타붕괴는 원자번호가 1증가한다.
- 2번의 알파붕괴와 2번의 베타붕괴이므로 원자번호는 86-4+2=84가 된다.

방사성 붕괴

- 방사성 붕괴의 종류에는 방출되는 입자의 종류에 따라 알파붕괴, 베타붕괴, 감마붕괴로 구분된다.
- 알파(α)붕괴는 원자핵이 알파입자(^4_2He)를 방출하면서 질량수가 4, 원자번호가 2 감소하는 과정을 말한다.
- 베타(β)붕괴는 중성자가 양성자와 전자+반중성미자(음의 베타붕괴)를 방출하거나 양성자가 에너지를 흡수하여 중성자와 양전자+중성미자(양의 베타붕괴)를 방출하는 것으로 질량수는 변화 없이 원자번호만 1증가한다.
- 감마(γ)붕괴는 원자번호나 질량수의 변화 없이 광자(γ선)를 방출하는 것을 말한다.

0702 / 1302 / 1802

19 — Repetitive Learning (1회 2회 3회)

어떤 기체의 확산 속도는 SO_2의 2배이다. 이 기체의 분자량은 얼마인가? (단, SO_2의 분자량은 64이다)

① 4　　② 8

③ 16　　④ 32

해설

- 그레이엄의 법칙에 따르면 기체의 분자량은 확산 속도의 제곱에 반비례한다. 2배 빠르다는 것은 분자량이 1/4배라는 것이다.

그레이엄의 법칙

- 기체의 확산(Diffusion)과 관련된 법칙이다.
- 일정한 온도와 압력의 조건에서 두 기체의 확산 속도 비는 그들의 밀도(분자량)의 제곱근에 반비례한다.

16 ① 17 ④ 18 ③ 19 ③ | 정답

0604 / 1401

20 Repetitive Learning (1회 2회 3회)

다음 중 전리도가 가장 커지는 경우는?

① 농도와 온도가 일정할 때
② 농도가 진하고 온도가 높을수록
③ 농도가 묽고 온도가 높을수록
④ 농도가 진하고 온도가 낮을수록

해설

- 전리도는 온도가 높을수록, 농도가 묽을수록 커진다.

전리도

- 이온화하기 전의 물질의 양에 대한 이온화된 물질의 양의 비를 표시하는 이온화도와 같이 사용한다.
- 수소이온 혹은 수산화이온의 몰농도와 같은 개념이다.
- $\frac{\text{이온화된 몰 수}}{\text{이온화 전의 총 몰수}} = \frac{\text{이온화된 분자 수}}{\text{이온화 전의 총 분자수}}$로 구한다.
- 산이나 알칼리가 강하다는 것은 전리도가 커다는 것을 의미하고, 산이나 알칼리가 약하다는 것은 전리도가 작다는 것을 의미한다.
- 전리도는 온도가 높을수록, 농도가 묽을수록 커진다.

2과목 화재예방과 소화방법

2003

21 Repetitive Learning 

마그네슘 분말이 이산화탄소 소화약제와 반응하여 생성될 수 있는 유독기체의 분자량은?

① 26 ② 28
③ 32 ④ 44

해설

- 마그네슘은 이산화탄소를 분해시켜 가연성의 일산화탄소 또는 탄소를 생성시키는 반응성이 큰 금속(Na, K, Mg, Ti 등)이다.
- 생성되는 유독기체는 일산화탄소(CO)이므로 분자량은 28이다.

이산화탄소 소화기 사용 제한

- 자기반응성 물질인 제5류 위험물과 같이 자체적으로 산소를 가지고 있는 물질 화재
- 이산화탄소를 분해시켜 가연성의 일산화탄소 또는 탄소를 생성시키는 반응성이 큰 금속(Na, K, Mg, Ti 등)과 금속수소화물(LiH, NaH 등) 화재
- 밀폐되어 방출할 경우 인명 피해가 우려되는 곳의 화재

0204 / 0604 / 0804 / 0901 / 1204

22 Repetitive Learning (1회 2회 3회)

위험물안전관리법령상 제3류 위험물 중 금수성 물질에 적응성이 있는 소화기는?

① 할로겐화합물소화기
② 인산염류분말소화기
③ 이산화탄소 소화기
④ 탄산수소염류분말소화기

해설

- 금수성 물질에 적응성 있는 소화기는 탄산수소염류소화기와 건조사, 팽창질석 또는 팽창진주암 등이 있다.

소화설비의 적응성 중 제3류 위험물 실기 1002/1101/1202/1601/1702/1902/2001/2003/2004

소화설비의 구분			제3류 위험물	
			금수성물품	그 밖의 것
옥내소화전 또는 옥외소화전설비				○
스프링클러설비				○
물분무등 소화설비	물분무소화설비			○
	포소화설비			○
	불활성가스소화설비			
	할로겐화합물소화설비			
	분말 소화설비	인산염류등		
		탄산수소염류등	○	
		그 밖의 것	○	
대형·소형 수동식 소화기	봉상수(棒狀水)소화기			○
	무상수(霧狀水)소화기			○
	봉상강화액소화기			○
	무상강화액소화기			○
	포소화기			○
	이산화탄소 소화기			
	할로겐화합물소화기			
	분말 소화기	인산염류소화기		
		탄산수소염류소화기	○	
		그 밖의 것	○	
기타	물통 또는 수조			○
	건조사		○	○
	팽창질석 또는 팽창진주암		○	○

정답 | 20 ③ 21 ② 22 ④

23 Repetitive Learning (1회 2회 3회)

할로겐화합물 청정소화약제 중 HFC-23의 화학식은?

① CF_3I ② CHF_3

③ $CF_3CH_2CF_3$ ④ C_4F_{10}

해설

- 청정소화약제 HFC-23은 HFC-023의 의미로 탄소가 0+1=1개, 수소가 2-1=1개, 불소가 3개라는 의미이다.

할로겐화합물 청정소화약제

㉠ 표시법

- 청정소화약제의 표기 규칙은 영문자 2~4개-3개의 숫자로 구성되며 할록소화약제와 달리 앞쪽의 원소가 없을 때는 0을 생략한다.

XXXX	탄소(C)	수소(H)	불소(F)

- 탄소(C) 자리에 나온 수에 1을 더하면 탄소의 개수가 된다.
- 수소(H) 자리에 나온 수에 1을 빼면 수소의 개수가 된다.
- 불소(F) 자리의 수는 그대로 불소의 개수가 된다.

㉡ 대표적인 종류

청정소화약제	화학식	비고
HFC-23	CHF_3	HFC-23는 HFC-023을 의미
HFC-125	C_2HF_5	CHF_2CF_3
HFC-227ea	C_3HF_7	CF_3CHFCF_3
FC 3-1-10	C_4F_{10}	마지막 10 때문에 -를 표기

24 Repetitive Learning (1회 2회 3회)

물리적 소화에 의한 소화효과(소화방법)에 속하지 않는 것은?

① 제거효과 ② 질식효과

③ 냉각효과 ④ 억제효과

해설

- 할로겐화합물소화기의 소화효과는 억제효과이며, 이는 화학적 소화에 해당한다.

소화효과의 종류

냉각효과	액체의 증발잠열을 이용하여 연소 시 발생하는 열에너지를 흡수
질식효과	연소에 필요한 공기의 공급을 차단시키는 소화
억제효과	활성기(Free-radical)에 의한 연쇄반응을 차단하는 화학적 소화
제거효과	가연물의 공급을 제한하여 소화
희석효과	수용성인 인화성 액체 화재 시 물을 방사하여 가연물의 농도를 낮추어 소화

1004

25 Repetitive Learning (1회 2회 3회)

질식효과를 위해 포의 성질로서 갖추어야 할 조건으로 가장 거리가 먼 것은?

① 기화성이 좋을 것

② 부착성이 있을 것

③ 유동성이 좋을 것

④ 바람 등에 견디고 응집성과 안정성이 있을 것

해설

- 포가 가져야할 조건에는 부착성, 응집성, 유동성 및 무독성을 들 수 있다.

포소화약제

- 화재면 위에 거품(포)를 분사하여 산소공급을 차단하는 질식효과와 포의 주성분인 물을 이용한 냉각효과를 이용한 소화약제이다.
- 종류에는 화학포, 공기포(단백포, 활성계면활성제포, 수성막포), 알코올포 등이 있다.
- 포가 갖춰야 할 조건

부착성	기름보다 가벼우며, 화재면과의 부착성이 좋아야 한다.
응집성	바람에 견딜 수 있도록 응집성과 안정성이 있어야 한다.
유동성	열에 대한 막을 가지며 유동성이 좋아야 한다.
무독성	인체에 해롭지 않아야 한다.

1204 / 1404

26 Repetitive Learning (1회 2회 3회)

인화성 액체 화재의 분류로 옳은 것은?

① A급 화재 ② B급 화재

③ C급 화재 ④ D급 화재

해설

- A급 화재는 일반 가연성 물질, C급 화재는 전기화재, D급 화재는 금속화재이다.

화재의 분류 실기 0504

분류	표시 색상	구분 및 대상	소화기	특징
A급	백색	종이, 나무 등 일반 가연성 물질	물 및 산, 알칼리 소화기	• 냉각소화 • 재가 남는다.
B급	황색	석유, 페인트 등 유류화재	모래나 소화기	• 질식소화 • 재가 남지 않는다.
C급	청색	전기스파크 등 전기화재	이산화탄소 소화기	• 질식소화, 냉각소화 • 물로 소화할 경우 감전의 위험이 있다.
D급	무색	금속나트륨, 금속칼륨 등 금속화재	마른 모래	• 질식소화 • 물로 소화할 경우 폭발의 위험이 있다.

23 ② 24 ④ 25 ① 26 ② 정답

0704

27 Repetitive Learning (1회 2회 3회)

수소의 공기 중 연소범위에 가장 가까운 값을 나타내는 것은?

① 2.5 ~ 82.0vol% ② 5.3 ~ 13.9vol%

③ 4.0 ~ 74.5vol% ④ 12.5 ~ 55.0vol%

해설

- 수소의 폭발범위는 4.0~75vol% 정도이다.

주요 가스의 폭발상한계, 하한계, 폭발범위, 위험도

가스	폭발 하한계	폭발 상한계	폭발범위	위험도
아세틸렌 (C_2H_2)	2.5	81	78.5	$\frac{81-2.5}{2.5}=31.4$
수소 (H_2)	4.0	75	71	$\frac{75-4.0}{4.0}=17.75$
일산화탄소 (CO)	12.5	74	61.5	$\frac{74-12.5}{12.5}=4.92$
암모니아 (NH_3)	15	28	13	$\frac{28-15}{15}=0.87$
메탄 (CH_4)	5.0	15	10	$\frac{15-5}{5}=2$
이황화탄소 (CS_2)	1.3	41.0	39.7	$\frac{41-1.3}{1.3}=30.54$
프로판 (C_3H_8).	2.1	9.5	7.4	$\frac{9.5-2.1}{2.1}=3.52$
부탄 (C_4H_{10})	1.8	8.4	6.6	$\frac{8.4-1.8}{1.8}=3.67$

0304

28 Repetitive Learning

위험물안전관리법령상 옥내소화전 설비의 설치기준에 따르면 수원의 수량은 옥내소화전이 가장 많이 설치된 층의 옥내소화전 설치개수(설치개수가 5개 이상인 경우는 5개)에 몇 m^3를 곱한 양 이상이 되도록 설치하여야 하는가?

① 2.3 ② 2.6

③ 7.8 ④ 13.5

해설

- 옥내소화전설비에서 수원의 수량은 옥내소화전이 가장 많이 설치된 층의 옥내소화전 설치개수(설치개수가 5개 이상인 경우는 5개)에 $7.8m^3$를 곱한 양 이상이 되도록 설치해야 한다.

옥내소화전설비의 설치기준 실기 1301/1304/1701/1702/1804

- 옥내소화전은 제조소등의 건축물의 층마다 당해 층의 각 부분에서 하나의 호스접속구까지의 수평거리가 25m 이하가 되도록 설치할 것. 이 경우 옥내소화전은 각층의 출입구 부근에 1개 이상 설치하여야 한다.
- 수원의 수량은 옥내소화전이 가장 많이 설치된 층의 옥내소화전 설치개수(설치개수가 5개 이상인 경우는 5개)에 $7.8m^3$를 곱한 양 이상이 되도록 설치할 것
- 옥내소화전설비는 각층을 기준으로 하여 당해 층의 모든 옥내소화전(설치개수가 5개 이상인 경우는 5개의 옥내소화전)을 동시에 사용할 경우에 각 노즐선단의 방수압력이 350kPa 이상이고 방수량이 1분당 260L 이상의 성능이 되도록 할 것
- 옥내소화전설비에는 비상전원을 설치할 것

0802

29 Repetitive Learning (1회 2회 3회)

물이 일반적인 소화약제로 사용될 수 있는 특징에 대한 설명 중 틀린 것은?

① 증발잠열이 크기 때문에 냉각시키는데 효과적이다.

② 물을 사용한 봉상수 소화기는 A급, B급 및 C급 화재의 진압에 적응성이 뛰어나다.

③ 비교적 쉽게 구해서 이용이 가능하다.

④ 펌프, 호스 등을 이용하여 이송이 비교적 용이하다.

해설

- 호스를 이용해 다량의 물을 방사하는 봉상수소화기는 전기화재에는 부적당하여 A급, B급 화재의 진압에 사용된다.

물의 특성 및 소화효과

㉠ 개요

- 이산화탄소보다 기화잠열(539[kcal/kg])과 비열(1[kcal/kg℃]) 이 커 많은 열량의 흡수가 가능하다.
- 산소가 전자를 잡아당겨 극성을 갖는 극성공유결합을 한다.
- 수소결합을 통해 강한 분자간의 힘을 가지므로 표면장력이 크다.
- 주된 소화효과는 기화잠열과 비열을 이용한 냉각소화이다.

㉡ 장단점

장점	단점
• 구하기 쉽다. • 취급이 간편하다. • 기화잠열이 크다.(냉각효과) • 기화팽창률이 크다.(질식효과)	• 피연소 물질에 피해를 준다. • 겨울철에 동파 우려가 있다.

정답 | 27 ③ 28 ③ 29 ②

30

Repetitive Learning (1회 2회 3회)

CO_2에 대한 설명으로 옳지 않은 것은?

① 무색, 무취 기체로서 공기보다 무겁다.
② 물에 용해 시 약 알칼리성을 나타낸다.
③ 농도에 따라서 질식을 유발할 위험성이 있다.
④ 상온에서도 압력을 가해 액화시킬 수 있다.

해설

- 이산화탄소는 물에 용해 될 경우 금속성이 없으므로 산성을 띈다.

이산화탄소(CO_2)

- 무색, 무취이며 비전도성이다.
- 증기상태의 비중은 약 1.52로 공기보다 무겁다.
- 임계온도는 약 31℃이다.
- 냉각 및 압축에 의하여 액화될 수 있다.
- 산소와 반응하지 않고 산소공급을 차단하므로 표면소화에 효과적이다.
- 방사 시 열량을 흡수하므로 냉각소화 및 질식, 피복소화 작용이 있다.
- 밀폐된 공간에서는 질식을 유발할 수 있으므로 주의해야 한다.

0402 / 0802

31

Repetitive Learning (1회 2회 3회)

위험물안전관리법령상 간이소화용구(기타소화설비)인 팽창질석은 삽을 상비한 경우 몇 L가 능력단위 1.0인가?

① 70L ② 100L
③ 130L ④ 160L

해설

- 삽 1개를 포함할 경우 마른모래의 경우 50L가 능력단위 0.5이고, 팽창질석는 160L가 능력단위 1.0이다.

소화설비의 능력단위

- 수동식소화기의 능력단위는 수동식소화기의 형식승인 및 검정기술기준에 의하여 형식승인 받은 수치로 할 것

소화설비	용량	능력단위
소화전용(轉用)물통	8L	0.3
수조(소화전용물통 3개 포함)	80L	1.5
수조(소화전용물통 6개 포함)	190L	2.5
마른 모래(삽 1개 포함)	50L	0.5
팽창질석 또는 팽창진주암(삽 1개 포함)	160L	1.0

32

Repetitive Learning (1회 2회 3회)

과산화칼륨이 다음과 같이 반응하였을 때 공통적으로 포함된 물질(기체)의 종류가 나머지 셋과 다른 하나는?

① 가열하여 열분해 하였을 때
② 물(H_2O)과 반응하였을 때
③ 염산(HCl)과 반응하였을 때
④ 이산화탄소(CO_2)와 반응하였을 때

해설

- ①, ②, ④의 경우 모두 산소가 발생한다.

과산화칼륨(K_2O_2)의 반응

- 가열하여 열분해 하였을 때 산화칼륨과 산소를 발생한다.
  $K_2O_2 \rightarrow K_2O + 0.5O_2$
- 물과 반응하였을 때 수산화칼륨과 산소를 발생한다.
  $K_2O_2 + H_2O \rightarrow 2KOH + 0.5O_2$
- 염산과 반응하였을 때 염화칼륨과 과산화수소를 발생한다.
  $K_2O_2 + 2HCl \rightarrow 2KCl + H_2O_2$
- 이산화탄소와 반응하였을 때 탄산칼륨과 산소를 발생한다.
  $K_2O_2 + CO_2 \rightarrow K_2CO_3 + 0.5O_2$

33

Repetitive Learning (1회 2회 3회)

다음 중 보통의 포소화약제보다 알코올형 포소화약제가 더 큰 소화효과를 볼 수 있는 대상물질은?

① 경유 ② 메틸알코올
③ 등유 ④ 가솔린

해설

- 메탄올(메틸알코올, CH_3OH) 화재는 메탄올이 가지는 소포성으로 인해 소화효과가 소멸되므로 별도의 알코올형 포소화약제를 사용하여야 한다.

알코올형 포소화약제

- 알코올, 아세톤 등의 수용성 극성액체에 의한 화재가 발생했을 때 수성막포를 사용할 경우 소포작용에 의해 포가 바로 소멸되어 소화기능을 수행할 수 없게 되는데 소포작용이 일어날 수 있는 극성액체의 화재를 소화하기 위해 만들어진 소화약제를 말한다.
- 내알코올포 혹은 수용성액체용포라고도 한다.

30 ② 31 ④ 32 ③ 33 ② | 정답

1002

34 Repetitive Learning (1회 2회 3회)

위험물안전관리법령상 소화설비의 구분에서 물분무등소화설비에 속하는 것은?

① 포소화설비 ② 옥내소화전설비
③ 스프링클러설비 ④ 옥외소화전설비

해설

• 물분무등소화설비에는 물분무소화설비, 포소화설비, 불활성가스소화설비, 할로겐화합물소화설비와 분말소화설비 등으로 분류된다.

물분무등소화설비의 분류와 적응성

소화 설비의 구분		물분무 소화설비	포 소화설비	불활성 가스 소화설비	할로겐 화합물 소화설비	분말소화설비		
						인산염류 등	탄산수소 염류등	그 밖의 것
건축물·그 밖의 공작물		○	○			○		
전기설비		○		○	○	○	○	
제1류 위험물	알칼리금속 과산화물등						○	○
	그 밖의 것	○	○			○		
제2류 위험물	철분·금속분·마그네슘등						○	○
	인화성고체	○	○	○	○	○	○	
	그밖의것	○	○			○		
제3류 위험물	금수성물품						○	○
	그 밖의 것	○	○					
제4류 위험물		○	○	○	○	○	○	
제5류 위험물		○	○					
제6류 위험물		○	○			○		

35 Repetitive Learning (1회 2회 3회)

가연성 고체 위험물의 화재에 대한 설명으로 틀린 것은?

① 적린과 유황은 물에 의한 냉각소화를 한다.
② 금속분, 철분, 마그네슘이 연소하고 있을 때는 주수해서는 안 된다.
③ 금속분, 철분, 마그네슘, 황화린은 마른 모래 팽창질석 등으로 소화를 한다.
④ 금속분, 철분, 마그네슘의 연소 시에는 수소와 유독가스가 발생하므로 충분한 안전거리를 확보해야 한다.

해설

• 금속분과 철분, 마그네슘은 연소 시 각 물질의 산화물이 생성되지 수소와 유독가스가 발생하지 않으며, 주수소화 시에는 수소가 발생되므로 주수소화를 금해야 한다.

제2류 위험물의 일반적인 성질 실기 0602/1101/1704/2004

• 비교적 낮은 온도에서 연소하기 쉬운 가연성 물질이다.
• 연소속도가 빠르고, 연소 시 유독한 가스에 주의하여야 한다.
• 가열이나 산화제를 멀리한다.
• 금속분, 철분, 마그네슘을 제외하고 주수에 의한 냉각소화를 한다.
• 금속분은 물또는 산과의 접촉 시 발열하므로 접촉을 금해야 하며, 금속분의 화재에는 건조사의 피복소화가 좋다.

36 Repetitive Learning (1회 2회 3회)

위험물안전관리법령상 전역방출방식 또는 국소방출방식의 불활성가스소화설비 저장용기의 설치기준으로 틀린 것은?

① 온도가 40℃ 이하이고 온도 변화가 적은 장소에 설치할 것
② 저장용기의 외면에 소화약제의 종류와 양, 제조년도 및 제조자를 표시할 것
③ 직사일광 및 빗물이 침투할 우려가 적은 장소에 설치할 것
④ 방호구역 내의 장소에 설치할 것

해설

• 불활성가스소화설비 저장용기는 방호구역 외의 장소에 설치해야 한다.

불활성가스소화설비 저장용기의 설치기준

• 방호구역 외의 장소에 설치할 것
• 온도가 40℃ 이하이고 온도 변화가 적은 장소에 설치할 것
• 직사일광 및 빗물이 침투할 우려가 적은 장소에 설치할 것
• 저장용기에는 안전장치를 설치할 것(용기밸브에 설치되어 있는 것을 포함)
• 저장용기의 외면에 소화약제의 종류와 양, 제조년도 및 제조자를 표시할 것

정답 | 34 ① 35 ④ 36 ④

37

Repetitive Learning (1회 2회 3회)

연소의 3요소 중 하나에 해당하는 역할이 나머지 셋과 다른 위험물은?

① 과산화수소　　② 과산화나트륨
③ 질산칼륨　　④ 황린

해설

- 과산화수소, 과산화나트륨, 질산칼륨은 모두 산소를 공급하는 산소 공급원의 역할을 하는데 반해, 황린은 점화원으로서의 역할을 한다.

연소이론

- 연소란 화학반응의 한 종류로, 가연물이 산소 중에서 산화반응을 하여 열과 빛을 발산하는 현상을 말한다.
- 연소의 3요소에는 가연물, 산소공급원, 점화원이 있다.
- 연소범위가 넓을수록 연소위험이 크다.
- 착화온도가 낮을수록 연소위험이 크다.
- 가연성 액체를 발화점 이상으로 공기 중에서 가열하면 별도의 점화원이 없어도 발화할 수 있다.

38

Repetitive Learning 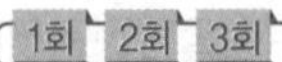

칼륨, 나트륨, 탄화칼슘의 공통점으로 옳은 것은?

① 연소 생성물이 동일하다.
② 화재 시 대량의 물로 소화한다.
③ 물과 반응하면 가연성 가스를 발생한다.
④ 위험물안전관리법령에서 정한 지정수량이 같다.

해설

- 칼륨이 연소되면 산화칼륨이, 나트륨이 연소되면 산화나트륨이, 탄화칼슘이 연소되면 산화칼슘과 이산화탄소가 발생한다.
- 칼륨, 나트륨, 탄화칼슘 모두 금수성 물질로 화재발생 시 물로 소화해서는 안 된다.
- 칼륨과 나트륨의 지정수량은 10kg으로 같으나 탄화칼슘은 칼슘 또는 알루미늄 탄화물로 지정수량이 300kg이다.

금속과 물의 반응

- 금속칼륨(K)은 물과 반응 시 수산화칼륨, 가연성 수소를 발생한다.
  $2K + 2H_2O \rightarrow 2KOH + H_2$
- 나트륨(Na)은 물과 반응 시 수산화나트륨, 가연성 수소를 발생한다.
  $2Na + 2H_2O \rightarrow 2NaOH + H_2$
- 탄화칼슘(CaC_2)은 물과 반응 시 수산화칼슘, 가연성 아세틸렌 가스를 발생한다.
  $CaC_2 + 2H_2O \rightarrow Ca(OH)_2 + C_2H_2$

0304 / 1001 / 1301

39

Repetitive Learning (1회 2회 3회)

공기포 발포배율을 측정하기 위해 중량 340g, 용량 1,800mL의 포 수집 용기에 가득히 포를 채취하여 측정한 용기의 무게가 540g이었다면 발포배율은? (단, 포 수용액의 비중은 1로 가정한다)

① 3배　　② 5배
③ 7배　　④ 9배

해설

- 포의 중량은 540－340＝200g이고, 용량은 1800mL이므로 $\frac{1,800}{200}$ ＝9배이다.

공기포의 발포배율(팽창비) 산출식

- 발포배율은 내용적(용량) 대 중량의 비로 구한다.
- 발포배율 = $\frac{\text{내용적[mL]}}{\text{전체중량[g]} - \text{빈 시료용기중량[g]}}$ 으로 구한다.

0404 / 0601 / 0904 / 1102 / 1402 / 1504

40

Repetitive Learning (1회 2회 3회)

위험물안전관리법령상 위험물저장소 건축물의 외벽이 내화구조인 것은 연면적 얼마를 1소요단위로 하는가?

① $50m^2$　　② $75m^2$
③ $100m^2$　　④ $150m^2$

해설

- 위험물 저장소의 건축물에 대한 소요단위는 외벽이 내화구조인 것은 연면적 $150m^2$를 1소요단위로 한다.

소요단위 실기 0604/0802/1202/1204/1704/1804/2001

- 소화설비의 설치대상이 되는 건축물 그 밖의 공작물의 규모 또는 위험물의 양의 기준단위이다.
- 계산방법

구분	기준
제조소 또는 취급소의 건축물	외벽이 내화구조인 것은 연면적 $100m^2$를 1소요단위로 하며, 외벽이 내화구조가 아닌 것은 연면적 $50m^2$를 1소요단위로 할 것
저장소의 건축물	외벽이 내화구조인 것은 연면적 $150m^2$를 1소요단위로 하고, 외벽이 내화구조가 아닌 것은 연면적 $75m^2$를 1소요단위로 할 것
제조소 등의 옥외에 설치된 공작물	외벽이 내화구조인 것으로 간주하고 공작물의 최대 수평투영면적을 연면적으로 간주하여 제조소 혹은 저장소 건축물의 소요단위를 적용할 것
위험물	지정수량의 10배를 1소요단위로 할 것

37 ④　38 ③　39 ④　40 ④ | 정답

3과목 위험물의 성질과 취급

0801 / 1101 / 1501

41

Repetitive Learning 

취급하는 장치가 구리나 마그네슘으로 되어 있을 때 반응을 일으켜서 폭발성의 아세틸라이트를 생성하는 물질은?

① 이황화탄소　　② 이소프로필알코올
③ 산화프로필렌　　④ 아세톤

해설

- 아세틸렌(C_2H_2), 아세트알데히드(CH_3CHO), 산화프로필렌(CH_3CH_2CHO) 등은 은, 수은, 동, 마그네슘 및 이의 합금과 결합할 경우 금속아세틸라이드라는 폭발성 물질을 생성한다.

산화프로필렌(CH_3CH_2CHO) 실기 0501/0602/1002/1704

- 인화점이 -37℃인 특수인화물로 지정수량은 50L이고, 위험등급은 Ⅰ이다.
- 연소범위는 2.5 ~ 38.5%이고, 끓는점(비점)은 34℃, 비중은 0.83으로 물보다 가벼우며, 증기비중은 2로 공기보다 무겁다.
- 무색의 휘발성 액체이고, 물이나 알코올, 에테르, 벤젠 등에 잘 녹는다.
- 증기압은 45mmHg로 제4류 위험물 중 가장 커 기화되기 쉽다.
- 액체가 피부에 닿으면 화상을 입고 증기를 마시면 심할 때는 폐부종을 일으킨다.
- 저장 시 은, 수은, 동, 마그네슘 및 이의 합금으로 된 용기를 사용하면 폭발성 물질인 아세틸라이드를 생성하므로 해당 용기의 사용을 절대 금한다.
- 저장 시 용기 내부에 불활성 기체(N_2) 또는 수증기를 봉입하여야 한다.

1304

42

Repetitive Learning (1회 2회 3회)

휘발유를 저장하던 이동저장탱크에 탱크의 상부로부터 등유나 경유를 주입할 때 액 표면이 주입관의 선단을 넘는 높이가 될 때까지 그 주입관 내의 유속을 몇 m/s 이하로 하여야 하는가?

① 1　　② 2
③ 3　　④ 5

해설

- 이동저장탱크의 상부로부터 위험물을 주입할 때에는 위험물의 액표면이 주입관의 선단을 넘는 높이가 될 때까지 그 주입관내의 유속을 초당 1m 이하로 하여야 한다.

휘발유 저장 이동저장탱크에서의 정전기 등에 의한 재해방지조조

- 이동저장탱크의 상부로부터 위험물을 주입할 때에는 위험물의 액표면이 주입관의 선단을 넘는 높이가 될 때까지 그 주입관내의 유속을 초당 1m 이하로 할 것
- 이동저장탱크의 밑부분으로부터 위험물을 주입할 때에는 위험물의 액표면이 주입관의 정상부분을 넘는 높이가 될 때까지 그 주입배관내의 유속을 초당 1m 이하로 할 것
- 그 밖의 방법에 의한 위험물의 주입은 이동저장탱크에 가연성증기가 잔류하지 아니하도록 조치하고 안전한 상태로 있음을 확인한 후에 할 것

43

Repetitive Learning (1회 2회 3회)

다음 중 요오드값이 가장 작은 것은?

① 아미인유　　② 들기름
③ 정어리기름　　④ 야자유

해설

- 아마인유, 들기름, 정어리기름은 요오드값이 130 이상인 건성유이다.
- 야자유는 요오드값이 7 ~ 11 정도의 불건성유이다.

동 · 식물유류 실기 0601/0604/1304/1502/1802/2003

㉠ 개요

- 1기압에서 인화점이 250℃ 미만인 것으로 지정수량이 10,000L이고, 위험등급이 Ⅲ에 해당하는 물질이다.
- 유지 100g에 부가되는 요오드의 g수를 의미하는 요오드값(옥소값)에 의해 건성유(130 이상), 반건성유(100 ~ 130), 불건성유(100 이하)로 구분한다.
- 요오드값이 클수록 자연발화의 위험이 크다.
- 요오드값이 클수록 이중결합이 많고, 불포화지방산을 많이 가진다.

㉡ 구분

구분	내용
건성유 (요오드값이 130 이상)	• 공기 중에서 자연발화의 위험이 있으며, 피막이 단단하다. • 동유, 아마인유, 정어리유, 대구유, 상어유, 해바라기유, 들기름 등
반건성유 (요오드값이 100 ~ 130)	• 피막이 얇다. • 참기름, 콩기름, 청어유, 쌀겨기름, 면실유, 채종유, 옥수수기름 등
불건성유 (요오드값이 100 이하)	• 피막을 만들지 않는다. • 피마자유, 올리브유, 팜유, 땅콩기름, 야자유, 쇠기름, 돼지기름, 고래기름 등

정답 | 41 ③ 42 ① 43 ④

1502

44 Repetitive Learning (1회 2회 3회)

과산화벤조일에 대한 설명으로 틀린 것은?

① 벤조일퍼옥사이드라고도 한다.
② 상온에서 고체이다.
③ 산소를 포함하지 않는 환원성 물질이다.
④ 희석제를 첨가하여 폭발성을 낮출 수 있다.

해설

- 과산화벤조일은 제5류 위험물이므로 물질 자체에 산소를 함유하고 있는 자기반응성 물질이다.

과산화벤조일[$(C_6H_5CO)_2O_2$] 실기 0802/0904/1001/1401

- 벤조일퍼옥사이드라고도 한다.
- 유기과산화물로 자기반응성 물질에 해당하는 제5류 위험물이다.
- 상온에서 고체이다.
- 발화점이 125℃로 건조상태에서 마찰 · 충격으로 폭발 위험성이 있다.
- 물에 녹지 않으며 에테르 등에는 잘 녹는다.
- 물이나 희석제(프탈산디메틸, 프탈산디부틸)를 첨가하여 폭발성을 낮출 수 있다.

0402 / 0701 / 0902 / 1201

45 Repetitive Learning (1회 2회 3회)

이황화탄소를 물속에 저장하는 이유로 가장 타당한 것은?

① 공기와 접촉하면 즉시 폭발하므로
② 가연성 증기의 발생을 방지하므로
③ 온도의 상승을 방지하므로
④ 불순물을 물에 용해시키므로

해설

- 이황화탄소는 물에 녹지 않고 물보다 무거우며, 가연성 증기의 발생을 방지하기 위해 물속에 넣어 저장한다.

이황화탄소(CS_2) 실기 0504/0704/0802/1102/1401/1402/1501/1601/1702/1802/2004/2101

- 특수인화물로 지정수량이 50L이고 위험등급은 Ⅰ이다.
- 인화점이 −30℃, 끓는점이 46.3℃, 발화점이 120℃이다.
- 순수한 것은 무색투명한 액체이나, 일광에 황색으로 변한다.
- 물에 녹지 않고 벤젠에는 녹는다.
- 가연성 증기의 발생을 방지하기 위해 물속에 넣어 저장한다.
- 비중이 1.26으로 물보다 무겁고 독성이 있다.
- 완전연소할 때 자극성이 강하고 유독한 기체(SO_2)를 발생시킨다.

0604 / 1304

46 Repetitive Learning (1회 2회 3회)

다음 중 황린의 연소 생성물은?

① 삼황화린 ② 인화수소
③ 오산화인 ④ 오황화린

해설

- 황린을 밀폐용기 속에서 260℃로 가열하여 적린을 얻을 수 있으며, 이때 유독가스인 오산화인(P_2O_5)이 발생한다.

황린(P_4) 실기 0602/0701/0702/0901/1001/1202/1302/1401/1402/1504/1901/1902/2003

- 공기 중에서 발화하는 자연발화성 물질로 제3류 위험물에 속하며 지정수량은 20kg, 위험등급은 Ⅰ이다.
- 산소와 결합력이 강하고 착화온도가 낮기(미분 34℃, 고형분 60℃) 때문에 쉽게 자연발화한다.
- 백색 또는 담황색의 고체로 독성이 있는 물질로 물에는 녹지 않고 이황화탄소에는 녹는다.
- 수산화나트륨(NaOH) 수용액에 반응시키면 포스핀(인화수소, PH_3)를 발생시키므로 이를 방지하기 위해 pH9의 물속에 저장한다.
- 밀폐용기 속에서 260℃로 가열하여 적린을 얻을 수 있다. 이때 유독가스인 오산화인(P_2O_5)이 발생한다.
(반응식 : $P_4 + 5O_2 \rightarrow 2P_2O_5$)

47 Repetitive Learning 

위험물안전관리법령상 위험물의 지정수량이 틀리게 짝지어진 것은?

① 황화린 − 50kg ② 적린 − 100kg
③ 철분 − 500kg ④ 금속분 − 500kg

해설

- 황화린은 제2류 위험물에 해당하는 가연성 고체로 지정수량이 100kg이고 위험등급은 Ⅱ에 해당하는 물질이다.

제2류 위험물_가연성 고체 실기 0504/1104/1602/1701

품명	지정수량	위험등급
황화린	100kg	Ⅱ
적린		
유황		
마그네슘	500kg	Ⅲ
철분		
금속분		
인화성고체	1,000kg	

44 ③ 45 ② 46 ③ 47 ① | 정답

0302 / 0902

48

Repetitive Learning (1회 2회 3회)

다음 제4류 위험물 중 연소범위가 가장 넓은 것은?

① 아세트알데히드 ② 산화프로필렌
③ 휘발유 ④ 아세톤

해설

- 산화프로필렌은 특수인화물이고, 연소범위는 2.5 ~ 38.5%이다.
- 휘발유는 제1석유류이고, 연소범위는 1.4 ~ 7.6%이다.
- 아세톤(CH_3COCH_3)은 제1석유류이고, 연소범위는 2.6 ~ 12.8%이다.

아세트알데히드(CH_3CHO) 실기 0901/0704/0802/1304/1501/1504/1602/1801/1901/2001/2003

- 특수인화물로 자극성 과일향을 갖는 무색투명한 액체이다.
- 비중이 0.78로 물보다 가볍고, 증기비중은 1.52로 공기보다 무겁다.
- 연소범위는 4.1 ~ 57%로 아주 넓으며, 끓는점(비점)이 21℃로 아주 낮다.
- 수용성 물질로 물에 잘 녹고 에탄올이나 에테르와 잘 혼합한다.
- 산화되어 초산으로 된다.
- 저장 시 은, 수은, 동, 마그네슘 및 이의 합금으로 된 용기를 사용하면 폭발성 물질인 아세틸라이드를 생성하므로 해당 용기의 사용을 절대 금한다.
- 암모니아성 질산은 용액을 반응시키면 은거울반응이 일어나서 은을 석출시키는데 이는 알데히드의 환원성 때문이다.

0701

49

Repetitive Learning 

질산염류의 일반적인 성질에 대한 설명으로 옳은 것은?

① 무색 액체이다.
② 물에 잘 녹는다.
③ 물에 녹을 때 흡열반응을 나타내는 물질은 없다.
④ 과염소산염류보다 충격, 가열에 불안정하여 위험성이 크다.

해설

- 질산염류는 무색 혹은 백색의 고체결정 또는 분말이다.
- 질산암모늄(NH_4NO_3)은 물에 녹을 때 흡열반응을 나타낸다.
- 질산염류는 일반적으로 과염소산염류보다 충격, 가열 시 위험성이 작다.

질산염류

- 산화성 고체로 제1류 위험물에 해당하며, 지정수량은 300kg, 위험등급은 II이다.
- 질산나트륨($NaNO_3$), 질산칼륨(KNO_3), 질산암모늄(NH_4NO_3) 등이 있다.
- 물에 잘 녹는다.
- 열분해 시 산소를 발생시킨다.

0501_추가

50

Repetitive Learning (1회 2회 3회)

다음 위험물 중 보호액으로 물을 사용하는 것은?

① 황린 ② 적린
③ 루비듐 ④ 오황화린

해설

- 보호액으로 물을 사용하는 것은 니트로셀룰로오스, 황린, 이황화탄소 등이 있다.

위험물 저장 시 보호액 실기 0502/0504/0604/0902/0904

금속칼륨, 나트륨	석유(파라핀, 경유, 등유), 벤젠
니트로셀룰로오스	알코올이나 물
황린, 이황화탄소	물

51

Repetitive Learning (1회 2회 3회)

다음 위험물의 지정수량 배수의 총합은?

> 휘발유 : 2,000L
> 경유 : 4,000L
> 등유 : 40,000L

① 18 ② 32
③ 46 ④ 54

해설

- 휘발유는 제4류 위험물에 해당하는 비수용성 제1석유류로 지정수량이 200L이다.
- 경유는 제4류 위험물에 해당하는 비수용성 제2석유류로 지정수량이 1,000L이다.
- 등유는 제4류 위험물에 해당하는 비수용성 제2석유류로 지정수량이 1,000L이다.
- 지정수량의 배수의 합은 $\frac{2,000}{200}+\frac{4,000}{1,000}+\frac{40,000}{1,000}=10+4+40=$ 54배이다.

지정수량 배수의 계산

- 다수의 위험물을 저장하는 경우 지정수량의 배수를 구하려면 각각의 위험물에 해당하는 지정수량 배수($\frac{저장수량}{지정수량}$)의 합을 구하면 된다.
- 위험물 A, B를 저장하는 경우 지정수량의 배수의 합은 $\frac{A저장수량}{A지정수량}+\frac{B저장수량}{B지정수량}$가 된다.

정답 | 48 ① 49 ② 50 ① 51 ④

52 — Repetitive Learning (1회 2회 3회) 1504

위험물안전관리법령상 옥내저장소의 안전거리를 두지 않을 수 있는 경우는?

① 지정수량 20배 이상의 동 · 식물유류
② 지정수량 20배 미만의 특수인화물
③ 지정수량 20배 미만의 제4석유류
④ 지정수량 20배 이상의 제5류 위험물

해설

- 제4석유류 또는 동 · 식물유류의 위험물을 저장 또는 취급하는 옥내저장소로서 그 최대수량이 지정수량의 20배 미만인 것은 옥내저장소에서 안전거리를 두지 않아도 된다.

옥내저장소에서 안전거리 적용 제외 대상

- 제4석유류 또는 동 · 식물유류의 위험물을 저장 또는 취급하는 옥내저장소로서 그 최대수량이 지정수량의 20배 미만인 것
- 제6류 위험물을 저장 또는 취급하는 옥내저장소
- 지정수량의 20배(하나의 저장창고의 바닥면적이 $150m^2$ 이하인 경우에는 50배) 이하의 위험물을 저장 또는 취급하는 옥내저장소로서 다음의 기준에 적합한 것
  - 저장창고의 벽 · 기둥 · 바닥 · 보 및 지붕이 내화구조인 것
  - 저장창고의 출입구에 수시로 열 수 있는 자동폐쇄방식의 갑종방화문이 설치되어 있을 것
  - 저장창고에 창을 설치하지 아니할 것

53 — Repetitive Learning 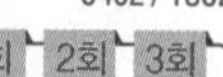 0402 / 1302

제조소에서 위험물을 취급함에 있어서 정전기를 유효하게 제거할 수 있는 방법으로 가장 거리가 먼 것은?

① 접지에 의한 방법
② 공기 중의 상대습도를 70% 이상으로 하는 방법
③ 공기를 이온화하는 방법
④ 부도체 재료를 사용하는 방법

해설

- 제조소에서의 정전기 제거설비의 정전기 제거 방법에는 접지, 상대습도를 70% 이상으로, 공기를 이온화하는 방법을 사용하여야 한다.

제조소에서 정전기 제거설비 방법 실기 0502/0602/0702

- 접지에 의한 방법
- 공기 중의 상대습도를 70% 이상으로 하는 방법
- 공기를 이온화하는 방법

54 — Repetitive Learning (1회 2회 3회) 1501

위험물안전관리법령에 따른 질산에 대한 설명으로 틀린 것은?

① 지정수량은 300kg이다.
② 위험등급은 Ⅰ이다.
③ 농도가 36wt% 이상인 것에 한하여 위험물로 간주된다.
④ 운반 시 제1류 위험물과 혼재할 수 있다.

해설

- 농도가 36wt% 이상인 것에 한하여 위험물로 간주하는 것은 과산화수소(H_2O_2)에 해당한다.
- 질산은 비중이 1.49 이상인 것만 위험물로 간주된다.

질산(HNO_3) 실기 0502/0701/0702/0901/1001/1401

- 산화성 액체에 해당하는 제6류 위험물이다.
- 위험등급이 Ⅰ등급이고, 지정수량은 300kg이다.
- 무색 또는 담황색의 액체이다.
- 불연성의 물질로 산소를 포함하여 다른 물질의 연소를 돕는다.
- 부식성을 갖는 유독성이 강한 산화성 물질이다.
- 비중이 1.49 이상인 것만 위험물로 규정한다.
- 햇빛에 의해 분해되므로 갈색병에 보관한다.
- 가열했을 때 분해하여 적갈색의 유독한 가스(이산화질소, NO_2)를 방출한다.
- 구리와 반응하여 질산염을 생성한다.
- 진한질산은 철(Fe), 코발트(Co), 니켈(Ni), 크롬(Cr), 알루미늄(Al) 등의 표면에 수산화물의 얇은 막을 만들어 다른 산에 의해 부식되지 않도록 하는 부동태가 된다.

55 — Repetitive Learning (1회 2회 3회)

금속칼륨의 보호액으로 적당하지 않는 것은?

① 유동파라핀 ② 등유
③ 경유 ④ 에탄올

해설

- 칼륨이나 나트륨은 석유(파라핀, 경유, 등유)나 벤젠 속에 저장한다.

위험물 저장 시 보호액 실기 0502/0504/0604/0902/0904

문제 50번의 유형별 핵심이론 참조

정답: 52 ③ 53 ④ 54 ③ 55 ④

0801 / 1301

56 — Repetitive Learning (1회 2회 3회)

과산화수소 용액의 분해를 방지하기 위한 방법으로 가장 거리가 먼 것은?

① 햇빛을 차단한다.　② 암모니아를 가한다.
③ 인산을 가한다.　④ 요산을 가한다.

해설

- 과산화수소는 햇빛에 의하여 분해되므로 햇빛이 통과하지 않는 갈색 병에 보관한다.
- 과산화수소의 분해 방지를 위해 보관 시 인산, 요산 등의 안정제를 가할 수 있다.

과산화수소(H_2O_2) 실기 0502/1004/1301/2001/2101

㉠ 개요 및 특성
- 이산화망간(MgO_2), 과산화바륨(BaO_2)과 같은 금속 과산화물을 묽은 산(HCl 등)에 반응시켜 생성되는 물질로 제6류 위험물인 산화성 액체에 해당한다.
(예, $BaO_2 + 2HCl \rightarrow BaCl_2 + H_2O_2$: 과산화바륨+염산 → 염화바륨+과산화수소)
- 위험등급이 Ⅰ등급이고, 지정수량은 300kg이다.
- 물보다 무겁고 석유와 벤젠에 녹지 않고, 물, 에테르, 에탄올에 녹는다.
- 표백작용과 살균작용을 하는 물질이다.
- 불연성의 강산화제이지만 환원제로서 작용하는 경우도 있다.
- 피부와 접촉 시 수종을 생기게 하는 위험물질이다.
- 순수한 것은 점성이 있는 무색 액체이며, 다량이면 청색빛깔을 띤다.

㉡ 분해 및 저장 방법
- 이산화망간(MnO_2)이 있으면 분해가 촉진된다.
- 햇빛에 의하여 분해되므로 햇빛이 통과하지 않는 갈색 병에 보관한다.
- 분해되면 산소를 방출한다.
- 분해 방지를 위해 보관 시 인산, 요산 등의 안정제를 가할 수 있다.
- 냉암소에 저장하고 온도의 상승을 방지한다.
- 용기에 내압 상승을 방지하기 위하여 밀전하지 않고 작은 구멍이 뚫린 마개를 사용하여 보관한다.

㉢ 농도에 따른 위험성
- 농도가 높아질수록 위험성이 커진다.
- 농도에 따라 위험물에 해당하지 않는 것도 있다.(3%과산화수소는 옥시풀로 약국에서 판매한다)
- 농도가 높은 것은 불순물, 구리, 은, 백금 등의 미립자에 의하여 폭발적으로 분해한다.
- 농도가 클수록 위험하므로 분해방지 안정제를 넣어 산소분해를 억제한다.

57 — Repetitive Learning (1회 2회 3회)

휘발유의 일반적인 성질에 대한 설명으로 틀린 것은?

① 인화점은 0℃보다 낮다.
② 액체비중은 1보다 작다.
③ 증기비중은 1보다 작다.
④ 연소범위는 약 1.4 ~ 7.6%이다.

해설

- 휘발유(가솔린)의 비중은 0.7로 물보다 가벼우며, 증기비중은 3.5로 공기보다 무겁다.

가솔린
- 비수용성 제1석유류로 지정수량이 200L인 인화성 액체(제4류 위험물)이다.
- 6 ~ 10개 정도의 탄소를 가진 탄화수소의 혼합물이다.
- 비중이 0.7로 물보다 가벼우며, 증기비중은 3.5로 공기보다 무겁다.
- 인화점은 −20℃ 이하이며, 착화점은 300℃이다.
- 휘발하기 쉽고 인화성이 크다.
- 전기에 대하여 부도체이다.
- 소화방법으로 포말에 의한 소화나 질식소화가 좋다.

0901 / 1204 / 1901

58 — Repetitive Learning (1회 2회 3회)

인화칼슘이 물과 반응하였을 때 발생하는 기체는?

① 수소　② 산소
③ 포스핀　④ 포스겐

해설

- 인화칼슘(석회)이 물이나 산과 반응하면 독성의 가연성 기체인 포스핀가스(인화수소, PH_3)가 발생한다.

인화석회/인화칼슘(Ca_3P_2) 실기 0502/0601/0704/0802/1401/1501/1602/2004
- 금속의 인화물의 한 종류로 지정수량이 300kg, 위험등급이 Ⅲ인 제3류 위험물이다.
- 상온에서 적갈색 고체로 비중이 2.5로 물보다 무겁다.
- 물 또는 약산과 반응하면 독성의 가연성 기체인 포스핀가스(인화수소, PH_3)가 발생한다.

물과의 반응식	$Ca_3P_2 + 6H_2O \rightarrow 3Ca(OH)_2 + 2PH_3$ 인화석회+물 → 수산화칼슘+인화수소
산과의 반응식	$Ca_3P_2 + 6HCl \rightarrow 3CaCl_2 + 2PH_3$ 인화석회+염산 → 염화칼슘+인화수소

정답 | 56 ② 57 ③ 58 ③

1204

59 Repetitive Learning (1회 2회 3회)

다음 위험물안전관리법령에서 정한 지정수량이 가장 작은 것은?

① 염소산염류　② 브롬산염류
③ 니트로화합물　④ 금속의 인화물

해설

- 니트로화합물은 제5류 위험물에 해당하는 자기반응성 물질로 지정수량이 200kg이고 위험등급은 Ⅱ에 해당하는 물질이다.
- 금속의 인화물은 제3류 위험물에 해당하는 금수성 물질로 지정수량이 300kg이고 위험등급은 Ⅲ에 해당하는 물질이다.
- 지정수량은 염소산염류는 50kg, 브롬산염류는 300kg, 니트로화합물은 200kg, 금속의 인화물은 300kg이다.

제1류 위험물_산화성 고체 실기 0601/0901/0501/0702/1002/1301/2001

품명	지정수량	위험등급
아염소산염류	50kg	Ⅰ
염소산염류		
과염소산염류		
무기과산화물		
브롬산염류	300kg	Ⅱ
질산염류		
요오드산염류		
과망간산염류	1,000kg	Ⅲ
중크롬산염류		

0701

60 Repetitive Learning (1회 2회 3회)

다음 중 발화점이 가장 높은 것은?

① 등유　② 벤젠
③ 디에틸에테르　④ 휘발유

해설

물질	품명	발화점
벤젠(C_6H_6)	제1석유류	562℃
휘발유	제1석유류	300℃
등유	제2석유류	220℃
디에틸에테르	특수인화물	180℃

제4류 위험물의 인화점 실기 0701/0704/0901/1001/1002/1201/1301/1304/1401/1402/1404/1601/1702/1704/1902/2003

제1석유류	인화점이 21℃ 미만
제2석유류	인화점이 21℃ 이상 70℃ 미만
제3석유류	인화점이 70℃ 이상 200℃ 미만
제4석유류	인화점이 200℃ 이상 250℃ 미만
동·식물유류	인화점이 250℃ 미만

59 ① 60 ② 정답

2018년 4월 28일

2018년 제2회

합격률 34.9%

1과목 일반화학

0301 / 0501 / 1304

01

Repetitive Learning (1회 2회 3회)

A는 B이온과 반응하나 C이온과는 반응하지 않고, D는 C이온과 반응한다고 할 때 A, B, C, D의 환원력 세기를 큰 것부터 차례대로 나타낸 것은? (단, A, B, C, D는 모두 금속이다)

① A > B > D > C　② D > C > A > B

③ C > D > B > A　④ B > A > C > D

해설

- A는 B이온과 반응한다는 것은 A가 B보다 반응성이 크다(환원력이 크다)는 것을 의미한다.(A>B)
- A는 C이온과는 반응하지 않는다는 것은 C가 A보다 반응성이 크다(환원력이 크다)는 것을 의미한다.(C>A)
- D는 C와 반응한다는 것은 D는 C보다 반응성이 크다(환원력이 크다)는 것을 의미한다.(D>C)
- 따라서 D가 가장 크고, C, A, B순이 된다.

금속원소의 반응성

- 금속이 수용액에서 전자를 잃고 양이온이 되려는 성질을 반응성이라고 한다.
- 이온화 경향이 큰 금속일수록 산화되기 쉽다.
- 반응성이 크다는 것은 환원력이 크다는 것을 의미한다.
- 알칼리 금속의 경우 주기율표 상에서 아래로 내려갈수록 금속 결합상의 길이가 증가하고, 원자핵과 자유 전자사이의 인력이 감소하여 반응성이 증가한다.(Cs > Rb > K > Na > Li)
- 대표적인 금속의 이온화경향

K	Ca	Na	Mg	Al	Zn	Fe	Ni	Sn	Pb	H	Cu	Hg	Ag	Pt	Au

+++ <===================== ---

- 이온화 경향이 왼쪽으로 갈수록 커진다.
- 왼쪽으로 갈수록 산화하기 쉽다.
- 왼쪽으로 갈수록 반응성이 크다.

1402

02

Repetitive Learning (1회 2회 3회)

다음 물질 중 감광성이 가장 큰 것은?

① HgO　② CuO

③ $NaNO_3$　④ AgCl

해설

- 은(Ag)과 할로겐물의 결합체인 AgBr, AgCl, AgI 등은 감광성이 뛰어나다.

염화은(AgCl)

- 은이온(Ag^+)과 염화이온(Cl^-)이 반응하여 물에 녹지 않는 흰색 앙금의 염화은(AgCl)을 생성한다.
- 햇빛에 노출되면 은이 검게 변하는 감광성을 가져, 감광지의 원료나 사진 등에 사용된다.

0501_추가 / 1201

03

Repetitive Learning (1회 2회 3회)

배수비례의 법칙이 적용 가능한 화합물을 옳게 나열한 것은?

① CO, CO_2　② HNO_3, HNO_2

③ H_2SO_4, H_2SO_3　④ O_2, O_3

해설

- 배수비례의 법칙은 2개의 다른 원소가 결합할 때 적용되는 법칙으로 ②와 ③, 그리고 ④는 모두 2개의 원소가 아니다.

배수비례의 법칙

- 2종류의 원소가 반응하여 2가지 이상의 물질을 생성할 때 각 물질에 속한 원소 1개와 반응하는 다른 원소의 질량은 각 물질에서 항상 일정한 정수비를 갖는 법칙을 말한다.
- 대표적으로 질소와 산소의 5종류 화합물을 드는데 N_2O, NO, N_2O_3, NO_2, N_2O_5와 같이 질소 14g과 결합하는 산소의 질량이 8, 16, 24, 32, 40g으로 1 : 2 : 3 : 4 : 5의 정수비를 갖는 것이다.
- CO와 CO_2, H_2O와 H_2O_2, SO_2와 SO_3 등이 배수비례의 법칙에 해당한다.

정답 | 01 ② 02 ④ 03 ①

2003

04 Repetitive Learning (1회 2회 3회)

1패러데이(Faraday)의 전기량으로 물을 전기분해 하였을 때 생성되는 기체 중 산소기체는 0℃, 1기압에서 몇 L인가?

① 5.6　② 11.2
③ 22.4　④ 44.8

해설

- 1F의 전기량으로 생성되는 기체는 1g당량이므로 산소는 1g당량이 $\frac{1}{4}$몰이므로 $\frac{1}{4} \times 22.4 = 5.6$[L]가 된다.

물(H_2O)의 전기분해

- 분해 반응식 : $2H_2O \rightarrow 2H_2 + O_2$
- 1F의 전기량은 물질 1g당량을 석출하는데 필요한 전기량으로 전기분해할 경우 수소 1g당량과 산소 1g당량이 발생한다.
- 1F의 전기량은 전자 1몰이 갖는 전하량으로 96,500[C]의 전하량을 갖는다.
- 음(−)극에서는 수소의 1g당량은 $\frac{\text{원자량}}{\text{원자가}} = \frac{1}{1} = 1g$으로 표준상태에서 기체 1몰이 가지는 부피가 22.4[L]이므로 1g은 $\frac{1}{2}$몰이므로 11.2[L]가 생성된다.
- 양(+)극에서는 산소의 1g당량은 $\frac{\text{원자량}}{\text{원자가}} = \frac{16}{2} = 8g$으로 표준상태에서 기체 1몰이 가지는 부피가 22.4[L]이므로 8g은 $\frac{8}{32}$몰이므로 5.6[L]가 생성된다.

0801

05 Repetitive Learning (1회 2회 3회)

다음 중 산성 산화물에 해당하는 것은?

① BaO　② CO_2
③ CaO　④ MgO

해설

- 산화바륨(BaO), 산화칼슘(CaO), 산화마그네슘(MgO)은 모두 염기성 산화물에 해당한다.

산성 산화물

- 물과 반응하면 수소(H^+)이온을 생성하는 산화물을 말한다.
- 주로 비금속으로 이뤄진 산화물이 이에 해당한다.
- 대표적인 산성 산화물에는 이산화질소(NO_2), 이산화탄소(CO_2), 이산화규소(SiO_2), 이산화황(SO_2) 등이 있다.

1904

06 Repetitive Learning (1회 2회 3회)

메탄에 직접 염소를 작용시켜 클로로포름을 만드는 반응을 무엇이라 하는가?

① 환원반응　② 부가반응
③ 치환반응　④ 탈수소반응

해설

- 메탄(CH_4)의 수소원자(H) 3개가 염소로 바뀌어 클로로포름($CHCl_3$)으로 되는 것은 치환반응 중 염소화 반응에 해당한다.

치환반응(Substitution reaction)

- 특정 화합물의 원자나 작용기가 다른 원자나 작용기로 바뀌는 반응을 말한다.
- 유기화합물에서는 탄소원자와 결합된 수소원자가 다른 원자나 다른 작용기로 바뀌는 반응이다.
- 벤젠의 치환반응 종류

반응	반응식
할로겐화 반응	$C_6H_6 + Cl_2 \xrightarrow{Fe\text{촉매}} C_6H_5Cl + HCl$
니트로화 반응	$C_6H_6 + HNO_2 \xrightarrow{C-H_2SO_4} C_6H_5NO_2 + H_2O$
알킬화 반응 (프리델-크래프트반응)	$C_6H_6 + CH_3Cl \xrightarrow{AlCl_3} C_6H_5CH_3 + HCl$
설폰화 반응	$C_6H_6 + H_2SO_4 \xrightarrow[SO_3]{} C_6H_5SO_3H + H_2O$

07 Repetitive Learning (1회 2회 3회)

엿당을 포도당으로 변화시키는데 필요한 효소는?

① 말타아제　② 아밀라아제
③ 지마아제　④ 리파아제

해설

- 아밀라아제는 전분(녹말)의 분해효소이다.
- 리파아제는 지방을 분해하여 지방산과 글리세린으로 분해하는 효소이다.

당류 분해 효소

말타아제	엿당의 분해 효소
락타아제	젖당의 분해 효소
수크라아제	자당의 분해 효소

04 ① 05 ② 06 ③ 07 ① | 정답

08 — Repetitive Learning (1회 2회 3회) 1101

다음 중 가수분해가 되지 않는 염은?

① NaCl　② NH_4Cl
③ CH_3COONa　④ CH_3COONH_4

해설

- 강산과 강염기로 결합된 염(NaCl, $NaNO_3$, Na_2SO_4, KNO_3 등)의 경우에는 가수분해가 되지 않는다.

가수분해

- 염이 물에 녹아 산과 염기로 분리되는 반응을 말한다.
- 강산과 강염기로 결합된 염(NaCl, $NaNO_3$, Na_2SO_4, KNO_3 등)의 경우에는 가수분해가 되지 않는다.
- 음식물의 지방이 가수분해 효소인 리파아제에 의해 글리세린과 지방산으로 분해되는 것이 일상생활에서 확인가능한 가수분해의 예이다.

09 — Repetitive Learning (1회 2회 3회)

다음의 반응 중 평형상태가 압력의 영향을 받지 않는 것은?

① $N_2+O_2 \leftrightarrow 2NO$
② $NH_3+HCl \leftrightarrow NH_4Cl$
③ $2CO+O_2 \leftrightarrow 2CO_2$
④ $2NO_2 \leftrightarrow N_2O_4$

해설

- 압력을 조절하는 것은 반응식 좌우의 몰수가 다를 경우이다.
- ②는 몰수가 2와 1이고, ③은 몰수가 3과 2이고, ④는 2와 1이므로 영향을 받는다.

화학평형의 이동

㉠ 온도를 조절할 경우
- 평형계에서 온도를 높이면 흡열반응쪽으로 반응이 진행된다.
- 평형계에서 온도를 낮추면 발열반응쪽으로 반응이 진행된다.

㉡ 압력을 조절할 경우
- 평형계에서 압력을 높이면 기체 몰수의 합이 적은 쪽으로 반응이 진행된다.
- 평형계에서 압력을 낮추면 기체 몰수의 합이 많은 쪽으로 반응이 진행된다

㉢ 농도를 조절할 경우(공통이온효과)
- 평형계에서 농도를 높이면 농도가 감소하는 쪽으로 반응이 진행된다.
- 평형계에서 농도를 낮추면 농도가 증가하는 쪽으로 반응이 진행된다.

10 — Repetitive Learning (1회 2회 3회) 0802

공업적으로 에틸렌을 $PdCl_2$ 촉매 하에 산화시킬 때 주로 생성되는 물질은?

① CH_3OCH_3　② CH_3CHO
③ HCOOH　④ C_3H_7OH

해설

- 에틸렌이 산화되면 아세트알데히드를 거쳐 최종적으로 아세트산이 생성된다. 여기서는 에틸렌을 염화팔라듐($PdCl_2$)을 촉매로 사용해 아세트알데히드(CH_3CHO)가 생성되는 것을 묻고 있다.

에틸렌(C_2H_4)

- 분자량이 28, 밀도는 1.18kg/m^{2}이고, 끓는점이 −103.7℃이다.
- 무색의 인화성을 가진 기체이다.
- 에틸렌에 물을 첨가하면 에탄올이 생성된다.
  ($CH_2=CH_2+H_2O \xrightarrow[260℃\ 탈수]{C-H_2SO_4} CH_3CH_2OH$)
- 염화수소와 반응하여 염화비닐을 생성한다.
  ($CH_2=CH_2+HCl \rightarrow CH_3CH_2Cl$)
- 에틸렌이 산화되면 아세트알데히드를 거쳐 아세트산이 생성된다.
  ($CH_2=CH_2+\frac{1}{2}O_2 \rightarrow C_2H_4Cl_2+H_2O$)

11 — Repetitive Learning (1회 2회 3회)

1N−NaOH 100mL 수용액으로 10wt% 수용액을 만들려고 할 때의 방법으로 다음 중 가장 적합한 것은?

① 36mL의 증류수 혼합
② 40mL의 증류수 혼합
③ 60mL의 수분 증발
④ 64mL의 수분 증발

해설

- wt%는 중량%이다. 10wt%라는 것은 용액 전체의 무게 중에 10% 무게를 갖는 용질의 농도를 말한다.
- 수산화나트륨의 g당량은 40이므로 1N−NaOH 100mL에 녹아있는 수산화나트륨은 4g이다.
- 4g이 10wt%가 되려면 용액전체의 질량은 40g이 되어야 하고, 이때 용매의 질량은 36g이 되어야 한다.

%농도

- 용액 100에 녹아있는 용질의 단위를 백분율로 표시한 것이다.

정답 | 08 ① 09 ① 10 ② 11 ④

0902

12 Repetitive Learning (1회 2회 3회)

다음 반응식에 관한 사항 중 옳은 것은?

$$SO_2 + 2H_2S \rightarrow 2H_2O + 3S$$

① SO_2는 산화제로 작용
② H_2S는 산화제로 작용
③ SO_2는 촉매로 작용
④ H_2S는 촉매로 작용

해설

- 이산화황(SO_2)은 황화수소(H_2S)에 산소(O_2)를 내주어 연소시킴으로서 물과 산소(O_2)를 잃어버린 황(S)이 되었으므로 산화제로 역할하였다.

산화제

- 자신은 환원(산화수가 감소)되면서 다른 화학종을 산화시키는 물질을 말한다.
- 자신이 가지고 있는 산소 또는 산소공급원을 내주어서 다른 가연물을 연소시키고 반응 후 자신은 산소를 잃어버리는 것을 말한다.
- 산화납, 과망가니즈산칼륨, 산화염소, 염소 등이 있다.

0204 / 0802

13 Repetitive Learning (1회 2회 3회)

다음 중 산성염으로만 나열된 것은?

① $NaHSO_4$, $Ca(HCO_3)_2$
② $Ca(OH)Cl$, $Cu(OH)Cl$
③ $NaCl$, $Cu(OH)Cl$
④ $Ca(OH)Cl$, $CaCl_2$

해설

- 보기의 염들 중 산성염은 $NaHSO_4$, $Ca(HCO_3)_2$이다.
- 보기의 염들 중 중성염은 NaCl, $CaCl_2$이다.
- 보기의 염들 중 염기성염은 Ca(OH)Cl, Cu(OH)Cl이다.

산성염

- 다염기산의 산성을 나타내는 수소의 일부가 금속으로 치환되어 있으면서 금속으로 치환될 수 있는 수소가 일부 남아있는 염을 말한다.
- 산성염 중 황산수소나트륨($NaHSO_4$)은 산성을 띠나, 탄산수소나트륨($NaHCO_3$)은 알칼리성을 띤다.

14 Repetitive Learning (1회 2회 3회)

주기율표에서 3주기 원소들의 일반적인 물리 · 화학적 성질 중 오른쪽으로 갈수록 감소하는 성질들로만 이루어진 것은?

① 비금속성, 전자흡수성, 이온화에너지
② 금속성, 전자방출성, 원자 반지름
③ 비금속성, 이온화에너지, 전자친화도
④ 전자친화도, 전자흡수성, 원자 반지름

해설

- 같은 주기의 원자인 경우 일반적으로 주기율표에서 왼쪽에 해당하는 알칼리 금속쪽이 반지름이 크고 오른쪽으로 갈수록 작아진다.
- 같은 주기에서 왼쪽은 금속성 원자이고, 오른쪽은 비금속 원자이다.
- 같은 주기에서 왼쪽은 양이온이 되기 쉽고, 오른쪽은 음이온이 되기 쉽다.

원자와 이온의 반지름

- 같은 족인 경우 원자번호가 커질수록 반지름은 커진다.
- 같은 주기의 원자인 경우 일반적으로 주기율표에서 왼쪽에 해당하는 알칼리 금속쪽이 반지름이 크다.
- 전자의 수가 같더라도 전자를 잃어서 양이온이 된 경우의 반지름은 전자를 얻어 음이온이 된 경우보다 더 작다.(예를 들어 S^{2-}, Cl^-, K^+, Ca^{2+}는 모두 전자의 수가 18개이지만 반지름은 $S^{2-} > Cl^- > K^+ > Ca^{2+}$순이 된다)

0304

15 Repetitive Learning (1회 2회 3회)

30wt%인 진한 HCl의 비중은 1.1이다. 진한 HCl의 몰농도는 얼마인가? (단, HCl의 화학식량은 36.5이다)

① 7.21 ② 9.04
③ 11.36 ④ 13.08

해설

- 중량%와 밀도(g/mL}가 주어질 경우 밀도×1,000을 하여 1리터의 수용액 무게를 구하고 거기에 중량%를 곱해주면 1리터에 포함된 용질의 g수를 구할 수 있다. 이를 분자량으로 나눠줄 경우 몰수를 구할 수 있다.
- 30wt% HCl 비중이 1.1[g/ml]이다. 1L에는 1100g의 용액인데 HCl의 비중이 30wt%라고 했으므로 0.3를 곱하면 330g의 HCl이 있다는 의미이다.
- HCl의 화학식량이 36.5이므로 330g은 $\frac{330}{36.5} = 9.04$몰이 된다.

몰 농도

- 용액 1리터 속에 녹아있는 용질의 몰수를 말한다.

12 ① 13 ① 14 ② 15 ② | 정답

0901 / 1302

16

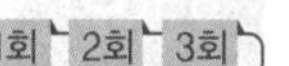

Repetitive Learning (1회 2회 3회)

방사성 원소에서 방출되는 방사선 중 전기장의 영향을 받지 않아 휘어지지 않는 선은?

① α선　　② β선
③ γ선　　④ α, β, γ선

해설

- 감마(γ)선은 방사선 중 파장이 가장 짧고 투과력과 방출속도가 가장 크며 휘어지지 않는다.

감마(γ)선

- 질량이 없고 전하를 띠지 않는다.
- 방사선 중 파장이 가장 짧고 투과력과 방출속도가 가장 크다.
- 전기장의 영향을 받지 않아 휘어지지 않는다.

0702 / 1302 / 1801

17

Repetitive Learning (1회 2회 3회)

어떤 기체의 확산 속도는 SO_2의 2배이다. 이 기체의 분자량은 얼마인가? (단, SO_2의 분자량은 64이다)

① 4　　② 8
③ 16　　④ 32

해설

- 그레이엄의 법칙에 따르면 기체의 분자량은 확산 속도의 제곱에 반비례한다. 2배 빠르다는 것은 분자량이 1/4배라는 것이다.

그레이엄의 법칙

- 기체의 확산(Diffusion)과 관련된 법칙이다.
- 일정한 온도와 압력의 조건에서 두 기체의 확산 속도 비는 그들의 밀도(분자량)의 제곱근에 반비례한다.

18

Repetitive Learning (1회 2회 3회)

다음과 같은 전자배치를 갖는 원자 A와 B에 대한 설명으로 옳은 것은?

A : $1s^2 2s^2 2p^6 3s^2$
B : $1s^2 2s^2 2p^6 3s^1 3p^1$

① A와 B는 다른 종류의 원자이다.
② A는 홑 원자이고, B는 이원자 상태인 것을 알 수 있다.
③ A와 B는 동위원소로서 전자배열이 다르다.
④ A에서 B로 변할 때 에너지를 흡수한다.

해설

- 원자 A와 B는 모두 전자의 수가 12개로 같으므로 원자번호 12인 마그네슘(Mg)을 의미한다.
- 원자 A는 가장 바깥쪽 오비탈이 꽉 채워진 이원자 상태인데 반해, B는 $3s^1 3p^1$에 각각 1개씩의 전자만 들어간 홑 원자상태임을 알 수 있다.
- 동위원소란 원자번호는 같으나 질량수가 다른 원소를 말하는데 위의 A는 가장 안정된 바닥상태를 의미하고, B는 바닥상태에 있던 전자가 에너지를 흡수한 상태에서 에너지 준위가 높은 궤도로 이동해 있는 들뜬 상태에 있을 뿐 동일한 마그네슘이다.

전자배치 구조

- 오비탈이라는 전자가 채워지는 공간을 통해 전자껍질을 구성한다.
- 전자껍질은 K, L, M, N껍질로 구성된다.

구분	K껍질	L껍질	M껍질	N껍질
오비탈	1s	2s2p	3s3p3d	4s4p4d4f
오비탈수	1개(1^2)	4개(2^2)	9개(3^2)	16개(4^2)
최대전자	최대 2개	최대 8개	최대 18개	최대 32개

- 오비탈의 종류

s오비탈	최대 2개의 전자를 채울 수 있다.
p오비탈	최대 6개의 전자를 채울 수 있다.
d오비탈	최대 10개의 전자를 채울 수 있다.
f오비탈	최대 14개의 전자를 채울 수 있다.

- 표시방법

$1s^2 2s^2 2p^6 3s^2 3p^6 4s^2 3d^{10} 4p^6$ …로 표시한다.

- 오비탈에 해당하는 s, p, d, f 앞의 숫자는 주기율표상의 주기를 의미한다.
- 오비탈에 해당하는 s, p, d, f 오른쪽 위의 숫자는 전자의 수를 의미한다.
- 항상 앞의 오비탈을 모두 채워야 다음 오비탈이 위치할 수 있다.
- 주기율표와 같이 구성되게 하기 위해 1주기에는 s만, 2주기와 3주기에는 s와 p가, 4주기와 5주기에는 전이원소를 넣기 위해 s, d, p오비탈이 순서대로(이때, d앞의 숫자가 기존 s나 p보다 1적다) 배치된다.

- 대표적인 원소의 전자배치

주기	원소명	원자 번호	표시
1	수소(H)	1	$1s^1$
	헬륨(He)	2	$1s^2$
2	리튬(Li)	3	$1s^2 2s^1$
	베릴륨(Be)	4	$1s^2 2s^2$
	붕소(B)	5	$1s^2 2s^2 2p^1$
	탄소(C)	6	$1s^2 2s^2 2p^2$
	질소(N)	7	$1s^2 2s^2 2p^3$
	산소(O)	8	$1s^2 2s^2 2p^4$
	불소(F)	9	$1s^2 2s^2 2p^5$
	네온(Ne)	10	$1s^2 2s^2 2p^6$

정답 | 16 ③ 17 ③ 18 ④

19
1002

Repetitive Learning 1회 2회 3회

다음 중 물의 끓는점을 높이기 위한 방법으로 가장 타당한 것은?

① 순수한 물을 끓인다. ② 물을 저으면서 끓인다.
③ 감압 하에 끓인다. ④ 밀폐된 그릇에서 끓인다.

해설

- 비휘발성 물질을 물에 넣거나 밀폐된 그릇에 물을 끓임으로서 물의 끓는점을 올릴 수 있다.

끓는점 오름 현상

- 비휘발성인 물질을 용매에 첨가하여 용매의 끓는점을 올라가게 하는 현상을 말한다.
- 비휘발성 물질의 첨가로 용매의 증기압이 낮아지게 되어 끓는점이 올라가게 된다.
- 외부의 기압을 높이는 방법을 통해 끓는점을 높이기도 한다.(산 정상에서 밥을 할 때 냄비 위에 돌을 얹는 방법이 대표적인 예이다)

20
0801

Repetitive Learning 1회 2회 3회

한 분자 내에 배위결합과 이온결합을 동시에 가지고 있는 것은?

① NH_4Cl ② C_6H_6
③ CH_3OH ④ $NaCl$

해설

- 벤젠(C_6H_6)은 공유결합을 한다.
- 메탄올(CH_3OH)은 수소결합을 한다.
- 염화나트륨($NaCl$)은 이온결합을 한다.

염화암모늄(NH_4Cl)

- 암모니아와 염화수소의 중화반응을 통하거나 수산화암모늄과 염화수소와의 반응을 통해서 만들 수 있다.
- 백색 고체로 분자량은 53.50g/mol이고 밀도는 1.52g/cm^3이다.
- 분자 내에서 배위결합(H-N사이 공유결합한 NH_3와 H^+과의 결합)과 이온결합(NH_4^+와 Cl^-)을 동시에 가지고 있다.

2과목 화재예방과 소화방법

21

Repetitive Learning 1회 2회 3회

위험물제조소 등에 옥내소화전설비를 압력수조를 이용한 가압송수장치로 설치하는 경우 압력수조의 최소압력은 몇 MPa인가? (단, 소방용 호스의 마찰손실수두압은 3.2MPa, 배관의 마찰손실수두압은 2.2MPa, 낙차의 환산수두압은 1.79MPa이다)

① 5.4 ② 3.99
③ 7.19 ④ 7.54

해설

- 가압송수장치의 필요압력은 소방용 호스의 마찰손실수두압+배관의 마찰손실수두압+낙차의 환산수두압이므로 3.2+2.2+1.79+0.35=7.54MPa이다.

압력수조를 이용한 가압송수장치의 필요압력 실기 1301/2004

- 필요압력 P=p1+p2+p3+0.35MPa으로 한다.
  단, P : 필요한 압력 (단위 MPa)
  p1 : 소방용 호스의 마찰손실수두압 (단위 MPa)
  p2 : 배관의 마찰손실수두압 (단위 MPa)
  p3 : 낙차의 환산수두압 (단위 MPa)

22
1101

Repetitive Learning 1회 2회 3회

연소이론에 대한 설명으로 가장 거리가 먼 것은?

① 착화온도가 낮을수록 위험성이 크다.
② 인화점이 낮을수록 위험성이 크다.
③ 인화점이 낮은 물질은 착화점도 낮다.
④ 폭발 한계가 넓을수록 위험성이 크다.

해설

- 인화점은 점화원이 있을 때 불이 붙을 수 있는 최저의 온도인데 반해 착화점은 점화원 없이 불이 붙을 수 있는 최저의 온도로 두 사이의 관계가 비례하지는 않는다.

연소이론

- 연소란 화학반응의 한 종류로, 가연물이 산소 중에서 산화반응을 하여 열과 빛을 발산하는 현상을 말한다.
- 연소의 3요소에는 가연물, 산소공급원, 점화원이 있다.
- 연소범위가 넓을수록 연소위험이 크다.
- 착화온도가 낮을수록 연소위험이 크다.
- 가연성 액체를 발화점 이상으로 공기 중에서 가열하면 별도의 점화원이 없어도 발화할 수 있다.

19 ④ 20 ① 21 ④ 22 ③ 정답

0801

23

어떤 가연물의 착화에너지가 24cal일 때, 이것을 일 에너지의 단위로 환산하면 약 몇 Joule인가?

① 24　　② 42
③ 84　　④ 100

해설

- 1cal = 약 4.2[J]이므로 24cal는 24×4.2 = 100.8[J]이다.

주울(Joule) 열

- 전기저항 R에 전류 I를 흐르게 하면, 도체 내에 소비되는 전기적 에너지 $P = I^2R$은 열이 된다고 하는 주울의 법칙에 따라 발생하는 열을 말한다.
- 발생하는 열 H는 t를 통전시간(sec)이라 하면 $H = I^2Rt$[J]이고 이를 칼로리로 표기하면 $0.24 \times I^2Rt$[cal]이다. (1cal = 4.18605J)

1002 / 1202

24

디에틸에테르 2,000L와 아세톤 4,000L를 옥내저장소에 저장하고 있다면 총 소요단위는 얼마인가?

① 5　　② 6
③ 50　　④ 60

해설

- 디에틸에테르는 인화성 액체에 해당하는 제4류 위험물중 특수인화물로 지정수량이 50L이고 소요단위는 지정수량의 10배이므로 500L가 1단위가 되고, 아세톤은 제1석유류 중 수용성으로 지정수량이 400L이고 소요단위는 4,000L가 1단위이므로 디에틸에테르 2,000L와 아세톤 4,000L는 각각 4단위와 1단위에 해당한다. 총 소요단위는 4+1=5단위이다.

소요단위 실기 0604/0802/1202/1204/1704/1804/2001

- 소화설비의 설치대상이 되는 건축물 그 밖의 공작물의 규모 또는 위험물의 양의 기준단위이다.
- 계산방법

구분	기준
제조소 또는 취급소의 건축물	외벽이 내화구조인 것은 연면적 100m²를 1소요단위로 하며, 외벽이 내화구조가 아닌 것은 연면적 50m²를 1소요단위로 할 것
저장소의 건축물	외벽이 내화구조인 것은 연면적 150m²를 1소요단위로 하고, 외벽이 내화구조가 아닌 것은 연면적 75m²를 1소요단위로 할 것
제조소 등의 옥외에 설치된 공작물	외벽이 내화구조인 것으로 간주하고 공작물의 최대수평투영면적을 연면적으로 간주하여 제조소 혹은 저장소 건축물의 소요단위를 적용할 것
위험물	지정수량의 10배를 1소요단위로 할 것

25

Repetitive Learning 1회 2회 3회

위험물안전관리법령상 염소산염류에 대해 적응성이 있는 소화설비는?

① 탄산수소염류분말소화설비
② 포소화설비
③ 불활성가스소화설비
④ 할로겐화합물소화설비

해설

- 염소산염류는 제1류 위험물 중 알칼리금속의 과산화물이 아니므로 불활성가스소화설비, 할로겐화합물소화기, 이산화탄소 소화기, 탄산수소염류소화기 등에 적응성이 없다.

소화설비의 적응성 중 제1류 위험물 실기 1002/1101/1202/1601/1702/1902/2001/2003/2004

소화설비의 구분			제1류 위험물	
			알칼리금속과산화물등	그 밖의 것
옥내소화전 또는 옥외소화전설비				○
스프링클러설비				○
물분무등 소화설비	물분무소화설비			○
	포소화설비			○
	불활성가스소화설비			
	할로겐화합물소화설비			
	분말 소화설비	인산염류등		○
		탄산수소염류등	○	
		그 밖의 것	○	
대형·소형 수동식 소화기	봉상수(棒狀水)소화기			○
	무상수(霧狀水)소화기			○
	봉상강화액소화기			○
	무상강화액소화기			○
	포소화기			○
	이산화탄소 소화기			
	할로겐화합물소화기			
	분말 소화기	인산염류소화기		○
		탄산수소염류소화기	○	
		그 밖의 것	○	
기타	물통 또는 수조			○
	건조사		○	○
	팽창질석 또는 팽창진주암		○	○

정답 | 23 ④ 24 ① 25 ②

26

Repetitive Learning (1회 2회 3회)

분말소화약제의 착색 색상으로 옳은 것은?

① $NH_4H_2PO_4$: 담홍색 ② $NH_4H_2PO_4$: 백색
③ $KHCO_3$: 담홍색 ④ $KHCO_3$: 백색

해설

- 제2종 분말에 해당하는 탄산수소칼륨($KHCO_3$)의 착색색상은 담회색이다.

제3종 분말소화약제 실기 0501/0602/0701/0801/0901/1204/1301/1404/1502/1504/1601/1602/1701/1801/1904/2003/2101

- 제1인산암모늄($NH_4H_2PO_4$)을 주성분으로 하는 소화약제로 ABC급 화재에 적응성이 있으며 착색색상은 담홍색인 소화약제이다.
- 가연물의 표면에 피막을 형성하여 산소의 유입을 차단시킨다.
- 발수제로 실리콘 오일을 첨가한다.
- 인산암모늄이 열분해되면 메타인산, 암모니아, 물로 분해되는데, 이중 메타인산(HPO_3)이 부착성 있는 막을 만드는 방진효과로 A급 화재 진화에 기여한다.($NH_4H_2PO_4 \xrightarrow[\triangle]{} HPO_3 + NH_3 + H_2O$)

1204

27

Repetitive Learning (1회 2회 3회)

이산화탄소 소화기에 대한 설명으로 옳은 것은?

① C급 화재에는 적응성이 없다.
② 다량의 물질이 연소하는 A급 화재에 가장 효과적이다.
③ 밀폐되지 않은 공간에서 사용할 때 가장 소화효과가 좋다.
④ 방출용 동력이 별도로 필요치 않다.

해설

- 이산화탄소 소화기는 전기에 대한 절연성이 우수(비전도성)하기 때문에 전기화재(C급)에 유효하다.
- 이산화탄소 소화기는 밀폐된 공간에서 사용할 때 소화효과가 좋으나 공기 중 산소 농도를 저하시켜 질식의 위험이 있으므로 주의해야 한다.

이산화탄소(CO_2) 소화기의 특징

- 용기는 이음매 없는 고압가스 용기를 사용한다.
- 산소와 반응하지 않는 안전한 가스이다.
- 전기에 대한 절연성이 우수(비전도성)하기 때문에 전기화재(C급)에 유효하다.
- 자체 압력으로 방출하므로 방출용 동력이 별도로 필요하지 않다.
- 고온의 직사광선이나 보일러실에 설치할 수 없다.
- 금속분의 화재 시에는 사용할 수 없다.
- 소화기 방출구에서 주울-톰슨효과에 의해 드라이아이스가 생성될 수 있다.

28

Repetitive Learning (1회 2회 3회)

불활성가스소화설비에 의한 소화적응성이 없는 것은?

① $C_3H_5(ONO_2)_3$ ② $C_6H_4(CH_3)_2$
③ CH_3COCH_3 ④ $C_2H_5OC_2H_5$

해설

- 불활성가스소화설비는 전기설비, 인화성고체와 제4류 위험물에 적응성을 가진 소화설비이다.
- ①은 니트로글리세린으로 제5류 위험물로 불활성가스소화설비에 적응성이 없다.

불활성가스소화설비의 분류와 적응성

분류		불활성가스소화설비
건축물 · 그 밖의 공작물		
전기설비		○
제1류 위험물	알칼리금속과산화물등	
	그 밖의 것	
제2류 위험물	철분 · 금속분 · 마그네슘등	
	인화성고체	○
	그밖의것	
제3류 위험물	금수성물품	
	그 밖의 것	
제4류 위험물		○
제5류 위험물		
제6류 위험물		

0302 / 0504

29

Repetitive Learning (1회 2회 3회)

과산화나트륨 저장 장소에서 화재가 발생하였다. 과산화나트륨을 고려하였을 때 다음 중 가장 적합한 소화약제는?

① 포소화약제 ② 할로겐화합물
③ 건조사 ④ 물

해설

- 알칼리금속의 과산화물은 물기와 접촉할 경우 산소를 발생시켜 화재 및 폭발 위험성이 증가하므로 물을 이용한 소화는 금해야 한다.
- 알칼리금속의 과산화물에 적응성을 가진 소화설비는 분말소화설비나 소화기 중 탄산수소염류, 건조사 및 팽창질석 또는 팽창진주암 등이다.

소화설비의 적응성 중 제1류 위험물 실기 1002/1101/1202/1601/1702/1902/2001/2003/2004

문제 25번의 유형별 핵심이론 참조

26 ① 27 ④ 28 ① 29 ③ | 정답

30 Repetitive Learning (1회 2회 3회)

벤젠에 관한 일반적 성질로 틀린 것은?

① 무색투명한 휘발성 액체로 증기는 마취성과 독성이 있다.
② 불을 붙이면 그을음을 많이 내고 연소한다.
③ 겨울철에는 응고하여 인화의 위험이 없지만, 상온에서는 액체상태로 인화의 위험이 높다.
④ 진한 황상과 질산으로 니트로화 시키면 니트로벤젠이 된다.

해설

- 벤젠은 겨울철에 응고된 고체상태에서도 인화의 위험이 있다.

벤젠(C_6H_6)의 성질 실기 0504/0801/0802/1401/1502/2001

- 제1석유류로 비중은 약 0.88이고, 인체에 유해한 증기의 비중은 약 2.8이다.
- 물보다 비중값이 작지만, 증기비중 값은 공기보다 크다.
- 인화점은 약 -11℃로 0℃보다 낮다.
- 물에는 녹지 않으며, 알코올, 에테르에 녹으며, 녹는점은 약 5.5℃이다.
- 끓는점(88℃)은 상온보다 높다.
- 탄소가 많이 포함되어 있으므로 연소 시 검은 연기가 심하게 발생한다.
- 겨울철에 응고된 고체상태에서도 인화의 위험이 있다.
- 독특한 냄새가 있는 무색투명한 액체이다.
- 유체마찰에 의한 정전기 발생 위험이 있다.
- 휘발성이 강한 액체이다.
- 방향족 유기화합물이다.
- 불포화결합을 이루고 있으나 안전하여 첨가반응보다 치환반응이 많다.

0801

31 Repetitive Learning (1회 2회 3회)

벤조일퍼옥사이드의 화재 예방상 주의사항에 대한 설명 중 틀린 것은?

① 열, 충격 및 마찰에 의해 폭발할 수 있으므로 주의한다.
② 진한 질산, 진한 황산과의 접촉을 피한다.
③ 비활성의 희석제를 첨가하면 폭발성을 낮출 수 있다.
④ 수분과 접촉하면 폭발의 위험이 있으므로 주의한다.

해설

- 벤조일퍼옥사이드, 즉 과산화벤조일은 물에 녹지 않으며, 물이나 희석제(프탈산디메틸, 프탈산디부틸)를 첨가하여 폭발성을 낮출 수 있다.

과산화벤조일[$(C_6H_5CO)_2O_2$] 실기 0802/0904/1001/1401

- 벤조일퍼옥사이드라고도 한다.
- 유기과산화물로 자기반응성 물질에 해당하는 제5류 위험물이다.
- 상온에서 고체이다.
- 발화점이 125℃로 건조상태에서 마찰 · 충격으로 폭발 위험성이 있다.
- 물에 녹지 않으며 에테르 등에는 잘 녹는다.
- 물이나 희석제(프탈산디메틸, 프탈산디부틸)를 첨가하여 폭발성을 낮출 수 있다.

32 Repetitive Learning (1회 2회 3회)

10℃의 물 2g을 100℃의 수증기로 만드는 데 필요한 열량은?

① 180cal
② 340cal
③ 719cal
④ 1,258cal

해설

- 10℃의 물 2g을 100℃의 수증기로 만드는데는 ⓐ 10℃의 물을 100℃의 물로 만드는 현열, ⓑ 100℃의 물을 100℃의 수증기로 만드는 기화열이 필요하다.
- ⓐ는 $Q_{현열} = m \cdot c \cdot \Delta t$이므로 대입하면 2×1×90=180[cal]이다. 물의 비열은 1이다.
- ⓑ는 $Q_{잠열} = m \cdot k$이므로 대입하면 2×539=1,078[cal]이다.
- 합을 구하면 180+1,078=1,258[cal]가 된다.

현열과 잠열 실기 0604/1101

㉠ 현열
- 상태의 변화 없이 특정 물질의 온도를 증가시키는데 들어가는 열량을 말한다.
- $Q_{현열} = m \cdot c \cdot \Delta t$[cal]로 구하며 이때 m은 질량[g], c는 비열[cal/g · ℃], Δt는 온도차[℃]이다.

㉡ 잠열
- 온도의 변화 없이 물질의 상태를 변화시키는데 소요되는 열량을 말한다.
- 잠열에는 융해열과 기화열 등이 있다.
- $Q_{잠열} = m \cdot k$[cal]로 구하며 이때 m은 질량[g], k는 잠열상수(융해열 및 기화열 등)[cal/g]이다.
- 물의 융해열은 80cal/g, 기화열은 539cal/g이다.

정답 | 30 ③ 31 ④ 32 ④

33

Repetitive Learning 1회 2회 3회

다음은 위험물안전관리법령상 위험물제조소 등에 설치하는 옥내소화전설비의 설치표시 기준 중 일부이다. (   )에 알맞은 수치를 차례로 옳게 나타낸 것은?

> 옥내소화전함 상부의 벽면에 적색의 표시등을 설치하되, 당해 표시등의 부착면과 (   ) 이상의 각도가 되는 방향으로 (   ) 떨어진 곳에서 용이하게 식별이 가능하도록 할 것

① 5°, 5m ② 5°, 10m
③ 15°, 5m ④ 15°, 10m

해설

- 표시등의 부착면과 15°이상의 각도가 되는 방향으로 10m 떨어진 곳에서 용이하게 식별이 가능하도록 해야 한다.

옥내소화전설비의 설치의 표시

- 옥내소화전함에는 그 표면에 "소화전"이라고 표시할 것
- 옥내소화전함의 상부의 벽면에 적색의 표시등을 설치하되, 당해 표시등의 부착면과 15°이상의 각도가 되는 방향으로 10m 떨어진 곳에서 용이하게 식별이 가능하도록 할 것

0301 / 0601 / 1202

34

Repetitive Learning 1회 2회 3회

전역방출방식의 할로겐화물 소화설비의 분사헤드에서 Halon 1211을 방사하는 경우의 방사압력은 얼마 이상으로 하여야 하는가?

① 0.1MPa ② 0.2MPa
③ 0.5MPa ④ 0.9MPa

해설

- 분사헤드의 방사압력은 하론 2402를 방사하는 것에 있어서는 0.1MPa 이상, 하론 1211을 방사하는 것에 있어서는 0.2MPa 이상, 하론1301을 방사하는 것에 있어서는 0.9MPa 이상으로 한다.

전역방출방식의 할로겐화합물소화설비의 분사헤드 설치기준

- 방사된 소화약제가 방호구역의 전역에 균일하게 신속히 확산할 수 있도록 할것
- 하론 2402를 방출하는 분사헤드는 당해 소화약제가 무상으로 분무되는 것으로 할 것
- 분사헤드의 방사압력은 하론 2402를 방사하는 것에 있어서는 0.1MPa 이상, 하론 1211을 방사하는 것에 있어서는 0.2MPa 이상, 하론1301을 방사하는 것에 있어서는 0.9MPa 이상으로 할 것
- 기준저장량의 소화약제를 10초 이내에 방사할 수 있는 것으로 할 것

35

Repetitive Learning 1회 2회 3회

이산화탄소 소화약제의 소화작용을 옳게 나열한 것은?

① 질식소화, 부촉매소화
② 부촉매소화, 제거소화
③ 부촉매소화, 냉각소화
④ 질식소화, 냉각소화

해설

- 이산화탄소는 산소와 반응하지 않고 산소공급을 차단하는 질식효과가 가장 크며, 일부 냉각효과를 갖는다.

이산화탄소(CO_2)

- 무색, 무취이며 비전도성이다.
- 증기상태의 비중은 약 1.52로 공기보다 무겁다.
- 임계온도는 약 31℃이다.
- 냉각 및 압축에 의하여 액화될 수 있다.
- 산소와 반응하지 않고 산소공급을 차단하므로 표면소화에 효과적이다.
- 방사 시 열량을 흡수하므로 냉각소화 및 질식, 피복소화 작용이 있다.
- 밀폐된 공간에서는 질식을 유발할 수 있으므로 주의해야 한다.

36

Repetitive Learning 1회 2회 3회

다음 중 자연발화의 원인으로 가장 거리가 먼 것은?

① 기화열에 의한 발열 ② 산화열에 의한 발열
③ 분해열에 의한 발열 ④ 흡착열에 의한 발열

해설

- 자연발화를 일으키는 원인에는 산화열, 분해열, 중합열, 흡착열, 미생물에 의한 발열 등이 있다.

자연발화 실기 0602/0704

㉠ 개요
- 물질이 고유의 성질로 인해 스스로 발열반응을 통해 발생한 열을 장기간 축적하여 발화하는 현상을 말한다.
- 자연발화를 일으키는 원인에는 산화열, 분해열, 중합열, 흡착열, 미생물에 의한 발열 등이 있다.

㉡ 발화하기 쉬운 조건
- 고온다습한 환경에서 자연발화가 발생하기 쉽다.
- 입자의 표면적이 넓을수록 자연발화가 발생하기 쉽다.
- 열전도율이 작을수록 자연발화가 발생하기 쉽다.

33 ④ 34 ② 35 ④ 36 ① | 정답

37 Repetitive Learning (1회 2회 3회)

금속나트륨의 연소 시 소화방법으로 가장 적절한 것은?

① 팽창질석을 사용하여 소화한다.
② 분무상의 물을 뿌려 소화한다.
③ 이산화탄소를 방사하여 소화한다.
④ 물로 적힌 헝겊으로 피복하여 소화한다.

해설

- 금속나트륨은 금수성 물질로 적응성 있는 소화기는 탄산수소염류소화기와 건조사, 팽창질석 또는 팽창진주암 등이 있다.

소화설비의 적응성 중 제3류 위험물 실기 1002/1101/1202/1601/1702/1902/2001/2003/2004

소화설비의 구분			제3류 위험물	
			금수성물품	그 밖의 것
옥내소화전 또는 옥외소화전설비				○
스프링클러설비				○
물분무등 소화설비	물분무소화설비			○
	포소화설비			○
	불활성가스소화설비			
	할로겐화합물소화설비			
	분말 소화설비	인산염류등		
		탄산수소염류등	○	
		그 밖의 것	○	
대형 · 소형 수동식 소화기	봉상수(棒狀水)소화기			○
	무상수(霧狀水)소화기			○
	봉상강화액소화기			○
	무상강화액소화기			○
	포소화기			○
	이산화탄소 소화기			
	할로겐화합물소화기			
	분말 소화기	인산염류소화기		
		탄산수소염류소화기	○	
		그 밖의 것	○	
기타	물통 또는 수조			○
	건조사		○	○
	팽창질석 또는 팽창진주암		○	○

0804

38 Repetitive Learning (1회 2회 3회)

위험물안전관리법령상 제5류 위험물에 적응성 있는 소화설비는?

① 분말을 방사하는 대형소화기
② CO_2를 방사하는 소형소화기
③ 할로겐화합물을 방사하는 대형소화기
④ 스프링클러설비

해설

- 제5류 위험물은 옥내 및 옥외소화전, 스프링클러, 물분무소화설비, 포소화설비, 수조, 건조사, 팽창질석 등에 적응성이 있으나 물질 자체에 산소를 포함하고 있어 연소속도가 매우 빨라 화재 시 소화하기 어려우며, 주로 다량의 주수에 의한 냉각소화를 한다.

소화설비의 적응성 중 제5류 위험물 실기 1002/1101/1202/1601/1702/1902/2001/2003/2004

소화설비의 구분			제5류 위험물
옥내소화전 또는 옥외소화전설비			○
스프링클러설비			○
물분무등 소화설비	물분무소화설비		○
	포소화설비		○
	불활성가스소화설비		
	할로겐화합물소화설비		
	분말 소화설비	인산염류등	
		탄산수소염류등	
		그 밖의 것	
대형 · 소형 수동식 소화기	봉상수(棒狀水)소화기		○
	무상수(霧狀水)소화기		○
	봉상강화액소화기		○
	무상강화액소화기		○
	포소화기		○
	이산화탄소 소화기		
	할로겐화합물소화기		
	분말 소화기	인산염류소화기	
		탄산수소염류소화기	
		그 밖의 것	
기타	물통 또는 수조		○
	건조사		○
	팽창질석 또는 팽창진주암		○

정답 | 37 ① 38 ④

1502

39

Repetitive Learning 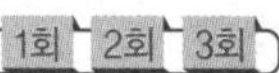

위험물안전관리법령상 마른모래(삽 1개 포함) 50L의 능력단위는?

① 0.3　　② 0.5
③ 1.0　　④ 1.5

해설

- 삽 1개를 포함한 마른모래(삽 1개 포함)의 용량이 50L일 때 능력단위는 0.5이다.

소화설비의 능력단위

- 수동식소화기의 능력단위는 수동식소화기의 형식승인 및 검정기술기준에 의하여 형식승인 받은 수치로 할 것

소화설비	용량	능력단위
소화전용(轉用)물통	8L	0.3
수조(소화전용물통 3개 포함)	80L	1.5
수조(소화전용물통 6개 포함)	190L	2.5
마른 모래(삽 1개 포함)	50L	0.5
팽창질석 또는 팽창진주암(삽 1개 포함)	160L	1.0

1704

40

Repetitive Learning 1회 2회 3회

불활성가스 소화약제 중 IG-541의 구성성분이 아닌 것은?

① N_2　　② Ar
③ Ne　　④ CO_2

해설

- IG-541은 불활성 가스인 질소(N_2), 아르곤(Ar), 이산화탄소(CO_2)의 혼합물질이다.

불활성가스소화약제의 성분(용량비)

	질소(N_2)	아르곤(Ar)	이산화탄소(CO_2)
IG-100	100%		
IG-55	50%	50%	
IG-541	52%	40%	8%

3과목 위험물의 성질과 취급

41

Repetitive Learning 1회 2회 3회

위험물안전관리법령상 위험물의 운반에 관한 기준에 따르면 위험물은 규정에 의한 운반용기에 법령에서 정한 기준에 따라 수납하여 적재하여야 한다. 다음 중 적용 예외의 경우에 해당하는 것은? (단, 지정수량의 2배인 경우이며, 위험물을 동일 구내에 있는 제조소 등의 상호간에 운반하기 위하여 적재하는 경우는 제외한다)

① 덩어리 상태의 유황을 운반하기 위하여 적재하는 경우
② 금속분을 운반하기 위하여 적재하는 경우
③ 삼산화크롬을 운반하기 위하여 적재하는 경우
④ 염소산나트륨을 운반하기 위하여 적재하는 경우

해설

- 덩어리 상태의 유황이나 위험물을 동일 구내에 있는 제조소 등의 상호간에 운반하기 위하여 적재하는 경우에는 용기에 적재하지 않아도 무방하다.

용기 적재의 예외사항

- 위험물은 운반용기에 수납하여 적재하여야 하지만 덩어리 상태의 유황(제2류 위험물)을 운반하기 위하여 적재하는 경우 또는 위험물을 동일 구내에 있는 제조소 등의 상호간에 운반하기 위하여 적재하는 경우에는 용기에 적재하지 않아도 무방하다.

0804

42

Repetitive Learning 1회 2회 3회

다음 위험물 중 가열 시 분해온도가 가장 낮은 물질은?

① $KClO_3$　　② Na_2O_2
③ NH_4ClO_4　　④ KNO_3

해설

- ①의 염소산칼륨은 염소산염류로 분해온도는 400℃이다.
- ②의 과산화나트륨은 무기과산화물로 분해온도는 460℃이다.
- ④의 질산칼륨은 질산염류로 분해온도는 400℃이다.

과염소산암모늄(NH_4ClO_4) 실기 0604

- 산화성 고체로 제1류 위험물의 과염소산염류에 해당하며, 지정수량은 50kg, 위험등급은 Ⅰ이다.
- 무색 또는 백색의 수용성 고체이다.
- 분해온도는 약 130℃로 비교적 낮다.
- 열분해하면 질소, 염소, 산소, 물로 분해된다. ($KClO_4 \xrightarrow[\triangle]{} KCl + 2O_2$)

39 ② 40 ③ 41 ① 42 ③ 정답

43 Repetitive Learning (1회 2회 3회)

제4류 위험물인 동 · 식물유류의 취급 방법이 잘못된 것은?

① 액체의 누설을 방지하여야 한다.
② 화기 접촉에 의한 인화에 주의하여야 한다.
③ 아마인유는 섬유 등에 흡수되어 있으면 매우 안정하므로 취급하기 편리하다.
④ 가열할 때 증기는 인화되지 않도록 조치하여야 한다.

해설

- 아마인유는 건성유로 공기 중에서 자연 발화의 위험이 있다.

동 · 식물유류 실기 0601/0604/1304/1502/1802/2003

㉠ 개요
- 1기압에서 인화점이 250℃ 미만인 것으로 지정수량이 10,000L이고, 위험등급이 Ⅲ에 해당하는 물질이다.
- 유지 100g에 부가되는 요오드의 g수를 의미하는 요오드값(옥소값)에 의해 건성유(130 이상), 반건성유(100 ~ 130), 불건성유(100 이하)로 구분한다.
- 요오드값이 클수록 자연발화의 위험이 크다.
- 요오드값이 클수록 이중결합이 많고, 불포화지방산을 많이 가진다.

㉡ 구분

구분	특성
건성유 (요오드값이 130 이상)	• 공기 중에서 자연발화의 위험이 있으며, 피막이 단단하다. • 동유, 아마인유, 정어리유, 대구유, 상어유, 해바라기유, 들기름 등
반건성유 (요오드값이 100 ~ 130)	• 피막이 얇다. • 참기름, 콩기름, 청어유, 쌀겨기름, 면실유, 채종유, 옥수수기름 등
불건성유 (요오드값이 100 이하)	• 피막을 만들지 않는다. • 피마자유, 올리브유, 팜유, 땅콩기름, 야자유, 쇠기름, 돼지기름, 고래기름 등

44 Repetitive Learning (1회 2회 3회)

연면적 1,000m^2이고 외벽이 내화구조인 위험물취급소의 소화설비 소요단위는 얼마인가?

① 5　　② 10
③ 20　　④ 100

해설

- 위험물 취급소의 소화설비에 있어서 외벽이 내화구조인 경우 연면적 100m^2를 1소요단위로 하므로 연면적이 1,000m^2는 10소요단위가 된다.

소요단위 실기 0604/0802/1202/1204/1704/1804/2001

문제 24번의 유형별 핵심이론 참조

0602 / 0801

45 Repetitive Learning (1회 2회 3회)

금속 과산화물을 묽은 산에 반응시켜 생성되는 물질로서 석유와 벤젠에 불용성이고, 표백작용과 살균작용을 하는 것은?

① 과산화나트륨　　② 과산화수소
③ 과산화벤조일　　④ 과산화칼륨

해설

- 과산화수소는 산화제이지만 환원제로 표백작용과 살균작용을 하는 물질이다.

과산화수소(H_2O_2) 실기 0502/1004/1301/2001/2101

㉠ 개요 및 특성
- 이산화망간(MgO_2), 과산화바륨(BaO_2)과 같은 금속 과산화물을 묽은 산(HCl 등)에 반응시켜 생성되는 물질로 제6류 위험물인 산화성 액체에 해당한다.
(예, $BaO_2 + 2HCl \rightarrow BaCl_2 + H_2O_2$: 과산화바륨 + 염산 → 염화바륨 + 과산화수소)
- 위험등급이 Ⅰ등급이고, 지정수량은 300kg이다.
- 물보다 무겁고 석유와 벤젠에 녹지 않고, 물, 에테르, 에탄올에 녹는다.
- 표백작용과 살균작용을 하는 물질이다.
- 불연성의 강산화제이지만 환원제로서 작용하는 경우도 있다.
- 피부와 접촉 시 수종을 생기게 하는 위험물질이다.
- 순수한 것은 점성이 있는 무색 액체이며, 다량이면 청색빛깔을 띤다.

㉡ 분해 및 저장 방법
- 이산화망간(MnO_2)이 있으면 분해가 촉진된다.
- 햇빛에 의하여 분해되므로 햇빛이 통과하지 않는 갈색 병에 보관한다.
- 분해되면 산소를 방출한다.
- 분해 방지를 위해 보관 시 인산, 요산 등의 안정제를 가할 수 있다.
- 냉암소에 저장하고 온도의 상승을 방지한다.
- 용기에 내압 상승을 방지하기 위하여 밀전하지 않고 작은 구멍이 뚫린 마개를 사용하여 보관한다.

㉢ 농도에 따른 위험성
- 농도가 높아질수록 위험성이 커진다.
- 농도에 따라 위험물에 해당하지 않는 것도 있다.(3%과산화수소는 옥시풀로 약국에서 판매한다)
- 농도가 높은 것은 불순물, 구리, 은, 백금 등의 미립자에 의하여 폭발적으로 분해한다.
- 농도가 클수록 위험하므로 분해방지 안정제를 넣어 산소분해를 억제한다.

정답 | 43 ③　44 ②　45 ②

0701 / 1402

46 Repetitive Learning

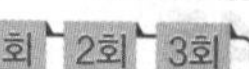

다음 중 메탄올의 연소범위에 가장 가까운 것은?

① 약 1.4 ~ 5.6vol%　　② 약 7.3 ~ 36vol%
③ 약 20.3 ~ 66vol%　　④ 약 42.0 ~ 77vol%

해설

- 메틸알코올의 연소 범위는 약 7.3 ~ 36vol%로 에틸알코올(4.3 ~ 19vol%)보다 넓다.

메틸알코올(CH_3OH) 실기 0801/0904/1501/1502/1901/2101

- 제4류 위험물인 인화성 액체 중 수용성 알코올류로 지정수량이 400L이고 위험등급이 Ⅱ이다.
- 분자량은 32g, 증기비중이 1.1로 공기보다 크다.
- 인화점이 11℃인 무색투명한 액체이다.
- 물에 잘 녹는다.
- 마셨을 경우 시신경 마비의 위험이 있다.
- 연소 범위는 약 7.3 ~ 36vol%로 에틸알코올(4.3 ~ 19vol%)보다 넓으며, 화재 시 그을음이 나지 않으며 소화는 알코올 포를 사용한다.
- 증기는 가열된 산화구리를 환원하여 구리를 만들고 포름알데히드가 된다.

0704

47 Repetitive Learning

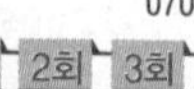

위험물이 물과 접촉하였을 때 발생하는 기체를 옳게 연결한 것은?

① 인화칼슘 – 포스핀
② 과산화칼륨 – 아세틸렌
③ 나트륨 – 산소
④ 탄화칼슘 – 수소

해설

- 인화칼슘(석회)이 물이나 산과 반응하면 독성의 가연성 기체인 포스핀가스(인화수소, PH_3)가 발생한다.

인화석회/인화칼슘(Ca_3P_2) 실기 0502/0601/0704/0802/1401/1501/1602/2004

- 금속의 인화물의 한 종류로 지정수량이 300kg, 위험등급이 Ⅲ인 제3류 위험물이다.
- 상온에서 적갈색 고체로 비중이 2.5로 물보다 무겁다.
- 물 또는 약산과 반응하면 독성의 가연성 기체인 포스핀가스(인화수소, PH_3)가 발생한다.

물과의 반응식	$Ca_3P_2 + 6H_2O \rightarrow 3Ca(OH)_2 + 2PH_3$ 인화석회+물 → 수산화칼슘+인화수소
산과의 반응식	$Ca_3P_2 + 6HCl \rightarrow 3CaCl_2 + 2PH_3$ 인화석회+염산 → 염화칼슘+인화수소

48 Repetitive Learning 1회 2회 3회

다음 위험물 중 물에 가장 잘 녹는 것은?

① 적린　　② 황
③ 벤젠　　④ 아세톤

해설

- 적린(P)은 물, 알칼리, 에테르 등에 녹지 않는다.
- 황(S)은 물에 녹지 않고 이황화탄소(CS_2)에 녹는다.
- 벤젠(C_6H_6)은 물에 녹지 않고 알코올, 에테르에 녹는다.

아세톤(CH_3COCH_3) 실기 0704/0802/1004/1504/1804/2101

- 수용성 제1석유류로 지정수량이 400L인 가연성 액체이다.
- 비중은 0.79로 물보다 작으나 증기비중은 2로 공기보다 무겁다.
- 무색, 투명한 액체로서 독특한 자극성의 냄새를 가진다.
- 인화점이 –18℃로 상온에서 인화의 위험이 매우 높다.
- 물에 잘 녹으며 에테르, 알코올에도 녹는다.
- 아세틸렌을 녹이므로 아세틸렌 저장에 이용된다.
- 요오드포름 반응을 일으킨다.
- 화재 발생 시 이산화탄소나 포에 의한 소화 및 대량 주수소화로 희석소화가 가능하다.

1302

49 Repetitive Learning 1회 2회 3회

제5류 위험물 중 니트로화합물에서 니트로기(Nitro group)를 옳게 나타낸 것은?

① $-NO$　　② $-NO_2$
③ $-NO_3$　　④ $-NON_3$

해설

- 니트로기는 $-NO_2$를 가진 니트로화합물로 폭발성을 갖는다.

대표적인 작용기

명칭	작용기	예
메틸기	$-CH_3$	메탄올(CH_3OH)
아미노기	$-NH_2$	아닐린($C_6H_5NH_2$)
아세틸기	$-COCH_3$	아세톤(CH_3COCH_3)
에틸기	$-C_2H_5$	에탄올(C_2H_5OH)
카르복실기	$-COOH$	아세트산(CH_3COOH)
에테르기	$-O-$	디에틸에테르($C_2H_5OC_2H_5$)
히드록시기	$-OH$	페놀(C_6H_5OH)
알데히드기	$-CHO$	포름알데히드(HCHO)
니트로기	$-NO_2$	트리니트로톨루엔[$C_6H_2CH_3(NO_2)_3$]
카르보닐기	$-CO-$	아세톤(CH_3COCH_3)

46 ② 47 ① 48 ④ 49 ② | 정답

1204

50 Repetitive Learning (1회 2회 3회)

최대 아세톤 150톤을 옥외탱크저장소에 저장할 경우 보유 공지의 너비는 몇 m 이상으로 하여야 하는가? (단, 아세톤의 비중은 0.79이다)

① 3　　② 5
③ 9　　④ 12

해설

- 아세톤은 제4류 위험물에 해당하는 수용성 제1석유류로 지정수량이 400L이다.
- 주어진 값은 무게로 150톤은 150,000kg에 해당한다.
- 비중은 1L당의 무게에 해당하므로 무게를 통해서 부피를 구할 수 있다.
- 아세톤 150톤의 부피는 $\frac{150,000}{0.79} = 189,873.42$[L]에 해당한다.
- 이는 지정수량의 474.68배에 해당하므로 공지의 너비는 3m 이상이면 된다.

옥외저장탱크의 보유 공지 실기 0504/1901

저장 또는 취급하는 위험물의 최대수량	공지의 너비
지정수량의 500배 이하	3m 이상
지정수량의 500배 초과 1,000배 이하	5m 이상
지정수량의 1,000배 초과 2,000배 이하	9m 이상
지정수량의 2,000배 초과 3,000배 이하	12m 이상
지정수량의 3,000배 초과 4,000배 이하	15m 이상

- 지정수량의 4,000배 초과할 경우 당해 탱크의 수평단면의 최대지름(횡형인 경우에는 긴 변)과 높이 중 큰 것과 같은 거리 이상. 단, 30m 초과의 경우에는 30m 이상으로 할 수 있고, 15m 미만의 경우에는 15m 이상으로 하여야 한다.

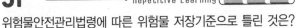

1102 / 1401

51 Repetitive Learning (1회 2회 3회)

위험물안전관리법령에 따른 위험물 저장기준으로 틀린 것은?

① 이동탱크저장소에는 설치허가증과 운송허가증을 비치하여야 한다.
② 지하저장탱크의 주된 밸브는 위험물을 넣거나 빼낼 때 외에는 폐쇄하여야 한다.
③ 아세트알데히드를 저장하는 이동저장탱크에는 탱크 안에 불활성 가스를 봉입하여야 한다.
④ 옥외저장탱크 주위에 설치된 방유제의 내부에 물이나 유류가 괴었을 경우에는 즉시 배출하여야 한다.

해설

- 이동탱크저장소에는 당해 이동탱크저장소의 완공검사필증 및 정기점검기록을 비치하여야 한다.

이동탱크저장소에서의 취급기준

- 이동저장탱크로부터 위험물을 저장 또는 취급하는 탱크에 액체의 위험물을 주입할 경우에는 그 탱크의 주입구에 이동저장탱크의 주입호스를 견고하게 결합한다.
- 이동저장탱크로부터 액체위험물을 용기에 옮겨 담지 아니한다.
- 이동저장탱크로부터 위험물을 저장 또는 취급하는 탱크에 인화점이 40℃ 미만인 위험물을 주입할 때에는 이동탱크저장소의 원동기를 정지시킨다.
- 이동탱크저장소에는 당해 이동탱크저장소의 완공검사필증 및 정기점검기록을 비치하여야 한다.

52 Repetitive Learning (1회 2회 3회)

제5류 위험물제조소에 설치하는 표지 및 주의사항을 표시한 게시판의 바탕색상을 각각 옳게 나타낸 것은?

	표지	주의사항을 표시한 게시판
①	백색	백색
②	백색	적색
③	적색	백색
④	적색	적색

해설

- 표지는 위험물의 종류에 관계없이 바탕은 백색으로, 문자는 흑색으로 표시한다.
- 제5류 위험물의 경우 주의사항 게시판에는 "화기엄금"을 적색바탕에 백색문자로 표시한다.

위험물제조소의 표지 및 게시판 실기 0502/1501

- 표지 및 게시판은 한 변의 길이가 0.3m 이상, 다른 한 변의 길이가 0.6m 이상인 직사각형으로 할 것
- 종류별 색상

구분	내용	색상
표지	게시판(저장 또는 취급하는 위험물의 유별·품명 및 저장최대수량 또는 취급최대수량, 지정수량의 배수 및 안전관리자의 성명 또는 직명을 기재)	바탕은 백색으로, 문자는 흑색
주의사항 게시판	제1류 위험물 중 알칼리금속의 과산화물과 이를 함유한 것 또는 제3류 위험물 중 금수성 물질에 있어서는 "물기엄금"	청색바탕에 백색문자로
	제2류 위험물(인화성 고체를 제외한다)에 있어서는 "화기주의"	적색바탕에 백색문자로
	제2류 위험물 중 인화성 고체, 제3류 위험물 중 자연발화성물질, 제4류 위험물 또는 제5류 위험물에 있어서는 "화기엄금"	

정답 | 50 ① 51 ① 52 ②

0202 / 1302

53

Repetitive Learning 

연소범위가 약 2.5 ~ 38.5vol%로 구리, 은, 마그네슘과 접촉 시 아세틸라이드를 생성하는 물질은?

① 아세트알데히드 ② 알킬알루미늄
③ 산화프로필렌 ④ 콜로디온

해설

- 아세트알데히드(CH_3CHO)는 연소범위는 4.1 ~ 57%로, 은, 수은, 동, 마그네슘 및 이의 합금과 결합할 경우 금속아세틸라이드라는 폭발성 물질을 생성한다.
- 알킬알루미늄은 반응성이 아주 커 저장 시 용기에 불활성기체를 봉입한다.

산화프로필렌(CH_3CH_2CHO) 실기 0501/0602/1002/1704

- 인화점이 −37℃인 특수인화물로 지정수량은 50L이고, 위험등급은 Ⅰ이다.
- 연소범위는 2.5 ~ 38.5%이고, 끓는점(비점)은 34℃, 비중은 0.83으로 물보다 가벼우며, 증기비중은 2로 공기보다 무겁다.
- 무색의 휘발성 액체이고, 물이나 알코올, 에테르, 벤젠 등에 잘 녹는다.
- 증기압은 45mmHg로 제4류 위험물 중 가장 커 기화되기 쉽다.
- 액체가 피부에 닿으면 화상을 입고 증기를 마시면 심할 때는 폐부종을 일으킨다.
- 저장 시 은, 수은, 동, 마그네슘 및 이의 합금으로 된 용기를 사용하면 폭발성 물질인 아세틸라이드를 생성하므로 해당 용기의 사용을 절대 금한다.
- 저장 시 용기 내부에 불활성 기체(N_2) 또는 수증기를 봉입하여야 한다.

0701 / 1101 / 1302

54

Repetitive Learning 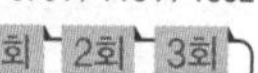

옥내저장소에서 위험물 용기를 겹쳐 쌓는 경우에 있어서 제4류 위험물 중 제3석유류만을 수납하는 용기를 겹쳐 쌓을 수 있는 높이는 최대 몇 m인가?

① 3 ② 4
③ 5 ④ 6

해설

- 제4류 위험물 중 제3석유류, 제4석유류 및 동 · 식물유류를 수납하는 용기만을 겹쳐 쌓는 경우는 4m까지 쌓을 수 있다.

옥내저장소에서 용기를 겹쳐쌓는 높이 실기 0904/1902/2003

- 기계에 의하여 하역하는 구조로 된 용기만을 겹쳐 쌓는 경우는 6m
- 제4류 위험물 중 제3석유류, 제4석유류 및 동 · 식물유류를 수납하는 용기만을 겹쳐 쌓는 경우는 4m
- 그 밖의 경우는 3m

55

Repetitive Learning 1회 2회 3회

다음 2가지 물질을 혼합하였을 때 그로 인한 발화 또는 폭발의 위험성이 가장 낮은 것은?

① 아염소산나트륨과 티오황산나트륨
② 질산과 이황화탄소
③ 아세트산과 과산화나트륨
④ 나트륨과 등유

해설

- 나트륨과 등유는 나트륨의 위험성을 보호하기 위한 보호액에 해당하므로 위험성이 가장 낮다.

위험물 저장 시 보호액 실기 0502/0504/0604/0902/0904

금속칼륨, 나트륨	석유(파라핀, 경유, 등유), 벤젠
니트로셀룰로오스	알코올이나 물
황린, 이황화탄소	물

0602 / 0702

56

Repetitive Learning 1회 2회 3회

다음 중 황린이 자연발화하기 쉬운 가장 큰 이유는?

① 끓는점이 낮고 증기의 비중이 작기 때문에
② 산소와 결합력이 강하고 착화온도가 낮기 때문에
③ 녹는점이 낮고 상온에서 액체로 되어 있기 때문에
④ 인화점이 낮고 가연성 물질이기 때문에

해설

- 황린은 산소와 결합력이 강하고 착화온도가 낮기(미분 34℃, 고형분 60℃) 때문에 쉽게 자연발화한다.

황린(P_4) 실기 0602/0701/0702/0901/1001/1202/1302/1401/1402/1504/1901/1902/2003

- 공기 중에서 발화하는 자연발화성 물질로 제3류 위험물에 속하며 지정수량은 20kg, 위험등급은 Ⅰ이다.
- 산소와 결합력이 강하고 착화온도가 낮기(미분 34℃, 고형분 60℃) 때문에 쉽게 자연발화한다.
- 백색 또는 담황색의 고체로 독성이 있는 물질로 물에는 녹지 않고 이황화탄소에는 녹는다.
- 수산화나트륨($NaOH$) 수용액에 반응시키면 포스핀(인화수소, PH_3)를 발생시키므로 이를 방지하기 위해 pH9의 물속에 저장한다.
- 밀폐용기 속에서 260℃로 가열하여 적린을 얻을 수 있다. 이때 유독가스인 오산화인(P_2O_5)이 발생한다.
(반응식 : $P_4 + 5O_2 \rightarrow 2P_2O_5$)

53 ③ 54 ② 55 ④ 56 ② 정답

0401 / 0404 / 0602 / 1201

57

Repetitive Learning (1회 2회 3회)

위험물의 저장 및 취급에 대한 설명으로 틀린 것은?

① H_2O_2 : 직사광선을 차단하고 찬 곳에 저장한다.

② MgO_2 : 습기의 존재 하에서 산소를 발생하므로 특히 방습에 주의한다.

③ $NaNO_3$: 조해성이 있으므로 습기에 주의한다.

④ K_2O_2 : 물과 반응하지 않으므로 물속에 저장한다.

해설

- 과산화칼륨은 물과 격렬하게 반응하여 수산화칼륨과 산소를 발생시킨다.

과산화칼륨(K_2O_2) 실기 0604/1004/1801/2003

㉠ 개요

- 산화성 고체로 제1류 위험물에 해당하며, 지정수량은 50kg, 위험등급은 Ⅰ이다.
- 무색 혹은 오렌지색 비정계 분말이다.
- 흡습성이 있으며, 에탄올에 녹는다.
- 산과 반응하여 과산화수소(H_2O_2)를 발생시킨다.
- 물과 격렬하게 반응하여 수산화칼륨과 산소를 발생시킨다. ($2K_2O_2 + 2H_2O \rightarrow 4KOH + O_2$)
- 가연물과 혼합되어 있을 경우 약간의 물 접촉만으로도 발화하며, 양이 많을 경우 주수에 의해 폭발하므로 주수소화를 금해야 한다.
- 가열하면 산화칼륨과 산소를 발생시킨다. ($2K_2O_2 \xrightarrow[\triangle]{} 2K_2O + O_2$)
- 이산화탄소와 반응하여 탄산칼륨과 산소를 발생시킨다. ($2K_2O_2 + 2CO_2 \rightarrow 2K_2CO_3 + O_2$)
- 아세트산과 반응하여 아세트산칼륨과 과산화수소를 발생시킨다. ($K_2O_2 + 2CH_3COOH \rightarrow 2CH_3COOK + H_2O_2$)

㉡ 저장 및 취급방법

- 물과 습기의 접촉을 피한다.
- 용기는 수분이 들어가지 않게 밀전 및 밀봉 저장한다.
- 가열 및 충격 · 마찰을 피하고 유기물질의 혼입을 막는다.

58

Repetitive Learning (1회 2회 3회)

위험물안전관리법령상 제5류 위험물 중 질산 에스테르류에 해당하는 것은?

① 니트로벤젠 ② 니트로셀룰로오스

③ 트리니트로페놀 ④ 트리니트로톨루엔

해설

- 니트로벤젠($C_6H_5NO_2$)은 인화성 액체 제3석유류로 제4류 위험물에 해당한다.
- 트리니트로페놀[$C_6H_2OH(NO_2)_3$]과 트리니트로톨루엔 [$C_6H_2CH_3(NO_2)_3$]은 니트로화합물에 속한다.

질산에스테르류의 종류

품명	물질
질산에스테르류	• 질산메틸(CH_3ONO_2) • 질산에틸($C_2H_5ONO_2$) • 니트로글리세린[$C_3H_5(ONO_2)_3$] • 니트로글리콜[$C_2H_4(ONO_2)_2$] • 니트로셀룰로오스[$C_6H_7O_2(ONO_2)_3$]$_n$

59

Repetitive Learning (1회 2회 3회)

다음 중 물에 대한 용해도가 가장 낮은 물질은?

① $NaClO_3$ ② $NaClO_4$

③ $KClO_4$ ④ NH_4ClO_4

해설

- ①의 염소산나트륨($NaClO_3$)은 물, 알코올, 에테르에 잘 녹는다.
- ②의 과염소산나트륨($NaClO_4$)은 물, 에탄올, 아세톤에 잘 녹는다.
- ④의 과염소산암모늄(NH_4ClO_4)은 수용성 결정으로 물에 녹는다.
- 과염소산칼륨은 물이나 에테르, 알코올 등에 녹지 않는다.

과염소산칼륨($KClO_4$) 실기 0904/1601/1702

- 산화성 고체로 제1류 위험물의 과염소산염류에 해당하며, 지정수량은 50kg, 위험등급은 Ⅰ이다.
- 무색무취의 사방정계 결정이다.
- 비중은 2.52로 물보다 무거우며, 녹는점은 약 610℃이다.
- 물이나 에테르, 알코올 등에 녹지 않는다.
- 열분해하면 염화칼륨과 산소로 분해된다. ($KClO_4 \xrightarrow[\triangle]{} KCl + 2O_2$)

정답 | 57 ④ 58 ② 59 ③

1301

60 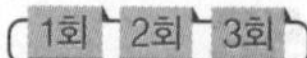 Repetitive Learning (1회 2회 3회)

위험물안전관리법령상 다음 [보기]의 (　　) 안에 알맞은 수치는?

이동저장탱크부터 위험물을 저장 또는 취급하는 탱크에 인화점이 (　　)℃ 미만인 위험물을 주입할 때에는 이동탱크저장소의 원동기를 정지시킬 것

① 40　　② 50
③ 60　　④ 70

해설

- 이동저장탱크로부터 위험물을 저장 또는 취급하는 탱크에 인화점이 40℃ 미만인 위험물을 주입할 때에는 이동탱크저장소의 원동기를 정지시켜야 한다.

이동탱크저장소에서의 취급기준
문제 51번의 유형별 핵심이론 참조

60 ① | 정답

2018년 9월 15일

2018년 제4회

합격률 47.9%

1과목 일반화학

1404

01 Repetitive Learning (1회 2회 3회)

물 450g에 NaOH 80g이 녹아있는 용액에서 NaOH의 몰 분율은? (단, Na의 원자량은 23이다)

① 0.074 ② 0.178
③ 0.200 ④ 0.450

해설

- 몰 분율을 구하기 위해서는 모든 성분의 몰수를 구해야 한다.
- 물(H_2O)은 분자량이 18이므로 물 450g은 25몰이다.
- 수산화나트륨(NaOH)의 분자량은 23+16+1=40이므로 80g은 2몰이다.
- 전체 몰수는 27몰이고 그중 수산화나트륨의 몰수는 2몰이므로 몰분율은 0.074이다.

몰 분율
- 전체 성분의 몰수에서 특정한 성분의 몰수 비율을 말한다.

02 Repetitive Learning (1회 2회 3회)

다음 할로겐족 분자 중 수소와의 반응성이 가장 높은 것은?

① Br_2 ② F_2
③ Cl_2 ④ I_2

해설

- 할로겐족 분자 중 불소(F_2)의 경우 전기음성도가 커 수소(H)가 강한 인력으로 결합하는 수소결합을 한다.

수소결합
- 질소(N), 산소(O), 불소(F) 등 전기음성도가 큰 원자와 수소(H)가 강한 인력으로 결합하는 것을 말한다.
- 수소결합이 가능한 분자들은 다른 분자들에 비해 인력이 강해 끓는점이나 녹는점이 높고 기화열, 융해열이 크다.
- 수소결합이 가능한 분자들은 비열, 표면장력이 크며, 물이 얼음이 될 때 부피가 늘어나는 것도 물이 수소결합을 하기 때문이다.

1202

03 Repetitive Learning (1회 2회 3회)

다음 pH 값에서 알칼리성이 가장 큰 것은?

① pH=1 ② pH=6
③ pH=8 ④ pH=13

해설

- pH는 수소이온농도로 pH 값이 7보다 클 때 알칼리성이라고 하면 그 값이 크면 클수록 알칼리성이 더 커진다.

수소이온농도지수(pH)
- 용액 1L 속에 존재하는 수소이온의 g이온수 즉, 몰농도(혹은 N농도×전리도)를 말한다.
- 수소이온은 매우 작은 값으로 존재하므로 수소이온의 역수에 상용로그값을 취하여 사용한다.

$$pH = \log\frac{1}{[H^+]} = -\log[H^+]$$

- 순수한 물의 경우 1기압 25℃에서 수소이온의 농도가 약 10^{-7}g 이온이므로 이를 pH 7 중성이라고 하고, 이보다 클 때 알카리성, 이보다 작을 때 산성이라고 한다.
- 수소이온농도지수[pH]+수산화이온농도지수[pOH]=14이다.

1101 / 1504

04 Repetitive Learning (1회 2회 3회)

다음 물질 중 환원성이 없는 것은?

① 젖당 ② 과당
③ 설탕 ④ 엿당

해설

- 당류 중 설탕은 환원성이 없다.

환원성
- 자신은 산화되면서 다른 물질을 환원시키는 성질을 말한다.
- 포도당, 젖당, 과당, 갈락토오스, 엿당 등의 당류는 환원성을 가지나, 설탕은 환원성을 갖지 않아 환원당 검출반응 용액인 베네딕트 용액으로 검출이 불가능하다.

정답 | 01 ① 02 ② 03 ④ 04 ③

05 Repetitive Learning (1회 2회 3회)

1몰의 질소와 3몰의 수소를 촉매와 같이 용기 속에 밀폐하고 일정한 온도로 유지하였더니 반응물질의 50%가 암모니아로 변하였다. 이때의 압력은 최초 압력의 몇 배가 되는가? (단, 용기의 부피는 변하지 않는다)

① 0.5　　② 0.75
③ 1.25　　④ 변하지 않는다.

해설

- 이상기체상태방정식(PV = nRT)에서 기체의 몰수와 압력은 서로 비례한다.(n은 몰수)
- 1몰의 질소와 3몰의 수소가 결합하여 2몰의 암모니아를 생성한다.
- 그러나 주어진 조건으로 1몰의 질소와 3몰의 수소가 결합하여 2몰이 아닌 1몰의 암모니아만 생성되었으므로, 현재 용기에는 1몰의 암모니아, 0.5몰의 질소, 1.5몰의 수소가 남아있다. 즉, 몰수로는 총 1+0.5+1.5=3몰의 혼합가스가 존재한다는 의미이다.
- 애초 4몰의 기체가 3몰로 변화했으므로 압력은 몰수에 비례하므로 기존 압력의 0.75배가 된 상태이다.

암모니아(NH_3)

- 질소 분자 1몰과 수소분자 3몰이 결합하여 만들어지는 화합물이다.
- 끓는점은 −33.34℃이고, 분자량은 17이다.
- 암모니아 합성식은 $N_2 + 3H_2 \rightarrow 2NH_3$이다.
- 결합각이 107°인 입체 삼각뿔(피라밋) 구조를 하고 있다.

1204

06 Repetitive Learning (1회 2회 3회)

주기율표에서 제2주기에 있는 원소 성질 중 왼쪽에서 오른쪽으로 갈수록 감소하는 것은?

① 원자핵의 하전량　　② 원자의 전자 수
③ 원자 반지름　　④ 전자껍질의 수

해설

- 같은 주기의 원자인 경우 일반적으로 주기율표에서 왼쪽에 해당하는 알칼리 금속쪽이 반지름이 크고 오른쪽으로 갈수록 작아진다.

원자와 이온의 반지름

- 같은 족인 경우 원자번호가 커질수록 반지름은 커진다.
- 같은 주기의 원자인 경우 일반적으로 주기율표에서 왼쪽에 해당하는 알칼리 금속쪽이 반지름이 크다.
- 전자의 수가 같더라도 전자를 잃어서 양이온이 된 경우의 반지름은 전자를 얻어 음이온이 된 경우보다 더 작다.(예를 들어 S^{2-}, Cl^-, K^+, Ca^{2+}는 모두 전자의 수가 18개이지만 반지름은 $S^{2-} > Cl^- > K^+ > Ca^{2+}$순이 된다)

0702 / 1002 / 1202

07 Repetitive Learning (1회 2회 3회)

95Wt% 황산의 비중은 1.84이다. 이 황산의 몰농도는 약 얼마인가?

① 4.5　　② 8.9
③ 17.8　　④ 35.6

해설

- 중량%와 밀도(g/mL}가 주어질 경우 밀도×1,000을 하여 1리터의 수용액 무게를 구하고 거기에 중량%를 곱해주면 1리터에 포함된 용질의 g수를 구할 수 있다. 이를 분자량으로 나눠줄 경우 몰수를 구할 수 있다.
- 95wt%에 황산비중이 1.84[g/ml]이다. 1L에는 1840g의 용액인데 황산의 비중이 95wt%라고 했으므로 0.95를 곱하면 1748g의 황산이 있다는 의미이다.
- 황산(H_2SO_4)의 분자량은 (2×1)+32+(16×4)=98이므로 1748g은 $\frac{1,748}{98} = 17.84$몰이 된다.

몰 농도

- 용액 1리터 속에 녹아있는 용질의 몰수를 말한다.

1502

08 Repetitive Learning 

헥산(C_6H_{14})의 구조이성질체의 수는 몇 개인가?

① 3개　　② 4개
③ 5개　　④ 9개

해설

- 헥산(C_6H_{14})은 알케인 탄화수소로 5개의 구조이성질체를 갖는다.

헥산(C_6H_{14})의 구조이성질체

- 알케인 탄화수소로 5개의 구조이성질체를 갖는다.

hexane	2-mehtypentane
$CH_3CH_2CH_2CH_2CH_2CH_3$	$CH_3-CH(CH_3)-CH_2CH_2CH_3$
3-mehtypentane	**2,2-dimehtylbutane**
$CH_3CH_2-CH(CH_3)-CH_2CH_3$	$CH_3-C(CH_3)_2-CH_2CH_3$
2,3-dimehtylbutane	
$CH_3-CH(CH_3)-CH(CH_3)-CH_3$	

05 ② 06 ③ 07 ③ 08 ③ | 정답

09

Repetitive Learning 1회 2회 3회

우유의 pH는 25℃에서 6.40이다. 우유 속의 수소이온농도는?

① $1.98 \times 10^{-7}M$ ② $2.98 \times 10^{-7}M$

③ $3.98 \times 10^{-7}M$ ④ $4.98 \times 10^{-7}M$

해설

- pH가 6.4라는 것은 수소이온의 농도가 $10^{-6.4}$에 해당하므로 이는 0.000000398M이 된다.

수소이온농도지수(pH)

문제 03번의 유형별 핵심이론 참조

0504 / 0901

10

Repetitive Learning 1회 2회 3회

벤젠의 유도체인 TNT의 구조식을 옳게 나타낸 것은?

① CH_3 / O_2N / NO_2 / NO_2

② OH / NO_2 / NO_2 / NO_2

③ NH_2 / O_2N / NO_2 / NO_2

④ SO_3H / O_2N / NO_2 / NO_2

해설

- 벤젠의 유도체로 3개의 니트로기($-NO_2$) 그리고 1개의 메틸기($-CH_3$)가 결합된 형태이다.

TNT[트리니트로톨루엔, $C_6H_2CH_3(NO_2)_3$]

- 톨루엔($C_6H_5CH_3$)이 질산과 반응하여 황산의 니트로화 작용에 의해 생성되었다.

$$C_6H_5CH_3 + 3HNO_3 \xrightarrow[\text{니트로화}]{C-H_2SO_4} C_6H_2(NO_2)_3CH_3 + 3H_2O$$

- 구조식은 다음과 같다.

톨루엔($C_6H_5CH_3$)	TNT($C_6H_2CH_3(NO_2)_3$)
CH_3	CH_3, NO_2, NO_2, NO_2

11

Repetitive Learning 1회 2회 3회

20개의 양성자와 20개의 중성자를 가지고 있는 것은?

① Zr ② Ca

③ Ne ④ Zn

해설

- 20개의 양성자와 20개의 중성자를 가지고 있다는 것은 원자번호가 20이고, 원자량이 40이라는 의미이다.
- 원자번호 20인 물질은 $_{20}Ca$이다.

원자번호(Atomic number)와 원자량(Atomic mass)

- 원자번호는 원자핵의 양성자수이자 중성원자의 총 전자수와 같다.
- 질량수 = 양성자의 수 + 중성자의 수로 구한다.
- 원자량은 6개의 양성자와 6개의 중성자로 구성되는 질량수 12인 탄소($_{12}C$)의 원자 질량을 12로 정한 조건에서 다른 원소의 비교질량을 원자량으로 나타낸다.

0204 / 0902

12

Repetitive Learning 1회 2회 3회

다음과 같은 반응에서 평형을 왼쪽으로 이동시킬 수 있는 조건은?

$$A_2(g) + 2B_2(g) \Leftrightarrow 2AB_2(g) + \text{열}$$

① 압력감소, 온도감소 ② 압력증가, 온도증가

③ 압력감소, 온도증가 ④ 압력증가, 온도감소

해설

- 발열반응식이고 반응식 왼쪽이 몰수가 더 크다.
- 왼쪽으로 이동하기 위해서는 온도를 높여야 하고, 몰수가 많은 쪽으로 가야하므로 압력을 낮춰야 한다.

화학평형의 이동

㉠ 온도를 조절할 경우
- 평형계에서 온도를 높이면 흡열반응쪽으로 반응이 진행된다.
- 평형계에서 온도를 낮추면 발열반응쪽으로 반응이 진행된다.

㉡ 압력을 조절할 경우
- 평형계에서 압력을 높이면 기체 몰수의 합이 적은 쪽으로 반응이 진행된다.
- 평형계에서 압력을 낮추면 기체 몰수의 합이 많은 쪽으로 반응이 진행된다

㉢ 농도를 조절할 경우(공통이온효과)
- 평형계에서 농도를 높이면 농도가 감소하는 쪽으로 반응이 진행된다.
- 평형계에서 농도를 낮추면 농도가 증가하는 쪽으로 반응이 진행된다.

정답 | 09 ③ 10 ① 11 ② 12 ③

13 Repetitive Learning (1회 2회 3회)

다음 물질 중 동소체의 관계가 아닌 것은?

① 흑연과 다이아몬드 ② 산소와 오존
③ 수소와 중수소 ④ 황린과 적린

해설

- 수소(^1H)와 중수소(^2H)는 원자번호는 같지만 질량수가 다르므로 동위원소에 해당한다.

동소체

- 동소체란 하나의 원소로만 구성된 것으로 원자배열과 성질은 다르지만 최종 생성물이 동일한 물질을 말한다.
- 동소체임은 연소생성물의 확인을 통해 가능하다.

1101

14 Repetitive Learning (1회 2회 3회)

이상기체상수 R값이 0.082라면 그 단위로 옳은 것은?

① $\frac{atm \cdot mol}{L \cdot K}$ ② $\frac{mmHg \cdot mol}{L \cdot K}$

③ $\frac{atm \cdot L}{mol \cdot K}$ ④ $\frac{mmHg \cdot L}{mol \cdot K}$

해설

- 이상기체상수에 맞게 이상기체상태방정식을 전개하면 $R = \frac{P \times V}{몰수 \times T}$ 가 된다. 즉, $\frac{압력과\ 부피}{몰수와\ 절대온도}$가 되므로 관련된 단위를 찾으면 된다.

이상기체 상태방정식

- 특정 압력과 온도에서 기체의 분자량을 구할 때 사용한다.
- 분자량 $M = \frac{질량 \times R \times T}{P \times V}$로 구한다.

  이때, R은 이상기체상수로 0.082[atm · L/mol · K]이고,
  T는 절대온도(273+섭씨온도)[K]이고,
  P는 압력으로 atm 혹은 $\frac{주어진\ 압력[mmHg]}{760mmHg/atm}$이고,
  V는 부피[L]이다.

15 Repetitive Learning (1회 2회 3회)

$K_2Cr_2O_7$에서 Cr의 산화수를 구하면?

① +2 ② +4
③ +6 ④ +8

해설

- 중크롬산칼륨($K_2Cr_2O_7$)에서 K가 1족의 알칼리금속이므로 +1가의 값을 가진다. 즉 크롬이 +6가가 되어야 2+12−14가 되어 화합물의 산화수가 0가로 된다.

화합물에서 산화수 관련 절대적 원칙

- 일반적으로 화합물에서 전기음성도가 큰 물질이 +의 산화수를 갖고, 전기음성도가 작은 물질이 −의 산화수를 가진다.
- 수소(H)는 결합하는 원자와의 전기음성도 차에 의해 +1가 혹은 −1가의 값을 가진다.
- 1족의 알칼리금속(Li, Na, K)은 +1가의 값을 가진다.
- 2족의 알칼리토금속(Be, Mg, Ca)는 +2가의 값을 가진다.
- 13족의 알루미늄(Al)은 +3가의 값을 가진다.
- 17족의 플로오린(F)은 −1가의 값을 가진다.

0404 / 1201

16 Repetitive Learning (1회 2회 3회)

NaOH 1g이 물에 녹아 메스플라스크에서 250mL의 눈금을 나타낼 때 NaOH 수용액의 농도는?

① 0.1N ② 0.3N
③ 0.5N ④ 0.7N

해설

- 수산화나트륨의 분자량은 23+16+1=40이고, 수산화나트륨이 이온화될 경우 내놓는 OH의 이온수는 1개이므로 g당량은 40이다.
- 1N은 1000mL에 40g인데, 250mL에 1g의 NaOH가 녹을 때의 농도를 묻고 있다. 250mL에 10g 녹을 때 1N인데 1g이 녹았으므로 0.1N이 된다.

노르말 농도(N)

- 용액 1L 속에 녹아있는 용질의 g당량 수를 말한다.
- 노르말농도=몰농도×당량수로 구할 수 있다.

13 ③ 14 ③ 15 ③ 16 ① | 정답

0202 / 0704 / 0904 / 1502

17

Repetitive Learning (1회 2회 3회)

방사능 붕괴의 형태 중 $^{226}_{88}Ra$이 α붕괴할 때 생기는 원소는?

① $^{222}_{86}Rn$　② $^{232}_{90}Th$
③ $^{231}_{91}Pa$　④ $^{238}_{92}U$

해설

- 알파붕괴는 질량수가 4, 원자번호가 2감소하므로 $^{226}_{88}Ra$이 알파붕괴를 하면 질량수는 222가, 원자번호는 86인 라돈(Rn)이 된다.

알파(α)붕괴

- 원자핵이 알파입자(^4_2He)를 방출하면서 질량수가 4, 원자번호가 2 감소하는 과정을 말한다.
- 우라늄의 알파붕괴 : $^{238}_{92}U \rightarrow ^4_2He + ^{234}_{90}Th$

1304

18

Repetitive Learning (1회 2회 3회)

다음 반응식에서 산화된 성분은?

$$MnO_2 + 4HCl \rightarrow MnCl_2 + 2H_2O + Cl_2$$

① Mn　② O
③ H　④ Cl

해설

- 반응식에서 염소(Cl)의 산화수는 망간과 결합한 것은 변화 없이 −1이나 염소분자로 떨어져 나간 기체는 0으로 증가(산화)되었다.
- 망간(Mn)은 4였던 산화수가 2로 감소(환원)되었다.

산화 · 환원 반응

- 2개 이상의 화합물이 반응할 때 한 화합물은 산화(산소와 결합, 수소나 전자를 잃거나 산화수가 증가)하고, 다른 화합물은 환원(산소를 잃거나 수소나 전자와 결합, 산화수가 감소)하는 반응을 말한다.
- 주로 산화수의 증감으로 확인 가능하다.
- 산화 · 환원 반응에서 당량은 산화수를 의미한다.

19

Repetitive Learning (1회 2회 3회)

pH=9인 수산화나트륨 용액 100mL 속에는 나트륨 이온이 몇 개 들어있는가? (단, 아보가드로수는 6.02×10^{23}이다)

① 6.02×10^9개　② 6.02×10^{17}개
③ 6.02×10^{18}개　④ 6.02×10^{21}개

해설

- pH가 9인 NaOH용액은 수산화이온농도로 계산하면 14−9=5로 10^{-5}에 해당한다.
- 여기에 포함된 Na^+ 이온의 수는 $6.02 \times 10^{23} \times 10^{-5} = 6.02 \times 10^{18}$개가 된다.
- 그런데 pH농도는 1L 기준인데 용액의 양이 100ml이므로 이온의 수는 구해진 이온의 수에 10을 나눠져야 하므로 6.02×10^{17}개가 된다.

수소이온농도지수(pH)

문제 03번의 유형별 핵심이론 참조

1304

20

Repetitive Learning (1회 2회 3회)

다음 중 기하 이성질체가 존재하는 것은?

① C_5H_{12}　② $CH_3CH = CHCH_3$
③ C_3H_7Cl　④ $CH \equiv CH$

해설

- ①과 ③의 경우 탄소(C)의 숫자가 모두 홀수개로 서로 대칭을 이룰 수 없는 형태이다.
- ④의 경우 탄소(C)의 숫자가 짝수개이나 C와 H가 각각 1개씩 연결되어 어떤 경우에도 구조가 달라질 수 없으므로 이성질체가 존재할 수 없다.

이성질체

- 분자식은 같지만 서로 다른 물리/화학적 성질을 갖는 분자를 말한다.
- 구조이성질체는 원자의 연결순서가 달라 분자식은 같지만 시성식이 다른 이성질체이다.
- 광학이성질체는 같은 분자식을 가지면서 각각을 서로 겹치게 할 수 없는 거울상의 구조를 갖는 분자로 거울상 이성질체라고도 한다.
- 기하 이성질체란 서로 대칭을 이루지만 구조가 서로 같지 않을 수 있는 이성질체를 말한다.($CH_3CH = CHCH_3$와 같이 3중결합으로 대칭을 이루지만 CH_3와 CH의 위치에 따라 구조가 서로 같지 않을 수 있는 물질)

정답 | 17 ① 18 ④ 19 ② 20 ②

1002

21 Repetitive Learning (1회 2회 3회)

포소화설비의 가압송수장치에서 압력수조의 압력 산출 시 필요 없는 것은?

① 낙차의 환산 수두압
② 배관의 마찰손실 수두압
③ 노즐선의 마찰손실 수두압
④ 소방용 호스의 마찰손실 수두압

해설

- 가압송수장치에서 압력수조의 압력 산출 시 필요한 값은 고정식포방출구의 설계압력 또는 이동식포소화설비 노즐방사압력, 배관의 마찰손실수두압, 낙차의 환산수두압, 이동식포소화설비 소방용 호스의 마찰손실수두압이다.

압력수조를 이용하는 가압송수조장치의 압력수조

- 필요한 압력 P[Mpa] = $p_1 + p_2 + p_3 + p_4$로 구한다.

p_1 : 고정식포방출구의 설계압력 또는 이동식포소화설비 노즐방사압력
p_2 : 배관의 마찰손실수두압
p_3 : 낙차의 환산수두압
p_4 : 이동식포소화설비 소방용 호스의 마찰손실수두압

- 압력수조의 수량은 당해 압력수조 체적의 2/3 이하일 것
- 압력수조에는 압력계, 수위계, 배수관, 보급수관, 통기관 및 맨홀을 설치할 것

1201

22 Repetitive Learning 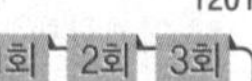

고체가연물의 일반적인 연소형태에 해당하지 않는 것은?

① 등심연소 ② 증발연소
③ 분해연소 ④ 표면연소

해설

- 고체의 연소방식에는 분해연소, 표면연소, 자기연소, 증발연소 등이 있다.

연소의 종류

기체	확산연소, 폭발연소, 혼합연소, 그을음연소 등이 있다.
액체	증발연소, 분해연소, 분무연소, 그을음연소 등이 있다.
고체	분해연소, 표면연소, 자기연소, 증발연소 등이 있다.

1601

23 Repetitive Learning (1회 2회 3회)

가연물에 대한 일반적인 설명으로 옳지 않은 것은?

① 주기율표에서 0족의 원소는 가연물이 될 수 없다.
② 활성화 에너지가 작을수록 가연물이 되기 쉽다.
③ 산화반응이 완결된 산화물은 가연물이 아니다.
④ 질소는 비활성 기체이므로 질소의 산화물은 존재하지 않는다.

해설

- 질소에는 질소산화물이 존재하지만 질소 및 질소산화물이 연소 시 흡열반응을 하므로 가연물이 될 수 없는 비활성 기체로 분류된다.

가연물이 될 수 있는 조건과 될 수 없는 조건

가능조건	• 산화할 때 발열량이 큰 것 • 산화할 때 열전도율이 작은 것 • 산화할 때 활성화 에너지가 작은 것 • 산소와 친화력이 좋고 표면적이 넓은 것
불가능조건	• 주기율표에서 0족(헬륨, 네온, 아르곤 등) 원소 • 이미 산화가 완료된 산화물(이산화탄소, 오산화린, 이산화규소, 산화알루미늄 등) • 질소 또는 질소 산화물(흡열반응)

24 Repetitive Learning (1회 2회 3회)

메탄올에 대한 설명으로 틀린 것은?

① 무색투명한 액체이다.
② 완전연소하면 CO_2와 H_2O가 생성된다.
③ 비중 값이 물보다 작다.
④ 산화하면 포름산을 거쳐 최종적으로 포름알데히드가 된다.

해설

- 메탄올이 산화하면 포름알데히드를 거쳐 최종적으로 포름산이 된다.

메탄올(메틸알코올, CH_3OH)

- 인화성 액체에 해당하는 제4류 위험물 중 알코올류에 해당하며 지정수량은 400L, 위험등급은 Ⅱ이다.
- 무색투명한 액체이다.
- 완전연소하면 CO_2와 H_2O가 생성된다.
- 비중 값이 물보다 작다.
- 산화하면 포름알데히드를 거쳐 최종적으로 포름산이 된다.

$$CH_3OH \underset{\text{환원}}{\overset{\text{산화}}{\rightleftarrows}} HCHO \underset{\text{환원}}{\overset{\text{산화}}{\rightleftarrows}} HCOOH$$

21 ③ 22 ① 23 ④ 24 ④ | 정답

1502 / 1902

25 Repetitive Learning (1회 2회 3회)

위험물안전관리법령상 제6류 위험물에 적응성이 있는 소화설비는?

① 옥내소화전설비
② 불활성가스소화설비
③ 할로겐화합물소화설비
④ 분말소화설비(탄산수소염류)

해설

- 물분무등소화설비에서 제6류 위험물에 불활성가스소화설비, 할로겐화합물소화설비, 분말소화설비(탄산수소염류)는 적응성이 없다.

소화설비의 적응성 중 제6류 위험물 실기 1002/1101/1202/1601/1702/1902/2001/2003/2004

소화설비의 구분			제6류 위험물
옥내소화전 또는 옥외소화전설비			○
스프링클러설비			○
물분무등 소화설비	물분무소화설비		○
	포소화설비		○
	불활성가스소화설비		
	할로겐화합물소화설비		
	분말 소화설비	인산염류등	○
		탄산수소염류등	
		그 밖의 것	
대형 · 소형 수동식 소화기	봉상수(棒狀水)소화기		○
	무상수(霧狀水)소화기		○
	봉상강화액소화기		○
	무상강화액소화기		○
	포소화기		○
	이산화탄소 소화기		△
	할로겐화합물소화기		
	분말 소화기	인산염류소화기	○
		탄산수소염류소화기	
		그 밖의 것	
기타	물통 또는 수조		○
	건조사		○
	팽창질석 또는 팽창진주암		○

26 Repetitive Learning (1회 2회 3회)

물을 소화약제로 사용하는 이유는?

① 물은 가연물과 화학적으로 결합하기 때문에
② 물은 분해되어 질식성 가스를 방출하므로
③ 물은 기화열이 커서 냉각 능력이 크기 때문에
④ 물은 산화성이 강하기 때문에

해설

- 물의 주된 소화효과는 기화잠열과 비열을 이용한 냉각소화이다.

물의 특성 및 소화효과

㉠ 개요
- 이산화탄소보다 기화잠열(539[kcal/kg])과 비열(1[kcal/kg℃])이 커 많은 열량의 흡수가 가능하다.
- 산소가 전자를 잡아당겨 극성을 갖는 극성공유결합을 한다.
- 수소결합을 통해 강한 분자간의 힘을 가지므로 표면장력이 크다.
- 주된 소화효과는 기화잠열과 비열을 이용한 냉각소화이다.

㉡ 장단점

장점	단점
• 구하기 쉽다. • 취급이 간편하다. • 기화잠열이 크다.(냉각효과) • 기화팽창률이 크다.(질식효과)	• 피연소 물질에 피해를 준다. • 겨울철에 동파 우려가 있다.

1104

27 Repetitive Learning (1회 2회 3회)

주된 소화효과가 산소공급원의 차단에 의한 소화가 아닌 것은?

① 포소화기 ② 건조사
③ CO_2 소화기 ④ Halon 1211소화기

해설

- Halon 1211소화기는 할로겐 화합물 등을 첨가하여 연쇄반응을 억제하는 화학적 소화방식(부촉매 소화)의 소화기이다.

질식소화
- 산소공급원을 차단하는 소화방법을 말한다.
- 연소범위 밖으로 농도를 유지하게 하는 방법과 연소범위를 좁혀서(불활성화) 소화를 유도하는 방법이 있다.
- 불활성화는 불활성물질(이산화탄소, 질소, 아르곤, 수증기 등)을 첨가하여 산소농도를 15% 이하로 만드는 방법이다.

정답 | 25 ① 26 ③ 27 ④

1304 / 1602

28 Repetitive Learning (1회 2회 3회)

위험물안전관리법령에서 정한 다음의 소화설비 중 능력단위가 가장 큰 것은?

① 팽창진주암 160L(삽 1개 포함)
② 수조 80L(소화전용물통 3개 포함)
③ 마른 모래 50L(삽 1개 포함)
④ 팽창질석 160L(삽 1개 포함)

해설

- ①은 능력단위가 1이다.
- ②는 능력단위가 1.5이다.
- ③은 능력단위가 0.5이다.
- ④는 능력단위가 1.0이다.

소화설비의 능력단위

- 수동식소화기의 능력단위는 수동식소화기의 형식승인 및 검정기술기준에 의하여 형식승인 받은 수치로 할 것

소화설비	용량	능력단위
소화전용(轉用)물통	8L	0.3
수조(소화전용물통 3개 포함)	80L	1.5
수조(소화전용물통 6개 포함)	190L	2.5
마른 모래(삽 1개 포함)	50L	0.5
팽창질석 또는 팽창진주암(삽 1개 포함)	160L	1.0

29 Repetitive Learning (1회 2회 3회)

다음 중 제6류 위험물의 안전한 저장·취급을 위해 주의할 사항으로 가장 타당한 것은?

① 가연물과 접촉시키지 않는다.
② 0℃ 이하에서 보관한다.
③ 공기와의 접촉을 피한다.
④ 분해방지를 위해 금속분을 첨가하여 저장한다.

해설

- 제6류 위험물은 가연물과의 접촉·혼합이나 분해를 촉진하는 물품과의 접근 또는 과열을 피하여야 한다.

제6류 위험물의 성질과 취급방법

㉠ 성질
- 산화성 액체로 다른 물질을 산화시키는 성질을 갖는다.
- 산화성 무기화합물이다.
- 고온체와 접촉하여도 화재 위험이 적다.
- 물을 만나면 열과 산소를 발생시킨다.
- 비중이 1보다 크다.
- 스스로는 불연성이고, 다른 물질의 연소를 돕는 조연성을 갖는다.

㉡ 취급방법
- 가연성 물질과의 접촉을 피한다.
- 지정수량의 $\frac{1}{10}$을 초과할 경우 제2류 위험물과의 혼재를 금한다.
- 피부와 접촉을 하지 않도록 주의한다.
- 염기 및 물의 접촉을 피한다.
- 용기는 내산성이 있는 것을 사용한다.
- 소량 누출 시는 마른모래나 흙으로 흡수시킨다.

0304 / 0804

30 Repetitive Learning (1회 2회 3회)

"Halon 1301"에서 각 숫자가 나타내는 것을 틀리게 표시한 것은?

① 첫째자리 숫자 "1" – 탄소의 수
② 둘째자리 숫자 "3" – 불소의 수
③ 셋째자리 숫자 "0" – 요오드의 수
④ 넷째자리 숫자 "1" – 브롬의 수

해설

- Halon 1301은 탄소(C)가 1, 불소(F)가 3, 브롬(Br)이 1이며, 염소(Cl)는 존재하지 않는다는 의미이다.

하론 소화약제

㉠ 개요

소화약제	화학식	상온, 상압 상태
Halon 104	CCl_4	액체
Halon 1011	CH_2ClBr	액체
Halon 1211	CF_2ClBr	기체
Halon 1301	CF_3Br	기체
Halon 2402	$C_2F_4Br_2$	액체

- 화재안전기준에서 정한 소화약제는 하론1301, 하론1211, 하론2402이다.

㉡ 구성과 표기
- 구성원소로는 탄소(C), 불소(F), 염소(Cl), 브롬(Br), 요오드(I) 등이 있다.
- 하론 번호표기 규칙은 5개의 숫자로 구성되며 그 숫자는 아래 배치된 원소의 수량에 해당하며 뒤쪽의 원소가 없을 때는 0을 생략한다.

Halon	탄소(C)	불소(F)	염소(Cl)	브롬(Br)	요오드(I)

28 ② 29 ① 30 ③ 정답

0604

31 Repetitive Learning (1회 2회 3회)

금속분의 화재 시 주수소화를 할 수 없는 이유는?

① 산소가 발생하기 때문에
② 수소가 발생하기 때문에
③ 질소가 발생하기 때문에
④ 이산화탄소가 발생하기 때문에

해설

- 마그네슘분, 알루미늄분, 아연분과 같은 금속분은 물과 접촉 시 수소를 발생하여 발화 · 폭발하므로 주수소화를 금해야 한다.

대표적인 위험물의 소화약제

위험물	류별	소화약제
칼륨(K), 나트륨(Na), 마그네슘(Mg)	제2류	마른모래, 탄산수소염류 분말소화약제
황린(P_4)	제3류	주소소화, 마른모래 등
알킬(트리에틸)알루미늄, 수소화나트륨	제3류	마른모래, 팽창질석, 팽창진주암
경유, 등유, 벤젠(C_6H_6)	제4류	포소화약제, 이산화탄소, 분말소화약제
염소산칼륨($KClO_3$), 염소산아연[$Zn(ClO_3)_2$]	제1류	대량의 물을 통한 냉각소화
트리니트로페놀[$C_6H_2OH(NO_2)_3$], 트리니트로톨루엔(TNT), 니트로세룰로오스 등	제5류	대량의 물로 주수소화
과산화나트륨(Na_2O_2), 과산화칼륨(K_2O_2)	제1류	마른모래

1301 / 1602

32 Repetitive Learning (1회 2회 3회)

제1종 분말소화약제의 소화효과에 대한 설명으로 가장 거리가 먼 것은?

① 열분해 시 발생하는 이산화탄소와 수증기에 의한 질식효과
② 열분해 시 흡열반응에 의한 냉각효과
③ H^+ 이온에 의한 부촉매 효과
④ 분말 운무에 의한 열방사의 차단효과

해설

- 제1종 분말소화약제는 탄산수소나트륨의 분해 시 생성되는 이산화탄소와 수증기에 의한 질식효과, 물에 의한 냉각효과, 열방사의 차단효과 등이 작용한다.

제1종 분말소화약제 실기 0501/0602/0701/0801/0901/1204/1301/1404/1502/1504/1601/1602/1701/1801/1904/2003/2101

- 탄산수소나트륨($NaHCO_3$)을 주성분으로 하는 소화약제로 BC급 화재에 적응성을 갖는 착색색상은 백색인 소화약제이다.
- 탄산수소나트륨이 열분해되면 탄산나트륨, 이산화탄소, 물로 분해된다.($2NaHCO_3 \xrightarrow[\triangle]{} Na_2CO_3 + CO_2 + H_2O$)
- 분해 시 생성되는 이산화탄소와 수증기에 의한 질식효과, 수증기에 의한 냉각효과 및 열방사의 차단효과 등이 작용한다.

1204

33 Repetitive Learning (1회 2회 3회)

표준관입시험 및 평판재하시험을 실시하여야 하는 특정 옥외저장탱크의 지반의 범위는 기초의 외측이 지표면과 접하는 선의 범위 내에 있는 지반으로서 지표면으로부터 깊이 몇 m까지로 하는가?

① 10 ② 15
③ 20 ④ 25

해설

- 특정옥외저장탱크의 지반의 범위 중 깊이는 탱크의 하중을 지지하는 지층이 수평층상인 경우에는 지표면으로부터 15m까지로 한다.

특정옥외저장탱크의 지반의 범위

깊이	• 탱크의 하중을 지지하는 지층이 수평층상(표준관입시험에 의한 표준관입시험치가 20 이상에 상당하는 두께의 수평지층이 존재하고 당해 지층과 지표면의 사이에 쐐기모양의 지층이 존재하지 않는 상태)인 경우에는 지표면으로부터 깊이 15m • 탱크 하중에 대한 지지력의 안전율 및 계산침하량을 확보하는 데 필요한 깊이
평면	• $L = \frac{2}{3} \times l$로 구하는 수평거리에 특정옥외저장탱크의 반경을 더한 거리를 반경으로 하여 저장탱크의 밑판의 중심을 중심으로 한 원의 범위(L : 수평거리[m], l : 지표면으로부터의 깊이[m])

0704 / 0801 / 1101 / 1701

34 ——— Repetitive Learning 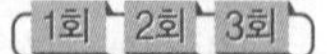

위험물안전관리법령상 제2류 위험물 중 철분의 화재에 적응성이 있는 소화약제는?

① 물분무소화설비
② 포소화설비
③ 탄산수소염류분말소화설비
④ 할로겐화합물소화설비

해설

- 철분 · 금속분 · 마그네슘 화재는 탄산수소염류 소화기나 건조사, 팽창질석 등이 적응성을 갖는다.

소화설비의 적응성 중 제2류 위험물 실기 1002/1101/1202/1601/1702/1902/2001/2003/2004

소화설비의 구분			제2류 위험물: 철분 · 금속분 · 마그네슘 등	제2류 위험물: 인화성고체	제2류 위험물: 그 밖의 것
옥내소화전 또는 옥외소화전설비				○	○
스프링클러설비				○	○
물분무등소화설비	물분무소화설비			○	○
	포소화설비			○	○
	불활성가스소화설비				
	할로겐화합물소화설비				
	분말소화설비	인산염류등			
		탄산수소염류등	○		
		그 밖의 것	○		
대형 · 소형 수동식 소화기	봉상수(棒狀水)소화기			○	○
	무상수(霧狀水)소화기			○	○
	봉상강화액소화기			○	○
	무상강화액소화기			○	○
	포소화기			○	○
	이산화탄소 소화기			○	
	할로겐화합물소화기			○	
	분말소화기	인산염류소화기		○	○
		탄산수소염류소화기	○	○	
		그 밖의 것	○		
기타	물통 또는 수조			○	○
	건조사		○	○	○
	팽창질석 또는 팽창진주암		○	○	○

35 ——— Repetitive Learning (1회 2회 3회)

다음 중 소화약제가 아닌 것은?

① CF_3Br　　② $NaHCO_3$
③ C_4F_{10}　　④ N_2H_4

해설

- ④의 N_2H_4는 히드라진으로 인화성 액체에 해당하는 제4류 위험물 중 제2석유류에 속한다.

소화약제의 분류별 종류

구분		종류
분말 소화약제	제1종	$NaHCO_3$(탄산수소나트륨)
	제2종	$KHCO_3$(탄산수소칼륨)
	제3종	$NH_4H_2PO_4$(인산암모늄)
	제4종	$KHCO_3$(탄산수소칼륨), $CO(NH_2)_2$(요소)
포 소화약제	화학	$NaHCO_3$(중탄산나트륨), $Al_2(SO_4)_3$(황산알루미늄)
강화액소화약제		K_2CO_3(탄산칼륨)
산 · 알칼리소화약제		$NaHCO_3$(탄산수소나트륨), H_2SO_4(황산)
할론소화약제		CF_2ClBr(할론1211), CF_3Br(할론1301), CCl_4(할론104), CF_2ClBr_2(할론1202), C_4F_{10}(FC-3-1-10) 등
기타소화약제		KCl(염화칼륨), $NaCl$(염화나트륨), $BaCl_2$(염화바륨), CO_2(이산화탄소) 등

1102 / 1404

36 ——— Repetitive Learning (1회 2회 3회)

옥외소화전설비의 옥외소화전이 3개 설치되었을 경우 수원의 수량은 몇 m^3 이상이 되어야 하는가?

① 7　　② 20.4
③ 40.5　　④ 100

해설

- 수원의 수량은 옥외소화전의 설치개수(설치개수가 4개 이상인 경우는 4개의 옥외소화전)에 $13.5m^3$를 곱한 양 이상이 되어야 하므로 $3 \times 13.5 = 40.5m^3$ 이상이 되어야 한다.

옥외소화전설비의 설치기준 실기 0802/1202

- 옥외소화전은 방호대상물의 각 부분(건축물의 경우에는 당해 건축물의 1층 및 2층의 부분에 한한다)에서 하나의 호스접속구까지의 수평거리가 40m 이하가 되도록 설치할 것. 이 경우 그 설치개수가 1개일 때는 2개로 하여야 한다.
- 수원의 수량은 옥외소화전의 설치개수(설치개수가 4개 이상인 경우는 4개의 옥외소화전)에 $13.5m^3$를 곱한 양 이상이 되도록 설치할 것
- 옥외소화전설비는 모든 옥외소화전(설치개수가 4개 이상인 경우는 4개의 옥외소화전)을 동시에 사용할 경우에 각 노즐선단의 방수압력이 350kPa 이상이고, 방수량이 1분당 450L 이상의 성능이 되도록 할 것
- 옥외소화전설비에는 비상전원을 설치할 것

34 ③ 35 ④ 36 ③ | 정답

37 Repetitive Learning (1회 2회 3회)

위험물제조소 등에 설치하는 이동식 불활성가스소화설비의 소화약제 양은 하나의 노즐마다 몇 kg 이상으로 하여야 하는가?

① 30 ② 50
③ 60 ④ 90

해설

- 이동식 불활성가스소화설비는 하나의 노즐마다 90kg 이상의 양으로 해야 한다.

불활성가스소화약제의 저장용기에 저장하는 소화약제의 양

㉠ 전역방출방식의 불활성가스소화설비 중 이산화탄소를 방사하는 것

- 방호구역의 체적에 따라 방호구역의 체적 $1m^3$당 소화약제의 양의 비율로 계산한 양. 다만, 그 양이 동표의 소화약제총량의 최저한도 미만인 경우에는 당해 최저한도의 양으로 한다.

방호구역의 체적(m^3)	소화약제의 양(kg)	소화약제 총량의 최저한도(kg)
5 미만	1.20	–
5 이상 15 미만	1.10	6
15 이상 45 미만	1.00	17
45 이상 150 미만	0.90	45
150 이상 1,500 미만	0.80	135
1,500 이상	0.75	1,200

- 방호구역의 개구부에 자동폐쇄장치(갑종방화문, 을종방화문 또는 불연재료의 문으로 이산화탄소소화약제가 방사되기 직전에 개구부를 자동으로 폐쇄하는 장치)를 설치하지 않은 경우에는 위에서 산출된 양에 당해 개구부의 면적 $1m^2$당 5kg의 비율로 계산한 양을 가산한 양

㉡ IG-100, IG-55 또는 IG-541을 방사하는 것은 소화약제의 종류에 따라 방호구역의 체적 $1m^3$당 소화약제의 양의 비율로 계산한 양에 방호구역내에서 저장 또는 취급하는 위험물에 따라 소화약제에 따른 계수를 곱해서 얻은 양

소화약제의 종류	방호구역 체적 $1m^3$당 소화약제의 양 (1기압 20℃)
IG-100	0.516
IG-55	0.477
IG-541	0.472

- 전역방출방식 또는 국소방출방식의 불활성가스소화설비를 설치한 동일 제조소등에 방호구역 또는 방호대상물이 2 이상 있을 경우에는 각 방호구역 또는 방호대상물에 대해서 가목 및 나목에 의하여 계산한 양 중에서 최대의 양 이상으로 할 수가 있다. 다만, 방호구역 또는 방호대상물이 서로 인접하여 있을 경우에는 하나의 저장용기를 공용할 수 없다.
- 이동식 불활성가스소화설비는 하나의 노즐마다 90kg 이상의 양으로 할 것

1601

38 Repetitive Learning (1회 2회 3회)

알코올 화재 시 수성막포 소화약제는 내알코올포 소화약제에 비하여 소화효과가 낮다. 그 이유로서 가장 타당한 것은?

① 소화약제와 섞이지 않아서 연소면을 확대하기 때문에
② 알코올은 포와 반응하여 가연성가스를 발생하기 때문에
③ 알코올이 연료로 사용되어 불꽃의 온도가 올라가기 때문에
④ 수용성 알코올로 인해 포가 소멸되기 때문에

해설

- 알코올 화재에서 수성막포소화약제를 사용하면 알코올이 수용성이어서 수성막포를 소멸시키므로 소화효과가 떨어져 사용하지 않는다.

수성막포소화약제

- 불소계 계면활성제와 물을 혼합하여 거품을 형성한다.
- 계면활성제를 이용하여 물보다 가벼운 인화성 액체 위에 물이 떠 있도록 한 것이다.
- B급 화재인 유류화재에 우수한 성능을 발휘한다.
- 분말소화약제와 함께 사용하여도 소포현상이 일어나지 않아 트윈 에이전트 시스템에 사용된다.
- 알코올 화재에서는 알코올이 수용성이어서 포를 소멸(소포성)시키므로 효과가 낮다.

1602

39 Repetitive Learning (1회 2회 3회)

열의 전달에 있어서 열전달면적과 열전도도가 각각 2배로 증가한다면, 다른 조건이 일정한 경우 전도에 의해 전달되는 열의 양은 몇 배가 되는가?

① 0.5배 ② 1배
③ 2배 ④ 4배

해설

- 열전달면적과 열전도도를 각각 2배로 했으므로 총 4배가 증가하게 된다.

열 전달량

- 열 전달량은 열전달면적과 열전도도, 그리고 온도차에 비례하여 전달된다.

$$Q_{CD} = k \cdot A \cdot \Delta t$$

이때 k는 열전도도, A는 전달면적, Δt는 온도차이다.

1201

40

Repetitive Learning (1회 2회 3회)

위험물의 취급을 주된 작업내용으로 하는 다음의 장소에 스프링클러설비를 설치할 경우 확보하여야 하는 1분당 방사밀도는 몇 L/m^2 이상이어야 하는가? (단, 내화구조의 바닥 및 벽에 의하여 2개의 실로 구획되고, 각 실의 바닥면적은 500m^2이다)

- 취급하는 위험물 : 제4류 제3석유류
- 위험물을 취급하는 장소의 바닥면적 : 1,000m^2

① 8.1　　② 12.2
③ 13.9　　④ 16.4

해설

- 주어진 조건이 제3석유류이므로 인화점이 70℃ 이상이고, 살수기준면적이 465m^2 이상이므로 8.1L/m^2 이상이 되어야 한다.

제4류 위험물의 살수기준면적에 따른 살수밀도기준(적응성)

살수기준면적(m^2)	방사밀도(L/m^2분)	
	인화점 38℃ 미만	인화점 38℃ 이상
279 미만	16.3 이상	12.2 이상
279 이상 372 미만	15.5 이상	11.8 이상
372 이상 465 미만	13.9 이상	9.8 이상
465 이상	12.2 이상	8.1 이상

3과목 위험물의 성질과 취급

0802 / 1501

41

Repetitive Learning 

위험물 지하탱크저장소의 탱크전용실 설치기준으로 틀린 것은?

① 철근콘크리트 구조의 벽은 두께 0.3m 이상으로 한다.
② 지하저장탱크와 탱크전용실의 안쪽과의 사이는 50cm 이상의 간격을 유지한다.
③ 철근콘크리트 구조의 바닥은 두께 0.3m 이상으로 한다.
④ 벽, 바닥 등에 적정한 방수 조치를 강구한다.

해설

- 지하저장탱크와 탱크전용실의 안쪽과의 사이는 0.1m 이상의 간격을 유지하도록 하여야 한다.

지하탱크저장소의 설치기준 실기 0901/1502/2003

- 위험물을 저장 또는 취급하는 지하탱크는 지면하에 설치된 탱크전용실에 설치하여야 한다.
- 탱크전용실은 지하의 가장 가까운 벽 · 피트 · 가스관 등의 시설물 및 대지경계선으로부터 0.1m 이상 떨어진 곳에 설치하고, 지하저장탱크와 탱크전용실의 안쪽과의 사이는 0.1m 이상의 간격을 유지하도록 하며, 당해 탱크의 주위에 마른 모래 또는 습기 등에 의하여 응고되지 아니하는 입자지름 5㎜ 이하의 마른 자갈분을 채워야 한다.
- 지하저장탱크의 윗부분은 지면으로부터 0.6m 이상 아래에 있어야 한다.
- 지하저장탱크를 2 이상 인접해 설치하는 경우에는 그 상호간에 1m(당해 2 이상의 지하저장탱크의 용량의 합계가 지정수량의 100배 이하인 때에는 0.5m) 이상의 간격을 유지하여야 한다. 다만, 그 사이에 탱크전용실의 벽이나 두께 20cm 이상의 콘크리트 구조물이 있는 경우에는 그러하지 아니하다.
- 철큰콘크리트구조의 벽 · 바닥 및 뚜껑의 두께는 0.3m 이상일 것
- 탱크의 강철판 두께는 3.2mm 이상으로 하고 탱크용량에 따라 증가하여야 한다.
- 압력탱크 외의 탱크에 있어서는 70kPa의 압력으로, 압력탱크에 있어서는 최대상용압력의 1.5배의 압력으로 각각 10분간 수압시험을 실시하여 새거나 변형되지 아니하여야 한다.
- 수압시험은 기밀시험과 비파괴시험을 동시에 실시하는 방법으로 대신할 수 있다.

40 ① 41 ② | 정답

42

Repetitive Learning 1회 2회 3회

위험물안전관리법령상 과산화수소가 제6류 위험물에 해당하는 농도 기준으로 옳은 것은?

① 36wt% 이상 ② 36volt% 이상
③ 1.49wt% 이상 ④ 1.49vol% 이상

해설

- 과산화수소는 그 농도가 36중량퍼센트 이상인 것에 한해 제6류 위험물에 해당하며, 산화성액체의 성상이 있는 것으로 본다.

제6류 위험물 실기 0502/0704/0801/0902/1302/1702/2003

성질	품명	지정수량
산화성 액체	1. 과염소산	300kg
	2. 과산화수소	
	3. 질산	
	4. 그 밖에 행정안전부령으로 정하는 것	
	5. 제1호 내지 제4호의 1에 해당하는 어느 하나 이상을 함유한 것	

- 산화성액체란 액체로서 산화력의 잠재적인 위험성을 판단하기 위하여 고시로 정하는 시험에서 고시로 정하는 성질과 상태를 나타내는 것을 말한다.
- 과산화수소는 그 농도가 36중량퍼센트 이상인 것에 한하며, 산화성액체의 성상이 있는 것으로 본다.
- 질산은 그 비중이 1.49 이상인 것에 한하며, 산화성액체의 성상이 있는 것으로 본다.

43

Repetitive Learning 1회 2회 3회

다음 중 인화점이 가장 낮은 것은?

① 실린더유 ② 가솔린
③ 벤젠 ④ 메틸알코올

해설

- 실린더유는 제4석유류로 인화점이 200℃ 이상이다.
- 가솔린은 제1석유류로 인화점이 -20℃ 이하이다.
- 벤젠(C_6H_6)은 제1석유류로 인화점이 -11℃이다.
- 메틸알코올(CH_3OH)은 알코올류로 인화점이 11℃이다.

제4류 위험물의 인화점 실기 0701/0704/0901/1001/1002/1201/1301/1304/1401/1402/1404/1601/1702/1704/1902/2003

구분	인화점
제1석유류	인화점이 21℃ 미만
제2석유류	인화점이 21℃ 이상 70℃ 미만
제3석유류	인화점이 70℃ 이상 200℃ 미만
제4석유류	인화점이 200℃ 이상 250℃ 미만
동·식물유류	인화점이 250℃ 미만

0302

44

Repetitive Learning 1회 2회 3회

니트로소화합물의 성질에 관한 설명으로 옳은 것은?

① $-NO$기를 가진 화합물이다.
② 니트로기를 3개 이하로 가진 화합물이다.
③ $-NO_2$기를 가진 화합물이다.
④ $-N=N-$기를 가진 화합물이다.

해설

- 니트로소화합물은 니트로소($-NO$)기가 2개 이상 결합된 화합물이다.
- $-NO_2$(니트로)기를 가진 화합물은 니트로화합물이다.
- $-N=N-$는 아조기로 아조화합물을 구성하는 물질이다.

니트로소화합물(Nitroso Compounds)

- 니트로소($-NO$)기를 갖는 화합물로 자기반응성 물질에 해당하는 제5류 위험물이다.
- 지정수량이 200kg이고 위험등급은 Ⅱ이다.
- 하나의 벤젠핵에 수소원자 대신 니트로소($-NO$)기가 2개 이상 결합되어 있다.
- 산소를 함유하고 있어 자기연소성을 가지며 폭발위험이 있다.
- 대표적인 종류에는 파라 디니트로소 벤젠과 디니트로소 레조르신이 있다.

0804

45

Repetitive Learning 1회 2회 3회

연소생성물로 이산화황이 생성되지 않는 것은?

① 황린 ② 삼황화린
③ 오황화린 ④ 황

해설

- 황린의 연소생성물은 오산화인(P_2O_5)이다.

황린(P_4) 실기 0602/0701/0702/0901/1001/1202/1302/1401/1402/1504/1901/1902/2003

- 공기 중에서 발화하는 자연발화성 물질로 제3류 위험물에 속하며 지정수량은 20kg, 위험등급은 Ⅰ이다.
- 산소와 결합력이 강하고 착화온도가 낮기(미분 34℃, 고형분 60℃) 때문에 쉽게 자연발화한다.
- 백색 또는 담황색의 고체로 독성이 있는 물질로 물에는 녹지 않고 이황화탄소에는 녹는다.
- 수산화나트륨(NaOH) 수용액에 반응시키면 포스핀(인화수소, PH_3)를 발생시키므로 이를 방지하기 위해 pH9의 물속에 저장한다.
- 밀폐용기 속에서 260℃로 가열하여 적린을 얻을 수 있다. 이때 유독가스인 오산화인(P_2O_5)이 발생한다.
(반응식 : $P_4+5O_2 \rightarrow 2P_2O_5$)

정답 | 42 ① 43 ② 44 ① 45 ①

46

Repetitive Learning (1회 2회 3회)

동·식물유의 일반적인 성질로 옳은 것은?

① 자연발화의 위험은 없지만 점화원에 의해 쉽게 인화한다.
② 대부분 비중 값이 물보다 크다.
③ 인화점이 100℃ 보다 높은 물질이 많다.
④ 요오드값이 50 이하인 건성유는 자연발화 위험이 높다.

해설

- 건성유는 공기 중에서 자연 발화의 위험이 있다.
- 동식물유는 대부분 비중 값이 물보다 작아 물에 뜬다.
- 건성유는 요오드값이 130 이상을 말한다.

동·식물유류 실기 0601/0604/1304/1502/1802/2003

㉠ 개요
- 1기압에서 인화점이 250℃ 미만인 것으로 지정수량이 10,000L이고, 위험등급이 Ⅲ에 해당하는 물질이다.
- 유지 100g에 부가되는 요오드의 g수를 의미하는 요오드값(옥소값)에 의해 건성유(130 이상), 반건성유(100 ~ 130), 불건성유(100 이하)로 구분한다.
- 요오드값이 클수록 자연발화의 위험이 크다.
- 요오드값이 클수록 이중결합이 많고, 불포화지방산을 많이 가진다.

㉡ 구분

구분	특징
건성유 (요오드값이 130 이상)	• 공기 중에서 자연발화의 위험이 있으며, 피막이 단단하다. • 동유, 아마인유, 정어리유, 대구유, 상어유, 해바라기유, 들기름 등
반건성유 (요오드값이 100 ~ 130)	• 피막이 얇다. • 참기름, 콩기름, 청어유, 쌀겨기름, 면실유, 채종유, 옥수수기름 등
불건성유 (요오드값이 100 이하)	• 피막을 만들지 않는다. • 피마자유, 올리브유, 팜유, 땅콩기름, 야자유, 쇠기름, 돼지기름, 고래기름 등

0404

47

Repetitive Learning (1회 2회 3회)

적린의 성상에 관한 설명 중 옳은 것은?

① 물과 반응하여 고열을 발생한다.
② 공기 중에 방치하면 자연발화한다.
③ 강산화제와 혼합하면 마찰·충격에 의해서 발화할 위험이 있다.
④ 이황화탄소, 암모니아 등에 매우 잘 녹는다.

해설

- 적린은 물에 녹지 않으며 황린과 달리 물과 접촉해도 큰 위험이 없다.
- 적린은 발화점이 260℃로 공기 중에 방치해도 발화하지 않는다.
- 적린은 물, 이황화탄소, 암모니아, 에테르 등에 녹지 않는다.

적린(P) 실기 1102
- 제2류 위험물에 해당하는 가연성 고체로 지정수량은 100kg이고, 위험등급은 Ⅱ이다.
- 물, 이황화탄소, 암모니아, 에테르 등에 녹지 않는다.
- 황린의 동소체이나 황린에 비해 대단히 안정적이어서 공기 또는 습기 중에서 위험성이 적으며, 독성이 없다.
- 강산화제와 혼합하거나 염소산염류와 접촉하면 발화 및 폭발할 위험성이 있으므로 주의해야 한다.
- 공기 중에서 연소할 때 오산화린(P_2O_5)이 생성된다.(반응식 : $4P + 5O_2 \rightarrow 2P_2O_5$)
- 성냥, 화약 등을 만드는데 이용된다.

0901 / 1204

48

Repetitive Learning (1회 2회 3회)

운반할 때 빗물의 침투를 방지하기 위하여 방수성이 있는 피복으로 덮어야 하는 위험물은?

① TNT ② 이황화탄소
③ 과염소산 ④ 마그네슘

해설

- TNT(트리니트로톨루엔)는 제5류 위험물이므로 차광성이 있는 피복으로 가려야 한다.
- 이황화탄소는 제4류 위험물 중 특수인화물에 해당하므로 차광성 있는 피복으로 가려야 한다.
- 과염소산은 제6류 위험물이므로 차광성이 있는 피복으로 가려야 한다.

적재 시 피복 기준 실기 0704/1704/1904
- 제1류 위험물, 제3류 위험물 중 자연발화성물질, 제4류 위험물 중 특수인화물, 제5류 위험물 또는 제6류 위험물은 차광성이 있는 피복으로 가릴 것
- 제1류 위험물 중 알칼리금속의 과산화물 또는 이를 함유한 것, 제2류 위험물 중 철분·금속분·마그네슘 또는 이들 중 어느 하나 이상을 함유한 것 또는 제3류 위험물 중 금수성 물질은 방수성이 있는 피복으로 덮을 것
- 제5류 위험물 중 55℃ 이하의 온도에서 분해될 우려가 있는 것은 보냉 컨테이너에 수납하는 등 적정한 온도관리를 할 것
- 액체위험물 또는 위험등급Ⅱ의 고체위험물을 기계에 의하여 하역하는 구조로 된 운반용기에 수납하여 적재하는 경우에는 당해 용기에 대한 충격 등을 방지하기 위한 조치를 강구하여야 한다.

46 ③ 47 ③ 48 ④ | 정답

49

Repetitive Learning (1회 2회 3회)

제1류 위험물에 관한 설명으로 틀린 것은?

① 조해성이 있는 물질이 있다.
② 물보다 비중이 큰 물질이 많다.
③ 대부분 산소를 포함하는 무기화합물이다.
④ 분해하여 방출된 산소에 의해 자체 연소한다.

해설

- 제1류 위험물은 불연성 물질로 자체 연소가 불가능하다.

제1류 위험물의 일반적인 성질 실기 0504/0601/1204/1804

㉠ 개요
- 불연성 물질들이다.
- 산화성 고체로서 강산화제이다.
- 조해성이 있는 물질이 있다.
- 물보다 비중이 큰 물질이 많다.
- 대부분 산소를 포함하는 무기화합물이다.
- 알칼리금속의 과산화물은 물과 작용하여 발열한다.

㉡ 취급 및 보관방법
- 가연물과 혼재하면 다른 가연물의 연소를 도우므로 가연물과의 접촉을 피한다.
- 가열 등에 의해 산소를 방출하므로 가열, 충격, 마찰을 피한다.
- 용기는 밀폐하여 통풍이 잘되는 냉암소에 보관한다.

50

Repetitive Learning 

위험물안전관리법령에서 정한 위험물의 지정수량으로 틀린 것은?

① 적린 : 100kg　　② 황화린 : 100kg
③ 마그네슘 : 100kg　　④ 금속분 : 500kg

해설

- 마그네슘은 제2류 위험물에 해당하는 가연성 고체로 지정수량이 500kg이고 위험등급은 Ⅲ에 해당하는 물질이다.

제2류 위험물_가연성 고체 실기 0504/1104/1602/1701

품명	지정수량	위험등급
황화린	100kg	Ⅱ
적린		
유황		
마그네슘	500kg	Ⅲ
철분		
금속분		
인화성고체	1,000kg	

51

1602

Repetitive Learning (1회 2회 3회)

제4석유류를 저장하는 옥내탱크저장소의 기준으로 옳은 것은? (단, 단층건물에 탱크전용실을 설치하는 경우이다)

① 옥내저장탱크의 용량은 지정수량의 40배 이하일 것
② 탱크전용실은 벽, 기둥, 바닥, 보를 내화구조로 할 것
③ 탱크전용실에는 창을 설치하지 아니할 것
④ 탱크전용실에 펌프설비를 설치하는 경우에는 그 주위에 0.2m 이상의 높이로 턱을 설치할 것

해설

- 탱크전용실은 벽 · 기둥 및 바닥을 내화구조로 하고, 보를 불연재료로 하여야 한다.
- 탱크전용실의 창 및 출입구에는 갑종방화문 또는 을종방화문을 설치하는 동시에, 연소의 우려가 있는 외벽에 두는 출입구에는 수시로 열 수 있는 자동폐쇄식의 갑종방화문을 설치하여야 한다.
- 탱크전용실에 펌프설비를 설치하는 경우에는 펌프설비를 견고한 기초 위에 고정시킨 다음 그 주위에 불연재료로 된 턱을 탱크전용실의 문턱높이 이상으로 설치하여야 한다.

옥내탱크저장소의 간격 실기 2004

- 위험물을 저장 또는 취급하는 옥내탱크는 단층건축물에 설치된 탱크전용실에 설치할 것
- 옥내저장탱크와 탱크전용실의 벽과의 사이 및 옥내저장탱크의 상호간에는 0.5m 이상의 간격을 유지할 것. 다만, 탱크의 점검 및 보수에 지장이 없는 경우에는 그러하지 아니하다.
- 탱크전용실에 펌프설비를 설치하는 경우에는 펌프설비를 견고한 기초 위에 고정시킨 다음 그 주위에 불연재료로 된 턱을 탱크전용실의 문턱높이 이상으로 설치할 것
- 옥내탱크저장소에는 보기 쉬운 곳에 "위험물 옥내탱크저장소"라는 표시를 한 표지와 방화에 관하여 필요한 사항을 게시한 게시판을 설치하여야 한다.
- 옥내저장탱크의 용량은 지정수량의 40배(제4석유류 및 동 · 식물유류 외의 제4류 위험물에 있어서 당해 수량이 20,000L를 초과할 때에는 20,000L) 이하일 것
- 탱크전용실은 벽 · 기둥 및 바닥을 내화구조로 하고, 보를 불연재료로 하며, 연소의 우려가 있는 외벽은 출입구 외에는 개구부가 없도록 할 것
- 탱크전용실은 지붕을 불연재료로 하고, 천장을 설치하지 아니할 것
- 탱크전용실의 창 및 출입구에는 갑종방화문 또는 을종방화문을 설치하는 동시에, 연소의 우려가 있는 외벽에 두는 출입구에는 수시로 열 수 있는 자동폐쇄식의 갑종방화문을 설치할 것

정답 | 49 ④　50 ③　51 ①

0801

52 Repetitive Learning (1회 2회 3회)

탄화칼슘이 물과 반응했을 때 반응식을 옳게 나타낸 것은?

① 탄화칼슘+물 → 수산화칼슘+수소
② 탄화칼슘+물 → 수산화칼슘+아세틸렌
③ 탄화칼슘+물 → 칼슘+수소
④ 탄화칼슘+물 → 칼슘+아세틸렌

해설

- 탄화칼슘은 물과 반응하면 수산화칼슘과 연소범위가 약 2.5 ~ 81%를 갖는 가연성 가스인 아세틸렌(C_2H_2)가스를 발생시킨다.

탄화칼슘(CaC_2)/카바이트 실기 0604/0702/0801/0804/0902/1001/1002/1201/1304/1502/1701/1801/1901/2001/2101

- 칼슘 또는 알루미늄의 탄화물로 자연발화성 및 금수성 물질에 해당하며, 지정수량 300kg에 위험등급은 Ⅲ인 제3류 위험물이다.
- 흑회색의 불규칙한 고체 덩어리로 고온에서 질소가스와 반응하여 석회질소($CaCN_2$)가 된다.
- 비중은 약 2.2 정도로 물보다 무겁다.
- 물과 반응하여 연소범위가 약 2.5 ~ 81%를 갖는 가연성 가스인 아세틸렌(C_2H_2)가스를 발생시킨다.
($CaC_2 + 2H_2O \rightarrow Ca(OH)_2 + C_2H_2$)
- 화재 시 건조사, 탄산수소염류소화기, 사염화탄소소화기, 팽창질석 등을 사용하여 소화한다.

0604 / 1601

53 Repetitive Learning (1회 2회 3회)

위험물안전관리법령에 따른 제4류 위험물 중 제1석유류에 해당하지 않는 것은?

① 등유　　② 벤젠
③ 메틸에틸케톤　　④ 톨루엔

해설

- 등유는 제2석유류에 해당한다.

제1석유류

㉠ 개요

- 1기압에서 인화점이 21℃ 미만인 액체이다.
- 비수용성은 지정수량이 200L, 수용성은 지정수량이 400L이며, 위험등급은 Ⅱ이다.
- 휘발유, 벤젠, 톨루엔, 메틸에틸케톤, 시클로헥산, 초산에스테르류, 의산에스테르류, 염화아세틸(이상 비수용성), 아세톤, 피리딘, 시안화수소(이상 수용성) 등이 있다.

㉡ 종류

구분	종류
비수용성 (200L)	• 휘발유(가솔린) • 벤젠(C_6H_6) • 톨루엔($C_6H_5CH_3$) • 메틸에틸케톤($CH_3COC_2H_5$) • 시클로헥산(C_6H_{12}) • 초산에스테르(초산메틸, 초산에틸, 초산프로필 등) • 의산에스테르(의산메틸, 의산에틸, 의산프로필 등) • 염화아세틸(CH_3COCl)
수용성 (400L)	• 아세톤(CH_3COCH_3) • 피리딘(C_5H_5N) • 시안화수소(HCN)

0604 / 1504

54 Repetitive Learning (1회 2회 3회)

다음 중 물과 반응하여 산소를 발생하는 것은?

① $KClO_3$　　② Na_2O_2
③ $KClO_4$　　④ CaC_2

해설

- 과산화나트륨은 제1류 위험물 중 무기과산화물로 물과 접촉하면 격렬하게 반응하여 산소를 발생하면서 발화하므로 주의해야 한다.

과산화나트륨(Na_2O_2) 실기 0801/0804/1201/1202/1401/1402/1701/1704/1904/2003/2004

㉠ 개요

- 산화성 고체로 제1류 위험물에 해당하며, 지정수량은 50kg, 위험등급은 Ⅰ이다.
- 순수한 것은 백색 정방정계 분말이나 시판되는 것은 황색이다.
- 흡습성이 강하고 조해성이 있으며, 표백제, 산화제로 사용한다.
- 산과 반응하여 과산화수소(H_2O_2)를 발생시키며, 금, 니켈을 제외한 다른 금속을 침식하여 산화물로 만든다.
- 물과 격렬하게 반응하여 수산화나트륨과 산소를 발생시킨다.
($2Na_2O_2 + 2H_2O \rightarrow 4NaOH + O_2$)
- 가연물과 혼합되어 있을 경우 약간의 물 접촉만으로도 발화하며, 양이 많을 경우 주수에 의해 폭발하므로 주수소화를 금해야 한다.
- 가열하면 산화나트륨과 산소를 발생시킨다.
($2Na_2O_2 \xrightarrow[\triangle]{} 2Na_2O + O_2$)
- 아세트산과 반응하여 아세트산나트륨과 과산화수소를 발생시킨다.($Na_2O_2 + 2CH_3COOH \rightarrow 2CH_3COONa + H_2O_2$)

㉡ 저장 및 취급방법

- 물과 습기의 접촉을 피한다.
- 용기는 수분이 들어가지 않게 밀전 및 밀봉 저장한다.
- 가열 및 충격 · 마찰을 피하고 유기물질의 혼입을 막는다.

52 ② 53 ① 54 ② | 정답

0702 / 0901 / 1201 / 1501

55 Repetitive Learning (1회 2회 3회)

다음 물질 중 증기비중이 가장 작은 것은?

① 이황화탄소 ② 아세톤
③ 아세트알데히드 ④ 에테르

해설

- 증기비중은 분자량에 비례하므로 증기비중이 작은 것은 분자량이 작은 것을 이미한다.
- 이황화탄소(CS_2)는 분자량이 76이고, 증기비중은 $\frac{76}{29}=2.62$이다.
- 아세톤(CH_3COCH_3)는 분자량이 58이고, 증기비중은 $\frac{58}{29}=2$이다.
- 아세트알데히드(CH_3CHO)는 분자량이 44이고, 증기비중은 $\frac{44}{29}=1.52$이다.
- 에테르($C_2H_5OHC_2H_5$)는 분자량이 74이고, 증기비중은 $\frac{74}{29}=2.55$이다.

아세트알데히드(CH_3CHO) 실기 0901/0704/0802/1304/1501/1504/1602/1801/1901/2001/2003

- 특수인화물로 자극성 과일향을 갖는 무색투명한 액체이다.
- 비중이 0.78로 물보다 가볍고, 증기비중은 1.52로 공기보다 무겁다.
- 연소범위는 4.1 ~ 57%로 아주 넓으며, 끓는점(비점)이 21℃로 아주 낮다.
- 수용성 물질로 물에 잘 녹고 에탄올이나 에테르와 잘 혼합한다.
- 산화되어 초산으로 된다.
- 저장 시 은, 수은, 동, 마그네슘 및 이의 합금으로 된 용기를 사용하면 폭발성 물질인 아세틸라이드를 생성하므로 해당 용기의 사용을 절대 금한다.
- 암모니아성 질산은 용액을 반응시키면 은거울반응이 일어나서 은을 석출시키는데 이는 알데히드의 환원성 때문이다.

56 Repetitive Learning (1회 2회 3회)

벤젠에 대한 설명으로 틀린 것은?

① 물보다 비중값이 작지만, 증기비중 값은 공기보다 크다.
② 공명구조를 가지고 있는 포화 탄화수소이다.
③ 연소 시 검은 연기가 심하게 발생한다.
④ 겨울철에 응고된 고체상태에서도 인화의 위험이 있다.

해설

- 벤젠은 평평한 고리구조를 가진 원자들의 비정상적(불포화결합, 홀전자쌍, 빈 오비탈 등)으로 안전한 상태를 의미하는 방향족 유기화합물이다.

벤젠(C_6H_6)의 성질 실기 0504/0801/0802/1401/1502/2001

- 제1석유류로 비중은 약 0.88이고, 인체에 유해한 증기의 비중은 약 2.8이다.
- 물보다 비중값이 작지만, 증기비중 값은 공기보다 크다.
- 인화점은 약 −11℃로 0℃보다 낮다.
- 물에는 녹지 않으며, 알코올, 에테르에 녹으며, 녹는점은 약 5.5℃이다.
- 끓는점(88℃)은 상온보다 높다.
- 탄소가 많이 포함되어 있으므로 연소 시 검은 연기가 심하게 발생한다.
- 겨울철에 응고된 고체상태에서도 인화의 위험이 있다.
- 독특한 냄새가 있는 무색투명한 액체이다.
- 유체마찰에 의한 정전기 발생 위험이 있다.
- 휘발성이 강한 액체이다.
- 방향족 유기화합물이다.
- 불포화결합을 이루고 있으나 안전하여 첨가반응보다 치환반응이 많다.

1204

57 Repetitive Learning (1회 2회 3회)

질산나트륨 90kg, 유황 70kg, 클로로벤젠 2,000L를 저장하고 있을 경우 각각의 지정수량의 배수의 총합은?

① 2 ② 3
③ 4 ④ 5

해설

- 질산나트륨은 제1류 위험물에 해당하는 산화성 고체로 지정수량이 300kg이다.
- 유황은 제2류 위험물에 해당하는 가연성 고체로 지정수량이 100kg이다.
- 클로로벤젠은 제4류 위험물에 해당하는 비수용성 제2석유류로 지정수량이 1,000L이다.
- 지정수량의 배수의 합은 $\frac{90}{300}+\frac{70}{100}+\frac{2,000}{1,000}=0.3+0.7+2=3$배이다.

지정수량 배수의 계산

- 다수의 위험물을 저장하는 경우 지정수량의 배수를 구하려면 각각의 위험물에 해당하는 지정수량 배수($\frac{\text{저장수량}}{\text{지정수량}}$)의 합을 구하면 된다.
- 위험물 A, B를 저장하는 경우 지정수량의 배수의 합은 $\frac{\text{A저장수량}}{\text{A지정수량}}+\frac{\text{B저장수량}}{\text{B지정수량}}$가 된다.

정답 | 55 ③ 56 ② 57 ②

58 Repetitive Learning (1회 2회 3회)

인화칼슘이 물 또는 염산과 반응하였을 때 공통적으로 생성되는 물질은?

① $CaCl_2$ ② $Ca(OH)_2$

③ PH_3 ④ H_2

해설

- 인화칼슘이 물이나 산과 반응하면 독성의 가연성 기체인 포스핀가스(인화수소, PH_3)가 발생한다.

인화석회/인화칼슘(Ca_3P_2) 실기 0502/0601/0704/0802/1401/1501/1602/2004

- 금속의 인화물의 한 종류로 지정수량이 300kg, 위험등급이 Ⅲ인 제3류 위험물이다.
- 상온에서 적갈색 고체로 비중이 2.5로 물보다 무겁다.
- 물 또는 약산과 반응하면 독성의 가연성 기체인 포스핀가스(인화수소, PH_3)가 발생한다.

물과의 반응식	$Ca_3P_2 + 6H_2O \rightarrow 3Ca(OH)_2 + 2PH_3$ 인화석회+물 → 수산화칼슘+인화수소
산과의 반응식	$Ca_3P_2 + 6HCl \rightarrow 3CaCl_2 + 2PH_3$ 인화석회+염산 → 염화칼슘+인화수소

1601

59 Repetitive Learning (1회 2회 3회)

외부의 산소공급이 없어도 연소하는 물질이 아닌 것은?

① 알루미늄의 탄화물 ② 과산화벤조일

③ 유기과산화물 ④ 질산에스테르

해설

- 과산화벤조일[$(C_6H_5CO)_2O_2$], 유기과산화물, 질산에스테르는 모두 자기반응성 물질로 내부에 산소를 포함하고 있어서 자기 연소하는 제5류 위험물이다.

탄화알루미늄(Al_4C_3) 실기 0704/1301/1602/2003

- 칼슘 또는 알루미늄의 탄화물로 자연발화성 및 금수성 물질에 해당하며, 지정수량 300kg에 위험등급은 Ⅲ인 제3류 위험물이다.
- 분자량이 약 144이고 비중이 약 2.36으로 물보다 무겁다.
- 물과 접촉하면 수산화알루미늄[$AL(OH)_3$]과 메탄(CH_4)가스를 발생시킨다.(반응식 : $Al_4C_3 + 12H_2O \rightarrow 4Al(OH)_3 + 3CH_4$)

1104/1202

60 Repetitive Learning (1회 2회 3회)

위험물제조소 배출설비의 배출능력은 1시간당 배출장소 용적의 몇 배 이상인 것으로 해야 하는가? (단, 전역방식의 경우는 제외한다)

① 5 ② 10

③ 15 ④ 20

해설

- 제조소의 배출설비 배출능력은 1시간당 배출장소 용적의 20배 이상인 것으로 하여야 한다. 다만, 전역방식의 경우에는 바닥면적 $1m^2$당 $18m^3$ 이상으로 할 수 있다.

제조소의 배출설비 실기 0904/1601/2101

- 배출설비는 국소방식으로 하여야 한다.
- 배출설비를 전역방식으로 하는 경우는 위험물취급설비가 배관이음 등으로만 된 경우와 건축물의 구조 · 작업장소의 분포 등의 조건에 의하여 전역방식이 유효한 경우에 한해서이다.
- 배출설비는 배풍기 · 배출닥트 · 후드 등을 이용하여 강제적으로 배출하는 것으로 하여야 한다.
- 배출능력은 1시간당 배출장소 용적의 20배 이상인 것으로 하여야 한다. 다만, 전역방식의 경우에는 바닥면적 $1m^2$당 $18m^3$ 이상으로 할 수 있다.
- 배출설비의 급기구 및 배출구 기준
  - 급기구는 높은 곳에 설치하고, 가는 눈의 구리망 등으로 인화방지망을 설치할 것
  - 배출구는 지상 2m 이상으로서 연소의 우려가 없는 장소에 설치하고, 배출닥트가 관통하는 벽부분의 바로 가까이에 화재시 자동으로 폐쇄되는 방화댐퍼를 설치할 것
- 배풍기는 강제배기방식으로 하고, 옥내닥트의 내압이 대기압 이상이 되지 아니하는 위치에 설치하여야 한다.

58 ③ 59 ① 60 ④ | 정답

2019년 3월 3일

2019년 제1회

합격률 55.4%

1과목 일반화학

01

Repetitive Learning (1회 2회 3회)

기체상태의 염화수소는 어떤 화학결합으로 이루어진 화합물인가?

① 극성 공유결합 ② 이온 결합
③ 비극성 공유결합 ④ 배위 공유결합

해설

- 기체상태의 염화수소는 분자 내에 존재하는 전하의 분포가 고르지 않아 분자의 모양이 비대칭형 구조를 이루는 극성공유결합을 한다.
- 극성 공유결합을 하는 분자는 HCl, H_2O, NH_3, CH_3Cl 등이 있다.

공유결합

㉠ 개요
- 공유결합은 전자를 원자들이 공유했을 때 생성되는 결합이다.
- 주로 비금속+비금속끼리의 결합형태이다.
- 화학반응에서 원자간의 공유결합을 끊어야 반응이 가능하여 반응속도가 느리다.

㉡ 공유하는 전자쌍에 따른 구분

구분	내용
단일결합	• 2개의 원자가 전자쌍 1개를 공유 • 메테인(CH_4), 암모니아(NH_3), 염화수소(HCl) 등
2중결합	• 2개의 원자가 전자쌍 2개를 공유 • 산소(O_2), 이산화탄소(CO_2) 등
3중결합	• 2개의 원자가 전자쌍 3개를 공유 • 질소(N_2), 일산화탄소(CO) 등

0801 / 1101

02

Repetitive Learning (1회 2회 3회)

20%의 소금물을 전기분해하여 수산화나트륨 1몰을 얻는 데는 1A의 전류를 몇 시간 통해야 하는가?

① 13.4 ② 26.8
③ 53.6 ④ 104.2

해설

- 수산화나트륨 1몰을 얻기 위해서는 1F의 전기량이 필요하다.
- 1F의 전기량은 96,500[C]이고, 1[A]의 전류가 96,500[초] 흐를 때의 전기량이다.
- 96,500초는 26.81시간이다.

전기화학반응

- 1F의 전기량은 물질 1g당량을 석출하는데 필요한 전기량이다.
- 1F의 전기량은 전자 1몰이 갖는 전하량으로 96,500[C]의 전하량을 갖는다.
- 물질의 g당량은 $\frac{\text{원자량}}{\text{원자가}}$로 구한다.

1302

03

Repetitive Learning (1회 2회 3회)

분자식이 같으면서도 구조가 다른 유기화합물을 무엇이라고 하는가?

① 이성질체 ② 동소체
③ 동위원소 ④ 방향족 화합물

해설

- 동소체란 하나의 원소로만 구성된 것으로 원자배열과 성질은 다르지만 최종 생성물이 동일한 물질을 말한다.
- 동위원소란 원자번호는 같지만 질량수가 다른 원소를 말한다.
- 방향족 화합물이란 방향족성(벤젠)고리를 가지는 화합물을 말한다.

이성질체

- 분자식은 같지만 서로 다른 물리/화학적 성질을 갖는 분자를 말한다.
- 구조이성질체는 원자의 연결순서가 달라 분자식은 같지만 시성식이 다른 이성질체이다.
- 광학이성질체는 같은 분자식을 가지면서 각각을 서로 겹치게 할 수 없는 거울상의 구조를 갖는 분자로 거울상 이성질체라고도 한다.
- 기하 이성질체란 서로 대칭을 이루지만 구조가 서로 같지 않을 수 있는 이성질체를 말한다.($CH_3CH=CHCH_3$와 같이 3중결합으로 대칭을 이루지만 CH_3와 CH의 위치에 따라 구조가 서로 같지 않을 수 있는 물질)

정답 | 01 ① 02 ② 03 ①

04 ──• Repetitive Learning (1회 2회 3회)

다음 반응식은 산화-환원 반응이다. 산화된 원자와 환원된 원자를 순서대로 옳게 표현한 것은?

$$3Cu + 8HNO_3 \rightarrow 3Cu(NO_3)_2 + 2NO + 4H_2O$$

① Cu, N ② N, H
③ O, Cu ④ N, Cu

해설

- 산화수가 0인 구리(Cu)가 산화수가 2로 증가(산화)하고, 산화수가 +5이었던 질소(N)가 +2로 산화수가 감소(환원)된 산화 · 환원 반응이다.

산화 · 환원 반응

- 2개 이상의 화합물이 반응할 때 한 화합물은 산화(산소와 결합, 수소나 전자를 잃거나 산화수가 증가)하고, 다른 화합물은 환원(산소를 잃거나 수소나 전자와 결합, 산화수가 감소)하는 반응을 말한다.
- 주로 산화수의 증감으로 확인 가능하다.
- 산화 · 환원 반응에서 당량은 산화수를 의미한다.

1201

05 ──• Repetitive Learning (1회 2회 3회)

다음 중 벤젠고리를 함유하고 있는 것은?

① 아세틸렌 ② 아세톤
③ 메탄 ④ 아닐린

해설

- 벤젠고리를 함유하는 것은 방향족 화합물을 뜻한다. 보기 중 방향족 화합물은 아닐린이다.

방향족(Aromaticity) 화합물

- 평평한 고리 구조를 가진 원자들이 비정상적으로 안정된 상태를 의미한다.
- 특정 규칙에 의해 상호작용하는 다양한 파이결합을 가져 안정적이다.
- 이중결합은 주로 첨가반응이 일어나지만 방향족은 주로 치환반응이 더 잘 일어난다.
- 방향족 화합물의 종류에는 벤젠, 톨루엔, 나프탈렌, 피리딘, 피롤, 트로플론, 아닐린, 크레졸, 피크린산 등이 있다.

06 ──• Repetitive Learning (1회 2회 3회)

메틸알코올과 에틸알코올이 각각 다른 시험관에 들어있다. 이 두 가지를 구별할 수 있는 실험 방법은?

① 금속 나트륨을 넣어본다.
② 환원시켜 생성물을 비교하여 본다.
③ KOH와 I_2의 혼합 용액을 넣고 가열하여 본다.
④ 산화시켜 나온 물질에 은거울 반응시켜 본다.

해설

- 요오드포름 반응에 양성을 나타내는 물질은 에틸알코올이므로 이를 통해 두 물질을 구분할 수 있다.

요오드포름 반응 실기 0704/1004

- 요오드포름 반응에 양성을 나타내는 물질은 에틸알코올이므로 KOH와 I_2의 혼합 용액을 넣고 가열하여 황색침전이 생기는 것은 에틸알코올이고, 침전물이 없는 것은 메틸알코올이다.

07 ──• Repetitive Learning (1회 2회 3회)

다음은 원소의 원자번호와 원소기호를 표시한 것이다. 전이원소만으로 나열된 것은?

① ^{20}Ca, ^{21}Sc, ^{22}Ti ② ^{21}Sc, ^{22}Ti, ^{29}Cu
③ ^{26}Fe, ^{30}Zn, ^{38}Sr ④ ^{21}Sc, ^{22}Ti, ^{38}Sr

해설

- 전이금속은 주기율표에서 3B ~ 2B까지의 원소들로 밀도가 큰 금속인데 4주기에서는 원자번호가 21 ~ 30, 5주기에서는 39 ~ 48에 해당한다.
- ①의 원자번호 20의 Ca은 알칼리토금속이다.
- ③과 ④의 원자번호 38의 Sr은 알칼리토금속이다.

전이금속의 특징

- 주기율표에서 3B ~ 2B까지의 원소들로 밀도가 큰 금속이다.
- 녹는점이 높고, 여러 가지 원자가의 화합물을 만든다.
- d, f오비탈의 전자도 가전자 역할이 가능해 산화상태가 다양하다.
- 대부분의 화합물은 홀전자를 가지고 있어 상자기성을 나타낸다.
- 오비탈 간의 전자 이동으로 인해 대부분의 화합물은 색을 가진다.
- 최외곽 안쪽에 불안전한 d, f오비탈을 가지고 있어 착이온의 중심 원소가 된다.

04 ① 05 ④ 06 ③ 07 ② | 정답

0604 / 1504

08 Repetitive Learning 1회 2회 3회

다음 중 수용액의 pH가 가장 작은 것은?

① 0.001N HCl ② 0.01N HCl
③ 0.01N CH_3COOH ④ 0.1N NaOH

해설

- 0.001N HCl(염산)의 pH는 −log[N농도×전리도]에서 염산의 전리도는 1이므로 −log[0.001×1]=3이 된다.
- 0.01N HCl(염산)의 pH는 −log[N농도×전리도]에서 염산의 전리도는 1이므로 −log[0.01×1]=2가 된다.
- 0.01N CH_3COOH(아세트산)의 pH는 −log[N농도×전리도]에서 아세트산의 전리도는 0.01이므로 −log[0.01×0.01]=4가 된다.
- NaOH는 수산화나트륨으로 염기이며 이 경우 pH=14−p[OH^-]이고 이는 pH=14−(−log[N농도×전리도])에서 수산화나트륨의 전리도는 1이므로 14−(−log[0.1×1])=13이 된다.

수소이온농도지수(pH)

- 용액 1L 속에 존재하는 수소이온의 g이온수 즉, 몰농도(혹은 N농도×전리도)를 말한다.
- 수소이온은 매우 작은 값으로 존재하므로 수소이온의 역수에 상용로그값을 취하여 사용한다.

$$pH = \log\frac{1}{[H^+]} = -\log[H^+]$$

- 순수한 물의 경우 1기압 25℃에서 수소이온의 농도가 약 10^{-7}g 이온이므로 이를 pH 7 중성이라고 하고, 이보다 클 때 알카리성, 이보다 작을 때 산성이라고 한다.
- 수소이온농도지수[pH]+수산화이온농도지수[pOH]=14이다.

1402

09 Repetitive Learning 

물 500g 중에 설탕($C_{12}H_{22}O_{11}$) 171g이 녹아 있는 설탕물의 몰랄농도는?

① 2.0 ② 1.5
③ 1.0 ④ 0.5

해설

- 설탕의 분자량을 구해야 한다.
- 설탕의 분자량은 12×12+22×1+11×16=144+22+176=342이다.
- 물 500g에 설탕이 0.5몰이 녹아 있는 경우이므로 몰랄농도는 1M이 된다.

몰랄농도

- 용매 1kg당 녹아있는 용질의 몰수를 표시하는 단위이다.
- 몰농도는 온도 변화에 따라 값이 변화되므로 온도가 변화하는 상황에서 용질의 입자 수를 측정할 때 몰랄농도를 주로 사용한다.

10 Repetitive Learning 1회 2회 3회

다음 중 불균일 혼합물은 어느 것인가?

① 공기 ② 소금물
③ 화강암 ④ 사이다

해설

- 화강암을 비롯한 암석류는 대부분이 불균일 혼합물이다.

혼합물의 종류

구분	내용
불균일 혼합물	• 측정부위에 따라 조성이 다른 혼합물 • 우유, 흙탕물, 암석, 과포화상태의 소금물 등
균일 혼합물	• 측정부위와 상관없이 조성이 일정한 혼합물 • 소금물, 공기, 사이다 등

11 Repetitive Learning 1회 2회 3회

다음 중 동소체 관계가 아닌 것은?

① 적린과 황린 ② 산소와 오존
③ 물과 과산화수소 ④ 다이아몬드와 흑연

해설

- 물(H_2O)과 과산화수소(H_2O_2)는 산소와 수소 2가지 원소로 구성되었으므로 동소체 관계가 될 수 없다.

동소체

- 동소체란 하나의 원소로만 구성된 것으로 원자배열과 성질은 다르지만 최종 생성물이 동일한 물질을 말한다.
- 동소체임은 연소생성물의 확인을 통해 가능하다.

1204

12 Repetitive Learning 1회 2회 3회

수산화칼슘에 염소가스를 흡수시켜 만드는 물질은?

① 표백분 ② 염화칼슘
③ 염화수소 ④ 과산화망간

해설

- 염소를 수산화칼슘(소석회, $Ca(OH)_2$)에 흡수시키면 표백분이 만들어진다.

표백분($CaCl_2$)

- 자극적인 강한 냄새와 표백작용을 수행한다.
- 수산화칼슘(소석회, $Ca(OH)_2$)에 염소가스(Cl_2)를 흡수시켜 만든다.($2Ca(OH)_2 + 2Cl_2 \rightarrow Ca(ClO)_2 \cdot CaCl_2 \cdot 2H_2O$)

정답 | 08 ② 09 ③ 10 ③ 11 ③ 12 ①

1401

13 Repetitive Learning (1회 2회 3회)

다음 중 반응이 정반응으로 진행되는 것은?

① $Pb^{2+} + Zn \rightarrow Zn^{2+} + Pb$

② $I_2 + 2Cl^- \rightarrow 2I^- + Cl_2$

③ $2Fe^{3+} + 3Cu \rightarrow 3Cu^{2+} + 2Fe$

④ $Mg^{2+} + Zn \rightarrow Zn^{2+} + Mg$

해설

- 단일 금속원자들의 이온화 경향에 대한 문제이다.
- 이온화에너지가 클수록 해당 금속은 전자(−)를 잃어버리고 양이온(+)이 되는 힘이 더 크므로 이온화 경향의 분석을 통해 확인할 수 있다.
- ①의 경우 아연(Zn)은 납(Pb^{2+})보다 이온화에너지가 크므로 오른쪽으로 진행된다.
- ②의 경우 할로겐족 원소들로 전자와의 친화도가 요오드(I) 보다 큰 염소(Cl)는 전자를 계속 보유해야 하므로 오른쪽 방향으로 진행되지 않는다.
- ③의 경우 구리(Cu)는 철(Fe^{3+})보다 이온화에너지가 작으므로 오른쪽으로 진행되지 않는다.
- ④의 경우 아연(Zn)은 마그네슘(Mg^{2+})보다 이온화에너지가 작으므로 오른쪽으로 진행되지 않는다.

금속원소의 반응성

- 금속이 수용액에서 전자를 잃고 양이온이 되려는 성질을 반응성이라고 한다.
- 이온화 경향이 큰 금속일수록 산화되기 쉽다.
- 반응성이 크다는 것은 환원력이 크다는 것을 의미한다.
- 알칼리 금속의 경우 주기율표 상에서 아래로 내려갈수록 금속 결합상의 길이가 증가하고, 원자핵과 자유 전자사이의 인력이 감소하여 반응성이 증가한다.(Cs > Rb > K > Na > Li)
- 대표적인 금속의 이온화경향

K	Ca	Na	Mg	Al	Zn	Fe	Ni	Sn	Pb	H	Cu	Hg	Ag	Pt	Au
+++ 〈==================== ---															
• 이온화 경향이 왼쪽으로 갈수록 커진다. • 왼쪽으로 갈수록 산화하기 쉽다. • 왼쪽으로 갈수록 반응성이 크다.															

0404 / 0701 / 1101

14 Repetitive Learning (1회 2회 3회)

질산칼륨 수용액 속에 소량의 염화나트륨이 불순물로 포함되어 있다. 용해도 차이를 이용하여 이 불순물을 제거하는 방법으로 가장 적당한 것은?

① 증류 ② 막 분리

③ 재결정 ④ 전기분해

해설

- 문제에서 주어진 내용은 엄밀하게는 분별 결정 추출방식에 해당하나 온도에 따른 용해도 차이를 이용하는 방법은 크게 재결정방법으로 분류하므로 재결정으로 본다.

용해도 차이를 이용한 물질의 분리방법

용매에 대한 용해도	거름	• 두 고체 혼합물 중에서 어느 하나의 성분만을 녹이는 용매를 이용해 녹인 후 거름장치로 걸러내는 방법 • 나프탈렌과 소금, 모래와 소금 등
	추출	• 혼합물 중 특정 성분만을 녹이는 용매를 사용하여 그 성분을 분리하는 방법 • 콩속의 지방을 에테르로 녹이는 방법, 감의 떫은맛 성분을 소금물로 녹이는 방법 등
	분리	• 기체 혼합물 중 특정 성분만을 녹이는 용매에 기체 혼합물을 통과시켜 분리하는 방법 • 공기와 암모니아, 대기오염물질 분리 등
온도에 따른 용해도	재결정	• 소량의 불순물이 포함된 고체 물질을 고온의 용매에 녹인 후 냉각시켜 순수한 물질을 얻는 방법 • 천일염에서 정제소금을 얻거나 황산구리 수용액에서 황산 구리 얻는 방법
	분별 결정	• 온도에 따른 용해도 차이가 큰 고체와 작은 고체가 섞인 경우 높은 온도의 용매에 녹인 후 냉각시켜 결정으로 추출하는 방법 • 염화나트륨과 붕산, 질산칼륨과 염화나트륨

15 Repetitive Learning (1회 2회 3회)

용매분자들이 반투막을 통해서 순수한 용매나 묽은 용액으로부터 좀 더 농도가 높은 용액 쪽으로 이동하는 알짜이동을 무엇이라 하는가?

① 총괄이동 ② 등방성

③ 국부이동 ④ 삼투

해설

- 등방성이란 물체의 물리적 성질이 방향에 따라 달라지지 않는 것을 말한다.

반트 호프의 삼투압법칙

- 삼투란 반투과성 막을 경계로 하여 농도가 서로 다른 두 용액 중 저농도에서 고농도로 용매가 이동하는 현상을 말한다.
- 비휘발성, 비전해질 용질이 녹아있는 묽은 용액의 삼투압(π)은 용매나 용질의 종류에 관계없이 용액의 몰농도(C)와 절대온도(T)에 비례한다.

$$\pi = CRT$$

여기서, R은 기체상수(0.082[atm · L/mol · K])이다.

- 몰농도 C는 $\frac{n}{V}$로 구할 수 있다. 이때 n은 몰수, V는 부피이다.

13 ① 14 ③ 15 ④ 정답

16

Repetitive Learning (1회 2회 3회)

할로겐화 수소의 결합에너지 크기를 비교하였을 때 옳게 표시한 것은?

① HI > HBr > HCl > HF

② HBr > HI > HF > HCl

③ HF > HCl > HBr > HI

④ HCl > HBr > HF > HI

해설

- 전기음성도, 극성의 세기, 이온화에너지, 결합에너지는 F > Cl > Br > I 순으로 작아진다.

할로겐족(7A) 원소

2주기	3주기	4주기	5주기	6주기
9 −1 F 불소 19	17 −1 Cl 3 염소 5 7 35.5	35 −1 Br 3 브롬 5 7 80	53 −1 I 3 요오드 5 7 127	85 1 At 3 아스타틴 5 7 210

- 최외곽 전자는 모두 7개씩이다.
- 원자번호, 원자반지름, 수용액의 산성의 세기는 F < Cl < Br < I < At 순으로 커진다.
- 전기음성도, 극성의 세기, 이온화에너지, 결합에너지는 F > Cl > Br > I 순으로 작아진다.
- 불소(F)는 연환황색의 기체, 염소(Cl)는 황록색 기체, 브롬(Br)은 적갈색 액체, 요오드(I)는 흑자색 고체이다.

17

Repetitive Learning (1회 2회 3회)

물이 브뢴스테드산으로 작용한 것은?

① $HCl + H_2O \rightleftarrows H_3O^+ + Cl^-$

② $HCOOH + H_2O \rightleftarrows HCOO^- + H_3O^+$

③ $NH_3 + H_2O \rightleftarrows NH_4^+ + OH^-$

④ $3Fe + 4H_2O \rightleftarrows Fe_3O_4 + 4H_2$

해설

- 브뢴스테드의 산은 물에 녹았을 때 수소이온(H^+)을 내놓는 물질을 말하는데 여기서는 물이 산으로 작용한 경우이므로 물에서 수소를 내놓고 수산화이온으로 변한 것을 찾으면 된다.

브뢴스테드의 산 · 염기

㉠ 산

- 수용액이 되었을 때 pH가 7보다 작은 값을 갖는 물질
- 수용액이 되었을 때 수소이온(H^+)을 내놓는 물질
- 전해질이며, 신맛이 나는 물질
- 수소보다 이온화 경향이 큰 금속과 반응하여 수소기체를 발생하는 물질

㉡ 염기

- 수용액이 되었을 때 pH가 7보다 큰 값을 갖는 물질
- 수용액이 되었을 때 수산화이온(OH^-)을 내놓거나 수소이온(H^+)을 흡수하는 물질
- 전해질이며, 쓴맛이 나는 물질
- 대부분의 금속산화물로 비공유 전자쌍을 가지고 있다.

1204

18

Repetitive Learning (1회 2회 3회)

다음 반응식을 이용하여 구한 $SO_2(g)$의 몰 생성열은?

$$S(s) + 1.5O_2(g) \rightarrow SO_3(g) \quad \Delta H° = -94.5kcal$$
$$2SO_2(s) + O_2(g) \rightarrow 2SO_3(g) \quad \Delta H° = -47kcal$$

① −71kcal　　② −47.5kcal

③ 71kcal　　④ 47.5kcal

해설

- 몰 생성열은 1몰의 생성물에 주어진 열량이다.
- 주어진 2번째 식은 2몰이 생성되었으므로 1몰로 정리하면 $SO_2(s) + \frac{1}{2}O_2(g) \rightarrow SO_3(g) \quad \Delta H° = -23.5kcal$가 된다.
- S가 SO_3가 되기 위한 몰 생성열이 −94.5kcal이고, SO_2가 SO_3가 되기 위한 몰 생성열이 −23.5kcal이므로 S가 SO_2가 되기 위해서는 −94.5−(−23.5) 가 되어야 하므로 −71[kcal]이다.

반응 발열량 구하기

- 주어진 원소가 결합하여 생성되는 생성물과 발열량이 있을 때 발열량을 구한다.
- 에너지 보존의 법칙은 항상 성립한다는 기준을 정한다.
- 반응 전의 에너지=반응 후의 에너지와 같아야 한다.
- 반응 엔탈피(ΔH)=생성물의 엔탈피−반응물의 엔탈피로 구한다.
- 반응열(Q)=반응물의 엔탈피−생성물의 엔탈피로 구한다.

정답 | 16 ③ 17 ③ 18 ①

19

Repetitive Learning (1회 2회 3회)

27℃에서 부피가 2L인 고무풍선 속의 수소기체 압력이 1.23atm 이다. 이 풍선속에 몇 mole의 수소기체가 들어 있는가? (단, 이상기체라고 가정한다)

① 0.01 ② 0.05
③ 0.10 ④ 0.25

해설

- PV=nRT에 대입하면 2×1.23=n×0.082×300이므로 $n=\frac{2\times1.23}{0.082\times300}=\frac{2.46}{24.6}=0.1$몰이다.

이상기체 상태방정식

- 특정 압력과 온도에서 기체의 분자량을 구할 때 사용한다.
- 분자량 $M=\frac{질량\times R\times T}{P\times V}$로 구한다.

이때, R은 이상기체상수로 0.082[atm · L/mol · K]이고,
T는 절대온도(273+섭씨온도)[K]이고,
P는 압력으로 atm 혹은 $\frac{주어진\ 압력[mmHg]}{760mmHg/atm}$이고,
V는 부피[L]이다.

20

Repetitive Learning (1회 2회 3회)

20℃에서 600mL의 부피를 차지하고 있는 기체를 압력의 변화 없이 온도를 40℃로 변화시키면 부피는 얼마로 변하겠는가?

① 300mL ② 641mL
③ 836mL ④ 1200mL

해설

- 보일-샤를의 법칙에 의해 압력이 동일한 상태에서 온도가 변했을 때의 부피를 계산해보면 $\frac{600}{(273+20)}=\frac{x}{(273+40)}$이 성립되어야 한다.
- 40℃의 부피는 $\frac{600\times313}{293}=\frac{187,800}{293}=640.955\cdots$mL가 된다.

보일-샤를의 법칙

- 기체의 압력, 온도, 부피 사이의 관계를 나타내는 법칙이다.
- $\frac{P_1V_1}{T_1}=\frac{P_2V_2}{T_2}$의 식이 성립한다.

2과목 화재예방과 소화방법

0804 / 1204 / 1501

21

Repetitive Learning (1회 2회 3회)

클로로벤젠 300,000L의 소요단위는 얼마인가?

① 20 ② 30
③ 200 ④ 300

해설

- 클로로벤젠은 인화성 액체에 해당하는 제4류 위험물 중 제2석유류 중 비수용성으로 지정수량이 1,000L이고 소요단위는 지정수량의 10배이므로 10,000L가 1단위가 되므로 300,000L는 30단위에 해당한다.

소요단위 실기 0604/0802/1202/1204/1704/1804/2001

- 소화설비의 설치대상이 되는 건축물 그 밖의 공작물의 규모 또는 위험물의 양의 기준단위이다.
- 계산방법

제조소 또는 취급소의 건축물	외벽이 내화구조인 것은 연면적 100m^2를 1소요단위로 하며, 외벽이 내화구조가 아닌 것은 연면적 50m^2를 1소요단위로 할 것
저장소의 건축물	외벽이 내화구조인 것은 연면적 150m^2를 1소요단위로 하고, 외벽이 내화구조가 아닌 것은 연면적 75m^2를 1소요단위로 할 것
제조소 등의 옥외에 설치된 공작물	외벽이 내화구조인 것으로 간주하고 공작물의 최대수평투영면적을 연면적으로 간주하여 제조소 혹은 저장소 건축물의 소요단위를 적용할 것
위험물	지정수량의 10배를 1소요단위로 할 것

0702 / 0902 / 1504

22

Repetitive Learning (1회 2회 3회)

위험물안전관리법령상 정전기를 유효하게 제거하기 위해서는 공기 중의 상대습도는 몇 % 이상 되게 하여야 하는가?

① 40% ② 50%
③ 60% ④ 70%

해설

- 위험물안전관리법 상 정전기를 유효하게 제거하는 방법에서 공기 중 상대습도는 70% 이상으로 하는 방법을 사용하여야 한다.

정전기 제거

- 접지에 의한 방법
- 공기 중의 상대습도를 70% 이상으로 하는 방법
- 공기를 이온화하는 방법

19 ③ 20 ② 21 ② 22 ④ | 정답

0904

23 Repetitive Learning (1회 2회 3회)

가연성 물질이 공기 중에서 연소할 때의 연소형태에 대한 설명으로 틀린 것은?

① 공기와 접촉하는 표면에서 연소가 일어나는 것을 표면연소라 한다.
② 유황의 연소는 표면연소이다.
③ 산소공급원을 가진 물질 자체가 연소하는 것을 자기연소라 한다.
④ TNT의 연소는 자기연소이다.

해설

- 유황은 열분해를 일으키지 않고 증발한 증기가 공기와 혼합해서 연소되는 증발연소를 한다.

고체의 연소형태 실기 0702/0902/1204/1904

분해연소	• 가연물이 열분해가 진행되어 산소와 결합하여 연소하는 고체의 연소방식이다. • 종이, 목재, 플라스틱, 석탄 등이 분해연소를 한다.
표면연소	• 열분해 되지 않고 고체 표면에 공기가 닿아 연소가 일어나 고온을 유지하며 타는 연소형태를 말한다. • 숯, 코크스, 목탄, 금속 등이 표면연소를 한다.
자기연소	• 공기 중 산소를 필요로 하지 않고 분자 내의 산소를 이용해 자신이 분해되며 타는 것을 말한다. • 니트로셀룰로오스, TNT, 셀룰로이드, 니트로글리세린과 같은 제5류 위험물이 자기연소를 한다.
증발연소	• 액체와 고체의 연소방식에 속한다. • 열분해를 일으키지 않고 증발한 증기가 공기와 혼합해서 연소되는 방식이다. • 주로 연료로 사용되는 휘발유, 등유, 경유, 알코올과 같은 액체와 양초, 나프탈렌, 왁스, 아세톤, 황 등 제4류 위험물이 증발연소를 한다.

0904

24 Repetitive Learning (1회 2회 3회)

할로겐화합물 소화약제가 전기화재에 사용될 수 있는 이유에 대한 다음 설명 중 가장 적합한 것은?

① 전기적으로 부도체이다.
② 액체의 유동성이 좋다.
③ 탄산가스와 반응하여 포스겐가스를 만든다.
④ 증기의 비중이 공기보다 작다.

해설

- 할로겐화합물 소화약제를 전기화재에 사용하는 이유는 전기적으로 부도체이기 때문이다.

할로겐화합물 소화약제의 특징

㉠ 장점
- 전기의 불량도체이다.
- 수명이 반영구적이다.
- 부촉매에 의한 연소의 억제작용이 크다.

㉡ 단점
- 가격이 비싸다.
- 열분해 시 Halon 가스의 독성으로 인체에 유해하고 오존층을 파괴하는 물질을 포함해 최근 판매가 금지되고 있다.

0804

25 Repetitive Learning 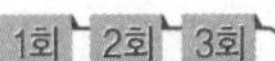

인화알루미늄의 화재 시 주수소화를 하면 발생하는 가연성 기체는?

① 아세틸렌 ② 메탄
③ 포스겐 ④ 포스핀

해설

- 인화알루미늄이 물과 반응할 경우 수산화알루미늄과 함께 맹독성 포스핀가스(PH_3)를 발생시키므로 주수소화를 금해야 한다.

인화알루미늄(AlP) 실기 1202/1204/1602/1802/1901
- 금속의 인화합물로 제3류 위험물에 해당하는 금수성 물질로 지정수량이 300kg이고, 위험등급은 Ⅲ이다.
- 물과 반응할 경우 수산화알루미늄과 함께 맹독성 포스핀가스(PH_3)를 발생시키므로 방독마스클 착용하고 취급해야 한다.
- 물과의 반응식은 $AlP + 3H_2O \rightarrow Al(OH)_3 + PH_3$이다.

1004

26 Repetitive Learning 

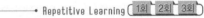

전기불꽃 에너지 공식에서 (   ) 안에 것은? (단, Q는 전기량, V는 방전전압, C는 전기용량을 나타낸다)

$$E = \frac{1}{2}(\quad) = \frac{1}{2}(\quad)$$

① QV, CV ② QC, CV
③ QV, CV^2 ④ QC, QV^2

해설

- $Q = CV$이므로 $\frac{1}{2}QV = \frac{1}{2}CV^2$이 된다.

착화에 필요한 최소의 전기에너지
- $E = \frac{1}{2}QV = \frac{1}{2}CV^2$으로 구한다. 이때, C는 콘덴서의 전기용량을, V는 방전전압을, Q는 전기량을 의미한다.

정답 | 23 ② 24 ① 25 ④ 26 ③

27

1104/1502

Repetitive Learning (1회 2회 3회)

소화약제로서 물이 갖는 특성에 대한 설명으로 옳지 않은 것은?

① 유화효과(Emulsification effect)도 기대할 수 있다.
② 증발잠열이 커서 기화 시 다량의 열을 제거한다.
③ 기화팽창률이 커서 질식효과가 있다.
④ 용융잠열이 커서 주수 시 냉각효과가 뛰어나다.

해설

- 물은 기화잠열(증발잠열)이 커 주수 시 냉각효과가 좋다.

물의 특성 및 소화효과

㉠ 개요
- 이산화탄소보다 기화잠열(539[kcal/kg])과 비열(1[kcal/kg℃])이 커 많은 열량의 흡수가 가능하다.
- 산소가 전자를 잡아당겨 극성을 갖는 극성공유결합을 한다.
- 수소결합을 통해 강한 분자간의 힘을 가지므로 표면장력이 크다.
- 주된 소화효과는 기화잠열과 비열을 이용한 냉각소화이다.

㉡ 장단점

장점	단점
• 구하기 쉽다. • 취급이 간편하다. • 기화잠열이 크다.(냉각효과) • 기화팽창률이 크다.(질식효과)	• 피연소 물질에 피해를 준다. • 겨울철에 동파 우려가 있다.

28

1002

Repetitive Learning (1회 2회 3회)

가연성 가스의 폭발범위에 대한 일반적인 설명으로 틀린 것은?

① 가스의 온도가 높아지면 폭발범위는 넓어진다.
② 폭발한계농도 이하에서 폭발성 혼합가스를 생성한다.
③ 공기 중에서보다 산소 중에서 폭발범위가 넓어진다.
④ 가스압이 높아지면 하한값은 크게 변하지 않으나 상한값은 높아진다.

해설

- 가연성 가스는 폭발한계농도를 넘어서면 폭발성 혼합가스를 생성한다.

가연성 가스의 폭발범위

- 가스의 온도가 높아지면 폭발범위는 넓어진다.
- 폭발한계농도를 넘어서면 폭발성 혼합가스를 생성한다.
- 공기 중에서보다 산소 중에서 폭발범위가 넓어진다.
- 가스압이 높아지면 하한값은 크게 변하지 않으나 상한값은 높아진다.

29

1102

Repetitive Learning (1회 2회 3회)

벤젠과 톨루엔의 공통점이 아닌 것은?

① 물에 녹지 않는다.　② 냄새가 없다.
③ 휘발성 액체이다.　④ 증기는 공기보다 무겁다.

해설

- 벤젠과 톨루엔 모두 독특한 냄새가 난다.

벤젠(C_6H_6)의 성질 실기 0504/0801/0802/1401/1502/2001

- 제1석유류로 비중은 약 0.88이고, 인체에 유해한 증기의 비중은 약 2.8이다.
- 물보다 비중값이 작지만, 증기비중 값은 공기보다 크다.
- 인화점은 약 −11℃로 0℃보다 낮다.
- 물에는 녹지 않으며, 알코올, 에테르에 녹으며, 녹는점은 약 5.5℃이다.
- 끓는점(88℃)은 상온보다 높다.
- 탄소가 많이 포함되어 있으므로 연소 시 검은 연기가 심하게 발생한다.
- 겨울철에 응고된 고체상태에서도 인화의 위험이 있다.
- 독특한 냄새가 있는 무색투명한 액체이다.
- 유체마찰에 의한 정전기 발생 위험이 있다.
- 휘발성이 강한 액체이다.
- 방향족 유기화합물이다.
- 불포화결합을 이루고 있으나 안전하여 첨가반응보다 치환반응이 많다.

30

Repetitive Learning (1회 2회 3회)

강화액 소화약제에 소화력을 향상시키기 위하여 첨가하는 물질로 옳은 것은?

① 탄산칼륨　② 질소
③ 사염화탄소　④ 아세틸렌

해설

- 강화액소화기에 소화력을 향상시키기 위해 첨가하는 물질은 주로 알칼리 금속염(탄산칼륨, 중탄산나트륨, 인산암모늄 등)이다.

강화액소화기

- 물의 소화효과를 높이기 위해 염류를 첨가한 소화약제를 사용하는 소화기이다.
- 물과 한냉지역 및 겨울철에도 얼지 않도록 하기 위해 추가한 탄산칼륨을 주성분으로 한다.
- 첨가하는 물질이 주로 알칼리 금속염(탄산칼륨, 중탄산나트륨, 인산암모늄 등)이므로 액성은 강알칼리성이다.
- A급화재에 적응성이 있다.
- 축압식, 가압식, 반응식이 있으나 최근에는 주로 강화액을 공기압으로 가압한 후 압축공기의 압력으로 방출하는 축압식을 사용한다.

27 ④ 28 ② 29 ② 30 ① | 정답

31 Repetitive Learning (1회 2회 3회)

제6류 위험물인 질산에 대한 설명으로 틀린 것은?

① 강산이다.
② 물과 접촉시 발열한다.
③ 불연성 물질이다.
④ 열분해 시 수소를 발생한다.

해설

- 질산은 햇빛에 의해 분해되어 적갈색의 유독한 가스(이산화질소, NO_2)를 방출하므로 갈색병에 보관해야 한다.

질산(HNO_3) 실기 0502/0701/0702/0901/1001/1401

- 산화성 액체에 해당하는 제6류 위험물이다.
- 위험등급이 Ⅰ등급이고, 지정수량은 300kg이다.
- 무색 또는 담황색의 액체이다.
- 불연성의 물질로 산소를 포함하여 다른 물질의 연소를 돕는다.
- 부식성을 갖는 유독성이 강한 산화성 물질이다.
- 비중이 1.49 이상인 것만 위험물로 규정한다.
- 햇빛에 의해 분해되므로 갈색병에 보관한다.
- 가열했을 때 분해하여 적갈색의 유독한 가스(이산화질소, NO_2)를 방출한다.
- 구리와 반응하여 질산염을 생성한다.
- 진한질산은 철(Fe), 코발트(Co), 니켈(Ni), 크롬(Cr), 알루미늄(Al) 등의 표면에 수산화물의 얇은 막을 만들어 다른 산에 의해 부식되지 않도록 하는 부동태가 된다.

1201

32 Repetitive Learning (1회 2회 3회)

위험물제조소 등의 스프링클러설비의 기준에 있어 개방형 스프링클러 헤드는 스프링클러 헤드의 반사판으로부터 하방과 수평방향으로 각각 몇 m의 공간을 보유하여야 하는가?

① 하방 0.3m, 수평방향 0.45m
② 하방 0.3m, 수평방향 0.3m
③ 하방 0.45m, 수평방향 0.45m
④ 하방 0.45m, 수평방향 0.3m

해설

- 개방형 스프링클러 헤드는 스프링클러 헤드의 반사판으로부터 하방으로 0.45m, 수평방향으로 0.3m의 공간을 보유하여야 한다.

개방형 스프링클러 헤드의 설치기준

- 스프링클러 헤드의 반사판으로부터 하방으로 0.45m, 수평방향으로 0.3m의 공간을 보유할 것
- 스프링클러 헤드는 헤드의 축심이 당해 헤드의 부착면에 대하여 직각이 되도록 설치할 것

0304 / 0702 / 1201

33 Repetitive Learning (1회 2회 3회)

제1류 위험물 중 알칼리금속과산화물의 화재에 적응성이 있는 소화약제는?

① 인산염류분말
② 이산화탄소
③ 탄산수소염류분말
④ 할로겐화합물소화설비

해설

- 알칼리금속의 과산화물은 물기와 접촉할 경우 산소를 발생시켜 화재 및 폭발 위험성이 증가하므로 물을 이용한 소화는 금해야 한다.
- 알칼리금속의 과산화물에 적응성을 가진 소화설비는 분말소화설비나 소화기 중 탄산수소염류, 건조사 및 팽창질석 또는 팽창진주암 등이다.

소화설비의 적응성 중 제1류 위험물 실기 1002/1101/1202/1601/1702/1902/2001/2003/2004

소화설비의 구분			제1류 위험물	
			알칼리금속과산화물등	그 밖의 것
옥내소화전 또는 옥외소화전설비				○
스프링클러설비				○
물분무등 소화설비	물분무소화설비			○
	포소화설비			○
	불활성가스소화설비			
	할로겐화합물소화설비			
	분말 소화설비	인산염류등		○
		탄산수소염류등	○	
		그 밖의 것	○	
대형·소형 수동식 소화기	봉상수(棒狀水)소화기			○
	무상수(霧狀水)소화기			○
	봉상강화액소화기			○
	무상강화액소화기			○
	포소화기			○
	이산화탄소 소화기			
	할로겐화합물소화기			
	분말 소화기	인산염류소화기		○
		탄산수소염류소화기	○	
		그 밖의 것	○	
기타	물통 또는 수조			○
	건조사		○	○
	팽창질석 또는 팽창진주암		○	○

정답 | 31 ④ 32 ④ 33 ③

1604

34 Repetitive Learning (1회 2회 3회)

제1종 분말소화약제가 1차 열분해되어 표준상태를 기준으로 $2m^3$의 탄산가스가 생성되었다. 몇 kg의 탄산수소나트륨이 사용되었는가? (단, 나트륨의 원자량은 23이다)

① 15　　② 18.75

③ 56.25　　④ 75

해설

- 제1종 분말소화약제의 열분해 방정식을 보면 2몰의 탄산수소나트륨이 반응하여 탄산가스는 1몰이 생성되었음을 확인할 수 있다.
- 탄산수소나트륨($NaHCO_3$)의 분자량은 84이다.
- 즉 2몰에 해당하는 탄산수소나트륨 168[g]이 반응하면 22.4L의 탄산가스가 생성된다는 의미이다.
- $2[m^3]$은 2,000[L]이므로 몇 [g]의 탄산수소나트륨이 사용되었는지를 연립방정식의 해를 구하는 방식으로 풀 수 있다.
- 22.4 : 168 = 2,000 : x에서 x는 $\frac{336,000}{22.4} = 15,000$[g]이고 이는 15kg이다.

제1종 분말소화약제 실기 0501/0602/0701/0801/0901/1204/1301/1404/1502/1504/1601/1602/1701/1801/1904/2003/2101

- 탄산수소나트륨($NaHCO_3$)을 주성분으로 하는 소화약제로 BC급 화재에 적응성을 갖는 착색색상은 백색인 소화약제이다.
- 탄산수소나트륨이 열분해되면 탄산나트륨, 이산화탄소, 물로 분해된다.($2NaHCO_3 \xrightarrow[\triangle]{} Na_2CO_3 + CO_2 + H_2O$)
- 분해 시 생성되는 이산화탄소와 수증기에 의한 질식효과, 수증기에 의한 냉각효과 및 열방사의 차단효과 등이 작용한다.

0502 / 1404

35 Repetitive Learning (1회 2회 3회)

이산화탄소 소화설비의 소화약제 방출방식 중 전역방출방식 소화설비에 대한 설명으로 옳은 것은?

① 발화위험 및 연소위험이 적고 광대한 실내에서 특정장치나 기계만을 방호하는 방식

② 일정 방호구역 전체에 방출하는 경우 해당 부분의 구획을 밀폐하여 불연성가스를 방출하는 방식

③ 일반적으로 개방되어 있는 대상물에 대하여 설치하는 방식

④ 사람이 용이하게 소화활동을 할 수 있는 장소에는 호스를 연장하여 소화활동을 행하는 방식

해설

- ①과 ③은 국소방출방식에 대한 설명이다.
- ④는 호스릴방식에 대한 설명이다.

이산화탄소 소화설비 관련 용어

전역 방출방식	고정식 이산화탄소 공급장치에 배관 및 분사헤드를 고정 설치하여 밀폐 방호구역 내에 이산화탄소를 방출하는 설비
국소 방출방식	고정식 이산화탄소 공급장치에 배관 및 분사헤드를 설치하여 직접 화점에 이산화탄소를 방출하는 설비로 화재발생부분에만 집중적으로 소화약제를 방출하도록 설치하는 방식
호스릴 방식	분사헤드가 배관에 고정되어 있지 않고 소화약제 저장용기에 호스를 연결하여 사람이 직접 화점에 소화약제를 방출하는 이동식 소화설비
교차회로 방식	하나의 방호구역 내에 2 이상의 화재감지기회로를 설치하고 인접한 2 이상의 화재감지기가 동시에 감지되는 때에는 이산화탄소 소화설비가 작동하여 소화약제가 방출되는 방식

36 Repetitive Learning (1회 2회 3회)

알루미늄분의 연소 시 주수소화하면 위험한 이유를 옳게 설명한 것은?

① 물에 녹아 산이 된다.

② 물과 반응하여 유독가스가 발생한다.

③ 물과 반응하여 수소가스가 발생한다.

④ 물과 반응하여 산소가스가 발생한다.

해설

- 마그네슘분, 알루미늄분, 아연분과 같은 금속분은 물과 접촉 시 수소를 발생하여 발화·폭발하므로 주수소화를 금해야 한다.

대표적인 위험물의 소화약제

위험물	류별	소화약제
칼륨(K), 나트륨(Na), 마그네슘(Mg)	제2류	마른모래, 탄산수소염류 분말소화약제
황린(P_4)	제3류	주소소화, 마른모래 등
알킬(트리에틸)알루미늄, 수소화나트륨	제3류	마른모래, 팽창질석, 팽창진주암
경유, 등유, 벤젠(C_6H_6)	제4류	포소화약제, 이산화탄소, 분말소화약제
염소산칼륨($KClO_3$), 염소산아연[$Zn(ClO_3)_2$]	제1류	대량의 물을 통한 냉각소화
트리니트로페놀 [$C_6H_2OH(NO_2)_3$], 트리니트로톨루엔(TNT), 니트로세룰로오스 등	제5류	대량의 물로 주수소화
과산화나트륨(Na_2O_2), 과산화칼륨(K_2O_2)	제1류	마른모래

34 ① 35 ② 36 ③ | 정답

1302

37 Repetitive Learning 

분말소화약제로 사용할 수 있는 것을 모두 옳게 나타낸 것은?

ⓐ 탄산수소나트륨	ⓑ 탄산수소칼륨
ⓒ 황산구리	ⓓ 인산암모늄

① ⓐ, ⓑ, ⓒ, ⓓ　　② ⓐ, ⓓ
③ ⓐ, ⓑ, ⓒ　　④ ⓐ, ⓑ, ⓓ

해설

- ⓐ는 제1종 분말소화약제이다.
- ⓑ는 제2종 분말소화약제이다.
- ⓓ는 제3종 분말소화약제이다.

분말소화약제의 종별과 적응성

소화약제의 종별	적응성	착색색상
제1종 분말(탄산수소나트륨)	BC	백색
제2종 분말(탄산수소칼륨)	BC	담회색
제3종 분말(인산암모늄)	ABC	담홍색
제4종 분말(탄산수소칼륨과 요소가 화합)	BC	회색

0802 / 1504

38 Repetitive Learning 

일반적으로 고급 알코올황산에스테르염을 기포제로 사용하며 냄새가 없는 황색의 액체로서 밀폐 또는 준밀폐 구조물의 화재 시 고팽창포로 사용하여 화재를 진압할 수 있는 포소화약제는?

① 단백포소화약제　　② 합성계면활성제포소화약제
③ 알코올형포소화약제　　④ 수성막포소화약제

해설

- 단백포소화약제는 동물성 단백질을 수산화칼슘과 같은 알칼리로 가수분해서 만든 포를 이용한다.
- 알코올형포소화약제는 수용성 알코올 화재 등에서 포의 소멸을 방지하기 위해 단백질 가수분해물질과 계면활성제, 금속비누 등을 첨가하여 만든 포를 이용한다.
- 수성막포소화약제는 불소계 계면활성제와 물을 혼합하여 만든 포를 이용한다.

합성계면활성제포소화약제

- 고급 알코올황산에스테르염을 기포제로 사용하며 냄새가 없는 황색의 액체로서 밀폐 또는 준밀폐 구조물의 화재 시 고팽창포로 사용하여 화재를 진압할 수 있다.
- 내열성이 좋지 않아 다량의 유류화재에 효과가 떨어진다.

39 Repetitive Learning 1회 2회 3회

적린과 오황화린의 공통 연소생성물은?

① SO_2　　② H_2S
③ P_2O_5　　④ H_3PO_4

해설

- 오황화린(P_2S_5)의 연소생성물은 이산화황(SO_2)과 오산화인(P_2O_5)이므로 적린과의 공통 연소생성물은 오산화인(P_2O_5)이다.

적린(P) 실기 1102

- 제2류 위험물에 해당하는 가연성 고체로 지정수량은 100kg이고, 위험등급은 Ⅱ이다.
- 물, 이황화탄소, 암모니아, 에테르 등에 녹지 않는다.
- 황린의 동소체이나 황린에 비해 대단히 안정적이어서 공기 또는 습기 중에서 위험성이 적으며, 독성이 없다.
- 강산화제와 혼합하거나 염소산염류와 접촉하면 발화 및 폭발할 위험성이 있으므로 주의해야 한다.
- 공기 중에서 연소할 때 오산화린(P_2O_5)이 생성된다.(반응식 : $4P+5O_2 \rightarrow 2P_2O_5$)
- 성냥, 화약 등을 만드는데 이용된다.

1004 / 1402

40 Repetitive Learning 1회 2회 3회

위험물제조소 등에 설치하는 포소화설비의 기준에 따르면 포헤드방식의 포헤드는 방호대상물의 표면적 $1m^2$당의 방사량이 몇 L/min 이상의 비율로 계산한 양의 포수용액을 표준방사량으로 방사할 수 있도록 설치하여야 하는가?

① 3.5　　② 4
③ 6.5　　④ 9

해설

- 방호대상물의 표면적(건축물의 경우에는 바닥면적) $9m^2$당 1개 이상의 헤드를, 방호대상물의 표면적 $1m^2$당의 방사량이 6.5L/min 이상의 비율로 계산한 양의 포수용액을 표준방사량으로 방사할 수 있도록 설치해야 한다.

포헤드방식의 포헤드

- 포헤드는 방호대상물의 모든 표면이 포헤드의 유효사정 내에 있도록 설치할 것
- 방호대상물의 표면적(건축물의 경우에는 바닥면적) $9m^2$당 1개 이상의 헤드를, 방호대상물의 표면적 $1m^2$당의 방사량이 6.5L/min 이상의 비율로 계산한 양의 포수용액을 표준방사량으로 방사할 수 있도록 설치 할 것
- 방사구역은 $100m^2$ 이상(방호대상물의 표면적이 $100m^2$ 미만인 경우에는 당해 표면적)으로 할 것

정답 | 37 ④ 38 ② 39 ③ 40 ③

1302

41 Repetitive Learning (1회 2회 3회)

동 · 식물유류에 대한 설명으로 틀린 것은?

① 건성유는 자연발화의 위험성이 높다.
② 불포화도가 높을수록 요오드가 크며 산화되기 쉽다.
③ 요오드값이 130 이하인 것이 건성유이다.
④ 1기압에서 인화점이 섭씨 250도 미만이다.

해설

- 요오드값이 130 이상인 것이 건성유이다.

동 · 식물유류 실기 0601/0604/1304/1502/1802/2003

㉠ 개요

- 1기압에서 인화점이 250℃ 미만인 것으로 지정수량이 10,000L이고, 위험등급이 Ⅲ에 해당하는 물질이다.
- 유지 100g에 부가되는 요오드의 g수를 의미하는 요오드값(옥소값)에 의해 건성유(130 이상), 반건성유(100 ~ 130), 불건성유(100 이하)로 구분한다.
- 요오드값이 클수록 자연발화의 위험이 크다.
- 요오드값이 클수록 이중결합이 많고, 불포화지방산을 많이 가진다.

㉡ 구분

구분	내용
건성유 (요오드값이 130 이상)	• 공기 중에서 자연발화의 위험이 있으며, 피막이 단단하다. • 동유, 아마인유, 정어리유, 대구유, 상어유, 해바라기유, 들기름 등
반건성유 (요오드값이 100 ~ 130)	• 피막이 얇다. • 참기름, 콩기름, 청어유, 쌀겨기름, 면실유, 채종유, 옥수수기름 등
불건성유 (요오드값이 100 이하)	• 피막을 만들지 않는다. • 피마자유, 올리브유, 팜유, 땅콩기름, 야자유, 쇠기름, 돼지기름, 고래기름 등

0801 / 1204 / 1602

42 Repetitive Learning (1회 2회 3회)

과산화나트륨이 물과 반응할 때의 변화를 가장 옳게 설명한 것은?

① 산화나트륨과 수소를 발생한다.
② 물을 흡수하여 수소를 발생한다.
③ 산소를 방출하며 수산화나트륨이 된다.
④ 서서히 물에 녹아 과산화나트륨의 안전한 수용액이 된다.

해설

- 과산화나트륨은 물과 격렬하게 반응하여 수산화나트륨과 산소를 발생시킨다.

과산화나트륨(Na_2O_2) 실기 0801/0804/1201/1202/1401/1402/1701/1704/1904/2003/2004

㉠ 개요

- 산화성 고체로 제1류 위험물에 해당하며, 지정수량은 50kg, 위험등급은 Ⅰ이다.
- 순수한 것은 백색 정방정계 분말이나 시판되는 것은 황색이다.
- 흡습성이 강하고 조해성이 있으며, 표백제, 산화제로 사용한다.
- 산과 반응하여 과산화수소(H_2O_2)를 발생시키며, 금, 니켈을 제외한 다른 금속을 침식하여 산화물로 만든다.
- 물과 격렬하게 반응하여 수산화나트륨과 산소를 발생시킨다. ($2Na_2O_2 + 2H_2O \rightarrow 4NaOH + O_2$)
- 가연물과 혼합되어 있을 경우 약간의 물 접촉만으로도 발화하며, 양이 많을 경우 주수에 의해 폭발하므로 주수소화를 금해야 한다.
- 가열하면 산화나트륨과 산소를 발생시킨다. ($2Na_2O_2 \xrightarrow[\triangle]{} 2Na_2O + O_2$)
- 아세트산과 반응하여 아세트산나트륨과 과산화수소를 발생시킨다. ($Na_2O_2 + 2CH_3COOH \rightarrow 2CH_3COONa + H_2O_2$)

㉡ 저장 및 취급방법

- 물과 습기의 접촉을 피한다.
- 용기는 수분이 들어가지 않게 밀전 및 밀봉 저장한다.
- 가열 및 충격 · 마찰을 피하고 유기물질의 혼입을 막는다.

0801

43 Repetitive Learning (1회 2회 3회)

메틸에틸케톤의 취급 방법에 대한 설명으로 틀린 것은?

① 쉽게 연소하므로 화기 접근을 금한다.
② 직사광선을 피하고 통풍이 잘되는 곳에 저장한다.
③ 탈지작용이 있으므로 피부에 접촉하지 않도록 주의한다.
④ 유리 용기를 피하고 수지, 섬유소 등의 재질로 된 용기에 저장한다.

해설

- 메틸에틸케톤은 증기가 배출되면 폭발위험이 있으므로 유리용기에 밀폐하여 저장해야 한다.

메틸에틸케톤($CH_3COC_2H_5$)의 취급방법 실기 0504

- 쉽게 연소하므로 화기 접근을 금한다.
- 직사광선을 피하고 통풍이 잘되는 냉암소에 저장한다.
- 탈지작용이 있으므로 피부에 접촉하지 않도록 주의한다.
- 증기가 배출되면 폭발위험이 있으므로 유리용기에 밀폐하여 저장한다.

41 ③ 42 ③ 43 ④ 정답

1301

44 Repetitive Learning (1회 2회 3회)

다음 중 연소범위가 가장 넓은 위험물은?

① 휘발유 ② 톨루엔
③ 에틸알코올 ④ 디에틸에테르

해설

- 휘발유(가솔린)은 제1석유류로 연소범위는 1.4 ~ 7.6%이다.
- 톨루엔($C_6H_5CH_3$)은 제1석유류로 연소범위는 1.2 ~ 7%이다.
- 에틸알코올(CH_3OH)은 알코올류로 연소범위는 4.3 ~ 19%이다.

에테르($C_2H_5OC_2H_5$) · 디에틸에테르 실기 0602/0804/1601/1602

- 특수인화물로 무색투명한 휘발성 액체이다.
- 인화점이 -45℃, 연소범위가 1.9 ~ 48%로 넓은 편이고, 증기는 제4류 위험물 중 가장 인화성이 크다.
- 비중은 0.72로 물보다 가볍고, 증기비중은 2.55로 공기보다 무겁다.
- 물에는 잘 녹지 않고, 알코올에 잘 녹는다.
- 햇볕에 오래 쪼이면 일부 분해하여 과산화물을 생성하므로 갈색병에 넣어 냉암소에 보관한다.
- 건조한 에테르는 비전도성이므로, 정전기 생성방지를 위해 약간의 $CaCl_2$를 넣어준다.
- 소화제로서 CO_2가 가장 적당하다.
- 과산화물은 요오드화칼륨(KI) 10% 수용액을 황색으로 변화시킬 때 검출할 수 있으며, 과산화물을 제거할 때는 황산제일철($FeSO_4$)을 사용한다.

45 Repetitive Learning (1회 2회 3회)

다음 물질 중 인화점이 가장 낮은 것은?

① 톨루엔 ② 아세톤
③ 벤젠 ④ 디에틸에테르

해설

- 톨루엔($C_6H_5CH_3$)은 제1석유류로 인화점이 4℃이다.
- 아세톤(CH_3COCH_3)은 제1석유류로 인화점이 -18℃이다.
- 벤젠(C_6H_6)은 제1석유류로 인화점이 -11℃이다.
- 디에틸에테르($C_2H_5OC_2H_5$)는 특수인화물로 인화점이 -45℃이다.

제4류 위험물의 인화점 실기 0701/0704/0901/1001/1002/1201/1301/1304/1401/1402/1404/1601/1702/1704/1902/2003

제1석유류	인화점이 21℃ 미만
제2석유류	인화점이 21℃ 이상 70℃ 미만
제3석유류	인화점이 70℃ 이상 200℃ 미만
제4석유류	인화점이 200℃ 이상 250℃ 미만
동 · 식물유류	인화점이 250℃ 미만

0904

46 Repetitive Learning (1회 2회 3회)

유기과산화물에 대한 설명으로 틀린 것은?

① 소화방법으로는 질식소화가 가장 효과적이다.
② 벤조일퍼옥사이드, 메틸에틸케톤퍼옥사이드 등이 있다.
③ 저장 시 고온체나 화기의 접근을 피한다.
④ 지정수량은 10kg이다.

해설

- 내부에 산소를 포함하고 있어 질식소화는 효과가 없으며, 주로 다량의 물로 주수소화한다.

유기과산화물

- 자기반응성 물질로 제5류 위험물에 해당한다.
- 지정수량이 10kg이고, 위험등급은 Ⅰ이다.
- 내부에 산소를 포함하고 있어 질식소화는 효과가 없으며, 주로 다량의 물로 주수소화한다.
- 저장 시 직사광선, 고온체나 화기의 접근을 피한다.
- 대표적인 유기과산화물에는 벤조일퍼옥사이드, 메틸에틸케톤퍼옥사이드가 있다.

0402 / 1602

47 Repetitive Learning (1회 2회 3회)

오황화린에 관한 설명으로 옳은 것은?

① 물과 반응하면 불연성기체가 발생된다.
② 담황색 결정으로서 흡습성과 조해성이 있다.
③ P_2S_5로 표현되며, 물에 녹지 않는다.
④ 공기 중에서 자연발화 한다.

해설

- 오황화린이 물과 반응하여 생성되는 유독성 황화수소(H_2S)는 가연성 가스이다.
- 오황화린은 P_2S_5로 표현되며, 물에 녹아 분해된다.
- 오황화린은 물과 알칼리에 분해되며, 공기 중에서 자연발화하지는 않는다.

오황화린(P_2S_5)

- 황화린의 한 종류로 제2류 위험물에 해당하는 가연성 고체이며, 지정수량은 100kg이고, 위험등급은 Ⅱ이다.
- 비중은 2.09로 물보다 무거운 담황색 조해성 물질이다.
- 이황화탄소에 잘 녹으며, 물과 반응하여 유독성 황화수소(H_2S), 인산(H_3PO_4)으로 분해된다.

정답 | 44 ④ 45 ④ 46 ① 47 ②

1604

48 Repetitive Learning (1회 2회 3회)

위험물안전관리법령상 시 · 도의 조례가 정하는 바에 따라, 관할소방서장의 승인을 받아 지정수량 이상의 위험물을 임시로 제조소 등이 아닌 장소에서 취급할 때 며칠 이내의 기간 동안 취급할 수 있는가?

① 7 ② 30
③ 90 ④ 180

해설

- 시 · 도의 조례가 정하는 바에 따라 관할소방서장의 승인을 받아 지정수량 이상의 위험물을 90일 이내의 기간 동안 임시로 저장 또는 취급할 수 있다.

위험물의 저장 및 취급의 제한

- 지정수량 이상의 위험물을 저장소가 아닌 장소에서 저장하거나 제조소등이 아닌 장소에서 취급하여서는 아니 된다.
- 시 · 도의 조례가 정하는 바에 따라 관할소방서장의 승인을 받아 지정수량 이상의 위험물을 90일 이내의 기간 동안 임시로 저장 또는 취급할 수 있다.
- 군부대의 경우 지정수량 이상의 위험물을 군사목적으로 임시로 저장 또는 취급할 수 있다.
- 제조소등에서의 위험물의 저장 또는 취급에 관하여는 중요기준 및 세부기준에 따라야 한다.

구분	내용
중요 기준	화재 등 위해의 예방과 응급조치에 있어서 큰 영향을 미치거나 그 기준을 위반하는 경우 직접적으로 화재를 일으킬 가능성이 큰 기준으로서 행정안전부령이 정하는 기준
세부 기준	화재 등 위해의 예방과 응급조치에 있어서 중요기준보다 상대적으로 적은 영향을 미치거나 그 기준을 위반하는 경우 간접적으로 화재를 일으킬 수 있는 기준 및 위험물의 안전관리에 필요한 표시와 서류 · 기구 등의 비치에 관한 기준으로서 행정안전부령이 정하는 기준

- 제조소 등의 위치 · 구조 및 설비의 기술기준은 행정안전부령으로 정한다.
- 둘 이상의 위험물을 같은 장소에서 저장 또는 취급하는 경우에 있어서 당해 장소에서 저장 또는 취급하는 각 위험물의 수량을 그 위험물의 지정수량으로 각각 나누어 얻은 수의 합계가 1 이상인 경우 당해 위험물은 지정수량 이상의 위험물로 본다.

1104/1401

49 Repetitive Learning (1회 2회 3회)

물과 접촉하였을 때 에탄이 발생되는 물질은?

① CaC_2 ② $(C_2H_5)_3Al$
③ $C_6H_3(NO_2)_3$ ④ $C_2H_5ONO_2$

해설

- 트리에틸알루미늄은 물과 접촉할 경우 폭발적으로 반응하여 수산화알루미늄과 에탄가스(C_2H_6)를 생 성하므로 보관 시 주의해야 한다.

트리에틸알루미늄[$(C_2H_5)_3Al$] 실기 0502/0804/0904/1004/1101/1104/1202/1204/1304/1402/1404/1602/1704/1804/1902/1904/2001/2003

- 알킬기(C_nH_{2n+1})와 알루미늄의 화합물로 자연발화성 및 금수성 물질에 해당하는 제3류 위험물이다.
- 지정수량은 10kg이고, 위험등급은 Ⅰ이다.
- 무색 투명한 액체로 물, 에탄올과 폭발적으로 반응한다.
- 물과 접촉할 경우 폭발적으로 반응하여 수산화알루미늄과 에탄가스를 생성하므로 보관 시 주의한다.
(반응식 : $(C_2H_5)_3Al+3H_2O \rightarrow Al(OH)_3+3C_2H_6$)
- 화재 시 발생되는 흰 연기는 인체에 유해하며, 소화는 팽창질석, 팽창진주암 등이 가장 효율적이다.

1104

50 Repetitive Learning (1회 2회 3회)

황린에 대한 설명으로 틀린 것은?

① 백색 또는 담황색의 고체로 독성이 있다.
② 물에는 녹지 않고 이황화탄소에는 녹는다.
③ 공기 중에서 산화되어 오산화인이 된다.
④ 녹는점이 적린과 비슷하다.

해설

- 황린의 녹는점은 441℃인데 반해 적린의 녹는점은 589.5℃로 차이가 크다.

황린(P_4) 실기 0602/0701/0702/0901/1001/1202/1302/1401/1402/1504/1901/1902/2003

- 공기 중에서 발화하는 자연발화성 물질로 제3류 위험물에 속하며 지정수량은 20kg, 위험등급은 Ⅰ이다.
- 산소와 결합력이 강하고 착화온도가 낮기(미분 34℃, 고형분 60℃) 때문에 쉽게 자연발화한다.
- 백색 또는 담황색의 고체로 독성이 있는 물질로 물에는 녹지 않고 이황화탄소에는 녹는다.
- 수산화나트륨(NaOH) 수용액에 반응시키면 포스핀(인화수소, PH_3)를 발생시키므로 이를 방지하기 위해 pH9의 물속에 저장한다.
- 밀폐용기 속에서 260℃로 가열하여 적린을 얻을 수 있다. 이때 유독가스인 오산화인(P_2O_5)이 발생한다.
(반응식 : $P_4+5O_2 \rightarrow 2P_2O_5$)

48 ③ 49 ② 50 ④ | 정답

51 Repetitive Learning (1회 2회 3회)

아염소산나트륨이 완전 열분해하였을 때 발생하는 기체는?

① 산소 ② 염화수소
③ 수소 ④ 포스겐

해설

- 분해온도는 350℃ 이상이나 수분이 포함될 경우 불안정하여 180℃ 이상 가열하면 산소를 방출한다.

아염소산나트륨($NaClO_2$) 실기 0902

- 산화성 고체로 제1류 위험물의 아염소산염류에 해당하며, 지정수량은 50kg, 위험등급은 Ⅰ이다.
- 무색의 결정성 분말로 물에 잘 녹는다.
- 스스로는 불연성이지만 산소를 함유하고 있어 다른 물질의 연소를 돕는다.
- 분해온도는 350℃ 이상이나 수분이 포함될 경우 불안정하여 180℃ 이상 가열하면 산소를 방출한다.
- 산과 접촉할 경우 유독가스(이산화염소, ClO_2)를 발생한다.

0704 / 1401

52 Repetitive Learning (1회 2회 3회)

위험물안전관리법령에 근거한 위험물 운반 및 수납 시 주의사항에 대한 설명 중 틀린 것은?

① 위험물을 수납하는 용기는 위험물이 누출되지 않게 밀봉시켜야 한다.
② 온도 변화가 가스발생 우려가 있는 것은 가스 배출구를 설치한 운반용기에 수납할 수 있다.
③ 액체 위험물은 운반용기 내용적의 98% 이하의 수납율로 수납하되 55℃의 온도에서 누설되지 아니하도록 충분한 공간 용적을 유지하도록 하여야 한다.
④ 고체 위험물은 운반용기 내용적의 98% 이하의 수납율로 수납하여야 한다.

해설

- 고체위험물은 운반용기 내용적의 95% 이하의 수납율로 수납하여야 한다.

용기의 수납율 실기 1104/1204/1501/1802/2004

- 고체위험물은 운반용기 내용적의 95% 이하의 수납율로 수납할 것
- 액체위험물은 운반용기 내용적의 98% 이하의 수납율로 수납하되, 55도의 온도에서 누설되지 아니하도록 충분한 공간용적을 유지하도록 할 것

1304

53 Repetitive Learning (1회 2회 3회)

위험물안전관리법령에서 정한 위험물의 운반에 관한 설명으로 옳은 것은?

① 위험물을 화물차량으로 운반하면 특별히 규제받지 않는다.
② 승용차량으로 위험물을 운반할 경우에만 운반의 규제를 받는다.
③ 지정수량 이상의 위험물을 운반할 경우에만 운반의 규제를 받는다.
④ 위험물을 운반할 경우 그 양의 다소를 불문하고 운반의 규제를 받는다.

해설

- 위험물 운반에 있어서는 운반 양의 다소와 관련없이 규제를 받는다.

위험물 운반의 원칙

- 모든 위험물의 운반에는 규제가 따른다.
- 운반 양의 다소와 관련없이 규제를 받는다.

54 Repetitive Learning (1회 2회 3회)

제2류 위험물과 제5류 위험물의 공통적인 성질은?

① 가연성 물질이다. ② 강한 산화제이다.
③ 액체 물질이다. ④ 산소를 함유한다.

해설

- 제5류 위험물은 산소를 함유하고 있는 자기 반응성 물질로 가연성 물질이고, 제2류 위험물은 산소를 함유하고 있지 않은 가연성 고체로 가연성 물질이다.

제2류 위험물_가연성 고체 실기 0504/1104/1602/1701

품명	지정수량	위험등급
황화린	100kg	Ⅱ
적린		
유황		
마그네슘	500kg	Ⅲ
철분		
금속분		
인화성고체	1,000kg	

정답 | 51 ① 52 ④ 53 ④ 54 ①

55 Repetitive Learning (1회 2회 3회)

묽은 질산에 녹고 비중이 약 2.7인 은백색 금속은?

① 아연분 ② 마그네슘분
③ 안티몬분 ④ 알루미늄분

해설

- 알루미늄은 진한 질산에서는 부동태가 되고 묽은 질산에 잘 녹아 수소를 발생시킨다.

알루미늄분 실기 1002/1304

- 제2류 위험물(금속분)에 해당하는 가연성 고체로 지정수량은 500kg이고, 위험등급은 Ⅲ이다.
- 은백색의 광택을 있으며, 비중이 약 2.7인 경금속이다.
- 열, 전기의 전도성이 크다.
- 진한 질산에서는 부동태가 되고 묽은 질산에 잘 녹아 수소를 발생시킨다.
- 알루미늄을 물과 반응시키면 수산화알루미늄과 수소가 발생한다.($2Al+6H_2O \rightarrow 2Al(OH)_3+3H_2$)
- 알루미늄을 연소시키면 산화알루미늄이 생성된다. ($2Al+1.5O_2 \rightarrow Al_2O_3$)

56 Repetitive Learning (1회 2회 3회)

다음은 위험물안전관리법령에서 정한 아세트알데히드 등을 취급하는 제조소의 특례에 관한 내용이다. ( )안에 해당하지 않는 물질은?

> 아세트알데히드 등을 취급하는 설비는 ( )·( )·( )·마그네슘 또는 이들을 성분으로 하는 합금으로 만들지 아니할 것

① Ag ② Hg
③ Cu ④ Fe

해설

- 아세트알데히드 등(산화프로필렌 포함)을 저장하는 이동탱크저장소는 은·수은·동·마그네슘 또는 이들을 성분으로 하는 합금으로 만들지 않아야 한다.

아세트알데히드 등(산화프로필렌 포함)을 저장하는 이동탱크저장소의 기준 실기 1102/1702

- 이동저장탱크는 불활성의 기체를 봉입할 수 있는 구조로 할 것
- 이동저장탱크 및 그 설비는 은·수은·동·마그네슘 또는 이들을 성분으로 하는 합금으로 만들지 아니할 것

0901/1204/1801

57 Repetitive Learning (1회 2회 3회)

인화칼슘이 물과 반응하였을 때 발생하는 기체는?

① 수소 ② 산소
③ 포스핀 ④ 포스겐

해설

- 인화칼슘(석회)이 물이나 산과 반응하면 독성의 가연성 기체인 포스핀가스(인화수소, PH_3)가 발생한다.

인화석회/인화칼슘(Ca_3P_2) 실기 0502/0601/0704/0802/1401/1501/1602/2004

- 금속의 인화물의 한 종류로 지정수량이 300kg, 위험등급이 Ⅲ인 제3류 위험물이다.
- 상온에서 적갈색 고체로 비중이 2.5로 물보다 무겁다.
- 물 또는 약산과 반응하면 독성의 가연성 기체인 포스핀가스(인화수소, PH_3)가 발생한다.

물과의 반응식	$Ca_3P_2+6H_2O \rightarrow 3Ca(OH)_2+2PH_3$ 인화석회+물 → 수산화칼슘+인화수소
산과의 반응식	$Ca_3P_2+6HCl \rightarrow 3CaCl_2+2PH_3$ 인화석회+염산 → 염화칼슘+인화수소

1202/1302

58 Repetitive Learning (1회 2회 3회)

가연성의 증기 또는 미분이 체류할 우려가 있는 건축물에는 배출설비를 하여야 하는데 위험물제조소의 배출설비 기준 중 국소방식의 경우 배출능력은 1시간당 배출장소용적의 몇 배 이상인 것으로 하여야 하는가?

① 10배 ② 20배
③ 30배 ④ 40배

해설

- 제조소의 배출설비의 배출능력은 1시간당 배출장소 용적의 20배 이상인 것으로 하여야 한다.

제조소의 배출설비 실기 0904/1601/2101

- 배출설비는 국소방식으로 하여야 한다.
- 배출설비는 배풍기·배출닥트·후드 등을 이용하여 강제적으로 배출하는 것으로 하여야 한다.
- 배출능력은 1시간당 배출장소 용적의 20배 이상인 것으로 하여야 한다. 다만, 전역방식의 경우에는 바닥면적 $1m^2$당 $18m^3$ 이상으로 할 수 있다.
- 배풍기는 강제배기방식으로 하고, 옥내닥트의 내압이 대기압 이상이 되지 아니하는 위치에 설치하여야 한다.

55 ④ 56 ④ 57 ③ 58 ② | 정답

59 Repetitive Learning (1회 2회 3회)

제6류 위험물의 취급 방법에 대한 설명 중 옳지 않은 것은?

① 가연성 물질과의 접촉을 피한다.
② 지정수량의 1/10 을 초과할 경우 제2류 위험물과의 혼재를 금한다.
③ 피부와 접촉하지 않도록 주의한다.
④ 위험물제조소에는 "화기엄금" 및 "물기엄금" 주의사항을 표시한 게시판을 반드시 설치하여야 한다.

해설

- 제6류 위험물의 위험물제조소 게시판에는 가연물접촉주의라고 표시한다.

제6류 위험물의 성질과 취급방법

㉠ 성질
- 산화성 액체로 다른 물질을 산화시키는 성질을 갖는다.
- 산화성 무기화합물이다.
- 고온체와 접촉하여도 화재 위험이 적다.
- 물을 만나면 열과 산소를 발생시킨다.
- 비중이 1보다 크다.
- 스스로는 불연성이고, 다른 물질의 연소를 돕는 조연성을 갖는다.

㉡ 취급방법
- 가연성 물질과의 접촉을 피한다.
- 지정수량의 $\frac{1}{10}$을 초과할 경우 제2류 위험물과의 혼재를 금한다.
- 피부와 접촉을 하지 않도록 주의한다.
- 염기 및 물의 접촉을 피한다.
- 용기는 내산성이 있는 것을 사용한다.
- 소량 누출 시는 마른모래나 흙으로 흡수시킨다.

0701 / 1504

60 Repetitive Learning (1회 2회 3회)

제1류 위험물 중 무기과산화물 150kg, 질산염류 300kg, 중크롬산염류 3,000kg을 저장하려 한다. 각각 지정수량의 배수의 합은 얼마인가?

① 5 ② 6
③ 7 ④ 8

해설

- 무기과산화물은 제1류 위험물에 해당하는 산화성 고체로 지정수량이 50kg이다.
- 질산염류는 제1류 위험물에 해당하는 산화성 고체로 지정수량이 300kg이다.
- 중크롬산염류는 제1류 위험물에 해당하는 산화성 고체로 지정수량이 1,000kg이다.
- 지정수량의 배수의 합은 $\frac{150}{50}+\frac{300}{300}+\frac{3,000}{1,000}=3+1+3=7$배이다.

지정수량 배수의 계산

- 다수의 위험물을 저장하는 경우 지정수량의 배수를 구하려면 각각의 위험물에 해당하는 지정수량 배수($\frac{\text{저장수량}}{\text{지정수량}}$)의 합을 구하면 된다.
- 위험물 A, B를 저장하는 경우 지정수량의 배수의 합은 $\frac{\text{A저장수량}}{\text{A지정수량}}+\frac{\text{B저장수량}}{\text{B지정수량}}$가 된다.

정답 | 59 ④ 60 ③

2019년 4월 27일

2019년 제2회

합격률 41.9%

1과목 일반화학

1602

01

Repetitive Learning (1회 2회 3회)

NH_4Cl에서 배위결합을 하는 부분을 옳게 설명한 것은?

① NH_3의 N-H 결합　② NH_3와 H^+과의 결합

③ NH_4^+과 Cl^-과의 결합　④ H^+과 Cl^-과의 결합

해설

- 염화암모늄은 분자 내에서 배위결합(H-N사이 공유결합한 NH_3와 H^+과의 결합)과 이온결합(NH_4^+와 Cl^-)을 동시에 가지고 있다.

염화암모늄(NH_4Cl)

- 암모니아와 염화수소의 중화반응을 통하거나 수산화암모늄과 염화수소와의 반응을 통해서 만들 수 있다.
- 백색 고체로 분자량은 53.50g/mol이고 밀도는 1.52g/cm^{3}이다.
- 분자 내에서 배위결합(H-N사이 공유결합한 NH_3와 H^+과의 결합)과 이온결합(NH_4^+와 Cl^-)을 동시에 가지고 있다.

0801 / 1202

02

Repetitive Learning (1회 2회 3회)

네슬러 시약에 의하여 적갈색으로 검출되는 물질은 어느 것인가?

① 질산이온　② 암모늄이온

③ 아황산이온　④ 일산화탄소

해설

- 네슬러 시약은 암모니아에 예민하게 반응하여 황갈색으로 검출되며, 암모니아가 다량 존재할 경우 적갈색 침전을 생성시킨다.

네슬러 시약

- 요오드화 수은과 요오드화 칼륨을 수산화칼륨 수용액에 용해한 것이다.
- 암모니아의 검출 시약 및 비색정량 시약으로 사용한다.
- 암모니아에 예민하게 반응하여 황갈색으로 검출되며, 암모니아가 다량 존재할 경우 적갈색 침전을 생성한다.

1101

03

Repetitive Learning (1회 2회 3회)

자철광 제조법으로 빨갛게 달군 철에 수증기를 통할 때의 반응식으로 옳은 것은?

① $3Fe+4H_2O \rightarrow Fe_3O_4+4H_2$

② $2Fe+3H_2O \rightarrow Fe_2O_3+3H_2$

③ $Fe+H_2O \rightarrow FeO_4+H_2$

④ $Fe+2H_2O \rightarrow FeO_2+2H_2$

해설

- 자철광의 주성분은 4산화3철(Fe_3O_4)를 의미한다.

산화철의 종류와 구분

구분	화학식	특징
산화철(Ⅱ)	FeO	• 1산화철이라고도 한다. • 산화철(Ⅲ)을 수소로 환원하여 얻는다.
산화철(Ⅲ)	Fe_2O_3	• 3산화2철이라고도 한다. • 적철석의 주성분이다. • 철을 공기 중에서 가열하여 얻는다.
사산화삼철	Fe_3O_4	• 자철석의 주성분이다. • 뜨거운 철에 수증기를 접촉시켜 만든다.

04

Repetitive Learning (1회 2회 3회)

황이 산소와 결합하여 SO_2를 만들 때 대한 설명으로 옳은 것은?

① 황은 환원된다.　② 황은 산화된다.

③ 불가능한 반응이다.　④ 산소는 산화되었다.

해설

- 이산화황(SO_2)은 대표적인 산성 산화물이다.

산성 산화물

- 물과 반응하면 수소(H^+)이온을 생성하는 산화물을 말한다.
- 주로 비금속으로 이뤄진 산화물이 이에 해당한다.
- 대표적인 산성 산화물에는 이산화질소(NO_2), 이산화탄소(CO_2), 이산화규소(SiO_2), 이산화황(SO_2) 등이 있다.

01 ② 02 ② 03 ① 04 ② | 정답

0302 / 0402 / 0701 / 0802 / 0904

05 Repetitive Learning (1회 2회 3회)

불꽃반응 결과 노란색을 나타내는 미지의 시료를 녹인 용액에 $AgNO_3$용액을 넣으니 백색침전이 생겼다. 이 시료의 성분은?

① Na_2SO_4 ② $CaCl_2$
③ $NaCl$ ④ KCl

해설

- 불꽃반응 시 노란색을 내는 것은 나트륨을 가지고 있는 물질이다.

불꽃반응

- 금속이 녹아 있는 수용액을 불꽃에 넣으면 수용액에 녹아있는 금속성분에 따라 특유의 빛을 내는 현상을 말한다.

알칼리금속	불꽃반응색	알칼리토금속	불꽃반응색
리튬(Li)	빨강	베릴륨(Be)	무색
나트륨(Na)	노랑	마그네슘(Mg)	무색
칼륨(K)	보라	칼슘(Ca)	주황
루비듐(Rb)	진빨강	스트론튬(Sr)	빨강
세슘(Cs)	연파랑	바륨(Ba)	빨강

06 Repetitive Learning (1회 2회 3회)

다음 화합물 중에서 밑줄 친 원소의 산화수가 서로 다른 것은?

① $\underline{C}Cl_4$ ② $\underline{Ba}O_2$
③ $\underline{S}O_2$ ④ $\underline{O}H^-$

해설

- ①, ②, ③은 모두 +4가인데 반해, ④는 −2가이다.

산화수

- 화학결합이나 반응에서 산화, 환원을 나타내는 척도이다.
- (자유원소 상태의 원자가 전자)−(화학종에서의 원자가 전자)로 구한다. 즉, 공유결합 화합물에서 전기음성도가 큰 원소가 공유전자쌍을 모두 가지는 것으로 하여 계산하여 빼 준다는 의미이다.
- 자유원소 상태 원자의 산화수는 0이다.
- 화합물에서 각 원자의 산화수는 총합이 0이다.
- 이온결합 화합물에서 단원자 금속이온은 원자가 전자를 모두 잃는다.
- 이온결합 화합물에서 단원자 비금속이온은 원자가 전자껍질을 모두 채운다.
- 이온결합 화합물에서 각 원자의 산화수는 이온 전하의 크기와 같다.

07 Repetitive Learning (1회 2회 3회)

다음 화학반응 중 H_2O가 염기로 작용한 것은?

① $CH_3COOH + H_2O \rightarrow CH_3COO + H_3O^+$
② $NH_3 + H_2O \rightarrow NH_4^+ + OH^-$
③ $CO_3^{-2} + 2H_2O \rightarrow H_2CO_3 + 2OH^-$
④ $Na_2O + H_2O \rightarrow 2NaOH$

해설

- H_2O가 염기로 작용한다는 것은 물과 접하는 물질이 산으로 작용해야 하므로 산은 수용액이 되었을 때 수소이온(H^+)을 내놓는 물질을 말한다.

아레니우스의 산 · 염기

산	물에 녹았을 때 수소이온의 농도를 증가시키는 물질
염기	물에 녹았을 때 수산화이온의 농도를 증가시키는 물질

0701 / 1001

08 Repetitive Learning (1회 2회 3회)

다음 물질 중 이온결합을 하고 있는 것은?

① 얼음 ② 흑연
③ 다이아몬드 ④ 염화나트륨

해설

- 염화나트륨(NaCl)은 가장 대표적인 이온결합물이다.

이온결합

㉠ 개요

- 금속성이 강한 원자(양이온)와 비금속성이 강한 원자(음이온) 간의 화학결합을 말한다.
- 녹는점과 끓는점이 매우 높고, 물과 같은 극성용매에 용해되기 쉽다.
- 단단하며 부스러지기 쉽다.
- 고체상태에서는 전기가 잘 통하지 않지만 액체 상태에서 전기가 잘 통하는 도체상태가 된다.

㉡ 구분

구분	물질	비
양이온과 음이온의 개수가 같은 경우	• 염화나트륨(NaCl)	$Na^+ : Cl^- = 1:1$
	• 산화칼슘(CaO)	$Ca^{2+} : O^{2-} = 2:2$
	• 산화마그네슘(MgO)	$Mg^{2+} : O^{2-} = 2:2$
양이온과 음이온의 개수가 다른 경우	• 염화칼슘($CaCl_2$)	$Ca^{2+} : Cl^- = 1:2$
	• 염화마그네슘($MgCl_2$)	$Mg^{2+} : Cl^- = 1:2$
	• 산화알루미늄(Al_2O_3)	$Al^{3+} : O^{2-} = 2:3$

정답 | 05 ③ 06 ④ 07 ① 08 ④

0601 / 0804

09 Repetitive Learning (1회 2회 3회)

AgCl의 용해도는 0.0016g/L이다. 이 AgCl의 용해도곱(Solubility product)은 약 얼마인가? (단, 원자량은 각각 Ag 108, Cl 35.5이다)

① 1.24×10^{-10} ② 2.24×10^{-10}
③ 1.12×10^{-5} ④ 4×10^{-4}

해설

- 용해도곱을 구하기 위해 분자량을 계산하면 108+35.5=143.5이다.
- 이온농도 = $\frac{0.0016}{143.5} = 1.1149 \times 10^{-5}$이다.
- 용해도곱 = 양이온농도×음이온농도
  $= [1.1149 \times 10^{-5}]^2 = 1.25 \times 10^{-10}$이다.

용해도 곱

- 포화상태에서 용액을 구성하는 양이온과 음이온의 농도를 곱한 값이다.
- 이온의 농도 = $\frac{용해도}{분자량}$으로 구한다.
- 포화상태에서의 양이온과 음이온의 농도는 같다.

10 Repetitive Learning (1회 2회 3회)

황의 산화수가 나머지 셋과 다른 하나는?

① Ag_2S ② H_2SO_4
③ SO_4^{2-} ④ $Fe_2(SO_4)_3$

해설

- ①에서 은(Ag)의 원자가는 1로 황은 −2가이다.
- ②에서 수소는 1가 산소는 −2가이므로 황은 +6가이다.
- ③에서 산소는 −2가이므로 황은 +6가가 되어야 6−8=−2가가 된다.
- ④에서 철(Fe)은 3가이므로 황이 +6가 되어야 3×2+(−2)×3=0이 된다.

화합물에서 산화수 관련 절대적 원칙

- 일반적으로 화합물에서 전기음성도가 큰 물질이 +의 산화수를 갖고, 전기음성도가 작은 물질이 −의 산화수를 가진다.
- 수소(H)는 결합하는 원자와의 전기음성도 차에 의해 +1가 혹은 −1가의 값을 가진다.
- 1족의 알칼리금속(Li, Na, K)은 +1가의 값을 가진다.
- 2족의 알칼리토금속(Be, Mg, Ca)는 +2가의 값을 가진다.
- 13족의 알루미늄(Al)은 +3가의 값을 가진다.
- 17족의 플로오린(F)은 −1가의 값을 가진다.

1101

11 Repetitive Learning (1회 2회 3회)

먹물에 아교를 약간 풀어주면 탄소 입자가 쉽게 침전되지 않는다. 이 때 가해준 아교를 무슨 콜로이드라 하는가?

① 서스펜션 ② 소수
③ 에멀젼 ④ 보호

해설

- 먹물은 대표적인 소수 콜로이드로 불안정해 쉽게 앙금이 생기지만 아교와 같은 친수 콜로이드를 첨가하면 쉽게 침전되지 않는다. 이런 것을 보호 콜로이드라고 한다.

콜로이드

㉠ 개요

- 지름이 $10^{-7} \sim 10^{-5}$cm 크기의 콜로이드 입자(미립자)들이 액체 중에 분산되어 있는 용액을 말한다.
- 콜로이드 입자는 빛을 산란시켜 빛의 진로를 보이게 하는 틴들 현상을 보인다.
- 입자가 용해되지 않는 상태를 말한다.
- 콜로이드 입자는 (+) 또는 (−)로 대전하고 있다.

㉡ 물에서의 안정도를 기준으로 한 구분

소수	• 물과의 친화력이 낮다. • 물속에서 불안정해 쉽게 앙금이 생긴다.(엉김) • 먹물, 금속, 황, 철 등의 무기물질이 대표적이다.
친수	• 물과의 친화력이 높다. • 다량의 전해질에 의해서만 앙금이 생긴다.(염석) • 녹말, 아교, 단백질 등의 유기물질이 대표적이다.
보호	• 소수 콜로이드에 가해주는 친수 콜로이드를 말한다. • 소수 콜로이드에 친수 콜로이드를 조금 첨가할 경우 소수 콜로이드가 안정화되므로 앙금이 잘생기지 않는다.

12 Repetitive Learning (1회 2회 3회)

비금속원소와 금속원소 사이의 결합은 일반적으로 어떤 결합에 해당되는가?

① 공유결합 ② 금속결합
③ 비금속결합 ④ 이온결합

해설

- 금속성이 강한 원자(양이온)와 비금속성이 강한 원자(음이온) 간의 화학결합은 이온결합이다.

이온결합

문제 08번의 유형별 핵심이론 참조

09 ① 10 ① 11 ④ 12 ④ 정답

13 Repetitive Learning (1회 2회 3회)

H_2O가 H_2S보다 끓는점이 높은 이유는?

① 이온결합을 하고 있기 때문에
② 수소결합을 하고 있기 때문에
③ 공유결합을 하고 있기 때문에
④ 분자량이 적기 때문에

해설

- 물 분자들이 수소결합을 하기 때문에 다른 분자들에 비해 인력이 강해 끓는점이나 녹는점이 높고 기화열, 융해열이 크다.

수소결합

- 질소(N), 산소(O), 불소(F) 등 전기음성도가 큰 원자와 수소(H)가 강한 인력으로 결합하는 것을 말한다.
- 수소결합이 가능한 분자들은 다른 분자들에 비해 인력이 강해 끓는점이나 녹는점이 높고 기화열, 융해열이 크다.
- 수소결합이 가능한 분자들은 비열, 표면장력이 크며, 물이 얼음이 될 때 부피가 늘어나는 것도 물이 수소결합을 하기 때문이다.

14 Repetitive Learning (1회 2회 3회)

황산구리 용액에 10A의 전류를 1시간 통하면 구리(원자량=63.54)를 몇 g 석출하겠는가?

① 7.2g ② 11.85g
③ 23.7g ④ 31.77g

해설

- 구리의 원자가는 2이고, 원자량은 63.54이므로 g당량은 31.77이고, 이는 0.5몰에 해당한다.
- 즉, 1F의 전기량(96,500[C])으로 생성할 수 있는 구리의 몰수가 0.5몰인데, 10A 전류를 1시간 동안 통하면 10×3,600=36,000[C]의 전류로는 96,500 : 0.5=36,000 : x이므로
  x는 $\frac{0.5\times36,000}{96,500}=0.1865\cdots$몰이 된다.
- 0.1865몰은 구리의 원자량이 63.54이므로 11.85g에 해당한다.

전기화학반응

- 1F의 전기량은 물질 1g당량을 석출하는데 필요한 전기량이다.
- 1F의 전기량은 전자 1몰이 갖는 전하량으로 96,500[C]의 전하량을 갖는다.
- 물질의 g당량은 $\frac{\text{원자량}}{\text{원자가}}$로 구한다.

15 Repetitive Learning (1회 2회 3회)

0904

실제 기체는 어떤 상태일 때 이상 기체 방정식에 잘 맞는가?

① 온도가 높고 압력이 높을 때
② 온도가 낮고 압력이 낮을 때
③ 온도가 높고 압력이 낮을 때
④ 온도가 낮고 압력이 높을 때

해설

- 이상기체는 실제로 존재하기 힘들며, 온도가 높고 압력이 낮은 상태에서 어느 정도 이상기체에 접근하게 된다.

이상기체 상태방정식

- 특정 압력과 온도에서 기체의 분자량을 구할 때 사용한다.
- 분자량 $M=\frac{\text{질량}\times R\times T}{P\times V}$로 구한다.

이때, R은 이상기체상수로 0.082[atm · L/mol · K]이고,
T는 절대온도(273+섭씨온도)[K]이고,
P는 압력으로 atm 혹은 $\frac{\text{주어진 압력[mmHg]}}{\text{760mmHg/atm}}$이고,
V는 부피[L]이다.

16 Repetitive Learning (1회 2회 3회)

0704 / 1302

산(Acid)의 성질을 설명한 것 중 틀린 것은?

① 수용액 속에서 H^+를 내는 화합물이다.
② pH 값이 작을수록 강산이다.
③ 금속과 반응하여 수소를 발생하는 것이 많다.
④ 붉은색 리트머스 종이를 푸르게 변화시킨다.

해설

- 산은 푸른색 리트머스 종이를 붉게 변화시킨다.

산(Acid)

- pH가 7보다 작은 물질로 pH 값이 작을수록 산의 세기가 강하다.
- 푸른 리트머스 종이를 붉게 변화시킨다.
- 수용액 속에서 H^+으로 되는 H를 가진 화합물로 다른 물질에 H^+를 줄 수 있다.
- 수용액은 신맛이며 수소보다 이온화 경향이 큰 금속과 반응하여 수소를 발생하는 것이 많다.(Fe, Zn)
- 수소 화합물 중에서 수용액은 전리되어 H^+이온을 방출한다.
- 비공유 전자쌍을 받는 물질이다.

정답 | 13 ② 14 ② 15 ③ 16 ④

17

Repetitive Learning (1회 2회 3회)

다음 반응속도식에서 2차 반응한 것은?

① $V = k[A]^{\frac{1}{2}}[B]^{\frac{1}{2}}$ ② $V = k[A][B]$

③ $V = [A][B]^2$ ④ $V = k[A]^2[B]^2$

해설

- 반응속도식에서 반응물의 농도의 지수인 a와 b를 반응차수라하는데 전체 반응 차수는 a와 b의 합으로 구한다. 차수는 각각 1이므로 합이 2인 것이 2차반응이므로 $V = k[A][B]$가 된다.

농도와 반응속도의 관계

- 일정한 온도에서 반응속도는 반응물질의 농도(몰/L)의 곱에 비례한다.
- 어떤 물질 A와 B의 반응을 통해 C와 D를 생성하는 반응식에서 $aA + bB \rightarrow cC + dD$에서 반응속도는 $k[A]^a[B]^b$가 되며, 그 역도 성립한다. 이때 k는 속도상수이며, [ ]은 몰농도이다.
- 온도가 일정하더라도 시간이 흐름에 따라 물질의 농도가 감소하므로 반응속도도 감소한다.

18

Repetitive Learning (1회 2회 3회)

0.1M 아세트산 용액의 해리도를 구하면 약 얼마인가? (단, 아세트산의 해리상수는 1.8×10^{-5}이다)

① 1.8×10^{-5} ② 1.8×10^{-2}

③ 1.3×10^{-5} ④ 1.3×10^{-2}

해설

- 해리상수와 초기농도가 주어졌으므로 $[H^+] = \sqrt{Ka \times C}$ 식에 대입하면 $[H^+] = \sqrt{1.8 \times 10^{-5} \times 0.1} = 0.00134164 \cdots$이다.
- 해리도(α)는 $\frac{[H^+]_{평형}}{[HA]_{초기}}$에 대입하면 $\frac{0.00134164}{0.1} = 0.0134164 \cdots$ 이다.

용액의 해리도

- 해리도(α)는 초기 농도 대비 평형에서의 물질의 농도로 구한다.
- 해리상수(Ka)와 초기 농도(C)를 통해 $[H^+] = \sqrt{Ka \times C}$ 이므로 pH는 $-\log[H^+]$이 된다.
- 해리도(α)는 $\frac{[H^+]_{평형}}{[HA]_{초기}}$로 구한다.

19

Repetitive Learning (1회 2회 3회)

순수한 옥살산($C_2H_2O_4 \cdot 2H_2O$) 결정 6.3g을 물에 녹여서 500mL의 용액을 만들었다. 이 용액의 농도는 몇 M인가?

① 0.1 ② 0.2

③ 0.3 ④ 0.4

해설

- 옥살산($C_2H_2O_4 \cdot 2H_2O$)의 분자량은 (12×2)+2+(16×4)+2(18)=126이다.
- 몰 농도는 몰수/L이므로 분자량이 126인 결정의 6.3g은 0.05몰이고, 이것을 녹여 수용액을 500mL만들었다.
- 이 수용액을 농도가 같은 1,000mL 즉, 1리터로 만든다고 가정하면 이에 들어가는 옥살산 결정의 몰수는 0.1몰이 되므로 옥살산 수용액의 몰 농도는 0.1M이다.

몰 농도

- 용액 1리터 속에 녹아있는 용질의 몰수를 말한다.

20

Repetitive Learning (1회 2회 3회)

화학반응 속도를 증가시키는 방법으로 옳지 않은 것은?

① 온도를 높인다.

② 부촉매를 가한다.

③ 반응물 농도를 높게 한다.

④ 반응물 표면적을 크게 한다.

해설

- 부촉매를 가하면 화학반응 속도는 느려진다.

화학반응 속도

㉠ 개요

- 화학반응 속도 = $\frac{\text{반응물질의 농도 감소량}}{\text{시간의 변화}} = \frac{\text{생성물질의 농도 증가량}}{\text{시간의 변화}}$ 로 표시가능하다.
- 화학반응 속도에 영향을 미치는 요인에는 농도, 온도, 표면적, 촉매 등이 있다.

㉡ 화학반응 속도에 영향을 미치는 요인

- 농도가 높을수록 입자의 충돌횟수가 증가하므로 반응속도가 빨라진다.
- 온도가 높을수록 분자의 운동에너지가 증가하므로 반응속도가 빨라진다.
- 입자의 크기가 작을수록 즉, 표면적이 클수록 반응속도가 빨라진다.
- 촉매에 따라서 속도가 빨라지기도(정촉매)하고, 느려지기도(부촉매) 한다.

17 ② 18 ④ 19 ① 20 ② | 정답

2과목 화재예방과 소화방법

1502 / 1804

21 Repetitive Learning (1회 2회 3회)

위험물안전관리법령상 제6류 위험물에 적응성이 있는 소화설비는?

① 옥내소화전설비
② 불활성가스소화설비
③ 할로겐화합물소화설비
④ 분말소화설비(탄산수소염류)

해설

• 물분무등소화설비에서 제6류 위험물에 불활성가스소화설비, 할로겐화합물소화설비, 분말소화설비(탄산수소염류)는 적응성이 없다.

소화설비의 적응성 중 제6류 위험물 실기 1002/1101/1202/1601/1702/1902/2001/2003/2004

소화설비의 구분			제6류 위험물
옥내소화전 또는 옥외소화전설비			○
스프링클러설비			○
물분무등 소화설비	물분무소화설비		○
	포소화설비		○
	불활성가스소화설비		
	할로겐화합물소화설비		
	분말 소화설비	인산염류등	○
		탄산수소염류등	
		그 밖의 것	
대형 · 소형 수동식 소화기	봉상수(棒狀水)소화기		○
	무상수(霧狀水)소화기		○
	봉상강화액소화기		○
	무상강화액소화기		○
	포소화기		○
	이산화탄소 소화기		△
	할로겐화합물소화기		
	분말 소화기	인산염류소화기	○
		탄산수소염류소화기	
		그 밖의 것	
기타	물통 또는 수조		○
	건조사		○
	팽창질석 또는 팽창진주암		○

22 Repetitive Learning (1회 2회 3회)

인산염 등을 주성분으로 한 분말소화약제의 착색은?

① 백색 ② 담홍색
③ 검은색 ④ 회색

해설

• 제3종 분말소화약제는 제1인산암모늄($NH_4H_2PO_4$)을 주성분으로 하는 소화약제로 ABC급 화재에 적응성이 있으며 착색색상은 담홍색이다.

제3종 분말소화약제 실기 0501/0602/0701/0801/0901/1204/1301/1404/1502/1504/1601/1602/1701/1801/1904/2003/2101

• 제1인산암모늄($NH_4H_2PO_4$)을 주성분으로 하는 소화약제로 ABC급 화재에 적응성이 있으며 착색색상은 담홍색인 소화약제이다.
• 가연물의 표면에 피막을 형성하여 산소의 유입을 차단시킨다.
• 발수제로 실리콘 오일을 첨가한다.
• 인산암모늄이 열분해되면 메타인산, 암모니아, 물로 분해되는데, 이중 메타인산(HPO_3)이 부착성 있는 막을 만드는 방진효과로 A급 화재 진화에 기여한다.($NH_4H_2PO_4 \xrightarrow[\triangle]{} HPO_3 + NH_3 + H_2O$)

0902

23 Repetitive Learning (1회 2회 3회)

위험물안전관리법령상 위험물과 적응성이 있는 소화설비가 잘못 짝지어진 것은?

① K – 탄산수소염류분말소화설비
② $C_2H_5OC_2H_5$ – 불활성가스소화설비
③ Na – 건조사
④ CaC_2 – 물통

해설

• 탄화칼슘은 칼슘의 탄화물(카바이트)로 물과 반응할 경우 아세틸렌 가스를 발생하므로 건조사, 탄산수소염류소화기, 사염화탄소 등으로 소화한다.

탄화칼슘(CaC_2)/카바이트 실기 0604/0702/0801/0804/0902/1001/1002/1201/1304/1502/1701/1801/1901/2001/2101

• 칼슘 또는 알루미늄의 탄화물로 자연발화성 및 금수성 물질에 해당하며, 지정수량 300kg에 위험등급은 Ⅲ인 제3류 위험물이다.
• 흑회색의 불규칙한 고체 덩어리로 고온에서 질소가스와 반응하여 석회질소($CaCN_2$)가 된다.
• 비중은 약 2.2 정도로 물보다 무겁다.
• 물과 반응하여 연소범위가 약 2.5 ~ 81%를 갖는 가연성 가스인 아세틸렌(C_2H_2)가스를 발생시킨다.
($CaC_2 + 2H_2O \rightarrow Ca(OH)_2 + C_2H_2$)
• 화재 시 건조사, 탄산수소염류소화기, 사염화탄소소화기, 팽창질석 등을 사용하여 소화한다.

정답 | 21 ① 22 ② 23 ④

1504

24 Repetitive Learning 

화재 발생 시 물을 사용하여 소화할 수 있는 물질은?

① K_2O_2　　② CaC_2
③ Al_4C_3　　④ P_4

해설

- 과산화칼륨(K_2O_2)은 물과 반응할 경우 산소를 발생시켜 발화 · 폭발하므로 주수소화를 금해야 한다.
- 탄화칼슘(CaC_2)은 물과 반응하여 가연성 가스인 아세틸렌(C_2H_2)가스를 발생시켜 위험성이 증가하므로 주수소화를 금한다.
- 탄화알루미늄(Al_4C_3)은 물과 반응 시 메탄(CH_4)을 발생시키므로 주수소화를 금한다.

대표적인 위험물의 소화약제

위험물	류별	소화약제
칼륨(K), 나트륨(Na), 마그네슘(Mg)	제2류	마른모래, 탄산수소염류 분말소화약제
황린(P_4)	제3류	주소소화, 마른모래 등
알킬(트리에틸)알루미늄, 수소화나트륨	제3류	마른모래, 팽창질석, 팽창진주암
경유, 등유, 벤젠(C_6H_6)	제4류	포소화약제, 이산화탄소, 분말소화약제
염소산칼륨($KClO_3$), 염소산아연[$Zn(ClO_3)_2$]	제1류	대량의 물을 통한 냉각소화
트리니트로페놀 [$C_6H_2OH(NO_2)_3$], 트리니트로톨루엔(TNT), 니트로셀룰로오스 등	제5류	대량의 물로 주수소화
과산화나트륨(Na_2O_2), 과산화칼륨(K_2O_2)	제1류	마른모래

25 Repetitive Learning (1회 2회 3회)

위험물안전관리법령상 이동저장탱크(압력탱크)에 대해 실시하는 수압시험은 용접부에 대한 어떤 시험으로 대신할 수 있는가?

① 비파괴시험과 기밀시험
② 비파괴시험과 충수시험
③ 충수시험과 기밀시험
④ 방폭시험과 충수시험

해설

- 수압시험은 기밀시험과 비파괴시험을 동시에 실시하는 방법으로 대신할 수 있다.

지하탱크저장소의 설치기준 실기 0901/1502/2003

- 위험물을 저장 또는 취급하는 지하탱크는 지면하에 설치된 탱크전용실에 설치하여야 한다.
- 탱크전용실은 지하의 가장 가까운 벽 · 피트 · 가스관 등의 시설물 및 대지경계선으로부터 0.1m 이상 떨어진 곳에 설치하고, 지하저장탱크와 탱크전용실의 안쪽과의 사이는 0.1m 이상의 간격을 유지하도록 하며, 당해 탱크의 주위에 마른 모래 또는 습기 등에 의하여 응고되지 아니하는 입자지름 5㎜ 이하의 마른 자갈분을 채워야 한다.
- 지하저장탱크의 윗부분은 지면으로부터 0.6m 이상 아래에 있어야 한다.
- 지하저장탱크를 2 이상 인접해 설치하는 경우에는 그 상호간에 1m(당해 2 이상의 지하저장탱크의 용량의 합계가 지정수량의 100배 이하인 때에는 0.5m) 이상의 간격을 유지하여야 한다. 다만, 그 사이에 탱크전용실의 벽이나 두께 20cm 이상의 콘크리트 구조물이 있는 경우에는 그러하지 아니하다.
- 철큰콘크리트구조의 벽 · 바닥 및 뚜껑의 두께는 0.3m 이상일 것
- 탱크의 강철판 두께는 3.2mm 이상으로 하고 탱크용량에 따라 증가하여야 한다.
- 압력탱크 외의 탱크에 있어서는 70kPa의 압력으로, 압력탱크에 있어서는 최대상용압력의 1.5배의 압력으로 각각 10분간 수압시험을 실시하여 새거나 변형되지 아니하여야 한다.
- 수압시험은 기밀시험과 비파괴시험을 동시에 실시하는 방법으로 대신할 수 있다.

26 Repetitive Learning (1회 2회 3회)

위험물안전관리법령상 소화설비의 설치기준에서 제조소 등에 전기설비(전기배선, 조명기구 등은 제외)가 설치된 경우에는 해당 장소의 면적 몇 m^2 마다 소형수동식소화기를 1개 이상 설치하여야 하는가?

① 50　　② 75
③ 100　　④ 150

해설

- 면적 $100m^2$마다 소형수동식소화기를 1개 이상 설치한다.

전기설비의 소화설비

- 제조소 등에 전기설비(전기배선, 조명기구 등은 제외한다)가 설치된 경우에는 당해 장소의 면적 $100m^2$마다 소형수동식소화기를 1개 이상 설치한다.

24 ④ 25 ① 26 ③ | 정답

27 Repetitive Learning (1회 2회 3회)

다음 보기에서 열거한 위험물의 지정수량을 모두 합산한 값은?

과요오드산, 과요오드산염류, 과염소산, 과염소산염류

① 450kg ② 500kg
③ 950kg ④ 1,200kg

해설

- 과요오드산(제1류, 300), 과요오드산염류(제1류, 300), 과염소산(제6류, 300), 과염소산염류(제1류, 50)이므로 950kg이다.

제1류 위험물의 지정수량

품명		지정수량
아염소산염류		50kg
염소산염류		
과염소산염류		
무기과산화물		
브롬산염류		300kg
질산염류		
요오드산염류		
과망간산염류		1,000kg
중크롬산염류		
행안부령	차아염소산염류	50kg
	과요오드산염류	300kg
	과요오드산	
	크롬, 납 또는 요오드의 산화물	
	아질산염류	
	염소화이소시아눌산	
	퍼옥소이황산염류	
	퍼옥소붕산염류	

1104

28 Repetitive Learning

다음 중 화재 시 다량의 물에 의한 냉각소화가 가장 효과적인 것은?

① 금속의 수소화물 ② 알칼리금속과산화물
③ 유기과산화물 ④ 금속분

해설

- 금속의 수소화물, 알칼리금속과산화물, 금속분은 물과 접촉할 경우 폭발하므로 물에 의한 소화를 금해야 한다.
- 과산화벤조일, 과산화메틸에틸케톤과 같은 유기과산화물은 제5류 위험물로 다량의 물로 냉각소화한다.

냉각소화

- 점화원을 차단하는 소화방법이다.
- 액체의 현열 및 증발잠열을 이용하여 점화에너지를 차단하는 방법이다.
- 증발잠열이 큰 물을 주로 많이 이용한다.

29 Repetitive Learning (1회 2회 3회)

불활성가스 소화약제 중 IG-55의 구성성분을 모두 나타낸 것은?

① 질소 ② 이산화탄소
③ 질소와 아르곤 ④ 질소, 아르곤, 이산화탄소

해설

- IG-55는 질소와 아르곤이 5 : 5로 구성된 불활성가스 소화약제이다.

불활성가스 소화약제의 성분(용량비) 실기 1802/1804

	질소(N_2)	아르곤(Ar)	이산화탄소(CO_2)
IG-100	100%		
IG-55	50%	50%	
IG-541	52%	40%	8%

1401

30 Repetitive Learning (1회 2회 3회)

정전기를 유효하게 제거할 수 있는 설비를 설치하고자 할 때 위험물안전관리법령에서 정한 정전기 제거 방법의 기준으로 옳은 것은?

① 공기 중의 상대습도를 70% 이상으로 하는 방법
② 공기 중의 상대습도를 70% 이하로 하는 방법
③ 공기 중의 절대습도를 70% 이상으로 하는 방법
④ 공기 중의 절대습도를 70% 이하로 하는 방법

해설

- 위험물안전관리법 상 정전기를 유효하게 제거하는 방법에서 공기 중 상대습도는 70% 이상으로 하는 방법을 사용하여야 한다.

정전기 제거

- 접지에 의한 방법
- 공기 중의 상대습도를 70% 이상으로 하는 방법
- 공기를 이온화하는 방법

정답 | 27 ③ 28 ③ 29 ③ 30 ①

31 Repetitive Learning 1회 2회 3회

위험물안전관리법령상 옥내소화전설비의 기준으로 옳지 않은 것은?

① 소화전함은 화재발생 시 화재 등에 의한 피해의 우려가 많은 장소에 설치하여야 한다.
② 호스접속구는 바닥으로부터 1.5m 이하의 높이에 설치한다.
③ 가압송수장치의 시동을 알리는 표시등은 적색으로 한다.
④ 별도의 정해진 조건을 충족하는 경우는 가압송수장치의 시동표시등을 설치하지 않을 수 있다.

해설

- 옥내소화전의 소화전함은 점검에 편리하고 화재발생 시 연기가 충만할 우려가 없는 장소 등 쉽게 접근이 가능하고 화재 등에 의한 피해를 받을 우려가 적은 장소에 설치하여야 한다.

옥내소화전설비의 설치기준 실기 1301/1304/1701/1702/1804

- 옥내소화전의 개폐밸브 및 호스접속구는 바닥면으로부터 1.5m 이하의 높이에 설치할 것
- 옥내소화전의 개폐밸브 및 방수용기구를 격납하는 상자(소화전함)는 불연재료로 제작하고 점검에 편리하고 화재발생 시 연기가 충만할 우려가 없는 장소 등 쉽게 접근이 가능하고 화재 등에 의한 피해를 받을 우려가 적은 장소에 설치할 것
- 가압송수장치의 시동을 알리는 표시등(시동표시등)은 적색으로 하고 옥내소화전함의 내부 또는 그 직근의 장소에 설치할 것. 다만, 설치한 적색의 표시등을 점멸시키는 것에 의하여 가압송수장치의 시동을 알리는 것이 가능한 경우 및 자체소방대를 둔 제조소 등으로서 가압송수장치의 기동장치를 기동용 수압개폐장치로 사용하는 경우에는 시동표시등을 설치하지 아니할 수 있다.

1101

32 Repetitive Learning 1회 2회 3회

ABC급 화재에 적응성이 있으며 부착성이 좋은 메타인산을 만드는 분말소화약제는?

① 제1종 ② 제2종
③ 제3종 ④ 제4종

해설

- 제3종 분말소화약제는 제1인산암모늄($NH_4H_2PO_4$)을 주성분으로 하는 소화약제로 ABC급 화재에 적응성이 있으며 열에 의해 메타인산(HPO_3), 암모니아, 물로 분해된다.

제3종 분말소화약제 실기 0501/0602/0701/0801/0901/1204/1301/1404/1502/1504/1601/1602/1701/1801/1904/2003/2101

문제 22번의 유형별 핵심이론 참조

1301

33 Repetitive Learning 1회 2회 3회

자연발화가 일어날 수 있는 조건으로 가장 옳은 것은?

① 주위의 온도가 낮을 것 ② 표면적이 작을 것
③ 열전도율이 작을 것 ④ 발열량이 작을 것

해설

- 온도가 높을수록 자연발화가 쉽다.
- 표면적이 클수록 자연발화가 쉽다.
- 발열량이 많고 축적이 될수록 자연발화가 쉽다.

자연발화 실기 0602/0704

㉠ 개요
- 물질이 고유의 성질로 인해 스스로 발열반응을 통해 발생한 열을 장기간 축적하여 발화하는 현상을 말한다.
- 자연발화를 일으키는 원인에는 산화열, 분해열, 중합열, 흡착열, 미생물에 의한 발열 등이 있다.

㉡ 발화하기 쉬운 조건
- 고온다습한 환경에서 자연발화가 발생하기 쉽다.
- 입자의 표면적이 넓을수록 자연발화가 발생하기 쉽다.
- 열전도율이 작을수록 자연발화가 발생하기 쉽다.

1104 / 1402

34 Repetitive Learning

피리딘 20,000리터에 대한 소화설비의 소요단위는?

① 5단위 ② 10단위
③ 15단위 ④ 100단위

해설

- 피리딘은 인화성 액체에 해당하는 제4류 위험물 중 제1석유류 중 수용성으로 지정수량이 400L이고 소요단위는 지정수량의 10배이므로 4,000L가 1단위가 되므로 20,000L는 5단위에 해당한다.

소요단위 실기 0604/0802/1202/1204/1704/1804/2001

- 소화설비의 설치대상이 되는 건축물 그 밖의 공작물의 규모 또는 위험물의 양의 기준단위이다.
- 계산방법

구분	기준
제조소 또는 취급소의 건축물	외벽이 내화구조인 것은 연면적 100m^2를 1소요단위로 하며, 외벽이 내화구조가 아닌 것은 연면적 50m^2를 1소요단위로 할 것
저장소의 건축물	외벽이 내화구조인 것은 연면적 150m^2를 1소요단위로 하고, 외벽이 내화구조가 아닌 것은 연면적 75m^2를 1소요단위로 할 것
제조소 등의 옥외에 설치된 공작물	외벽이 내화구조인 것으로 간주하고 공작물의 최대 수평투영면적을 연면적으로 간주하여 제조소 혹은 저장소 건축물의 소요단위를 적용할 것
위험물	지정수량의 10배를 1소요단위로 할 것

31 ① 32 ③ 33 ③ 34 ① | 정답

35

Repetitive Learning 1회 2회 3회

다음은 제4류 위험물에 해당하는 물품의 소화방법을 설명한 것이다. 소화효과가 가장 떨어지는 것은?

① 산화프로필렌 : 알코올형 포로 질식소화한다.
② 아세톤 : 수성막포를 이용하여 질식소화한다.
③ 이황화탄소 : 탱크 또는 용기 내부에서 연소하고 있는 경우에는 물을 사용하여 질식소화한다.
④ 디에틸에테르 : 이산화탄소 소화설비를 이용하여 질식소화한다.

해설

- 수성막포를 아세트알데히드, 알코올, 아세톤 등과 같은 수용성 물질의 화재에 사용할 경우 수용성 용매가 포속의 물을 탈취하여 소포작용에 의해 포를 소멸시켜 소화약제로의 기능을 상실하게 하므로 소화효과가 떨어진다.

아세톤(CH_3COCH_3)  0704/0802/1004/1504/1804/2101

- 수용성 제1석유류로 지정수량이 400L인 가연성 액체이다.
- 비중은 0.79로 물보다 작으나 증기비중은 2로 공기보다 무겁다.
- 무색, 투명한 액체로서 독특한 자극성의 냄새를 가진다.
- 인화점이 −18℃로 상온에서 인화의 위험이 매우 높다.
- 물에 잘 녹으며 에테르, 알코올에도 녹는다.
- 아세틸렌을 녹이므로 아세틸렌 저장에 이용된다.
- 요오드포름 반응을 일으킨다.
- 화재 발생 시 이산화탄소나 포에 의한 소화 및 대량 주수소화로 희석소화가 가능하다.

0904 / 1204 / 1501

36

Repetitive Learning 1회 2회 3회

위험물안전관리법령상 옥내소화전설비의 비상전원은 자가발전설비 또는 축전지 설비로 옥내소화전 설비를 유효하게 몇 분 이상 작동할 수 있어야 하는가?

① 10분　② 20분
③ 45분　④ 60분

해설

- 비상전원의 용량은 옥내소화전설비를 유효하게 45분 이상 작동시키는 것이 가능할 것

옥내소화전설비의 비상전원

- 옥내소화전설비의 비상전원은 자가발전설비 또는 축전지설비에 의하도록 한다.
- 용량은 옥내소화전설비를 유효하게 45분 이상 작동시키는 것이 가능할 것

0202 / 0601 / 0901 / 1304

37

Repetitive Learning 1회 2회 3회

위험물제조소 등에 설치하는 포소화설비에 있어서 포헤드 방식의 포헤드는 방호대상물의 표면적(m^2) 얼마 당 1개 이상의 헤드를 설치하여야 하는가?

① 3　② 6
③ 9　④ 12

해설

- 방호대상물의 표면적(건축물의 경우에는 바닥면적) $9m^2$당 1개 이상의 헤드를, 방호대상물의 표면적 $1m^2$당의 방사량이 6.5L/min 이상의 비율로 계산한 양의 포수용액을 표준방사량으로 방사할 수 있도록 설치해야 한다.

포헤드방식의 포헤드

- 포헤드는 방호대상물의 모든 표면이 포헤드의 유효사정 내에 있도록 설치할 것
- 방호대상물의 표면적(건축물의 경우에는 바닥면적) $9m^2$당 1개 이상의 헤드를, 방호대상물의 표면적 $1m^2$당의 방사량이 6.5L/min 이상의 비율로 계산한 양의 포수용액을 표준방사량으로 방사할 수 있도록 설치 할 것
- 방사구역은 $100m^2$ 이상(방호대상물의 표면적이 $100m^2$ 미만인 경우에는 당해 표면적)으로 할 것

38

Repetitive Learning 1회 2회 3회

수성막포 소화약제를 수용성 알코올 화재 시 사용하면 소화효과가 떨어지는 가장 큰 이유는?

① 유독가스가 발생하므로
② 화염의 온도가 높으므로
③ 알코올은 포와 반응하여 가연성 가스를 발생하므로
④ 알코올이 포 속의 물을 탈취하여 포가 파괴되므로

해설

- 메탄올(메틸알코올, CH_3OH) 화재는 메탄올이 가지는 소포성으로 인해 소화효과가 소멸되므로 별도의 알코올형 포소화약제를 사용하여야 한다.

기계포소화기

- 포 소화약제와 물을 기계적으로 교반시켜 공기를 핵으로하여 발생시킨 포를 말한다.
- 농축되므로 약제 탱크의 용량이 작아지는 장점을 갖는다.
- 알코올 화재의 경우 알코올이 가지는 소포성으로 인해 소화효과가 소멸되므로 내알코올포를 사용해야 한다.

0701 / 1404

39

Repetitive Learning (1회 2회 3회)

탄소 1mol이 완전연소하는데 필요한 최소 이론 공기량은 약 몇 L인가? (단, 0℃, 1기압 기준이며, 공기 중 산소의 농도는 21vol%이다)

① 10.7 ② 22.4
③ 107 ④ 224

해설

- 단원자 분자인 탄소 1몰이 완전연소하기 위해서는 산소 역시 1몰이 필요하다.
- 산소 1몰(22.4L)을 포함하는 공기의 부피를 구해야 한다.
- 공기 중 산소비율이 공기 100에 산소는 21이므로 산소 22.4L를 위해서는 공기 $\frac{100 \times 22.4}{21} = 106.67$L가 필요하다.

탄소의 연소 반응식

- 단원자 분자인 탄소(C) 1몰을 연소하기 위해서는 산소분자(O_2) 1몰이 필요하다.

$$C + O_2 \rightarrow CO_2$$

0802 / 0902 / 1004

40

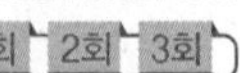
Repetitive Learning (1회 2회 3회)

위험물제조소에서 옥내소화전이 가장 많이 설치된 층의 옥내소화전 설치 개수가 3개이다. 수원의 수량은 몇 m^3가 되도록 설치하여야 하는가?

① 7.8 ② 9.9
③ 10.4 ④ 23.4

해설

- 옥내소화전설비에서 수원의 수량은 옥내소화전이 가장 많이 설치된 층의 옥내소화전 설치개수(설치개수가 5개 이상인 경우는 5개)에 $7.8m^3$를 곱한 양 이상이 되어야 하므로 $3 \times 7.8 = 23.4m^3$ 이상이 되어야 한다.

옥내소화전설비의 설치기준 실기 1301/1304/1701/1702/1804

문제 31번의 유형별 핵심이론 참조

3과목 위험물의 성질과 취급

41

Repetitive Learning (1회 2회 3회)

금속칼륨에 관한 설명 중 틀린 것은?

① 연해서 칼로 자를 수가 있다.
② 물속에 넣을 때 서서히 녹아 탄산칼륨이 된다.
③ 공기 중에서 빠르게 산화하여 피막을 형성하고 광택을 잃는다.
④ 등유, 경유 등의 보호액 속에 저장한다.

해설

- 금속칼륨의 물과의 반응식은 $2K + 2H_2O \rightarrow 2KOH + H_2$로 반응 후 수산화칼륨과 수소와 함께 열을 발생시켜 화재 및 폭발 가능성이 있으므로 물과 접촉하지 않도록 한다.

금속칼륨(K) 실기 0501/0701/0804/1501/1602/1702

- 은백색의 가벼운 금속으로 제3류 위험물이다.
- 비중은 0.86으로 물보다 작아 가벼우며, 화학적 활성이 강한(이온화 경향이 큰) 금속이다.
- 물과 반응하여 수소를 발생시켜 화재 및 폭발 가능성이 있으므로 물과 접촉하지 않도록 한다.
- 에탄올과 반응하여 칼륨에틸레이트와 수소를 발생시킨다.
- 융점 이상의 온도에서 보라빛 불꽃을 내면서 연소한다.
- 화재 시 건조사 또는 탄산수소염류 분말소화약제로 소화한다.
- 석유(파라핀, 경유, 등유) 속에 저장한다.

1004 / 1301

42

Repetitive Learning (1회 2회 3회)

고체위험물은 운반용기 내용적의 몇 % 이하의 수납율로 수납하여야 하는가?

① 94% ② 95%
③ 98% ④ 99%

해설

- 고체위험물은 운반용기 내용적의 95% 이하의 수납율로 수납하여야 한다.

용기의 수납율 실기 1104/1204/1501/1802/2004

- 고체위험물은 운반용기 내용적의 95% 이하의 수납율로 수납할 것
- 액체위험물은 운반용기 내용적의 98% 이하의 수납율로 수납하되, 55도의 온도에서 누설되지 아니하도록 충분한 공간용적을 유지하도록 할 것

39 ③ 40 ④ 41 ② 42 ② | 정답

0904

43 Repetitive Learning (1회 2회 3회)

과산화수소의 성질에 대한 설명 중 틀린 것은?

① 에테르에 녹지 않으며, 벤젠에 녹는다.
② 산화제이지만 환원제로서 작용하는 경우도 있다.
③ 물보다 무겁다.
④ 분해방지 안정제로 인산, 요산 등을 사용할 수 있다.

해설

- 과산화수소는 물보다 무겁고 석유와 벤젠에는 녹지 않으나, 물, 에테르, 에탄올에는 녹는다.

과산화수소(H_2O_2) 실기 0502/1004/1301/2001/2101

㉠ 개요 및 특성
- 이산화망간(MgO_2), 과산화바륨(BaO_2)과 같은 금속 과산화물을 묽은 산(HCl 등)에 반응시켜 생성되는 물질로 제6류 위험물인 산화성 액체에 해당한다.
  (예, $BaO_2 + 2HCl \rightarrow BaCl_2 + H_2O_2$: 과산화바륨+염산 → 염화바륨+과산화수소)
- 위험등급이 Ⅰ등급이고, 지정수량은 300kg이다.
- 물보다 무겁고 석유와 벤젠에 녹지 않고, 물, 에테르, 에탄올에 녹는다.
- 표백작용과 살균작용을 하는 물질이다.
- 불연성의 강산화제이지만 환원제로서 작용하는 경우도 있다.
- 피부와 접촉 시 수종을 생기게 하는 위험물질이다.
- 순수한 것은 점성이 있는 무색 액체이며, 다량이면 청색빛깔을 띈다.

㉡ 분해 및 저장 방법
- 이산화망간(MnO_2)이 있으면 분해가 촉진된다.
- 햇빛에 의하여 분해되므로 햇빛이 통과하지 않는 갈색 병에 보관한다.
- 분해되면 산소를 방출한다.
- 분해 방지를 위해 보관 시 인산, 요산 등의 안정제를 가할 수 있다.
- 냉암소에 저장하고 온도의 상승을 방지한다.
- 용기에 내압 상승을 방지하기 위하여 밀전하지 않고 작은 구멍이 뚫린 마개를 사용하여 보관한다.

㉢ 농도에 따른 위험성
- 농도가 높아질수록 위험성이 커진다.
- 농도에 따라 위험물에 해당하지 않는 것도 있다.(3%과산화수소는 옥시풀로 약국에서 판매한다)
- 농도가 높은 것은 불순물, 구리, 은, 백금 등의 미립자에 의하여 폭발적으로 분해한다.
- 농도가 클수록 위험하므로 분해방지 안정제를 넣어 산소분해를 억제한다.

44 Repetitive Learning (1회 2회 3회)

위험물안전관리법령상 $C_6H_2(NO_2)_3OH$의 품명에 해당하는 것은?

① 유기과산화물 ② 질산에스테르류
③ 니트로화합물 ④ 아조화합물

해설

- 피크린산은 페놀의 니트로화를 통해 얻어지는 니트로화합물이다.

트리니트로페놀[$C_6H_2OH(NO_2)_3$] 실기 0801/0904/1002/1201/1302/1504/1601/1602/1701/1702/1804/2001

- 피크르(린)산이라고 하며, TNP라고도 한다.
- 페놀의 니트로화를 통해 얻어진 니트로화합물에 속하는 자기반응성 물질로 제5류 위험물이다.
- 지정수량은 200kg이고, 위험등급은 Ⅱ이다.
- 순수한 것은 무색이지만 보통 공업용은 휘황색의 침상결정이다.
- 비중이 약 1.8로 물보다 무겁다.
- 물에 전리하여 강한 산이 되며, 이때 선명한 황색이 된다.
- 단독으로는 충격, 마찰에 둔감하고 안정한 편이나 금속염(철, 구리, 납), 요오드, 가솔린, 알코올, 황 등과의 혼합물은 마찰 및 충격에 폭발한다.
- 황색염료, 폭약에 쓰인다.
- 더운물, 알코올, 에테르 벤젠 등에 잘 녹는다.
- 화재발생시 다량의 물로 주수소화 할 수 있다.
- 특성온도 : 융점(122.5℃) < 인화점(150℃) < 비점(255℃) < 착화점(300℃) 순이다.

1002 / 1004 / 1301

45 Repetitive Learning (1회 2회 3회)

위험물안전관리법령상 취급하는 위험물의 최대수량이 지정수량의 10배를 초과할 경우 제조소 주위에 보유하여야 하는 공지의 너비는?

① 3m 이상 ② 5m 이상
③ 10m 이상 ④ 15m 이상

해설

- 지정수량의 10배를 초과한 경우는 5m 이상의 공지를 확보하여야 한다.

제조소가 확보하여야 할 공지

지정수량의 10배 이하	3m 이상
지정수량의 10배 초과	5m 이상

- 내화구조의 방화벽, 출입구 및 창을 자동폐쇄식 갑종방화문, 방화벽의 양단 및 상단이 외벽 또는 지붕으로부터 50cm 이상 돌출되도록 한 경우의 방화상 유효한 격벽을 설치한 때에는 공지를 보유하지 않을 수 있다.

정답 | 43 ① 44 ③ 45 ②

0704 / 1404 / 1502 / 1704 / 2001

46

Repetitive Learning 1회 2회 3회

위험물을 저장 또는 취급하는 탱크의 용량산정 방법에 관한 설명으로 옳은 것은?

① 탱크의 내용적에서 공간용적을 뺀 용적으로 한다.
② 탱크의 공간용적에서 내용적을 뺀 용적으로 한다.
③ 탱크의 공간용적에서 내용적을 더한 용적으로 한다.
④ 탱크의 볼록하거나 오목한 부분을 뺀 용적으로 한다.

해설

- 위험물을 저장 또는 취급하는 탱크의 용량은 해당 탱크의 내용적에서 공간용적을 뺀 용적으로 한다.

탱크 용적의 산정기준

- 위험물을 저장 또는 취급하는 탱크의 용량은 해당 탱크의 내용적에서 공간용적을 뺀 용적으로 한다.
- 제조소 또는 일반취급소의 위험물을 취급하는 탱크 중 특수한 구조 또는 설비를 이용함에 따라 당해 탱크내의 위험물의 최대량이 내용적에서 공간용적을 뺀 용량 이하인 경우에는 당해 최대량을 용량으로 한다.

1002

47

다음과 같은 성질을 갖는 위험물로 예상할 수 있는 것은?

- 지정수량 : 400L
- 증기비중 : 2.07
- 인화점 : 12℃
- 녹는점 : −89.5℃

① 메탄올　　② 벤젠
③ 이소프로필알코올　　④ 휘발유

해설

- 메탄올(CH_3OH)의 인화점은 11℃, 분자량이 32으로 증기비중은 1.1이다.
- 벤젠(C_6H_6)의 인화점은 −11℃, 분자량이 78으로 증기비중은 2.7이다.
- 휘발유의 인화점은 −43 ~ −20℃, 분자량은 114로 증기비중은 3.9이다.

이소프로필알코올(C_3H_7OH)

- 제4류 위험물인 인화성 액체 중 수용성 알코올류로 지정수량이 400L이고 위험등급이 Ⅱ이다.
- 비중이 0.79로 물보다 가벼우나 증기비중은 2.07로 공기보다 크다.
- 인화점이 12℃이고, 녹는점이 −89.5℃이다.
- 끓는점(비점)은 82.3℃로 물보다 낮다.

0604 / 0904

48

Repetitive Learning 1회 2회 3회

P_4S_7에 더운물을 가하면 분해된다. 이때 주로 발생하는 유독물질의 명칭은?

① 아황산　　② 황화수소
③ 인화수소　　④ 오산화린

해설

- 칠황화린(P_4S_7)은 물과의 반응으로 생성되는 유독성 황화수소(H_2S)는 가연성 가스이고, 특유의 달걀 썩는 냄새가 나며, 물에 녹는다.

황화린의 구분

	삼황화린(P_4S_3)	오황화린(P_2S_5)	칠황화린(P_4S_7)
성상	황색 결정	담황색 결정	
조해성	×	○	○
이황화탄소 용해도	녹는다	잘 녹는다	약간 녹는다
물과의 반응	상온에는 녹지 않고 끓는 물에 분해된다.	유독성 황화수소(H_2S), 인산(H_3PO_4) 생성	
연소생성물	이산화황(SO_2)과 오산화린(P_2O_5)		

0804 / 1504 / 1601

49

염소산칼륨이 고온에서 완전 열분해할 때 주로 생성되는 물질은?

① 칼륨과 물 및 산소　　② 염화칼륨과 산소
③ 이염화칼륨과 수소　　④ 칼륨과 물

해설

- 염소산칼륨이 열분해하면 과염소산칼륨과 염화칼륨, 산소로 분해된다.

염소산칼륨($KClO_3$) 실기 0501/0502/1001/1302/1704/2001

- 산화성 고체로 제1류 위험물에 해당하며, 지정수량은 50kg, 위험등급은 Ⅰ이다.
- 무색무취의 단사정계 판상결정으로 인체에 유독한 위험물이다.
- 비중이 약 2.3으로 물보다 무거우며, 녹는점은 약 368℃이다.
- 온수나 글리세린에 잘 녹으나 냉수나 알코올에는 잘 녹지 않는다.
- 산과 반응하여 폭발성을 지닌 이산화염소(ClO_2)를 발생시킨다.
- 불꽃놀이, 폭약 등의 원료로 사용된다.
- 열분해하면 과염소산칼륨과 염화칼륨, 산소로 분해된다. ($2KClO_3 \xrightarrow[\Delta]{} KClO_4 + KCl + O_2$)
- 화재 발생 시 주수소화로 소화한다.

46 ①　47 ③　48 ②　49 ② 정답

1202

50 Repetitive Learning (1회 2회 3회)

과산화칼륨에 대한 설명으로 옳지 않은 것은?

① 염산과 반응하여 과산화수소를 생성한다.
② 탄산가스와 반응하여 산소를 생성한다.
③ 물과 반응하여 수소를 생성한다.
④ 물과의 접촉을 피하고 밀전하여 저장한다.

해설

- 과산화칼륨은 물과 격렬하게 반응하여 수산화칼륨과 산소를 발생시킨다.

과산화칼륨(K_2O_2) 실기 0604/1004/1801/2003

㉠ 개요
- 산화성 고체로 제1류 위험물에 해당하며, 지정수량은 50kg, 위험등급은 Ⅰ이다.
- 무색 혹은 오렌지색 비정계 분말이다.
- 흡습성이 있으며, 에탄올에 녹는다.
- 산과 반응하여 과산화수소(H_2O_2)를 발생시킨다.
- 물과 격렬하게 반응하여 수산화칼륨과 산소를 발생시킨다. ($2K_2O_2 + 2H_2O \rightarrow 4KOH + O_2$)
- 가연물과 혼합되어 있을 경우 약간의 물 접촉만으로도 발화하며, 양이 많을 경우 주수에 의해 폭발하므로 주수소화를 금해야 한다.
- 가열하면 산화칼륨과 산소를 발생시킨다. ($2K_2O_2 \xrightarrow{\Delta} 2K_2O + O_2$)
- 이산화탄소와 반응하여 탄산칼륨과 산소를 발생시킨다. ($2K_2O_2 + 2CO_2 \rightarrow 2K_2CO_3 + O_2$)
- 아세트산과 반응하여 아세트산칼륨과 과산화수소를 발생시킨다. ($K_2O_2 + 2CH_3COOH \rightarrow 2CH_3COOK + H_2O_2$)

㉡ 저장 및 취급방법
- 물과 습기의 접촉을 피한다.
- 용기는 수분이 들어가지 않게 밀전 및 밀봉 저장한다.
- 가열 및 충격 · 마찰을 피하고 유기물질의 혼입을 막는다.

0501_추가

51 Repetitive Learning (1회 2회 3회)

위험물안전관리법령상 위험물의 운반에 관한 기준에서 적재하는 위험물의 성질에 따라 직사일광으로부터 보호하기 위하여 차광성 있는 피복으로 가려야 하는 위험물은?

① S ② Mg
③ C_6H_6 ④ $HClO_4$

해설

- 유황(S)과 마그네슘(Mg)은 제2류 위험물이므로 별도의 피복을 하지 않아도 된다.
- 벤젠(C_6H_6)은 제4류 위험물 중 제1석유류에 해당하므로 별도의 피복을 하지 않아도 된다.
- 과염소산($HClO_4$)은 제6류 위험물이므로 차광성이 있는 피복으로 가려야 한다.

적재 시 피복 기준 실기 0704/1704/1904
- 제1류 위험물, 제3류 위험물 중 자연발화성물질, 제4류 위험물 중 특수인화물, 제5류 위험물 또는 제6류 위험물은 차광성이 있는 피복으로 가릴 것
- 제1류 위험물 중 알칼리금속의 과산화물 또는 이를 함유한 것, 제2류 위험물 중 철분 · 금속분 · 마그네슘 또는 이들 중 어느 하나 이상을 함유한 것 또는 제3류 위험물 중 금수성 물질은 방수성이 있는 피복으로 덮을 것
- 제5류 위험물 중 55℃ 이하의 온도에서 분해될 우려가 있는 것은 보냉 컨테이너에 수납하는 등 적정한 온도관리를 할 것
- 액체위험물 또는 위험등급Ⅱ의 고체위험물을 기계에 의하여 하역하는 구조로 된 운반용기에 수납하여 적재하는 경우에는 당해 용기에 대한 충격 등을 방지하기 위한 조치를 강구하여야 한다.

52 Repetitive Learning (1회 2회 3회)

아세톤과 아세트알데히드에 대한 설명으로 옳은 것은?

① 증기비중은 아세톤이 아세트알데히드보다 작다.
② 위험물안전관리법령상 품명은 서로 다르지만 지정수량은 같다.
③ 인화점과 발화점 모두 아세트알데히드가 아세톤보다 낮다.
④ 아세톤의 비중은 물보다 작지만, 아세트알데히드는 물보다 크다.

해설

- 증기비중은 둘 모두 공기보다 무거우며, 아세톤이 더 크다.
- 품명과 지정수량이 모두 다르다.
- 둘 모두 비중이 1보다 적어 물보다 가볍다.

아세톤(CH_3COCH_3)과 아세트알데히드(CH_3CHO)의 비교

	아세톤(CH_3COCH_3)	아세트알데히드(CH_3CHO)
품명	제1석유류	특수인화물
지정수량	400L	50L
비중	0.79	0.78
증기비중	2	1.52
인화점	−18℃	−38℃
냄새	독특한 자극성	자극성 과일향

정답 | 50 ③ 51 ④ 52 ③

53

Repetitive Learning (1회 2회 3회)

연소 시에는 푸른 불꽃을 내며, 산화제와 혼합되어 있을 때 가열이나 충격 등에 의하여 폭발할 수 있으며 흑색화약의 원료로 사용되는 물질은?

① 적린 ② 마그네슘

③ 황 ④ 아연분

해설

- 유황은 공기 중에서 연소하면 푸른 불꽃을 내면서 이산화황(아황산가스, SO_2)로 변한다.

유황(S_8) 실기 0602/1004

- 제2류 위험물에 해당하는 가연성 고체로 지정수량은 100kg이고, 위험등급은 Ⅱ이다.
- 환원성 물질로 자신은 산화되면서 다른 물질을 환원시킨다.
- 산화제와 혼합되어 있을 때 가열이나 충격 등에 의하여 폭발할 수 있으며 흑색화약의 원료로 사용된다.
- 자유전자가 거의 없어 전기가 통하지 않는 부도체이다.
- 단사황, 사방황, 고무상황과 같은 동소체가 있다.
- 고온에서 용융된 유황은 수소와 반응하여 황화수소가 발생한다.
- 공기 중에서 연소하면 푸른 불꽃을 내면서 이산화황(아황산가스, SO_2)로 변한다.(반응식 : $S+O_2 \rightarrow SO_2$)

54

Repetitive Learning (1회 2회 3회)

다음 중 특수인화물이 아닌 것은?

① CS_2 ② $C_2H_5OHC_2H_5$

③ CH_3CHO ④ HCN

해설

- HCN은 시안화수소로 수용성 제1석유류에 해당한다.

제4류 위험물

㉠ 특수인화물(위험등급 Ⅰ)

물질		지정수량
비수용성	디에틸에테르, 이황화탄소	50[ℓ]
수용성	아세트알데히드, 산화프로필렌	

㉡ 제1석유류(위험등급 Ⅱ)

물질		지정수량
비수용성	가솔린, 벤젠, 톨루엔, 시클로헥산, 에틸벤젠, 메틸에틸케톤, 초산메틸, 초산에틸, 초산프로필, 의산메틸, 의산에틸, 의산프로필, 의산부틸	200[ℓ]
수용성	아세톤, 피리딘, 시안화수소	400[ℓ]

㉢ 알코올류(위험등급 Ⅱ)

물질		지정수량
수용성	메틸알코올, 에틸알코올, 이소프로필알코올, 변성알코올, 퓨젤유	400[ℓ]

㉣ 제2석유류(위험등급 Ⅲ)

물질		지정수량
비수용성	등유, 경유, 오르소크실렌, 메타크실렌, 파라크실렌, 스티렌, 테레핀유, 장뇌유, 송근유, 클로로벤젠	1,000[ℓ]
수용성	포름산(의산), 아세트산(초산), 메틸셀로솔브, 에틸셀로솔브, 프로필셀로솔브, 부틸셀로솔브, 히드라진	2,000[ℓ]

㉤ 제3석유류(위험등급 Ⅲ)

물질		지정수량
비수용성	중유, 크레오소오트유, 아닐린, 벤질알코올, 니트로벤젠, 담금질유	2,000[ℓ]
수용성	에틸렌글리콜, 글리세린, 아세톤시안히드린	4,000[ℓ]

㉥ 제4석유류(위험등급 Ⅲ)

물질	지정수량
윤활유, 기어유, 실린더유, 기계유	6,000[ℓ]

㉦ 동식물유

물질			지정수량
건성유	요오드값 130 이상	정어리유, 대구유, 상어유, 해바라기유, 동유, 아마인유, 들기름	10,000[ℓ]
반건성유	요오드값 100 ~ 130	청어유, 쌀겨기름, 면실유, 채종유, 옥수수기름, 참기름, 콩기름	
불건성유	요오드값 100 이하	쇠기름, 돼지기름, 고래기름, 피마자유, 올리브유, 팜유, 땅콩기름, 야자유	

53 ③ 54 ④ 정답

55

Repetitive Learning (1회 2회 3회)

위험물안전관리법령상 주유취급소에서의 위험물 취급기준에 따르면 자동차 등에 인화점 몇 ℃ 미만의 위험물을 주유할 때에는 자동차 등의 원동기를 정지시켜야 하는가? (단, 원칙적인 경우에 한한다)

① 21 ② 25
③ 40 ④ 80

해설

- 이동저장탱크로부터 위험물을 저장 또는 취급하는 탱크에 인화점이 40℃ 미만인 위험물을 주입할 때에는 이동탱크저장소의 원동기를 정지시켜야 한다.

이동탱크저장소에서의 위험물의 취급기준

- 이동저장탱크로부터 위험물을 저장 또는 취급하는 탱크에 액체의 위험물을 주입할 경우에는 그 탱크의 주입구에 이동저장탱크의 주입호스를 견고하게 결합할 것
- 이동저장탱크로부터 액체위험물을 용기에 옮겨 담지 아니할 것
- 이동저장탱크로부터 위험물을 저장 또는 취급하는 탱크에 인화점이 40℃ 미만인 위험물을 주입할 때에는 이동탱크저장소의 원동기를 정지시킬 것
- 이동저장탱크로부터 직접 위험물을 자동차의 연료탱크에 주입하지 말 것

56

Repetitive Learning (1회 2회 3회)

$C_2H_5OC_2H_5$의 성질 중 틀린 것은?

① 전기 양도체이다.
② 물에는 잘 녹지 않는다.
③ 유동성의 액체로 휘발성이 크다.
④ 공기 중 장시간 방치 시 폭발성 과산화물을 생성할 수 있다.

해설

- 제4류 위험물은 일반적으로 전기의 부도체로 정전기 축적이 쉽게 되어 인화의 위험을 갖는다.

에테르($C_2H_5OC_2H_5$) · 디에틸에테르 실기 0602/0804/1601/1602

- 특수인화물로 무색투명한 휘발성 액체이다.
- 인화점이 −45℃, 연소범위가 1.9 ~ 48%로 넓은 편이고, 증기는 제4류 위험물 중 가장 인화성이 크다.
- 비중은 0.72로 물보다 가볍고, 증기비중은 2.55로 공기보다 무겁다.
- 물에는 잘 녹지 않고, 알코올에 잘 녹는다.
- 햇볕에 오래 쪼이면 일부 분해하여 과산화물을 생성하므로 갈색병에 넣어 냉암소에 보관한다.
- 건조한 에테르는 비전도성이므로, 정전기 생성방지를 위해 약간의 $CaCl_2$를 넣어준다.
- 소화제로서 CO_2가 가장 적당하다.
- 과산화물은 요오드화칼륨(KI) 10% 수용액을 황색으로 변화시킬 때 검출할 수 있으며, 과산화물을 제거할 때는 황산제일철($FeSO_4$)을 사용한다.

57

Repetitive Learning (1회 2회 3회)

다음 중 자연발화의 위험성이 제일 높은 것은?

① 야자유 ② 올리브유
③ 아마인유 ④ 피마자유

해설

- 요오드값이 클수록 자연발화의 위험이 크므로 건성유를 찾는 문제이다.
- 야자유, 올리브유, 피마자유는 요오드값이 100보다 작은 불건성유이다.

동 · 식물유류 실기 0601/0604/1304/1502/1802/2003

㉠ 개요

- 1기압에서 인화점이 250℃ 미만인 것으로 지정수량이 10,000L이고, 위험등급이 Ⅲ에 해당하는 물질이다.
- 유지 100g에 부가되는 요오드의 g수를 의미하는 요오드값(옥소값)에 의해 건성유(130 이상), 반건성유(100 ~ 130), 불건성유(100 이하)로 구분한다.
- 요오드값이 클수록 자연발화의 위험이 크다.
- 요오드값이 클수록 이중결합이 많고, 불포화지방산을 많이 가진다.

㉡ 구분

구분	내용
건성유 (요오드값이 130 이상)	• 공기 중에서 자연발화의 위험이 있으며, 피막이 단단하다. • 동유, 아마인유, 정어리유, 대구유, 상어유, 해바라기유, 들기름 등
반건성유 (요오드값이 100 ~ 130)	• 피막이 얇다. • 참기름, 콩기름, 청어유, 쌀겨기름, 면실유, 채종유, 옥수수기름 등
불건성유 (요오드값이 100 이하)	• 피막을 만들지 않는다. • 피마자유, 올리브유, 팜유, 땅콩기름, 야자유, 쇠기름, 돼지기름, 고래기름 등

정답 | 55 ③ 56 ① 57 ③

58

Repetitive Learning (1회 2회 3회)

제5류 위험물 중 상온(25℃)에서 동일한 물리적 상태(고체, 액체, 기체)로 존재하는 것으로만 나열한 것은?

① 니트로글리세린, 니트로셀룰로오스
② 질산메틸, 니트로글리세린
③ 트리니트로톨루엔, 질산메틸
④ 니트로글리콜, 트리니트로톨루엔

해설

- 상온에서 액체인 것은 니트로글리세린, 질산메틸, 니트로글리콜이다.
- 상온에서 고체인 것은 니트로셀룰로오스, 트리니트로톨루엔이다.

질산에스테르류와 니트로화합물의 물질

품명	물질
질산에스테르류	• 질산메틸(CH_3ONO_2) • 질산에틸($C_2H_5ONO_2$) • 니트로글리세린[$C_3H_5(ONO_2)_3$] • 니트로글리콜[$C_2H_4(ONO_2)_2$] • 니트로셀룰로오스[$C_6H_7O_2(ONO_2)_3]_n$
니트로화합물	• 트리니트로톨루엔[$C_6H_2CH_3(NO_2)_3$] • 트리니트로페놀[$C_6H_2OH(NO_2)_3$]

0604

59

Repetitive Learning (1회 2회 3회)

황린이 연소할 때 발생하는 가스와 수산화나트륨 수용액과 반응하였을 때 발생하는 가스를 차례대로 나타낸 것은?

① 오산화인, 인화수소
② 인화수소, 오산화인
③ 황화수소, 수소
④ 수소, 황화수소

해설

- 황린을 가열하여 적린을 얻는데 이때 발생하는 유독가스는 오산화인(P_2O_5)이다.
- 황린을 수산화나트륨 수용액에 반응시키면 포스핀(인화수소, PH_3)를 발생시킨다.

황린(P_4) 실기 0602/0701/0702/0901/1001/1202/1302/1401/1402/1504/1901/1902/2003

- 공기 중에서 발화하는 자연발화성 물질로 제3류 위험물에 속하며 지정수량은 20kg, 위험등급은 Ⅰ이다.
- 산소와 결합력이 강하고 착화온도가 낮기(미분 34℃, 고형분 60℃) 때문에 쉽게 자연발화한다.
- 백색 또는 담황색의 고체로 독성이 있는 물질로 물에는 녹지 않고 이황화탄소에는 녹는다.
- 수산화나트륨(NaOH) 수용액에 반응시키면 포스핀(인화수소, PH_3)를 발생시키므로 이를 방지하기 위해 pH9의 물속에 저장한다.
- 밀폐용기 속에서 260℃로 가열하여 적린을 얻을 수 있다. 이때 유독가스인 오산화인(P_2O_5)이 발생한다.
  (반응식 : $P_4 + 5O_2 \rightarrow 2P_2O_5$)

60

Repetitive Learning (1회 2회 3회)

제4류 위험물의 일반적인 성질에 대한 설명 중 가장 거리가 먼 것은?

① 인화되기 쉽다.
② 인화점, 발화점이 낮은 것은 위험하다.
③ 증기는 대부분 공기보다 가볍다.
④ 액체비중은 대체로 물보다 가볍고 물에 녹기 어려운 것이 많다.

해설

- 제4류 위험물은 일반적으로 물보다 가볍고, 공기보다는 무거운 특성을 갖는다.

제4류 위험물의 특징 실기 0501

- 석유류, 알코올류, 동식물유 등 인화성 액체에 해당한다.
- 증기는 공기보다 무거우며, 공기와 혼합되면 연소한다.
- 물에 잘 녹지 않으며, 액체의 경우 물보다 가벼우나 증기비중은 공기보다 무거운 편이다.
- 액체보다 증기상태가 더 위험하며, 착화온도 이상의 온도로 가열시키면 연소된다.
- 제1석유류 ~ 제4석유류는 인화점에 따라 분류한다.
- 밀폐된 용기에 공간이 남아 있을 경우 증기가 공간을 메우므로 가득 차 있을 경우보다 폭발 위험이 더 커진다.
- 정전기가 축적될 경우 화재 위험이 커지므로 정전기 발생에 주의해야 한다.

58 ② 59 ① 60 ③ 정답

2019년 9월 21일

2019년 제4회

합격률 50.5%

1과목 일반화학

1104

01 Repetitive Learning (1회 2회 3회)

다음과 같이 나타낸 전지에 해당하는 것은?

(+) Cu | $H_2SO_4(aq)$ | Zn(−)

① 볼타전지 ② 납축전지
③ 다니엘전지 ④ 건전지

해설

• 전해질 수용액인 묽은 황산(H_2SO_4)용액에 아연판과 구리판을 세우고 도선으로 연결한 전지는 볼타전지이다.

볼타전지

㉠ 개요

- 물질의 산화 · 환원 반응을 이용하여 화학에너지를 전기적 에너지로 전환시키는 장치로 세계 최초의 전지이다.
- 전해질 수용액인 묽은 황산(H_2SO_4)용액에 아연판과 구리판을 세우고 도선으로 연결한 전지이다.
- 음(−)극은 반응성이 큰 금속(아연)으로 산화반응이 일어난다.
- 양(+)극은 반응성이 작은 금속(구리)으로 환원반응이 일어난다.
- 전자는 (−)극에서 (+)극으로 이동한다.

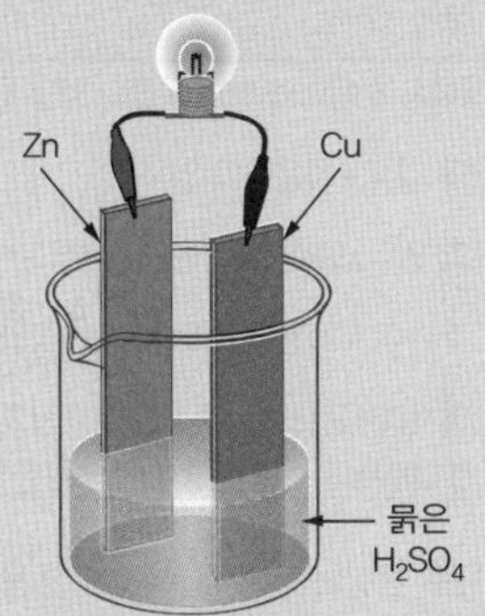

㉡ 분극현상

- 볼타전지의 기전력은 약 1.3V인데 전류가 흐르기 시작하면 갑자기 0.4V로 전류가 약해지는 현상을 말한다.
- 분극현상을 방지해주는 감극제로 이산화망간(MnO_2), 산화구리(CuO), 과산화납(PbO_2) 등을 사용한다.

1201

02 Repetitive Learning (1회 2회 3회)

금속은 열, 전기를 잘 전도한다. 이와 같은 물리적 특성을 갖는 가장 큰 이유는?

① 금속의 원자 반지름이 크다.
② 자유전자를 가지고 있다.
③ 비중이 대단히 크다.
④ 이온화에너지가 매우 크다.

해설

• 금속이 전기 전도성이 좋은 이유는 규칙적인 금속원자 결정 내를 자유로이 움직일 수 있는 자유전자를 가지고 있어서이다.

금속의 물리적 특성

- 규칙적인 금속원자 결정 내를 자유로이 움직일 수 있는 자유전자를 가지고 있어 열과 전기 전도성이 크다.
- 녹는점과 끓는점이 높다.
- 이온화에너지와 전기음성도가 낮다.

0602 / 1102

03 Repetitive Learning (1회 2회 3회)

어떤 원자핵에서 양성자의 수가 3이고, 중성자의 수가 2일 때 질량수는 얼마인가?

① 1 ② 3
③ 5 ④ 7

해설

• 질량수는 양성자의 수와 중성자의 수의 합이므로 3+2=5가 된다.

원자번호(Atomic number)와 원자량(Atomic mass)

- 원자번호는 원자핵의 양성자수이자 중성원자의 총 전자수와 같다.
- 질량수=양성자의 수+중성자의 수로 구한다.
- 원자량은 6개의 양성자와 6개의 중성자로 구성되는 질량수 12인 탄소($_{12}C$)의 원자 질량을 12로 정한 조건에서 다른 원소의 비교 질량을 원자량으로 나타낸다.

정답 | 01 ① 02 ② 03 ③

0604 / 1601

04

Repetitive Learning 1회 2회 3회

n그램(g)의 금속을 묽은 염산에 완전히 녹였더니 m몰의 수소가 발생하였다. 이 금속의 원자가를 2가로 하면 이 금속의 원자량은?

① n/m ② 2n/m
③ n/2m ④ 2m/n

해설

- 반응식을 보면 2가의 금속 $M+2HCl \rightarrow MCl_2+H_2$가 되어 수소가 발생한 경우라고 볼 수 있다.
- 어떤 금속 ng이 반응되면 수소가 m몰 발생한 경우이다. 몰당량의 비로 확인해보면 어떤 금속의 몰당량을 x라 가정하면 금속 xg이 반응하면 수소(H_2)는 표준상태에서 22.4L가 발생하며, 수소의 몰당량을 볼 때 0.5몰이 발생한다.
- $n : m = x : 0.5$이므로 $x = \frac{0.5 \times n}{m}$g이다. 이 금속의 원자가가 2가이므로 원자량은 $2 \times \frac{0.5 \times n}{m} = \frac{n}{m}$이 된다.

금속 산화물

- 어떤 금속 M의 산화물의 조성은 산화물을 구성하는 각 원소들의 몰 당량에 의해 구성된다.
- 중량%가 주어지면 해당 중량%의 비로 금속의 당량을 확인할 수 있다.
- 원자량은 당량×원자가로 구한다.

05

Repetitive Learning 1회 2회 3회

다음의 염을 물에 녹일 때 염기성을 띠는 것은?

① Na_2CO_3 ② $CaCl_2$
③ NH_4Cl ④ $(NH_4)_2SO_4$

해설

- ②는 염화칼슘으로 수용액은 약한 산성을 나타낸다.
- ③은 염화암모늄으로 수용액은 산성(pH=5)을 나타낸다.
- ④는 황산암모늄으로 수용액은 산성(pH=5.5)을 나타낸다.

탄산나트륨(Na_2CO_3)

- 소다라고도 불리우는 대표적인 염기성 염이다.
- 비중은 2.533으로 물보다 무거우며 물에 잘 녹고 수용액은 강한 염기성을 나타낸다.($Na_2CO_3+H_2O \rightarrow NaHCO_3+NaOH$)
- 백색분말로 알코올에는 잘 녹지 않는다.
- 수분을 흡수하여 스스로 수용액을 만드는 조해성을 가지고 있다.

0904

06

Repetitive Learning 1회 2회 3회

질산나트륨의 물 100g에 대한 용해도는 80℃에서 148g, 20℃에서 88g이다. 80℃의 포화용액 100g을 70g으로 농축시켜서 20℃로 냉각시키면, 약 몇 g의 질산나트륨이 석출되는가?

① 29.4 ② 40.3
③ 50.6 ④ 59.7

해설

- 80℃에서의 용해도가 148이고, 포화용액의 양이 100g이라면 용매의 양을 구하면 100×0.40(= $\frac{100}{100+148}$)=40.32g이다.
- 용질의 양은 용액의 양에서 앞에서 구한 용매의 양을 빼서도 구할 수 있다. 100−40=59.68g이다.
- 여기서 포화용액 100g을 70g으로 농축시켰다고 하였으므로 농축은 용질은 그대로 두고 용매를 증발시킨 경우이므로 용질은 59.68g인데 용매는 10.32g이 되었다.
- 20℃에서 용해도는 88, 용매의 양은 10.32g이므로 용해 가능한 용질의 양을 구하면 $\frac{88 \times 10.32}{100} = 9.08$이다.
- 20℃에서는 9.08g만이 10.32g의 용매(물)에 녹고 나머지 모두는 석출되므로 80℃에서 포화시킨 59.68g의 용질의 양에서 9.08g을 제외한 50.6g이 석출된다.

용해도를 이용한 용질의 석출량 계산

㉠ 개요

- 용해도란 포화용액에서 용매 100g에 용해되는 용질의 g수를 그 온도에서의 용해도라고 한다.
- 대부분의 경우 온도가 높아질수록 고체의 용해도는 증가하고, 기체의 용해도는 감소한다.

㉡ 석출량 계산

- 특정 온도(A℃)에서 포화된 용액의 용질 용해도와 포화용액의 양이 주어지고 그 온도보다 낮은 온도(B℃)에서의 용질의 석출량을 구하는 경우

- 포화상태에서의 용매의 양과 용질의 양을 용해도를 이용해 구한다.
  - ⓐ 용매의 양=포화용액의 양× $\frac{100}{100+\text{A℃의 용해도}}$
  - ⓑ 용질의 양=포화용액의 양−ⓐ에서 구한 용매의 양 =포화용액의 양× $\frac{\text{A℃의 용해도}}{100+\text{A℃의 용해도}}$
  - ⓒ B℃에서의 용해도를 이용해 B℃에서의 용해가능한 용질의 양(= $\frac{\text{B℃에서의 용해도×ⓐ에서 구한 용매의 양}}{100}$)을 구한다.
- ⓑ에서 구한 용질의 양에서 ⓒ에서 구한 용질의 양을 빼주면 석출된 용질의 양을 구할 수 있다.

04 ① 05 ① 06 ③ 정답

1104

07 Repetitive Learning (1회 2회 3회)

다음과 같은 경향성을 나타내지 않는 것은?

Li < Na < K

① 원자번호 ② 원자 반지름
③ 제1차 이온화에너지 ④ 전자수

해설

- 주어진 원소들은 1A족에 해당하는 알칼리 금속이다. 같은 족에 있어서 원자번호가 클수록 커지는 경향성을 말하고 있다.
- 일반적으로 같은 족인 경우 아래쪽으로 갈수록 원자핵으로부터 멀어지기 때문에 전자를 쉽게 제거 가능하여 이온화에너지는 작아진다.

같은 족 원소들의 성질

- 전형원소 내에서 원소의 화학적 성질이 비슷하다.
- 제일 바깥의 전자 궤도에 들어 있는 전자의 수가 같다.
- 같은 족 내에서 아래로 갈수록 원자번호, 원자량, 원자의 반지름, 전자수, 오비탈의 총 수가 증가한다.
- 같은 족 내에서 아래로 갈수록 이온화에너지와 전기음성도는 작아진다.

1002

08 Repetitive Learning (1회 2회 3회)

프로판 1kg을 완전연소시키기 위해 표준상태의 산소가 약 몇 m^3이 필요한가?

① 2.55 ② 5
③ 7.55 ④ 10

해설

- 프로판의 완전연소식을 보면 $C_3H_8 + 5O_2 \rightarrow 3CO_2 + 4H_2O$이다. 즉, 1몰의 프로판을 완전연소하는데 필요한 산소는 5몰이다.
- 프로판 1몰의 무게는 44로 44g을 완전연소하는데 필요한 산소의 부피는 5몰로 22.4×5=112L가 된다.
- 프로판 1kg을 완전연소하는데 필요한 산소의 양은 $\frac{112 \times 1000}{44}$ = 2,545.45L이므로 이를 m^3로 변환하면 2.545m^3이 된다.

프로판(C_3H_8)

- 알케인계 탄화수소의 한 종류이다.
- 특이한 냄새를 갖는 무색기체이다.
- 녹는점은 −187.69℃, 끓는점은 −42.07℃이고 분자량은 44이다.
- 물에는 약간, 알코올에 중간, 에테르에 잘 녹는다.
- 완전연소식 : $C_3H_8 + 5O_2 \rightarrow 3CO_2 + 4H_2O$: 이산화탄소+물

0702

09 Repetitive Learning (1회 2회 3회)

상온에서 1L의 순수한 물이 전리되었을 때 $[H^+]$과 $[OH^-]$는 각각 얼마나 존재하는가? (단, $[H^+]$과 $[OH^-]$ 순이며, H의 원자량은 1.008×10^{-7}g/mol이다))

① 1.008×10^{-7}g, 17.008×10^{-7}g

② $1000 \times \frac{1}{18}$g, $1000 \times \frac{17}{18}$g

③ 18.016×10^{-7}g, 18.016×10^{-7}g

④ 1.008×10^{-14}g, 17.008×10^{-14}g

해설

- 물의 이온곱 상수는 순수한 물 25℃에서 1.0×10^{-14}몰/ℓ이다.
- $[H^+]$과 $[OH^-]$ 이온의 몰당 g수는 $[H^+]$는 1.008g/mol이고, $[OH^-]$는 17.008g/mol이다.
- 1리터에 포함되는 g수를 구해야하므로 $[H^+]$과 $[OH^-]$ 이온 상수[몰/ℓ]를 구하면 알 수있다. 물의 이온곱 상수를 통해 $[H^+]$과 $[OH^-]$ 이온 상수는 각각 1.0×10^{-7}[몰/ℓ]이다.
- 1리터에 포함되는 g수는 $[H^+]$는 1.008g/mol× 1.0×10^{-7}몰/ℓ= 1.008×10^{-7}[g/ℓ]이 된다. 마찬가지로 $[OH^-]$는 17.008g/mol× 1.0×10^{-7}몰/ℓ= 17.008×10^{-7}[g/ℓ]이 된다.

이온곱과 용해도곱

㉠ 개요

이온곱	• 평형상태에 있지 않은 상태에서 용액을 구상하는 양이온과 음이온의 농도를 곱한 값이다.
용해도곱	• 포화상태에서 용액을 구성하는 양이온과 음이온의 농도를 곱한 값이다. • 이온의 농도 = $\frac{용해도}{분자량}$으로 구한다. • 포화상태에서의 양이온과 음이온의 농도는 같다.

㉡ 관계

이온곱 > 용해도곱	침전물이 형성된다.
이온곱 = 용해도곱	상태가 유지된다.
이온곱 < 용해도곱	용해되지 않은 용질이 용해된다.

정답 | 07 ③ 08 ① 09 ①

1604

10 ——— Repetitive Learning (1회 2회 3회)

콜로이드 용액 중 친수콜로이드와 소수콜로이드로 구분할 때 소수콜로이드에 해당하는 것은?

① 녹말　　② 아교
③ 단백질　　④ 수산화철(Ⅲ)

해설

- 소수콜로이드는 주로 무기물질(먹물, 금속, 철 등)을 말한다.

콜로이드

㉠ 개요
- 지름이 $10^{-7} \sim 10^{-5}$cm 크기의 콜로이드 입자(미립자)들이 액체 중에 분산되어 있는 용액을 말한다.
- 콜로이드 입자는 빛을 산란시켜 빛의 진로를 보이게 하는 틴들 현상을 보인다.
- 입자가 용해되지 않는 상태를 말한다.
- 콜로이드 입자는 (+) 또는 (−)로 대전하고 있다.

㉡ 물에서의 안정도를 기준으로 한 구분

구분	내용
소수	• 물과의 친화력이 낮다. • 물속에서 불안정해 쉽게 앙금이 생긴다.(엉김) • 먹물, 금속, 황, 철 등의 무기물질이 대표적이다.
친수	• 물과의 친화력이 높다. • 다량의 전해질에 의해서만 앙금이 생긴다.(염석) • 녹말, 아교, 단백질 등의 유기물질이 대표적이다.
보호	• 소수 콜로이드에 가해주는 친수 콜로이드를 말한다. • 소수 콜로이드에 친수 콜로이드를 조금 첨가할 경우 소수 콜로이드가 안정화되므로 앙금이 잘생기지 않는다.

11 ——— Repetitive Learning (1회 2회 3회)

제3주기에서 음이온이 되기 쉬운 경향성은? (단, 0족(18족) 기체는 제외한다)

① 금속성이 큰 것
② 원자의 반지름이 큰 것
③ 최외곽 전자수가 많은 것
④ 염기성 산화물을 만들기 쉬운 것

해설

- 3주기에서 원자가전자 즉, 최외곽 전자의 수가 많은 것은 음이온이 되기 쉽다.

비금속원소

- 주기율표 상의 오른쪽에 위치한다.
- 원자가전자(최외곽 전자)의 수가 4개 이상으로 음이온이 되기 쉽다.
- 산화물은 산성이다.
- 오른쪽 위로 갈수록 비금속성이 크다.

1202

12 ——— Repetitive Learning (1회 2회 3회)

기하이성질체 때문에 극성 분자와 비극성 분자를 가질 수 있는 것은?

① C_2H_4　　② C_2H_3Cl
③ $C_2H_2Cl_2$　　④ C_2HCl_3

해설

- 평면구조를 가진 1,2-디클로로에탄($C_2H_2Cl_2$)은 탄소와 탄소가 2중 결합을 하여 회전할 수 없으므로 이성질체를 가지며, 이로 인해 무극성과 극성 분자를 가질 수 있다.

1,2-디클로로에탄($C_2H_2Cl_2$)의 이성질체

- 평면구조를 가진 1,2-디클로로에탄($C_2H_2Cl_2$)는 3개의 이성질체를 갖는다.
- 기하이성질체 때문에 극성 분자(Cis)와 비극성(Trans) 분자를 가질 수 있다.

1,1-dichloroethene	Cis-1,2-dichloroethene
(H, H)C=C(Cl, Cl)	(Cl, H)C=C(Cl, H)
Trans-1,2-dichloroethene	
(Cl, H)C=C(H, Cl)	

1102

13 ——— Repetitive Learning (1회 2회 3회)

황산구리(Ⅱ) 수용액을 전기분해할 때 63.5g의 구리를 석출시키는데 필요한 전기량은 몇 F인가? (단, Cu의 원자량은 63.5이다)

① 0.635F　　② 1F
③ 2F　　④ 63.5F

해설

- Cu의 원자가는 2이고, 원자량은 63.54이므로 g당량은 31.77이고, 이는 0.5몰에 해당한다.
- 즉, 1F의 전기량으로 생성할 수 있는 구리의 몰수가 0.5몰(31.77)인데, 1몰에 해당하는 구리를 생성하기 위해서는 2F의 전기량이 필요하다.

전기화학반응

- 1F의 전기량은 물질 1g당량을 석출하는데 필요한 전기량이다.
- 1F의 전기량은 전자 1몰이 갖는 전하량으로 96,500[C]의 전하량을 갖는다.
- 물질의 g당량은 $\frac{원자량}{원자가}$로 구한다.

10 ④　11 ③　12 ③　13 ③ | 정답

1802

14 Repetitive Learning (1회 2회 3회)

메탄에 직접 염소를 작용시켜 클로로포름을 만드는 반응을 무엇이라 하는가?

① 환원반응 ② 부가반응
③ 치환반응 ④ 탈수소반응

해설

- 메탄(CH_4)의 수소원자(H) 3개가 염소로 바뀌어 클로로포름($CHCl_3$)으로 되는 것은 치환반응 중 염소화 반응에 해당한다.

치환반응(Substitution reaction)

- 특정 화합물의 원자나 작용기가 다른 원자나 작용기로 바뀌는 반응을 말한다.
- 유기화합물에서는 탄소원자와 결합된 수소원자가 다른 원자나 다른 작용기로 바뀌는 반응이다.
- 벤젠의 치환반응 종류

할로겐화 반응	$C_6H_6 + Cl_2 \xrightarrow{\text{Fe촉매}} C_6H_5Cl + HCl$
니트로화 반응	$C_6H_6 + HNO_2 \xrightarrow{C-H_2SO_4} C_6H_5NO_2 + H_2O$
알킬화 반응 (프리델-크래프트반응)	$C_6H_6 + CH_3Cl \xrightarrow{AlCl_3} C_6H_5CH_3 + HCl$
설폰화 반응	$C_6H_6 + H_2SO_4 \xrightarrow[SO_3]{} C_6H_5SO_3H + H_2O$

1002 / 1401

15 Repetitive Learning (1회 2회 3회)

수성가스(Water gas)의 주성분을 옳게 나타낸 것은?

① CO_2, CH_4 ② CO, H_2
③ CO_2, H_2, O_2 ④ H_2, H_2O

해설

- 수성가스(Water gas)는 고온의 탄소질에 수증기를 반응시켜 얻은 일산화탄소(CO)와 수소(H_2)의 혼합가스를 말한다.

수성가스(Water gas)

- 고온의 탄소질에 수증기를 반응시켜 얻은 일산화탄소(CO)와 수소(H_2)의 혼합가스를 말한다.
- 수증기만을 이용해 만들어진 가스로 일산화탄소(CO) 40%와 수소(H_2) 50%로 구성된다.

1302 / 1602

16 Repetitive Learning (1회 2회 3회)

다음은 열역학 제 몇 법칙에 대한 내용인가?

> 0K(절대영도)에서 물질의 엔트로피는 0이다.

① 열역학 제0법칙 ② 열역학 제1법칙
③ 열역학 제2법칙 ④ 열역학 제3법칙

해설

- 절대 0도에서의 엔트로피가 상수임을 정립한 것은 열역학 3법칙이다.

열역학 법칙

0법칙	2계가 다른 계와 열적평형상태에 있으면 이 2계는 반드시 열적 평형상태이어야 한다.
1법칙	고립된 계의 에너지는 일정하다.
2법칙	고립된 계의 엔트로피가 열적평형상태가 아니라면 계속 증가해야한다.
3법칙	0K(절대영도)에서 물질의 엔트로피는 0이다.

0501 / 1004

17 Repetitive Learning (1회 2회 3회)

20℃에서 NaCl 포화용액을 잘 설명한 것은? (단, 20℃에서 NaCl의 용해도는 36이다)

① 용액 100g 중에 NaCl이 36g 녹아있을 때
② 용액 100g 중에 NaCl이 316g 녹아있을 때
③ 용액 136g 중에 NaCl이 36g 녹아있을 때
④ 용액 136g 중에 NaCl이 136g 녹아있을 때

해설

- 용해도란 포화용액에서 용매 100g에 용해되는 용질의 g수이므로 용해도가 36이라는 의미는 용매 100g에 용질 36g이 녹아 용액 136g이 20℃에서의 NaCl 포화용액이라는 의미이다.

용해도

- 용해도란 포화용액에서 용매 100g에 용해되는 용질의 g수를 그 온도에서의 용해도라고 한다.
- 대부분의 경우 온도가 높아질수록 고체의 용해도는 증가하고, 기체의 용해도는 감소한다.

정답 | 14 ③ 15 ② 16 ④ 17 ③

18 Repetitive Learning (1회 2회 3회)

다음 중 배수비례의 법칙이 성립되지 않는 것은?

① H_2O와 H_2O_2　② SO_2와 SO_3
③ NO와 NO_2　④ O_2와 O_3

해설

- 배수비례의 법칙은 2종류의 원소가 반응하여 2가지 이상의 물질을 생성할 때 적용하는 법칙이다.

배수비례의 법칙

- 2종류의 원소가 반응하여 2가지 이상의 물질을 생성할 때 각 물질에 속한 원소 1개와 반응하는 다른 원소의 질량은 각 물질에서 항상 일정한 정수비를 갖는 법칙을 말한다.
- 대표적으로 질소와 산소의 5종류 화합물을 드는데 N_2O, NO, N_2O_3, NO_2, N_2O_5와 같이 질소 14g과 결합하는 산소의 질량이 8, 16, 24, 32, 40g으로 1 : 2 : 3 : 4 : 5의 정수비를 갖는 것이다.
- CO와 CO_2, H_2O와 H_2O_2, SO_2와 SO_3 등이 배수비례의 법칙에 해당한다.

1302

19 Repetitive Learning (1회 2회 3회)

$[H^+]=2\times10^{-6}$M인 용액의 pH는 약 얼마인가?

① 5.7　② 4.7
③ 3.7　④ 2.7

해설

- 수소이온의 몰 농도가 2×10^{-6}이므로 대입하면 $-\log(2\times10^{-6})$ =5.7이 된다.

수소이온농도지수(pH)

- 용액 1L 속에 존재하는 수소이온의 g이온수 즉, 몰농도(혹은 N농도×전리도)를 말한다.
- 수소이온은 매우 작은 값으로 존재하므로 수소이온의 역수에 상용로그값을 취하여 사용한다.

$$pH=\log\frac{1}{[H^+]}=-\log[H^+]$$

- 순수한 물의 경우 1기압 25℃에서 수소이온의 농도가 약 10^{-7}g 이온이므로 이를 pH 7 중성이라고 하고, 이보다 클 때 알카리성, 이보다 작을 때 산성이라고 한다.
- 수소이온농도지수[pH]+수산화이온농도지수[pOH]=14이다.

0402 / 1204 / 1402 / 1701

20 Repetitive Learning (1회 2회 3회)

$KMnO_4$에서 Mn의 산화수는 얼마인가?

① +1　② +3
③ +5　④ +7

해설

- $K\underline{Mn}O_4$에서 K가 1족의 알칼리금속이므로 망간의 산화수는 +7이 되어야 1+7−8이 되어 화합물의 산화수가 0가로 된다.

화합물에서 산화수 관련 절대적 원칙

- 일반적으로 화합물에서 전기음성도가 큰 물질이 +의 산화수를 갖고, 전기음성도가 작은 물질이 −의 산화수를 가진다.
- 수소(H)는 결합하는 원자와의 전기음성도 차에 의해 +1가 혹은 −1가의 값을 가진다.
- 1족의 알칼리금속(Li, Na, K)은 +1가의 값을 가진다.
- 2족의 알칼리토금속(Be, Mg, Ca)는 +2가의 값을 가진다.
- 13족의 알루미늄(Al)은 +3가의 값을 가진다.
- 17족의 플로오린(F)은 −1가의 값을 가진다.

2과목 화재예방과 소화방법

1601

21 Repetitive Learning 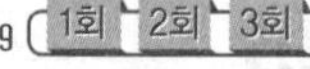

자연발화가 잘 일어나는 조건에 해당하지 않는 것은?

① 주위 습도가 높을 것　② 열전도율이 클 것
③ 주위 온도가 높을 것　④ 표면적이 넓을 것

해설

- 열전도율이 작을수록 자연발화가 쉽다.

자연발화 실기 0602/0704

㉠ 개요
- 물질이 고유의 성질로 인해 스스로 발열반응을 통해 발생한 열을 장기간 축적하여 발화하는 현상을 말한다.
- 자연발화를 일으키는 원인에는 산화열, 분해열, 중합열, 흡착열, 미생물에 의한 발열 등이 있다.

㉡ 발화하기 쉬운 조건
- 고온다습한 환경에서 자연발화가 발생하기 쉽다.
- 입자의 표면적이 넓을수록 자연발화가 발생하기 쉽다.
- 열전도율이 작을수록 자연발화가 발생하기 쉽다.

18 ④ 19 ① 20 ④ 21 ② 정답

1402

22 ——— Repetitive Learning  1회 2회 3회

제조소 건축물로 외벽이 내화구조인 것의 1소요단위는 연면적이 몇 m^2인가?

① 50 ② 100
③ 150 ④ 1,000

해설

- 제조소 또는 취급소의 건축물에 대한 소요단위는 외벽이 내화구조인 것은 연면적 $100m^2$를 1소요단위로 한다.

소요단위 실기 0604/0802/1202/1204/1704/1804/2001

- 소화설비의 설치대상이 되는 건축물 그 밖의 공작물의 규모 또는 위험물의 양의 기준단위이다.
- 계산방법

제조소 또는 취급소의 건축물	외벽이 내화구조인 것은 연면적 $100m^2$를 1소요단위로 하며, 외벽이 내화구조가 아닌 것은 연면적 $50m^2$를 1소요단위로 할 것
저장소의 건축물	외벽이 내화구조인 것은 연면적 $150m^2$를 1소요단위로 하고, 외벽이 내화구조가 아닌 것은 연면적 $75m^2$를 1소요단위로 할 것
제조소 등의 옥외에 설치된 공작물	외벽이 내화구조인 것으로 간주하고 공작물의 최대수평투영면적을 연면적으로 간주하여 제조소 혹은 저장소 건축물의 소요단위를 적용할 것
위험물	지정수량의 10배를 1소요단위로 할 것

23 ——— Repetitive Learning 1회 2회 3회

위험물제조소 등에 펌프를 이용한 가압송수장치를 사용하는 옥내소화전을 설치하는 경우 펌프의 전양정은 몇 m인가? (단, 소방용 호스의 마찰손실수두는 6m, 배관의 마찰손실수두는 1.7m, 낙차는 32m이다)

① 56.7 ② 74.7
③ 64.7 ④ 39.87

해설

- 펌프의 전양정은 6+1.7+32+35=74.7m 이다.

펌프의 전양정

- $H = h_1 + h_2 + h_3 + 35m$

• H : 펌프의 전양정 (단위 m) • h_1 : 소방용 호스의 마찰손실수두 (단위 m) • h_2 : 배관의 마찰손실수두 (단위 m) • h_3 : 낙차 (단위 m)

24 ——— Repetitive Learning 1회 2회 3회

종별 분말소화약제에 대한 설명으로 틀린 것은?

① 제1종은 탄산수소나트륨을 주성분으로 한 분말
② 제2종은 탄산수소나트륨과 탄산칼슘을 주성분으로 한 분말
③ 제3종은 제일인산암모늄을 주성분으로 한 분말
④ 제4종은 탄산수소칼륨과 요소와의 반응물을 주성분으로 한 분말

해설

- 제2종 분말소화약제는 탄산수소칼륨($KHCO_3$)을 주성분으로 하는 소화약제이다.

분말소화약제의 종별과 적응성

소화약제의 종별	적응성	착색색상
제1종 분말(탄산수소나트륨)	BC	백색
제2종 분말(탄산수소칼륨)	BC	담회색
제3종 분말(인산암모늄)	ABC	담홍색
제4종 분말(탄산수소칼륨과 요소가 화합)	BC	회색

1301

25 ——— Repetitive Learning 1회 2회 3회

제1인산암모늄 분말소화약제의 색상과 적응화재를 옳게 나타낸 것은?

① 백색, BC급 ② 담홍색, BC급
③ 백색, ABC급 ④ 담홍색, ABC급

해설

- 제3종 분말소화약제는 제1인산암모늄($NH_4H_2PO_4$)을 주성분으로 하는 소화약제로 ABC급 화재에 적응성이 있으며 착색색상은 담홍색이다.

제3종 분말소화약제 실기 0501/0602/0701/0801/0901/1204/1301/1404/1502/1504/1601/1602/1701/1801/1904/2003/2101

- 제1인산암모늄($NH_4H_2PO_4$)을 주성분으로 하는 소화약제로 ABC급 화재에 적응성이 있으며 착색색상은 담홍색인 소화약제이다.
- 가연물의 표면에 피막을 형성하여 산소의 유입을 차단시킨다.
- 발수제로 실리콘 오일을 첨가한다.
- 인산암모늄이 열분해되면 메타인산, 암모니아, 물로 분해되는데, 이중 메타인산(HPO_3)이 부착성 있는 막을 만드는 방진효과로 A급화재 진화에 기여를 한다.
($NH_4H_2PO_4 \xrightarrow[\triangle]{} HPO_3 + NH_3 + H_2O$)

정답 | 22 ② 23 ② 24 ② 25 ④

0904

26 ——— Repetitive Learning (1회 2회 3회)

자체소방대에 두어야 하는 화학소방자동차 중 포수용액을 방사하는 화학소방자동차는 전체 법정 화학소방자동차 대수의 얼마 이상으로 하여야 하는가?

① 1/3 ② 2/3

③ 1/5 ④ 2/5

해설

- 포수용액을 방사하는 화학소방자동차의 대수는 화학소방자동차의 대수의 3분의 2 이상으로 하여야 한다.

화학소방자동차의 대수

- 포수용액을 방사하는 화학소방자동차의 대수는 화학소방자동차의 대수의 3분의 2 이상으로 하여야 한다.

1602

27 ——— Repetitive Learning (1회 2회 3회)

강화액소화기에 대한 설명으로 옳은 것은?

① 물의 유동성을 크게 하기 위한 유화제를 첨가한 소화기이다.

② 물의 표면장력을 강화하기 위해 탄소를 첨가한 소화기이다.

③ 산 알칼리 액을 주성분으로 하는 소화기이다.

④ 물의 소화효과를 높이기 위해 염류를 첨가한 소화기이다.

해설

- 강화액소화기는 물에 탄산칼륨과 같은 알칼리 금속염을 첨가하여 소화효과를 강화시킨 소화기이다.

강화액소화기

- 물의 소화효과를 높이기 위해 염류를 첨가한 소화약제를 사용하는 소화기이다.
- 물과 한냉지역 및 겨울철에도 얼지 않도록 하기 위해 추가한 탄산칼륨을 주성분으로 한다.
- 첨가하는 물질이 주로 알칼리 금속염(탄산칼륨, 중탄산나트륨, 인산암모늄 등)이므로 액성은 강알칼리성이다.
- A급화재에 적응성이 있다.
- 축압식, 가압식, 반응식이 있으나 최근에는 주로 강화액을 공기압으로 가압한 후 압축공기의 압력으로 방출하는 축압식을 사용한다.

28 ——— Repetitive Learning (1회 2회 3회)

과산화수소 보관장소에 화재가 발생하였을 때 소화방법으로 틀린 것은?

① 마른모래로 소화한다.

② 환원성 물질을 사용하여 중화 소화한다.

③ 연소의 상황에 따라 분무주수도 효과가 있다.

④ 다량의 물을 사용하여 소화할 수 있다.

해설

- 과산화수소, 질산 등 산화성 액체인 제6류 위험물은 탄화수소, 황화수소 등의 환원성 물질과 반응하여 발화 폭발한다.

소화설비의 적응성 중 제6류 위험물 실기 1002/1101/1202/1601/1702/1902/2001/2003/2004

소화설비의 구분			제6류 위험물
옥내소화전 또는 옥외소화전설비			○
스프링클러설비			○
물분무등 소화설비	물분무소화설비		○
	포소화설비		○
	불활성가스소화설비		
	할로겐화합물소화설비		
	분말 소화설비	인산염류등	○
		탄산수소염류등	
		그 밖의 것	
대형·소형 수동식 소화기	봉상수(棒狀水)소화기		○
	무상수(霧狀水)소화기		○
	봉상강화액소화기		○
	무상강화액소화기		○
	포소화기		○
	이산화탄소 소화기		△
	할로겐화합물소화기		
	분말 소화기	인산염류소화기	○
		탄산수소염류소화기	
		그 밖의 것	
기타	물통 또는 수조		○
	건조사		○
	팽창질석 또는 팽창진주암		○

26 ② 27 ④ 28 ② 정답

1001 / 1301

29 Repetitive Learning (1회 2회 3회)

할로겐화합물 소화약제의 구비조건으로 틀린 것은?

① 전기절연성이 우수할 것
② 공기보다 가벼울 것
③ 증발 잔유물이 없을 것
④ 인화성이 없을 것

해설

• 할로겐화합물 소화약제는 공기보다 무겁고 불연성이어야 한다.

할로겐화합물 소화약제의 조건

• 기화되기 쉽고 증발잠열이 커야 한다.
• 비점이 낮아야 한다.
• 기화 후 잔유물을 남기지 않아야 한다.
• 공기의 접촉을 차단해야 한다.
• 전기적으로 부도체여야 한다.
• 공기보다 무겁고 불연성이어야 한다.
• 부촉매에 의한 연소의 억제작용이 커야 한다.

1101

30 Repetitive Learning (1회 2회 3회)

마그네슘 분말의 화재 시 이산화탄소 소화약제는 소화적응성이 없다. 그 이유로 가장 적합한 것은?

① 분해반응에 의하여 산소가 발생하기 때문이다.
② 가연성의 일산화탄소 또는 탄소가 생성되기 때문이다.
③ 분해반응에 의하여 수소가 발생하고 이 수소는 공기 중의 산소와 폭명반응을 하기 때문이다.
④ 가연성의 아세틸렌가스가 발생하기 때문이다.

해설

• 마그네슘은 이산화탄소를 분해시켜 가연성의 일산화탄소 또는 탄소를 생성시키는 반응성이 큰 금속(Na, K, Mg, Ti 등)으로 이산화탄소 소화약제에 소화적응성이 없다.

이산화탄소 소화기 사용 제한

• 자기반응성 물질인 제5류 위험물과 같이 자체적으로 산소를 가지고 있는 물질 화재
• 이산화탄소를 분해시켜 가연성의 일산화탄소 또는 탄소를 생성시키는 반응성이 큰 금속(Na, K, Mg, Ti 등)과 금속수소화물(LiH, NaH 등) 화재
• 밀폐되어 방출할 경우 인명 피해가 우려되는 곳의 화재

31 Repetitive Learning (1회 2회 3회)

불활성가스 소화약제 중 IG-541의 구성성분이 아닌 것은?

① 질소 ② 브롬
③ 아르곤 ④ 이산화탄소

해설

• IG-541은 불활성 가스인 질소(N_2), 아르곤(Ar), 이산화탄소(CO_2)의 혼합물질이다.

불활성가스 소화약제의 성분(용량비) 실기 1802/1804

	질소(N_2)	아르곤(Ar)	이산화탄소(CO_2)
IG-100	100%		
IG-55	50%	50%	
IG-541	52%	40%	8%

32 Repetitive Learning (1회 2회 3회)

연소의 주된 형태가 표면연소에 해당하는 것은?

① 석탄 ② 목탄
③ 목재 ④ 유황

해설

• ①과 ③은 분해연소, ④는 증발연소에 해당한다.

고체의 연소형태 실기 0702/0902/1204/1904

분해연소	• 가연물이 열분해가 진행되어 산소와 결합하여 연소하는 고체의 연소방식이다. • 종이, 목재, 플라스틱, 석탄 등이 분해연소를 한다.
표면연소	• 열분해 되지 않고 고체 표면에 공기가 닿아 연소가 일어나 고온을 유지하며 타는 연소형태를 말한다. • 숯, 코크스, 목탄, 금속 등이 표면연소를 한다.
자기연소	• 공기 중 산소를 필요로 하지 않고 분자 내의 산소를 이용해 자신이 분해되며 타는 것을 말한다. • 니트로셀룰로오스, TNT, 셀룰로이드, 니트로글리세린과 같은 제5류 위험물이 자기연소를 한다.
증발연소	• 액체와 고체의 연소방식에 속한다. • 열분해를 일으키지 않고 증발한 증기가 공기와 혼합해서 연소되는 방식이다. • 주로 연료로 사용되는 휘발유, 등유, 경유, 알코올과 같은 액체와 양초, 나프탈렌, 왁스, 아세톤, 황 등 제4류 위험물이 증발연소를 한다.

정답 | 29 ② 30 ② 31 ② 32 ②

1504

33

Repetitive Learning (1회 2회 3회)

분말소화약제 중 열분해 시 부착성이 있는 유리상의 메타인산이 생성되는 것은?

① Na_3PO_4 ② $(NH_4)_3PO_4$
③ $NaHCO_3$ ④ $NH_4H_2PO_4$

해설

- 제3종 분말소화약제는 제1인산암모늄($NH_4H_2PO_4$)을 주성분으로 하는 소화약제로 ABC급 화재에 적응성이 있으며 열에 의해 메타인산(HPO_3), 암모니아, 물로 분해된다.

제3종 분말소화약제 실기 0501/0602/0701/0801/0901/1204/1301/1404/1502/1504/1601/1602/1701/1801/1904/2003/2101

문제 25번의 유형별 핵심이론 참조

1204 / 1602

34

Repetitive Learning (1회 2회 3회)

위험물안전관리법령상 옥내소화전설비에 관한 기준에 대해 다음 ( )에 알맞은 수치를 옳게 나열한 것은?

> 위험물안전관리법령상 옥내소화전 설비는 각 층을 기준으로 하여 당해 층의 모든 옥내소화전(설치 개수가 5개 이상인 경우는 5개의 옥내소화전)을 동시에 사용할 경우에 각 노즐선단의 방수압력이 ( )kPa 이상이고, 방수량이 1분당 ( )L 이상의 성능이 되도록 할 것

① 350, 260 ② 260, 350
③ 450, 260 ④ 260, 450

해설

- 옥내소화전설비는 당해 층의 모든 옥내소화전을 동시에 사용할 경우에 각 노즐선단의 방수압력이 350kPa 이상이고 방수량이 1분당 260L 이상의 성능이 되도록 하여야 한다.

옥내소화전설비의 설치기준 실기 1301/1304/1701/1702/1804

- 옥내소화전은 제조소등의 건축물의 층마다 당해 층의 각 부분에서 하나의 호스접속구까지의 수평거리가 25m 이하가 되도록 설치할 것. 이 경우 옥내소화전은 각층의 출입구 부근에 1개 이상 설치하여야 한다.
- 수원의 수량은 옥내소화전이 가장 많이 설치된 층의 옥내소화전 설치개수(설치개수가 5개 이상인 경우는 5개)에 $7.8m^3$를 곱한 양 이상이 되도록 설치할 것
- 옥내소화전설비는 각층을 기준으로 하여 당해 층의 모든 옥내소화전(설치개수가 5개 이상인 경우는 5개의 옥내소화전)을 동시에 사용할 경우에 각 노즐선단의 방수압력이 350kPa 이상이고 방수량이 1분당 260L 이상의 성능이 되도록 할 것
- 옥내소화전설비에는 비상전원을 설치할 것

0602

35

Repetitive Learning (1회 2회 3회)

경보설비를 설치하여야 하는 장소에 해당하지 않는 것은?

① 지정수량 100배 이상의 위험물을 저장, 취급하는 옥내저장소
② 옥내주유취급소
③ 연면적 $500m^2$이고 취급하는 위험물의 지정수량이 100배인 제조소
④ 지정수량 10배 이상의 제4류 위험물을 저장, 취급하는 이동탱크저장소

해설

- 이동탱크저장소는 경보설비 설치 대상에 포함되지 않는다.

경보설비를 설치하여야 하는 대상

제조소 등의 구분	제조소등의 규모, 저장 또는 취급하는 위험물의 종류 및 최대수량 등	경보설비
제조소 및 일반취급소	• 연면적 $500m^2$ 이상인 것 • 옥내에서 지정수량의 100배 이상을 취급하는 것(고인화점 위험물만을 100℃ 미만의 온도에서 취급하는 것을 제외) • 일반취급소로 사용되는 부분 외의 부분이 있는 건축물에 설치된 일반취급소(일반취급소와 일반취급소 외의 부분이 내화구조의 바닥 또는 벽으로 개구부 없이 구획된 것을 제외)	자동화재 탐지설비
옥내저장소	• 지정수수량의 100배 이상을 저장 또는 취급하는 것(고인화점위험물만을 저장 또는 취급하는 것을 제외) • 저장창고의 연면적이 $150m^2$를 초과하는 것 [당해 저장창고가 연면적 $150m^2$ 이내마다 불연재료의 격벽으로 개구부 없이 완전히 구획된 것과 제2류 또는 제4류의 위험물(인화성고체 및 인화점이 70℃ 미만인 제4류 위험물을 제외)만을저장 또는 취급하는 것에 있어서는 저장창고의 연면적이 $500m^2$ 이상의 것에 한한다] • 처마높이가 6m 이상인 단층건물의 것 • 옥내저장소로 사용되는 부분 외의 부분이 있는 건축물에 설치된 옥내저장소[옥내저장소와 옥내저장소 외의 부분이 내화구조의 바닥 또는 벽으로 개구부 없이 구획된 것과 제2류 또는 제4류의 위험물(인화성고체 및 인화점이 70℃ 미만인 제4류 위험물을 제외)만을 저장 또는 취급 하는 것을 제외]	
옥내 탱크저장소	단층 건물 외의 건축물에 설치된 옥내탱크저장소로서 소화난이도등급 I 에 해당하는 것	
주유취급소	옥내주유취급소	
제1호 내지 제4호의 자동화재 탐지설비 설치 대상에 해당하지 아니하는 제조소 등	지정수량의 10배 이상을 저장 또는 취급하는 것	자동화재 탐지설비, 비상경보설비, 확성장치 또는 비상방송설비 중 1종 이상

33 ④ 34 ① 35 ④ 정답

36

Repetitive Learning (1회 2회 3회)

제3류 위험물의 소화방법에 대한 설명으로 옳지 않은 것은?

① 제3류 위험물은 모두 물에 의한 소화가 불가능하다.
② 팽창질석은 제3류 위험물에 적응성이 있다.
③ K, Na의 화재 시에는 물을 사용할 수 없다.
④ 할로겐화합물소화설비는 제3류 위험물에 적응성이 없다.

해설

- 제3류 위험물 중 금수성 물품을 제외한 나머지의 경우 물에 의한 소화가 가능하다.

소화설비의 적응성 중 제3류 위험물 실기 1002/1101/1202/1601/1702/1902/2001/2003/2004

소화설비의 구분			제3류 위험물	
			금수성물품	그 밖의 것
옥내소화전 또는 옥외소화전설비				○
스프링클러설비				○
물분무등 소화설비	물분무소화설비			○
	포소화설비			○
	불활성가스소화설비			
	할로겐화합물소화설비			
	분말 소화설비	인산염류등		
		탄산수소염류등	○	
		그 밖의 것	○	
대형·소형 수동식 소화기	봉상수(棒狀水)소화기			○
	무상수(霧狀水)소화기			○
	봉상강화액소화기			○
	무상강화액소화기			○
	포소화기			○
	이산화탄소 소화기			
	할로겐화합물소화기			
	분말 소화기	인산염류소화기		
		탄산수소염류소화기	○	
		그 밖의 것	○	
기타	물통 또는 수조			○
	건조사		○	○
	팽창질석 또는 팽창진주암		○	○

0502 / 1304

37

Repetitive Learning (1회 2회 3회)

이산화탄소 소화기 사용 중 소화기 방출구에서 생길 수 있는 물질은?

① 포스겐 ② 일산화탄소
③ 드라이아이스 ④ 수소가스

해설

- 이산화탄소 소화기는 소화기 방출구에서 주울-톰슨효과에 의해 드라이아이스가 생성될 수 있다.

이산화탄소(CO_2) 소화기의 특징

- 용기는 이음매 없는 고압가스 용기를 사용한다.
- 산소와 반응하지 않는 안전한 가스이다.
- 전기에 대한 절연성이 우수(비전도성)하기 때문에 전기화재(C급)에 유효하다.
- 자체 압력으로 방출하므로 방출용 동력이 별도로 필요하지 않다.
- 고온의 직사광선이나 보일러실에 설치할 수 없다.
- 금속분의 화재 시에는 사용할 수 없다.
- 소화기 방출구에서 주울-톰슨효과에 의해 드라이아이스가 생성될 수 있다.

1501

38

Repetitive Learning (1회 2회 3회)

위험물안전관리법령상 위험물 저장 · 취급 시 화재 또는 재난을 방지하기 위하여 자체소방대를 두어야 하는 경우가 아닌 것은?

① 지정수량의 3천배 이상의 제4류 위험물을 저장 · 취급하는 제조소
② 지정수량의 3천배 이상의 제4류 위험물을 저장 · 취급하는 일반취급소
③ 지정수량의 2천배의 제4류 위험물을 취급하는 일반취급소와 지정수량의 1천배의 제4류 위험물을 취급하는 제조소가 동일한 사업소에 있는 경우
④ 지정수량의 3천배 이상의 제4류 위험물을 저장 · 취급하는 옥외탱크저장소

해설

- 자체소방대를 두는 경우는 제4류 위험물을 지정수량의 3천배 이상 취급하는 제조소 또는 일반취급소를 대상으로 한다.

자체소방대에 두는 화학소방자동차 및 인원 실기 1102/1402/1404/2001/2101

- 제4류 위험물을 지정수량의 3천배 이상 취급하는 제조소 또는 일반취급소를 대상으로 한다.

제조소 또는 일반취급소에서 취급하는 제4류 위험물의 최대수량의 합	화학 소방자동차	자체 소방대원의 수
지정수량의 12만배 미만인 사업소	1대	5인
지정수량의 12만배 이상 24만배 미만인 사업소	2대	10인
지정수량의 24만배 이상 48만배 미만인 사업소	3대	15인
지정수량의 48만배 이상인 사업소	4대	20인

정답 | 36 ① 37 ③ 38 ④

0701 / 1202 / 1502

39

Repetitive Learning (1회 2회 3회)

위험물제조소에 옥내소화전을 각 층에 8개씩 설치하도록 할 때 수원의 최소 수량은 얼마인가?

① $13m^3$　　② $20.8m^3$
③ $39m^3$　　④ $62.4m^3$

해설

- 옥내소화전설비에서 수원의 수량은 옥내소화전이 가장 많이 설치된 층의 옥내소화전 설치개수(설치개수가 5개 이상인 경우는 5개)에 $7.8m^3$를 곱한 양 이상이 되어야 하므로 각층에 8개로 5개 이상이므로 $5 \times 7.8 = 39m^3$ 이상이 되어야 한다.

옥내소화전설비의 설치기준 실기 1301/1304/1701/1702/1804
문제 34번의 유형별 핵심이론 참조

0502

40

Repetitive Learning (1회 2회 3회)

제1류 위험물 중 알칼리금속의 과산화물을 저장 또는 취급하는 위험물제조소에 표시하여야 하는 주의사항은?

① 화기엄금　　② 물기엄금
③ 화기주의　　④ 물기주의

해설

- 제1류 위험물 중 알칼리금속의 과산화물은 물기와 접촉할 경우 산소를 발생시켜 화재 및 폭발 위험성이 증가하므로 화기·충격주의, 물기엄금, 가연물접촉주의 등을 표시해야 한다.

수납하는 위험물에 따른 용기 표시 주의사항 실기 0701/0801/0902/0904/1001/1004/1101/1201/1202/1404/1504/1601/1701/1801/1802/2003/2004/2101

구분		주의사항
제1류	알칼리금속의 과산화물	화기·충격주의, 물기엄금, 가연물접촉주의
	그 외	화기·충격주의, 가연물접촉주의
제2류	철분·금속분·마그네슘 또는 이를 함유한 것	화기주의, 물기엄금
	인화성 고체	화기엄금
	그 외	화기주의
제3류	자연발화성 물질	화기엄금, 공기접촉엄금
	금수성 물질	물기엄금
제4류		화기엄금
제5류		화기엄금, 충격주의
제6류		가연물접촉주의

3과목 위험물의 성질과 취급

1104 / 1404

41

Repetitive Learning (1회 2회 3회)

다음의 위험물을 저장할 때 저장 또는 취급에 관한 기술상의 기준을 시·도의 조례에 의해 규제를 받는 경우는?

① 등유 2,000L를 저장하는 경우
② 중유 3,000L를 저장하는 경우
③ 윤활유 5,000L를 저장하는 경우
④ 휘발유 400L를 저장하는 경우

해설

- ①의 등유는 제2석유류로 지정수량이 1,000L이므로 위험물안전관리법의 규제를 받는다.
- ②의 중유는 제3석유류로 지정수량이 2,000L이므로 위험물안전관리법의 규제를 받는다.
- ③의 윤활유는 제4석유류로 지정수량이 6,000L이므로 위험물안전관리법이 아닌 시·도의 조례에 의해 규제를 받는다.
- ④의 휘발유는 제1석유류로 지정수량이 200L이므로 위험물안전관리법의 규제를 받는다.

지정수량 미만인 위험물의 저장·취급

- 지정수량 미만인 위험물의 저장 또는 취급에 관한 기술상의 기준은 특별시·광역시·특별자치시·도 및 특별자치도의 조례로 정한다.

42

Repetitive Learning (1회 2회 3회)

아세트알데히드의 저장 시 주의할 사항으로 틀린 것은?

① 구리나 마그네슘 합금 용기에 저장한다.
② 화기를 가까이 하지 않는다.
③ 용기의 파손에 유의한다.
④ 찬 곳에 저장한다.

해설

- 아세트알데히드 등(산화프로필렌 포함)을 저장하는 이동탱크저장소는 은·수은·동·마그네슘 또는 이들을 성분으로 하는 합금으로 만들지 않아야 한다.

아세트알데히드 등(산화프로필렌 포함)을 저장하는 이동탱크저장소의 기준 실기 1102/1702

- 이동저장탱크는 불활성의 기체를 봉입할 수 있는 구조로 할 것
- 이동저장탱크 및 그 설비는 은·수은·동·마그네슘 또는 이들을 성분으로 하는 합금으로 만들지 아니할 것

39 ③ 40 ② 41 ③ 42 ① 정답

1101

43 —— Repetitive Learning 

물과 접촉하면 위험한 물질로만 나열된 것은?

① CH_3CHO, CaC_2, $NaClO_4$

② K_2O_2, $K_2Cr_2O_7$, CH_3CHO

③ K_2O_2, Na, CaC_2

④ Na, $K_2Cr_2O_7$, $NaClO_4$

해설

- 물과 접촉하면 위험한 물질은 금수성 물질이다. 금수성 물질은 제3류 위험물과 제1류 위험물 중 무기과산화물이다.
- 아세트알데히드(CH_3CHO)는 수용성 특수인화물로 금수성 물질이 아니다.
- 과염소산나트륨($NaClO_4$)은 물에 잘 녹는 과염소산염류로 금수성 물질이 아니다.
- 중크롬산칼륨($K_2Cr_2O_7$)은 물에 잘 녹는 중크롬산염류로 금수성 물질이 아니다.
- 과산화칼륨(K_2O_2), 금속나트륨(Na), 탄화칼슘(CaC_2)은 금수성 물질이다.

제3류 위험물_자연발화성 물질 및 금수성 물질 실기 0602/0702/0904/1001/1101/1202/1302/1504/1704/1804/1904/2004

품명	지정수량	위험등급
칼륨	10kg	I
나트륨		
알킬알루미늄		
알킬리튬		
황린	20kg	
알칼리금속(칼륨 · 나트륨 제외) 및 알칼리토금속	50kg	II
유기금속화합물(알킬알루미늄 · 알킬리튬 제외)		
금속의 수소화물	300kg	III
금속의 인화물		
칼슘 또는 알루미늄의 탄화물		

1501

44 —— Repetitive Learning 

위험물안전관리법령상 지정수량의 각각 10배를 운반할 때 혼재할 수 있는 위험물은?

① 과산화나트륨과 과염소산

② 과망간산칼륨과 적린

③ 질산과 알코올

④ 과산화수소와 아세톤

해설

- 과산화나트륨(제1류), 과염소산(제6류), 과망간산칼륨(제1류), 적린(제2류), 질산(제6류), 알코올(제4류), 과산화수소(제6류), 아세톤(제4류)이다.
- 과망간산칼륨과 적린은 1류와 2류이므로 혼재 불가능, 질산과 알코올 그리고 과산화수소와 아세톤은 6류와 4류이므로 혼재 불가능하다.

위험물의 혼합 사용 실기 0504/0601/0602/0701/0704/0804/1001/1102/1104/1302/1401/1404/1502/1504/1601/1704/1801/1802/1804/1901/1902/2001

- 유별을 달리하는 위험물은 동일 장소에서 저장, 취급해서는 안 된다.
- 제1류(산화성고체)와 제6류(산화성액체), 제2류(환원성고체)와 제4류(가연성액체) 및 제5류(자기반응성 물질), 제3류(자연발화 및 금수성 물질)와 제4류(가연성액체)의 혼합은 비교적 위험도가 낮아 혼재 사용이 가능하다.
- 산화성물질과 가연물을 혼합하면 산화 · 환원반응이 더욱 잘 일어나는 혼합위험성 물질이 된다.
- 가연성 물질과 조연성 물질을 혼합할 때 폭발위험이 증가한다.

구분	1류	2류	3류	4류	5류	6류
1류		×	×	×	×	○
2류	×		×	○	○	×
3류	×	×		○	×	×
4류	×	○	○		○	×
5류	×	○	×	○		×
6류	○	×	×	×	×	

0501 / 0701 / 0904 / 1304 / 1701

45 —— Repetitive Learning 1회 2회 3회

위험물제조소 등에서 안전거리의 단축기준과 관련해서 $H \leq pD^2 + \alpha$인 경우 방화상 유효한 담의 높이는 2m 이상으로 한다. 다음 중 α에 해당되는 것은?

① 인근 건축물의 높이(m)

② 제조소 등의 외벽의 높이(m)

③ 제조소 등과 공작물과의 거리(m)

④ 제조소 등과 방화상 유효한 담과의 거리(m)

해설

- ①는 H, ③은 D, ④는 d에 해당한다.

제조소에서 방화상 유효한 담의 높이 실기 0601

$H \leq pD^2 + \alpha$인 경우	h=2
$H > pD^2 + \alpha$인 경우	$h = H - p(D^2 - d^2)$

단, D는 제조소 등과 인근 건축물 또는 공작물과의 거리(m)
H는 인근 건축물 또는 공작물의 높이(m)
α는 제조소 등의 외벽의 높이(m)
d는 제조소 등과 방화상 유효한 담과의 거리(m)
h는 방화상 유효한 담의 높이(m)
p는 상수

정답 | 43 ③ 44 ① 45 ②

1202

46 Repetitive Learning (1회 2회 3회)

위험물제조소는 문화재보호법에 의한 유형문화재로부터 몇 m 이상의 안전거리를 두어야 하는가?

① 20m ② 30m
③ 40m ④ 50m

해설

- 유형문화재와 기념물 중 지정문화재와는 50m 이상의 안전거리를 유지하여야 한다.

제조소의 안전거리(제6류 위험물제조소 제외) 실기 1302

주거용 건물	10m 이상	불연재료로 된 담/벽 설치 시 단축가능
학교·병원·극장 그 밖에 다수인을 수용하는 시설	30m 이상	
유형문화재와 기념물 중 지정문화재	50m 이상	
고압가스, 액화석유가스 또는 도시가스를 저장 또는 취급하는 시설	20m 이상	
사용전압이 7,000V 초과 35,000V 이하의 특고압가공전선	3m 이상	
사용전압이 35,000V를 초과하는 특고압가공전선	5m 이상	

1501

47 Repetitive Learning (1회 2회 3회)

황화린에 대한 설명으로 틀린 것은?

① 고체이다.
② 가연성 물질이다.
③ P_4S_3, P_2S_5 등의 물질이 있다.
④ 물질에 따른 지정수량은 50kg, 100kg 등이 있다.

해설

- 황화린은 제2류 위험물에 해당하는 가연성 고체로 지정수량은 100kg이고, 위험등급은 Ⅱ이다.

황화린 실기 0602/0901/0902/0904/1001/1301/1404/1501/1601/1701/1804/1901/2003

- 제2류 위험물에 해당하는 가연성 고체로 지정수량은 100kg이고, 위험등급은 Ⅱ이다.
- 공통적으로 비중이 2.0 이상으로 물보다 무거우며, 유독한 연소 생성물이 발생한다.
- 과산화물, 망간산염, 안티몬 등과 공존하면 발화한다.
- 황과 인의 분포에 따라 삼황화린(P_4S_3), 오황화린(P_2S_5), 칠황화린(P_4S_7) 등으로 구분되며, 종류에 따라 용해성질이 다를 수 있다.
- 오황화린(P_2S_5)과 칠황화린(P_4S_7)은 담황색의 결정으로 조해성 물질에 해당한다.

48 Repetitive Learning (1회 2회 3회)

질산과 과염소산의 공통 성질로 옳은 것은?

① 강한 산화력과 환원력이 있다.
② 물과 접촉하면 반응이 없으므로 화재시 주수소화가 가능하다.
③ 가연성이 없으며 가연물 연소시에 소화를 돕는다.
④ 모두 산소를 함유하고 있다.

해설

- 질산과 과염소산은 모두 산소를 함유하고 있어 분해될 경우 산소를 발생시킨다.

질산(HNO_3) 실기 0502/0701/0702/0901/1001/1401

- 산화성 액체에 해당하는 제6류 위험물이다.
- 위험등급이 Ⅰ등급이고, 지정수량은 300kg이다.
- 무색 또는 담황색의 액체이다.
- 불연성의 물질로 산소를 포함하여 다른 물질의 연소를 돕는다.
- 부식성을 갖는 유독성이 강한 산화성 물질이다.
- 비중이 1.49 이상인 것만 위험물로 규정한다.
- 햇빛에 의해 분해되므로 갈색병에 보관한다.
- 가열했을 때 분해하여 적갈색의 유독한 가스(이산화질소, NO_2)를 방출한다.
- 구리와 반응하여 질산염을 생성한다.
- 진한질산은 철(Fe), 코발트(Co), 니켈(Ni), 크롬(Cr), 알루미늄(Al) 등의 표면에 수산화물의 얇은 막을 만들어 다른 산에 의해 부식되지 않도록 하는 부동태가 된다.

49 Repetitive Learning (1회 2회 3회)

오황화린이 물과 작용해서 발생하는 기체는?

① 이황화탄소 ② 황화수소
③ 포스겐가스 ④ 인화수소

해설

- 오황화린(P_2S_5)은 물과의 반응으로 유독성 황화수소(H_2S)와 인산(H_3PO_4)이 생성된다.

오황화린(P_2S_5)

- 황화린의 한 종류로 제2류 위험물에 해당하는 가연성 고체이며, 지정수량은 100kg이고, 위험등급은 Ⅱ이다.
- 비중은 2.09로 물보다 무거운 담황색 조해성 물질이다.
- 이황화탄소에 잘 녹으며, 물과 반응하여 유독성 황화수소(H_2S), 인산(H_3PO_4)으로 분해된다.

46 ④ 47 ④ 48 ④ 49 ② 정답

50 Repetitive Learning (1회 2회 3회)

가솔린에 대한 설명 중 틀린 것은?

① 비중은 물보다 작다.
② 증기비중은 공기보다 크다.
③ 전기에 대한 도체이므로 정전기 발생으로 인한 화재를 방지해야 한다.
④ 물에는 녹지 않지만 유기용제에 녹고 유지 등을 녹인다.

해설

- 가솔린은 전기에 대하여 부도체이다.

가솔린

- 비수용성 제1석유류로 지정수량이 200L인 인화성 액체(제4류 위험물)이다.
- 6 ~ 10개 정도의 탄소를 가진 탄화수소의 혼합물이다.
- 비중이 0.7로 물보다 가벼우며, 증기비중은 3.5로 공기보다 무겁다.
- 인화점은 −20℃ 이하이며, 착화점은 300℃이다.
- 휘발하기 쉽고 인화성이 크다.
- 전기에 대하여 부도체이다.
- 소화방법으로 포말에 의한 소화나 질식소화가 좋다.

1004 / 1202

51 Repetitive Learning (1회 2회 3회)

위험물을 적재, 운반할 때 방수성 덮개를 하지 않아도 되는 것은?

① 알칼리 금속의 과산화물 ② 마그네슘
③ 니트로화합물 ④ 탄화칼슘

해설

- 니트로화합물은 제5류 위험물이므로 차광성이 있는 피복으로 가려야 한다.

적재 시 피복 기준 실기 0704/1704/1904

- 제1류 위험물, 제3류 위험물 중 자연발화성물질, 제4류 위험물 중 특수인화물, 제5류 위험물 또는 제6류 위험물은 차광성이 있는 피복으로 가릴 것
- 제1류 위험물 중 알칼리금속의 과산화물 또는 이를 함유한 것, 제2류 위험물 중 철분 · 금속분 · 마그네슘 또는 이들 중 어느 하나 이상을 함유한 것 또는 제3류 위험물 중 금수성 물질은 방수성이 있는 피복으로 덮을 것
- 제5류 위험물 중 55℃ 이하의 온도에서 분해될 우려가 있는 것은 보냉 컨테이너에 수납하는 등 적정한 온도관리를 할 것
- 액체위험물 또는 위험등급Ⅱ의 고체위험물을 기계에 의하여 하역하는 구조로 된 운반용기에 수납하여 적재하는 경우에는 당해 용기에 대한 충격 등을 방지하기 위한 조치를 강구하여야 한다.

52 Repetitive Learning (1회 2회 3회)

질산암모늄이 가열분해하여 폭발이 되었을 때 발생되는 물질이 아닌 것은?

① 질소 ② 물
③ 산소 ④ 수소

해설

- 질산암모늄이 열분해하면 1차적으로 아산화질소와 물로 분해되고, 아산화질소를 다시 가열하면 질소와 산소로 분해된다.

질산암모늄(NH_4NO_3) 실기 0702/1002/1104/1302/1502/1901/1902/2004/2101

- 산화성 고체로 제1류 위험물에 해당하며, 지정수량은 300kg, 위험등급은 Ⅱ이다.
- 무색무취의 고체결정으로 흡습성과 조해성이 있다.
- 갑작스러운 가열, 충격에 의해 분해 폭발하므로 폭약의 재료로 사용할 수 있다.
- 물이나 알코올에 잘 녹으며, 특히 물에 녹을 때 흡열반응을 나타낸다.
- 산소를 함유하고 있어 질식소화효과는 얻을 수 없으며, 물과 접촉 시 위험성이 낮으므로 화재 시 주수소화를 한다.
- 열분해하면 1차적으로 아산화질소와 물로 분해되고 ($NH_4NO_3 \xrightarrow[\triangle]{} N_2O + 2H_2O$), 아산화질소를 다시 가열하면 질소와 산소로 분해된다.($2N_2O \xrightarrow[\triangle]{} 2N_2 + O_2$)

53 Repetitive Learning (1회 2회 3회)

제5류 위험물에 해당하지 않는 것은?

① 니트로셀룰로오스 ② 니트로글리세린
③ 니트로벤젠 ④ 질산메틸

해설

- ③은 $C_6H_5NO_2$로 제4류 위험물 중 제3석유류에 속한다.

질산에스테르류와 니트로화합물의 물질

품명	물질
질산에스테르류	• 질산메틸(CH_3ONO_2) • 질산에틸($C_2H_5ONO_2$) • 니트로글리세린[$C_3H_5(ONO_2)_3$] • 니트로글리콜[$C_2H_4(ONO_2)_2$] • 니트로셀룰로오스[$C_6H_7O_2(ONO_2)_3]_n$
니트로화합물	• 트리니트로톨루엔[$C_6H_2CH_3(NO_2)_3$] • 트리니트로페놀[$C_6H_2OH(NO_2)_3$]

정답 | 50 ③ 51 ③ 52 ④ 53 ③

1304

54

Repetitive Learning (1회 2회 3회)

다음 중 과망간산칼륨과 혼촉하였을 때 위험성이 가장 낮은 물질은?

① 물 ② 디에틸에테르
③ 글리세린 ④ 염산

해설

- 과망간산칼륨은 물에 녹으면 강한 살균력을 지닌 산화제가 되나, 위험하지는 않다.
- 에테르, 글리세린은 모두 제4류 위험물로 제1류 위험물인 과망간산칼륨과의 혼촉을 금해야 한다.
- 과망간산칼륨은 염산과 혼촉하면 염소를 발생시키므로 혼촉을 금해야 한다.

과망간산칼륨($KMnO_4$) 실기 0601/1004

- 산화성 고체로 제1류 위험물에 해당하며, 지정수량은 1,000kg, 위험등급은 Ⅲ이다.
- 흑자색의 주상결정으로 물에 녹으면 강한 살균력을 지닌 산화제가 된다.
- 알코올류와 접촉시켜두면 위험하므로 주의해야 한다.
- 황산을 가하면 격렬하게 튀는 듯이 폭발한다.
- 가열하면 약 240℃ 에서 망간산칼륨, 이산화망간, 산소로 분해된다.($2KMnO_4 \xrightarrow[\triangle]{} K_2MnO_4 + MnO_2 + O_2$)
- 화재 시 다량의 물로 냉각소화한다.

55

Repetitive Learning (1회 2회 3회)

위험물안전관리법령상 제4류 위험물 중 1기압에서 인화점이 21℃인 물질은 제 몇 석유류에 해당하는가?

① 제1석유류 ② 제2석유류
③ 제3석유류 ④ 제4석유류

해설

- ①은 인화점이 21℃ 미만이다.
- ③은 인화점이 70℃ 이상 200℃ 미만이다.
- ④는 인화점이 200℃ 이상 250℃ 미만

제4류 위험물의 인화점 실기 0701/0704/0901/1001/1002/1201/1301/1304/1401/1402/1404/1601/1702/1704/1902/2003

제1석유류	인화점이 21℃ 미만
제2석유류	인화점이 21℃ 이상 70℃ 미만
제3석유류	인화점이 70℃ 이상 200℃ 미만
제4석유류	인화점이 200℃ 이상 250℃ 미만
동·식물유류	인화점이 250℃ 미만

56

Repetitive Learning (1회 2회 3회)

질산칼륨에 대한 설명 중 틀린 것은?

① 무색의 결정 또는 백색분말이다.
② 비중이 약 0.81, 녹는점은 약 200℃이다.
③ 가열하면 열분해하여 산소를 방출한다.
④ 흑색화약의 원료로 사용된다.

해설

- 질산칼륨의 비중은 2.1로 물보다 무거우며, 녹는점은 333℃이다.

질산칼륨(초석, KNO_3) 실기 2003

- 산화성 고체로 제1류 위험물에 해당하며, 지정수량은 300kg, 위험등급은 Ⅱ이다.
- 무색 혹은 백색의 사방정계 분말로 비중은 2.1로 물보다 무거우며, 차가운 자극성의 짠맛이 있고 산화성을 갖는다.
- 물, 글리세린에 잘 녹으나, 알코올에는 녹지 않는다.
- 황이나 유기물 등과 혼합하면 폭발을 일으키므로 흑색화약 제조에 사용된다.
- 산소를 함유하고 있어 질식소화효과는 얻을 수 없으며, 물과 접촉 시 위험성이 낮으므로 화재 시 주수소화를 한다.
- 열분해하면 아질산칼륨과 산소를 발생한다. ($2KNO_3 \xrightarrow[\triangle]{} 2KNO_2 + O_2$)

0602

57

Repetitive Learning (1회 2회 3회)

다음 중 증기밀도가 가장 큰 물질은?

① C_6H_6 ② $CH_3(CH_2)_4CH_3$
③ $CH_3OCOC_2H_5$ ④ $C_3H_8(OH)_3$

해설

- 공기의 분자량은 일정하므로 물질의 분자량이 큰 것이 증기밀도가 크다.
- ①은 벤젠으로 분자량이 78로 증기밀도는 3.48이다.
- ②는 헥세인으로 분자량이 86으로 증기밀도는 3.84이다.
- ③은 메틸에틸케톤으로 분자량이 88으로 증기밀도는 3.93이다.
- ④는 글리세린으로 분자량이 95로 증기밀도는 4.24이다.

증기밀도 구하기 실기 0701/1201

- 밀도는 $\frac{질량}{부피}$이고, 증기밀도는 0℃, 1기압에서의 기체의 부피가 22.4L이므로 $\frac{분자량}{22.4}$[g/L]로 구한다.
- 0℃, 1기압에서의 기체의 부피는 일정하므로 물질의 분자량이 큰 것이 증기밀도가 크다.

54 ① 55 ② 56 ② 57 ④ | 정답

0602 / 1004 / 1202 / 1501

58

Repetitive Learning (1회 2회 3회)

어떤 공장에서 아세톤과 메탄올을 18L 용기에 각각 10개, 등유를 200L 드럼으로 3드럼을 저장하고 있다면 각각의 지정수량 배수의 총합은 얼마인가?

① 1.3 ② 1.5
③ 2.3 ④ 2.5

해설

- 아세톤은 제4류 위험물에 해당하는 수용성 제1석유류로 지정수량이 400L이다.
- 메탄올은 제4류 위험물에 해당하는 수용성 알코올류로 지정수량이 400L이다.
- 등유는 제4류 위험물에 해당하는 비수용성 제2석유류로 지정수량이 1,000L이다.
- 지정수량의 배수의 합은 $\frac{180}{400}+\frac{180}{400}+\frac{600}{1,000}$ =0.45+0.45+0.6 =1.5배이다.

:: 지정수량 배수의 계산

- 다수의 위험물을 저장하는 경우 지정수량의 배수를 구하려면 각각의 위험물에 해당하는 지정수량 배수($\frac{\text{저장수량}}{\text{지정수량}}$)의 합을 구하면 된다.
- 위험물 A, B를 저장하는 경우 지정수량의 배수의 합은 $\frac{\text{A저장수량}}{\text{A지정수량}}+\frac{\text{B저장수량}}{\text{B지정수량}}$가 된다.

1501

59

Repetitive Learning 

가연성 물질이며 산소를 다량 함유하고 있기 때문에 자기연소가 가능한 물질은?

① $C_6H_2CH_3(NO_2)_3$ ② $CH_3COC_2H_5$
③ $NaClO_4$ ④ HNO_3

해설

- 트리니트로톨루엔[$C_6H_2CH_3(NO_2)_3$]은 내부에 산소를 다량 함유한 자기반응성 물질이다.

:: 트리니트로톨루엔[$C_6H_2CH_3(NO_2)_3$] 실기 0802/0901/1004/1102/1201/1202/1501/1504/1601/1901/1904

- 담황색의 고체 위험물로 톨루엔에 질산, 황산을 반응시켜(니트로화) 생성되는 물질로 니트로화합물에 속한다.
- 자기반응성 물질로 제5류 위험물이다.
- 지정수량은 200kg이고, 위험등급은 Ⅱ이다.
- TNT라고 하며, 폭발력의 표준으로 사용된다.
- 피크린산에 비해서는 충격, 마찰에 둔감하다.
- 니트로글리세린과 달리 장기간 저장해도 자연분해 할 위험 없이 안전하다.
- 가열 충격 시 폭발하기 쉬우며, 폭발 시 다량의 가스를 발생한다.
- 물에는 녹지 않고 아세톤, 벤젠에 녹으며, 금속과는 반응하지 않는 물질이다.

반응식	$2C_6H_2CH_3(NO_2)_3 \rightarrow 12CO+3N_2+5H_2+2C$ TNT → 일산화탄소+질소+수소+탄소

60

Repetitive Learning (1회 2회 3회)

금속칼륨의 성질에 대한 설명으로 옳은 것은?

① 중금속류에 속한다.
② 이온화경향이 큰 금속이다.
③ 물속에 보관한다.
④ 고광택을 내므로 장식용으로 많이 쓰인다.

해설

- 금속칼륨은 은백색의 경금속에 해당한다.
- 금속칼륨은 물과 반응하여 수소를 발생시켜 화재 및 폭발 가능성이 있으므로 물과 접촉하지 않도록 한다.
- 금속칼륨은 나트륨과 합금하여 냉각재나 고온온도계 등에 사용된다.

:: 금속칼륨(K) 실기 0501/0701/0804/1501/1602/1702

- 은백색의 가벼운 금속으로 제3류 위험물이다.
- 비중은 0.86으로 물보다 작아 가벼우며, 화학적 활성이 강한(이온화 경향이 큰) 금속이다.
- 물과 반응하여 수소를 발생시켜 화재 및 폭발 가능성이 있으므로 물과 접촉하지 않도록 한다.
- 에탄올과 반응하여 칼륨에틸레이트와 수소를 발생시킨다.
- 융점 이상의 온도에서 보라빛 불꽃을 내면서 연소한다.
- 화재 시 건조사 또는 탄산수소염류 분말소화약제로 소화한다.
- 석유(파라핀, 경유, 등유) 속에 저장한다.

정답 | 58 ② 59 ① 60 ②

2020년 6월 6일

2020년 제1회

합격률 51.3%

1과목 일반화학

01 Repetitive Learning (1회 2회 3회)

구리줄을 불에 달구어 약 50℃ 정도의 메탄올에 담그면 자극성 냄새가 나는 기체가 발생한다. 이 기체는 무엇인가?

① 포름알데히드 ② 아세트알데히드
③ 프로판 ④ 메틸에테르

해설

- 메탄올과 구리와의 반응으로 발생하는 기체는 포름알데히드이다.

포름알데히드(HCHO)

- 자극성 냄새가 나는 기체로 살균력이 커 방부제나 소독제로 사용된다.
- 메탄올의 증기를 300℃에서 구리분말 위에서 공기로 산화시켜 만드는 것이다.
- 가격이 싸 건축자재 등에 널리 이용되며, 멜라민수지, 요소수지의 원료로 사용된다.

0402

02 Repetitive Learning (1회 2회 3회)

"기체의 확산 속도는 기체의 밀도(또는 분자량)의 제곱근에 반비례한다."라는 법칙과 연관성이 있는 것은?

① 미지의 기체 분자량을 측정에 이용할 수 있는 법칙이다.
② 보일-샤를이 정립한 법칙이다.
③ 기체상수 값을 구할 수 있는 법칙이다.
④ 이 법칙은 기체상태방정식으로 표현된다.

해설

- 그레이엄의 법칙에 의해 기체 확산 속도를 측정해 모르는 기체의 분자량을 유추할 수 있다.

그레이엄의 법칙

- 기체의 확산(Diffusion)과 관련된 법칙이다.
- 일정한 온도와 압력의 조건에서 두 기체의 확산 속도 비는 그들의 밀도(분자량)의 제곱근에 반비례한다.

1601

03 Repetitive Learning (1회 2회 3회)

3가지 기체 물질 A, B, C가 일정한 온도에서 다음과 같은 반응을 하고 있다. 평형에서 A, B, C가 각각 1몰, 2몰, 4몰이라면 평형상수 K의 값은?

A+3B → 2C+열

① 0.5 ② 2
③ 3 ④ 4

해설

- 주어진 값을 대입하면 $K=\frac{[4]^2}{[1][2]^3}=\frac{16}{8}=2$가 된다.

화학평형의 법칙

- 일정한 온도에서 화학반응이 평형상태에 있을 때 전리평형상수(K)는 항상 일정하다.
- 전리평형상수(K)는 화학반응이 평형상태에 있을 때 반응물의 농도곱에 대한 생성물의 농도곱의 비를 말한다.

A와 B가 결합하여 C와 D가 생성되는 화학반응이 평형상태일 때 $aA+bB \Leftrightarrow cC+dD$라고 하면 $K=\frac{[C]^c[D]^d}{[A]^a[B]^b}$가 성립하며, [A], [B], [C], [D]는 물질의 몰농도

0202 / 0304

04 Repetitive Learning (1회 2회 3회)

다음 중 파장이 가장 짧으면서 투과력이 가장 강한 것은?

① α선 ② β선
③ γ선 ④ X선

해설

- 감마(γ)선은 방사선 중 파장이 가장 짧고 투과력과 방출속도가 가장 크며 휘어지지 않는다.

감마(γ)선

- 질량이 없고 전하를 띠지 않는다.
- 방사선 중 파장이 가장 짧고 투과력과 방출속도가 가장 크다.
- 전기장의 영향을 받지 않아 휘어지지 않는다.

01 ① 02 ① 03 ② 04 ③ 정답

1002

05

Repetitive Learning (1회 2회 3회)

98% H_2SO_4 50g에서 H_2SO_4에 포함된 산소 원자 수는?

① 3×10^{23}개　② 6×10^{23}개

③ 9×10^{23}개　④ 1.2×10^{24}개

해설

- 황산(H_2SO_4)의 분자량은 98g이다. 98% H_2SO_4 50g에서 황산은 0.98×50=49g이 존재하며 이는 0.5몰에 해당한다.
- 황산 1몰에 포함된 산소원자는 4개인만큼 황산 0.5몰에 포함된 산소원자는 모두 2개이다.
- 산소 원자 2개에 포함된 원자의 수는 $2 \times 6.022 \times 10^{23}$이므로 1.2×10^{24}이 된다.

원자번호(Atomic number)와 원자량(Atomic mass)

- 원자번호는 원자핵의 양성자수이자 중성원자의 총 전자수와 같다.
- 질량수=양성자의 수+중성자의 수로 구한다.
- 원자량은 6개의 양성자와 6개의 중성자로 구성되는 질량수 12인 탄소($_{12}C$)의 원자 질량을 12로 정한 조건에서 다른 원소의 비교질량을 원자량으로 나타낸다.

0804 / 1402

06

Repetitive Learning (1회 2회 3회)

수소와 질소로 암모니아를 합성하는 반응의 화학반응식은 다음과 같다. 암모니아의 생성률을 높이기 위한 조건은?

$$N_2 + 3H_2 \rightarrow 2NH_3 + 22.1\text{kcal}$$

① 온도와 압력을 낮춘다.

② 온도는 낮추고, 압력은 높인다.

③ 온도를 높이고, 압력은 낮춘다.

④ 온도와 압력을 높인다.

해설

- 등호를 기준으로 왼쪽에서 오른쪽으로 진행은 열을 발생하는 발열반응이고, 몰수가 큰 쪽(4몰)에서 작은 쪽(2몰)으로의 진행이므로 온도를 낮추고, 압력을 높여야 한다.

화학반응식의 평형

- 발열반응으로 진행하려면 온도를 낮춰야하고, 흡열반응으로 진행하려면 온도를 높여야한다.
- 반응식에서 압력을 높이면 기체의 몰수의 합이 적은 쪽으로 반응이 진행되고, 압력을 낮추면 기체의 몰수의 합이 많은 쪽으로 반응이 진행된다.

07

Repetitive Learning (1회 2회 3회)

다음 그래프는 어떤 고체물질의 온도에 따른 용해도 곡선이다. 이 물질의 포화용액을 80℃에서 0℃로 내렸더니 20g의 용질이 석출되었다. 80℃에서 이 포화용액의 질량은 몇 g인가?

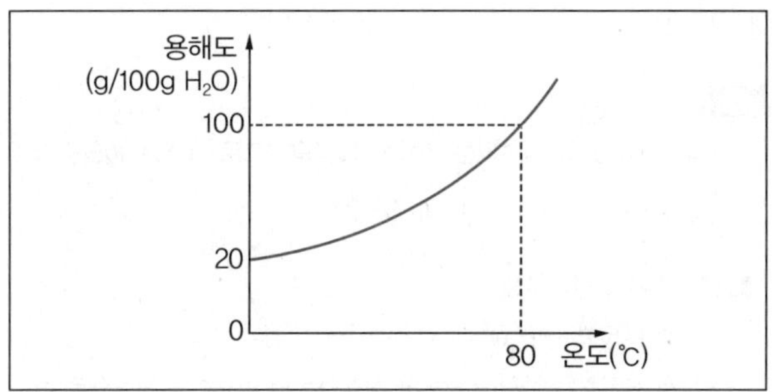

① 50g　② 75g

③ 100g　④ 150g

해설

- 그래프를 보면 80℃에서의 용해도가 100이고, 0℃에서의 용해도가 20이다.
- 80℃에서 용해도가 100이고, 0℃에서의 용해도가 20이므로 이를 비율로 표현하면 80℃에서의 용질의 양을 x라 하면 ℃에서의 용질의 양은 $0.2x$가 되고, 석출된 용질의 양은 $0.8x$가 된다.
- $0.8x$가 20g이므로 x는 25g이다.
- 80℃에서의 용질의 양이 25g이므로 용매의 양도 25g이므로 용액의 양은 50g이 된다.

용해도를 이용한 용질의 석출량 계산

㉠ 개요

- 용해도란 포화용액에서 용매 100g에 용해되는 용질의 g수를 그 온도에서의 용해도라고 한다.
- 대부분의 경우 온도가 높아질수록 고체의 용해도는 증가하고, 기체의 용해도는 감소한다.

㉡ 석출량 계산

- 특정 온도(A℃)에서 포화된 용액의 용질 용해도와 포화용액의 양이 주어지고 그 온도보다 낮은 온도(B℃)에서의 용질의 석출량을 구하는 경우

> - 포화상태에서의 용매의 양과 용질의 양을 용해도를 이용해 구한다.
>
> ⓐ 용매의 양=포화용액의 양× $\frac{100}{100+\text{A℃의 용해도}}$
>
> ⓑ 용질의 양=포화용액의 양−ⓐ에서 구한 용매의 양
> =포화용액의 양× $\frac{\text{A℃의 용해도}}{100+\text{A℃의 용해도}}$
>
> ⓒ B℃에서의 용해도를 이용해 B℃에서의 용해가능한 용질의 양 (= $\frac{\text{B℃에서의 용해도×ⓐ에서 구한 용매의 양}}{100}$)을 구한다.
>
> - ⓑ에서 구한 용질의 양에서 ⓒ에서 구한 용질의 양을 빼주면 석출된 용질의 양을 구할 수 있다.

정답 | 05 ④ 06 ② 07 ①

0904 / 1504

08

Repetitive Learning 1회 2회 3회

1패러데이(Faraday)의 전기량으로 물을 전기분해하였을 때 생성되는 수소기체는 0℃, 1기압에서 얼마의 부피를 갖는가?

① 5.6L　　② 11.2L
③ 22.4L　　④ 44.8L

해설

- 1F의 전기량으로 생성되는 기체는 1g당량이므로 수소는 1g당량이 $\frac{1}{2}$몰이므로 $\frac{1}{2} \times 22.4 = 11.2$[L]가 된다.

물(H_2O)의 전기분해

- 분해 반응식 : $2H_2O \rightarrow 2H_2 + O_2$
- 1F의 전기량은 물질 1g당량을 석출하는데 필요한 전기량으로 전기분해할 경우 수소 1g당량과 산소 1g당량이 발생한다.
- 1F의 전기량은 전자 1몰이 갖는 전하량으로 96,500[C]의 전하량을 갖는다.
- 음(−)극에서는 수소의 1g당량은 $\frac{원자량}{원자가} = \frac{1}{1} = 1g$으로 표준상태에서 기체 1몰이 가지는 부피가 22.4[L]이므로 1g은 $\frac{1}{2}$몰이므로 11.2[L]가 생성된다.
- 양(+)극에서는 산소의 1g당량은 $\frac{원자량}{원자가} = \frac{16}{2} = 8g$으로 표준상태에서 기체 1몰이 가지는 부피가 22.4[L]이므로 8g은 $\frac{8}{32}$몰이므로 5.6[L]가 생성된다.

0504 / 0801 / 1201

09

Repetitive Learning 

다음 물질 중에서 염기성인 것은?

① $C_6H_6NH_2$　　② $C_6H_5NO_2$
③ C_6H_5OH　　④ C_6H_5COOH

해설

- 아닐린($C_6H_5NH_2$)은 염기성에 해당하는 아민($-NH_2$)기를 가지고 있다.

아닐린($C_6H_5NH_2$)

- 인화성 액체에 해당하는 제4류 위험물 중 제3석유류에 속하며, 비수용성으로 지정수량이 2,000[L]이고, 위험등급이 Ⅲ이다.
- 인화점이 75℃, 착화점이 538℃이며 비중은 1.002이고, 분자량은 93.13이다.
- 니트로벤젠의 증기에 수소를 혼합한 뒤 촉매(니켈, 구리 등)를 사용하여 환원시켜서 얻는다.
- $CaOCl_2$ 용액에서 붉은 보라색을 띠며, HCl과 반응하여 염산염을 만든다.

0401 / 0901 / 1601

10

Repetitive Learning 1회 2회 3회

물 200g에 A 물질 2.9g을 녹인 용액의 어는점은? (단, 물의 어는점 내림 상수는 1.86℃ · kg/mol이고, A물질의 분자량은 58이다)

① −0.465℃　　② −0.932℃
③ −1.871℃　　④ −2.453℃

해설

- 물의 어는점이 얼마나 내렸는지 계산하기 위해 대입해보면 $1.86 \times \frac{2.9 \times 1,000}{58 \times 200} = \frac{5,394}{11,600} = 0.465$[℃]이다.

라울의 법칙

- 용매에 용질을 녹일 경우 용매의 증기압이 감소하여 끓는(어는)점이 변화하는데 이때 변화의 크기는 용액 중에 녹아있는 용질의 몰분율에 비례한다.
- 끓는점 상승도 = $K_b \times \frac{w \times 1,000}{M \times G}$로 구한다.
  이때, K_b는 몰랄 오름 상수(0.52℃ · kg/mol)이고, w는 용질의 무게, M은 용질의 분자량, G는 용매의 무게이다.
- 어는점 강하도 = $K_f \times \frac{w \times 1,000}{M \times G}$로 구한다.
  이때, K_f는 몰랄 내림 상수(1.86℃ · kg/mol)이고, w는 용질의 무게, M은 용질의 분자량, G는 용매의 무게이다.

11

Repetitive Learning 1회 2회 3회

0.01N CH_3COOH의 전리도가 0.01이면 pH는 얼마인가?

① 2　　② 4
③ 6　　④ 8

해설

- 0.01N 아세트산(CH_3COOH)의 pH는 −log[N농도×전리도]에서 아세트산의 전리도는 0.01이므로 −log[0.01×0.01] = 4가 된다.

수소이온농도지수(pH)

- 용액 1L 속에 존재하는 수소이온의 g이온수 즉, 몰농도(혹은 N농도×전리도)를 말한다.
- 수소이온은 매우 작은 값으로 존재하므로 수소이온의 역수에 상용로그값을 취하여 사용한다.

$$pH = \log\frac{1}{[H^+]} = -\log[H^+]$$

- 순수한 물의 경우 1기압 25℃에서 수소이온의 농도가 약 10^{-7}g이온이므로 이를 pH 7 중성이라고 하고, 이보다 클 때 알카리성, 이보다 작을 때 산성이라고 한다.
- 수소이온농도지수[pH]+수산화이온농도지수[pOH]=14이다.

08 ② 09 ① 10 ① 11 ② | 정답

0804

12 Repetitive Learning (1회 2회 3회)

다음은 표준 수소 전극과 짝지어 얻은 반쪽반응 표준환원 전위값이다. 이들 반쪽 전지를 짝지었을 때 얻어지는 전자의 표준 전위차 E°는?

$$Cu^{2+} + 2e^- \rightarrow Cu \quad E° = +0.34V$$
$$Ni^{2+} + 2e^- \rightarrow Ni \quad E° = -0.23V$$

① +0.11V ② −0.11V
③ +0.57V ④ −0.57V

해설

- 구리의 표준 환원 전위값이 더 크므로 양(+)극이 되고, 니켈은 음(−)극이 된다. 이 전지의 전위차는 +0.34−(−0.23)=+0.57V가 된다.

표준 환원 전위(E°)

- 표준 수소 전극과 연결하여 측정한 표준 상태의 반쪽 전지의 전위를 환원반응의 형태로 표시한 전위를 말한다.
- 표준 환원 전위가 양(+)의 값이면 수소(H^+)보다 환원되기 쉽고, 음(−)의 값이면 수소(H^+)보다 환원되기 어렵고 산화되는 경향이 커진다.
- 표준 환원 전위가 큰 반쪽 전지는 전지의 양(+)극이 되고, 표준 환원 전위가 작은 반쪽 전지는 전지의 음(−)극이 된다.

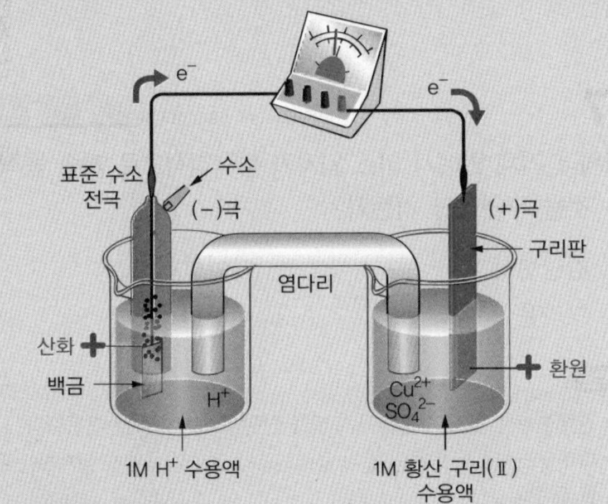

- 표준 환원 전위표

반쪽반응	표준 환원 전위[V]
$Ag^+ + e^- \rightarrow Ag$	+0.80
$Cu^{2+} + 2e^- \rightarrow Cu$	+0.34
$2H^+ + 2e^- \rightarrow H_2$	+0.0
$Fe^{2+} + 2e^- \rightarrow Fe$	−0.44
$Zn^{2+} + 2e^- \rightarrow Zn$	−0.76

1602

13 Repetitive Learning (1회 2회 3회)

다음의 반응에서 환원제로 쓰인 것은?

$$MnO_2 + 4HCl \rightarrow MnCl_2 + 2H_2O + Cl_2$$

① Cl_2 ② $MnCl_2$
③ HCl ④ MnO_2

해설

- 한 물질이 산화되면 반드시 다른 물질은 환원되어야 한다. 이산화망간에서 산소를 내주는 만큼 이산화망간은 산화제로 사용되었는데, 염화수소의 경우 염소로 변화되면서 수소를 잃고 산화수도 −1에서 0으로 증가하였으므로 환원제로 사용되었다.

산화제와 환원제

㉠ 산화제
- 자신은 환원(산화수가 감소)되면서 다른 화학종을 산화시키는 물질을 말한다.
- 자신이 가지고 있는 산소 또는 산소공급원을 내주어서 다른 가연물을 연소시키고 반응 후 자신은 산소를 잃어버리는 것을 말한다.
- 산화납, 과망가니즈산칼륨, 산화염소, 염소 등이 있다.

㉡ 환원제
- 자신은 산화(산화수가 증가)되면서 다른 화학종을 환원시키는 물질을 말한다.
- 산화제로부터 산소를 받아들여 자신이 직접 연소되는 가연물을 의미한다.
- 수소, 이산화황, 탄소 등이 있다.

0902 / 1404

14 Repetitive Learning 

중성원자가 무엇을 잃으면 양이온으로 되는가?

① 중성자 ② 핵전자
③ 양성자 ④ 전자

해설

- 중성원자가 전자를 잃으면 양이온이 된다.

이온(Ion)

- 양성자의 수와 전자의 수가 다른 화학종으로 중성물질에서 전자를 잃거나 얻는 화학종을 말한다.
- 전자를 잃어 양성자의 수가 전자의 수보다 큰 경우를 양이온(Cation)이라고 한다. 주로 금속의 경우이다.
- 전자를 얻어 전자의 수가 양성자의 수보다 큰 경우를 음이온(Anion)이라고 한다. 주로 비금속의 경우이다.

정답 | 12 ③ 13 ③ 14 ④

0402 / 1101 / 1701

15

Repetitive Learning 

pH가 2인 용액은 pH가 4인 용액과 비교하면 수소이온농도가 몇 배인 용액이 되는가?

① 100배 ② 2배

③ 10^{-1}배 ④ 10^{-2}배

해설

- pH가 2인 용액의 수소이온농도는 10^{-2} 즉, 0.01이고, pH가 4인 용액의 수소이온농도는 10^{-4}=0.0001이다. 몇 배인지를 물었으므로 $\frac{0.01}{0.0001}$=100배가 된다.

수소이온농도지수(pH)

문제 11번의 유형별 핵심이론 참조

1001 / 1604

16

Repetitive Learning 1회 2회 3회

ns^2nP^5의 전자구조를 가지지 않는 것은?

① F(원자번호 9) ② Cl(원자번호 17)

③ Se(원자번호 34) ④ I(원자번호 53)

해설

- 전자의 배열이 ns^2np^5이라고 하더라도 앞의 오비탈이 모두 채워져야 한다는데 주의해야 한다.
- n에 2를 대입하면 $1s^22s^22p^5$가 되며, 이는 원자번호 9인 불소(F)이다.
- n에 3을 대입하면 $1s^22s^22p^63s^23p^5$가 되며, 이는 원자번호 17인 염소(Cl)이다.
- n에 4를 대입하면 $1s^22s^22p^63s^23p^64s^23d^{10}4p^5$가 되며, 이는 원자번호 35인 브롬(Br)이다.
- n에 5를 대입하면 $1s^22s^22p^63s^23p^64s^23d^{10}4p^65s^24d^{10}5p^5$가 되며, 이는 원자번호 53인 요오드(I)이다.

전자배치 구조

- 오비탈이라는 전자가 채워지는 공간을 통해 전자껍질을 구성한다.
- 전자껍질은 K, L, M, N껍질로 구성된다.

구분	K껍질	L껍질	M껍질	N껍질
오비탈	1s	2s2p	3s3p3d	4s4p4d4f
오비탈수	1개(1^2)	4개(2^2)	9개(3^2)	16개(4^2)
최대전자	최대 2개	최대 8개	최대 18개	최대 32개

- 오비탈의 종류

s오비탈	최대 2개의 전자를 채울 수 있다.
p오비탈	최대 6개의 전자를 채울 수 있다.
d오비탈	최대 10개의 전자를 채울 수 있다.
f오비탈	최대 14개의 전자를 채울 수 있다.

- 표시방법

$1s^22s^22p^63s^23p^64s^23d^{10}4p^6$ …로 표시한다.

- 오비탈에 해당하는 s, p, d, f 앞의 숫자는 주기율표상의 주기를 의미한다.
- 오비탈에 해당하는 s, p, d, f 오른쪽 위의 숫자는 전자의 수를 의미한다.
- 항상 앞의 오비탈을 모두 채워야 다음 오비탈이 위치할 수 있다.
- 주기율표와 같이 구성되게 하기 위해 1주기에는 s만, 2주기와 3주기에는 s와 p가, 4주기와 5주기에는 전이원소를 넣기 위해 s, d, p오비탈이 순서대로(이때, d앞의 숫자가 기존 s나 p보다 1적다) 배치된다.

- 대표적인 원소의 전자배치

주기	원소명	원자 번호	표시
1	수소(H)	1	$1s^1$
	헬륨(He)	2	$1s^2$
2	리튬(Li)	3	$1s^22s^1$
	베릴륨(Be)	4	$1s^22s^2$
	붕소(B)	5	$1s^22s^22p^1$
	탄소(C)	6	$1s^22s^22p^2$
	질소(N)	7	$1s^22s^22p^3$
	산소(O)	8	$1s^22s^22p^4$
	불소(F)	9	$1s^22s^22p^5$
	네온(Ne)	10	$1s^22s^22p^6$

17

Repetitive Learning 1회 2회 3회

액체나 기체 안에서 미소 입자가 불규칙적으로 계속 움직이는 것을 무엇이라 하는가?

① 틴들현상 ② 다이알리시스

③ 브라운 운동 ④ 전기영동

해설

- 틴들현상은 콜로이드 입자가 빛을 산란시키는 현상을 이용한다.
- 다이알리시스는 반투막을 써 콜로이드나 고분자 용액을 정제하는 것을 말한다.
- 전기영동은 전극 사이의 전기장 하에서 용액 속의 전하가 반대 전하의 전극을 향해 이동하는 현상을 말한다.

콜로이드 입자의 성격

투석	콜로이드 입자는 반투막을 통과하지 못하는 대신 보통 용질 입자는 통과하는 성질을 이용해 두 물질을 분리하는 방법
틴들	콜로이드 입자가 분산매에 용해되지 않고 떠다니는 상태로 인해 빛을 산란시켜 빛의 진로를 보이게 하는 현상
브라운	콜로이드 입자가 다른 입자와 충돌하여 불규칙적인 직선운동을 하는 현상
흡착	표면적이 큰 콜로이드 입자에 다른 작은 입자들이 달라붙는 현상

15 ① 16 ③ 17 ③ 정답

18

Repetitive Learning 1회 2회 3회

2차 알코올을 산화시켜서 얻어지며, 환원성이 없는 물질은?

① CH_3COCH_3　　② $C_2H_5OC_2H_5$

③ CH_3OH　　④ CH_3OCH_3

해설

- 1차 알코올은 산화하면 알데히드(CH_3CHO)를 거쳐 카르복실산(CH_3COOH)이 된다.
- 2차 알코올은 알킬기가 2개로 산화하면 케톤(CH_3COCH_3)이 된다.

알킬기(CH_3)의 수량에 따른 알코올의 분류

구분	내용
1차 알코올 (C_2H_5OH) - 알킬기가 1개	• H−C(OH)(H)−C(H)(H)−C(H)(H)−H 혹은 H−C(H)(H)−C(H)(H)−C(H)(H)−OH • 산화하면 알데히드(CH_3CHO)를 거쳐 카르복실산(CH_3COOH)이 된다.
2차 알코올 (C_3H_7OH) - 알킬기가 2개	• H−C(H)(H)−C(H)(OH)−C(H)(H)−H • 산화하면 케톤(CH_3COCH_3)이 된다.
3차 알코올 (C_4H_9OH) - 알킬기가 3개	• CH_3−C(CH_3)(OH)−CH_3 • 3차 알코올은 산화되기 어렵다.

0801

19

Repetitive Learning 1회 2회 3회

디에틸에테르는 에탄올과 진한 황산의 혼합물을 가열하여 제조할 수 있는데 이것을 무슨 반응이라고 하는가?

① 중합반응　　② 축합반응

③ 산화반응　　④ 에스테르화반응

해설

- 축합반응이란 2개 이상의 유기화합물 분자가 결합하여 물 등의 간단한 분자가 떨어져 나가면서 새로운 화합물을 생성하는 반응으로 에탄올이 축합반응하여 에테르를 생성한다.

디에틸에테르($C_2H_5OC_2H_5$)

- 에테르, 에틸에테르라고도 한다.
- 인화성 액체에 해당하는 제4류 위험물 중 특수인화물에 해당하며, 지정수량은 50[L], 위험등급은 Ⅰ이다.
- 인화점은 −45℃, 착화점은 180℃인 물질로 비중은 0.72이다.
- 인화성이 강하며, 마취성을 갖는다.
- 물에는 약간 녹으며, 알코올에 잘 녹는 특성을 갖는다.
- 에탄올을 축합반응하여 만든다.

$$(2C_2H_5OH \xrightarrow[\text{축합}]{C-H_2SO_4} C_2H_5OC_2H_5 + H_2O)$$

0801

20

Repetitive Learning 1회 2회 3회

다음의 금속원소를 반응성이 큰 순서부터 나열한 것은?

Na, Li, Cs, K, Rb

① Cs > Rb > K > Na > Li

② Li > Na > K > Rb > Cs

③ K > Na > Rb > Cs > Li

④ Na > K > Rb > Cs > Li

해설

- 보기에서 주어진 금속은 모두 1족으로 알칼리 금속이다. 즉, 같은 족에서의 원소의 반응성을 묻는 문제이므로 같은 족의 경우 원자번호가 크면 클수록 반응성이 크다.

금속원소의 반응성

- 금속이 수용액에서 전자를 잃고 양이온이 되려는 성질을 반응성이라고 한다.
- 이온화 경향이 큰 금속일수록 산화되기 쉽다.
- 반응성이 크다는 것은 환원력이 크다는 것을 의미한다.
- 알칼리 금속의 경우 주기율표 상에서 아래로 내려갈수록 금속 결합상의 길이가 증가하고, 원자핵과 자유 전자사이의 인력이 감소하여 반응성이 증가한다.(Cs > Rb > K > Na > Li)

정답 | 18 ① 19 ② 20 ①

0702 / 1504

21

Repetitive Learning 

1기압, 100℃에서 물 36g이 모두 기화되었다. 생성된 기체는 약 몇 L인가?

① 11.2　② 22.4
③ 44.8　④ 61.2

해설

- 이상기체 상태방정식을 부피를 기준으로 정리하면 부피(V)= $\frac{질량 \times R \times T}{P \times V}$이 된다.
- 질량이 36g, 분자량은 18g, 이상기체상수는 0.082, 온도는 (273+100), 압력은 1기압으로 주어졌으므로 대입하면 $\frac{36 \times 0.082 \times 373}{1 \times 18}$ =61.17L가 된다.

이상기체 상태방정식

- 특정 압력과 온도에서 기체의 분자량을 구할 때 사용한다.
- 분자량 M= $\frac{질량 \times R \times T}{P \times V}$로 구한다.

이때, R은 이상기체상수로 0.082[atm · L/mol · K]이고,
T는 절대온도(273+섭씨온도)[K]이고,
P는 압력으로 atm 혹은 $\frac{주어진\ 압력[mmHg]}{760mmHg/atm}$이고,
V는 부피[L]이다.

0604

22

Repetitive Learning 1회 2회 3회

소화효과에 대한 설명으로 옳지 않은 것은?

① 산소공급 차단에 의한 소화는 제거효과이다.
② 가연물질의 온도를 떨어뜨려서 소화하는 것은 냉각효과이다.
③ 촛불을 입으로 바람을 불어 끄는 것은 제거효과이다.
④ 물에 의한 소화는 냉각효과이다.

해설

- 산소공급을 차단하는 방식은 질식소화 방법이다.

질식소화

- 산소공급원을 차단하는 소화방법을 말한다.
- 연소범위 밖으로 농도를 유지하게 하는 방법과 연소범위를 좁혀서(불활성화) 소화를 유도하는 방법이 있다.
- 불활성화는 불활성물질(이산화탄소, 질소, 아르곤, 수증기 등)을 첨가하여 산소농도를 15% 이하로 만드는 방법이다.

0704 / 1504

23

Repetitive Learning 1회 2회 3회

위험물안전관리법령상 분말소화설비의 기준에서 가압용 또는 축압용 가스로 사용이 가능한 가스로만 이루어진 것은?

① 산소 또는 수소
② 수소 또는 질소
③ 이산화탄소 또는 산소
④ 질소 또는 이산화탄소

해설

- 가압용가스 또는 축압용가스는 질소가스 또는 이산화탄소로 한다.

가압용 가스 또는 축압용 가스 기준

- 가압용가스 또는 축압용가스는 질소가스 또는 이산화탄소로 할 것
- 가압용가스에 질소가스를 사용하는 것의 질소가스는 소화약제 1kg마다 40L(35℃에서 1기압의 압력상태로 환산한 것) 이상, 이산화탄소를 사용하는 것의 이산화탄소는 소화약제 1kg에 대하여 20g에 배관의 청소에 필요한 양을 가산한 양 이상으로 할 것
- 축압용가스에 질소가스를 사용하는 것의 질소가스는 소화약제 1kg에 대하여 10L(35℃에서 1기압의 압력상태로 환산한 것) 이상, 이산화탄소를 사용하는 것의 이산화탄소는 소화약제 1kg에 대하여 20g에 배관의 청소에 필요한 양을 가산한 양 이상으로 할 것
- 배관의 청소에 필요한 양의 가스는 별도의 용기에 저장할 것

0702

24

Repetitive Learning 1회 2회 3회

이산화탄소의 특성에 관한 내용으로 틀린 것은?

① 전기의 전도성이 있다.
② 냉각 및 압축에 의하여 액화될 수 있다.
③ 공기보다 약 1.52배 무겁다.
④ 일반적으로 무색, 무취의 기체이다.

해설

- 이산화탄소는 전기에 대한 절연성이 우수한 비전도성을 갖기 때문에 전기화재(C급)에 유효하다.

이산화탄소(CO_2)

- 무색, 무취이며 비전도성이다.
- 증기상태의 비중은 약 1.52로 공기보다 무겁다.
- 임계온도는 약 31℃이다.
- 냉각 및 압축에 의하여 액화될 수 있다.
- 산소와 반응하지 않고 산소공급을 차단하므로 표면소화에 효과적이다.
- 방사 시 열량을 흡수하므로 냉각소화 및 질식, 피복소화 작용이 있다.
- 밀폐된 공간에서는 질식을 유발할 수 있으므로 주의해야 한다.

21 ④ 22 ① 23 ④ 24 ① 정답

0501_추가 / 0904 / 1202 / 1601

25 Repetitive Learning (1회 2회 3회)

위험물안전관리법령에 따른 옥내소화전설비의 기준에서 펌프를 이용한 가압송수장치의 경우 펌프의 전양정 H는 소정의 산식에 의한 수치 이상이어야 한다. 전양정 H를 구하는 식으로 옳은 것은? (단, h_1 = 소방용 호스의 마찰손실수두, h_2 = 배관의 마찰손실수두, h_3 = 낙차이며 단위는 모두 m이다)

① $H = h_1 + h_2 + h_3$

② $H = h_1 + h_2 + h_3 + 0.35m$

③ $H = h_1 + h_2 + h_3 + 35m$

④ $H = h_1 + h_2 + 35m$

해설

- 펌프의 전양정 $H = h_1 + h_2 + h_3 + 35m$로 구한다.

펌프의 전양정

- $H = h_1 + h_2 + h_3 + 35m$

• H : 펌프의 전양정 (단위 m) • h_1 : 소방용 호스의 마찰손실수두 (단위 m) • h_2 : 배관의 마찰손실수두 (단위 m) • h_3 : 낙차 (단위 m)

1401

26 Repetitive Learning (1회 2회 3회)

다음 물질의 화재 시 내알코올포를 쓰지 못하는 것은?

① 아세트알데히드 ② 알킬리튬

③ 아세톤 ④ 에탄올

해설

- 알킬리튬은 물과 반응 시 가연성가스를 발생하는 제3류 위험물이므로 화재 발생 시 팽창질석이나 팽창진주암 등으로 피복소화한다.
- 아세트알데히드, 아세톤, 에탄올 모두 수용성 제4류 위험물로 내알코올포로 소화한다.

알코올형포소화약제

- 수용성 알코올 화재 등에서 포의 소멸을 방지하기 위해 단백질 가수분해물질과 계면활성제, 금속비누 등을 첨가하여 만든 포를 이용한다.
- 내알코올포 소화약제라고도 한다.
- 수용성 극성용매 화재에 사용한다.

27 Repetitive Learning (1회 2회 3회)

스프링클러설비에 관한 설명으로 옳지 않은 것은?

① 초기화재 진화에 효과가 있다.

② 살수밀도와 무관하게 제4류 위험물에는 적응성이 없다.

③ 제1류 위험물 중 알칼리금속과산화물에는 적응성이 없다.

④ 제5류 위험물에는 적응성이 있다.

해설

- 스프링클러는 제4류 위험물에 있어 살수기준면적에 따라 경우 적응성이 결정된다.

스프링클러 설비의 특징

- 초기 진화작업에 효과가 크다.
- 감지부의 구조가 기계적이므로 오동작 염려가 적다.
- 폐쇄형 스프링클러 헤드는 헤드가 열에 의해 개방되는 형태로 자동화재탐지장치의 역할을 할 수 있다.
- 소화약제가 물이므로 소화약제의 비용이 절감된다.
- 화재 시 사람의 조작 없이 작동이 가능하다.
- 화재 적응성

구분		적응성
건축물 · 그 밖의 공작물		○
전기설비		
제1류 위험물	알칼리금속과산화물등	
	그 밖의 것	○
제2류 위험물	철분 · 금속분 · 마그네슘등	
	인화성고체	○
	그밖의것	○
제3류 위험물	금수성물품	
	그 밖의 것	○
제4류 위험물		△
제5류 위험물		○
제6류 위험물		○

- 제4류 위험물의 살수기준면적에 따른 살수밀도기준(적응성)

살수기준면적(m^2)	방사밀도(L/m^2분)	
	인화점 38℃ 미만	인화점 38℃ 이상
279 미만	16.3 이상	12.2 이상
279 이상 372 미만	15.5 이상	11.8 이상
372 이상 465 미만	13.9 이상	9.8 이상
465 이상	12.2 이상	8.1 이상

정답 | 25 ③ 26 ② 27 ②

0801 / 1301 / 1601

28 Repetitive Learning (1회 2회 3회)

위험물제조소에서 옥내소화전이 1층에 4개, 2층에 6개가 설치되어 있을 때 수원의 수량은 몇 L 이상이 되도록 설치하여야 하는가?

① 13,000　② 15,600
③ 39,000　④ 46,800

해설

- 옥내소화전설비에서 수원의 수량은 옥내소화전이 가장 많이 설치된 층의 옥내소화전 설치개수(설치개수가 5개 이상인 경우는 5개)에 $7.8m^3$를 곱한 양 이상이 되어야 하므로 2층에 6개로 5개 이상이므로 $5\times7.8=39m^3$ 이상이 되어야 한다. [L]단위는 1,000을 곱하면 되므로 39,000L가 된다.

옥내소화전설비의 설치기준 실기 1301/1304/1701/1702/1804

- 옥내소화전은 제조소등의 건축물의 층마다 당해 층의 각 부분에서 하나의 호스접속구까지의 수평거리가 25m 이하가 되도록 설치할 것. 이 경우 옥내소화전은 각층의 출입구 부근에 1개 이상 설치하여야 한다.
- 수원의 수량은 옥내소화전이 가장 많이 설치된 층의 옥내소화전 설치개수(설치개수가 5개 이상인 경우는 5개)에 $7.8m^3$를 곱한 양 이상이 되도록 설치할 것
- 옥내소화전설비는 각층을 기준으로 하여 당해 층의 모든 옥내소화전(설치개수가 5개 이상인 경우는 5개의 옥내소화전)을 동시에 사용할 경우에 각 노즐선단의 방수압력이 350kPa 이상이고 방수량이 1분당 260L 이상의 성능이 되도록 할 것
- 옥내소화전설비에는 비상전원을 설치할 것

0402 / 1101

29 Repetitive Learning (1회 2회 3회)

점화원 역할을 할 수 없는 것은?

① 기화열　② 산화열
③ 정전기불꽃　④ 마찰열

해설

- 자연발화를 일으키는 원인에 해당하는 산화열, 분해열, 중합열, 흡착열, 미생물에 의한 발열 등은 점화원이 될 수 있다.

연소이론

- 연소란 화학반응의 한 종류로, 가연물이 산소 중에서 산화반응을 하여 열과 빛을 발산하는 현상을 말한다.
- 연소의 3요소에는 가연물, 산소공급원, 점화원이 있다.
- 연소범위가 넓을수록 연소위험이 크다.
- 착화온도가 낮을수록 연소위험이 크다.
- 가연성 액체를 발화점 이상으로 공기 중에서 가열하면 별도의 점화원이 없어도 발화할 수 있다.

30 Repetitive Learning (1회 2회 3회)

다음 중 고체 가연물로서 증발연소를 하는 것은?

① 숯　② 나무
③ 나프탈렌　④ 니트로셀룰로오스

해설

- ①은 표면연소, ②는 분해연소, ④는 자기연소를 한다.

고체의 연소형태 실기 0702/0902/1204/1904

구분	내용
분해연소	• 가연물이 열분해가 진행되어 산소와 결합하여 연소하는 고체의 연소방식이다. • 종이, 목재, 플라스틱, 석탄 등이 분해연소를 한다.
표면연소	• 열분해 되지 않고 고체 표면에 공기가 닿아 연소가 일어나 고온을 유지하며 타는 연소형태를 말한다. • 숯, 코크스, 목탄, 금속 등이 표면연소를 한다.
자기연소	• 공기 중 산소를 필요로 하지 않고 분자 내의 산소를 이용해 자신이 분해되며 타는 것을 말한다. • 니트로셀룰로오스, TNT, 셀룰로이드, 니트로글리세린과 같은 제5류 위험물이 자기연소를 한다.
증발연소	• 액체와 고체의 연소방식에 속한다. • 열분해를 일으키지 않고 증발한 증기가 공기와 혼합해서 연소되는 방식이다. • 주로 연료로 사용되는 휘발유, 등유, 경유, 알코올과 같은 액체와 양초, 나프탈렌, 왁스, 아세톤, 황 등 제4류 위험물이 증발연소를 한다.

31 Repetitive Learning (1회 2회 3회)

Halon 1301에 대한 설명 중 틀린 것은?

① 비점은 상온보다 낮다.
② 액체 비중은 물보다 크다.
③ 기체 비중은 공기보다 크다.
④ 100℃에서도 압력을 가해 액화시켜 저장할 수 있다.

해설

- Halon 1301은 상온, 상압에서 기체상태로 존재하며 임계온도는 67℃로 임계온도 이하의 온도에서는 압축하면 액화가 가능하나 임계온도 이상에서는 압력과 온도에 관계없이 기체로 존재한다.

Halon 1301 소화약제

- 분자식은 CF_3Br에 해당하며, 상온 및 상압에서 기체이다.
- 비전도성이며, 기체의 비중이 5.1로 공기(비중 1)에 비해 무겁다.
- 주로 고압용기 내에 액체로 보존되는데 액체일 때(20℃)의 비중은 1.57이다.
- Halon 소화약제는 질식효과와 같은 물리적 효과도 있으나 주된 효과는 화학적 소화효과로 억제효과를 들 수 있다.

28 ③ 29 ① 30 ③ 31 ④ | 정답

32 Repetitive Learning (1회 2회 3회)

위험물안전관리법령상 제조소 등에서의 위험물의 저장 및 취급에 관한 기준에 따르면 보냉장치가 있는 이동저장탱크에 저장하는 디에틸에테르의 온도는 얼마 이하로 유지하여야 하는가?

① 비점 ② 인화점
③ 40℃ ④ 30℃

해설

- 보냉장치가 있는 이동저장탱크에 저장하는 아세트알데히드 등 또는 디에틸에테르 등의 온도는 당해 위험물의 비점 이하로 유지해야 한다.

아세트알데히드 등의 저장기준 실기 0604/1202/1304/1602/1901/1904

- 옥외저장탱크 · 옥내저장탱크 또는 지하저장탱크 중 압력탱크에 있어서는 아세트알데히드 등의 취출에 의하여 당해 탱크내의 압력이 상용압력 이하로 저하하지 아니하도록, 압력탱크 외의 탱크에 있어서는 아세트알데히드 등의 취출이나 온도의 저하에 의한 공기의 혼입을 방지할 수 있도록 불활성 기체를 봉입할 것
- 이동저장탱크에 아세트알데히드 등을 저장하는 경우에는 항상 불활성의 기체를 봉입하여 둘 것
- 옥외저장탱크 · 옥내저장탱크 또는 지하저장탱크 중 압력탱크 외의 탱크에 저장하는 디에틸에테르 등 또는 아세트알데히드 등의 온도는 산화프로필렌과 이를 함유한 것 또는 디에틸에테르 등에 있어서는 30℃ 이하로, 아세트알데히드 또는 이를 함유한 것에 있어서는 15℃ 이하로 각각 유지할 것
- 옥외저장탱크 · 옥내저장탱크 또는 지하저장탱크 중 압력탱크에 저장하는 아세트알데히드 등 또는 디에틸에테르 등의 온도는 40℃ 이하로 유지할 것
- 보냉장치가 있는 이동저장탱크에 저장하는 아세트알데히드 등 또는 디에틸에테르 등의 온도는 당해 위험물의 비점 이하로 유지할 것
- 보냉장치가 없는 이동저장탱크에 저장하는 아세트알데히드 등 또는 디에틸에테르 등의 온도는 40℃ 이하로 유지할 것

1602

33 Repetitive Learning (1회 2회 3회)

인화점이 70℃ 이상인 제4류 위험물을 저장 · 취급하는 소화난이도등급 I의 옥외탱크저장소(지중탱크 또는 해상탱크 외의 것)에 설치하는 소화설비는?

① 스프링클러소화설비 ② 물분무소화설비
③ 간이소화설비 ④ 분말소화설비

해설

- 인화점 70℃ 이상의 제4류 위험물만을 저장 · 취급하는 것에는 물분무소화설비 또는 고정식 포소화설비를 설치해야 한다.

소화난이도등급 I 의 옥외탱크저장소에 설치하여야 하는 소화설비

지중탱크 또는 해상탱크 외의 것	유황만을 저장 취급하는 것	물분무소화설비
	인화점 70℃ 이상의 제4류 위험물만을 저장취급하는 것	물분무소화설비 또는 고정식 포소화설비
	그 밖의 것	고정식 포소화설비(포소화설비가 적응성이 없는 경우에는 분말소화설비)
지중탱크		고정식 포소화설비, 이동식 이외의 불활성가스소화설비 또는 이동식 이외의 할로겐화합물소화설비
해상탱크		고정식 포소화설비, 물분무소화설비, 이동식이외의 불활성가스소화설비 또는 이동식 이외의 할로겐화합물소화설비

1104 / 1701

34 Repetitive Learning (1회 2회 3회)

일반적으로 다량의 주수를 통한 소화가 가장 효과적인 화재는?

① A급 화재 ② B급 화재
③ C급 화재 ④ D급 화재

해설

- A급 화재는 일반 가연성 물질로 대량 주소를 통한 냉각소화가 가장 효과적이다.

화재의 분류 실기 0504

분류	표시 색상	구분 및 대상	소화기	특징
A급	백색	종이, 나무 등 일반 가연성 물질	물 및 산, 알칼리 소화기	• 냉각소화 • 재가 남는다.
B급	황색	석유, 페인트 등 유류화재	모래나 소화기	• 질식소화 • 재가 남지 않는다.
C급	청색	전기스파크 등 전기화재	이산화탄소 소화기	• 질식소화, 냉각소화 • 물로 소화할 경우 감전의 위험이 있다.
D급	무색	금속나트륨, 금속칼륨 등 금속화재	마른 모래	• 질식소화 • 물로 소화할 경우 폭발의 위험이 있다.

정답 | 32 ① 33 ② 34 ①

1102

35

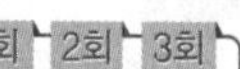

Repetitive Learning 1회 2회 3회

묽은 질산이 칼슘과 반응하면 발생하는 기체는?

① 산소 ② 질소
③ 수소 ④ 수산화칼슘

해설

• 칼슘은 묽은 질산 및 물과 반응하여 수소를 발생시킨다.

칼슘(Ca) 실기 0701/1404

• 은백색의 알칼리 토금속으로 제3류 위험물에 해당한다.
• 지정수량이 50kg이고 위험등급은 Ⅱ이다.
• 물과 반응하여 수산화칼슘과 수소를 발생시킨다. ($Ca + 2H_2O \rightarrow Ca(OH)_2 + H_2$)
• 묽은 질산과 반응하여 질산칼슘과 수소를 발생시킨다. ($2HNO_3 + Ca \rightarrow Ca(NO_3)_2 + H_2$)

1204

36

Repetitive Learning 1회 2회 3회

과산화수소의 화재예방 방법으로 틀린 것은?

① 암모니아와의 접촉은 폭발의 위험이 있으므로 피한다.
② 완전히 밀전 · 밀봉하여 외부 공기와 차단한다.
③ 불투명 용기를 사용하여 직사광선이 닿지 않게 한다.
④ 분해를 막기 위해 분해방지 안정제를 사용한다.

해설

• 과산화수소 용기는 밀전하지 말고 통풍을 위해 구멍이 뚫린 마개를 사용한다.

과산화수소(H_2O_2) 취급 주의사항

• 암모니아와의 접촉은 폭발의 위험이 있으므로 피한다.
• 용기는 밀전하지 말고 통풍을 위해 구멍이 뚫린 마개를 사용한다.
• 용기는 착색하여 직사광선이 닿지 않게 한다.
• 분해를 막기 위해 분해방지 안정제(인산, 요산)를 사용한다.

1702

37

Repetitive Learning 1회 2회 3회

소화기와 주된 소화효과가 옳게 짝지어진 것은?

① 포 소화기 - 제거소화
② 할로겐화합물 소화기 - 냉각소화
③ 탄산가스소화기 - 억제소화
④ 분말 소화기 - 질식소화

해설

• ①의 포 소화기는 질식 및 냉각소화를 한다.
• ②의 할로겐화합물 소화기는 억제소화를 한다.
• ③의 탄산가스소화기는 질식소화를 한다.

소화기와 소화효과

소화기	소화효과
포(말)소화기	질식 및 냉각소화
할로겐화합물소화기	억제소화
탄산가스소화기	질식소화
분말소화기	질식소화
건조사	질식소화
물	냉각소화

38

Repetitive Learning 1회 2회 3회

Na_2O_2과 반응하여 제6류 위험물을 생성하는 것은?

① 아세트산 ② 물
③ 이산화탄소 ④ 일산화탄소

해설

• 과산화나트륨은 산과 반응하여 과산화수소(H_2O_2)를 발생시키며, 금, 니켈을 제외한 다른 금속을 침식하여 산화물로 만든다.

과산화나트륨(Na_2O_2) 실기 0801/0804/1201/1202/1401/1402/1701/1704/1904/2003/2004

㉠ 개요
• 산화성 고체로 제1류 위험물에 해당하며, 지정수량은 50kg, 위험등급은 Ⅰ이다.
• 순수한 것은 백색 정방정계 분말이나 시판되는 것은 황색이다.
• 흡습성이 강하고 조해성이 있으며, 표백제, 산화제로 사용한다.
• 산과 반응하여 과산화수소(H_2O_2)를 발생시키며, 금, 니켈을 제외한 다른 금속을 침식하여 산화물로 만든다.
• 물과 격렬하게 반응하여 수산화나트륨과 산소를 발생시킨다. ($2Na_2O_2 + 2H_2O \rightarrow 4NaOH + O_2$)
• 가연물과 혼합되어 있을 경우 약간의 물 접촉만으로도 발화하며, 양이 많을 경우 주수에 의해 폭발하므로 주수소화를 금해야 한다.
• 가열하면 산화나트륨과 산소를 발생시킨다. ($2Na_2O_2 \xrightarrow[\triangle]{} 2Na_2O + O_2$)
• 아세트산과 반응하여 아세트산나트륨과 과산화수소를 발생시킨다.($Na_2O_2 + 2CH_3COOH \rightarrow 2CH_3COONa + H_2O_2$)

㉡ 저장 및 취급방법
• 물과 습기의 접촉을 피한다.
• 용기는 수분이 들어가지 않게 밀전 및 밀봉 저장한다.
• 가열 및 충격 · 마찰을 피하고 유기물질의 혼입을 막는다.

35 ③ 36 ② 37 ④ 38 ① | 정답

1001 / 1401 / 1701

39

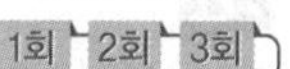

Repetitive Learning 1회 2회 3회

표준상태에서 프로판 2m^{3}이 완전연소할 때 필요한 이론 공기량은 약 몇 m^{3}인가? (단, 공기 중 산소농도는 21vol%이다)

① 23.81　　② 35.72

③ 47.62　　④ 71.43

해설

- 프로판 2m^{3}이 완전연소하기 위해 필요한 산소는 2m^3×5=10m^{3}이 필요하다.
- 필요한 공기량을 묻고 있으므로 $10\times\frac{100}{21}=47.62m^3$이 필요하다.

프로판(C_3H_8)의 연소 반응식

- 프로판(C_3H_8) 1몰을 연소하기 위해서는 산소분자(O_2) 5몰이 필요하다.

$$C_3H_8+5O_2\rightarrow 3CO_2+4H_2O$$

40

Repetitive Learning 1회 2회 3회

분말소화약제인 제1인산암모늄(인산이수소 암모늄)의 열분해 반응을 통해 생성되는 물질로 부착성 막을 만들어 공기를 차단시키는 역할을 하는 것은?

① HPO_3　　② PH_3

③ NH_3　　④ P_2O_3

해설

- 제3종 분말소화약제는 제1인산암모늄($NH_4H_2PO_4$)을 주성분으로 하는 소화약제로 ABC급 화재에 적응성이 있으며 열에 의해 메타인산, 암모니아, 물로 분해되는데, 이중 메타인산(HPO_3)이 부착성 있는 막을 만드는 방진효과로 A급화재 진화에 기여한다.

제3종 분말소화약제 실기 0501/0602/0701/0801/0901/1204/1301/1404/1502/1504/1601/1602/1701/1801/1904/2003/2101

- 제1인산암모늄($NH_4H_2PO_4$)을 주성분으로 하는 소화약제로 ABC급 화재에 적응성이 있으며 착색색상은 담홍색인 소화약제이다.
- 가연물의 표면에 피막을 형성하여 산소의 유입을 차단시킨다.
- 발수제로 실리콘 오일을 첨가한다.
- 인산암모늄이 열분해되면 메타인산, 암모니아, 물로 분해되는데, 이중 메타인산(HPO_3)이 부착성 있는 막을 만드는 방진효과로 A급화재 진화에 기여를 한다.
  ($NH_4H_2PO_4\xrightarrow[\triangle]{}HPO_3+NH_3+H_2O$)

3과목 위험물의 성질과 취급

1201

41

Repetitive Learning 1회 2회 3회

적린에 대한 설명으로 옳은 것은?

① 발화 방지를 위해 염소산칼륨과 함께 보관한다.

② 물과 격렬하게 반응하여 열을 발생한다.

③ 공기 중에 방치하면 자연발화한다.

④ 산화제와 혼합할 경우 마찰 · 충격에 의해서 발화한다.

해설

- 적린은 염소산염류와 접촉하면 발화 및 폭발할 위험성이 있다.
- 적린은 물에 녹지 않으며 황린과 달리 물과 접촉해도 큰 위험이 없다.
- 적린은 발화점이 260℃로 공기 중에 방치해도 발화하지 않는다.

적린(P) 실기 1102

- 제2류 위험물에 해당하는 가연성 고체로 지정수량은 100kg이고, 위험등급은 Ⅱ이다.
- 물, 이황화탄소, 암모니아, 에테르 등에 녹지 않는다.
- 황린의 동소체이나 황린에 비해 대단히 안정적이어서 공기 또는 습기 중에서 위험성이 적으며, 독성이 없다.
- 강산화제와 혼합하거나 염소산염류와 접촉하면 발화 및 폭발할 위험성이 있으므로 주의해야 한다.
- 공기 중에서 연소할 때 오산화린(P_2O_5)이 생성된다.(반응식 : $4P+5O_2\rightarrow 2P_2O_5$)
- 성냥, 화약 등을 만드는데 이용된다.

42

Repetitive Learning 1회 2회 3회

인산칼슘의 성질에 대한 설명 중 틀린 것은?

① 적갈색의 괴상고체이다.

② 물과 격렬하게 반응한다.

③ 연소하여 불연성의 포스핀 가스를 발생한다.

④ 상온의 건조한 공기 중에서는 비교적 안정하다.

해설

- 인산칼슘의 연소방정식은 $2Ca_3(PO_4)_2\rightarrow 6CaO+P_4O_{10}$로 포스핀 가스를 발생시키지 않는다.

인산칼슘[$Ca_3(PO_4)_2$]

- 적갈색의 괴상고체이다.
- 물과 격렬하게 반응한다.
- 상온의 건조한 공기 중에서는 비교적 안정하다.
- 연소방정식은 $2Ca_3(PO_4)_2\rightarrow 6CaO+P_4O_{10}$이다.

정답 | 39 ③ 40 ① 41 ④ 42 ③

43

Repetitive Learning 1회 2회 3회

옥내탱크저장소에서 탱크상호간에는 얼마 이상의 간격을 두어야 하는가? (단, 탱크의 점검 및 보수에 지장이 없는 경우는 제외한다)

① 0.5m ② 0.7m

③ 1.0m ④ 1.2m

해설

- 옥내저장탱크와 탱크전용실의 벽과의 사이 및 옥내저장탱크의 상호간에는 0.5m 이상의 간격을 유지해야 한다.

옥내탱크저장소의 기준

- 위험물을 저장 또는 취급하는 옥내탱크는 단층건축물에 설치된 탱크전용실에 설치할 것
- 옥내저장탱크와 탱크전용실의 벽과의 사이 및 옥내저장탱크의 상호간에는 0.5m 이상의 간격을 유지할 것. 다만, 탱크의 점검 및 보수에 지장이 없는 경우에는 그러하지 아니하다.
- 옥내탱크저장소에는 보기 쉬운 곳에 "위험물 옥내탱크저장소"라는 표시를 한 표지와 방화에 관하여 필요한 사항을 게시한 게시판을 설치하여야 한다.
- 옥내저장탱크의 용량은 지정수량의 40배(제4석유류 및 동·식물유류 외의 제4류 위험물에 있어서 당해 수량이 20,000L를 초과할 때에는 20,000L) 이하일 것

1004 / 1401

44

Repetitive Learning 1회 2회 3회

주유취급소에서 고정주유설비는 도로경계선과 몇 m 이상 거리를 유지하여야 하는가? (단, 고정주유설비의 중심선을 기점으로 한다)

① 2 ② 4

③ 6 ④ 8

해설

- 고정주유설비는 고정주유설비의 중심선을 기점으로 하여 도로경계선까지 4m 이상, 부지경계선·담 및 건축물의 벽까지 2m(개구부가 없는 벽까지는 1m) 이상의 거리를 유지하여야 한다.

주유취급소에서 고정주(급)유 설비의 설치 위치 실기 1002/2004

- 고정주유설비의 중심선을 기점으로 하여 도로경계선까지 4m 이상, 부지경계선·담 및 건축물의 벽까지 2m(개구부가 없는 벽까지는 1m) 이상의 거리를 유지하고, 고정급유설비의 중심선을 기점으로 하여 도로경계선까지 4m 이상, 부지경계선 및 담까지 1m 이상, 건축물의 벽까지 2m(개구부가 없는 벽까지는 1m) 이상의 거리를 유지할 것
- 고정주유설비와 고정급유설비의 사이에는 4m 이상의 거리를 유지할 것

45

Repetitive Learning 1회 2회 3회

칼륨과 나트륨의 공통 성질이 아닌 것은?

① 물보다 비중 값이 작다.

② 수분과 반응하여 수소를 발생한다.

③ 광택이 있는 무른 금속이다.

④ 지정수량이 50kg이다.

해설

- 칼륨과 나트륨은 제3류 위험물로 지정수량이 10kg이다.

제3류 위험물_자연발화성 물질 및 금수성 물질 실기 0602/0702/0904/1001/1101/1202/1302/1504/1704/1804/1904/2004

품명	지정수량	위험등급
칼륨	10kg	I
나트륨		
알킬알루미늄		
알킬리튬		
황린	20kg	
알칼리금속(칼륨·나트륨 제외) 및 알칼리토금속	50kg	II
유기금속화합물(알킬알루미늄·알킬리튬 제외)		
금속의 수소화물	300kg	III
금속의 인화물		
칼슘 또는 알루미늄의 탄화물		

0704 / 1404 / 1502 / 1704 / 1902

46

Repetitive Learning 1회 2회 3회

위험물을 저장 또는 취급하는 탱크의 용량산정 방법에 관한 설명으로 옳은 것은?

① 탱크의 내용적에서 공간용적을 뺀 용적으로 한다.

② 탱크의 공간용적에서 내용적을 뺀 용적으로 한다.

③ 탱크의 공간용적에서 내용적을 더한 용적으로 한다.

④ 탱크의 볼록하거나 오목한 부분을 뺀 용적으로 한다.

해설

- 위험물을 저장 또는 취급하는 탱크의 용량은 해당 탱크의 내용적에서 공간용적을 뺀 용적으로 한다.

탱크 용적의 산정기준

- 위험물을 저장 또는 취급하는 탱크의 용량은 해당 탱크의 내용적에서 공간용적을 뺀 용적으로 한다.
- 제조소 또는 일반취급소의 위험물을 취급하는 탱크 중 특수한 구조 또는 설비를 이용함에 따라 당해 탱크내의 위험물의 최대량이 내용적에서 공간용적을 뺀 용량 이하인 경우에는 당해 최대량을 용량으로 한다.

43 ① 44 ② 45 ④ 46 ① 정답

1104

47 Repetitive Learning (1회 2회 3회)

제1류 위험물에 해당하는 것은?

① 염소산칼륨 ② 수산화칼륨
③ 수소화칼륨 ④ 요오드화칼륨

해설

- 염소산칼륨($KClO_3$)은 염소산염류로 제1류 위험물이다.
- 수산화칼륨(KOH)과 요오드화칼륨(KI)은 위험물이 아니다.
- 수소화칼륨(KH)은 금속수소화물로 제3류 위험물이다.

제1류 위험물_산화성 고체 실기 0601/0901/0501/0702/1002/1301/2001

품명	지정수량	위험등급
아염소산염류	50kg	I
염소산염류		
과염소산염류		
무기과산화물		
브롬산염류	300kg	II
질산염류		
요오드산염류		
과망간산염류	1,000kg	III
중크롬산염류		

48 Repetitive Learning (1회 2회 3회)

4몰의 니트로글리세린이 고온에서 열분해 · 폭발하여 이산화탄소, 수증기, 질소, 산소의 4가지 가스를 생성할 때 발생되는 가스의 총 몰수는?

① 28 ② 29
③ 30 ④ 31

해설

- 4몰의 니트로글리세린은 12몰의 이산화탄소, 6몰의 질소, 1몰의 산소, 10몰의 수증기를 발생시킨다.

니트로글리세린[$C_3H_5(ONO_2)_3$]

- 자기반응성 물질로 질산에스테르류에 속하며 지정수량이 10kg이고 위험등급은 I 에 해당한다.
- 순수한 것은 상온에서 무색투명한 액체이나 겨울철에 동결될 수 있다.
- 비수용성이며 아세톤, 메탄올에 녹는다.
- 비중은 1.6으로 물보다 무겁다.
- 열, 마찰, 충격에 대단히 민감하여 폭발을 일으키기 쉽다.
- 규조토에 흡수시켜 다이너마이트를 만든다.
- 열분해 방정식은 $4C_3H_5(ONO_2)_3 \rightarrow 12CO_2 + 6N_2 + O_2 + 10H_2O$이다.

49 Repetitive Learning (1회 2회 3회)

제1류 위험물로서 조해성이 있으며 흑색화약의 원료로 사용하는 것은?

① 염소산칼륨 ② 과염소산나트륨
③ 과망간산암모늄 ④ 질산칼륨

해설

- 질산칼륨은 산화성 고체로 제1류 위험물이며, 황이나 유기물 등과 혼합하면 폭발을 일으키므로 흑색화약 제조에 사용된다.

질산칼륨(초석, KNO_3) 실기 2003

- 산화성 고체로 제1류 위험물에 해당하며, 지정수량은 300kg, 위험등급은 II이다.
- 무색 혹은 백색의 사방정계 분말로 비중은 2.1로 물보다 무거우며, 차가운 자극성의 짠맛이 있고 산화성을 갖는다.
- 물, 글리세린에 잘 녹으나, 알코올에는 녹지 않는다.
- 황이나 유기물 등과 혼합하면 폭발을 일으키므로 흑색화약 제조에 사용된다.
- 산소를 함유하고 있어 질식소화효과는 얻을 수 없으며, 물과 접촉 시 위험성이 낮으므로 화재 시 주수소화를 한다.
- 열분해하면 아질산칼륨과 산소를 발생한다. ($2KNO_3 \xrightarrow[\triangle]{} 2KNO_2 + O_2$)

50 Repetitive Learning (1회 2회 3회)

위험물안전관리법령상 위험물을 취급 중 소비에 관한 기준에 해당하지 않는 것은?

① 분사도장작업은 방화상 유효한 격벽 등으로 구획된 안전한 장소에서 실시할 것
② 버너를 사용하는 경우에는 버너의 역화를 방지할 것
③ 반드시 규격용기를 사용할 것
④ 열처리작업을 위험물이 위험한 온도에 이르지 아니하도록 하여 실시할 것

해설

- 위험물의 취급 중 소비에 관한 기준에는 ①, ②, ④ 3가지가 존재한다.

위험물의 취급 중 소비에 관한 기준

- 분사도장작업은 방화상 유효한 격벽 등으로 구획된 안전한 장소에서 실시할 것
- 담금질 또는 열처리작업은 위험물이 위험한 온도에 이르지 아니하도록 하여 실시할 것
- 버너를 사용하는 경우에는 버너의 역화를 방지하고 위험물이 넘치지 아니하도록 할 것

정답 | 47 ① 48 ② 49 ④ 50 ③

0904 / 1602

51 Repetitive Learning (1회 2회 3회)

짚, 헝겊 등을 다음의 물질과 적셔서 대량으로 쌓아 두었을 경우 자연발화의 위험성이 제일 높은 것은?

① 동유　② 야자유
③ 올리브유　④ 피마자유

해설

- 동유는 유동나무 열매기름으로 건성유에 해당한다.
- 야자유, 올리브유, 피마자유는 요오드값이 100보다 작은 불건성유이다.

동 · 식물유류 실기 0601/0604/1304/1502/1802/2003

㉠ 개요
- 1기압에서 인화점이 250℃ 미만인 것으로 지정수량이 10,000L이고, 위험등급이 Ⅲ에 해당하는 물질이다.
- 유지 100g에 부가되는 요오드의 g수를 의미하는 요오드값(옥소값)에 의해 건성유(130 이상), 반건성유(100 ~ 130), 불건성유(100 이하)로 구분한다.
- 요오드값이 클수록 자연발화의 위험이 크다.
- 요오드값이 클수록 이중결합이 많고, 불포화지방산을 많이 가진다.

㉡ 구분

구분	내용
건성유 (요오드값이 130 이상)	• 공기 중에서 자연발화의 위험이 있으며, 피막이 단단하다. • 동유, 아마인유, 정어리유, 대구유, 상어유, 해바라기유, 들기름 등
반건성유 (요오드값이 100 ~ 130)	• 피막이 얇다. • 참기름, 콩기름, 청어유, 쌀겨기름, 면실유, 채종유, 옥수수기름 등
불건성유 (요오드값이 100 이하)	• 피막을 만들지 않는다. • 피마자유, 올리브유, 팜유, 땅콩기름, 야자유, 쇠기름, 돼지기름, 고래기름 등

1504

52 Repetitive Learning (1회 2회 3회)

물과 반응하였을 때 발생하는 가연성 가스의 종류가 나머지 셋과 다른 하나는?

① 탄화리튬(Li_2C_2)　② 탄화마그네슘(MgC_2)
③ 탄화칼슘(CaC_2)　④ 탄화알루미늄(Al_4C_3)

해설

- 탄화리튬, 탄화마그네슘, 탄화칼슘은 모두 물과 반응하면 가연성 아세틸렌(C_2H_2)가스를 발생시키는 데 반해 탄화알루미늄은 메탄을 발생시킨다.

탄화알루미늄(Al_4C_3) 실기 0704/1301/1602/2003

- 칼슘 또는 알루미늄의 탄화물로 자연발화성 및 금수성 물질에 해당하며, 지정수량 300kg에 위험등급은 Ⅲ인 제3류 위험물이다.
- 분자량이 약 144이고 비중이 약 2.36으로 물보다 무겁다.
- 물과 접촉하면 수산화알루미늄[$AL(OH)_3$]과 메탄(CH_4)가스를 발생시킨다.(반응식 : $Al_4C_3 + 12H_2O \rightarrow 4Al(OH)_3 + 3CH_4$)

0501_추가 / 0604

53 Repetitive Learning (1회 2회 3회)

제4류 위험물 중 제1석유류를 저장, 취급하는 장소에서 정전기 방지하기 위한 방법으로 볼 수 없는 것은?

① 가급적 습도를 낮춘다.
② 주위 공기를 이온화시킨다.
③ 위험물 저장, 취급설비를 접지시킨다.
④ 사용기구 등은 도전성 재료를 사용한다.

해설

- 정전기를 방지하기 위해서는 가습을 해줘야 한다.

정전기 방지대책

- 접지　• 도전성 재료를 사용
- 가습　• 점화원이 될 우려가 없는 제전장치 사용

1604

54 Repetitive Learning (1회 2회 3회)

삼황화린과 오황화린의 공통 연소생성물을 모두 나타낸 것은?

① H_2S, SO_2　② P_2O_5, H_2S
③ SO_2, P_2O_5　④ H_2S, SO_2, P_2O_5

해설

- 삼황화린(P_4S_3)과 오황화린(P_2S_5)의 연소생성물은 이산화황(SO_2)과 오산화린(P_2O_5)이다.

황화린의 구분

	삼황화린(P_4S_3)	오황화린(P_2S_5)	칠황화린(P_4S_7)
성상	황색 결정	담황색 결정	
조해성	×	○	○
이황화탄소 용해도	녹는다	잘 녹는다	약간 녹는다
물과의 반응	상온에는 녹지 않고 끓는 물에 분해된다.	유독성 황화수소(H_2S), 인산(H_3PO_4) 생성	
연소생성물	이산화황(SO_2)과 오산화린(P_2O_5)		

51 ① 52 ④ 53 ① 54 ③ 정답

1101 / 1402 / 1702

55 Repetitive Learning (1회 2회 3회)

트리니트로페놀의 성질에 대한 설명 중 틀린 것은?

① 폭발에 대비하여 철, 구리로 만든 용기에 저장한다.
② 휘황색을 띤 침상결정이다.
③ 비중이 약 1.8로 물보다 무겁다.
④ 단독으로는 테트릴보다 충격, 마찰에 둔감한 편이다.

해설

- 피크린산은 철, 구리, 납 등과 반응 시 매우 위험하다.

트리니트로페놀[$C_6H_2OH(NO_2)_3$] 실기 0801/0904/1002/1201/1302/1504/1601/1602/1701/1702/1804/2001

- 피크르(린)산이라고 하며, TNP라고도 한다.
- 페놀의 니트로화를 통해 얻어진 니트로화합물에 속하는 자기반응성 물질로 제5류 위험물이다.
- 지정수량은 200kg이고, 위험등급은 II이다.
- 순수한 것은 무색이지만 보통 공업용은 휘황색의 침상결정이다.
- 비중이 약 1.8로 물보다 무겁다.
- 물에 전리하여 강한 산이 되며, 이때 선명한 황색이 된다.
- 단독으로는 충격, 마찰에 둔감하고 안정한 편이나 금속염(철, 구리, 납), 요오드, 가솔린, 알코올, 황 등과의 혼합물은 마찰 및 충격에 폭발한다.
- 황색염료, 폭약에 쓰인다.
- 더운물, 알코올, 에테르 벤젠 등에 잘 녹는다.
- 화재발생시 다량의 물로 주수소화 할 수 있다.
- 특성온도 : 융점(122.5℃) < 인화점(150℃) < 비점(255℃) < 착화점(300℃) 순이다.

1404

56 Repetitive Learning (1회 2회 3회)

다음 중 3개의 이성질체가 존재하는 물질은?

① 아세톤 ② 톨루엔
③ 벤젠 ④ 자일렌

해설

- 크실렌(자일렌)은 3개의 이성질체(o-크실렌, m-크실렌, p-크실렌)가 존재한다.

크실렌[디메틸벤젠, 자일렌, $C_6H_4(CH_3)_2$] 실기 0604/0702/1402/1501

- 비수용성 제2석유류로 지정수량이 1,000L인 인화성 액체(제4류 위험물)이다.
- 물에 녹지않고, 알코올 및 에테르와 같은 유기용제에 용해된다.
- 3개의 이성질체(o-크실렌, m-크실렌, p-크실렌)가 존재한다.

57 Repetitive Learning (1회 2회 3회)

제6류 위험물인 과산화수소의 농도에 따른 물리적 성질에 대한 설명으로 옳은 것은?

① 농도와 무관하게 밀도, 끓는점, 녹는점이 일정하다.
② 농도와 무관하게 밀도는 일정하나, 끓는점과 녹는점이 농도에 따라 달라진다.
③ 농도와 무관하게 끓는점, 녹는점은 일정하나, 밀도는 농도에 따라 달라진다.
④ 농도에 따라 밀도, 끓는점, 녹는점이 달라진다.

해설

- 과산화수소는 농도에 따라 밀도, 끓는점, 녹는점이 달라진다.

과산화수소(H_2O_2) 실기 0502/1004/1301/2001/2101

㉠ 개요 및 특성
- 이산화망간(MgO_2), 과산화바륨(BaO_2)과 같은 금속 과산화물을 묽은 산(HCl 등)에 반응시켜 생성되는 물질로 제6류 위험물인 산화성 액체에 해당한다.
  (예, $BaO_2 + 2HCl \rightarrow BaCl_2 + H_2O_2$: 과산화바륨+염산 → 염화바륨+과산화수소)
- 위험등급이 I등급이고, 지정수량은 300kg이다.
- 물보다 무겁고 석유와 벤젠에 녹지 않고, 물, 에테르, 에탄올에 녹는다.
- 표백작용과 살균작용을 하는 물질이다.
- 불연성의 강산화제이지만 환원제로서 작용하는 경우도 있다.
- 피부와 접촉 시 수종을 생기게 하는 위험물질이다.
- 순수한 것은 점성이 있는 무색 액체이며, 다량이면 청색빛깔을 띤다.

㉡ 분해 및 저장 방법
- 이산화망간(MnO_2)이 있으면 분해가 촉진된다.
- 햇빛에 의하여 분해되므로 햇빛이 통과하지 않는 갈색 병에 보관한다.
- 분해되면 산소를 방출한다.
- 분해 방지를 위해 보관 시 인산, 요산 등의 안정제를 가할 수 있다.
- 냉암소에 저장하고 온도의 상승을 방지한다.
- 용기에 내압 상승을 방지하기 위하여 밀전하지 않고 작은 구멍이 뚫린 마개를 사용하여 보관한다.

㉢ 농도에 따른 위험성
- 농도가 높아질수록 위험성이 커진다.
- 농도에 따라 위험물에 해당하지 않는 것도 있다.(3%과산화수소는 옥시풀로 약국에서 판매한다)
- 농도가 높은 것은 불순물, 구리, 은, 백금 등의 미립자에 의하여 폭발적으로 분해한다.
- 농도가 클수록 위험하므로 분해방지 안정제를 넣어 산소분해를 억제한다.

정답 | 55 ① 56 ④ 57 ④

58

Repetitive Learning (1회 2회 3회)

제4류 위험물 중 제1석유류란 1기압에서 인화점이 몇 ℃인 것을 말하는가?

① 21℃ 미만　② 21℃ 이상
③ 70℃ 미만　④ 70℃ 이상

해설

- 제1석유류는 1기압에서 인화점이 21℃ 미만인 액체이다.

제1석유류

㉠ 개요

- 1기압에서 인화점이 21℃ 미만인 액체이다.
- 비수용성은 지정수량이 200L, 수용성은 지정수량이 400L이며, 위험등급은 Ⅱ이다.
- 휘발유, 벤젠, 톨루엔, 메틸에틸케톤, 시클로헥산, 초산에스테르류, 의산에스테르류, 염화아세틸(이상 비수용성), 아세톤, 피리딘, 시안화수소(이상 수용성) 등이 있다.

㉡ 종류

구분	종류
비수용성 (200L)	• 휘발유(가솔린) • 벤젠(C_6H_6) • 톨루엔($C_6H_5CH_3$) • 메틸에틸케톤($CH_3COC_2H_5$) • 시클로헥산(C_6H_{12}) • 초산에스테르(초산메틸, 초산에틸, 초산프로필 등) • 의산에스테르(의산메틸, 의산에틸, 의산프로필 등) • 염화아세틸(CH_3COCl)
수용성 (400L)	• 아세톤(CH_3COCH_3) • 피리딘(C_5H_5N) • 시안화수소(HCN)

0901

59

Repetitive Learning (1회 2회 3회)

디에틸에테르 중의 과산화물을 검출할 때 그 검출시약과 정색반응의 색이 옳게 짝지어진 것은?

① 요오드화칼륨용액 – 적색
② 요오드화칼륨용액 – 황색
③ 브롬화칼륨용액 – 무색
④ 브롬화칼륨용액 – 청색

해설

- 에테르의 과산화물은 요오드화칼륨(KI) 10% 수용액을 황색으로 변화시킬 때 검출할 수 있으며, 과산화물을 제거할 때는 황산제일철($FeSO_4$)을 사용한다.

에테르($C_2H_5OC_2H_5$) · 디에틸에테르 실기 0602/0804/1601/1602

- 특수인화물로 무색투명한 휘발성 액체이다.
- 인화점이 −45℃, 연소범위가 1.9 ~ 48%로 넓은 편이고, 증기는 제4류 위험물 중 가장 인화성이 크다.
- 비중은 0.72로 물보다 가볍고, 증기비중은 2.55로 공기보다 무겁다.
- 물에는 잘 녹지 않고, 알코올에 잘 녹는다.
- 햇볕에 오래 쪼이면 일부 분해하여 과산화물을 생성하므로 갈색병에 넣어 냉암소에 보관한다.
- 건조한 에테르는 비전도성이므로, 정전기 생성방지를 위해 약간의 $CaCl_2$를 넣어준다.
- 소화제로서 CO_2가 가장 적당하다.
- 과산화물은 요오드화칼륨(KI) 10% 수용액을 황색으로 변화시킬 때 검출할 수 있으며, 과산화물을 제거할 때는 황산제일철($FeSO_4$)을 사용한다.

60

Repetitive Learning (1회 2회 3회)

주유취급소의 표지 및 게시판의 기준에서 "위험물 주유취급소" 표지와 "주유중엔진정지" 게시판의 바탕색을 차례대로 옳게 나타낸 것은?

① 백색, 백색　② 백색, 황색
③ 황색, 백색　④ 황색, 황색

해설

- 표지는 백색 바탕에 흑색 글자로, 게시판은 황색 바탕에 흑색 문자로 표시한다.

주유취급소의 표지 및 게시판 실기 0604/0701/1201/1402/1602/1802/1904

- 주유취급소에는 보기 쉬운 곳에 "위험물 주유취급소"라는 표시를 한 표지, 게시판 및 황색 바탕에 흑색 문자로 "주유중엔진정지"라는 표시를 한 게시판을 설치하여야 한다.
- 표지 및 게시판은 한 변의 길이가 0.3m 이상, 다른 한 변의 길이가 0.6m 이상인 직사각형으로 할 것
- 종류별 색상

구분	내용	색상
표지	게시판(저장 또는 취급하는 위험물의 유별 · 품명 및 저장최대수량 또는 취급최대수량, 지정수량의 배수 및 안전관리자의 성명 또는 직명을 기재)	바탕은 백색으로, 문자는 흑색
주의사항 게시판	제1류 위험물 중 알칼리금속의 과산화물과 이를 함유한 것 또는 제3류 위험물 중 금수성 물질에 있어서는 "물기엄금"	청색바탕에 백색문자로
	제2류 위험물(인화성 고체를 제외한다)에 있어서는 "화기주의"	적색바탕에 백색문자로
	제2류 위험물 중 인화성 고체, 제3류 위험물 중 자연발화성물질, 제4류 위험물 또는 제5류 위험물에 있어서는 "화기엄금"	

58 ① 59 ② 60 ② 정답

2020년 8월 22일

2020년 제3회

합격률 59.3%

1과목 일반화학

1104

01 Repetitive Learning (1회 2회 3회)

전자배치가 $1s^22s^22p^63s^23p^5$인 원자의 M껍질에는 몇 개의 전자가 들어 있는가?

① 2 ② 4
③ 7 ④ 17

해설

- 전자껍질은 K, L, M, N껍질로 구성되며, M껍질이라면 L껍질을 모두 채운 것으로 원자번호 11번부터의 총 18개의 원소의 전자배치를 의미한다.
- 주어진 원자는 3주기에 해당하는 $3s^23p^5$에 총 7개의 원자를 가지고 있다.

전자배치 구조

- 오비탈이라는 전자가 채워지는 공간을 통해 전자껍질을 구성한다.
- 전자껍질은 K, L, M, N껍질로 구성된다.

구분	K껍질	L껍질	M껍질	N껍질
오비탈	1s	2s2p	3s3p3d	4s4p4d4f
오비탈수	1개(1^2)	4개(2^2)	9개(3^2)	16개(4^2)
최대전자	최대 2개	최대 8개	최대 18개	최대 32개

- 오비탈의 종류

s오비탈	최대 2개의 전자를 채울 수 있다.
p오비탈	최대 6개의 전자를 채울 수 있다.
d오비탈	최대 10개의 전자를 채울 수 있다.
f오비탈	최대 14개의 전자를 채울 수 있다.

- 표시방법

$1s^22s^22p^63s^23p^64s^23d^{10}4p^6$ …로 표시한다.

- 오비탈에 해당하는 s, p, d, f 앞의 숫자는 주기율표상의 주기를 의미한다.
- 오비탈에 해당하는 s, p, d, f 오른쪽 위의 숫자는 전자의 수를 의미한다.
- 항상 앞의 오비탈을 모두 채워야 다음 오비탈이 위치할 수 있다.
- 주기율표와 같이 구성되게 하기 위해 1주기에는 s만, 2주기와 3주기에는 s와 p가, 4주기와 5주기에는 전이원소를 넣기 위해 s, d, p오비탈이 순서대로(이때, d앞의 숫자가 기존 s나 p보다 1적다) 배치된다.

- 대표적인 원소의 전자배치

주기	원소명	원자 번호	표시
1	수소(H)	1	$1s^1$
	헬륨(He)	2	$1s^2$
2	리튬(Li)	3	$1s^22s^1$
	베릴륨(Be)	4	$1s^22s^2$
	붕소(B)	5	$1s^22s^22p^1$
	탄소(C)	6	$1s^22s^22p^2$
	질소(N)	7	$1s^22s^22p^3$
	산소(O)	8	$1s^22s^22p^4$
	불소(F)	9	$1s^22s^22p^5$
	네온(Ne)	10	$1s^22s^22p^6$

1201

02 Repetitive Learning (1회 2회 3회)

액체 0.2g을 기화시켰더니 그 증기의 부피가 97℃ 740mmHg에서 80mL였다. 이 액체의 분자량에 가장 가까운 값은?

① 40 ② 46
③ 78 ④ 121

해설

- 분자량을 구하는 문제이므로 이상기체 상태방정식에 대입하면 분자량 $= \frac{0.2\times0.082\times(273+97)}{\frac{740}{760}\times0.08} = \frac{6.068}{0.0779} = 77.89$가 된다.

이상기체 상태방정식

- 특정 압력과 온도에서 기체의 분자량을 구할 때 사용한다.
- 분자량 $M = \frac{질량\times R\times T}{P\times V}$로 구한다.

이때, R은 이상기체상수로 0.082[atm · L/mol · K]이고,
T는 절대온도(273+섭씨온도)[K]이고,
P는 압력으로 atm 혹은 $\frac{주어진\ 압력[mmHg]}{760mmHg/atm}$이고,
V는 부피[L]이다.

정답 | 01 ③ 02 ③

1504

03

Repetitive Learning (1회 2회 3회)

원자량이 56인 금속 M 1.12g을 산화시켜 실험식이 M_xO_y인 산화물 1.60g을 얻었다. x, y는 각각 얼마인가?

① x=1, y=2 ② x=2, y=3
③ x=3, y=2 ④ x=2, y=1

해설

- 주어진 것들을 분석해보면 금속 1.12g과 산소 (1.60-1.12)g이 반응하여 M_xO_y 1.60g의 산화물을 얻은 경우이다.
- 금속의 원자가는 모르지만 산소의 원자가는 -2로 알고 있으므로 산화물의 화학식은 M_2O_y가 된다.
- 즉, 금속 1.12g과 산소 0.48g이 결합하여 M_2O_y를 형성한 경우이다.
- M_2는 56×2=112g일 때는 산소 48g이 결합되어야 하므로 산소 48g은 산소원자 3개의 양이므로 y값은 3이 된다.

금속 산화물

- 어떤 금속 M의 산화물의 조성은 산화물을 구성하는 각 원소들의 몰 당량에 의해 구성된다.
- 중량%가 주어지면 해당 중량%의 비로 금속의 당량을 확인할 수 있다.
- 원자량은 당량×원자가로 구한다.

0301

04

Repetitive Learning (1회 2회 3회)

황산 수용액 400mL 속에 순황산이 98g 녹아 있다면 이 용액은 몇 N인가?

① 3N ② 4N
③ 5N ④ 6N

해설

- 황산(H_2SO_4)은 이온화되면 수소를 2개 내놓으므로 당량수는 2이다. 즉, 황산의 분자량이 98이므로 g당량수는 $\frac{98}{2}=49$이다. 즉, 용액 1L 중에 황산이 49g이 녹아있다면 노르말 농도는 1N이다.
- 1000mL에 49g이 녹아있으면 1N인데, 1N이 되려면 400mL 속에 19.6g이 녹아있으면 된다. 그런데 황산 98g이 녹아있으므로 $\frac{98}{19.6}=5$이므로 5N이다.

노르말 농도(N)

- 용액 1L 속에 녹아있는 용질의 g당량 수를 말한다.
- 노르말농도=몰농도×당량수로 구할 수 있다.

0402 / 1301

05

Repetitive Learning (1회 2회 3회)

백금 전극을 사용하여 물을 전기분해할 때 (+)극에서 5.6L의 기체가 발생하는 동안 (-)극에서 발생하는 기체의 부피는?

① 5.6L ② 11.2L
③ 22.4L ④ 44.8L

해설

- 1F의 전기량이 가해질 때 양(+)극에서는 산소가 5.6[ℓ]생성되고, 음(-)극에서는 수소가 11.2[L] 생성된다.

물(H_2O)의 전기분해

- 분해 반응식 : $2H_2O \rightarrow 2H_2 + O_2$
- 1F의 전기량은 물질 1g당량을 석출하는데 필요한 전기량으로 전기분해할 경우 수소 1g당량과 산소 1g당량이 발생한다.
- 1F의 전기량은 전자 1몰이 갖는 전하량으로 96,500[C]의 전하량을 갖는다.
- 음(-)극에서는 수소의 1g당량은 $\frac{원자량}{원자가}=\frac{1}{1}=1g$으로 표준상태에서 기체 1몰이 가지는 부피가 22.4[L]이므로 1g은 $\frac{1}{2}$몰이므로 11.2[L]가 생성된다.
- 양(+)극에서는 산소의 1g당량은 $\frac{원자량}{원자가}=\frac{16}{2}=8g$으로 표준상태에서 기체 1몰이 가지는 부피가 22.4[L]이므로 8g은 $\frac{8}{32}$몰이므로 5.6[L]가 생성된다.

06

Repetitive Learning (1회 2회 3회)

다음 중 방향족 탄화수소가 아닌 것은?

① 에틸렌 ② 톨루엔
③ 아닐린 ④ 안트라센

해설

- 에틸렌은 프로필렌, 부타디엔과 같은 지방족 불포화 탄화수소인 올레핀족에 해당한다.

방향족(Aromaticity) 화합물

- 평평한 고리 구조를 가진 원자들이 비정상적으로 안정된 상태를 의미한다.
- 특정 규칙에 의해 상호작용하는 다양한 파이결합을 가져 안정적이다.
- 이중결합은 주로 첨가반응이 일어나지만 방향족은 주로 치환반응이 더 잘 일어난다.
- 방향족 화합물의 종류에는 벤젠, 톨루엔, 나프탈렌, 피리딘, 피롤, 트로플론, 아닐린, 크레졸, 피크린산 등이 있다.

03 ② 04 ③ 05 ② 06 ① | 정답

0602

07 Repetitive Learning 1회 2회 3회

방사성 원소인 U(우라늄)이 다음과 같이 변화되었을 때의 붕괴 유형은?

$$^{238}_{92}U \rightarrow {}^{4}_{2}He + Th$$

① α붕괴 ② β붕괴
③ γ붕괴 ④ R붕괴

해설

- 방사성 붕괴의 종류에는 방출되는 입자의 종류에 따라 알파붕괴, 베타붕괴, 감마붕괴로 구분된다.
- 베타(β) 붕괴는 중성자가 양성자와 전자+반중성미자(음의 베타붕괴)를 방출하거나 양성자가 에너지를 흡수하여 중성자와 양전자+중성미자(양의 베타붕괴)를 방출하는 것으로 질량수는 변화 없이 원자번호만 1증가한다.
- 감마(γ)붕괴는 원자번호나 질량수의 변화 없이 광자(γ선)를 방출하는 것을 말한다.

알파(α)붕괴

- 원자핵이 알파입자(${}^{4}_{2}He$)를 방출하면서 질량수가 4, 원자번호가 2 감소하는 과정을 말한다.
- 우라늄의 알파붕괴 : ${}^{238}_{92}U \rightarrow {}^{4}_{2}He + {}^{234}_{90}Th$

1001 / 1204

08 Repetitive Learning 

원자번호가 7인 질소와 같은 족에 해당되는 원소의 원자번호는?

① 15 ② 16
③ 17 ④ 18

해설

- 질소와 같은 족의 원소에는 원자번호 15인 인(P), 33인 비소(As), 51인 안티몬(Sb), 83인 비스무트(Bi)가 있다.

5A(질소족)원소

2주기	3주기	4주기	5주기	6주기
7 ±3 5 N 질소 14	15 ±3 5 P 인 31	33 ±3 5 As 비소 75	51 3 5 Sb 안티몬 121.8	83 3 5 Bi 비스무트 209

09 Repetitive Learning 1회 2회 3회

다음 보기의 벤젠 유도체 가운데 벤젠의 치환반응으로부터 직접 유도할 수 없는 것은?

ⓐ $-Cl$ ⓑ $-OH$ ⓒ $-SO_3H$

① ⓐ ② ⓑ
③ ⓒ ④ ⓐ, ⓑ, ⓒ

해설

- 벤젠의 치환반응으로 직접 유도가능한 것은 Cl, NO_2, CH_3, SO_3H가 있다.

벤젠의 치환반응

- 벤젠의 원자나 작용기가 다른 원자나 작용기로 바뀌는 반응을 말한다.

반응	반응식
할로겐화 반응	$C_6H_6 + Cl_2 \xrightarrow{Fe촉매} C_6H_5Cl + HCl$
니트로화 반응	$C_6H_6 + HNO_2 \xrightarrow{C-H_2SO_4} C_6H_5NO_2 + H_2O$
알킬화 반응 (프리델-크래프트반응)	$C_6H_6 + CH_3Cl \xrightarrow{AlCl_3} C_6H_5CH_3 + HCl$
설폰화 반응	$C_6H_6 + H_2SO_4 \xrightarrow[SO_3]{} C_6H_5SO_3H + H_2O$

10 Repetitive Learning 1회 2회 3회

지방이 글리세린과 지방산으로 되는 것과 관련이 깊은 반응은?

① 에스테르화 ② 가수분해
③ 산화 ④ 아미노화

해설

- 중성지방인 음식물의 지방이 이자에서 생성되어 십이지장에서 분비되는 효소인 리파아제에 의해 글리세린과 지방산으로 분해되는 것은 가수분해의 대표적인 예이다.

가수분해

- 염이 물에 녹아 산과 염기로 분리되는 반응을 말한다.
- 강산과 강염기로 결합된 염($NaCl$, $NaNO_3$, Na_2SO_4, KNO_3 등)의 경우에는 가수분해가 되지 않는다.
- 음식물의 지방이 가수분해 효소인 리파아제에 의해 글리세린과 지방산으로 분해되는 것이 일상생활에서 확인가능한 가수분해의 예이다.

정답 | 07 ① 08 ① 09 ② 10 ②

0904

11

Repetitive Learning 1회 2회 3회

다음 각 화합물 1mol이 완전 연소할 때 3mol의 산소를 필요로 하는 것은?

① CH_3-CH_3　　② $CH_2=CH_2$

③ C_6H_6　　④ $CH \equiv CH$

해설

- 완전연소를 위한 최소한의 산소농도를 구하기 위해 완전연소조성농도(Cst)를 구해본다.
- ①은 탄소 2개, 수소 6개이므로 $2+\frac{6}{4}(=1.5)$로 3.5몰의 산소가 필요하다.
- ②는 탄소 2개, 수소 4개로 $2+\frac{4}{4}=3$몰의 산소가 필요하다.
- ③은 탄소 6개, 수소 6개로 $6+\frac{6}{4}=7.5$몰의 산소가 필요하다.
- ④는 탄소 2개 수소 2개로 $2+\frac{2}{4}=2.5$몰의 산소가 필요하다.

최소산소농도(MOC)

- 완전 연소조성농도(Cst)를 구할 때 사용하는 $a+\frac{b-c-2d}{4}$로 구할 수 있다.(단, a : 탄소, b : 수소, c : 할로겐원자의 원자수, d : 산소의 원자수로 구한다)

0802

12

Repetitive Learning 1회 

다음 화합물 중에서 가장 작은 결합각을 가지는 것은?

① BF_3　　② NH_3

③ H_2　　④ $BeCl_2$

해설

- 삼불화붕소(BF_3)는 중심원자에 공유 전자쌍만 있는 평면삼각형 구조로 120°의 결합각을 갖는다.
- 수소(H_2)는 이원자 분자로 180°의 결합각을 갖는다.
- 염화베릴륨($BeCl_2$)은 평면형 구조로 180°의 결합각을 갖는다.
- 주어진 보기들을 결합각이 작은 것에서 큰 순으로 배열하면 암모니아 < 삼불화붕소 < 수소=염화베릴륨이다.

암모니아(NH_3)

- 질소 분자 1몰과 수소분자 3몰이 결합하여 만들어지는 화합물이다.
- 끓는점은 −33.34℃이고, 분자량은 17이다.
- 암모니아 합성식은 $N_2+3H_2 \rightarrow 2NH_3$이다.
- 결합각이 107°인 입체 삼각뿔(피라밋) 구조를 하고 있다.

1802

13

Repetitive Learning 1회 2회 3회

1패러데이(Faraday)의 전기량으로 물을 전기분해 하였을 때 생성되는 기체 중 산소기체는 0℃, 1기압에서 몇 L인가?

① 5.6　　② 11.2

③ 22.4　　④ 44.8

해설

- 1F의 전기량으로 생성되는 기체는 1g당량이므로 산소는 1g당량이 $\frac{1}{4}$몰이므로 $\frac{1}{4}\times22.4=5.6$[L]가 된다.

물(H_2O)의 전기분해

문제 05번의 유형별 핵심이론 참조

0902

14

Repetitive Learning 1회 2회 3회

다음에서 설명하는 법칙은 무엇인가?

> 일정한 온도에서 비휘발성이며, 비전해질인 용질이 녹은 묽은 용액의 증기 압력 내림은 일정량의 용매에 녹아 있는 용질의 몰 수에 비례한다.

① 헨리의 법칙　　② 라울의 법칙

③ 아보가드로의 법칙　　④ 보일-샤를의 법칙

해설

- 헨리의 법칙은 동일한 온도에서, 같은 양의 액체에 용해될 수 있는 기체의 양은 기체의 부분압과 정비례한다는 것이다.
- 아보가드로의 법칙은 모든 기체는 같은 온도, 같은 압력에서 같은 부피 속에 같은 개수의 분자를 포함한다는 것이다.
- 보일.샤를의 법칙은 기체의 압력, 온도, 부피 사이의 관계를 나타내는 법칙으로 $\frac{P_1V_1}{T_1}=\frac{P_2V_2}{T_2}$의 식으로 나타낸다.

라울의 법칙

- 용매에 용질을 녹일 경우 용매의 증기압이 감소하여 끓는(어는)점이 변화하는데 이때 변화의 크기는 용액 중에 녹아있는 용질의 몰분율에 비례한다.
- 끓는점 상승도 = $K_b \times \frac{w\times1,000}{M\times G}$로 구한다.
  이때, K_b는 몰랄 오름 상수(0.52℃ · kg/mol)이고, w는 용질의 무게, M은 용질의 분자량, G는 용매의 무게이다.
- 어는점 강하도 = $K_f \times \frac{w\times1,000}{M\times G}$로 구한다.
  이때, K_f는 몰랄 내림 상수(1.86℃ · kg/mol)이고, w는 용질의 무게, M은 용질의 분자량, G는 용매의 무게이다.

11 ② 12 ② 13 ① 14 ② 정답

0501 / 1704

15 Repetitive Learning (1회 2회 3회)

$[OH^-]=1\times10^{-5}$mol/L인 용액의 pH와 액성으로 옳은 것은?

① pH=5, 산성　② pH=5, 알칼리성
③ pH=9, 산성　④ pH=9, 알칼리성

해설

- $pH=14-p[OH^-]$ 이므로 $pH=14-(-\log 1\times10^{-5})=9$가 되며, pH의 값이 9라는 것은 알칼리성을 의미한다.

수소이온농도지수(pH)

- 용액 1L 속에 존재하는 수소이온의 g이온수 즉, 몰농도(혹은 N농도×전리도)를 말한다.
- 수소이온은 매우 작은 값으로 존재하므로 수소이온의 역수에 상용로그값을 취하여 사용한다.

$$pH=\log\frac{1}{[H^+]}=-\log[H^+]$$

- 순수한 물의 경우 1기압 25℃에서 수소이온의 농도가 약 10^{-7}g 이온이므로 이를 pH 7 중성이라고 하고, 이보다 클 때 알카리성, 이보다 작을 때 산성이라고 한다.
- 수소이온농도지수[pH]+수산화이온농도지수[pOH]=14이다.

0802

16 Repetitive Learning (1회 2회 3회)

질량수 52인 크롬의 중성자수와 전자수는 각각 몇 개인가? (단, 크롬의 원자번호는 24이다)

① 중성자수 24, 전자수 24
② 중성자수 24, 전자수 52
③ 중성자수 28, 전자수 24
④ 중성자수 52, 전자수 24

해설

- 크롬(Cr)의 원자번호가 24이고, 질량수가 52라는 것은 양성자의 수와 전자수가 24이고, 중성자의 수는 28이라는 것을 의미한다.

원자번호(Atomic number)와 원자량(Atomic mass)

- 원자번호는 원자핵의 양성자수이자 중성원자의 총 전자수와 같다.
- 질량수=양성자의 수+중성자의 수로 구한다.
- 원자량은 6개의 양성자와 6개의 중성자로 구성되는 질량수 12인 탄소($_{12}C$)의 원자 질량을 12로 정한 조건에서 다른 원소의 비교질량을 원자량으로 나타낸다.

1401

17 Repetitive Learning (1회 2회 3회)

다음 중 물이 산으로 작용하는 반응은?

① $NH_4^+ + H_2O \rightarrow NH_3 + H_3O^+$
② $HCOOH + H_2O \rightarrow HCOO^- + H_3O^+$
③ $CH_3COO^- + H_2O \rightarrow CH_3COOH + OH^-$
④ $HCl + H_2O \rightarrow H_3O^+ + Cl^-$

해설

- 물이 산으로 작용한다는 것은 산화된다는 것을 의미한다. 산화는 수소나 전자를 잃는 반응이므로 물이 수소를 잃는 것을 찾으면 된다.

산화와 환원

산화	환원
전자를 잃는 반응	원자나 원자단 또는 이온이 전자를 얻는 반응
수소화합물이 수소를 잃는 반응	수소와 결합하는 반응
산소와 화합하는 반응	산소를 잃는 반응
한 원소의 산화수가 증가하는 반응	한 원소의 산화수가 감소하는 반응

1301 / 1701

18 Repetitive Learning (1회 2회 3회)

일정한 온도하에서 물질 A와 B가 반응을 할 때 A의 농도만 2배로 하면 반응속도가 2배가 되고 B의 농도만 2배로 하면 반응속도가 4배로 된다. 이 반응속도식은? (단, 반응속도 상수는 k이다)

① $v=k[A][B]^2$　② $v=k[A]^2[B]$
③ $v=k[A][B]^{0.5}$　④ $v=k[A][B]$

해설

- A의 농도와 반응속도가 비례하는데, B의 농도와 반응속도는 농도의 제곱에 비례하므로 반응속도식은 $v=k[A][B]^2$가 된다.

농도와 반응속도의 관계

- 일정한 온도에서 반응속도는 반응물질의 농도(몰/L)의 곱에 비례한다.
- 어떤 물질 A와 B의 반응을 통해 C와 D를 생성하는 반응식에서 $aA+bB \rightarrow cC+dD$에서 반응속도는 $k[A]^a[B]^b$가 되며, 그 역도 성립한다. 이때 k는 속도상수이며, [ ]은 몰농도이다.
- 온도가 일정하더라도 시간이 흐름에 따라 물질의 농도가 감소하므로 반응속도도 감소한다.

정답 | 15 ④ 16 ③ 17 ③ 18 ①

1704

19 ── Repetitive Learning 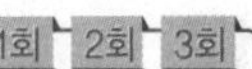

다음 물질 1g을 각각 1kg의 물에 녹였을 때 빙점강하가 가장 큰 것은? (단, 빙점강하 상수값(어느점 내림상수)은 동일하다고 가정한다)

① CH_3OH　② C_2H_5OH

③ $C_3H_5(OH)_3$　④ $C_6H_{12}O_6$

해설

- 다른 모든 것이 같을 경우에 각 물질의 빙점 강하의 크기는 분자량이 작을수록 빙점강하의 크기가 크다.
- 보기의 주어진 물질의 분자량을 계산해보면 ①은 32이고, ②는 46, ③은 92, ④는 180이다.

라울의 법칙

문제 14번의 유형별 핵심이론 참조

1501

20 ── Repetitive Learning 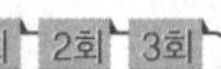

다음 밑줄 친 원소 중 산화수가 +5인 것은?

① $Na_2\underline{Cr_2}O_7$　② $K_2\underline{S}O_4$

③ $K\underline{N}O_3$　④ $\underline{Cr}O_3$

해설

- $Na_2\underline{Cr_2}O_7$에서 Na는 +1가, O는 −2가이므로 크롬의 산화수는 +6가가 되어야 2+12−14가 되어 화합물의 산화수가 0가로 된다.
- $K_2\underline{S}O_4$에서 황의 산화수는 K가 1족의 알칼리금속이므로 +6가가 되어야 2+6−8이 되어 화합물의 산화수가 0가로 된다.
- $K\underline{N}O_3$에서 질소의 산화수는 +5가가 되어야 1+5−6이 되어 화합물의 산화수가 0가로 된다.
- $\underline{Cr}O_3$에서 크롬의 산화수는 +6가가 되어야 6−6이 되어 화합물의 산화수가 0가로 된다.

화합물에서 산화수 관련 절대적 원칙

- 일반적으로 화합물에서 전기음성도가 큰 물질이 +의 산화수를 갖고, 전기음성도가 작은 물질이 −의 산화수를 가진다.
- 수소(H)는 결합하는 원자와의 전기음성도 차에 의해 +1가 혹은 −1가의 값을 가진다.
- 1족의 알칼리금속(Li, Na, K)은 +1가의 값을 가진다.
- 2족의 알칼리토금속(Be, Mg, Ca)는 +2가의 값을 가진다.
- 13족의 알루미늄(Al)은 +3가의 값을 가진다.
- 17족의 플로오린(F)은 −1가의 값을 가진다.

2과목 화재예방과 소화방법

1301

21 ── Repetitive Learning 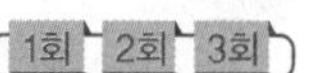

위험물안전관리법령상 이동탱크저장소로 위험물을 운송하게 하는 자는 위험물안전카드를 위험물운송자로 하여금 휴대하게 하여야 한다. 다음 중 이에 해당하는 위험물이 아닌 것은?

① 휘발유　② 과산화수소

③ 경유　④ 벤조일퍼옥사이드

해설

- 경유는 제4류 위험물 중 제2석유류에 해당하므로 위험물안전카드를 의무적으로 휴대할 필요가 없다.

위험물안전카드의 휴대

- 위험물(제4류 위험물에 있어서는 특수인화물 및 제1석유류에 한한다)을 운송하게 하는 자는 위험물안전카드를 위험물운송자로 하여금 휴대하게 한다.

0704 / 1104 / 1402

22 ── Repetitive Learning 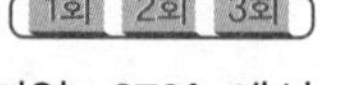

분말소화약제인 탄산수소나트륨 10kg이 1기압, 270℃에서 방사되었을 때 발생하는 이산화탄소의 양은 약 몇 m^3인가?

① 2.65　② 3.65

③ 18.22　④ 36.44

해설

- 0℃, 1기압에서 기체의 부피는 0.082×(273+0)=22.386[L]이므로 270℃, 1기압에서 기체의 부피는 0.082×(273+270)=44.526[L]이다.
- 탄산수소나트륨은 분자량 84이다.
- 열분해반응식은 $2NaHCO_3 \rightarrow Na_2CO_3 + CO_2 + H_2O$이므로 2몰의 탄산수소나트륨이 반응하여 1몰의 이산화탄소 44.526[L]가 발생한다는 것이다.
- 탄산수소나트륨 168[g]이 44.526[L]를 발생시키므로 10kg일 경우는 $\frac{44.526 \times 10}{168} = 2.65[m^3]$을 발생시킨다.

이상기체 상태방정식

문제 02번의 유형별 핵심이론 참조

19 ① 20 ③ 21 ③ 22 ① | 정답

1204

23 Repetitive Learning 1회 2회 3회

주된 연소형태가 분해연소인 것은?

① 금속분 ② 유황
③ 목재 ④ 피크르산

해설

• ①은 표면연소, ②는 증발연소, ④는 자기연소를 한다.

고체의 연소형태 실기 0702/0902/1204/1904

분해연소	• 가연물이 열분해가 진행되어 산소와 결합하여 연소하는 고체의 연소방식이다. • 종이, 목재, 플라스틱, 석탄 등이 분해연소를 한다.
표면연소	• 열분해 되지 않고 고체 표면에 공기가 닿아 연소가 일어나 고온을 유지하며 타는 연소형태를 말한다. • 숯, 코크스, 목탄, 금속 등이 표면연소를 한다.
자기연소	• 공기 중 산소를 필요로 하지 않고 분자 내의 산소를 이용해 자신이 분해되며 타는 것을 말한다. • 니트로셀룰로오스, TNT, 셀룰로이드, 니트로글리세린과 같은 제5류 위험물이 자기연소를 한다.
증발연소	• 액체와 고체의 연소방식에 속한다. • 열분해를 일으키지 않고 증발한 증기가 공기와 혼합해서 연소되는 방식이다. • 주로 연료로 사용되는 휘발유, 등유, 경유, 알코올과 같은 액체와 양초, 나프탈렌, 왁스, 아세톤, 황 등 제4류 위험물이 증발연소를 한다.

0602

24 Repetitive Learning 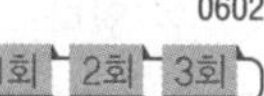

전역방출방식의 할로겐화물소화설비 중 하론 1301을 방사하는 분사헤드의 방사압력은 얼마 이상이어야 하는가?

① 0.1MPa ② 0.2MPa
③ 0.5MPa ④ 0.9MPa

해설

• 분사헤드의 방사압력은 하론 2402를 방사하는 것에 있어서는 0.1MPa 이상, 하론 1211을 방사하는 것에 있어서는 0.2MPa 이상, 하론 1301을 방사하는 것에 있어서는 0.9MPa 이상으로 한다.

전역방출방식의 할로겐화합물소화설비의 분사헤드 설치기준

• 방사된 소화약제가 방호구역의 전역에 균일하게 신속히 확산할 수 있도록 할것
• 하론 2402를 방출하는 분사헤드는 당해 소화약제가 무상으로 분무되는 것으로 할 것
• 분사헤드의 방사압력은 하론 2402를 방사하는 것에 있어서는 0.1MPa 이상, 하론 1211을 방사하는 것에 있어서는 0.2MPa 이상, 하론1301을 방사하는 것에 있어서는 0.9MPa 이상으로 할 것
• 기준저장량의 소화약제를 10초 이내에 방사할 수 있는 것으로 할 것

1002

25 Repetitive Learning 

포소화약제의 종류에 해당되지 않는 것은?

① 단백포 소화약제
② 합성계면활성제포 소화약제
③ 수성막포 소화약제
④ 액표면포 소화약제

해설

• 포소화약제의 종류에는 화학포, 공기포(단백포, 활성계면활성제포, 수성막포), 알코올포 등이 있다.

포소화약제

• 화재면 위에 거품(포)를 분사하여 산소공급을 차단하는 질식효과와 포의 주성분인 물을 이용한 냉각효과를 이용한 소화약제이다.
• 종류에는 화학포, 공기포(단백포, 활성계면활성제포, 수성막포), 알코올포 등이 있다.
• 포가 갖춰야 할 조건

부착성	기름보다 가벼우며, 화재면과의 부착성이 좋아야 한다.
응집성	바람에 견딜 수 있도록 응집성과 안정성이 있어야 한다.
유동성	열에 대한 막을 가지며 유동성이 좋아야 한다.
무독성	인체에 해롭지 않아야 한다.

0804

26 Repetitive Learning 1회 2회 3회

이산화탄소가 불연성인 이유를 옳게 설명한 것은?

① 산소와의 반응이 느리기 때문이다.
② 산소와 반응하지 않기 때문이다.
③ 착화되어도 곧 불이 꺼지기 때문이다.
④ 산화반응이 일어나도 열 발생이 없기 때문이다.

해설

• 이산화탄소는 산소와 반응하지 않고 산소공급을 차단하므로 표면소화에 효과적이다.

이산화탄소(CO_2)

• 무색, 무취이며 비전도성이다.
• 증기상태의 비중은 약 1.52로 공기보다 무겁다.
• 임계온도는 약 31℃이다.
• 냉각 및 압축에 의하여 액화될 수 있다.
• 산소와 반응하지 않고 산소공급을 차단하므로 표면소화에 효과적이다.
• 방사 시 열량을 흡수하므로 냉각소화 및 질식, 피복소화 작용이 있다.
• 밀폐된 공간에서는 질식을 유발할 수 있으므로 주의해야 한다.

정답 | 23 ③ 24 ④ 25 ④ 26 ②

0701 / 1101 / 1401

27 Repetitive Learning (1회 2회 3회)

드라이아이스 1kg이 완전히 기화하면 약 몇 몰의 이산화탄소가 되겠는가?

① 22.7 ② 51.3
③ 230.1 ④ 515.0

해설

- 드라이아이스는 이산화탄소(CO_2)를 의미한다. 1몰의 무게가 44g이다. 드라이아이스 1kg은 $\frac{1000}{44}=22.72$몰에 해당한다.

드라이아이스

- 고체로 된 이산화탄소(CO_2)이다.
- 승화점은 −78.5℃이고, 기화열은 571kJ/kg이다.
- 얼음보다 차갑고 상태 변화 시 수분을 남기지 않아 냉각제로 사용된다.

28 Repetitive Learning (1회 2회 3회)

특수인화물의 소화설비 기준 적용상 1소요단위가 되기 위한 용량은?

① 50L ② 100L
③ 250L ④ 500L

해설

- 특수인화물은 인화성 액체에 해당하는 제4류 위험물로 지정수량이 50L이고 소요단위는 지정수량의 10배이므로 500L가 1단위가 된다.

소요단위 실기 0604/0802/1202/1204/1704/1804/2001

- 소화설비의 설치대상이 되는 건축물 그 밖의 공작물의 규모 또는 위험물의 양의 기준단위이다.
- 계산방법

제조소 또는 취급소의 건축물	외벽이 내화구조인 것은 연면적 100m²를 1소요단위로 하며, 외벽이 내화구조가 아닌 것은 연면적 50m²를 1소요단위로 할 것
저장소의 건축물	외벽이 내화구조인 것은 연면적 150m²를 1소요단위로 하고, 외벽이 내화구조가 아닌 것은 연면적 75m²를 1소요단위로 할 것
제조소 등의 옥외에 설치된 공작물	외벽이 내화구조인 것으로 간주하고 공작물의 최대수평투영면적을 연면적으로 간주하여 제조소 혹은 저장소 건축물의 소요단위를 적용할 것
위험물	지정수량의 10배를 1소요단위로 할 것

0501_추가 / 0704 / 1704

29 Repetitive Learning (1회 2회 3회)

위험물안전관리법령상 전역방출방식 또는 국소방출방식의 분말소화설비의 기준에서 가압식의 분말소화설비에는 얼마 이하의 압력으로 조정할 수 있는 압력조정기를 설치하여야 하는가?

① 2.0MPa ② 2.5MPa
③ 3.0MPa ④ 5MPa

해설

- 가압식의 분말소화설비에는 2.5MPa 이하의 압력으로 조정할 수 있는 압력조정기를 설치해야 한다.

가압식 분말소화설비

- 가압식의 분말소화설비에는 2.5MPa 이하의 압력으로 조정할 수 있는 압력조정기를 설치할 것
- 가압식의 분말소화설비에 설치하는 정압작동장치의 기준
  - 기동장치의 작동 후 저장용기 등의 압력이 설정압력이 되었을 때 방출밸브를 개방시키는 것일 것
  - 정압작동장치는 저장용기 등마다 설치할 것

0802 / 1104 / 1604

30 Repetitive Learning (1회 2회 3회)

이산화탄소 소화기의 장 · 단점에 대한 설명으로 틀린 것은?

① 밀폐된 공간에서 사용 시 질식으로 인명피해가 발생할 수 있다.
② 전도성이어서 전류가 통하는 장소에서의 사용은 위험하다.
③ 자체의 압력으로 방출할 수가 있다.
④ 소화 후 소화약제에 의한 오손이 없다.

해설

- 이산화탄소 소화기는 전기에 대한 절연성이 우수한 비전도성을 갖기 때문에 전기화재(C급)에 유효하다.

이산화탄소(CO_2) 소화기의 특징

- 용기는 이음매 없는 고압가스 용기를 사용한다.
- 산소와 반응하지 않는 안전한 가스이다.
- 전기에 대한 절연성이 우수(비전도성)하기 때문에 전기화재(C급)에 유효하다.
- 자체 압력으로 방출하므로 방출용 동력이 별도로 필요하지 않다.
- 고온의 직사광선이나 보일러실에 설치할 수 없다.
- 금속분의 화재 시에는 사용할 수 없다.
- 소화기 방출구에서 주울–톰슨효과에 의해 드라이아이스가 생성될 수 있다.

27 ① 28 ④ 29 ② 30 ② | 정답

1202

31

Repetitive Learning (1회 2회 3회)

다음 위험물의 저장창고에서 화재가 발생하였을 때 주수에 의한 냉각소화가 적절치 않은 위험물은?

① $NaClO_3$　　② Na_2O_2

③ $NaNO_3$　　④ $NaBrO_3$

해설

- 과산화나트륨(Na_2O_2), 과산화칼륨(K_2O_2), 과산화바륨(BaO_2), 과산화리튬(Li_2O_2)과 같은 무기과산화물은 물과 반응할 경우 산소를 발생시켜 발화 · 폭발하므로 주수소화를 금해야 한다.

대표적인 위험물의 소화약제

위험물	류별	소화약제
칼륨(K), 나트륨(Na), 마그네슘(Mg)	제2류	마른모래, 탄산수소염류 분말소화약제
황린(P_4)	제3류	주수소화, 마른모래 등
알킬(트리에틸)알루미늄, 수소화나트륨	제3류	마른모래, 팽창질석, 팽창진주암
경유, 등유, 벤젠(C_6H_6)	제4류	포소화약제, 이산화탄소, 분말소화약제
염소산칼륨($KClO_3$), 염소산아연[$Zn(ClO_3)_2$]	제1류	대량의 물을 통한 냉각소화
트리니트로페놀 [$C_6H_2OH(NO_2)_3$], 트리니트로톨루엔(TNT), 니트로셀룰로오스 등	제5류	대량의 물로 주수소화
과산화나트륨(Na_2O_2), 과산화칼륨(K_2O_2)	제1류	마른모래

32

Repetitive Learning (1회 2회 3회)

질산의 위험성에 대한 설명으로 옳은 것은?

① 화재에 대한 직 · 간접적인 위험성은 없으나 인체에 묻으면 화상을 입는다.

② 공기 중에서 스스로 자연발화 하므로 공기에 노출되지 않도록 한다.

③ 인화점 이상에서 가연성 증기를 발생하여 점화원이 있으면 폭발한다.

④ 유기물질과 혼합하면 발화의 위험성이 있다.

해설

- 액체와 증기, 산화물은 인체에 대단히 해롭다.
- 질산은 산화성 액체로 제6류 위험물로 자연발화성질은 없다.
- 질산은 불연성의 물질로 인화점이 존재하지 않는다.

질산(HNO_3) 실기 0502/0701/0702/0901/1001/1401

- 산화성 액체에 해당하는 제6류 위험물이다.
- 위험등급이 Ⅰ등급이고, 지정수량은 300kg이다.
- 무색 또는 담황색의 액체이다.
- 불연성의 물질로 산소를 포함하여 다른 물질의 연소를 돕는다.
- 부식성을 갖는 유독성이 강한 산화성 물질이다.
- 비중이 1.49 이상인 것만 위험물로 규정한다.
- 햇빛에 의해 분해되므로 갈색병에 보관한다.
- 가열했을 때 분해하여 적갈색의 유독한 가스(이산화질소, NO_2)를 방출한다.
- 구리와 반응하여 질산염을 생성한다.
- 진한질산은 철(Fe), 코발트(Co), 니켈(Ni), 크롬(Cr), 알루미늄(Al) 등의 표면에 수산화물의 얇은 막을 만들어 다른 산에 의해 부식되지 않도록 하는 부동태가 된다.

1201

33

Repetitive Learning (1회 2회 3회)

위험물제조소의 환기설비 설치 기준으로 옳지 않은 것은?

① 환기구는 지붕 위 또는 지상 2m 이상의 높이에 설치할 것

② 급기구는 바닥면적 $150m^2$마다 1개 이상으로 할 것

③ 환기는 자연배기방식으로 할 것

④ 급기구는 높은 곳에 설치하고 인화방지망을 설치할 것

해설

- 급기구는 낮은 곳에 설치해야 한다.

제조소_환기설비

- 환기는 자연배기방식으로 할 것
- 급기구는 당해 급기구가 설치된 실의 바닥면적 $150m^2$마다 1개 이상으로 하되, 급기구의 크기는 $800cm^2$ 이상으로 할 것
- 바닥면적이 $150m^2$ 미만인 경우의 급기구 면적

바닥면적	급기구의 면적
$60m^2$ 미만	$150cm^2$ 이상
$60m^2$ 이상 $90m^2$ 미만	$300cm^2$ 이상
$90m^2$ 이상 $120m^2$ 미만	$450cm^2$ 이상
$120m^2$ 이상 $150m^2$ 미만	$600cm^2$ 이상

- 급기구는 낮은 곳에 설치하고 가는 눈의 구리망 등으로 인화방지망을 설치할 것
- 환기구는 지붕위 또는 지상 2m 이상의 높이에 회전식 고정벤티레이터 또는 루푸팬방식으로 설치할 것

정답 | 31 ② 32 ④ 33 ④

1204

34 Repetitive Learning (1회 2회 3회)

분말소화기에 사용되는 소화약제 주성분이 아닌 것은?

① $NH_4H_2PO_4$　　② Na_2SO_4

③ $NaHCO_3$　　④ $KHCO_3$

해설

- ①은 인산암모늄으로 제3종 분말의 주성분이다.
- ③은 탄산수소나트륨으로 제1종 분말의 주성분이다.
- ④는 탄산수소칼륨으로 제2종 분말의 주성분이다.

분말소화약제의 종별과 적응성

소화약제의 종별	적응성	착색색상
제1종 분말(탄산수소나트륨)	BC	백색
제2종 분말(탄산수소칼륨)	BC	담회색
제3종 분말(인산암모늄)	ABC	담홍색
제4종 분말(탄산수소칼륨과 요소가 화합)	BC	회색

0702

35 Repetitive Learning (1회 2회 3회)

가연성 물질에 따라 분류한 화재 종류가 옳게 연결된 것은?

① A급 화재 – 유류　　② B급 화재 – 섬유

③ C급 화재 – 전기　　④ D급 화재 – 플라스틱

해설

- A급 화재는 일반 가연성 물질이다.
- B급 화재는 유류화재이다.
- D급 화재는 금속화재이다.

화재의 분류 실기 0504

분류	표시 색상	구분 및 대상	소화기	특징
A급	백색	종이, 나무 등 일반 가연성 물질	물 및 산, 알칼리 소화기	• 냉각소화 • 재가 남는다.
B급	황색	석유, 페인트 등 유류화재	모래나 소화기	• 질식소화 • 재가 남지 않는다.
C급	청색	전기스파크 등 전기화재	이산화탄소 소화기	• 질식소화, 냉각소화 • 물로 소화할 경우 감전의 위험이 있다.
D급	무색	금속나트륨, 금속칼륨 등 금속화재	마른 모래	• 질식소화 • 물로 소화할 경우 폭발의 위험이 있다.

36 Repetitive Learning (1회 2회 3회)

위험물안전관리법령상 알칼리금속과산화물의 화재에 적응성이 없는 소화설비는?

① 건조사

② 물통

③ 탄산수소염류분말소화설비

④ 팽창질석

해설

- 알칼리금속의 과산화물은 물기와 접촉할 경우 산소를 발생시켜 화재 및 폭발 위험성이 증가하므로 물을 이용한 소화는 금해야 한다.
- 알칼리금속의 과산화물에 적응성을 가진 소화설비는 분말소화설비나 소화기 중 탄산수소염류, 건조사 및 팽창질석 또는 팽창진주암 등이다.

소화설비의 적응성 중 제1류 위험물 실기 1002/1101/1202/1601/1702/1902/2001/2003/2004

소화설비의 구분			제1류 위험물	
			알칼리금속과산화물등	그 밖의 것
옥내소화전 또는 옥외소화전설비				○
스프링클러설비				○
물분무등 소화설비	물분무소화설비			○
	포소화설비			○
	불활성가스소화설비			
	할로겐화합물소화설비			
	분말 소화설비	인산염류등		○
		탄산수소염류등	○	
		그 밖의 것	○	
대형·소형 수동식 소화기	봉상수(棒狀水)소화기			○
	무상수(霧狀水)소화기			○
	봉상강화액소화기			○
	무상강화액소화기			○
	포소화기			○
	이산화탄소 소화기			
	할로겐화합물소화기			
	분말 소화기	인산염류소화기		○
		탄산수소염류소화기	○	
		그 밖의 것	○	
기타	물통 또는 수조			○
	건조사		○	○
	팽창질석 또는 팽창진주암		○	○

34 ② 35 ③ 36 ② | 정답

1801

37

Repetitive Learning (1회 2회 3회)

마그네슘 분말이 이산화탄소 소화약제와 반응하여 생성될 수 있는 유독기체의 분자량은?

① 26 ② 28
③ 32 ④ 44

해설

- 마그네슘은 이산화탄소를 분해시켜 가연성의 일산화탄소 또는 탄소를 생성시키는 반응성이 큰 금속(Na, K, Mg, Ti 등)이다.
- 생성되는 유독기체는 일산화탄소(CO)이므로 분자량은 28이다.

이산화탄소 소화기 사용 제한

- 자기반응성 물질인 제5류 위험물과 같이 자체적으로 산소를 가지고 있는 물질 화재
- 이산화탄소를 분해시켜 가연성의 일산화탄소 또는 탄소를 생성시키는 반응성이 큰 금속(Na, K, Mg, Ti 등)과 금속수소화물(LiH, NaH 등) 화재
- 밀폐되어 방출할 경우 인명 피해가 우려되는 곳의 화재

1404 / 1504

38

Repetitive Learning (1회 2회 3회)

위험물제조소 등에 설치하는 옥외소화전설비에 있어서 옥외소화전함은 옥외소화전으로부터 보행거리 몇 m 이하의 장소에 설치하는가?

① 2m ② 3m
③ 5m ④ 10m

해설

- 방수용기구를 격납하는 함(옥외소화전함)은 불연재료로 제작하고 옥외소화전으로부터 보행거리 5m 이하의 장소로서 화재발생시 쉽게 접근가능하고 화재 등의 피해를 받을 우려가 적은 장소에 설치해야 한다.

옥외소화전설비의 기준

- 옥외소화전의 개폐밸브 및 호스접속구는 지반면으로부터 1.5m 이하의 높이에 설치할 것
- 방수용기구를 격납하는 함(옥외소화전함)은 불연재료로 제작하고 옥외소화전으로부터 보행거리 5m 이하의 장소로서 화재발생시 쉽게 접근가능하고 화재 등의 피해를 받을 우려가 적은 장소에 설치할 것

1604

39

Repetitive Learning (1회 2회 3회)

수성막포 소화약제에 대한 설명으로 옳은 것은?

① 물보다 가벼운 유류의 화재에는 사용할 수 없다.
② 계면활성제를 사용하지 않고 수성의 막을 이용한다.
③ 내열성이 뛰어나고 고온의 화재일수록 효과적이다.
④ 일반적으로 불소계 계면활성제를 사용한다.

해설

- 수성막포 소화약제는 물보다 가벼운 인화성 액체 위에 물이 떠 있도록 하여 질식소화를 수행한다.
- 수성막포 소화약제는 계면활성제와 물을 혼합하여 거품을 형성한다.
- 수성막포 소화약제는 고온에서 막의 생성이 안 될 수 있으므로 효과가 떨어진다.

수성막포 소화약제

- 불소계 계면활성제와 물을 혼합하여 거품을 형성한다.
- 계면활성제를 이용하여 물보다 가벼운 인화성 액체 위에 물이 떠 있도록 한 것이다.
- B급 화재인 유류화재에 우수한 성능을 발휘한다.
- 분말소화약제와 함께 사용하여도 소포현상이 일어나지 않아 트윈 에이전트 시스템에 사용된다.
- 알코올 화재에서는 알코올이 수용성이어서 포를 소멸(소포성)시키므로 효과가 낮다.

40

Repetitive Learning (1회 2회 3회)

다음 중 발화점에 대한 설명으로 가장 옳은 것은?

① 외부에서 점화했을 때 발화하는 최저온도
② 외부에서 점화했을 때 발화하는 최고온도
③ 외부에서 점화하지 않더라도 발화하는 최저온도
④ 외부에서 점화하지 않더라도 발화하는 최고온도

해설

- ②는 인화점에 대한 설명이다.

인화점과 착화점(발화점)

인화점	인화성 액체 위험물의 위험성 지표 기준으로 액체 표면에서 발생한 증기농도가 공기 중에서 연소하한농도가 될 수 있는 가장 낮은 액체온도를 말한다.
착화점	외부의 점화원 없이 가열된 열만으로 발화하는 최저 온도를 말한다.

정답 | 37 ② 38 ③ 39 ④ 40 ③

3과목 위험물의 성질과 취급

41 Repetitive Learning (1회 2회 3회)

황린이 자연발화하기 쉬운 이유에 대한 설명으로 가장 타당한 것은?

① 끓는점이 낮고 증기압이 높기 때문에
② 인화점이 낮고 조연성 물질이기 때문에
③ 조해성이 강하고 공기 중의 수분에 의해 쉽게 분해되기 때문에
④ 산소와 친화력이 강하고 발화온도가 낮기 때문에

해설

- 황린은 산소와 결합력이 강하고 착화온도가 낮기(미분 34℃, 고형분 60℃) 때문에 쉽게 자연발화한다.

황린(P_4) 실기 0602/0701/0702/0901/1001/1202/1302/1401/1402/1504/1901/1902/2003

- 공기 중에서 발화하는 자연발화성 물질로 제3류 위험물에 속하며 지정수량은 20kg, 위험등급은 Ⅰ이다.
- 산소와 결합력이 강하고 착화온도가 낮기(미분 34℃, 고형분 60℃) 때문에 쉽게 자연발화한다.
- 백색 또는 담황색의 고체로 독성이 있는 물질로 물에는 녹지 않고 이황화탄소에는 녹는다.
- 수산화나트륨(NaOH) 수용액에 반응시키면 포스핀(인화수소, PH_3)를 발생시키므로 이를 방지하기 위해 pH9의 물속에 저장한다.
- 밀폐용기 속에서 260℃로 가열하여 적린을 얻을 수 있다. 이때 유독가스인 오산화인(P_2O_5)이 발생한다. (반응식 : $P_4+5O_2 \rightarrow 2P_2O_5$)

0501 / 1401

42 Repetitive Learning (1회 2회 3회)

위험물안전관리법령상 제6류 위험물에 해당하는 물질로서 햇빛에 의해 갈색의 연기를 내며 분해할 위험이 있으므로 갈색병에 보관해야 하는 것은?

① 질산　② 황산
③ 염산　④ 과산화수소

해설

- 질산은 햇빛에 의해 분해되어 적갈색의 유독한 가스(이산화질소, NO_2)를 방출하므로 갈색병에 보관해야 한다.

질산(HNO_3) 실기 0502/0701/0702/0901/1001/1401

문제 32번의 유형별 핵심이론 참조

43 Repetitive Learning (1회 2회 3회)

다음 중 물이 접촉되었을 때 위험성(반응성)이 가장 작은 것은?

① Na_2O_2　② Na
③ MgO_2　④ S

해설

- ①과 ③은 제1류 무기과산화물로 금수성 물질에 해당한다.
- ②는 제3류 위험물로 금수성 물질에 해당한다.
- 유황은 물에 녹지 않는다.

유황(S_8) 실기 0602/1004

- 제2류 위험물에 해당하는 가연성 고체로 지정수량은 100kg이고, 위험등급은 Ⅱ이다.
- 환원성 물질로 자신은 산화되면서 다른 물질을 환원시킨다.
- 산화제와 혼합되어 있을 때 가열이나 충격 등에 의하여 폭발할 수 있으며 흑색화약의 원료로 사용된다.
- 자유전자가 거의 없어 전기가 통하지 않는 부도체이다.
- 단사황, 사방황, 고무상황과 같은 동소체가 있다.
- 고온에서 용융된 유황은 수소와 반응하여 황화수소가 발생한다.
- 공기 중에서 연소하면 푸른 불꽃을 내면서 이산화황(아황산가스, SO_2)로 변한다.(반응식 : $S+O_2 \rightarrow SO_2$)

1101 / 1604

44 Repetitive Learning (1회 2회 3회)

위험물의 취급 중 소비에 관한 기준으로 틀린 것은?

① 열처리 작업은 위험물이 위험한 온도에 이르지 아니하도록 하여 실시하여야 한다.
② 담금질 작업은 위험물이 위험한 온도에 이르지 아니하도록 하여 실시하여야 한다.
③ 분사도장 작업은 방화상 유효한 격벽 등으로 구획한 안전한 장소에서 하여야 한다.
④ 버너를 사용하는 경우에는 버너의 역화를 유지하고 위험물이 넘치지 아니하도록 하여야 한다.

해설

- 버너를 사용하는 경우에는 버너의 역화를 유지하는 것이 아니라 방지해야 한다.

위험물의 취급 중 소비에 관한 기준

- 분사도장작업은 방화상 유효한 격벽 등으로 구획된 안전한 장소에서 실시할 것
- 담금질 또는 열처리작업은 위험물이 위험한 온도에 이르지 아니하도록 하여 실시할 것
- 버너를 사용하는 경우에는 버너의 역화를 방지하고 위험물이 넘치지 아니하도록 할 것

41 ④ 42 ① 43 ④ 44 ④ 정답

45 Repetitive Learning (1회 2회 3회)

보기 중 칼륨과 트리에틸알루미늄의 공통 성질을 모두 나타낸 것은?

> ⓐ 고체이다.
> ⓑ 물과 반응하여 수소를 발생한다.
> ⓒ 위험물안전관리법령상 위험등급이 Ⅰ이다.

① ⓐ ② ⓑ
③ ⓒ ④ ⓑ, ⓒ

해설

- 칼륨은 고체이나, 트리에틸알루미늄은 액체이다.
- 칼륨은 물과 반응하여 수소를 발생시키지만, 트리에틸알루미늄은 물과 반응하여 수산화알루미늄과 에탄가스를 발생시킨다.
- 칼륨과 트리에틸알루미늄은 모두 제3류 위험물로 위험등급은 Ⅰ, 지정수량은 10kg이다.

금속칼륨(K) 실기 0501/0701/0804/1501/1602/1702
- 은백색의 가벼운 금속으로 제3류 위험물이다.
- 비중은 0.86으로 물보다 작아 가벼우며, 화학적 활성이 강한(이온화 경향이 큰) 금속이다.
- 물과 반응하여 수소를 발생시켜 화재 및 폭발 가능성이 있으므로 물과 접촉하지 않도록 한다.
- 에탄올과 반응하여 칼륨에틸레이트와 수소를 발생시킨다.
- 융점 이상의 온도에서 보라빛 불꽃을 내면서 연소한다.
- 화재 시 건조사 또는 탄산수소염류 분말소화약제로 소화한다.
- 석유(파라핀, 경유, 등유) 속에 저장한다.

트리에틸알루미늄[$(C_2H_5)_3Al$] 실기 0502/0804/0904/1004/1101/1104/1202/1204/1304/1402/1404/1602/1704/1804/1902/1904/2001/2003
- 알킬기(C_nH_{2n+1})와 알루미늄의 화합물로 자연발화성 및 금수성 물질에 해당하는 제3류 위험물이다.
- 지정수량은 10kg이고, 위험등급은 Ⅰ이다.
- 무색 투명한 액체로 물, 에탄올과 폭발적으로 반응한다.
- 물과 접촉할 경우 폭발적으로 반응하여 수산화알루미늄과 에탄가스를 생성하므로 보관 시 주의한다.
  (반응식 : $(C_2H_5)_3Al + 3H_2O \rightarrow Al(OH)_3 + 3C_2H_6$)
- 화재 시 발생되는 흰 연기는 인체에 유해하며, 소화는 팽창질석, 팽창진주암 등이 가장 효율적이다.

1004

46 Repetitive Learning (1회 2회 3회)

탄화칼슘은 물과 반응하면 어떤 기체가 발생하는가?

① 과산화수소 ② 일산화탄소
③ 아세틸렌 ④ 에틸렌

해설

- 탄화칼슘이 물과 반응하면 연소범위가 약 2.5 ~ 81%를 갖는 가연성 가스인 아세틸렌(C_2H_2)가스를 발생시킨다.

탄화칼슘(CaC_2)/카바이트 실기 0604/0702/0801/0804/0902/1001/1002/1201/1304/1502/1701/1801/1901/2001/2101
- 칼슘 또는 알루미늄의 탄화물로 자연발화성 및 금수성 물질에 해당하며, 지정수량 300kg에 위험등급은 Ⅲ인 제3류 위험물이다.
- 흑회색의 불규칙한 고체 덩어리로 고온에서 질소가스와 반응하여 석회질소($CaCN_2$)가 된다.
- 비중은 약 2.2 정도로 물보다 무겁다.
- 물과 반응하여 연소범위가 약 2.5 ~ 81%를 갖는 가연성 가스인 아세틸렌(C_2H_2)가스를 발생시킨다.
  ($CaC_2 + 2H_2O \rightarrow Ca(OH)_2 + C_2H_2$)
- 화재 시 건조사, 탄산수소염류소화기, 사염화탄소소화기, 팽창질석 등을 사용하여 소화한다.

47 Repetitive Learning (1회 2회 3회)

디에틸에테르를 저장, 취급할 때의 주의사항에 대한 설명으로 틀린 것은?

① 장시간 공기와 접촉하고 있으면 과산화물이 생성되어 폭발의 위험이 생긴다.
② 연소범위는 가솔린보다 좁지만 인화점과 착화온도가 낮으므로 주위하여야 한다.
③ 정전기 발생에 주의하여 취급해야 한다.
④ 화재 시 CO_2 소화설비가 적응성이 있다.

해설

- 가솔린의 연소범위는 1.4 ~ 7.6%로 에테르보다 좁다.

에테르($C_2H_5OC_2H_5$) · 디에틸에테르 실기 0602/0804/1601/1602
- 특수인화물로 무색투명한 휘발성 액체이다.
- 인화점이 −45℃, 연소범위가 1.9 ~ 48%로 넓은 편이고, 증기는 제4류 위험물 중 가장 인화성이 크다.
- 비중은 0.72로 물보다 가볍고, 증기비중은 2.55로 공기보다 무겁다.
- 물에는 잘 녹지 않고, 알코올에 잘 녹는다.
- 햇볕에 오래 쪼이면 일부 분해하여 과산화물을 생성하므로 갈색병에 넣어 냉암소에 보관한다.
- 건조한 에테르는 비전도성이므로, 정전기 생성방지를 위해 약간의 $CaCl_2$를 넣어준다.
- 소화제로서 CO_2가 가장 적당하다.
- 과산화물은 요오드화칼륨(KI) 10% 수용액을 황색으로 변화시킬 때 검출할 수 있으며, 과산화물을 제거할 때는 황산제일철($FeSO_4$)을 사용한다.

정답 | 45 ③ 46 ③ 47 ②

0204 / 1002

48 Repetitive Learning (1회 2회 3회)

다음 위험물 중 인화점이 약 −37℃인 물질로서 구리, 은, 마그네슘 등의 급속과 접촉하면 폭발성 물질인 아세틸라이드를 생성하는 것은?

① $CH_3-CH-CH_2$ (CH와 CH_2가 O와 결합한 고리 구조)　② $C_2H_5OC_2H_5$

③ CS_2　④ C_6H_6

해설

- 에테르($C_2H_5OC_2H_5$)는 인화점이 −45℃인 물질이다.
- 이황화탄소(CS_2)는 인화점이 −30℃인 물질이다.
- 벤젠(C_6H_6)은 인화점이 −11℃인 물질이다.

산화프로필렌(CH_3CH_2CHO) 실기 0501/0602/1002/1704

- 인화점이 −37℃인 특수인화물로 지정수량은 50L이고, 위험등급은 Ⅰ이다.
- 연소범위는 2.5 ~ 38.5%이고, 끓는점(비점)은 34℃, 비중은 0.83으로 물보다 가벼우며, 증기비중은 2로 공기보다 무겁다.
- 무색의 휘발성 액체이고, 물이나 알코올, 에테르, 벤젠 등에 잘 녹는다.
- 증기압은 45mmHg로 제4류 위험물 중 가장 커 기화되기 쉽다.
- 액체가 피부에 닿으면 화상을 입고 증기를 마시면 심할 때는 폐부종을 일으킨다.
- 저장 시 은, 수은, 동, 마그네슘 및 이의 합금으로 된 용기를 사용하면 폭발성 물질인 아세틸라이드를 생성하므로 해당 용기의 사용을 절대 금한다.
- 저장 시 용기 내부에 불활성 기체(N_2) 또는 수증기를 봉입하여야 한다.

0304

49 Repetitive Learning (1회 2회 3회)

온도 및 습도가 높은 장소에서 취급할 때 자연발화의 위험이 가장 큰 물질은?

① 아닐린　② 황화린

③ 질산나트륨　④ 셀룰로이드

해설

- 셀룰로이드류는 온도 및 습도가 높은 장소에서 취급할 때 분해열에 의한 자연발화 위험이 크다.

셀룰로이드류

- 니트로셀룰로오스 75% + 장뇌 25%로 되는 고용체로 제5류 위험물에 해당한다.
- 온도 및 습도가 높은 장소에서 취급할 때 분해열에 의한 자연발화 위험이 크다.
- 자연발화의 위험성을 고려하여 통풍이 잘 되는 냉암소에 저장한다.

50 Repetitive Learning (1회 2회 3회)

그림과 같은 위험물 탱크에 대한 내용적 계산방법으로 옳은 것은?

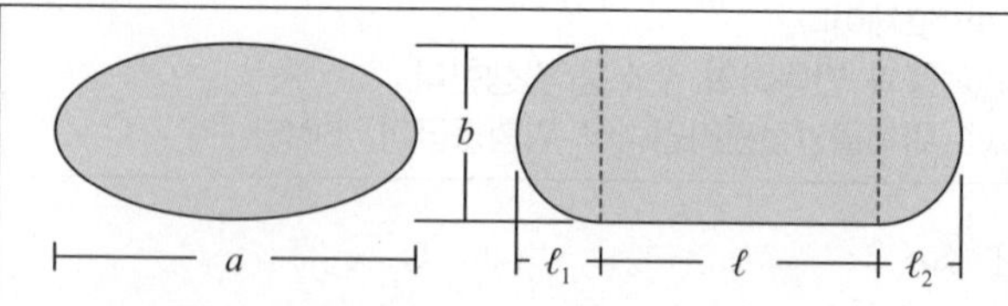

① $\frac{\pi ab}{3}(\ell+\frac{\ell_1+\ell_2}{3})$　② $\frac{\pi ab}{4}(\ell+\frac{\ell_1+\ell_2}{3})$

③ $\frac{\pi ab}{4}(\ell+\frac{\ell_1+\ell_2}{4})$　④ $\frac{\pi ab}{3}(\ell+\frac{\ell_1+\ell_2}{4})$

해설

- 타원형 탱크의 내용적 $V=\frac{\pi ab}{4}(\ell+\frac{\ell_1+\ell_2}{3})$로 구한다.

타원형 탱크의 내용적 실기 0501/0804/1202/1504/1601/1701/1801/1802/2003/2101

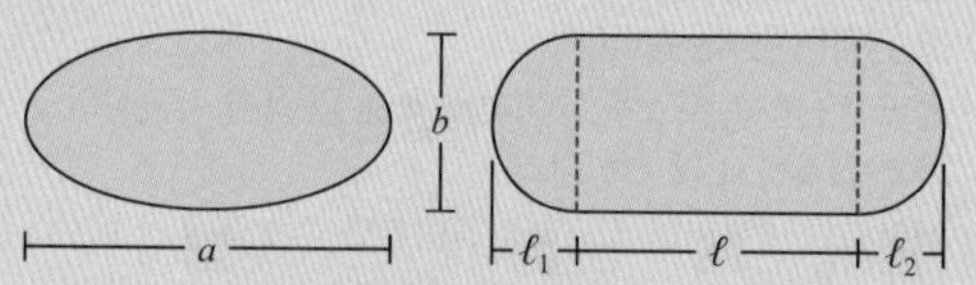

- 그림과 같이 주어진 타원형 탱크의 내용적 $V=\frac{\pi ab}{4}(\ell+\frac{\ell_1+\ell_2}{3})$로 구한다.

51 Repetitive Learning (1회 2회 3회)

저장 · 수송할 때 타격 및 마찰에 의한 폭발을 막기 위해 물이나 알코올로 습면시켜 취급하는 위험물은?

① 니트로셀룰로오스　② 과산화벤조일

③ 글리세린　④ 에틸렌글리콜

해설

- 질화면은 건조상태에서는 폭발위험이 커지므로 물이나 알코올에 적셔서 저장한다.

질화면(Nitrocellulose)

- 자기반응성 물질에 해당하는 제5류 위험물 중 질산에스테르류에 해당하며, 지정수량은 10kg 위험등급은 Ⅰ이다.
- 니트로셀룰로오스, 면약(면화약)이라고도 한다.
- 다이너마이트 제조, 무연화약의 제조에 사용된다.
- 건조상태에서는 폭발위험이 커지므로 물이나 알코올에 적셔서 저장한다.

48 ① 49 ④ 50 ② 51 ① | 정답

0902 / 1102 / 1401

52 Repetitive Learning

제4류 위험물을 저장하는 이동탱크저장소의 탱크 용량이 19,000L일 때 탱크의 칸막이는 최소 몇 개를 설치해야 하는가?

① 2　　② 3
③ 4　　④ 5

해설

- 칸막이는 4,000L 이하마다 구분하여야 하므로 탱크 용량이 19,000L일 경우 5개($\frac{19,000}{4,000}=4.75$)의 구역으로 구분되어야 하므로 실제 칸막이는 4개가 필요하다.

이동저장탱크에 칸막이의 설치 실기 0702/0801/0804/0901/1201/1404/1701

- 이동저장탱크는 그 내부에 4,000L 이하마다 3.2mm 이상의 강철판 또는 이와 동등 이상의 강도·내열성 및 내식성이 있는 금속성의 것으로 칸막이를 설치하여야 한다. 다만, 고체인 위험물을 저장하거나 고체인 위험물을 가열하여 액체 상태로 저장하는 경우에는 그러하지 아니하다.
- 칸막이로 구획된 각 부분마다 맨홀과 안전장치 및 방파판을 설치하여야 한다.

1301

53 Repetitive Learning 1회 2회 3회

다음 위험물 중에서 인화점이 가장 낮은 것은?

① $C_6H_5CH_3$　　② $C_6H_5CHCH_2$
③ CH_3OH　　④ CH_3CHO

해설

- 톨루엔($C_6H_5CH_3$)은 제1석유류로 인화점이 4℃이다.
- 스티렌($C_6H_5CHCH_2$)은 제2석유류로 인화점이 31℃이다.
- 메틸알코올(CH_3OH)은 알코올류로 인화점이 11℃이다.

아세트알데히드(CH_3CHO) 실기 0901/0704/0802/1304/1501/1504/1602/1801/1901/2001/2003

- 특수인화물로 자극성 과일향을 갖는 무색투명한 액체이다.
- 비중이 0.78로 물보다 가볍고, 증기비중은 1.52로 공기보다 무겁다.
- 인화점이 −38℃, 연소범위는 4.1 ~ 57%로 아주 넓으며, 끓는점(비점)이 21℃로 아주 낮다.
- 수용성 물질로 물에 잘 녹고 에탄올이나 에테르와 잘 혼합한다.
- 산화되어 초산으로 된다.
- 저장 시 은, 수은, 동, 마그네슘 및 이의 합금으로 된 용기를 사용하면 폭발성 물질인 아세틸라이드를 생성하므로 해당 용기의 사용을 절대 금한다.
- 암모니아성 질산은 용액을 반응시키면 은거울반응이 일어나서 은을 석출시키는데 이는 알데히드의 환원성 때문이다.

0501_추가 / 1501

54 Repetitive Learning 1회 2회 3회

위험물안전관리법령상 제4류 위험물 옥외저장탱크의 대기밸브부착 통기관은 몇 kPa 이하의 압력차이로 작동할 수 있어야 하는가?

① 2　　② 3
③ 4　　④ 5

해설

- 옥외저장탱크에 설치하는 대기밸브 부착 통기관은 5kPa 이하의 압력차이로 작동할 수 있어야 한다.

옥외저장탱크에 설치하는 대기밸브 부착 통기관의 구조

- 5kPa 이하의 압력차이로 작동할 수 있을 것
- 가는 눈의 구리망 등으로 인화방지장치를 할 것. 다만, 인화점 70℃ 이상의 위험물만을 해당 위험물의 인화점 미만의 온도로 저장 또는 취급하는 탱크에 설치하는 통기관에 있어서는 그러하지 아니하다.

55 Repetitive Learning 1회 2회 3회

과염소산칼륨과 적린을 혼합하는 것이 위험한 이유로 가장 타당한 것은?

① 마찰열이 발생하여 과염소산칼륨이 자연발화할 수 있기 때문에
② 과염소산칼륨이 연소하면서 생성된 연소열이 적린을 연소시킬 수 있기 때문에
③ 산화제인 과염소산칼륨과 가연물인 적린이 혼합하면 가열, 충격 등에 의해 연소 · 폭발할 수 있기 때문에
④ 혼합하면 용해되어 액상 위험물이 되기 때문에

해설

- 적린은 염소산염류와 접촉해서 발화 및 폭발의 위험성이 있다.

적린(P) 실기 1102

- 제2류 위험물에 해당하는 가연성 고체로 지정수량은 100kg이고, 위험등급은 Ⅱ이다.
- 물, 이황화탄소, 암모니아, 에테르 등에 녹지 않는다.
- 황린의 동소체이나 황린에 비해 대단히 안정적이어서 공기 또는 습기 중에서 위험성이 적으며, 독성이 없다.
- 강산화제와 혼합하거나 염소산염류와 접촉하면 발화 및 폭발할 위험성이 있으므로 주의해야 한다.
- 공기 중에서 연소할 때 오산화린(P_2O_5)이 생성된다.(반응식 : $4P+5O_2 \rightarrow 2P_2O_5$)
- 성냥, 화약 등을 만드는데 이용된다.

정답 | 52 ③　53 ④　54 ④　55 ③

1404

56 Repetitive Learning (1회 2회 3회)

위험물안전관리법령상 위험물제조소의 위험물을 취급하는 건축물의 구성 부분 중 반드시 내화구조로 하여야 하는 것은?

① 연소의 우려가 있는 기둥
② 바닥
③ 연소의 우려가 있는 외벽
④ 계단

해설

- 벽 · 기둥 · 바닥 · 보 · 서까래 및 계단을 불연재료로 하고, 연소(延燒)의 우려가 있는 외벽은 출입구 외의 개구부가 없는 내화구조의 벽으로 하여야 한다.

제조소에서의 건축물 구조

- 지하층이 없도록 하여야 한다.
- 벽 · 기둥 · 바닥 · 보 · 서까래 및 계단을 불연재료로 하고, 연소(延燒)의 우려가 있는 외벽은 출입구 외의 개구부가 없는 내화구조의 벽으로 하여야 한다.
- 지붕은 폭발력이 위로 방출될 정도의 가벼운 불연재료로 덮어야 한다.
- 출입구와 비상구에는 갑종방화문 또는 을종방화문을 설치하되, 연소의 우려가 있는 외벽에 설치하는 출입구에는 수시로 열 수 있는 자동폐쇄식의 갑종방화문을 설치하여야 한다.
- 위험물을 취급하는 건축물의 창 및 출입구에 유리를 이용하는 경우에는 망입유리로 하여야 한다.
- 액체의 위험물을 취급하는 건축물의 바닥은 위험물이 스며들지 못하는 재료를 사용하고, 적당한 경사를 두어 그 최저부에 집유설비를 하여야 한다.

1301

57 Repetitive Learning (1회 2회 3회)

물보다 무겁고, 물에 녹지 않아 저장 시 가연성 증기발생을 억제하기 위해 콘크리트 수조 속의 위험물탱크에 저장하는 물질은?

① 디에틸에테르 ② 에탄올
③ 이황화탄소 ④ 아세트알데히드

해설

- 이황화탄소의 옥외저장탱크는 벽 및 바닥의 두께가 0.2m 이상이고 누수가 되지 아니하는 철근콘크리트의 수조에 넣어 보관하여야 한다.

이황화탄소의 옥외저장탱크

- 이황화탄소의 옥외저장탱크는 벽 및 바닥의 두께가 0.2m 이상이고 누수가 되지 아니하는 철근콘크리트의 수조에 넣어 보관하여야 한다.
- 보유공지 · 통기관 및 자동계량장치는 생략할 수 있다.

58 Repetitive Learning (1회 2회 3회)

금속나트륨의 일반적인 성질로 옳지 않은 것은?

① 은백색의 연한 금속이다.
② 알코올 속에 저장한다.
③ 물과 반응하여 수소가스를 발생한다.
④ 물보다 비중이 작다.

해설

- 금속나트륨은 석유(파라핀, 경유, 등유) 속에 저장한다.

금속나트륨(Na) 실기 0501/0604/0701/0702/1204/1402/1404/1801/1802/2003

- 은백색의 가벼운 금속으로 제3류 위험물이다.
- 융점은 약 97.8℃이고, 비중은 0.97로 물보다 가볍다.
- 물과 반응하여 수소를 발생시켜 화재 및 폭발 가능성이 있으므로 물과 접촉하지 않도록 한다.
- 에탄올과 반응하여 나트륨에틸레이트와 수소를 발생시킨다.
- 노란색 불꽃을 내며 연소한다.
- 화재 시 건조사 또는 탄산수소염류 분말소화약제로 소화한다.
- 석유(파라핀, 경유, 등유) 속에 저장한다.

0904

59 Repetitive Learning (1회 2회 3회)

염소산칼륨에 대한 설명 중 틀린 것은?

① 촉매 없이 가열하면 약 400℃에서 분해한다.
② 열분해하여 산소를 방출한다.
③ 불연성물질이다.
④ 물, 알코올, 에테르에 잘 녹는다.

해설

- 염소산칼륨은 온수나 글리세린에 잘 녹으나 냉수나 알코올에는 잘 녹지 않는다.

염소산칼륨($KClO_3$) 실기 0501/0502/1001/1302/1704/2001

- 산화성 고체로 제1류 위험물에 해당하며, 지정수량은 50kg, 위험등급은 Ⅰ이다.
- 무색무취의 단사정계 판상결정으로 인체에 유독한 위험물이다.
- 비중이 약 2.3으로 물보다 무거우며, 녹는점은 약 368℃이다.
- 온수나 글리세린에 잘 녹으나 냉수나 알코올에는 잘 녹지 않는다.
- 산과 반응하여 폭발성을 지닌 이산화염소(ClO_2)를 발생시킨다.
- 불꽃놀이, 폭약 등의 원료로 사용된다.
- 열분해하면 과염소산칼륨과 염화칼륨, 산소로 분해된다.
  ($2KClO_3 \xrightarrow[\triangle]{} KClO_4 + KCl + O_2$)
- 화재 발생 시 주수소화로 소화한다.

56 ③ 57 ③ 58 ② 59 ④ 정답

0704 / 1002 / 1204 / 1601

60

Repetitive Learning (1회 2회 3회)

1기압 27℃에서 아세톤 58g을 완전히 기화시키면 부피는 약 몇 L가 되는가?

① 22.4　　② 24.6

③ 27.4　　④ 58.0

해설

- 아세톤(CH_3COCH_3)의 분자량은 58[g]이고, 1기압, 섭씨 27℃, 무게 58[g]이므로 대입하면 부피 = 300 × 0.082 = 24.6[L]이다.

이상기체 방정식

- 기체의 온도, 부피, 몰수의 관계를 나타내는 식이다.
- $PV = nRT = \frac{W}{M}RT$이다. 이때 n은 몰수, W는 무게[g], M은 분자량, P는 압력[atm], V는 부피[L], R은 기체상수(0.082), T는 절대온도[K]이다.

정답 | 60 ②

memo

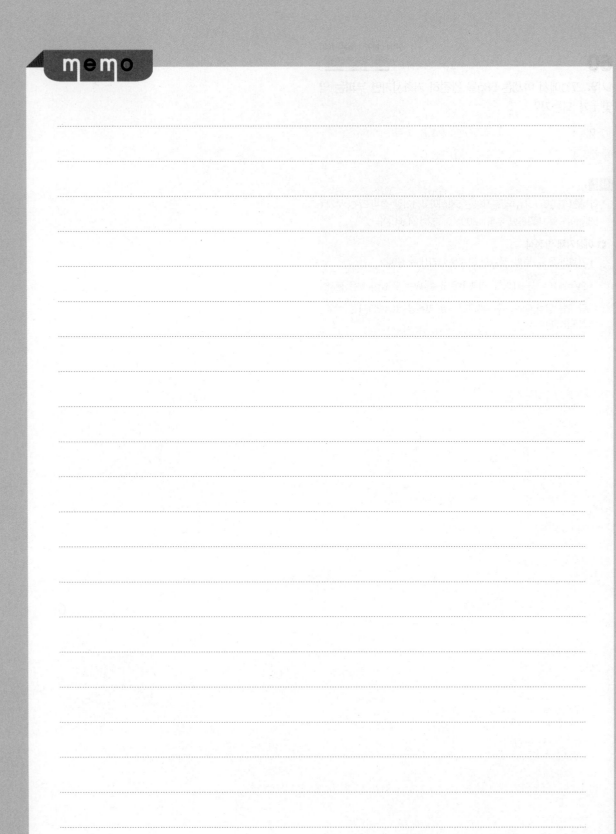